건축
산업기사 필기

시대에듀

합격에 윙크[Win-Q]하다

[건축산업기사] 필기

Always with you

사람이 길에서 우연하게 만나거나 함께 살아가는 것만이 인연은 아니라고 생각합니다.
책을 펴내는 출판사와 그 책을 읽는 독자의 만남도 소중한 인연입니다.
시대에듀는 항상 독자의 마음을 헤아리기 위해 노력하고 있습니다.
늘 독자와 함께하겠습니다.

자격증 • 공무원 • 금융/보험 • 면허증 • 언어/외국어 • 검정고시/독학사 • 기업체/취업
이 시대의 모든 합격! 시대에듀에서 합격하세요!
www.youtube.com ➡ 시대에듀 ➡ 구독

PREFACE 머리말

건축산업기사 자격
건축물의 계획 및 설계에서 시공에 이르기까지 전 과정에 관한 건축공학의 지식과 기술을 갖춘 기술인을 배양하여 건축 관련 업무를 수행하게 함으로써 창의적이고 안전한 건축물을 생산하기 위해 제정된 자격입니다.

건축산업기사 자격 취득 후의 업무 수행
건축산업기사는 건설 회사 및 종합 엔지니어링 회사 등에서의 건축 시공과 설계 업무 수행, 건축사사무소에서의 설계 업무 수행, 감리전문업체에서의 감리 업무 수행, 건축 관련 컨설팅 회사에서의 건축 기획 업무 수행, 공기업 및 공공기관에서의 시설 담당 업무를 수행합니다.

건축산업기사 시험 학습방법
첫째, 기출문제 위주의 문제은행 출제방식과 소수의 신규 문제의 조합으로 출제되기 때문에 건축 관련 전공자는 기출문제를 통해 출제 빈도가 높은 문제를 우선하여 출제 범위와 경향을 파악해야 합니다.
둘째, 평균점수 60점 이상과 과목별 과락점수 40점 이상을 목표로 학습기준을 정하여 단기간의 학습과정에서 개념에 대한 명확한 이해와 핵심 내용을 도출하여 암기하는 방식으로 효과적인 학습을 진행하여야 하고, 응용 및 신규 문제는 유추를 통해 해결할 수 있도록 이론 및 문제풀이 과정을 반복하는 것이 중요합니다.

이 책의 구성 및 활용방법
첫째, 빨간키에서 제시하는 빈도가 높은 기출 중심 어휘들에 익숙해져야 합니다.
둘째, 본문의 핵심요약은 최근 기출(복원)문제를 중심으로 정리한 내용이므로 필수적으로 학습하여야 하며, 본문에 함께 제시된 빈출문제를 중심으로 암기하여야 합니다.
셋째, 최근 7년간 기출(복원)문제를 여러 번 반복하여 학습하면서 해설을 더 꼼꼼하게 학습합니다.

위와 같은 방법은 선택과 집중에 의한 효율적인 학습으로써 문제 해결력을 높일 수 있을 것이며, 핵심을 파악하고 체계적인 학습을 통해 건축산업기사 필기시험에 합격할 수 있다고 확신합니다.

마지막으로 본 교재가 출간될 수 있도록 도움을 주신 분들, 편집을 주관하시느라 수고 많으셨던 시대에듀 임직원 분들에게 진심으로 감사드립니다.

편저자 씀

Win-Q [건축산업기사] 필기

시험안내

개요
건축물의 계획 및 설계에서 시공에 이르기까지 전 과정에 관한 공학적 지식과 기술을 갖춘 기술인력으로 하여금 건축업무를 수행하게 함으로써 안전한 건축물 창조를 위하여 자격제도를 제정하였다.

진로 및 전망
❶ 종합 또는 전문건설회사의 건설현장, 건축사사무소, 용역회사, 시공회사 등으로 진출할 수 있다.
❷ 신규착공부지의 부족, 기업에 대한 정부의 강도 높은 금융제재로 투자위축 우려, 전세대란 대책으로 인한 재건축사업의 부진 우려, 지방지역의 높은 주택보급률에 대한 부담 등 감소요인이 있으나 앞으로의 건설경기 동향을 가늠할 수 있는 선행지표인 건축허가 면적이 경기회복의 기대감으로 급증세를 보이고 있으며, 이밖에 최근 저금리 추세의 지속, 민간임대사업의 활성화, 소규모 공동주택 재건축 허용, 민영주택의 청약자격 완화, 대형 호화주택에 대한 중과세 방침 철회 등 증가요인으로 건축산업기사 자격 취득자에 대한 인력수요는 증가할 것이다.

시험일정

구 분	필기원서접수 (인터넷)	필기시험	필기합격 (예정자)발표	실기원서접수	실기시험	최종 합격자 발표일
제1회	1.13~1.16	2.7~3.4	3.12	3.24~3.27	4.19~5.9	1차 : 6.5 / 2차 : 6.13
제2회	4.14~4.17	5.10~5.30	6.11	6.23~6.26	7.19~8.6	1차 : 9.5 / 2차 : 9.12
제3회	7.21~7.24	8.9~9.1	9.10	9.22~9.25	11.1~11.21	1차 : 12.5 / 2차 : 12.24

※ 상기 시험일정은 시행처의 사정에 따라 변경될 수 있으니, www.q-net.or.kr에서 확인하시기 바랍니다.

시험요강
❶ 시행처 : 한국산업인력공단
❷ 관련 학과 : 대학이나 전문대학의 건축 관련 학과
❸ 시험과목
   ㉠ 필기 : 1. 건축계획 2. 건축시공 3. 건축구조 4. 건축설비 5. 건축관계법규
   ㉡ 실기 : 건축시공 실무
❹ 검정방법
   ㉠ 필기 : 객관식 4지 택일형 과목당 20문항(2시간 30분)
   ㉡ 실기 : 필답형(2시간 30분)
❺ 합격기준
   ㉠ 필기 : 100점을 만점으로 하여 과목당 40점 이상, 전 과목 평균 60점 이상
   ㉡ 실기 : 100점을 만점으로 하여 60점 이상

INFORMATION

검정현황

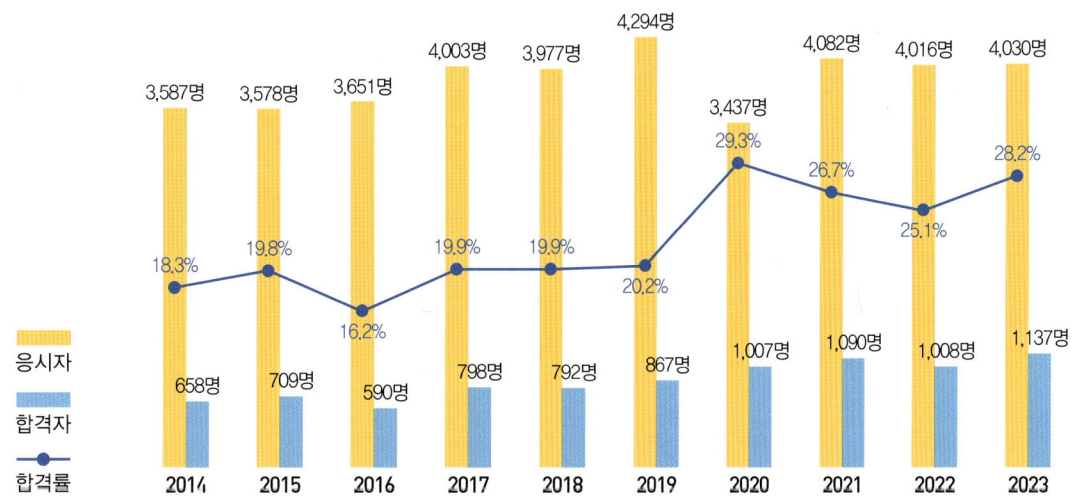

필기시험

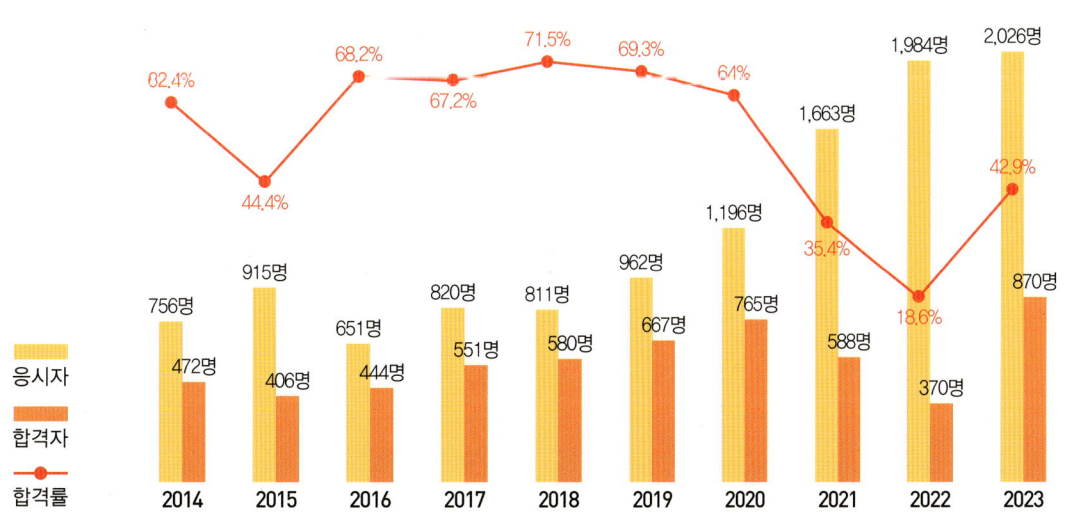

실기시험

시험안내

출제기준

필기 과목명	주요항목	세부항목
건축계획	건축계획원론	• 건축계획일반
	각종 건축물의 건축계획	• 주거건축계획 • 상업건축계획 • 기타 건축물계획
건축시공	건설경영	• 건설업과 건설경영 • 건설계약 및 공사관리 • 건축적산 • 안전관리 • 공정관리 및 기타
	건축시공기술 및 건축재료	• 착공 및 기초공사 • 구조체공사 및 마감공사 • 건축재료
건축구조	건축구조의 일반사항	• 건축구조의 개념 • 건축물 기초설계
	구조역학	• 구조역학의 일반사항 • 정정 구조물의 해석 • 탄성체의 성질 • 부재의 설계 • 구조물의 변형 • 부정정 구조물의 해석
	철근콘크리트 구조	• 철근콘크리트 구조의 일반사항 • 철근콘크리트 구조설계 • 철근의 이음·정착 • 철근콘크리트 구조의 사용성
	철골구조	• 철골구조의 일반사항 • 철골구조설계 • 접합부설계 • 제작 및 품질

필기 과목명	주요항목	세부항목
건축설비	전기설비	• 기초적인 사항 • 조명설비 • 전원 및 배전, 배선설비 • 피뢰침설비 • 통신 및 신호설비 • 방재설비
	위생설비	• 기초적인 사항 • 급수 및 급탕설비 • 배수 및 통기설비 • 오수정화설비 • 소방시설 • 가스설비
	공기조화설비	• 기초적인 사항 • 환기 및 배연설비 • 난방설비 • 공기조화용 기기 • 공기조화방식
건축관계법규	건축법 · 시행령 · 시행규칙	• 건축법 • 건축법 시행령 • 건축법 시행규칙 • 건축물의 피난 · 방화구조 등의 기준에 관한 규칙 및 건축물의 설비기준 등에 관한 규칙
	주차장법 · 시행령 · 시행규칙	• 주차장법 • 주차장법 시행령 • 주차장법 시행규칙
	국토의 계획 및 이용에 관한 법 · 시행령 · 시행규칙	• 국토의 계획 및 이용에 관한 법률 • 국토의 계획 및 이용에 관한 법률 시행령 • 국토의 계획 및 이용에 관한 법률 시행규칙

구성 및 특징

핵심이론

필수적으로 학습해야 하는 중요한 이론들을 각 과목별로 분류하여 수록하였습니다.
시험과 관계없는 두꺼운 기본서의 복잡한 이론은 이제 그만! 시험에 꼭 나오는 이론을 중심으로 효과적으로 공부하십시오.

CHAPTER 01 건축계획

제1절 총론

핵심이론 01 계획일반

(1) 건축의 3대 요소
① 기능 : 공간의 용도 및 목적
② 구조 : 안정성에 기초한 기능·미의 균형과 조화
③ 미 : 형태, 아름다움

(2) 의사결정단계(분석 → 종합 → 평가순으로 진행)
① 분석
  ㉠ 용도, 특성의 분석 및 결정
  ㉡ 공간의 연계성, 대지조건 등 분석
  ㉢ 건축주의 요구사항 수렴
② 종합
  ㉠ 디자인 원칙 및 요소 결정 : 의장, 이미지 등의 결정
  ㉡ 평면, 입면, 단면도 작성
  ㉢ 구조 및 설비 시스템 검토
③ 평가 : 최적안 결정

(3) POE(Post Occupancy Evaluation)
① 거주 후 평가(Post Occupancy Evaluation)로서 자료수집 단계에서 거주 후 사용자의 경험과 반응을 연구
② 장래에 유사한 건축물 계획에 필요한 정보추출 및 제공을 위하여 만족도, 요구, 가치 등을 평가
③ 평가과정 : 건축물선정 → 인터뷰, 답사, 관찰 → 반응연구 → 지침설정
④ 평가요소 : 환경장치, 사용자, 디자인

⑤ 거주 후 평가 유형
  ㉠ 기술적 평가 : 건물에 대한 평가
  ㉡ 기능적 평가 : 서비스에 대한 평가
  ㉢ 행태적 평가 : 환경 심리에 대한 평가

(4) 유니버설 스페이스(Universal Space)
① 광활한 공간, 보편적 공간, 다목적 이용이 가능한 무한정(無限定) 공간을 말한다.
② 다목적으로 이용할 수 있도록 계획된 공간
③ 주택의 경우 원룸 시스템은 거주자의 필요에 따라 공간을 분할, 통합하여 이용할 수 있으나 분할에 의한 각 실은 독립성을 유지하기가 곤란하다.
④ 미스 반데어...

제2절 단독주택

핵심이론 01 기본 목표와 주거생활 수준

(1) 주택설계의 새로운 방향
① 생활의 쾌적성 증대
② 가사노동의 경감(주부의 동선 단축)
③ 가족본위의 주거(가장 중심 → 주부 중심)
④ 개인생활의 프라이버시(독립성) 확보
⑤ 좌식 + 입식(의자식) 혼용 : 좌식 기본, 입식 도입

(2) 가사노동의 경감 방법
① 필요 이상의 넓은 주거는 지양(노동의 절감)
② 평면에서의 주부의 동선이 단축되도록 할 것
③ 능률이 좋은 부엌시설이나 가사실을 갖출 것
④ 설비를 좋게 하고 되도록 기계화할 것

(3) 주거생활 수준
① 주거생활 수준
  ㉠ 주거생활 수준은 1인당 주거면적으로 나타내며, 주거면적은 연면적에서 공용 부분을 제외한 순수 거주면적을 말한다.
  ㉡ 건축 연면적의 50~60% 정도
② 1인당 점유 바닥면적(주거면적)
  ㉠ 최소 10m^2
  ㉡ 표준 16m^2 정도
③ 각국의 기준
  ㉠ 세계가족단체협회의 콜로뉴 기준 : 16m^2/인
  ㉡ 숑바르 드 로브(Chombard de Lawve)의 기준
    • 병리기준 : 8m^2/인 이상
    • 한계기준 : 14m^2/인 이상
    • 표준기준 : 16m^2/인 정도

10년간 자주 출제된 문제

1-1. 다음 중 단독주택 계획 시 가장 중요하게 다루어져야 할 것은?
① 침실의 넓이
② 주부의 동선
③ 현관의 위치
④ 부엌의 방위

1-2. 다음 중 주택에서 가사노동의 경감을 위한 방법과 가장 거리가 먼 것은?
① 설비를 좋게 하고 되도록 기계화할 것
② 능률이 좋은 부엌시설이나 가사실을 갖출 것
③ 평면에서의 주부의 동선이 단축되도록 할 것
④ 청소 등의 노력을 절감하기 위하여 좁은 주거로 계획할 것

1-3. 숑바르 드 로브의 주거면적기준 중 병리기준으로 옳은 것은?
① 6m^2/인
② 8m^2/인
③ 14m^2/인
④ 16m^2/인

1-4. 숑바르 드 로브에 따른 주거면적기준 중 한계기준은?
① 8m^2
② 14m^2
③ 15m^2
④ 16m^2

|해설|

1-1
주택 계획 시 가사노동의 경감 방향으로서 주부의 동선을 단축하는 것이 중요하다.

1-2
청소 등의 노력을 절감하기 위하여 필요 이상 넓은 주거로 계획하지 않는다.

1-3
• 병리기준 : 8m^2/인
• 한계기준 : 14m^2/인
• 표준기준 : 16m^2/인

1-4
• 8m^2/인 : 병리기준
• 10m^2/인 : 최소기준
• 14m^2/인 : 한계기준
• 16m^2/인 : 표준기준

정답 1-1 ② 1-2 ④ 1-3 ② 1-4 ②

10년간 자주 출제된 문제

출제기준을 중심으로 출제 빈도가 높은 기출문제와 필수적으로 풀어보아야 할 문제를 핵심이론당 1~2문제씩 선정했습니다. 각 문제마다 핵심을 찌르는 명쾌한 해설이 수록되어 있습니다.

STRUCTURES

합격의 공식 Formula of pass | 시대에듀 www.sdedu.co.kr

과년도 기출문제

지금까지 출제된 과년도 기출문제를 수록하였습니다. 각 문제에는 자세한 해설이 추가되어 핵심이론만으로는 아쉬운 내용을 보충 학습하고 출제 경향의 변화를 확인할 수 있습니다.

최근 기출복원문제

최근에 출제된 기출문제를 복원하여 가장 최신의 출제경향을 파악하고 새롭게 출제된 문제의 유형을 익혀 처음 보는 문제들도 모두 맞힐 수 있도록 하였습니다.

최신 기출문제 출제경향

Win-Q [건축산업기사] 필기

2021년 1회
- 벤치마크의 개념
- 필릿용접부의 유효면적
- 압축식 냉동 사이클 순서
- 건축기준 허용오차

2021년 2회
- 건축계획단계에서 조사방법
- 공동도급방식
- 구조용 강재의 명칭
- 전기설비의 배선공사 종류
- 지구단위계획의 내용

2021년 3회
- 도서관 서고 및 출납시스템
- BIM(건축정보모델링)
- 고장력볼트 마찰접합
- 팬코일 유닛 방식
- 용적률 최대 한도

2022년 1회
- 보차분리를 위한 평면분리 방식
- 벽돌 쌓기 시 주의사항
- 조적조의 테두리보 설치 목적
- 고력볼트접합의 특징
- 급탕량의 산정방법
- 막다른 도로의 최소 너비 규정

TENDENCY OF QUESTIONS

2023년 1회
- 건축설계 과정
- 녹막이 도료
- 띠철근의 역할
- 변전실의 위치
- 건축선에 따른 건축제한

2023년 2회
- 한식주택의 특징
- 콘크리트의 중성화 현상
- 대린벽의 개구부 폭
- 수관 보일러의 특성
- 주차단위구획의 크기

2024년 1회
- 건축의 기준층 평면형태의 결정요인
- 공기조화방식의 분류
- 아파트의 평면형식
- 지반굴착공법 및 배수공법
- 철근의 최소 피복두께
- 통기관의 설치 목적
- 피난계단, 특별피난계단의 구조
- 건축물의 층수, 바닥면적 산정기준

2024년 2회
- 건축의 레이아웃 형식
- 상점의 진열장 배치형식
- 건축공사용 재료의 할증률
- 보의 휨모멘트
- 승용 승강기의 설치기준
- 통기관의 봉수파괴 방지법
- 용도지역의 건폐율
- 부설주차장의 설치기준

이 책의 목차

빨리보는 간단한 키워드

PART 01 | 핵심이론

CHAPTER 01	건축계획	002
CHAPTER 02	건축시공	053
CHAPTER 03	건축구조	157
CHAPTER 04	건축설비	240
CHAPTER 05	건축관계법규	327

PART 02 | 과년도 + 최근 기출복원문제

2018년	과년도 기출문제	412
2019년	과년도 기출문제	479
2020년	과년도 기출문제	549
2021년	과년도 기출복원문제	595
2022년	과년도 기출복원문제	619
2023년	과년도 기출복원문제	642
2024년	최근 기출복원문제	687

빨리보는 간단한 키워드

빨간키

#합격비법 핵심 요약집　　#최다 빈출키워드　　#시험장 필수 아이템

CHAPTER 01 건축계획

■ 주택설계의 방향
- 가족본위의 주거(가장 중심 → 주부 중심)계획
- 좌식 + 입식(의자식) 혼용 : 좌식 기본, 입식 도입

■ 주거 생활 수준의 기준
- 기준 : 1인당 주거 면적(연면적의 50~60%로서 평균 55%)
- 병리기준 : $8m^2$/인 이상
- 최소기준 : $10m^2$/인
- 한계(유효)기준 : $14m^2$/인 이상
- 표준기준 : $16m^2$/인 정도

■ 주택단지 안의 건축물에 설치하는 계단의 유효폭
- 공동으로 사용하는 계단 유효폭 : 최소 120cm 이상
- 세대 내 계단, 옥외계단 유효폭 : 최소 90cm 이상

■ 페리의 근린주구 구성의 6가지 원리
- 규모 : 초등학교 중심
- 경계 : 주구 경계는 간선도로
- 주구 내 가로 체계 : 쿨데삭(Cul-de-sac) 처리
- 오픈스페이스 : 공원 등의 녹지 면적은 주구 면적의 10%
- 공공시설용지(공공건축물) : 가정에서 커뮤니티 센터까지 보행거리 400m 정도에 집중 배치
- 근린 점포 : 주구 교차점이나 인접 주구의 점포에 인접한 1개 이상 점포지구 배치

■ 주택단지의 체계 – 근린주구의 구성
- 인보구 : 20~40호, 인구 100~200명, 어린이 놀이터가 중심
- 근린분구 : 400~500호, 인구 2,000~2,500명, 일상 소비생활에 필요한 공동시설 운영 단위
- 근린주구 : 1,600~2,000호, 인구 8,000~10,000명, 초등학교를 중심으로 한 단위

■ 사무소 임대 유효율(렌터블비, Rentable Ratio, %)
- 연면적에 대한 대실면적의 비율(대실면적 ÷ 연면적 × 100%)
- 유효율(임대율, Rentable Ratio)
  - 연면적의 70~75%
  - 기준층에서는 80% 정도

■ 사무실 실 단위 계획
- 개실 시스템(Individual Room System) : 복도에 의해 각 층의 사무공간으로 들어가는 방식
- 개방식 배치(Open Plan System) : 개방된 대규모 사무공간 계획, 책상과 시설의 서열식 배치
- 오피스 랜드스케이핑(Office Landscaping) : 업무, 작업 흐름 관계를 고려한 융통적인 배치

■ 코어(Core)의 종류
- 중심(중앙)코어형 : 구조적으로 가장 유리, 내진구조로서 고층 및 초고층에 적합
- 편심코어형 : 바닥면적이 적은 소규모 건물에 적합, 피난 및 구조상 불리
- 독립코어형 : 독립된 사무공간 제공 가능, 내진 및 방재상 불리, 서브코어(Sub Core) 필요
- 양단코어형 : 건물 중앙부에 대공간 계획이 용이, 2방향 피난 이상적, 방재 및 피난상 유리

■ 상점 광고 5요소(AIDMA법칙)
- Attention(주의)
- Interest(흥미, 주목)
- Desire(욕망, 공감, 욕구)
- Memory(기억, 인상)
- Action(행동, 출입)

■ 상점 판매 형식
- 대면 판매 : 상품 설명과 포장 편리하지만, 쇼케이스(진열장) 내 전시로 진열면적 감소
- 측면 판매 : 상품 선택이 용이하고, 상품에 친근감이 있으며, 진열면적이 많음

■ 진열창(Show Window)의 반사 방지
- 진열창 내부가 어둡고 외부가 밝을 때 반사가 발생하므로 내부를 외부보다 밝게 한다.
- 반사 방지 : 차양, 가로수 그늘, 경사유리, 곡면유리를 사용한다(광원을 감추고, 입사 광속을 적게 함).

백화점 에스컬레이터 배치 형식
- 직렬식 배치 : 승객의 시야가 좋은 형식으로 점유 면적이 크다.
- 병렬식 배치 : 내부를 내려다보기가 용이하다(병렬 단속식 배치, 병렬 연속식 배치).
- 교차식 배치 : 점유 면적이 가장 적은 형식으로 매장의 전망이 좋지 않다.

몰(Mall)의 유형
- 오픈 몰(Open Mall) : 몰(Mall) 천장이 개방된 형태
- 엔클로즈드 몰(Enclosed Mall) : 몰(Mall) 천장이 닫혀 있는 형태

몰(Mall)의 계획
- 몰의 폭은 6~12m, 몰의 길이는 240m를 초과하지 않아야 한다.
- 20~30m의 길이마다 변화를 주어 단조로운 느낌이 들지 않도록 한다.

학교의 교사(敎舍) 배치 형식
- 폐쇄형 : 부지의 효율적 활용 및 유기적 구성이 가능, 화재 비상시 불리, 일조·통풍 불균등
- 분산병렬형 : 일조·통풍 등 교실 환경 균등하고 구조계획 간단하지만 넓은 부지가 필요

학교의 단층 및 다층 교사(敎舍) 계획
- 단층(單層) 교사 : 채광 및 환기가 유리하고, 내진이나 내풍구조가 용이하다.
- 다층(多層) 교사 : 설비 관계 배선 및 배관의 집약이 가능하고, 부지의 이용률이 높다.

학교 운영방식
- 종합교실형(U(A)형) : 초등학교의 저학년에 적합, 교실의 이용률이 높다.
- 일반교실 및 특별교실형(U+V형) : 우리나라 일반적인 학교 운영방식이다.
- 교과교실형(V형) : 교과교실 구성으로 순수율 높지만, 학생의 이동이 심하다.
- U형과 V형의 중간형(E형) : 일반교실은 학급 수보다 적고, 교과교실 배치로 이용률을 높인다.
- 플래툰형(P형) : 학급의 2분단 분리 수업으로 시간표 배정, 교사 수 배정이 어렵다.
- 달톤형(D형) : 학급, 학년을 없애고 능력에 따라 교과목 이수 후 졸업한다.

■ 학교 교실의 이용률과 순수율

- 이용률 $= \dfrac{\text{실제 이용시간}}{\text{평균 수업시간}} \times 100(\%)$

- 순수율 $= \dfrac{\text{해당 교과목 수업시간}}{\text{실제 교실 이용시간}} \times 100(\%)$

■ 공장의 레이아웃 형식

- 제품 중심 레이아웃 : 생산에 필요한 공정, 기계 기구를 제품의 흐름에 따라 배치
- 공정 중심 레이아웃 : 동종의 공정, 동일 기계, 기능이 유사한 것을 하나의 그룹으로 배치
- 고정식 레이아웃 : 주재료나 조립부품이 고정되고, 사람이나 기계가 이동해 작업하는 방식

CHAPTER 02 건축시공

▌ 입찰방식의 종류
- 특명 입찰(수의계약) : 가장 적격한 1명을 지명하여 입찰시키는 방법
- 지명경쟁 입찰 : 공사에 적합하다고 인정되는 3~7개의 회사를 선정하여 입찰시키는 방법
- 공개경쟁 입찰 : 유자격자는 모두 참가할 수 있도록 입찰하는 방식

▌ 공사 실시 방식 종류
- 일식도급 : 건축공사 전체를 하나의 도급자에게 도급
- 분할도급 : 공사를 구분하여 각각 전문적인 도급업자에게 도급(전문공종별, 공정별, 공구별)
- 공동도급 : 2개 이상의 도급자가 임시로 결합하여 공사를 완성하고 해산하는 방식
- 컨소시엄(Consortium) : 독립된 2개 이상의 회사가 공동의 프로젝트에 참여하는 방식
- 파트너링(Partnering) : 여러 회사가 공정의 간섭 등을 사전 배제하기 위해 공동 노력하는 방식

▌ 공정표의 종류
- 횡선식 공정표(Bar Chart) : 세로축에 공사명 배열, 가로축에 날짜 표기 후, 공사 소요 시간 표시
- 사선식(곡선식) 공정표 : 공사량은 세로, 날짜는 가로로 기입하여 표시(그래프식, 바나나 곡선)
- 네트워크 공정표 : 공정별 작업 단위를 망형도로 표시(CPM, PERT, PDM 기법)
- 열기식 공정표 : 공사 착수(완료기일), 인부 수 등을 글자로서 나열시키는 방법
- 일순식 공정표 : 일주 형식으로 한 달을 셋으로 나눈 열흘 단위 또는 주 단위로 상세히 작성

▌ 벤치마크(Bench Mark, 기준점, 수준점)
- 건물의 위치 및 높이 기준이 되는 표식으로 기준면으로부터 표고를 정확하게 측정하여 표시해 둔 점
- 높낮이 기준이 되도록 건축물 인근에 설치하며, 최소 2개소 이상 설치한다.
- 공사에 지장이 없는 곳, 이동 염려가 없는 곳에 지반선(GL)에서 0.5~1.0m 위에 둔다.

사운딩(Sounding)
- 표준관입시험 : 사질지반의 밀도측정
- 베인 테스트(Vane Test) : 점토지반의 점착력 파악
- 화란식 관입시험 : 화란식 시험기의 관입 저항력 측정
- 스웨덴식 사운딩 시험 : 스웨덴식 시험기의 관입 저항력 측정

표준관입시험(SPT ; Standard Penetration Test)
- 순서 : 로드 선단 샘플러 부착 → 63.5(±0.5)kg의 드라이브 해머를 76(±1)cm 높이에서 자유 낙하 → 30cm 관입 시 타격횟수(N값) 측정
- N값에 따른 지반상태

N값	0~4	4~10	10~30	50 이상
모래의 상대밀도	몹시 느슨	느슨	보통	다진 상태

지반개량공법
- 웰 포인트(Well Point) 공법(사질지반) : 집수장치를 붙인 파이프를 지중에 박아 펌프로 배수
- 생석회 말뚝공법(점토지반) : 연약한 점토층에 생석회 말뚝을 박아서 생석회가 흡수 팽창하는 공법
- 샌드 드레인(Sand Drain) 공법(점토지반) : 모래말뚝 형성 후 하중으로 압밀 탈수하는 공법
- 페이퍼 드레인(Paper Drain) 공법(점토지반) : 합성수지 Card Board를 사용하여 탈수하는 공법

흙막이의 붕괴현상
- 히빙 현상(Heaving Failure) : 점토지반에서 흙막이 외부 흙이 안으로 들어와 불룩하게 되는 현상
- 보일링 현상(Boiling of Sand) : 사질지반에서 흙막이 뒷면 지하수가 들어와서 모래와 같이 솟아오르는 현상
- 파이핑(Piping) 현상 : 흙막이벽 구멍, 이음새를 통하여 물이 공사장 내부 바닥으로 스며드는 현상

언더피닝 공법(Underpinning Method)
- 기존 건물 가까이에 신축공사를 할 때 기존 건물의 지반과 기초를 보강하는 공법
- 목적 : 기존 건물을 보호, 기울어진 건축물을 바로 잡음, 인접 건축물 침하 방지

철근의 이음 위치
- 응력이 큰 곳은 피하고 엇갈려 잇게 하며, 주근 이음은 인장력이 가장 작은 곳에서 한다.
- 한 곳에서 철근수의 반 이상을 이어서는 안 되며, D35를 초과하는 철근은 겹침 이음을 할 수 없다.

▌ 거푸집의 측압이 커지는 요인
- 슬럼프(묽기)가 클수록, 부배합(富配合)일수록
- 타설 속도가 빠를수록, 다짐이 과다할수록
- 철골, 철근량이 적을수록, 거푸집의 강성이 클수록
- 대기 중 습도가 높을수록, 온도가 낮을수록

▌ 시멘트의 조기강도가 빠른 순서
알루미나 > 조강 포틀랜드 > 보통 포틀랜드 > 고로 > 실리카 > 중용열 포틀랜드 시멘트

▌ 콘크리트의 재료분리 현상
- 블리딩(Bleeding) : 굳지 않은 시멘트 풀, 모르타르, 콘크리트에서 물이 윗면에 스며 오르는 현상
- 레이턴스(Laitance) : 콘크리트를 부어 넣은 후 물의 증발에 따라 표면에 발생하는 백색의 물질

▌ 용접 접합
- 맞댄 용접(Butt Welding) : 두 부재를 맞대어 홈(Groove)을 만들고 용착금속으로 채워 용접
- 모살 용접(필릿 용접, Fillet Welding) : 목두께 방향이 모재 면과 45° 또는 거의 45°로 용접

▌ 용접 결함
- 오버 랩(Over Lap) : 용접 금속과 모재가 융합되지 않고 단순히 겹쳐지는 것
- 언더 컷(Under Cut) : 과대 전류로 용접 상부에 모재가 녹아 홈으로 남게 된 부분
- 피트(Pit) : 용접부 표면에 생기는 미세한 홈
- 블로 홀(Blow Hole) : 용융 금속이 응고할 때 방출가스가 남아서 생긴 기포나 작은 틈
- 피시아이(Fish Eye) : 슬래그 혼입 및 블로 홀 겹침 현상, 생선 눈알 모양의 은색 반점이 나타남(은점)
- 크랙(Crack) : 용접 후 냉각 시에 생기는 갈라짐
- 크레이터(Crater) : 용접길이 끝부분에 우묵하게 파진 부분

▌ 줄눈의 시공
- 줄눈 치수 : 표준은 10mm, 내화벽돌은 6mm, 타일이나 모자이크 벽돌은 2mm
- 막힌 줄눈이 원칙, 보강블록조와 치장용은 통줄눈 시공

▌ 벽돌쌓기 방법
- 영식 쌓기 : 마구리쌓기와 길이쌓기를 번갈아 하고, 모서리 벽 끝은 이오토막을 사용(가장 튼튼함)
- 화란식(네덜란드식) 쌓기 : 영식 쌓기와 거의 같으나 길이쌓기 층의 끝에 칠오토막을 사용
- 불식(프랑스식) 쌓기 : 매 켜에 길이와 마구리쌓기가 번갈아 나오게 쌓는 방법
- 미식 쌓기 : 5켜는 길이쌓기로 하고, 다음 한 켜는 마구리쌓기하는 방법

▌ 블록쌓기
- 살두께 : 두꺼운 쪽이 위로 가게 쌓는다.
- 줄눈 시공 : 일반 블록조는 막힌줄눈, 보강 블록조는 통줄눈

▌ 테두리보(Wall Girder)
- 조적조의 맨 위에 설치하는 보로 춤(높이)은 벽 두께의 1.5배로 하고 철근은 40d 이상 정착시킨다.
- 역할 : 균등 하중 분포, 벽체 수직 균열 방지, 보강 블록조 세로 철근 정착, 집중하중을 받는 부분 보강

▌ 안방수와 바깥방수
- 안방수 : 수압이 적고 얕은 지하실에 시공하며 보호누름이 필요하지만 공사비가 싸다.
- 바깥방수 : 수압이 크고 깊은 지하실에 시공하며 보호누름이 없어도 되며, 본공사에 선행한다.

▌ 미장공사의 수경성과 기경성 재료
- 기경성(공기 중에서 경화) : 석회질, 진흙질로서 회반죽, 회사벽, 돌로마이트 플라스터
- 수경성(물과 함께 경화, 혼화재(소석회, 돌로마이트 플라스터) 사용) : 석고질, 혼합석고, 경석고 플라스터

▌ 시멘트창고 면적(m²)
- 시멘트창고 면적 $= 0.4 \times \dfrac{N}{n}$

  여기서, N : 시멘트 포대 수

  n : 쌓기단수(최대 13단)
  - 600포 미만 : $N =$ 전량
  - 600포 이상~1,800포 이하 : $N = 600$포
  - 1,800포 초과 : $N = 1/3$만 적용

▌ 조적공사 적산 – 벽돌

- 벽돌 기준량(소요량) 산정 시 할증률
  - 붉은 벽돌일 때 : 3% 이내
  - 시멘트 벽돌일 때 : 5% 이내
- 벽돌 정미량(매) = 벽 면적(벽 길이 × 벽 높이 – 개구부 면적) × 단위수량
- 벽돌(190 × 90 × 57mm) 단위수량
  - 0.5B : 75장/m^2
  - 1.0B : 149장/m^2
  - 1.5B : 224장/m^2

CHAPTER 03 건축구조

▌ 말뚝의 종류별 간격(D : 말뚝머리 지름)

말뚝의 종류	말뚝의 중심간격
나무말뚝	$2.5D$ 이상 또한 600mm 이상
기성 콘크리트말뚝	$2.5D$ 이상 또한 750mm 이상
강재말뚝	D 또는 폭의 2.0배 이상 또한 750mm 이상
매입말뚝	$2D$ 이상
현장타설(제자리) 콘크리트말뚝	$2D$ 이상 또한 $D+1,000$mm 이상

▌ 하중계수 및 하중의 조합

- $U = 1.4(D+F)$
- $U = 1.2(D+F+T) + 1.6L + 0.5(Lr \text{ or } S \text{ or } R)$
- $U = 1.2D + 1.6(Lr \text{ or } S \text{ or } R) + (1.0L \text{ or } 0.65W)$
- $U = 1.2D + 1.3W + 1.0L + 0.5(Lr \text{ or } S \text{ or } R)$
- $U = 1.2D + 1.0E + 1.0L + 0.2S$
- $U = 0.9D + 1.3W$
- $U = 0.9D + 1.0E$

▌ 구조물의 판별식(부정정 차수)

- 판별식 : $N = m + r + k - 2j$

  여기서, m : 부재수

  　　　 r : 반력수

  　　　 k : 강절점수

  　　　 j : 절점수

- 판별 결과
  - $N > 0$: 부정정
  - $N = 0$: 정정
  - $N < 0$: 불안정

■ 변형률(Strain, 변형도), 푸아송비와 푸아송수

- 변형률 $= \dfrac{\text{변형된 길이}(\Delta l)}{\text{원래의 길이}(l)}$

- 푸아송비$(\nu) = \dfrac{\text{압축변형률}}{\text{인장변형률}} = \dfrac{1}{\text{푸아송수}(m)}$

■ 기둥의 세장비(λ) : 기둥의 가늘고 긴 정도의 비

- $\lambda = \dfrac{\text{유효 좌굴길이}}{\text{최소 단면 2차 반경}} = \dfrac{Kl}{r} = \dfrac{Kl}{\sqrt{\dfrac{I}{A}}}$

  여기서, K : 좌굴 유효길이 계수 A : 단면적

  l : 기둥 지지길이 I : 단면 2차 모멘트

- 단주 : $\lambda = \dfrac{l}{r} < 100$, 장주 : $\lambda = \dfrac{l}{r} \geq 100$

■ 장주의 해석 : 오일러(Euler)의 공식

- 좌굴하중$(P_{cr}) = \dfrac{\pi^2 EI}{(Kl)^2}$

  여기서, EI : 휨강도 Kl : 기둥유효길이

  E : 탄성계수 I : 단면 2차 모멘트

  K : 단부지지조건 l : 부재의 길이

- 좌굴응력$(\sigma_{cr}) = \dfrac{P_{cr}}{A} = \dfrac{\pi^2 E}{\left(\dfrac{Kl}{r}\right)^2}$

■ 단순보의 하중 상태별 처짐과 처짐각(이론 188p 표 중 2가지만)

하중 상태	처짐각	처 짐
중앙집중하중 P, 길이 l (A, B 단순지지)	$\theta_A = -\theta_B \dfrac{Pl^2}{16EI}$	$\delta_{max} = \dfrac{Pl^3}{48EI}$
등분포하중 w, 길이 l (A, B 단순지지)	$\theta_A = -\theta_B \dfrac{wl^3}{24EI}$	$\delta_{max} = \dfrac{5wl^4}{384EI}$

캔틸레버 보의 하중 상태별 처짐과 처짐각(이론 188p 표 중 3가지만)

하중 상태	처짐각	처 짐
A⌐────────────B, 끝단에 P, 길이 l	$\theta_B = \dfrac{Pl^2}{2EI}$	$\delta_B = \dfrac{Pl^3}{3EI}$
A⌐────C────B, 중앙($l/2$)에 P, 길이 l	$\theta_C = \theta_B = \dfrac{Pl^2}{8EI}$	$\delta_B = \dfrac{5Pl^3}{48EI}$
A⌐────────────B, 등분포하중 w, 길이 l	$\theta_B = \dfrac{wl^3}{6EI}$	$\delta_B = \dfrac{wl^4}{8EI}$

콘크리트 휨인장강도와 전단강도

- 휨인장강도(휨인장 시 인장측에서 균열이 시작될 때의 인장응력) : $f_r = 0.63 \times \lambda \sqrt{f_{ck}}\,(\mathrm{MPa})$
- 전단강도 : 인장강도보다 20~30% 더 큰 값을 갖는다.

등가블록의 깊이(a)

균형상태로부터 $C = T$에서, $0.85 f_{ck} \times a \times b = A_s \times f_y$ 이며, $\therefore a = \dfrac{A_s f_y}{0.85 f_{ck} \times b}$

등가블록의 중립축의 위치(c)

$a = \beta_1 \times c_y$ 이며, $\therefore c = \dfrac{a}{\beta_1} = \dfrac{A_s f_y}{0.85 f_{ck} b \beta_1}$

단철근 T형 단면보의 해석에서, 플랜지의 유효폭(다음 중 작은 값으로 결정)

T형 보(대칭)	반T형 보(비대칭)
• $16 t_f + b_w$ • 슬래브 중심간 거리 • $l \times \dfrac{1}{4}$	• $6 t_f + b_w$ • $l_n \times \dfrac{1}{2} + b_w$ • $l \times \dfrac{1}{12} + b_w$

여기서, t_f : 슬래브 두께, b_w : 보의 폭, l_n : 인접 보와의 내측 거리, l : 경간

보의 전단설계 - 설계전단강도

- 콘크리트가 부담하는 전단강도 : $V_c = \dfrac{1}{6}\lambda\sqrt{f_{ck}}\,b_w d$
- 전단철근이 부담하는 전단강도 : $V_s = 0.2(1 - f_{ck}/250)f_{ck}\,b_w d$ 이하

처짐의 제한

부재(l : 지간 거리)	최소 두께(h)			
	캔틸레버	단순지지	1단연속	양단연속
l : 경간 길이(단위 : cm) f_y = 400MPa 철근을 사용한 경우의 값				
• 보 • 리브가 있는 1방향 슬래브	$\dfrac{l}{8}$	$\dfrac{l}{16}$	$\dfrac{l}{18.5}$	$\dfrac{l}{21}$
1방향 슬래브	$\dfrac{l}{10}$	$\dfrac{l}{20}$	$\dfrac{l}{24}$	$\dfrac{l}{28}$

띠철근의 역할과 간격

- 띠철근의 역할 : 콘크리트의 가로방향 변형 방지, 주철근 위치 확보(압축응력 증가, 기둥 좌굴방지)
- 띠철근 간격(최솟값으로 설계)
  - 주철근 직경의 16배 이하
  - 띠철근 직경의 48배 이하
  - 기둥 단면의 최소 폭 이하

구조용 강재의 종류

- SS(Steel Structure) : 일반구조용 압연강재
- SN(Steel New Structure) : 고성능 건축구조용 압연 강재
- SM(Steel for Marine) : 용접구조용 압연강재
- SMA(Steel Marine Atmosphere) : 용접구조용 내후성 열간 압연강재
- HPS(High Performance Steel) : 고성능강
- TMCP(Thermo Mechanical Control Process) : 열간 압연공정에 의한 열가공제어법으로 제작한 강재
- SV(Steel Rivet) : 리벳용 압연강재

■ 고력(고장력)볼트 접합의 장점
- 접합부의 강도 및 내화력이 크다.
- 현장시공이 용이하고 소음이 덜하며, 노동력이 절약되고, 공기가 단축된다.
- 연결부의 증설, 변경이 쉽고 불량 부위의 교체가 쉽다.

■ 용접접합 방법
- 스캘럽(Scallop) : 재용접 부위가 취약해지기 때문에 모재에 부채꼴 모양의 모따기를 한 것
- 메탈 터치(Metal Touch) : 기둥 상하부 밀착으로 축력의 50%까지 하부 기둥 밀착변에 전달시키는 이음
- 엔드 탭(End Tab) : 용접결함이 생기기 쉬운 용접 비드(Bead)의 시작과 끝지점에 부착하는 보조강판
- 뒷댐재(Back Strip) : 맞댄용접을 한 면으로만 실시하는 경우 금속판을 루트 뒷면에 받치는 것

■ 용접부의 목두께(a)
- 목두께 : 응력을 전달하는 용접부의 유효두께
- 맞댄(홈)용접 : $a = t$
- 필릿(모살)용접 : $a = \dfrac{1}{\sqrt{2}} S ≒ 0.7S$(모재의 두께가 다를 경우 얇은 쪽)

■ 필릿(모살)용접의 유효용접면적(A_w)

$A_w = a \cdot l_e$(단면 : $A_w = 0.7S \times (l - 2S)$, 양면 : $A_w = 0.7S \times (l - 2S) \times 2$)

■ 주각의 구성
- 베이스 플레이트(Base Plate) : 기초 콘크리트 위 또는 모르타르의 위에 설치하여 주각을 고정시킴
- 사이드앵글(Side Angle) : 윙 플레이트와 베이스 플레이트를 연결하는 측면에 부착하는 앵글
- 윙 플레이트(Wing Plate) : 철골 주각부에 부착되는 강판으로 베이스 플레이트에 기둥의 응력 전달
- 클립 앵글(Clip Angle) : 베이스 플레이트와 철골 기둥의 웨브 부분을 고정시키는 접합 앵글
- 앵커볼트(Anchor Bolt) : 기초 콘크리트에 매입되어 주각부의 이동을 방지하는 역할

■ 휨재의 특징
- 보는 작용하중이 단면의 전단중심과 일치하지 않으면 비틀림이 발생한다.
- 강재보의 응력분담은 플랜지(Flange)가 휨모멘트를 주로 부담한다.
- 커버 플레이트 : 플랜지의 단면이 부족하거나 보의 휨내력을 보강하기 위해 사용한다.
- 웨브(Web) : 전단력을 주로 부담한다.
- 스티프너(Stiffener) : 웨브의 단면 부족, 보 단부의 모멘트가 클 경우 변형 방지를 위해 설치한다.

CHAPTER 04 건축설비

▌ 베르누이의 법칙
- 유체의 위치에너지와 운동에너지, 압력에너지의 총합은 어디에서나 항상 일정하다.
- 유체의 속력이 증가하면 압력은 감소한다.

▌ 펌프의 축동력

$$축동력 = \frac{W \times Q \times H}{102 \times 60 \times E} = \frac{W \times Q \times H}{6,120 \times E} \text{(kW)}$$

여기서, 1kW = 102kg · m/sec = 6,120kg · m/min
- W : 비중량(kg/m³), 물의 비중량 = 1,000kg/m³
- Q : 양수량(m³/min)
- H : 전양정(m)
- E : 효율(%)
- 여유율 : 1.1~1.2

▌ 수격작용(Water Hammering) 원인
- 유속의 급정지 시 충격
- 관경이 작을 때
- 수압 과대, 유속이 클 때
- 밸브를 급조작할 때

▌ 트랩(Trap)
- 봉수를 고이게 하는 기구로서 배수관 속 악취, 유독가스 및 벌레의 침투를 방지한다.
- 구조가 간단하며, 평활한 내면으로 내식성, 내구성 재료를 사용한다.
- 자체 유수로 세정하며, 오수가 정체되지 않아야 하고, 봉수가 없어지지 않게 항상 유지해야 한다.

▎트랩의 봉수(Seal Water)
- 봉수의 역할 : 트랩 안에 봉수를 유지하여 하수 가스, 벌레 등의 실내 침입을 방지
- 봉수의 깊이 : 5~10cm 정도가 적당

▎통기관 설치 목적
- 트랩의 봉수를 보호하고, 배수관 내의 물의 흐름을 원활히 한다.
- 배수관 내 신선한 공기 유통으로 환기 및 청결을 유지하고, 관 내의 기압을 일정하게 유지한다.

▎통기관의 종류
- 각개 통기관 : 위생 기구 1개에 1개의 통기관 설치
- 회로 통기관(환상, 루프 통기관) : 최상류 바로 아래 설치. 1개 통기관이 최고 8개까지 감당
- 도피 통기관 : 루프 통기관의 능률 촉진을 위해 기구수가 8개 이상일 경우 추가로 설치하는 통기관
- 습식 통기관 : 배수 수평 지관 최상류 기구에 설치하여 배수와 통기 효과를 동시에 볼 수 있음
- 신정 통기관 : 배수 수직관 상단 연장하여 대기 중(옥상)에 개방(배관 길이에 비해 성능이 우수)
- 결합 통기관 : 고층의 5개 층마다 통기 수직관과 배수 수직관을 연결하는 통기관(관경이 가장 굵다)

▎배관 재료
- 주철관 : 내식성, 내구성, 내압성이 우수하지만, 충격에 약하고 인장강도가 작다.
- 경질 염화비닐관(PVC관) : 내화학적(내산, 내알칼리)이며 마찰손실이 적지만, 열에 약하다.
- 콘크리트관, 도관 : 옥외배수, 상하수도 배관에 이용된다.

▎BOD 제거율

$$BOD\ 제거율 = \frac{유입수\ BOD - 유출수\ BOD}{유입수\ BOD} \times 100$$

▎난방부하(HL ; Heating Load)
- 난방부하 영향 요인 : 전열손실, 극간풍, 외기취입 등
- 실내 발생열량에 따른 난방부하 계산 시 재실자, 전열기구 등의 발생 열은 일반적으로 무시한다.
- 환기에 의한 손실 열량(H_i(W))

$$H_i = 0.337 \times Q \times \Delta t(W) = 0.337 \times n \times V \times \Delta t(W)$$

여기서, Q : 환기량(m³/h)　　0.337 : 단위환산계수(W·h/m³·K)
　　　　n : 환기횟수(회/h)　　V : 실의 체적(m³)
　　　　Δt : 실내외 온도차(℃)

주철제 보일러

- 내식성이 우수하고 수명이 길어서 주택이나 소규모 건물 등에 사용한다.
- 니플, 볼트에 의한 조립식으로 분할 반입과 용량의 증감이 용이하다.
- 내압, 충격에 약하고 구조가 복잡하며, 대용량, 고압에 부적당하다(사용압력 : 증기용 $1kg/cm^2$ 이하).

증기난방과 온수난방 특성

- 증기난방

장 점	단 점
• 증발 잠열을 이용하므로 열의 운반 능력이 크다. • 예열시간이 짧고, 증기순환이 빠르다. • 설비비, 유지비가 싸다. • 방열기의 방열 면적을 작게 할 수 있다. • 한랭지에서 동결의 우려가 적다.	• 부하변동에 따른 방열량 제어가 어렵다. • 난방 개시 때 소음이 많이 나고, 쾌감도가 나쁘다. • 열손실이 크다. • 화상의 우려(102℃의 증기 사용)가 있다. • 배관 내 부식우려가 크다.

- 온수난방

장 점	단 점
• 열용량이 커서 난방을 정지하여도 여열이 오래 간다. • 방열량 조절이 용이하고, 연속 난방에 유리하다. • 증기난방에 비해 쾌감도가 좋다. • Water Hammering이 없어 소음·진동이 없다.	• 방열 면적과 관경이 커서 설비비가 비싸다. • 예열시간이 길며, 온수 순환시간이 길다. • 한랭지에서는 난방 정지 시 동결의 염려가 있다.

압축식 냉동기

압축식 냉동기의 순환 원리 : 압축 → 응축 → 팽창 → 증발(냉동, 냉각)

흡수식 냉동기

흡수식 냉동기의 순환 원리 : 흡수 → 재생 → 응축 → 증발

냉각탑

냉각탑의 역할 : 응축기용 냉각수 재사용을 위해 대기와 접촉시켜서 물을 냉각하는 장치

혼합공기의 온도계산

$$t_3 = \frac{(Q_1 \times t_1) + (Q_2 \times t_2)}{Q_1 + Q_2}(℃)$$

여기서, Q_1, Q_2 : 혼합 전 공기의 양
t_1, t_2 : 혼합 전 공기의 온도
t_3 : 혼합 후 공기의 온도

■ 환기 횟수
- 실내 공기는 이산화탄소(CO_2) 농도를 기준으로 산출
- 환기 횟수 : 1시간에 방 공기를 외기와 교체하는 횟수(환기 횟수 = 환기량(m^3/h) ÷ 실체적(m^3))

■ 덕트(Duct)의 형상
- 장방형 덕트 : 저속(풍속 10~15m/sec)에 사용되며, 천장 내 스페이스가 적은 곳에 적당
- 원형 덕트 : 고속(풍속 20~25m/sec)에 사용되며, 천장 내 스페이스가 많이 필요하고, 마찰손실이 적어 에너지 절감
- 스파이럴형 덕트 : 나선형 접합. 기밀성, 강도, 내구성 좋고, 시공이 용이

■ 전기설비의 분류
- 강전설비 : 조명, 동력, 전원 등에 이용되는 전기설비
- 약전설비 : 전화, 인터폰, 전기시계, 안테나, 방송설비 등에 이용되는 전기설비
- 방재설비 : 피뢰침 설비, 항공장애등 설비, 비상콘센트 설비, 소방전기설비 등에 이용되는 전기설비

■ 수·변전설비 용량 결정
- 수용률 = $\dfrac{\text{최대 수요전력}}{\text{총 부하설비용량}} \times 100(\%)$
- 부등률 = $\dfrac{\text{각 부하의 최대 수요전력 합계}}{\text{합성 최대 수요전력}} \times 100(\%)$
- 부하율 = $\dfrac{\text{평균전력}}{\text{최대 수요전력}} \times 100(\%)$

■ 간선 배선 방식(배전반에서 분전반까지 배선)
- 평행식(개별 방식) : 각 분전반에 단독으로 배선하는 방식(사고발생 시 영향이 적고, 대규모 건물 적합)
- 나뭇가지식(수지상식) : 한 개의 간선이 각 분전반을 거쳐가며 공급하는 방식
- 병용식 : 평행식과 수지상식을 병용한 방식으로 일반적으로 가장 많이 사용

■ 간선의 설계순서
간선의 부하용량 산출 → 전기 방식과 배선 방식 결정 → 배선 방법 결정 → 전선의 굵기 결정

■ 조도(Illuminance)

거리의 역제곱의 법칙 : 점광원으로부터의 거리가 n배가 되면 조도 값은 $\frac{1}{n^2}$배가 된다.

■ 조명설계 순서

소요조도 결정 → 광원 선택 → 조명 방식 결정 → 조명기구 결정 → 광속 계산 → 조명기구 배치 결정 → 광속발산도 계산

■ 피뢰설비

- 대상 : 낙뢰 우려가 있는 건축물, 높이 20m 이상 건축물 또는 공작물
- 피뢰설비는 한국산업표준이 정하는 피뢰레벨 등급(Ⅰ~Ⅳ까지 4등급)에 적합해야 한다.

■ 열 감지기

- 정온식 : 국부적인 온도가 일정한 온도를 넘으면 작동(보일러실, 주방 등)
- 차동식 : 주위 온도가 일정 온도 상승률 이상일 때 작동(일반 사무실 등)
- 보상식 : 정온식과 차동식을 복합한 것. 온도가 일정한 값 이상으로 오르거나 온도 상승률이 일정한 값을 초과할 경우 작동

■ LPG(액화석유가스, Liquefied Petroleum Gas)

- 무색·무취, 중독성이 있으며 연소범위가 좁다(주성분 : 프로판(C_4H_{10}), 부탄(C_3H_8)).
- 발열량이 높고, 공기보다 무겁다(경보기는 바닥에서 30cm 이내 설치).

■ LNG(액화천연가스, Liquefied Natural Gas)

- 도시가스 중앙공급원에서 도관을 따라 수요자에게 공급(주성분 : 메탄(CH_4))
- 발열량 낮고, 공기보다 가벼워서 공기 중에 흡수되어 안정성 높다(경보기는 천장에서 30cm 이내 설치).

■ 도시가스 공급 압력(도시가스 사업자 기준)

- 저압 : 0.1MPa 미만
- 중압 : 0.1MPa 이상 ~ 1MPa 미만
- 고압 : 1MPa 이상

■ 소화활동설비(소방시설법 시행령 별표 1)
- 화재를 진압하거나 인명구조활동을 위하여 사용하는 설비
- 종류 : 제연설비, 연결살수설비, 연결송수관설비, 비상콘센트설비, 무선통신보조설비, 연소방지설비

■ 옥내소화전
- 수원의 수량 : $2.6m^3 \times$ 소화전 최다 설치 층 설치 개수(2개 이상 설치된 경우에는 2개)
- 방수 압력 : 0.17MPa 이상

■ 옥외소화전
- 수원의 수량 : $7.0m^3 \times$ 소화전 개수(최대 2개)
- 방수 압력 : 0.25~0.7MPa

CHAPTER 05 건축관계법규

▌ 용어의 정의

- 건축 행위 : 신축, 증축, 개축, 재축, 이전(대수선은 건축 행위가 아님)
- 도로 : 보행과 자동차 통행이 가능한 너비 4m 이상의 도로

막다른 도로의 길이	막다른 도로의 너비
10m 미만	2m
10m 이상 35m 미만	3m
35m 이상	6m(도시지역이 아닌 읍·면지역 : 4m)

▌ 발코니 대피공간의 설치 기준

공동주택 중 아파트로서 4층 이상인 층의 각 세대가 2개 이상의 직통계단을 사용할 수 없는 경우

- 대피공간은 바깥의 공기와 접하여야 하고, 실내 다른 부분과 방화구획으로 구획될 것
- 대피공간의 바닥면적은 인접 세대와 공동으로 설치하는 경우에는 $3m^2$ 이상, 각 세대별로 설치하는 경우에는 $2m^2$ 이상일 것
- 대피공간으로 통하는 출입문은 60분+방화문으로 설치할 것

▌ 건축물의 층수별 분류

- 고층 건축물 : 층수 30층 이상이거나 높이 120m 이상인 건축물
- 초고층 건축물 : 층수 50층 이상이거나 높이 200m 이상인 건축물

▌ 다중이용 건축물

- 바닥면적 합계가 5,000m^2 이상인 다음의 용도
  - 문화 및 집회시설(동물원 및 식물원 제외), 종교시설, 판매시설
  - 운수시설 중 여객용 시설, 의료시설 중 종합병원, 숙박시설 중 관광숙박시설
- 16층 이상인 건축물

▌ 리모델링이 쉬운 구조의 공동주택 규정 완화

120/100의 범위에서 완화 적용 규정 : 용적률, 건축물 높이 제한, 일조 등의 확보를 위한 높이 제한

■ **특별시장, 광역시장의 허가 대상**
- 21층 이상 건축
- 연면적 합계 100,000m^2 이상 건축(공장·창고 제외)
- 연면적 3/10 이상 증축으로 인해 21층 이상 또는 100,000m^2 이상(공장·창고 제외)이 되는 경우

■ **건축신고 대상**
- 증축·개축·재축 : 바닥면적 합계가 85m^2 이내
- 대수선 : 연면적 200m^2 미만이고, 3층 미만인 건축물의 대수선
- 건축 : 관리지역, 농림지역, 자연환경보전지역에서 연면적 200m^2 미만이고 3층 미만인 건축물
- 기타 소규모 건축물 : 연면적 합계 100m^2 이하, 건축물 높이 3m 이하의 증축

■ **허용오차**
- 대지 관련 건축기준의 허용오차
  - 건축선의 후퇴거리, 인접 대지 경계선과의 거리, 인접 건축물과의 거리 : 3% 이내
  - 건폐율은 0.5% 이내(건축면적 5m^2 이하), 용적률은 1% 이내(연면적 30m^2 이하)
- 건축물 관련 건축기준의 허용오차
  - 건축물 높이, 반자 높이, 평면 길이, 출구 너비 : 2% 이내
  - 벽체 두께, 바닥판 두께 : 3% 이내

■ **용도변경**

시설군	세부용도		구 분
자동차 관련 시설군	자동차 관련 시설		허가 대상 ↑
산업 등의 시설군	• 운수시설 • 창고시설 • 자원순환 관련 시설 • 장례시설	• 공 장 • 위험물 저장 및 처리시설 • 묘지 관련 시설	
전기통신시설군	• 방송통신시설	• 발전시설	
문화 및 집회시설군	• 문화 및 집회시설 • 위락시설	• 종교시설 • 관광휴게시설	
영업시설군	• 판매시설 • 숙박시설	• 운동시설 • 제2종 근린생활시설 중 다중생활시설	
교육 및 복지시설군	• 의료시설 • 노유자시설 • 야영장시설	• 교육연구시설 • 수련시설	
근린생활시설군	• 제1종 근린생활시설	• 제2종 근린생활시설(다중생활시설 제외)	
주거업무시설군	• 단독주택 및 공동주택 • 교정시설	• 업무시설 • 국방·군사시설	↓ 신고 대상
그 밖의 시설군	동물 및 식물 관련 시설		

■ 대지 안의 조경, 공개공지 등의 확보

조경 대상 : 대지면적 200m² 이상에 건축을 하는 경우

■ 대지가 도로에 접해야 하는 길이

- 건축물의 대지는 2m 이상이 도로에 접해야 한다(자동차만의 통행 도로는 제외).
- 연면적 2,000m²(공장은 3,000m²) 이상인 건축물의 대지는 너비 6m 이상의 도로에 4m 이상 접해야 함

■ 건축선에 따른 건축제한

- 건축물 및 담장은 건축선의 수직면을 넘어서는 아니 된다. 다만, 지표하의 부분은 그러하지 아니하다.
- 도로면으로부터 높이 4.5m 이하 출입구·창문 등은 개폐 시 건축선의 수직면을 넘지 않도록 한다.

■ 구조 안전의 확인 및 서류제출, 내진능력 공개

- 층수 : 2층 이상인 건축물(목구조 건축물 3층 이상)
- 연면적 : 200m² 이상인 건축물(목구조인 경우 500m² 이상)
- 건축물의 높이 13m 이상, 처마높이 9m 이상인 건축물
- 기둥과 기둥 사이의 거리(경간) : 10m 이상인 건축물

■ 직통계단의 설치

- 피난층 외의 층에서의 보행거리 : 30m 이하
- 주요구조부가 내화구조 또는 불연재료 건축물 : 50m 이하(지하층 300m² 이상 공연장 등은 제외)
- 16층 이상인 공동주택의 경우 16층 이상인 층 : 40m 이하
- 자동식 소화 설비 설치 공장 : 반도체 등 제조공장 75m 이하(무인화 공장은 100m 이하)

■ 피난안전구역 설치 기준

- 피난안전구역의 높이는 2.1m 이상이어야 하며, 내부 마감재료는 불연재료로 설치할 것
- 건축물 내부에서 피난안전구역으로 통하는 계단은 특별피난계단으로 설치
- 비상용 승강기는 피난안전구역에서 승하차할 수 있는 구조로 할 것
- 피난안전구역에는 식수 공급을 위한 급수전을 1개소 이상 설치할 것

■ 피난계단 및 특별피난계단의 설치 대상
- 원칙(해당 층) : 5층 이상, 지하 2층 이하(5층 이상 직통계단과 연결된 지하 1층 계단 포함)
- 예외 : 주요구조부가 내화구조 또는 불연재료로 된 건축물로서 5층 이상의 층이 다음의 경우
  - 바닥면적 합계가 200m^2 이하의 경우
  - 200m^2 이내마다 방화구획이 된 경우 제외
- 판매시설용도로 쓰이는 층으로부터의 직통계단은 그 중 1개소 이상을 특별피난계단으로 설치한다.

■ 옥내 피난계단 설치 기준
- 개구부 외에는 내화구조의 벽으로 구획, 불연재료 마감(계단 유효너비는 규정에 없음)
- 옥외 개구부는 다른 외벽 개구부와 2m 이상 이격하고, 망입유리 붙박이창 설치 시 1m^2 이하
- 출입구 유효폭은 0.9m 이상, 60분+방화문 또는 60분 방화문 설치(피난방향으로 열릴 것)

■ 특별피난계단 설치 기준
- 옥내 출입구는 60분+방화문 또는 60분 방화문 설치, 계단실 출입구는 60분+방화문, 60분 방화문 또는 30분 방화문 설치
- 출입구 유효폭 0.9m 이상

■ 공연장 개별 관람실의 출구 설치 기준(바닥면적 300m^2 이상인 것)
- 관람석별로 2개소 이상 설치하여야 하며, 각 출구의 유효 너비는 1.5m 이상
- 출구 유효너비 합계 : 관람실 바닥면적 100m^2마다 0.6m 너비 이상

■ 방화구획 등의 설치
- 방화구획 설치 대상 : 내화구조 또는 불연재료로 된 건축물로서 연면적 1,000m^2를 넘을 경우
- 방화구획의 구조 : 내화구조로 된 바닥·벽으로 구획, 60분+방화문, 60분 방화문 또는 자동방화셔터 설치

■ 대규모 건축물의 방화벽
- 연면적 1,000m^2 이상 건축물은 바닥면적 합계 1,000m^2 미만마다 방화벽으로 구획해야 한다.
- 방화벽 구조 : 내화구조로서 홀로 설 수 있는 구조일 것(자립구조)
- 출입문 구조 : 너비 및 높이는 각각 2.5m 이하, 60분+방화문 또는 60분 방화문 설치
- 외벽 및 처마 밑의 연소 우려가 있는 부분은 방화구조로 한다.

▌ 지하층의 설치 기준

지하층 규모	설치 기준
(거실의 바닥면적이) 50m² 이상인 층	직통계단 외에 비상탈출구 및 환기통 설치(직통계단이 2개소 이상인 경우는 제외)
(바닥면적이) 1,000m² 이상인 층	방화구획으로 구획하는 각 부분마다 1개소 이상의 피난 또는 특별피난계단 설치
(거실의 바닥면적의 합계가) 1,000m² 이상인 층	환기설비 설치
(지하층의 바닥면적이) 300m² 이상인 층	식수 공급을 위한 급수전 1개소 이상 설치

▌ 너비 8m 미만인 도로 모퉁이에 위치한 대지의 가각전제(街角剪除) 부분

도로의 교차각	해당 도로의 너비(m)		교차되는 도로의 너비(m)
	6m 이상 8m 미만	4m 이상 6m 미만	
90° 미만	4	3	6 이상 8 미만
	3	2	4 이상 6 미만
90° 이상 120° 미만	3	2	6 이상 8 미만
	2	2	4 이상 6 미만

▌ 층수 산정

- 지하층은 건축물의 층수에 산입하지 않는다.
- 층의 구분이 명확하지 않은 건축물에 있어서는 해당 건축물의 높이 4m마다 하나의 층으로 산정한다.
- 건축물의 부분에 따라 그 층수를 달리한 경우에는 그 중 가장 많은 층수를 그 건축물의 층수로 본다.

▌ 승강기의 설치(16인승 이상 승강기의 설치 시에는 2대의 설치대수로 인정)

건축물의 용도	6층 이상의 거실면적의 합계 3,000m² 초과
• 문화 및 집회시설 중 공연장, 집회장, 관람장 • 판매시설, 의료시설	$2대 + \dfrac{초과\ 면적 - 3,000m^2}{2,000m^2}(대)$
• 문화 및 집회시설 중 전시장, 동·식물원 • 업무시설, 숙박시설, 위락시설	$1대 + \dfrac{초과\ 면적 - 3,000m^2}{2,000m^2}(대)$
• 공동주택 • 교육연구시설, 노유자시설, 기타 시설	$1대 + \dfrac{초과\ 면적 - 3,000m^2}{3,000m^2}(대)$

▌ 비상용 승강기의 승강장 및 승강로의 구조

- 승강장 바닥면적은 비상용 승강기 1대에 대하여 6m² 이상으로 할 것(다만, 옥외 승강장을 설치 시 제외)
- 피난층이 있는 승강장 출입구로부터 도로 또는 공지에 이르는 거리가 30m 이하일 것

■ 자연환기설비 또는 기계환기설비 설치 기준
  • 신축 또는 리모델링하는 주택이나 건축물은 시간당 0.5회 이상 환기가 되도록 한다.
  • 대상 : 30세대 이상의 공동주택, 주택 외 시설과 함께 건축하는 경우 30세대 이상의 주택

■ 주차전용 건축물의 주차면적 비율
  • 원칙 : 95% 이상
  • 70% 이상 : 단독 및 공동주택, 제1종·제2종 근린생활시설, 문화 및 집회시설, 종교시설, 판매시설, 운수시설, 운동시설, 업무시설, 창고시설, 자동차 관련 시설
  • 60% 이상 : 주차환경개선지구 내에 위치한 건축물

■ 주차장의 주차구획 크기 등
  • 평행주차 형식의 경우

구 분	너비 × 길이
경 형	1.7m × 4.5m 이상
일반형	2.0m × 6.0m 이상
보도와 차도의 구분이 없는 주거지역의 도로	2.0m × 5.0m 이상
이륜자동차 전용	1.0m × 2.3m 이상

  • 평행주차 형식 외의 경우

구 분	너비 × 길이
경 형	2.0m × 3.6m 이상
일반형	2.5m × 5.0m 이상
확장형	2.6m × 5.2m 이상
장애인 전용	3.3m × 5.0m 이상
이륜자동차 전용	1.0m × 2.3m 이상

■ 노상주차장의 설치금지 장소
  • 주간선도로
  • 너비 6m 미만 도로
  • 종단경사도 4% 초과하는 도로(종단구배 6% 이하로 보도와 차도가 구별되고 차도 너비 13m 이상은 제외)
  • 고속도로, 자동차전용도로, 고가도로
  • 도로교통법상 주정차 금지구역에 해당하는 도로 부분

■ 노상주차장의 장애인 전용 주차구획 설치
  • 주차대수 20대 이상 50대 미만 : 1면 이상 설치
  • 주차대수 규모가 50대 이상 : 주차대수 2~4%까지 범위에서 장애인 주차 수요를 고려하여 조례로 정함

▌ 노외주차장 출입구의 설치금지 장소
- 도로교통법에 의하여 정차·주차가 금지되는 도로 부분
- 횡단보도(육교 및 지하횡단보도를 포함)에서 5m 이내의 도로 부분
- 너비 4m 미만의 도로(예외 : 주차대수 200대 이상인 경우에는 너비 6m 미만의 도로에는 설치할 수 없다)
- 종단기울기 10%를 초과하는 도로
- 유아원, 유치원, 초등학교, 특수학교, 노인 및 장애인 복지시설, 아동전용시설 등 출입구로부터 20m 이내의 도로 부분

▌ 노외주차장의 출입구 구조
- 출입구 너비 : 3.5m 이상
- 주차대수 규모가 50대 이상인 경우 : 출구와 입구를 분리하거나 너비 5.5m 이상의 출입구 설치

▌ 노외주차장의 차로 기준
- 차로의 높이 : 주차 바닥면으로부터 2.3m 이상
- 곡선 부분 내변반경 : 6m 이상(50대 이하 - 5m 이상, 이륜자동차 전용 - 3m 이상)
- 경사로의 차로 너비 및 종단경사도

구 분	차로 너비		종단 경사도
	1차로	2차로	
직선형	3.3m 이상	6.0m 이상	17% 이하
곡선형	3.6m 이상	6.5m 이상	14% 이하

- 차로의 분리 : 주차대수 50대 이상인 경우 경사로는 너비 6m 이상인 2차로 확보 또는 진출입 차로 분리

▌ 부설주차장 설치 대상 용도별 설치 기준
- 시설면적 100m^2당 1대 : 위락시설
- 시설면적 150m^2당 1대 : 문화 및 집회시설(관람장 제외), 종교시설, 판매시설, 운수시설, 업무시설(외국공관, 오피스텔 제외), 의료시설(정신병원, 요양병원, 격리병원 제외), 운동시설(골프장, 골프연습장, 옥외수영장 제외), 방송국, 장례식장
- 시설면적 200m^2당 1대 : 제1종·제2종 근린생활시설, 숙박시설
- 시설면적 350m^2당 1대 : 공장(아파트형 제외), 발전시설, 수련시설
- 시설면적 400m^2당 1대 : 창고시설
- 골프장-1홀당 10대, 골프연습장-1타석당 1대, 옥외수영장-15인당 1대, 관람장-100인당 1대

▌ 부설주차장의 인근 설치
- 인근 설치 대상 : 주차대수 300대 이하
- 부지 인근 범위 : 직선거리 300m 이내 또는 도보거리 600m 이내

▌ 용어의 정의 – 도시 계획
- 광역도시계획 : 광역계획권 지정에 의해 지정된 광역계획권의 장기발전 방향을 제시하는 계획
- 지구단위계획 : 토지 이용을 합리화하고 기능을 증진시키며 미관을 개선하고 양호한 환경을 확보하며 체계적·계획적으로 관리하기 위하여 수립하는 도시·군관리계획

▌ 기반시설 분류
- 교통시설 : 도로·철도·항만·공항·주차장·자동차정류장·궤도·차량 검사 및 면허시설 등
- 공간시설 : 광장·공원·녹지·유원지·공공공지 등
- 유통·공급 시설 : 유통업무설비, 수도·전기·가스·열공급설비, 방송·통신시설, 공동구·시장, 유류저장 및 송유설비 등
- 공공·문화체육시설 : 학교·공공청사·문화시설·체육시설·연구시설·사회복지시설·공공직업훈련시설·청소년수련시설 등
- 방재시설 : 하천·유수지·저수지·방화설비·방풍설비·방수설비·사방설비·방조설비
- 보건위생시설 : 장사시설·도축장·종합의료시설
- 환경기초시설 : 하수도·폐기물처리 및 재활용시설·빗물저장 및 이용시설·수질오염방지시설·폐차장

CHAPTER 01	건축계획	✓ 회독 CHECK 1 2 3
CHAPTER 02	건축시공	✓ 회독 CHECK 1 2 3
CHAPTER 03	건축구조	✓ 회독 CHECK 1 2 3
CHAPTER 04	건축설비	✓ 회독 CHECK 1 2 3
CHAPTER 05	건축관계법규	✓ 회독 CHECK 1 2 3

PART 01

핵심이론

#출제 포인트 분석   #자주 출제된 문제   #합격 보장 필수이론

CHAPTER 01 건축계획

제1절 총론

핵심이론 01 | 계획일반

(1) 건축의 3대 요소
① 기능 : 공간의 용도 및 목적
② 구조 : 안정성에 기초한 기능·미의 균형과 조화
③ 미 : 형태, 아름다움

(2) 의사결정단계(분석 → 종합 → 평가순으로 진행)
① 분석
  ㉠ 용도, 특성의 분석 및 결정
  ㉡ 공간의 연계성, 대지조건 등 분석
  ㉢ 건축주의 요구사항 수렴
② 종합
  ㉠ 디자인 원칙 및 요소 결정 : 의장, 이미지 등의 결정
  ㉡ 평면, 입면, 단면도 작성
  ㉢ 구조 및 설비 시스템 검토
③ 평가 : 최적안 결정

(3) POE(Post Occupancy Evaluation)
① 거주 후 평가(Post Occupancy Evaluation)로서 자료 수집 단계에서 거주 후 사용자의 경험과 반응을 연구
② 장래에 유사한 건축물 계획에 필요한 정보추출 및 제공을 위하여 만족도, 요구, 가치 등을 평가
③ 평가과정 : 건축물선정 → 인터뷰, 답사, 관찰 → 반응연구 → 지침설정
④ 평가요소 : 환경장치, 사용자, 디자인
⑤ 거주 후 평가 유형
  ㉠ 기술적 평가 : 건물에 대한 평가
  ㉡ 기능적 평가 : 서비스에 대한 평가
  ㉢ 행태적 평가 : 환경 심리에 대한 평가

(4) 유니버설 스페이스(Universal Space)
① 광활한 공간, 보편적 공간, 다목적 이용이 가능한 무한정(無限定) 공간을 말한다.
② 다목적으로 이용할 수 있도록 계획된 공간
③ 주택의 경우 원룸 시스템은 거주자의 필요에 따라 공간을 분할, 통합하여 이용할 수 있으나 분할에 의한 각 실은 독립성을 유지하기가 곤란하다.
④ 미스 반데어로에(Mies van der Rohe)가 제안

10년간 자주 출제된 문제

1-1. POE(Post Occupancy Evaluation)의 의미로 가장 알맞은 것은?
① 건축물 사용자를 찾는 것이다.
② 건축물을 사용한 후에 평가하는 것이다.
③ 건축물의 사용을 염두에 두고 계획하는 것이다.
④ 건축물 모형을 만들어 설계의 적정성을 평가하는 것이다.

1-2. 유니버설 스페이스(Universal Space) 설계이론을 주창한 건축가는?
① 알바 알토
② 르 코르뷔지에
③ 미스 반데어로에
④ 프랭크 로이드 라이트

1-3. 공간의 레이아웃에 관한 설명으로 가장 알맞은 것은?
① 조형적 아름다움을 부가하는 작업이다.
② 생활행위를 분석해서 분류하는 작업이다.
③ 공간에 사용되는 재료의 마감 및 색채계획이다.
④ 공간을 형성하는 부분과 설치되는 물체의 평면상 배치계획이다.

|해설|

1-1
POE는 거주 후 평가로서 건축물을 사용한 후에 평가한다.

1-2
유니버설 스페이스 : 무한정(無限定) 공간, 보편적 공간으로서 미국 건축가 미스 반데어로에가 제안하였다.

1-3
공간의 레이아웃은 공간을 형성하는 부분과 설치되는 물체의 평면상 배치계획이다.

정답 1-1 ② 1-2 ③ 1-3 ④

핵심이론 02 | 건축 공간 구성

(1) 건축척도조정(MC ; Modular Coordination)

① 개 념
  ㉠ MC : 구성재의 크기를 정하기 위한 치수의 조정
  ㉡ 건축의 공장생산화(Prefabrication) : 공장에서 대량생산하여 현장에서 조립함(공기 단축, 품질 확보)

② 고려사항
  ㉠ 우리나라의 지역성을 최대한 고려한다.
  ㉡ 건물의 종류, 성격에 맞추어 계획 모듈을 정한다.
  ㉢ 가능한 한 국제적 MC 합의 사항에 맞도록 한다.
  ㉣ MC화되더라도 설계의 자유도를 높이도록 한다.

③ 장 점
  ㉠ 재료규격의 표준화 및 대량생산 가능(공장화)
  ㉡ 연중공사 가능(건식화)하고, 공사기간 단축(조립화)
  ㉢ 설계작업과 시공 간편

④ 단 점
  ㉠ 융통성이 없고 획일적이므로 집단화에 유의한다.
  ㉡ 인간성, 창조성 상실이 우려된다.
  ㉢ 배색에 신중을 기해야 한다.

(2) 건축 공간 스케일(Scale) 분류

① 물리적 스케일 : 인간이나 물체의 크기 등에 따라 치수가 결정된다(출입구 치수).
② 생리적 스케일 : 실 공간의 소요 환기량과 같이 생리적으로 필요로 하는 공간의 치수이다(창문의 크기).
③ 심리적 스케일 : 심리적으로 압박감이나 답답함을 느끼지 않을 만큼의 치수이다(천장 높이).

(3) 주택의 평면과 각 부위의 치수 및 기준척도

① 치수 및 기준척도는 안목치수를 원칙으로 한다.
② 거실, 침실 평면 각 변의 길이는 5cm 단위로 한다.
③ 부엌, 식당, 욕실, 화장실, 복도, 계단 및 계단참 등 평면 각 변 길이 또는 너비는 5cm를 기준척도로 할 것
④ 거실 및 침실의 반자 높이(반자를 설치하는 경우만 해당한다)는 2.2m 이상으로 하고 층 높이는 2.4m 이상으로 하되, 각각 5cm를 단위로 한 것을 기준척도로 할 것

10년간 자주 출제된 문제

2-1. 건축척도조정(Modular Coordination)에 관한 설명으로 옳지 않은 것은?

① 설계작업이 단순해지고 간편해진다.
② 현장작업이 단순해지고 공기가 단축된다.
③ 국제적인 MC 사용 시 건축구성재의 국제교역이 용이해진다.
④ 건물의 종류에 따른 계획 모듈의 사용으로 자유롭고 창의적인 설계가 용이하다.

2-2. 모듈러 코디네이션(Modular Coordination)의 효과와 가장 거리가 먼 것은?

① 대량생산의 용이
② 설계작업의 단순화
③ 현장작업의 단순화 및 공기 단축
④ 건축물 형태의 창조성 및 다양성 확보

2-3. 건축 공간에서 창문의 크기에 따른 소요 환기량과 같이 생리적으로 필요로 하는 공간의 치수는?

① 물리적 스케일
② 생리적 스케일
③ 심리적 스케일
④ 상대적 스케일

2-4. 주택의 평면과 각 부위의 치수 및 기준척도에서 거실 및 침실의 평면 각 변의 길이는 얼마의 단위로 하는가?

① 5cm
② 10cm
③ 20cm
④ 30cm

|해설|

2-1
- 건물의 종류나 공간의 사용목적에 따라 계획 모듈의 사용이 자유롭거나 어려울 수 있으며 창의적인 설계에 불리하다.
- 건축척도조정을 통하여 규격화되어 융통성이 없고 획일적인 설계가 우려된다.

2-2
건축물 형태의 창조성 및 다양성 확보가 어렵다.

2-4
5cm를 단위로 한 것을 기준척도로 한다.

정답 2-1 ④ 2-2 ④ 2-3 ② 2-4 ①

제2절 단독주택

핵심이론 01 | 기본 목표와 주거생활 수준

(1) 주택설계의 새로운 방향
① 생활의 쾌적함 증대
② 가사노동의 경감(주부의 동선 단축)
③ 가족본위의 주거(가장 중심 → 주부 중심)
④ 개인생활의 프라이버시(독립성) 확보
⑤ 좌식 + 입식(의자식) 혼용 : 좌식 기본, 입식 도입

(2) 가사노동의 경감 방법
① 필요 이상의 넓은 주거를 지양(노동의 절감)
② 평면에서의 주부의 동선이 단축되도록 할 것
③ 능률이 좋은 부엌시설이나 가사실을 갖출 것
④ 설비를 좋게 하고 되도록 기계화할 것

(3) 주거생활 수준
① 주거생활 수준
  ㉠ 주거생활 수준은 1인당 주거면적으로 나타내며, 주거면적은 연면적에서 공용 부분을 제외한 순수 거주면적을 말한다.
  ㉡ 건축 연면적의 50~60% 정도
② 1인당 점유 바닥면적(주거면적)
  ㉠ 최소 $10m^2$
  ㉡ 표준 $16m^2$ 정도
③ 각국의 기준
  ㉠ 세계가족단체협회의 콜로뉴 기준 : $16m^2$/인
  ㉡ 숑바르 드 로브(Chombard de Lawve)의 기준
    • 병리기준 : $8m^2$/인 이상
    • 한계기준 : $14m^2$/인 이상
    • 표준기준 : $16m^2$/인 정도

10년간 자주 출제된 문제

1-1. 다음 중 단독주택 계획 시 가장 중요하게 다루어져야 할 것은?
① 침실의 넓이   ② 주부의 동선
③ 현관의 위치   ④ 부엌의 방위

1-2. 다음 중 주택에서 가사노동의 경감을 위한 방법과 가장 거리가 먼 것은?
① 설비를 좋게 하고 되도록 기계화할 것
② 능률이 좋은 부엌시설이나 가사실을 갖출 것
③ 평면에서의 주부의 동선이 단축되도록 할 것
④ 청소 등의 노력을 절감하기 위하여 좁은 주거로 계획할 것

1-3. 숑바르 드 로브의 주거면적기준 중 병리기준으로 옳은 것은?
① $6m^2$/인   ② $8m^2$/인
③ $14m^2$/인   ④ $16m^2$/인

1-4. 숑바르 드 로브에 따른 주거면적기준 중 한계기준은?
① $8m^2$ ② $14m^2$
③ $15m^2$ ④ $16m^2$

|해설|

1-1
주택 계획 시 가사노동의 경감 방향으로서 주부의 동선을 단축하는 것이 중요하다.

1-2
청소 등의 노력을 절감하기 위하여 필요 이상 넓은 주거로 계획하지 않는다.

1-3
• 병리기준 : $8m^2$/인
• 한계기준 : $14m^2$/인
• 표준기준 : $16m^2$/인

1-4
• $8m^2$/인 : 병리기준
• $10m^2$/인 : 최소기준
• $14m^2$/인 : 한계기준
• $16m^2$/인 : 표준기준

정답 1-1 ② 1-2 ④ 1-3 ② 1-4 ②

핵심이론 02 | 주생활공간과 동선계획

(1) 주생활공간

① 생활공간에 의한 분류
  ㉠ 단란생활공간
  ㉡ 보건위생공간
  ㉢ 개인생활공간

② 사용 시간에 의한 분류
  ㉠ 주간 사용공간
  ㉡ 주야간 사용공간
  ㉢ 야간 사용공간

③ 생활 주체에 의한 분류
  ㉠ 주인 사용공간
  ㉡ 주부 사용공간
  ㉢ 아동 사용공간

(2) 동선계획

① 동선계획
  ㉠ 동선 3요소 : 속도, 빈도, 하중
  ㉡ 하중이 큰 가사노동선은 굵고 짧게, 남쪽 위치
  ㉢ 동선에는 가구를 둘 수 있다.
  ㉣ 동선에는 공간(Space)이 필요하다.

② 동선계획의 원칙
  ㉠ 단순 명쾌할 것
  ㉡ 빈도가 높은 동선은 짧게 할 것
  ㉢ 서로 다른 종류의 동선은 분리할 것
  ㉣ 필요 이상의 동선 교차는 피할 것
  ㉤ 서로 다른 영역권에 대한 독립성을 유지할 것

10년간 자주 출제된 문제

2-1. 주거공간을 주 행동에 따라 개인공간, 사회공간, 노동공간 등으로 구분할 경우, 다음 중 사회공간에 속하는 것은?
① 서 재
② 부 엌
③ 식 당
④ 다용도실

2-2. 동선에 대한 설명으로 옳지 않은 것은?
① 동선의 3요소에는 속도, 빈도, 하중이 있다.
② 단순 명쾌해야 하며, 필요 이상의 동선 교차는 피한다.
③ 서로 다른 영역권에 대한 동선을 혼합하여 융통성을 유지하여야 한다.
④ 동선의 주체는 사용자, 정보, 물질 등이 있다.

|해설|

2-1
- 개인공간 : 침실, 서재
- 사회공간 : 거실, 식당
- 노동공간 : 다용도실

2-2
서로 다른 동선은 분리하고 영역권에 대한 독립성을 유지할 것

정답 2-1 ③ 2-2 ③

핵심이론 03 | 각 실 세부계획

(1) 거실(Living Room)
① 단란, 대화, 휴식 및 주부의 작업공간 역할도 할 수 있다.
② 거실의 위치 : 주거 공동생활의 중심적 위치에 둔다.
③ 거실의 크기
  ㉠ 가족 구성 및 편리, 가구의 크기(응접, 전시)와 사용상의 조건(TV, 영화, 음악 감상 등)에 의해 결정
  ㉡ 주택 전체 면적의 21~25%, 소규모는 30% 정도
  ㉢ 일반적으로 가족 1인당 4~6m² 정도
  ㉣ 한식 $16.5m^2$(5평), 양식 $26.4m^2$(8평) 내외
④ 고려할 사항
  ㉠ 침실과는 대칭되게 한다.
  ㉡ 다른 한쪽 방과 접속하게 되면 유리하다.
  ㉢ 통로나 홀로 사용되어서는 안 된다.
  ㉣ 정원과 테라스에 연결되도록 한다.

(2) 침실(Bed Room)
① 침실의 위치
  ㉠ 거실과 식당, 부엌 등의 공간은 분리한다.
  ㉡ 현관, 출입구에서 떨어진 조용한 곳에 있어야 한다.
  ㉢ 야간의 교통 소음과 주간의 복잡한 시선을 피하며, 도로쪽은 피하여 안정되고 기밀한 곳에 위치한다.
② 침실의 크기
  ㉠ 규모 결정 기준 : 사용 인원수에 따른 필요한 기적(신선한 공기의 양), 활동 면적(수면, 휴식 등), 수납공간의 면적 등
  ㉡ 침실 면적 산정
    • 보통 어른 1인은 $50m^3$/h의 신선한 공기가 필요
    • 천장 높이 2.5m 기준, 자연 환기 횟수 2회/h 가정
    • 따라서 1인 $10m^2$, 2인은 $20m^2$ 필요
  ㉢ 침실 길이 : 최소한 한쪽 벽면이 2.1m 이상 필요
③ 고려할 사항
  ㉠ 사적 개인생활공간이므로 정적, 독립성 고려
  ㉡ 부부 침실 : 기밀성을 고려한 독립된 내측에 위치
  ㉢ 노인 침실 : 욕실, 화장실 등에 근접한 안정된 곳

10년간 자주 출제된 문제

3-1. 단독주택의 거실계획에 관한 설명으로 옳지 않은 것은?
① 다목적 공간으로서 활용되도록 한다.
② 정원과 테라스에 시각적으로 연결되도록 한다.
③ 개방된 공간으로 가급적 독립성이 유지되도록 한다.
④ 다른 공간들을 연결하는 통로로서의 기능을 우선시한다.

3-2. 단독주택의 거실계획에 관한 설명으로 옳지 않은 것은?
① 거실은 평면계획상 통로나 홀로 사용되도록 한다.
② 식당, 계단, 현관 등과 같은 다른 공간과의 연계를 고려해야 한다.
③ 거실과 정원은 유기적으로 시각 연결을 하여 유동적인 감각을 갖게 한다.
④ 개방된 공간에서 벽면의 기술적인 활용과 자유로운 가구의 배치로서 독립성이 유지되도록 한다.

3-3. 거실에 관한 설명으로 잘못된 것은?
① 남향이 이상적이고, 전망, 일조, 통풍을 고려한다.
② 거실은 통로로 사용될 수 없고, 분할되지 않게 한다.
③ 거실의 2면 이상을 다른 실과 접속시킨다.
④ 거실은 침실과 대칭적 개념으로 마주보지 않도록 한다.

3-4. 주택의 거실계획에 관한 설명으로 옳지 않은 것은?
① 거실에서 문이 열린 침실의 내부가 보이지 않게 한다.
② 거실은 타 공간을 연결하는 통로 역할이 되지 않도록 한다.
③ 거실의 의자, 소파에 의해 동선이 차단되지 않도록 한다.
④ 일반적으로 연면적의 10~15% 정도로 계획하는 것이 좋다.

|해설|

3-1
거실은 다른 공간들을 연결하는 통로 역할을 하면 안 된다.

3-2
거실은 평면계획상 통로나 홀로서 사용되지 않도록 한다.

3-3
거실은 1면만 다른 실과 접속시키고, 나머지 3면은 확보한다.

3-4
전체 연면적의 20~30% 정도의 규모로 계획한다.

정답 3-1 ④ 3-2 ① 3-3 ③ 3-4 ④

(3) 식사실(Dining Room)

① 가족 수, 가구, 테이블, 여유 공간을 고려하여 정한다.
② 4인 가족 평균 8.5m² 정도이다.
③ 분리형 : 거실이나 부엌과 완전히 독립된 식사실
④ 개방형
  ㉠ 리빙 다이닝(LD형식, Living Dining) : 거실 내에 커튼이나 스크린으로 칸막이를 설치
  ㉡ 다이닝 알코브(Dining Alcove) : 거실의 일부에 식탁을 꾸민 것으로, 6~9m²의 공간이 필요
  ㉢ 리빙 키친(LK, LDK형식, Living Kitchen) : 거실, 식사실, 부엌을 겸용
  ㉣ 다이닝 키친(DK, Dinette형식, Dining Kitchen) : 부엌의 일부에 간단히 식탁을 꾸민 것
  ㉤ 다이닝 포치(Dining Porch) : 테라스, 정원에 식당 설치

10년간 자주 출제된 문제

3-5. 주택 식당의 배치 유형 중 다이닝 키친(DK형)에 관한 설명으로 옳은 것은?
① 대규모 주택에 적합한 유형으로 쾌적한 식당의 구성이 용이하다.
② 싱크대와 식탁의 거리가 멀어지는 관계로 주부의 동선이 길다는 단점이 있다.
③ 부엌의 일부에 간단한 식탁을 설치하거나 식당과 부엌을 하나로 구성한 형태이다.
④ 거실과 식당이 하나로 된 형태로 거실의 분위기에서 식사 분위기의 연출이 용이하다.

3-6. 소규모 주택에서 주방의 일부에 간단한 식탁을 설치하거나 식사실과 주방을 하나로 구성한 형태를 무엇이라 하는가?
① 리빙 키친
② 다이닝 키친
③ 리빙 다이닝
④ 다이닝 테라스

3-7. 주택에서 리빙 키친(Living Kitchen)의 채택효과로 가장 알맞은 것은?
① 장래 증축의 용이
② 거실 규모의 확대
③ 부엌의 독립성 강화
④ 주부 가사노동의 간편화

3-8. 거실의 일부에 식탁을 꾸민 것으로, 6~9m²의 공간이 소요되는 식사실(Dining Room) 유형은?
① 리빙 다이닝
② 다이닝 알코브
③ 리빙 키친
④ 다이닝 포치

|해설|

3-5
다이닝 키친(DK형)은 부엌의 일부에 간단히 식탁을 꾸민 형태이다.

3-6
다이닝 키친(DK형)은 소규모 주택에서 주방의 일부에 간단한 식탁을 꾸민 형태이다.

3-7
리빙 키친은 소규모 주택에 적합하며, 주부 가사노동의 경감과 작업의 간편화에 효과적이다.

3-8
다이닝 알코브(Dining Alcove)는 거실의 일부에 식탁을 꾸민 형태이다.

정답 3-5 ③ 3-6 ② 3-7 ④ 3-8 ②

(4) 부엌(Kitchen)

① 위 치
  ㉠ 남쪽 또는 동쪽 모퉁이 부분
  ㉡ 서쪽은 음식물이 부패하기 쉬우므로 피해야 한다.

② 크 기
  ㉠ 보통 연면적의 8~12% 정도의 크기가 필요
  ㉡ 소규모 주택($50m^2$ 이하)인 경우는 $5m^2$ 정도가 필요
  ㉢ 주택 규모가 큰 경우($100m^2$ 이상)는 7% 이하도 가능
  ㉣ 작업대의 면적, 작업인의 동작공간, 수납공간, 연료의 종류와 공급 방법, 가족 수와 주택의 크기 등을 고려

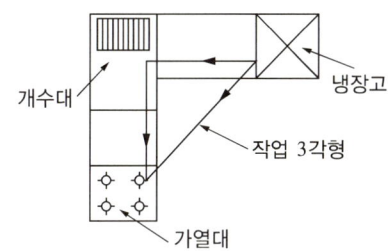

③ 부엌의 작업 3각형 : 냉장고 + 개수대 + 가열대 연결

④ 부엌의 유형
  ㉠ 직선형, 一자형 : 동선이 길어진다(소규모, 좁은 부엌).
  ㉡ L자형, ㄱ자형 : 작업동선이 가장 효율적이지만, 모서리 부분의 이용도가 낮다.
  ㉢ U자형, ㄷ자형 : 수납공간이 넓고 이용이 편리하다(양측 벽면 이용).
  ㉣ 병렬형 : 외부로 통하는 출입구를 둘 수 있다.

(5) 욕실 및 화장실

① 욕실 계획 시 고려할 사항
  ㉠ 천장의 높이는 2.1m 이상으로 한다.
  ㉡ 천장은 물방울 떨어짐을 고려해 적당한 경사를 둔다.

② 화장실의 크기
  ㉠ 한식 화장실의 크기는 최소한 $0.9 \times 0.9m$
  ㉡ 양식 화장실은 $0.8 \times 1.2m$ 이상

10년간 자주 출제된 문제

3-9. 다음 중 단독주택에서 부엌의 크기 결정 시 고려하여야 할 사항과 가장 거리가 먼 것은?
① 거실의 크기
② 작업대의 면적
③ 주택의 연면적
④ 작업자의 동작에 필요한 공간

3-10. 주택 부엌의 작업대 배치 방식 중 L형 배치에 관한 설명으로 옳지 않은 것은?
① 정방형 부엌에 적합한 유형이다.
② 부엌과 식당을 겸하는 경우 활용이 가능하다.
③ 작업대의 코너 부분에 개수대 또는 레인지를 설치하기가 곤란하다.
④ 분리형이라고도 하며, 모든 방향에서 작업대의 접근 및 이용이 가능하다.

3-11. 다음 중 일반적인 주택의 부엌에서 냉장고, 개수대, 레인지를 연결하는 직입 삼각형의 3번의 길이의 합으로 가장 적정한 것은?
① 2.5m   ② 5.0m
③ 7.2m   ④ 8.8m

|해설|

3-9
거실의 크기는 부엌의 크기 결정 시 고려하여야 할 사항과는 거리가 멀다.

3-10
아일랜드 형식은 분리형이라고도 하며, 모든 방향에서 작업대의 접근 및 이용이 가능하다.

3-11
3변의 길이 합은 3.6~6.6m 정도가 기능적이다.

정답 3-9 ① 3-10 ④ 3-11 ②

(6) 복도 및 계단

① 복 도
  ㉠ 50m²(약 15평) 이하의 소규모 주택은 협소한 공간이기 때문에 복도를 두는 것이 비경제적이다.
  ㉡ 복도 면적은 전체 연면적의 10% 정도이다.
  ㉢ 통로로서의 복도의 최소한 폭은 90cm가 많다.

② 계 단
  ㉠ 계단은 현관이나 거실에 가까이 근접해서 식당, 욕실, 화장실과 가까운 곳에 만드는 것이 적합하다.
  ㉡ 복층구조에서는 상하층 친교의 매개공간이 된다.

(7) 가사실

① 세탁, 다리미질, 재봉일 등을 하는 곳
② 일반적으로 약 1.8~4.0m² 정도
③ 작업대 설치 시 5~10m² 정도

(8) 다용도실(Utility Room)

① 세탁, 걸레 빨기 및 잡품 창고를 겸한 공간
② 부엌과 연결하거나 발코니와 주방 사이의 공간을 이용

(9) 현 관

① 위치는 대지의 형태, 도로와 관계에 의하여 결정
② 소규모 주택은 복도가 없이 거실과 연결되어 부엌과의 연결을 고려하며, 대체적으로 건물의 중앙부가 되는 것이 동선 처리가 유리하다.
③ 신발장, 우산 보관 등을 고려하고 최소한 폭 1.2m, 깊이 0.9m를 필요로 한다.

10년간 자주 출제된 문제

3-12. 주택의 각 실에 있어서 다음 중 유틸리티 공간(Utility Area)과 가장 밀접한 관계가 있는 곳은?
① 서 재
② 부 엌
③ 현 관
④ 응접실

3-13. 다음 중 단독주택에서 현관의 위치 결정에 가장 주된 영향을 끼치는 것은?
① 방 위
② 건폐율
③ 도로의 위치
④ 대지의 면적

|해설|
3-12
유틸리티 공간(Utility Area)은 부엌의 가까이에 위치한다.

3-13
현관의 위치는 도로와의 관계를 우선하여 결정한다.

정답 3-12 ② 3-13 ③

핵심이론 04 | 한식주택 특성

(1) 한식주택과 양식주택 비교

특 성	한 식	양 식
형태	단층 구조	2층 구조
구조	목조 가구식 (바닥 높고, 개구부 작다)	목구조, 벽돌조적식 (바닥 낮고, 개구부 크다)
평면	조합평면 (은폐적이며 실의 조합)	분화평면 (개방형이며 실의 분화)
습관	좌식생활(온돌)	입식생활(의자식)
난방	바닥의 복사난방	대류식 난방
용도	혼용도	단일용도
가구	부차적 존재	가구에 따라 실결정

(2) 전통 주택(한옥)의 지방별 유형

① 서울 지방형 : ㄱ자형, ㄴ자형, ㅁ자형
② 중부 지방형 : ㄱ자형(방 앞에 좁은 툇마루 설치)
③ 남부 지방형 : 一자형(방 앞에 긴 마루 설치)
④ 북부 지방형 : 田자형
⑤ 제주도형 : 남부형과 유사하며, 방 뒤에 폭이 좁은 광을 설치

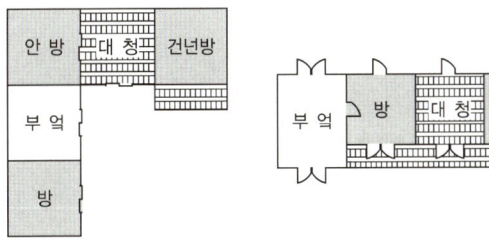
[서울, 중부 지방형] [남부 지방형]

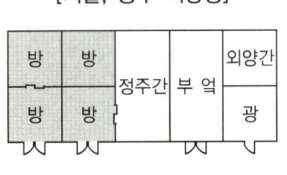 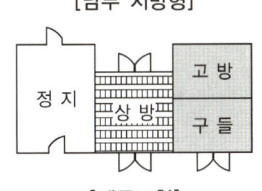
[북부 지방형] [제주도형]

10년간 자주 출제된 문제

4-1. 한식주택의 특징으로 옳지 않은 것은?
① 단일용도의 실
② 좌식생활 기준
③ 위치별 실의 구분
④ 가구는 부차적 존재

4-2. 한식주택은 좌식의 특징, 양식주택은 입식의 특징을 갖고 있다. 이러한 차이가 발생하는 가장 근본적인 원인은?
① 출입 방식   ② 난방 방식
③ 채광 방식   ④ 환기 방식

4-3. 한식주택과 양식주택에 관한 설명으로 옳지 않은 것은?
① 한식주택은 좌식이나, 양식주택은 입식이다.
② 한식주택의 실은 혼용도이나, 양식주택은 단일용도이다.
③ 한식주택의 평면은 개방적이나, 양식주택은 은폐적이다.
④ 한식주택의 가구는 부차적이나, 양식주택은 주요한 내용물이다.

|해설|
4-1
- 한식주택 : 실의 혼합용도
- 양식주택 : 실의 단일용도

4-2
한식주택은 온돌 등의 난방 방식에 의해 좌식생활 중심으로 발전하였고, 이러한 난방 방식에 따라 양식주택과의 근본적인 차이가 발생하였다.

4-3
한식주택의 평면은 은폐이나, 양식주택은 개방적이다.

정답 4-1 ① 4-2 ② 4-3 ③

제3절 공동주택

핵심이론 01 | 공동주택의 특성

(1) 공동주택의 성립 요인

① 사회적 요인
  ㉠ 도시 인구 밀도의 증가, 도시의 지가 상승
  ㉡ 도시 생활자의 이동성 증대
  ㉢ 세대 인원의 감소

② 경제적 요인
  ㉠ 세대별 건축비, 대지비, 설비비 등을 분담 절약
  ㉡ 토지이용 효율의 극대화 및 좋은 실외 환경을 조성
  ㉢ 주거 서비스 만족도 향상 : 커뮤니티 시설(문화 및 체육 공간 제공 및 주택의 품질 향상과 거주성 확보

(2) 공동주택의 장단점

① 토지의 이용률을 높일 수 있다.
② 접지, 집합 형식에 따라 양호한 옥외공간 조성이 가능하다.
③ 경사지, 소규모 택지의 이용이 가능하다.
④ 대지와의 지형 조화로써 다양한 배치와 변화가 가능하다.
⑤ 일조·채광·통풍이 불리하고 평면계획에 제약을 받는다.
⑥ 프라이버시 유지에 불리하며, 단조로운 외관이 형성된다.

(3) 테라스 하우스

① 지형에 의한 분류
  ㉠ 자연형 테라스 하우스 : 경사 지형을 이용
    • 양호한 일조, 조망, 향이 확보될 수 있다.
  ㉡ 인공형 테라스 하우스 : 평지에 테라스형으로 건립

② 진입방식에 의한 분류
  ㉠ 상향식 : 아래층에 거실을 두고 도로로부터 진입한다.
  ㉡ 하향식 : 상층에 거실 등의 주생활 공간을 두고, 하층에 침실 등의 휴식·수면 공간을 둔다.

③ 평지 주택보다 주거로 진입하는 동선이 길어지게 된다.
④ 테라스 하우스는 경사가 심할수록 밀도가 높아진다.
⑤ 아래층 세대의 지붕은 위층 세대의 개인 정원이 될 수 있으며, 2.7m 정도의 높이 차가 적당하다.
⑥ 테라스 하우스에서는 경사면 반대쪽에 창문이 없기 때문에 각 세대의 깊이가 6~7.5m 이상 되어서는 안 된다.

10년간 자주 출제된 문제

1-1. 공동주택의 장점이 아닌 것은?
① 커뮤니티 형성과 생활 협동체를 구성할 수 있다.
② 설비의 집중화를 기할 수 있으며, 공동 시설을 설치할 수 있다.
③ 생활의 변화에 대해 자유롭게 대응할 수 있다.
④ 세대당 건설비, 유지비를 절감할 수 있다.

1-2. 다음 중 아파트 성립 요건과 관련이 먼 것은?
① 도시근로자의 이동성이 많아짐
② 도시의 랜드마크를 만들기 위해
③ 넓은 옥외공간과 좋은 실외 환경을 조성
④ 가족구성에 있어 핵가족화에 따른 세대 인원감소

1-3. 자연형 테라스 하우스에 관한 설명으로 옳지 않은 것은?
① 일반적으로 후면에 창을 설치할 수 없으므로 각 세대 깊이가 너무 깊지 않도록 한다.
② 경사지를 이용하여 지형에 따라 각 세대의 테라스(정원)를 계획하기가 유리하다.
③ 하향식의 경우 각 세대의 규모를 동일하게 할 수 없다.
④ 각 세대마다 전용의 정원을 가질 수 있다.

1-4. 테라스 하우스에 관한 설명으로 옳지 않은 것은?
① 경사가 심할수록 밀도가 높아진다.
② 각 세대의 깊이는 7.5m 이상으로 하여야 한다.
③ 평지보다 더 많은 인구를 수용할 수 있어 경제적이다.
④ 시각적인 인공형 테라스는 위층으로 갈수록 건물의 내부 면적이 작아지는 형태이다.

|해설|
1-1
생활의 변화에 대해 자유롭게 대응할 수 있는 것은 단독주택이다.
1-2
도시의 랜드마크를 만들기 위한 요건은 관련이 적다.
1-3
③ 상향식, 하향식 모두 각 세대의 규모를 동일하게 할 수 있다.
테라스 하우스(Terrace House) : 경사도 18° 이상일 경우 주거동이 계단 모양으로 후퇴하면서 상하로 주호가 겹치는 형식
1-4
후면에 창이 없기 때문에 깊이가 6~7.5m 이상 되어서는 안 된다.

정답 1-1 ③ 1-2 ② 1-3 ③ 1-4 ②

(4) 연립주택
① 장 점
  ㉠ 토지의 이용률이 높으며 각 세대마다 전용의 뜰을 지닐 수 있다.
  ㉡ 접지성의 형태에 따라 다양한 외부공간이 가능하다.
  ㉢ 경사지나 작은 대지의 이용이 가능하며, 대지의 형태에 따라 다양한 외관이 가능하다.
② 단 점
  ㉠ 대지가 소규모이므로 일조·채광·통풍에 불리하며, 평면의 형상에 제약을 받는다.
  ㉡ 개별 세대에서의 프라이버시 유지에 불리하며, 단조로운 공간과 외관이 우려된다.

(5) 타운 하우스(Town House)
① 개 요
  ㉠ 타운 하우스는 토지의 효율적 이용, 건설비, 유지관리비의 절약을 고려한 연립주택의 형태이다.
  ㉡ 1층은 거실, 식당, 부엌 등의 생활공간이고 2층은 침실, 서재 등 휴식 및 수면공간이 위치하고 부엌은 출입구에 가까이, 거실 및 식당은 테라스나 정원을 향하며, 2층 침실은 발코니를 수반하게 된다.
② 타운 하우스(Town House)의 특징
  ㉠ 개별 세대의 프라이버시 확보를 위하여 인접 주호와의 사이에 경계벽을 설치한다.
  ㉡ 각 주호마다 자동차의 주차가 용이하다. 단, 클러스터(Cluster)인 경우는 입구 정원 근처에 공동 주차시킬 수 있도록 한다.
  ㉢ 동의 길이가 긴 경우에는 2~3가구씩 앞뒤로 다소 전진, 후퇴시켜 배치함으로써 다양한 변화를 준다.

㉣ 층의 다양화를 위하여 동의 양끝 세대나, 단지의 외곽동을 1층으로 하여 중앙부에 3층을 배치할 수도 있다.
㉤ 프라이버시 확보는 단지 내에 적절한 식재를 이용하여 해결할 수 있으며, 프라이버시를 위한 시각적정 거리는 약 25m 정도이다.
㉥ 좋은 일조의 확보를 위해서 동의 배치를 남향 또는 남동향으로 하는 것이 좋다.

10년간 자주 출제된 문제

1-5. 연립주택의 종류 중 타운 하우스에 관한 설명으로 옳지 않은 것은?

① 배치상의 다양성을 줄 수 있다.
② 각 주호마다 자동차의 주차가 용이하다.
③ 프라이버시 확보는 조경을 통하여서도 가능하다.
④ 토지이용 및 건설비, 유지관리비의 효율성은 낮다.

1-6. 타운 하우스에 관한 설명으로 옳지 않은 것은?

① 각 세대마다 주차가 용이하다.
② 단독주택의 장점을 최대한 고려한 유형이다.
③ 프라이버시 확보를 위하여 경계벽 설치가 가능하다.
④ 일반적으로 1층은 침실과 서재와 같은 휴식공간, 2층은 거실, 식당과 같은 생활공간으로 구성된다.

1-7. 연립주택에 관한 설명으로 옳지 않은 것은?

① 중정형 주택은 중정을 아트리움으로 구성하는 관계로 아트리움 주택이라고도 한다.
② 로 하우스는 지형조건에 따라 다양한 배치 및 집약적인 공동설비 배치가 가능하다.
③ 테라스 하우스는 경사지를 적절하게 이용할 수 있으며, 각 호마다 전용의 정원을 갖는다.
④ 타운 하우스는 도로에서 2층으로 진입하므로 2층은 생활공간, 1층은 수면공간의 공간구성을 갖는다.

|해설|

1-5
단독주택에 비해 토지이용 및 건설비, 유지관리비의 효율성이 높아진다.

1-6
일반적으로 1층에는 거실, 식당과 같은 생활공간, 2층에는 침실, 서재와 같은 개인생활공간이나 휴식공간을 배치한다.

1-7
④는 테라스 하우스를 말하며, 경사지를 이용하여 지형에 따라 건물을 축조하는 것으로 2층에서 진입하여 2층은 생활공간, 1층은 수면공간의 구성을 갖게 하는 방식은 하향식 테라스 하우스이다.

정답 1-5 ④ 1-6 ④ 1-7 ④

| 핵심이론 02 | 형식별 분류 |

(1) 평면 형식에 의한 분류

① 계단실(홀)형(Direct Access Hall System)
  ㉠ 계단 또는 엘리베이터 홀로부터 각 주거로 진입하는 형식
  ㉡ 장 점
    • 프라이버시(독립성)가 양호하다.
    • 통행부의 면적 감소(건물의 이용도가 높다)
    • 출입(통행)이 유리하다.
  ㉢ 단 점
    • 계단실마다 엘리베이터 설치로 시설비가 많이 든다.
    • 다수의 주호가 하나의 홀을 사용할 경우 각 주호는 거실의 향에 따라 일조 등의 환경이 달라진다.

② 편(갓)복도형
  ㉠ 편복도로부터 각 주호로 출입하는 형식
  ㉡ 장 점
    • 복도 개방 시 채광, 환기에 유리하다.
    • 중복도에 비해 독립성이 우수하다.
    • 엘리베이터 이용률이 높다.
  ㉢ 단 점
    • 복도 폐쇄 시 채광, 환기, 통풍이 불리하다.
    • 복도 개방 시 추락사고의 위험이 있다.
    • 공용 복도에 있어서는 프라이버시가 침해되기 쉬우나 이웃 간에 친교할 수 있는 기회가 많아진다.
    • 공용 면적이 많아진다.

③ 중(속)복도형, 집중형
  ㉠ 복도 양측으로부터 각 주호로 출입하는 형식으로, 복도의 폭은 보통 1.8~2.1m 이상으로 계획한다.
  ㉡ 장 점
    • 대지에 비해 건물 이용도가 높다.
    • 고층, 고밀도 아파트에 유리하다.
    • 독신자 아파트에 많이 이용된다.
  ㉢ 단 점
    • 중복도에서 프라이버시, 채광, 통풍이 불리하다.
    • 각 세대에 대한 균일한 환경(향) 제공이 어렵다.
    • 편복도형에 비해 공용면적이 많아진다.

10년간 자주 출제된 문제

2-1. 아파트의 평면 형식 중 계단실형에 관한 설명으로 옳은 것은?
① 집중형에 비해 부지의 이용률이 높다.
② 복도형에 비해 프라이버시에 유리하다.
③ 다른 유형보다 독신자 아파트에 적합하다.
④ 중복도형에 비해 1대의 엘리베이터에 대한 이용가능 세대수가 많다.

2-2. 공동주택의 형식에 관한 설명으로 옳지 않은 것은?
① 홀형은 거주의 프라이버시가 높다.
② 편복도형은 각 세대의 방위를 동일하게 할 수 있다.
③ 중복도형은 부지이용률은 가장 낮으나 건물이용도가 높다.
④ 집중형은 복도 부분의 환기 등의 문제점을 해결하기 위해 기계적 환경조절이 필요한 형식이다.

2-3. 편복도형 아파트에 관한 설명으로 옳은 것은?
① 부지의 이용률이 가장 높다.
② 중복도형에 비해 독립성이 우수하다.
③ 중복도형에 비해 통풍, 채광상 불리하다.
④ 통행을 위한 공용 면적이 작아 건축물의 이용도가 가장 높다.

2-4. 아파트 평면 형식에 관한 설명으로 옳지 않은 것은?
① 집중형은 대지에 대한 이용률이 높다.
② 계단실형은 거주의 프라이버시가 높다.
③ 중복도형은 통행부의 면적이 작은 관계로 건축물의 이용도가 가장 높다.
④ 편복도형은 각 층에 있는 공용 복도를 통해 각 주호로 출입하는 형식이다.

| 해설 |

2-1
① 집중형에 비해 부지의 이용률이 낮다.
③ 중복도 형식은 독신자 아파트에 적합하다.
④ 중복도형에 비해 1대의 엘리베이터에 대한 이용가능 세대수가 적다.

2-2
중복도형은 부지의 이용률 및 건물의 이용도가 높다.

2-3
① 중복도형이 부지이용률이 높다.
③ 중복도형에 비해 통풍, 채광이 유리하다.
④ 계단실형은 통로 면적이 줄어들어 유효면적이 증가된다.

2-4
중복도형은 통행부의 면적이 많다.

정답 2-1 ② 2-2 ③ 2-3 ② 2-4 ③

(2) 단면 형식에 의한 분류

① 단층형(Flat Type, Simplex Type)
  ㉠ 각 주호가 1개 층으로 구성
  ㉡ 장 점
    • 평면구성의 제약이 적고, 피난상 유리하다.
    • 작은 면적에서도 설계가 가능하다.
  ㉢ 단 점
    • 프라이버시 유지가 어렵다.
    • 각 주호 규모가 커질수록 공용부분 면적이 커진다.

② 복층형(Maisonnette, Duplex, Triplex)
  ㉠ 하나의 주호가 2개 층 이상으로 구성
  ㉡ 장 점
    • 엘리베이터 정지층수가 적어서 경제적, 효율적이다.
    • 복도가 없는 층은 남북면이 트여서 조망, 채광, 통풍 등이 유리하다.
    • 통로 면적이 감소되고, 유효면적이 증대된다.
    • 독립성, 프라이버시가 좋다.
  ㉢ 단 점
    • 복도가 없는 층은 피난상 불리하다.
    • 소규모 주거에는 비경제적이다.
    • 복층 구성으로 구조, 설비계획이 어렵다.

③ 스킵플로어형(Skip Floor Type)
  ㉠ 하나의 주호가 반층 높이 차이로 구성
  ㉡ 장 점
    • 엘리베이터 정지층수를 적게 계획할 수 있다.
    • 통로 면적이 감소하여 유효면적은 증대된다.
  ㉢ 단 점
    • 구조, 설비계획이 어렵다.
    • 계단으로 상하 이동하는 경우 통행이 불편하다.

(3) 주거동의 형태상 분류

① 판상형

　㉠ 각 세대의 환경이 균등하다.

　㉡ 뒤쪽의 주동은 경관, 조망이 불리하다.

　㉢ 주동의 그림자(음영) 분포가 크다.

② 탑상형

　㉠ 조망이 우수하고 시각적 개방감이 높다.

　㉡ 고층화가 가능하고 옥외환경이 풍부하다.

　㉢ 경관, 랜드마크적 역할을 할 수 있다.

　㉣ 주동의 음영 분포가 적다.

　㉤ 각 세대의 환경이 불균등하다.

10년간 자주 출제된 문제

2-5. 공동주택의 단면형 중 스킵플로어(Skip Floor) 형식에 관한 설명으로 옳은 것은?

① 하나의 단위주거의 평면이 2개 층에 걸쳐 있는 것으로 듀플렉스형이라고도 한다.

② 하나의 단위주거의 평면이 3개 층에 걸쳐 있는 것으로 트리플렉스형이라고도 한다.

③ 주거단위가 동일층에 한하여 구성되는 형식이며, 각 층에 통로 또는 엘리베이터를 설치하게 된다.

④ 주거단위의 단면을 단층형과 복층형에서 동일층으로 하지 않고 반 층씩 어긋나게 하는 형식을 말한다.

2-6. 복층형 아파트에 관한 설명으로 옳은 것은?

① 소규모 주택에 유리하다.

② 다양한 평면구성이 가능하다.

③ 엘리베이터가 정지하는 층수가 많아진다.

④ 플랫형에 비해 복도면적이 커서 유효면적이 작다.

2-7. 공동주택의 형식 중 탑상형에 관한 설명으로 옳지 않은 것은?

① 건축물 외면의 입면성을 강조한 유형이다.

② 판상형에 비해 경관 계획상 유리한 형식이다.

③ 모든 세대에 동일한 거주 조건과 환경을 제공한다.

④ 타워식의 형태로 도심지 및 단지 내의 랜드마크적인 역할이 가능하다.

|해설|

2-5

스킵플로어(Skip Floor) 형식
- 각 주호는 반층 높이 차이로 구성된다.
- 엘리베이터 정지층수를 적게 할 수 있다.
- 복도(통로)로 사용되는 면적이 줄어들어 유효면적이 증대된다.

2-6

① 소규모의 주택에는 적합하지 않다.

③ 엘리베이터 정지층수가 줄어든다.

④ 통로면적이 줄어들어 유효면적이 증가된다.

2-7

- 탑상형은 각 세대의 배치계획에 있어 각기 다른 향으로 배치되므로 동일한 거주 조건과 환경을 제공하기 어렵다.
- 판상형은 모든 세대에 동일한 거주 조건과 환경을 제공한다.

정답 2-5 ④　2-6 ②　2-7 ②

핵심이론 03 | 주거동 계획

(1) 주동 계획(Block Plan) 결정조건
① 각 단위 플랜이 2면 이상 외기에 접할 것
② 중요한 거실이 모퉁이 등에 배치되지 않도록 할 것
③ 각 단위 플랜에서 중요한 실의 환경이 균등할 것
④ 현관이 계단으로부터 멀지 않을 것(6m 이내)
⑤ 모퉁이에서 다른 거주가 들여다보이지 않을 것

(2) 단위 평면(Unit Plan)의 결정 조건
① 거실에는 직접 출입이 가능하도록 한다.
② 침실에는 직접 출입이 가능하도록 하며 타 실을 통하여 통행하지 않도록 한다.
③ 식사실은 부엌과 직결하고 거실과도 연결한다.
④ 동선은 단순하고 혼란되지 않도록 한다.

(3) 공용 복도 및 계단
① 화재 시의 연기, 피난 등을 고려하여 계획한다.
② 복도 폭
   ㉠ 한쪽에만 거실이 있는 경우(편복도) : 1.2m 이상
   ㉡ 양측에 거실이 있는 경우(중복도) : 1.8m 이상
③ 주택단지의 건축물에 설치하는 계단 유효폭
   ㉠ 공동으로 사용하는 계단 유효폭 : 최소 120cm 이상
   ㉡ 세대 내 계단, 옥외계단 유효폭 : 최소 90cm 이상

(4) 인동간격의 결정요소
① 남북 간 인동간격
   ㉠ 겨울철 동지 때 기준(태양의 고도가 가장 낮음)
   ㉡ 그 지방의 위도
   ㉢ 태양의 고도
   ㉣ 일조시간
   ㉤ 대지의 지형
   ㉥ 앞 건물의 높이
② 동서 간 인동간격
   ㉠ 건물의 전면상의 길이(건물의 동서 간의 길이)

10년간 자주 출제된 문제

3-1. 아파트 단지 내 주동배치 시 고려하여야 할 사항으로 옳지 않은 것은?
① 단지 내 커뮤니티가 자연스럽게 형성되도록 한다.
② 주동배치 계획에서 일조, 풍향, 방화 등에 유의해야 한다.
③ 옥외주차장을 이용하여 충분한 오픈스페이스를 확보한다.
④ 다양한 배치기법을 통하여 개성적인 생활공간으로서의 옥외공간이 되도록 한다.

3-2. 아파트 단위평면 조건에 대한 설명 중 옳지 않은 것은?
① 거실에는 직접 출입이 가능해야 한다.
② 침실은 다른 실과 접속하여 출입하도록 한다.
③ 부엌과 식사실은 직결하고 외부에서 직접 출입할 수 있도록 한다.
④ 동선은 단순하고 혼란되지 않도록 한다.

3-3. 주택단지 안의 건축물에 설치하는 계단의 유효폭은 최소 얼마 이상이어야 하는가?(단, 공동으로 사용하는 계단의 경우)
① 90cm ② 120cm
③ 150cm ④ 180cm

3-4. 다음 중 공동주택 단지 내의 건물배치 계획에서 남북 간 인동간격의 결정과 가장 관계가 적은 것은?
① 일조시간   ② 건물의 방위각
③ 대지의 경사도   ④ 건물의 동서 길이

|해설|
3-1
단지 내의 주차장은 지하의 옥내주차장을 이용하게 하며, 지상에는 충분한 오픈스페이스를 확보한다.

3-2
침실에는 직접 출입이 가능하도록 하며 다른 실을 통하여 통행하지 않도록 한다.

3-3
• 공동으로 사용하는 계단 유효폭 : 최소 120cm 이상
• 세대 내 계단, 옥외계단 유효폭 : 최소 90cm 이상

3-4
건물의 동서 길이는 건물 간의 측면거리에 관계되지만, 남북 간 인동간격의 결정과는 관계없다.

정답 3-1 ③ 3-2 ② 3-3 ② 3-4 ④

핵심이론 04 | 근린주구 이론

(1) 페리의 근린주구 구성의 6가지 원리
① 규모 : 초등학교 중심의 인구 5,000~6,000명 규모
② 경계 : 주구와 주구는 간선도로를 경계로 한다.
③ 지구 내 가로 체계 : 가로는 폭이 좁고 구불구불한 막다른 도로 형식의 쿨데삭(Cul-de-sac)으로 처리한다.
④ 오픈스페이스 : 소공원 등의 용지(주구 면적의 10% 정도)
⑤ 공공건축물 : 보행거리 400m 정도에 집중 배치한다.
⑥ 근린 점포 : 근린주구의 교차점이나 인접 주구의 점포에 인접한 1개 이상의 점포지구를 배치한다.

(2) 하워드(Ebenzer Howard)의 전원도시
① 내일의 전원도시(1898)
  ㉠ 도시와 농촌 결합으로 도시가 확산되는 것을 방지
  ㉡ 인구 규모는 30,000~50,000명으로 제한
  ㉢ 토지사유는 제한하며, 개발 이익의 사회 환원을 주장
② 레치워스(Letchworth), 웰윈(Welwyn) 전원도시 계획

(3) 라이트(Henry Wright)와 스타인(Clarence S. Stein)
① 래드번(Radburn) 계획의 5가지 기본원리
  ㉠ 슈퍼블록(大街區, Super Block)은 자동차의 통과교통을 배제하고, 주택과 시설, 학교, 공원 등은 보도로 연결
  ㉡ 기능에 따른 4가지 종류의 보차 분리의 도로로 구분
  ㉢ 보도망의 형성 및 보도와 차도의 입체적 분리
  ㉣ 쿨데삭(Cul-de-sac)으로 접근하고 주택의 거실, 서비스실은 보도 또는 정원 방향으로 배치
  ㉤ 단지의 어디든 통할 수 있는 공동 오픈스페이스 조성
② 뉴저지 래드번(Radburn) 설계(1928)

(4) 케빈 린치(Kevin Lynch)의 도시 이미지 5요소
① Path(통로, 길) : 이동 경로(가로보도, 철도, 고속도로 등)
② Node(중심, 지역) : Path의 결절점(교차로, 광장 등)
③ District(구역) : 지역 또는 지구 구분의 선형적 영역
④ Edge(경계, 접경) : 두 지역 사이의 경계(해안선, 빌딩 등)
⑤ Landmark(랜드마크) : 탑, 기념물, 건물, 산 등

10년간 자주 출제된 문제

4-1. 페리(C. A. Perry)의 근린주구의 중심이 되는 시설은?
① 약 국   ② 대학교
③ 초등학교   ④ 어린이 놀이터

4-2. 페리의 근린주구에 관한 설명으로 옳지 않은 것은?
① 경계 : 4면의 간선도로에 의해 구획
② 지구 내 상업시설 : 지구 중심에 집중하여 배치
③ 오픈스페이스 : 소공원과 위락공간을 배치하는 공간
④ 지구 내 가로 체계 : 교통을 원활히 처리하고 통과교통의 방지

4-3. 래드번(Radburn) 계획의 기본원리에 속하지 않는 것은?
① 보도와 차도의 평면적 분리
② 기능에 따른 4가지 종류의 도로 구분
③ 자동차 통과도로 배제를 위한 슈퍼블록 구성
④ 주택단지 어디로나 통할 수 있는 공동 오픈스페이스 조성

4-4. 래드번(Radburn) 계획의 5가지 원리로 옳지 않은 것은?
① 기능에 따른 4가지 종류의 도로 구분
② 자동차 통과도로 배제를 위한 슈퍼블록 구성
③ 보도망 형성 및 보도와 차도의 평면적 분리
④ 주택단지 어디로나 통할 수 있는 공동 오픈스페이스 조성

4-5. 케빈 린치(Kevin Lynch)의 도시 이미지(Image)의 5가지 요소에 해당되지 않는 것은?
① Path(통로, 길)
② Node(중심, 지역)
③ Landmark(랜드마크)
④ Cul-de-sac(막다른 도로)

| 해설 |

4-1
근린주구의 크기는 초등학교를 중심으로 하는 인구규모이다.

4-2
지구 내 상업시설(근린 점포) : 근린주구의 교차점이나 인접 주구의 점포에 인접한 1개 이상의 점포지구를 배치한다.

4-3
보도망 형성 및 보도와 차도의 입체적 분리를 지향한다.

4-4
보도망 형성 및 보도와 차도의 입체적 분리

4-5
Cul-de-sac(막다른 도로)은 관계없다.

정답 4-1 ③ 4-2 ② 4-3 ① 4-4 ③ 4-5 ④

핵심이론 05 | 주택단지의 체계

(1) 주거밀도의 표시

① 건폐율(%)
  ㉠ 건물의 밀집도를 나타낸다.
  ㉡ 대지면적에 대한 건축면적의 비율

② 용적률(%)
  ㉠ 토지의 고도집약 이용도를 나타낸다.
  ㉡ 대지면적에 대한 연면적의 비율

③ 호수밀도(호/ha)
  ㉠ 토지와 건물량의 관계를 나타낸다.
  ㉡ 대지면적에 대한 주택호수의 비율

④ 인구밀도(인/ha)
  ㉠ 토지와 인구와의 관계를 나타낸다.
  ㉡ 대지면적에 대한 주거인구의 비율

(2) 근린주구의 구성

① 인보구(隣保區)
  ㉠ 규모 : 20~40호, 인구 100~200명
  ㉡ 반경 100m 정도를 기준으로 하는 가장 작은 생활권 단위로서 어린이 놀이터가 중심이 되는 단위
  ㉢ 아파트는 3~4층 건물로서 1~2동이 여기에 해당
  ㉣ 이웃 개념으로 가까운 친분관계를 유지하는 범위

② 근린분구(近隣分區, Branch Unit of Neighborhood)
  ㉠ 규모 : 400~500호, 인구 2,000~2,500명
  ㉡ 주민 간에 면식이 가능한 최소 단위의 생활권으로서 일상 소비생활에 필요한 공동시설이 운영 가능한 단위
  ㉢ 소비시설을 갖추며, 후생시설(목욕탕, 약국 등), 보육시설(유치원, 탁아소), 어린이 공원을 설치한다.

③ 근린주구(近隣住區, Residential Neighborhood)
  ㉠ 규모 : 1,600~2,000호, 인구 8,000~10,000명
  ㉡ 보행으로 중심부와 연결이 가능하며, 초등학교를 중심으로 한 단위

ⓒ 어린이 공원, 운동장, 우체국, 소방서, 동사무소 등

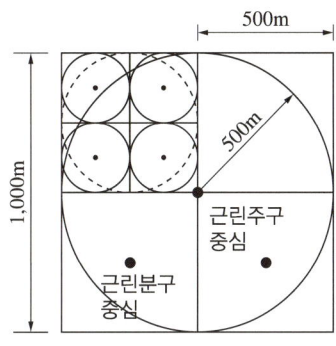

[근린주구의 단계별 범위]

10년간 자주 출제된 문제

5-1. 다음 중 근린분구의 중심시설에 속하지 않는 것은?
① 약 국
② 유치원
③ 파출소
④ 초등학교

5-2. 근린생활권의 구성 중 근린주구의 중심이 되는 시설은?
① 유치원
② 대학교
③ 초등학교
④ 어린이 놀이터

5-3. 근린생활권에 관한 설명으로 옳지 않은 것은?
① 인보구는 가장 작은 생활권 단위이다.
② 인보구 내에는 어린이 놀이터 등이 포함된다.
③ 근린주구는 초등학교를 중심으로 한 단위이다.
④ 근린분구는 주간선도로 또는 국지도로에 의해 구분된다.

|해설|

5-1
초등학교는 근린주구의 중심시설이다.

5-2
근린주구의 중심시설은 초등학교이다.

5-3
근린주구는 주간선도로 또는 국지도로에 의해 구분된다.

정답 5-1 ④ 5-2 ③ 5-3 ④

| 핵심이론 06 | 주택단지 시설 계획

(1) 커뮤니티 시설

① 커뮤니티(Community, 공동, 집합, 집단지, 근린)
  ㉠ 적극적으로 공동사회에 소속감과 연대의식을 느낄 수 있는 지역공동사회라는 주거집단을 의미한다.
  ㉡ 커뮤니티 센터(공동시설, 근린생활시설) : 공동생활에 필요한 시설이 형성된 군

② 공동시설
  ㉠ 1차 공동시설(기본적 주거시설) : 급·배수, 급탕, 난방 설비, 통로, 엘리베이터, 구급 설비 등
  ㉡ 2차 공동시설(거주 행위의 일부를 공유하여 합리화 향상) : 작업시설, 어린이 놀이터, 창고, 응접실 등
  ㉢ 3차 공동시설(집단생활 기능 촉진) : 관리시설, 물품 판매, 집회실, 체육시설, 의료, 보육시설, 정원 등
  ㉣ 4차 공동시설(공공시설) : 우체국, 학교, 경찰시, 파출소, 소방서, 교통기관 등

(2) 단지 내 시설 계획

① 주택법상 주택단지의 복리시설
  ㉠ 복리시설 : 어린이 놀이터, 주민운동시설, 근린생활시설, 경로당, 유치원 등
  ㉡ 부대시설 : 주차장, 관리사무소, 담장, 주택단지 안의 도로 등

② 아파트에 설치하여야 하는 장애인·노인·임산부 등의 편의시설의 종류
  ㉠ 매개시설 : 장애인 등의 통행이 가능한 접근로(주출입구 접근로), 장애인전용주차구역, 주출입구 높이 차이 제거
  ㉡ 내부시설 : 출입구(문), 복도, 계단, 승강기

ⓒ 안내시설 : 유도 및 안내설비, 점자블록, 경보 및 피난설비
ⓔ 위생시설 : 대변기, 소변기, 세면대, 욕실, 샤워 및 탈의실
ⓜ 그 밖의 시설 : 객실, 침실, 관람석, 열람석, 접수대, 작업대, 매표소, 판매기, 음료대, 임산부 등을 위한 휴게시설 등

10년간 자주 출제된 문제

6-1. 공동주택의 공동시설 계획에 관한 설명으로 옳지 않은 것은?
① 간선 도로변에 위치시킨다.
② 중심을 형성할 수 있는 곳에 설치한다.
③ 확장 또는 증설을 위한 용지를 확보한다.
④ 이용빈도가 높은 건물은 이용거리를 짧게 한다.

6-2. 공동주택의 공동시설 분류에서 기본적 주거시설로서 급·배수, 급탕, 난방, 환기, 전화 설비, 통로, 엘리베이터 등의 설비 중심시설은?
① 1차 공동시설
② 2차 공동시설
③ 3차 공동시설
④ 4차 공동시설

6-3. 장애인 등의 편의시설 중 매개시설에 속하지 않는 것은?
① 주출입구 접근로
② 유도 및 안내설비
③ 장애인 전용주차구역
④ 주출입구 높이 차이 제거

6-4. 아파트에 의무적으로 설치하여야 하는 장애인·노인·임산부 등의 편의시설에 속하지 않는 것은?
① 점자블록
② 장애인 전용주차구역
③ 높이 차이가 제거된 건축물 출입구
④ 장애인 등의 통행이 가능한 접근로

|해설|

6-1
공동주택에서 공동시설은 주민의 이용상 편리하도록 단지의 중심부에 위치하는 것이 좋다.

6-2
1차 공동시설(기본적 주거시설) : 급·배수, 급탕, 난방 설비, 통로, 엘리베이터, 구급 설비 등

6-3
유도 및 안내설비는 안내시설에 속한다.

6-4
아파트에 설치해야 하는 편의시설은 의무와 권장으로 구분되며, 점자블록은 의무사항이 아니다. 시각장애인 보행편의를 위하여 설치하는 블록이며, 감지용 점형블록과 유도용 선형블록을 사용한다.

정답 6-1 ① 6-2 ① 6-3 ② 6-4 ①

핵심이론 07 | 도로의 유형

(1) 격자형
① 가로망 형태가 단순하다.
② 가구 및 획지 구성상 이용 효율이 높다.
③ 통과교통이 허용되어 안전성이 떨어진다.
④ 교차로가 +형이며 교통처리에 유의하여야 한다.
⑤ 부정형한 지형에 적용 곤란하다.
⑥ 계획적으로 조성되는 시가지에 이용되는 형태이다.

(2) 쿨데삭(Cul-de-sac, 막다른 도로 형식)
① 차량통행로 계획으로 통과교통을 없애고, 자동차 진입을 최소화함으로써 보행자 위주로 계획하는 방법
② 우회도로가 없어서 방재, 방범상 불리하다.
③ 주택 배면에 보행자전용도로가 설치되면 효과적이다.
④ 쿨데삭의 길이는 120~300m로 계획하지만, 가능한 150m 이하로 계획하는 것이 좋다.
⑤ 주거환경의 쾌적성 및 보행자의 안전성 확보가 용이하다.

(3) 선형도로(Linear Road Pattern)
① 폭이 좁은 단지에 유리하고, 양 측면 또는 한 측면의 단지를 서비스할 수 있다.
② 특이한 지형과 바로 인접할 경우 비교적 가까이에서 보행자를 위한 공간의 확보가 가능하다.

(4) T자형 교차로
① T자형으로 도로를 교차하는 방식이다.
② 격자형이 갖는 택지의 효율성을 활용한다.
③ 지구 내 통과교통 배제 및 주행속도를 감소시킬 수 있다.
④ 목적지로 가려면 교차로를 통하므로 통행거리가 증가된다.
⑤ 보행자 전용도로와 결합해서 계획한다.

(5) 루프형(Loop Type, 환상형)
① 순환도로는 단지의 가장자리를 커다란 루프(Loop)로 둘러싸서 내부의 세대와 연결시키는 형식이다.
② 통과교통을 차단하여 주거환경의 쾌적성과 안전성을 확보할 수 있다.
③ 도로로 사용되는 도로율이 높아지는 단점이 있다.

10년간 자주 출제된 문제

7-1. 다음 설명에 알맞은 국지도로의 유형은?

- 가로망 형태가 단순하고, 가구 및 획지 구성상 택지의 이용 효율이 높기 때문에 계획적으로 조성되는 시가지에 많이 이용되고 있는 형태이다.
- 교차로가 +자형이므로 자동차의 교통처리에 유리하다.

① T자형
② 격자형
③ 루프(Loop)형
④ 쿨데삭(Cul-de-sac)형

7-2. 다음 설명에 알맞은 단지 내 도로 형식은?

- 불필요한 차량 진입이 배제되는 이점을 살리면서 우회도로가 없는 쿨데삭(Cul-de-sac)형의 결점을 개량하여 만든 형식이다.
- 통과교통이 없기 때문에 주거환경의 쾌적성과 안전성은 확보되지만 도로율이 높아지는 단점이 있다.

① 격자형   ② 방사형
③ T자형   ④ Loop형

7-3. 주거단지의 도로 형식에 관한 설명으로 옳지 않은 것은?

① 격자형은 가로망의 형태가 단순·명료하고, 가구 및 획지 구성상 택지의 이용효율이 높다.
② 쿨데삭(Cul-de-sac)형은 각 가구와 관계없는 자동차의 진입을 방지할 수 있다는 장점이 있다.
③ 루프(Loop)형은 우회도로가 없는 쿨데삭형의 결점을 개량하여 만든 패턴으로 도로율이 높아지는 단점이 있다.
④ T자형은 도로의 교차방식을 주로 T자 교차로로 한 형태로 통행거리가 짧아 보행자 전용도로와 병용이 불필요하다.

|해설|

7-1
격자형

7-2
Loop형

7-3
T자형은 교차로를 통해 이동하여 통행거리가 길어지므로 보행자 전용도로와 병용하여 계획한다.

정답 7-1 ② 7-2 ④ 7-3 ④

(3) 단지 내 도로의 계획

① 보차의 동선분리 방법
  ㉠ 평면적 분리 : 평면에서 선적으로 분리(T자형 교차로, 루프(Loop)형 도로, 쿨데삭(Cul-de-sac) 등)
  ㉡ 입체적 분리 : 평면에서 교차되는 부분 입체화 분리

[보차의 동선분리 방법]

평면 분리	쿨데삭(Cul-de-sac), 루프(Loop), T자형
면적 분리	안전 참, 보행자 공간, 몰 플라자(Mall Plaza)
입체 분리	오버브리지(Over Bridge), 언더패스(Under Path), 지상인공지반, 지하가, 다층구조지반
시간 분리	시간제 차량통행, 차 없는 날

② 공동주택단지 안의 도로의 설계속도
  ㉠ 주택단지 내 도로는 시속 20km/h 이하가 되도록 한다.
  ㉡ 도로의 설계속도 : 유선형 도로로 설계하거나 도로 노면의 요철이나 마감 포장, 과속방지턱 설치 등을 통하여 도로 속도를 조절하게 된다.

[공동주택 단지 도로폭]

주택단지의 총 세대수	기간도로와 접하는 폭 또는 진입도로의 폭
300세대 미만	6m 이상
300세대 이상~500세대 미만	8m 이상
500세대 이상~1,000세대 미만	12m 이상
1,000세대 이상~2,000세대 미만	15m 이상
2,000세대 이상	20m 이상

(4) 장애인전용주차구역의 의무적 설치 대상

① 제1종 근린생활시설 중 지구대, 우체국, 지역자치센터의 경우 공공용도로서 장애인전용주차구역을 설치하여야 한다.
② 슈퍼마켓, 일용품점 등 소매점 등의 경우는 일상소비생활을 위한 용도로써 공공용도가 아니므로 의무 설치 대상은 아니다.

10년간 자주 출제된 문제

7-4. 공동주택단지 안의 도로의 설계속도는 최대 얼마 이하가 되도록 하여야 하는가?
① 10km/h
② 15km/h
③ 20km/h
④ 30km/h

7-5. 제1종 근린생활시설 중 장애인전용주차구역을 의무적으로 설치하여야 하는 대상에 속하지 않는 것은?
① 지구대
② 우체국
③ 슈퍼마켓
④ 지역자치센터

|해설|

7-4
주택단지 안의 도로는 시속 20km/h 이하가 되도록 한다.
도로의 설계속도 : 유선형 도로로 설계하거나 도로 노면의 요철이나 마감 포장, 과속방지턱 설치 등을 통하여 도로 속도를 조절하게 된다.

7-5
제1종 근린생활시설 중 지구대, 우체국, 지역자치센터의 경우 공공용도로서 장애인전용주차구역을 설치하여야 한다.

정답 7-4 ③ 7-5 ③

제4절 업무시설

핵심이론 01 │ 사무소 유효율 및 평면 형식

(1) 유효율(렌터블비, Rentable Ratio, %)

① 유효면적(대실, 주거, 거주, 전용)과 공용면적의 비
② 유효율(임대율, Rentable Ratio)은 수익성의 지표가 된다.

$$유효율 = \frac{대실면적}{연면적} \times 100$$

③ 연면적에 대해서는 70~75%, 기준층에서는 80% 정도
④ 전용사무소는 거주성을 고려하여 낮게 하는 경우도 있다.

(2) 복도형 사무실(Corridor Office) 평면형식 구분

① 단일지역 배치(Single Zone Layout, 편복도식)
　㉠ 복도의 한편에만 사무실을 둔 형식
　㉡ 통풍, 채광에 유리하고 보건위생, 쾌적성이 좋다.
　㉢ 임대료가 고가이며, 소규모 사무소에 적당하다.

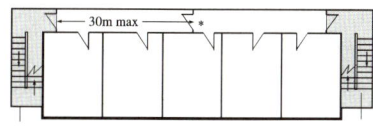

[단일지역 배치(편복도식)]

② 2중지역 배치(Double Zone Layout, 중복도식)
　㉠ 남북 방향의 복도를 중앙에 두고 양쪽에 사무실 배치
　㉡ 동서 방향으로 사무실을 면하게 하는 것이 유리하다.
　㉢ 중규모의 사무소 건물에 적당하다.

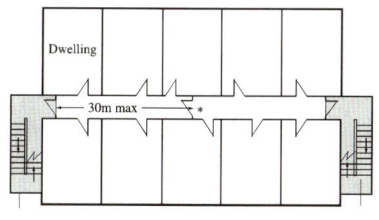

[2중지역 배치(중복도식)]

③ 3중지역 배치(Triple Zone Layout, 2중복도식)
  ㉠ 중앙에 코어 존(Zone)을 배치하고 양쪽에 사무공간을 배치
  ㉡ 코어 존(Zone, 제3지역)에 교통, 위생설비 등을 둔다.
  ㉢ 대규모의 고층 사무소 건물에 적당하다.
  ㉣ 경제적이고, 미적 및 구조적인 이점이 있다.
  ㉤ 복도, 깊은 사무공간에는 인공조명과 환기설비가 필요하다.

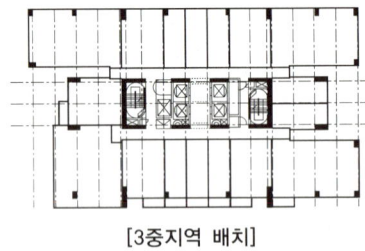

[3중지역 배치]

10년간 자주 출제된 문제

1-1. 고층 사무소 건축에 관한 설명으로 옳지 않은 것은?
① 토지이용 효율이 높아진다.
② 화재와 지진 등의 재난에 대한 대비가 필요하다.
③ 층고를 낮게 할 경우 건축비를 절감시킬 수 있다.
④ 고층일수록 설비비의 감소로 단위 면적당 건축비가 절감된다.

1-2. 사무소 건축에서 3중지역 배치(Triple Zone Layout)에 관한 설명으로 옳지 않은 것은?
① 서비스 부분을 중심에 위치하도록 한다.
② 고층 사무소 건축의 전형적인 해결방식이다.
③ 부가적인 인공조명과 기계환기가 필요하다.
④ 대여사무실을 포함하는 건물에 가장 적합하다.

|해설|

1-1
고층일수록 구조 및 설비가 고도화되며, 설비비는 증가하게 되고 단위 면적당 건축비도 증가한다.

1-2
대여사무실은 업무 환경 조건이 좋은 단일지역 배치가 가장 적합하며, 특히 소규모 임대사무소에 유리하다.

정답 1-1 ④ 1-2 ④

핵심이론 02 | 사무소의 실 단위 계획

(1) 개실 시스템(Individual Room System)
① 복도에 의해 각 층의 사무공간으로 들어가는 방법
② 장 점
  ㉠ 독립성(프라이버시), 쾌적성이 좋다.
  ㉡ 조명, 창, 블라인드, 커튼 등을 이용한 환경조절이 쉽다.
③ 단 점
  ㉠ 큰 실은 적절한 공간으로 실을 분할하여야 한다.
  ㉡ 공사비가 많이 들고, 칸막이 설치 후 변경이 어려워 장래의 공간 변화에 대응하기 어렵다.
  ㉢ 업무 감독이 어려우며, 커뮤니케이션이 어렵다.
  ㉣ 복도, 구석진 공간, 출입문 등의 공간 낭비가 있다.
  ㉤ 방 길이에는 변화를 줄 수 있으나, 연속된 긴 복도 때문에 실 깊이에는 변화를 줄 수 없다.

(2) 개방식 배치(Open Plan System)
① 단일 공간의 개방된 대규모 사무공간으로 계획
② 사무공간은 책상과 시설을 서열에 따라 배치한다.
③ 장 점
  ㉠ 통로가 최소화되어 공간이 절약된다.
  ㉡ 작업의 흐름이 유연하여 작업 능률이 향상된다.
  ㉢ 업무 감독하기가 쉽고, 커뮤니케이션이 쉽다.
  ㉣ 실의 길이나 깊이에 변화를 줄 수 있다.
  ㉤ 전면적을 유용하게 이용할 수 있다.
  ㉥ 내부 개조가 쉽고, 벽이 없어 공사비가 절감된다.
④ 단 점
  ㉠ 소음이 많고 독립성이 저하된다.
  ㉡ 서열에 의한 책상 배치, 비우호적인 느낌을 준다.
  ㉢ 각 개인이 주위 환경을 통제할 수 없다.
  ㉣ 자연채광에 인공조명이 필요하다.

(3) 오피스 랜드스케이핑(Office Landscaping)

① 사무공간의 작업 패턴(흐름) 관계를 고려하여 획일성을 없애고 융통성과 능률을 높이고자 하는 방식
② 개방식 배치의 변형된 방식으로, 낮은 칸막이나 화분 등으로 자유롭게 구성한다.
③ 장 점
  ㉠ 인간관계의 질적 향상과 작업 능률이 향상된다.
  ㉡ 작업 패턴의 변화에 따른 조정이 가능하며 융통성이 있으므로 새로운 요구 사항에 맞도록 신속한 변경이 가능하다.
  ㉢ 사무 공간 및 공사비(칸막이 벽, 공조, 소화, 조명 설비 등)가 절약되어 경제적이다.
  ㉣ 시각적 차단과 부드러운 분위기를 조성할 수 있다.
  ㉤ 창, 기둥의 방향에 관계없이 사무실 배치가 가능하다.

10년간 자주 출제된 문제

2-1. 사무소 건축의 실 단위 계획 중 개실 시스템에 관한 설명으로 옳지 않은 것은?
① 개인적 환경조절이 용이하다.
② 소음이 많고 독립성이 결여된다.
③ 방 깊이에는 변화를 줄 수 없다.
④ 개방식 배치에 비해 공사비가 높다.

2-2. 사무소 건축의 실 단위 계획 중 개방식 배치에 관한 설명으로 옳지 않은 것은?
① 독립성이 결핍되고 소음이 있다.
② 전면적을 유용하게 이용할 수 있다.
③ 공사비가 개실 시스템보다 저렴하다.
④ 방의 길이나 깊이에 변화를 줄 수 없다.

2-3. 오피스 랜드스케이프(Office Landscape)에 관한 설명으로 옳지 않은 것은?
① 개방식 배치의 한 형식이다.
② 커뮤니케이션의 융통성이 있다.
③ 독립성과 쾌적감의 이점이 있다.
④ 소음 발생에 대한 고려가 요구된다.

|해설|
2-1
소음이 크고 독립성이 떨어지는 형식은 개방식 배치이다.
2-2
방의 길이나 깊이에 변화를 주면서 필요에 따라 공간을 활용할 수 있다.
2-3
소음이 발생하기 쉬우며 독립성이 결여되고, 쾌적감이 떨어질 수 있다.

정답 2-1 ② 2-2 ④ 2-3 ③

핵심이론 03 | 사무소의 코어 계획(Core Planning)

(1) 코어의 역할
① 평면적 역할
  ㉠ 서비스 부분을 집약하므로 유효면적을 높일 수 있다.
  ㉡ 사무실 공간은 융통성 있는 균일 공간으로 계획된다.
② 구조적 역할
  ㉠ 주내력 구조체로 외곽이 내진벽 역할을 한다.
  ㉡ 코어 하중 부담으로 긴 스팬(Span) 구조가 가능하다.
③ 설비적 역할
  ㉠ 설비계통의 집중화로 각 층 계통 거리가 최단이 된다.
  ㉡ 설비계통의 순환이 원활하여 설비비가 절약된다.

(2) 코어 내의 각 공간의 위치 관계
① 계단, 엘리베이터, 화장실은 가능한 한 접근시킬 것
② 코어 내의 공간과 사무 공간 사이의 동선이 간단할 것
③ 코어 내의 공간의 위치가 명확할 것
  ㉠ 화장실 위치는 외래자에게 잘 알려질 수 있도록 한다.
  ㉡ 홀, 복도 등에서 화장실 내부가 보이지 않도록 한다.
④ 엘리베이터 홀이 출입구에 접근해 있지 않도록 할 것
⑤ 엘리베이터는 가급적 중앙에 집중될 것
⑥ 코어 내의 각 공간이 각 층마다 공통의 위치에 있을 것
⑦ 잡용실, 급탕실은 가급적 접근시킬 것

(3) 코어의 종류
① 중심(중앙)코어형
  ㉠ 중앙에 코어가 있어서 구조적으로 가장 유리하다.
  ㉡ 내진구조로서 중·고층 및 초고층에 적합하다.
  ㉢ 바닥면적이 큰 경우에 적합하다.
  ㉣ 내부 공간과 외관이 획일적으로 되기 쉽다.
② 편심코어형
  ㉠ 기준층 바닥면적이 작은 소규모 건물에 적합하다.
  ㉡ 규모가 커지면 피난 및 구조상 좋지 않다.
③ 독립코어(외코어)형
  ㉠ 코어와는 독립된 자유로운 사무 공간 제공이 가능하다.
  ㉡ 각종 덕트, 배관 등의 길이가 길어지며 제약이 많다.
  ㉢ 방재상 불리하고 바닥면적이 커지면 피난시설을 포함한 서브코어(Sub Core)가 필요하다.
  ㉣ 내진 구조에는 불리하다.
④ 양단코어형
  ㉠ 중앙부에 대공간이 필요한 전용 사무실에 적합하다.
  ㉡ 2방향 피난에는 이상적이며, 방재 및 피난상 유리하다.

10년간 자주 출제된 문제

3-1. 다음 중 사무소 건축 계획에서 코어시스템(Core System)을 채용하는 이유와 가장 거리가 먼 것은?
① 구조적인 이점 ② 피난상의 유리함
③ 임대면적의 증가 ④ 설비계통의 집중

3-2. 사무소 건축의 코어(Core)에 관한 설명으로 옳지 않은 것은?
① 독립코어는 방재상 유리하다.
② 독립코어는 사무실 공간 배치가 자유롭다.
③ 편심코어는 기준층 바닥면적이 작은 경우에 적합하다.
④ 중심코어는 바닥면적이 큰 고층, 초고층 사무소에 적합하다.

3-3. 사무소 건축의 코어 유형에 관한 설명으로 옳지 않은 것은?
① 중심코어는 유효율이 높은 계획이 가능한 유형이다.
② 양단코어는 피난동선이 혼란스러워 방재상 불리한 유형이다.
③ 편심코어는 각 층 바닥면적이 소규모인 경우에 적합한 유형이다.
④ 독립코어는 코어를 업무공간으로부터 분리시킨 관계로 업무공간의 융통성이 높은 유형이다.

3-4. 사무소 건축의 코어 형식 중 2방향 피난이 가능하여 방재상 가장 유리한 것은?
① 편심코어형 ② 독립코어형
③ 양단코어형 ④ 중심코어형

|해설|

3-1
피난상의 유리함은 직접적인 이유와 거리가 멀다.

3-2
독립코어형은 방재상 불리하고 바닥면적이 커지면 피난시설을 포함한 서브코어가 필요하다.

3-3
양단코어형은 2방향 피난 및 방재에 유리하다.

3-4
양단코어형은 양방향 피난이 가능하여 방재상 가장 유리하다.

정답 3-1 ② 3-2 ① 3-3 ② 3-4 ③

핵심이론 04 │ 사무소의 평면 및 단면 계획

(1) 평면 계획

① 기준층 평면형태 결정요인
  ㉠ 구조상 스팬의 한도
  ㉡ 동선상의 거리
  ㉢ 각종 설비 시스템상의 한계
  ㉣ 방화구획상 면적
  ㉤ 자연광에 의한 조명한계
  ㉥ 대피상 최대 피난거리
  ㉦ 배연 계획

② 기둥 간격 결정요인
  ㉠ 공간의 기능 : 책상단위 배치, 사무기기 배치 등
  ㉡ 채광상 층고에 의한 안깊이
  ㉢ 코어의 크기, 위치 등
  ㉣ 지상부 주차배치단위, 지하주차장 주차구획

(2) 단면 계획

① 층고 계획
  ㉠ 기준층의 층고는 3.3~4.0m 정도가 적당하다.
  ㉡ 최상층은 옥상으로부터의 단열과 옥상 슬래브의 물매를 위해 2중 천장으로 계획하여 최상층의 층높이는 기준층보다 최소한 30cm 정도 높게 계획한다.
  ㉢ 사무실의 깊이
    • 외측에 면할 경우 층고의 2.0~2.4배 이내
    • 채광 정측에 면할 경우 층고의 1.5~2.0배 이내
  ㉣ 채광용 개구부는 바닥면적의 1/10로 하고, 창대 높이는 0.75~0.8m 정도로 한다.

② 층고 결정요소
  ㉠ 층고와 깊이 결정요소 : 사용목적, 채광, 공사비 등
  ㉡ 구조적 요인 : 보의 춤
  ㉢ 설비적 요인 : 냉·난방설비(파이프, 덕트 등), 공조시스템, 소방설비(스프링클러 등), 전기설비(조명 등)

ⓔ 생리적 요인 : 소요 기적량, 사무실의 깊이 결정요소(채광, 창 크기 등)

10년간 자주 출제된 문제

4-1. 다음 중 사무소 건축에서 기준층 층고의 결정 요소와 가장 거리가 먼 것은?
① 채광률　　　② 사용목적
③ 공조시스템　　　④ 엘리베이터의 용량

4-2. 다음 중 고층 사무소 건축에서 층고를 낮게 잡는 이유와 가장 거리가 먼 것은?
① 층고가 높을수록 공사비가 높아지므로
② 실내 공기조화의 효율을 높이기 위하여
③ 제한된 건물 높이 한도 내에서 가능한 한 많은 층수를 얻기 위하여
④ 엘리베이터의 왕복시간을 단축시킴으로서 서비스의 효율을 높이기 위하여

4-3. 사무소 건축의 기준층 층고의 결정 요인과 가장 관계가 먼 것은?
① 채 광　　　② 사무실의 깊이
③ 엘리베이터 설치대수　　　④ 공기조화(Air Conditioning)

4-4. 다음 중 고층 사무소 건축에서 층고를 낮게 하는 이유와 가장 관계가 먼 것은?
① 공사비를 낮추기 위해
② 보다 넓은 설비공간을 얻기 위해
③ 실내의 공기조화 효율을 높이기 위해
④ 제한된 건물 높이에서 가급적 많은 수의 층을 얻기 위해

|해설|
4-1
엘리베이터의 용량은 관계없다.
4-2
엘리베이터 이동거리는 관계되지만, 왕복시간은 엘리베이터 정격속도에 관계된다.
4-3
엘리베이터의 설치대수는 평면계획과 관계있다.
4-4
설비공간을 넓게 확보할 경우 층고가 높아진다.

정답 4-1 ④　4-2 ④　4-3 ③　4-4 ②

핵심이론 05 │ 사무소의 기타 계획

(1) 엘리베이터 계획

① 엘리베이터(승용 승강기) 배치
　㉠ 1개소 집중 설치하고 출발 층은 1개소로 한정한다.
　㉡ 직렬로 배치할 경우, 4대 한도로 하며, 엘리베이터 중심 간 거리는 8m 이하가 되도록 한다.
　㉢ 5대 이상일 경우 알코브형 배치로 한다.
　㉣ 알코브형 배치 시 대향거리는 3.5~4.5m 정도로 한다.
　㉤ 홀의 넓이는 정원의 50%로 0.5~0.8m²/인 정도이다.

② 5분 동안의 집중률
　㉠ 기준 : 아침 출근시간 직전 5분
　㉡ 아침 출근 시 5분간(전체 이용자의 1/3~1/10 정도)
　　• 전용 건물의 경우 사무소 수용 인원의 20~30%
　　• 임대 건물의 경우 10~20%
　㉢ 피크타임 적용 : 점심시간(12시경)을 기준으로 한다.

③ 사무소 건축에서 엘리베이터 계획 시 고려사항
　㉠ 수량 계산 시 교통수요량에 적합해야 한다.
　㉡ 승객의 층별 대기시간은 평균 운전간격(허용값) 이하가 되도록 하여 기다리는 시간을 줄여 주어야 한다.
　㉢ 군 관리 운전은 동일 군 내의 서비스층은 같게 한다.
　㉣ 초고층, 대규모인 경우는 분할(조닝)을 고려한다.

(2) 계단실 계획

① 동선을 단순하게, 주계단은 1층 출입구 근처에 배치한다.
② 엘리베이터 홀에 근접시킨다.
③ 방화구획 내에는 1개소 이상의 계단을 설치한다.
④ 2개소 이상의 계단을 설치할 경우 균등하게 배치한다.

(3) 스모크 타워(Smoke Tower)
① 비상계단 전실에 설치하는 연기의 배기 샤프트(Shaft)
② 화재 시 계단실이 굴뚝 역할을 하는 것을 방지한다.
③ 자연환기에 의한 배연과 기계배기에 의한 배연이 있다.
④ 방화문은 피난 방향으로 열려야 한다.
⑤ 전실의 천장 높이는 가급적 높게 한다.

10년간 자주 출제된 문제

5-1. 사무소 건축의 엘리베이터 계획에 관한 설명으로 옳지 않은 것은?
① 수량 계산 시 대상 건축물의 교통수요량에 적합해야 한다.
② 승객의 층별 대기시간은 평균 운전간격 이하가 되게 한다.
③ 초고층, 대규모 빌딩인 경우는 서비스 그룹을 분할하여서는 안 된다.
④ 건축물의 출입층이 2개 층이 되는 경우는 각각의 교통 수요량 이상이 되도록 한다.

5-2. 사무소 건축의 엘리베이터 계획에 관한 설명으로 옳은 것은?
① 대면배치의 경우 대면거리는 최소 6.5m 이상으로 한다.
② 엘리베이터의 대수는 아침 출근시간의 피크 30분간을 기준으로 산정한다.
③ 1개소에 연속하여 6대를 설치할 경우 직선형(일렬형)으로 배치하는 것이 좋다.
④ 여러 대의 엘리베이터를 설치하는 경우 그룹별 배치와 군관리 운전방식으로 한다.

5-3. 사무소 건축의 엘리베이터 계획에 관한 설명으로 옳지 않은 것은?
① 교통동선의 중심에 설치하여 보행거리가 짧도록 배치한다.
② 일렬배치는 4대를 한도로 하고, 엘리베이터 중심 간 거리는 8m 이하가 되도록 한다.
③ 여러 대의 엘리베이터를 설치하는 경우, 그룹별 배치와 군관리 운전방식으로 한다.
④ 엘리베이터 대수산정은 이용자가 제일 많은 점심시간 전후의 이용자수를 기준으로 한다.

|해설|

5-1
초고층, 대규모인 경우는 원활한 서비스를 위해 분할(조닝)을 고려한다.

5-2
① 대면배치의 경우 대면거리는 최소 3.5m 이상으로 한다.
② 엘리베이터의 대수는 아침 출근시간 직전의 5분간을 기준으로 산정한다.
③ 1개소에 연속하여 4대를 설치할 경우 직선형(일렬형)으로 배치하는 것이 좋다.

5-3
엘리베이터 대수산정은 교통수요량에 적합해야 하며, 5분간 집중률로서 아침 출근시간 직전 5분을 기준으로 한다.

정답 5-1 ③ 5-2 ④ 5-3 ④

제5절 상점 및 백화점

핵심이론 01 | 상 점

(1) 상점 광고 5요소(AIDMA법칙)
① Attention(주의)
② Interest(흥미, 주목)
③ Desire(욕망, 공감, 욕구)
④ Memory(기억, 인상)
⑤ Action(행동, 출입)

(2) 진열장(가구)에 의한 배치 형식
① 굴절 배열형
  ㉠ 케이스와 고객 동선이 굴절 또는 곡선으로 구성된다.
  ㉡ 양품점, 모자 코너, 안경 코너, 문방구 등
② 직렬 배열형
  ㉠ 진열장 등 입구에서 안을 향하여 직선으로 구성되며, 부분별로 상품 진열이 용이하다.
  ㉡ 침구류, 의복코너, 전기코너, 식기, 서점 등
③ 환상 배열형
  ㉠ 중앙 진열대 중심으로 회전형으로 배치하고 그 안에 포장대 등을 놓는 형식이다.
  ㉡ 수예품점, 민예품점 등
④ 복합형
  ㉠ 여러 가지 형태를 적절히 조합시킨 형식이다.
  ㉡ 패션점, 액세서리점, 부인복, 피혁제품 코너, 서점 등

(3) 상점 판매 형식
① 대면 판매
  ㉠ 고객과 종업원이 쇼케이스를 기준으로 상담, 판매하는 형식이다.
  ㉡ 시계점, 귀금속점, 카메라점, 안경점, 제과점, 약국 등
  ㉢ 장 점
    • 상품에 대한 설명과 포장이 편리하다.
    • 판매원이 위치를 정하기가 용이하다.
  ㉣ 단 점
    • 쇼케이스(Showcase, 진열장) 내 전시로 진열면적이 감소된다.
    • 쇼케이스가 많아지면 상점의 분위기가 부드럽지 않다.
② 측면 판매
  ㉠ 고객과 종업원이 상품을 같은 방향으로 보며 판매하는 형식이다.
  ㉡ 의류 매장, 침구점, 서점, 양복점, 양장점 등
  ㉢ 장 점
    • 충동적 구매와 선택이 용이하다.
    • 진열 면적이 커지며, 상품에 친근감이 있다.
  ㉣ 단 점
    • 상품의 설명이나 포장 등이 불편하다.
    • 판매원이 위치를 정하기가 어려우며 불안정하다.

10년간 자주 출제된 문제

1-1. 상점계획 시 정면(Facade) 구성에 요구되는 5가지 광고 요소에 속하지 않는 것은?
① Attention ② Attraction
③ Desire ④ Memory

1-2. 상점계획에 대한 설명 중 옳지 않은 것은?
① 고객의 동선은 일반적으로 길수록 좋다.
② 점원의 동선과 고객의 동선은 서로 교차하여 서비스를 충분히 할 수 있도록 한다.
③ 대면 판매 형식은 일반적으로 시계, 귀금속, 의약품 상점 등에서 쓰여진다.
④ 진열케이스, 진열대, 진열장 등이 입구에서 안을 향해서 직선적으로 구성된 평면배치는 주로 침구, 식기코너, 서점 등에서 사용된다.

1-3. 상점의 판매 형식에 관한 설명으로 옳지 않은 것은?
① 측면 판매 형식은 직원 동선의 이동성이 많다.
② 대면 판매 형식은 측면 판매 형식에 비해 상품 진열면적이 넓어진다.
③ 측면 판매 형식은 고객이 직접 진열된 상품을 접촉할 수 있는 관계로 선택이 용이하다.
④ 대면 판매 형식은 쇼케이스를 중심으로 판매원이 고정된 자리나 위치를 확보하는 것이 용이하다.

|해설|
1-1
Attraction은 관계가 없다.
1-2
점원 동선과 고객의 동선은 서로 교차되지 않은 것이 바람직하다.
1-3
대면 판매 형식은 측면 판매 형식에 비해 진열장(쇼케이스)에 전시하므로 상품 진열면적이 감소된다.

정답 1-1 ② 1-2 ② 1-3 ②

(4) 숍 프런트(Shop Front) 구성 형식

① 개방형
  ㉠ 점두 전체가 트여 있는 형식
  ㉡ 손님의 출입이 많은 상점 또는 손님이 점내에 잠시 머무르는 상점에 적합하다.
  ㉢ 과일점, 미곡상, 채소가게 등 일반 상점, 시장

② 폐쇄형
  ㉠ 출입구를 제외한 전면을 폐쇄하여 통행인이 상점 내부를 들여다 볼 수 없게 된 형식
  ㉡ 손님이 점내에 비교적 오래 머물러 있는 경우 또는 손님이 적은 점포에 적합하다.
  ㉢ 이발소, 미용원, 귀금속점, 카메라점, 음식점 등

③ 중간형
  ㉠ 일부 개방이나 유리창을 통한 내부를 볼 수 있도록 계획하며, 개방형과 폐쇄형을 겸한 형식으로 현재 가장 많이 채용되고 있다.
  ㉡ 서점, 빵집, 지물포 등

(5) 숍 프런트 배치 형식

① 평 형
  ㉠ 가로에 면하여 평형으로 만든 형식으로 일반적 형식
  ㉡ 채광 및 점내를 넓게 사용할 수 있어 유리하다.
  ㉢ 꽃집, 가구점, 자동차 진열장 등

② 돌출형
  ㉠ 종래에 많이 사용된 형식
  ㉡ 특수 도매상 등에 쓰인다.

③ 만입형
  ㉠ 점두의 일부를 점내로 후퇴시킨 형식
  ㉡ 혼잡한 도로에서도 진열 상품을 볼 수 있다.
  ㉢ 점내 면적의 감소, 자연채광의 감소 등의 단점이 있다.

④ 홀 형
  ㉠ 점두가 진열창으로 둘러져 홀로 된 형식
  ㉡ 특징은 만입형과 같다.
⑤ 다층형
  ㉠ 2층 또는 여러 층을 이용하여 진열창으로 취급한 형식
  ㉡ 큰 도로나 광장에 면한 경우 효과적이다.
  ㉢ 입체적, 시각적으로 일체감이 있어야 하며 상점에 대한 규모나 이미지가 강한 인상이 느껴지도록 계획해야 한다.

10년간 자주 출제된 문제

1-4. 상점의 정면(Facade) 구성에 요구되는 AIDMA법칙의 내용에 속하지 않는 것은?
① 예술(Art)   ② 욕구(Desire)
③ 흥미(Interest)   ④ 기억(Memory)

1-5. 숍 프런트(Shop Front) 구성 형식 중 폐쇄형에 관한 설명으로 옳지 않은 것은?
① 고객이 내부 분위기에 만족하도록 계획한다.
② 고객의 출입이 많은 제과점 등에 주로 적용된다.
③ 고객이 상점 내에 비교적 오래 머무르는 상점에 적합하다.
④ 숍 프런트(Shop Front)를 출입구 이외에는 벽 등으로 차단한 형식이다.

1-6. 다음 설명에 알맞은 상점의 숍 프런트 형식은?

- 숍 프런트가 상점 대지 내로 후퇴한 관계로 혼잡한 도로의 경우 고객이 자유롭게 상품을 관망할 수 있다.
- 숍 프런트의 진열면적 증대로 상점 내로 들어가지 않고 외부에서 상품 파악이 가능하다.

① 평 형   ② 다층형
③ 만입형   ④ 돌출형

1-7. 상점의 진열장(Show Case) 배치 유형 중 다른 유형에 비하여 상품의 전달 및 고객의 동선상 흐름이 가장 빠른 형식으로 협소한 매장에 적합한 것은?
① 굴절형   ② 직렬형
③ 환상형   ④ 복합형

|해설|

1-4
예술(Art)은 속하지 않는다.

1-5
고객의 출입이 많은 제과점 등에는 주로 개방형이 적용된다.

1-6
만입형은 점두의 일부를 점내로 후퇴시킨 형식이다.

1-7
직렬형은 상품의 전달 및 고객의 동선상 흐름이 가장 빠르며, 시야가 좋다.

정답 1-4 ①   1-5 ②   1-6 ③   1-7 ②

(6) 매장 동선 계획

① 고객의 동선
  ㉠ 고객이 밖에서 점내로 유도되어 들어오는 동선
  ㉡ 고객의 동선은 원활하면서도 길게 할 것
② 점원의 동선
  ㉠ 고객을 응대하며 판매하고 출납사무를 위해 생기는 점원의 동선
  ㉡ 점원 동선은 중복을 피하고 단순하고 짧게 할 것

(7) 매장 가구 배치 계획

① 고객 쪽에서 상품이 효과적으로 보이게 한다.
② 고객을 감시하기 쉬우며, 고객에게 감시받고 있다는 인상을 주지 않도록 해야 한다.
③ 고객과 종업원 동선이 원활하고, 소수의 종업원으로 다수의 고객을 수용할 수 있어야 한다.
④ 매장으로 들어오는 고객과 종업원의 시선이 마주치는 것을 피하도록 한다. 이를 위해 종업원의 위치는 상점 전면에서 직접 보이지 않고, 슬며시 보이는 장소를 정한다.
⑤ 고객 동선을 길게 하고, 판매와 지불의 관계에 있어서 종업원의 동선은 짧게 한다.

(8) 상점 바닥면

① 보도면에서 자연스럽게 유도될 수 있도록 평탄할 것
② 상품이나 진열 설비를 저해하는 자극적인 색채가 아닐 것
③ 미끄러지거나 요철 또는 소음이 없이 걷기 쉬울 것
④ 전체적인 색채 조절을 고려할 것

(9) 벽면과 선반

① 상점 내부의 벽면은 상품을 진열·전시하기 때문에 진열대 및 선반의 장식으로 계획하도록 한다.
② 상품을 고객의 시선에 띄게 하기 위해서는 여유 있는 장식으로 한다.
③ 벽면에 부착하는 선반형 진열대는 소형상품이나 신발과 같은 많은 전시면적을 필요로 하는 상점에서 사용한다.

10년간 자주 출제된 문제

1-8. 상점계획에 관한 설명으로 옳지 않은 것은?
① 고객의 동선은 원활하게 하면서 가급적 길게 하는 것이 좋다.
② 쇼윈도의 바닥높이는 상품의 종류에 따라 높낮이를 결정하게 된다.
③ 상점 내부의 국부조명은 자유롭게 수량, 방향, 위치를 변경할 수 있도록 한다.
④ 종업원 동선은 고객의 동선과 교차되는 것이 바람직하고, 가급적 보행거리를 길게 한다.

1-9. 상점 바닥면 계획에 관한 설명으로 옳지 않은 것은?
① 미끄러지거나 요철이 없도록 한다.
② 소음 발생이 적은 바닥재를 사용한다.
③ 외부에서 자연스럽게 유도될 수 있도록 한다.
④ 상품이나 진열 설비와 무관하게 자극적인 색채로 한다.

|해설|

1-8
종업원 동선은 고객의 동선과 교차하지 않아야 하고, 단순하고 짧게 계획한다.

1-9
상품이나 진열 설비를 저해하는 자극적인 색채가 아닐 것

정답 1-8 ④ 1-9 ④

(10) 진열창(Show Window)의 유리 흐림 방지

① 진열창 내부와 외부의 온도차가 생기면 유리면에 김이 서리고 흐려져서 내부의 진열 상품을 볼 수 없게 된다.
② 창대 밑에 난방장치를 하여 내외의 온도차를 적게 함이 유리하다.
③ 환기와 열선 등으로 김서림을 방지한다.

(11) 진열창(Show Window)의 반사 방지

① 진열창의 내부가 어둡고 외부가 밝을 때에는 유리면은 거울과 같이 비추어서 내부에 진열된 상품이 보이지 않게 된다.
② 주간 시 반사 방지
  ㉠ 진열창 내의 밝기를 외부보다 더 밝게 한다.
  ㉡ 차양을 설치하여 외부에 그늘을 준다.
  ㉢ 유리면을 경사지게 하고 특수 곡면유리를 사용한다.
  ㉣ 건너편의 건물이 비치는 것을 방지하기 위해 가로수를 심어서 그늘을 준다.
③ 야간 시 반사 방지
  ㉠ 광원을 감춘다.
  ㉡ 눈에 입사하는 광속을 적게 한다.

10년간 자주 출제된 문제

1-10. 상점 건축의 진열창 계획에 관한 설명으로 옳은 것은?
① 밝은 조도를 얻기 위하여 광원을 노출한다.
② 내부 조명은 전반 조명만 사용하는 것을 원칙으로 한다.
③ 진열창의 내부 조도를 외부보다 낮게 하여 눈부심을 방지한다.
④ 외부에 면하는 진열창의 유리로 페어 글라스를 사용하는 경우 결로 방지에 효과가 있다.

1-11. 상점 건축에서 진열창(Show Window)의 눈부심을 방지하는 방법으로 옳지 않은 것은?
① 곡면유리를 사용한다.
② 유리면을 경사지게 한다.
③ 진열창의 내부를 외부보다 어둡게 한다.
④ 차양을 설치하여 진열창 외부에 그늘을 조성한다.

1-12. 상점에서 쇼윈도(Show Window)의 반사 방지방법으로 옳지 않은 것은?
① 쇼윈도 형태를 만입형으로 계획한다.
② 쇼윈도 내부의 조도를 외부보다 낮게 처리한다.
③ 캐노피를 설치하여 쇼윈도 외부에 그늘을 조성한다.
④ 쇼윈도를 경사지게 하거나 특수한 경우 곡면유리로 처리한다.

|해설|

1-10
① 눈부심 방지를 위해 광원은 노출하지 않는다.
② 내부 조명은 전반 조명 및 국부 조명을 혼용한다.
③ 진열창의 내부 조도를 외부보다 높게 하여 눈부심을 방지한다.

1-11
진열창의 내부를 외부보다 밝게 하여 진열상품이 잘 보이도록 한다.

1-12
상점에서 진열창의 반사 방지를 위해서는 진열창 내의 밝기를 외부보다 더 밝게 한다.

정답 1-10 ④ 1-11 ③ 1-12 ②

핵심이론 02 | 백화점

(1) 백화점 무창 계획

① 외벽의 창을 없애고, 실내의 진열면을 늘리거나 분위기의 조성을 위해 입면을 처리한다.

② 무창 계획의 장점
- ㉠ 창문을 통해 들어오는 역광으로 인한 내부 의장의 불리함을 감소시킨다.
- ㉡ 매장 내의 냉난방 효율이 좋아진다.
- ㉢ 외벽면에도 상품전시가 가능하여 진열면적이 증가한다.
- ㉣ 채광을 고려하지 않아도 되므로 매장의 면적을 늘리거나 진열장을 배치하는 데 유리하다.

③ 무창 계획의 단점
- ㉠ 화재나 정전 시 고객들이 피난에 혼란을 겪을 수 있다.
- ㉡ 자연채광 및 통풍이 불리하여 고도의 설비시설이 요구된다.

(2) 백화점 매장 평면 계획 시 유의사항

① 일반매장과 특별매장(일반매장 내 배치)으로 구분된다.
② 매장 전체가 멀리서도 넓게 보이고, 알기 쉬워야 한다.
③ 동일 층에서는 수평적으로 높이의 차가 없도록 한다.
④ 시야가 방해, 돌출, 만곡, 모난 것은 피하는 것이 좋다.

(3) 백화점 매장 통로

① **주통로** : 엘리베이터, 로비, 계단, 에스컬레이터 앞, 현관을 연결하는 통로로 폭은 2.7~3.0m 정도로 한다.
② **부통로** : 주통로와 연결하는 통로로 폭은 1.8m 이상으로 판매대 앞에 사람이 서고, 후면에 둘 이상 보행 가능한 폭 정도로 한다.
③ 통로 폭의 결정은 쇼케이스 앞에 손님이 서 있을 때 45~60cm가 필요하다.
④ 통과하는 손님 한 사람에 대하여 60~70cm를 요한다.
⑤ 1층은 통행량이 최대이므로 다른 층보다 넓게 계획한다.

10년간 자주 출제된 문제

2-1. 무창 백화점에 관한 설명으로 옳지 않은 것은?
① 창의 역광으로 인한 내부 의장의 불리한 요소를 제거할 수 있다.
② 외기의 도입이 줄어들므로 매장 내의 냉방 및 난방 효율이 증가된다.
③ 외부 벽면에 전시품의 전시가 가능하여 진열면적을 증가시킬 수 있다.
④ 자연채광이 필요 없고 고도의 설비시설을 설치하지 않으므로 경제적이다.

2-2. 백화점 매장 평면 계획 시 유의할 사항으로 옳지 않은 것은?
① 일반매장과 특별매장으로 구분된다.
② 매장 전체가 멀리서도 넓게 보이고, 알기 쉬워야 한다.
③ 동일 층에서는 수평적으로 높이의 차를 만든다.
④ 시야가 방해, 돌출, 만곡, 모난 것은 피하는 것이 좋다.

|해설|
2-1
자연채광 및 통풍이 불리하여 고도의 설비시설이 요구된다.
2-2
동일 층에서는 수평적으로 높이의 차가 없도록 한다.

정답 2-1 ④ 2-2 ③

(4) 백화점의 매장 기둥 간격

① 일반적으로 사방 6~7m 정도가 보통, 바람직한 기둥 간격은 기둥 크기를 포함해서 차량 3대가 주차 가능한 사방 9~10m 정도이다.

② 기둥 간격 결정요소
   ㉠ 매장 진열장의 치수와 배치방법
   ㉡ 엘리베이터, 에스컬레이터의 배치방법
   ㉢ 매장의 통로와 계단실의 폭
   ㉣ 지하주차장의 주차방식과 주차폭

(5) 백화점 매장의 배치 형식

① 직각배치(직교법)
   ㉠ 가장 간단한 배치로, 가구와 가구 사이를 직교하여 배치함으로써 직각의 통로가 나오게 하는 배치방법
   ㉡ 경제적이고 판매장 면적을 최대한 이용할 수 있으므로 가장 많이 사용되는 배치 형식이다.
   ㉢ 단조로운 배치이고 고객 통행량에 따른 통로폭의 변화가 어려워, 국부적인 혼란을 가져오기 쉽다.

② 사행배치(사교법)
   ㉠ 주통로를 직각으로 배치하고, 부통로를 주통로에 45° 경사지게 배치하는 방법
   ㉡ 직각배치 형식에서 국부적인 혼란의 결점을 시정한 것으로 주통로에서 부통로의 상품이 잘 보인다.
   ㉢ 사행배치는 상하 교통로를 가깝게 연결할 수 있다.
   ㉣ 수직 동선에 접근이 쉽고, 매장의 구석까지 가기 쉽다.
   ㉤ 이형의 판매대가 많이 필요하다.

③ 방사형배치(방사법)
   ㉠ 엘리베이터, 에스컬레이터 등 수직 동선을 중심으로 판매장의 통로를 방사형이 되도록 배치하는 방법
   ㉡ 고객 동선이 명확하고 매장에 대한 인지도가 높다.

④ 자유유선형배치(자유유동법)
   ㉠ 고객 유동 방향에 따라 자유 곡선으로 통로를 배치

   ㉡ 전시에 변화를 주고 판매장의 특수성을 살릴 수 있다.
   ㉢ 매장의 변경 및 이동이 곤란하다.
   ㉣ 쇼케이스나 판매대 등이 특수형을 필요로 하므로 유리케이스 등 가구비가 증가하고 시설비가 많이 든다.

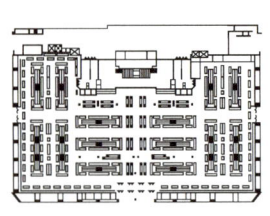
[직각배치]

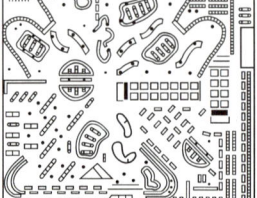
[사행배치]

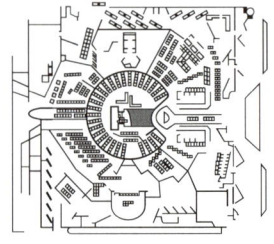
[방사형배치]   [자유유선형배치]

10년간 자주 출제된 문제

2-3. 백화점의 배치 형식에 관한 설명으로 옳지 않은 것은?

① 직각배치는 매장 면적의 이용률을 최대로 확보할 수 있다.
② 사행배치는 주통로 이외의 제2통로를 상하 교통계를 향해서 45° 사선으로 배치한 것이다.
③ 사행배치는 많은 고객이 매장 구석까지 가기 쉬운 이점이 있으나 이형의 진열장이 필요하다.
④ 자유유선배치는 획일성을 탈피할 수 있으며, 변화와 개성을 추구할 수 있고 시설비가 적게 든다.

|해설|

2-3
자유유선배치는 획일성을 탈피할 수 있으며, 변화와 개성을 추구할 수 있지만, 곡선형의 가구 등으로 인해 시설비가 많이 든다.

정답 2-3 ④

(6) 엘리베이터(Elevator) 특성
① 위치는 주출입구의 반대쪽 또는 먼 곳에 배치한다.
② 에스컬레이터와 병용하는 경우에는 최상층에의 급행용 이외에는 보조적인 역할을 한다.
③ 연면적 2,000~3,000m²에 대해 15~20인승 1대 정도

(7) 에스컬레이터 배치 형식
① 직렬식 배치
  ㉠ 승객의 시야가 좋은 형식
  ㉡ 점유면적은 크다.
② 병렬식 배치
  ㉠ 백화점 내부를 내려다보기가 좋고 시야가 넓은 형식
  ㉡ 병렬 단속식 배치 : 오르기와 내리기를 단속적으로 하는 형식으로 서비스가 나쁘고, 혼잡할 수 있다.
  ㉢ 병렬 연속식 배치 : 오르기와 내리기를 연속적으로 하는 형식으로 교통이 연속되어 혼잡이 적다.
③ 교차식 배치
  ㉠ 점유면적이 가장 작은 형식
  ㉡ 교통이 연속되어 혼잡이 적다.
  ㉢ 에스컬레이터 측면이 매장의 전망을 나쁘게 한다.

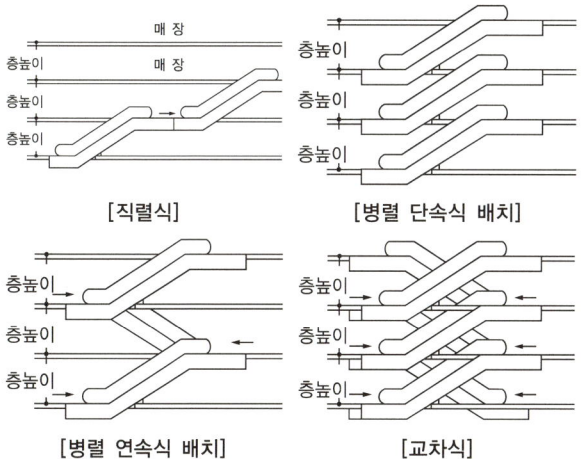

[직렬식]   [병렬 단속식 배치]
[병렬 연속식 배치]   [교차식]

10년간 자주 출제된 문제

2-4. 백화점에 에스컬레이터 설치 시 고려사항으로 옳지 않은 것은?
① 건축적 점유면적을 가능한 한 크게 배치한다.
② 승강·하강 시 매장에서 잘 보이는 곳에 설치한다.
③ 각 층 승강장은 자연스러운 연속적 흐름이 되도록 한다.
④ 출발 기준층에서 쉽게 눈에 띄도록 하고 보행동선 흐름의 중심에 설치한다.

2-5. 백화점에 설치하는 에스컬레이터에 관한 설명으로 옳지 않은 것은?
① 수송량에 비해 점유면적이 작다.
② 설치 시 층고 및 보의 간격에 영향을 받는다.
③ 비상계단으로 사용할 수 있어 방재계획에 유리하다.
④ 교차식 배치는 연속적으로 승강이 가능한 형식이다.

|해설|
2-4
점유면적은 가능한 한 작게 하여 배치한다.
2-5
에스컬레이터는 비상계단으로 사용하지 않으며, 특히 화재 시에는 연기가 각 층으로 이동할 수 있으므로 방재계획으로써 방화셔터를 설치한다.

정답 2-4 ① 2-5 ③

핵심이론 03 | 쇼핑센터 계획

(1) 쇼핑몰(Shopping Mall)의 구성

① 몰(Mall)의 5개 구성요소
- ㉠ 핵상점(핵점포) : 고객을 끌어들이는 점포 센터
- ㉡ 몰(Mall) : 고객의 주요 동선(쇼핑거리) 역할
- ㉢ 코트(Court) : 몰 중간에 고객이 머무르는 넓은 공간
- ㉣ 전문점(단일 상점) : 단일 상품을 전문적으로 취급하는 상점과 음식점 등
- ㉤ 주차장 및 관리시설 : 관리를 위한 부분으로 사무공간, 통제 및 설비관계 공간

② 몰(Mall)의 면적 배분
- ㉠ 핵상점 : 50% 정도
- ㉡ 전문점 : 25% 정도
- ㉢ 몰, 코트 등 공유공간 : 10% 정도
- ㉣ 기타(관리시설, 기계실 등) : 15% 정도

③ 쇼핑몰(Mall)의 유형
- ㉠ 오픈 몰(Open Mall) : 몰(Mall) 천장이 개방된 형태
- ㉡ 엔클로즈드 몰(Enclosed Mall) : 몰(Mall) 천장이 닫혀 있는 형태로 공기조화에 의해 쾌적한 실내기후를 유지하여야 한다.

(2) 몰(Mall)의 계획

① 몰(Mall)의 계획 시 고려할 사항
- ㉠ 몰의 폭은 6~12m가 일반적이며, 핵 상점들 사이의 몰의 길이는 240m를 초과하지 않아야 한다.
- ㉡ 20~30m의 길이마다 변화를 주어 단조로운 느낌이 들지 않도록 하며, 보행공간의 중간에 특별행사, 휴식, 만남 등을 위한 코트를 계획한다.
- ㉢ 몰(Mall)은 고객의 주보행동선을 통해 핵상점과 각 전문점으로 연결되므로 방향성과 식별성을 갖도록 계획한다.
- ㉣ 고객에게 변화감과 다채로움, 자극과 흥미를 갖도록 하여 유쾌한 쇼핑이 될 수 있도록 계획한다.

② 페데스트리언 지대(Pedestrian Area)
- ㉠ 변화감과 다채로움, 자극과 변화와 흥미를 주며 쇼핑을 유쾌하게 할 수 있으며, 휴식할 수 있는 장소를 말한다.
- ㉡ 보행로, 휴식 공간, 분수, 연못, 조경 등으로 구성된다.
- ㉢ 쇼핑몰 또는 쇼핑센터의 가장 특징적인 요소로서 넓은 면적을 필요로 하지만, 고객들이 즐겁게 쇼핑을 할 수 있으므로 결과적으로 구매력이 증가한다.

10년간 자주 출제된 문제

3-1. 쇼핑센터를 구성하는 주요 요소에 속하지 않는 것은?
① 핵점포
② 몰(Mall)
③ 터미널(Terminal)
④ 전문점

3-2. 쇼핑몰(Mall)에 관한 설명으로 옳지 않은 것은?
① 확실한 방향성과 식별성이 요구된다.
② 전문점과 핵상점의 주출입구는 몰에 면하도록 한다.
③ 몰은 고객의 주보행동선으로서 중심 상점과 각 전문점에서의 출입이 이루어지는 곳이다.
④ 일반적으로 공기조화에 의해 쾌적한 실내기후를 유지할 수 있는 오픈몰(Open Mall)이 선호된다.

3-3. 쇼핑몰(Mall)의 계획에 대한 설명으로 옳지 않은 것은?
① 전문점들과 중심 상점의 주출입구는 몰에 면하도록 한다.
② 중심 상점들 사이의 몰의 길이는 150m를 초과하지 않아야 하며, 길이 40~50m마다 변화를 주는 것이 바람직하다.
③ 몰에는 자연광을 끌어들여 외부공간과 같은 성격을 갖게 한다.
④ 다층으로 계획할 경우, 다층 및 각 층간의 시야의 개방감이 적극적으로 고려되어야 한다.

|해설|

3-1
터미널(Terminal)은 속하지 않는다.

3-2
엔클로즈드 몰(Enclosed Mall)에 대한 설명이다.

3-3
쇼핑몰(Mall)은 20~30m마다 변화를 주어 단조로움을 피하며, 전체 길이는 240m 이내로 계획하는 것이 좋다.

정답 3-1 ③ 3-2 ④ 3-3 ②

제6절 학 교

핵심이론 01 | 교사 계획

(1) 교사(敎舍)의 배치 형식

① 폐쇄형
  ㉠ 운동장을 남쪽에 확보하고 부지 북쪽에서부터 건축하기 시작해서 L형에서 □형으로 완결하는 형식이다.
  ㉡ 부지를 효율적으로 활용하고, 유기적 구성이 가능하다.
  ㉢ 화재 및 비상시에 불리하고, 환경 조건이 불균등하다.
  ㉣ 운동장으로부터 교실로의 소음이 크다.
  ㉤ 교사 주변에 활용되지 않는 부분이 많은 결점이 있다.

② 분산병렬형
  ㉠ 교사동을 남면으로 향하게 나란히 배치한다.
  ㉡ 일조, 통풍 등과 교실 환경조건이 균등하다.
  ㉢ 구조계획이 간단하며 규격형의 이용도 편리하다.
  ㉣ 건물 사이에 놀이터, 정원이 생겨서 환경이 좋아진다.
  ㉤ 넓은 부지가 필요하다.
  ㉥ 편복도 형식으로 계획하면 복도 면적이 크고 단조로운 형태이며 유기적인 구성을 취하기가 어렵다.

③ 집합형(새로운 형태)
  ㉠ 부지 활용 효율성과 교사의 합리적인 배치를 고려하여 유기적인 구성으로 전체 교지를 계획한다.
  ㉡ 교육구조에 따른 유기적 구성이 가능하다.
  ㉢ 동선이 짧아 학생의 이동이 유리하다.
  ㉣ 물리적 환경이 좋고, 다목적 계획이 가능하다.
  ㉤ 산만한 배치가 될 수 있다.

(2) 단층 및 다층 교사(敎舍) 계획

① 단층(單層) 교사
  ㉠ 학습활동을 실외에 연장시킬 수 있다.
  ㉡ 계단을 오르내릴 필요가 없으므로 재해발생 시 피난상 유리하다.
  ㉢ 각 교실에서 밖으로 직접 출입 가능하므로 복도가 혼잡하지 않다.
  ㉣ 채광 및 환기가 유리하다.
  ㉤ 내진이나 내풍구조가 용이하다.
  ㉥ 소음이 큰 작업, 화학약품의 악취 등을 격리시키기에 좋다.

② 다층(多層) 교사
  ㉠ 전기, 급배수, 난방 등의 배선 및 배관의 집약이 가능하다.
  ㉡ 치밀한 평면계획을 할 수가 있다.
  ㉢ 부지의 이용률이 높다.

10년간 자주 출제된 문제

1-1. 학교의 배치 계획 중 분산병렬형에 대한 설명으로 옳지 않은 것은?
① 일조·통풍 등 교실의 환경조건이 균등하다.
② 일반적으로 부지 이용률이 높다.
③ 교사동 사이의 공간에 놀이터와 정원이 생긴다.
④ 교사동의 구조 계획이 간단하고 시공이 용이하다.

1-2. 학교 건물에서 단층 교사의 장점과 관계가 없는 것은?
① 계단이 필요가 없으므로 재해 발생 시 피난상 유리하다.
② 학습활동을 실외에 연장할 수 있다.
③ 각 교실에서 밖으로 직접 출입이 가능하므로 복도가 혼잡하지 않다.
④ 각종 설비 등을 집약할 수 있어서 효율적인 평면 계획이 가능하다.

1-3. 학교 건축에서 단층 교사에 관한 설명으로 옳지 않은 것은?
① 재해 시 피난이 용이하다.
② 학습활동의 실외 연장이 가능하다.
③ 구조 계획이 단순하며, 내진·내풍 구조가 용이하다.
④ 집약적인 평면 계획이 가능하나 채광·환기가 불리하다.

|해설|

1-1
분산병렬형(핑거 플랜)은 건물이 분산 배치되어 부지를 넓게 확보하여야 하므로 이용률이 낮다.

1-2
설비 등을 집약할 수 있고 짜임새 있는 평면 계획이 가능한 것은 다층 교사 형태이다.

1-3
집약적 평면 계획이 가능하나 채광·환기가 불리한 유형은 다층 교사이다.

정답 1-1 ② 1-2 ④ 1-3 ④

핵심이론 02 | 학교 운영방식

(1) 종합교실형(U(A)형)
① 교실 수는 학급 수에 일치하며, 각 학급은 자기 교실 안에서 전 교과를 행한다.
② 초등학교의 저학년에 적합한 형식이다.
③ 학생 이동이 전혀 없고, 교실 이용률이 높다.
④ 각 학급마다 가정적인 분위기를 조성할 수 있다.
⑤ 시설 정도가 낮은 경우에는 빈약한 형태가 된다.
⑥ 초등학교 고학년 이상에는 무리가 있다.

(2) 일반교실 및 특별교실형(U+V형)
① 일반교실은 각 학급에 하나씩 배당하고 그 밖에 특별교실을 갖는 형식으로 우리나라에서 가장 일반적인 형태이다.
② 전용 학급교실이 있고, 홈룸 활동이 편하다.
③ 학생의 소지품을 두는 자리가 안정되어 있다.
④ 특별교실이 많을수록 일반교실의 이용률은 낮아진다.
⑤ 시설의 수준을 높일수록 비경제적이다.

(3) 교과교실형(V형)
① 모든 교실이 교과교실로 만들어지고, 일반교실이 없다.
② 순수율이 높은 교실이 주어지며, 시설 수준도 높다.
③ 학생의 이동이 심하다.
④ 이동에 대비해서 소지품을 보관할 장소가 필요하다.

(4) U형과 V형의 중간형(E형)
① 일반교실은 학급 수보다 적고, 교과교실도 있다.
② 특별교실의 순수율은 반드시 100%가 되지 않는다.
③ 이용률을 상당히 높일 수 있으므로 경제적이다.
④ 학생이 있는 곳이 안정되지 않고, 학생의 이동이 상당히 많으며 혼란이 심하다.

10년간 자주 출제된 문제

2-1. 학교 운영방식 중 교과교실형(V형)에 관한 설명으로 옳은 것은?

① 교실 수는 학급 수에 일치한다.
② 모든 교실이 특정한 교과를 위해 만들어진다.
③ 능력에 따라 학급 또는 학년을 편성하는 방식이다.
④ 일반교실이 각 학급에 하나씩 배당되고 그 외에 특별교실을 갖는다.

2-2. 학교 운영방식 중 교과교실형(V형)에 관한 설명으로 옳지 않은 것은?

① 일반 교실 수가 학급 수와 동일하다.
② 학생의 동선처리에 주의하여야 한다.
③ 학생 개인 물품의 보관 장소에 대한 고려가 요구된다.
④ 각 교과 전문의 교실이 주어지므로 시설의 질이 높아진다.

2-3. 학교 운영방식에 관한 설명으로 옳지 않은 것은?

① 교과교실형은 교실 순수율이 높지 않다.
② 종합교실형은 초등학교 저학년에 적합하다.
③ 일반교실, 특별교실형은 각 학급마다 일반교실을 하나씩 배당하고 그 외에 특별교실을 갖는다.
④ 교과교실형은 일반교실이 없다.

2-4. 우리나라 중학교에서 가장 많이 채택하고 있는 학교 운영 방식은?

① 플래툰형(P형)
② 종합교실형(U형)
③ 교과교실형(V형)
④ 일반 및 특별교실형(U+V)형

|해설|

2-1
① 종합교실형
③ 개방학교(오픈스쿨)
④ 일반교실 및 특별교실형

2-2
- 교과교실형(V형)은 모든 교실이 교과교실로 만들어지고, 일반교실은 없다.
- 종합교실형(U(A)형)은 교실 수는 학급 수에 일치하며, 각 학급은 자기교실 안에서 전 교과를 행한다.

2-3
교과교실형은 교실의 순수율은 높으나 학생의 이동이 심하다.

2-4
일반 및 특별교실형(U+V)은 우리나라 대부분의 초등학교 고학년이나, 중고등학교에서 적용되고 있는 방식이다.

정답 2-1 ② 2-2 ① 2-3 ① 2-4 ④

(5) 플래툰형(P형)

① 전 학급을 2분단으로 나누고, 한편이 일반교실을 사용할 때 다른 한편은 특별교실을 사용한다.
② 초등학교에서 과밀을 해결하기 위해 실시한다.
③ 학급 담임제와 교과 담임제의 병용이 가능하다.
④ 교실 사용시간을 배정하기 위한 시간표 구성이 복잡하고, 담당교사 수를 맞추기에도 어려움이 있다.

(6) 달톤형(D형)

① 학급, 학년을 없애고 학생들이 각자의 능력에 따라 교과를 골라 일정한 교과가 끝나면 졸업한다.
② 하나의 교과에 출석하는 학생 수가 정해지지 않기 때문에 여러 가지 크기의 교실을 설치해야 한다.

(7) 오픈스쿨(Open School, 개방학교)

① 종래의 학급단위 수업을 거부하고 개인의 능력, 자질에 따라 무학년제로써 다양한 학습활동을 할 수 있게 하는 형식으로 넓고 변화가 많은 공간으로 구성한다.
② 각자의 흥미나 능력에 따른 수업 진행으로 교육의 질을 높일 수 있다.
③ 교원(교사) 자질, 풍부한 교재 및 티칭머신의 활용이 필요하고, 시설적인 면에서 공기조화 설비 등이 요구된다.

10년간 자주 출제된 문제

2-5. 학교 운영방식 중 학급 및 학년 단위의 구분을 없애고 각자의 능력에 맞게 교과를 선택하고 이수 후 졸업하는 방식은?

① 종합교실형　② 달톤형
③ 교과교실형　④ 플래툰형

|해설|
2-5
달톤형: 학급 및 학년 단위의 구분을 없애고 각자의 능력에 맞게 교과를 선택하고 이수한 후 졸업하는 방식이다.

정답 2-5 ②

핵심이론 03 | 기본 계획

(1) 이용률과 순수율

① 이용률 = $\dfrac{\text{실제 이용시간}}{\text{평균 수업시간}} \times 100\%$

② 순수율 = $\dfrac{\text{해당 교과목 수업시간}}{\text{실제 교실 이용시간}} \times 100\%$

(2) 확장성과 융통성

① 확장성 : 인구 집중, 증가에 따른 학생 수 증가에 대응하고 최적 600~700명, 최대 1,000명으로 계획한다.
② 융통성
　㉠ 융통성이 요구되는 원인
　　• 미래의 확장, 지역사회의 이용에 의해서
　　• 광범한 교과 내용의 변화에 대응하여
　　• 학교 운영방식의 변화에 대응하여
　㉡ 해결 수단
　　• 방 사이 벽(Partition)의 이동(구조 계획) : 건식 구조
　　• 교실 배치의 융통성(배치 계획) : 관련 시설은 근접 배치
　　• 공간의 다목적성(평면 계획) : 교과 내용의 변화에 대응

(3) 블록(Block) 플랜과 교실군

① 일반교실군과 특별교실군
　㉠ 일반교실과 특별교실은 분리한다.
　㉡ 특별교실군은 교과 내용에 대한 융통성·보편성, 학생의 이동과 그 때의 소음 방지를 검토한다.
② 학년 단위로 정리
　㉠ 초등학교 저학년
　　• 종합교실형(U)이 이상적이다.
　　• 단층이 좋고, 1층에 배치하여 교문에 근접시킨다.

- 다른 접촉은 적게 하고, 출입구는 따로 설치한다.
- 중정 중심으로 둘러싸인 형태가 좋다.
ⓒ 초등학교 고학년 : 일반교실 및 특별교실형(U + V형)의 운영방식이 이상적이다.

10년간 자주 출제된 문제

3-1. 1주간의 평균 수업시간이 35시간인 어느 학교에서 제도실이 사용되는 시간이 1주에 28시간이며, 이 중 18시간은 제도수업으로, 10시간은 구조강의로 사용되었다면, 제도실의 이용률과 순수율은 각각 얼마인가?

① 이용률 : 80%, 순수율 : 35.7%
② 이용률 : 80%, 순수율 : 64.3%
③ 이용률 : 51.4%, 순수율 : 35.7%
④ 이용률 : 51.4%, 순수율 : 64.3%

3-2. 어느 학교의 1주간 평균 수업시간은 40시간인데 미술교실이 사용되는 시간은 20시간이다. 그중 4시간은 영어수업을 위해 사용될 때, 미술교실의 이용률과 순수율은 얼마인가?

① 이용률 50%, 순수율 20%   ② 이용률 50%, 순수율 80%
③ 이용률 20%, 순수율 50%   ④ 이용률 80%, 순수율 50%

3-3. 초등학교 건축계획에 관한 설명으로 옳은 것은?

① 저학년에서는 달톤형의 학교운영방식이 가장 적합하다.
② 저학년의 배치형은 1열로 서 있는 것보다 중정을 중심으로 둘러싸인 형이 좋다.
③ 동일한 층에 저학년부터 고학년까지의 각 학년의 학급이 혼합되도록 배치하는 것이 좋다.
④ 저학년 교실은 독립성 확보를 위해 1층에 위치하지 않도록 하며, 교문과 근접하지 않도록 한다.

|해설|

3-1
이용률 = (실제 이용시간/평균 수업시간) × 100%
     = (28/35) × 100 = 80%
순수율 = (해당 교과목 수업시간/실제 교실 이용시간) × 100%
     = (18/28) × 100 = 64.3%

3-2
이용률 = (실제 이용시간/평균 수업시간) × 100%
     = (20시간/40시간) × 100 = 50%
순수율 = (해당 교과목 수업시간/실제 교실 이용시간) × 100%
     = ((20 − 4)시간/20시간) × 100 = 80%

3-3
① 저학년은 종합교실형의 학교 운영방식이 가장 적합하다.
③ 저학년은 고학년과는 분리하여 배치하는 것이 좋다.
④ 저학년 교실은 1층에 위치하고, 교문과 근접하도록 한다.

정답 3-1 ② 3-2 ② 3-3 ②

(4) 엘보 액세스형(Elbow Access Type) 배치 방식

① 복도를 교실에서 이격시켜 설치하는 형식
② 장 점
　㉠ 학습의 순수율이 높고, 소음대비에 유리하다.
　㉡ 실내 환경이 균일하며 일조·통풍이 양호하다.
　㉢ 학년마다 놀이터 조성이 유리하다.
　㉣ 교실블록별로 개성 있는 계획을 할 수 있다.
③ 단 점
　㉠ 복도의 면적이 늘어나면 소음이 클 수 있다.
　㉡ 각 교실의 통합이 쉽지 않다.
　㉢ 교실의 개성을 살리기가 다소 곤란하다.

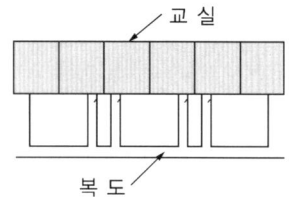

(5) 클러스터형(Cluster Type) 배치 방식

① 홀(공용공간)을 중앙에 위치시키고, 몇 개의 교실을 소단위로 분리(교실 2~4개씩 단위화)시키는 형식이다.
② 중앙에 공용부분을 집약하고 외곽에 특별교실, 학년별 교실동을 두어 동선을 명확하게 분리시킬 수 있다.
③ 건물동 사이의 놀이공간 구성이 용이하다.
④ 전체 배치의 융통성이 커서 시각적으로 보기 좋다.
⑤ 장 점
　㉠ 학습의 순수율이 높다.
　㉡ 각 교실이 외부와 접하는 면이 많다.
　㉢ 교실 간의 수업 방해가 적다.
　㉣ 학년 단위, 교실 단위의 독립성이 크다.
⑥ 단 점
　㉠ 넓은 부지를 요한다.
　㉡ 운영비가 많이 든다.
　㉢ 관리부와 동선이 길다.

10년간 자주 출제된 문제

3-4. 학교 교실 배치 형식 중 엘보 액세스형에 관한 설명으로 옳지 않은 것은?

① 학습의 순수율이 높다.
② 복도의 면적이 증가된다.
③ 채광 및 통풍 조건이 양호하다.
④ 교실을 소규모 단위로 분할, 배치한 형식이다.

3-5. 교실의 배치 형식 중에서 엘보형(Elbow Access Type)에 관한 설명으로 옳은 것은?

① 학습의 순수율이 낮다.
② 복도의 면적이 절약된다.
③ 일조, 통풍 등 실내 환경이 균일하다.
④ 분관별로 특색 있는 계획을 할 수 없다.

3-6. 학교 교실의 배치 방식 중 클러스터형(Cluster Type)에 관한 설명으로 옳지 않은 것은?

① 각 학급의 전용의 홀로 구성된다.
② 전체 배치에 융통성을 발휘할 수 있다.
③ 복도의 면적이 커지며 소음의 발생이 크다.
④ 교실을 소단위로 분리하여 설치하는 방식을 말한다.

|해설|

3-4
클러스터형 : 교실을 소규모 단위로 분할, 배치한 형식이다.

3-5
엘보형(Elbow Access Type)은 복도로부터 일정한 거리를 두고 교실을 배치하는 형식으로 일조, 통풍 등 실내환경을 균일하게 할 수 있다.

3-6
홀로서 이동하므로 복도의 면적이 감소되고 소음의 발생이 줄어든다.

정답 3-4 ④ 3-5 ③ 3-6 ③

핵심이론 04 | 교실 및 기타 계획

(1) 교실 계획
① 교실의 채광
  ㉠ 일조가 긴 방위로서, 채광 면적은 실면적의 1/10 이상
  ㉡ 교실 칠판을 향해 좌측 채광이 원칙이다.
  ㉢ 칠판의 현휘를 막기 위해서 정면의 벽에 접하여 1m 정도의 측면벽을 남긴다.
  ㉣ 조명은 실내에 음영이 생기지 않도록 한다.
  ㉤ 칠판면 조도를 책상면보다 높게 한다(100lx 이상).

② 교실의 크기 등
  ㉠ 교실 크기 : 7m × 9m 정도(저학년은 9m × 9m)
  ㉡ 창대 높이 : 초등학교 80cm, 중학교 85cm가 적당
  ㉢ 출입구 : 교실마다 2개소에 설치한다.

③ 색채 계획
  ㉠ 저학년은 난색계통, 고학년은 사고력의 증진을 위해 중성색이나 한색계통이 좋다.
  ㉡ 음악, 미술교실 : 창직적 학습 활동을 위해서는 난색계통이 좋다.
  ㉢ 교실 반자는 음향을 고려하며, 백색(80% 반사)에 가까운 색으로 마감한다.

(2) 강 당
① 강당의 크기(학교별 1인당 소요 면적)
  ㉠ 초등학교 : $0.4m^2$/인
  ㉡ 중학교 : $0.5m^2$/인
  ㉢ 고등학교 : $0.6m^2$/인

② 강당과 체육관 겸용 계획
  ㉠ 강당 겸 체육관으로 시설비, 부지면적을 절약한다.
  ㉡ 커뮤니티의 시설로서 학생 및 지역주민의 이용을 고려하며, 학생의 수업시간 내에는 외부 지역주민의 이용을 금지한다.
  ㉢ 벽, 천장, 바닥, 마감재료 등에 있어서 양자의 기능을 만족할 수 있도록 하여야 한다.
  ㉣ 일반적으로 강당으로의 이용보다는 체육관의 사용이 높으므로 체육관의 목적으로 치중하는 것이 좋다.

(3) 체육관
① 크 기
  ㉠ 농구코트를 둘 수 있는 크기가 필요
  ㉡ 최소 $400m^2$, 보통 $500m^2$(15.2m × 28.6m) 정도

② 세부 계획
  ㉠ 천장 높이 : 최소 6m 이상
  ㉡ 바닥 : 충격 흡수를 위해 2중의 실의 길이 방향으로 목재 마루판을 깐다.
  ㉢ 징두리벽 : 운동기구 설치를 고려한 2.5~2.7m 높이

③ 배 치
  ㉠ 채광은 남쪽뿐 아니라 천장을 이용하면 좋다.
  ㉡ 장축을 동서로 잡고, 장변(남북)으로부터 자연채광을 받도록 한다.

10년간 자주 출제된 문제

4-1. 학교의 교실 계획에 관한 설명으로 옳지 않은 것은?
① 교실의 채광은 교실 칠판의 정면을 향해서 좌측 채광을 원칙으로 한다.
② 칠판의 현휘를 막기 위해서 정면의 벽에 접하여 1m 정도의 측면벽을 남긴다.
③ 교실 출입문은 각 교실마다 2개소에 설치한다.
④ 저학년은 한색계통, 고학년은 난색계통이 좋다.

4-2. 학교의 강당 계획에 관한 설명으로 옳지 않은 것은?
① 체육관의 크기는 농구코트의 크기를 표준으로 한다.
② 강당은 학교별 1인당 소요 면적에서 초등학교 계획 시에는 $0.4m^2$/인으로 한다.
③ 강당 및 체육관으로 겸용하게 될 경우 강당 목적으로 치중하는 것이 좋다.
④ 강당 겸 체육관은 커뮤니티의 시설로서 이용될 수 있도록 고려하여야 한다.

|해설|
4-1
저학년은 난색계통, 고학년은 중성색이나 한색계통이 좋다.
4-2
강당 및 체육관으로 겸용하게 될 경우 이용시간이 많고 다목적 활용이 가능하도록 체육관의 목적으로 치중하는 것이 좋다.

정답 4-1 ④ 4-2 ③

제7절 공 장

핵심이론 01 건축 형식

(1) 배치 계획
① 건물 배치는 작업 내용을 검토한 후 결정하는 것이 좋다.
② 장래 계획, 확장 계획을 충분히 고려한다.
③ 원료 및 제품을 운반하는 방법, 작업동선을 고려한다.
④ 동력의 종류에 따라 배치하는 계통을 합리화한다.
⑤ 생산, 관리, 연구, 후생 등의 각 부분별 시설을 명쾌하게 나누고 유기적으로 결합시킨다.
⑥ 견학자 동선을 고려한다.
⑦ 가장 중요한 작업은 가장 유리한 위치에 배치한다.

(2) 장래 확장 계획
① 장래 계획과 확장 계획을 충분히 고려하며, 공장의 전체 종합 계획을 하고 그 일부로서 단위 건물을 계획한다.
② 공장 설계 시 전체 종합 계획을 수립하고, 입체적 환경이 예측될 경우 구조물 설계에 미리 고려한다.
③ 부대설비의 용량을 확장 계획에 반영하도록 고려한다.
④ 마스터 플랜(Master Plan)을 계획하며, 증축을 고려한다.

(3) 공장 건축 형식 분류
① 분관식(Pavilion Type)
 ㉠ 건축 형식, 구조를 다르게 할 수 있다.
 ㉡ 대지가 부정형이나 고저차가 있을 때 유리하다.
 ㉢ 공장의 신설, 확장이 비교적 용이하다.
 ㉣ 채광 및 통풍이 양호하다.
 ㉤ 여러 개의 공장 건물을 순차적으로 병행 건축할 수 있으므로, 조기가동이 가능하다.

ⓗ 배수, 물홈통 설치가 용이하다.
　　ⓢ 화학공장, 기계조립공장, 중층(다층)공장 등이 많다.
② 집중식(Block Type)
　　㉠ 기계 배치 및 작업공간의 효율이 좋다.
　　㉡ 대지가 평탄하거나 정형일 때 유리하다.
　　㉢ 재료 및 제품의 운반이 용이하고 흐름이 단순하다.
　　㉣ 건축비가 저렴하다.
　　㉤ 내부 배치 변경에 탄력성, 융통성이 있다.
　　ⓗ 기계조립공장, 단층 공장이 많으며, 평지붕 무창공장에 유리하다.

10년간 자주 출제된 문제

1-1. 공장 건축의 배치 형식 중 분관식에 관한 설명으로 옳지 않은 것은?

① 통풍 및 채광이 양호하다.
② 공장의 확장이 거의 불가능하다.
③ 각 동의 건설을 병행할 수 있으므로 조기 완성이 가능하다.
④ 각각의 건물에 대해 건축 형식 및 구조를 각기 다르게 할 수 있다.

1-2. 공장 건축의 배치 형식 중 분관식에 관한 설명으로 옳지 않은 것은?

① 작업장으로의 통풍 및 채광이 양호하다.
② 추후 확장 계획에 따른 증축이 용이한 유형이다.
③ 각 공장건축물의 건설을 동시에 병행할 수 있어 건설 기간의 단축이 가능하다.
④ 대지의 형태가 부정형이거나 지형상의 고저차가 있을 때는 적용이 불가능하다.

1-3. 공장 건축의 형식 중 분관식(Pavilion Type)에 관한 설명으로 옳지 않은 것은?

① 통풍, 채광에 불리하다.
② 배수, 물홈통 설치가 용이하다.
③ 공장의 신설, 확장이 비교적 용이하다.
④ 건물마다 건축 형식, 구조를 각기 다르게 할 수 있다.

|해설|

1-1
분관식은 집중식에 비해 공장의 신설 및 확장이 비교적 용이하다.

1-2
- 분관식은 대지가 부정형이거나 고저차가 있을 때 유리하다.
- 집중식은 대지의 형태가 부정형이거나 지형상의 고저차가 있을 때는 불리하다.

1-3
분관식(Pavilion Type)은 통풍, 채광에 유리하다.

정답 1-1 ② 1-2 ④ 1-3 ①

핵심이론 02 | 공장 레이아웃(Layout), 무창공장

(1) 레이아웃(Layout)의 개념
① 공장의 기계설비, 작업자의 작업구역, 재료 및 제품을 보관하는 장소 등 상호 위치관계를 말한다.
② 레이아웃을 통해 생산성을 향상시키도록 한다.
③ 장래 공장 규모의 변화에 대응한 융통성이 있어야 한다.
④ 생산, 관리, 연구, 후생 등은 분리하여 기능을 유지한다.

(2) 공장의 레이아웃 형식
① 제품중심 레이아웃
  ㉠ 생산에 필요한 모든 공정, 기계·기구를 제품의 흐름에 따라 배치하는 방식이다.
  ㉡ 대량생산에 유리하고, 생산성이 높다.
  ㉢ 장치 공업(석유, 시멘트), 가전제품 조립공장 등에 유리하다.
  ㉣ 공정 간의 시간적, 수량적 균형을 이룰 수 있고, 상품의 연속성이 유지된다.
② 공정중심 레이아웃
  ㉠ 동종의 공정, 동일한 기계, 기능이 유사한 것을 하나의 그룹으로 집합시키는 방식이다.
  ㉡ 생산성이 낮으나 주문생산 공장에 적합하다.
  ㉢ 다종 소량생산으로 예상 생산이 불가능한 경우나 표준화가 행해지기 어려운 경우에 채용된다.
③ 고정식 레이아웃
  ㉠ 주가 되는 재료나 조립부품이 고정되고, 사람이나 기계가 이동해 가며 작업하는 방식이다.
  ㉡ 선박, 건축과 같이 크고 수량이 적은 경우에 적합하다.
④ 혼성식 레이아웃 : 위의 방식들이 혼성된 형식

(3) 무창공장
① 방직공장 또는 정밀기계 공장에 적합하다.
② 실내의 조도는 인공조명을 통해 조절한다(균일한 조도).
③ 창호를 설치할 필요가 없다(건설비 저렴).
④ 실내에서의 소음이 크다.
⑤ 외부로부터의 자극이 적어서 작업 능률이 향상된다.
⑥ 온도, 습도 조정이 쉽고, 유지비가 싸다.

10년간 자주 출제된 문제

2-1. 공장 건축의 레이아웃(Layout) 계획에 관한 설명으로 옳지 않은 것은?
① 고정식 레이아웃은 조선소와 같이 제품이 크고 수량이 적은 경우에 행해진다.
② 레이아웃은 공장규모의 변화에 대응할 수 있도록 충분한 융통성을 부여하여야 한다.
③ 공장 건축에 있어서 이용자의 심리적인 요구를 고려하여 내부환경을 결정하는 것을 의미한다.
④ 작업장 내의 기계설비, 작업자의 작업구역, 자재나 제품 두는 곳 등에 대한 상호관계의 검토가 필요하다.

2-2. 다음 중 공장의 레이아웃(Layout)과 가장 밀접한 관계를 가지고 있는 것은?
① 재료계획
② 동선계획
③ 설비계획
④ 색채계획

2-3. 다음 설명에 알맞은 공장 건축의 레이아웃 형식은?

- 다종의 소량생산의 경우나 표준화가 이루어지기 어려운 경우에 채용된다.
- 생산성이 낮으나 주문 생산품 공장에 적합하다.

① 제품중심 레이아웃
② 공정중심 레이아웃
③ 고정식 레이아웃
④ 혼성식 레이아웃

2-4. 무창 방직공장에 관한 설명으로 옳지 않은 것은?
① 내부 발생 소음이 작다.
② 외부로부터의 자극이 적다.
③ 내부 조도를 균일하게 할 수 있다.
④ 배치계획에 있어서 방위를 고려할 필요가 없다.

| 해설 |

2-1
공장의 레이아웃(Layout) : 공장의 기계설비, 작업자의 작업구역, 재료 및 제품을 보관하는 장소 등 상호 위치관계를 말한다.

2-2
공장의 레이아웃(Layout)은 제품이 생산되는 동선계획과 밀접한 관계이다.

2-3
공정중심 레이아웃 : 다품종 소량생산, 주문생산에 적합하다.

2-4
내부 발생 소음이 크다.

정답 2-1 ③ 2-2 ② 2-3 ② 2-4 ①

핵심이론 03 | 지반침하, 지반개량공법

(1) 단면 형식에 의한 분류

① 단층 공장
  ㉠ 톱날 모양의 지붕 및 천창이 있는 형태로 무거운 원료나 제품을 취급하는 공장에 적합하다.
  ㉡ 기계, 조선, 주물공장 등이 적용된다.

② 중층 공장
  ㉠ 다층 형태로 가벼운 원료나 제품 취급하는 공장에 적합하다.
  ㉡ 제지, 제약, 제과, 제분, 방직공장 등이 적용된다.

③ 단층·중층 병용 공장
  ㉠ 단층 공장과 중층 공장을 병용한 건물 형태이다.
  ㉡ 양조, 방적공장 등이 적용된다.

④ 특수한 형태
  ㉠ 제품에 따라 형태가 결정되는 경우이다.
  ㉡ 제분, 시멘트공장 등이 적용된다.

(2) 지붕 형태에 의한 분류

① 평지붕 : 일반적으로 중층 건물 최상층 옥상에 쓰인다.

② 뾰족지붕
  ㉠ 평지붕과 동일한 최상층 옥상에 천창을 내는 형태
  ㉡ 어느 정도 직사광선을 허용한다.

③ 솟음지붕(솟을지붕)
  ㉠ 채광, 환기에 적합한 형태로 채광창의 경사에 따라 채광이 조절된다.
  ㉡ 상부 창의 개폐에 의해 환기량을 조절한다.

④ 톱날지붕
  ㉠ 공장 건물 특유의 지붕 형태이다.
  ㉡ 채광창을 북향으로 설치하여 균일한 조도를 유지하며 작업 능률을 향상시키도록 한다.

⑤ 샤렌구조 지붕
　㉠ 톱날지붕의 기둥이 많은 결점을 보완하기 위한 형태
　㉡ 기둥이 적게 소요되는 장점이 있다.

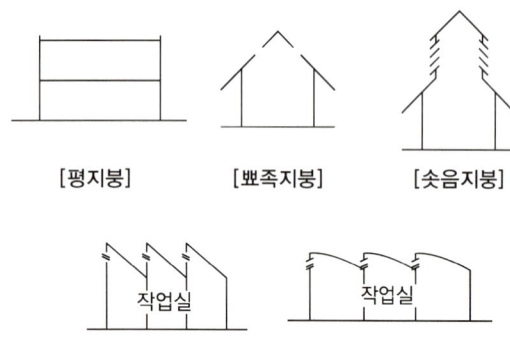

[평지붕]　[뾰족지붕]　[솟음지붕]
[톱날지붕]　[샤렌지붕]

10년간 자주 출제된 문제

3-1. 공장의 지붕을 톱날형으로 하는 이유로 가장 적당한 것은?
① 모양이 좋다.
② 소음이 줄어든다.
③ 빗물 처리가 용이하다.
④ 균일한 조도를 얻을 수 있다.

3-2. 공장 건축의 지붕형에 관한 설명으로 옳지 않은 것은?
① 솟을지붕은 채광, 환기에 적합한 방법이다.
② 샤렌지붕은 기둥이 많이 소요되는 단점이 있다.
③ 뾰족지붕은 직사광선을 어느 정도 허용하는 결점이 있다.
④ 톱날지붕은 북향의 채광창으로 일정한 조도를 유지할 수 있다.

|해설|

3-1
톱날형 지붕은 북향으로 면하도록 창을 설치할 경우 균일한 조도를 얻을 수 있으며, 직사광선의 작업환경을 개선해 준다.

3-2
샤렌지붕은 톱날지붕의 기둥이 많이 소요되는 결점을 보완하기 위하여 지붕을 곡선형으로 만든 형태이다.

정답 3-1 ④　3-2 ②

CHAPTER 02 건축시공

제1절 총론

핵심이론 01 개요

(1) 건축시공의 관리요소
① 3대 요소 : 공정, 품질, 원가
② 4대 요소 : 공정, 품질, 원가, 안전
③ 5대 요소 : 공정, 품질, 원가, 안전, 환경

(2) 건설생산 주체
① 건축주 : 공사시행 주체로, 자금을 투자하여 공사를 행하는 시행주체, 기업주, 일명 발주자
② 현장대리인(소장) : 건설공사 도급계약조건에 따라 공사 관리, 기술 관리, 기타 업무를 수행하는 총괄책임자
③ 감리자 : 설계도서대로 공사가 진행되는지의 여부 확인 및 기술 지도, 감독, 공사시행자 지도
④ 시공자 : 직접적으로 건축물을 시공하는 공사 업무를 담당하는 자를 뜻하며 하도급자까지 포함(상세시공도면 작성)

(3) 공사감리자의 업무
① 공사비 내역 명세의 조사
② 공사의 지시, 입회 검사
③ 시공 방법의 지도
④ 공사현장 안전관리 지도
⑤ 관계 법령에 의한 기준에 적합한 건축자재인지 여부의 확인
⑥ 품질시험의 실시 여부 및 시험성과의 검토, 확인

(4) 건설노무자
① 직용노무자 : 원도급자에게 직접 고용된 노무자로서 미숙련자가 대부분이다.
② 정용노무자 : 전문업자, 하도급자에게 고용된 노무자로서 숙련공이 대부분이다.
③ 임시 고용노무자 : 날품노무자, 보조 노무자

10년간 자주 출제된 문제

1-1. 건설현장에서 공사감리자가 하는 업무로 옳지 않은 것은?
① 상세시공도면의 작성
② 공사 시공자가 사용하는 건축자재가 관계 법령에 의한 기준에 적합한 건축자재인지 여부의 확인
③ 공사현장에서의 안전관리지도
④ 품질시험의 실시 여부 및 시험성과의 검토, 확인

1-2. 건축시공의 5대 관리요소가 아닌 것은?
① 안전관리 ② 품질관리
③ 원가관리 ④ 노무관리

1-3. 발주자에 의한 현장관리로 볼 수 없는 것은?
① 착공 신고 ② 하도급 계약
③ 현장회의 운영 ④ 클레임 관리

1-4. 공사 착공시점의 인허가 항목이 아닌 것은?
① 비산먼지 발생사업 신고 ② 오수처리시설 설치신고
③ 특정 공사 사전신고 ④ 가설건축물 축조신고

|해설|

1-1
상세시공도면의 작성은 시공자의 업무이다.

1-3
- 발주자는 원도급자와 계약을 하며, 하도급 계약과 관계없다.
- 하도급 계약은 원도급자와 하도급자 간의 계약이다.

1-4
오수처리시설 설치신고는 공사착공 전에 한다.

정답 1-1 ① 1-2 ④ 1-3 ② 1-4 ②

핵심이론 02 | 건설관리 기법

(1) VE(Value Engineering, 가치공학)

① 개념
  ㉠ VE는 발주자가 요구하는 성능·품질을 보장하면서 최소의 비용으로 공사를 수행하기 위한 수단을 찾고자 하는 체계적이고 과학적인 공사관리 기법이다.
  ㉡ VE는 가치공학으로서 발주자를 위한 비용과 시간을 절감하고 기능 위주의 사고(기능/원가, 원가에 대한 기능을 향상하는 사고방식)가 필요하다.

$$VE = \frac{기능(Function)}{비용(Cost)}$$

  ㉢ VE의 효과적인 도입 단계 : Design단계(설계단계)

② VE(Value Engineering)의 기본원칙
  ㉠ 사용자 우선의 원칙
  ㉡ 기능본위 우선의 원칙
  ㉢ 창조에 의한 변경 우선의 원칙
  ㉣ Team Design 우선의 원칙
  ㉤ 가치향상 우선의 원칙

③ VE의 적용
  ㉠ 기능 중심의 접근 및 기능적 설계
  ㉡ 고정관념의 제거, 사용자 중심의 사고
  ㉢ 조직적 노력과 가치의 제고
  ㉣ 원가 절감과 공기 단축

(2) 린 건설(Lean Construction)

① 낭비가 없는 효율적 생산시스템으로써 가치 및 비가치 요소로 구분하고 불리한 요소를 최소화하며, 최소 비용 및 기간으로 결함, 재고, 낭비가 없는 생산을 목표로 한다.
② 관리방법 : 변이관리, 당김생산, 흐름생산
③ 린 건설 방식의 효과
  ㉠ 순서에 따른 작업 진행으로 관리능률 향상
  ㉡ 변이관리능력 향상
  ㉢ 주문 재고, 낭비의 최소화
  ㉣ 표준적 공정 반복 시 효과적
  ㉤ 공기 단축
  ㉥ 원가(비용) 절감

10년간 자주 출제된 문제

2-1. VE 사고방식과 가장 거리가 먼 것은?
① 기능 중심의 사고 ② 비용절감
③ 제도, 법규 위주의 사고 ④ 발주자, 사용자 중심의 사고

2-2. 가치공학(Value Engineering)기법에서 어떤 개선 활동이나 계획을 세울 때 적용하는 것은?
① 기능설계 ② 원가 절감
③ 브레인스토밍 ④ 공기단축 기법

2-3. 공사계약제도 중 공사관리방식(CM)의 단계별 업무 내용 중 비용의 분석 및 VE 기법의 도입 시 가장 효과적인 단계는?
① Pre-Design단계(기획단계)
② Design단계(설계단계)
③ Pre-Construction단계(입찰·발주단계)
④ Construction단계(시공단계)

2-4. 린 건설(Lean Construction)에서의 관리 방법으로 옳지 않은 것은?
① 변이관리 ② 당김생산
③ 흐름생산 ④ 대량생산

|해설|

2-1
제도, 법규 위주의 사고는 관계가 없다.

2-2
브레인스토밍 : 어떤 개선 활동이나 계획을 세울 때 아이디어를 제시하고 토의하는 기법

2-3
VE 기법은 Design단계(설계단계)에서 수행하는 것이 가장 효과적이다.

2-4
대량생산할 경우 재고가 발생할 우려가 있다. 린 건설은 낭비를 최소화하는 효율적인 생산시스템을 말한다.

정답 2-1 ③ 2-2 ③ 2-3 ② 2-4 ④

(3) 건설정보 관리 시스템

① **CALS**(Continuous Acquisition & Life-cycle Support, **건설사업정보화**) : 건설사업의 설계, 시공, 유지관리 등 전 과정의 생산정보를 발주자, 관련 업체 등이 전산망을 통하여 교환 및 공유하기 위한 통합 정보화 체계

② **CIC**(Computer Integrated Construction) : 건설산업 정보통합화 생산 시스템으로써 설계·시공에서 발생되는 데이터를 가지고 컴퓨터와 자동화 기술들을 이용하여 생산을 돕는 개념으로, CIC는 건설생산에 초점을 맞춰 계획, 관리, 엔지니어링, 설계, 구매, 시공, 유지보수 등 건설업체가 수행하는 모든 행위를 대상으로 한다.

③ **MIS**(Management Information System) : 기업의 관점에서 경영시스템의 목표인 이익창출을 위해 재무, 인사, 노무 등의 운영 요소를 대상으로 다른 하위 시스템이 효율적으로 작용하도록 지원하는 경영정보 시스템

④ **PMIS**(Project Management Information System) : 건설 기획단계부터 유지관리까지 발주처, 사업관리자, 설계사, 시공사, 감리자 사이의 정보 흐름을 원활하게 관리함으로써 원가절감 및 합리적 의사결정을 하는 프로젝트 전반에 대한 체계적인 관리절차 시스템이다. 이 시스템은 기획, 공정, 사업비, 구매 및 계약, 공사 품질, 설계, 장비 및 기자재, 시운전 관리 등 다양한 기능을 포함하고 있다.

⑤ **CAM**(Computer Aided Manufacturing) : 제품 생산을 위해 CAD에서 만들어진 형상 데이터를 입력 데이터로 가공하기 위한 응용 프로그램 작성 등의 생산 준비 전반을 컴퓨터로 하는 컴퓨터 지원제조 시스템

⑥ **SCM**(Supply Chain Management, **공급망관리**) : 제품의 생산에서 판매까지 모든 공급과정을 관리하는 시스템

⑦ **CIM**(Computer Integrated Manufacturing) : 제조, 개발, 판매로 연결되는 정보 흐름의 과정을 일련의 정보 시스템으로 통합한 종합적인 생산관리 시스템

⑧ **BIM**(Building Information Modeling) : 3차원 형상정보 모델로서 건설 전 분야에서 시설물 객체의 물리적, 기능적 특성에 의하여 시설물 수명주기 동안 의사결정을 하는데 신뢰할 수 있는 근거를 제공하는 3D 모델링 및 업무 절차, 그 결과물로서의 디지털 모델과 그로부터 생산되는 산출물을 모두 포함한다.

10년간 자주 출제된 문제

2-5. 건설공사 기획부터 설계, 입찰 및 구매, 시공, 유지관리의 전 단계에 있어 업무 절차의 전자화를 추구하는 종합건설 정보망체계를 의미하는 것은?

① CALS   ② BIM   ③ SCM   ④ B2B

2-6. 건설 프로세스의 효율적인 운영을 위해 형성된 개념으로 건설생산에 초점을 맞추고 이에 관련된 계획, 관리, 엔지니어링, 설계, 구매, 계약, 시공, 유지 및 보수 등의 요소들을 주요 대상으로 하는 것은?

① CIC(Computer Integrated Construction)
② MIS(Management Information System)
③ CIM(Computer Integrated Manufacturing)
④ CAM(Computer Aided Manufacturing)

2-7. 건설사업자원 통합 전산망으로 건설 생산활동 전 과정에서 건설 관련 주체가 전산망을 통해 신속히 교환·공유할 수 있도록 지원하는 통합 정보 시스템의 용어로써 옳은 것은?

① 건설 CIC(Computer Integrated Construction)
② 건설 CALS(Continuous Acquisition & Life Cycle Support)
③ 건설 EC(Engineering Construction)
④ 건설 EVMS(Earned Value Management System)

2-8. 종래의 단순한 시공업과 비교하여 건설사업의 발굴 및 기획, 설계, 시공, 유지관리에 이르기까지 사업전반에 관한 것을 종합, 기획 관리하는 업무영역의 확대를 무엇이라고 하는가?

① EC   ② LCC   ③ CALS   ④ JIT

|해설|

2-5
CALS : 제품계획, 설계, 조달, 생산, 사후관리, 폐기 등 전 과정에서 발생하는 정보의 전산화로써 기업 간 상호 공유하는 건설정보 종합 시스템

2-6
① CIC : 건설산업 정보 통합화 생산 시스템
② MIS : 기업의 경영정보 시스템
③ CIM : 종합적인 생산관리 시스템
④ CAM : 컴퓨터 지원제조 시스템

2-7
② 건설 CALS : 건설 통합 정보화 시스템

2-8
EC(Engineering Construction) : 종합건설업제도

정답 2-5 ①   2-6 ①   2-7 ②   2-8 ①

핵심이론 03 | 공사 입찰

(1) 일반경쟁입찰 순서

입찰공고 → 참가등록 → 설계도서 교부, 열람 → 현장설명, 질의응답 → 견적 → 입찰 등록 → 입찰 → 개찰 → 낙찰 → 계약

(2) 입찰방식의 종류

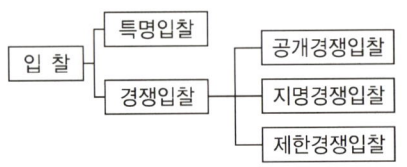

① 특명입찰(수의계약)
  ㉠ 가장 적격한 1명을 지명하여 입찰시키는 방법
  ㉡ 입찰 수속이 간단하다.
  ㉢ 공사 기밀을 유지할 수 있고, 우량 시공이 기대된다.
  ㉣ 공사비 결정이 불명확하고 공사비 증대가 우려된다.
  ㉤ 불공정할 수가 있다.

② 지명경쟁입찰
  ㉠ 공사에 적합한 3~7개 회사 선정 후 입찰시키는 방법
  ㉡ 시공상의 신뢰성이 높아진다.
  ㉢ 불합리한 요소가 줄어들고, 부당한 업자 제거
  ㉣ 담합의 우려가 크다.

③ 공개경쟁입찰
  ㉠ 유자격자는 모두 참가할 수 있도록 입찰하는 방식
  ㉡ 담합의 우려가 적고 입찰자 선정이 공정하다.
  ㉢ 일반업자에게 균등한 기회를 제공한다.
  ㉣ 공사비가 절감된다.
  ㉤ 입찰 수속이 번잡하고, 공사가 조잡할 우려가 있다.
  ㉥ 과다 경쟁으로 업계의 건전한 발전을 저해할 수 있다.

(3) 건설 클레임(Claim)

① 계약 당사자가 계약상 조건에 대해 계약서의 조정 또는 해석, 금액의 지급, 공기의 연장, 또는 계약서와 관계되는 기타의 구제를 권리로 요구하는 것 또는 주장하는 것
② 클레임(Claim)은 분쟁(Dispute) 이전 단계를 말한다.

10년간 자주 출제된 문제

3-1. 다음 중 건설공사의 입찰 순서로 옳은 것은?

ⓐ 입찰 통지 ⓑ 계 약
ⓒ 입 찰   ⓓ 현장 설명
ⓔ 낙 찰   ⓕ 개 찰

① ⓐ-ⓓ-ⓒ-ⓑ-ⓔ-ⓕ
② ⓐ-ⓑ-ⓔ-ⓕ-ⓒ-ⓓ
③ ⓐ-ⓔ-ⓑ-ⓕ-ⓒ-ⓓ
④ ⓐ-ⓓ-ⓒ-ⓕ-ⓔ-ⓑ

3-2. 지명경쟁입찰을 택하는 이유 중 가장 중요한 것은?

① 양질의 시공 결과 기대   ② 공사비의 절감
③ 준공기일의 단축   ④ 공사 감리의 편리

3-3. 건축주가 시공회사의 신용, 자산, 공사경력, 보유기자재 등을 고려하여 그 공사에 적격한 하나의 업체를 지명하여 입찰시키는 방법은?

① 공개경쟁입찰   ② 제한경쟁입찰
③ 지명경쟁입찰   ④ 특명입찰

3-4. 건설공사 입찰에 있어 불공정 하도급거래를 예방하고 하도급 활성화를 촉진하기 위한 목적으로 시행된 입찰제도는?

① 사전자격심사제도   ② 부대입찰제도
③ 대안입찰제도   ④ 내역입찰제도

|해설|

3-2
지명경쟁입찰은 부적격 업자를 제거하고 시공상 기술적 성과에 대한 신뢰성을 향상시킬 수 있다.

3-4
부대입찰제도 : 공사 수급인이 입찰 시 미리 하수급인을 선정하고 하수급인이 시공할 공사부분과 하도급금액 등을 미리 결정하여 그 하수급인과 함께 입찰에 참가하는 제도로서, 건설공사 입찰에 있어 불공정 하도급거래를 예방하고 하도급 활성화를 촉진하기 위한 목적으로 시행된다.

정답 3-1 ④ 3-2 ① 3-3 ④ 3-4 ②

핵심이론 04 | 공사 계약, 도급 방식

(1) 도급계약 방식

① 건축공사 방식 : 직영, 도급공사
② 공사 실시 방식 : 일식, 분할, 공동도급
③ 공사비 지불 방식 : 정액, 단가, 실비정산 보수가산도급

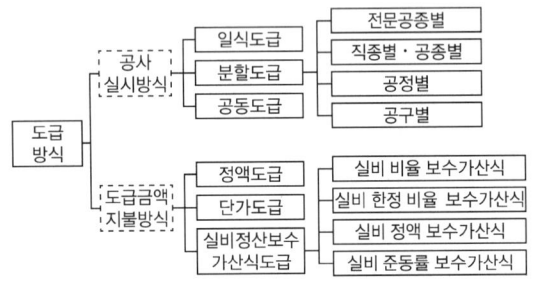

(2) 공사 실시 방식

① 일식도급
  ㉠ 건축공사 전체를 하나의 도급자에게 도급시키는 방식
  ㉡ 책임한계가 확실하며, 공사관리가 용이하다.
  ㉢ 공사비 증대 및 조악한 공사가 되기 쉽다.

② 분할도급
  ㉠ 공사 구분 후 전문적 도급업자에게 도급시키는 방식
  ㉡ 종 류
    • 전문공종별 : 전문공사별로 도급
    • 공정별 : 과정별로 나누어 도급
    • 공구별 : 지역별로 공사를 분리하여 발주

③ 공동도급
  ㉠ 대규모 공사에서 2개 이상의 도급자가 임시로 결합하여 공사를 완성하고 해산하는 것
  ㉡ 위험성의 분산 및 시공의 확실성
  ㉢ 기술 확충, 융자력과 신용도의 증대
  ㉣ 공사도급 경쟁완화
  ㉤ 한 회사의 도급 공사보다 공사비 증대
  ㉥ 구성원 간의 이해 충돌이 발생

④ 컨소시엄(Consortium)
  ㉠ 독립된 2개 이상의 회사가 공동의 프로젝트에 참여를 하지만 하나의 법인을 설립하지는 않는다.
  ㉡ 프로젝트에 대해 각각 계약을 하므로 문제발생 시 각각의 회사가 독립적으로 책임을 지게 된다.

⑤ 파트너링(Partnering) : 건설사업에 참여하는 여러 회사가 공정의 간섭 등을 사전에 배제하기 위해 공동의 노력을 하는 것

10년간 자주 출제된 문제

4-1. 계약제도의 하나로써 독립된 회사의 연합으로 법인을 설립하지 않으며 공사의 책임과 공사 클레임 등을 각각 독립된 회사의 계약 당사자가 책임을 지는 방식은?

① 공동도급(Joint Venture)
② 파트너링(Partnering)
③ 컨소시엄(Consortium)
④ 분할도급(Partial Contract)

4-2. 공동도급(Joint Venture) 방식의 장점에 관한 설명으로 옳지 않은 것은?

① 2명 이상의 업자가 공동으로 도급하므로 자금 부담이 경감된다.
② 대규모 공사를 단독으로 도급하는 것보다 적자 등 위험부담의 분산이 가능하다.
③ 공동도급 구성원 상호 간의 이해충돌이 없고 현장관리가 용이하다.
④ 각 구성원이 공사에 대하여 연대책임을 지므로, 단독도급에 비해 발주자는 더 큰 안정성을 기대할 수 있다.

4-3. 공사 계약제도에 관한 설명으로 옳지 않은 것은?

① 직영제도 : 공사의 전체를 단 한 사람에게 도급주는 제도
② 분할도급 : 전문적인 공사는 분리하여 전문업자에게 주는 제도
③ 단가도급 : 단가를 정하고 공사 수량에 따라 도급금액을 산출하는 제도
④ 정액도급 : 도급전액을 일정액으로 정하여 계약하는 제도

| 해설 |

4-1
③ 컨소시엄(Consortium) : 프로젝트에 대해 각각 계약을 하므로 문제발생 시 각 회사가 독립적으로 책임을 지게 된다.
① 공동도급(Joint Venture) : 2개 이상의 회사가 하나의 법인을 설립하여 프로젝트에 참여하고, 이익이나 문제발생 시 투자지분에 따라 공동 분배 및 책임을 지는 것
④ 분할도급(Partial Contract): 공정별, 공구별 분할하여 도급하는 것이며, 분할 범위에 따라 각자가 책임을 지게 된다.

4-2
단독도급에 비해 구성원 상호 간의 이해충돌이 많이 발생하고, 사무관리가 복잡하다.

4-3
일식도급 : 공사의 전체를 단 한 사람에게 도급주는 제도

정답 4-1 ③ 4-2 ③ 4-3 ①

(3) 공사비 지불 방식

① 정액도급
   ㉠ 공사비 총액을 확정하여 계약하는 것
   ㉡ 장점 : 공사관리가 간편하며, 자금·공사 계획 등의 수립이 명확하다.
   ㉢ 단점 : 공사가 조악해질 우려가 있으며, 장기 공사나 전례가 없는 공사에는 부적당하다.

② 단가도급
   ㉠ 단가만을 확정하고 공사가 완료되면 실시 수량의 확정에 따라 정산하는 방식
   ㉡ 장점 : 공사의 신속한 착공, 설계 변경에 의한 수량 증감의 계산이 용이
   ㉢ 단점 : 자재, 노무비를 절감하려는 의욕의 저하

③ 실비정산 보수가산도급
   ㉠ 공사의 실비를 확인 정산하고 미리 정한 보수율에 따라 그 보수액을 지불하는 방법
   ㉡ 장점 : 가장 정확하고 양심적인 공사를 할 수 있다.
   ㉢ 단점 : 공사비 절감 노력이 없고 공사기일이 연장된다.

(4) 턴키도급

① 건설업자가 대상 계획의 기업, 금융, 토지조달, 설계, 시공, 기계기구 설치, 시운전까지 주문자가 필요로 하는 모든 것을 조달하여 주문자에게 인도하는 도급계약 방식

② 장 점
   ㉠ 동일 설계자 및 시공자로서 의사소통이 원활
   ㉡ 공기 단축 및 공사비 절감 가능
   ㉢ 책임 시공 및 기술개발 촉진이 가능

③ 단 점
   ㉠ 건축주의 건설 의도 반영이 어려울 수 있음
   ㉡ 공사비에 대한 사전 파악이 어려움
   ㉢ 대규모 건설사에 유리

(5) PQ(Pre-Qualification)제도

① 부실공사를 방지하기 위한 수단으로 입찰 전에 미리 공사수행능력 등을 심사하여 일정 수준 이상의 능력을 갖춘 자에게만 입찰에 참가할 자격을 부여하는 제도
② 시공경험, 기술능력, 재무상태, 조직관리 등 비가격요인을 종합적으로 검토하여 가장 효율적으로 공사를 수행할 수 있는 능력의 업체에 입찰 참가 자격을 부여한다.

10년간 자주 출제된 문제

4-4. 공사 계약 방식 중 공사 수행 방식에 해당하지 않는 것은?
① 실비정산 보수가산계약
② 설계·시공 분리계약
③ 설계·시공 일괄계약
④ 턴키계약

4-5. 실비정산 보수가산계약 제도의 특징이 아닌 것은?
① 설계와 시공의 중첩이 가능한 단계별 시공이 가능하다.
② 복잡한 변경이 예상되거나 긴급을 요하는 공사에 적합하다.
③ 계약 체결 시 공사 비용의 최댓값을 정하는 최대 보증한도 실비정산 보수가산계약이 일반적으로 사용된다.
④ 공사 금액을 구성하는 물량 또는 단위공사 부분에 대한 단가만을 확정하고 공사 완료 시 실시 수량의 확정에 따라 정산하는 방식이다.

4-6. 긴급공사나 설계변경으로 수량 변동이 심할 경우에 많이 채택되는 도급 방식은?
① 정액도급
② 단가도급
③ 실비정산 보수가산도급
④ 분할도급

4-7. 턴키도급(Turn Key Based Contract) 방식의 특징으로 옳지 않은 것은?
① 건축주의 기술능력이 부족할 때 채택
② 공사비 및 공기 단축 가능
③ 과다경쟁으로 인한 덤핑의 우려 증가
④ 시공자의 손실위험 완화 및 적정이윤 보장

|해설|

4-4
실비정산 보수가산계약은 도급금액 지불 방식에 따른 분류이다.

4-5
④는 단가계약방식이다.

4-6
단가도급은 긴급공사나 설계변경으로 수량 변동이 심할 경우에 많이 채용된다.

4-7
시공자의 손실위험이 따르고, 적정이윤 보장이 어렵다.

정답 4-4 ① 4-5 ④ 4-6 ② 4-7 ④

핵심이론 05 | 공사 관리 및 시공계획

(1) 건설사업관리(CM ; Construction Management)
① 건설산업기본법에 따르면, 건설공사에 관한 기획, 타당성 조사, 분석, 설계, 조달, 계약, 시공관리, 감리, 평가 또는 사후관리 등에 관한 관리를 수행하는 것을 말한다.
② 건축주를 대신하여 설계자, 시공자를 관리하는 조직으로 설계정보, 공사정보, 시공성을 고려하여 원가절감 및 공기단축을 꾀할 수 있는 통합시스템 관리조직이다.
③ CM의 업무
　㉠ 건설공사의 기본구상 및 타당성 조사관리
　㉡ 계약관리, 설계관리, 사업비관리
　㉢ 공정관리, 품질관리, 안전관리, 환경관리
　㉣ 사업정보관리, 준공 후 사후관리

(2) 공사도급 계약서류
① 기본서류 : 도급계약서류 및 약관, 설계도면, 시방서
② 참고서류 : 공사비 내역서, 현장설명서, 질의응답서
③ 첨부서류 : 착공계, 계약보증서, 현장대리인계 등

(3) 공사 진행의 일반적 순서
공사 착공 준비 → 가설공사 → 토공사 → 지정 및 기초공사 → 구조체 공사 → 마감 공사

(4) 시방서(示方書, Specification)
① 설계자의 의도를 시공자에게 전달할 목적으로 설계도에 기재할 수 없는 사항을 기재하는 문서
② 내용 : 재료, 공법, 시공용 기계기구, 시공상 주의사항
③ 우선순위 : 특기시방서 > 표준시방서 > 설계도면

10년간 자주 출제된 문제

5-1. CM(Construction Management)의 업무가 아닌 것은?
① 설계부터 공사관리까지 전반적인 지도, 조언, 관리 업무
② 입찰 및 계약관리 업무와 원가관리 업무
③ 현장조직관리 업무와 공정관리 업무
④ 자재조달 업무와 시공도 작업 업무

5-2. 건설공사의 시방서에 관한 설명으로 옳지 않은 것은?
① 시방서는 계약서류에 포함되지 않는다.
② 시방서는 설계도서에 포함된다.
③ 시방서에는 공법의 일반사항, 유의사항 등이 기재된다.
④ 시방서에 재료의 메이커를 지정하지 않아도 좋다.

5-3. 건설공사의 도급계약에 명시하여야 할 사항과 가장 거리가 먼 것은?
① 공사내용
② 공사착수의 시기와 공사완성의 시기
③ 하자담보책임기간 및 담보방법
④ 대지현황에 따른 설계도면 작성방법

5-4. 공사표준시방서에 기재하는 사항에 해당되지 않는 것은?
① 공법에 관한 사항　② 검사 및 시험에 관한 사항
③ 재료에 관한 사항　④ 공사비에 관한 사항

5-5. 다음 중 공사시방서의 내용에 포함되지 않은 것은?
① 성능의 규정 및 지시　② 시험 및 검사에 관한 사항
③ 현장 설명에 관련된 사항　④ 공법, 공사순서에 관한 사항

| 해설 |

5-1
자재조달 업무와 시공도 작성 업무는 시공자의 업무이다.

5-2
계약서류 : 공사도급계약서, 설계도면, 시방서, 현장설명서, 질의응답서, 내역서, 물량산출서, 구조계산서, 공정표 등이다.

5-3
대지현황에 따른 설계도면 작성방법은 건축설계계약 내용이다.

5-4
공사비 지불조건은 공사계약서 작성 내용이다.

5-5
현장 설명에 관련된 사항은 공사시방서와 관계없다.

정답 5-1 ④　5-2 ①　5-3 ④　5-4 ④　5-5 ③

(5) 공사 조직구조의 분류

① 기능별 조직(Functional Organization) : 각 기능별 부서를 구분하여 기능별 책임자가 업무지시 및 공사를 진행한다.
② 매트릭스 조직(Matrix Organization) : 특정의 한사람이 2개의 조직업무를 수행하는 다중 지휘체계로서 본부서가 있고, 특정 프로젝트를 수행하는 업무를 수행하다가 프로젝트 종료 후에는 원래의 부서로 복귀한다.
③ 태스크포스 조직(Task Force Organization) : 특정한 프로젝트를 전담하기 위한 조직을 말한다.
④ 라인스태프 조직(Line-staff Organization) : 수직 라인작업과 스태프(전문관리자)를 구성하여 공사를 진행하는 라인과 스태프로 구성되는 조직으로 패스트 트랙(Fast Track) 공사에서 공기단축의 목적에 적합한 구조이다.

10년간 자주 출제된 문제

5-6. 공기단축 목적으로 공정에 따라 부분적으로 완성된 도면만 가지고 각 분야별 전문가를 구성하여 패스트 트랙(Fast Track) 공사를 진행하기에 가장 적합한 조직구조는?
① 기능별 조직(Functional Organization)
② 매트릭스 조직(Matrix Organization)
③ 태스크포스 조직(Task Force Organization)
④ 라인스태프 조직(Line-staff Organization)

5-7. 프로젝트 전담조직(Project Task Force Organization)의 장점이 아닌 것은?
① 전체업무에 대한 높은 수준의 이해도
② 조직내 인원의 사내에서의 안정적인 위치확보
③ 새로운 아이디어나 공법 등에 대응 용이
④ 밀접한 인간관계 형성

|해설|

5-7
프로젝트 전담조직(Project Task Force Organization)
• 프로젝트를 전문적으로 수행하는 조직구조
• 수주업종에 대해 목표 달성 후에 해체된다.
• 다양한 분야의 전문가로 구성되므로 업무수준이 높다.
• 인적 구성의 성격이 강하므로 밀접한 인간관계가 형성된다.
• 의사소통이 원활하고 프로젝트 수행에 적합하나 조직 관리에 어려움이 있다.

정답 5-6 ④ 5-7 ②

핵심이론 06 | 공정관리 및 원가관리

(1) 공정표의 종류

① **횡선식 공정표(Bar Chart)**
   ㉠ 세로축에 공사종목별 각 공사명을 배열하고 가로축에 날짜를 표기한 후, 공사명별 공사의 소요 시간을 표시한 공정표(Bar Chart 또는 Gantt Chart)
   ㉡ 공사 진척사항을 기입하면 예정과 실시가 비교되어 공정관리에 편리하다.

② **사선식(곡선식) 공정표**
   ㉠ 공사량을 세로로, 날짜를 가로로 잡아 공사 진척사항을 사선그래프로 표시한 것(그래프식, 바나나 곡선)
   ㉡ 작업의 관련성을 나타낼 수 없으나 공사의 기성고를 표시하는 데는 편리하다.

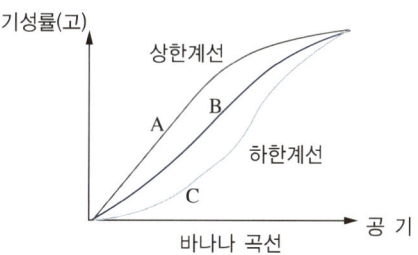

   - 상한계선 A : 부실공사의 우려, 검토 필요
   - B : 적당한 진척 속도 유지
   - 하한계선 C : 공정이 늦어지므로 공정 촉진

③ **열기식 공정표** : 공사 착수(완료기일), 인부수 등을 글자로서 나열시키는 방법으로 인부 및 재료 준비를 하는 데 있어서 가장 적당하다.

④ **일순식 공정표** : 일주하는 형식으로 한 달을 셋으로 나눈 열흘 단위 또는 주 단위로 상세히 작성한다.

10년간 자주 출제된 문제

6-1. 고층 건축물 공사의 반복 작업에서 각 작업조의 생산성을 기울기로 하는 직선으로 각 반복 작업의 진행을 표시하여 전체 공사를 도식화하는 기법은?

① CPM ② PERT
③ PDM ④ LOB

6-2. 기본 공정표와 상세 공정표에 표시된 대로 공사를 진행시키기 위해 재료, 노력, 원척도 등이 필요한 기일까지 반입, 동원될 수 있도록 작성한 공정표는?

① 횡선식 공정표 ② 열기식 공정표
③ 사선 그래프식 공정표 ④ 일순식 공정표

6-3. 다음 공정표 중 공사의 기성고를 표시하는 데 가장 편리한 것은?

① 횡선공정표 ② 사선공정표
③ PERT ④ CPM

|해설|

6-1
④ LOB(Line of Balance) : 반복 작업이 많은 공사에서 생산성을 기울기로 하는 직선으로 표시하여 도식화하는 기법
- PDM(Precedence Diagram Method) : 이벤트형 또는 노드형 네트워크 공정표이며, 활동 및 활동의 수행기간은 노드에 표현하고 활동 간 의존 관계는 화살표로 표현한다. ADM 기법에 비해서 공정표 작성이 용이하고 한 작업이 하나의 숫자로 표기되므로 컴퓨터에 적용 시 편리한 이점이 있는데 네트워크의 기본적인 법칙은 ADM과 유사하다.
- ADM(Arrow Diagramming Method) : 화살선형 네트워크 공정 기법으로서 화살선은 작업에 대한 시간적 의미를 가지고 있다.

6-2
② 열기식 공정표 : 재료, 노력, 원척도 등이 필요한 기일까지 반입, 동원될 수 있도록 글자로 열거해서 작성한 공정표

6-3
사선 공정표는 공사량을 세로로, 날짜를 가로로 잡아 공사 진척사항을 사선그래프로 표시한 것(그래프식, 바나나 곡선)으로, 작업의 관련성을 나타낼 수 없으나 공사의 기성고를 표시하는 데는 편리하다.

정답 6-1 ④ 6-2 ② 6-3 ②

⑤ 네트워크 공정표
  ㉠ 공정별 작업단위를 망형도로 표시하고 각 공사의 순서관계, 일정관계를 도해식으로 표시한 것(CPM 기법, PERT 기법, PDM 기법)
  ㉡ 장점 : 컴퓨터 이용이 가능, 공정관리가 편리, 작업원의 중점 배치가 가능
  ㉢ 단점 : 손익할 때까지 작성 시간이 필요. 작성 및 검사에 특별한 기능이 필요

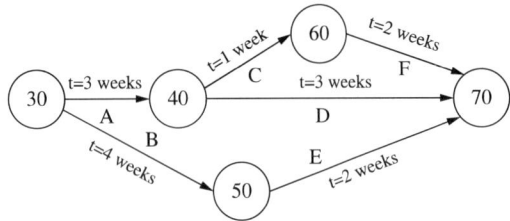

  ㉣ PERT(Program Evaluation & Review Technique)
    • 신규 작업에서 공정을 분석하는 기법으로 연결점 중심의 공정관리 기법으로 한 작업을 완성하는 데 소요되는 시간, 즉 낙관적 시간, 최다 빈도 시간, 비관적 시간을 통한 3점 추정법을 적용하여 평균 기대치와 표준편차를 구하는 방식으로서 경험이 없거나 적은 프로젝트에 주로 적용하는 공정관리 기법
    • 네트워크를 이용하여 효과적인 프로젝트 수행이 될 수 있도록 시간을 고려하여 과학적으로 계획, 관리, 통제한다.
  ㉤ CPM(Critical Path Method) : 미국 듀퐁사가 공장건설에 소요되는 시간, 비용의 효율성 향상을 목적으로 개발한 것으로, 프로젝트 최소 기간을 결정하는 데 사용되는 수행될 작업에 중점을 둔 일정 네트워크 분석 기법

⑥ PERT와 CPM의 차이점
  ㉠ PERT와 CPM의 근본적인 차이점은 활동시간 추정 방법에 있다.
  ㉡ PERT는 개개의 활동에 대한 낙관적 시간, 최빈 시간, 비관적 시간을 추정한 후 그들이 베타분포를 이룬다고 가정하여 계산된 평균 기대시간을 사용한다.
  ㉢ CPM은 한 개의 확정된 시간 추정치를 이용한다.
  ㉣ PERT는 확률적 기법, CPM은 확정적 기법이다.

10년간 자주 출제된 문제

6-4. 네트워크(Network) 공정표의 장점이 아닌 것은?
① 작업 상호 간의 관련성 파악이 용이하다.
② 진도관리를 명확하게 실시할 수 있으며 적절한 조치를 취할 수 있다.
③ 작업의 선후관계 및 소요일정 파악이 용이하다.
④ 작성 및 검사에 특별한 기능이 필요 없고, 경험이 없는 사람도 쉽게 작성할 수 있다.

6-5. 바차트와 비교한 네트워크 공정표의 장점이라고 볼 수 없는 것은?
① 작업상호 간의 관련성을 알기 쉽다.
② 공정계획의 작성시간이 단축된다.
③ 공사의 진척관리를 정확히 실시할 수 있다.
④ 공기단축 가능요소의 발견이 용이하다.

6-6. 네트워크 공정표에 관한 설명으로 옳지 않은 것은?
① CPM 공정표는 네트워크 공정표의 한 종류이다.
② 요소작업의 시작과 작업기간 및 작업완료점을 막대그림으로 표시한 것이다.
③ PERT 공정표는 일정계산 시 단계(Event)를 중심으로 한다.
④ 공사전체의 파악 및 진척관리가 용이하다.

|해설|
6-4
네트워크(Network) 공정표는 작성 및 검사에 특별한 기능을 요하며 경험이 있는 자가 쉽게 작성할 수 있다.

6-5
네트워크 공정표는 다른 공정표에 비해 작성시간이 많이 걸리며, 작성 및 검사에 특별한 기능이 요구된다.

6-6
- 네트워크 공정표 : 공정별 작업단위를 망형도로 표시하고 각 공사의 순서관계, 일정관계를 도해식으로 표시한 것(CPM 기법, PERT 기법, PDM 기법)
- 횡선식 공정표(Bar Chart) : 요소작업의 시작과 작업기간 및 작업완료점을 막대그림으로 표시한 것

정답 6-4 ④ 6-5 ② 6-6 ②

(2) 네트워크 공정표의 용어와 기호

① 활동(Activity) : 프로젝트를 구성하는 작업 단위이며, 전체 계획사업을 구성하는 개별 단위 작업을 표시하며 시간과 자원을 필요로 한다.
② 이벤트(Event) : 작업과 작업을 결합하는 점 및 프로젝트의 개시점 혹은 종료점
③ 더미(Dummy) 네트워크에서 작업 상호관계를 나타내는 점선으로 표시하는 화살선
④ 패스(Path) : 네트워크 중 둘 이상의 작업이 연결
⑤ 크리티컬 패스(Critical Path) : 개시 결합점으로부터 종료 결합점에 이르는 가장 긴 패스인 주공정선
⑥ 소요시간(Duration) : 작업을 수행하는 데 필요한 시간
⑦ 플로트(Float) : 각 작업에 허용되는 시간적인 여유
⑧ 슬랙(Slack) : 결합점이 가지는 여유시간
⑨ EST : 가장 빠른 개시시각
⑩ EFT : 가장 빠른 종료시각
⑪ LST : 가장 늦은 개시시각
⑫ LFT : 가장 늦은 종료시각

(3) 공정표 작성 요령

① 월 단위, 열흘 단위 등 일정한 간격으로 상황을 기재하는 것이 좋다.
② 용도에 따라 양식을 변형하여 작성하도록 한다.
③ 공정표를 토대로 작업량을 조절하기도 하므로 내용을 정확히 기재해야 한다.
④ 비고란을 만들어 작업 시 특이점이나 문제점을 기재할 수 있도록 한다.

10년간 자주 출제된 문제

6-7. 네트워크 공정표에 사용되는 용어 설명으로 틀린 것은?

① Critical Path : 처음 작업부터 마지막 작업에 이르는 모든 경로 중에서 가장 긴 시간이 걸리는 경로
② Activity : 작업을 수행하는 데 필요한 시간
③ Float : 각 작업에 허용되는 시간적인 여유
④ Event : 작업과 작업을 결합하는 점 및 프로젝트의 개시점 혹은 종료점

6-8. 화살선형 네트워크의 화살표에 대한 설명 중 옳지 않은 것은?

① 화살표 밑에는 계획작업 일수를 숫자로 기재한다.
② 더미(Dummy)는 화살점선으로 표시한다.
③ 화살표 위에는 결합점 번호를 기재한다.
④ 화살표의 길이는 특정한 의미가 없다.

6-9. 네트워크 공정표에서 작업의 상호관계만을 도시하기 위하여 사용하는 화살선을 무엇이라 하는가?

① Event   ② Dummy
③ Activity ④ Critical Path

6-10. 공정관리에서의 네트워크(Network)에 관한 용어와 관계없는 것은?

① 커넥터(Connector)
② 크리티컬 패스(Critical Path)
③ 더미(Dummy)
④ 플로트(Float)

|해설|

6-7
- 활동(Activity) : 프로젝트를 구성하는 작업 단위이며, 전체 계획사업을 구성하는 개별 단위 작업을 표시하며 시간과 자원을 필요로 한다.
- 소요시간(Duration) : 작업을 수행하는 데 필요한 시간

6-8
화살표 위에는 작업명(Activity)을 기재한다.

6-9
Dummy는 작업 없이 상호관계만을 나타낸다.

6-10
① 커넥터(Connector) : 목재, 거푸집 등의 부재 간 연결재

정답 6-7 ② 6-8 ③ 6-9 ② 6-10 ①

(4) 공정관리 용어 정리

① 공정관리(Progress Control) : 프로젝트 공정을 관리함이며, 계획과 실제를 비교하고 검토하여 필요한 조치를 하는 것
② 공정계획(Planning of Progress) : 프로젝트 공정을 계획함이며, 순서(수순)계획과 일정계획을 포함한다.
  ㉠ 순서(수순)계획(Planning) : 공정의 수순계획이며, 목표달성에 필요한 작업을 프로젝트 단위작업으로 분해하고 작업순서, 소요시간 및 자원 등을 정하는 계획
  ㉡ 일정계획(Scheduling)
    - 절차계획 및 공수계획에 기초를 두고 생산에 필요한 원재료의 조달, 반입으로부터 제품 완성까지 수행될 모든 작업을 구체적으로 할당하고 각 작업이 수행되어야 할 시기를 결정하는 것
    - 지정공기, 소유자원 등의 제약하에 계획달성에 필요한 작업의 일정을 정하는 계획으로 시간계획, 공사기일 조정, 공정도 작성 등이 포함
③ 총 공사비(Total Cost) : 공사에 투입되는 모든 작업의 직접비와 간접비의 총합. 보통의 경우 시간과 비용(공기와 공비)을 도표 표시함

(5) 공사원가 구성요소

① 직접공사비
  ㉠ 자재비 : 직접자재비, 간접자재비
  ㉡ 노무비 : 임금, 급료, 잡급, 상여수당
  ㉢ 외주비 : 일괄외주비, 부분외주비, 제작외주비
  ㉣ 경비 : 건설공사 시 자재, 노무, 외주비를 제외한 비용

② 간접공사비
  ㉠ 각종 보험료 및 퇴직공제부금
  ㉡ 안전관리비, 환경보전비
  ㉢ 하도급 보증 수수료, 공사이행 보증 수수료
③ 일반 관리비
  ㉠ 일반관리비는 기업의 유지, 관리활동에 소요되는 제비용으로 공사원가에는 포함하지 않는다.
  ㉡ 본사 관리비, 영업비 등

10년간 자주 출제된 문제

6-11. 공정관리의 공정계획에는 수순계획과 일정계획이 있다. 다음 중 일정계획에 속하지 않는 것은?
① 시간계획
② 공사기일 조정
③ 프로젝트의 단위작업 분해
④ 공정도 작성

6-12. 다음 중 건설공사 경비에 포함되지 않는 것은?
① 외주제작비
② 현장관리비
③ 교통비
④ 업무추진비

6-13. 총 공사비 중 공사원가를 구성하는 항목에 포함되지 않는 것은?
① 재료비
② 노무비
③ 경비
④ 일반관리비

6-14. 현장 공사용수설비는 어느 항목에 포함되는가?
① 재료비
② 외주비
③ 가설공사비
④ 콘크리트 공사비

6-15. 건축공사의 공사원가 계산방법으로 옳지 않은 것은?
① 재료비 = 재료량 × 단위당 가격
② 경비 = 소요(소비)량 × 단위당 가격
③ 고용보험료 = 재료비 × 고용보험요율(%)
④ 일반관리비 = 공사원가 × 일반관리비율(%)

|해설|

6-11
③은 순서(수순)계획(Planning)에 속한다.

6-12
외주제작비는 직접공사비에 포함

6-13
일반 관리비 : 기업의 유지, 관리활동에 소요되는 제비용으로 공사원가에는 포함하지 않으며 본사 관리비, 영업비 등으로 구성된다.

6-14
공통가설공사 : 관리운영상 가설시설, 가설울타리, 통신설비, 공사용수비 등

6-15
③ 고용보험료 = 노무비 × 고용보험요율(%)

정답 6-11 ③ 6-12 ① 6-13 ④ 6-14 ③ 6-15 ③

핵심이론 07 | 품질관리(QC ; Quality Control)

(1) 품질관리의 목적
① 시공능률의 향상
② 품질신뢰성 향상
③ 설계의 합리화
④ 작업의 표준화

(2) 품질관리를 위한 7가지 도구
① 히스토그램 : 데이터가 어떤 분포를 하고 있는지 알기 위해 기둥 그래프와 같은 형태로 만든 도표

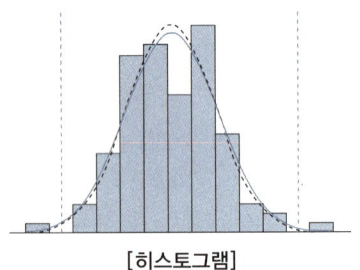

[히스토그램]

② 파레토도표(Pareto Diagram) : 결함부나 기타 시공불량 등 항목을 구분하여 크기순으로 나열하여 결함항목을 집중적으로 감소시키는 데 효과적으로 사용

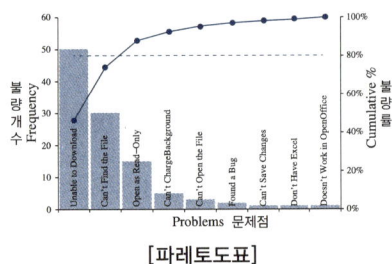

[파레토도표]

③ 특성요인도(Cause and Effect Diagram) : 결과에 대해 원인이 어떻게 관계하는지를 알기 쉽게 작성한 그림

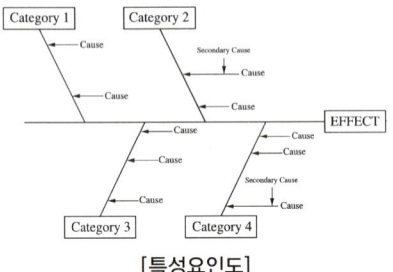

[특성요인도]

④ 체크시트(Check Sheet) : 계수치의 데이터가 분류 항목의 어디에 집중되어 있는지 알아보기 쉽게 나타낸 그림이나 표

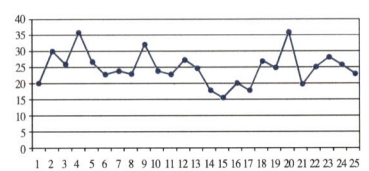

[체크시트]

⑤ 각종 그래프 및 관리도 : 데이터를 요약하여 쉽게 의미를 알 수 있도록 나타낸 그림

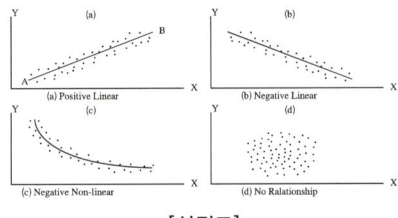

[각종 그래프]

⑥ 산점도(Scatter Diagram) : 서로 대응하는 데이터를 그래프 용지 위에 점으로 나타낸 그림

[산점도]

⑦ 층별(Stratification) : 집단을 구성하는 많은 데이터를 어떤 특징에 따라 몇 개의 부분 집단으로 나누는 것

10년간 자주 출제된 문제

7-1. 건설공사의 품질관리와 가장 거리가 먼 것은?
① ISO 9000　② CIC
③ TQC　　　④ Control Chart

7-2. 다음 중 QC 활동의 도구가 아닌 것은?
① 특성요인도　② 파레토그램
③ 층 별　　　④ 기능계통도

7-3. 통합품질관리 TQC(Total Quality Control)를 위한 도구에 관한 설명으로 옳지 않은 것은?
① 파레토란 층별 요인이나 특성에 대한 불량점유율을 나타낸 그림으로서 가로축에는 층별 요인이나 특성을, 세로축에는 불량건수나 불량손실금액 등을 표시하여 그 점유율을 나타낸 불량해석도이다.
② 특성요인도란 문제로 하고 있는 특성요인 간의 관계, 요인 간의 상호관계를 쉽게 이해할 수 있도록 화살표를 이용하여 나타낸 그림이다.
③ 히스토그램이란 모집단에 대한 품질특성을 알기 위하여 모집단의 분포상태, 분포의 중심위치, 분포의 산포 등을 쉽게 파악할 수 있도록 막대그래프 형식으로 작성한 도수분포도를 말한다.
④ 관리도란 동세적 요인이나 특성에 대한 두 변량 산의 상관관계를 파악하기 위한 그림으로서 두 변량을 각각 가로축과 세로축에 취하여 측정값을 타점하여 작성한다.

| 해설 |

7-1
② CIC : 건설산업 정보통합화 생산시스템

7-2
기능계통도(Function Analysis System Technique)는 VE의 수행 시 기능을 분석하는 대표적인 분석방법이다.

7-3
④는 산점도의 설명이다.

정답 7-1 ②　7-2 ④　7-3 ④

제2절 가설공사

핵심이론 01 | 공사 착공, 가설공사 분류

(1) 공사 착공시점 인허가항목
① 비산먼지 발생사업 신고 : 사업시행 3일 전
② 가설건축물 축조신고 : 착공 5일 전
③ 특정 공사 사전신고 : 공사개시 10일 전

(2) 가설공사 분류
① 공통 가설
　㉠ 가설건물(현장사무소 및 숙소, 기자재 창고)
　㉡ 가설울타리, 가설운반로(가설도로)
　㉢ 공사용 동력 및 전기 설비
　㉣ 급배수 설비 등의 용수(用水)설비
　㉤ 안전 및 재해방지설비(경비소, 위험물저장설비)
② 직접 가설
　㉠ 비계, 규준틀, 줄쳐보기, 먹매김
　㉡ 건축물 각종 공사 및 보양설비
　㉢ 양중, 운반 및 타설시설
　㉣ 안전설비 : 낙하물방지망, 방호선반 및 시트, 방호철망

(3) 안전 설비
① 방호철망
② 방호시트
③ 방호선반 : 재료, 공구 등의 낙하로 인한 피해 방지를 위해 강판 등의 재료로 비계 내외측, 위험장소에 설치
④ 낙하물방지망 : 높이 10m 이내, 3개 층마다 설치
⑤ 안전 난간 및 로프 : 높이 1.2m 이상

10년간 자주 출제된 문제

1-1. 다음 중 가설비용의 종류로 볼 수 없는 것은?
① 가설건물비
② 바탕처리비
③ 동력, 전등설비
④ 용수설비

1-2. 공사현장의 가설건축물에 관한 설명으로 옳지 않은 것은?
① 하도급자 사무실은 현장사무실과 가까운 곳에 둔다.
② 시멘트 창고는 통풍이 되지 않도록 출입구 이외는 개구부 설치를 금하고, 벽, 천장, 바닥에는 방수·방습 처리한다.
③ 변전소는 안전상 현장사무실에서 가능한 멀리 위치한다.
④ 인화성 재료 저장소는 방화, 불연구조로 한다.

|해설|
1-1
- 바탕처리비는 본공사용 비용이다.
- 가설비용 : 동력 및 전등설비, 용수설비, 수송설비, 양중설비 등

1-2
변전소는 관리 및 안전상 현장사무실에서 가능한 가까이 위치한다.

정답 1-1 ② 1-2 ③

핵심이론 02 | 공통 가설공사

(1) 가설울타리
① 목적 : 대지 경계, 교통 차단, 위험 및 도난 방지, 미관 확보
② 높 이
  ㉠ 원칙 : 1.8m 이상 설치
  ㉡ 도심지의 공사현장 주위에는 50m 이내 주거, 상가 건물이 있는 경우 3m 이상
③ 출입구 : 폭 4m 이상 통용문, 접이식 문 설치

(2) 현장사무실
① 1인당 3.3m² 기준이나 보통은 5~8m²이 적당
② 대지 여유가 없을 때 보도를 이용한 Over Bridge(육교)를 가설하여 2층 부분을 사무소로 사용(구대)

(3) 시멘트 창고
① 바닥 : 지면에서 30cm 이상 받침대 또는 마룻널 설치
② 시멘트를 한 곳에 쌓는 높이는 13포대 이하로 하며, 바닥면적 1m²당 50포대를 저장할 수 있으나, 통로를 낼 경우에는 1m²당 30~35포대를 저장
③ 외벽 및 지붕 : 출입구를 제외하고는 가능한 개구부를 설치하지 아니한다.
④ 시멘트 창고 주위에는 배수로를 설치하여 우수의 침입을 방지하도록 한다.
⑤ 3개월 이상 저장한 시멘트는 사용 전에 재시험을 실시하여 품질을 확인한다.
⑥ 반입 및 반출구를 따로 두고, 먼저 반입한 것부터 사용한다.
⑦ 시멘트 창고 면적 산출
  ㉠ 시멘트 창고 면적 = $0.4 \times \dfrac{N}{n}$

  여기서, N : 시멘트 포대수
  n : 쌓기 단수(최대 13단)

ⓒ 수량별 면적
- 600포 미만 : N = 쌓기 포대수 전량
- 600포 이상~1,800포 이하 : N = 600포
- 1,800포 초과 : N = 1/3만 적용

10년간 자주 출제된 문제

2-1. 가설건축물 중 시멘트 창고에 관한 설명으로 옳지 않은 것은?
① 바닥구조는 일반적으로 마루널깔기로 한다.
② 규모는 시멘트 100포당 2~3m²로 하는 것이 바람직하다.
③ 공기의 유통이 잘되도록 개구부를 가능한 한 크게 한다.
④ 벽은 널판붙임으로 하고 장기간 사용 시 함석붙이기로 한다.

2-2. 어느 공사 현장에 필요한 시멘트량이 2,397포이다. 이 현장에 필요한 시멘트 창고의 면적으로 적당한 것은?(단, 쌓기 단수는 13단)
① 24.6m²
② 54.2m²
③ 73.8m²
④ 98.5m²

2-3. 건설공사 현장관리에 관한 설명으로 옳지 않은 것은?
① 목재는 건조시키기 위하여 개별로 세워 둔다.
② 현장사무소는 본 건물 규모에 따라 적절한 규모로 설치한다.
③ 철근은 그 직경 및 길이별로 분류해 둔다.
④ 기와는 눕혀서 쌓아 둔다.

|해설|
2-1
시멘트 창고는 환기가 잘되면 응결되기 때문에 풍화작용을 방지하기 위해서 공기의 흐름을 막기 위해 환기창을 금지한다.

2-2
1,800포 초과 시에는 N = 1/3만 적용하므로

시멘트 창고 면적 = $0.4 \times \dfrac{2,397 \times \dfrac{1}{3}}{13} = 24.58\text{m}^2$

2-3
기와, 유리, 루핑은 세워서 보관하며, 눕혀서 쌓기(평적)하지 않는다.

정답 2-1 ③ 2-2 ① 2-3 ④

핵심이론 03 | 공통 가설공사

(1) 벤치마크(Bench Mark, 기준점, 수준점)
① 정 의
  ㉠ 건물 위치, 높이 기준이 되는 표식으로 기준면으로부터 표고를 측정하여 표시해 둔 점이다.
  ㉡ 높이 측량 기준이 되도록 건축물 인근에 설치한다.
② 설치 시 주의사항
  ㉠ 바라보기 좋고 공사에 지장이 없는 곳에 설치한다.
  ㉡ 이동의 염려가 없는 곳에 설치한다.
  ㉢ 지반선(GL)에서 0.5~1.0m 위에 둔다.
  ㉣ 최소 2개소 이상 여러 곳에 표시해 두는 것이 좋다.
  ㉤ 공사 착수 전에 설치하여 종료 시까지 존치시킨다.

(2) 수평규준틀
① 건물의 각부 위치, 높이, 기초너비, 길이 등을 정확히 결정하기 위해 설치한다.
② 이동·변형이 없도록 견고하게 설치해야 한다.
③ 나무밑둥의 머리는 충격을 받았을 때 발견하기 쉽도록 엇빗자르기를 한다.

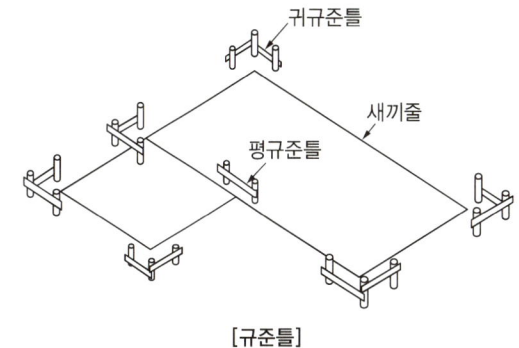

[규준틀]

(3) 세로규준틀

① 조적공사에서 고저 및 수직면의 기준을 두기 위해 설치한다.
② 기입사항 : 줄눈 위치, 창문틀 위치, 볼트 위치, 나무벽돌 위치, 쌓기 단수 등

(4) 먹매김

건축물의 형상, 치수, 위치 등의 선을 표면에 표시하는 것이다.

10년간 자주 출제된 문제

3-1. 건축물 높낮이의 기준이 되는 벤치마크(Bench Mark)에 관한 설명으로 옳지 않은 것은?

① 이동 또는 소멸우려가 없는 장소에 설치한다.
② 수직규준틀이라고도 한다.
③ 이동 등 훼손될 것을 고려하여 2개소 이상 설치한다.
④ 공사가 완료된 뒤라도 건축물의 침하, 경사 등의 확인을 위해 사용되기도 한다.

3-2. 공사착공 전에 건축물의 형태에 맞춰 줄을 띄우거나 석회 등으로 선을 그어 건축물의 건설 위치를 표시하는 것으로 도로 및 인접 건축물과의 관계, 건축물의 건축으로 인한 재해 및 안전대책 점검과 관련 있는 것은?

① 줄쳐보기　　　　② 벤치마크
③ 먹매김　　　　　④ 수평보기

3-3. 기준점(Bench Mark)에 대한 설명으로 틀린 것은?

① 바라보기 좋고 공사에 지장이 없는 곳에 설치한다.
② 기준점은 1개만 설치한다.
③ 이동의 우려가 없는 곳에 설치한다.
④ 공사 착수 전에 설정되어야 한다.

3-4. 가설공사에서 건물의 각부 위치, 기초의 너비 또는 길이 등을 정확히 결정하기 위한 것은?

① 벤치마크　　　　② 수평규준틀
③ 세로규준틀　　　④ 현상측량

|해설|

3-1
벤치마크(Bench Mark, 수준점) : 수준 측량에 있어 지형의 고저를 측정하여 공사계획을 세우고 절토, 성토의 계산을 하여 토목공사의 기초를 제공할 때 수행한다.
수직규준틀 : 세로규준틀로서 조적공사 시 고저(높낮이) 및 수직면의 위치에 대한 기준이다.

3-3
건축물의 각 부에서 헤아리기 좋도록 2개소 이상 보조 기준점을 표시해 두어야 한다.

3-4
수평규준틀 : 가설공사에서 건물 각부 위치, 기초의 너비 또는 길이 등을 정확히 결정하기 위한 기준

정답 3-1 ②　3-2 ①　3-3 ②　3-4 ②

(5) 비계의 종류

분 류	종 류
공법상 분류	외줄비계, 겹비계, 쌍줄비계
용도상 분류	외부비계, 내부비계, 달비계, 말(안장)비계
재료별 분류	통나무비계, 강관파이프(단관, 틀)비계

① 공법상 종류
  ㉠ 외줄비계 : 한쪽 면을 벽체에 걸치고 기둥에 띠장, 장선 발판을 매어 달은 비계로서 경미한 공사에 사용한다.
  ㉡ 쌍줄비계 : 2줄의 비계. 본비계라고도 하며 고층 건물에 사용한다. 일반 비계는 강관비계로 쌍줄비계가 원칙이고, 쌍줄겹비계는 중량물공사에 사용한다.

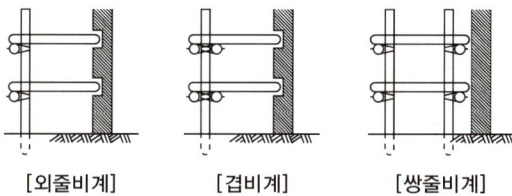

[외줄비계]   [겹비계]   [쌍줄비계]

② 용도상 종류
  ㉠ 시스템비계 : 규격화된 부재들을 강력한 쐐기방식을 연결하여 흔들림이나 이탈이 없고, 작업발판 및 안전난간을 함께 설치하므로 작업이 쉽고 빠르며 안전한 첨단 가설재이다.
  ㉡ 강관틀비계 : 공사용 통로나 작업용 발판을 위해서 구조물의 외부에 조립, 설치되는 비계이다.
  ㉢ 달비계 : 건축공사에서 외벽작업을 위한 이동설치가 가능하도록 달아매는 비계시스템으로 건물에 고정된 돌출보 등에 와이어로 매달고 고정시킨다. 고층건물공사 또는 외부마감이나 청소 등에 활용한다.

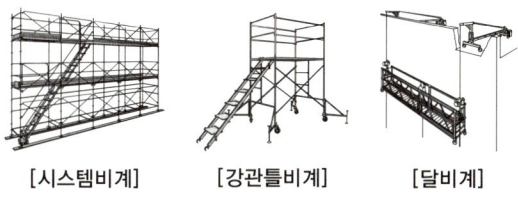

[시스템비계]   [강관틀비계]   [달비계]

  ㉣ 말비계 : 설치 높이 2m 이하의 이동식 비계로 실내 내장 마무리, 도배 등의 낮은 높이 작업에 사용하는 비계이다.

10년간 자주 출제된 문제

3-5. 와이어로프로 매단 비계 권상기에 의해 상하로 이동시킬 수 있는 공사용 비계의 명칭은?
① 시스템비계 ② 틀비계
③ 달비계   ④ 쌍줄비계

3-6. 설치 높이 2m 이하로서 실내 공사에서 이동이 용이한 비계는?
① 겹비계   ② 쌍줄비계
③ 말비계   ④ 외줄비계

|해설|

3-5
달비계 : 와이어로프로 매단 비계 권상기에 의해 상하로 이동시킬 수 있는 공사용 비계이다.

3-6
말비계
설치 높이 2m 이하의 이동식 비계로 실내 내장 마무리, 도배 등의 낮은 높이 작업에 사용하는 비계이다.

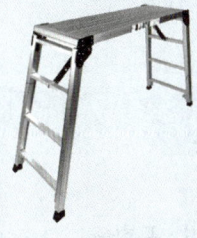

정답 3-5 ③ 3-6 ③

제3절 토공사 및 기초공사

핵심이론 01 | 흙의 성질

(1) 흙의 전단강도

① 외력이 가해지면 흙은 변형되지만, 내부에는 변형에 저항하는 힘(응력)이 발생하며, 외력이 일정 크기가 되면 흙 내부의 어떤 면을 따라 미끄럼이 일어나 흙은 파괴된다. 이때 변형에 저항하려고 하는 힘을 전단저항이라 한다.

② 전단강도 공식

㉠ $\tau = C + \sigma \tan\theta$

여기서, τ : 전단강도
C : 점착력
σ : 파괴면에 수직인 힘
θ : 내부 마찰각
$\tan\theta$: 마찰계수

㉡ 점토의 경우 : $\tau ≒ C$ (∵ 점토의 내부마찰각 $\theta ≒ 0$)

㉢ 모래의 경우 : $\tau ≒ \sigma\tan\theta$ (∵ 모래의 점착력 $C ≒ 0$)

(2) 간극비·함수비·포화도

① 간극비(Void Ratio) = $\dfrac{간극의\ 용적}{토립자의\ 용적}$

② 함수비(Moisture Content)

$= \dfrac{물의\ 중량}{토립자의\ 중량} \times 100(\%)$

③ 포화도(Degree of Saturation)

$= \dfrac{물의\ 용적}{간극의\ 용적} \times 100(\%)$

(3) 흙의 압밀(Consolidation)

① 압밀침하 : 외력에 의하여 간극 내의 물이 빠져 흙 입자 간의 사이가 좁아지며 침하되는 것

② 예민비(Sensitivity Ratio) : 흙을 이기면서 약해지는 정도

예민비 = $\dfrac{자연(천연)\ 시료의\ 강도}{이긴(흐트러진)\ 시료의\ 강도}$

(4) 점토와 사질지반

① 점토지반
 ㉠ 가소성이 있다.
 ㉡ 마찰력이 작고, 수축성이 크다.
 ㉢ 압밀속도가 느리다(장기압밀).
 ㉣ 전단강도가 작다.

② 사질지반
 ㉠ 투수성이 크다.
 ㉡ 마찰력이 크며, 수축성이 작다.
 ㉢ 압밀속도가 빠르다(순간압밀).
 ㉣ 전단강도가 크다.

10년간 자주 출제된 문제

1-1. 흙의 함수비에 관한 설명으로 옳지 않은 것은?
① 연약점토질 지반의 함수비를 감소시키기 위해서 샌드 드레인 공법을 사용할 수 있다.
② 함수비가 크면 흙의 전단강도가 작아진다.
③ 모래지반에서 함수비가 크면 내부마찰력이 감소된다.
④ 점토지반에서 함수비가 크면 점착력이 증가한다.

1-2. 사질 및 점토층 지반에 관한 기술 중 틀린 것은?
① 내부 마찰각은 점토층보다 모래층이 크다.
② 일반적으로 투수성은 점토층보다 모래층이 좋다.
③ 모래층은 입도와 밀도에 따라 유동화 현상을 일으킬 가능성이 크다.
④ 압밀침하량은 점토층보다 모래층이 크다.

1-3. 사질토와 점토질을 비교한 내용으로 옳은 것은?
① 점토질은 투수계수가 작다.
② 사질토의 압밀속도는 느리다.
③ 사질토는 불교란 시료 채집이 용이하다.
④ 점토질의 내부마찰각은 크다.

|해설|

1-1
점토지반에서 함수비가 크면 점착력이 감소한다.

1-2
압밀침하량은 모래층이 작다.

사질층과 점토층의 특성

특성 구분	사질층(모래)	점토층
내부마찰각	크다.	작다.
압밀침하	작다.	크다.
압밀속도	빠르다.	느리다.
투수성	크다.	작다.
입도, 밀도에 따른 유동화현상	크다.	작다.
건조수축	어렵다.	쉽다.

1-3
② 사질토의 압밀속도는 빠르다.
③ 사질토는 교란 시료 채집이 용이하다.
④ 점토질의 내부마찰각은 작다.

정답 1-1 ④ 1-2 ④ 1-3 ①

핵심이론 02 | 지반조사

(1) 지반조사 분류
① 지하탐사법 : 짚어보기, 터파보기, 물리적 탐사법
② 보링(Boring) : 오거 보링, 수세식 보링, 충격식 보링, 회전식 보링
③ 시료 채취(Sampling) : 교란시료 채취, 불교란시료 채취
④ 사운딩(Sounding) : 표준관입시험, 베인(Vane) 시험, 콘관입 시험
⑤ 토질시험 : 물리적 시험, 역학적 시험
⑥ 지내력시험 : 평판재하시험, 말뚝재하시험

(2) 지하탐사법
① 터파보기(Test Pit) : 대지를 파서 지층 상태를 보고 내력을 추정하며, 대지 일부분에 대해 시험한다.
② 짚어보기 : 탐사간(철봉) 등을 지중에 꽂아 지반의 단단함을 조사한다.
③ 물리적 탐사법 : 넓은 대지의 지하 구성층을 개략적으로 탐사하는 방법(전기저항식, 강제진동식, 탄성파식)

(3) 보링(Boring)
① 지중의 토사에 철관을 꽂아 시료를 채취하여 지층 상황을 판단하기 위한 토질 조사 방법
② 종 류
  ㉠ 오거 보링(Auger Boring) : 오거(나선형으로 된 송곳)를 이용하여 굴삭하며, 밀려나오는 흙의 상태를 보고 토질을 판별하는 방법으로 가장 간단하다.
  ㉡ 수세식 보링(Wash Boring) : 비교적 연약한 토사에 수압을 이용한 탐사방식으로 물을 주입하여 흙과 물을 같이 배출시켜 침전된 상태로 지층의 토질을 판별하며, 깊이 30m 정도의 연질층에 적당하다.

ⓒ 충격식 보링(Percussion Boring) : 경지층의 토사, 암석을 파쇄하여 천공하는 방법으로 와이어로프 끝에 충격날(Bit)을 달고 낙하충격을 주어 토사·암석을 천공하여 비교적 굳은 지층까지 깊이 뚫어보면서 조사한다.

ⓓ 회전식 보링(Rotary Boring) : 비트(Bit)를 회전시켜 굴진하는 방법으로 지층의 변화를 연속적으로 비교적 정확히 알고자 할 때 이용하는 방식으로 불교란 시료의 채취가 가능하다.

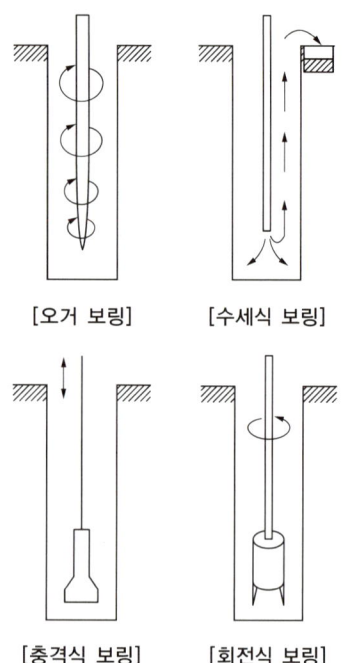

[오거 보링] [수세식 보링]

[충격식 보링] [회전식 보링]

10년간 자주 출제된 문제

2-1. 다음 용어 중 지반조사와 관계없는 것은?
① 표준관입시험
② 보 링
③ 골재의 표면적 시험
④ 지내력 시험

2-2. 지반조사 중 보링에 관한 설명으로 옳지 않은 것은?
① 보링의 깊이는 일반적인 건물의 경우 대략 지지층 이상으로 한다.
② 채취시료는 충분히 햇빛에 건조시키는 것이 좋다.
③ 부지 내에서 3개소 이상 행하는 것이 바람직하다.
④ 보링 구멍은 수직으로 파는 것이 중요하다.

|해설|

2-1
골재의 표면적 시험은 배합설계에 관계되며 작업성 및 접착력이 달라질 수 있다. 골재의 표면적을 작게(골재의 최대치수를 크게) 하면 배합이 부배합이 되므로 워커빌리티가 좋아진다.

2-2
채취시료는 토질시험을 위해 건조시키지 않은 자연상태로 시험 및 보관한다.

정답 2-1 ③ 2-2 ②

(4) 시료채취(샘플링)

① 종 류
- ㉠ 교란시료(Disturbed Sample) : 자연적·인공적으로 훼손시켜 얻은 시료(물리적 특성 파악)
- ㉡ 불교란시료(Undisturbed Sample) : 점성토의 얕은 지반에서 흙의 자연 퇴적 상태인 채로 채취한 시료

(5) 사운딩(Sounding)

① 로드에 붙인 저항체를 지중에 넣고 관입, 회전, 빼서 올리기 등의 저항으로부터 토층의 성상을 탐사하는 방법

② 탐사방법 종류
- ㉠ 표준관입시험 : 사질 지반의 밀도측정
- ㉡ 베인 테스트(Vane Test) : 점토 지반의 점착력 파악
- ㉢ 화란식 관입시험 : 화란식 시험기의 관입 저항력 측정
- ㉣ 스웨덴식 사운딩 시험 : 스웨덴식 시험기로 관입 저항력 측정

③ 표준관입시험(SPT ; Standard Penetration Test)
- ㉠ 불교란시료 채취가 불가능한 사질 지반에서 지반을 구성하는 토층의 경연, 상대밀도를 측정할 때 사용
- ㉡ 시험순서
  - 로드(Rod) 선단에 관입시험용 샘플러 부착
  - 63.5(±0.5)kg의 드라이브 해머를 76(±1)cm 높이에서 자유 낙하
  - 지반에 30cm 관입 시 필요만 타격횟수 N값 측정
- ㉢ N값에 따른 지반상태

N값	모래의 상대밀도	N값	모래의 상대밀도
0~4	몹시 느슨	10~30	보 통
4~10	느 슨	50 이상	다진 상태

④ 베인 테스트(Vane Test) : 보링 구멍에 +자 날개형 베인을 지반에 박고 회전시켜 그 저항력으로 연약 점토 지반의 점착력을 판별한다.

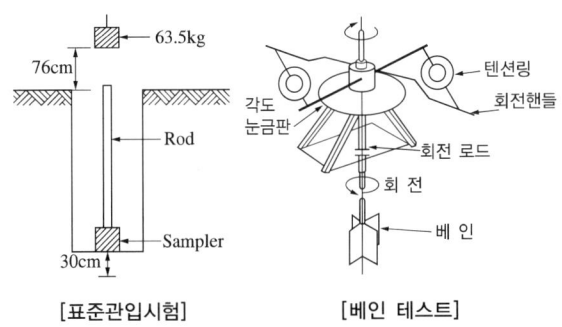

[표준관입시험]   [베인 테스트]

10년간 자주 출제된 문제

2-3. 63.5k의 추를 76cm 높이에서 자유낙하시켜 30cm 관입하는데 필요한 타격횟수를 구하는 시험은?

① 전기탐사법
② 베인 테스트(Vane Test)
③ 표준관입시험(Standard Penetration Test)
④ 신 월 샘플링(Thin Wall Sampling)

2-4. 사질토의 경우 표준관입시험의 타격횟수 N값이 50이면 이 지반의 상태(모래의 상대밀도)는?

① 몹시 느슨하다.
② 느슨하다.
③ 보통이다.
④ 다진 상태이다.

2-5. 지반조사 시험에서 서로 관련 있는 항목끼리 옳게 연결된 것은?

① 지내력 – 정량분석시험
② 연한 점토 – 표준관입시험
③ 진흙의 점착력 – 베인 시험(Vane Test)
④ 염분 – 신 월 샘플링(Thin Wall Sampling)

2-6. 연약 점토의 점착력을 판정하기 위한 지반조사 방법으로 가장 적당한 것은?

① 표준관입시험
② 베인 테스트
③ 샘플링
④ 스웨덴 테스트

2-7. 표준관입시험에 관한 설명으로 옳지 않은 것은?

① 사질토지반에 적합하다.
② 사운딩 시험의 일종이다.
③ N값이 클수록 흙의 상태는 느슨하다고 볼 수 있다.
④ 낙하시키는 추의 무게는 63.5kg이다.

|해설|

2-4
N값이 50이면 다진 상태이다.

2-5
- 연한 점토(진흙)의 점착력 : 베인 시험
- 지내력 : 정성적 분석시험으로 평판재하 시험, 보링 테스트 등이 있다.
- 연약 점토지반의 시료채취 : 신 월 샘플링(Thin Wall Sampling)

2-6
베인 테스트는 +자 날개형 베인을 지반에 박고 회전시켜 그 저항력으로 연약한 점토층의 점착력 또는 전단강도를 측정하기 위한 시험법

2-7
- N값이 작을수록 흙의 상태는 느슨하다고 볼 수 있다.
- N값이 클수록 흙의 상태는 다진 상태로 볼 수 있다.

정답 2-3 ③ 2-4 ④ 2-5 ③ 2-6 ② 2-7 ③

(6) 지내력시험

① 지반에 하중을 가하여 지반의 지지력을 파악하기 위한 재하시험(Loading Test)

② 종 류
  ㉠ 평판재하시험 : 직접기초가 놓일 위치에 시험하는 지반의 지지력시험으로 기초 저면의 위치에 재하판을 설치해 하중을 실어 재하하중마다 침하량을 측정해 지반의 지내력 및 기초 지반의 허용지내력을 판정하는 시험
  ㉡ 말뚝박기시험 : 지질조사분석 시 말뚝시공을 실시할 경우에 3개 이상의 시험말뚝을 사용하여 시험
    • 실제 말뚝과 시험말뚝은 동일한 조건으로 한다.
    • 정확한 위치에서 수직으로 박는다.
    • 연속적으로 박되 휴식시간을 두지 않는다.

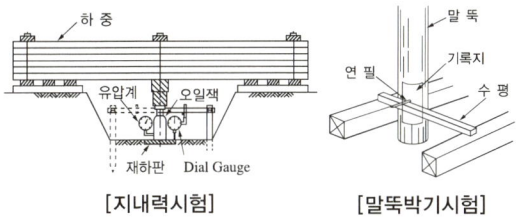

[지내력시험]   [말뚝박기시험]

(7) 지질주상도

① 주상도(Geologic Columnar Section) : 지질조사를 실시하여 지질단면을 깊이에 따라 토질(지질의 상태)의 각종 정보를 그림으로 표시한 도법

② 주상도의 주요한 6가지 정보
  ㉠ 심 도
  ㉡ 주 상
  ㉢ 토질상태(토층별 두께 및 구성)
  ㉣ 기 록
  ㉤ 시료상태
  ㉥ N값

10년간 자주 출제된 문제

2-8. 다음 중 표준관입시험에 대한 설명으로 옳은 것은?
① 점토지반에서는 표준관입시험을 행할 수 없다.
② 추의 낙하높이는 150cm이다.
③ 지반의 전단강도를 직접 측정하는 방법이다.
④ N값은 샘플러를 30cm 관입하는 데 소요되는 타격 횟수이다.

2-9. 평판재하시험에 관한 설명으로 옳지 않은 것은?
① 재하판의 크기는 45cm 각을 사용한다.
② 침하의 증가가 2시간에 0.1mm 이하가 되면 정지한 것으로 판정한다.
③ 시험할 장소에서의 즉시 침하를 방지하기 위하여 다짐을 실시한 후 시작한다.
④ 지반의 허용지지력을 구하는 것이 목적이다.

2-10. 지반조사 시 실시하는 평판재하시험에 관한 설명으로 옳지 않은 것은?
① 시험은 예정 기초면보다 높은 위치에서 실시해야 하기 때문에 일부 성토작업이 필요하다.
② 시험재하판은 실제 구조물의 기초면적에 비해 매우 작으므로 재하판 크기의 영향, 즉 스케일 이펙트(Scale Effect)를 고려한다.
③ 하중시험용 재하판은 정방형 또는 원형의 판을 사용한다.
④ 침하량을 측정하기 위해 다이얼게이지 지지대를 고정하고 좌우측에 2개의 다이얼게이지를 설치한다.

2-11. 지질조사를 통한 주상도에서 나타나는 정보가 아닌 것은?
① N치   ② 투수계수
③ 토층별 두께   ④ 토층의 구성

|해설|

2-8
• 점토지반, 사질지반 모두 가능하며 주로 지반상태(경도, 밀도) 측정
• 추의 낙하높이는 76cm이다.

2-9
시험할 장소에서 다짐을 하지 않은 자연 상태로 실시한다.

2-10
직접기초가 놓일 위치에 시험한다.

2-11
주상도의 주요한 6가지 정보 : 심도, 주상, 토질상태(토층별 두께 및 구성), 기록, 시료상태, N치

정답 2-8 ④ 2-9 ③ 2-10 ① 2-11 ②

핵심이론 03 | 지반침하, 지반개량공법

(1) 지반침하

① 부동침하 : 기초지반이 침하함에 따라 불균등하게 침하를 일으키는 현상으로 인장력에 직각 방향으로 균열이 발생

② 침하 원인
- 연약층
- 경사지반
- 이질지층
- 증축, 지하수위 변경
- 이질, 일부지정 메운 땅

③ 연약지반의 부동침하 방지대책
  ㉠ 상부 구조에 대한 대책
  - 건물의 경량화, 강성을 높일 것
  - 건물의 중량 분배를 고려할 것
  - 건물의 평면길이를 짧게 할 것
  - 인접 건물과의 거리를 멀게 할 것

  ㉡ 하부 구조에 대한 대책
  - 경질지반에 지지하고, 마찰말뚝 사용
  - 지하실 설치
  - 온통기초(Mat Foundation) 시공
  - 독립기초의 지중보(Underground-beam)로 연결
  - 지반개량공법으로 지반의 지지력 증대

(2) 지반개량공법

① 웰 포인트(Well Point) 공법(사질지반) : 집수장치를 붙인 파이프를 지중에 박아 이것을 지상의 집수관에 연결하여 펌프로 지중의 물을 배수하는 공법

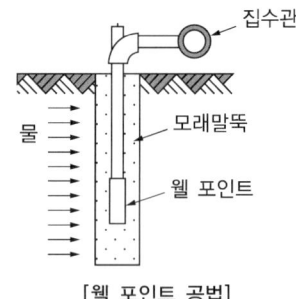

[웰 포인트 공법]

② 생석회 말뚝 공법(점토지반) : 연약한 점토층에 생석회 말뚝을 박아서 생석회가 흡수 팽창하는 원리를 이용하여 연약지반 중의 수분을 탈수하는 공법

③ 샌드 드레인(Sand Drain) 공법(점토지반) : 점토질 지반에 지름 40~60cm의 철관을 이용하여 모래말뚝을 형성한 후, 지표면에 성토하중을 가하여 압밀 탈수하는 공법

④ 페이퍼 드레인(Paper Drain) 공법(점토지반) : 점토지반에서 모래 대신 합성수지로 된 Card Board를 사용하여 탈수하는 공법

10년간 자주 출제된 문제

3-1. 지하수가 많은 지반을 탈수(脫水)하여 지내력을 갖춘 지반으로 만들기 위한 공법이 아닌 것은?
① 샌드 드레인 공법　② 웰 포인트 공법
③ 페이퍼 드레인 공법　④ 베노토 공법

3-2. 다음 배수공법 중 중력배수 공법에 해당하는 것은?
① 웰 포인트 공법　② 진공압밀 공법
③ 전기삼투 공법　④ 집수정 공법

3-3. 웰 포인트 공법에 대한 설명으로 옳지 않은 것은?
① 흙파기 밑면의 토질 약화를 예방한다.
② 진공펌프를 사용하여 토중의 지하수를 강제적으로 집수한다.
③ 지하수 저하에 따른 인접 지반과 공동매설물 침하에 주의가 필요하다.
④ 사질지반보다 점토층 지반에서 효과적이다.

3-4. 점토질 연약지반의 탈수공법으로 적합하지 않은 것은?
① 샌드 드레인(Sand Drain) 공법
② 생석회 말뚝(Chemico Pile) 공법
③ 페이퍼 드레인(Paper Drain) 공법
④ 웰 포인트(Well Point) 공법

| 해설 |

3-1
④ 베노토 공법 : 현장타설 말뚝 공법

3-2
④ 집수정 공법 : 우물처럼 집수정을 만들어 자연 배수되는 중력배수 공법
① 웰 포인트 공법, ② 진공압밀 공법 : 펌프를 이용한 강제배수 공법
③ 전기삼투 공법 : 전기의 힘을 이용한 강제배수 공법

3-3
④ 펌프로 집수하기 때문에 사질지반에 효과적이다.

3-4
④ 웰 포인트 공법 : 사질지반 탈수공법

정답 3-1 ④　3-2 ④　3-3 ④　3-4 ④

핵심이론 04 | 흙파기 공법

(1) 흙파기 경사각

① 흙파기 경사각(θ)은 휴식각의 2배로 한다.
② 휴식각 : 흙의 마찰력만으로 중력에 대해 정지하는 흙의 사면(斜面) 각도(흙 입자 간의 응집력, 부착력을 무시)

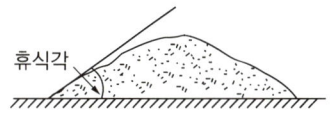

(2) 흙파기 공법

① 어스 앵커(Earth Anchor, Tie-back Method) 공법
　㉠ 버팀대 대신 흙막이벽 배면을 Earth Drill로 굴착하고, 인장재와 Mortar를 주입하여 경화시켜 앵커체를 만든 후, 인장력에 의해 토압을 지지하는 공법

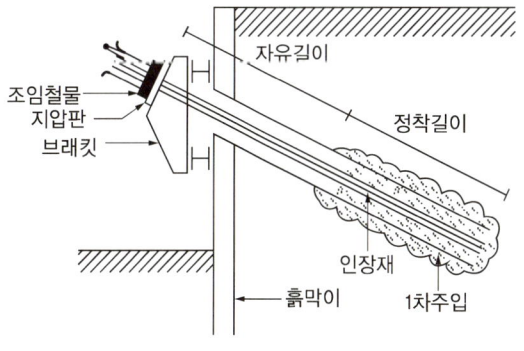

[어스 앵커 공법]

　㉡ 앵커체 지지방식 : 마찰형, 지압형, 복합형

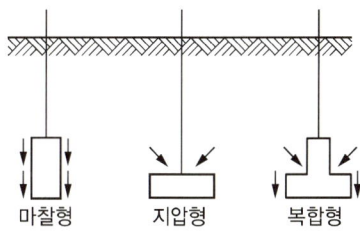

[앵커체 지지방식]

ⓒ 특 징
- 버팀대가 없어 굴착 공간을 넓게 활용
- 대형기계 반입 용이하고, 공기단축 용이
- 작업공간이 좁은 곳에서도 시공 가능
- 시공 후 검사 곤란
- 인접 구조물의 기초나 매설물이 있는 경우 부적합

② 아일랜드 컷(Island Cut) 공법
㉠ 중앙부를 먼저 파고 기초를 축조한 후, 버팀대로 지지하고 주변을 굴착하여 지하 구조물을 완성하는 공법
㉡ 시공순서 : 흙막이 설치 → 중앙부 굴착 → 중앙부 기초 구조물 축조 → 버팀대 설치 → 주변부 흙파기 → 지하구조물 완성

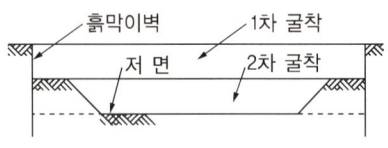

[아일랜드 컷 공법]

③ 트렌치 컷(Trench Cut) 공법
㉠ 아일랜드 공법과 역순으로 건물의 측벽이나 주열선 부분을 먼저 파내고 주변부 기초를 축조한 다음 중앙부를 굴착하여 지하 구조물을 완성하는 공법
㉡ 시공순서 : 흙막이 설치 → 주변부 흙파기 → 버팀대 설치 → 중앙부 기초 구조물 축조 → 중앙부 굴착 → 지하구조물 완성

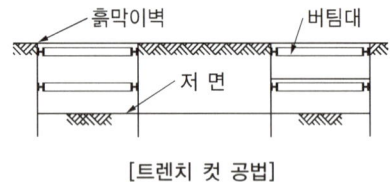

[트렌치 컷 공법]

10년간 자주 출제된 문제

4-1. 어스 앵커 공법에 대한 설명으로 틀린 것은?

① 버팀대가 없어 굴착공간을 넓게 활용할 수 있다.
② 인접한 구조물의 기초나 매설물이 있는 경우 효과가 크다.
③ 대형기계의 반입이 용이하다.
④ 시공 후 검사가 어렵다.

4-2. 건물의 중앙부만 남겨두고, 주위부분에 먼저 흙막이를 설치하고 굴착하여 기초부와 주위벽체, 바닥판 등을 구축하고 난 다음 중앙부를 시공하는 터파기 공법은?

① 복수공법
② 지멘스 웰 공법
③ 트렌치 컷 공법
④ 아일랜드 컷 공법

|해설|

4-1
인접한 구조물의 기초나 매설물이 있는 경우 부적합하다.

4-2
복수공법 : 지하수를 이용하여 지하수위를 유지하는 공법으로 담수공법과 주수공법이 있다.
- **담수공법** : 지하수를 담아 놓기만 하여 지하수위 유지하는 공법
- **주수공법** : 굴착 지반에서 퍼낸 지하수를 재충전 우물을 통해 주변 지반에 다시 주입시켜 지하수위를 일정하게 유지시킴으로 지하 터파기 굴착부 지하수 유출로 인해 발생되는 터파기 주변 지반의 지하수위 저하로 인한 압밀침하를 방지하는 공법

지멘스 웰(Siemens Well) 공법 : 지하수 처리를 위한 배수공법으로서, 지름 20cm의 관을 박고 그 선단에는 웰 포인트 장치를 설치하고 진공 흡인하여 지하수를 모아 펌프로 배수하는 공법

정답 4-1 ② 4-2 ③

핵심이론 05 | 흙막이벽의 안전성 검토

(1) 널말뚝 시공상의 주의사항
① 말뚝은 수직으로 똑바로 박는다.
② 널말뚝은 항타기를 사용하여 1 또는 2장씩 박는다.
③ 널말뚝의 끝부분은 바닥면에서 깊이 박히도록 하고, 웰 포인트 공법 등에 의해 지하수위를 낮춘다.
④ 널말뚝 끝부분에서 용수에 의한 누수 발생 시에는 흙가마니 등으로 이를 방지한다.
⑤ 널말뚝 인발기계는 세우기용 기계를 사용한다.

(2) 흙막이의 붕괴현상
① 히빙 현상(Heaving Failure) : 점토지반에서 하부지반이 연약할 때 흙막이 바깥에 있는 흙의 중량과 지표면의 적재하중으로 인하여, 저면 흙이 붕괴되어 흙막이 바깥에 있는 흙이 안으로 밀려 들어와 불룩하게 되는 현상

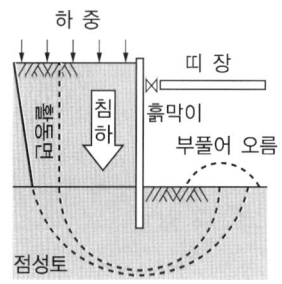

[히빙 현상]

② 보일링 현상(Boiling of Sand, Quick Sand) : 투수성이 좋은 사질지반에서 흙막이벽 뒷면의 수위가 높아서 지하수가 흙막이벽을 돌아서 들어오면서 모래와 같이 솟아오르는 현상

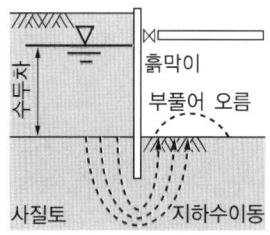

[보일링 현상]

③ 파이핑(Piping) 현상 : 흙막이벽의 부실공사로써 흙막이벽의 뚫린 구멍 또는 이음새를 통하여 물이 공사장 내부 바닥으로 스며드는 현상

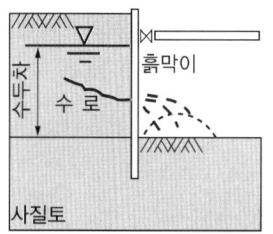

[파이핑 현상]

10년간 자주 출제된 문제

5-1. 사질 지반 굴착 시 벽체 배면의 토사가 흙막이 틈새 또는 구멍으로 누수가 되어 흙막이벽 배면에 공극이 발생하여 물의 흐름이 점차로 커져 결국에는 주변 지반을 함몰시키는 현상을 일컫는 것은?
① 보일링 현상
② 히빙 현상
③ 액상화 현상
④ 파이핑 현상

5-2. 토공사를 수행할 경우 주의해야 할 현상으로 가장 거리가 먼 것은?
① 파이핑(Piping)
② 보일링(Boiling)
③ 그라우팅(Grouting)
④ 히빙(Heaving)

|해설|

5-1
④ 파이핑 현상 : 흙막이벽의 틈 또는 구멍, 이음새를 통하여 물이 공사장 내부 바닥으로 스며드는 현상

5-2
③ 그라우팅(Grouting) : 콘크리트 기초 보강에 사용하는 공법으로 지반개량이나 용수(湧水)의 방지를 위해 지반의 갈라진 틈 등에 시멘트 풀을 압입하는 것이다.

정답 5-1 ④ 5-2 ③

(3) 히빙, 보일링 파괴 방지대책

① 흙막이벽의 타입 깊이(근입장)를 늘린다(보일링, 히빙).
② 웰 포인트로 지하수위를 낮춘다(보일링).
③ 약액 주입 등으로 굴착지면의 지수(止水)(히빙, 보일링)
④ 흙막이벽 상부의 과재하 하중 제거
⑤ 강성이 큰 흙막이를 사용한다.
⑥ 흙막이벽 밀실 시공(파이핑)

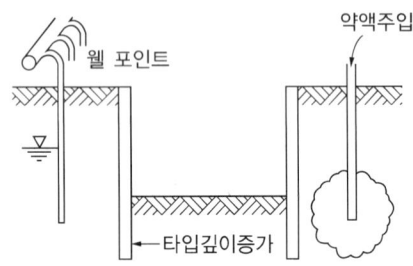

(4) 인접건물의 침하원인

① 히빙 현상
② 보일링 현상
③ 파이핑 현상
④ 지하수위 변동
⑤ 흙막이벽 배면의 뒤채움 불량

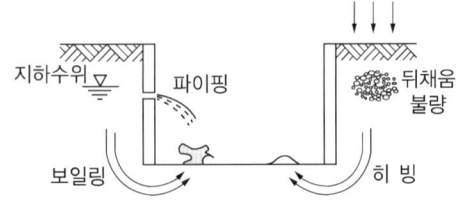

(5) 언더피닝 공법(Underpinning Method)

① 기존 건물 가까이에 신축공사를 할 때 기존 건물의 지반과 기초를 보강하는 공법

② 목 적
  ㉠ 기존 건물을 보호
  ㉡ 기울어진 건축물을 바로 잡기 위하여
  ㉢ 인접 토공사의 터파기 작업 시 기존 건축물 침하 방지

③ 종 류
  ㉠ 2중 널말뚝 공법(흙막이 널말뚝 외측에 2중 말뚝)
  ㉡ 현장타설 콘크리트말뚝 공법
  ㉢ 강재 말뚝 공법
  ㉣ 모르타르 및 약액주입법(사질지반에 고결)

10년간 자주 출제된 문제

5-3. 흙막이공사 시 지표재하 하중의 중량에 못 견디어 흙막이 저면 흙이 붕괴되어 바깥에 있는 흙이 안으로 밀려 볼록하게 되어 파괴되는 현상을 무엇이라 하는가?(단, 점성토지반일 경우)

① 히빙(Heaving) 파괴
② 보일링(Boiling) 파괴
③ 수동토압(Passive Earth Pressure) 파괴
④ 전단(Shearing) 파괴

5-4. 건축공사에서 언더피닝(Underpinning) 공법의 설명으로 옳은 것은?

① 용수량이 많은 깊은 기초 구축에 쓰이는 공법이다.
② 기존 건물의 기초 혹은 지정을 보강하는 공법이다.
③ 터파기 공법의 일종이다.
④ 일명 역구축 공법이라고도 한다.

| 해설 |

5-3
① 히빙 파괴 : 하부 지반이 연약한 경우 흙파기 저면선(底面線)에 대하여 흙막이 바깥에 있는 흙의 중량과 지표적재 하중을 이기지 못하고 흙이 붕괴되어서 흙막이 바깥 흙이 안으로 밀려 들어와 볼록하게 되는 현상
② 보일링 파괴 : 흙막이 저면의 투수성이 좋은 사질지반에서 지하수가 얕게 있거나 상승하는 피압수로 인해 모래 입자가 부력을 받아 떠올라 저면 모래지반의 지지력이 급격히 없어지는 현상

5-4
언더피닝(Underpinning) : 기존 건축물의 기초를 보강 또는 새로이 기초를 삽입하는 공사의 총칭이다.

정답 5-3 ① 5-4 ②

핵심이론 06 | 흙막이 공법

(1) 슬러리 월(Slurry Wall) 공법(지하연속벽식 공법)

① 공벽붕괴에 벤토나이트 이수액을 사용하는 공법으로 먼저 가이드 월(Guide Wall)을 설치하고, 지반을 굴착하여 여기에 철근망을 삽입하고 트레미 관(Tremie Pipe)을 설치하여 콘크리트를 타설하는 지중에 철근 콘크리트 연속벽체를 형성한다.

② 트레미관(콘크리트 수송관) : 콘크리트 속에 삽입한 상태를 유지하면서 점차 관을 끌어 올려서 타설한다.

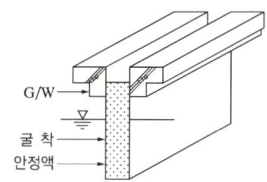

③ 가이드 월(Guide Wall) 설치 목적 및 스케치
  ㉠ 표토층의 붕괴방지
  ㉡ 굴착 시 수직도 및 벽두께 유지
  ㉢ 철근 삽입 및 트레미관 설치를 위한 지지대 역할

④ 벤토나이트(안정액, 이수(泥水))
  ㉠ 점토광물로써 만들어진 비중이 큰 안정액
  ㉡ 사용목적 : 공벽 붕괴방지, 지하수 유입차단, 굴착부의 마찰저항감소

(2) 이외의 공법

① 주열식(Icos) 공법 : 제자리 콘크리트 말뚝을 연속적으로 나열하여 만든 주열식 지하연속벽 공법

② 톱다운(Top-Down) 공법(역타 공법) : 지하층 외부 옹벽과 지하층 기둥을 토공사에 앞서 시공한 후 지하 터파기와 지상층 공사를 병행 실시하는 공법

③ SPS(Strut as Permanent System) 공법 : 가설 Strut (버팀대) 공법의 성능을 개선하여 본 구조체인 기둥, 보를 흙막이 버팀대로 활용하는 공법(영구 버팀대)

10년간 자주 출제된 문제

6-1. 지하연속벽 공법 중 슬러리 월의 특징으로 옳은 것은?
① 인접건물의 경계선까지 시공이 불가능하다.
② 주변지반에 대한 영향이 크다.
③ 시공 시의 소음·진동이 크다.
④ 일반적으로 차수효과가 뛰어나다.

6-2. 지하연속 흙막이 공법인 슬러리 월(Slurry Wall) 공법과의 관련성이 가장 적은 것은?
① 가이드 월(Guide Wall)
② 벤토나이트(Bentonite) 용액
③ 파워 셔블(Power Shovel)
④ 트레미 관(Tremie Pipe)

6-3. 흙막이 공법의 종류에 해당되지 않는 것은?
① 지하연속벽 공법
② H-말뚝 토류판 공법
③ 시트파일 공법
④ 생석회 말뚝 공법

|해설|

6-1
① 인접건물의 경계선까지 시공이 가능하다.
② 주변지반에 대한 영향이 적다.
③ 시공 시의 소음·진동이 적다.

6-2
파워 셔블(Power Shovel) : 버킷이 외측으로 움직여 기계위치보다 높은 지반이나 굳은 지반의 굴착에 사용되는 굴착용 장비이다.

6-3
흙막이 공법
- 지하연속벽(슬러리 월) 공법
- 주열식(Icos) 공법
- H-말뚝 토류판 공법
- 시트파일 공법

지반개량 공법(연약지반 탈수 공법)
- 웰 포인트(Well Point) 공법(사질지반)
- 생석회 말뚝 공법(점토지반)
- 샌드 드레인(Sand Drain) 공법(점토지반)
- 페이퍼 드레인(Paper Drain) 공법(점토지반)

정답 6-1 ④ 6-2 ③ 6-3 ④

핵심이론 07 | 계측관리, 토공사용 장비

(1) 계측기 종류

종 류	내 용
Tiltmeter(건물 경사계)	인접구조물 기울기 측정
Level and Staff(지표면 침하계)	지표면의 침하량을 측정
Inclinometer(지중 경사계)	지중 수평변위로 기울기 측정
Extension Meter(지중 침하계)	지중 수직변위로 침하도 측정
Strain Gauge(변형률계)	흙막이부재의 응력 측정
Load Cell(하중계)	흙막이 측압, 어스 앵커 인장력 하중 측정
Earth Pressure Meter(토압계)	주변 지반 토압 변화를 측정
Piezometer(간극수압계)	굴착에 따른 간극 수압 측정
Water Level Meter(지하수위계)	지하수위의 변화를 측정

(2) 토공사용 굴착장비

① 파워 셔블(Power Shovel)
  ㉠ 기계가 위치한 지면보다 높은 곳의 굴착에 적합
  ㉡ 굴삭 높이 : 1.5~3m, 굴삭 깊이 : 지반 밑으로 2m 정도
  ㉢ 선회각 : 90°

② 백호(Backhoe)
  ㉠ 기계가 위치한 지면보다 낮은 곳의 굴착에 적합
  ㉡ 굴삭 깊이 : 5~8m

③ 드래그 라인(Drag Line)
  ㉠ 기계가 위치한 지면보다 낮은 곳의 굴착에 적합
  ㉡ 굴삭 깊이 : 8m, 선회각 : 110°
  ㉢ 넓은 면적을 팔 수 있으나 파는 힘이 강력하지 못하다.

④ 클램셸(Clamshell)
  ㉠ 사질지반 굴삭에 적합, 좁은 곳의 수직 굴착에 좋다.
  ㉡ 굴삭 깊이 : 최대 18m

(3) 지반 정지용 장비

① 불도저(Bulldozer) : 운반거리 60m(최대 100m) 이내의 배토 작업용 장비

② 스크레이퍼(Scraper) : 굴착, 정지, 운반용으로 대량의 토사를 고속으로 원거리(500~2,000m)에 운송하는 장비

10년간 자주 출제된 문제

7-1. 건축물의 터파기 공사 시 실시하는 계측의 항목과 계측기를 연결한 것으로 옳지 않은 것은?
① 지하수의 수압 - 트랜싯
② 흙막이벽의 측압, 수동토압 - 토압계
③ 흙막이벽의 중간부 변형 - 경사계
④ 흙막이벽의 응력 - 변형계

7-2. 다음 각 건설기계와 주된 작업의 연결이 틀린 것은?
① 클램셸 - 굴착
② 백호 - 정지
③ 파워 셔블 - 굴착
④ 그레이더 - 정지

7-3. 토공사용 기계에 관한 설명 중 옳지 않은 것은?
① 파워 셔블(Power Shovel)은 지반보다 낮은 곳을 깊게 팔 수 있는 기계로서 보통 약 5m까지 팔 수 있다.
② 드래그 라인(Drag Line)은 기계를 설치한 지반보다 낮은 장소 또는 수중을 굴착하는 데 사용된다.
③ 불도저(Bulldozer)는 일반적으로 흙의 표면을 밀면서 깎아 단거리 운반을 하거나 정지를 한다.
④ 클램셸(Clamshell)은 수직굴착 등 일반적으로 협소한 장소의 굴착에 적합한 것으로 자갈 등의 적재에도 사용된다.

|해설|

7-1
① 지하수의 수압 : 간극수압계(Piezometer)
트랜싯은 지상부의 기울기 측정

7-2
백호(Backhoe) : 파워 셔블과 반대되는 작업을 하는 기계로 버킷을 기계쪽으로 향해 아래로 끌어당기면서 기계의 위치보다 낮은 지반, 기초 굴착, 비탈면 절취, 옆도랑 파기 등에 사용되는 굴착장비
파워 셔블(Power Shovel) : 버킷이 외측으로 움직여 기계위치보다 높은 지반이나 굳은 지반의 굴착에 사용하는 굴착 장비

7-3
파워 셔블(Power Shovel)은 지반보다 높은 곳을 굴착할 수 있는 기계이며, 그 크기에 따라 다르지만 지면에서 약 6m(유압식인 경우는 10m) 높이까지의 토사를 굴착할 수 있다.

정답 7-1 ① 7-2 ② 7-3 ①

핵심이론 08 | 기초공사

(1) 기초의 종류
① 독립기초 : 단일 기둥을 하나의 기초로 지지하는 방식
② 복합기초 : 2개 이상의 기둥을 1개 기초에 연결하여 지지
③ 연속기초 : 일련의 기둥, 벽의 하중을 지지하는 방식
④ 온통기초 : 건물 하부 전체를 기초판으로 지지하는 방식

(2) 말뚝의 기능상 분류
① 지지말뚝 : 연약한 지반을 관통하여 견고한 지반에 도달시켜 선단 지지력에 의하여 하중을 지반에 전달
② 마찰말뚝 : 굳은 지반이 깊이 있는 경우 말뚝과 지반의 마찰력에 의하여 하중을 지지

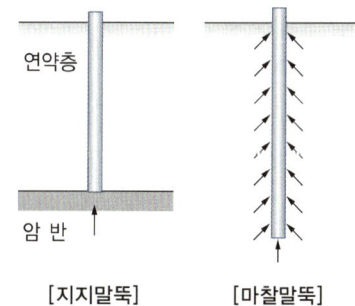

[지지말뚝] [마찰말뚝]

(3) 시험말뚝의 허용지지력 산출
① 시험말뚝의 허용지지력 산출에 있어서 영향 요인
  ㉠ 추의 중량
  ㉡ 추의 낙하높이
  ㉢ 말뚝의 최종 관입량
② 해머의 타격에너지 = 추의 중량 × 추의 낙하높이

(4) 말뚝의 종류별 간격(D : 말뚝머리 지름)

말뚝의 종류	말뚝의 중심 간격
나무말뚝	$2.5D$ 이상 또한 600mm 이상
기성 콘크리트말뚝	$2.5D$ 이상 또한 750mm 이상
강재말뚝	D 또는 폭의 2.0배 이상 또한 750mm 이상
매입말뚝	$2D$ 이상
현장타설(제자리) 콘크리트말뚝	$2D$ 이상 또한 $D+1,000$mm 이상

10년간 자주 출제된 문제

8-1. 시험말뚝박기에서 다음 항목 중 말뚝의 허용지지력 산출에 거의 영향을 주지 않는 것은?

① 추의 낙하 높이 ② 말뚝의 길이
③ 말뚝의 최종 관입량 ④ 추의 무게

8-2. 말뚝의 지지력 확인에 가장 신뢰성이 있는 시험방법은?

① 전단시험 ② 재하시험
③ 표준관입시험 ④ 지내력시험

|해설|

8-1
- 추의 중량, 추의 낙하고, 말뚝의 관입량에 관계된다.
- 해머의 타격에너지 = 추의 중량 × 추의 낙하 높이
- 샌더(Sander) 공식: 추의 중량을 W_H, 추의 낙하고를 H, 타격당 말뚝의 평균 관입량을 S라고 하면 샌더 공식은 다음과 같다.

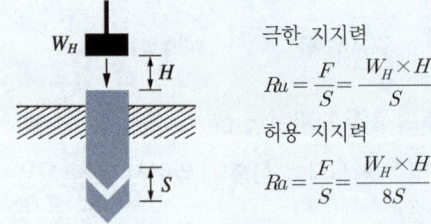

극한 지지력
$$Ru = \frac{F}{S} = \frac{W_H \times H}{S}$$

허용 지지력
$$Ra = \frac{F}{S} = \frac{W_H \times H}{8S}$$

8-2
말뚝의 지지력을 확인하는 시험에는 재하시험, 말뚝박기시험 등이 있다.

재하시험(Loading Test, 하중시험) : 구조물, 구조부재, 말뚝, 지반 또는 모형 시험체 등에 중량물이나 또는 힘을 가하는 기기를 써서 정적(靜的)으로 하중을 가해, 그 내력, 변형 성상, 파괴 성상 등을 알기 위한 시험

정답 8-1 ② 8-2 ②

(5) 기성 콘크리트말뚝

① 말뚝박기 시 주의사항
  ㉠ 시험말뚝은 실제 말뚝과 똑같은 조건으로 시공한다.
  ㉡ 시험말뚝은 정확한 위치에서 수직으로 박는다.
  ㉢ 말뚝은 연속적으로 박되 휴식시간은 두지 않는다.
  ㉣ 소정의 침하량에 도달하면 무리하게 박지 않는다.
  ㉤ 최종 관입량은 5 또는 10회 타격 평균값을 적용한다.
  ㉥ 무리말뚝은 주변을 먼저 박고, 차례로 중앙을 박는다.

② 소음, 진동이 있는 공법
  ㉠ 타격공법 : 드롭해머, 디젤해머, 스팀해머 타격 공법
  ㉡ 진동공법 : 상하로 진동기를 이용하여 박는 공법

③ 무소음, 무진동 공법
  ㉠ 프리보링(Pre Boring)공법 : 미리 구멍을 뚫고 굴착 후에 말뚝을 타입하는 공법
  ㉡ 수사(水射)식 공법 : 말뚝선단에서 고압의 물을 분사하여 타입하는 공법
  ㉢ 압입(壓入)식 공법 : Jack으로 말뚝머리에 큰 하중을 가하여 박는 공법
  ㉣ 중굴(中掘)공법 : 말뚝의 중공부(中空部)에 오거를 삽입하여 매설하는 공법

(6) 제자리 콘크리트말뚝 공법 종류

분류	공법 분류별 종류
관입공법	• 컴프레솔 파일(Compressol Pile) • 심플렉스 파일(Simplex Pile) • 레이먼드 파일(Raymond Pile) • 페데스탈 파일(Pedestal Pile)
기계굴삭 공법	• 베노토 공법(Benoto Method) • 어스드릴 공법(Earth Drill Method) • 이코스 공법(ICOS Method) • 역순환 공법(Reverse Circulation Drill Method)
프리팩트 공법	• CIP 파일(Cast-In-Place Pile) • PIP 파일(Packed-In-Place Pile) • MIP 파일(Mixed-In-Place Pile)

10년간 자주 출제된 문제

8-3. 기성 콘크리트말뚝에 관한 설명으로 옳지 않은 것은?

① 선굴착 후 경타공법으로 시공하기도 한다.
② 항타장비 전반의 성능을 확인하기 위해 시험말뚝을 시공한다.
③ 말뚝을 세운 후 검측은 기계를 사용하여 1방향으로 한다.
④ 말뚝의 연직도나 경사도는 1/100 이내로 관리한다.

8-4. 타격에 의한 말뚝박기 공법을 대체하는 저소음, 저진동의 말뚝공법에 해당되지 않는 것은?

① 압입 공법
② 사수(Water Jetting) 공법
③ 프리보링 공법
④ 바이브로 콤포저 공법

8-5. 파이프 회전용의 선단에 커터(Cutter)를 장치하여 흙을 뒤섞으며 지중으로 파들어간 다음 파이프 선단에서 모르타르를 분출시켜 흙과 모르타르를 혼합하면서 파이프를 빼내는 말뚝 이름은 다음 중 어느 것인가?

① 레이먼드 말뚝
② 페데스탈 말뚝
③ CIP 말뚝
④ MIP 말뚝

|해설|

8-3

기성 콘크리트말뚝 시공 – 말뚝 세우기
- 시공기계는 말뚝이 소정의 위치에 정확하게 설치될 수 있도록 견고한 지반 위의 정확한 위치에 설치하여야 한다.
- 말뚝을 정확하고도 안전하게 세우기 위해 규준틀을 설치하고 중심선 표시를 용이하게 한다.
- 말뚝을 세운 후 검측은 직교하는 2방향으로 한다.
- 말뚝의 연직도나 경사도는 1/100 이내로 한다.

8-4

바이브로 콤포저 공법 : 사질지반 개량공법으로, 지반에 특수파이프를 넣어 모래를 투입하고 모래를 진동하여 다짐으로써 샌드 파일을 형성

8-5

MIP Pile(Mixed-In-Place Pile) : 말뚝을 만들려고 하는 장소의 흙을 그대로 이용해서 일종의 소일콘크리트 파일을 만드는 공법
CIP Pile(Cast-In-Place Pile) : 스크루 오거 머신(Screw Auger Machine)으로 땅속에 구멍을 뚫고 철근을 조립한 후 모르타르 주입용 파이프를 밑창까지 꽂은 다음 구멍에 자갈을 다져 넣고 파이프를 통하여 모르타르를 주입하여 콘크리트 기둥을 만든 공법
PIP Pile(Packed-In-Place Pile) : 스크루 오거를 회전시키면서 땅속에 밀어 넣어 오거를 뽑아 올리면서 오거의 중심관 선단으로부터 모르타르나 잔자갈 콘크리트를 주입하여 말뚝을 형성하는 공법

정답 8-3 ③ 8-4 ④ 8-5 ④

(7) 강재말뚝

① 강재말뚝의 특징
  ㉠ 지지층에 깊이 관입할 수 있어서 지지력이 크다.
  ㉡ 중량이 가볍고, 단면적을 작게 할 수 있다.
  ㉢ 휨저항이 크고, 수평력, 충격 등에 대한 저항성이 크다.
  ㉣ 이음이 강하며 길이 조절이 용이하다.
  ㉤ 경질층에 타입 및 인발이 용이하다.

② 강재말뚝의 부식 방지법
  ㉠ 판두께 증가(단면 증가) : 소요 단면보다 두꺼운 부재를 사용하는 방법으로 공사비가 많이 든다.
  ㉡ 도장에 의한 도포법(에폭시 등 도료 피복) : 부식을 방지하기 위해서 표면을 부식 방지 도장을 한다.
  ㉢ 콘크리트 피복법 : 부식이 심한 지표면 부근이나 건습이 되풀이되는 부분을 모르타르로 피복한다.
  ㉣ 전기도금법(내부식성 금속을 방식도금) : 전기적으로 처리하여 부식을 감소시키며, 이 경우에 부식량을 1/10 이하로 감소시킬 수 있다.

(8) 깊은 기초

① 우물통식 기초(Well Foundation)
  ㉠ 철근콘크리트조 우물통 기초 : 지름 1~1.5m 우물통을 지상에서 만들고 속을 파내어 침하시키는 방법
  ㉡ 강판제 우물통 기초 : 지름 1~2m의 강판 우물통을 만들고 그 안을 파서 콘크리트를 채워 기초를 구축

② 잠함기초(Caisson Foundation)
  ㉠ 개방잠함(Open Caisson) : 지하구조를 지상에서 구축하여 그 밑을 파내어 구조체를 침하시키는 공법
  ㉡ 용기잠함(Pneumatic Caisson) : 용수량이 많고 깊은 기초를 구축할 때 쓰이는 공법으로, 압축 공기의 압력을 이용하는 공법

10년간 자주 출제된 문제

8-6. 강제말뚝의 부식에 대한 대책과 가장 거리가 먼 것은?
① 부식을 고려하여 두께를 두껍게 한다.
② 에폭시 등의 도막을 설치한다.
③ 부마찰력에 대한 대책을 수립한다.
④ 콘크리트로 피복한다.

8-7. 건축물의 지정공사에 사용하는 말뚝의 이음방법이 아닌 것은?
① 충진식 이음
② 볼트식 이음
③ 맞댄 이음
④ 용접식 이음

|해설|

8-6
부마찰력은 말뚝의 지지력에 관계된다.
부마찰력 : 연약점토층이나 성토, 매립층에 시공한 말뚝은 말뚝 주변의 지반이 말뚝보다 많이 침하하면서 말뚝 주면에 발생하는 전단응력은 하향으로 작용하며 이를 부(-)마찰력이라 한다. 이러한 경우 말뚝지지력 감소, 지반침하, 구조물 균열 등이 우려되며 부마찰력에 대한 대책을 수립해야 한다.

8-7
기성 콘크리트말뚝은 일반적으로 15m 이하의 말뚝을 많이 사용하기 때문에 15m 이상의 말뚝을 필요로 할 때에는 말뚝을 이음해서 사용한다. 이음공법 종류에는 장부식 이음(Band 이음), 충전식 이음, Bolt식 이음, 용접식 이음 등이 있다.

정답 8-6 ③ 8-7 ③

제4절 철근콘크리트 공사

핵심이론 01 | 철근 공사

(1) 재료

① 띠철근의 역할 : 콘크리트의 가로방향 변형 방지, 주철근의 위치를 확보하고, 압축응력을 증가시키며, 기둥의 좌굴방지

② 온도조절 철근(Temperature Bar) : 온도 변화에 따른 콘크리트의 수축으로 생긴 균열을 최소화하기 위한 철근

(2) 철근의 이음 및 정착위치

이음 위치	• 응력이 큰 곳은 피하고 엇갈려 잇게 한다. • 한 곳에서 철근수의 반 이상을 이어서는 안 된다. • D35를 초과하는 철근은 겹침 이음을 할 수 없다. • 주근 이음은 인장력이 가장 작은 곳에서 한다.
정착 위치	• 기둥 주근 : 기초에 정착 • 보 주근 : 기둥에 정착 • 작은 보 주근 : 큰 보에 정착 • 벽철근 : 기둥, 보, 바닥에 정착 • 바닥철근 : 보, 벽체에 정착 • 지중보의 주근 : 기초 또는 기둥에 정착

(3) 철근 이음의 종류

겹침 이음	#18~20 철선으로 결속하여 이음
용접 이음	철근을 서로 겹쳐대어 아크(Arc), 전기로 용접
가스압접 이음	철근을 가열 및 가압하여 연결하는 용접 이음
기계적 이음	연결재(Sleeve, 나사 등)를 이용한 철근의 이음

10년간 자주 출제된 문제

1-1. 철근이음방법 중 철근을 가열하면서 압력을 가하는 방식으로 모재와 동등한 기계적 강도를 가지며 조직의 성분 변화가 적고 접합강도가 큰 것은?
① 겹침 이음
② 가스 압접
③ 나사식 이음
④ Cad Welding

1-2. 철근의 가공·조립에 관한 설명으로 옳지 않은 것은?
① 철근배근도에 철근의 구부리는 내면 반지름의 표시가 되어 있지 않은 때에는 건축구조기준에 규정된 구부림의 최소 내면 반지름 이하로 철근을 구부려야 한다.
② 철근은 상온에서 가공하는 것을 원칙으로 한다.
③ 철근 조립이 끝난 후 철근배근도에 맞게 조립되어 있는지 검사하여야 한다.
④ 철근의 조립은 녹, 기름 등을 제거한 후 실시한다.

1-3. 다음 중 철근의 이음방법이 아닌 것은?
① 빗 이음
② 겹침 이음
③ 기계적 이음
④ 용접 이음

|해설|

1-1
가스 압접은 가열하면서 30MPa의 압력을 가하여 접합한다.

1-2
구부림의 최소 내면 반지름 이상으로 철근을 구부려야 한다. 최소 내면 반지름 이하로 구부리면 꺾임이 심하여 철근이 끊어질 수 있다.

1-3
빗이음은 목재의 이음방법이다.

정답 1-1 ② 1-2 ① 1-3 ①

핵심이론 02 | 거푸집 공사

(1) 거푸집의 측압 영향요인

측압영향요소	측압에 미치는 영향
슬럼프	슬럼프(묽기)가 클수록 측압은 크다.
타설 속도	타설 속도가 빠를수록 측압은 크다.
다짐	다짐이 과다할수록 측압은 크다.
배합	부배합(富配合)일수록 측압은 크다.
철골, 철근량	철골, 철근량이 적을수록 측압은 크다.
벽두께	벽두께가 두꺼울수록 측압은 크다.
온도	온도가 낮을수록 측압은 크다.
습도	대기 중 습도가 높을수록 측압은 크다.
거푸집의 강성	강성이 클수록 측압은 크다.

(2) 거푸집 구성재료

거푸집 널	목재, 합판, 패널(Panel) 등을 사용
띠장(장선)	거푸집을 지지, 콘크리트 측압을 멍에에 전달
멍에(장선받이)	장선, 띠장 하중을 긴결재 또는 받침기둥에 전달
동바리 (支柱, Support)	멍에, 장선받이 등을 받아 그 하중을 지반 또는 바닥판에 전달하는 받침 기둥
잭서포트 (Jack Support)	건축물 상판 구조물에 과다한 하중 및 진동으로 인한 균열, 붕괴의 위험을 방지하기 위해 보 및 슬래브의 적정 지점에 세워 구조물에 가해지는 과다한 하중을 분산하기 위한 동바리

(3) 거푸집 부속자재 및 기구

① Form Tie(긴결재) : 거푸집 간격을 유지하는 긴장재로서 거푸집이 밖으로 벌어짐을 방지한다.
② Separator(격리재) : 거푸집 상호 간의 간격을 유지(좁혀짐 방지)하며, 철제와 파이프제, 모르타르제 등이 있다.
③ Spacer(간격재) : 철근 피복두께를 유지하기 위한 간격재(굄재)로서 벽, 바닥 철근이 거푸집에 밀착하는 것을 방지한다.
④ Form Oil(박리제) : 거푸집 박리를 용이하게 하는 약제로서 거푸집의 탈형과 청소를 용이하게 하기 위해 거푸집 표면에 바름

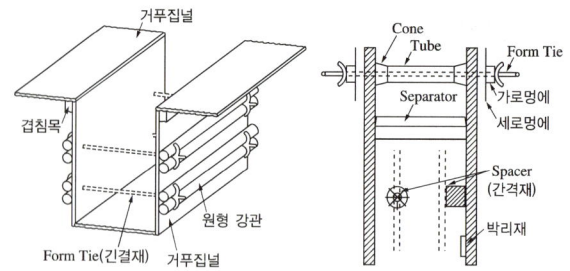

(4) 거푸집 고려 하중

① 수평거푸집 설계 시 고려 하중(보, 바닥판 밑면) : 굳지 않은 콘크리트 중량, 충격하중, 작업하중
② 수직거푸집 설계 시 고려 하중(기둥, 벽, 보 옆) : 굳지 않은 콘크리트 중량, 굳지 않은 콘크리트 측압

10년간 자주 출제된 문제

2-1. 거푸집 측압에 관한 설명으로 옳지 않은 것은?
① 콘크리트의 슬럼프가 클수록 측압은 크다.
② 기온이 높을수록 측압은 작다.
③ 콘크리트가 빈배합일수록 측압은 크다.
④ 콘크리트의 타설높이가 높을수록 측압은 크다.

2-2. 콘크리트 측압에 영향을 주는 요인에 관한 설명으로 틀린 것은?
① 콘크리트 타설 속도가 빠를수록 측압이 크다.
② 묽은 콘크리트일수록 측압이 크다.
③ 철골 또는 철근량이 많을수록 측압이 크다.
④ 진동기를 사용하여 다질수록 측압이 크다.

|해설|
2-1
콘크리트나 모르타르를 만들 때 시멘트를 표준량보다 적게 넣은 배합으로서, 빈배합일수록 거푸집 측압은 작아진다.

2-2
철골 또는 철근량이 적을수록 측압은 크다.

정답 2-1 ③ 2-2 ③

(5) 거푸집 공법

① 슬라이딩 폼(Sliding Form) : 콘크리트를 부어 넣으면서 거푸집을 연속적으로 끌어올리거나 밀어서 사용하며, Silo 또는 굴뚝 등과 같이 단면 형상의 변화가 없는 구조물에 사용(공기 단축, 경비 절감, 일체성 확보)

② 슬립 폼(Slip Form) : 콘크리트를 부어 넣으면서 거푸집을 연속적으로 끌어올려 사용하는 거푸집이며, 단면 형상의 변화가 있는 구조물에 사용(전망탑, 급수탑 등)

③ 갱 폼(Gang Form, 대형 패널공법) : 사용할 때마다 작은 부재의 조립, 분해를 반복하지 않고 대형화, 단순화하여 한 번에 설치하고 해체하는 벽체용 거푸집으로 거푸집널과 강지보공으로 이루어져 있다(옹벽, 피어 등에 사용).

④ 클라이밍 폼(Climbing Form) : 벽체용 거푸집으로써 거푸집과 벽체 마감공사를 위한 비계틀을 일체로 조립하여 한꺼번에 인양시켜 설치하는 공법으로 비계 설치가 필요 없으며, 고소작업 시 안전성이 높다.

⑤ 플라잉 폼(Flying Form, Table Form) : 바닥전용 거푸집으로 거푸집판, 장선, 멍에, 서포트 등을 일체로 제작하여 부재화한 거푸집으로 대형 양중 장비가 필요하다.

⑥ 와플 폼(Waffle Form) : 무량판 구조에서 2방향 장선(격자보) 바닥판 구조가 가능한 특수 상자모양의 기성재 거푸집

⑦ 무량판(無梁板) 구조 : RC구조 방식에서 보를 사용하지 않고 바닥 슬래브를 직접 기둥에 지지시키는 구조

⑧ 데크 플레이트(Deck Plate) : 아연도금 철판을 절곡하여 제작한 바닥(Slab) 콘크리트 타설을 위한 슬래브 하부 거푸집판
  ㉠ 철판을 절곡하여 제작하며 별도 해체작업이 필요 없다.
  ㉡ 안전성 강화, 동바리 수량 감소로 원가절감이 가능하다.

⑨ 터널 폼(Tunnel Form) : 벽과 바닥의 콘크리트 타설을 일체화하기 위한 ㄱ자 또는 ㄷ자형의 기성재 거푸집으로 아파트, 호텔 객실 등 동일한 형태의 구조체에 적합

⑩ 트래블링 폼(Travelling Form) : 거푸집 전체를 다음 장소로 이동하여 사용하는 대형의 이동 거푸집으로 아치, 돔, 셸 등의 연속구조에 사용

⑪ 무지주 공법(Non Support Form) : 천장이 높을 때 받침기둥(Support) 없이 보에 수평 지지보를 걸어서 거푸집을 지지하는 공법
  ㉠ 보우 빔(Bow Beam) : 길이 조절이 불가능한 무지주 공법 수평 지지보
  ㉡ 페코 빔(Pecco Beam) : 길이 조절이 가능한 무지주 공법 수평 지지보

10년간 자주 출제된 문제

2-3. 슬라이딩 폼(Sliding Form)의 특징에 관한 설명으로 옳지 않은 것은?
① 공기를 단축할 수 있다.
② 내·외부 비계발판이 일체형이다.
③ 콘크리트의 일체성을 확보하기 어렵다.
④ 사일로(Silo) 공사에 많이 이용된다.

2-4. 거푸집 공사에서 사용할 때마다 작은 부재의 조립, 분해를 반복하지 않고 대형화·단순화하여 한 번에 설치하고 해체하는 벽체용 거푸집의 명칭은?
① 슬라이딩 폼(Sliding Form)
② 갱 폼(Gang Form)
③ 플라잉 폼(Flying Form)
④ 유로 폼(Euro Form)

2-5. 클라이밍 폼의 특징에 대한 설명으로 옳지 않은 것은?
① 고소작업 시 안전성이 높다.
② 거푸집 해체 시 콘크리트에 미치는 충격이 적다.
③ 초기 투자비가 적은 편이다.
④ 비계설치가 불필요하다.

|해설|
2-3
콘크리트의 일체성을 확보하기 쉽다.

2-4
갱 폼(Gang Form, 대형 패널공법)
- 사용할 때마다 작은 부재의 조립, 분해를 반복하지 않고 대형화·단순화하여 한 번에 설치하고 해체하는 거푸집
- 거푸집널과 강지보공으로 이루어져 옹벽, 피어 등에 사용
- 초기 투자비가 과다하며, 대형 양중 장비 필요
- 거푸집 조립시간, 기능공 교육 및 수달기간 필요

2-5
대형 패널과 장선, 띠장이 결합된 폼은 갱 폼이며, 여기에 작업대가 추가되면 클라이밍 폼이 된다.
클라이밍 폼 : 벽체용 거푸집으로 거푸집과 벽체 마감공사를 위한 비계틀을 일체로 조립하여 한꺼번에 인양하여 설치하는 거푸집으로 초기 투자비가 비싸다.

정답 2-3 ③ 2-4 ② 2-5 ③

핵심이론 03 | 철근콘크리트 공사

(1) 시멘트 성질

① 시멘트의 주요 화합물
  ㉠ 종 류
   - 규산 2석회(28일 이후 장기강도에 관여)
   - 규산 3석회
   - 알루민산 3석회
   - 알루민산철 4석회
  ㉡ 수화작용이 빠른 순서(발열량의 크기)
   알루민산 3석회(C_3A) > 규산 3석회(C_3S) > 알루민산철 4석회(C_4AF) > 규산 2석회(C_2S)

② 시멘트의 시험

분 류	분류별 시험 종류
비중 시험	르샤틀리에 비중병
분말도 시험	체가름 방법, 비표면적 시험(마노미터, 브레인장치)
안정성 시험	오토 클레이브(Auto Clave) 팽창도 시험
강도 시험	표준모래를 사용하여 휨 시험, 압축강도 시험
응결 시험	길모어 바늘, 비카 바늘에 의한 이상응결 시험

③ 시멘트의 성질
  ㉠ 응결 : 수량, 온도, 분말도, 화학성분, 풍화, 습도 등에 따라 다르다.
  ㉡ 헛응결(False Set) : 가수 후 발열하지 않고 10~20분 후에 굳어졌다가 다시 묽어지며 이후 순조롭게 경화되는 현상으로 이중 응결이라고 한다.
  ㉢ 시멘트의 풍화 : 시멘트가 대기 중에서 수분을 흡수하여 수화작용으로 수산화칼슘이 생기고 공기 중의 이산화탄소를 흡수하여 탄산칼슘 또는 탄산석회를 생기게 하는 작용

④ 시멘트의 분말도와 응결

　㉠ 분말도가 큰 경우의 영향
- 수화작용이 빠르다.
- 발열량이 커지고 초기 강도 크다.
- 시공연도가 좋고 수밀한 콘크리트 가능
- 균열발생이 크고 풍화가 쉽다.
- 장기강도는 저하된다.

　㉡ 응결시간이 빠른 경우의 조건
- 분말도가 클수록
- 온도가 높고, 습도가 낮을수록
- 알루민산 3석회(C_3A) 성분이 많을수록
- 물시멘트비가 적을수록
- 풍화가 적게 될수록

10년간 자주 출제된 문제

3-1. 시멘트 광물질의 조성 중에서 발열량이 높고 응결시간이 가장 빠른 것은?

① 알루민산 3석회　② 규산 3석회
③ 규산 2석회　　　④ 알루민산철 4석회

3-2. 시멘트 분말도 시험방법이 아닌 것은?

① 플로 시험법　② 체분석법
③ 브레인법　　④ 피크노미터법

|해설|

3-1
알루민산 3석회(알루미네이트)는 발열량이 높고 응결시간이 가장 빠르다.
시멘트 광물질의 수화작용 순서(발열량이 크다)
알루민산 3석회 > 규산 3석회 > 알루민산철 4석회 > 규산 2석회

3-2
플로(Flow) 시험은 유동성 시험으로서 비빔콘크리트 또는 모르타르의 반죽질기를 측정한다.
시멘트 분말도 시험
- 체분석법(체가중법)
- 브레인법(브레인 공기투과장치)
- 피크노미터법

정답 3-1 ①　3-2 ①

(2) 시멘트 종류

① 포틀랜드 시멘트(Portland Cement)의 종류

종 류	시멘트의 특성
보 통	• 비중 : 3.05 이상(보통 3.15 이상) • 단위용적 중량 : 1,500kg/m³
중용열	• 규산 2석회를 크게 한 시멘트로서 초기 강도의 발현은 늦으나 장기강도에는 유리하다. • 발열량 낮아 건조수축, 균열 발생이 적다. • 알칼리 골재반응 억제를 위해 플라이 애시 사용 • 장기강도가 커서 매스콘크리트, 댐공사, 차폐용 콘크리트에 사용된다.
조 강	• 보통의 28일 강도를 7일 만에 발현시킨다. • 조기 강도가 크며, 수화발열량도 크다. • 저온에서 강도의 저하율이 낮다. • 긴급공사, 한중공사, 수중공사에 사용된다.
저 열	수화발열이 적어 대형구조물 공사에 적합
내황산염	지하수에서 침투되는 황산염 저항성이 강함

② 혼합 시멘트의 종류

종 류	시멘트의 특성
고 로	• 보통 포틀랜드 시멘트 클링커(30%)와 광재(클링커의 30~50%)에 적당한 석고를 넣은 것 • 건조수축이 발생한다. • 해안공사, 큰 구조물공사
플라이 애시	• 플라이 애시(Fly Ash)의 혼합량은 포틀랜드 시멘트의 15~40% 정도 • 수화열이 적고, 장기강도가 커진다. • 워커빌리티 좋고 수밀성이 크며 단위수량이 감소 • 하천공사, 해안공사, 해수공사 등
포졸란	• 포졸란(화산재, 규조토, 규산백토 등의 실리카질 혼화재) 생석회가 혼합된 콘크리트 • 고로 시멘트와 특성이 유사하다.

③ 특수 시멘트의 종류

종 류	시멘트의 특성
알루미나	• 조기강도가 크고 수화열이 높다. • 화학작용에 대한 저항이 크다. • 수축이 적고 내화성이 크다.
팽 창	칼슘 클링커(보크사이트, 백악, 석고를 혼합 소성한 것)에 광재 및 포틀랜드 클링커의 혼합물을 넣어 만든 것
백 색	특성은 보통 시멘트와 같으나 성분 중에 산화철(Fe_2O_3)이 거의 포함되어 있지 않은 백색 점토와 석회석을 원료로 사용한다.

④ 조기강도가 빠른 순서

알루미나 시멘트 > 조강 포틀랜드 시멘트 > 보통 포틀랜드 시멘트 > 고로 시멘트 > 실리카 시멘트 > 중용열 포틀랜드 시멘트

10년간 자주 출제된 문제

3-3. 콘크리트 재료 중 시멘트의 설명으로 옳지 않은 것은?
① 중용열 포틀랜드 시멘트는 수화작용에 따르는 발열이 적기 때문에 매스콘크리트에 적당하다.
② 조강 포틀랜드 시멘트는 조기강도가 크기 때문에 한중콘크리트공사에 주로 쓰인다.
③ 알칼리 골재반응을 억제하기 위한 방법으로써 내황산염 포틀랜드 시멘트를 사용한다.
④ 조강 포틀랜드 시멘트를 사용한 콘크리트의 7일 강도는 보통 포틀랜드 시멘트를 사용한 콘크리트의 28일 강도와 거의 비슷하다.

3-4. 다음 시멘트 중 시멘트 분말의 비표면적이 가장 큰 것은?
① 보통 포틀랜드 시멘트 ② 중용열 포틀랜드 시멘트
③ 조강 포틀랜드 시멘트 ④ 백색 포틀랜드 시멘트

3-5. 보통 포틀랜드 시멘트 경화체의 성질에 관한 설명으로 옳지 않은 것은?
① 응결과 경화는 수화반응에 의해 진행된다.
② 경화체의 모세관수가 소실되면 모세관 장력이 작용하여 건조수축을 일으킨다.
③ 모세관 공극은 물시멘트비가 커지면 감소한다.
④ 모세관 공극에 있는 수분은 동결하면 팽창되고 이에 의해 내부압이 발생하여 경화체의 파괴를 초래한다.

|해설|

3-3
내황산염 포틀랜드 시멘트와 알칼리 골재반응은 관계없다.

3-4
단위 부피당 표면적을 말하는 비표면적이 크면, 수화반응이 빠르고, 수화열이 많이 나며, 조기에 강도를 확보할 수 있다. 따라서 조강 포틀랜드 시멘트의 비표면적이 가장 크다.

3-5
모세관 공극은 물시멘트비가 커지면 증가한다.

정답 3-3 ③ 3-4 ③ 3-5 ③

(3) 골 재

① 골재의 품질 요구사항
  ㉠ 청정, 견고, 내구성, 내화성
  ㉡ 구형으로 표면이 거친 것이 좋음(마찰력)
  ㉢ 유기 불순물을 포함하지 않을 것
  ㉣ 입도가 적당할 것(세·조립이 적당히 혼합된 것)
  ㉤ 물리적·화학적으로 안정할 것
  ㉥ 경화한 시멘트풀 강도 이상이어야 함

② 방청상 유효한 조치(철근부식 방지법)
  ㉠ 물시멘트비가 적은 밀실한 콘크리트를 사용
  ㉡ 방청제를 사용하거나 염소이온을 적게 한다.
  ㉢ 콘크리트 표면에 수밀성이 높은 마감(라이닝)을 실시
  ㉣ 피복두께를 충분히 확보
  ㉤ 방청철근(에폭시수지 도장, 아연도금)을 사용

③ 골재의 함수상태
  ㉠ 함수량 : 습윤상태의 골재가 함유하는 전 수량
  ㉡ 흡수량 : 표면건조 내부포수상태의 골재 중에 포함되는 물의 양
  ㉢ 표면수량 : 함수량과 흡수량과의 차
  ㉣ 유효흡수량 : 흡수량과 기건상태의 골재 내에 함유된 수량과의 차

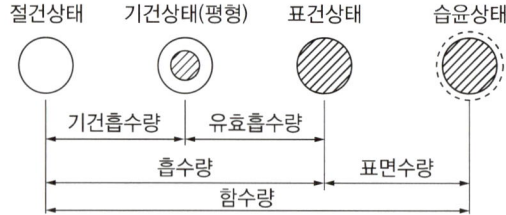

(4) 콘크리트 중의 공기량의 변화

① 일반적으로 슬럼프가 커지면 공기량은 증가하지만, 슬럼프(Slump)가 약 17~18cm 이상이고 묽은 비빔일 경우 공기량은 감소한다.
② 공기량 1% 증가 시에 슬럼프치는 2cm 증가하고, 압축강도는 4~6% 감소한다.
③ 잔골재가 많을 시 공기량은 증가한다.
④ 비빔시간이 오래되면 공기량이 감소한다.
⑤ AE제를 많이 넣을수록 연행 공기량이 증가한다.
⑥ 온도가 높으면 감소하고, 온도가 낮으면 증가한다.

10년간 자주 출제된 문제

3-6. 철근콘크리트용 골재의 성질에 관한 설명으로 옳지 않은 것은?
① 골재의 단위용적질량은 입도가 클수록 크다.
② 골재의 공극률은 입도가 클수록 크다.
③ 계량방법과 함수율에 의한 중량의 변화는 입경이 작을수록 크다.
④ 완전침수 또는 완전건조 상태의 모래에 있어서 계량 방법에 의한 용적의 변화는 거의 없다.

3-7. 골재의 함수상태에 관한 설명으로 옳지 않은 것은?
① 흡수량 : 표면건조 내부포화상태-절건상태
② 유효흡수량 : 표면건조 내부포화상태-기건상태
③ 표면수량 : 습윤상태-기건상태
④ 함수량 : 습윤상태-절건상태

3-8. 콘크리트 중 공기량의 변화에 관한 설명으로 옳은 것은?
① AE제의 혼입량이 증가하면 연행공기량도 증가한다.
② 시멘트 분말도 및 단위시멘트량이 증가하면 공기량은 증가한다.
③ 잔골재 중의 0.15~0.3mm의 골재가 많으면 공기량은 감소한다.
④ 슬럼프가 커지면 공기량은 감소한다.

|해설|
3-6
골재의 공극률은 입도가 클수록 작다. 즉, 입도가 양호(굵기가 다양하고 공극이 작아짐)하면 골재의 공극이 작아지면서 콘크리트의 강도는 증가한다.

3-7
표면수량 : 습윤상태-표건(표면건조 내부포화)상태
표면수량은 함수량과 흡수량의 차이를 말한다.

3-8
② 시멘트 분말도 및 단위시멘트량이 증가하면 공기량은 감소한다.
③ 잔골재가 많으면 미세한 공극이 많아져서 공기량은 증가한다.
④ 슬럼프가 커지면 공기량은 증가한다.

정답 3-6 ② 3-7 ③ 3-8 ①

(5) 혼화재료 – 혼화제(混和劑)

① 콘크리트 성질 개선을 위해 비교적 소량 사용(시멘트 중량의 1% 미만)하며, 배합설계 시 혼화제 부피는 무시
② 포틀랜드 시멘트, 배합수, 골재 이외의 콘크리트 구성재료로, 콘크리트에 특정한 성능을 부여하는 첨가제
③ 혼화제 종류
  ㉠ 표면활성제(AE제, 감수제, AE감수제) : 표면활성 작용에 의해 콘크리트 속에 미세한 기포를 발생시키거나 시멘트 입자를 분산시켜 시공연도를 좋게 한다.
  - AE제(Air-Entraining Agent) : 미세한 기포를 발생시켜 단위수량을 감소시키면서 시공연도를 향상
  - 감수제(분산제) : 시멘트 입자를 분산시켜 적은 수량으로 시공연도를 향상(추가 물을 넣지 않기 위해)
  - AE감수제 : AE(Air-Entraining Agent)제의 성능과 더불어 감수효과를 증대시킨 혼화제
  ㉡ 고성능 감수제 : 감수제의 성능을 향상시켜 단위수량을 대폭 감소시키는 혼화제
  ㉢ 유동화제(流動化濟) : 단위수량이 적은 콘크리트의 유동성을 일시적으로 증대시키는 혼화제
  ㉣ 응결경화 촉진제 : 시멘트와 물의 화학반응을 촉진시켜 조기강도를 증대(급결제, 급경제(急硬濟))
  ㉤ 응결 지연제 : 시멘트와 물과의 화학반응을 늦어지게 하는 것으로 응결을 지연

10년간 자주 출제된 문제

3-9. AE제 및 AE공기량에 관한 설명으로 옳지 않은 것은?
① AE제를 사용하면 동결융해 저항성이 커진다.
② AE제를 사용하면 골재분리가 억제되고, 블리딩이 감소한다.
③ 공기량이 많아질수록 슬럼프가 증대된다.
④ 콘크리트의 온도가 낮으면 공기량은 적어지고 콘크리트의 온도가 높으면 공기량은 증가한다.

|해설|

3-9
콘크리트의 혼합온도가 낮으면 공기량은 증가하고, 콘크리트의 혼합온도가 높으면 공기량은 감소한다.

정답 3-9 ④

(6) 혼화재료 – 혼화재(混和材)

① 콘크리트의 물성을 개선하기 위하여 비교적 다량 사용(시멘트 중량의 5% 이상)하는 것으로 배합설계 시 혼화재의 부피를 계산에 포함한다.

② 고로슬래그, 플라이 애시, 실리카 품, 착색재, 팽창재

③ 혼화재 종류

㉠ 포졸란(Pozzolan) : 콘크리트의 수산화칼슘과 화합하여 불용성 화합물을 만드는 실리카질(SiO_2) 재료
  - 천연 재료 : 화산재, 규조토, 규산백토
  - 인공 재료 : 고로슬래그, 소성점토, 플라이 애시

㉡ 실리카 품(Silica Fume) : 전기로에서 규소철을 생산하는 과정 중 부산물로 생성되는 미세한 입자로서, 고강도 콘크리트 제조에 사용되는 포졸란계 혼화재

㉢ 팽창재 : 경화과정에서 팽창을 일으킴으로써 건조, 수축, 균열을 방지

㉣ 착색재
  - 빨강 : 제2산화철
  - 노랑 : 크롬산바륨
  - 파랑 : 군청
  - 초록 : 산화크롬
  - 갈색 : 이산화망간
  - 검정 : 카본 블랙

[혼화재료 비교]

구 분	AE제	포졸란	플라이 애시
특 징	• 단위수량 감소 • 연행공기량 증가 • 동결융해 저항성 증대 • 알칼리 골재반응 억제	• 해수 등의 화학적 저항성 증대 • 건조수축 증대	• 해수 등의 화학적 저항성 증대 • 알칼리 골재반응 억제
공 통	• 수밀성 향상 • 수화발열량 감소 • 장기강도(내구성) 증대		

(7) 콘크리트 배합 설계 시 고려할 사항

① 콘크리트의 배합설계 순서

설계기준강도(소요강도) 결정 → 배합강도 결정 → 시멘트강도 결정 → 물시멘트비 결정 → 슬럼프값 결정 → 골재입도 결정 → 배합의 결정 → 보정 → 재료계량 → 배합의 변경

② 콘크리트 배합설계 시 고려사항

㉠ 반죽질기 조정 : 단위수량, 시멘트량을 고려

㉡ 점도 및 재료분리 조정 : 잔골재율, 단위 굵은 골재량

㉢ 강도 : 물시멘트비를 고려

㉣ 내구성 : AE제의 양 조절을 고려

③ 배합 결정요소 : 시멘트 강도, 물시멘트비, 슬럼프값, 골재크기 및 잔골재율, 소요 공기량

④ 배합설계 시 고려사항

㉠ 계획배합은 원칙적으로 시험비빔에 의하여 정한다.

㉡ 구조체 콘크리트의 강도관리 재령은 91일 이내로 하고, 공사시방서에 따른다. 공사시방서에 정한 바가 없을 때에는 28일로 한다.

10년간 자주 출제된 문제

3-10. 콘크리트에 사용하는 혼화재 중 플라이 애시(Fly Ash)에 관한 설명으로 옳지 않은 것은?
① 화력발전소에서 발생하는 석탄회를 집진기로 포집한 것이다.
② 시멘트와 골재 접촉면의 마찰저항을 증가시킨다.
③ 건조수축 및 알칼리 골재반응 억제에 효과적이다.
④ 단위수량과 수화열에 의한 발열량을 감소시킨다.

3-11. 콘크리트에 사용되는 혼화재 중 플라이 애시의 사용에 따른 이점으로 볼 수 없는 것은?
① 유동성의 개선
② 초기 강도의 증진
③ 수화열의 감소
④ 수밀성의 향상

3-12. 콘크리트 배합에 직접적인 영향을 주는 요소가 아닌 것은?
① 시멘트 강도
② 물시멘트비
③ 철근의 품질
④ 골재의 입도

3-13. 콘크리트 배합 시 시공연도와 가장 거리가 먼 것은?
① 시멘트 강도
② 골재의 입도
③ 혼화제
④ 혼합시간

|해설|
3-10
시멘트와 골재 접촉면의 마찰저항을 감소시킨다.
3-11
장기강도가 증진한다.
3-12
철근의 품질은 콘크리트 배합에 직접적인 영향을 주지 않음
3-13
시멘트 강도는 시공연도와는 거리가 멀지만, 배합강도에 영향을 준다.

정답 3-10 ② 3-11 ② 3-12 ③ 3-13 ①

(8) 콘크리트 배합설계 방법

① **물시멘트비(W/C)** : 모르타르 또는 콘크리트에 포함된 시멘트풀 속의 시멘트에 대한 물의 중량 백분율

② **배합강도**
㉠ 현장의 품질을 고려하여 콘크리트의 배합강도를 설계기준 압축강도보다 충분히 크게 정하여야 한다.
㉡ 설계기준 압축강도가 35MPa 이하 또는 초과의 경우로 구분하여 구한다.

③ **슬럼프(Slump)값**
㉠ 밑지름 20cm, 윗지름 10cm, 높이 30cm 의 몰드에 콘크리트를 3회에 나누어 넣고 각각 25회 다진 다음 몰드를 들어 올렸을 때 가라앉은 높이

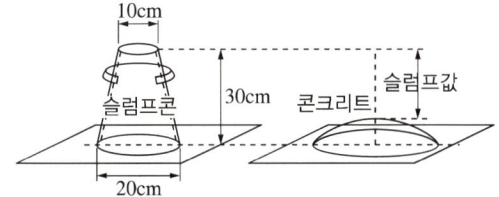

㉡ 콘크리트 시공연도의 양부 측정
㉢ 타설 장소별 공사시방서에 따른다.
㉣ 슬럼프는 운반, 타설, 다지기 등의 작업에 알맞은 범위 내에서 될 수 있는 한 작은 값으로 정한다.

④ **잔골재율** : 소요 워커빌리티를 얻을 수 있는 범위 내에서 단위수량이 최소가 되도록 시험에 의해 정하여야 한다.

⑤ **부순 골재**
㉠ 굵은 골재의 크기는 강자갈보다 조금 작은 편이 좋다.
㉡ 잔골재는 특히 미립분이 부족하지 않도록 주의한다.
㉢ 모래는 강자갈 콘크리트의 경우보다 많이 사용한다.
㉣ 가능하면 AE제를 사용한다.

⑥ 공기량이 증가하는 경우
  ㉠ AE제를 넣을수록
  ㉡ 온도가 낮을수록
  ㉢ 시멘트 분말도가 작을수록
  ㉣ 기계비빔(손비빔보다 공기량이 증가)
  ㉤ 비빔시간 3~5분까지는 증가하지만 그 이후는 감소
  ㉥ 굵은 골재의 최대 치수가 작을수록
  ㉦ 잔골재율이 클수록(0.6mm 이하에서)
  ㉧ 빈배합일수록
  ㉨ 슬럼프가 클수록
  ㉩ 진동을 주지 않을수록

10년간 자주 출제된 문제

3-14. 콘크리트의 배합에 관한 설명으로 옳지 않은 것은?
① 일반적으로 굵은 골재의 최대 치수가 클수록 잔골재율을 작게 할 수 있다.
② 잔골재율은 소요 워커빌리티가 얻어지는 범위 내에서 단위수량이 가능한 한 작게 되도록 시험비빔에 의해 결정한다.
③ 단위수량이 동일하면 골재량이나 시멘트량의 근소한 변화는 슬럼프에 그다지 영향을 주지 않는다.
④ 강도 및 슬럼프가 동일하면 실적률이 큰 굵은 골재를 사용할수록 단위 수량이 많아진다.

3-15. 부순 골재를 사용하는 콘크리트의 배합설계에 관한 설명으로 옳지 않은 것은?
① 굵은 골재의 크기는 강자갈보다 조금 작은 편이 좋다.
② 잔골재는 특히 미립분이 부족하지 않도록 주의한다.
③ 모래는 강자갈 콘크리트의 경우보다 적게 사용한다.
④ 될 수 있는 한 AE제를 사용한다.

3-16. 콘크리트의 계획배합의 표시 항목과 가장 거리가 먼 것은?
① 배합강도 ② 공기량
③ 염화물량 ④ 단위수량

|해설|

3-14
콘크리트 배합에서 강도와 슬럼프가 동일하면 실적률이 큰 굵은 골재를 사용할수록 단위수량이 적어진다.

3-15
• 모래는 강자갈 콘크리트의 경우보다 많이 사용한다.
• 부순 골재를 사용하는 콘크리트는 공극률이 증가하며, 공극률이 증가하면 잔골재율도 증가하여 부순 골재를 사용할 경우 모래는 강자갈 콘크리트보다 많이 사용한다.

3-16
염화물량 : 콘크리트 1m³ 중에 포함되어 있는 염화물의 양으로서, 콘크리트에 염화물이 있으면 철근이 부식될 가능성이 높다.

정답 3-14 ④ 3-15 ③ 3-16 ③

(9) 콘크리트의 시공

① 부어넣기

　㉠ 타설 시 현장가수(加水)의 문제점
　　• 강도의 저하, 재료의 분리
　　• Bleeding 증가(굳지 않은 모르타르에서 수분이 상승)
　　• 건조수축, 균열 발생

　㉡ VH(Vertical Horizontal) 공법 : 수직 부분(기둥, 벽)에 먼저 콘크리트를 타설하고 수평 부분(보, 슬래브)을 후 타설하는 공법

② 다 짐

　㉠ 종류 : 손다짐, 진동다짐(Vibrating Compaction), 거푸집 두드림, 가압법(加壓法)

　㉡ 진동기 과도 사용 시 문제점 : 재료분리 현상이 나타나고, AE 콘크리트에서는 공기량이 많이 감소된다.

③ 이어치기(콘크리트 이음, Joint)

Cold Joint	콘크리트 작업관계로 경화된 콘크리트에 새로 콘크리트를 타설할 경우 일체화가 저해되어 생기는 줄눈
Construction Joint (시공 줄눈)	시공상 콘크리트를 한 번에 계속하여 부어나가지 못한 곳에 생기는 줄눈
Delay Joint (지연 줄눈)	장스팬 구조물(100m 넘는)에 신축줄눈을 설치하지 않고, 건조수축을 감소시키기 위해 설치하는 줄눈
Expansion Joint (신축 줄눈)	기초 부동침하, 온·습도 변화의 신축팽창을 흡수시키기 위해 설치하는 줄눈
Control Joint (조절 줄눈)	바닥판의 수축에 의한 표면균열 방지를 목적으로 설치하는 줄눈

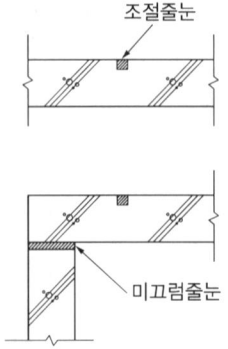
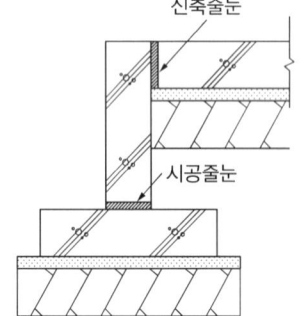

10년간 자주 출제된 문제

3-17. 콘크리트 이어치기에 대한 설명으로 옳지 않은 것은?

① 콘크리트 이어치기는 응력이 집중되는 곳이 좋다.
② 보는 스팬의 중앙부에서 이어친다.
③ 기둥 및 벽은 바닥슬래브 및 기초의 상단에서 이어친다.
④ 캔틸레버 보는 이어치기를 하지 않고 한 번에 타설한다.

3-18. 콘크리트 시공 시 진동다짐의 설명으로 옳지 않은 것은?

① 진동의 효과는 봉의 직경, 진동수 등에 따라 다르다.
② 안정되어 굳기 시작한 콘크리트라도 콘크리트의 표면에 페이스트가 엷게 떠오를 때까지 진동기를 사용하여야 한다.
③ 진동기를 인발할 때에는 진동을 주면서 천천히 뽑아 콘크리트에 구멍을 남기지 말아야 한다.
④ 고강도 콘크리트에서는 고주파 내부 진동기가 효과적이다.

3-19. 콘크리트 이어붓기에 대한 설명으로 옳지 않은 것은?

① 보, 슬래브 이어붓기 위치는 전단력이 작은 스팬의 중앙부에 수직으로 한다.
② 아치이음은 아치축에 직각으로 설치한다.
③ 부득이 전단력이 큰 위치에 이음을 설치할 경우에는 시공이음에 촉 또는 홈을 두거나 적절한 철근을 내어 둔다.
④ 염분 피해 우려가 있는 구조물은 시공이음부를 설치한다.

3-20. 시공 시 휴식시간 등으로 응결이 시작한 콘크리트에 새로운 콘크리트를 이어칠 때 일체화가 저해되어 생기는 줄눈은?

① Construction Joint
② Expansion Joint
③ Cold Joint
④ Control Joint

3-21. 콘크리트 타설 후 부재가 건조수축에 대하여 내·외부의 구속을 받지 않도록 일정 폭을 두어 어느 정도 양생한 후 남겨 둔 부분을 콘크리트로 채워 처리하는 조인트는?

① Construction Joint
② Delay Joint
③ Cold Joint
④ Expansion Joint

| 해설 |

3-17
콘크리트 이어치기는 응력이 집중되는 곳을 피한다.

3-18
안정되어 굳기 시작하면 진동기를 사용하지 않는다.

3-19
염분 피해 우려가 있는 경우 시공 이음부를 금지하고 연속으로 타설한다.

정답 3-17 ① 3-18 ② 3-19 ④ 3-20 ③ 3-21 ②

(10) 콘크리트의 품질관리

① 굳지 않은 콘크리트의 성질

시공연도 (Workability)	묽기 정도 및 재료 분리에 저항하는 정도 등 복합적 의미에서의 시공난이 정도
반죽질기 (Consistency)	단위 수량의 다소에 따르는 혼합물의 묽기 정도(유동성의 정도)
성형성 (Plasticity)	거푸집에 쉽게 넣을 수 있고, 재료가 분리되거나 허물어지지 않는 성질
마감성	굵은 골재 최대 치수, 잔골재율, 골재입도, 반죽질기 등에 따르는 마무리하기 쉬운 정도
펌프 이송성	펌프로 콘크리트가 잘 유동되는지의 정도

② 시공연도(Workability) 측정방법(반죽질기 측정방법)

슬럼프(Slump)시험	콘크리트 시공연도의 양부 측정
흐름(Flow)시험	콘크리트가 흘러 퍼지는 변형 측정
비비(Vee-Bee)시험	된반죽 콘크리트의 반죽질기 측정
리몰딩(Remolding)시험	반복 낙하 횟수로 반죽질기 측정

③ 재료분리(Segregation)

블리딩 (Bleeding)	아직 굳지 않은 시멘트 풀, 모르타르 및 콘크리트에 있어서 물이 윗면에 스며 오르는 현상
레이턴스 (Laitance)	콘크리트를 부어 넣은 후 블리딩 수(水)의 증발에 따라 그 표면에 발생하는 백색의 미세한 물질

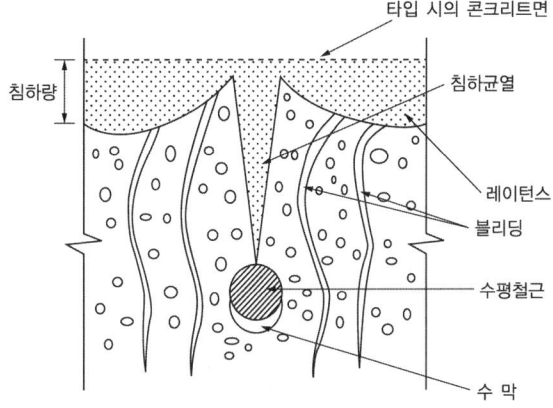

④ 알칼리 골재반응(AAR ; Alkali Aggregate Reaction)
  ㉠ 내구성 저하 : 알칼리 성분과 골재 등의 실리카 광물이 화학반응을 일으켜 팽창, 균열을 유발하는 반응
  ㉡ 방지대책
    • 저알칼리(고로슬래그, 플라이 애시) 시멘트 사용
    • 비반응성 골재 사용
    • 수분의 흡수방지 및 염분의 침투방지
    • 콘크리트에 포함되어 있는 알칼리 총량을 저감

10년간 자주 출제된 문제

3-22. 굳지 않은 콘크리트 중의 전 염소이온량은 얼마 이하로 하여야 하는가?(단, 콘크리트표준시방서 기준)
① $0.10kg/m^3$
② $0.20kg/m^3$
③ $0.30kg/m^3$
④ $0.40kg/m^3$

3-23. 콘크리트의 블리딩에 관한 설명으로 옳지 않은 것은?
① 콘크리트 타설 후 비교적 가벼운 물이나 미세한 물질 등이 상승하는 현상을 의미한다.
② 콘크리트의 물시멘트비가 클수록 블리딩양은 증대한다.
③ 콘크리트의 컨시스턴시가 클수록 블리딩양은 증대한다.
④ 단위시멘트양이 많을수록 블리딩양은 크다.

3-24. 알칼리 골재반응의 대책으로 적절하지 않은 것은?
① 반응성 골재를 사용한다.
② 콘크리트 중의 알칼리양을 감소시킨다.
③ 포졸란 반응을 일으킬 수 있는 혼화재를 사용한다.
④ 단위시멘트양을 최소화한다.

3-25. 콘크리트의 내화·내열성 설명으로 옳지 않은 것은?
① 콘크리트 내화·내열성은 골재의 품질에 영향을 받는다.
② 콘크리트는 내화성이 우수해서 600℃ 정도의 화열을 장시간 받아도 압축강도는 거의 저하하지 않는다.
③ 철근콘크리트 부재의 내화성을 높이기 위해서는 철근의 피복두께를 충분히 하면 좋다.
④ 화재를 당한 콘크리트의 중성화 속도는 그렇지 않은 것에 비하여 크다.

|해설|

3-22
철근의 부식 방지를 위해서 굳지 않은 콘크리트의 전체 염소이온량은 원칙적으로 $0.30kg/m^3$ 이하로 하여야 한다.

3-23
단위시멘트양이 많을수록 블리딩양은 적어진다.

3-24
반응성 골재 사용을 금지하며, 저알칼리 시멘트로 비반응성 골재를 사용한다.

3-25
콘크리트는 내화성이 우수하지만, 600℃ 정도의 화열을 장시간 받으면 압축강도는 저하된다.

정답 3-22 ③ 3-23 ④ 3-24 ① 3-25 ②

(11) 콘크리트의 균열 원인

① 콘크리트 경화 전 균열 원인
  ㉠ 침하균열 : 묽은 비빔 콘크리트에서는 블리딩이 크고 이것에 상당하는 침하균열이 경계면상에 발생한다.
  ㉡ 거푸집 변형에 의한 균열 : 거푸집 고정철물 부족, 동바리 결함의 부등침하, 콘크리트 측압에의 거푸집 변형 등이 발생하면 콘크리트의 소성 변형 능력보다 외력에 의한 변형 쪽이 크게 되어 균열을 일으킨다.
  ㉢ 진동, 경미한 재하에 따른 균열 : 콘크리트 근처에서 말뚝 박기, 기계류 등의 진동에 따른 균열이 발생
  ㉣ 소성수축 균열(Plastic Shrinkage Crack) : 콘크리트 타설 후 건조한 외기에 노출될 경우 콘크리트 내부의 수분은 표면으로 상승 및 증발하면서 수축현상이 일어나고 표면에 인장응력이 발생하여 소성(플라스틱)수축 균열이 발생하게 된다.

② 콘크리트 경화 후 균열 원인
  ㉠ 탄성화에 의한 균열 : 대기 중의 CO_2가 공극을 통해 콘크리트 속으로 침투하면 공극 내 $Ca(OH)_2$와 결합하여 H_2O가 생성되고, 이것이 콘크리트 표면에서 증발하면 콘크리트의 수축현상으로 인장응력이 발생되며 인장강도를 초과하면 표면균열이 생긴다.
  ㉡ 건조수축에 의한 균열(크리프(Creep) 수축) : 내부 수분이 공극을 통해 표면으로 이동하여 증발하면서 체적 감소현상으로 균열한다. 균열을 억제하기 위해서는 배합 시에 굵은 골재량을 증가시키고 단위수량을 감소시키거나, 건조한 경우에는 콘크리트 표면에 Sprinkler로 살수하는 방법을 취하기도 한다.
  ㉢ 화학 반응에 의한 균열
    • 알칼리 골재반응 : 시멘트의 알칼리 성분(Na, K)과 알칼리 용해성 규산을 함유한 골재의 반응으로 체적이 팽창하여 균열파손현상이 나타난다.
    • 황산염에 의한 팽창반응 : 황산염(SO_4^{2-})은 공장 폐수, 해수, 공장 배출가스에 함유되어 하수오니의 생물학적 반응으로 생성되며, 물에 용해된 황산이온이 공극을 통해 침투하면서 시멘트 수화물이 반응하여 체적이 약 227% 증가하며 공극벽에 압축력을 가하고, 콘크리트에 인장응력이 발생하면서 균열이 형성된다.
  ㉣ 열응력(온도변화)에 의한 균열 : 시멘트 수화작용과 대기 온도변화에 의한 경우가 있으며, 콘크리트 단면 내의 온도변화는 체적변화를 일으키면서 인장변형이 유발되고, 인장변형률이 콘크리트의 인장변형 능력을 초과하게 되면 콘크리트는 균열을 일으킨다.
  ㉤ 동해(동결융해) 및 제설제 사용에 따른 균열
  ㉥ 철근부식에 의한 균열

10년간 자주 출제된 문제

3-26. 콘크리트 균열을 발생 시기에 따라 구분할 때 콘크리트의 경화 전 균열의 원인이 아닌 것은?
① 건조수축 ② 거푸집 변형
③ 진동 또는 충격 ④ 소성수축, 침하

3-27. 콘크리트 균열의 발생 시기에 따라 구분할 때 콘크리트의 경화 전 균열의 원인이 아닌 것은?
① 크리프 수축 ② 거푸집의 변형
③ 침 하 ④ 소성수축

3-28. 콘크리트의 균열을 발생 시기에 따라 구분할 때 경화 후 균열의 원인에 해당되지 않는 것은?
① 알칼리 골재반응 ② 동결융해
③ 탄산화 ④ 재료분리

3-29. 백화 현상에 대한 설명으로 옳지 않은 것은?
① 시멘트는 수산화칼슘의 주성분인 생석회(CaO)의 다량 공급원으로서 백화의 주된 요인이다.
② 백화 현상은 미장 표면뿐만 아니라 벽돌벽체, 타일 및 착색시멘트 제품 등의 표면에도 발생한다.
③ 겨울철보다 여름철의 높은 온도에서 백화 발생 빈도가 높다.
④ 배합수 중에 용해되는 가용 성분이 시멘트 경화체의 표면건조 후 나타나는 현상을 백화라 한다.

|해설|
3-29
백화 현상(백태 현상) : 벽에 침투하는 빗물에 의해 모르타르 중의 석회분이 공기 중의 탄산가스와 결합하여 조적 벽면에 흰색가루가 올라오는 현상을 말한다. 저온, 그늘진 곳에서 잘 발생하며, 여름철보다 온도가 낮은 겨울철에 발생빈도가 높다.

정답 3-26 ① 3-27 ① 3-28 ④ 3-29 ③

(12) 콘크리트의 균열 보수

① 균열의 보수공법

표면처리법	미세한 균열에 적용되는 공법으로 균열 부위에 시멘트 페이스트 등으로 도막을 형성
주입공법	균열 부위에 주입용 파이프를 적당한 간격으로 설치하고 저점성 에폭시 수지 등을 주입
충전공법	비교적 큰 폭의 균열(0.5mm 이상) 보수에 적당하다. 균열선 절단 부분에 보수재를 충전

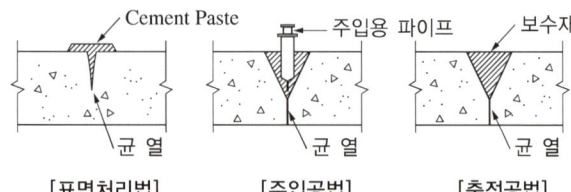

[표면처리법]　[주입공법]　[충전공법]

② 균열의 보강공법

강판접착공법	콘크리트 부재의 인장측 표면에 강판을 접착시켜 콘크리트와 강판을 일체화시키는 공법
앵커접합공법	콘크리트에 설치된 앵커용 볼트에 강판을 끼워 너트 조임으로 콘크리트에 밀착시키는 공법
탄소섬유판 접착공법	탄소섬유판을 에폭시 수지 등으로 콘크리트 면에 부착시켜 콘크리트와 일체화시키는 공법
단면 증가공법	콘크리트를 다져 넣어 단면을 증가하는 공법

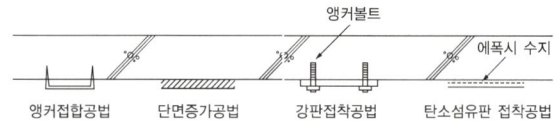

앵커접합공법　단면증가공법　강판접착공법　탄소섬유판 접착공법

(13) 크리프(Creep) 현상

① 크리프(Creep) 현상
㉠ 지속하중으로 인한 장기변형으로, 일정한 하중이 계속 작용하면 하중이 증가하지 않아도 시간이 경과함에 따라 계속해서 변형되는 현상이 일어나게 된다.
㉡ 크리프는 처음 28일 동안 전체 크리프양의 약 50%, 4개월 내 약 80%, 2~5년 후는 거의 완료되며, 초기 변형률은 크나 재하시간 경과에 따라 점차 감소한다.

② 크리프를 증가시키는 원인
- ㉠ 재하응력이 클수록
- ㉡ 물시멘트비가 큰 콘크리트를 사용할수록
- ㉢ 재령이 적은 콘크리트에 재하 시기가 빠를수록
- ㉣ 양생조건에 따라서는 온도가 높고 습도가 낮을수록
- ㉤ 부재의 경간 길이에 비해 높이가 낮을수록
- ㉥ 양생(보양, Curing)이 나쁠수록
- ㉦ 단위시멘트량이 많을수록
- ㉧ 부재의 단면이 작을수록

10년간 자주 출제된 문제

3-30. 콘크리트 보수 및 보강의 설명으로 옳지 않은 것은?
① 주입공법은 작업의 신속성을 위하여 균열 부위에 주입파이프를 설치하여 보수재를 고압고속으로 주입하는 공법이다.
② 표면처리공법은 균열 0.2mm 이하 부위에 수지로 충전하고 균열 표면에 보수재료를 씌우는 공법이다.
③ 충전공법 사용재료는 실링재, 에폭시 수지 및 폴리머 시멘트 모르타르 등이 있다.
④ 탄소섬유 접착공법은 탄소섬유판을 에폭시 수지 등으로 콘크리트 면에 부착시켜 탄소섬유판의 높은 인장 저항성으로 콘크리트를 보강하는 공법이다.

3-31. 콘크리트의 크리프에 관한 설명으로 옳지 않은 것은?
① 습도가 높을수록 크리프는 크다.
② 물시멘트비가 클수록 크리프는 크다.
③ 콘크리트의 배합과 골재의 종류는 크리프에 영향을 끼친다.
④ 하중이 제거되면 크리프 변형은 일부 회복된다.

3-32. 건축물의 초고층화, 대형화에 따라 발생되는 기둥 축소량(Column Shortening) 방지대책으로 적합하지 않은 것은?
① 구조설계 시 변위 발생량에 대해 여유 있게 산정한다.
② 전체 건물의 층을 몇 절(Tier)로 등분하여 변위 차이를 최소화한다.
③ 가조립 시 위치별, 단면크기별 등 변위를 충분히 발생시킨 후 본조립한다.
④ 시공 시 발생되는 변위를 최대한 보정한 후 실시한다.

|해설|

3-30
주입공법은 균열 부위에 주입파이프로 보수재를 저압저속 주입하는 공법이다.

3-31
습도가 낮을수록 크리프가 크다.

3-32
구조설계 시 변위 발생량을 최소화하여 위험요인을 억제하도록 한다.

정답 3-30 ① 3-31 ① 3-32 ①

(14) 콘크리트의 종류

① 한중(寒中)콘크리트(Cold Weather Concrete)
  ㉠ 부어 넣기 후 하루 평균 기온이 4℃ 이하의 동결 우려가 있는 기간에 시공하는 콘크리트이다.
  ㉡ 동결피해 예방을 위해 물시멘트비는 60% 이하로 작게 하고, AE제나 감수제 중 하나는 반드시 사용한다.
  ㉢ 시멘트는 기온이 0℃ 이하일 때는 보온시설이 된 창고에 저장한다.
  ㉣ 물, 골재를 가열한 경우에는 40℃ 이하로 한다.
  ㉤ 초기 양생이 중요하며, 초기 강도 5MPa 이상이 될 때까지 5℃ 이상 유지하여 양생한다.
  ㉥ 가열 보온양생, 단열 보온양생, 피복양생 중 한 가지 이상의 방법으로 양생한다.
  ㉦ 부어넣기 온도 : 5℃ 이상 20℃ 미만

② 서중(暑中)콘크리트(Hot Weather Concrete)
  ㉠ 일 평균 기온이 25℃ 또는 일 최고 온도가 30℃를 초과할 때 시공한다.
  ㉡ 기온이 높은 조건에서는 콘크리트의 온도가 높아져 수화반응이 빨라지므로 이상 응결이 발생되기 쉽다.
  ㉢ 워커빌리티가 감소되어 작업성이 떨어진다.
  ㉣ 운반 중의 슬럼프(Slump)가 저하되고, 연행 공기량이 감소되므로 운반이나 타설 시간을 단축해야 한다.
  ㉤ 표면 수분의 급격한 증발로 균열이 발생되고, 시간차 타설로 인한 콜드 조인트(Cold Joint)가 발생된다.
  ㉥ 수분 증발을 방지하고 습윤 양생한다.

③ 레디믹스트 콘크리트(Ready Mixed Concrete)
  ㉠ 공장에서 제조해 주문자의 필요에 따라 필요한 장소로 운반하여 사용하는 굳지 않은 콘크리트

  ㉡ 레디믹스트 콘크리트의 호칭규격

  Remicon(25-24-150)
  ⓐ ⓑ ⓒ
  ⓐ 25 : 굵은 골재 최대 치수(mm)
  ⓑ 24 : 호칭강도(MPa)
  ⓒ 150 : 슬럼프값(mm)

  ㉢ 운반 시간은 25℃를 초과할 경우 90분 이내, 25℃ 이하는 120분 이내에 콘크리트를 타설해야 한다.
  ㉣ 콘크리트의 운반 거리 및 운반 시간에 제한이 많다.
  ㉤ 시가지에서는 콘크리트를 혼합할 장소가 좁다.
  ㉥ 콘크리트의 혼합이 충분하여 품질이 고르다.

10년간 자주 출제된 문제

3-33. 한중(寒中)콘크리트 양생의 설명 중 옳지 않은 것은?
① 가열 보온양생을 실시할 경우 가열 중 살수를 금한다.
② 타설한 콘크리트는 어느 부분에서도 그 온도를 5℃ 이상으로 하여 초기 양생을 실시한다.
③ 초기 양생은 콘크리트의 압축강도가 5MPa 이상이 얻어진 것을 확인하고 담당원의 승인을 받아 중지한다.
④ 타설 후의 콘크리트 온도를 시트, 매트 및 단열거푸집 등에 의하여 단열 보온양생하여야 한다.

3-34. 콘크리트 공사 중 적산온도와 가장 관계 깊은 것은?
① 매스(Mass)콘크리트 공사
② 수밀(水密)콘크리트 공사
③ 한중(寒中)콘크리트 공사
④ AE콘크리트 공사

3-35. 서중콘크리트에 관한 설명으로 옳은 것은?
① 동일 슬럼프를 얻기 위한 단위수량이 많아진다.
② 장기강도의 증진이 크다.
③ 콜드 조인트가 쉽게 발생하지 않는다.
④ 워커빌리티가 일정하게 유지된다.

3-36. 레디믹스트 콘크리트(Ready Mixed Concrete)를 사용하는 이유로 옳지 않은 것은?
① 시가지에서는 콘크리트를 혼합할 장소가 좁다.
② 현장에서는 균질한 품질의 콘크리트를 얻기 어렵다.
③ 콘크리트의 혼합이 충분하여 품질이 고르다.
④ 콘크리트의 운반 거리 및 운반 시간에 제한을 받지 않는다.

| 해설 |

3-33
가열 중에는 물이 증발하므로 살수를 실시한다.
한중(寒中)콘크리트 양생의 종류 : 단열양생, 가열(급열)양생, 보온양생

3-34
적산온도 : 시간에 따른 누적 온도를 추적하여 강도를 추정하는 방법으로 한중기에는 초기 강도가 늦어지므로 적산온도를 이용하여 거푸집의 해체 시기, 양생 기간 등을 검토하며, 한중(寒中)콘크리트 공사에 적용한다.

3-35
② 초기 강도는 증가하고, 장기강도는 저하된다.
③ 콜드 조인트(Cold Joint)가 발생된다.
④ 워커빌리티(Workability)가 감소된다.

3-36
콘크리트의 운반 거리 및 운반 시간에 제한을 많이 받는다.

정답 3-33 ① 3-34 ③ 3-35 ① 3-36 ④

---

④ **프리스트레스 콘크리트(Prestressed Concrete)**
  ㉠ 콘크리트의 인장응력이 생기는 부분에 PS강재에 미리 압축력을 주어 인장강도를 증가시켜 휨저항성을 크게 한 콘크리트
  ㉡ 프리텐션(Pre-tension) : PS강재에 미리 인장력을 주어 콘크리트를 넣고 경화 후 인장력을 풀어준다.

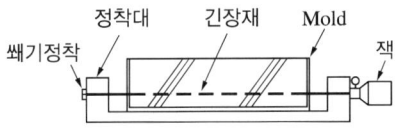

[프리텐션공법]

  ㉢ 포스트텐션(Post-tension) : 콘크리트 타설 및 경화 후 미리 묻어둔 시스(Sheath) 내에 PS강재를 삽입하여 긴장시키고 정착한 다음 그라우팅한다.

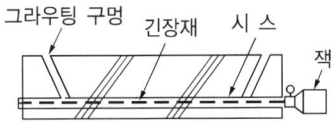

[포스트텐션공법]

  ㉣ 긴장재의 종류 : PC강선, PC강연선, PC강봉
  ㉤ 프리스트레스 콘크리트 특성
    • 구조물 자중 경감, 부재 단면을 줄일 수 있다.
    • 내구성, 복원성이 크고 공기단축이 가능하다.
    • 항복점 이상에서 진동, 충격에 약하다.
    • 공정이 복잡하고 고도의 품질관리가 요구된다.
    • 열에 약하며 내화피복(5cm 이상)이 필요하다.

⑤ **프리팩트 콘크리트** : 거푸집 안에 미리 굵은 골재를 채워 넣은 후 그 공극 속으로 특수한 모르타르를 주입하여 만든 콘크리트

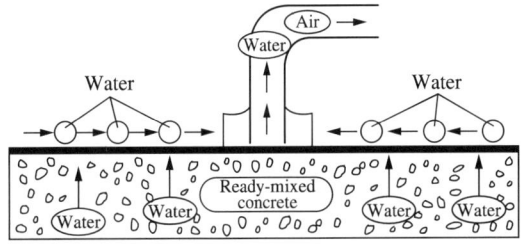

⑥ 경량골재 콘크리트
　　㉠ 단위시멘트량의 최솟값 : 300kg/m³ 이상
　　㉡ 물결합재비 : 60% 이하
　　㉢ 기건단위질량 : 1,700~2,000kg/m³
　　㉣ 굵은 골재의 최대 치수 : 20mm
⑦ 중량콘크리트(방사선 차폐용 콘크리트)
　　㉠ 용도 : 방사선 차단용
　　㉡ 사용골재 : 자철광(Magnetite), 중정석(Barite)
　　㉢ 시멘트 : 중용열 포틀랜드, 보통 포틀랜드 시멘트
　　㉣ 물시멘트비 : 60% 이하
　　㉤ 슬럼프값 : 150mm 이하

10년간 자주 출제된 문제

3-37. 프리스트레스트 콘크리트(Prestressed Concrete)에 관한 설명으로 옳지 않은 것은?

① 포스트텐션(Post-tension)공법은 콘크리트의 강도가 발현된 후에 프리스트레스를 도입하는 현장형 공법이다.
② 구조물의 자중을 경감할 수 있으며, 부재 단면을 줄일 수 있다.
③ 화재에 강하며, 내화피복이 불필요하다.
④ 고강도이면서 수축 또는 크리프 등의 변형이 적은 균일한 품질의 콘크리트가 요구된다.

3-38. 프리스트레스트 콘크리트 공사에서 강재의 부식저항성과 관련하여 비빌 때에 프리스트레스트 그라우트 중에 포함되는 염화물 이온의 총량은 얼마 이하를 원칙으로 하는가?

① 0.1kg/m³
② 0.2kg/m³
③ 0.3kg/m³
④ 0.4kg/m³

3-39. 경량골재 콘크리트와 관련된 기준으로 옳지 않은 것은?

① 단위시멘트량의 최솟값 : 400kg/m³
② 물결합재비의 최댓값 : 60%
③ 기건단위질량(경량골재 콘크리트 1종) : 1,700~2,000kg/m³
④ 굵은 골재의 최대 치수 : 20mm

|해설|

3-37
프리스트레스트 콘크리트(Prestressed Concrete)는 PC강선을 사용하기 때문에 화재(열)에 약하며, 염화물에 의한 부식이 우려되기 때문에 내화피복이 필요하다.

3-38
- Cl(염화이온) 0.02% 이하
- NaCl(염화나트륨) 0.04% 이하
- 콘크리트의 전체 염화이온량 : 0.3kg/m³ 이하

3-39
단위시멘트량의 최솟값 : 300kg/m³ 이상

정답 3-37 ③　3-38 ③　3-39 ①

⑧ 고강도 콘크리트(High Strength Concrete)
  ㉠ 설계기준 압축강도가 보통콘크리트에서 40MPa 이상, 경량골재콘크리트에서 27MPa 이상의 경우
  ㉡ 적용 : 초고층 또는 안전 및 내구성이 필요한 구조물
  ㉢ 기상 변화가 심하거나 동결융해에 대한 대책이 필요한 경우를 제외하면 공기연행제를 사용하지 않는다.
  ㉣ 폭열(Explosive Fracture) 현상 : 화재 시 고온으로 내부 수증기압이 발생하면서 콘크리트 부재 표면이 심한 폭음과 함께 박리 및 탈락하는 현상
  ㉤ 주의사항
    • 물시멘트비 50% 이하, 슬럼프 150mm 이하로 한다.
    • 단위시멘트량 및 단위수량은 가급적 적게 사용한다.
    • 잔골재율은 가급적 적게 사용한다.
    • 콘크리트 부어넣기의 낙하고는 1m 이하로 한다.

⑨ 매스 콘크리트(Mass Concrete)
  ㉠ 부재 또는 구조물의 치수가 커서 시멘트의 수화열에 의한 온도 상승을 고려해 설계·시공하는 콘크리트
  ㉡ 적용 : 댐, 교각처럼 구조체가 큰 콘크리트
  ㉢ 균열방지 대책(수화열 저감 대책)
    • 수화열이 적은 시멘트(중용열 시멘트)를 사용
    • 급격한 온도변화 피하고, 시공 시 온도 상승을 억제
    • 온도균열을 방지하기 위해 줄눈을 설치
    • 단위시멘트량 저감

⑩ 수밀(水密) 콘크리트
  ㉠ 물 침투를 못하게 밀실하게 만든 콘크리트로 물, 공기 공극률의 최소, 방수성 물질을 사용한 콘크리트
  ㉡ 적용 : 수조(水槽), 수영장, 지하실 등
  ㉢ 주의사항
    • 물결합재비 기준은 50% 이하
    • 소요 슬럼프는 가능한 작게 180mm 이하로 한다.
    • 워커빌리티 개선을 위해 공기량은 4% 이하로 한다.
    • 이어치기는 레이턴스를 제거하고 부배합으로 한다.

⑪ 제치장 콘크리트 : 콘크리트 면에 미장 등을 하지 않고, 직접 노출시켜 마무리하는 노출 콘크리트

⑫ 섬유보강 콘크리트(FRC ; Fiber Reinforced Concrete) : 휨강도, 전단강도, 인장강도, 인성 등을 개선하기 위하여 단섬유상 재료를 균등히 분산시켜 제조한 콘크리트

10년간 자주 출제된 문제

3-40. 고강도 콘크리트에 대한 설명 중 틀린 것은?
① 염화물량은 염소이온량으로서 0.3kg/m³ 이하가 되어야 한다.
② 물결합재비는 50% 이하로 한다.
③ 단위수량은 180kg/m³ 이하로 한다.
④ 잔골재율은 시험에 의하여 결정하며, 가능한 한 크게 한다.

3-41. 고강도 콘크리트의 배합 기준으로 옳지 않은 것은?
① 단위수량은 소요 워커빌리티 범위에서 가능한 작게 한다.
② 잔골재율은 소요의 워커빌리티를 얻도록 시험에 의하여 결정하여야 하며, 가능한 작게 하도록 한다.
③ 고성능 감수제의 단위량은 소요 강도 및 작업에 적합한 워커빌리티를 얻도록 시험에 의해서 결정하여야 한다.
④ 기상 변화에 관계없이 공기연행제의 사용을 원칙으로 한다.

3-42. 고강도 콘크리트 공사에 사용되는 굵은 골재에 대한 품질기준으로 옳지 않은 것은?(단, 건축공사표준시방서 기준)
① 절대 건조밀도 : 2.5g/cm³ 이상
② 흡수율 : 3.0% 이하
③ 점토량 : 0.25% 이하
④ 씻기시험에 의한 손실량 : 1.0% 이하

3-43. 건축공사 표준시방서에 규정된 고강도 콘크리트의 설계기준 강도로 옳은 것은?
① 보통 콘크리트 40MPa 이상, 경량 콘크리트 24MPa 이상
② 보통 콘크리트 40MPa 이상, 경량 콘크리트 27MPa 이상
③ 보통 콘크리트 33MPa 이상, 경량 콘크리트 21MPa 이상
④ 보통 콘크리트 33MPa 이상, 경량 콘크리트 24MPa 이상

| 해설 |

3-40
단위시멘트량, 단위수량, 잔골재율은 가급적 적게 사용한다.

3-41
기상의 변화가 심하거나 동결융해에 대한 대책이 필요한 경우를 제외하면 공기연행제를 사용하지 않는 것이 원칙이다.

3-42
흡수율 : 굵은 골재는 2.0%, 잔골재는 3.0%

정답 3-40 ④ 3-41 ④ 3-42 ② 3-43 ②

⑬ 폴리머 콘크리트(Polymer Concrete)
  ㉠ 합성 고분자 재료(Polymer)를 시멘트 대신 결합재로 사용하거나 시멘트와 같이 사용하는 콘크리트
  ㉡ 특 징
    • 워커빌리티(시공연도)가 우수하다.
    • 블리딩 및 재료분리에 대한 저항성이 우수하다.
    • 강도(휨, 인장, 전단, 장기 강도)가 뛰어나다.
    • 내동결 융해성, 내후성, 내약품성이 양호하다.
    • 건조수축이 감소한다.

⑭ AE(Air Entraining) 콘크리트
  ㉠ 콘크리트에 AE제(공기연행제)를 사용하여 미세한 기포를 발생시켜서 단위수량을 적게 하면서 시공연도를 증진시킨 콘크리트
  ㉡ AE제의 사용목적
    • 시공연도가 증진되고, 동결융해 저항성이 확보
    • 단위수량 감소, 수밀성 증대
    • 블리딩(Bleeding)에 의한 재료분리 저항성 증대

⑮ 기타 콘크리트
  ㉠ 프리패브 콘크리트
    • 부재를 공장에서 생산하고 현장에서는 조립이나 부착하는 공법으로 건식구조에 적합하다.
    • 표준화, 생산성 향상, 품질의 균일성을 목표로 한다.
    • 대량생산하여도 부재 규격은 변경하지 않는다.
  ㉡ 경량기포 콘크리트(ALC)
    • ALC(Autoclaved Lightweight Concrete)는 발포제에 의하여 콘크리트 내부에 무수한 기포를 독립적으로 분산시켜 중량을 가볍게 한 기포콘크리트
    • 고온고압으로 증기양생 제조
    • 기건 비중 : 보통 콘크리트의 1/4(경량)
    • 열전도율 : 보통 콘크리트의 1/10(단열성 우수)
    • 경량성, 내구성, 단열, 내화성, 흡음, 차음성 우수

ⓒ 숏크리트(Shotcrete) : 모르타르를 압축공기로 분사하여 바르는 뿜칠 공법(건나이트, Gunite)
ⓓ 신더 콘크리트(Cinder Concrete) : 석탄재를 골재로 한 일종의 경량 콘크리트
ⓔ 서모콘(Thermo-con) : 골재를 사용하지 않고 시멘트와 물, 발포제를 배합하여 만든 경량 콘크리트

10년간 자주 출제된 문제

3-44. 수밀 콘크리트의 물결합재비 기준으로 옳은 것은?(단, 건축공사표준시방서 기준)
① 40% 이하
② 45% 이하
③ 50% 이하
④ 55% 이하

3-45. 폴리머함침콘크리트에 관한 설명으로 옳지 않은 것은?
① 시멘트계의 재료를 건조시켜 미세한 공극에 수용성 폴리머를 함침·중합시켜 일체화한 것이다.
② 내화성이 뛰어나며 현장시공이 용이하다.
③ 내구성 및 내약품성이 뛰어나다.
④ 고속도로 포장이나 댐의 보수공사 등에 사용된다.

3-46. 프리패브 콘크리트에 관한 설명으로 옳지 않은 것은?
① 제품의 품질을 균일화 및 고품질화할 수 있다.
② 작업의 기계화로 노무 절약을 기대할 수 있다.
③ 공장생산의 기계화로 부재 규격을 쉽게 변경할 수 있다.
④ 자재를 규격화하여 표준화 및 대량생산을 할 수 있다.

3-47. 각종 콘크리트에 관한 설명으로 옳지 않은 것은?
① 프리플레이스트 콘크리트(Preplaced Concrete)란 미리 거푸집 속에 특정한 입도를 가지는 굵은 골재를 채워놓고, 그 간극에 모르타르를 주입하여 제조한 콘크리트이다.
② 숏크리트(Shotcrete)는 콘크리트 자체의 밀도를 높이고 내구성, 방수성을 높게 하여 물의 침투를 방지하도록 만든 콘크리트로서 수중구조물에 사용된다.
③ 고성능 콘크리트는 고강도, 고유동 및 고내구성을 통칭하는 콘크리트의 명칭이다.
④ 소일 콘크리트(Soil Concrete)는 흙에 시멘트와 물을 혼합하여 만든다.

|해설|

3-44
수밀 콘크리트의 물결합재비 기준은 50% 이하이다.

3-45
폴리머는 플라스틱 계열이므로 내화성이 좋지 않다.

3-46
표준화, 대량생산 등을 목표로 하므로 부재의 규격은 쉽게 변경하지 않는다.

3-47
수중 콘크리트콘 : 크리트 자체의 밀도를 높이고 내구성, 방수성을 높게 하여 물의 침투를 방지하도록 만든 콘크리트

정답 3-44 ③ 3-45 ② 3-46 ③ 3-47 ②

제5절 철골 공사

핵심이론 01 공장제작 과정

① 공작도 및 원척도 작성
  ㉠ 공작도 : 설계도에 의거해서 각 부분의 공작도를 작성
  ㉡ 원척도 : 상세, 재의 길이 등을 원척(Full Size) 작성
② 본뜨기(형판뜨기) : 원척도에서 강판으로 본뜨기 한다.
③ 변형 바로잡기 : 금매김 전에 강재의 변형을 바로 잡는다.
④ 금매김(Marking) : 리벳 구멍 위치, 절단개소 등을 강재에 기입하는 작업
⑤ 절단 및 가공
  ㉠ 절단 : 전단절단, 톱절단, 가스절단
  ㉡ 가공 : 상온 또는 800~1,100℃로 가열 가공
⑥ 구멍뚫기
  ㉠ 펀칭, 송곳뚫기(Drilling), 구멍가심(Reaming)
  ㉡ 철골공사 구멍뚫기에서 철근 관통구멍의 지름 크기
    • 원형철근 : 철근지름 + 10mm
    • 이형철근

규 격	+치수	지 름	규 격	+치수	지 름
D10	11	21mm	D22	13	35mm
D13		24mm	D25		38mm
D16	12	28mm	D29	14	43mm
D19		31mm	D32		46mm

⑦ 가조립
  ㉠ 각 부재는 1~2개의 Bolt나 Pin으로 가조립하고, Drift Pin으로 부재구멍을 맞춘다.
  ㉡ 가볼트 죄임은 Impact Wrench, Torque Wrench 사용
⑧ 본조립(리벳치기) 및 검사
⑨ 녹막이칠
  ㉠ 조립 철골 부재는 현장 반입 전 녹막이칠 1회 실시
  ㉡ 녹막이 칠을 하지 않는 부위
    • 현장 용접하는 부분
    • 고력볼트 접합부의 마찰면
    • 콘크리트에 묻히는 부분이나 밀폐되는 내면
    • 조립에 의하여 맞닿는(밀착되는) 부분
⑩ 운반 : 공장검사 완료 후 공장칠이 건조되면 현장으로 반입

10년간 자주 출제된 문제

1-1. 철근, 볼트 등 건축용 강재의 재료시험 항목에서 일반적으로 제외되는 항목은?
① 압축강도시험
② 인장강도시험
③ 굽힘시험
④ 연신율 시험

1-2. 철골공사에 사용되는 공구가 아닌 것은?
① 턴버클(Turn Buckle)
② 리머(Reamer)
③ 임팩트렌치(Impact Wrench)
④ 세퍼레이터(Separater)

1-3. 철골 구멍뚫기에서 이형철근 D22의 관통구멍 직경은?
① 24mm
② 28mm
③ 31mm
④ 35mm

1-4. 철골공사에서 크롬산 아연을 안료로 하고, 알키드 수지를 전색료로 한 것으로서 알루미늄 녹막이 초벌칠에 적당한 것은?
① 그래파이트 도료
② 징크로메이트 도료
③ 광명단
④ 알루미늄 도료

1-5. 다음 중 녹막이 칠에 사용하는 도료가 아닌 것은?
① 광명단
② 크레오소트유
③ 아연분말 도료
④ 역청질 도료

| 해설 |

1-1
- 인장시험, 휨(굴곡)시험, 경도시험, 연신율 시험 등을 실시
- 시험은 상온에서 행하여 단면이 다를 때마다 또는 중량으로 20ton이 넘을 때마다 1개씩 시험한다.

1-2
④ 세퍼레이터(Separator) : 거푸집 구성에서 격리재
① 턴버클(Turn Buckle) : 변형을 막기 위해 가새를 고정하는 기구
② 리머(Reamer) : 구멍을 맞추는 도구
③ 임팩트렌치(Impact Wrench) : 고력볼트 조임 장비

1-3
D22의 관통구멍 직경 : 35mm

1-4
① 그래파이트 도료 : 정벌용에 사용
③ 광명단 : 철재 녹막이 도료
④ 알루미늄 도료 : 열반사, 방청효과, 풍화방지 효과가 있다.

1-5
② 크레오소트유 : 목재 방부제로 사용
① 광명단, ④ 역청질 도료 : 강재에 사용
③ 아연분말 도료 : 알루미늄에 사용

정답 1-1 ① 1-2 ④ 1-3 ④ 1-4 ② 1-5 ②

핵심이론 02 부재의 접합

(1) 리벳 접합

① 리벳치기 공구
  ㉠ 리머(Reamer) : 리벳구멍 주위 가심질 공구
  ㉡ 드리프트 핀(Drift Pin) : 리벳구멍 중심 맞춤 공구
  ㉢ 드라이비트(Drivit) : 리벳, 콘크리트 못을 박는 공구

② 리벳 관련 용어
  ㉠ 게이지 라인(Gauge Line) : 부재 긴 방향 리벳 중심선
  ㉡ 게이지(Gauge) : 게이지 라인 상호 간격 또는 게이지 라인과 재면과의 거리
  ㉢ 피치(Pitch) : 게이지 라인의 리벳 간격
  ㉣ 클리어런스(Clearance) : 리벳과 타 재면과의 거리
  ㉤ 연단거리(Edge Distance) : 리벳과 부재 끝과의 거리

(2) 고력볼트(High Tension Bolt) 접합

① 너트를 강하게 죄면 볼트에 강한 인장력이 생기고, 반력으로 접합된 판 사이에 강한 압력이 작용하게 되며 접합재 간의 마찰저항에 의하여 힘을 전달하는 접합방법

② 장 점
  ㉠ 접합부의 강성, 피로강도가 높다.
  ㉡ 노동력이 절약되고, 공기가 단축된다.
  ㉢ 소음이 없으며, 현장시공이 간단하다.
  ㉣ 너트가 풀리지 않으며, 불량부분 수정이 쉽다.
  ㉤ 화재, 재해의 위험이 적다.

③ 고력볼트 접합 방법
  ㉠ 마찰접합(90%), 인장접합, 지압접합
  ㉡ 1차 조임에서 80%, 2차 조임에서 표준장력을 얻는다.

ⓒ 중앙에서 단부로 조인다.

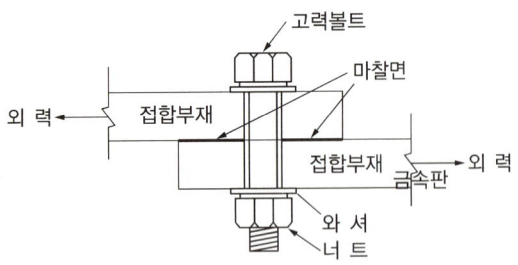

④ 고력볼트 접합 시 주의사항
  ㉠ 고력볼트 접합면을 거칠게 해야 한다.
  ㉡ 접촉면의 밀착과 뒤틀림, 구부림이 없게 한다.
  ㉢ 표준볼트 장력이 얻어지게 한다.
  ㉣ 설계볼트 장력 : 10% 할증한 표준볼트 장력으로 조임

⑤ 고력볼트 접합 시 마찰력 확보를 위한 처리 방법
  ㉠ 도료, 기름, 오물은 충분히 청소하여 제거
  ㉡ 들뜬 녹은 와이어 브러시로 제거
  ㉢ 녹, 흑피는 숏블러스트(Shot Blast) 또는 샌드블러스트(Sand Blast)로 제거

10년간 자주 출제된 문제

2-1. 철골공사의 접합에 관한 설명으로 옳지 않은 것은?
① 고력볼트 접합의 종류에는 마찰접합, 지압접합이 있다.
② 녹막이도장은 작업 장소 주위의 기온이 5℃ 미만이거나 상대 습도가 85%를 초과할 때는 작업을 중지한다.
③ 철골이 콘크리트에 묻히는 부분은 녹막이 칠을 잘해야 한다.
④ 용접접합에 대한 비파괴시험의 종류에는 자분탐상시험, 초음파탐상시험 등이 있다.

2-2. 철골공사에 관한 설명으로 옳지 않은 것은?
① 볼트접합부는 부식되기 쉬우므로 방청도장을 하여야 한다.
② 볼트조임에는 임팩트렌치, 토크렌치 등을 사용한다.
③ 화재에 의한 강성 저하가 심하므로 내화피복을 하여야 한다.
④ 용접부 비파괴검사에는 침투탐상법, 초음파탐상법 등이 있다.

2-3. 고력볼트 접합에 관한 설명으로 옳지 않은 것은?
① 고층화, 대형화에 따라 소음이 심한 리벳은 거의 사용하지 않고 볼트접합과 용접접합이 대부분을 차지하고 있다.
② 토크셰어형 고력볼트는 조여서 소정의 축력이 얻어지면 자동적으로 핀테일이 파단되는 구조로 되어 있다.
③ 고력볼트의 조임기구는 토크렌치와 임팩트렌치 등이 있다.
④ 고력볼트의 접합 형태는 모두 마찰접합이며, 마찰접합은 하중이나 응력을 볼트가 직접 부담하는 방식이다.

|해설|

2-1
콘크리트와의 일체화를 위해서 녹막이 칠을 하지 않는다.

2-2
볼트접합부는 마찰력에 의한 지지와 고정이 되므로 도장하지 않는다.

2-3
하중이나 응력을 볼트가 직접 부담하는 방식은 인장접합이다.
고력볼트 접합방식 : 마찰접합, 인장접합, 지압접합

정답 2-1 ③ 2-2 ① 2-3 ④

(3) 용접접합

① 용접봉은 특수금속으로 된 심선과 플럭스(Flux)라 불리는 피복재로 구성된다.

② 심선 지름은 보통 4mm, 길이는 400mm가 표준이다.

③ 피복재(Flux)의 역할
   ㉠ 공기를 차단하여 용적의 산화 또는 질화 방지
   ㉡ 함유원소를 이온화하여 아크를 안정시킨다.
   ㉢ 용융금속의 산소 제거, 정련(불순물 제거)을 한다.
   ㉣ 용착금속의 합금원소를 가한다.
   ㉤ 표면의 냉각응고 속도를 낮춘다.

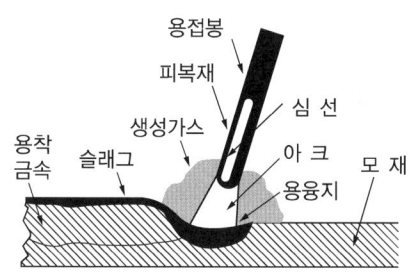

[피복 아크 용접의 원리]

④ 맞댄용접(Butt Welding) : 두 부재를 맞대어 홈(앞벌림 Groove)을 만들어 그 사이에 용착금속으로 용접한다.

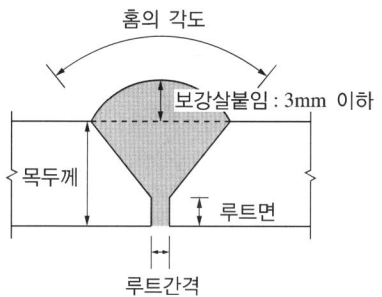

⑤ 모살용접(필릿용접, Fillet Welding) : 목두께의 방향이 모재의 면과 45° 또는 거의 45°의 각을 이루며 용접하는 방법으로 단속용접과 연속용접이 있다.

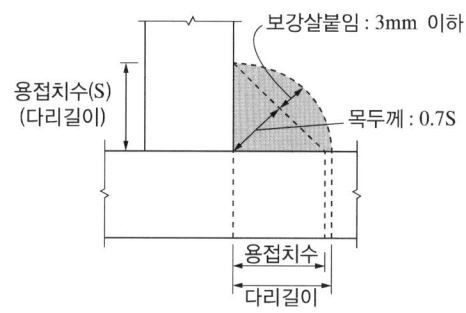

⑥ 검 사

용접 착수 전	홈의 각도 및 간격 치수, 부재의 밀착, 청소상태
용접 작업 중	아크전압, 용접속도, 밑면 따내기
용접 완료 후	균열 및 언더 컷 유무, 필릿의 크기

10년간 자주 출제된 문제

2-4. 철골부재 용접 시 겹침이용, T자이용 등에 사용되는 용접으로 목두께의 방향이 모재의 면과 45° 또는 거의 45°의 각을 이루는 것은?

① 완전용입 맞댐용접　② 모살용접
③ 부분용입 맞댐용접　④ 다층용접

2-5. 철골공사에서 용접봉의 내밀기, 이동 등을 기계화한 것으로, 서브머지드 아크용접법에 쓰이며, 피복재 대신에 분말상의 플럭스를 쓰는 용접기기의 명칭으로 옳은 것은?

① 직류 아크용접기　② 교류 아크용접기
③ 자동용접기　④ 반자동용접기

|해설|

2-4

모살용접 : 겹침이용, T자이용 등에 사용되는 용접으로 목두께의 방향이 모재의 면과 45° 또는 거의 45°의 각을 이루는 용접

모살용접 종류

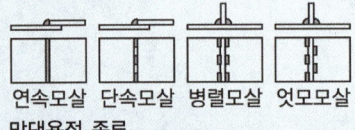

연속모살　단속모살　병렬모살　엇모모살

맞댐용접 종류

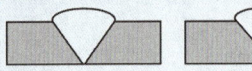

완전용입 맞댐용접　부분용입 맞댐용접

다층용접

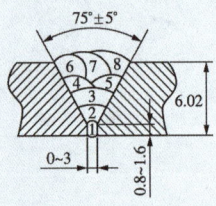

2-5

용접 방법에 의한 분류
- 수동용접 : 용접봉 용접
- 반자동용접 : CO_2 아크용접
- 자동용접 : 서브머지드 아크용접, 일렉트로 슬래그용접

정답 2-4 ②　2-5 ③

⑦ 용접 접합 방법

스캘럽(Scallop)	용접선이 교차되어 재용접된 부위가 열을 받아 취약해지므로 모재에 부채꼴 모양의 모따기를 한 것	
메탈 터치(Metal Touch)	기둥 이음부의 상하부 밀착을 좋게 하여 축력의 50%까지 하부 기둥 밀착면에 직접 전달시키는 이음	
엔드 탭(End Tab)	용접 Bead의 시작과 끝지점에 용접을 하기 위해 용접모재의 양단에 부착하는 보조강판	
뒷댐재(Back Strip)	맞댐용접에서 충분한 용입을 확보하고, 용융금속의 용락 방지목적으로 금속판을 루트 뒷면에 받치는 것	

⑧ 용접 결함

오버 랩(Over Lap)	용접 금속과 모재가 융합되지 않고 단순히 겹쳐지는 것	
언더 컷(Under Cut)	과대 전류로 용접 상부에 모재가 녹아 용착 금속이 채워지지 않고 홈으로 남게된 부분	
피트(Pit)	용접부 표면에 생기는 미세한 흠	
블로 홀(Blow Hole)	용융 금속이 응고할 때 방출가스가 남아서 생긴 기포나 작은 틈	
피시아이(Fish Eye)	슬래그 혼입 및 블로 홀 겹침 현상, 생선 눈알 모양의 은색 반점이 나타남(은점)	
크랙(Crack)	용접 후 냉각 시에 생기는 갈라짐	

크레이터(Crater)	용접 길이 끝부분에 우묵하게 패진 부분	
슬래그(Slag) 감싸들기	용접봉의 피복재 용해물인 회분(Slag)이 용착 금속 내에 혼합된 것	
용입 부족	과소 전류로 용착 금속이 채워지지 않고 홈으로 남는 부분	

10년간 자주 출제된 문제

2-6. 개선(Beveling)이 있는 용접 부위 양끝의 완전한 용접을 하기 위해 모재의 양단에 부착하는 보조강판은?

① Scallop
② Back Strip
③ End Tap
④ Crater

2-7. 용접작업 시 용착 금속 단면에 생기는 작은 은색의 점을 무엇이라 하는가?

① 피시아이(Fish Eye)
② 블로 홀(Blow Hole)
③ 슬래그 함입(Slag Inclusion)
④ 크레이터(Crater)

2-8. 철골부재의 용접 시 이음 및 접합 부위의 용접선의 교차로 재용접된 부위가 열 영향을 받아 취약해짐을 방지하기 위하여 모재에 부채꼴 모양으로 모따기를 한 것은?

① Blow Hole
② Scallop
③ End Tab
④ Crater

2-9. 압연강재가 냉각될 때 표면에 생기는 산화철 표피는?

① 스패터
② 밀 스케일
③ 슬래그
④ 비드

2-10. 다음 중 철골공사 용접작업 자세 기호의 의미가 옳은 것은?

① F : 수평자세
② H : 수직자세
③ O : 상향자세
④ V : 하향자세

|해설|

2-6
엔드 탭(End Tap)

2-9
② 밀 스케일(Mill Scale) : 금속을 800℃ 이상으로 가열, 가공하였을 때 냉각되면서 표면에 생성되는 표피 산화물 피막
① 스패터(Spatter) : 아크용접과 가스용접에서 용접 중 불꽃이 사방으로 비산하면서 튀어나오는 슬래그 또는 금속 입자
③ 슬래그(Slag) : 광물을 고로에서 제련할 때 광석에서 금속을 빼내고 남은 찌꺼기
④ 비드(Bead) : 용접할 때 녹아 붙어 만들어지는 가늘고 긴 띠 모양의 쇠붙이

2-10
용접작업 자세 기호
• F : Flat, 하향자세
• H : Horizontal, 수평자세
• O : Overhead, 상향자세
• V : Vertical, 수직자세

정답 2-6 ③ 2-7 ① 2-8 ② 2-9 ② 2-10 ③

핵심이론 03 | 현장설치작업 및 세우기용 장비

(1) 철골 주각부의 현장시공 순서

① 기초 주각부 심먹 매김
② 앵커 볼트 설치
③ 기초 상부 고름질
④ 철골 세우기
⑤ 가조립
⑥ 변형 바로잡기
⑦ 정조립(본조립)
⑧ 접합부 검사
⑨ 도 장

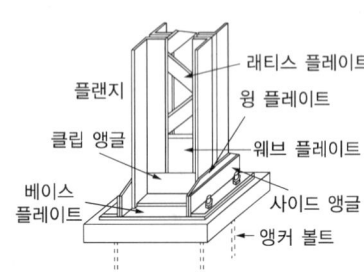

(2) 주각부

① 철골 주각부
  ㉠ 철골구조에서 기둥과 보, 지붕 등의 하중을 기초에 전달하는 역할을 한다.
  ㉡ 베이스 플레이트는 기둥이 받는 하중을 기초에 전달하고 윙 플레이트를 대서 힘을 분산시킨다.
  ㉢ 베이스 플레이트의 두께는 15~30mm 정도를 쓰고 앵커 볼트의 길이는 볼트 지름의 40배 정도가 필요하다.

② 구성재
  ㉠ 베이스 플레이트
  ㉡ 리브 플레이트
  ㉢ 윙 플레이트
  ㉣ 클립 앵글
  ㉤ 사이드 앵글
  ㉥ 앵커 볼트 등

(3) 앵커 볼트 매입방법

고정 매입법	앵커 볼트 고정 후 콘크리트를 타설하는 공법으로 시공정밀도가 요구되는 곳에 사용하며 위치 수정 불가능	
가동 매입법	함석 깔대기(얇은 철판통)를 끼워 두고 콘크리트를 타설(약간의 위치 수정 가능)	
나중 매입법	앵커 볼트 묻을 자리를 만들고 콘크리트를 타설 후 나중에 고정하는 방법(경미한 공사, 위치 수정 가능)	

10년간 자주 출제된 문제

3-1. 철골구조의 주각부의 구성요소에 해당되지 않는 것은?
① 스티프너
② 베이스 플레이트
③ 윙 플레이트
④ 클립 앵글

3-2. 다음 중 철골공사 시 주각부의 앵커볼트 설치와 관련된 공법은?
① 고름모르타르 공법
② 부분 그라우팅 공법
③ 전면 그라우팅 공법
④ 가동매입 공법

3-3. 철골구조에서 가새를 조일 때 사용하는 보강재는?
① 거싯 플레이트(Gusset Plate)
② 슬리브 너트(Sleeve Nut)
③ 턴 버클(Turn Buckle)
④ 아이 바(Eye Bar)

|해설|

3-1
스티프너
- 철골 보의 Web 부분의 전단 보강과 좌굴을 방지하기 위해서 설치하는 보강재
- 수평 스티프너 : 철골 보의 플랜지와 평행하게 설치하여 좌굴 방지
- 수직 스티프너 : 강지 보의 플랜지에 수직방향으로 스티프너를 사용하여 전단 좌굴 강도를 크게 하여 좌굴 및 지압 파괴를 방지

3-2
철골공사 시 주각부의 앵커 볼트 매입방법
- 고정매입법
- 가동매입법
- 나중매입법

3-3
턴 버클은 철골구조에서 가새를 조일 때 사용하는 인장재의 연결 보강재이다.

정답 3-1 ① 3-2 ④ 3-3 ③

(4) 세우기용 장비

① 가이 데릭(Guy Derrick) : 가장 일반적인 기중기
  ㉠ 붐(Boom)의 회전범위 : 360°
  ㉡ 붐(Boom)의 길이는 마스트의 길이보다 짧다.
② 스티프 레그 데릭(Stiff Leg Derrick)
  ㉠ 삼각 데릭으로 수평이동 가능, 층수 낮은 긴 평면에 유리
  ㉡ 회전범위 : 270°, 작업범위 : 180°
③ 타워 크레인(Tower Crane) : 타워 위에 크레인을 설치한 것으로 고양정, 광범위한 작업에 적당
④ 트럭 크레인(Truck Crane) : 트럭에 설치한 크레인으로 이동성 및 작업능률이 좋다.
⑤ 진 폴(Gin Pole) : 소규모 공사에 사용하는 간단한 설비

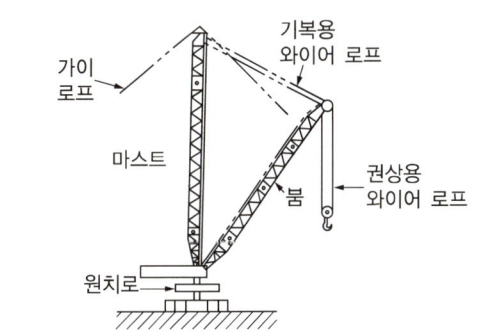

[가이 데릭]

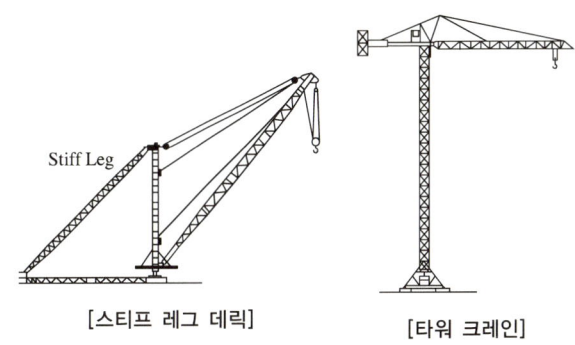

[스티프 레그 데릭]   [타워 크레인]

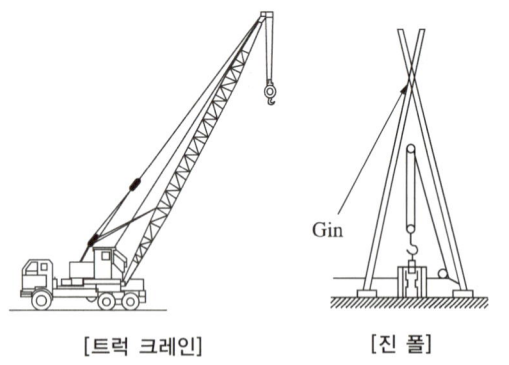

[트럭 크레인]   [진 폴]

10년간 자주 출제된 문제

3-4. 가이 데릭(Guy Derick)에 대한 설명 중 옳지 않은 것은?

① 기계 대수는 평면 높이의 가동범위·조립능력과 공기에 따라 결정한다.
② 붐(Boom)의 길이는 마스트의 길이보다 길다.
③ 볼 휠(Ball Wheel)은 가이 데릭 하단부에 위치한다.
④ 붐(Boom)의 회전각은 360°이다.

|해설|

3-4
붐(Boom)의 길이는 마스트의 길이보다 짧다.

정답 3-4 ②

핵심이론 04 | 경량철골 공사 및 기타 공사

(1) 경량철골구조

① 두께(1.6~4.0mm)가 얇고 너비가 일정한 판을 휨에 대한 단면 성능이 좋도록 접어 만든 경량형 강재를 사용
② 철골 반자틀 시공 순서 : 인서트 매입 → 달대 설치 → 행거 → 천장틀받이 → 천장틀 설치 → 텍스 붙이기

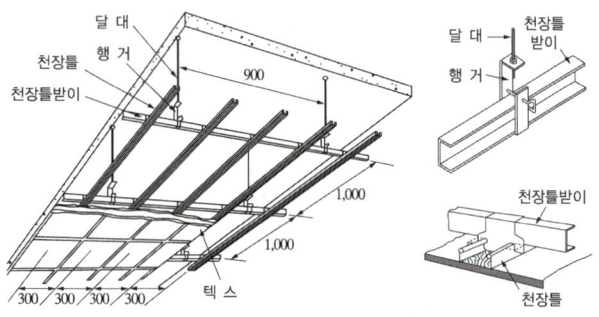

(2) 파이프 구조

① 강관 파이프를 사용한 구조로 경량, 외관의 미려하다.
② 파이프의 부재 형상이 간단하고 공사비가 저렴하다.
③ 대규모 공장, 창고, 체육관, 동식물원 등에 사용
④ 파이프 단면의 녹막이를 고려한 밀폐방법

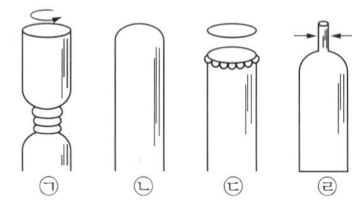

㉠ 스피닝(Spinning)에 의한 방법
㉡ 가열하여 구형으로 가공
㉢ 원판, 반구형판을 용접
㉣ 관 끝을 압착, 용접 밀폐시키는 방법

(3) 칼럼 쇼트닝(Column Shortening)
① 고층 건물에서 높이가 증가함에 따라 발생하는 기둥의 축소 변위량(수직 부재가 시간 경과에 따라 수축하는 현상)
② 부등축소 원인 : 기둥구조 상이, 내외부 기둥 하중차, 이질재료 기둥(합성구조) 사용
③ 영 향
  ㉠ 구조물의 안전성 저해
  ㉡ 건축마감재, 엘리베이터, 설비 등에 변형을 유발
  ㉢ 건물의 기능 및 사용성을 저해한다.

(4) CFT(Concrete Filled Tube)
① 강관을 기둥의 거푸집으로 하며, 강관 내부에 콘크리트를 채운 합성구조
② 좌굴방지, 내진성 향상, 기둥 단면 축소, 휨강성 증대 등의 효과가 있으므로, 초고층 건물의 기둥 구조물에 유리한 구조

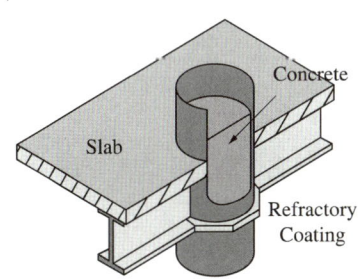

10년간 자주 출제된 문제
파이프구조에 관한 설명으로 옳지 않은 것은?
① 파이프구조는 경량이며, 외관이 경쾌하다.
② 파이프구조는 대규모의 공장, 창고, 체육관, 동·식물원 등에 이용된다.
③ 접합부의 절단가공이 어렵다.
④ 파이프의 부재 형상이 복잡하여 공사비가 증대된다.

|해설|
파이프의 부재 형상이 간단하고 공사비가 저렴하다.

정답 ④

제6절 조적공사, 석공사

핵심이론 01 벽돌공사

(1) 벽돌의 종류
① 붉은 벽돌(점토제품, KS L 4201)
② 시멘트벽돌(KS F 4004) : 압축강도 5.88N/mm² 이상, 골재의 최대 크기 10mm 이하
③ 내화벽돌 : 산성 점토(규산점토, 알루미나), 염기성 점토(마그네사이트), 크롬철광 등 기건성 내화점토 소성 벽돌
④ 경량벽돌 : 분탄, 톱밥을 섞어 공극을 생성한 것으로 못치기, 절단이 용이하고 경미한 칸막이벽, 방열, 방음, 치장재로 사용하며, 중공벽돌과 다공질벽돌 등이 있다.
⑤ 포도(바닥)용 벽돌 : 흡수율 작고 마모성, 강도가 크다.

(2) 줄 눈
① 줄눈의 시공
  ㉠ 줄눈 치수 : 표준 10mm, 내화벽돌 6mm, 타일이나 모자이크 벽돌 2mm
  ㉡ 막힌 줄눈 원칙, 보강블록조와 치장용은 통줄눈 시공
② 치장줄눈
  ㉠ 보통 많이 사용되는 줄눈은 평줄눈이다.
  ㉡ 벽면에서 8~10mm 정도로 줄눈파기로 한다.
  ㉢ 쌓기 직후 줄눈 모르타르가 굳기 전에 누르기 한다.
  ㉣ 치장줄눈의 종류 : 평줄눈, 민줄눈, 볼록줄눈, 오목줄눈, 엇빗줄눈, 내민줄눈, 빗줄눈, 둥근줄눈, 실줄눈

(3) 조적조 시공방법

① 물축이기 : 충분히 물을 축인다. 내화벽돌은 건조상태로서 물축임을 하지 않는다.
② 세로규준틀 설치
  ㉠ 건물의 모서리, 벽이 길 때 중앙부에 설치
  ㉡ 기입사항 : 줄눈 위치, 창문틀 위치, 볼트 위치, 나무벽돌 위치, 쌓기 단수
③ 보양 : 쌓기 후 보양하고, 무거운 짐이나 충격·진동·압력 등을 주지 않으며, 쌓은 벽돌은 움직여서는 안 된다.

(4) 조적공사 시공 시 유의사항

① 한랭 공사(4℃ 이하) 시 모르타르 온도는 4~40℃ 이내 유지
② 벽돌 표면온도는 4℃ 이하가 되지 않도록 관리
③ 가로, 세로의 줄눈 너비는 1cm를 표준으로 한다.
④ 모르타르용 모래는 5mm체에 100% 통과하는 입도여야 한다.
⑤ 하루 쌓기 높이는 보통 1.2m(18켜) 정도, 최대 1.5m(22켜) 이하로 한다.
⑥ 내력벽 쌓기에서는 눕혀쌓기가 주로 쓰인다.
⑦ 모르타르 강도는 벽돌의 강도 이상의 것을 사용한다.
⑧ 연속되는 벽면의 일부를 나중쌓기 할 때에는 그 부분을 층단 들여쌓기로 한다.

10년간 자주 출제된 문제

1-1. 다음 중 조적벽 치장줄눈의 종류로 옳지 않은 것은?
① 오목줄눈
② 빗줄눈
③ 통줄눈
④ 실줄눈

1-2. 벽돌쌓기에 대한 설명으로 옳지 않은 것은?
① 연속되는 벽면의 일부를 나중쌓기 할 때에는 그 부분을 층단 들여쌓기로 한다.
② 내력벽 쌓기에서는 세워쌓기나 옆쌓기가 주로 쓰인다.
③ 벽돌쌓기 시 줄눈 모르타르가 부족하면 하중 분담이 일정하지 않아 벽면에 균열이 발생할 수 있다.
④ 창대쌓기는 물흘림을 위해 벽돌을 15° 정도 기울여 벽면에서 3~5cm 정도 내밀어 쌓는다.

1-3. 조적벽체에 발생하는 균열을 대비하기 위한 신축줄눈의 설치 위치로 옳지 않은 것은?
① 벽높이가 변하는 곳
② 벽두께가 변하는 곳
③ 집중응력이 작용하는 곳
④ 창 및 출입구 등 개구부의 양측

|해설|
1-1
통줄눈, 막힌줄눈은 구조적 줄눈이다.
1-2
내력벽 쌓기에서는 눕혀쌓기가 주로 쓰인다.
1-3
신축줄눈은 집중응력이 작용하지 않는 곳에 둔다.

정답 1-1 ③ 1-2 ② 1-3 ③

(5) 벽돌쌓기 방법

① 길이쌓기(0.5B 쌓기) : 길이 면이 보이도록 쌓는 방식으로 가장 얇은 벽쌓기이며 칸막이용으로 쓰임
② 마구리쌓기(1.0B 쌓기) : 원형 굴뚝에 쓰임

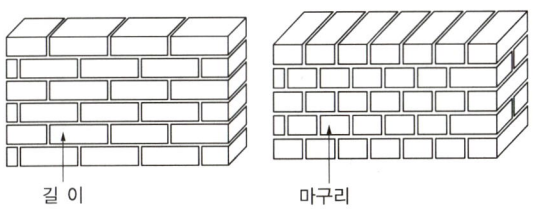

[길이쌓기]　　　　　　[마구리쌓기]

③ 세워쌓기 : 길이 면이 보이도록 수직으로 쌓는 방식
④ 옆세워쌓기 : 마구리면이 보이도록 수직으로 쌓는 방식
⑤ 영롱쌓기 : 상부 하중을 지지하지 않는 벽으로 장식적인 효과를 기대하기 위해 벽체에 구멍을 내어 쌓는 방식
⑥ 엇모쌓기 : 담, 처마에 내쌓기를 할 때 45°로 모서리가 면에 나오게 쌓는 방식(시공 간단, 외관 장식에 좋다)

(6) 나라별 벽돌쌓기 방법

① 영식 쌓기 : 한 켜는 마구리쌓기, 다음 켜는 길이쌓기로 하고, 모서리 벽 끝에는 이오토막을 사용하여 마무리하는 쌓기 법으로 벽돌쌓기 중 가장 튼튼한 쌓기법
② 화란식(네덜란드식) 쌓기 : 영식 쌓기와 거의 같으나 길이 쌓기 층의 끝에 칠오토막을 사용
③ 불식(프랑스식) 쌓기 : 매 켜에 길이와 마구리쌓기가 번갈아 나오게 쌓는 방법
④ 미식 쌓기 : 5켜는 길이쌓기로 하고, 다음 한 켜는 마구리쌓기로 한다.

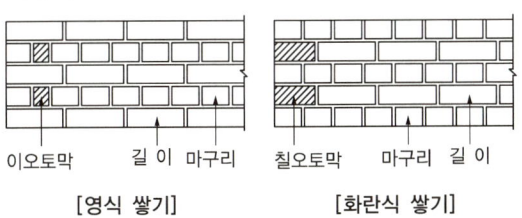

[영식 쌓기]　　　　　　[화란식 쌓기]

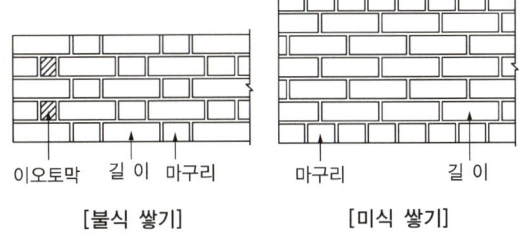

[불식 쌓기]　　　　　　[미식 쌓기]

10년간 자주 출제된 문제

1-4. 벽돌쌓기법 중 매 켜에 길이쌓기와 마구리쌓기가 번갈아 나오는 방식으로 통줄눈이 많으나 아름다운 외관이 장점인 벽돌쌓기 방식은?

① 미식 쌓기
② 영식 쌓기
③ 불식 쌓기
④ 화란식 쌓기

1-5. 벽돌벽에 장식적으로 구멍을 내어 쌓는 벽돌쌓기 방식은?

① 불식 쌓기
② 영롱쌓기
③ 무늬쌓기
④ 층단떼어쌓기

1-6. 벽돌벽 내쌓기에서 내쌓을 수 있는 총 길이의 한도는?

① 2.0B　　② 1.0B
③ 1/2B　　④ 1/4B

|해설|

1-4
불식(프랑스식) 쌓기 : 매 켜에 길이쌓기와 마구리쌓기가 번갈아 나오는 방식으로 통줄눈이 많으나 아름다운 외관이 장점인 벽돌쌓기 방식

1-5
② 영롱쌓기 : 장식적으로 구멍을 내어 쌓는 방식

1-6
벽돌벽 내쌓기의 벽길이 한도
- 최대 : 2.0B
- 한 켜당 : 1/2B
- 두 켜당 : 1/4B

정답 1-4 ③　1-5 ②　1-6 ①

(7) 조적조 설계기준

① 조적식 구조의 설계
  ㉠ 조적재는 통줄눈이 되지 아니하도록 설계해야 한다.
  ㉡ 조적식 구조인 각 층의 벽은 편심하중이 작용하지 아니하도록 설계하여야 한다.

② 기초쌓기
  ㉠ 조적조 기초는 연속 기초로 한다.
  ㉡ 기초판은 철근콘크리트구조 또는 무근콘크리트구조로 한다(두께는 20~30cm).
  ㉢ 기초쌓기 시의 벌림 각도는 60° 이상이다.
  ㉣ 기초벽 두께는 250mm 이상으로 하여야 한다.

③ 내력벽의 높이 및 길이
  ㉠ 조적식 구조인 건축물 중 2층 건축물에 있어서 2층 내력벽의 높이는 4m를 넘을 수 없다.
  ㉡ 조적식 구조인 내력벽의 길이는 10m를 넘을 수 없다.
  ㉢ 조적식 구조인 내력벽으로 둘러쌓인 부분의 바닥면적은 $80m^2$를 넘을 수 없다.

④ 내쌓기(Corbel)
  ㉠ 벽면에서 내밀어 쌓아 횡가재의 자릿대 역할을 한다.
  ㉡ 내쌓기는 한 켜당 1/8B 또는 두 켜당 1/4B로 하고, 내미는 정도는 2B를 한도로 한다.

⑤ 창대쌓기
  ㉠ 물흘림을 위해 벽돌을 15° 정도로 경사지게 옆세워 쌓으며 벽면에서 3~5cm 정도 내밀어 쌓는다.
  ㉡ 창대쌓기 길이는 1.5B 또는 벽두께 이하(방수처리)
  ㉢ 돌출은 벽면에 일치, 1/8~1/4B 정도 밀어 쌓는다.

(8) 백화(Efflorescence)현상

① 벽 표면에 침투하는 빗물, 재료 및 시공불량에 의해 모르타르 중의 석회분이 유출되어 공기 중의 탄산가스와 결합하여 벽 표면에 백색의 미세한 물질이 생기는 현상

② 백화현상 방지 대책
  ㉠ 소성이 잘된(잘 구워진) 벽돌을 사용한다.
  ㉡ 줄눈 모르타르에 방수제를 혼합하고, 밀실하게 사춤시켜서 빗물의 침투를 막는다.
  ㉢ 차양, 루버, 돌림띠 등의 비막이를 설치한다.
  ㉣ 조립률이 큰 모래, 분말도가 큰 시멘트를 사용한다.
  ㉤ 벽면에 파라핀 도료, 실리콘 뿜칠로 방수처리를 한다.
  ㉥ 우중시공을 금지하며 석회가 혼합되지 않도록 한다.

(9) 벽체 균열에 대한 계획 및 설계상 대책

① 건물 자중을 작게 하고, 균형적 하중 분배를 고려
② 건물의 평면, 입면의 균형 및 합리적 배치
③ 기초 부동침하 방지를 위한 기초구조 설계
④ 벽의 길이, 높이, 두께, 벽돌의 강도 확인
⑤ 인방보의 위치에 대한 하중을 고려한 설계 반영
⑥ 문꼴 크기와 합리적인 배치

10년간 자주 출제된 문제

1-7. 조적식 구조의 기초에 관한 설명으로 옳지 않은 것은?
① 내력벽의 기초는 연속 기초로 한다.
② 기초판은 철근콘크리트구조로 할 수 있다.
③ 기초판은 무근콘크리트구조로 할 수 있다.
④ 기초벽의 두께는 최하층의 벽체 두께와 같게 하되, 250mm 이하로 하여야 한다.

1-8. 조적조에 발생하는 백화현상을 방지하기 위하여 취하는 조치로서 효과가 없는 것은?
① 줄눈 부분을 방수처리하여 빗물을 막는다.
② 잘 구워진 벽돌을 사용한다.
③ 줄눈 모르타르에 방수제를 넣는다.
④ 석회를 혼합하여 줄눈 모르타르를 바른다.

1-9. 조적조의 벽체 균열에 대한 설계상 대책으로 틀린 것은?
① 건축물의 복잡한 평면구성을 피한다.
② 건축물의 자중을 크게 한다.
③ 테두리보를 설치한다.
④ 상하층의 창문 위치 및 너비를 일치시킨다.

|해설|
1-7
250mm 이상으로 하여야 한다.
1-8
석회 혼합 시 백화가 발생하므로 모르타르에는 석회를 혼합하지 않는다.
1-9
건축물 자중이 클수록 균열이 커지므로 경량화한다.

정답 1-7 ④ 1-8 ④ 1-9 ②

핵심이론 02 | 블록공사

(1) 블록쌓기 일반사항
① 살두께 : 두꺼운 쪽이 위로 가게 쌓는다.
② 줄눈 시공
  ㉠ 일반 블록조 : 막힌줄눈
  ㉡ 보강 블록조 : 통줄눈
③ 줄눈 모르타르는 쌓은 후 줄눈누르기, 줄눈파기를 한다.
④ 1일 쌓기 단수 : 1.2~1.5m 이내(6~7켜)
⑤ 사춤은 3켜 이내마다 한다.
⑥ 와이어 메시는 3단마다 보강한다.

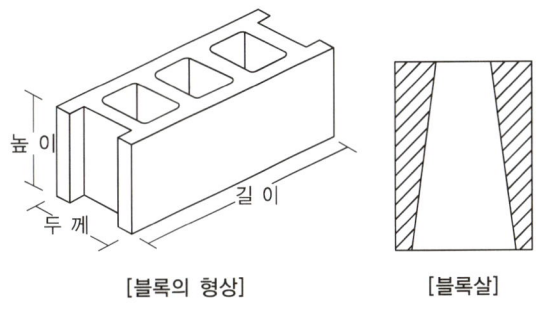

[블록의 형상]   [블록살]

(2) 블록벽체 누수(습기, 빗물침투) 원인
① 사춤 모르타르가 불충분할 때
② 치장줄눈의 시공이 불완전할 때
③ 이질재의 접촉부에 틈이 생길 때
④ 물흘림, 물끊기, 빗물막이가 불완전할 때
⑤ 블록을 쌓을 때 비계장선 구멍 메우기가 불충분할 때

(3) 테두리보(Wall Girder)
① 조적조의 맨 위에 설치하는 보로 춤(높이)은 벽 두께의 1.5배로 하고 철근은 40d 이상 정착시킨다.
② 테두리보(Wall Girder)의 역할
  ㉠ 분산된 벽체를 일체로 하여 균등한 하중 분포
  ㉡ 벽체의 수직 균열에 대한 방지
  ㉢ 보강 블록조의 세로 철근을 테두리보에 정착
  ㉣ 집중하중을 받는 부분을 보강

10년간 자주 출제된 문제

2-1. 블록쌓기에 대한 설명으로 틀린 것은?
① 살두께가 큰 편을 아래로 하여 쌓는다.
② 특별한 지정이 없으면 줄눈은 10mm가 되게 한다.
③ 하루의 쌓기 높이는 1.5m 이내를 표준으로 한다.
④ 줄눈 모르타르는 쌓은 후 줄눈누르기 및 줄눈파기를 한다.

2-2. 보강 콘크리트 블록조의 내력벽에 관한 설명으로 옳지 않은 것은?
① 사춤은 3켜 이내마다 한다.
② 통줄눈은 될 수 있는 한 피한다.
③ 사춤은 철근이 이동하지 않게 한다.
④ 벽량이 많아야 구조상 유리하다.

2-3. 보강 콘크리트 블록조에 관한 설명으로 옳지 않은 것은?
① 내력벽의 통줄눈쌓기로 한다.
② 내력벽의 두께는 그 길이, 높이에 의해 결정된다.
③ 테두리보는 수직방향뿐만 아니라 수평방향의 힘도 고려한다.
④ 벽량의 계산에서는 내력벽이 두꺼우면 벽량도 증가한다.

|해설|

2-1
살두께가 큰 편을 위쪽으로 시공한다.

2-2
보강 콘크리트 블록조는 통줄눈으로 한다.

2-3
벽량의 계산에서는 내력벽의 두께는 관계가 없다.
벽량 : 조적조의 내력벽(개구부가 없는 벽체) 길이의 총 합계를 그 층의 바닥면적으로 나눈 값을 의미하며, 벽량의 계산은 평면상에서 개구부가 있는 곳은 내력벽이 아니므로 유효한 내력 벽체의 길이를 산정하기 위한 방법이다. 내력벽의 양이 많을수록 횡력에 대항하는 힘이 커지므로 큰 건물일수록 벽량을 증가시킬 필요가 있다.

정답 2-1 ① 2-2 ② 2-3 ④

핵심이론 03 | 석공사

(1) 석재의 특성
① 공극률이 클수록 내화성이 크다.
② 비중이 클수록 강도가 크고 내부 공극이 적다.
③ 외장용 석재 : 화강암, 안산암, 점판암 등
④ 내장용 석재 : 대리석과 사문암 등

(2) 석재의 종류
① 화성암(Igneous Rock)
  ㉠ 화강암(Granite) : 마그마가 냉각하여 굳은 것
    • 단단하고 내구성 및 강도가 크나 내화성은 부족
    • 큰 판재를 생산할 수 있으나 가공이 어렵다.
  ㉡ 안산암(Andesite) : 화강암보다 내화력이 우수하고 광택이 없으며, 구조용에 많이 사용한다.
  ㉢ 현무암 : 용암가스 때문에 슬래그 모양의 다공질 구조
② 수성암(Acquecus Rock) : 광물질, 유기물 등이 쌓이고 겹쳐져서 고화되어 침상으로 된 석재
  ㉠ 점판암(Clay Slate) : 점토가 압력을 받아 응결한 것
    • 얇은 판(천연 슬레이트)으로 만들 수 있다.
    • 내수성이 우수하여 지붕 재료, 벽 재료로 사용된다.
  ㉡ 응회암 : 다공질로 내화성은 크나 강도는 약하다.
  ㉢ 석회암(Lime Stone) : 석질은 치밀하나 내산성, 내화성, 내후성이 낮다. 석회, 시멘트의 원료로 사용된다.
  ㉣ 사암(Sand Stone) : 모래가 침전, 퇴적된 경화 암석으로 흡수성이 크고 풍화가 쉽다.

③ 변성암(Metamorphic Rock) : 화성암, 수성암이 지반 변동의 압력과 열에 의해 조직 또는 광물성분이 변화한 것
  ㉠ 대리석 : 석회석이 변화되어 결정화한 것
    • 색조가 다양하고 연마하면 아름다운 광택이 난다.
    • 실내 장식용 고급 석재로서 강도가 높다.
    • 산성, 열에 약하고 내구성이 적어 내장용으로 사용한다.
  ㉡ 사문암 : 실내 장식용으로서 대리석과 유사

(3) 돌쌓기 방법
① 찰쌓기 : 콘크리트가 앞면 접촉부까지 채워지도록 다지는 돌쌓기
② 메쌓기 : 모르타르를 쓰지 않고 돌을 쌓기
③ 막돌쌓기 : 가공되지 않은 자연 그대로의 돌 또는 거칠게 마감한 돌을 겹쳐 쌓은 돌쌓기
④ 건쌓기 : 돌의 뿌리가 서로 물리게 속을 채우는 석회물을 쓰지 않고 돌만을 이용하는 쌓기 방식

(4) 석재 다듬기 순서와 석공구

순 서	내 용
혹두기	마름돌 돌출부를 쇠메로 쳐서 평탄하게 메다듬는 것
정다듬	혹두기 면을 정으로 쪼아 평평하게 다듬는 것
도드락다듬	정다듬 면을 도드락 망치로 평탄하게 다듬는 것
잔다듬	도드락다듬면을 날망치로 평탄하게 마무리하는 것
물갈기	잔다듬면을 숫돌, 금강사로 갈아서 광택을 내는 것(거친갈기 → 물갈기 → 본갈기 → 정갈기)

10년간 자주 출제된 문제

3-1. 석재에 관한 설명으로 옳지 않은 것은?
① 심성암에 속한 암석은 대부분 입상의 결정광물로 되어 있어 압축강도가 크고 무겁다.
② 화산암의 조암광물은 결정질이 작고 비결정질이어서 경석과 같이 공극이 많고 물에 뜨는 것도 있다.
③ 안산암은 강도가 작고 내화적이지 않으나, 색조가 균일하며 가공도 용이하다.
④ 수성암은 화성암의 풍화물, 유기물, 기타 광물질이 땅속에 퇴적되어 지열과 지압을 받아서 응고된 것이다.

3-2. 다음 중 화성암에 속하지 않는 것은?
① 화강암   ② 섬록암
③ 안산암   ④ 점판암

3-3. 모든 석재와 콘크리트가 잘 부착되도록 쌓고, 콘크리트가 앞면 접촉부까지 채워지도록 다지는 돌쌓기 방법은?
① 메쌓기   ② 찰쌓기
③ 막돌쌓기   ④ 건쌓기

|해설|

3-1
안산암은 조직 및 색조가 균일하지 않다.

3-2
점판암은 수성암 계통으로 절리 형태의 암석이다.

정답 3-1 ③ 3-2 ④ 3-3 ②

핵심이론 04 | ALC, 타일공사

(1) ALC(다공질의 경량기포 콘크리트)

① ALC(Autoclaved Lightweight Concrete)는 규석을 주원료로 생석회, 석고, 시멘트, 물 등을 혼합, 발포시켜 고온·고압 상태에서 증기 양생한 경량기포 콘크리트이다.

② ALC 패널이나 블록으로 사용한다.

③ 특 징
- ㉠ 비중은 0.5, 보통 콘크리트의 1/4 정도로서 경량이다.
- ㉡ 열전도율이 콘크리트의 1/10 정도로 단열성능이 좋다.
- ㉢ 건조 수축이 적고, 균열 발생이 적다.
- ㉣ 흡수율이 높아 동해에 대한 방수·방습처리가 필요하다.
- ㉤ 불연성, 내화성, 흡음성이 우수하다.

(2) 타일공사

① 타일 붙이기 일반사항
- ㉠ 줄눈 나누기 및 타일 마름질은 온장을 사용한다.
- ㉡ 줄눈 너비의 표준(단위 : mm)

대형벽돌형(외부)	대형(내부일반)	소 형	모자이크
9	5~6	3	2

- ㉢ 징두리벽은 온장타일이 되도록 나누어야 한다.
- ㉣ 바닥타일은 벽체타일을 먼저 붙인 후 시공한다.
- ㉤ 벽체는 중앙에서 양쪽으로 타일 나누기로 조절한다.
- ㉥ 타일을 붙이는 모르타르에 시멘트 가루를 뿌리면 시멘트의 수축이 크기 때문에 타일이 떨어지기 쉽고 백화가 생기기 쉬우므로 뿌리지 않아야 한다.
- ㉦ 모자이크 타일 붙이기 : 붙임 모르타르를 바탕면에 초벌, 재벌로 두 번 바른다(총 두께는 4~6mm 표준).

② 검 사
- ㉠ 시공 중 검사 : 하루 작업이 끝난 후 비계발판 높이로 보아 눈높이 이상과 무릎 이하 타일을 임의로 떼어 뒷면에 붙임 모르타르가 충분히 채워졌는지 확인
- ㉡ 두들김 검사 : 모르타르 경화 후 검사봉을 두들겨 검사
  - 들뜸, 균열 등의 발견 부위는 줄눈을 잘라 다시 붙임
- ㉢ 타일의 접착력 시험(국가건설기준 표준시방서)
  - 600m^2당 한 장씩 시험한다.
  - 시험할 타일은 먼저 줄눈 부분을 콘크리트 면까지 절단하여 주위의 타일과 분리시킨다.
  - 시험 타일은 시험기 부속장치 크기로 하되, 그 이상은 180×60mm로 절단한다. 40mm 미만 타일은 4매를 1개조로 하여 부속 장치를 붙여 시험한다.
  - 시험은 타일 시공 후 4주 이상일 때 실시한다.
  - 판정 : 인장 부착강도가 0.39MPa 이상이어야 한다.

10년간 자주 출제된 문제

4-1. ALC 제품에 관한 설명으로 옳지 않은 것은?
① 절건상태에서의 비중이 0.75~1 정도이다.
② 압축강도는 3~4MPa 정도이다.
③ 내화성능을 보유하고 있다.
④ 사용 후 변형이나 균열이 적다.

4-2. 타일공사에 관한 설명 중 옳은 것은?
① 모자이크 타일의 줄눈 너비의 표준은 5mm이다.
② 벽체타일이 시공되는 경우 바닥타일은 벽체타일을 붙이기 전에 시공한다.
③ 타일을 붙이는 모르타르에 시멘트 가루를 뿌리면 백화가 방지된다.
④ 치장줄눈은 24시간이 경과한 뒤 붙임 모르타르의 경화 정도를 보아 시공한다.

4-3. 타일 시공 후의 접착력 시험 설명으로 옳지 않은 것은?
① 타일의 접착력 시험은 600m²당 한 장씩 시험한다.
② 시험할 타일은 먼저 줄눈 부분을 콘크리트 면까지 절단하여 주위의 타일과 분리시킨다.
③ 시험은 타일 시공 후 4주 이상일 때 행한다.
④ 시험결과 판정은 타일 인장 부착강도가 10MPa 이상이어야 한다.

| 해설 |

4-1
절건비중 0.45~0.55 정도이며, 보통 콘크리트의 1/4 정도이다.

4-2
① 모자이크 타일의 줄눈 너비의 표준은 2mm이다.
② 벽타일 시공 후에 바닥타일을 시공한다.
③ 모르타르에 시멘트 가루를 뿌리면 백화가 생기기 쉽다.

4-3
시험결과 판정은 타일 인장 부착강도가 0.39MPa 이상이어야 한다.

정답 4-1 ① 4-2 ④ 4-3 ④

제7절 목공사

핵심이론 01 목공사

(1) 목재의 성질

① 섬유포화점 : 세포막 내부가 수분으로 포화되어 있을 때의 함수율로 보통 섬유포화점 함수율은 30% 정도
② 목재의 강도 : 비중이 클수록 강도가 크다.
　㉠ 섬유방향의 강도 > 직각방향의 강도
　㉡ 인장강도 > 휨강도 > 압축강도 > 전단강도
③ 함수율 변화에 따른 강도의 변화
　㉠ 섬유포화점(30%) 이상 : 강도 일정
　㉡ 섬유포화점 이하 : 함수율 감소에 따라 강도 증가

(2) 천연건조(자연건조)

① 주의사항
　㉠ 그늘지고 서늘한 곳으로 지상에서 20cm 이상 이격
　㉡ 마구리에 페인트를 칠하여 급격한 건조를 방지한다.
② 천연건조의 장단점
　㉠ 목재는 건조시간이 길고, 변형이 생기기 쉽다.
　㉡ 목재는 비교적 균일한 건조가 가능하다.
　㉢ 건조비는 적게 들며, 재질의 변질이 적다.

(3) 목재의 접합

이 음	재의 길이 방향으로 부재를 길게 접합하는 것
맞 춤	• 부재를 서로 경사 또는 직각으로 접합하는 것 • 연귀맞춤 : 모서리, 구석 등에 나무 마구리가 보이지 않게 45° 각도로 빗잘라 대는 맞춤
쪽 매	재를 섬유 방향과 평행으로 옆대어 붙이는 것

(4) 목재의 보강철물

① ㄱ자쇠, 띠쇠 : 기둥과 층도리 맞춤
② 앵커 볼트 : 기초와 토대
③ 주걱 볼트 : 깔도리와 기둥의 맞춤

④ 감잡이쇠 : 기초와 토대, 평보와 왕대공 연결 철물
⑤ 듀벨 : 볼트와 같이 사용(듀벨은 전단력, 볼트는 인장력 부담)
⑥ 안장쇠 : 큰 보와 작은 보

10년간 자주 출제된 문제

1-1. 건축용 목재의 일반적인 성질에 대한 설명 중 틀린 것은?
① 섬유포화점 이하에서는 목재의 함수율이 증가함에 따라 강도는 감소한다.
② 기건상태의 목재의 함수율은 15% 정도이다.
③ 목재의 심재는 변재보다 건조에 의한 수축이 작다.
④ 섬유포화점 이상에서는 목재의 함수율이 증가함에 따라 강도는 증가한다.

1-2. 목재를 천연건조시킬 때의 장점에 해당되지 않는 것은?
① 비교적 균일한 건조가 가능하다.
② 시설투자 비용 및 작업 비용이 적다.
③ 건조 소요시간이 짧은 편이다.
④ 타 건조방식에 비해 건조에 의한 결함이 적은 편이다.

1-3. 목조 지붕틀 구조에 있어서 모서리 기둥과 층도리 맞춤에 사용되는 철물은?
① 띠 쇠   ② 감잡이쇠
③ 주걱볼트 ④ ㄱ자쇠

1-4. 다음 중 벽체구조에 관한 설명으로 옳지 않은 것은?
① 목조 벽체를 수평력에 견디게 하고 안정한 구조로 하기 위해 귀잡이를 설치한다.
② 벽돌구조에서 각 층의 대린벽으로 구획된 각 벽에서 개구부 폭의 합계는 그 벽의 길이의 2분의 1 이하로 하여야 한다.
③ 목조 벽체에서 샛기둥은 본기둥 사이에 벽체를 이루는 것으로서 가새의 옆 휨을 막는 데 유효하다.
④ 너비 180cm가 넘는 문꼴의 상부에는 철근콘크리트 인방보를 설치하고, 벽돌 벽면에서 내미는 창 또는 툇마루 등은 철골 또는 철근콘크리트로 보강한다.

| 해설 |

1-1
섬유포화점 이상에서는 강도가 거의 일정하며 전건상태의 1/3 정도 강도가 감소한다.

1-2
목재는 건조시간이 길고, 변형이 생기기 쉽다.

1-3
④ ㄱ자쇠 : 모서리 기둥과 층도리 맞춤

1-4
귀잡이 : 사각구조의 모서리 보강을 위해 귀 부분에 45° 수평방향으로 보강하는 것이며, 수평 간에 있는 부재 중에서 직교하는 부재의 변형을 방지한다.

정답 1-1 ④ 1-2 ③ 1-3 ④ 1-4 ①

제8절 방수공사

핵심이론 01 | 안방수와 바깥방수

(1) 안방수와 바깥방수의 장단점 비교

내용구분	안방수	바깥방수
사용환경	수압이 적고 얕은 지하실	수압이 크고 깊은 지하실
공사시기	자유롭다.	본 공사에 선행한다.
내수압성	작다.	크다.
경제성	(공사비)싸다.	(공사비)고가이다.
보호누름	필요하다.	없어도 무방하다.

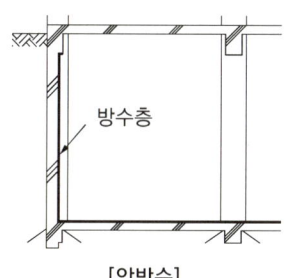

[안방수]

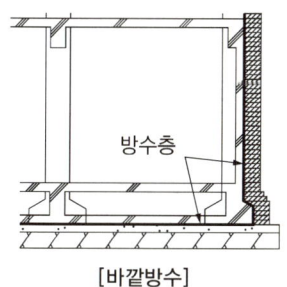

[바깥방수]

(2) 지하실 바깥 방수법 시공순서

잡석다짐 → 밑창 콘크리트 → 바닥 방수층 시공 → 바닥 콘크리트 → 외벽 콘크리트 → 외벽 방수층 시공 → 보호누름 시공 → 되메우기

10년간 자주 출제된 문제

1-1. 바깥방수에 대한 안방수의 특징 설명으로 옳지 않은 것은?

① 공사가 간단하다.
② 공사비가 비교적 싸다.
③ 보호누름이 없어도 무방하다.
④ 수압이 작은 곳에 이용된다.

1-2. 안방수와 바깥방수를 비교한 설명으로 옳지 않은 것은?

① 바탕 만들기에서 안방수는 따로 만들 필요가 없으나 바깥방수는 따로 만들어야 한다.
② 경제성(공사비)에서는 안방수는 비교적 저렴한 편인 반면에 바깥방수는 고가인 편이다.
③ 공사시기에서 안방수는 본공사에 선행해야 하나 바깥방수는 자유로이 선택할 수 있다.
④ 안방수는 바깥방수에 비해 시공이 간편하다.

|해설|

1-1
안방수는 보호누름이 필요하다.

1-2
바깥방수는 아스팔트나 복합방수로써 본공사에 선행해야 하지만, 안방수는 자유로이 선택할 수 있다.

정답 1-1 ③ 1-2 ③

핵심이론 02 | 각종 방수법

(1) 시멘트 액체방수

① 방수제를 물에 타서 충분히 섞은 다음에 콘크리트 또는 모르타르를 섞어 방수층을 시공하는 공법이며, 방수제의 종류에는 액체방수제, 분말방수제 등이 있다.

② 장단점
   ㉠ 보호누름이 불필요하고 시공이 용이하다.
   ㉡ 공사비가 싸고 보수가 쉽다.
   ㉢ 외기의 영향이 크고, 신축성이 작다.
   ㉣ 건조수축 등에 의한 균열이 잘 발생한다.

③ 시공재료
   ㉠ 충진성 : 소석회, 진흙, 규조토, 규산백토 등으로 모르타르나 콘크리트 공간을 메우는 것
   ㉡ 발수성 : 명반, 비누, 수지 등의 재료를 사용하여 모재의 표면에서 물을 튕기게 하는 것
   ㉢ 화학성 : 포졸란 등으로 소석회 유출을 방지하는 것

④ 시공순서
   방수액 침투 → 시멘트 풀 → 방수액 침투 → 시멘트 모르타르 → 방수액 침투 → 시멘트 풀 → 방수액 침투 → 시멘트 모르타르

⑤ 시멘트 액체방수의 시공
   ㉠ 바탕 처리는 균열 없이 수밀하고 평탄하게 손질한다.
   ㉡ 바탕 콘크리트면에 시멘트 풀을 일정한 두께로 솔칠하여 바른다.
   ㉢ 급경 방수액이나 보통 방수액을 솔칠하여 바른다.
   ㉣ 위와 같이 소정의 횟수를 반복한 후, 그 위에 보호 모르타르를 5cm 이상 평활하게 바른다.
   ㉤ 방수층은 신축성이 없기 때문에 반드시 신축줄눈을 설치하도록 한다.
   ㉥ 공정의 마지막 단계인 시멘트 모르타르를 방수 모르타르 마감으로 하여 보호층의 역할을 겸하게 한다.

10년간 자주 출제된 문제

2-1. 시멘트 액체방수에 관한 설명으로 옳은 것은?
① 모체 표면에 시멘트 방수제를 도포하고 방수 모르타르를 덧발라 방수층을 형성하는 공법이다.
② 구조체 균열에 대한 저항성이 매우 우수하다.
③ 시공은 바탕처리 → 혼합 → 바르기 → 지수 → 마무리순으로 진행된다.
④ 시공 시 방수층의 부착력을 위하여 방수할 콘크리트 바탕면은 충분히 건조시키는 것이 좋다.

2-2. 시멘트의 액체방수에 관한 설명으로 옳지 않은 것은?
① 값이 저렴하고 시공 및 보수가 용이한 편이다.
② 바탕이 습하거나 수분이 함유되어 있어도 시공할 수 있다.
③ 옥상 등 실외에서 효력의 지속성을 기대할 수 없다.
④ 바탕 콘크리트의 침하, 경화 후의 건조수축, 균열 등 구조적 변형이 심한 부분에서도 사용할 수 있다.

|해설|
2-1
② 구조체 균열에 대한 저항성이 좋지 않다.
③ 시공은 지수 → 바탕처리 → 혼합 → 바르기 → 마무리순으로 진행된다.
④ 시공 시 방수층의 부착력을 위하여 방수할 콘크리트 바탕면은 건조시키지 않고 습윤상태를 유지하면서 시공한다.

2-2
시멘트의 액체방수는 콘크리트의 건조수축, 균열 등의 구조적 결함 부위에는 사용하지 않는다.

정답 2-1 ① 2-2 ④

(2) 아스팔트방수

① 석유계 아스팔트의 종류
  ㉠ 스트레이트 아스팔트(Straight Asphalt) : 연화점이 낮다.
  ㉡ 블론 아스팔트(Blown Asphalt) : 스트레이트 아스팔트를 가열하면서 공기를 불어 넣어 만든다. 비교적 연화점 높고, 온도에 예민하지 않아 지붕방수에 사용
  ㉢ 아스팔트 컴파운드(Asphalt Compound) : 블론 아스팔트에 동식물성 기름과 광물성 분말을 혼입하여 성질을 개량한 최우량품의 아스팔트
  ㉣ 아스팔트 프라이머(Asphalt Primer) : 아스팔트를 휘발성 용제로 녹인 것으로 방수 시공 시 밑바탕에 도포하여 모재와 방수층의 부착을 좋게 한다.

② 아스팔트의 품질검사 항목
  ㉠ 침입도 : 아스팔트의 견고성 정도(경도)를 나타내는 것으로서, 25℃에서 100g 추가 5초 동안 바늘을 누를 때 0.1mm 들어가는 것을 침입도 1이라 한다.
  ㉡ 연화점 : 아스팔트를 가열할 경우 액상의 점도에 도달하는 온도
  ㉢ 신도 : 아스팔트가 늘어나는 신장(伸張)의 정도
  ㉣ 감온비 : 온도변화에 따른 아스팔트의 침입도 변화를 나타내는 수치
  ㉤ 인화점 : 아스팔트가 불이 붙을 때의 온도

(3) 시트(고분자 루핑)방수

① 합성고무 또는 합성수지를 주성분으로 하는 시트 1겹을 접착제로 바탕에 붙여서 방수층을 형성하는 공법으로, 폭 1m, 두께 1~3mm 정도의 시트를 접착제 또는 열로 가열하여 접착하며, 이음 부위 처리가 성능을 좌우한다.
② 수용성 프라이머는 저온 시 동결피해 발생에 주의한다.
③ 접착제 도포에 앞서 먼저 도포한 프라이머의 적정한 건조를 확인한다.
④ 접착공법은 모서리부, 드레인 주변 등 특수한 부위를 먼저 세심하게 작업한다.

10년간 자주 출제된 문제

2-3. 아스팔트방수가 시멘트 액체방수보다 우수한 점은?
① 경제성이 있다.
② 보수범위가 국부적이다.
③ 시공이 간단하다.
④ 방수층의 균열 발생 정도가 비교적 적다.

2-4. 아스팔트 프라이머를 사용하는 목적으로 옳은 것은?
① 방수층의 습기를 제거하기 위하여
② 아스팔트 보호누름을 시공하기 위하여
③ 보수 시 불량 및 하자 위치를 쉽게 발견하기 위하여
④ 콘크리트 바탕과 방수시트의 접착을 양호하게 하기 위하여

2-5. 아스팔트방수공사에 관한 설명으로 옳지 않은 것은?
① 아스팔트 프라이머는 건조하고 깨끗한 바탕면에 솔, 롤러, 뿜칠기 등을 이용하여 규정량을 균일하게 도포한다.
② 용융 아스팔트는 운반용 기구로 시공 장소까지 운반하여 방수 바탕과 시트재 사이에 롤러, 주걱 등으로 뿌리면서 시트재를 깔아 나간다.
③ 옥상에서의 아스팔트 방수 시공 시 평탄부에서의 빗수 시드 깔기 작업 후 특수 부위에 대한 보강붙이기를 시행한다.
④ 평탄부는 프라이머의 건조상태를 확인하여 시트를 깐다.

2-6. 시트방수공법에 관한 설명 중 틀린 것은?
① 접착제 도포에 앞서 먼저 도포한 프라이머의 건조를 확인한다.
② 시트의 너비와 길이에는 제한이 없고, 3겹 이상 적층하여 방수하는 것이 원칙이다.
③ 수용성의 프라이머는 저온 시 동결피해 발생에 주의한다.
④ 접착공법은 특수한 부위를 먼저 세심하게 작업한다.

|해설|

2-3
- 아스팔트방수는 방수층의 균열발생 정도가 비교적 적다.
- 시멘트 액체방수는 방수층의 균열발생 정도가 크다.

2-4
아스팔트 프라이머는 블론 아스팔트에 휘발성 용제를 넣어 묽게 한 것으로 콘크리트 바탕과 방수시트의 접착을 양호하게 하기 위하여 사용한다.

2-5
일반 평탄부의 루핑깔기는 특수부의 보강붙이기가 끝난 후 프라이머의 적절한 건조상태를 확인하여 루핑 시트를 깐다.

2-6
시트방수는 폭 1m, 두께 1~3mm 정도의 시트를 접착제 또는 열로 가열하여 바탕면에 접착하는 공법으로 이음 부위의 처리가 성능을 좌우한다.

정답 2-3 ④ 2-4 ④ 2-5 ③ 2-6 ②

(4) 도막방수

① 도막방수의 종류

㉠ 용제형 도막방수
- 천연 및 합성고무를 휘발성 용제에 녹인 고무도료를 여러 번 덧칠하여 방수층을 만드는 공법
- 공사가 쉽고 착색이 자유롭지만 휘발성 용제를 사용하는 만큼 화재 발생이나 환기에 주의해야 한다.
- 완성된 도막은 외부 충격에 약하므로 시공 후 보호층 시공이 필요하다.

㉡ 유제형 도막방수(수지 에멀션형 도막방수)
- 수지 에멀션제(유제)를 바탕 콘크리트면에 여러 차례 덧발라 방수층을 만드는 공법
- 방수재가 굳을 때 자체 수축에 의한 균열은 적으나 재질이 연약하여 면적이 넓은 장소에서는 시공이 어렵다.

㉢ 에폭시 도막방수
- 에폭시 수지를 여러 번 발라 0.1~0.2mm의 얇은 도막을 형성하는 공법
- 내약품성, 내마모성, 내화학성, 내후성이 우수하다.
- 접착력이 좋아서 화학공장 방수층을 겸한 바닥공사에 사용된다.

② 도포공법의 종류

㉠ 코팅공법
- 프라이머를 칠하고 롤러, 붓 등으로 도막방수제(에폭시액)으로 매회 0.1mm로 총 3회 0.3mm 정도로 도포만 하는 방법
- 저렴한 공사비용으로 시공이 가능하다.
- 도막층은 얇지만 내마모성과 분진 방진이 요구되어지는 바닥상태가 평활한 신축바닥면에 적용한다.

ⓒ 라이닝 공법
- 유리섬유, 합성섬유 등의 망상포를 적층하여 도포하며, 에폭시 코팅에 비해 두꺼운 도막층을 형성하여 바닥상태의 거친 표면을 은폐하기 위한 부위에 시공한다.
- 표준 시공 권장 두께는 3mm이다.
- 식품공장, 크린룸, 주차장, 냉동창고 바닥, 기계적 강도가 요구되는 장소에 적용된다.

10년간 자주 출제된 문제

2-7. 도막방수에 관한 설명으로 옳지 않은 것은?
① 방수재의 도포 시 치켜올림 부위를 도포한 다음, 평면 부위의 순서로 도포한다.
② 방수재의 겹쳐바르기 폭은 100mm 내외로 한다.
③ 도막 두께는 원칙적으로 사용량을 중심으로 관리한다.
④ 우레아수지계 도막방수재를 스프레이 시공할 경우 바탕면과 200mm 이하로 간격을 유지하도록 한다.

2-8. 도막방수에 관한 설명으로 옳지 않은 것은?
① 도막방수의 바탕처리는 시멘트 액체방수에 준하여 실시한다.
② 도막방수에는 노출공법과 비노출공법이 있다.
③ 아크릴계 도막방수는 인화성이 강하므로 화기를 엄금한다.
④ 용제형 도막방수는 강풍이 불 경우 방수층 접착이 불량하다.

2-9. 유리섬유, 합성섬유 등의 망상포를 적층하여 도포하는 도막방수공법은?
① 시멘트 액체방수 공법
② 라이닝 공법
③ 스타코 마감 공법
④ 루핑 공법

2-10. 멤브레인 방수공법에 해당되지 않는 것은?
① 아스팔트방수
② 콘크리트 구체방수
③ 도막방수
④ 합성고분자 시트방수

| 해설 |

2-7
우레아수지계 도막방수재를 스프레이 시공할 경우 바탕면과 300mm 이하로 간격을 유지한다.

2-8
- 아크릴계 도막방수는 수용성이며 시너 등을 사용하지 않기 때문에 인화성이 약하다.
- 불용성 유성 용제인 시너나 휘발유 등은 인화성이 강하다.

2-9
라이닝 공법 : 유리섬유, 합성섬유 등의 망상포를 적층하여 도포하며, 에폭시 코팅에 비해 두꺼운 도막층을 형성한다.

2-10
콘크리트 구체방수는 콘크리트 타설 시 방수액을 혼합하여 수밀성·내수성을 증대시켜 방수성능을 확보하는 방수법이다.
멤브레인(Membrane) 방수 : 불투성 피막을 형성하여 방수하는 공사를 총칭하며 아스팔트, 개량 아스팔트 시트, 합성고분자계 시트 및 도막 등의 피막 형성 방수층 공사에 사용한다.

정답 2-7 ④ 2-8 ③ 2-9 ② 2-10 ②

제9절 지붕공사

핵심이론 01 | 지붕공사

(1) 한식 기와 잇기

알매흙	한식기와 잇기에서 산자(흙받이) 위에 펴 까는 흙
홍두께흙	수키와 밑에 홍두깨 모양으로 둥글게 뭉쳐 까는 흙
너 새	박공 옆에 직각으로 대는 암키와
단골막이	착고막이로 수키와 반토막을 간단히 댄 것
와당(瓦當)	기와의 끝에 둥글게 모양을 낸 것
내림새	비흘림판이 달린 처마끝의 암키와
막 새	비흘림판이 달린 처마끝에 덮는 수키와
머거불	용마루 끝에 마구리에 옆세워 댄 수키와
착 고	지붕마루에 수키와 모양의 기와를 옆세워 댄 것
부 고	착고 위에 수키와를 옆세워 쌓은 것
아귀토	수키와 처마 끝에 막새 대신 회백토로 바른 것

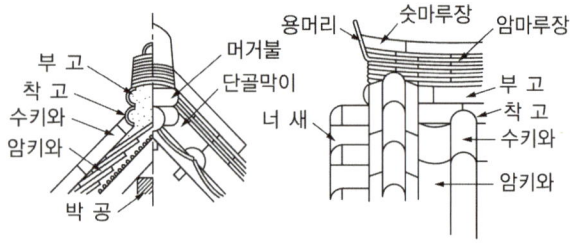

(2) 기와 잇기

① 기와는 내후, 방화, 방수, 차음, 단열성능이 우수하나 다른 재료에 비해 무거워서 내진상 불리하다.
② 전통기와는 점토소성품으로 암키와와 수키와로 구성
③ 개량기와는 암키와와 수키와를 한장으로 붙여 만든 것으로 시멘트로 제작되며 잇기가 편리하고 경제적이다.

(3) 금속판 잇기

① 금속판 잇기는 무게가 가볍고, 현장에서 부재를 절곡하여 가공하기 때문에 재료의 낭비도 적다.
② 겹침 두께가 작으며, 물매를 완만하게 할 수 있다.
③ 부분적인 파손으로 전체적으로 수리를 해야 하며, 온도변화에 의한 신축이 크고, 산화하며, 부식되기 쉽다.
④ 단열성이 나쁘고 강우 시 소음이 발생하는 단점이 있다.

(4) 싱글 잇기

① 얇은 정형의 소형판을 겹쳐 늘어놓는 것이다. 횡방향으로는 틈새가 허용되나 위판과의 겹침 부분은 충분한 길이로 해서 물이 새지 않도록 한다.
② 아스팔트 싱글 : 두꺼운 펠트에 아스팔트를 침투시키고 표면에 연화점이 높은 양질의 아스팔트를 도포한 후 채색 모래를 압착시킨 것으로 접착재와 못을 이용하여 바탕면에 고정하여 시공한다.
③ 아스팔트 싱글은 값이 싸고 시공이 간편하고, 내후성도 좋지만 가연성이 있다.

(5) 실링공사

① 개스킷(Gasket) : 두 개의 면 사이에 장착되는 것으로 연결면에 대한 기밀을 유지하고 조립 부위를 통해 외부의 오염된 물질 유입을 방지하는 고정형 타입실을 말한다.
② 프라이머는 접착면과 실링재와의 접착성을 좋게 하기 위하여 도포하는 바탕처리 재료이다.
③ 백업재는 소정의 줄눈깊이를 확보하기 위하여 줄눈 속을 채우는 재료이다.
④ 마스킹 테이프는 시공 중 실링재 충전개소 외의 오염방지, 줄눈선을 깨끗이 마무리하기 위한 보호 테이프이다.

10년간 자주 출제된 문제

지붕 잇기 중 금속판 지붕 잇기에 대한 설명으로 틀린 것은?

① 금속판 지붕은 다른 재료에 비해 무겁고, 시공이 어렵다.
② 겹침의 두께가 작으며 물매를 완만하게 할 수 있다.
③ 열전도가 크고 온도 변화에 의한 신축이 크기 때문에 바탕재와의 연결에 주의한다.
④ 대기 중에 장기간 노출되면 산화하며, 염류나 가스에 부식되기 쉽다.

|해설|

금속판은 판의 형태로 제작되기 때문에 가볍고 시공이 용이하다.

정답 ①

제10절 미장공사, 도장공사

핵심이론 01 | 미장공사

(1) 수경성과 기경성 재료

기경성	공기 중에서 경화하는 것으로, 공기가 없는 수중에서는 경화되지 않는 성질(수축성, 알칼리성)	
	석회질, 진흙질	회반죽, 돌로마이트 플라스터
수경성	• 물과 섞이면서 상호 작용하여 경화되고 점차 강도가 커지는 성질(팽창성) • 분말한 소석고를 물로 비비면 구울 때 소실한 물에 상당하는 물과 결합하여 경화된다. • 석고의 경화 시간은 짧으므로 경화 시간 조절을 위해 혼화재(소석회, 돌로마이트 플라스터)를 사용한다.	
	석고질, 시멘트질	순석고, 혼합석고, 경석고 플라스터

① 기경성
  ㉠ 회반죽 : 소석회 + 모래 + 여물을 해초풀로 반죽한 것
    • 물은 사용하지 않는다.
    • 소석회 : 공기 중 탄산가스(CO_2)에 의해 굳어진다.
    • 여물 : 회반죽이 건조하여 균열이 생기는 것을 방지
    • 해초풀물 : 은행초, 미역, 해초를 끓인 물
    • 모래 : 점도 조절재로 소량을 쓴다.
  ㉡ 회사벽 : 석회죽 + 모래
  ㉢ 돌로마이트 플라스터 : 돌로마이트석회 + 모래 + 여물
    • 돌로마이트(Dolomite)는 백운석, 고회석의 백색, 회색 광물이며, 돌로마이트 플라스터는 마그네시아를 다량 함유한 석회석인 백운석을 구워 소석회와 같은 공정을 거친 뒤 분쇄해서 제작한다.
    • 소석회보다도 점도가 높고 풀을 혼용하지 않고 미장 도장이 가능하다(소석회를 첨가하지 않아도 된다).
    • 석고에 비해 바르기 쉽고 값도 비교적 저렴하다.
    • 경화가 늦고, 수축성이 크기 때문에 균열 발생이 쉽다.
    • 밑바름 두께와 그 건조도에 영향을 많이 받는다.
    • 강도가 약하고 경화 수축이 크므로 소량의 시멘트를 넣어 강도를 증진시키고 석고 플라스터를 넣어 균열을 방지한다.

② 수경성
  ㉠ 순석고 플라스터 : 순석고 + 모래 + 물로서 경화 속도가 빠르며, 중성이다.
  ㉡ 혼합석고 플라스터 : 배합석고 + 모래 + 여물 + 물로서 경화 속도는 보통이며, 약알칼리성이다.
  ㉢ 경석고 플라스터 : 무수석고 + 모래 + 여물 + 물로서 강도가 크고 수축균열이 거의 없다.

10년간 자주 출제된 문제

1-1. 다음 미장재료 중 기경성 재료로만 짝지어진 것은?
① 회반죽, 석고 플라스터, 돌로마이트 플라스터
② 시멘트 모르타르, 석고 플라스터, 회반죽
③ 석고 플라스터, 돌로마이트 플라스터, 진흙
④ 진흙, 회반죽, 돌로마이트 플라스터

1-2. 다음 중 공기의 유통이 좋지 않은 지하실과 같이 밀폐된 방에 사용하는 미장 마무리 재료로 가장 적합하지 않은 것은?
① 돌로마이트 플라스터
② 혼합 석고 플라스터
③ 시멘트 모르타르
④ 경석고 플라스터

1-3. 석고 플라스터에 대한 설명으로 틀린 것은?
① 석고 플라스터는 경화지연제를 넣어서 경화 시간을 너무 빠르지 않게 한다.
② 경화·건조 시 치수 안정성과 내화성이 뛰어나다.
③ 석고 플라스터는 공기 중의 탄산가스를 흡수하여 표면부터 서서히 경화한다.
④ 시공 중에는 될 수 있는 한 통풍을 피하고 경화 후에는 적당한 통풍을 시켜야 한다.

| 해설 |

1-1
기경성 재료(공기 중에서 굳는 성질) : 진흙, 회반죽, 돌로마이트 플라스터
수경성 재료(수중에서 굳는 성질) : 석고 플라스터

1-2
경화가 늦고 건조수축으로 균열발생이 크다.

1-3
순수 소석고는 표면부터 빠른 속도로 경화한다. 경화 시간이 짧으므로 건축공사에서는 경화 시간을 조절하기 위해 혼화재(소석회, 돌로마이트 플라스터)를 함께 사용한다.

정답 1-1 ④ 1-2 ① 1-3 ③

(2) 플라스터 시공

① 돌로마이트 플라스터 시공
  ㉠ 정벌바름용 반죽은 가수(물과 혼합)한 후 12시간 정도 지난 후 사용한다.
  ㉡ 시멘트 혼합 시 2시간 이상 경과한 것은 사용하지 않는다.
  ㉢ 초벌바름에 균열이 없을 때에는 고름질한 후 7일 이상 두어 고름질면의 건조를 기다린 후 균열이 발생하지 아니함을 확인한 다음 재벌바름을 실시한다.
  ㉣ 초벌바름 후 10일 이상 두어 고름질한 후 재벌바름을 하며, 어느 정도 건조 후 정벌바름을 한다.
  ㉤ 실내 온도가 5℃ 이하일 때는 공사를 중단하거나 난방하여 5℃ 이상으로 유지한다.

② 석고 플라스터 시공
  ㉠ 가수 후 초벌·재벌용은 3시간 이내, 정벌용은 2시간 이내에 사용한다.
  ㉡ 작업 중 통풍 방지, 작업 후에 서서히 통풍시킨다.
  ㉢ 2℃ 이하일 때는 공사를 중지하고, 보온장치를 설치하며 5℃ 이상으로 유지하도록 한다.
  ㉣ 초벌바름에는 반드시 거치름눈(작살긋기)을 넣는다.
  ㉤ 재벌바름은 초벌 후 1~2일 후, 정벌은 재벌이 반건조되었을 때 마무리 흙손질을 한다.

(3) 테라초(Terrazzo) 현장갈기

① 바르기 : 초벌바름은 접착공법(밀착공법)과 절연공법(유리공법)이 있다.
② 줄눈 나누기 : 1.2m 이내(보통 90cm)이며, 최대 간격은 2m 이하로 한다.
③ 갈기 : 정벌바름 후 경화 정도를 보아 갈되 손갈기는 2일, 기계갈기는 5~7일 이상 경과한 후 갈아야 한다.
④ 현장갈기 : 초벌갈기(1~3일 정도 양생), 중갈기 후에 시멘트풀을 2~3회 먹인 후 정벌한다.

(4) 테라초(인조석 물갈기) 미장공사 시공순서

초벌갈기 → 눈메꾸기죽먹임 → 양생(1~3일) → 재벌갈기 → 죽먹임 → 양생 → 정벌갈기 → 물씻기(2회) → 건조 → 보양(톱밥) → 수산닦기 → 왁스먹임 → 광내기

10년간 자주 출제된 문제

1-4. 석고 플라스터 바름에 대한 설명으로 옳지 않은 것은?
① 보드용 플라스터는 초벌바름, 재벌바름의 경우 물을 가한 후 2시간 이상 경과한 것은 사용할 수 없다.
② 실내 온도가 10℃ 이하일 때는 공사를 중단한다.
③ 바름작업 중에는 될 수 있는 한 통풍을 방지한다.
④ 바름작업이 끝난 후 실내를 밀폐하지 않고 가열과 동시에 환기하여 바름면이 서서히 건조되도록 한다.

1-5. 테라초(Terrazzo) 현장갈기에 대한 시공 내용 중 옳지 않은 것은?
① 여름철 갈기는 3일 이상 충분히 경화시킨 다음 갈기 시작한다.
② 초벌갈기는 돌알이 균등하게 나타나도록 하고 바로 이어서 중갈기를 행한다.
③ 정벌갈기는 중갈기가 끝나고 시멘트 풀먹임을 2~3회 거듭한 후 행한다.
④ 광내기 왁스칠은 시간을 두고 얇게 여러 번 행하는 것이 좋다.

1-6. 테라초 현장바름 공사 내용으로 옳지 않은 것은?
① 줄눈 나누기는 최대 줄눈 간격을 2m 이하로 한다.
② 바닥바름 두께의 표준은 접착공법(초벌바름)일 때 20mm 정도이다.
③ 갈기는 테라초를 바른 후 손갈기일 때 2일, 기계갈기일 때 3일 이상 경과한 후 경화 정도를 보아 실시한다.
④ 마감은 수산으로 중화 처리하여 때를 벗겨내고, 헝겊으로 문질러 손질한 후 왁스 등을 바른다.

1-7. 미장공사에서 나타나는 결함 유형과 가장 거리가 먼 것은?
① 균 열   ② 부 식
③ 탈 락   ④ 백 화

|해설|
1-4
실내 온도가 2℃ 이하일 때 공사를 중단하며, 5℃ 이상 유지한다.
1-5
초벌갈기 후, 1~3일 정도 양생 후에 중(재벌)갈기를 한다.
1-6
정벌바름 후 경화 정도를 보아 갈되 손갈기는 2일, 기계갈기는 5~7일 이상 경과한 후 갈아야 한다.
1-7
부식은 철재에서 일어나는 결함이다.
미장공사의 결함 : 균열, 탈락(박락), 백화, 들뜸, 오염 등

정답 1-4 ② 1-5 ② 1-6 ③ 1-7 ②

핵심이론 02 | 도장공사

(1) 도장의 원료

용제	• 도막 요소를 녹여서 유동성을 갖게 만드는 것 • 건성유(아마인유 등)와 반건성유(대두유 등)
건조제	• 건조를 촉진시키는 것 • 아연, 망간, 코발트 수지산, 지방산 염류, 연단, 초산염, 이산화망간, 수산화망간
희석제 (신전제)	• 도료 자체를 희석하고, 적당한 휘발, 건조속도 유지 • 휘발유, 테레빈유, 벤젠, 알코올, 아세톤, 나프타
수 지	천연수지(레진, 셀락, 코펄 등)와 합성수지가 사용
안 료	유체안료(착색제), 체질안료(피복 은폐력)
착색제	• 바니시스테인, 수성스테인 : 작업성 우수, 색상 선명, 건조가 늦다. • 알코올스테인 : 퍼짐이 우수, 건조가 빠르다. • 유성스테인 : 작업성 우수, 건조가 빠르고 얼룩이 생길 우려
가소제	도료의 영구적 탄성, 표착성, 가소성 부여

(2) 페인트의 종류

유성 페인트	• 안료 + 건성유 + 건조제 + 희석제 • 내후성, 내마모성이 우수 • 건조가 늦고 내약품성이 떨어짐 • 건물 내외부에 다양하게 사용
수성 페인트	• 안료 + 아교 또는 전분 + 물 • 내알칼리성이며, 취급과 작업성이 좋음 • 내구성과 내수성이 떨어지며, 무광택 • 회반죽, 모르타르, 텍스 등 내부에 사용
에나멜 페인트	• 안료 + 유성바니시 + 건조제 • 유성에나멜과 합성수지에나멜(래커에나멜) • 내후성, 내수성, 내열성, 내약품성이 우수
에멀션 페인트	• 수성 페인트 + 합성수지 + 유화제 • 수성과 유성 페인트의 특징을 모두 가지고 있음 • 수성 페인트의 일종으로 발수성이 있다. • 내외부 도장용으로 사용

(3) 목부 도장

① 목부 바탕 처리법

　㉠ 오염, 부착물 제거

　㉡ 송진처리(긁어내기, 인두 지짐, 휘발유 닦기)

　㉢ 연마지 닦기(대팻자국 제거 등)

　㉣ 옹이땜(셀락 니스칠)

　㉤ 구멍땜(퍼티 먹임) 및 눈 메움

② 바니시의 종류와 특징

유성바니시		• 건조가 늦고, 유성페인트보다 내후성 작음 • 옥내의 목재용으로 주로 사용
휘발성 바니시	클리어 래커	• 목재면의 투명 도장으로 광택이 있음 • 건조가 매우 빨라서 뿜칠로 시공 • 내후성이 작아서 옥내에 사용
	에나멜 래커	• 연마성이 좋음 • 내후성 보강으로 외부용으로 사용

10년간 자주 출제된 문제

2-1. 도장공사 시 희석제 및 용제로 활용되지 않은 것은?

① 테레빈유　　② 벤젠
③ 티탄백　　　④ 나프타

2-2. 다음 중 도장공사를 위한 목부 바탕 만들기 공정으로 옳지 않은 것은?

① 오염, 부착물의 제거　　② 송진의 처리
③ 옹이땜　　　　　　　　④ 바니시칠

2-3. 목재의 무늬나 바탕의 재질을 잘 보이게 하는 도장 방법은?

① 유성 페인트 도장　　② 에나멜 페인트 도장
③ 합성수지 페인트 도장　④ 클리어 래커 도장

2-4. 도장공사에 표면의 요철이나 홈, 빈틈을 없애기 위하여 주로 점도가 높은 퍼티나 충전제를 메우고 여분의 도료는 긁어 평활하게 하는 도장방법은?

① 붓 도장　　　　② 주걱 도장
③ 정전분체 도장　④ 롤러 도장

|해설|

2-1
티탄백(타이타늄 백, Titanium White) : 산화티탄으로 된 도료용 백색 안료로서 자기원료, 연마제 등에 이용된다.

2-2
바니시칠 : 도장을 다하고 마무리 코팅하는 마감처리 작업

2-3
클리어 래커는 투명 래커이며 내수성 및 내후성이 부족하여 실내용 도장에 사용된다.

2-4
주걱도장에 대한 설명이다.

정답 2-1 ③　2-2 ④　2-3 ④　2-4 ②

(4) 뿜칠, 도장 요령

① 뿜칠 요령(Spray Gun)
  ㉠ 도료가 되면 거칠고, 묽으면 칠오름이 나빠진다.
  ㉡ 칠면과의 뿜칠 거리는 30cm 정도를 유지하며, 1/3 정도 겹쳐서 칠한다.
  ㉢ 각 회의 스프레이 방향은 전회의 방향에 직각으로 진행한다.
  ㉣ 스프레이 Gun은 연속적으로 평행 운행
  ㉤ 뿜칠 압력이 낮으면 거칠고, 높으면 칠의 손실이 많다.

② 도장요령
  ㉠ 칠막은 얇게 여러 번 도포하며, 서서히 충분하게 건조시킨다.
  ㉡ 칠하는 횟수를 구분하기 위해 색을 다르게 칠한다.
  ㉢ 솔질은 위에서 밑으로, 왼편에서 오른편으로, 재의 길이방향으로 한다.
  ㉣ 바람이 강할 때에는 뿜칠을 중지한다.
  ㉤ 온도 5℃ 이하, 35℃ 이상, 습도 85% 이상인 경우에는 뿜칠을 중지한다.

③ 도료의 보관
  ㉠ 가연성 도료는 전용 창고에 보관하는 것을 원칙으로 하며, 적절한 보관 온도를 유지하도록 한다.
  ㉡ 보관 장소는 독립된 단층건물로 주위 건물과 1.5m 이상 격리시키고, 지붕은 불연재료로 한다.

(5) 방청도료(녹막이칠)

광명단	• 단단한 도막으로 수분 통과 방지 • 알칼리성, 주로 철재에 사용
방청 산화철 도료	내구성이 좋아 널리 사용
징크로메이트 도료	• 크롬산아연 + 알키드수지 • 녹막이 효과가 좋음 • 알루미늄판 초벌용으로 적합
알루미늄 도료	• 알루미늄 분말을 안료로 함 • 방청효과, 광선 및 열반사 효과
역청질 도료	일시적인 방청효과 기대
규산염 도료	• 내수성 약함 • 실내 및 내화도료로 사용
이온교환수지 도료	전자제품, 철재면 녹막이도료로 사용
그라파이트 도료	정벌칠에 사용(녹막이 효과 있음)

10년간 자주 출제된 문제

2-5. 칠공사에 관한 설명 중 옳지 않은 것은?
① 한랭 시나 습기를 가진 면은 작업을 하지 않는다.
② 초벌부터 정벌까지 같은 색으로 도장해야 한다.
③ 강한 바람이 불 때는 먼지가 묻게 되므로 외부 공사를 하지 않는다.
④ 야간에는 색을 잘못 칠할 염려가 있으므로 칠하지 않는 것이 좋다.

2-6. 도장공사의 뿜칠에 관한 설명으로 옳지 않은 것은?
① 큰 면적을 균등하게 도장할 수 있다.
② 스프레이건과 뿜칠면 사이의 거리는 30cm를 표준으로 한다.
③ 뿜칠은 도막 두께를 일정하게 유지하기 위해 겹치지 않게 순차적으로 이행한다.
④ 뿜칠 공기압은 2~4kg/cm²를 표준으로 한다.

2-7. 크롬산아연을 안료로 하고, 알키드수지를 전색료로 한 것으로서 알루미늄 녹막이 초벌칠에 적당한 도료는?
① 광명단
② 징크로메이트(Zincromate)
③ 그라파이트(Graphite)
④ 파커라이징(Parkerizing)

|해설|
2-5
불투명한 도장은 초벌도장, 재벌도장, 정벌도장의 각 층 색깔은 다른 색으로 칠하여 몇 번째의 도장도막인가를 판별할 수 있도록 한다.

2-6
뿜칠은 한 줄마다 너비의 1/3이 겹치게 도장한다.
뿜칠 도장 요령
- 1/3 정도 겹쳐 칠한다.
- 칠면과의 뿜칠거리 : 30cm
- 뿜칠 압력 : 3.5kgf/cm² 정도
- 뿜칠 방향은 위에서 밑으로, 왼편에서 오른편으로, 재의 길이(직각) 방향으로 한다.
- 칠 횟수를 구분하기 위해 색을 다르게 칠한다.
- 바람이 강하면 뿜칠이 비산되므로 작업을 중단한다.
- 온도 5℃ 이하 35℃ 이상, 습도 85% 이상 시 작업을 중단한다.

2-7
징크로메이트(Zincromate)에 대한 설명이다.

정답 2-5 ② 2-6 ③ 2-7 ②

핵심이론 03 | 합성수지

(1) 열경화성 수지의 종류별 특성

① 에폭시(Epoxy)수지
　㉠ 내수성, 내약품성, 내알칼리성, 내후성, 접착성이 좋다.
　㉡ 빨리 굳고, 피막이 단단하지만, 유연성이 부족
　㉢ 금속 접착제, 강화플라스틱, 보호용 코팅으로 사용

② 실리콘수지
　㉠ 내열성이 매우 우수
　㉡ 방수 재료, 발포 보온재, 절연재, 성형품의 원료로 사용

③ 요소수지 : 무색으로 착색이 자유롭다.

④ 멜라민수지
　㉠ 피막이 단단하고 광택이 양호하며 외관이 미려하다.
　㉡ 탄성이 적고 단독으로는 도료에 부적합

⑤ 페놀수지
　㉠ 전기절연성, 접착성, 내약품성, 내열성, 내수성이 우수
　㉡ 전기 절연재료, 통신 기자재로 많이 사용

(2) 열가소성 수지의 종류별 특성

① 아크릴수지
　㉠ 투광성, 내약품성, 내후성이 양호하고, 착색이 자유로움
　㉡ 채광판, 유리 대용품(내충격도가 유리의 10배)

② 폴리스티렌수지
　㉠ 물보다 가볍고, 내충격성은 보통 합성수지의 5배
　㉡ 무색투명하고 내수성, 내약품성, 전기절연성이 양호
　㉢ 건축벽 타일, 건물의 천장재, 블라인드에 사용

③ 폴리에틸렌수지
　㉠ 전기절연성, 내수성, 내약품성이 대단히 양호
　㉡ 건축용 성형품, 방수필름, 벽재, 발포보온판

④ 염화비닐수지
  ㉠ 강도, 내약품성, 전기절연성이 우수하다.
  ㉡ 가소제에 의하여 유연한 고무형태가 가능하다.
  ㉢ 고온 및 저온에 약하다.
  ㉣ 타일, 시트, 조인트 재료, 파이프, 접착제, 도료에 활용

⑤ 초산비닐수지
  ㉠ 무색투명, 접착성 양호, 내열성이 부족
  ㉡ 도료, 접착제, 비닐론 원료

⑥ 비닐아세탈수지
  ㉠ 무색투명, 밀착성 양호
  ㉡ 안전유리, 접착제, 도료에 사용

⑦ 메타크릴수지
  ㉠ 무색투명, 내약품이 크다.
  ㉡ 방풍유리, 조명기구, 장식재 사용

⑧ 폴리아미드수지 : 강하고 내마모성이 크며, 장식용으로 사용

⑨ 셀룰로이드 : 투명, 가소성과 가공성이 양호하나, 내열성이 없다.

10년간 자주 출제된 문제

3-1. 목재의 접착제로 활용되는 수지로 가장 거리가 먼 것은?
① 요소수지
② 멜라민수지
③ 폴리스티렌수지
④ 페놀수지

3-2. 다음 합성수지에 관한 설명으로 틀린 것은?
① 페놀수지는 접착성, 전기절연성이 크다.
② 요소수지는 무색으로 착색이 자유롭다.
③ 에폭시수지는 산 및 알칼리에 약하나 내수성이 뛰어나다.
④ 실리콘수지는 내열성이 우수하고 발포 보온재에 사용된다.

3-3. 다음 중 열가소성 수지에 해당하는 것은?
① 페놀수지
② 염화비닐수지
③ 요소수지
④ 멜라민수지

|해설|

3-1
폴리스티렌수지는 열가소성 수지이다.
폴리스티렌수지 : 무색, 무취하여 선명한 착색을 자유롭게 할 수 있고, 열에 안정적이고 유동성이 양호하여 플라스틱 파이프, 일용 잡화에 주로 사용된다.

3-2
에폭시수지는 내알칼리성, 내약품성, 내수성을 갖는다.

3-3
염화비닐수지는 열가소성 수지이다.

정답 3-1 ③ 3-2 ③ 3-3 ②

핵심이론 04 | 금속공사

(1) 알루미늄
① 열, 전기전도율이 높고 가공성이 우수하다.
② 비중이 작고(철의 1/3), 내식성이 크다.
③ 탄성계수가 낮고, 알칼리(콘크리트)에 침식된다.
④ 용융점이 낮고(640℃), 열팽창계수가 크다.
⑤ 알루미늄박(箔)의 열반사율 : 65.1%(약 2/3)
⑥ 도장(초벌칠) : 징크로메이트칠
⑦ 공기 중 산화피막 : 알루마이트

(2) 동
① 구 리
　㉠ 열 및 전기 양도체이며, 잘 부식되지 않는다.
　㉡ 전도성·가공성이 우수하여 합금재료로 사용한다.
　㉢ 변색, 산, 알칼리에 약하고 암모니아에 침식된다.
② 황동(놋쇠)
　㉠ 구리와 아연의 합금으로 연성이 크다.
　㉡ 구리보다 단단하고 주조가 잘되며 외관이 아름답다.
③ 청 동
　㉠ 구리, 주석 합금으로 강도, 내식성 크고 가공이 쉽다.
　㉡ 창호, 장식철물, 미술품으로 사용한다.

(3) 스테인리스강
① 크롬, 니켈 합금강으로 내식성 우수하고, 열전도율 낮다.
② 강도는 알루미늄의 3배, 내후성은 보통 강의 3~6배이다.

(4) 아연(Zn)
① 백색으로 질이 연하고 내식성이 양호하며 강도도 있다.
② 알칼리, 해수에 약하다.
③ 도금재, 산, 약품저장실, 함석 지붕재료 및 홈통에 사용한다.

(5) 주석(Sn)
① 납과 청동 합금으로, 철판도금에 사용한다.
② 공기 또는 수중에서 녹슬지 않는다.
③ 산에 약하며, 유기산에는 침식되지 않는다.

(6) 납(Pb)
① 내산성은 크지만, 알칼리(콘크리트)에 침식된다.
② 비중이 큰 편이고 연성, 전성이 풍부하다.
③ 대기 중에서 보호막을 형성하여 부식되지 않는다.
④ 열전도율이 작으나 온도 변화에 따른 신축성이 크다.
⑤ 방사선 차단효과가 크다(콘크리트의 100배).

10년간 자주 출제된 문제

4-1. 다음 중 비철금속에 해당되지 않는 것은?
① 알루미늄 ② 탄소강
③ 동 ④ 아 연

4-2. 서로 다른 종류의 금속재가 접촉하는 경우 부식이 일어나는 경우가 있는데 부식성이 큰 금속 순으로 옳게 나열된 것은?
① 알루미늄 > 철 > 주석 > 구리
② 주석 > 철 > 알루미늄 > 구리
③ 철 > 주석 > 구리 > 알루미늄
④ 구리 > 철 > 알루미늄 > 주석

4-3. 금속제 천장틀의 사용자재가 아닌 것은?
① 코너비드
② 달대볼트
③ 클 립
④ ㄷ자형 반자틀

|해설|
4-1
탄소강은 철금속에 속한다.
4-2
알루미늄 > 철 > 주석 > 구리
4-3
코너비드는 기둥이나 벽의 모서리 부분을 보호하기 위하여 쓰는 철물이다.

정답 4-1 ② 4-2 ① 4-3 ①

제11절 창호공사, 유리공사, 커튼 월

핵심이론 01 | 창호공사

(1) 창호 철물

자유 정첩	내외로 개폐하는 정첩, 자재문 사용
플로어 힌지 (Floor Hinge)	정첩으로 지탱할 수 없는 무거운 자재 여닫이문에 사용
피벗 힌지 (Pivot Hinge)	용수철을 쓰지 않고 문장부식으로 된 정첩, 가장 중량문에 사용
도어 체크 (Door Check)	문 윗틀과 문짝에 설치하여 자동으로 문을 닫는 장치(Door Closer)
레버터리 힌지 (Labatory Hinge)	공중전화 출입문, 공중변소에 사용, 15cm 정도 열려진 것
실린더 자물쇠	자물통이 실린더로 된 것으로 판을 넣은 실린더 록(Cylinder Lock)으로 고정
창 개폐조절기	여닫이창, 젖힘창의 개폐조절
도어 스톱	도어 스톱(문닫힘 방지), 도어 홀더(문열림 방지)
도어 행거 (Door Hanger)	미닫이문 또는 미서기문을 매달아서 열고 닫을 수 있도록 하는 장치
오르내리 꽂이쇠	쌍여닫이문(주로 현관문)에 상하 고정용으로 달아서 개폐방지
크레센트(Crescent)	오르내리창이나 미서기창의 잠금장치(자물쇠)
멀리온(Mullion)	창 면적이 클 때 기존 창 Frame을 보강하는 중간 선대

(2) 알루미늄 창호의 장단점

① 장 점
  ㉠ 경량(비중이 철의 약 1/3 정도)
  ㉡ 녹슬지 않고 사용연한이 길며, 여닫음이 경쾌하다.
  ㉢ 공작이 자유롭고 기밀성이 우수하다.
  ㉣ 내식성이 강하고 착색이 가능하다.

② 단 점
  ㉠ 철에 비하여 강도가 약하다.
  ㉡ 모르타르, 콘크리트, 회반죽 등 알칼리에 약하다.
  ㉢ 내화성이 약하고, 염분에 약하다.
  ㉣ 이질금속과 접하면 부식된다.
  ㉤ 강성이 작고, 수축 팽창이 크다.

10년간 자주 출제된 문제

1-1. 창호철물 중 여닫이문에 사용하지 않는 것은?
① 도어 행거(Door Hanger)
② 도어 체크(Door Check)
③ 실린더 록(Cylinder Lock)
④ 플로어 힌지(Floor Hinge)

1-2. 건축물에 사용되는 금속제품과 그 용도가 바르게 연결되지 않은 것은?
① 피벗 : 문의 하부 발이 닿는 부분에 대하여 문짝이 손상되는 것을 방지하는 철물
② 코너 비드 : 벽, 기둥 등의 모서리에 대는 보호용 철물
③ 논슬립 : 계단에 사용하는 미끄럼 방지 철물
④ 조이너 : 천장, 벽 등의 이음새 감추기용 철물

1-3. 알루미늄 창호에 관한 설명으로 옳지 않은 것은?
① 녹슬지 않아 사용연한이 길다.
② 가공이 용이하다.
③ 모르타르에 직접 접촉시켜도 무방하다.
④ 철에 비해 가볍다.

1-4. 건축재료 중 알루미늄에 관한 설명으로 옳지 않은 것은?
① 산이나 알칼리 및 해수에 침식되지 않는다.
② 알루미늄박(箔)을 이용하여 단열재, 흡음판을 만들기도 한다.
③ 구리, 망간 등의 금속과 합금하여 이용이 가능하다.
④ 알루미늄의 표면처리에는 양극산화 피막법 및 화학적 산화 피막법이 있다.

|해설|

1-1
도어 행거(Door Hanger)는 미닫이문 또는 미서기문을 매달아서 열고 닫을 수 있도록 하는 장치

1-2
피벗 : 힌지의 일종으로 중량문(철문 등) 위아래에 설치한다.

1-3
모르타르에 직접 접촉시키지 않는다.

1-4
알루미늄은 공기 중에서 표면에 산화막이 생겨 내식성이 크지만 산과 알칼리 및 해수에 침식되기 쉽다.

정답 1-1 ① 1-2 ① 1-3 ③ 1-4 ①

핵심이론 02 | 유리공사

(1) 유리의 종류

① 강화유리
  ㉠ 내부 인장응력, 표면 압축응력, 내충격, 강도가 보통 판유리의 3~5배, 휨강도는 6배 정도이다.
  ㉡ 600℃ 가열 후 급랭한 안전유리(파편 : 둥근 입상)
  ㉢ 내열성이 있어 200℃ 이상의 고온에도 잘 견딘다.
  ㉣ 자동차, 선박, 무테 문 등에 사용

② 망입유리
  ㉠ 유리 내부에 금속망을 삽입하여 압착성형한 유리
  ㉡ 파손되더라도 파편이 튀지 않는다.
  ㉢ 도난방지, 방화 목적, 30분 방화문으로 사용된다.
  ㉣ 유리칼로 철망까지 절단시켜 유리를 자른다.

③ 복층유리
  ㉠ 2~3장을 일정 간격으로 내부에 공기를 봉입한 유리
  ㉡ 단열, 방음, 결로 방지용으로 우수하다.
  ㉢ 차음에 대한 성능은 보통 판유리와 비슷하다.

④ X선 차단 유리 : 방사선 차단, 의료용이나 원자력에 사용

⑤ 로이(Low-Emissivity) 유리
  ㉠ 유리 표면에 금속 또는 금속산화물을 얇게 코팅한 것으로 열(적외선) 이동을 최소화시키는 저방사 유리
  ㉡ Low-E는 단판보다 복층판으로 가공하고 코팅 면이 내측 유리의 바깥쪽 표면에 오도록 제작한다.

⑥ 자외선 투과 유리 : 자외선 50~90% 이상 투과

⑦ 스팬드럴 유리
  ㉠ 판유리의 한쪽 면에 세라믹질의 도료를 코팅한 다음 고온에서 융착 및 반강화시킨 불투명한 유리
  ㉡ 서랭유리에 비하여 2배의 강도를 갖고 있으며 열 충격에 대한 저항도가 큰 열강화유리이다.

⑧ 접합유리 : 2장 이상 판유리 사이에 필름막을 넣고 150℃ 고열로 접합하여 파손 시 파편이 떨어지지 않게 만든 유리
⑨ 배강도유리
  ㉠ 일반 서랭유리를 다시 연화점 이하로 가열하였다가 급속히 냉각하여 만든 강화유리
  ㉡ 일반유리보다 파괴강도를 증대시키고, 파손 시 재료인 판유리와 유사하게 깨지도록 만든 유리이다.

10년간 자주 출제된 문제

2-1. 보통 창유리의 투과 특성에 관한 설명으로 옳지 않은 것은?
① 투사각 0°일 때 투명 창유리는 약 90%의 광선을 투과한다.
② 보통의 창유리는 많은 양의 자외선을 투과시키는 편이다.
③ 보통 창유리도 먼지가 부착되면 투과율이 현저하게 감소한다.
④ 광선의 파장이 길고 짧음에 따라 투과율이 다르게 된다.

2-2. Low-E 유리의 특징으로 틀린 것은?
① 가시광선 투과율은 맑은 유리와 비교할 때 큰 차이가 난다.
② 근적외선 영역의 열선 투과율은 현저히 낮다.
③ 색유리를 사용했을 때보다 실내는 훨씬 밝아진다.
④ 실외의 물체들이 자연색 그대로 실내로 전달된다.

2-3. 열적외선을 반사하는 은소재 도막으로 코팅하여 방사율과 열관류율을 낮추고 가시광선 투과율을 높인 유리는?
① 스팬드럴 유리 ② 접합유리
③ 배강도유리   ④ 로이 유리

2-4. 유리제품 중 사용성의 주목적이 단열성과 가장 거리가 먼 것은?
① 기포유리(Foam Glass)
② 유리섬유(Glass Fiber)
③ 프리즘 유리(Prism Glass)
④ 복층유리(Pair Glass)

|해설|
2-1
보통의 창유리는 자외선을 잘 투과시키지 못한다.
자외선 투과 유리 : 유리의 철 성분을 줄여서 자외선을 투과시키는 유리로서 온실, 살균실 등에 사용한다.

2-2
가시광선 투과율은 맑은 유리와 비교할 때 큰 차이가 나지 않지만, 적외선 투과율은 많은 차이가 난다.

2-3
로이 유리 : 열적외선 반사율이 높은 금속(은소재)으로 도막 코팅한 것으로 열선 반사유리이다.

2-4
프리즘 유리(Prism Glass)는 투사광선의 방향을 변화시키거나 집중 또는 확산시킬 목적으로 프리즘의 이론을 응용하여 만든 유리제품이며, 주로 지하실 또는 지붕 등의 채광용으로 쓰인다.

정답 2-1 ② 2-2 ① 2-3 ④ 2-4 ③

핵심이론 03 | 커튼월

(1) 커튼월(Curtain Wall) 특성

① 건물 하중에 부담주지 않는 금속재, 유리, 석재, 패널 등으로 막벽 또는 달아매는 벽으로 구성한 비내력벽
② 비, 바람, 소음, 열을 차단하는 벽체 기능 외에도 공기 단축, 경량화, 가설공사 간소화, 고성능 등의 특성이 있다.
③ 다양한 소재, 공법 개발로 초고층 건축의 외장으로 활용

(2) 외관형태별 분류

스팬드럴 방식 (Spandrel Type)	스팬드럴(Spandrel)로서 수평성을 강조하는 방식
샛기둥 방식 (Mullion Type)	• 멀리온(Mullion)으로서 수직을 강조하는 창 • 수직 기둥을 노출시키고 그 사이에 유리창이나 스팬드럴 패널을 끼우는 방식
격자 방식 (Grid Type)	수직과 수평을 동시에 강조하기 위해 격자형으로 외관을 구성
피복 방식	수직과 수평 부재를 내부로 넣어 구성

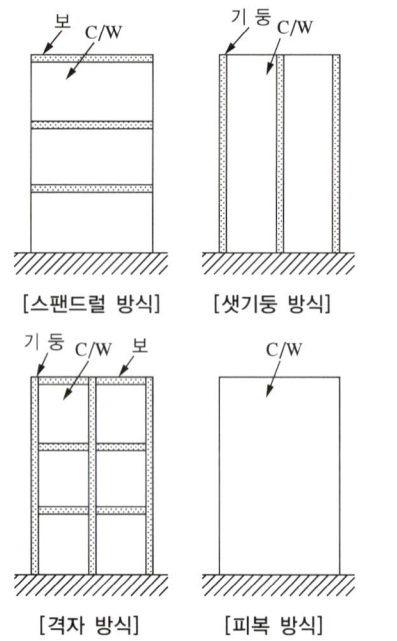

[스팬드럴 방식] [샛기둥 방식]
[격자 방식] [피복 방식]

(3) 조립방식별 분류

유닛 월 (Unit Wall System)	• 커튼월 구성부재를 공장에서 사전 조립하여 현장에 반입하여 설치하는 방식 • 창호와 유리, 패널의 일괄발주 방식 • 빠른 시공성과 우수한 품질이 가능하다. • 현장 상황에 융통성 발휘가 어려움
스틱 월 (Stick Wall System)	• 커튼월 구성부재를 녹다운(Knock-down) 형태로 현장에 반입하여 조립하는 방식 • 창호와 유리, 패널의 분리발주 방식 • 현장 조립, 연결 → 창틀 구성 • 다양한 디자인 중, 저층 건물에 적합하다. • 현장 적응력 우수, 공기조절이 가능하다.
Window Wall	• 창호와 유리, 패널 개별 발주 방식 • 창호 주변의 패널 구성(경제적 시스템)

10년간 자주 출제된 문제

3-1. 건축물 외부에 설치하는 커튼월에 대한 설명으로 틀린 것은?
① 커튼월이란 외벽을 구성하는 비내력벽 구조이다.
② 공장에서 생산하여 반입하는 프리패브 제품이다.
③ 콘크리트나 벽돌 등의 외장재에 비하여 경량이어서 건물의 전체 무게를 줄이는 역할을 한다.
④ 커튼월의 조립은 대부분 외부에 대형 발판이 필요하므로 비계공사를 반드시 해야 한다.

3-2. 창의 면적이 클 때에는 스틸바(Steel Bar)만으로는 부족하며, 또한 여닫을 때의 진동으로 유리가 파손될 우려가 있으므로 이것을 보강하는 외관을 꾸미기 위하여 강판을 중공형으로 접어 가로 또는 세로로 대는 것을 무엇이라 하는가?
① Mullion ② Ventilator
③ Gallery ④ Pivot

|해설|

3-1
커튼월 조립은 외부에 달비계를 사용하며, 특히 고층 건물인 경우에는 타워크레인 등을 설치하여 조립한다.

3-2
① Mullion : 커튼월에서의 수직 바
② Ventilator : 환기장치
③ Gallery : 환기그릴
④ Pivot : 정첩

정답 3-1 ④ 3-2 ①

(4) 패스너(Fastener)

① 패스너 : 커튼월을 구조물 벽체 등에 지지하는 철물류
② 커튼월 자중, 외부 횡력(풍력, 지진력 등)에의 응력 전달
③ 외부 기후에 대한 내구성, 시공에 따른 허용오차 흡수
④ 패스너(Fastener) 긴결방식

슬라이드방식(Slide Type)	커튼월 상부가 Sliding되도록 긴결
회전방식(Locking Type)	커튼월 상하부, 중앙부를 핀으로 지지
고정방식(Fixed Type)	커튼월 상하부를 용접으로 고정

(5) 비처리 방식(누수방지 대책)

Closed Joint	Curtain Wall Unit의 접합부를 Seal재로 완전히 밀폐시켜 틈을 없앰으로써 비처리
Open Joint	외측면과 내측면 사이에 공간을 두어 옥외 기압과 같은 기압을 유지하게 하여 배수

(6) 커튼월 시공

① 커튼월 구체 부착철물의 설치 : 허용차의 표준치는 연직방향 ±10mm, 수평방향 ±25mm이다.
② 커튼월 조립은 외부에 달비계를 사용한다.
③ 고층 건물은 타워크레인 등을 설치하여 조립한다.

(7) 커튼월 성능시험방법(Mock-up Test) 종류

예비시험	설계풍압력의 50%를 일정시간(30초) 동안 가압하여 시험 장치에 설치된 시료의 상태 점검
기밀시험	지정 압력차에서 유속을 측정한 뒤 시험체에서 발생하는 공기 누출량 측정
정압수밀시험	설계풍압력의 20% 압력하에 3.4L/min·m²의 유량을 15분 동안 살수하여 실시
동압수밀시험	규정된 압력의 상한값까지 1분 동안 정압으로 예비로 가압한 뒤에 시료의 이상여부 확인 후, 4L/min·m²의 유량을 균등히 살수하고 규정된 맥동압을 10분간 가해 누수 관찰
구조시험	설계풍압력의 100%를 단계별로 증감하여 구조재의 변위에 따라 측정 유리의 파손 여부를 확인

10년간 자주 출제된 문제

3-3. 금속 커튼월 시공 시 구체 부착철물 설치 위치의 연직방향 및 수평방향의 치수 허용차의 표준치로 옳은 것은?

① 연직방향 ±5mm, 수평방향 ±15mm
② 연직방향 ±10mm, 수평방향 ±25mm
③ 연직방향 ±15mm, 수평방향 ±25mm
④ 연직방향 ±25mm, 수평방향 ±25mm

3-4. 건축물 외벽공사 중 커튼월 공사의 특징으로 옳지 않은 것은?

① 외벽의 경량화
② 공업화 제품에 따른 품질 제고
③ 가설비계의 증가
④ 공기단축

3-5. 금속 커튼월의 Mock-up Test에 있어 기본성능 시험의 항목에 해당되지 않는 것은?

① 정압수밀시험
② 방재시험
③ 구조시험
④ 기밀시험

|해설|

3-3
연직(수직)방향 ±10mm, 수평방향 ±25mm

3-4
커튼월 조립
- 외부에 달비계를 사용하며, 특히 고층 건물인 경우에는 타워크레인 등을 설치하여 조립한다.
- 가설비계가 감소된다.

3-5
방재시험은 관계없다.

정답 3-3 ② 3-4 ③ 3-5 ②

제12절 적 산

핵심이론 01 | 적 산

(1) 적산순서
① 수평에서 수직으로
② 시공하는 순서대로
③ 내부에서 외부로 계산
④ 단위 세대에서 전체로
⑤ 큰 곳에서 작은 곳으로

(2) 품셈 및 재료의 할증
① **품셈** : 소요 노력, 재료를 단위당 수량으로 나타낸 것
② **실적공사비 제도** : 이미 수행한 유사공사의 계약단가를 활용하여 예정 가격을 결정하는 방법
③ **재료의 할증** : 도면 및 시방서에 의하여 산출된 재료의 정미량(正味量)에 재료의 운반, 절단, 가공 및 시공 중에 발생되는 손실량을 가산하는 비율(%)
  ㉠ 품셈에 할증이 포함 또는 표시되어 있지 아니한 경우에 한하여 적용
  ㉡ 정미량(절대 소요량)
    • 설계수량으로써 공사에 실제로 설치되는 자재량
    • 할증은 포함되지 않는다.
  ㉢ 소요량(재료의 수량)
    • 정미량 + 할증량(시공 손실량)
    • 할증을 포함한다.
④ 재료 운반품은 정미수량에 할증량을 포함한 총 수량을 적용한다.

⑤ 건축자재의 할증률 예시

할증률(%)	건축자재
1	레미콘, 철골구조물, 유리
2	시멘트, 도료, 아스팔트 콘크리트
3	고력볼트, 붉은벽돌, 타일(모자이크, 도기, 자기, 클링커), 이형철근, 슬레이트, 조립식 구조물
4	블록, 콘크리트 포장 혼합물의 포설
5	시멘트벽돌, 목재(각재), 원형철근, 형강(강관, 봉강), 각파이프, 타일(아스팔트, 리놀륨, 비닐, 비닐덱스), 텍스, 콘크리트판, 기와, 석고보드(못붙임용)
7	대형 형강
8	시스관, 석고판(본드붙임용)
10	단열재, 강판, 목재(판재), 석재(정형), 수목, 잔디
30	석재(부정형), 원석(마름돌용)

10년간 자주 출제된 문제

1-1. 일반적인 적산 작업 순서가 아닌 것은?
① 수평방향에서 수직방향으로 적산한다.
② 시공순서대로 적산한다.
③ 내부에서 외부로 적산한다.
④ 아파트 공사인 경우 전체에서 단위세대로 적산한다.

1-2. 건축재료의 할증률 올바르지 않은 것은?
① 시멘트벽돌 : 3% ② 유리 : 1%
③ 단열재 : 10%   ④ 도료 : 2%

1-3. 건축재료의 수량 산출 시 적용하는 할증률로 옳지 않은 것은?
① 유리 : 1%   ② 단열재 : 5%
③ 붉은벽돌 : 3%   ④ 이형철근 : 3%

1-4. 철골재의 수량산출에서 사용되는 재료별 할증률로 옳지 않은 것은?
① 고력볼트 : 5%   ② 강판 : 10%
③ 봉강 : 5%   ④ 강관 : 5%

1-5. 이형철근의 할증률로 옳은 것은?
① 10%   ② 8%
③ 5%   ④ 3%

|해설|

1-1
아파트 공사의 경우, 단위세대에서 전체로 산출한다.

1-2
시멘트벽돌 : 5%

1-3
단열재 : 10%

1-4
고력볼트 : 3%

1-5
이형철근 : 3%

정답 1-1 ④ 1-2 ① 1-3 ② 1-4 ① 1-5 ④

(3) 가설공사

① 시멘트창고 면적(m^2)

시멘트창고 면적 $= 0.4 \times \dfrac{N}{n}$

여기서, N : 시멘트 포대수
n : 쌓기단수(최대 13단)
- 600포 미만 : N = 쌓기 포대수 전량
- 600포 이상~1,800포 이하 : N = 600포
- 1,800포 초과 : N = 1/3만 적용

② 변전소 면적(m^2)

변전소 면적 $= 3.3 \times \sqrt{W}$
여기서, W : 사용기구 전력의 합(kW)

③ 동바리량(공m^3, 10m^3)
- 동바리 소요량은 90%로 본다.
- 동바리 체적(공m^3) = 상층 슬래브(바닥판) 면적 × 층높이 × 0.9

④ 비계 면적(m^2) – 내부 비계
- 비계 면적은 연면적의 90%
- 비계면적(m^2) = 연면적 × 0.9

⑤ 비계 면적(m^2) – 외부 비계
- 비계설치를 위한 건물의 이격거리
  - 외줄비계 : 0.45m 이격
  - 쌍줄비계 : 0.9m 이격
  - 단관 파이프 : 1.0m 이격
- 외줄비계 면적 = (외부 벽길이 + 0.45 × 8) × 높이
- 쌍줄비계 면적 = (외부 벽길이 + 0.9 × 8) × 높이
- 단관파이프비계 면적 = (외부 벽길이 + 1.0 × 8) × 높이

10년간 자주 출제된 문제

1-6. 어느 공사 현장에 필요한 시멘트량이 3,000포이다. 이 현장에 필요한 시멘트창고 면적으로 적당한 것은?(단, 쌓기 단수는 13단)
① 20m²　　② 30.77m²
③ 61.54m²　　④ 153.85m²

1-7. 철근콘크리트 건축물이 6×10m 평면에 높이가 4m일 때 동바리 소요량은 몇 공m³가 되는가?
① 216　　② 228
③ 240　　④ 264

1-8. 다음과 같은 철근콘크리트조 건축물에서 외줄 비계 면적으로 옳은 것은?(단, 비계 높이는 건축물의 높이로 함)

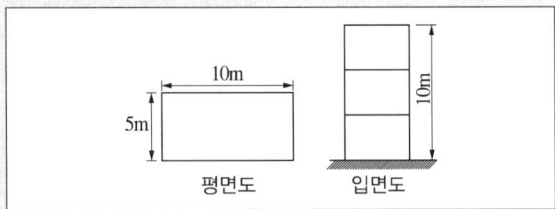

① 300m²　　② 336m²
③ 372m²　　④ 400m²

|해설|

1-6
1,800포 초과 시에는 $N=1/3$만 적용하여,

시멘트창고 면적 $= 0.4 \times \dfrac{3,000 \times \dfrac{1}{3}}{13}$
$= 30.77\text{m}^2$

1-7
동바리 체적(공m³) = 바닥판 면적 × 층높이 × 90%
$= 6 \times 10 \times 4 \times 0.9$
$= 216$공m³

1-8
외줄비계이므로 0.45m 이격하여 설치한다.
외부 벽 길이 = (10m + 5m) × 2 = 30m이므로,
외줄비계 면적 = (외부 벽 길이 + 0.45 × 8) × 높이
$= (30 + 0.45 \times 8) \times 10$
$= 336\text{m}^2$

정답 1-6 ②　1-7 ①　1-8 ②

---

(4) 철근콘크리트공사

① 현장배합 콘크리트의 양($1:m:n$)

> 콘크리트양(V) = $1.1m + 0.57n$
> 여기서, m : 모래의 부피
> 　　　　n : 자갈의 부피
>
> • 시멘트량 = $\dfrac{1}{V}(\text{m}^3) \times 1,500(\text{kg/m}^3)$
> • 모래량 = $\dfrac{m}{V}(\text{m}^3)$
> • 자갈량 = $\dfrac{n}{V}(\text{m}^3)$
> • 물의 양 = 시멘트량 × 물시멘트비

② 체적 산출방법
　㉠ 기 초
　　• 독립기초의 체적(m³) = 기초 실체적(m³)
　　• 줄기초 체적(m³) = 기초 단면적(m²) × 기초연장 길이(m)
　　• 지반선 이하로 하고, 지하실이 있는 경우 바닥 경계
　㉡ 기 둥
　　• 콘크리트량(m³) = 단면적 × 기둥 높이(바닥판 간 높이)
　　• 이 경우 기둥 높이는 바닥판 두께를 뺀 것으로 한다.
　㉢ 벽
　　• 콘크리트량(m³) = (벽 면적 - 개구부 면적) × 벽 두께
　　• 높이는 바닥판 간 또는 보의 안목거리로 하며, 벽 면적은 기둥 면적을 제외
　㉣ 보
　　• 콘크리트량(m³) = 보 단면적 × 보 길이
　　• 보 단면적(보 너비 × 보 춤) 산출 시 바닥판 두께 제외
　㉤ 바닥판
　　• 콘크리트량(m³) = 바닥판 면적 × 두께
　　• 개구부 면적은 제외

ⓗ 계 단
- 콘크리트량(m³) = 계단 경사 면적 × 계단의 평균 두께
- 계단의 경사 면적 = 경사 길이 × 계단 폭

10년간 자주 출제된 문제

1-9. 각 부재에 대한 콘크리트량 산출방법으로서 틀린 것은?
① 연속기초 : 단면적 × 중심 연장길이
② 계단 : 길이 × 평균 두께 × 계단 폭
③ 보 : 보 폭 × 바닥판 두께를 뺀 보춤 × 내부 유효길이
④ 기둥 : 기둥 단면적 × 슬래브 두께를 포함한 층 높이

1-10. 철근콘크리트 PC 기둥을 8ton 트럭으로 운반하고자 한다. 차량 1대에 최대로 적재 가능한 PC 기둥의 수는?(단, PC 기둥의 단면크기는 30×60cm, 길이는 3m임)
① 1개 ② 2개
③ 4개 ④ 6개

1-11. 철근콘크리트 기둥의 단면이 0.4m×0.5m이고 길이가 10m일 때 이 기둥의 중량(ton)은 약 얼마인가?
① 3.6ton ② 4.8ton
③ 6ton   ④ 6.4ton

|해설|

1-9
기둥 콘크리트량(m³) = 단면적 × 기둥 높이(바닥판 두께 제외)

1-10
철근콘크리트 중량은 2.4ton/m³이며, PC기둥 1개의 중량은 기둥 체적 × 단위중량이다.
∴ PC기둥 1개의 무게는
(0.3m × 0.6m × 3m) × 2.4ton/m³ = 1.296ton이며,
8ton/1.296ton ≒ 6.173
그러므로 차량 1대는 6개까지 운반할 수 있다.

1-11
철근콘크리트의 단위용적중량은 2.4ton/m³이며,
기둥의 중량 = (0.4m × 0.5m × 10m) × 2.4ton/m³
= 4.8ton

정답 1-9 ④ 1-10 ④ 1-11 ②

(5) 조적공사

① 벽 돌
  ㉠ 벽돌쌓기 할증률 : 정미량 가산하여 소요량으로 한다.
    - 붉은벽돌일 때 3% 이내
    - 시멘트벽돌일 때 5% 이내
  ㉡ 벽돌 정미량(매)
    = 벽 면적(벽 길이×벽 높이 − 개구부 면적) × 단위수량
  ㉢ 벽돌(190×90×57mm) 단위수량 : 1m²당 벽돌 수
    - 0.5B : 75장/m²
    - 1.0B : 149장/m²
    - 1.5B : 224장/m²
② 콘크리트 블록 : 1m²당 기본형 13개

(6) 타일공사

① 외부 타일, 내부 타일, 타일의 할증률 : 3%
② 타일수량(매)

$$= \frac{벽\ 면적}{(한\ 변\ 길이 + 줄눈\ 두께) \times (다른\ 변\ 길이 + 줄눈\ 두께)}$$

(7) 수장 공사

① 외부 마감재를 사용하여 바닥, 벽, 천장을 아름답게 꾸미는 공정으로, 재료 종류와 재질, 두께 시공방법이 다양하여 설계도서 내용을 정확히 파악하고 수량을 산출한다.
② 설계도서를 기준으로 바닥, 벽, 천장으로 나누어 재료, 규격, 시공방법으로 구분하여 정미면적을 산출한다.

(8) 도장 공사

① 칠 면적 배수표

구 분	소요면적 계산
장두리벽, 두겁대, 걸레받이	(바탕면적)×(1.5~2.5)
비늘판	(표면적)×2.6
철격자(양면칠)	(안목면적)×0.7
철제계단(양면칠)	(경사면적)×(3.0~5.0)
파이프난간(양면칠)	(높이×길이)×(0.5~1.0)
기와가락잇기(외쪽면)	(지붕면적)×1.2
큰골함석지붕(외쪽면)	(지붕면적)×1.2
작은골함석지붕(외쪽면)	(지붕면적)×1.33

② 치수 중 큰 치수는 복잡한 구조일 때, 작은 수치는 간단한 구조일 때 적용한다.

10년간 자주 출제된 문제

1-12. 조적벽 $40m^2$를 쌓는 데 필요한 벽돌량은?(단, 표준형 벽돌 0.5B 쌓기, 할증은 고려하지 않음)
① 2,850장
② 3,000장
③ 3,150장
④ 3,500장

1-13. 벽 두께 1.5B, 벽 면적 $20m^2$ 쌓기에 소요되는 기본 벽돌(190×90×57)의 정미량은?
① 2,240매
② 3,360매
③ 4,480매
④ 6,720매

1-14. 콘크리트 블록벽체 $2m^2$를 쌓는 데 소요되는 콘크리트 블록 장수로 옳은 것은?(단, 블록은 기본형이며, 할증은 고려하지 않음)
① 26장
② 30장
③ 34장
④ 38장

1-15. 철공사에서 철제 계단(양면칠)의 소요면적 계산식으로 옳은 것은?
① 경사면적×1배
② 경사면적×1.5배
③ 경사면적×(2~2.5배)
④ 경사면적×(3~5배)

|해설|

1-12
벽돌 0.5B 쌓기는 $1m^2$당 75장이다.
따라서, $40m^2 \times 75장/m^2 = 3,000장$

1-13
벽돌 1.5B 쌓기는 $1m^2$당 224장이다.
따라서, $20m^2 \times 224장/m^2 = 4,480장$

1-14
콘크리트 블록쌓기는 $1m^2$당 기본형 13개이다.
따라서, $2m^2 \times 13장/m^2 = 26장$

1-15
경사면적×(3~5배)

정답 1-12 ② 1-13 ③ 1-14 ① 1-15 ④

CHAPTER 03 건축구조

제1절 일반구조

핵심이론 01 총론

(1) 구조 형태상 분류

① 내력벽식 구조 : 벽체 등에서 힘을 받게 건축한 구조방식
② 가구식 구조 : 기둥과 보 등으로 짜서 맞추는 구조
③ 일체식 구조 : 라멘구조로 불리며, 기둥과 보가 고정단으로 강접합하는 구조방식(철근콘크리트조)
④ 입체트러스구조 : 넓은 평지붕 등을 종횡으로 트러스를 짜서 일체식으로 넓은 평판을 구성한 구조
⑤ 박판구조 : 얇은 판으로 힘을 받을 수 있게 된 구조물로서 절판구조와 곡면구조가 있다.
⑥ 막구조 : 텐트와 같은 원리로 된 구조물
⑦ 현수구조 : 지붕, 바닥 등 슬래브를 케이블로 매단 구조
⑧ 플랫슬래브(Plat Slab)구조 : 보가 없이 하중을 바닥판이 부담하는 구조로 큰 내부 공간 조성이 가능
⑨ 절판(Folded Plate)구조 : 굴절된 평면판의 큰 지지력을 이용한 형식으로 주로 지붕구조에 사용

(2) 구조 재료 분류별 장단점

구조별	장 점	단 점
나무구조	공기단축, 구조방법 간단, 시공용이, 외관이 미려함	내구력 부족, 화재위험
벽돌구조	내구·방서·방한·방화적, 외관 장중	습기의 침입이 쉽고 횡력과 진동에 약함
블록구조	공사비 저렴, 방화, 방한 및 방서에 유리	균열발생, 횡력과 진동에 약함
돌구조	내구·내화성, 외관 장중, 방서 및 방한	고가, 공기·시공 불리, 횡력·진동에 약함
철근콘크리트구조	내구, 내진, 내화, 고층, 지하 및 수중 구축	공기 길고, 비교적 고가, 중량이 큼
철골구조	고층·대공간 구조 유리, 해체 이동 가능, 내진·내풍적	고가, 내구성·내화성 약함, 정밀 시공이 요구됨
경량 철골구조	경량, 비교적 경제적, 자재 취급이 용이함	내화·내구적이지 못함
철골철근 콘크리트구조	고층 건물, 대건축에 적합, 내구·내화·내진적, 저층부 공간 확보 유리	부재의 중량이 큼, 고가, 공기가 긺, 시공이 복잡

10년간 자주 출제된 문제

1-1. 건축구조별 특징에 관한 설명 중 옳지 않은 것은?

① 가구식 구조는 삼각형보다 사각형으로 조립하면 안정한 구조체를 이룰 수 있다.
② 조적식 구조는 압축력에는 강하지만 횡력에 취약하다.
③ 조립식 구조는 부재를 공장에서 생산·가공하여 현장에서 조립하므로 공기가 짧다.
④ 일체식 구조는 비교적 균일한 강도를 가진다.

1-2. 건축구조별 특징에 관한 설명으로 옳지 않은 것은?

① 돌구조는 주요구조부를 석재를 써서 구성한 것으로 내구적이나 횡력에 약하다.
② 벽돌구조는 지진과 바람 같은 횡력에 약하고 균열이 생기기 쉽다.
③ 철골철근콘크리트구조는 철골구조에 비해 내화성이 부족하다.
④ 보강블록조는 블록의 빈 속에 철근을 배근하고 콘크리트를 채워 넣은 것이다.

|해설|

1-1
가구식 구조는 사각형보다는 삼각형이 더 안전한 구조체를 이룰 수 있다.
가구식 구조 : 기둥과 보를 조립하여 건축물을 만드는 방식으로 가늘고 긴 부재를 짜맞추어 구축하며, 보통의 목구조(木構造)나 철골구조가 대표적인 예이다.

1-2
철골철근콘크리트구조는 철골구조에 비해 내화성이 우수하다.

정답 1-1 ① 1-2 ③

(3) 초고층 건축의 구조 시스템

① 골조(강접골조) 구조 시스템 : 외부 하중에 의해 발생되는 횡력을 보와 기둥이 부담할 수 있도록 보와 기둥을 강접합으로 처리한 구조 시스템

② 골조와 전단벽의 혼합구조(Framed Shear Wall System) : 바람에 대한 저항력을 극대화하기 위하여 코어와 외부 골조 그리고 바닥이 일체로 거동하도록 한 구조형식

③ 골조-가새 구조 시스템 : 외부 골조만으로 수평 하중 저항이 어려운 구조물의 강성 증가를 위해서 수직 전단 트러스를 건물의 외부 양면과 코어에 설치한 구조 시스템

④ 튜브구조(Tubular Structure) : 외벽을 강한 외피로 둘러싸서, 외부 벽체가 마치 튜브(Tube)와 같은 역할로써 수평 하중을 지탱시켜 주는 건축구조(횡력 저항 구조)

⑤ 아웃리거 구조(Outrigger Wall & Beam System) : 초고층 건물에서 횡력(풍하중, 지진하중)에 저항하기 위해 내부 코어와 외부 기둥을 연결하는 강성이 큰 수평 부재를 사용한 구조

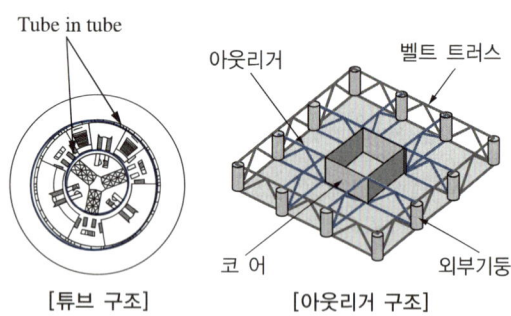

[튜브 구조]   [아웃리거 구조]

⑥ 메가칼럼(Mega Column System) 구조 : 건물 평면을 보았을 때 거대한 기둥을 코너 부분에 배치하는 시스템이며, 거대한 기둥이 건물의 횡하중에 저항한다.

⑦ 스페이스 프레임(Space Frame) : 부재의 입체적 조립으로 대공간으로 만드는 구조시스템으로 철골구조와 같은 대스팬 구조물에 적용하며 경량이고 강성이 크다.

(4) 골조에 따른 구조 시스템

① 건물골조방식 : 수직 하중은 입체골조가 저항하고 전단벽 또는 가새골조가 횡력의 100%를 부담하는 골조 방식

② 이중골조방식 : 횡력의 25% 이상을 부담하는 연성 모멘트골조(강성골조)가 전단벽이나 가새골조와 조합되어 있는 구조방식

③ 모멘트골조방식 : 수직 하중과 횡력을 보와 기둥으로 구성된 라멘골조가 저항하는 구조방식

④ 연성 모멘트골조방식 : 횡력에 대한 저항성 증가를 위하여 부재와 접합부의 연성을 증가시킨 모멘트골조방식

10년간 자주 출제된 문제

1-3. 건축물의 평면구조형식과 구조 종별에 대한 관계를 나타낸 것으로 옳은 것은?

① 트러스구조는 현장타설 철근콘크리트구조와 목구조로 건축할 수 있다.
② 튜브구조는 현장타설 철근콘크리트구조와 철골구조로 건축할 수 있다.
③ 절판구조는 철큰콘크리트구조로만 건축할 수 있다.
④ 스페이스 프레임 구조는 현장타설 철근콘크리트구조로 건축할 수 있다.

|해설|

1-3
평면구조 형식
- 트러스 구조 : 철골구조와 목구조로 건축
- 절판구조 : 철근콘크리트 구조체를 꺾어서 만든 구조
- 스페이스 프레임 구조 : 철재의 선형부재들을 결합한 것으로 힘의 흐름을 전달시킬 수 있도록 구성된 구조

정답 1-3 ②

핵심이론 02 | 토질 및 지반침하

(1) 점토와 사질 지반
① 점토지반 : 가소성이 있고, 마찰력이 작고, 수축성이 크다. 압밀속도는 느리고(장기압밀), 전단강도가 작다.
② 사질지반 : 투수성이 크고, 마찰력이 크며, 수축성이 작다. 압밀속도는 빠르고(순간압밀), 전단강도가 크다.

(2) 각 지반의 장기 허용지내력

경암반	연암반	자 갈	모 래
4,000kN/m²	2,000kN/m²	300kN/m²	100kN/m²

(3) 지반침하
① 부동침하 : 기초지반이 침하함에 따라 불균등하게 침하를 일으키는 현상으로 인장력에 직각 방향으로 균열이 발생
② 침하 원인
  ㉠ 연약층
  ㉡ 경사지반
  ㉢ 이질지층
  ㉣ 증축, 지하수위 변경
  ㉤ 이질, 일부지정 메운 땅
③ 연약지반의 부동침하 방지대책
  ㉠ 상부 구조에 대한 대책
   • 건물의 경량화, 강성을 높일 것
   • 건물의 중량 분배를 고려할 것
   • 건물의 평면 길이를 짧게 할 것
   • 인접 건물과의 거리를 멀게 할 것
  ㉡ 하부 구조에 대한 대책
   • 경질지반에 지지하고 마찰말뚝을 사용
   • 지하실 설치
   • 온통기초(Mat Foundation) 시공
   • 독립기초의 지중보(Underground-beam)로 연결
   • 지반개량공법으로 지반의 지지력 증대
   • 지내력을 같게 하기 위해 기초판 크기를 다르게 할 수 있다.

10년간 자주 출제된 문제

2-1. 연약지반에서 발생하는 부동침하의 원인으로 옳지 않은 것은?
① 부분적으로 증축했을 때
② 이질지반에 건물이 걸쳐 있을 때
③ 지하수가 부분적으로 변화할 때
④ 지내력을 같게 하기 위해 기초판 크기를 다르게 했을 때

2-2. 연약지반에서 부동침하의 방지 대책으로 옳지 않은 것은?
① 건물을 경량화한다.
② 지하실을 강성체로 설치한다.
③ 줄기초와 마찰말뚝기초를 병용한다.
④ 건물의 구조강성을 높인다.

2-3. 연약지반에서 부동침하를 줄이기 위한 가장 효과적인 기초의 종류는?
① 독립기초
② 복합기초
③ 연속기초
④ 온통기초

2-4. 연약지반에 기초 구조를 적용할 때 부동침하를 감소시키기 위한 상부 구조의 대책으로 옳지 않은 것은?
① 폭이 일정할 경우 건물의 길이를 길게 할 것
② 건물을 경량화할 것
③ 강성을 크게 할 것
④ 부분 증축을 가급적 피할 것

|해설|
2-1
부동침하를 해결하는 방법으로써 지내력을 같게 하기 위해 기초판 크기를 다르게 할 수 있다.
2-2
기초 종류가 다른 것을 혼용(병용)할 경우 부동침하가 생길 수 있다.
2-3
연약지반의 부동침하 감소에는 온통기초(매트기초)가 유리하다.
2-4
건물의 평면 길이를 짧게 할 것

정답 2-1 ④ 2-2 ③ 2-3 ④ 2-4 ①

(4) 흙막이에 작용하는 토압

① 주동토압(Active Earth Pressure) : 흙막이 벽체가 전면으로 변위가 생길 때의 토압

② 수동토압(Passive Earth Pressure) : 흙막이 벽체가 배면으로 변위가 생길 때의 토압

③ 정지토압(Earth Pressure at Rest) : 흙막이 벽체가 정지하고 있을 때의 토압

④ 안전조건 : 수동토압 + 버팀대 반력 > 주동토압

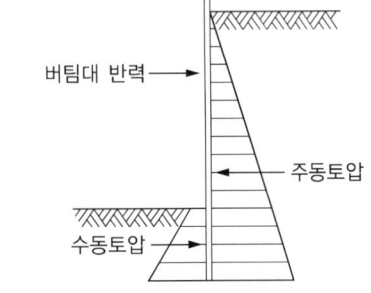

(5) 흙막이의 붕괴현상

① 히빙 현상(Heaving Failure) : 점토지반에서 하부지반이 연약할 때 흙막이 바깥에 있는 흙의 중량과 지표면의 적재하중으로 인하여, 저면 흙이 붕괴되어 흙막이 바깥에 있는 흙이 안으로 밀려 들어와 불룩하게 되는 현상

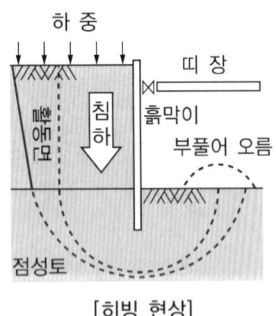

[히빙 현상]

② 보일링 현상(Boiling of Sand, Quick Sand) : 투수성이 좋은 사질지반에서 흙막이벽 뒷면의 수위가 높아서 지하수가 흙막이벽을 돌아서 들어오면서 모래와 같이 솟아오르는 현상

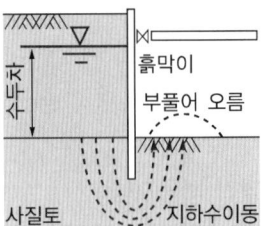

[보일링 현상]

③ 파이핑(Piping) 현상 : 흙막이벽의 부실공사로써 흙막이벽의 뚫린 구멍 또는 이음새를 통하여 물이 공사장 내부 바닥으로 스며드는 현상

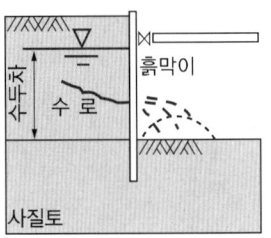

[파이핑 현상]

10년간 자주 출제된 문제

2-5. 독립기초 설계 시 탄성체에 가까운 경질 점토에 하중이 작용하였을 경우 지중응력 분포도는?

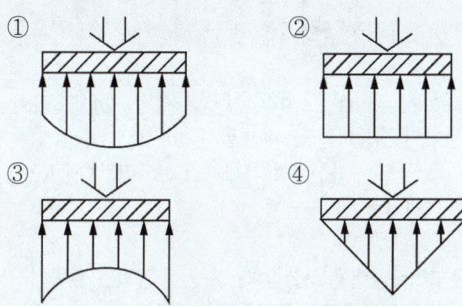

2-6. 기초 및 지반에 관한 기술 중 틀린 것은?
① 철근콘크리트 기초에 배근되는 철근 배근량은 기초의 부동침하에 큰 영향을 미치지 않는다.
② 지반 개량법 중에 하나인 강제 압밀탈수 공법은 점토질지반에 적합한 개량법이다.
③ 지내력 시험 시 내압판이 크면 클수록 실제에 가까운 값을 얻을 수 있다.
④ 블리딩이란 흙막이벽 공사 시 흙막이벽 뒷부분의 흙이 미끄러져 들어오는 현상을 의미한다.

|해설|

2-5
- 점토지반 : 기초판 중앙부의 지중응력이 낮고 가장자리가 높다.
- 모래지반 : 기초판 가장자리의 지중응력이 낮고 중앙부가 높다.

2-6
- 블리딩 : 콘크리트를 친 후 경화하는 동안에 혼합수 일부가 분리하여 콘크리트 상면으로 상승하는 현상
- 히빙 : 흙막이벽 공사 시 흙막이벽 뒷부분의 흙이 미끄러져 들어오는 현상

정답 2-5 ③ 2-6 ④

핵심이론 03 | 기초구조

(1) 말뚝의 기능상 분류
① **지지말뚝** : 연약한 지반을 관통하여 견고한 지반에 도달시켜 선단 지지력에 의하여 하중을 지반에 전달
② **마찰말뚝** : 연약, 사질토 지반에 적용하며 굳은 지반이 깊이 있는 경우 말뚝과 지반의 마찰력에 의하여 하중을 지지

(2) 말뚝의 종류별 간격(D : 말뚝머리 지름)

말뚝의 종류	말뚝의 중심 간격
나무말뚝	$2.5D$ 이상 또한 600mm 이상
기성 콘크리트말뚝	$2.5D$ 이상 또한 750mm 이상
강재말뚝	D 또는 폭의 2.0배 이상 또한 750mm 이상
매입말뚝	$2D$ 이상
현장타설(제자리) 콘크리트말뚝	$2D$ 이상 또한 $D+1,000$mm 이상

(3) 현장타설 콘크리트말뚝 구조 세칙
① 말뚝의 단면적은 설계 단면적 이하이어서는 안 된다.
② 말뚝 선단부는 지지층에 확실히 도달시켜야 한다.
③ 현장타설 콘크리트말뚝은 특별한 경우를 제외하고 주근은 6개 이상 또한 설계 단면적의 0.4% 이상으로 하고 띠철근 또는 나선철근으로 보강하여야 한다. 이 경우 철근의 피복두께는 60mm 이상으로 한다.
④ 저부의 단면을 확대한 말뚝 측면 경사가 수직면과 이루는 각은 30° 이하로 하고 전단력에 대해 검토하여야 한다.
⑤ 현장타설 콘크리트말뚝을 배치할 때 그 중심 간격은 말뚝머리 지름의 2.0배 이상 또한 말뚝머리 지름에 1,000mm를 더한 값 이상으로 한다.

(4) 강재말뚝의 특징

① 지지층에 깊이 관입할 수 있어서 지지력이 크다.
② 중량이 가볍고, 단면적을 작게 할 수 있다.
③ 휨저항이 크고, 수평력, 충격 등에 대한 저항성이 크다.
④ 이음이 강하며 길이 조절이 용이하다.
⑤ 경질층에 타입 및 인발이 용이하다.

10년간 자주 출제된 문제

3-1. 말뚝기초에 관한 설명으로 옳지 않은 것은?
① 말뚝은 압밀 등에 대한 침하를 고려하여야 한다.
② 말뚝기초의 허용지지력 산정은 말뚝만이 힘을 받는 것으로 계산하여야 한다.
③ 말뚝기초의 기초판 설계에서 말뚝의 반력은 중심에 집중된다고 가정하여 휨모멘트를 계산할 수 있다.
④ 대규모 기초 구조는 기성말뚝과 제자리 콘크리트말뚝을 혼용하여야 한다.

3-2. 기성 콘크리트말뚝을 타설할 때 그 중심 간격은 말뚝머리 지름의 최소 몇 배 이상으로 하여야 하는가?
① 1.5배　　② 2.5배
③ 3.5배　　④ 4.5배

3-3. 기성 콘크리트말뚝의 파일 이음법에 해당하지 않는 것은?
① 충전식 이음　　② 파이프 이음
③ 용접식 이음　　④ 볼트식 이음

3-4. 지름 300mm인 기성 콘크리트말뚝을 시공하고자 한다. 말뚝의 최소 중심 간격으로 가장 적당한 것은?
① 600mm　　② 750mm
③ 900mm　　④ 1,000mm

|해설|

3-1
대규모 기초 구조는 서로 다른 종류의 말뚝은 혼용하지 않는다.

3-2
기성 콘크리트말뚝 : $2.5D$ 이상 또한 750mm 이상으로 한다.

3-3
파일 이음공법의 종류
- 장부식 이음(Band식)
- 충전식 이음
- 볼트(Bolt)식 이음
- 용접식 이음

3-4
기성 콘크리트말뚝 중심 간격은 $2.5D$ 이상 또한 750mm 이상이어야 한다.
말뚝중심간격 = $2.5 \times 300 = 750$mm
∴ 750mm 이상

정답 3-1 ④　3-2 ②　3-3 ②　3-4 ②

| 핵심이론 04 | 설계하중, 구조물의 설계법

(1) 설계하중

① 고정하중(사하중, Dead Load) : 구조체 자체의 무게나 존재기간 중 지속적으로 구조물에 작용하는 수직 하중

② 활하중(적재하중, Live Load)
  ㉠ 건축물의 각 실, 바닥별 용도에 따라 그 속에 수용되는 사람과 적재되는 물품 등의 중량으로 인한 수직 하중
  ㉡ 영향면적($A \geq 36m^2$) : 부재에 직접적으로 하중의 영향을 미치는 범위 내에 있는 바닥의 면적

③ 적설하중(Snow Load)

④ 풍하중(Wind Load) : 주골조 설계용 설계 풍압은 설계 속도압, 가스트 영향계수, 풍력계수 또는 외압계수를 곱하여 산정

⑤ 지진하중(Earthquake Load)
  ㉠ 우리나라 지진구역 및 지역계수(S) : 지진하중 산정을 위해 지역 지진위험도를 가속도 형태로 나타낸 것
  ㉡ 우리나라 지역계수(S)를 결정하는 지진위험도 기준은 2,400년 재현주기의 지진위험도로서 최대 예상지진의 유효 지반가속도를 말한다.

⑥ 하중계수 및 하중의 조합
  ㉠ 철근콘크리트 구조물에 작용하는 하중에 대하여 하중계수와 하중조합을 적용하여 계산된 소요강도 중 가장 불리한 값에 대해 설계하도록 규정
  ㉡ 강도설계법 또는 한계상태설계법의 하중조합(7가지)
   - $U = 1.4(D + F)$
   - $U = 1.2(D + F + T) + 1.6L + 0.5(Lr \text{ or } S \text{ or } R)$
   - $U = 1.2D + 1.6(Lr \text{ or } S \text{ or } R) + (1.0L \text{ or } 0.65W)$
   - $U = 1.2D + 1.3W + 1.0L + 0.5(Lr \text{ or } S \text{ or } R)$
   - $U = 1.2D + 1.0E + 1.0L + 0.2S$
   - $U = 0.9D + 1.3W$
   - $U = 0.9D + 1.0E$

   여기서, D : 고정하중
   L : 활하중
   W : 풍하중
   Lr : 지붕활하중
   E : 지진하중
   S : 적설하중
   T : 온도하중
   F : 유체중량 및 압력에 의한 하중
   R : 강우하중

10년간 자주 출제된 문제

4-1. 강도설계법에 의한 철근콘크리트 구조물 설계에서 고정하중 $w_D = 4\text{kN/m}^2$이고, 활하중 $w_L = 5\text{kN/m}^2$인 경우 소요강도 산정을 위한 계수하중 w_U는 얼마인가?

① 9kN/m^2
② 10.6kN/m^2
③ 12.8kN/m^2
④ 15.3kN/m^2

4-2. 고정하중(D) 2kN/m^2과 활하중(L) 3kN/m^2이 구조물에 작용할 경우 계수하중(U)을 구하면?(단, 건축구조기준, 일반건축물의 경우임)

① 6.0kN/m^2
② 6.4kN/m^2
③ 6.8kN/m^2
④ 7.2kN/m^2

4-3. 고정하중이 5kN/m^2이고 활하중이 3kN/m^2인 경우 슬래브를 설계할 때 사용하는 계수하중은 얼마인가?

① 8.4kN/m^2
② 9.5kN/m^2
③ 10.8kN/m^2
④ 12.9kN/m^2

4-4. 구조설계 단계에서 구조계획 과정 중 틀린 것은?

① 건축물의 용도, 사용재료 및 강도, 기반특성, 하중조건 등을 고려한다.
② 기둥과 보의 배치는 기둥간격 및 층고, 설비계획도 함께 고려한다.
③ 지진하중이나 풍하중 등 수평하중에 저항하는 구조요소는 입면상 균형을 배제하고 평면균형을 고려한다.
④ 구조형식이나 구조재료를 혼용할 때는 강성이나 내력의 연속성뿐만 아니라 사용성에 영향을 미치는 진동에도 미리 대비한다.

|해설|

4-1
$U = 1.2D + 1.6L = 1.2 \times 4 + 1.6 \times 5 = 12.8\text{kN/m}^2$

4-2
$U = 1.2D + 1.6L = 1.2 \times 2 + 1.6 \times 3 = 7.2\text{kN/m}^2$

4-3
$U = 1.2D + 1.6L = 1.2 \times 5 + 1.6 \times 3 = 10.8\text{kN/m}^2$

4-4
지진하중이나 풍하중 등 수평하중에 저항하는 구조요소는 입면상 균형을 고려한다.

정답 4-1 ③ 4-2 ④ 4-3 ③ 4-5 ③

(2) 철근콘크리트 구조물의 설계법

① 강도설계법
  ㉠ 콘크리트와 철근이 받는 최대강도를 기준으로 하며, 안전성에 중점을 둔다.
  ㉡ 강도한계상태 : 골조 또는 부재의 안정성, 인장파괴, 피로파괴 등 안정성과 최대하중 지지력에 대한 한계상태로서 골조의 불안정으로 사용불가 상태에 이른다.
  ㉢ 설계된 부재는 사용하중에서도 필요한 여러 기능을 만족하도록 사용성(Serviceability) 검토를 규정하고 있는데, 이때 검토하는 것이 처짐, 균열, 그리고 피로거동 등이다.
  ㉣ 강도한계상태에 영향을 미치는 요소
    • 골조의 불안정성
    • 골조의 전도 및 파괴
    • 기둥의 좌굴, 접합부 파괴

② 허용응력설계법
  ㉠ 부재에 작용하는 실제하중에 의해 단면 내에 발생하는 각종 응력이 그 재료의 허용응력 범위 이내가 되도록 설계하는 방법
  ㉡ 안전을 위해 재료의 실제강도를 적용하지 않고 이 값을 일정한 수치(안전율)로 나눈 허용응력을 기준으로 한다.
  ㉢ 하중이 작용할 때 재료의 탄성거동을 기본원리로 한다.
  ㉣ 사용한계상태 : 구조물이 처짐 균열 진동 등이 과대하게 일어나서 비정상적인 상태이며, 사용성에 중점을 둔 한계상태
  ㉤ 사용성 한계상태에 영향을 미치는 요소
    • 과도한 처짐, 진동 등
    • 골조 보수, 보강에 따른 과도한 국부적 손상
    • 부재의 과다한 탄성변형, 불합리한 탄성계수비

ⓗ 허용응력설계법의 특성
- 설계 계산이 매우 간편하다.
- 부재의 강도를 알기가 어렵다.
- 파괴에 대한 재료의 안전도를 일정하게 만들기 어렵다.
- 성질이 다른 하중들의 영향을 설계상에 반영할 수 없다.

10년간 자주 출제된 문제

4-5. 구조물의 한계상태에는 강도한계상태와 사용성 한계상태가 있다. 강도한계상태에 영향을 미치는 요소와 가장 거리가 먼 것은?
① 부재의 과다한 탄성변형
② 기둥의 좌굴
③ 골조의 불안정성
④ 접합부 파괴

4-6. 강도설계법으로 설계한 콘크리트 구조물에서 처짐의 검토는 어느 하중을 사용하는가?
① 사용하중(Service Load)
② 설계하중(Design Load)
③ 계수하중(Factored Load)
④ 상재하중(Surcharge Load)

|해설|

4-5
강도한계상태에 영향을 미치는 요소
- 골조의 불안정성
- 골조의 전도 및 파괴
- 기둥의 좌굴, 접합부 파괴

사용성 한계상태에 영향을 미치는 요소
- 과도한 처짐, 진동 등
- 골조 보수, 보강에 따른 과도한 국부적 손상
- 부재의 과다한 탄성변형, 불합리한 탄성계수비

4-6
- 강도설계법은 극한하중(계수하중)이 작용할 때 철근과 콘크리트가 모두 비탄성 상태까지 도달한 때의 부재 최대 강도가 극한하중 이상이 되게 설계하는 방법
- 사용성(균열, 처짐, 진동) 확보를 위해 사용하중(Service Load)으로써 검토가 필요하며, 확률적인 안전계수를 도입한다.

정답 4-5 ① 4-6 ①

제2절 구조역학

핵심이론 01 | 힘과 모멘트

(1) 힘의 3요소

벡터량(크기뿐 아니라 방향도 중요시되는 물리량)
① 작용점 : 좌표(x, y)로 표시
② 크기 : 선분의 길이로 표시
③ 방향 : 각도(기울기)로 표시

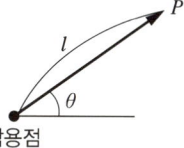

(2) 라미(Lami)의 정리(sin법칙)

① 한 점에 작용하는 세 힘의 평형에 관한 정리
② 그림과 같이 P_1, P_2, P_3가 작용할 때, 이 세 힘이 닫힌 삼각형을 이루면 서로 평형이 된다.

$$\frac{P_1}{\sin\theta_1} = \frac{P_2}{\sin\theta_2} = \frac{P_3}{\sin\theta_3}$$

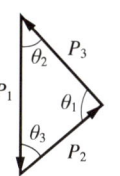

(3) 모멘트(M ; Moment)

① 모멘트(M) = 힘(P) × 떨어진 수직거리(l)

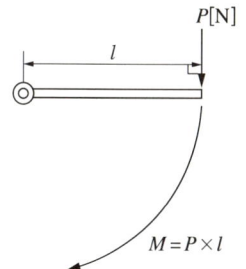

② 우력(偶力) 모멘트(Couple Moment) : 크기가 같고, 방향이 반대인 한 쌍(Couple)의 우력이 돌리려고 하는 힘
㉠ $M = P \times l [\text{N} \cdot \text{m}]$
㉡ 우력의 합은 0이다.
㉢ 우력 모멘트의 크기는 일정하다.

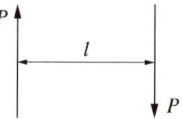

(4) 바리뇽(Varignon)의 합모멘트 정리

① 한 점에 대한 각 성분 모멘트 대수합은 합력 모멘트와 같다.

② 합력에 의한 모멘트 = 분력에 의한 모멘트의 합

$$P_1 \cdot l_1 + P_2 \cdot l_2 + P_3 \cdot l_3 = \sum P \cdot l$$

$$\therefore \sum M = M_1 + M_2 + M_3 + \cdots$$

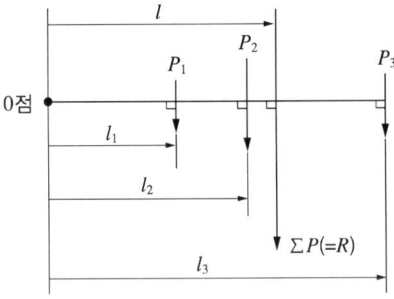

10년간 자주 출제된 문제

그림과 같은 구조물에서 지점 A의 수평반력은?

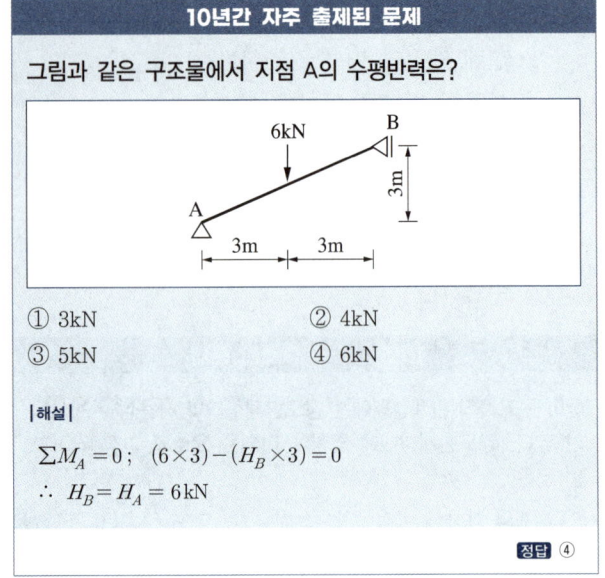

① 3kN ② 4kN
③ 5kN ④ 6kN

|해설|

$\sum M_A = 0$; $(6 \times 3) - (H_B \times 3) = 0$

$\therefore H_B = H_A = 6\text{kN}$

정답 ④

(5) 힘의 평형

이동하거나 변형되지 않을 조건

- $\sum H = 0$ P ←─○─→ P

- $\sum V = 0$

- $\sum M = 0$

핵심이론 02 | 구조물의 판별

(1) 안정, 불안정, 정정, 부정정
① 안정 : 외력 작용 시 구조물이 항상 평형을 이루는 상태
② 불안정 : 외력이 작용할 때 구조물이 항상 평형을 이루지 못하는 상태
③ 정정 : 힘의 평형 조건식만으로 미지수(내적 부재력, 외적 반력)를 구할 수 있는 상태
④ 부정정 : 힘의 평형 조건식만으로 미지수(내적 부재력, 외적 반력)를 구할 수 없는 상태

(2) 구조물의 판별식(부정정 차수)
① 미지수 ≦ 방정식(조건식) ⇒ 정정
② 미지수 > 방정식(조건식) ⇒ 부정정
③ 판별식(부정정 차수 : N) = 총 미지수 – 총 조건식수
   N = 외적 판별식 + 내적 판별식
   $= m + r + k - 2j$
   여기서, m : 부재(Member)수
   r : 반력(Reaction)수
   k : 강절점수
   j : 절점(Joint)수

   ㉠ 지점, 반력 표시 및 반력수

지 점	지점 표시	반력 표시	반력수(n)
이동단 (Roller Support)	○ or △	↑V	1
회전단 (Hinged Support)	△	H→ ↑V	2
고정단 (Fixed Support)	▨	H→ M↶ ↑V	3

   ㉡ 강절점수, 부재수

   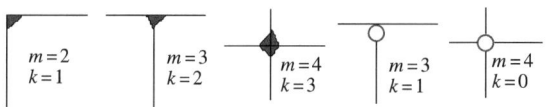

   ㉢ 판별 결과
   • $N > 0$: 부정정
   • $N = 0$: 정정
   • $N < 0$: 불안정

④ 보(단층 구조물)의 판별식
   $N = (r-3) - h$
   여기서, r : 지점 반력수
   h : 부재의 힌지수

⑤ 라멘의 판별식
   $N = (r-3) + (3m' - h)$
   여기서, r : 지점 반력수
   h : 부재의 힌지수
   m' : 추가 연결된 부재수

10년간 자주 출제된 문제

2-1. 그림과 같은 구조물의 부정정 차수는?

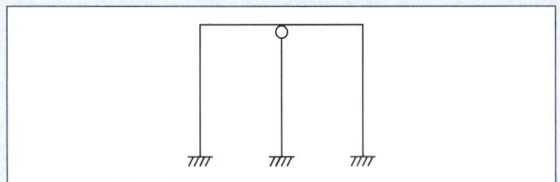

① 3차 부정정 ② 5차 부정정
③ 7차 부정정 ④ 9차 부정정

2-2. 다음 구조물의 판별로 옳은 것은?

① 불안정 구조물 ② 정정 구조물
③ 1차 부정정 구조물 ④ 2차 부정정 구조물

2-3. 다음 그림과 같은 트러스 구조물의 판별로 옳은 것은?

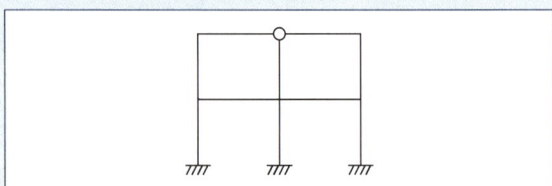

① 12차 부정정 ② 11차 부정정
③ 10차 부정정 ④ 9차 부정정

|해설|

2-1
$N = m + r + k - 2j = 5 + 9 + 3 - 2 \times 6 = 5$
∴ 5차 부정정 구조물이다.

2-2
실용적 판별식에 의하면,
$N = m + r + k - 2j = 2 + 3 + 1 - 2 \times 3 = 0$
$N = 0$이므로 정정 구조물이다.
그러나, 논리적으로는 정정 구조물이지만 구조적 판별로 해석하면, 지점이 모두 이동 지점으로써 횡력에 의해 이동하므로 불안정 구조물로 판별된다.

2-3
$N = m + r + k - 2j = 10 + 9 + 9 - 2 \times 9 = 10$
∴ 10차 부정정 구조물

정답 2-1 ② 2-2 ① 2-3 ③

핵심이론 03 │ 정정보

(1) 정정보

① 보(Beam)는 1개 부재를 몇 개의 지점으로 지지하고, 부재축에 직각 또는 경사진 외력이 작용하는 상태의 부재
② 힘의 평형 조건식($\sum M = 0$, $\sum V = 0$, $\sum H = 0$)에 의하여 해석이 가능한 보
③ 반력 계산 시 부호 약속
  ㉠ $\sum M$ 부호 : ↷는 (+), ↶는 (−)
  ㉡ $\sum V$ 부호 : ↑는 (+), ↓는 (−)
  ㉢ $\sum H$ 부호 : →는 (+), ←는 (−)

(2) 보의 종류

단순보	1개의 보의 일단은 보의 방향으로 이동할 수 있는 이동지점이고 다른 단은 회전(힌지)지점으로 된 보
캔틸레버보	일단이 고정지점이고 다른 한 단은 지점이 없는 자유단으로 된 보
내민보	단순보에서 일단 또는 양단이 지점밖으로 내밀어 자유단을 가진 보로서 캔틸레버 부분을 가진 보
겔버보	연속보에서 지점 이외의 곳에 적절한 힌지(내부 활절, Hinge)를 넣어 정정보로 변화시킨 보

(3) 보의 단면력(전단력, 휨모멘트, 축방향력)

① 단면력 : 하중 작용에 따라 보의 단면에 생기는 합력
② 단면력은 그 단면의 한 쪽을 기준으로 계산할 수 있다.

전단력(S)	부재를 축의 수직방향으로 절단하려는 힘
전단력도(SFD)	기선 상부(+), 하부(−) 표시
휨모멘트(M)	외력이 부재를 구부리거나 휘려고 할 때의 힘(굽힘모멘트)
휨모멘트도(BMD)	기선 하부(+), 상부(−) 표시
축방향력(A)	부재 축과 나란히 작용하여 압축 또는 인장시키려는 힘
축방향력도(AFD)	기선 상부(+), 하부(−) 표시

※ 휨모멘트도(BMD)의 경우, 반대로 표시하기도 한다.

10년간 자주 출제된 문제

3-1. 다음 보(Beam) 중에서 정정구조물이 아닌 것은?

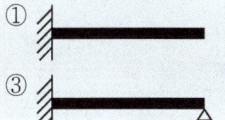

3-2. 그림과 같은 구조물의 부재 C에 작용하는 압축력은?

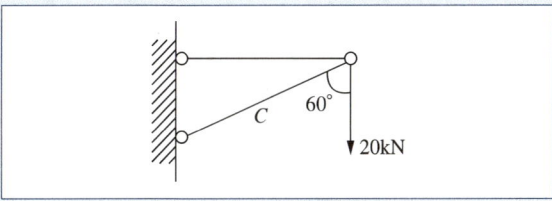

① 10kN ② 20kN
③ 30kN ④ 40kN

3-3. 그림에서 E점의 휨모멘트를 구하면?

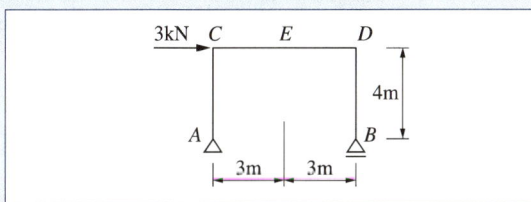

① 12kN·m ② 6kN·m
③ 4kN·m   ④ 3kN·m

|해설|

3-1
③ 1차 부정정보($N = m + r + k - 2j = 1 + 4 + 0 - 2 \times 2 = 1$)
① 캔틸레버보, ② 한쪽내민보, ④ 겔버보

3-2
$\sum V = 0$; $C \times \cos 60° = 20$, $C \times \frac{1}{2} = 20$ 이므로
$\therefore C = 40\,\text{kN}$

3-3
$\sum M_A = 0$;
$(3 \times 4) - (R_B \times 6) = 0$, $R_B = 2\,\text{kN}$
$\therefore M_E = 2 \times 3 = 6\,\text{kN} \cdot \text{m}$

정답 3-1 ③ 3-2 ④ 3-3 ②

(4) 단순보에 작용하는 하중과 반력

집중하중	(그림: P)	하중의 합에 대한 거리로 배분하여 반력을 구함
등분포하중	(그림: w)	면적을 구해 집중하중으로 환산하여 반력을 구함
등변분포하중	(그림: w)	삼각형 면적을 구하여 집중하중으로 환산하여 반력을 구함
모멘트하중	(그림: M)	모멘트하중 작용 시 지점에서 반력이 생김

(5) 단순보의 반력(Reaction) 계산

① 집중하중(P) 작용 시

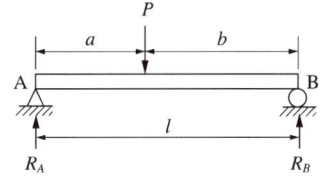

$R_A = \dfrac{P \cdot b}{l}$

$R_B = \dfrac{P \cdot a}{l}$

② 등분포하중(w) 작용 시

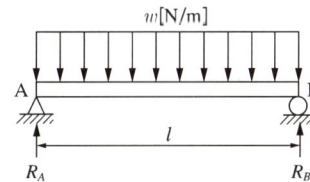

$R_A = R_B = \dfrac{wl}{2}$

③ 등변분포하중(w) 작용 시

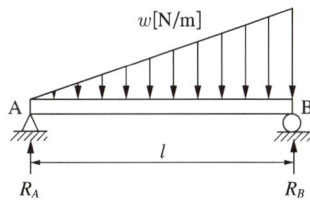

$R_A = \dfrac{wl}{6}$

$R_B = \dfrac{wl}{3}$

④ 모멘트하중(M) 작용 시

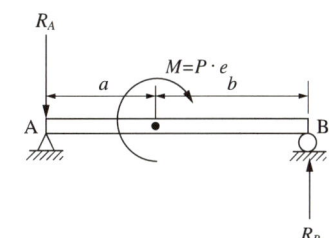

$R_A = -\dfrac{P \cdot e}{l} = -\dfrac{M}{l}$

$R_B = \dfrac{P \cdot e}{l} = \dfrac{M}{l}$

10년간 자주 출제된 문제

3-4. 그림과 같은 구조물에서 A지점의 반력 모멘트는?

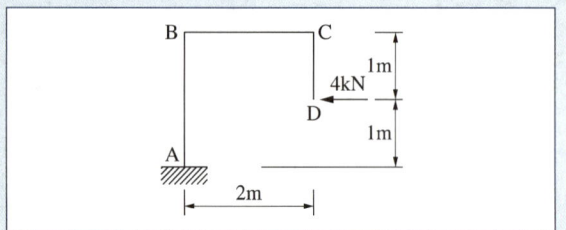

① $-8kN \cdot m$ ② $8kN \cdot m$ ③ $-4kN \cdot m$ ④ $4kN \cdot m$

3-5. 그림과 같은 구조물의 C점에 20kN의 수평력이 작용할 때 S부재에 발생하는 응력의 값은?

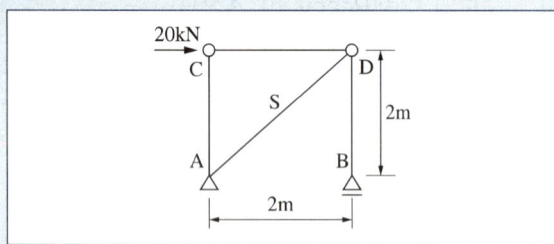

① $10kN$ ② $10\sqrt{2}\,kN$ ③ $20kN$ ④ $20\sqrt{2}\,kN$

|해설|

3-4

$\sum M = 0$; $(-4kN \times 1m) + M_A = 0$

$\therefore M_A = 4kN \cdot m$

3-5

• B점에서의 휨모멘트 합 = 0으로 A지점의 수직반력을 구한다.

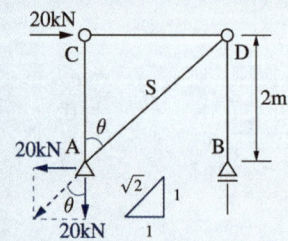

$\sum M_B = 0$; $(-V_A \times 2) + (20 \times 2) = 0$

$V_A = 20kN(\downarrow)$

• 지점 A의 수평반력을 구한다.

$\sum H = 0$; $H_A = 20kN(\leftarrow)$

• S부재의 응력을 구한다.

$S\sin\theta = 20$ 이므로 $\therefore S = \dfrac{20}{\sin\theta} = 20\sqrt{2}\,kN$

정답 3-4 ④ 3-5 ④

(6) 단순보의 전단력도, 휨모멘트도

① 집중하중이 작용할 때

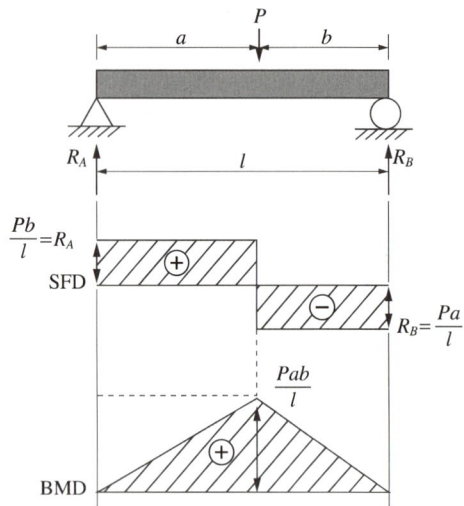

② 등분포하중이 작용할 때

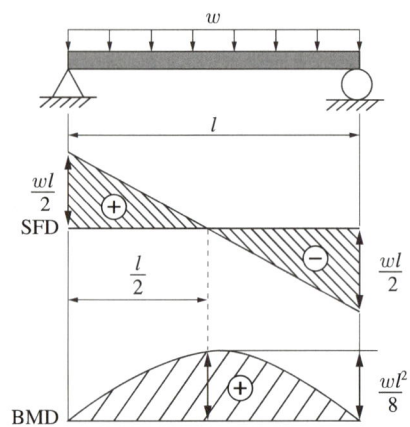

③ 등변분포하중이 작용할 때

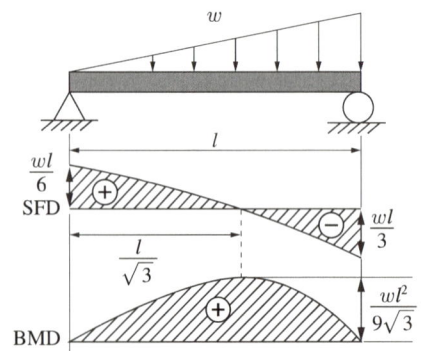

10년간 자주 출제된 문제

3-6. 그림과 같은 단순보가 집중하중과 등분포하중을 받고 있을 때 C점의 휨모멘트값은?

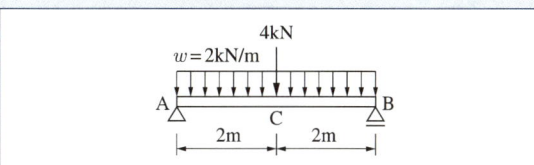

① 8kN·m ② 10kN·m ③ 12kN·m ④ 14kN·m

3-7. 다음 그림과 같은 단순보의 B지점의 반력값은?

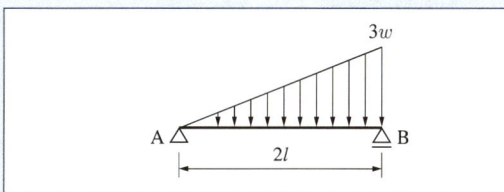

① $\dfrac{wl}{6}$ ② $\dfrac{wl}{3}$ ③ wl ④ $2wl$

3-8. 다음 그림에서 A점의 수직반력이 0이 되기 위한 등분포하중의 크기는?

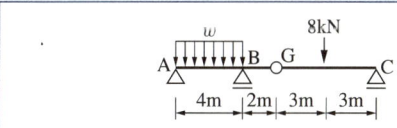

① 1kN/m ② 2kN/m ③ 3kN/m ④ 4kN/m

|해설|

3-6
$R_A = \dfrac{wl+P}{2} = \dfrac{2\times 4+4}{2} = 6\text{kN}$
$M_C = (6\times 2)-(2\times 2\times 1) = 8\text{kN}\cdot\text{m}$

3-7
등변분포하중의 반력
$R_A = \dfrac{1}{6}wl = \dfrac{1}{6}\times 3w\times 2l = 1wl$
$R_B = \dfrac{1}{3}wl = \dfrac{1}{3}\times 3w\times 2l = 2wl$

3-8
$\sum V = 0\ ;\ R_G = \dfrac{8}{2} = 4\text{kN}$
$\sum M_B = 0\ ;\ 4w\times 2 = 4\times 2\quad \therefore\ w = 1\text{kN/m}$

정답 3-6 ① 3-7 ④ 3-8 ①

(7) 외팔보의 전단력도, 휨모멘트도

① 집중하중이 작용할 때

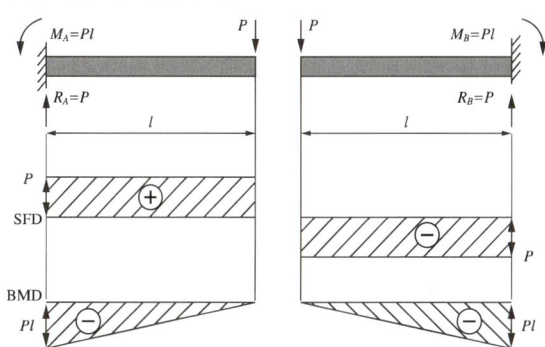

② 등분포하중이 작용할 때

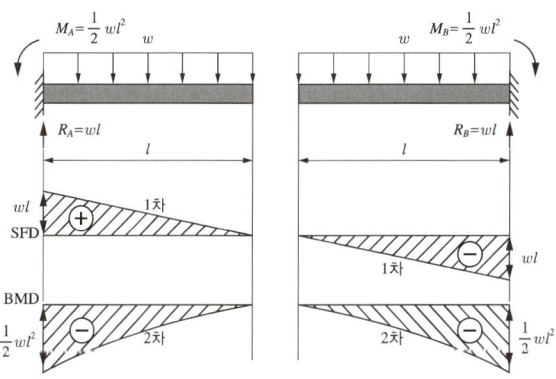

③ 등변분포하중이 작용할 때

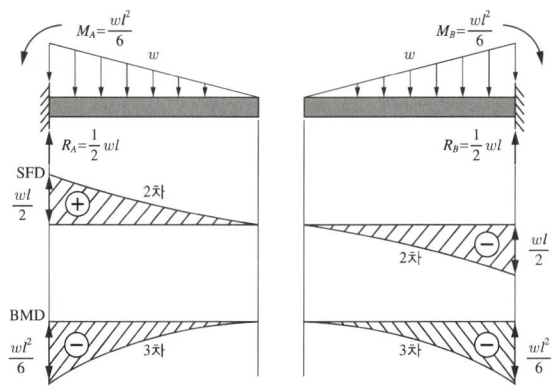

10년간 자주 출제된 문제

3-9. 다음 그림과 같은 연속보에서 B점의 휨모멘트는?

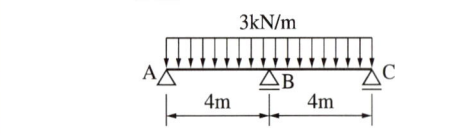

① $-2\text{kN}\cdot\text{m}$
② $-3\text{kN}\cdot\text{m}$
③ $-4\text{kN}\cdot\text{m}$
④ $-6\text{kN}\cdot\text{m}$

|해설|

3-9
연속보의 반력 및 휨모멘트

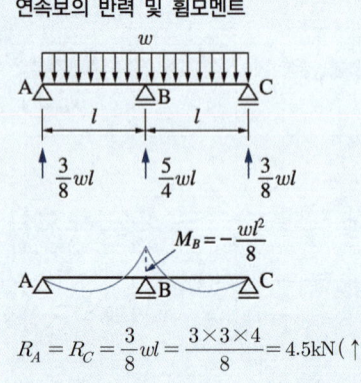

$R_A = R_C = \dfrac{3}{8}wl = \dfrac{3\times3\times4}{8} = 4.5\text{kN}(\uparrow)$

$R_B = \dfrac{5}{4}wl = \dfrac{5\times3\times4}{4} = 15\text{kN}(\uparrow)$

$M_A = M_C = 0$

$M_B = -\dfrac{wl^2}{8} = -\dfrac{3\times4^2}{8} = -6\text{kN}\cdot\text{m}$

정답 3-9 ④

(8) 부정정보의 반력과 휨모멘트

① 일단고정, 타단지지, 집중하중

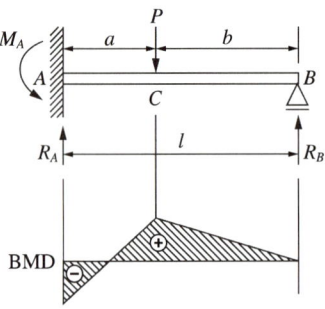

㉠ $a = b = \dfrac{l}{2}$ 인 경우

- 반력 : $R_A = \dfrac{11P}{16}$, $R_B = \dfrac{5P}{16}$
- 휨모멘트 : $M_A = -\dfrac{3Pl}{16}$

㉡ $a \neq b$ 인 경우

- 반력 : $R_A = \dfrac{Pb}{2l^3}(3l^2 - b^2)$

  $R_B = \dfrac{P(l-b)^2}{2l^3}(2l + b)$

- 휨모멘트 : $M_A = -\dfrac{Pb}{2l^2}(l^2 - b^2)$

② 일단고정, 타단지지, 등분포하중

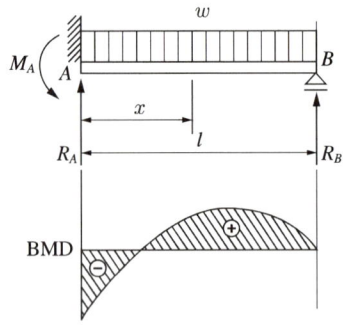

㉠ 반력 : $R_A = \dfrac{5wl}{8}$, $R_B = \dfrac{3wl}{8}$

㉡ 휨모멘트 : $M_A = -\dfrac{3wl^2}{8} + \dfrac{wl^2}{2} = -\dfrac{wl^2}{8}$

$M_{\max,\, x=\frac{5l}{8}} = \dfrac{9wl}{128}$

10년간 자주 출제된 문제

3-10. 다음 부정정 구조물에서 B점의 반력을 구하면?

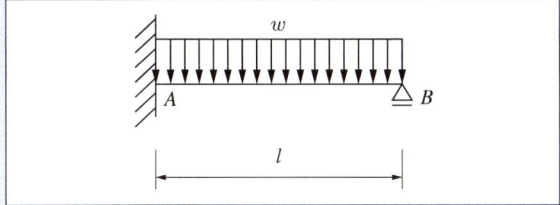

① $\dfrac{1}{8}wl$ ② $\dfrac{3}{8}wl$

③ $\dfrac{5}{8}wl$ ④ $\dfrac{7}{8}wl$

3-11. 그림과 같은 부정정보에서 전단력이 '0'이 되는 위치 x는?

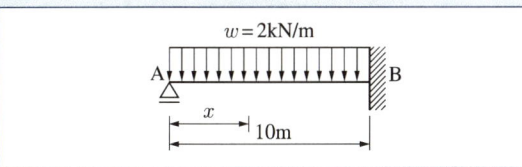

① 2.75m ② 3.75m
③ 4.75m ④ 5.75m

|해설|

3-10

$R_B = \dfrac{3}{8}wl$

$M_A = -\dfrac{wl^2}{8}$

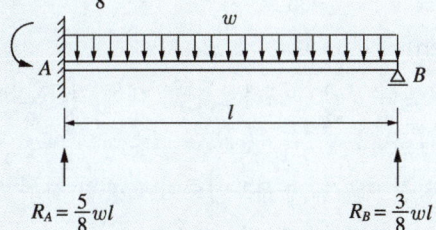

3-11

- 반력 $R_A = \dfrac{3wl}{8} = \dfrac{3 \times 2 \times 10}{8} = 7.5\text{kN}$
- $S_x = 7.5 - 2x = 0$
- $\therefore\ x = 3.75\text{m}$

정답 3-10 ② 3-11 ②

③ 양단고정, 집중하중

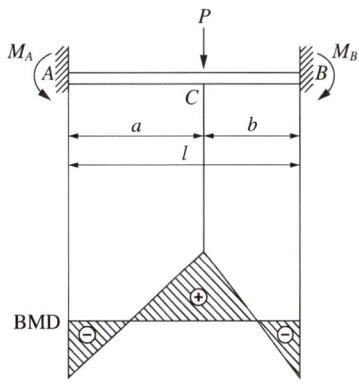

㉠ 반력 : $R_A = \dfrac{Pb}{l},\ R_B = \dfrac{Pa}{l}$

㉡ 휨모멘트 : $M_A = -\dfrac{Pab^2}{l^2},\ M_B = -\dfrac{Pa^2b}{l^2}$

$$M_{\max = \frac{l}{2}} = \dfrac{Pl}{8}$$

④ 양단고정, 등분포하중

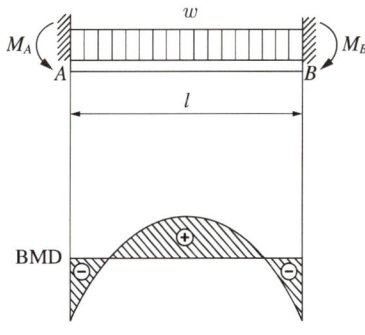

㉠ 반력 : $R_A = R_B = \dfrac{wl}{2}$

㉡ 휨모멘트 : $M_A = -\dfrac{wl^2}{12},\ M_B = -\dfrac{wl^2}{12}$

$$M_{\max = \frac{l}{2}} = \dfrac{wl^2}{24}$$

10년간 자주 출제된 문제

3-12. 그림과 같은 양단고정인 보에서 A점의 휨모멘트는?(단, EI는 일정)

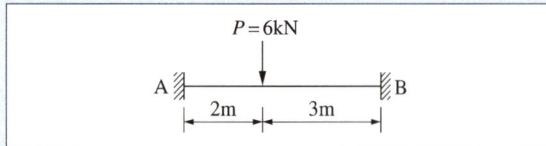

① $-4.32\text{kN}\cdot\text{m}$
② $4.32\text{kN}\cdot\text{m}$
③ $-6.23\text{kN}\cdot\text{m}$
④ $6.23\text{kN}\cdot\text{m}$

|해설|

3-12
양단고정 집중하중 보의 휨모멘트

$$\sum M_A = -\frac{Pab^2}{l^2} = -\frac{6\times 2\times 3^2}{5^2} = -4.32\text{kN}\cdot\text{m}$$

$$\sum M_B = -\frac{Pa^2b}{l^2} = -\frac{6\times 2^2\times 3}{5^2} = -2.88\text{kN}\cdot\text{m}$$

정답 3-12 ①

핵심이론 04 | 라멘, 아치, 트러스

(1) 라멘(Rahmen)

① 2개 이상의 부재가 강절점(고정절점)으로 연결된 구조물로 외력에 의해 형태가 변형되더라도 절점각(부재각)은 변하지 않는다.

② 라멘의 종류

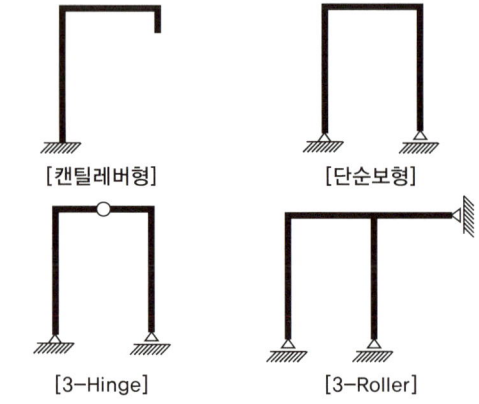

[캔틸레버형]   [단순보형]
[3-Hinge]   [3-Roller]

③ 라멘의 해법
  ㉠ 정정 라멘은 힘의 평형조건($\sum M = 0$, $\sum V = 0$, $\sum H = 0$)에 의해서 반력을 구한다.
  ㉡ 단면력은 내측을 기준으로 단순보의 해법과 같은 방법으로 구한다.
  ㉢ 자유물체도(FBD)를 그려서 해석한다.

(2) 아치(Arch)

① 곡선 부재로 구성된 구조물로 단면 내에 각 응력이 발생한다.
② 포물선 3활절 아치에 등분포하중이 작용될 경우 전 구간에 걸쳐 축방향력만 발생한다.
③ 아치의 반력 : 수직 반력은 보의 반력과 같고, 수평 반력은 힌지점의 모멘트 평형조건으로 구한다.

10년간 자주 출제된 문제

4-1. 다음 구조물에서 A점의 휨모멘트 M_A의 크기는?

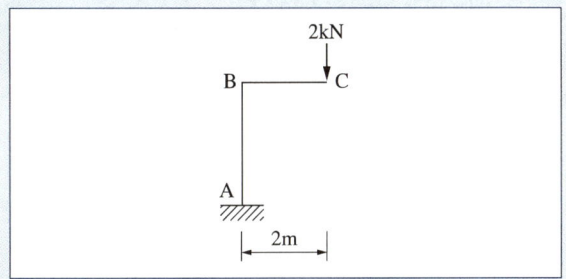

① 2kN · m
② 4kN · m
③ 6kN · m
④ 8kN · m

4-2. 그림과 같은 라멘의 A점의 휨모멘트는?

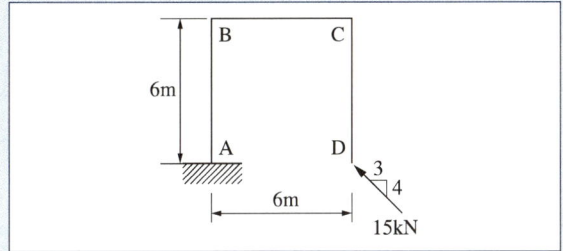

① 42kN · m
② 52kN · m
③ 62kN · m
④ 72kN · m

4-3. 그림과 같이 집중하중을 받는 단순보형 아치에 발생하는 최대 휨모멘트는 얼마인가?

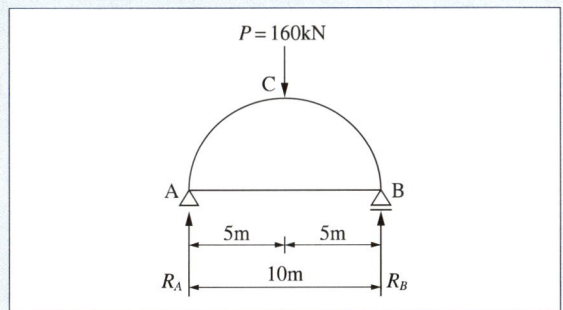

① 100kN · m
② 200kN · m
③ 300kN · m
④ 400kN · m

|해설|

4-1
$$M_A = P \times l = 2 \times 2 = 4\text{kN} \cdot \text{m}$$

4-2
$$M_A = P \times l = 15 \times \frac{4}{5} \times 6 = 72\text{kN} \cdot \text{m}$$

4-3
$$M_{\max} = \frac{Pl}{4} = \frac{160 \times 10}{4} = 400\text{kN} \cdot \text{m}$$

정답 4-1 ②　4-2 ④　4-3 ④

(3) 트러스(Truss) 해법

① 모든 절점을 힌지(Hinge)로 가정하고 각 부재는 축방향력(인장력, 압축력)만 받는다.
② 트러스 해석상 가정
   ㉠ 트러스의 부재는 마찰이 없는 힌지만으로 연결되어 있다.
   ㉡ 하중은 격점(절점)에만 집중하여 작용한다.
   ㉢ 트러스의 자중은 무시한다.
   ㉣ 직선 부재만으로 이루어져 있다.
   ㉤ 트러스에 작용하는 단면력은 축방향력만 작용한다(전단력, 휨모멘트는 작용하지 않는다).
   ㉥ 트러스의 변형은 무시한다(평면보존 법칙 성립).
   ㉦ 트러스 부재와 작용하는 외력은 동일 평면 내에 있다.
③ 트러스 해법
   ㉠ 지점반력은 단순보나 라멘과 같이 힘의 평형조건식으로 구한다.
   ㉡ 부재력은 축방향력으로 인장력, 압축력만 생기며 인장력을 (+), 압축력을 (−)로 가정한다.
   ㉢ 절점법의 부호는 절점을 향하여 들어가는 부재력을 압축(−), 절점에서 밖으로 나오는 부재력을 인장(+)으로 가정한다.

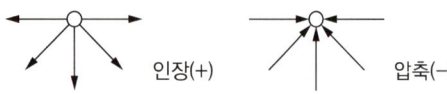

④ 영(0)부재 : 부재력(축방향력)이 0이 되는 부재
⑤ 영부재의 판별법
   ㉠ 트러스 응력의 특징을 고려하여, 절점을 중심으로 고립시켜 판정한다.
   ㉡ 외력, 반력이 작용하지 않는 절점 기준으로 판정한다.
   ㉢ 3개 이하의 부재가 만나는 절점을 기준으로 판정한다.
   ㉣ 영부재로 판정되면 이 부재를 제거하고, 다시 위의 과정을 반복한다.

10년간 자주 출제된 문제

4-4. 다음 그림과 같은 트러스에서 AB부재의 부재력의 크기는?(단, +는 인장, −는 압축임)

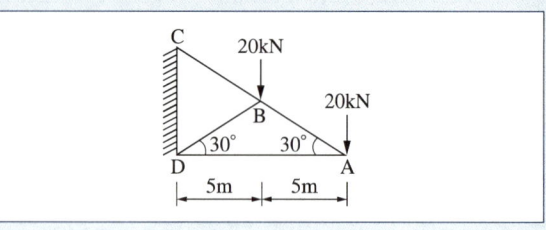

① +20kN   ② −20kN   ③ +40kN   ④ −40kN

4-5. 한 변의 길이가 4m인 그림과 같은 정삼각형 트러스에서 AB부재의 부재력은?

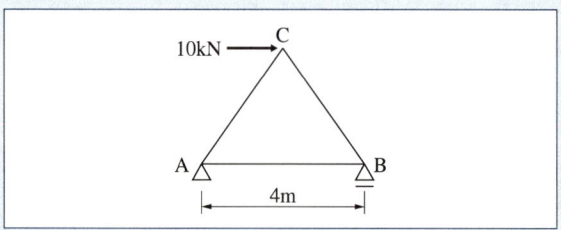

① 압축 10kN   ② 압축 5kN
③ 인장 10kN   ④ 인장 5kN

|해설|
4-4
A점에서,
$\sum V = 0 \; ; \; \overline{AB}\sin 30° = 20\text{kN}$
$\therefore \overline{AB} = \dfrac{20}{\sin 30°} = 20 \times 2 = 40\text{kN}(인장)$

4-5
$\sum M_A = 0 \; ; \; (-R_B \times 4) + (10 \times 4\sin 60°) = 0$
$R_B \times 4 = 10 \times 4 \times \dfrac{\sqrt{3}}{2}$
$\therefore R_B = 5\sqrt{3}\,\text{kN}$
B절점에서,
$\sum V = 0 \; ; \; \overline{BC}\sin\theta = R_B$
$\overline{BC}\sin 60° = 5\sqrt{3}$
$\therefore \overline{BC} = 5\sqrt{3} \times \dfrac{2}{\sqrt{3}} = 10\text{kN}(압축)$
$\sum H = 0 \; ; \; \overline{AB} = \overline{BC}\cos 60°$
$\therefore \overline{AB} = 10 \times \dfrac{1}{2} = 5\text{kN}(인장)$

정답 4-4 ③ 4-5 ④

(4) 트러스(Truss) 영(0)부재

① 두 부재가 모이는 절점에 외력이 작용하지 않을 때 두 부재의 응력은 0이다.

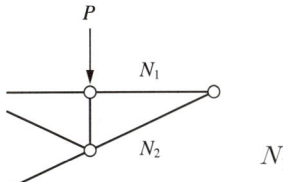

$N_1 = 0, \ N_2 = 0$

② 절점에 외력이 한 부재와 나란하게 작용할 때 다른 한 부재의 응력은 0이다.

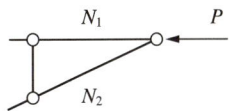

$N_1 = P, \ N_2 = 0$

③ 세 개의 부재가 모인 절점에 외력이 작용하지 않을 때 나란한 두 부재의 응력은 같고, 다른 한 부재의 응력은 0이다.

$N_1 = N_2, \ N_3 = 0$

④ 한 절점에 4개의 부재가 교차해 있고, 그 절점에 외력이 작용하지 않을 때 동일 선상에 있는 두 개의 부재 응력은 서로 같다. 단, 각각 서로의 부재는 일직선상에 있어야 하고, 부재가 이루는 각은 관계없다.

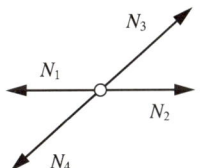

$N_1 = N_2, \ N_3 = N_4$

⑤ 동일 직선상에 있지 않은 부재에 외력(P)가 그 부재의 축방향으로 작용할 때 이 부재의 응력은 P와 같고, 동일 직선상에 있는 두 개의 부재 응력은 서로 같다.

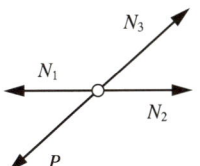

$N_1 = N_2, \ N_3 = P$

10년간 자주 출제된 문제

4-6. 그림과 같은 트러스에서 AC의 부재력은?

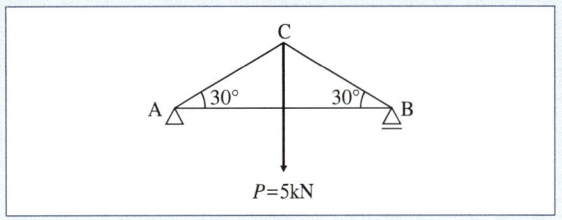

① 5kN(인장)
② 5kN(압축)
③ 10kN(인장)
④ 10kN(압축)

4-7. 그림과 같은 트러스의 U, V, L부재의 부재력은 각각 몇 kN인가?(단, −는 압축력, +는 인장력)

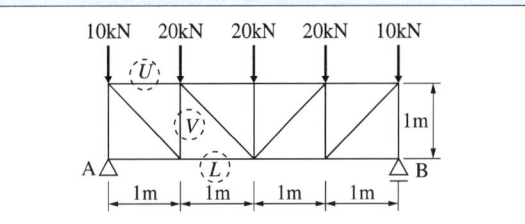

① $U - 30$kN, $V - 30$kN, $L - 30$kN
② $U = -30$kN, $V = 30$kN, $L = -30$kN
③ $U = 30$kN, $V = -30$kN, $L = 30$kN
④ $U = 30$kN, $V = 30$kN, $L = -30$kN

| 해설 |

4-6
- $R_A = R_B = 2.5\text{kN}$
- A점에서, $\sum V = 0$; $\overline{AC}\sin 30° = 2.5$
- $\therefore \overline{AC} = \dfrac{2.5}{\sin 30°} = 2.5 \times 2 = 5\text{kN}$(압축)

4-7
- 반력을 산정한다.
$$V_A = V_B = \frac{\sum P}{2} = \frac{10+20+20+20+10}{2} = 40\text{kN}$$

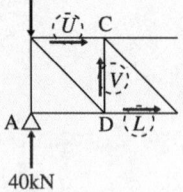

- 자유물체도에서 U, V, L 부재의 부재력을 구한다.
$\sum M_D = 0$; $(40 \times 1) - (10 \times 1) + (U \times 1) = 0$
$\therefore U = -30\text{kN}$(압축)
$\sum V = 0$; $40 + V - 10 = 0$
$\therefore V = -30\text{kN}$(압축)
$\sum M_C = 0$; $(40 \times 1) - (10 \times 1) - (L \times 1) = 0$
$\therefore L = 30\text{kN}$(인장)

정답 4-6 ② 4-7 ①

핵심이론 05 | 단면의 성질

(1) 단면 1차 모멘트

① 단면 1차 모멘트 = 도형의 면적×축에서 도심까지 거리
② 단면 1차 모멘트는 임의의 도형에서 도심(x_0, y_0)을 구함

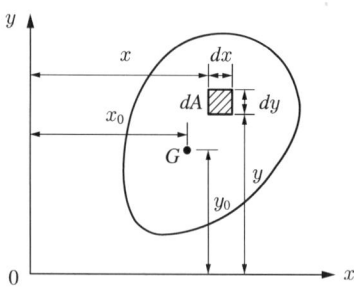

③ 단위 : 거리×미소 면적 = $\text{cm} \times \text{cm}^2 = \text{cm}^3$
④ 도심(G)을 지나는 축에 대한 단면 1차 모멘트는 0이다.
⑤ 단면 1차 모멘트는 +, -부호가 있다.
⑥ 도 심
  ㉠ 도심 : 단면 1차 모멘트가 0이 되는 좌표의 원점
  ㉡ 도심의 위치(x_0, y_0)

- 사각형 단면
$y = \dfrac{h}{2}$

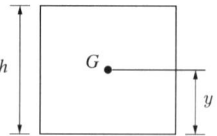

- 삼각형 단면
$y_1 = \dfrac{h}{3}$
$y_2 = \dfrac{2h}{3}$

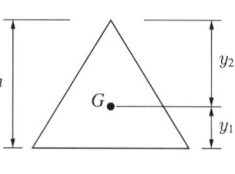

- 원형 단면
$y = \dfrac{D}{2} = r$

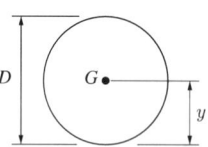

- 사다리꼴 단면
$y_1 = \dfrac{h}{3} \times \dfrac{(2a+b)}{(a+b)}$
$y_2 = \dfrac{h}{3} \times \dfrac{(a+2b)}{(a+b)}$

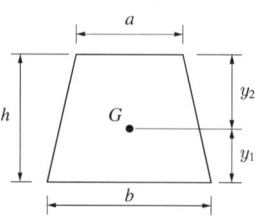

10년간 자주 출제된 문제

5-1. 그림과 같은 도형의 도심의 위치 x_0의 값으로 옳은 것은?

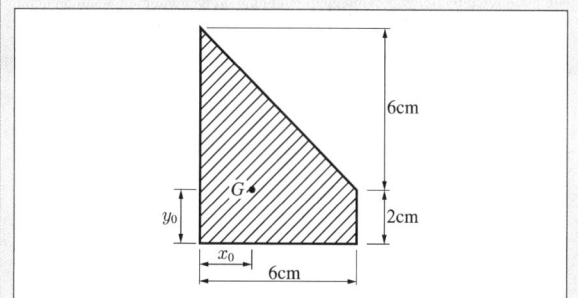

① 2.4cm ② 2.5cm ③ 2.6cm ④ 2.7cm

5-2. 다음 그림과 같은 직사각형 단면의 X축에 대한 단면 1차 모멘트는?

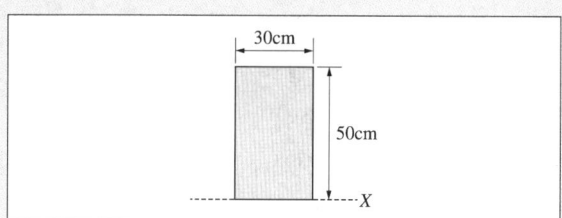

① 15,000cm³ ② 22,500cm³ ③ 37,500cm³ ④ 40,000cm³

|해설|

5-1

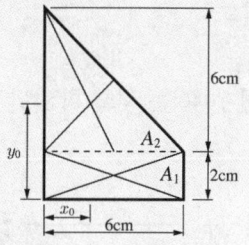

- 단면 1차 모멘트 $G_y = A_1 x_1 + A_2 x_2$

$$G_y = (6 \times 2) \times \frac{6}{2} + \left(\frac{1}{2} \times 6 \times 6\right) \times \frac{6}{3} = 72\text{cm}^3$$

$$A = A_1 + A_2 = (6 \times 2) \times \left(\frac{1}{2} \times 6 \times 6\right) = 30\text{cm}^2$$

$$\therefore x_0 = \frac{G_y}{A} = \frac{72}{30} = 2.4\text{cm}$$

5-2
- 직사각형 단면적(A) = 30 × 50 = 1,500cm²
- X축으로부터 도심까지의 거리 = 25cm
- ∴ 단면 1차 모멘트 = 1,500 × 25 = 37,500cm³

정답 5-1 ① 5-2 ③

(2) 단면 2차 모멘트(관성모멘트)

① 단면 2차 모멘트 = 면적×축에서 미소 면적까지의 거리의 제곱

② 단면 2차 모멘트(I)는 휨응력(σ)에 대한 견고성을 표시하는 단면계수(Z)를 구하기 위함

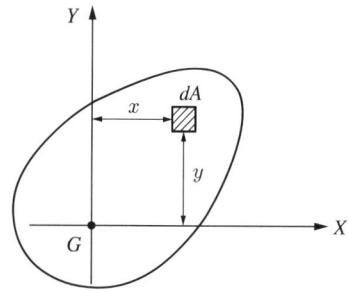

③ 단위 : 거리²×미소 면적 = cm² × cm² = cm⁴

④ 도심축에 대한 단면 2차 모멘트는 최솟값을 가진다.

⑤ 정방형 도형(정사각형이나 원형 단면)인 경우 단면 2차 모멘트는 축의 회전과 관계없이 일정하다.

⑥ 단면 2차 모멘트는 항상 양(+)수이다.

⑦ 도심축에 대한 단면 2차 모멘트

㉠ 사각형 단면

$$I_X = \frac{bh^3}{12}$$

㉡ 삼각형 단면

$$I_X = \frac{bh^3}{36}$$

㉢ 원형 단면

$$I_X = \frac{\pi D^4}{64} = \frac{\pi r^4}{4}$$

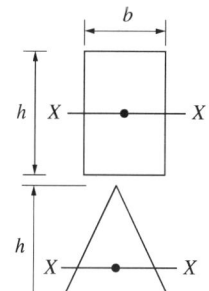

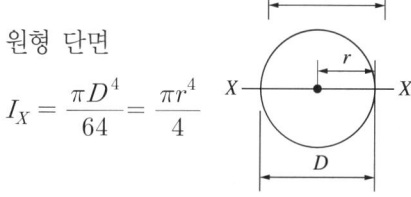

⑧ 축의 평행이동에 대한 단면 2차 모멘트(평행축 정리)

$$I_{x'} = I_x + A \cdot b^2 [\text{cm}^4], \quad I_{y'} = I_y + A \cdot a^2 [\text{cm}^4]$$

10년간 자주 출제된 문제

5-3. 다음 그림과 같은 단면의 X축과 Y축에 대한 단면 2차 모멘트의 값은?(단, 그림의 점선은 단면의 중심축임)

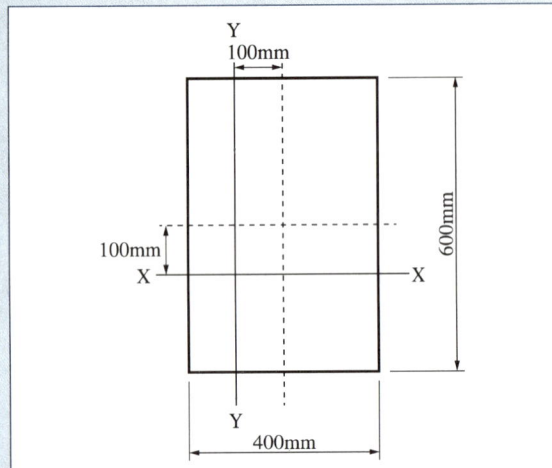

① X축 : $72 \times 10^8 mm^4$, Y축 : $32 \times 10^8 mm^4$
② X축 : $96 \times 10^8 mm^4$, Y축 : $56 \times 10^8 mm^4$
③ X축 : $144 \times 10^8 mm^4$, Y축 : $64 \times 10^8 mm^4$
④ X축 : $288 \times 10^8 mm^4$, Y축 : $128 \times 10^8 mm^4$

5-4. 단면 각 부분의 미소 면적 dA에 직교좌표 원점까지의 거리 r의 제곱을 곱한 합계를 그 좌표에 대한 무엇이라 하는가?
① 단면 극2차 모멘트   ② 단면 2차 모멘트
③ 단면 2차 반경   ④ 단면 상승 모멘트

|해설|
5-3
- X축의 단면 2차 모멘트(I_x)

$$I_x = I_X + Ay_0^2 = \frac{bh^3}{12} + A \times y_0^2$$

$$\therefore I_x = \frac{400 \times 600^3}{12} + 400 \times 600 \times 100^2 = 96 \times 10^8 mm^4$$

- Y축의 단면 2차 모멘트(I_y)

$$I_y = I_Y + Ax_0^2 = \frac{bh^3}{12} + A \times x_0^2$$

$$\therefore I_y = \frac{600 \times 400^3}{12} + 400 \times 600 \times 100^2 = 56 \times 10^8 mm^4$$

5-4
단면 극2차 모멘트 : 단면의 미소 단면적과 그 미소 단면적에서부터 원점까지의 거리의 제곱을 곱한 것으로서, 단면 전체에 걸쳐 적분한 값

정답 5-3 ② 5-4 ①

(3) 단면계수(Z)와 단면 2차 반경(회전 반경)

① 단면계수(Z)
  ㉠ 정의 : 도심을 지나는 축에 대한 단면 2차 모멘트를 도심에서 상하 최연단까지의 거리(가장 먼 거리)로 나눈 값으로 휨에 대한 견고성이다(단위 : cm^3).

$$Z_t = \frac{I_X}{y_1}[cm^3]$$

$$Z_c = \frac{I_X}{y_2}[cm^3]$$

  ㉡ 단면계수의 정리
  - 단면계수가 클수록 재료의 강도가 커진다.
  - 도심을 지나는 단면계수의 값은 0이다.
  - 단면계수가 큰 단면일수록 휨에 대하여 강하다.

② 단면 2차 반경(회전 반경)
  ㉠ 정의 : 단면 2차 모멘트(I)를 단면적(A)으로 나눈 값의 제곱근($\sqrt{\;}$)이다.

$$I = A \times r^2, \quad r^2 = \frac{I}{A}$$

$$\therefore r = \sqrt{\frac{I}{A}}[cm]$$

  ㉡ 단면 2차 반경의 정리
  - 봉의 형태나 기둥 등 설계에서는 최소 회전 반경을 사용한다.
  - 사각형 단면

$$Z = \frac{bh^2}{6}$$

$$r_X = \sqrt{\frac{I_X}{A}}$$

$$= \frac{h}{2\sqrt{3}}$$

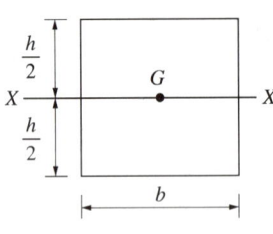

  - 원형 단면

$$Z = \frac{\pi D^3}{32}$$

$$r_X = \frac{D}{4} = \frac{r}{2}$$

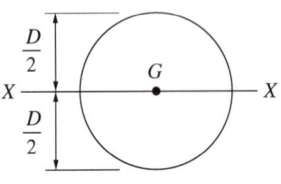

10년간 자주 출제된 문제

5-5. 반지름 r인 원형 단면의 도심축에 대한 단면계수의 값으로 옳은 것은?

① $\dfrac{\pi r^3}{12}$ ② $\dfrac{\pi r^3}{4}$

③ $\dfrac{\pi r^3}{2}$ ④ πr^3

5-6. 폭 b, 높이 h인 삼각형에서 밑변 축($X_1 - X_1$)에 대한 단면계수는 꼭짓점 축($X_2 - X_2$)에 대한 단면계수의 몇 배인가?

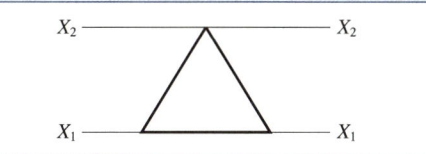

① 8배   ② 6배
③ 4배   ④ 2배

|해설|

5-5
단면계수(Z) : 도심을 지나는 축에 대한 단면 2차 모멘트를 도심에서 상·하 최연단까지의 거리(가장 먼 거리)로 나눈 값

- 원형 단면 : $Z = \dfrac{\pi D^3}{32} = \dfrac{\pi r^3}{4}$
- 사각형 단면 : $Z = \dfrac{bh^2}{6}$

5-6
- 단면계수 : $Z_1 = \dfrac{I_x}{y_1}$, $Z_2 = \dfrac{I_x}{y_2}$
- 삼각형 단면 2차 모멘트 $I = \dfrac{bh^3}{36}$
- 도심의 위치 : $y_1 = \dfrac{h}{3}$, $y_2 = \dfrac{2h}{3}$

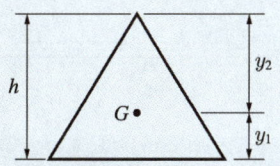

$\therefore Z_1 = \dfrac{\left(\dfrac{bh^3}{36}\right)}{\dfrac{h}{3}} = \dfrac{bh^2}{12}$, $Z_2 = \dfrac{\left(\dfrac{bh^3}{36}\right)}{\dfrac{2h}{3}} = \dfrac{bh^2}{24}$

$\therefore Z_1 : Z_2 = \dfrac{bh^2}{12} : \dfrac{bh^2}{24} = 2 : 1$이므로 2배이다.

정답 5-5 ②   5-6 ④

핵심이론 06 | 응력도, 변형률

(1) 응력도(Stress, 응력)

① 정의 : 단위 면적(A)당 작용하는 힘(하중, P)
② 단위 : N/m², kgf/cm²
③ 수직 응력(축응력, 법선응력, σ)
  ㉠ 부재의 축방향으로 하중이 작용하는 경우에 발생하는 응력
  ㉡ 종 류

- 인장응력
  $\sigma_t = \dfrac{P_t}{A}$
- 압축응력
  $\sigma_c = \dfrac{P_c}{A}$

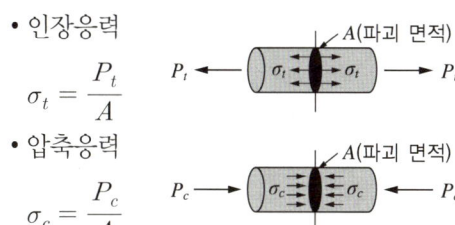

④ 전단응력(Shearing Stress, τ 또는 V)
  ㉠ 부재 축의 직각 방향으로 하중이 작용하는 경우에 발생하는 응력
  ㉡ 종류 : 수직 전단응력, 수평 전단응력

- 전단응력
  $\tau = \dfrac{P_s}{A}$

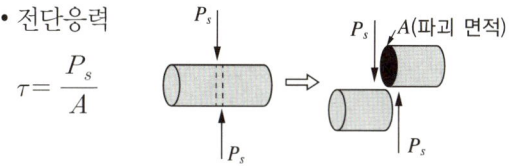

⑤ 휨응력(σ)
  ㉠ 힘을 받는 부재의 단면에서 발생하는 응력
  ㉡ 정(+)의 힘을 받는 경우 상연이 압축, 하연이 인장을 받는다.
  ㉢ 종 류

- 단면에서 임의 점의 휨응력 : $\sigma = \dfrac{M}{I}y$
- 단면에서 연단의 최대 휨응력 : $\sigma = \dfrac{M}{Z}$

10년간 자주 출제된 문제

6-1. 그림과 같은 지름 32mm의 원형막대에 40kN의 인장력이 작용할 때 부재단면에 발생하는 인장응력도는?

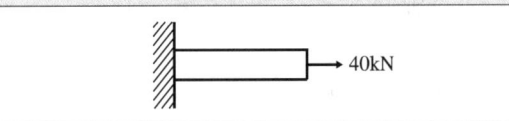

① 39.8MPa   ② 49.8MPa
③ 59.8MPa   ④ 69.8MPa

6-2. 그림과 같은 단순보에 생기는 최대 휨응력도의 값은?

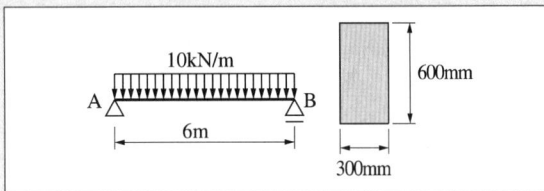

① 2.5MPa   ② 3.0MPa
③ 3.5MPa   ④ 4.0MPa

6-3. 그림과 같은 단면에서 허용휨응력도가 8MPa일 때 중심축 (X–X)에 대한 휨모멘트값은?

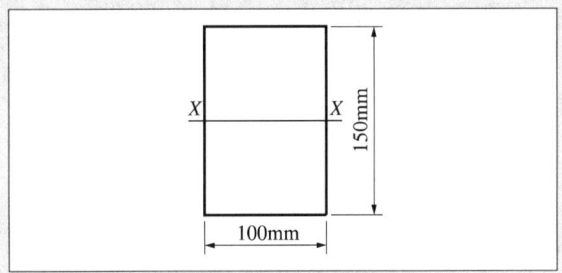

① 3kN·m   ② 4kN·m
③ 8kN·m   ④ 10kN·m

|해설|

6-1

$$\sigma = \frac{P}{A} = \frac{40 \times 10^3}{\left(\frac{\pi \times 32^2}{4}\right)} ≒ 49.736 \text{MPa}$$

6-2

휨응력(σ) $= \frac{M}{I}y = \frac{M}{Z}$ (여기서, 사각형 단면계수(Z) $= \frac{bh^2}{6}$)

또한, $M_{max} = \frac{wl^2}{8} = \frac{10 \times 6^2}{8} = 45 \text{kN} \cdot \text{m}$이다.

$\therefore \sigma_{max} = \frac{M}{Z} = \frac{6 \times M}{bh^2} = \frac{6 \times 45 \times 10^6}{300 \times 600^2} = 2.5 \text{MPa}$

6-3

휨응력(σ) $= \frac{M}{I}y = \frac{M}{Z}$

$\therefore M = \sigma \times Z = \sigma \times \frac{bh^2}{6} = 8 \times \frac{100 \times 150^2}{6}$
$= 3,000,000 \text{N} \cdot \text{mm} = 3 \text{kN} \cdot \text{m}$

정답 6-1 ②　6-2 ①　6-3 ①

(2) 변형률(Strain, 변형도)

① 정의 : 축방향력을 받았을 때의 변형량을 본래 변형 전 길이로 나눈 값(선변형률 또는 길이변형률)

② 변형률$(\varepsilon) = \dfrac{변형된\ 길이(\Delta l)}{원래의\ 길이(l)}$

　㉠ 축(길이)방향 변형률 : $\varepsilon = \dfrac{\Delta l}{l}$

　㉡ 횡(직경)방향 변형률 : $\beta = \dfrac{\Delta D}{D}$

③ 푸아송비와 푸아송수

　㉠ 푸아송비$(\nu) = \dfrac{압축변형률}{인장변형률} = \dfrac{1}{푸아송수(m)}$

　㉡ 푸아송수$(m) = \dfrac{\varepsilon}{\beta} = \dfrac{\Delta l/l}{\Delta D/D} = \dfrac{D \times \Delta l}{l \times \Delta D}$

④ 전단변형률(Shear Strain)

$\gamma = \dfrac{\lambda_s}{l} = \tan\phi$

λ_s : 전단변형길이

ϕ : 전단각

　㉠ 전단으로 인해 재료가 변형하는 정도

　㉡ 전단변형률(γ)은 단위길이에 대한 변화량(미끄럼량)이므로 변화율이 된다.

(3) 응력-변형률 선도

① 응력-변형률 선도 : 어떤 재료의 인장 또는 압축시험 결과로 얻어진 응력, 변형률 관계를 그림으로 나타낸 것

② 훅의 법칙(Hooke's Law)

　㉠ 재료의 탄성한도 내에서 응력은 변형률에 비례한다.

　　・ $\sigma = E \times \varepsilon = E \times \dfrac{\lambda}{l}$

　　・ $\lambda = \dfrac{\sigma \times l}{E} = \dfrac{P \times l}{A \times E}$ (mm)

　㉡ 탄성계수, 변형량

　　・ $\sigma - \varepsilon$ 선도의 탄성범위에서의 기울기를 의미한다(훅의 법칙에서의 비례상수).

　　・ 단위 : MPa, N/mm^2

　　・ 탄성계수 : $E = \dfrac{\sigma}{\varepsilon} = \dfrac{P \cdot l}{A \cdot \Delta l}$

　　・ 변형량 : $\Delta l = \dfrac{P \cdot l}{E \cdot A}$

10년간 자주 출제된 문제

6-4. 철선의 길이 $l = 1.5$m에 인장하중을 가하여 길이가 1.5009 m로 늘어났을 때 변형률(ε)은?

① 0.0003　　② 0.0005
③ 0.0006　　④ 0.0008

6-5. 그림과 같은 직사각형 판의 AB면을 고정시키고 점 C를 수평으로 0.3mm 이동시켰을 때 측면 AC의 전단변형도는?

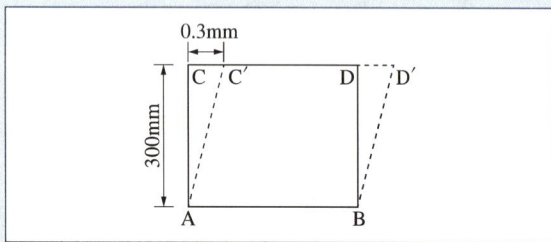

① 0.001rad　　② 0.002rad
③ 0.003rad　　④ 0.004rad

6-6. 부재길이가 3.5m이고, 지름이 16mm인 원형 단면 강봉에 3kN의 축하중을 가하여 강봉이 재축방향으로 2.2mm 늘어났을 때 이 재료의 탄성계수(E)는?

① 17,763MPa　　② 18,965MPa
③ 21,762MPa　　④ 23,738MPa

|해설|

6-4
축(길이) 방향 변형률
$$\varepsilon = \frac{\Delta l}{l} = \frac{1.5009 - 1.5}{1.5} = \frac{0.0009}{1.5} = 0.0006$$

6-5
전단변형률(γ)
$$\gamma = \frac{미끄럼\ 변형량}{부재의\ 높이} = \frac{\lambda_s}{l} = \tan\phi$$
$$\therefore \gamma = \frac{0.3}{300} = 0.001\text{rad}$$

6-6
$$E = \frac{P \cdot l}{A \cdot \Delta l} = \frac{3,000 \times 3,500}{\left(\frac{\pi \times 16^2}{4}\right) \times 2.2} ≒ 23,737.6\text{MPa}$$

정답 6-4 ③　6-5 ①　6-6 ④

핵심이론 07 | 기둥, 기초

(1) 기둥의 판별
① 기둥의 세장비를 이용하여 판별
② 기둥의 세장비(λ) : 기둥의 가늘고 긴 정도의 비

$$\lambda = \frac{유효\ 좌굴길이}{최소\ 단면\ 2차\ 반경} = \frac{Kl}{r} = \frac{Kl}{\sqrt{\frac{I}{A}}}$$

여기서, K : 좌굴 유효길이 계수
　　　　A : 단면적
　　　　l : 기둥 지지길이
　　　　I : 단면 2차 모멘트

③ 단주 : $\lambda = \dfrac{l}{r} < 100$, 장주 : $\lambda = \dfrac{l}{r} \geq 100$

(2) 단주의 해석
① 중심축에 하중 작용 : 전단면에 균일한 압축응력 발생
$$\sigma = \frac{P}{A}$$
여기서, σ : 압축응력
　　　　P : 중심축 하중
　　　　A : 단면적(bh)

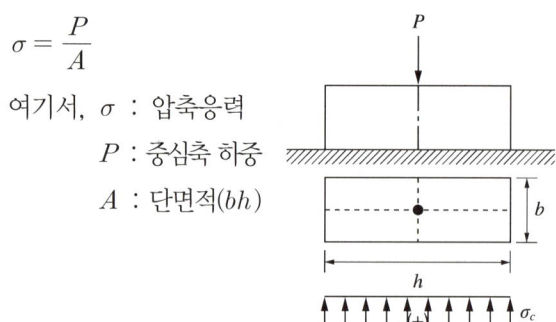

② 1축 편심축하중이 작용하는 경우
　㉠ 하중 P(= 편심하중)가 어느 한쪽으로 a만큼 떨어진 지점(편심거리)에 편심되어 작용하면 축방향 응력을 받는 동시에 편심모멘트에 의한 휨응력도 같이 받는다.
　㉡ 편심하중 P의 하단에 더 많은 압축이 작용한다.

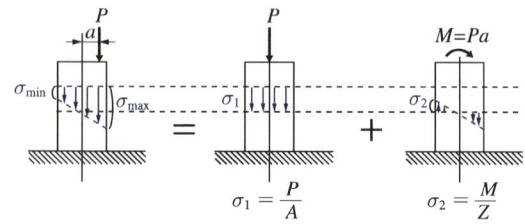

10년간 자주 출제된 문제

7-1. 양단 힌지인 길이 6m의 H-300×300×10×15의 기둥이 약축방향으로 부재 중앙이 가새로 지지되어 있을 때 이 부재의 세장비는?(단, 단면 2차 반경 $\gamma_x = 13.1$cm, $\gamma_y = 7.51$cm)

① 40.0   ② 45.8   ③ 58.2   ④ 66.3

7-2. 그림과 같은 정방형 단주(短柱)의 E점에 압축력 100kN이 작용할 때 B점에 발생되는 응력의 크기는?

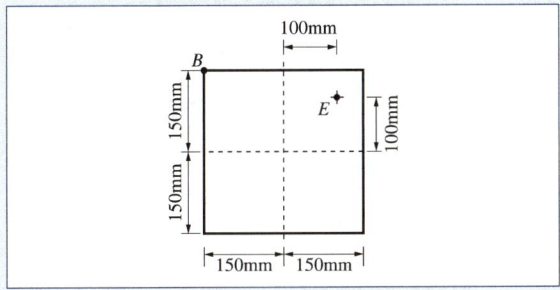

① -1.11MPa   ② 1.11MPa   ③ -2.22MPa   ④ 2.22MPa

|해설|

7-1
• 양단힌지 : 좌굴길이 계수(K) = 1.0

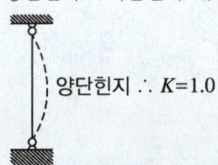
양단힌지 ∴ $K=1.0$

• 세장비(약축방향 중간 횡지지 : $L/2$ 적용)

강축 : $L = 6$m, $\lambda_x = \dfrac{KL}{\gamma_x} = \dfrac{1.0 \times 600\text{cm}}{13.1\text{cm}} \fallingdotseq 45.8$

약축 : $L = 3$m, $\lambda_y = \dfrac{KL}{\gamma_y} = \dfrac{1.0 \times 300\text{cm}}{7.51\text{cm}} \fallingdotseq 39.9$

∴ 부재의 세장비는 큰 값으로 $\lambda_x = 45.8$

7-2
E점에서 압축력(-) P가 작용하고, B점에서의 응력(σ_B)은 x축을 기준으로 압축력(-)이 작용하며, y축을 기준으로 인장력(+)이 작용한다.

$\sigma_B = -\dfrac{P}{A} - \dfrac{P \cdot e_y}{I_x} + \dfrac{P \cdot e_x}{I_y}$

$= -\dfrac{P}{A} - \dfrac{12 \times P \cdot e_y}{b \times h^3} + \dfrac{12 \times P \cdot e_x}{b \times h^3}$

여기서, $e_x = 100$mm, $e_y = 100$mm

∴ $\sigma_B = -\dfrac{P}{A} = -\dfrac{100 \times 10^3}{300 \times 300} \fallingdotseq -1.11$MPa

정답 7-1 ② 7-2 ①

ㄷ 응력(σ = 축응력 ± 휨응력)의 최솟값, 최댓값 : 편심하중 P의 위치에 따라 모멘트에 의한 압축력(+) 또는 인장력(-)이 작용하면서 $\sigma_{\min}$ 또는 $\sigma_{\max}$를 산정한다.

$\sigma_{\min} = \sigma_1 - \sigma_2 = \dfrac{P}{A} - \dfrac{M}{Z}$ 압축력(+), 인장력(-)

$\sigma_{\max} = \sigma_1 + \sigma_2 = \dfrac{P}{A} + \dfrac{M}{Z}$ 압축력(+)

ㄹ 직사각형 단면 편심하중에 의한 응력도
• 중심축에 P작용 : $e = 0$

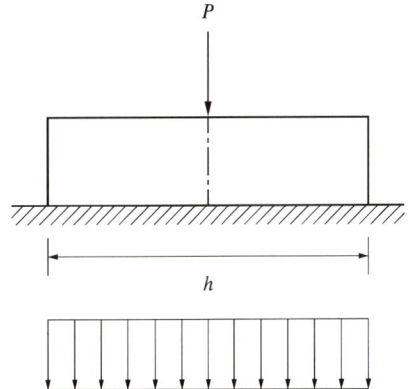

• 핵점 내부에 P작용 : $e < \dfrac{h}{6}$

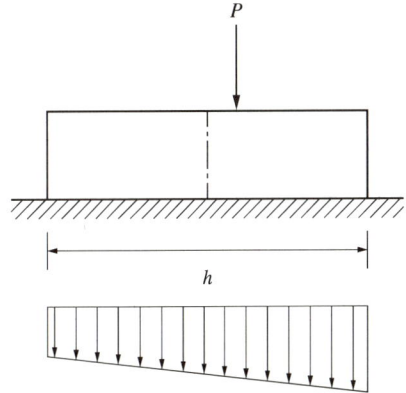

- 핵점에 P작용 : $e = \dfrac{h}{6}$

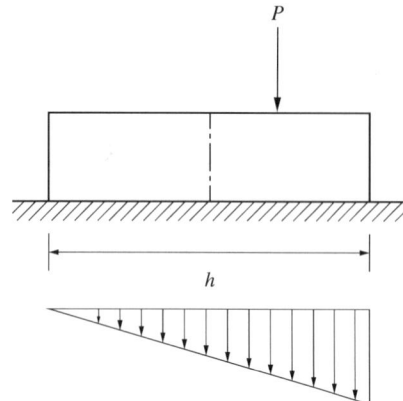

- 핵점 외부에 P작용 : $e > \dfrac{h}{6}$

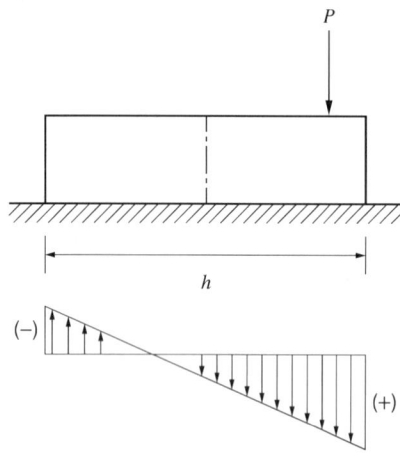

③ 단면의 핵점, 핵

　㉠ 핵점 : 하중이 어떤 점에 작용할 때, 반대편 단부의 응력이 0으로 되는 점

　㉡ 단면의 핵(Core) : 핵점들을 이은 내부이며, 단면의 핵 내부에 압축력이 작용하면 단면에는 압축응력만 생기고 인장응력은 생기지 않는다.

　㉢ 핵거리 : 인장응력(−)이 생기지 않는 편심거리

$$e = \dfrac{r^2}{y}$$

　여기서, r : 최소 회전반지름$\left(= \sqrt{\dfrac{I}{A}}\right)$

　　　　　y : 도심거리

　㉣ 각 단면의 핵거리(e)

- 사각형 단면

$$e_x = \dfrac{h}{6},\ e_y = \dfrac{b}{6}$$

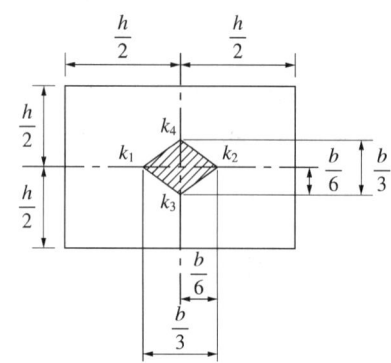

- 원형 단면

$$e = \dfrac{D}{8}$$

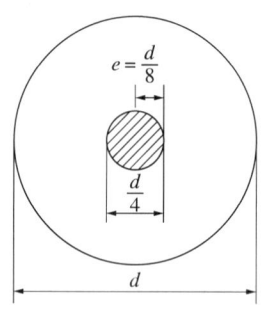

- 삼각형 단면

$$e_x = \dfrac{b}{8}$$

$$e_{y1} = \dfrac{h}{12},\ e_{y2} = \dfrac{h}{6}$$

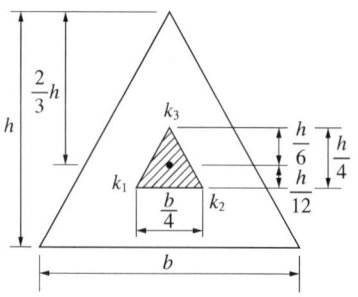

10년간 자주 출제된 문제

7-3. 그림과 같은 정사각형 기초에서 바닥에 인장응력이 발생하지 않는 최대 편심거리 e의 값은?

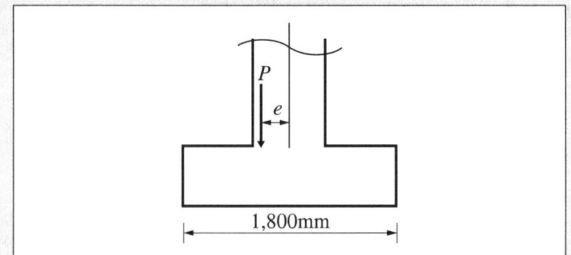

① 100mm ② 200mm
③ 300mm ④ 400mm

7-4. 단면이 300mm × 300mm인 단주에서 핵반경값은?

① 30mm ② 40mm
③ 50mm ④ 60mm

|해설|

7-3
- 핵점에 하중 P가 작용할 경우 인장력(-)이 발생하지 않는다.
∴ $e = \dfrac{h}{6} = \dfrac{1,800}{6} = 300$mm

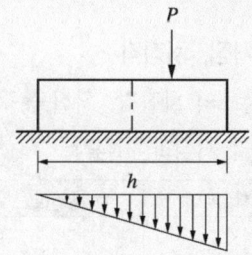

- 핵점(Core Point) : 편심거리의 반대편 단부의 응력이 0이 되는 편심압축력의 작용점
- 단면의 핵(Core) : 핵점들을 이은 내부이며, 단면의 핵 내부에 압축력이 작용하면 단면에는 압축응력만 생기고 인장응력은 생기지 않는다.

7-4
사각형 단면 핵반경 : $e = \dfrac{b}{6} = \dfrac{300}{6} = 50$mm

정답 7-3 ③ 7-4 ③

(3) 장주의 해석

① 오일러(Euler)의 공식

㉠ 좌굴하중(P_{cr}) = $\dfrac{\pi^2 EI}{(Kl)^2}$

여기서, EI : 휨강도, E : 탄성계수

㉡ 좌굴응력(σ_{cr}) = $\dfrac{P_{cr}}{A}$ = $\dfrac{\pi^2 E}{\left(\dfrac{Kl}{r}\right)^2}$

② 장주의 계수(K, 좌굴 유효길이 계수)

조 건	구 속			자 유	
회전 조건	양단 힌지	양단 구속	한단힌지 타단구속	양단구속	한단자유 타단구속
좌굴 형태					
K	1.0	0.5	0.7	1.0	2.0

(4) 기 초

① 압축을 정(+), 인장을 부(-)로 한다. 기초 저면의 응력은 대부분 압축이기 때문이다.
② 기초 저면의 편심거리

$M = e \times P$
$e = \dfrac{M}{P}$

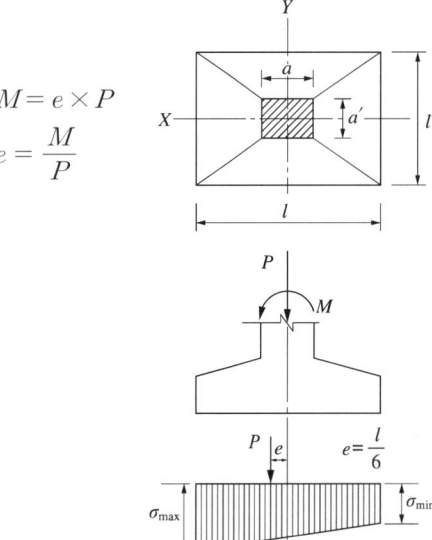

10년간 자주 출제된 문제

7-5. 지지상태는 양단 고정이며, 길이 3m인 압축력을 받는 원형강관 $\phi-89.1\times3.2$의 탄성좌굴하중을 구하면?(단, $I=79.8\times10^4\text{mm}^4$, $E=210,000\text{MPa}$이다)

① 184kN   ② 735kN   ③ 1,018kN   ④ 1,532kN

7-6. 그림과 같은 하중을 받는 기초에서 기초지반면에 일어나는 최대 압축응력도는?

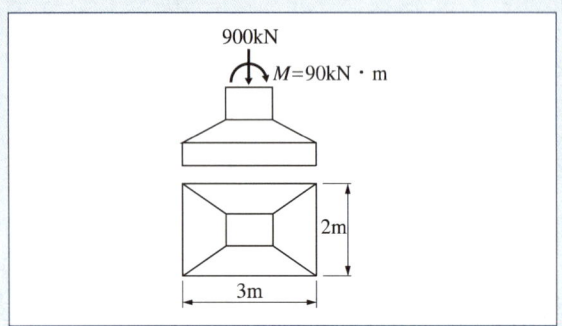

① 0.15MPa   ② 0.18MPa   ③ 0.21MPa   ④ 0.25MPa

7-7. 기초 크기 3.0m×3.0m의 독립기초가 축방향력 $N=60\text{kN}$(기초자중 포함), 휨모멘트 $M=10\text{kN}\cdot\text{m}$를 받을 때 기초 저면의 편심거리는 약 얼마인가?

① 0.10m   ② 0.17m   ③ 0.21m   ④ 0.34m

|해설|

7-5

좌굴하중$(P_{cr})=\dfrac{\pi^2 EI}{(Kl)^2}$

여기서, EI : 휨강도, Kl : 유효좌굴길이, E : 탄성계수
I : 단면 2차 모멘트, K : 단부지지조건
l : 부재의 길이

$\therefore P_{cr}=\dfrac{\pi^2\times210,000\times79.8\times10^4}{(0.5\times3,000)^2}\fallingdotseq 735,088\text{N}\fallingdotseq 735\text{kN}$

7-6

$\sigma_{\max}=\dfrac{P}{A}+\dfrac{M}{I_y}y$, 사각형 단면 2차 모멘트 $I=\dfrac{bh^3}{12}$

$\therefore \sigma_{\max}=\left(\dfrac{900}{3\times2}\right)+\left(\dfrac{90}{\frac{2\times3^3}{12}}\times1.5\right)=180\text{kN/m}^2=0.18\text{MPa}$

7-7

$M=P\times e$, $\therefore$ 편심거리$(e)=\dfrac{M}{P}=\dfrac{10}{60}\fallingdotseq0.166667\text{m}$

정답 7-5 ②   7-6 ②   7-7 ②

핵심이론 08 | 구조물의 변형

(1) 단순보의 처짐, 처짐각

① 공액보(Conjugate Beam)법(탄성 하중법)
  ㉠ 굽힘 모멘트 선도(BMD)를 하중으로 생각한 보
  ㉡ 처짐각(θ) = 전단력을 EI로 나눈 값 : $\theta=\dfrac{V}{EI}$
  ㉢ 처짐(δ) = 모멘트를 EI로 나눈 값 : $\delta=\dfrac{M}{EI}$

② 단순보의 하중 상태별 처짐과 처짐각

하중 상태	처짐각	처 짐
(중앙집중하중 P)	$\theta_A=-\theta_B$ $\dfrac{Pl^2}{16EI}$	$\delta_{\max}=\dfrac{Pl^3}{48EI}$
(임의점 C 집중하중 P, a, b)	$\theta_A=\dfrac{Pb}{6EIl}(l^2-b^2)$ $\theta_B=-\dfrac{Pa}{6EIl}(l^2-a^2)$	$\delta_C=\dfrac{Pa^2b^2}{3EIl}$
(등분포하중 w)	$\theta_A=-\theta_B$ $\dfrac{wl^3}{24EI}$	$\delta_{\max}=\dfrac{5wl^4}{384EI}$

(2) 캔틸레버 보(외팔보)의 처짐, 처짐각

① 모멘트 면적법으로써 외팔보의 처짐각, 처짐을 구함
② 캔틸레버 보의 하중 상태별 처짐과 처짐각

하중 상태	처짐각	처 짐
(자유단 집중하중 P)	$\theta_B=\dfrac{Pl^2}{2EI}$	$\delta_B=\dfrac{Pl^3}{3EI}$
(임의점 C 집중하중 P, a, b)	$\theta_C=\theta_B=\dfrac{Pa^2}{2EI}$	$\delta_B=\dfrac{Pa^2}{6EI}(3l-a)$
(중앙 집중하중 P)	$\theta_C=\theta_B=\dfrac{Pl^2}{8EI}$	$\delta_B=\dfrac{5Pl^3}{48EI}$
(자유단 P, 중앙 P)	$\theta_B=\dfrac{3Pl^2}{8EI}$	$\delta_B=\dfrac{11Pl^3}{48EI}$
(등분포하중 w)	$\theta_B=\dfrac{wl^3}{6EI}$	$\delta_B=\dfrac{wl^4}{8EI}$

10년간 자주 출제된 문제

8-1. 등분포하중을 받는 단순보에서 보 중앙점의 탄성처짐에 관한 설명으로 옳은 것은?

① 처짐은 스팬의 제곱에 반비례한다.
② 처짐은 단면 2차 모멘트에 비례한다.
③ 처짐은 단면형상은 상관없고, 재질에만 관계된다.
④ 처짐은 탄성계수에 반비례한다.

8-2. 그림과 같은 단순보에서 C점의 처짐 δ는?(단, 보의 단면은 200mm×300mm, 탄성계수 $E=10^4$MPa이다)

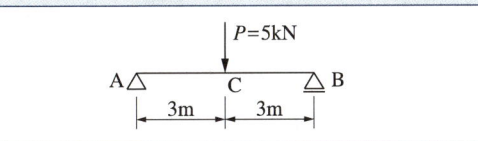

① 3mm ② 4mm
③ 5mm ④ 6mm

8-3. 그림의 캔틸레버 보에서 B와 C점의 처짐 비 $\delta_B : \delta_C$는?

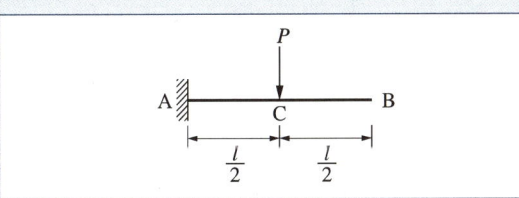

① 1 : 2 ② 2 : 1
③ 2 : 5 ④ 5 : 2

|해설|

8-1
등분포하중 단순보의 처짐 $(\delta) = \dfrac{5\omega l^4}{384EI}$

① 처짐은 스팬의 네제곱에 비례한다.
② 처짐은 단면 2차 모멘트에 반비례한다.
③ 처짐은 단면의 형상, 재질에 관계된다.

8-2
집중하중 단순보 처짐 $(\delta) = \dfrac{Pl^3}{48EI}$

$$\delta_C = \dfrac{Pl^3}{48E \times \left(\dfrac{bh^3}{12}\right)} = \dfrac{5 \times 10^3 \times 6{,}000^3 \times 12}{48 \times 1 \times 10^4 \times 200 \times 300^3} = 5\text{mm}$$

8-3
C점에 하중 작용 시 처짐(δ) : $\dfrac{Pl^3}{3EI}$

조건에서 $\dfrac{l}{2}$이므로 $\delta_C = \dfrac{P \times \left(\dfrac{l}{2}\right)^3}{3EI} = \dfrac{Pl^3}{24EI}$

B점에서의 처짐(δ) : $\dfrac{5Pl^3}{48EI}$

$\therefore \delta_B : \delta_C = \dfrac{5Pl^3}{48EI} : \dfrac{Pl^3}{24EI} = 5 : 2$

정답 8-1 ④ 8-2 ③ 8-3 ④

핵심이론 09 | 부정정 구조

(1) 부정정 보의 종류
① 힘의 평형방정식($\sum X = 0$, $\sum Y = 0$, $\sum M = 0$)만으로 미지수(반력, 단면력)를 구할 수 없는 보
② 종류 : 양단 고정보, 일단 고정 타단 지지보, 연속보

(2) 모멘트 분배법
① 강도(K) : $K = \dfrac{I}{l}$

② 강비(k, 상대강도) : $k = \dfrac{\text{부재의 강도}}{\text{표준(기준) 강도}} = \dfrac{K}{K_0}$

③ 유효강비(k_e) : 부재의 분배율 계산에 이용하는 강도계수

부재 종류	유효강비
양단 고정(또는 탄성 고정)의 부재	$1k$
일단 고정 타단 활절(Pin)의 부재	$\dfrac{3}{4}k$
절점 회전각이 대칭인 부재, 대칭 라멘이 대칭 하중을 받을 경우의 대칭축 부재	$\dfrac{1}{2}k$
절점 회전각이 역대칭인 부재, 대칭 라멘이 역대칭 하중을 받을 경우의 대칭축 부재	$\dfrac{3}{2}k$

④ 분배율(분배계수, DF ; Distribution Factor) : 2개 이상의 부재가 연결된 곳에 작용하는 불균형모멘트를 각 부재에 분배하는 비율
$DF = \dfrac{k}{\sum k}$

⑤ 분배 모멘트(DM ; Distribution Moment) : 작용 모멘트 중 각 부재에 분배되는 분배 모멘트($DM = M \times DF$)

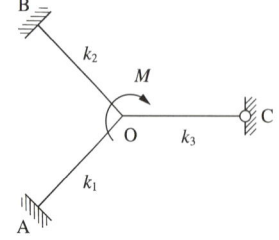

$DM_{OA} = M \times DF_{OA}$
$DM_{OB} = M \times DF_{OB}$
$DM_{OC} = M \times DF_{OC}$

⑥ 전달 모멘트
㉠ 전달률(도달률, 도달계수, CF) : 상대 단에 전달되는 모멘트의 비율(고정단의 경우 1/2만 전달)
㉡ 전달 모멘트(CM) : $CM = \dfrac{1}{2} \times DM$

10년간 자주 출제된 문제

9-1. 다음 중 전달률을 이용하여 부정정 구조물을 해석하는 방법은?
① 처짐각법 ② 모멘트 분배법
③ 변형일치법 ④ 3연 모멘트법

9-2. 다음 그림과 같은 구조물에서 점 A에 18kN·m가 작용할 때 B단의 재단 모멘트값을 구하면?(단, 부재의 길이와 단면은 동일)

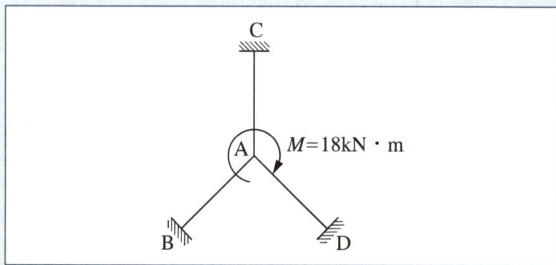

① 2.5kN·m ② 3kN·m
③ 4kN·m ④ 12kN·m

9-3. 그림과 같은 구조물의 O절점에 6kN·m의 모멘트가 작용한다면 M_{OB}의 크기는?

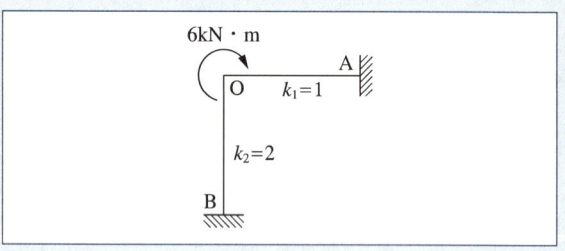

① 1kN·m ② 2kN·m
③ 3kN·m ④ 4kN·m

| 해설 |

9-1
모멘트 분배법 : 유효강비, 분배율(분배계수), 전달률(도달계수)로서 부정정 구조물을 해석하는 방법

9-2
$M_{AB} = M_O \times DF_{AB} \times CF_{AB}$
여기서, M_O : 작용모멘트
DF : 분배율
CF : 전달률, $\frac{1}{2}$

∴ $M_{AB} = 18 \times \frac{1}{3} \times \frac{1}{2} = 3\text{kN} \cdot \text{m}$

9-3
$M_{OB} = M \times DF$
∴ $M_{OB} = 6 \times \frac{2}{1+2} = 4\text{kN} \cdot \text{m}$

정답 9-1 ② 9-2 ② 9-3 ④

제3절 철근콘크리트

핵심이론 01 | 총론

(1) 철근콘크리트의 특성

① 내구성, 내화성, 내진성을 가진다.
② 압축강도가 크며, 일체식 구조와 강성이 큰 재료로 만들 수 있다.
③ 콘크리트 속의 철근은 부식되지 않으며, 철근과 콘크리트 사이의 부착강도가 크다.
④ 강구조에 비해 경제적이고, 구조물의 유지·관리가 쉽다.
⑤ 철근과 콘크리트 두 재료의 열팽창계수(온도변화율)가 거의 같다.
⑥ 취성재료인 콘크리트와 연성재료인 철근을 결합하여 구조 부재의 연성파괴를 유도할 수 있다.
⑦ 콘크리트에 균열이 발생하며, 중량이 크다.
⑧ 인장강도가 낮다.
⑨ 크리프, 건조수축 등의 소성변형이 크다.

(2) 응력-변형률선도, 탄성계수

① 콘크리트의 응력-변형률선도
  ㉠ 초기에는 거의 직선(탄성)으로 거동한다.
  ㉡ 보통강도 콘크리트(40MPa 이하)에서는 변형률 0.002에서 최대 응력을 나타낸다.
  ㉢ 설계기준압축강도(f_{ck}) : 변형률 0.002에서의 최대 응력을 말하며, 콘크리트 재령 28일 압축강도(f_{28})이다.
  ㉣ 콘크리트의 압축변형률이 극한변형률(ε_{cu})에 도달하면 파괴되는 것으로 가정한다.
    • $f_{ck} \leq$ 40MPa일 경우 ε_{cu} = 0.0033
    • $f_{ck} >$ 40MPa일 경우 ε_{cu} = 매 10MPa의 강도 증가에 대하여 0.0033에서 0.0001씩 감소시킨다.

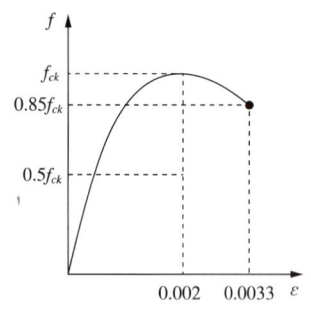

② 탄성계수(E_c)
  ㉠ 보통중량골재를 사용한 콘크리트(m_c = 2,300kg/m³)의 경우
  $$E_c = 8,500 \times \sqrt[3]{f_{cm}} \text{ [MPa]}$$
  ㉡ 콘크리트의 평균 압축강도(f_{cm})에 대한 충분한 시험자료가 없는 경우
  $$f_{cm} = f_{ck} + \Delta f$$
  여기서, $f_{ck} \geq 60\,\text{MPa}$이면, $\Delta f = 6\,\text{MPa}$
  $f_{ck} \leq 40\,\text{MPa}$이면, $\Delta f = 4\,\text{MPa}$
  $40\,\text{MPa} < f_{ck} < 60\,\text{MPa}$이면, Δf는 직선보간

③ 탄성계수비(n) : $n = \dfrac{E_s}{E_c}$

④ 경량콘크리트계수(λ)
  ㉠ 콘크리트의 쪼갬인장강도(f_{sp}) 값이 규정되어 있지 않은 경우
   • 보통중량콘크리트 : $\lambda = 1.0$
   • 전경량콘크리트 : $\lambda = 0.75$
   • 모래경량콘크리트 : $\lambda = 0.85$
  ㉡ 콘크리트의 쪼갬인장강도(f_{sp}) 값이 주어진 경우
  $$\lambda = \dfrac{f_{sp}}{(0.56\sqrt{f_{ck}})} \leq 1.0$$

10년간 자주 출제된 문제

1-1. 철근콘크리트구조의 장단점에 관한 설명으로 옳지 않은 것은?

① 철근콘크리트구조는 내구성, 내진성, 내화성이 우수하다.
② 철근콘크리트구조는 콘크리트의 강도상 단점을 철근이 보완하고 있다.
③ 철근콘크리트구조는 건조수축에 의하여 변형이나 균열이 발생될 수 있다.
④ 철근콘크리트구조는 강구조보다 소요되는 재료의 중량이 작으므로 자중이 가볍다.

|해설|

1-1
철근콘크리트구조는 강구조보다 소요되는 재료의 중량이 크므로 자중이 무겁다.

정답 1-1 ④

(3) 콘크리트 일반사항

① 휨인장강도와 전단강도

㉠ 휨인장강도(파괴계수) : 휨인장 시 인장측에서 균열이 시작될 때의 인장응력
- 휨인장강도(f_r) = $0.63 \times \lambda \sqrt{f_{ck}}$ (MPa)

㉡ 전단강도 : 인장강도보다 20~30% 더 큰 값을 갖는다.

㉢ 설계전단력(ϕV_n) = $\phi(V_c + V_s)$

여기서, V_c : 콘크리트의 공칭전단강도
V_s : 전단보강근에 의한 공칭전단강도
ϕ : 전단력 강도감소계수(0.75)

② 철근콘크리트구조의 콘크리트 피복

㉠ 피복두께 : 주근이나 보조철근 등의 표면과 콘크리트 표면의 최단거리를 말한다.

㉡ 피복의 역할
- 화재 시 철근의 빠른 가열에 의한 강도저하를 방지
- 철근과의 부착력을 확보
- 철근의 부식을 방지

③ 강도감소계수(ϕ) 정리

부재 단면 또는 하중(단면력 종류)		ϕ
인장 지배 단면(휨부재)		0.85
압축 지배 단면	나선철근 부재	0.70
	그 외	0.65
전단력과 비틀림 모멘트		0.75
콘크리트의 지압력(포스트텐션 정착부, 스트럿-타이 모델은 제외)		0.65
포스트텐션 정착구역		0.85
스트럿-타이 모델	스트럿, 절점부 및 지압부	0.75
	타 이	0.85
무근콘크리트의 휨모멘트, 압축력, 전단력, 지압력		0.55

10년간 자주 출제된 문제

1-2. 콘크리트의 공칭전단강도(V_c)가 36kN이고, 전단보강근에 의한 공칭전단강도(V_s)가 24kN일 때 설계전단력(ϕV_n)으로 옳은 것은?

① 45kN
② 51kN
③ 56kN
④ 60kN

1-3. 철근콘크리트구조의 콘크리트 피복에 관한 설명으로 옳지 않은 것은?

① 기둥과 보에서의 피복두께는 주근의 중심과 콘크리트 표면과의 최단거리를 말한다.
② 화재 시 철근의 빠른 가열에 의한 강도저하를 방지한다.
③ 철근과의 부착력을 확보한다.
④ 철근의 부식을 방지한다.

1-4. 철근콘크리트 구조물의 구조설계 시 적용되는 강도감소계수(ϕ)로 옳지 않은 것은?

① 콘크리트의 지압력(포스트텐션 정착부나 스트럿-타이 모델은 제외) : 0.75
② 압축 지배 단면 중 나선철근 규정에 따라 나선철근으로 보강된 철근콘크리트 부재 : 0.70
③ 전단력과 비틀림 모멘트 : 0.75
④ 인장 지배 단면 : 0.85

|해설|

1-2

설계전단력(ϕV_n) = $\phi(V_c + V_s)$

여기서, V_c : 콘크리트의 공칭전단강도
V_s : 전단보강근에 의한 공칭전단강도
ϕ : 전단력 강도감소계수(0.75)

∴ $\phi V_n = \phi(V_c + V_s)$
   $= 0.75 \times (36 + 24) = 45$kN

1-3

기둥과 보에서의 콘크리트 피복두께는 주근이나 보조철근의 표면으로부터 콘크리트 표면과의 최단거리를 말한다.

1-4

콘크리트의 지압력(포스트텐션 정착부나 스트럿-타이 모델은 제외) : 0.65

정답 1-2 ① 1-3 ① 1-4 ①

(4) 철근 일반사항

① 이형철근은 원형철근에 비해 부착력이 증대되고 균열 폭을 작게 한다.

② 철근의 공칭값 : 동일한 길이, 동일한 중량의 원형철근의 지름, 단면적, 둘레로 환산한 값

③ 스터럽 : 보의 주근을 둘러싸고 이에 직각 또는 45° 이상 경사로 배근한 복부보강근(전단력, 비틀림 모멘트 저항)

④ 철근 간격 제한 : 콘크리트의 균열 제어 목적
  ㉠ 동일 평면에서 철근의 평행한 수평 순간격
   - 25mm 이상
   - 철근 공칭지름 이상
   - 굵은 골재 최대 치수의 4/3배 이상
  ㉡ 2단 이상 배치된 철근의 상하 연직 순간격
   - 동일 연직면 내에 배치
   - 연직 순간격 25mm 이상

⑤ 프리스트레스하지 않는 부재의 현장치기 콘크리트의 최소 피복두께(단위 : mm)

종류			피복두께
수중에서 타설하는 콘크리트			100
흙에 접하여 콘크리트를 친 후 영구히 흙에 묻혀 있는 콘크리트			75
흙에 접하거나 옥외의 공기에 직접 노출되는 콘크리트	D19 이상 철근		50
	D16 이하 철근		40
옥외의 공기나 흙에 직접 접하지 않는 콘크리트	슬래브, 벽체, 장선	D35 초과	40
		D35 이하	20
	보, 기둥	$f_{ck} < 40$MPa	40
		$f_{ck} \geq 40$MPa	30
	셸, 절판부재		20

⑥ 철근의 표면상태
  ㉠ 철근의 표면에는 부착을 저해하는 흙, 기름 또는 비금속 도막이 없어야 한다.
  ㉡ 긴장재를 제외하고 철근의 녹, 가공 부스러기, 그 조합은 마디의 높이를 포함하는 철근 최소 치수와 중량에 미달하지 않는 한 제거할 필요는 없다.
  ㉢ 긴장재 표면은 청결하게 유지하며 기름, 먼지, 가공부스러기, 흠집 및 과도한 녹이 없어야 하지만, 강도에 영향을 주지 않는 경미한 녹은 허용할 수 있다.

10년간 자주 출제된 문제

1-5. 강도설계법에서 옥외의 공기나 흙에 직접 접하지 않는 슬래브의 최소 피복두께는 얼마인가?(단, KBC 2009 기준, 현장치기 콘크리트이며 D35 이하의 철근 사용)

① 20mm ② 40mm
③ 50mm ④ 60mm

1-6. 프리스트레스하지 않는 현장치기 콘크리트에서 흙에 접하여 콘크리트를 친 후 영구히 흙에 묻혀 있는 콘크리트의 경우 철근에 대한 콘크리트의 최소 피복두께는?

① 40mm ② 60m
③ 75mm ④ 100mm

|해설|
1-5
옥외의 공기나 흙에 직접 접하지 않는 슬래브의 최소 피복두께는 20mm이다.

1-6
현장치기 콘크리트의 흙에 접하여 콘크리트를 친 후 영구히 흙에 묻혀 있는 콘크리트 최소 피복두께는 75mm이다.

정답 1-5 ① 1-6 ③

| 핵심이론 02 | 보의 휨설계

(1) 강도설계법 기본사항

① 철근비 : 콘크리트 단면적과 철근 단면적과의 비

$$\rho = \frac{A_s}{bd}$$

㉠ 균형 철근비(ρ_b) : 인장철근이 설계기준항복강도에 도달함과 동시에 압축연단 콘크리트의 변형률이 극한변형률에 도달하는 단면의 인장철근비를 말한다.

㉡ 최대 철근비($\rho_{\max}$) : 균형 철근비보다 철근을 적게 배치하여 철근콘크리트가 파괴될 때 철근의 항복에 의한 파괴(연성파괴)가 되도록 하기 위한 철근비

㉢ 최소 철근비($\rho_{\min}$) : 철근과 콘크리트의 단면적이 가장 작은 비이며, 단면의 치수가 크게 설계되는 경우 너무 작은 철근이 배근되는 것을 막기 위한 철근비를 말한다.

$$\rho_{\min} = \frac{0.25 \times \sqrt{f_{ck}}}{f_y} \geq \frac{1.4}{f_y}$$

② 설계를 위한 가정

㉠ 콘크리트의 인장강도는 무시한다.

㉡ 콘크리트의 압축변형률이 극한변형률(ε_{cu})에 도달하면 파괴되는 것으로 가정한다.
  • $f_{ck} \leq$ 40MPa일 경우 ε_{cu} = 0.0033
  • $f_{ck} >$ 40MPa일 경우 ε_{cu} = 매 10MPa의 강도 증가에 대하여 0.0033에서 0.0001씩 감소시킨다.

㉢ 콘크리트 압축응력도-변형률 관계는 직사각형, 사다리꼴, 포물선 형태 등으로 가정할 수 있다.

③ 보의 휨 해석을 위한 가정

㉠ 변형 전 수직 평면은 변형 후에도 부재축에 수직하다.

㉡ 철근 변형률은 같은 위치의 콘크리트 변형률과 같다.

㉢ 철근과 콘크리트의 응력은 철근과 콘크리트의 재료실험에 의한 응력-변형률 관계로부터 계산할 수 있다.

㉣ 이외의 가정
  • 보는 변형한 후에도 평면을 유지한다.
  • 보의 휨응력은 중립축에서 0이다.
  • 탄성범위 내에서 응력과 변형이 작용한다.
  • 휨부재를 구성하는 재료의 인장과 압축에 대한 탄성계수는 같다.
  • 보의 휨응력은 상단부, 하단부에서 최대이다.

10년간 자주 출제된 문제

2-1. 강도설계법에 의한 철근콘크리트의 보 설계 시 최대 철근비 개념을 두는 가장 큰 이유는?

① 경제적인 설계가 되도록 하기 위해
② 취성파괴를 유도하기 위해
③ 구조적인 효율을 높이기 위해
④ 연성파괴를 유도하기 위해

2-2. 단면 $b_w \times d = 400\text{mm} \times 550\text{mm}$인 직사각형 보에 인장철근이 5-D19 배근되어 있을 때 인장 철근비는?(단, D19 1개의 단면적은 287mm²이다)

① 0.0065 ② 0.0060 ③ 0.0017 ④ 0.0012

2-3. 다음 그림은 철근콘크리트 보 단부의 단면이다. 복근비와 인장 철근비는?(단, D22 1개의 단면적은 387mm²임)

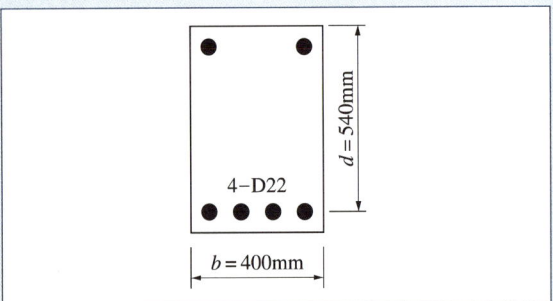

① 복근비 $\gamma = 2$, 인장 철근비 $\rho_t = 0.00717$
② 복근비 $\gamma = 0.5$, 인장 철근비 $\rho_t = 0.00717$
③ 복근비 $\gamma = 2$, 인장 철근비 $\rho_t = 0.00369$
④ 복근비 $\gamma = 0.5$, 인장 철근비 $\rho_t = 0.00369$

|해설|

2-1
최대 철근비($\rho_{\max}$) : 철근의 항복에 의한 파괴(연성파괴)가 되도록 하기 위한 철근비

2-2
철근비$(\rho) = \dfrac{A_s}{bd} = \dfrac{287 \times 5}{400 \times 550} \fallingdotseq 0.00652$

2-3
• 복근비$(\gamma) = \dfrac{A_s{'}}{A_s} = \dfrac{387 \times 2}{387 \times 4} = 0.5$

• 인장 철근비$(\rho_t) = \dfrac{A_s}{bd} = \dfrac{387 \times 4}{400 \times 540} \fallingdotseq 0.00717$

정답 2-1 ④ 2-2 ① 2-3 ②

(2) 등가블록, 순인장 변형률

① 등가직사각형 압축응력블록

㉠ 단면의 가장자리와 최대 압축변형률이 일어나는 연단부터 $a = \beta_1 c$ 거리에 있고 중립축과 평행한 직선에 의해 이루어지는 등가 압축영역에 $\eta(0.85 f_{ck})$인 콘크리트응력이 등분포하는 것으로 가정한다.

㉡ 최대 변형률이 발생하는 압축연단에서 중립축까지 거리 c는 중립축에 대해 직각방향으로 측정한 것으로 한다.

㉢ $f_{ck} \leq 40\text{MPa}$일 때, $\beta_1 = 0.8$, $\eta = 1.0$이다.

※ 등가직사각형 응력분포 변수값

f_{ck}(MPa)	≤40	50	60	70	80	90
ε_{cu}	0.0033	0.0032	0.0031	0.003	0.0029	0.0028
η	1.00	0.97	0.95	0.91	0.87	0.84
β_1	0.80	0.80	0.76	0.74	0.72	0.70

여기서, a : 등가직사각형 응력블록의 깊이
β_1 : 등가직사각형 압축응력블록의 깊이 계수
c : 압축연단에서 중립축까지 거리
ε_{cu} : 콘크리트의 극한변형률
η : 등가직사각형 압축응력블록의 크기 계수

② 순인장 변형률(ε_t)

㉠ 순인장변형률 : 최외단 인장철근 또는 긴장재의 인장변형률에서 프리스트레스, 크리프, 건조수축, 온도변화에 의한 변형률을 제외한 인장변형률

㉡ 변형률 분포에서 비례식을 이용

$$\varepsilon_t = \varepsilon_c \dfrac{d_t - c}{c}$$

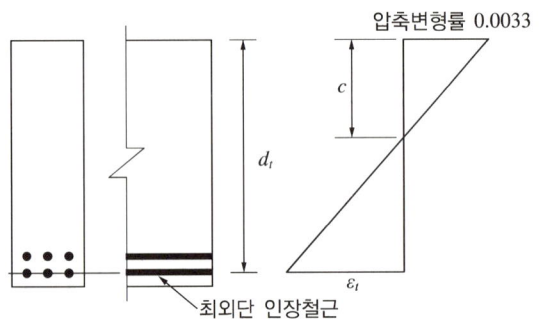

10년간 자주 출제된 문제

2-4. 강도설계법에서 인장측에 3,042mm², 압축측에 1,014mm² 의 철근이 배근되었을 때 압축응력 등가블록의 깊이로 옳은 것은?(단, f_{ck} = 21MPa, f_y = 400MPa, 보의 폭 b = 300mm이다)

① 125.7mm　　② 151.5mm
③ 227.7mm　　④ 303.1mm

2-5. 철근콘크리트 휨재의 구조해석을 위한 가정으로 옳지 않은 것은?

① 콘크리트는 인장응력을 지지할 수 없다.
② 콘크리트의 설계기준압축강도가 40MPa 이하인 경우 압축 변형도가 0.0033에 도달되었을 때 콘크리트는 파괴된다.
③ 철근에 생기는 변형은 같은 위치의 콘크리트에 생기는 변형 보다 탄성계수비만큼 크다.
④ 철근과 콘크리트의 응력은 철근과 콘크리트의 응력-변형도 로부터 계산할 수 있다.

2-6. 휨응력 산정 시 필요한 가정에 관한 설명 중 옳지 않은 것은?

① 보는 변형한 후에도 평면을 유지한다.
② 보의 휨응력은 중립축에서 최대이다.
③ 탄성범위 내에서 응력과 변형이 작용한다.
④ 휨부재를 구성하는 재료의 인장과 압축에 대한 탄성계수는 같다.

|해설|

2-4
$0.85f_{ck} \times a \times b = (A_s - A_s') \times f_y$ 이며,
$\therefore a = \dfrac{(A_s - A_s')f_y}{0.85f_{ck} \times b} = \dfrac{(3,042-1,014) \times 400}{0.85 \times 21 \times 300}$
$\fallingdotseq 151.5\text{mm}$

2-5
철근에 생기는 변형은 같은 위치의 콘크리트에 생기는 변형과 같다.

2-6
• 보의 휨응력은 중립축에서 0이다.
• 보의 휨응력은 상단부, 하단부에서 최대이다.

정답 2-4 ②　2-5 ③　2-6 ②

(3) 단철근 직사각형 보의 해석과 설계

① 휨 해석

㉠ 단철근 직사각형 단면보

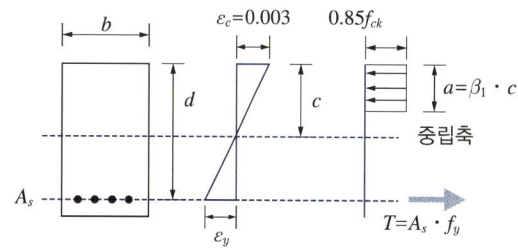

㉡ 등가블록 깊이(a) : 균형상태로부터 $c = T$에서,
$0.85f_{ck} \times a \times b = A_s \times f_y$ 이며,
$\therefore a = \dfrac{A_s f_y}{0.85f_{ck} \times b}$

㉢ 중립축의 위치(c) : $a = \beta_1 \times c$이며,
$\therefore c = \dfrac{a}{\beta_1} = \dfrac{A_s f_y}{0.85f_{ck} b \beta_1}$

㉣ 공칭휨강도(M_n) : 공칭휨강도는 내부의 우력모멘트가 외력에 의한 모멘트를 저항한다고 보는 개념
$M_n = 0.85f_{ck}ab\left(d - \dfrac{a}{2}\right) = A_s f_y \left(d - \dfrac{a}{2}\right)$

㉤ 설계휨강도
$M_d = \phi M_n = \phi A_s f_y \left(d - \dfrac{a}{2}\right)$

10년간 자주 출제된 문제

2-7. 강도설계법에 의하여 다음 그림과 같은 철근콘크리트 보를 설계할 때 등가응력블록 깊이 a는?(단, f_{ck} = 24MPa, f_y = 400MPa, D22 철근 1개의 단면적은 387mm²임)

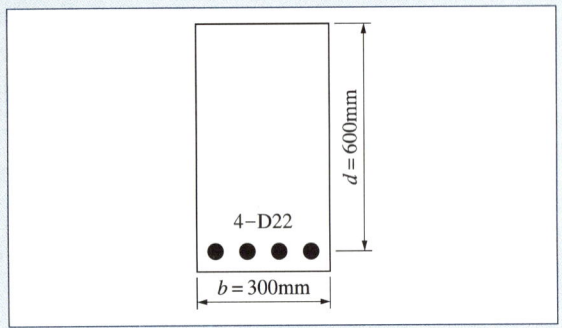

① 101.2mm ② 111.2mm
③ 121.2mm ④ 131.2mm

2-8. 콘크리트 압축강도 f_{ck} = 21MPa, b = 300mm, d = 500mm인 직사각형 보의 등가응력블록 깊이 a가 95mm일 때, 압축측 콘크리트의 압축력 c값은?

① 450kN ② 408kN
③ 509kN ④ 540kN

2-9. 다음 조건을 가진 단근보의 강도설계법에 따른 설계모멘트(ϕM_n)를 구하면?

- b = 350mm, d = 600mm
- 4-D22(1,548mm²)
- f_{ck} = 21MPa, f_y = 400MPa
- ϕ = 0.85

① 270kN·m ② 280kN·m
③ 290kN·m ④ 300kN·m

|해설|

2-7
$$a = \frac{A_s f_y}{0.85 f_{ck} \times b} = \frac{4 \times 387 \times 400}{0.85 \times 24 \times 300} \fallingdotseq 101.18\text{mm}$$

2-8
$$c = 0.85 f_{ck} \times a \times b$$
$$= 0.85 \times 21 \times 95 \times 300 = 508,725\text{N} \fallingdotseq 509\text{kN}$$

2-9
- 등가블록 깊이$(a) = \dfrac{A_s f_y}{0.85 f_{ck} \times b} = \dfrac{1,548 \times 400}{0.85 \times 21 \times 350}$
  $\fallingdotseq 99.11\text{mm}$
- $\phi M_n = \phi A_s f_y \left(d - \dfrac{a}{2} \right)$
  $= 0.85 \times 1,548 \times 400 \times \left(600 - \dfrac{99.11}{2} \right)$
  $\fallingdotseq 289.7\text{kN} \cdot \text{mm}$

정답 2-7 ① 2-8 ③ 2-9 ③

② 철근비의 제한

㉠ 균형 철근비(ρ_b) : 균형상태의 $C=T$로부터
$0.85f_{ck}ab = A_s f_y$ 이며,

$$\rho_b = \frac{0.85f_{ck}\beta_1}{f_y} \times \frac{\varepsilon_c}{\varepsilon_c + \varepsilon_y}$$

$$= \frac{0.85f_{ck}\beta_1}{f_y} \times \frac{600}{600 + f_y}$$

㉡ 최대 철근비($\rho_{\max}$)

$$\rho_{\max} = \frac{0.85f_{ck}\beta_1}{f_y} \times \frac{\varepsilon_c}{\varepsilon_c + \varepsilon_{t,\min}}$$

㉢ 휨부재의 최소 허용변형률에 해당하는 철근비
• SD400일 경우

$$\rho_{\max} = \frac{\varepsilon_c + \varepsilon_y}{\varepsilon_c + \varepsilon_{t,\min}} \rho_b$$

$$= \frac{0.0033 + 0.002}{0.0033 + 0.004} \rho_b = 0.726\,\rho_b$$

• 휨부재의 최소 허용변형률 및 최대 철근비

철근의 설계기준 항복강도(f_y)	휨부재 허용값	
	최소 허용변형률 ($\varepsilon_{t,\min}$)	최대 철근비 ($\rho_{\max}$)
300MPa	0.004	$0.658\rho_b$
350MPa	0.004	$0.692\rho_b$
400MPa	0.004	$0.726\rho_b$
500MPa	$0.005(2\varepsilon_y)$	$0.699\rho_b$
600MPa	$0.006(2\varepsilon_y)$	$0.677\rho_b$

㉣ 최대 철근량 : $A_{s,\max} = \rho_{\max} \times b \times d$

10년간 자주 출제된 문제

2-10. 강도설계법에서 균형 철근비 $\rho_b = 0.030$이고, $b = 300$mm, $d = 500$mm일 때 최대 철근량은?(단, $E_s = 200,000$MPa, $f_y = 400$MPa, $f_{ck} = 24$MPa이다)

① 1,825mm² ② 2,825mm²
③ 3,267mm² ④ 4,525mm²

2-11. 철근콘크리트 단근보를 설계할 때 최대 철근비로 옳은 것은?(단, $f_y = 400$MPa, $\rho_b = 0.038$)

① 0.0275 ② 0.0304 ③ 0.0342 ④ 0.0361

2-12. 그림과 같은 단근 장방형보에 대하여 균형 철근비 상태일 때의 압축단에서 중립축까지의 길이 C_b는?(단, $f_{ck} = 24$MPa, $f_y = 400$MPa, $E_s = 2.0 \times 10^5$MPa이다)

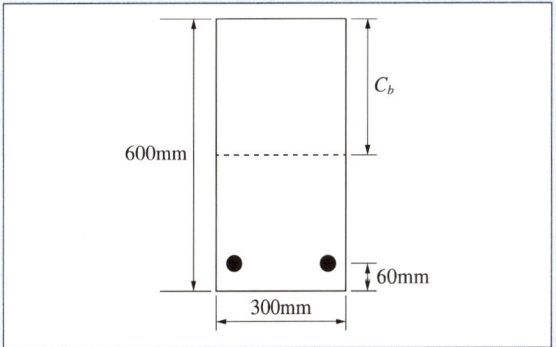

① 306mm ② 324mm ③ 360mm ④ 520mm

|해설|

2-10
• 최소 허용변형률에 해당하는 철근비(SD400철근)
$$\rho_{\max} = \frac{\varepsilon_c + \varepsilon_y}{\varepsilon_c + \varepsilon_{t,\min}}\rho_b = \frac{0.0033 + 0.002}{0.0033 + 0.004}\rho_b = 0.726\,\rho_b$$
∴ $0.726\rho_b = 0.726 \times 0.03 = 0.02178$

• 최대 철근량
$A_{s,\max} = \rho_{\max} \times b \times d = 0.02178 \times 300 \times 500 = 3,267\text{mm}^2$

2-11
$\rho_{\max} = 0.726\rho_b = 0.726 \times 0.038 = 0.027588$

2-12
균형철근비(ρ_b) 상태에서 중립축까지의 거리(C_b)
$$C_b = \frac{600}{600 + f_y} \times d = \frac{600}{600 + 400} \times (600 - 60) = 324\text{mm}$$

정답 2-10 ③ 2-11 ① 2-12 ②

(4) 단철근 T형 단면보의 해석

① T형 보의 판별

㉠ 중립축의 위치에 따라 달리 해석한다. 설계 가정에서 인장측 콘크리트 강도는 무시하므로 압축측 콘크리트 단면만 유효한 단면이다.

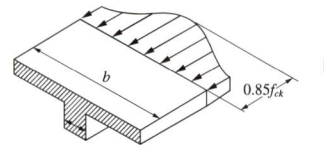 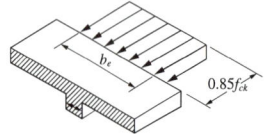

[실제 응력분포]　　　[등가 응력분포]

㉡ 폭이 b인 단철근 직사각형 단면보의 등가응력 직사각형의 깊이로 해석하여 판별한다.

$$a = \frac{A_s f_y}{0.85 f_{ck} b}$$

- $a \leq t$: 폭이 b인 단철근 직사각형 보로 해석
- $a > t$: 폭이 b_w인 단철근 T형 단면보로 해석

② 플랜지의 유효폭

㉠ 슬래브와 일체로 친 T형 단면에서 슬래브 부분을 플랜지(Flange), 보의 부분을 복부(Web)라고 한다.

㉡ T형 보의 플랜지는 서로 직교하는 두 방향의 휨모멘트를 받는다. 따라서 복부로부터 멀어질수록 플랜지의 압축응력은 감소한다.

㉢ 콘크리트 구조 기준에 의한 플랜지의 유효폭(다음 중 작은 값으로 결정한다)

T형 보(대칭)	반T형 보(비대칭)
• $16t_f + b_w$ • 슬래브 중심 간 거리 • $l \times \frac{1}{4}$	• $6t_f + b_w$ • $l_n \times \frac{1}{2} + b_w$ • $l \times \frac{1}{12} + b_w$

여기서, t_f : 슬래브 두께
　　　　b_w : 보의 폭
　　　　l_n : 인접 보와의 내측 거리
　　　　l : 경간

10년간 자주 출제된 문제

2-13. 다음 조건을 가진 반T형보의 유효폭 B의 값은?

- 슬래브 두께 : 200mm
- 보의 폭(b_w) : 400mm
- 인접 보와의 내측 거리 : 2,600mm
- 보의 경간 : 9,000mm

① 1,150mm　　② 1,270mm
③ 1,600mm　　④ 1,700mm

2-14. 단면 복부의 폭이 400mm, 양쪽 슬래브의 중심 간 거리가 2,000mm인 대칭 T형 보의 유효폭은?(단, 보의 경간은 4,800mm, 슬래브 두께는 120mm임)

① 1,000mm　　② 1,200mm
③ 2,000mm　　④ 2,320mm

|해설|

2-13

반T형 보의 유효폭 : 다음 세 값 중에서 가장 작은 값을 취한다(t_f : 슬래브 두께, b_w : 보의 폭, l_n : 인접 보와의 내측 거리).

- $6t_f + b_w = (6 \times 200) + 400 = 1,600$mm
- $l_n \times \frac{1}{2} + b_w = 2,600 \times \frac{1}{2} + 400 = 1,700$mm
- 보의 경간 $\times \frac{1}{12} + b_w = 9,000 \times \frac{1}{12} + 400 = 1,150$mm

∴ 가장 작은 값인 1,150mm 이상으로 한다.

2-14

대칭인 T형 보의 유효폭 : 다음 세 값 중에서 가장 작은 값을 취한다(t_f : 슬래브 두께, b_w : 보의 폭).

- $16t_f + b_w = (16 \times 120) + 400 = 2,320$mm
- 양쪽의 슬래브의 중심간 거리 = 2,000mm
- 보의 경간 $\times \frac{1}{4} = 4,800 \times \frac{1}{4} = 1,200$mm

∴ 가장 작은 값인 1,200mm 이상으로 한다.

정답 2-13 ①　2-14 ②

| 핵심이론 03 | 보의 전단설계

(1) 보의 전단응력

① 보의 전단응력
  ㉠ 휨응력은 보의 지점부에서 0이고, 중앙 부근으로 갈수록 커지며, 보의 중립축에서는 0이고 상·하면으로 갈수록 커진다.
  ㉡ 전단응력은 보의 지점부에서 최대이고, 중앙 부근으로 갈수록 작아지며, 보의 중립축에서는 최대이고, 상·하면으로 갈수록 작아진다.

② 철근콘크리트(RC)보의 휨응력과 전단응력 분포
  ㉠ 인장측 콘크리트의 휨응력은 무시한다.
  ㉡ 전단응력은 평균 전단응력을 사용한다.
  ㉢ 철근콘크리트보의 전단응력은 중립축에서 최대이고, 중립축 이하에서는 최댓값이 계속된다.
  ㉣ 균질보

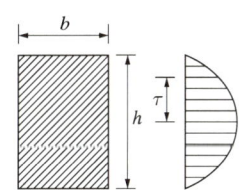

  • 휨응력(σ) = $\dfrac{M}{I}y$
  • 전단응력(τ) = $\dfrac{S}{A} = \dfrac{S \cdot G}{I \cdot b}$

  ㉤ RC보

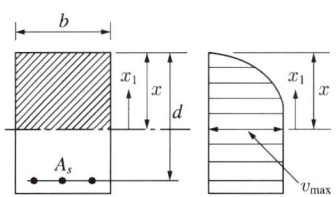

  • 휨응력(f) = $\dfrac{M}{I}y$
  • 전단응력(v) = $\dfrac{V}{bd} = \dfrac{V}{b_w d}$

  여기서, V : 전단력
        b : 단면폭(T형 또는 I형 단면에서는 복부의 폭(b_w))

10년간 자주 출제된 문제

3-1. 그림과 같은 단면에 전단력 18kN이 작용할 경우 최대 전단응력도는?

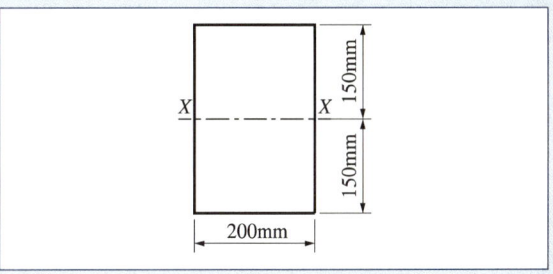

① 0.45MPa ② 0.52MPa
③ 0.58MPa ④ 0.64MPa

3-2. 다음 그림과 같은 단순보에서 C점에 대한 휨응력은?

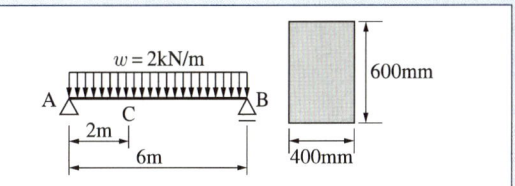

① 1.33MPa ② 1.00MPa
③ 0.67MPa ④ 0.33MPa

|해설|

3-1
최대 전단응력도
$$\tau_{\max} = k\dfrac{S}{A} = \dfrac{3}{2} \times \dfrac{S}{A} = \dfrac{3}{2} \times \dfrac{S}{bh}$$

여기서, k는 사각형 단면 : $\dfrac{3}{2}$ (원형 단면일 경우 : $\dfrac{4}{3}$)

위 식에 주어진 조건을 대입하면
$$\therefore \tau_{\max} = \dfrac{3}{2} \times \dfrac{18 \times 10^3}{200 \times 300} = 0.45\text{N/mm}^2 = 0.45\text{MPa}$$

3-2
• 휨응력(σ) = $\dfrac{M}{I}y = \dfrac{M}{Z}$

$M_C = \left(\dfrac{1}{2} \times 2 \times 6 \times 2\right) - (2 \times 2 \times 1) = 8\text{kN} \cdot \text{m}$

• 사각형 단면에서의 단면계수(Z) = $\dfrac{bh^2}{6}$

$$\therefore \sigma_C = \dfrac{M}{Z} = \dfrac{M}{\left(\dfrac{bh^2}{6}\right)} = \dfrac{6 \times M}{bh^2} = \dfrac{6 \times 8 \times 10^6}{400 \times 600^2} \fallingdotseq 0.33\text{MPa}$$

정답 3-1 ① 3-2 ④

(2) 보의 사인장균열

① 휨균열과 전단균열
  ㉠ 휨균열 : 보의 하단 중앙부에서 발생하는 균열
  ㉡ 전단균열 : 보의 중립축 근처의 지점부 발생 균열
② 복부전단균열
  ㉠ 휨응력은 작고 전단응력이 큰 지점부 가까이의 중립축 근처에서 발생하는 경사 균열
  ㉡ I형 단면과 같이 얇은 복부에서 발생

(3) 보의 전단철근(사인장철근)

① 보의 전단철근은 전단보강철근으로 복부철근 또는 사인장철근이라고도 하며, 전단력으로 인해 발생하는 사인장(경사)균열을 막기 위해 배치
② 전단철근의 종류
  ㉠ 굽힘철근(Bent-up Bar, 절곡철근) : 주철근을 30°(보통 45°) 이상의 각도로 구부려 올린 사인장철근
  ㉡ 수직 스터럽(Vertical Stirrup) : 주철근에 직각으로 배치된 전단철근
  ㉢ 경사 스터럽(Inclined Stirrup) : 주철근에 45° 이상의 각도로 설치되는 스터럽
  ㉣ 나선철근, 원형 띠철근 또는 후프철근 사용

10년간 자주 출제된 문제

3-3. 그림과 같은 보의 최대 전단응력으로 옳은 것은?

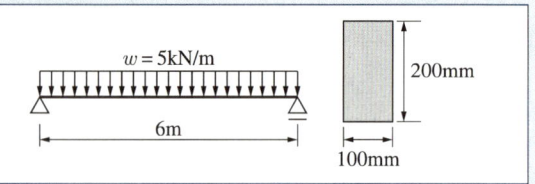

① 1.125MPa
② 2.564MPa
③ 3.496MPa
④ 4.253MPa

3-4. 다음과 같은 구조물에서 최대 전단응력도는?(단, 부재의 단면은 $b \times h = 200mm \times 300mm$)

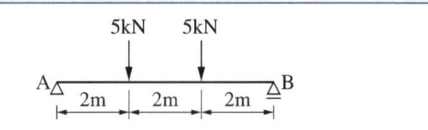

① 0.105MPa
② 0.115MPa
③ 0.125MPa
④ 0.135MPa

|해설|

3-3
- 최대 전단력을 산정한다.

  최대 전단력(S_{max}) = $R = \dfrac{5 \times 6}{2} = 15kN$

- 최대 전단응력을 산정한다.

  $\tau_{max} = k\dfrac{S}{A} = \dfrac{3}{2} \times \dfrac{S}{A}$

  여기서, k는 사각형 단면 : $\dfrac{3}{2}$, 원형 단면 : $\dfrac{4}{3}$

  $\therefore \tau_{max} = \dfrac{3}{2} \times \dfrac{15 \times 10^3}{100 \times 200} = 1.125MPa$

3-4
- 최대 전단력을 산정한다.

  최대 전단력(S_{max}) = $R = \dfrac{10}{2} = 5kN$

- 최대 전단응력을 산정한다.

  $\tau_{max} = k\dfrac{S}{A} = \dfrac{3}{2} \times \dfrac{S}{A}$

  여기서, k는 사각형 단면 : $\dfrac{3}{2}$, 원형 단면 : $\dfrac{4}{3}$

  $\therefore \tau_{max} = \dfrac{3}{2} \times \dfrac{5 \times 10^3}{200 \times 300} = 0.125MPa$

정답 3-3 ① 3-4 ③

(4) 설계전단강도 및 전단철근 설계

① 설계전단강도

㉠ 콘크리트가 부담하는 전단강도
- $V_c = \dfrac{1}{6} \lambda \sqrt{f_{ck}} \, b_w d$

㉡ 전단철근이 부담하는 전단강도
- $V_s = \dfrac{A_v f_{yt} d}{s}$ (부재축에 직각인 전단철근 사용 시)

  여기서, A_v : 간격(s) 내의 전단철근의 단면적
  f_{yt} : 횡방향 철근의 설계기준 항복강도 (MPa)
  d : 인장철근 중심에서 압축콘크리트 연단까지 거리
  s : 전단철근의 간격

- $V_s = 0.2(1 - f_{ck}/250) f_{ck} b_w d$ 이하

② 전단철근의 설계

㉠ 전단철근량 산정
- $A_{v,\min} = 0.625 \sqrt{f_{ck}} \dfrac{b_w s}{f_{yt}} \geq 0.35 \dfrac{b_w s}{f_{yt}}$

  여기서, $A_{v,\min}$: 최소 전단철근량
  s : 전단철근 간격(mm)
  b_w : 복부 폭(mm)

㉡ 전단철근 간격 조건(스터럽의 간격)
- 수직 스터럽의 간격 : $0.5d$ 또는 60cm 이하로 한다(45° 방향으로 생긴 균열에 보강근이 1개 이상 걸치도록 배근간격 결정).

  $s \leq \dfrac{d}{2}$, $s \leq 600$mm

- 경사 전단보강근 간격 : 보의 중심 $d/2$로부터 인장철근까지 45° 경사선을 보의 지점방향으로 그었을 때 적어도 1개의 전단보강근이 경사선과 교차하도록 배근간격을 결정한다.

- 전단보강근의 전단강도가 $V_s \geq \dfrac{1}{3} \lambda \sqrt{f_{ck}} b_w d$ 인 부재의 경우, 위의 2가지에 해당하는 간격의 $\dfrac{1}{2}$ 이하

  $s \leq \dfrac{d}{4}$, $s \leq 300$mm

㉢ 전단마찰철근 설계기준 항복강도 : 500MPa 이하

③ 설계전단력(ϕV_n)

설계전단력(ϕV_n) = $\phi(V_c + V_s)$

여기서, V_c : 콘크리트의 공칭전단강도
V_s : 전단보강근에 의한 공칭전단강도
ϕ : 전단력 강도감소계수 0.75

10년간 자주 출제된 문제

3-5. 강도설계법에 의한 철근콘크리트 직사각형 보에서 콘크리트가 부담할 수 있는 공칭전단강도는?(단, f_{ck} = 24MPa, b = 300mm, d = 500mm, 경량콘크리트계수는 1)

① 69.3kN ② 82.8kN
③ 91.9kN ④ 122.5kN

3-6. 강도설계법에서 다음과 같은 직사각형 복근보를 건물에 사용 시 콘크리트가 부담하는 전단강도 ϕV_c는?(단, λ = 1, f_{ck} = 35MPa, f_y = 400MPa)

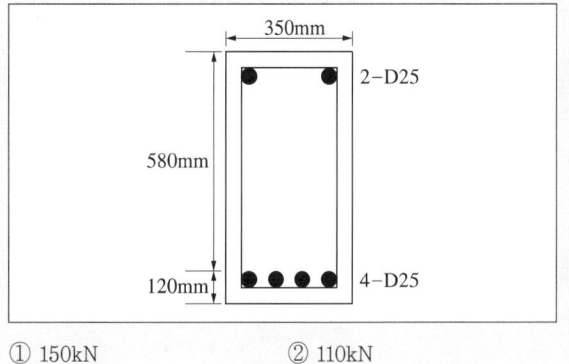

① 150kN ② 110kN
③ 90kN   ④ 70kN

10년간 자주 출제된 문제

3-7. 강도설계법에 의한 전단 설계 시 부재축에 직각인 전단철근을 사용할 때 전단철근에 의한 전단강도 V_s는?(단, s는 전단철근의 간격)

① $V_s = \dfrac{A_v f_{yt} s}{d}$ ② $V_s = \dfrac{A_v s d}{f_{yt}}$

③ $V_s = \dfrac{s f_{yt} d}{A_v}$ ④ $V_s = \dfrac{A_v f_{yt} d}{s}$

|해설|

3-5
콘크리트가 부담하는 전단강도
$V_c = \dfrac{1}{6} \lambda \sqrt{f_{ck}} b_w d = \dfrac{1}{6} \times 1.0 \times \sqrt{24} \times 300 \times 500$
$\fallingdotseq 122,474.49\text{N} \fallingdotseq 122.5\text{kN}$

3-6
$\phi V_c = \phi \dfrac{1}{6} \lambda \sqrt{f_{ck}} b_w d$
$= 0.75 \times \dfrac{1}{6} \times 1.0 \sqrt{35} \times 350 \times 580 \fallingdotseq 150,120.52\text{N}$
$\fallingdotseq 150\text{kN}$ (여기서, ϕ : 전단력 강도감소계수 0.75)

3-7
$V_s = \dfrac{A_v f_{yt} d}{s}$

정답 3-5 ④ 3-6 ① 3-7 ④

(5) 깊은 보

① 보의 높이가 경간에 비하여 보통의 보 보다 높은 보로서, 한쪽 면이 하중을 받고 반대쪽 면이 지지되어 하중과 받침부 사이에 압축대가 형성되는 보

② 깊은 보의 강도는 전단에 지배된다.

③ 깊은 보의 공칭전단강도 : $V_n \leq \dfrac{5}{6} \lambda \sqrt{f_{ck}} b_w d$

④ 콘크리트구조기준에 의한 깊은 보
  ㉠ 순경간(l_n)이 부재 깊이의 4배 이하인 보 :
  $\dfrac{l_n}{d} \leq 4$
  ㉡ 하중이 받침부로부터 부재 깊이의 2배 거리 이내에 작용하는 보

(6) 철근의 순간격

① 동일 평면에서 평행하는 철근 사이의 수평 순간격(3가지 조건 중에서 가장 큰 값을 적용)
  ㉠ 25mm 이상
  ㉡ 철근의 공칭지름(D) 이상
  ㉢ 굵은 골재 최대 치수의 $\dfrac{4}{3}$ 이상

② 보의 최소 폭(다음의 두께를 고려하여 결정한다)
  ㉠ 피복두께 + 스터럽
  ㉡ 철근 직경
  ㉢ 순간격

(7) 연속보의 배근

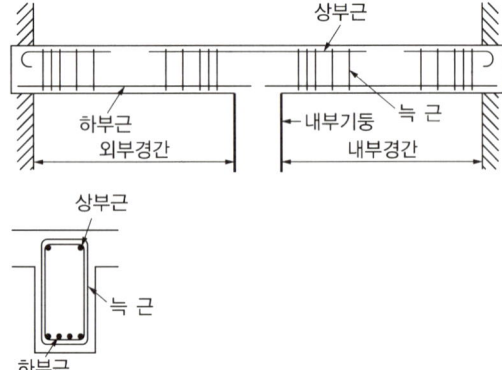

10년간 자주 출제된 문제

3-8. 강도설계법으로 철근콘크리트 보를 설계 시 공칭모멘트강도 M_n = 150kN·m, 강도감소계수 ϕ = 0.85일 때 설계모멘트값은?

① 95.6kN·m
② 114.8kN·m
③ 127.5kN·m
④ 176.5kN·m

3-9. 등분포하중을 받는 두 스팬 연속보인 B_1 RC보 부재에서 A, B, C 지점의 보 배근에 관한 설명으로 옳지 않은 것은?

```
   A B C
    B₁     B₁
```

① A단면에서는 스터럽 간격이 B단면에서의 스터럽 간격보다 촘촘하다.
② B단면에서는 하부근이 주근이다.
③ C단면에서의 스터럽 간격이 B단면에서의 스터럽 간격보다 촘촘하다.
④ C단면에서는 하부근이 주근이다.

| 해설 |

3-8
$M_d = \phi M_n \geq M_u$
$\therefore M_d = \phi M_n = 0.85 \times 150 = 127.5$ kN·m

3-9

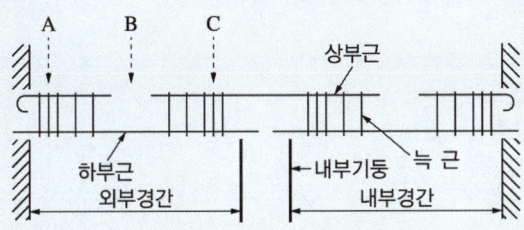

- A단면 : 상부 주근, 스터럽(늑근) 간격이 좁다.
- B단면 : 하부 주근
- C단면 : 상부 주근, 스터럽(늑근) 간격이 좁다.

정답 3-8 ③ 3-9 ④

핵심이론 04 | 철근의 정착 및 이음

(1) 철근의 정착

① 인장 이형철근의 정착길이(l_d) : 다음의 2가지 방법 중 어느 하나를 선택하여 구하며, 항상 300mm 이상이어야 한다.

㉠ $l_d = l_{db}$(기본 정착길이) × 보정계수

기본 정착길이 : $l_{db} = \dfrac{0.6 d_b f_y}{\lambda \sqrt{f_{ck}}}$

㉡ $l_d = \dfrac{0.90 d_b f_y}{\lambda \sqrt{f_{ck}}} \times \dfrac{\alpha \beta \gamma}{\left(\dfrac{c + K_{tr}}{d_b}\right)}$

여기서, d_b : 정착되는 철근 지름
λ : 경량콘크리트계수
α : 철근 배치 위치계수
β : 철근 도막계수
γ : 철근 크기에 따른 계수
K_{tr} : 횡방향 철근지수
c : 철근 간격 또는 피복두께에 관련된 치수

② 압축 이형철근의 정착길이 : 기본 정착길이에 보정계수를 곱하여 구한다.

㉠ 정착길이 l_d는 200mm 이상이어야 한다.

㉡ 기본 정착길이 : $l_{db} = \dfrac{0.25 d_b f_y}{\lambda \sqrt{f_{ck}}} \geq 0.043 d_b f_y$

㉢ 정착길이 : $l_d = l_{db} \times$ 보정계수 ≥ 200mm

㉣ 보정계수 0.75인 경우 : 지름이 6mm 이상이고 나선 간격이 100mm 이하인 나선철근, 또는 중심간격이 100mm 이하이고 설계기준에 따라 배치된 D13 띠철근으로 둘러싸인 압축 이형철근

③ 표준갈고리를 가지는 인장철근의 정착길이

㉠ 표준갈고리를 갖는 인장 이형철근의 정착길이 l_{dh}는 기본 정착길이에 보정계수를 곱하여 구한다.

ⓒ 정착길이 l_{dh}는 $8d_b$ 이상, 150mm 이상이어야 한다.

- 기본 정착길이 : $l_{hb} = \dfrac{0.24\beta d_b f_y}{\lambda \sqrt{f_{ck}}}$

- 정착길이 : $l_{dh} = l_{hb} \times$ 보정계수 $\geq 8d_b$, 150mm 이상

- 보정계수 0.7인 경우 : D35 이하의 철근에서 갈고리 평면에 수직 방향인 측면 피복두께가 70mm 이상이고, 90° 갈고리의 경우, 갈고리를 넘어선 부분의 피복두께가 50mm 이상인 경우
- 갈고리는 압축을 받는 경우 정착에 유효하지 않다.
- 표준갈고리의 정착길이 l_{dh}는 위험단면에서부터 갈고리 외측까지의 거리이다.

10년간 자주 출제된 문제

4-1. 압축 이형철근의 정착길이에 관한 설명으로 옳지 않은 것은?
① 압축 이형철근 정착길이는 항상 200mm 이상이어야 한다.
② 압축 이형철근 정착에는 표준갈고리가 요구된다.
③ 압축 이형철근 기본 정착길이는 철근직경이 커지면 증가한다.
④ 압축 이형철근 기본 정착길이는 $0.043 d_b f_y$ 이상이어야 한다.

4-2. 철근콘크리트 부재의 인장 이형철근 및 이형철선의 기본 정착길이 l_{db}를 구하는 식은?

① $\dfrac{0.6 d_b f_y}{\lambda \sqrt{f_{ck}}}$ ② $\dfrac{0.3 d_b f_y}{\lambda \sqrt{f_{ck}}}$

③ $\dfrac{0.8 d_b f_y}{\lambda \sqrt{f_{ck}}}$ ④ $\dfrac{0.12 d_b f_y}{\lambda \sqrt{f_{ck}}}$

4-3. 강도설계법에서 압축 이형철근 D22의 기본 정착길이는? (단, f_{ck} = 24MPa, f_y = 400MPa, λ = 1.0)
① 400mm ② 450mm
③ 500mm ④ 550mm

|해설|

4-1
- 갈고리는 압축을 받는 경우 철근정착에 유효하지 않은 것으로 보아야 한다.
- 정착길이는 철근의 직경과 인장응력에 비례하고 부착강도에 반비례한다.

4-2
인장 이형철근 기본 정착길이 : $l_{db} = \dfrac{0.6 d_b f_y}{\lambda \sqrt{f_{ck}}}$

4-3
압축 이형철근의 정착길이
- 정착길이 l_d는 200mm 이상이어야 한다.
- 기본 정착길이 : $l_{db} = \dfrac{0.25 d_b f_y}{\lambda \sqrt{f_{ck}}} \geq 0.043 d_b f_y$

- $l_{db(1)} = \dfrac{0.25 d_b f_y}{\lambda \sqrt{f_{ck}}} = \dfrac{0.25 \times 22 \times 400}{1.0 \sqrt{24}} \fallingdotseq 449.1\text{mm}$

  $l_{db(2)} = 0.043 d_b f_y = 0.043 \times 22 \times 400 = 378.4\text{mm}$

  둘 중에서 큰 값을 취하므로, $l_{db} \fallingdotseq 450$mm

정답 4-1 ② 4-2 ① 4-3 ②

(2) 표준갈고리

① 표준갈고리는 인장구역에 두며 압축구역에는 두지 않는다(원형철근은 반드시 갈고리를 둔다).

② 주철근의 표준갈고리

철근의 크기	최소 내면 반지름(r)	최소 외면 반지름
D10~D25	$3d_b$	$4d_b$
D29~D35	$4d_b$	$5d_b$
D38 이상	$5d_b$	$6d_b$

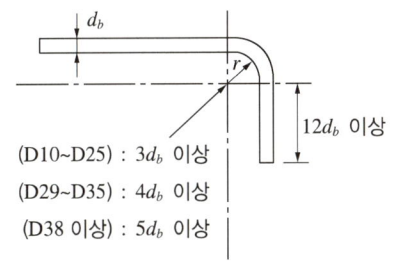

(D10~D25) : $3d_b$ 이상
(D29~D35) : $4d_b$ 이상
(D38 이상) : $5d_b$ 이상

[90° 표준갈고리]

$4d_b$ 이상
또한, 6cm 이상
(D10~D25) : $3d_b$ 이상
(D29~D35) : $4d_b$ 이상
(D38 이상) : $5d_b$ 이상

[180° 표준갈고리]

③ 주철근의 표준갈고리 가공
  ㉠ 180° 표준갈고리는 구부린 반원 끝에서 $4d_b$ 이상, 또한 60mm 이상 더 연장되어야 한다.
  ㉡ 90° 표준갈고리는 구부린 끝에서 $12d_b$ 이상 더 연장되어야 한다.

④ 스터럽과 띠철근용 표준갈고리의 내면 반지름
  ㉠ D16 이하의 철근 : $2d_b$ 이상
  ㉡ D19 이상의 철근 : 주철근 기준에 따른다.

⑤ 스터럽과 띠철근의 표준갈고리 가공
  ㉠ 90° 표준갈고리
    • D16 이하의 철근은 구부린 끝에서 $6d_b$ 이상 더 연장하여야 한다.
    • D19, D22 및 D25 철근은 구부린 끝에서 $12d_b$ 이상 더 연장하여야 한다.
  ㉡ 135° 표준갈고리 : D25 이하의 철근은 구부린 끝에서 $6d_b$ 이상 더 연장하여야 한다.

10년간 자주 출제된 문제

4-4. 철근 직경(d_b)에 따른 표준갈고리의 구부림 최소 내면 반지름 기준으로 옳지 않은 것은?

① D25 주철근 : $3d_b$ 이상
② D13 주철근 : $2d_b$ 이상
③ D16 띠철근 : $2d_b$ 이상
④ D13 띠철근 : $2d_b$ 이상

4-5. 철근콘크리트구조에서 철근 가공 시 표준갈고리에 관한 설명으로 옳지 않은 것은?

① 주철근의 표준갈고리는 90° 표준갈고리와 180° 표준갈고리가 있다.
② 주철근의 90° 표준갈고리는 구부린 끝에서 $12d_b$ 이상 더 연장하여야 한다.
③ 띠철근과 스터럽의 표준갈고리는 60° 표준갈고리와 90° 표준갈고리가 있다.
④ D25 이하의 철근으로 135° 표준갈고리를 만드는 경우, 구부린 끝에서 $6d_b$ 이상 더 연장하여야 한다.

|해설|

4-4
D10~D25 주철근 : $3d_b$ 이상

4-5
띠철근과 스터럽의 표준갈고리는 90° 표준갈고리와 135° 표준갈고리로 분류된다.

정답 4-4 ② 4-5 ③

(3) 철근이음 시 고려사항

① D35를 초과하는 철근은 겹침이음을 하지 않는다.
② 용접이음은 철근의 설계기준 항복강도 f_y의 125% 이상을 발휘할 수 있는 완전용접이어야 한다.
③ 기계적 연결은 철근의 설계기준 항복강도 f_y의 125% 이상을 발휘할 수 있는 완전 기계적 연결이어야 한다.
④ 휨부재에서 서로 직접 접촉되지 않게 겹침이음된 철근은 횡방향으로 소요 겹침이음길이의 1/5 또는 150mm 중 작은 값 이상 떨어지지 않아야 한다.
⑤ 인장 이형철근의 이음은 A급, B급으로 분류하며 어떤 경우라도 300mm 이상이어야 한다.

(4) 철근의 부착과 정착

① 철근이 콘크리트 속에서 빠져나오지 못하게 하는 것을 정착이라 한다.
② 철근의 정착길이는 철근의 직경, 철근의 항복강도에 비례한다.
③ 휨응력의 전달 시 철근과 콘크리트 간의 경계면에 발생하는 전단응력을 부착응력이라 한다.
④ 철근과 콘크리트 간의 부착력은 콘크리트의 강도가 높아질수록 증가한다.
⑤ 수평철근에서 상부철근보다 하부철근의 부착력이 높아진다.
⑥ 지름이 큰 철근보다 동일면적의 지름이 작은 여러 개의 철근을 사용하면 부착력이 높아진다.
⑦ 인장철근의 주장(단면 둘레의 길이)을 증가시킴으로써 철근과 콘크리트의 접착면을 많게 하면 부착력은 증가된다.
⑧ 철근의 부착력에 영향을 주는 요인
  • 콘크리트 피복두께
  • 콘크리트 압축강도
  • 철근의 외부표면 돌기
  • 철근의 표면상태
  • 철근의 두께(직경)

10년간 자주 출제된 문제

4-6. 철근의 이음에 관한 기준으로 옳은 것은?
① 용접이음은 철근의 설계기준 항복강도 f_y의 125% 이상을 발휘할 수 있는 완전용접이여야 한다.
② 인장 이형철근의 이음은 A급, B급으로 분류하며 어떤 경우라도 200mm 이상이어야 한다.
③ 압축 이형철근의 이음을 제외하고 D35를 초과하는 철근은 겹침이음할 수 있다.
④ 휨부재에서 서로 직접 접촉되지 않게 겹침이음된 철근은 횡방향으로 소요 겹침이음길이의 1/3 또는 200mm 중 작은 값 이상 떨어지지 않아야 한다.

4-7. 철근콘크리트의 구조설계에서 철근의 부착력에 영향을 주지 않는 것은?
① 콘크리트 피복두께
② 콘크리트 압축강도
③ 철근의 외부표면 돌기
④ 철근의 항복강도

4-8. 철근의 부착과 정착에 관한 설명으로 옳지 않은 것은?
① 철근이 콘크리트 속에서 빠져나오지 못하게 하는 것을 정착이라 한다.
② 철근의 정착길이는 철근의 직경에 비례하며 철근의 강도에 반비례한다.
③ 휨응력의 전달 시 철근과 콘크리트 간의 경계면에 발생하는 전단응력을 부착응력이라 한다.
④ 철근과 콘크리트 간의 부착력은 콘크리트의 강도가 높아질수록 증가한다.

|해설|

4-6
② 인장 이형철근의 이음은 A급, B급으로 분류하며 어떤 경우라도 300mm 이상이어야 한다.
③ D35를 초과하는 철근은 겹침이음할 수 없다.
④ 휨부재에서 서로 직접 접촉되지 않게 겹침이음된 철근은 횡방향으로 소요 겹침이음길이의 1/5 또는 150mm 중 작은 값 이상 떨어지지 않아야 한다.

4-7
철근의 항복강도는 철근의 부착력에 크게 영향을 주지 않는다.

4-8
철근의 정착길이는 철근의 직경과 철근의 항복강도에 비례하며, 콘크리트 강도에는 반비례한다.

정답 4-6 ① 4-7 ④ 4-8 ②

| 핵심이론 05 | 처짐과 균열

(1) 처 짐

① 최종 처짐 = 탄성처짐 + 장기 처짐
           = 탄성처짐 + λ × 탄성처짐

② 탄성처짐(순간 처짐, 즉시 처짐) : 하중이 실리자마자 발생되는 처짐

③ 장기 처짐
  ㉠ 크리프와 건조수축 등 지속 하중에 의한 변형으로 인하여 시간이 경과함에 따라 진행되는 장기 추가 처짐
  ㉡ 장기 처짐계수 : $\lambda = \dfrac{\xi}{1+50\rho'}$

  여기서, ξ : 시간경과계수(3개월 : 1.0, 6개월 : 1.2, 1년 : 1.4, 5년 후 : 2.0)

  $\rho' : \dfrac{A_s'}{bd}$ (압축철근비)

④ 처짐의 제한
  ㉠ 처짐을 계산하지 않는 경우, 보 또는 1방향 슬래브 최소 두께

부재(l : 지간 거리)	최소 두께(h)			
	캔틸레버	단순지지	1단연속	양단연속
l : 경간 길이(단위 : cm) f_y = 400MPa 철근을 사용한 경우의 값				
• 보 • 리브가 있는 1방향 슬래브	$\dfrac{l}{8}$	$\dfrac{l}{16}$	$\dfrac{l}{18.5}$	$\dfrac{l}{21}$
1방향 슬래브	$\dfrac{l}{10}$	$\dfrac{l}{20}$	$\dfrac{l}{24}$	$\dfrac{l}{28}$

㉡ 최대 허용 처짐

부재의 형태		고려해야 할 처짐	처짐 한계
손상여부	비구조 요소의 지지 or 부착		
○	지지/부착(×) : 지붕	l의 순간 처짐	$\dfrac{l}{180}$
○	지지/부착(×) : 바닥	l의 순간 처짐	$\dfrac{l}{360}$
○	지지/부착(○) : 지붕 or 바닥	전체 처짐	$\dfrac{l}{480}$
×	지지/부착(○) : 지붕 or 바닥	전체 처짐	$\dfrac{l}{240}$

10년간 자주 출제된 문제

5-1. 양단연속보 부재에서 처짐을 계산하지 않는 경우 보의 최소 두께는?(단, l은 부재의 길이, 보통중량콘크리트와 설계기준항복강도 400MPa 철근 사용)

① $\dfrac{l}{8}$ ② $\dfrac{l}{16}$ ③ $\dfrac{l}{18.5}$ ④ $\dfrac{l}{21}$

5-2. 강도설계법에서 처짐을 계산하지 않는 경우 스팬 l = 8m 인 단순지지 콘크리트 보의 최소 두께는?(단, 보통중량콘크리트 사용, f_y = 400MPa)

① 400mm   ② 450mm
③ 500mm   ④ 550mm

5-3. 보통중량콘크리트와 400MPa 철근을 사용한 양단연속 1방향 슬래브의 스팬이 4.2m일 때 처짐을 계산하지 않는 경우 슬래브의 최소 두께로 옳은 것은?

① 120mm   ② 130mm
③ 140mm   ④ 150mm

5-4. 스팬이 4.5m이고, 과도한 처짐에 의해 손상되기 쉬운 비구조 요소를 지지하지 않은 평지붕구조에서 활하중에 의한 순간 처짐의 한계는?

① 17mm   ② 20mm
③ 25mm   ④ 34mm

|해설|

5-1
양단연속보의 경우 최소 두께 : $\dfrac{l}{21}$

5-2
$h = \dfrac{l}{16} = \dfrac{8,000}{16} = 500\text{mm}$

5-3
$h = \dfrac{l}{28} = \dfrac{4,200}{28} = 150\text{mm}$

5-4
과도한 처짐에 의해 손상되기 쉬운 비구조 요소를 지지하지 않은 지붕의 처짐한계는 $\dfrac{l}{180}$ 이다.
$\therefore \delta = \dfrac{4,500}{180} = 25\text{mm}$

정답 5-1 ④ 5-2 ③ 5-3 ④ 5-4 ③

(2) 균열

① 경화 전 균열
  ㉠ 소성수축균열
  ㉡ 침하균열

② 경화 후 균열
  ㉠ 건조수축으로 인한 균열
  ㉡ 온도균열(열응력으로 인한 균열)
  ㉢ 화학적 반응으로 인한 균열
  ㉣ 자연(기상작용)으로 인한 균열

(3) 내구성 설계

① 콘크리트구조는 주변 환경조건에서 안전성, 사용성, 내구성, 미관을 갖도록 설계, 시공, 유지관리한다.
② 설계 착수 전에 구조물 발주자와 설계자는 구조물의 중요도, 환경조건, 구조거동, 유지관리방법 등을 고려한다.
③ 설계자는 구조물의 내구성을 확보할 수 있는 적절한 설계기법을 결정하여야 한다.
④ 해풍, 해수, 황산염 및 기타 유해물질에 노출된 콘크리트는 내구성 허용기준의 조건을 만족하는 콘크리트를 사용하여야 한다.
⑤ 공기연행콘크리트의 공기량 표준값
  공기연행제, 공기연행감수제 또는 고성능 공기연행감수제를 사용한 콘크리트의 공기량은 굵은 골재 최대 치수와 내동해성을 고려하여 정하며, 운반 후 공기량은 이 값에서 ±1.5% 이내이어야 한다.

굵은 골재 최대 치수	공기량(%)	
	심한 노출[1]	일반 노출[2]
10mm	7.5	6.0
15mm	7.0	5.5
20mm	6.0	5.0
25mm	6.0	4.5
40mm	5.5	4.5

주 1) 노출등급 : EF2, EF3, EF4
  2) 노출등급 : EF1

EF(동결융해) 등급
- EF1 : 간혹 수분과 접촉하나 염화물에 노출되지 않고 동결융해의 반복작용에 노출되는 콘크리트(예 : 비와 동결에 노출되는 수직 콘크리트 표면)
- EF2 : 간혹 수분과 접촉하고 염화물에 노출되며 동결융해의 반복작용에 노출되는 콘크리트(예 : 공기 중 제빙화학제와 동결에 노출되는 도로 구조물의 수직 콘크리트 표면)
- EF3 : 지속적으로 수분과 접촉하나 염화물에 노출되지 않고 동결융해의 반복작용에 노출되는 콘크리트(예 : 비와 동결에 노출되는 수평 콘크리트 표면)
- EF4 : 지속적으로 수분과 접촉하고 염화물에 노출되며 동결융해의 반복작용에 노출되는 콘크리트(예 : 제빙화학제에 노출되는 도로와 교량 바닥판, 제빙화학제가 포함된 물과 동결에 노출되는 콘크리트 표면, 동결에 노출되는 물보라 지역(비말대) 및 간만대에 위치한 해양 콘크리트)

10년간 자주 출제된 문제

5-5. 콘크리트구조에서 허용균열폭 결정 시 고려사항과 가장 거리가 먼 것은?

① 구조물의 사용목적 ② 소요내구성
③ 콘크리트 강도 ④ 환경조건

5-6. 철근콘크리트구조물의 내구성 허용기준과 관련하여 구조물의 노출범주와 기타 조건이 다음과 같을 때 동해에 저항하기 위한 전체 공기량의 확보기준은?

- 노출범주 : 지속적으로 수분과 접촉하고 동결융해의 반복작용에 노출되는 콘크리트
- 굵은 골재의 최대 치수 : 20mm
- 콘크리트 설계기준 압축강도 : 35MPa 이하

① 4.5% ② 5.5%
③ 6.0% ④ 7.0%

|해설|

5-5
콘크리트구조 허용균열폭 결정 고려사항
- 구조물의 사용목적
- 내구성, 사용성 및 미관
- 주변의 환경
- 구조물 수처리 및 누수 등

5-6
굵은 골재의 최대 치수 20mm로서 심한 노출의 EF4 등급에 해당하므로 6.0%를 확보하여야 한다.

정답 5-5 ③ 5-6 ③

핵심이론 06 | 슬래브 설계

(1) 슬래브의 종류

① 1방향 슬래브 : $\dfrac{장변}{단변} > 2.0$

  ㉠ 주철근을 1방향으로 배치한 슬래브로, 마주보는 두 변에 의하여 지지되는 슬래브
  ㉡ 단변방향의 하중 분담률이 크기 때문에 주철근은 단변방향으로만 배치된다.

② 2방향 슬래브 : $1.0 \leq \dfrac{장변}{단변} \leq 2.0$

  ㉠ 주철근을 2방향으로 배치한 슬래브로 네 변으로 지지되는 슬래브
  ㉡ 서로 직교하는 두 방향으로 주철근이 배치된다.

③ 플랫 슬래브(Flat Slab)
  ㉠ 보 없이 기둥만으로 지지된 슬래브
  ㉡ 받침판(Drop Panel, 지판)과 기둥머리(Column Capital)가 있다.
  ㉢ 기둥 주위의 전단력과 부힘모멘트에 의해 유발되는 큰 응력을 감소시키기 위해 설치한다.

④ 플랫 플레이트 슬래브(Flat Plate Slab, 평판 슬래브)
  ㉠ 기둥만으로 지지된 슬래브
  ㉡ 받침판(지판)과 기둥머리가 없다.
  ㉢ 하중이 크지 않거나 경간이 짧은 경우에 사용된다.

⑤ 장선 슬래브 : 좁은 간격의 보(장선, Rib)와 슬래브가 강결되어 있는 슬래브

⑥ 와플 슬래브(격자 슬래브)
  ㉠ 격자 모양의 작은 리브가 붙은 철근콘크리트 슬래브
  ㉡ 슬래브의 자중을 줄이기 위해 사각형 모양의 빈 공간을 갖는 2방향 장선구조로 구성된다.

(2) 2방향 슬래브의 직접설계법 적용조건

① 각 방향으로 3경간 이상 연속되어야 한다.
② 슬래브 판들은 단변경간에 대한 장변경간의 비가 2 이하인 직사각형 단면이어야 한다.

③ 각 방향으로 연속한 받침부 중심간 경간 차이는 긴 경간의 1/3 이하이어야 한다.
④ 연속한 기둥 중심선을 기준으로 기둥의 어긋남은 그 방향 경간의 10% 이하이어야 한다.
⑤ 모든 하중은 슬래브판 전체에 걸쳐 등분포된 연직하중이어야 하며, 활하중은 고정하중의 2배 이하이어야 한다.

10년간 자주 출제된 문제

6-1. 다음 각 슬래브에 관한 설명으로 옳지 않은 것은?
① 장선 슬래브는 2방향으로 하중이 전달되는 슬래브이다.
② 슬래브의 두께가 구조제한 조건에 따르지 않을 경우 슬래브 처짐과 진동의 문제가 발생할 수 있다.
③ 플랫 슬래브는 보가 없으므로 천장고를 낮추기 위한 방법으로도 사용된다.
④ 와플 슬래브는 일종의 격자시스템 슬래브 구조이다.

6-2. 내부슬래브의 주변에 보와 지판이 없고 $f_y = 400\text{MPa}$일 경우, 슬래브의 최소 두께 산정식은 $l_n/330$이다. 이 식에서 l_n으로 옳은 것은?
① 2방향 슬래브의 순경간
② 2방향 슬래브의 단변의 순경간
③ 2방향 슬래브 장변의 기둥 중심간 거리
④ 2방향 슬래브 단변의 기둥 중심간 거리

6-3. 4변이 고정인 2방향 슬래브(Two Way Slab)에서 가장 많이 하중을 받는 곳은?
① 장변방향 단부
② 장변방향 중앙부
③ 단변방향 단부
④ 단변방향 중앙부

|해설|

6-1
장선 슬래브는 1방향으로 하중이 전달되는 슬래브이다.

6-2
l_n은 2방향 슬래브의 순경간이다.

6-3
2방향 슬래브는 단변방향 단부에서 하중을 가장 많이 받는다.

정답 6-1 ① 6-2 ① 6-3 ③

핵심이론 07 | 압축재(기둥) 설계

(1) 축방향 철근(주근)

① 최소 철근비 : 1% 이상(발생 가능한 휨에 대한 저항, 크리프와 건조수축에 의한 영향 감소 때문에)
② 최대 철근비 : 8% 이하(경제성, 시공성 때문에)
③ 축방향 주철근비 : $\rho = \dfrac{\text{주철근 총 단면적}}{\text{기둥 총 단면적}} = \dfrac{A_{st}}{A_g}$

  ㉠ $0.01 \leq$ 철근비$(\rho) \leq 0.08$
  ㉡ 축방향 주철근이 겹침이음인 경우에는 $\rho \leq 0.04$

④ 철근 지름 : D13(ϕ12) 이상
⑤ 최소 개수
  ㉠ 직사각형 또는 원형 띠철근 기둥 → 4개 이상
  ㉡ 3각형 띠철근 기둥 → 3개 이상
  ㉢ 나선철근 기둥 → 6개 이상

(2) 압축 이형철근의 이음

① 압축철근의 겹침이음길이는 다음과 같이 구할 수 있으며, ㉠이 ㉡보다 긴 경우에는 ㉡으로 산정한다.

  ㉠ $l_s = \left(\dfrac{1.4f_y}{\lambda\sqrt{f_{ck}}} - 52\right)d_b$

  ㉡ $l_s = 0.072f_y d_b (f_y \leq 400\text{MPa})$
     $= (0.13f_y - 24)d_b (f_y > 400\text{MPa})$

  ㉢ 겹침이음길이는 300mm 이상이어야 한다.
  ㉣ 콘크리트의 설계기준압축강도$(f_{ck}) < 21\text{MPa}$이면, 겹침이음길이를 1/3 증가시켜야 한다.

② 서로 다른 크기의 철근을 압축부에서 겹침이음하는 경우 이음길이는 크기가 큰 철근의 정착길이와 크기가 작은 철근의 겹침이음길이 중 큰 값 이상이어야 한다. 이때 D41과 D51 철근은 D35 이하 철근과의 겹침이음을 할 수 있다.

(3) 기둥에서 축하중과 모멘트 관계

① 축하중 : 기둥 중심축(도심축)에 따라 작용하는 압축 하중
② 기둥은 대부분 편심하중을 받는다.
③ 압축부재는 축방향 압축, 휨을 동시에 받는 부재로 설계
④ 편심거리에 의한 모멘트 : $M = P \cdot e$

편심거리$(e) = \dfrac{M}{P}$

(4) 띠철근 간격(최솟값으로 설계)

① 주철근 직경의 16배 이하
② 띠철근 직경의 48배 이하
③ 기둥 단면의 최소폭 이하

10년간 자주 출제된 문제

7-1. 그림과 같은 철근콘크리트 기둥에서 띠철근의 수직간격으로 옳은 것은?

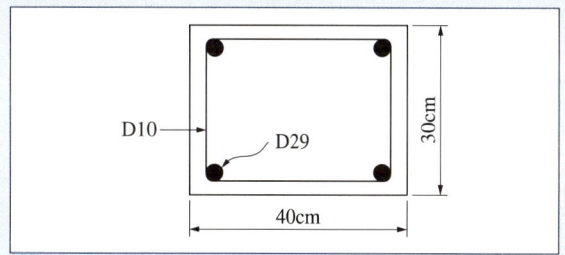

① 300mm 이하 ② 350mm 이하
③ 400mm 이하 ④ 450mm 이하

7-2. 장방형 단면의 철근콘크리트 기둥에서 띠철근의 주요 역할은?

① 철근과 콘크리트의 부착력 증가
② 콘크리트의 압축강도 증가
③ 콘크리트 폭렬현상 방지
④ 주근의 좌굴을 방지

|해설|

7-1
기둥의 띠철근 최소 간격 조건
• 주철근 직경의 16배 이하 : $29 \times 16 = 464$mm 이하
• 띠철근 직경의 48배 이하 : $10 \times 48 = 480$mm 이하
• 기둥 단면의 최소 폭 이하 : 300mm 이하
∴ 띠철근의 최소 간격은 위의 3가지 중에서 가장 작은 치수인 300mm가 된다.

7-2
띠철근의 기능
• 주근의 위치 고정, 주근의 좌굴 방지
• 수평력에 대한 전단 보강 및 피복두께 유지

정답 7-1 ① 7-2 ④

(5) 단주의 설계(중심 축하중을 받는 단주)

① 띠철근 기둥의 축하중 강도($\phi = 0.65$)

$\phi P_n \Rightarrow \phi \alpha P_n$

$\therefore \ \phi P_n = \phi \alpha (0.85 f_{ck}(A_g - A_{st}) + (f_y \times A_{st}))$

여기서, P_n : 축하중

α : 띠철근 계수(0.80)

② 나선철근 기둥의 축하중 강도($\phi = 0.70$)

$\phi P_n \Rightarrow \phi \alpha P_n$

$\therefore \ \phi P_n = \phi \alpha (0.85 f_{ck}(A_g - A_{st}) + (f_y \times A_{st}))$

여기서, P_n : 축하중

α : 나선철근 계수(0.85)

(6) 장주의 설계

① 세장비 : 기둥의 유효길이와 최소 단면 2차 반지름의 비

세장비(λ) $= \dfrac{Kl}{r} = \dfrac{\text{유효 좌굴길이}}{\text{최소 단면 2차 반경}}$

$\lambda = \dfrac{Kl}{r} = \dfrac{Kl}{\sqrt{\dfrac{I}{A}}}$

여기서, K : 좌굴 유효길이 계수

l : 기둥의 지지길이

I : 단면 2차 모멘트

A : 단면적

② 좌굴하중(오일러의 공식)

좌굴하중(P_{cr}) $= \dfrac{\pi^2 EI}{(Kl)^2}$

여기서, EI : 휨강도

Kl : 기둥의 유효길이

③ 장주의 계수(K) : 단말 계수가 클수록 강한 기둥이다.

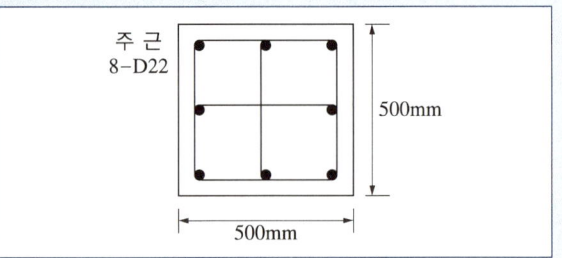

10년간 자주 출제된 문제

7-3. 그림과 같은 철근콘크리트 띠철근 기둥의 최대 설계축하중(ϕP_n)을 구하면?(단, 주근은 8-D22(3,096mm²), f_{ck} = 24MPa, f_y = 400MPa, ϕ = 0.65임)

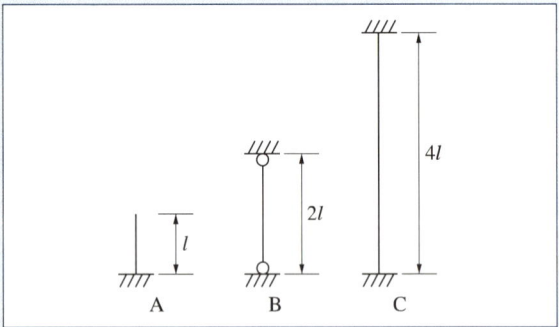

① 2,913kN ② 3,113kN ③ 3,263kN ④ 5,333kN

7-4. 그림과 같은 장주의 유효 좌굴길이를 옳게 표시한 것은? (단, 기둥의 재질과 단면크기는 동일)

① (A)가 최대이고, (B)가 최소이다.
② (C)가 최대이고, (A)가 최소이다.
③ (B)가 최대이고, (A)와 (C)는 같다.
④ (A), (B), (C) 모두 같다.

| 해설 |

7-3

$\phi P_n = \phi \alpha((0.85 f_{ck}(A_g - A_{st}) + (f_y \times A_{st}))$

여기서, P_n : 축하중

α : 띠철근 계수(0.80)

$\phi P_n = 0.65 \times 0.8 \times ((0.85 \times 24 \times (500^2 - 3,096) + (400 \times 3,096))$
$= 3,263,125.632 \text{N} ≒ 3,263.13 \text{kN}$

7-4

장주의 계수(K)

(A)는 2.0, (B)는 1.0, (C)는 0.5이다.

$k_A l_A : k_B l_B : k_C l_C = 2.0 \times l : 1.0 \times 2l : 0.5 \times 4l$
$= 2l : 2l : 2l = 1 : 1 : 1$

∴ (A), (B), (C)는 모두 같다.

정답 7-3 ③ 7-4 ④

핵심이론 08 | 기초, 벽 설계

(1) 기초의 종류

① 독립 기초 : 기둥을 단독으로 받치도록 설치된 기초

② 연속 기초 : 상부 하중을 확대 분포시켜 받는 기초(줄기초)

③ 복합 기초 : 2 이상 기둥을 1개 기초판에 받도록 만든 기초

④ 온통 기초 : 연약지반에 많이 설계되는 기초로서 모든 기둥을 하나의 연속된 기초판에서 지지하는 구조(매트기초)

⑤ 말뚝 기초 : 기둥하중을 말뚝에 의해 지반에 전달하는 기초

(2) 설계를 위한 기본 가정

① 기초판 저면의 압력 분포를 선형으로 가정한다.

② 기초판 저면과 기초 지반 사이에는 압축력만 작용한다.

③ 기초판은 하중을 기초 저면에 등분포시킴이 원칙이다.

④ 기초판에서는 휨모멘트의 일부 또는 전부를 연결보에 부담시키고, 기초판은 연직 하중만을 받는 것으로 한다.

(3) 기초판(확대기초)의 저면적(A_f)

① 기초판의 저면적 : $A_f \geq \dfrac{P}{q_a}$

② 기초판 지반의 극한지지력 : $q_u = \dfrac{P_u}{A}$

여기서, A_f : 확대기초 저면적(m^2)

P : 사용하중(N)

P_u : 계수하중(N)

q_a : 지반 허용지지력(N/m^2)

q_u : 지반의 극한지지력(N/m^2)

(4) 벽체설계

① 수직, 수평 철근 간격 : 벽체 두께의 3배 이하, 또한 450mm 이하이어야 한다.

② 최소 수직 철근비
  ㉠ 설계기준 항복강도 400MPa 이상으로서 D16 이하의 이형철근 : 0.0012 이상
  ㉡ 기타 이형철근 : 0.0015 이상

③ 최소 수평 철근비
  ㉠ 설계기준 항복강도 400MPa 이상으로서 D16 이하의 이형철근 : 0.0020 이상
  ㉡ 기타 이형철근 : 0.0025 이상

10년간 자주 출제된 문제

8-1. 기초구조에 관한 설명으로 옳지 않은 것은?

① 기초구조란 기초 슬래브와 지정을 총칭한 것이다.
② 경미한 구조라도 기초의 저면은 지하동결선 이하에 두어야 한다.
③ 온통 기초는 연약지반에 적용되기 어렵다.
④ 말뚝 기초는 지지하는 상태에 따라 마찰말뚝과 지지말뚝으로 구분된다.

8-2. 장기하중 1,800kN(자중포함)을 받는 독립 기초판의 크기는?(단, 지반의 장기허용지내력은 300kN/m²)

① 1.8m×1.8m
② 2.0m×2.0m
③ 2.3m×2.3m
④ 2.5m×2.5m

8-3. 다음은 철근콘크리트 벽체 설계에 대한 기준이다. ( ) 안에 들어갈 내용을 순서대로 바르게 나타낸 것은?

> 수직 및 수평 철근의 간격은 벽두께의 ( ) 이하 또한 ( ) 이하로 하여야 한다.

① 2배, 300mm
② 2배, 450mm
③ 3배, 300mm
④ 3배, 450mm

|해설|

8-1
온통 기초 : 기초지반이 연약한 경우에 많이 설계되는 기초로서 모든 기둥을 하나의 연속된 기초판으로 지지하도록 만든 구조

8-2
- 기초판의 저면적 : $A_f \geq \dfrac{P}{q_a}$

  여기서, A_f : 확대기초 저면적(m²)
  P : 사용하중(N)
  q_a : 지반의 허용지지력(N/m²)

∴ $A_f \geq \dfrac{1,800}{300}$ 이며, $A_f \geq 6m^2$ 이어야 하므로,
2.5m×2.5m(6.25m²)가 적절하다.

8-3
수직, 수평 철근 간격 : 벽체 두께의 3배 이하, 또한 450mm 이하로 하여야 한다.

정답 8-1 ③ 8-2 ④ 8-3 ④

제4절 철골구조

핵심이론 01 총론

(1) 철골구조(강구조) 장단점

① 강구조의 장점
  ㉠ 내구성 우수, 재료 균질, 단위 면적당 강도가 크다.
  ㉡ 철근콘크리트구조에 비해 경량, 구조 변경 용이하다.
  ㉢ 다양한 형상과 치수를 가진 구조로 만들 수 있다.
  ㉣ 사전 조립, 재사용 가능하다(장스팬, 고층 구조물 적합).

② 강구조의 단점
  ㉠ 내화성 약하고, 부식 쉽고, 좌굴 위험성이 많다.
  ㉡ 접합부의 세밀한 설계와 용접부의 검사가 필요하다.
  ㉢ 처짐 및 진동을 고려해야 한다.
  ㉣ 단면에 비하여 부재의 길이가 비교적 길게 설계된다.

(2) 철골구조용 강재의 성질

① 수평력에 강하고 탄성적이며, 설계 가정에 근접 거동한다.
② 커다란 변형에 저항할 수 있는 연성을 가지고 있다.
③ 강재의 탄소량이 높을수록 용접성이 나빠진다.
④ 강재의 판 두께가 두꺼울수록 잔류응력 등으로 품질이 저하된다.
⑤ 고장력강일수록 연신율은 떨어진다.
⑥ 판폭, 두께비는 압축재의 국부좌굴에 영향을 미친다.
⑦ 반복 하중 피로 발생, 강도 감소 또는 파괴가 우려된다.

(3) 강재의 기계적 성질

① 인장에 의한 변형량
  ㉠ 탄성계수 : $E = \dfrac{\sigma}{\varepsilon} = \dfrac{P \times l}{A \times \Delta l}$
  ㉡ 인장에 의한 변형량 : $\Delta L = \dfrac{P \times l}{A \times E}$

② 강재의 응력 변형도 곡선

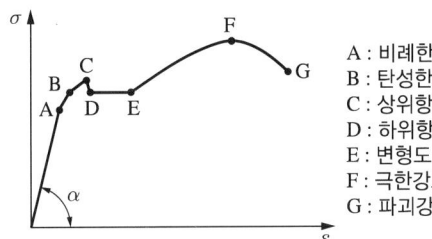

A : 비례한계점
B : 탄성한계점
C : 상위항복점
D : 하위항복점
E : 변형도 경화시점
F : 극한강도점
G : 파괴강도점

$$탄성계수(E) = \dfrac{\sigma}{\varepsilon} = \tan\alpha$$

여기서, σ : 응력도(kg/cm^2)
  ε : 변형도 $\left(\dfrac{\Delta l}{l}\right)$

10년간 자주 출제된 문제

1-1. 직경이 50mm이고, 길이가 2m인 강봉에 100kN의 축방향 인장력이 작용할 때 변형량은?(단, 강봉의 탄성계수 $E = 2.0 \times 10^5$MPa)

① 0.51mm ② 1.02mm
③ 1.53mm ④ 2.04mm

1-2. 강재의 기계적 성질과 관련된 응력-변형도 곡선에서 가장 먼저 나타나는 점은?

① 비례한계점 ② 탄성한계점
③ 상위항복점 ④ 하위항복점

1-3. 지름 10mm, 길이 15m의 강봉에 무게 8kN의 인장력이 작용할 경우 늘어난 길이는?(단, $E_s = 2.0 \times 10^5$MPa)

① 4.32mm ② 5.34mm
③ 7.64mm ④ 9.32mm

|해설|

1-1

탄성계수 : $E = \dfrac{\sigma}{\varepsilon} = \dfrac{P \times l}{A \times \Delta l}$

$\therefore \Delta l = \dfrac{P \times l}{A \times E} = \dfrac{100 \times 10^3 \times 2,000}{\left(\dfrac{\pi \times 50^2}{4}\right) \times 2.0 \times 10^5} \fallingdotseq 0.51\text{mm}$

1-2

비례한계점(비례한도)이 가장 먼저 나온다.

1-3

- $\sigma = E \times \varepsilon$이므로, $E = \dfrac{\sigma}{\varepsilon}$이다.
- $\sigma = \dfrac{P}{A} = \dfrac{8 \times 10^3}{\left(\dfrac{\pi \times 10^2}{4}\right)} \fallingdotseq 101.86\text{MPa}$
- $\varepsilon = \dfrac{\Delta l}{l} = \dfrac{\sigma}{E}$이며, $\Delta l = \dfrac{\sigma \times l}{E}$이다.

$\therefore \Delta l = \dfrac{101.86 \times 15 \times 10^3}{2.0 \times 10^5} \fallingdotseq 7.64\text{mm}$

정답 1-1 ① 1-2 ① 1-3 ③

(4) 구조용 강재의 표시기호

| SMA | 420 | B | W | N | ZC |
| ① | ② | ③ | ④ | ⑤ | ⑥ |

① 강재의 명칭(강종)

② 강재의 항복강도
  ㉠ 275 : 275MPa
  ㉡ 355 : 355MPa
  ㉢ 420 : 420MPa
  ㉣ 460 : 460MPa

③ 샤르피 흡수에너지 등급 : A, B, C

④ 내후성 등급
  ㉠ W : 녹안정화 처리(Weathering)
  ㉡ P : 도장처리(Painting)

⑤ 열처리 종류 : N, QT, TMC(열가공제어)

⑥ 내 라멜라티어 등급 : ZA, ZB, ZC

(5) 구조용 강재의 종류

① SS(Steel Structure) : 일반구조용 압연강재

② SN(Steel New Structure)
  ㉠ 고성능 건축구조용 압연강재
  ㉡ 일반구조용 강재(SS강재)와 용접구조용 강재(SM강재)의 성능을 향상시킨 강재로서 항복점의 하한치와 상한치를 제한하는 강재

③ SM(Steel for Marine) : 용접구조용 압연강재로 선박용 등으로 사용

④ SMA(Steel Marine Atmosphere) : 용접구조용 내후성 열간 압연강재

⑤ HPS(High Performance Steel) : 고성능강

⑥ TMCP(Thermo Mechanical Control Process)
  ㉠ 열간 압연공정에서 상온에서 강의 조직을 미세하게 하는 제어 압연공정과 열간압연 직후 상변태온도 이상에서 강판을 급속하게 냉각하는 공정으로 열가공 제어법으로 제작한 강재

ⓒ 용접성과 내진성이 뛰어난 극후판 고강도 강재
ⓒ 현장에서의 용접이음에 대한 대응이 우수하다.
⑦ SV(Steel Rivet, 리벳용 압연강재)
⑧ FR : 건축구조용 내화강재(Fire Resistance)

10년간 자주 출제된 문제

1-4. 강구조에 대한 설명 중 틀린 것은?
① 장스팬 구조물이나 고층 건물에 적합하다.
② 고열에 강하고 내화성이 우수하다.
③ 부재 길이가 비교적 길고 좌굴하기 쉽다.
④ 다른 구조재료에 비하여 균질도가 우수하다.

1-5. SN400A로 표기된 강재에 관한 설명으로 옳은 것은?
① 일반구조용 압연강재이다.
② 용접구조용 압연강재이다.
③ 건축구조용 압연강재이다.
④ 항복강도가 400MPa이다.

|해설|
1-4
강구조는 고열에 약하고 내화성이 부족하여 내화피복이 필요하다.

1-5
강재의 표시법
- SN : 건축구조용 압연강재
- SS : 일반구조용 압연강재
- SM : 용접구조용 압연강재

정답 1-4 ② 1-5 ③

핵심이론 02 | 강구조 설계 및 하중

(1) 강구조 설계법

① 허용응력 설계법(ASD ; Allowable Stress Design)
  ㉠ 설계하중(사용하중) 하에서 재료가 허용응력 범위 내에 들도록 설계하는 것
  ㉡ 설계하중(사용하중) 범위 안에서는 재료가 탄성거동을 하는 것으로 볼 수 있기 때문에 탄성거동에 기초하여 부재를 설계한다.
  ㉢ 설계(사용) 하중을 사용하여 선형 탄성해석을 한다.
  ㉣ 부재의 파괴가 일어날 때까지 안전에 대한 여유치를 정확히 평가하기 어렵고, 부재 강도를 알 수 없다.
  ㉤ 안전계수(Safety Factor)를 사용하지만 각 하중이 미치는 서로 다른 영향을 구별해서 반영하기 어렵다.
  ㉥ 안전율은 허용응력 크기를 정한 근거가 약하며, 재료 성능개선 변화에 대처할 수 없는 단점이 있다.

$$\text{소요강도} \leq \frac{\text{공칭강도}}{\text{안전율}} = \text{허용응력}$$

② 한계상태 설계법(하중저항계수 설계법)
  ㉠ 부분안전계수를 사용하여 하중 및 각 재료에 대한 특성을 합리적으로 반영한다.
  ㉡ 하중의 불확실성을 하중계수로서 반영하고, 재료강도에 대한 불확실성은 강도감소계수를 반영한다.
  ㉢ 안정성은 극한한계상태를 검토하고, 사용성은 사용한계상태를 검토하여 확보한다.

  $R_u \leq \phi R_n$
  여기서, R_u : 소요강도(하중계수, 하중효과 반영)
  R_n : 공칭강도
  ϕR_n : 설계강도

③ 소성설계법(PD ; Plastic Design)
  ㉠ 구조물과 그 부재가 한계상태의 하중에 도달하면서 소성붕괴(Plastic Collapse)가 되며, 소성붕괴하중(Plastic Collapse Load)을 고려하여 설계

ⓒ 강재의 인성 등을 효과적으로 이용하여 강재의 경제성을 높이기 위한 설계방법(계수하중을 사용)
ⓒ 탄성설계보다 강재를 절감할 수 있다.
ⓔ 구조체가 지지할 수 있는 최대 하중과 구조체의 실제안전율을 더 정확하게 계산할 수 있다.

(2) 강도설계법 또는 한계상태 설계법의 하중조합(7가지)

- $U = 1.4(D+F)$
- $U = 1.2(D+F+T) + 1.6L + 0.5(Lr \text{ or } S \text{ or } R)$
- $U = 1.2D + 1.6(Lr \text{ or } S \text{ or } R) + (1.0L \text{ or } 0.65W)$
- $U = 1.2D + 1.3W + 1.0L + 0.5(Lr \text{ or } S \text{ or } R)$
- $U = 1.2D + 1.0E + 1.0L + 0.2S$
- $U = 0.9D + 1.3W$
- $U = 0.9D + 1.0E$

여기서, D : 고정하중, L : 활하중
W : 풍하중, Lr : 지붕활하중
E : 지진하중, S : 적설하중
T : 온도하중
F : 유체중량 및 압력에 의한 하중
R : 강우하중

10년간 자주 출제된 문제

400kN의 고정하중, 300kN의 활하중, 200kN의 풍하중이 강구조 기둥에 축력으로 작용하고 있다. 기둥의 소요강도는 얼마인가?

① 1,000kN ② 1,040kN
③ 1,080kN ④ 1,120kN

|해설|
고정하중(D), 활하중(L), 풍하중(W) 조합
$U = 1.2D + 1.0L + 1.3W$
$\quad = 1.2 \times 400 + 1.0 \times 300 + 1.3 \times 200$
$\quad = 1,040 \text{kN}$

정답 ②

핵심이론 03 | 접합부 설계

(1) 볼트접합 용어

① 피치(Pitch) : 볼트 중심 사이의 간격
② 게이지(Gauge) : 게이지라인과 게이지라인과의 거리
③ 게이지라인(Gauge Line) : 볼트 중심을 연결하는 선
④ 측단거리 : 볼트 중심과 측단까지의 거리
⑤ 연단거리 : 볼트 중심과 연단까지의 거리

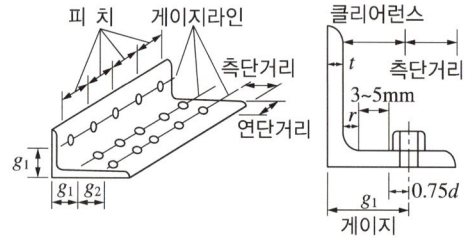

(2) 볼트 시공

① 부재 순단면을 계산하는 경우 볼트 구멍 크기
  ㉠ 표준 구멍(ϕ) < 24mm ; 볼트 직경(d) + 2mm
  ㉡ 표준 구멍(ϕ) ≥ 24mm ; 볼트 직경(d) + 3mm

고력볼트의 직경	표준구멍의 직경	대형구멍의 직경
M16	18	20
M20	22	24
M22	24	28
M24	27	30
M27	30	35
M30	33	38

② 볼트의 최소 중심 간격
  ㉠ M20 : 65mm, M22 : 75mm, M24 : 85mm
  ㉡ 최소 중심 간격은 부득이한 경우 볼트 지름의 3배까지 작게 할 수 있다.

③ 연단거리
  ㉠ 볼트 구멍의 중심에서 판의 연단까지의 거리
  ㉡ 최소 연단거리는 표면판 또는 형강 두께의 8배로 한다(단, 150mm 이하로 한다).

10년간 자주 출제된 문제

3-1. 강구조 설계에서 볼트의 중심사이 거리를 나타내는 용어는?

① 게이지라인(Gauge Line)
② 게이지(Gauge)
③ 피치(Pitch)
④ 비드(Bead)

|해설|

3-1
볼트접합 용어
- 피치(Pitch) : 볼트 중심 사이의 간격
- 게이지(Gauge) : 게이지라인과 게이지라인과의 거리
- 게이지라인(Gauge Line) : 볼트 중심을 연결하는 선
- 측단거리 : 볼트 중심과 측단까지의 거리
- 연단거리 : 볼트 중심과 연단까지의 거리

정답 3-1 ③

(3) 고력볼트 접합의 장점과 종류

① 강구조 고력(고장력)볼트 접합의 장점
  ㉠ 접합부 강성이 높아 접합부 변형이 거의 없다.
  ㉡ 유효면적에 대한 피로강도가 높다.
  ㉢ 응력방향이 바뀌어도 혼란이 일어나지 않는다.
  ㉣ 강한 조임력으로 너트의 풀림이 없다.
  ㉤ 연결부의 증설, 변경이 쉽고 불량 부위의 교체가 쉽다.

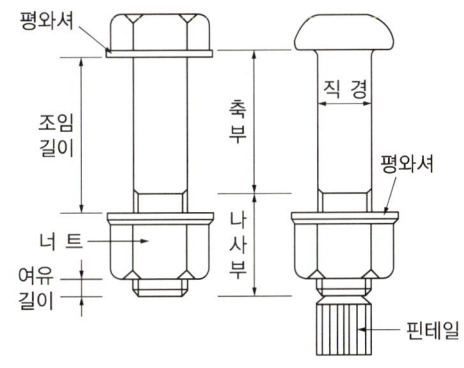

[고력볼트의 각부 명칭]

② 접합의 종류
  ㉠ 마찰접합 : 하중의 전달은 볼트의 체결에 의해서 발생하는 마찰에 의해서만 이루어진다.
  ㉡ 지압접합 : 하중의 전달이 연결 부재의 미끄러짐이 발생하여 연결 부재 간의 지압에 의해서 이루어진다.
  ㉢ 인장접합 : 볼트의 축방향력에 의해서 연결부의 하중이 전달된다.

(4) 고력볼트의 조임

① 고력볼트의 조임
  ㉠ 표준 볼트장력을 목표로 조인다.
  ㉡ 볼트군의 중앙에서 양측단 쪽으로 조여 나간다.
  ㉢ 고력볼트는 2회 조임하는 것으로 한다.
    1차 조임(토크값 조임) → 마킹 → 2차 조임(본조임)
  ㉣ 조임 시 너트, 볼트, 와셔와의 공회전을 확인한다.
  ㉤ 작업 온도에 따른 토크계수의 변화로 인하여 고력볼트장력의 크기가 달라지므로 온도 영향을 고려한다.

② 고력볼트의 조임력

$T = k \cdot d_1 \cdot N$

여기서, k : 토크계수(0.1~0.19)

d_1 : 고력볼트 축부 공칭직경(mm)

N : 고력볼트의 축력

10년간 자주 출제된 문제

3-2. 강구조 고력볼트 접합의 특징으로 옳지 않은 것은?
① 접합부 강성이 높아 접합부 변형이 거의 없다.
② 피로강도가 낮은 편이다.
③ 강한 조임력으로 너트의 풀림이 없다.
④ 접합의 종류로는 마찰접합, 인장접합, 지압접합이 있다.

3-3. 특수고력볼트인 TS볼트를 구성하고 있는 요소와 거리가 먼 것은?
① 너트
② 핀테일
③ 평와셔
④ 필러 플레이트

3-4. 강구조 고력볼트 접합에서 표준볼트장력은 설계볼트장력의 몇 배로 조임을 실시하는가?
① 1.1배
② 1.2배
③ 1.3배
④ 1.4배

|해설|

3-2
유효면적에 대한 피로강도가 높다.

3-3
- 너트, 핀테일, 평와셔는 고력볼트의 부속품이다.
- 필러 플레이트(Filler Plate) : 두께가 다른 철골 부재를 덧판 사이에 끼우고 볼트 접합하는 경우, 두께를 조정하기 위해 삽입하는 얇은 강판

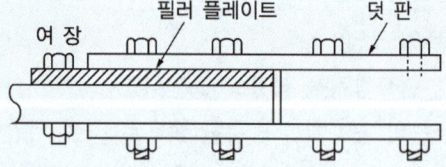

3-4
- 강구조 고력볼트 접합에서 표준볼트장력은 시공 시 풀림을 고려하여 10%를 증가시켜 조인다.
- 표준볼트장력 = 설계볼트장력×1.1배

정답 3-2 ② 3-3 ④ 3-4 ①

(5) 고력볼트의 설계 전단강도

① 공칭전단강도

$R_n = F_{nv} A_b$

여기서, F_{nv} : 공칭전단응력

② 설계 전단강도(ϕ = 0.75)

$\phi R_n = \phi F_{nv} A_b$
$= 0.75 \times 0.5 F_u \times A_b \times N_b$

여기서, A_b : 볼트 1개의 단면적

N_b : 볼트 개수

$A_b = \dfrac{\pi \times d^2}{4} [\text{mm}^2]$

(6) 용접접합의 종류와 장단점

① 용접의 종류 : 아크용접, 전기저항용접, 가스용접 등이 있으며, 아크용접이 많이 사용된다.

② 용접방법
  ㉠ 융접(Fusion) : 용접 상태에서 재료에 기계적 압력을 가하지 않고 용접
  ㉡ 압접 : 용접을 위한 재료에 기계적 압력을 가하는 용접방법

③ 용접의 적용
  ㉠ 응력을 전달하는 용접이음에는 전단면용입 홈용접, 부분용입 홈용접 또는 연속 필릿용접을 사용한다.
  ㉡ 용접선에 대해 직각 방향으로 인장응력을 받는 이음에는 완전용입 홈용접을 사용하는 것이 원칙이다.

④ 용접이음의 장단점
  ㉠ 소음이 적고 경비와 시간이 절약된다.
  ㉡ 단면 감소로 인한 강도 저하가 없다.
  ㉢ 응력집중현상이 발생하기 쉽다.
  ㉣ 용접부 내부의 검사가 쉽지 않다.
  ㉤ 부분적 가열로서 잔류응력이나 변형이 남는다.

(7) 마찰접합의 미끄럼강도

① 마찰접합은 미끄럼을 방지하고 지압접합에 의한 한계상태에 대하여도 검토해야 한다.

② 마찰볼트에 끼움재를 사용할 경우에는 미끄럼에 관련되는 모든 접촉면에서 미끄럼에 저항할 수 있도록 해야 한다.

③ 미끄럼 한계상태에 대한 마찰접합의 설계강도

$R_n = \mu h_f T_0 N_s$

㉠ 표준구멍 또는 하중방향에 수직인 단슬롯에 대하여 = 1.00

㉡ 과대구멍 또는 하중방향에 평행한 단슬롯에 대하여 = 0.85

㉢ 장슬롯에 대하여 = 0.70

μ : 미끄럼계수

= 0.5(무도장 블러스트 처리한 마찰면)

= 0.45(무기질 아연말 프라이머 도장면)

h_f : 끼움재계수

= 1.0(끼움재를 사용하지 않는 경우와 끼움재 내 하중의 분산을 위하여 볼트를 추가한 경우 또는 끼움재 내 하중의 분산을 위해 볼트를 추가하지 않은 경우로서 접합되는 재료 사이에 1개의 끼움재가 있는 경우)

= 0.85(끼움재 내 하중의 분산을 위해 볼트를 추가하지 않은 경우로서 접합되는 재료 사이에 2개 이상의 끼움재가 있는 경우)

T_0 : 고장력볼트의 설계볼트장력(kN)

N_s : 전단면의 수

10년간 자주 출제된 문제

3-5. 다음 그림과 같은 고장력볼트 접합부의 설계미끄럼강도는?

- 미끄럼계수 : 0.5
- 표준구멍
- M16의 설계볼트장력 : T_0 = 106kN
- M20의 설계볼트장력 : T_0 = 165kN
- 설계미끄럼강도식 : $\phi R_n = \phi \mu h_f T_0 N_s$

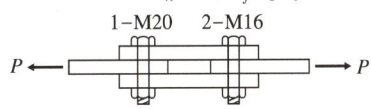

① 212kN　　② 184kN
③ 165kN　　④ 148kN

|해설|

3-5

조건에 의해,

ϕ : 1.0, μ(미끄럼계수) : 0.5, h_f(끼움재계수) : 1.0, T_0(설계볼트장력) : 165kN, N_s(전단면의 수) : 2이므로,

- 1-M20

$\phi R_n = 1.0 \times 0.5 \times 1.0 \times 165 \times 2 = 165$kN

- 2-M16

$\phi R_n = 1.0 \times 0.5 \times 1.0 \times 2 \times 106 \times 2 = 212$kN

∴ 설계미끄럼강도는 최솟값이므로 165kN이다.

정답 3-5 ③

(8) 맞댄용접, 모살용접

① **맞댄용접**(Butt Welding, 홈용접) : 접합하는 두 부재를 맞대어 홈(앞벌림, Groove)을 만들고 그 사이에 용착금속으로 채워 용접하는 방법

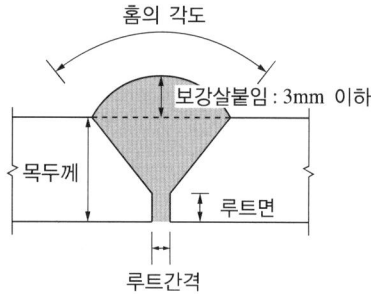

② **모살용접**(필릿용접, Fillet Welding) : 목두께의 방향이 모재의 면과 45° 또는 거의 45°의 각을 이루며 용접하는 방법으로 단속용접과 연속용접이 있다.

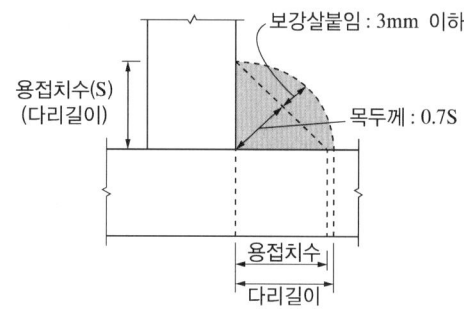

   ㉠ 필릿용접, T자형·+자형 필릿용접 등이 있다.
   ㉡ 용접선 종류에 따라 연속 필릿용접, 단속 필릿용접, 병렬용접, 엇모용접으로 구분한다.

(9) 용접접합 방법

① **스캘럽**(Scallop) : 이음 및 접합 부위의 용접선이 교차되어 재용접된 부위가 열영향을 받아 취약해지기 때문에 모재에 부채꼴 모양의 모따기를 한 것

② **메탈터치**(Metal Touch) : 철골 기둥의 이음부를 가공하여 상하부의 밀착을 좋게 하여 축력의 50%까지 하부 기둥 밀착면에 직접 전달시키는 이음

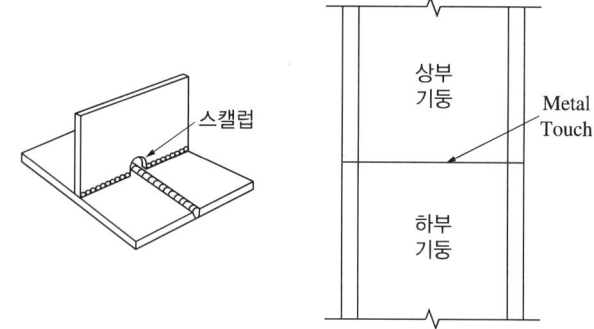

③ **엔드 탭**(End Tab) : Blow Hole, Crater 등의 용접결함이 생기기 쉬운 용접 Bead의 시작과 끝지점에 용접을 하기 위해 용접접합하는 모재의 양단에 부착하는 보조강판

④ **뒷댐재**(Back Strip) : 맞댄용접을 한 면으로만 실시하는 경우 충분한 용입을 확보하고, 용융금속의 용락 방지목적으로 동종 또는 이종의 금속판을 루트 뒷면에 받치는 것

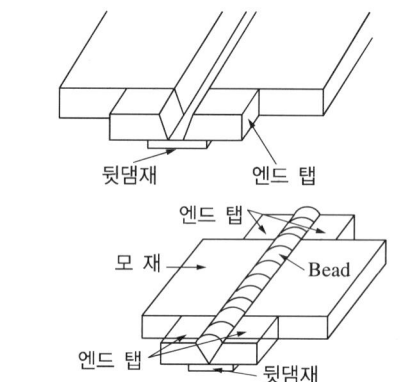

10년간 자주 출제된 문제

3-6. 강구조에서 사용하는 용어가 서로 관계없는 것끼리 연결된 것은?

① 기둥접합 – 메탈터치(Metal Touch)
② 주각부 – 베이스 플레이트(Base Plate)
③ 판보 – 커버 플레이트(Cover Plate)
④ 고력볼트접합 – 엔드탭(End Tap)

3-7. 용접 개시점과 종료점에 용착금속에 결함이 없도록 하기 위하여 설치하는 보조재는?

① 뒷댐재　　② 스캘럽
③ 엔드 탭　　④ 오버랩

3-8. 강구조 관련 용어에 관한 설명으로 옳지 않은 것은?

① 턴 버클 – 강재보와 콘크리트슬래브의 미끄럼 방지
② 커버 플레이트 – 플랜지 보강용으로 휨모멘트에 저항
③ 스캘럽 – 용접접합 시 반원형으로 웨브를 잘라낸 부분
④ 엔드 탭 – 용접결함 방지를 위한 단부의 임시보조강판

|해설|

3-6
엔드 탭(End Tap) : Blow Hole, Crater 등의 용접결함이 생기기 쉬운 용접 Bead의 시작과 끝지점에 용접을 하기 위해 용접접합하는 모재의 양단에 부착하는 보조강판

3-7
엔드 탭 : 용접 개시점과 종료점에 용착금속에 결함이 없도록 하기 위하여 설치하는 보조재

3-8
턴 버클(Turn Buckle) : 와이어로프나 전선 등의 길이를 조절, 장력의 조정을 필요로 하는 곳에 사용하는 장력 또는 길이를 조정하는 장치

정답 3-6 ④　3-7 ③　3-8 ①

(10) 용접이음 표시 및 기호

① 용접이음의 표시법
　㉠ 용접할 곳이 앞쪽(전면)일 때
　㉡ 용접할 곳이 뒤쪽(후면)일 때

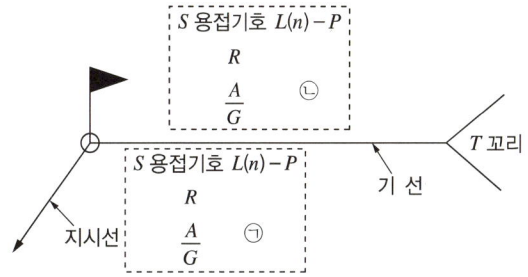

여기서, S : 용접사이즈
　　　　L : 용접길이
　　　　P : 용접간격
　　　　A : 개선각
　　　　$-$: 표면모양
　　　　G : 용접부 처리방법
　　　　R : 루트간격
　　　　▶ : 현장용접
　　　　T : 꼬리(특기사항)
　　　　○ : 온둘레(일주)용접

② 용접기호 예시
　㉠ 모살용접 : 양쪽 다리길이가 다를 때

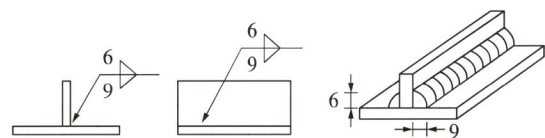

　㉡ 모살용접(병렬용접) : 용접길이 50mm, 피치 150mm

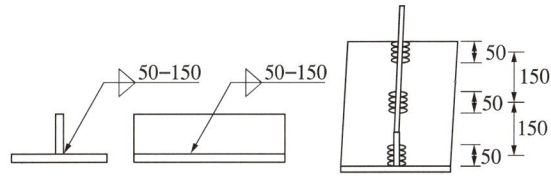

ⓒ 엇모용접 : 전면 다리길이 6mm, 후면 다리길이 9mm, 용접길이 50mm, 피치 300mm

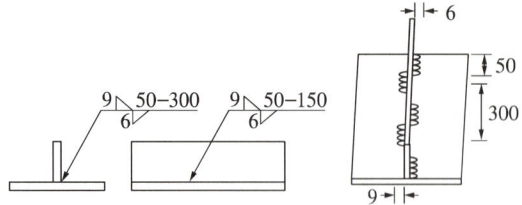

ⓓ V형 홈용접 : 판 두께 19mm, 홈 깊이 16mm, 홈 각도 60°, 루트 간격 2mm

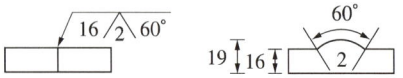

10년간 자주 출제된 문제

3-9. 다음 용접기호에 대한 설명으로 옳은 것은?

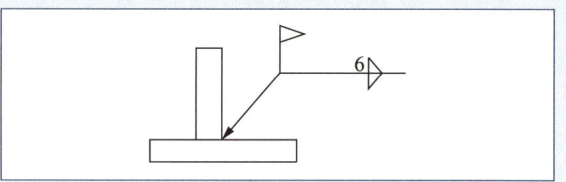

① 공장에서 용접치수 6mm로 양측에 모살용접한다.
② 현장에서 용접치수 6mm로 화살방향에 맞댐용접한다.
③ 공장에서 용접치수 6mm로 화살방향에 맞댐용접한다.
④ 현장에서 용접치수 6mm로 양측에 모살용접한다.

3-10. 다음 그림의 용접기호에 대한 설명으로 맞는 것은?

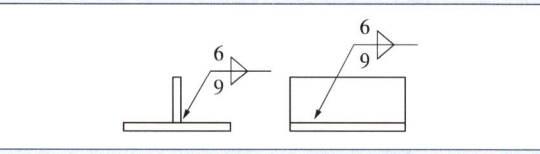

① 모살용접으로서 양쪽 다리길이를 각각 6mm, 9mm로 용접한다.
② 모살용접으로서 병렬용접하며, 용접길이 6mm, 피치 9mm로 용접한다.
③ 엇모용접으로서 전면은 다리길이 6mm, 후면은 다리길이 9mm로 용접한다.
④ V형 홈용접으로서 양쪽 다리길이가 각각 6mm, 9mm로 용접한다.

|해설|

3-9
현장에서 용접치수 6mm로 양측에 모살(필릿)용접한다.

3-10
양쪽 다리길이가 다른 모살용접으로서 양쪽의 다리길이가 각각 6mm, 9mm로 용접한다.

정답 3-9 ④ 3-10 ①

(11) 용접부의 유효길이 및 용접면적

① 목두께(a)

   ㉠ 목두께 : 응력을 전달하는 용접부의 유효두께

   ㉡ 맞댄(홈)용접 : $a = t$

   ㉢ 필릿(모살)용접 : $a = \dfrac{1}{\sqrt{2}}S ≒ 0.7S$

   ㉣ 모재의 두께가 다를 경우 얇은 쪽

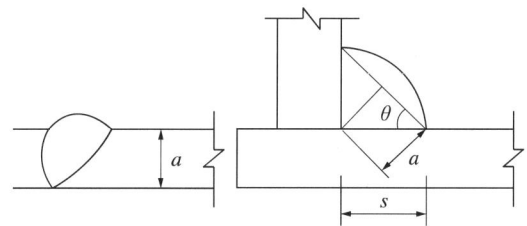

② 유효길이(l_e)

   ㉠ 응력의 직각 방향에 투영시킨 거리, 즉 재축에 직각인 접합부분의 폭을 말한다.

   ㉡ 맞댄용접 : 각도에 관계없이 수직 길이($l_e = l\sin\theta$)

   ㉢ 필릿용접 : 용접길이(l)에서 모살치수(S)의 2배를 공제($l_e = l - 2S$)

   ㉣ 필릿용접에서 끝돌림 용접부분은 유효길이에 포함시키지 않는다.

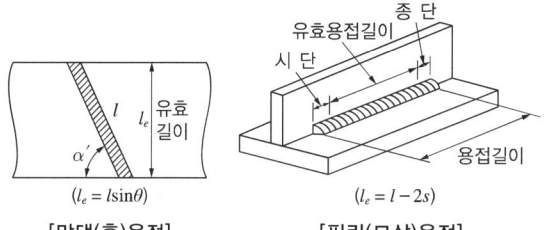

[맞댐(홈)용접]   [필릿(모살)용접]

③ 필릿(모살)용접의 유효용접면적(A_w)

   ㉠ 유효용접면적 : $A_w = a \cdot l_e$

   ㉡ 단면으로 용접할 경우 : $A_w = 0.7S \times (l - 2S)$

   ㉢ 양면으로 용접할 경우 : $A_w = 0.7S \times (l - 2S) \times 2$

10년간 자주 출제된 문제

3-11. 그림과 같이 모살용접하는 경우 용접부의 유효목두께를 구하면?

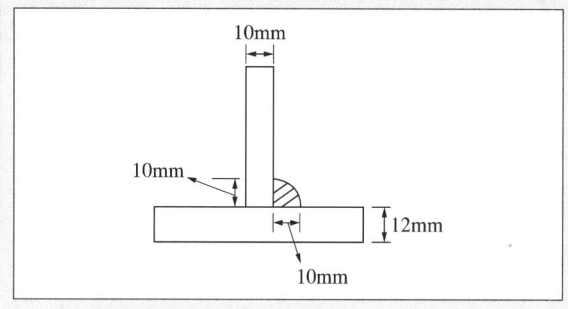

① 5mm   ② 7mm
③ 9mm   ④ 10mm

3-12. 다음 그림과 같은 필릿용접부의 설계강도를 구할 때 요구되는 용접유효길이를 구하면?

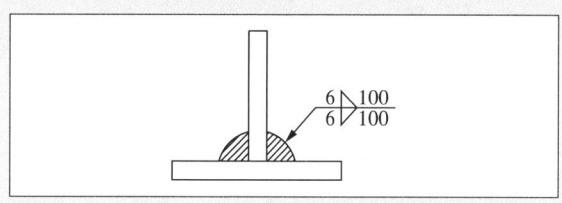

① 200mm   ② 176mm
③ 152mm   ④ 134mm

3-13. 그림에서 필릿용접 이음부의 용접유효면적(A_w)으로 옳은 것은?

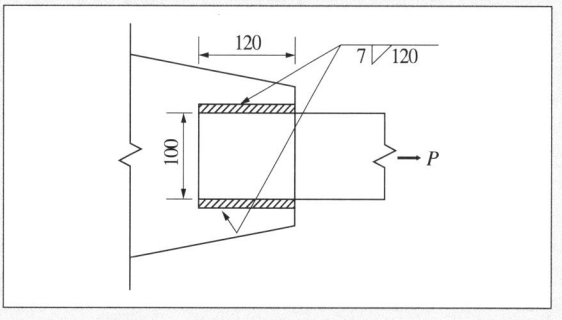

① 907mm²   ② 1,039mm²
③ 1,484mm²   ④ 1,680mm²

|해설|

3-11
필릿(모살)용접 목두께$(a) = 0.7S$
∴ $0.7 \times 10 = 7\text{mm}$

3-12
양면으로 용접할 경우 유효용접길이
$l_e = (l - 2S) \times 2 = (100 - 2 \times 6) \times 2 = 176\text{mm}$

3-13
$l_e = l - 2S = 120 - 2 \times 7 = 106\text{mm}$
$A_w = a \cdot l_e$이며, 양면 모살용접이므로,
∴ $A_w = a \cdot l_e \times 2 = (0.7 \times 7) \times 106 \times 2 = 1,038.8\text{mm}^2$

정답 3-11 ② 3-12 ② 3-13 ②

(12) 필릿(모살)용접 치수

① 모살용접의 최소, 최대 사이즈

접합부의 얇은 쪽 모재 두께(t)	모살용접의 최소 사이즈	모살용접 치수의 최대 사이즈
$t \leq 6$	3mm	$t < 6\text{mm}$일 때, $S = t$
$6 < t \leq 13$	5mm	
$13 < t \leq 19$	6mm	$t \geq 6\text{mm}$일 때, $S = t - 2$
$t > 19$	8mm	

② 응력을 전달하는 단속 모살용접부의 길이는 모살 치수의 10배 이상, 또한 30mm 이상을 원칙으로 한다.

③ 강도에 의해 지배되는 모살용접 설계의 경우 유효최소 길이는 용접 공칭사이즈의 4배 이상이 되어야 한다. 또는 용접 사이즈는 유효길이의 1/4 이하가 되어야 한다.

(13) 용접결함

① 오버 랩(Over Lap) : 용접금속과 모재가 융합되지 않고 단순히 겹쳐지는 것

② 언더 컷(Under Cut) : 과대 전류로 용접 상부에 모재가 녹아 용착금속이 채워지지 않고 홈으로 남게 된 부분

③ 피트(Pit) : 용접부 표면에 생기는 미세한 홈

④ 블로홀(Blow Hole, 기공) : 용융금속이 응고할 때 방출가스가 남아서 생긴 기포나 작은 공기 틈

⑤ 피시아이(Fish Eye) : 슬래그 혼입 및 블로홀 겹침 현상, 생선눈알 모양의 은색 반점이 나타남(은점)

⑥ 크랙(Crack) : 용접 후 냉각 시에 생기는 갈라짐

⑦ 크레이터(Crater) : 용접 시 길이방향 끝부분에 용착금속이 채워지지 않고 우묵하게 파진 부분

⑧ 슬래그(Slag) 감싸들기 : 용접봉의 피복재 용해물인 회분(Slag)이 용착금속 내에 혼합되어 섞인 것

⑨ 용입 부족(불량) : 과소전류로 용착금속이 채워지지 않고 홈으로 남는 부분

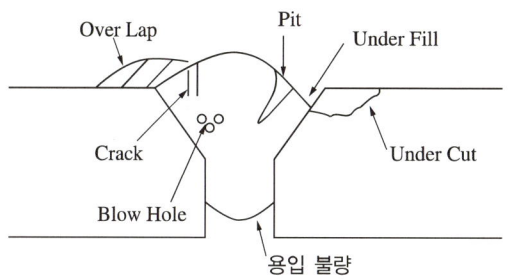

10년간 자주 출제된 문제

3-14. 필릿용접의 최소 사이즈에 관한 설명으로 옳지 않은 것은?(단, KBC 2016 기준)

① 접합부 얇은 쪽 모재 두께가 6mm 이하일 경우 3mm이다.
② 접합부 얇은 쪽 모재 두께가 6mm를 초과하고 13mm 이하일 경우 4mm이다.
③ 접합부 얇은 쪽 모재 두께가 13mm를 초과하고 19mm 이하일 경우 6mm이다.
④ 접합부 얇은 쪽 모재 두께가 19mm 초과할 경우 8mm이다.

3-15. 강구조 용접에서 용접결함에 속하지 않는 것은?

① 오버 랩(Over Lap)
② 크랙(Crack)
③ 가우징(Gouging)
④ 언더 컷(Under Cut)

|해설|

3-14
접합부 얇은 쪽 모재 두께가 6mm를 초과하고 13mm 이하일 경우에는 5mm이다.

필릿용접의 최소 사이즈
- $t \leq 6$인 경우 : 3mm
- $6 < t \leq 13$인 경우 : 5mm
- $13 < t \leq 19$인 경우 : 6mm
- $t > 19$인 경우 : 8mm

3-15
가우징(Gouging) : 강구조물 금속판의 뒷면 깎기로 용접결함부 제거를 위해 금속면에 공기로 불어내어 골을 파는 것

정답 3-14 ② 3-15 ③

(14) 접합부의 설계

① 강구조 접합의 종류
  ㉠ 동일 부재 간의 이음
  ㉡ 작은 보와 큰 보의 접합
  ㉢ 기둥–보 접합 : 전단(단순)접합, 반강접합, 강접합
  ㉣ 트러스 접합

② 접합부의 최소 설계강도
  ㉠ 접합부 설계강도는 45kN 이상 지지하도록 설계한다.
  ㉡ 연결재, 새그로드 또는 띠장은 제외한다.
  ㉢ 접합부의 설계강도 : $\phi R_n \geq S_u$
    여기서, ϕ : 강도감소계수
    R_n : 접합부 공칭강도
    S_u : 접합부 소요강도

③ 기둥과 보의 접합
  ㉠ 전단접합(단순접합) : 보의 단부가 회전 저항에 유연하여 모멘트가 전달되지 않는 접합부
    • 기둥에 전단력만 전달(휨모멘트는 전달 못함)
    • 접합이 간단하므로 시공비와 재료비가 절약된다.
  ㉡ 반강접합(부분강접합) : 부재 단부의 회전 저항에 따른 단부모멘트를 발생시킬 수 있는 접합부
    • 완전 강접합과 전단접합의 중간적 특성을 갖는다.
    • 모멘트 저항능력이 20~90% 정도의 접합부
  ㉢ 강접합(모멘트접합) : 보 단부에서 회전을 허용하지 않고 100%에 가까운 단부모멘트를 기둥 또는 이음부에 전달시키는 접합부
    • 휨모멘트와 전단력의 조합력에 따라 설계한다.
    • 시공이 복잡하고 재료 비용이 많이 든다.

④ **메탈터치(Metal Touch)** : 기둥 상하부 부재 간의 접합으로서 기둥에 작용하는 압축력 및 휨모멘트를 기둥 부재 간 접촉면을 통하여 직접 전달하게 하는 접합 방법

10년간 자주 출제된 문제

3-16. 강구조 접합부에 관한 설명으로 옳지 않은 것은?
① 기둥-보 접합부는 접합부의 성능과 회전에 대한 구속 정도에 따라 전단접합, 부분강접합, 완전강접합으로 구분된다.
② 주요한 건물의 접합부에는 미끄럼 발생을 방지하기 위해 일반볼트를 사용한다.
③ 접합부는 45kN 이상 지지하도록 설계한다. 단, 연결재, 새그로드, 띠장은 제외한다.
④ 고장력볼트의 접합방법에는 마찰접합, 지압접합, 인장접합이 있다.

3-17. 강구조 접합부는 최소 얼마 이상을 지지하도록 설계되어야 하는가?(단, 연결재, 새그로드 또는 띠장은 제외)
① 15kN　　② 25kN
③ 35kN　　④ 45kN

3-18. 강구조 기둥과 강구조 보의 모멘트접합에 관한 설명으로 틀린 것은?
① 전단접합에 비해 시공이 간단하고 재료비가 줄어든다.
② 단부를 고정지점으로 가정하여 접합하는 방법이다.
③ 보의 휨모멘트를 기둥이 일부 부담하므로 보를 경제적으로 설계할 수 있다.
④ 접합부가 휨모멘트에 대한 저항능력을 갖고 있다.

|해설|

3-16
주요한 건물의 접합부에는 미끄럼 발생을 방지하기 위해 고장력볼트를 사용한다. 일반볼트는 접합부의 가조립용으로 사용한다.

3-17
접합부의 최소 설계강도
- 접합부 설계강도는 45kN 이상 지지하도록 설계한다.
- 연결재, 새그로드 또는 띠장은 제외한다.

접합부의 설계강도
$\phi R_n \geq S_u$
여기서, ϕ : 강도감소계수
　　　　R_n : 접합부 공칭강도
　　　　S_u : 접합부 소요강도

3-18
강구조 부재의 모멘트접합은 전단접합에 비해 복잡하고 재료비가 증가한다.

정답 3-16 ② 3-17 ④ 3-18 ①

(15) 철골 주각부

① 주각부
  ㉠ 기둥 하중과 모멘트를 기초를 통해 지지기반에 전달
  ㉡ 기초에 기둥의 축방향력을 전달하기 위해서는 베이스 플레이트와 기초면을 밀착시킨다.
  ㉢ 주각의 형태 : 고정주각, 핀주각, 반고정주각

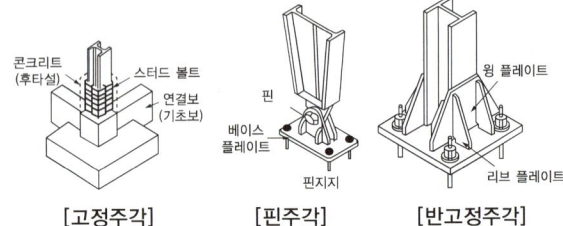

[고정주각]　[핀주각]　[반고정주각]

② 주각부 응력
  ㉠ 윙 플레이트, 접합앵글, 리브로 보강하여 응력 분산
  ㉡ 주각은 고정 또는 핀으로 가정하여 응력을 산정
  ㉢ 축방향력이나 휨모멘트는 베이스 플레이트 저면의 압축력이나 앵커 볼트의 인장력에 의해 전달된다.

③ 주각의 구성
  ㉠ 베이스 플레이트(Base Plate) : 기초 콘크리트에 지압응력이 분포하게 만든 패드로서 주각을 고정시킨다.
  ㉡ 사이드 앵글(Side Angle) : 윙 플레이트와 베이스 플레이트를 연결하는 측면에 부착하는 앵글
  ㉢ 윙 플레이트(Wing Plate) : 사이드 앵글을 거쳐서 또는 직접 용접에 의해서 베이스 플레이트에 기둥으로부터의 응력을 전달한다.
  ㉣ 클립 앵글(Clip Angle) : 베이스 플레이트와 철골 기둥의 웨브 부분을 고정시키는 접합 앵글
  ㉤ 앵커 볼트(Anchor Bolt) : 기초 콘크리트에 매입되어 주각부의 이동을 방지하는 역할(철근은 16~32mm 사용, 정착길이는 볼트 직경의 40배 정도)

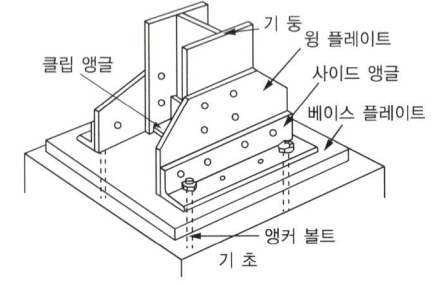

10년간 자주 출제된 문제

3-19. 강구조 기둥의 주각부분에 사용되는 것이 아닌 것은?
① 앵커 볼트(Anchor Bolt)
② 리브 플레이트(Rib Plate)
③ 플레이트 거더(Plate Girder)
④ 베이스 플레이트(Base Plate)

3-20. 강구조 주각에 관한 설명으로 옳지 않은 것은?
① 주각의 형태에는 핀주각, 고정주각, 매입형주각이 있다.
② 주각은 기둥의 하중과 모멘트를 기초를 통하여 지반에 전달한다.
③ 베이스 플레이트는 기초 콘크리트 면에 무수축 모르타르의 충전 없이 직접 밀착시켜야 한다.
④ 베이스 플레이트는 기초 콘크리트에 지압응력이 잘 분포되도록 충분한 면적과 두께를 가져야 한다.

3-21. 강구조 기둥의 주각부분에 사용되는 것이 아닌 것은?
① 앵커 볼트(Anchor Bolt)
② 리브 플레이트(Rib Plate)
③ 시어 커넥터(Shear Connector)
④ 베이스 플레이트(Base Plate)

|해설|

3-19
플레이트 거더(Plate Girder) : 웨브(Web)에 플레이트(강판)를 리벳 또는 용접으로 접합하여 만든 I형 단면의 거더

3-20
기초 콘크리트에 지압응력이 잘 분포되도록 베이스 플레이트를 두며, 기초 콘크리트 면에 모르타르를 충전하여 밀착시켜야 한다.

3-21
시어 커넥터(Shear Connector) : 전단접합에 사용되는 연결재로서 스터드 볼트 등을 사용한다. 합성부재의 사이에서 전단력이 전달되도록 강재에 스터드 볼트를 용접하고 콘크리트에 매입한다.
강구조 주각부 구성 : 리브 플레이트, 윙 플레이트, 베이스 플레이트, 사이드 앵글, 클립 앵글, 앵커 볼트

정답 3-19 ③ 3-20 ③ 3-21 ③

핵심이론 04 | 인장재 및 압축재

(1) 인장재

① 인장재의 특징
　㉠ 접합 연결 시 부재 구멍의 천공에 의해 단면적이 줄어들므로 단면 결손에 의한 영향을 고려하여야 한다.
　㉡ 인장재는 총 단면에 대한 항복과 단면 결손 부분의 파단을 한계상태에 대해 검토해야 한다.

② 순단면적(A_n)의 산정
　㉠ 연결재 구멍의 결손 부분을 고려한 순단면적 사용
　㉡ 순단면적은 순폭에 부재의 두께를 곱하여 구한다.
　㉢ 일렬 배치
　　$A_n = A_g - ndt$
　　여기서, A_g : 전체 단면적(높이 × 두께)
　　　　　　n : 파단선상의 볼트 구멍수
　　　　　　t : 두께
　　　　　　d : 볼트 구멍의 지름(ϕ + 2mm 또는 3mm)
　　　　　　　　M24 미만 고력볼트 : +2mm
　　　　　　　　M24 이상 고력볼트 : +3mm
　㉣ 불규칙 배치(엇모, 지그재그 배치)
　　$A_n = A_g - ndt + \sum \dfrac{P^2}{4g}t$
　　여기서, t : 판의 두께
　　　　　　P : 피치
　　　　　　g : 게이지

③ 인장재의 설계
　㉠ 설계인장강도가 소요인장강도보다 크게 설계한다.
　　$\phi_t P_n \geq P_u$ (설계인장강도 ≥ 소요인장강도)
　㉡ 설계인장강도 $\phi_t P_n$은 총 단면의 항복한계상태와 유효 순단면의 파단한계상태에 의해 산정된 값 중 작은 값으로 한다.
　㉢ 총 단면의 항복에 의한 설계인장강도
　　$\phi_t P_n = \phi_t F_y A_g$, $\phi_t = 0.90$

ⓔ 유효 순단면의 파단에 의한 설계인장강도

$\phi_t P_n = \phi_t F_u A_e$, $\phi_t = 0.75$

여기서, P_n : 공칭인장강도(N)
F_y : 항복강도(MPa, N/mm²)
F_u : 인장강도(MPa, N/mm²)
A_g : 부재의 총 단면적(mm²)
A_e : 유효 순단면적(mm²)

④ 인장재의 세장비 제한 : $\dfrac{L}{r} \leq 300$

10년간 자주 출제된 문제

4-1. 그림과 같은 파단면(A-1-3-4-B)에서 인장재의 순단면적은?(단, 구멍직경은 22mm이며 판의 두께는 6mm)

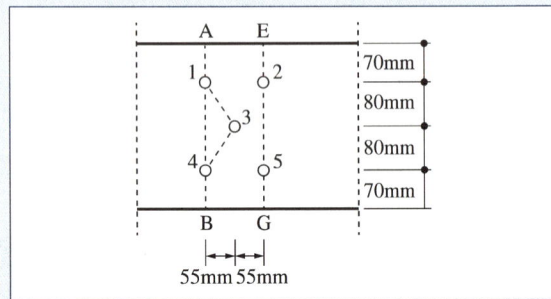

① 1,134mm²   ② 1,327mm²
③ 1,517mm²   ④ 1,542mm²

4-2. 인장력 P = 30kN을 받을 수 있는 원형강봉의 단면적은? (단, 강재의 허용인장응력은 160MPa이다)

① 1.875mm²   ② 18.75mm²
③ 187.5mm²   ④ 1,875mm²

4-3. 강구조 인장재에 관한 설명으로 옳지 않은 것은?
① 부재의 축방향으로 인장력을 받는 구조부재이다.
② 대표적인 단면형태로는 강봉, ㄱ형강, T형강이 주로 사용된다.
③ 인장재 설계에서 단면 결손 부분의 파단은 검토하지 않는다.
④ 현수구조에 쓰이는 케이블이 대표적인 인장재이다.

|해설|

4-1
순단면적은 순폭에 부재의 두께를 곱하여 구한다.
불규칙 배치(지그재그 배치)

$A_n = A_g - ndt + \sum \dfrac{P^2}{4g} t$

여기서, A_g : 전체 단면적(높이×두께)
n : 파단선상의 볼트 구멍수
t : 두께
d : 볼트 구멍의 지름(ϕ + 2mm 또는 3mm)
P : 피치
g : 게이지

조건에서 $d = 22$, $P = 55$, $g = 80$, 2열이므로,

∴ $A_n = (300 \times 6) - (3 \times 22 \times 6) + \left(\dfrac{55^2}{4 \times 80} \times 6 \times 2\right)$

$\fallingdotseq 1{,}517.44 \text{mm}^2$

4-2
응력(σ)으로부터 단면적으로 구할 수 있다.
$\sigma = \dfrac{P}{A}$ 이므로, $A = \dfrac{P}{\sigma} = \dfrac{3{,}000}{160} = 187.5 \text{mm}^2$

4-3
접합 연결 시 부재 구멍의 천공에 의해 단면적이 줄어들게 되므로 인장재의 설계에는 단면 결손에 의한 영향을 고려하여야 한다.

정답 4-1 ③ 4-2 ③ 4-3 ③

(2) 압축재

① 압축재의 특징
  ㉠ 단면 형상에 따라 휨, 비틀림, 휨-비틀림 좌굴 발생
  ㉡ 휨 좌굴은 세장비가 큰 약축 방향의 휨에 의하여 발생
  ㉢ 비틀림 좌굴은 세장한 2축 대칭 단면의 압축재에 발생
  ㉣ 휨-비틀림 좌굴은 비대칭 단면의 압축재에서 발생

② 조립압축재의 유효 세장비(오일러 공식)
  ㉠ 좌굴하중 : $P_{cr} = \dfrac{\pi^2 EI}{(Kl)^2}$
  여기서, EI : 휨강도
  Kl : 유효 좌굴길이
  E : 탄성계수
  I : 단면 2차 모멘트
  K : 단부지지조건
  l : 부재의 길이

  ㉡ 좌굴응력 : $F_{cr} = \dfrac{P_{cr}}{A} = \dfrac{\pi^2 EI}{\left(\dfrac{Kl}{r}\right)^2} = \dfrac{\pi^2 EI}{\lambda^2}$

  여기서, λ = 유효 세장비 $\left(\dfrac{Kl}{r}\right)$

③ 조립재의 단부에서 재료 상호 간의 접합
  ㉠ 용접접합 : 조립재 최대 폭 이상 길이로 연속 용접
  ㉡ 고력볼트접합 : 조립재 최대 폭의 1.5배 구간에 대해 길이 방향으로 볼트 지름의 4배 이하 간격으로 접합
  ㉢ 두 개 이상으로 구성된 압축재는 접합재 사이의 세장비가 조립 압축재 전체 세장비의 $\dfrac{3}{4}$ 배를 초과하지 않도록 한다.

④ 압축재의 세장비 제한 : $\dfrac{Kl}{r} \leq 200$

⑤ 래티스형식 조립압축재
  ㉠ 조립부재의 재축 방향의 접합 간격은 소재 세장비가 조립압축재의 최대 세장비를 초과하지 않도록 한다.
  ㉡ 단일 래티스 부재 세장비 $\dfrac{l}{r}$ 은 140 이하, 복래티스의 경우에는 200 이하로 하며, 그 교차점을 접합한다.
  ㉢ 부재축에 대한 단일 래티스 부재 기울기 : 60° 이상
  ㉣ 부재축에 대한 복래티스 부재 기울기 : 45° 이상
  ㉤ 조립부재의 재축 방향 용접 또는 파스너열 사이 거리가 400mm 초과 시 복래티스 또는 ㄱ형강을 사용한다.

⑥ 유공 커버 플레이트형식 조립압축재
  ㉠ 응력방향의 구멍 길이는 구멍 폭의 2배 이하로 한다.
  ㉡ 구멍 모서리는 곡률반경 40mm 이상으로 한다.

10년간 자주 출제된 문제

4-4. 강구조에 관한 설명으로 옳지 않은 것은?
① 재료가 균질하며 세장한 부재가 가능하다.
② 처짐 및 진동을 고려해야 한다.
③ 인성이 커서 변형에 유리하고 소성변형 능력이 우수하다.
④ 좌굴의 영향이 작다.

4-5. 장주인 기둥에 중심축하중이 작용할 때 오일러의 좌굴하중 산정에 관한 설명으로 옳지 않은 것은?
① 기둥의 단면적이 큰 부재가 작은 부재보다 좌굴하중이 크다.
② 기둥의 단면 2차 모멘트가 큰 부재가 작은 부재보다 좌굴하중이 크다.
③ 기둥의 탄성계수가 큰 부재가 작은 부재보다 좌굴하중이 크다.
④ 기둥의 세장비가 큰 부재가 작은 부재보다 좌굴하중이 크다.

4-6. 강구조 조립압축재에 관한 설명으로 옳지 않은 것은?
① 띨판, 띠판, 래티스형식(단일 래티스, 복래티스) 등이 있다.
② 래티스형식에서 세장비는 단일 래티스는 120 이하, 복래티스는 280 이하이다.
③ 부재의 축에 대한 래티스 부재의 경사각은 단일 래티스의 경우 60° 이상으로 한다.
④ 평강, ㄱ형강, ㄷ형강이 래티스로 사용된다.

|해설|

4-4
압축력을 받는 압축재는 단면 형상에 따라 휨 좌굴, 비틀림 좌굴, 휨-비틀림 좌굴이 발생한다.

4-5
기둥의 세장비가 작은 부재가 큰 부재보다 좌굴하중이 크다.

4-6
단일 래티스 부재 세장비 $\left(\dfrac{l}{r}\right)$는 140 이하, 복래티스의 경우에는 200 이하로 하며, 그 교차점을 접합한다.
(단일 래티스 : $\dfrac{l}{r} \leq 140$, 복래티스 : $\dfrac{l}{r} \leq 200$)

정답 4-4 ④ 4-5 ④ 4-6 ②

핵심이론 05 | 휨 재

(1) 휨 재

① 휨재의 특징
  ㉠ 보는 휨과 전단에 의한 응력과 변형이 주로 발생하나 작용하중이 단면의 전단중심(비틀림이 없이 휨모멘트만 발생되도록 하는 하중의 작용점)과 일치하지 않으면 비틀림이 발생한다.
  ㉡ 강재보의 응력분담은 플랜지(Flange)가 휨모멘트를 주로 부담한다.

② 휨재의 구성 재료
  ㉠ 커버 플레이트 : 플랜지의 단면이 부족하거나 보의 휨내력을 보강하기 위해 사용한다.
  ㉡ 웨브(Web) : 전단력을 주로 부담한다.
  ㉢ 스티프너(Stiffener) : 웨브의 단면이 부족하거나, 보 단부의 모멘트가 클 경우에는 기둥이 국부적으로 변형을 일으키며 파괴를 유발하게 되므로 스티프너를 설치하여 변형을 방지한다.
    • 하중점 스티프너 : 집중하중에 대한 보강
    • 중간(수직) 스티프너 : 보 재축에 직각 방향 보강함으로써 웨브 플레이트의 전단좌굴을 방지
    • 수평 스티프너 : 보의 재축 방향으로 웨브에 설치함으로써 웨브판을 보강하여 플레이트 거더에 작용하는 휨, 압축력에 의한 전단좌굴을 방지

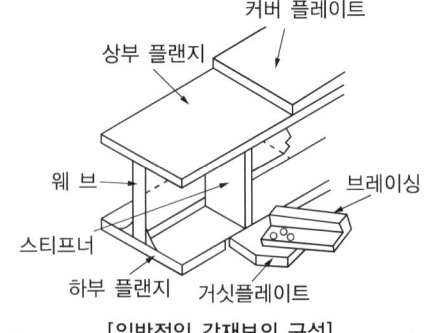

[일반적인 강재보의 구성]

10년간 자주 출제된 문제

5-1. 강구조의 구성부재 중 보에 관한 설명으로 옳지 않은 것은?
① 보는 휨과 전단에 의한 응력과 변형이 주로 발생한다.
② 보는 횡좌굴 방지를 고려할 필요가 없다.
③ 보는 부재의 단면형상으로는 H형 단면이 주로 사용하며, 박스형, I형, ㄷ형 단면이 사용되기도 한다.
④ 처짐에 대한 사용성이 확보되어야 한다.

5-2. 강구조에서 외력이 부재에 작용할 때 부재의 단면에 비틀림이 생기지 않고 휨변형만 발생하는 위치를 무엇이라 하는가?
① 무게중심
② 하중중심
③ 전단중심
④ 강성중심

|해설|
5-1
- 보는 휨과 전단에 의한 응력과 변형이 주로 발생하나 작용하중이 단면의 전단중심과 일치하지 않으면 비틀림이 발생하므로 횡좌굴 방지를 고려할 필요가 있다.
- 가새, Slab 등으로 횡방향 구속함으로써 변형을 방지한다.

횡좌굴 : 높이가 크고 폭이 좁은 H형강의 경우 압축측 플랜지가 횡좌굴이 생김과 동시에 비틀림이 발생한다. 이런 현상을 횡좌굴(Lateral Buckling), 횡-비틀림좌굴(Lateral Torsional Buckling) 또는 휨-비틀림좌굴(Bending Torsional Buckling)이라고 한다.

5-2
전단중심 : 비틀림이 없이 휨모멘트만 발생하는 하중의 작용점

정답 5-1 ② 5-2 ③

(2) 조립식 보의 종류

① 플레이트 거더 보(Plate Girder, 판보)
  ㉠ 보의 깊이가 커서 모멘트와 전단력이 큰 곳에 사용
  ㉡ 장스팬의 구조물이 요구될 때 많이 사용
  ㉢ 플레이트 거더는 커버 플레이트, 웨브 플레이트, 플랜지앵글, 스티프너, 필러 등으로 구성된다.

② 합성보(Composite Beam)
  ㉠ 콘크리트 슬래브와 강재보를 전단연결재(Shear Connector, 시어커넥터, 스터드커넥터)로 연결하여 외력에 대한 구조체의 거동을 일체화시킨 구조
  ㉡ 장경간(Span)에 가장 유리

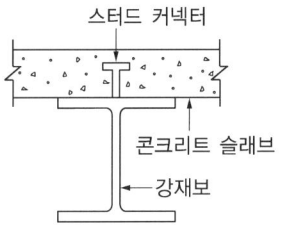

③ 트러스보(Truss Girder)
  ㉠ 상하현재와 경사재에 의한 트러스 구조로 만든 보로써 판보로 조립할 경우 비경제적일 때 사용
  ㉡ 장스팬, 큰 하중이 작용하는 구조물에 사용

④ 격자보(띠판보)
  ㉠ 콘크리트의 피복을 필요로 하며, 가장 경미한 하중을 받는 곳에 주로 사용
  ㉡ 래티스보와 같은 형식이나 웨브재를 90°로 댄 것

⑤ 래티스보
  ㉠ 전단력에 약하므로 콘크리트에 피복하여 사용
  ㉡ 상하 플랜지에 ㄱ형강을 쓰고 웨브재로 대철(평강)을 45°, 60° 등의 각도로 조립한 조립보

⑥ 허니컴보(Honey-comb Beam)

㉠ 웨브에 구멍이 있는 보

㉡ 바닥과 천장 사이에 덕트나 배관 등의 개소에 사용

래티스보

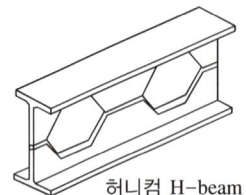
허니컴 H-beam

10년간 자주 출제된 문제

5-3. 그림과 같이 스팬이 9.6m이며 간격이 2m인 합성보 A의 슬래브 유효폭 b_e는?

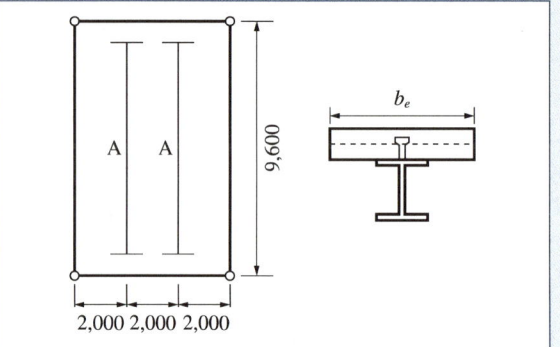

① 1,800mm ② 2,000mm
③ 2,200mm ④ 2,400mm

|해설|

5-3

합성보의 연속슬래브 유효폭

콘크리트 슬래브의 유효폭은 보 중심을 기준으로 좌우 각 방향에 대한 유효폭의 합으로 구하며 각 방향에 대한 유효폭은 다음 중에서 최솟값으로 구한다.

• 보 스팬(지지점의 중심간)의 1/8(연속배치 1/4)

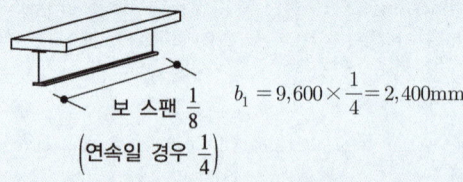

$$b_1 = 9,600 \times \frac{1}{4} = 2,400\mathrm{mm}$$

• 보 중심선에서 인접보 중심선까지 거리의 1/2

$$b_2 = \left(2,000 \times \frac{1}{2}\right) \times 2 = 2,000\mathrm{mm}$$

• 보 중심선에서 슬래브 가장자리까지의 거리
$b_3 = 2,000\mathrm{mm}$

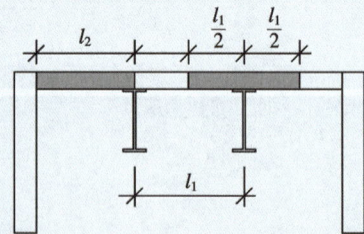

∴ 유효폭 $b_e = 2,000\mathrm{mm}$(최솟값)

정답 5-3 ②

(3) 휨재의 응력과 판폭두께비

① 휨응력

㉠ 항복모멘트(M_y) : 보 단면의 최외단이 강재의 항복강도에 도달할 때 단면이 저항하는 휨강도

$M_y = F_y \cdot Z$

여기서, Z : 강재 단면의 탄성단면계수(mm^3)

㉡ 전소성모멘트(M_p) : 보 단면의 전부분이 항복강도에 도달하는 소성상태일 때 단면이 저항하는 휨강도

$M_p = F_y \cdot Z_p$

여기서, F_y : 강재의 항복강도(MPa)
Z_p : 강재 단면의 소성단면계수(mm^3)

㉢ 형상비(f) : $f = \dfrac{M_p}{M_y} = \dfrac{Z_p}{Z}$

② 전단응력

㉠ 평균 전단응력(τ)

$\tau = \dfrac{V}{A} = \dfrac{V}{t_w \cdot h}$

여기서, V : 전단력
t_w : 웨브 두께
h : 웨브 높이

㉡ 최대 전단응력($\tau_{\max}$) : 웨브의 중앙에서 발생

$\tau_{\max} = k\dfrac{V}{A}$

여기서, A : 단면적
k : 형상비(k는 직사각형 : $\dfrac{3}{2}$, 원형 : $\dfrac{4}{3}$, H형강 : 1.1~1.18)

③ 판폭두께비(압연 H형강)

㉠ 플랜지 : $\dfrac{b}{t_f} = \dfrac{b_f}{2t_f}$

㉡ 웨브 : $\dfrac{h}{t_w}$

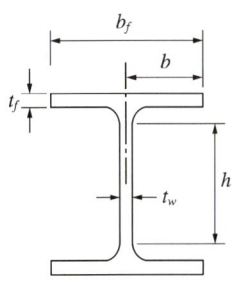

10년간 자주 출제된 문제

5-4. H-500×200×10×16로 표기된 H형강에서 웨브의 두께는?

① 10mm   ② 16mm
③ 200mm ④ 500mm

5-5. 압연 H형강 H-300×300×10×15의 플랜지 폭 두께비는?(단, 균일 압축을 받는 상태이다)

① 8   ② 10
③ 15   ④ 18

|해설|

5-4

$H - H \times B \times t_w \times t_f$(높이×플랜지 폭×웨브 두께×플랜지 두께)

H형강 또는 I형강
- H형강 치수 표시 : $H - H \times B \times t_w \times t_f$
- I형강 치수 표시 : $I - H \times B \times t_w \times t_f$
- 주로 기둥, 보에 사용된다.
- H형강은 단면이 일정하지만, I형강은 플랜지 두께가 안쪽에서 바깥쪽으로 갈수록 줄어든다.

5-5

H형강 플랜지 판 폭 두께비 : $\dfrac{b_f}{2t_f} = \dfrac{1}{2} \times \dfrac{\text{플랜지 폭}}{\text{플랜지 두께}}$

- H형강 치수 표시 : $H - H \times B \times t_w \times t_f$
  (H - 높이×플랜지 폭×웨브 두께×플랜지 두께)

∴ 판 폭 두께비 $= \dfrac{1}{2} \times \dfrac{b_f}{t_f} = \dfrac{1}{2} \times \dfrac{300}{15} = 10$

정답 5-4 ① 5-5 ②

(4) 보의 사용성 확보를 위한 처짐 제한

① 일반적 보의 적정 높이

  ㉠ H형강 보 : $\frac{l}{18} \sim \frac{l}{20}$ 정도 사용

  ㉡ 단순보의 최대 스팬 : 18m 이하

② 일반적으로 최대 적재하중에 대해서 $\delta \leq \frac{l}{360}$ 을 충족해야 한다.

③ 철골보의 처짐 제한

보의 종류		처짐 한도(δ)
일반보	단순보	$\frac{l}{300}$ 이하
	캔틸레버보	$\frac{l}{250}$ 이하
크레인거더	수동크레인	$\frac{l}{500}$ 이하
	전동크레인	$\frac{l}{800} \sim \frac{l}{1,200}$ 이하

(5) 철골 트러스(Truss) 구조

① 트러스는 가늘고 긴 직선부재의 삼각형을 기본단위로 하여, 평면 또는 입체 형태로 조립한 것으로 절점은 핀접합으로 간주된다.

② 입체트러스는 비정형의 구조물에도 적용할 수 있으며, 장스팬 구조에 사용되는 경우가 많으나 구조해석이 어렵고 가공이 복잡하며 조립도 까다롭다.

③ 철골조의 가새

  ㉠ 트러스의 절점 또는 기둥의 절점을 각각 대각선 방향으로 연결하여 구조체의 변형을 방지하는 부재이다.

  ㉡ 풍하중 및 지진력과 같은 수평력에 저항하는 부재이고 인장응력 및 압축응력이 발생한다.

  ㉢ 보통 단일 형강재 또는 조립재를 쓰지만 응력이 작은 지붕가새에는 봉강을 사용한다.

  ㉣ 수평 가새는 지붕 트러스의 하현재면(평보면) 및 지붕면(경사면)에 설치한다.

10년간 자주 출제된 문제

5-6. 철골보의 처짐을 적게 하는 방법으로 가장 적절한 것은?

① 보의 길이를 길게 한다.
② 웨브의 단면적을 작게 한다.
③ 상부 플랜지의 두께를 줄인다.
④ 단면 2차 모멘트값을 크게 한다.

5-7. 철골구조에서 일반보(단순보)의 처짐은 스팬 l에 대하여 얼마 이하로 규정하고 있는가?

① $\frac{l}{250}$ 이하 ② $\frac{l}{300}$ 이하
③ $\frac{l}{500}$ 이하 ④ $\frac{l}{800}$ 이하

5-8. 철골트러스의 특성에 관한 설명으로 옳지 않은 것은?

① 직선 부재들이 삼각형의 형태로 구성되어 안정적인 거동을 한다.
② 트러스의 개방된 웨브공간으로 전기배선이나 덕트 등과 같은 설비배관의 통과가 가능하다.
③ 부정정 차수가 낮은 트러스의 경우에는 일부 부재나 접합부의 파괴가 트러스의 붕괴를 야기할 수 있다.
④ 직선 부재로만 구성되기 때문에 비정형 건축물의 구조체에는 적용되지 않는다.

|해설|

5-6

$\delta = K\frac{Pl^3}{EI}$ 에 따라서, 처짐은 단면 2차 모멘트(I)에 반비례하므로 단면 2차 모멘트값을 크게 할수록 처짐은 줄어든다.

5-7

단순보의 처짐 제한 : $\frac{l}{300}$ 이하

캔틸레버보의 처짐 제한 : $\frac{l}{250}$ 이하

5-8

가늘고 긴 직선부재의 삼각형을 기본단위로 하여 외부 표면이나 구조를 비정형으로 구성할 수 있으므로 비정형 구조물에도 적용할 수 있다.

정답 5-6 ④ 5-7 ② 5-8 ④

제5절 조적조

(1) 조적식 구조의 설계
① 조적재는 통줄눈이 되지 아니하도록 설계하여야 한다.
② 조적식 구조인 각층의 벽은 편심하중이 작용하지 아니하도록 설계하여야 한다.

(2) 벽돌쌓기 방법
① 영식 쌓기 : 한 켜는 마구리쌓기, 다음 켜는 길이쌓기로 하고, 모서리 벽 끝에는 이오토막을 사용하여 마무리하는 쌓기 법으로 벽돌쌓기 중 가장 튼튼한 쌓기법
② 화란식(네덜란드식) 쌓기 : 영식 쌓기와 거의 같으나 길이 쌓기 층의 끝에 칠오토막을 사용
③ 불식(프랑스식) 쌓기 : 매 켜에 길이와 마구리쌓기가 번갈아 나오게 쌓는 방법
④ 미식 쌓기 : 5켜는 길이쌓기로 하고, 다음 한 켜는 마구리쌓기로 한다.

(3) 기초(건축물구조기준규칙 제30조)
① 조적식 구조인 내력벽의 기초(최하층의 바닥면 이하에 해당하는 부분을 말한다)는 연속 기초로 하여야 한다.
② 기초 중 기초판은 철근콘크리트구조 또는 무근콘크리트구조로 하고, 기초벽의 두께는 250mm 이상으로 하여야 한다.

(4) 내력벽의 높이 및 길이(건축물구조기준규칙 제31조)
① 조적식 구조인 건축물 중 2층 건축물에 있어서 2층 내력벽의 높이는 4m를 넘을 수 없다.
② 조적식 구조인 내력벽의 길이(대린벽(對隣壁)의 경우에는 그 접합된 부분의 각 중심을 이은 선의 길이를 말한다)는 10m를 넘을 수 없다.
③ 조적식 구조인 내력벽으로 둘러싸인 부분의 바닥면적은 80m²를 넘을 수 없다.

(5) 테두리보(건축물구조기준규칙 제34조)
건축물의 각층의 조적식 구조인 내력벽 위에는 그 춤이 벽 두께의 1.5배 이상인 철골구조 또는 철근콘크리트구조의 테두리보를 설치하여야 한다. 다만, 1층인 건축물로서 벽 두께가 벽의 높이의 16분의 1 이상이거나 벽 길이가 5m 이하인 경우에는 목조의 테두리보를 설치할 수 있다.

(6) 경계벽 등의 두께(건축물구조기준규칙 제33조)
① 경계벽(내력벽이 아닌 그 밖의 벽을 포함한다)의 두께는 90mm 이상으로 하여야 한다.
② 경계벽의 바로 위층에 조적식 구조인 경계벽이나 주요 구조물을 설치하는 경우에는 해당 경계벽의 두께는 190mm 이상으로 하여야 한다. 다만, 테두리보를 설치하는 경우에는 그러하지 아니하다.

핵심예제

조적식 구조인 건축물 중 2층 건축물에 있어서 2층 내력벽의 최대 높이는 얼마인가?

① 3m ② 3.5m
③ 4m ④ 4.5m

|해설|

조적식 구조인 건축물 중 2층 건축물에 있어서 2층 내력벽의 높이는 4m를 넘을 수 없다.

정답 ③

CHAPTER 04 건축설비

제1절 급수설비

핵심이론 01 | 기초 사항

(1) 수 원

① 급수과정 : 채수 → 송수 → 정수 → 배수 → 급수
② 중수(재처리 수, 수자원 부족 해결)
　㉠ 1차 사용한 물을 모아 수처리 후 사용한다.
　㉡ 중수 용도 : 화장실, 세차, 청소, 화단용
　㉢ 중수처리 시 검토사항 : 배관 부식 우려가 있으므로 용도를 적절하게 설정하고, 수질관리에 대한 고려가 필요하며, 종합 급배수 계통 및 경제성의 검토가 필요하다.

(2) 급수 압력

① 압력(Pressure)의 단위
　㉠ 압력 : 유체에 대한 단위 면적당 작용하는 힘
　㉡ 표준기압(1atm) : 0℃ 표준 중력하(해면)에서 수은주 76cm를 밀어 올리는 압력
② 수압과 수두
　㉠ 액체의 압력은 액체 수면에 대하여 항상 수직으로 작용한다.
　㉡ 수압(P) = 압력, 수두(H) = 높이,
　　중량(W) = 물의 단위 체적당 중량
　　• $1kg/cm^2$: 면적 $1cm^2$에 압력 1kg이 작용
　　• $1kg/cm^2 = 9.8 \times 10^4 Pa$
　　　　($1Pa = 1N/m^2 = 1N/10^4 cm^2$)
　　• 수두(H)는 $1kg/cm^2$ 수압에서 10m가 된다.

(3) 베르누이의 법칙

① 유체가 흐르는 속도, 압력, 높이의 관계를 수량적으로 나타낸 법칙으로, '유체의 위치에너지와 운동에너지, 압력에너지의 합은 항상 어디서나 일정하다'는 법칙
② 유체의 속력이 증가하면 압력은 감소한다.

10년간 자주 출제된 문제

1-1. 건물·시설 등에서 발생하는 오수를 다시 처리하여 생활용수·공업용수 등으로 재이용하는 시설로 정의되는 것은?
① 중수도
② 하수관거
③ 배수설비
④ 개인하수도

1-2. 다음 그림과 같이 관경이 다른 관 내에 물이 흐를 경우에 관한 설명으로 옳은 것은?

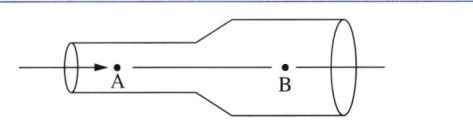

① 물의 속도는 A보다 B가 크며, 압력도 A보다 B가 크다.
② 물의 속도는 A보다 B가 크며, 압력은 B보다 A가 크다.
③ 물의 속도는 B보다 A가 크며, 압력은 A보다 B가 크다.
④ 물의 속도는 B보다 A가 크며, 압력도 B보다 A가 크다.

1-3. 직경 200mm의 배관을 통하여 물이 1.5m/s의 속도로 흐를 때 유량은?
① 2.83㎥/min
② 3.2㎥/min
③ 3.83㎥/min
④ 6.0㎥/min

|해설|

1-1
중수도 : 오수를 재이용함으로써 환경오염을 줄일 수 있다.
하수관거 : 오수 + 우수를 하수처리장, 방류지역으로 운반하는 배수관로

1-2
물의 속도는 구경이 작은 A가 크며, 압력은 속력이 작은 B가 크다.
베르누이 정리 : 유체 속력이 증가하면 압력은 낮아지고, 속력이 감소하면 내부 압력은 높아진다.

1-3
유량(Q) = 관의 단면적(A) × 관내 유속(V) = $\pi r^2 \times V$
　　　= $3.14 \times (0.1m)^2 \times 90m/min$
　　　= $0.0314m^2 \times 90m/min$
　　　= $2.826m^3/min$
여기서, 유속을 분(min) 단위로 환산하면 $1.5 \times 60 = 90m/min$

정답 1-1 ①　1-2 ③　1-3 ①

---

(4) 급수량 산정 - 1일당 급수량(Q_d) 산정

① 건물 사용인원에 의한 방법
　$Q_d = N \times q (L/d)$
　여기서, Q_d : 1일당 급수량(L/d)
　　　　　N : 급수 인원(인)
　　　　　q : 건물별 1일 1인당 사용수량(L/d·인)

② 건물 면적에 의한 방법
　$Q_d = A \times k \times n \times q (L/d)$
　여기서, 급수 인원(N) : $A \times k \times n$
　　　　　A : 건물 연면적(m²)
　　　　　k : 연면적에 대한 유효면적 비(%)
　　　　　n : 유효면적당 인원(인/m²)

③ 사용기구에 의한 방법
　$Q_d = Q_f \times F \times P (L/d)$
　여기서, Q_f : 기구당 사용수량(L/d·기구)
　　　　　F : 기구수(개)
　　　　　P : 기구 동시사용률(%)

(5) 급수설계와 급수 단위

① 급수설계 순서 : 급수량 산정 → 급수방식 결정 → 기기 용량 결정 → 관경 결정 → 배관

② 급수 단위
　㉠ 1FU 단위로 각 기구의 단위를 산출하여 급수량을 정하는 방법
　㉡ 미국위생기준(National Plumbing Code)에서 정해진 급수 기구 단위(Fixture Unit)를 이용하여 세면기를 기준으로 산정
　㉢ 1FU = 30L/min

(6) 탄산칼슘 함유량에 따른 물의 분류

① 연수(Soft Water)
　㉠ 탄산칼슘($CaCO_3$)의 함유량이 90ppm 이하인 물
　㉡ 음료, 세탁, 염색, 표백, 보일러용에 적합

② 경수(Hard Water)
  ㉠ 탄산칼슘의 함유량이 110ppm 이상인 물
  ㉡ 음료, 세탁, 염색, 표백, 보일러용에 부적합

10년간 자주 출제된 문제

1-4. 1일당 급수량(Q_d) 산정방법이 아닌 것은?
① 건물 사용인원에 의한 방법
② 건물 면적에 의한 방법
③ 사용기구에 의한 방법
④ 관경에 의한 방법

1-5. 세정밸브식 대변기의 최소 급수관경은?
① 15A
② 20A
③ 25A
④ 32A

1-6. 물의 경도에 관한 설명으로 옳지 않은 것은?
① 일반적으로 지표수는 연수, 지하수는 경수로 간주한다.
② 경도가 큰 물을 경수, 경도가 낮은 물을 연수라고 한다.
③ 경수를 보일러 용수로 사용하면 그 내면에 스케일이 생겨 전열효율이 감소된다.
④ 물의 경도는 물속에 녹아 있는 칼슘, 마그네슘 등의 염류의 양을 탄산마그네슘의 농도로 환산하여 나타낸 것이다.

1-7. 물의 경도는 물 속에 녹아 있는 염류의 양을 무엇의 농도로 환산하여 나타낸 것인가?
① 탄산칼륨
② 탄산칼슘
③ 탄산나트륨
④ 탄산마그네슘

|해설|

1-4
관경에 의한 방법은 관계없다.

1-5
급수관 직결로서 급수관은 25mm(25A)를 사용

1-6, 1-7
물의 경도
물속에 녹아 있는 칼슘, 마그네슘 등의 염류의 양을 이에 대응하는 탄산칼슘의 농도로 환산하여 표시한다.

정답 1-4 ④ 1-5 ③ 1-6 ④ 1-7 ②

핵심이론 02 | 급수 방식

(1) 수도직결 방식

① 도로에 매설되어 있는 수도 본관에서 인입관을 이끌어 각 건물의 소요 급수 개소에 직접 급수하는 방식

② 장 점
  ㉠ 급수오염 가능성이 가장 작다.
  ㉡ 설비비가 저렴하고, 소규모 건물에 적합하다.
  ㉢ 정전 시에도 급수가 가능하다.

③ 단 점
  ㉠ 단수 시에는 급수가 불가능하다.
  ㉡ 규모가 크면 수압이 떨어진다.
  ㉢ 사용개소에서 수압의 변화가 크다.
  ㉣ 높은 곳은 급수가 곤란하다.

④ 수도 본관의 최저 필요압력(P)

$P \geq P_1 + P_2 + 0.01h \text{(MPa)}$ 또는,

$P \geq P_1 + P_2 + 10h \text{(kPa)}$

여기서, P : 최저 필요압력(1MPa = 1,000kPa)
  P_1 : 기구 최저 필요압력
  P_2 : 마찰손실수압
  h : 수도 본관에서 최고층 급수기구까지의 높이(m)

(2) 고가(옥상)탱크 방식

① 3층 이상의 고층 건물에서는 상수를 지하수조에 받아 놓고, 이 물을 펌프로 고가수조에 양수시켜 저유한 물을 필요 기구에 중력식으로 하향 급수하는 방식

② 장 점
  ㉠ 항상 일정한 수압으로 급수
  ㉡ 대규모 건물에 적합
  ㉢ 단수 시에도 일정 시간 급수 가능

③ 단 점
  ㉠ 급수오염 가능성이 가장 크다.
  ㉡ 물탱크 하중 때문에 구조에 유의한다.

ⓒ 배관 부속 중에 파손이 생길 수 있다(중간 물탱크 설치 시 배관 부속의 파손을 줄일 수 있다).
ⓔ 설비비가 증가한다.

④ 고가탱크 설치 높이(H)

$H \geq H_1 + H_2 + H_3 \text{(m)}$

여기서, H_1 : 최고층 급수전 또는 기구에서의 소요압력에 상당하는 높이(m)
H_2 : 관내 마찰손실수두(m)
H_3 : 지상에서 최고층에 있는 수전까지의 높이(m)

10년간 자주 출제된 문제

2-1. 다음 설명에 알맞은 급수 방식은?

- 위생 측면에서 가장 바람직한 방식이다.
- 정전으로 인한 단수의 염려가 없다.

① 수도직결 방식
② 고가수조 방식
③ 압력수조 방식
④ 펌프직송 방식

2-2. 급수 방식 중 고가수조 방식에 관한 설명으로 옳은 것은?
① 상향 급수 배관방식이 주로 사용된다.
② 3층 이상의 고층으로의 급수가 어렵다.
③ 압력수조 방식에 비해 급수압 변동이 크다.
④ 펌프직송 방식에 비해 수질오염 가능성이 크다.

2-3. 수도직결 방식의 급수 방식에서 수도 본관으로부터 8m 높이에 위치한 기구의 소요압이 70kPa이고 배관의 마찰손실이 20kPa인 경우 이 기구에 급수하기 위해 필요한 수도 본관의 최소 압력은?

① 약 90kPa
② 약 98kPa
③ 약 170kPa
④ 약 210kPa

2-4. 고가수조식 급수설비에서 양수펌프의 흡입양정이 5m, 토출양정이 45m, 관내 마찰손실이 30kPa이라면 펌프의 전양정은?

① 약 40m
② 약 45m
③ 약 53m
④ 약 80m

|해설|

2-2
① 하향 급수 배관방식이 주로 사용된다.
② 대규모, 고층 건축물에 하향으로 급수가 용이하다.
③ 일정한 급수압으로 공급이 가능하다.

2-3
$P = P_1 + P_2 + 0.01h \text{(MPa)} = P_1 + P_2 + 10h \text{(kPa)}$
$= 70 + 20 + 80 = 170 \text{kPa}$

2-4
P = 흡입양정(m) + 토출양정(m) + 관내 마찰손실수두(MPa)
0.1MPa = 10m이므로,
따라서, 5m + 45m + $(30 \times 10^{-3} \times 100)$m = 50 + 3 = 53m

정답 2-1 ① 2-2 ④ 2-3 ③ 2-4 ③

(3) 압력탱크 방식

① 상수를 지하수조에 받아 놓은 물을 펌프로써 압력수조 내부에 압입하고, 이 물을 압축공기로써 압력을 가하여 급수하는 방식

② 장 점
  ㉠ 고가수조가 없어 미관상 좋다.
  ㉡ 국부적 고압이 필요할 때 적합하다.
  ㉢ 탱크가 없어 구조 강화의 필요성이 없다.

③ 단 점
  ㉠ 공기압축기가 필요, 사용개소에서의 수압차가 크다.
  ㉡ 저수량 적고 정전, 펌프 고장 시 급수가 불가능하다.
  ㉢ 탱크는 압력용기이므로 제작비가 비싸다.
  ㉣ 펌프의 양정이 길어야 하므로 전력소비가 커진다.

④ 압력탱크 최저 필요압력(P)

$P = P_1 + P_2 + P_3 \text{(MPa)}$

여기서, P_1 : 기구별 소요압력
P_2 : 관내 마찰손실수두
P_3 : 압력탱크의 최고층 수전 수압

(4) 펌프직송 방식(탱크리스 부스터 방식)

① 수도 본관으로부터 저수탱크에 물을 받은 후, 여러 대의 자동 펌프(가압 펌프, 부스터 펌프)를 이용하여 급수

② 장 점
  ㉠ 사용개소의 수압이 일정하다.
  ㉡ 탱크가 필요 없다(구조상 유리).
  ㉢ 단수 시에도 일정량으로 급수가 가능하다.

③ 단 점
  ㉠ 정전, 펌프 고장 시 급수가 불가능하다.
  ㉡ 저수량 적고, 설비비가 고가이다.
  ㉢ 자동제어 시스템이므로 고장 시 수리가 어렵다.
  ㉣ 펌프가 계속 가동되므로 전력소비가 커진다.

10년간 자주 출제된 문제

2-5. 압력탱크 방식에 관한 설명으로 옳지 않은 것은?

① 정전 시 급수가 곤란하다.
② 급수 압력을 일정하게 유지할 수 있다.
③ 단수 시 저수조의 물을 사용할 수 있다.
④ 탱크를 높은 곳에 설치하지 않아도 된다.

2-6. 압력탱크식 급수설비에서 탱크 내의 최고 압력이 350kPa, 흡입양정이 5m인 경우, 압력탱크에 급수하기 위해 사용되는 급수펌프의 양정은?

① 약 3.5m   ② 약 8.5m   ③ 약 35m   ④ 약 40m

2-7. 급수 방식 중 펌프직송 방식에 관한 설명으로 옳지 않은 것은?

① 전력 차단 시 급수가 불가능하다.
② 고가수조 방식에 비해 수질오염 가능성이 크다.
③ 건축적으로 건물의 외관 디자인이 용이해지고 구조적 부담이 경감된다.
④ 적정한 수압과 수량 확보를 위해서는 정교한 제어장치 및 내구성 있는 제품의 선정이 필요하다.

2-8. 양수량이 1.0m³/min인 펌프에서 회전수를 원래보다 10% 증가시켰을 경우의 양수량은?

① 1.0m³/min   ② 1.1m³/min   ③ 1.2m³/min   ④ 1.3m³/min

|해설|

2-5
압력탱크 방식 : 급수 압력을 일정하게 유지하기 어렵다.
고가수조 방식 : 급수 압력을 일정하게 유지할 수 있다.

2-6
급수펌프의 실양정(H) = 흡입양정 + 토출양정
최고 압력(토출양정)은 350kPa = 0.35MPa이므로, 수두는 35m가 된다.
∴ 급수펌프의 실양정(H) = 5m + 35m = 40m

2-7
펌프직송 방식(Tankless Booster Type)
• 지하수조에서 부스터 펌프에 의해 고가수조 없이 직송하는 방식
• 정전 시 급수가 불가능하고 설비비가 고가이다.
• 고가수조 방식에 비해 수질오염 가능성이 적다.

2-8
펌프의 양수량은 회전수에 비례한다. 따라서, 10%가 증가하면 1.1m³/min이 된다.

정답 2-5 ②　2-6 ④　2-7 ②　2-8 ②

핵심이론 03 | 급수관의 관경 결정법

(1) 관균등표에 의한 관경 결정 방법
① 옥내급수관과 같은 간단한 배관의 관경 계산에 사용
② 균등표와 기구 동시사용률을 적용하여 계산하는 약산법

관지름(mm)	10	15	20	25	32	40	50	65	80
10	1								
15	1.8	1							
20	3.6	2	1						
25	6.6	3.7	1.8	1					
32	13	7.2	3.6	2	1				
40	19	11	5.3	2.9	1.5	1			
50	36	20	10.0	5.5	2.8	1.9	1		
65	56	31	15.5	8.5	4.3	2.9	1.6	1	
80	97	54	27	15	7	5	2.7	1.7	1
90	139	78	38	21	11	7.2	3.9	2.5	1.4
100	191	107	53	29	15	9.9	5.3	3.4	2

기구수	동시사용률(%)
2	100
3	80
4	75
5	70
6	65
7	60
8	58
9	55
10	53
15	48
20	44
30	40
50	36
100	33
500	27
1,000	25

(2) 동시사용률(기구 연결관의 관경)에 의한 결정
① 접속되는 위생기구에 따라 단독 배관하는 급수관경을 결정하는 방법
② 각종 위생기구의 순간 최대 유량과 연결하는 급수관의 관경을 나타낸 표를 사용한다.

위생기구	1회 사용량	접속구경(mm)
세면기	10	15
소변기(탱크형)	4.5	15
대변기(탱크형)	15	15
소변기(플러시밸브)	5	20
대변기(플러시밸브)	15	25
욕조	125	20
샤워	24~60	15~20
비데	–	15
싱크(13mm 수전)	15	15
싱크(15mm 수전)	25	20

(3) 마찰저항선도에 의한 방법
① 급수배관 내를 흐르는 수량과 허용마찰로 관경을 산정
② 수도직결 방식의 급수법에서는 구할 수 없는 대규모 건물의 급수배관, 취출관, 횡주관, 주관 등의 관경에 이용된다.
③ 마찰저항선도에 의한 관경 결정의 순서
  ㉠ 기구급수 부하단위를 계산한다.
  ㉡ 동시사용 유수량을 계산한다.
  ㉢ 허용마찰손실을 구한다.
  ㉣ 관경을 결정한다.

10년간 자주 출제된 문제

급수관의 관경 결정과 관계가 없는 것은?
① 관균등표
② 동시사용률
③ 마찰저항선도
④ 동적 부하해석법

|해설|
급수관 관경 결정 : 관균등표, 동시사용률, 마찰저항선도

정답 ④

핵심이론 04 | 급수펌프

(1) 펌프의 종류

① 원심(와권) 펌프(Centrifugal Pump, 터보형 펌프)
  ㉠ 임펠러 회전으로 발생한 원심력을 이용해 액체 이송
  ㉡ 고속 운전에 적합하며, 운전상의 성능이 우수하다.
  ㉢ 진동이 적고, 장치가 간단하다.
  ㉣ 양수량의 조절이 용이하고 송수압의 변동이 적다.
  ㉤ 안내깃(Vane)의 유무에 따른 분류
    • 벌류트 펌프(Volute Pump) : 안내깃 없음
    • 터빈 펌프(Turbine Pump) : 안내깃 있음
  ㉥ 보어홀 펌프 : 100m 이상 심정층(깊은 우물) 양수

② 왕복 펌프(용적형 펌프)
  ㉠ 펌프 내부의 용적 변화를 이용하여 액체를 흡입, 토출
  ㉡ 송수압 변동이 심하여, 토출구 근처에 공기실을 둔다.
  ㉢ 양수량이 적고 양정이 클 때 적합하다.
  ㉣ 종류 : 피스톤 펌프, 플런저 펌프, 다이어프램 펌프, 워싱턴 펌프

(2) 펌프의 축동력

$$축동력 = \frac{W \times Q \times H}{102 \times 60 \times E} = \frac{W \times Q \times H}{6,120 \times E} (\text{kW})$$

여기서, 1kW = 102kg · m/sec = 6,120kg · m/min
  W : 비중량(kg/m^3), 물의 비중량 = 1,000kg/m^3
  Q : 양수량(m^3/min)
  H : 전양정(m)
  E : 효율(%)
  여유율 : 1.1~1.2

(3) 펌프 설치 시 주의사항

① 펌프는 되도록 흡입양정을 낮추어 설치한다.
② 펌프와 전동기는 일직선상에 배치한다.
③ 흡입구는 수위면에서 관경의 2배 이상 잠기게 한다.

(4) 공동현상(Cavitation)

① 흡입양정이 높거나 포화 증기압 이하 부분의 압력이 상승하면서 기포 소멸과 함께 소음, 진동이 유발되는 현상으로 관이 부식되거나 펌프 및 모터가 손상된다.
② 방지 : 흡입양정과 유속 낮춤, 공기 유입 및 수온 상승 방지

10년간 자주 출제된 문제

4-1. 펌프의 양수량이 10m³/min, 전양정이 10m, 효율이 80%일 때, 이 펌프의 축동력은?

① 20.4kW ② 22.5kW
③ 26.5kW ④ 30.6kW

4-2. 수량 22.4m³/h를 양수하는 데 필요한 터빈 펌프 구경으로 적당한 것은?(단, 터빈 펌프 내 유속은 2m/s)

① 65mm   ② 75mm
③ 100mm ④ 125mm

4-3. 펌프에서 발생하는 공동현상(Cavitation)의 방지 대책으로 가장 알맞은 것은?

① 펌프의 설치 위치를 높인다.
② 펌프의 흡입양정을 낮춘다.
③ 펌프의 토출양정을 높인다.
④ 펌프의 토출구경을 확대한다.

4-4. 양수량이 1m³/min, 전양정이 50m인 펌프에서 회전수를 1.2배 증가시켰을 때 양수량은?

① 1.2배 증가   ② 1.44배 증가
③ 1.73배 증가 ④ 2.4배 증가

해설

4-1

펌프의 축동력(kW) = $\dfrac{1,000 \times 10 \times 10}{6,120 \times 0.8} ≒ 20.42\text{kW}$

4-2

$Q = AV = \dfrac{\pi d^2}{4} V$ 이므로,

$d = \sqrt{\dfrac{4Q}{\pi V}} = \sqrt{\dfrac{4 \times 22.4}{3,600 \times \pi \times 2}} ≒ 0.063\text{m} ≒ 63\text{mm}$

∴ 65mm 구경이 적당하다.

4-3

흡입양정 및 흡입유속을 낮추고 공기 유입 및 수온 상승을 방지한다.

4-4

펌프의 양수량은 임펠러 회전수의 비와 비례한다.

정답 4-1 ① 4-2 ① 4-3 ② 4-4 ①

핵심이론 05 | 급수설비 오염, 시공

(1) 오염의 원인

① 저수탱크에 유해물질 침입으로 발생 : 음료수 탱크 내에는 다른 목적의 배관을 하지 않는다.
② 배수의 역류 : 진공방지기 설치, 역류 방지기 설치
③ 크로스 커넥션(Cross Connection) : 급수계통(상수)과 이외의 배관이 교차, 접속되어, 상수 수돗물과 상수 이외의 물질이 혼입되는 오염 현상
④ 배관의 부식 : 금속관의 경우에 심하다.

(2) 배관의 구배

① 표준구배(물매) : 최소 1/250 이상
② 수평 주관 : 앞내림(선하향) 구배
③ 각층 수평 주관 : 앞올림(선상향) 구배

(3) 배관 시공 시 주의사항

① 배관은 최단거리로 한다.
② 굴곡은 적게 한다.

(4) 배관 밸브 및 슬리브 배관

① 공기빼기 밸브(Air Vent Valve) : 굴곡 배관의 공기가 차는 부분에 설치 – 공기를 제거하면 물 흐름 원활
② 배니(찌꺼기 제거) 밸브 : 배관의 말단 부분인 청소구에 설치 – 침전 물질 등 부유물을 제거
③ 지수(止水) 밸브 : 체크 밸브로서, 국부적 단수로 급수계통의 수량 및 수압 조정을 위해 설치
④ 슬리브(Sleeve) 배관 : 관의 신축·팽창에 대비, 관의 수리·교체 용이

(5) 수격작용(Water Hammering) 원인 및 방지

① 밸브 급조작, 유속 급정지 - 밸브 작동을 서서히 한다.
② 관경이 작을 때 - 관경을 크게 한다.
③ 수압 과대, 유속이 클 때 - 적정 수압과 유속을 작게 한다.
④ 곡선 배관 - 가능한 직선 배관으로 한다.
⑤ 이상 압력 - 공기실(Air Chamber)을 설치한다.

10년간 자주 출제된 문제

5-1. 크로스 커넥션(Cross Connection)에 관한 설명으로 가장 알맞은 것은?
① 관로 내 유체의 유동이 급격히 변화하여 압력 변화를 일으키는 것
② 상수의 급수·급탕계통과 그 외의 계통배관이 장치를 통하여 직접 접속되는 것
③ 겨울철 난방을 하고 있는 실내에서 창을 타고 차가운 공기가 하부로 내려오는 현상
④ 급탕·반탕관의 순환거리를 각 계통에 있어서 거의 같게 하여 전 계통의 탕의 순환을 촉진하는 방식

5-2. 급수배관의 설계 및 시공상의 주의점에 관한 설명으로 옳지 않은 것은?
① 급수관의 기울기는 1/100을 표준으로 한다.
② 수평 배관에는 공기나 오물이 정체하지 않도록 한다.
③ 급수주관으로부터 분기하는 경우는 티(Tee)를 사용한다.
④ 음료용 급수관과 다른 용도의 배관을 크로스 커넥션하지 않도록 한다.

5-3. 다음 중 수격작용의 발생 원인과 가장 거리가 먼 것은?
① 밸브의 급폐쇄
② 감압밸브의 설치
③ 배관 방법의 불량
④ 수도 본관의 고수압

5-4. 급수관에 워터 해머(Water Hammer)가 생기는 가장 주된 원인은?
① 배관의 부식
② 배관 지름의 확대
③ 수원(水原)의 고갈
④ 배관 내 유수(流水)의 급정지

|해설|

5-1
③ 콜드 드래프트(Cold Draft) : 겨울철 실내에 창을 타고 차가운 공기가 하부로 내려오는 현상
④ 리버스 리턴(Reverse-return, 역환수 방식) : 급탕·반탕관 순환거리를 각 계통에서 거의 같게 하여 전 계통의 순환을 촉진하는 방식

5-2
급수관 기울기는 1/250을 표준으로 상향 및 하향 기울기를 적용한다.

5-3
감압밸브는 유체 압력을 감소시키는 밸브이다.

5-4
급수관 내에서 물의 흐름이 갑자기 정지할 때 발생한다.

정답 5-1 ② 5-2 ① 5-3 ② 5-4 ④

제2절 급탕설비

핵심이론 01 | 기초 사항

(1) 물의 팽창과 수축

물은 온도변화에 따라 그 부피가 팽창 또는 수축한다.
① 0℃ 물 → 0℃ 얼음 : 약 9% 체적 증가
② 4℃ 물 → 100℃ 물 : 약 4.3% 체적 증가
③ 100℃ 물 → 100℃ 증기 : 약 1,700배 체적 증가

(2) 급탕 목적

① 식수, 요리, 세척, 세탁, 목욕, 샤워, 세면, 비데, 소독, 청소, 보온 등
② 급탕 온도 : 60℃ 기준, 급탕부하 산정 시 60kcal/L
③ 용도별 급탕 온도

용 도	사용 온도(℃)
음료용	50~55
목욕용	성인 42~45, 소아 40~42
샤 워	43
수세용	세면용 40~42, 의료용 43
주방용	일반용 45, 접시 헹구기 70~80
세탁용(상업일반)	60
수영장용	21~27

(3) 열용량(Heat Capacity)

① 어떤 재료가 축적할 수 있는 열량
② 열용량 = 질량(kg) × 비열(kJ/kg·K)[kJ/K]

(4) 열량(Heat Quantity)

① 어떤 물질 1g의 온도를 1℃만큼 올리는 데 필요한 열량
② 질량이 m(g)인 물질이 Q(cal)만큼의 열량을 공급받을 때 ΔT(℃)만큼의 온도변화가 발생했다면, 이 물질의 비열(C)은 다음과 같다.

물질의 비열(C) = $\dfrac{Q}{m \times \Delta T}$ (cal/g·℃)

∴ $Q = C \times m \times \Delta T$

(5) 급탕부하

① 정의 : 시간당 필요한 온수를 얻기 위해 소요되는 열량 (kW, kJ/s)

급탕부하(Q)
$= \dfrac{급탕량(kg/h) \times 비열(kJ/kg·K) \times \Delta T}{3,600(s/h)}$ (kW)

② 온도차(ΔT)는 경우에 따라 다르나, 보통 급탕온도를 70℃, 급수용 온도를 10℃로 보아서 60℃ 정도가 된다.

10년간 자주 출제된 문제

1-1. 0℃ 물이 0℃ 얼음으로 변화하면서 얼마만큼의 체적이 증가하는가?
① 1% ② 4.3%
③ 9% ④ 17%

1-2. 한 시간의 최대 급탕량이 5m³일 때, 급탕부하는 몇 kW인가?(단, 물의 비열 4.2kJ/kg·K, 급탕온도 70℃, 급수온도 10℃이다)
① 250kW ② 350kW
③ 450kW ④ 600kW

|해설|

1-1
0℃ 물 → 0℃ 얼음 : 약 9% 체적 증가

1-2
$Q = C \times m \times \Delta T \div 3,600$
여기서, 1kW = 3,600kJ/h,
1m³ = 1,000kg
$Q = 4.2 \times 5,000 \times (70 - 10) \div 3,600$
$= 21,000 \times 60 \div 3,600$
$= 1,260,000 \div 3,600$
$= 350$kW

정답 1-1 ③ 1-2 ②

핵심이론 02 | 급탕 방식

(1) 급탕 방식 분류
① 개별식(구조에 따라, 국소식)
  ㉠ 순간식 : 에너지 이용에 경제적 장점
  ㉡ 저탕식 : 대규모 건물의 급탕설비
  ㉢ 기수혼합식 : 증기를 열원으로
② 중앙식(열원에 따라)
  ㉠ 직접 가열장치 : 가스, 기름, 전기
  ㉡ 간접 가열장치 : 고온수, 증기

(2) 중앙식 급탕 – 직접 가열식
① 보일러 가열 온수를 지관으로써 기구에 급탕수 공급
② 보일러 내부에 스케일(물때)이 생겨서 수명이 단축된다.
③ 열효율에 있어 경제적이다.
④ 높이에 따른 강한 압력이 필요하므로 고압 보일러를 설치해야 한다.
⑤ 소규모 건축물에 사용 : 주택 등

(3) 중앙식 급탕 – 간접 가열식
① 저탕조 내 가열 코일을 설치하고, 증기나 열탕을 이용한 간접 가열 후 기구에 급탕수 공급
② 보일러 내부에 스케일이 없다.
③ 고압 보일러가 필요 없다.
④ 대규모 급탕설비에 사용
⑤ 대규모 건축물에 사용

[직접 가열식과 간접 가열식 급탕설비 비교]

구 분	직접 가열식	간접 가열식
가열장소	온수보일러	저탕조
보일러	급탕용 보일러 난방용 보일러	난방용 보일러로 급탕까지 가능
저탕조 내 가열코일	불필요	필 요
보일러 내의 스케일	많 음	적 음
보일러 내의 압력	고 압	저 압
열효율	유 리	불 리
규 모	중소규모 건물	대규모 건물

10년간 자주 출제된 문제

2-1. 중앙식 급탕법 중 직접 가열식에 관한 설명으로 옳지 않은 것은?
① 대규모 급탕설비에는 비경제적이다.
② 급탕탱크용 가열코일이 필요하지 않다.
③ 보일러 내면의 스케일은 간접 가열식보다 많이 생긴다.
④ 건물의 높이가 높을 경우라도 고압 보일러가 필요하지 않다.

2-2. 간접 가열식 급탕법에 관한 설명으로 옳지 않은 것은?
① 대규모 급탕설비에 적합하다.
② 보일러 내부에 스케일의 발생 가능성이 높다.
③ 가열코일에 순환하는 증기는 저압으로도 된다.
④ 난방용 증기를 사용하면 별도의 보일러가 필요 없다.

2-3. 간접 가열식 급탕 방식에 관한 설명으로 옳지 않은 것은?
① 저압 보일러를 써도 되는 경우가 많다.
② 직접 가열식에 비해 소규모 급탕설비에 적합하다.
③ 급탕용 보일러는 난방용 보일러와 겸용할 수 있다.
④ 직접 가열식에 비해 보일러 내면에 스케일이 발생할 염려가 적다.

2-4. 중앙식 급탕법에 관한 설명으로 옳지 않은 것은?
① 배관 및 기기로부터의 열손실이 많다.
② 급탕개소마다 가열기의 설치 스페이스가 필요하다.
③ 일반적으로 열원장치는 공조설비와 겸용하여 설치된다.
④ 급탕기구의 동시사용률을 고려하기 때문에 가열장치의 전체 용량을 줄일 수 있다.

| 해설 |

2-1
건물의 높이가 높을 경우라도 고압 보일러가 필요하다.

2-2
간접 가열식 : 보일러 내의 물은 항상 순환하는 열매이므로 온수 사용 시 보일러 내의 물이 소모되지 않으며 보일러 내부에 스케일이 거의 끼지 않는다.
직접 가열식 : 보일러 내부에 스케일의 발생 가능성이 높다.

2-3
간접 가열식 : 대규모 급탕설비에 적합
직접 가열식 : 소규모 급탕설비에 적합

2-4
중앙식 급탕법 : 급탕개소마다 가열기를 설치할 필요가 없는 대용량 방식

정답 2-1 ④ 2-2 ② 2-3 ② 2-4 ②

핵심이론 03 | 급탕 배관 시공

(1) 관경 결정 및 배관 구배

① 관경 결정
  ㉠ 급탕관 및 반탕관은 최소한 20mm(A) 이상
  ㉡ 급탕관 : 급수관보다 커야 한다(열에 의한 관 팽창).
  ㉢ 반탕관(순환관, 복귀관, 환탕관, 리턴관) : 급탕관보다 한 치수 작은 관경을 선택한다.

② 배관 구배
  ㉠ 온수의 순환을 원활하게 하기 위해 급구배로 시공
  ㉡ 중력순환식은 1/150, 강제순환식은 1/200 정도

(2) 배관 신축 이음

① 배관 신축 이음 설치
  ㉠ 온수의 흐름으로 관경이나, 길이의 신축이 가능
  ㉡ 강관 30m, 동관 20m, PVC 10m마다 1개씩 설치

② 배관 신축 이음 종류
  ㉠ 스위블 이음(Swivel Joint)
    • 엘보를 이용한 신축 흡수로서 누수가 우려됨
    • 저압 배관에 사용
  ㉡ 신축 곡관(Expansion Loop)
    • 고압 배관에 적합하고 점유 면적이 크다.
    • 누수, 고장이 적으며, 옥외배관, 공장 등에 사용
  ㉢ 슬리브형 : 슬리브 미끄럼에 의해 흡수
  ㉣ 밸로스형 : 온도에 따라 접어지면서 흡수

(3) 팽창관(도피관)

① 온수 순환배관에 이상 압력이 생겼을 때 그 압력을 흡수하는 도피관
② 급탕 수직관을 연장하여 팽창관으로 하고, 팽창탱크에 자유 개방하여, 증기나 공기를 배출한다.
③ 팽창관에는 절대로 밸브류를 달아서는 안 된다.

(4) 팽창탱크(중력탱크)
① 온수의 부피 팽창으로 인한 압력을 흡수하기 위해 설치
② 밀폐형 탱크 : 설치 위치에 제한이 없다.
③ 개방형 탱크 : 탱크의 설치 높이는 배관계의 가장 높은 곳보다 1.2m 이상으로 한다.

(5) 배관의 수압 시험
① 배관을 보온 피복하기 전에 노출 상태로 시험
② 실제로 사용하는 최고 압력의 2배 이상으로 60분 이상 유지

10년간 자주 출제된 문제

3-1. 급탕배관에 관한 설명으로 옳지 않은 것은?
① 관 신축을 고려해 굴곡부에는 스위블 이음으로 접합한다.
② 관 신축을 고려해 건물 벽 관통부에는 슬리브를 사용한다.
③ 역구배나 공기 정체가 일어나기 쉬운 배관 등 온수의 순환을 방해하는 것을 피한다.
④ 배관재로 동관을 사용하는 경우 관내 유속을 느리게 하면 부식되기 쉬우므로 2.5m/s 이상으로 하는 것이 바람직하다.

3-2. 급탕설비에서 배관을 이을 경우에 엘보를 이용하여 신축을 흡수하는 이음은?
① 스위블 이음 ② 신축 곡관 이음
③ 슬리브형 이음 ④ 벨로스형 이음

3-3. 급탕 배관 설계 및 시공 시 주의해야 할 사항으로 옳지 않은 것은?
① 건물의 벽 관통부분의 배관에는 슬리브를 설치한다.
② 중앙식 급탕설비는 원칙적으로 강제순환 방식으로 한다.
③ 상향배관인 경우, 급탕관과 환탕관 모두 상향구배로 한다.
④ 이종금속 배관재의 접속 시에는 전식(電蝕)방지 이음쇠를 사용한다.

|해설|
3-1
관내 유속은 동관에서 0.4~1.5m/s 정도의 저속이 바람직하다.
3-3
상향식 배관인 경우 급탕관은 상향구배, 반탕관(환탕관)은 하향구배로 한다.

정답 3-1 ④ 3-2 ① 3-3 ③

제3절 배수 및 통기설비

핵심이론 01 | 배수의 종류

(1) 사용 목적에 의한 분류
① 오수배수
  ㉠ 인체 배설물에 관련된 모든 배수(정화처리해야 함)
  ㉡ 대변기, 소변기, 오물싱크, 비데, 변기소독 등의 배수
② 잡배수
  ㉠ 일반 구정물 배수로 합류처리 또는 하수도에 방류
  ㉡ 세면기, 싱크류, 욕조 등
③ 빗물배수(우수배수) : 그대로 방류
④ 특수 배수
  ㉠ 그대로 방류할 수 없고 유해성 확인 후 처리
  ㉡ 공장폐수 등의 유독, 유해한 물질을 함유, 방사능을 함유한 배수

(2) 배수 방식에 의한 분류
① 직접 배수 : 위생기구와 배수관이 연결된 일반 위생기구에서의 배수
② 간접 배수
  ㉠ 배수관 및 오버플로(Over Flow)관은 일반 배수계통에 연결하기 전에 물받이 기구에 배수한 후 일반 배수계통에 연결하는 배수
  ㉡ 냉장고, 주방용 기기, 탈수기, 음료용 기기, 의료용 기기, 수영장, 식품창고, 상수 및 각종 오버플로관의 배수

(3) 배수 방식에 의한 분류

① 분류배수
  ㉠ 오수와 잡배수 및 빗물배수를 분리배수
  ㉡ 오수는 정화조에서 처리한 후 하천으로 방류

② 합류배수
  ㉠ 오수와 잡배수를 한데 모아서 처리 후 하천에 방류
  ㉡ 합류배수관이 있는 지역, 오수, 잡배수 합류처리

10년간 자주 출제된 문제

1-1. 배수에서 그대로 방류할 수 없고 유해성 확인 후 처리하며, 공장폐수 등의 유독, 유해한 물질을 함유, 방사능을 함유한 배수방식은?

① 오수배수
② 잡배수
③ 우수배수
④ 특수 배수

1-2. 다음 중 버큠 브레이커나 역류 방지기능을 가지는 것을 설치할 필요가 있는 위생기구는?

① 욕 조
② 세면기
③ 대변기(세정밸브형)
④ 소변기(세정탱크형)

|해설|

1-1
특수 배수 : 공장폐수 등의 유독, 유해한 물질을 함유, 방사능을 함유한 배수로서, 유해성 확인 후 배수 처리한다.

1-2
대변기(세정밸브형)는 버큠(진공) 브레이커나 역류 방지기능이 필요하다.
버큠 브레이커(Vacuum Breaker) : 물받이 용기 안에 배출된 물이나 사용한 물이 역사이펀 작용에 의해 상수계통으로 역류하는 것을 방지하기 위해 급수관 안에 생긴 마이너스압에 대해 자동적으로 공기를 보충하는 진공 방지장치이다.

정답 1-1 ④ 1-2 ③

핵심이론 02 | 트랩(Trap)

(1) 트랩 설치 목적

① 트랩(Trap) : 봉수를 고이게 하는 기구
② 목적 : 배수관속 악취, 유독가스 및 벌레의 침투 방지

(2) 트랩 설치 조건

① 구조가 간단하며, 평활한 내면
② 자체 유수로 배수로를 세정, 오수가 정체되지 않아야 함
③ 봉수가 없어지지 않고, 항상 유지해야 함
④ 내식성, 내구성 재료의 사용

(3) 트랩 내의 봉수(Seal Water)

① 봉수의 역할 : 트랩 안에 봉수를 유지하여 하수 가스, 벌레 등의 실내 침입을 방지
② 봉수의 깊이 : 5~10cm 정도가 적당

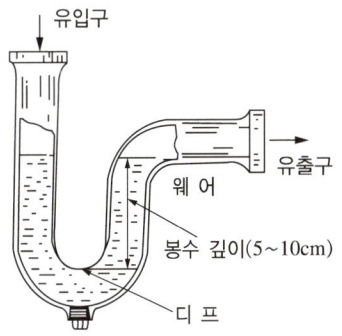

(4) 트랩의 분류

① 관형 트랩
  ㉠ 소형으로 자체 세정하지만, 봉수가 파괴되기 쉽다.
  ㉡ 사이펀식 트랩 : S트랩, P트랩, U트랩
  ㉢ 비사이펀식 트랩 : 드럼트랩, 벨(Bell)트랩, 격벽트랩, 보틀트랩

② BOX형 트랩(저집기형 트랩)
  ㉠ 트랩이 수조로 되어 있어 봉수파괴의 염려가 없다.
  ㉡ 자체 세정 작용이 없어 침전물이 정체되기 쉽다.
  ㉢ 종류 : 그리스트랩, 가솔린트랩, 샌드트랩, 헤어트랩, 플라스터트랩, 론드리트랩

10년간 자주 출제된 문제

2-1. 배수관의 트랩 설치 이유에 관한 설명 중 맞는 것은?
① 배수의 역류 방지
② 배수의 유속 조정
③ 청소를 쉽게 하기 위해서
④ 하수도로부터의 악취 방지

2-2. 트랩 설치 조건으로 옳지 못한 것은?
① 구조가 간단하며, 평활한 내면이어야 한다.
② 자체의 유수로 배수로를 세정, 오수가 정체되지 않아야 한다.
③ 봉수가 없어지지 않고, 항상 유지되어야 한다.
④ 트랩은 위생기구에서 가능한 한 멀리 설치하는 것이 좋다.

2-3. 다음 중 사이펀식 트랩에 속하지 않는 것은?
① P트랩
② S트랩
③ U트랩
④ 드럼트랩

2-4. 배수 트랩의 구비조건으로 옳지 않은 것은?
① 가동부분이 있을 것
② 자기세정 기능을 가지고 있을 것
③ 봉수 깊이는 50mm 이상 100mm 이하일 것
④ 오수에 포함된 오물 등이 부착 또는 침전하기 어려운 구조일 것

|해설|
2-1
배수관 속 악취, 유독가스 및 벌레의 침투 방지
2-2
트랩은 위생기구에 가능한 한 접근시켜 설치하는 것이 좋다.
2-3
사이펀식 트랩 : P트랩, S트랩, U트랩
비사이펀식 트랩 : 드럼트랩, 벨트랩, 격벽트랩, 보틀트랩
2-4
트랩은 자기세정작용을 하므로 별도의 가동부분이 필요 없다.

정답 2-1 ④ 2-2 ④ 2-3 ④ 2-4 ①

(5) 트랩의 종류

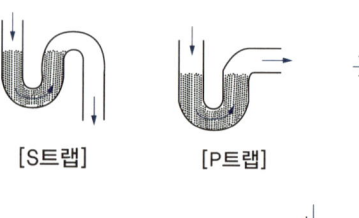
[S트랩]   [P트랩]   [U트랩]

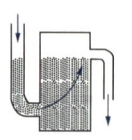 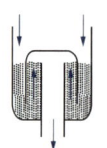
[드럼트랩]   [벨(Bell)트랩]

① S트랩, 3/4S트랩
  ㉠ 봉수가 잘 파괴된다. 엘보를 이용하여 신축흡수
  ㉡ 세면기, 소변기, 대변기 등 가장 많이 사용
② P트랩
  ㉠ 봉수가 S트랩보다 안전하다.
  ㉡ 세면기, 소변기 등의 고압 배관에 사용
③ U트랩(가옥트랩, 메인트랩)
  ㉠ 수평 배관 도중이나 말단에 설치
  ㉡ 유수의 흐름을 저해
④ 드럼트랩
  ㉠ 주방용 싱크에 적합하며, 침전물의 청소가 가능
  ㉡ 다량의 봉수가 있으며, 봉수가 잘 파괴되지 않는다.
⑤ 벨(Bell)트랩(플로어트랩)
  ㉠ 벨이나 종 모양의 기구를 씌운 형태의 트랩
  ㉡ 욕실 등의 바닥면 배수 배관에 사용
⑥ 격벽트랩, 보틀트랩 : 사용을 권장하지 않는다.
⑦ 그리스트랩 : 기름기를 응결 및 분리 제거(호텔 주방 등)
⑧ 가솔린트랩(오일트랩) : 휘발 희석(차고, 주유소 등)
⑨ 샌드트랩 : 진흙, 모래 등을 침전 제거
⑩ 헤어트랩 : 머리카락 제거(이발소, 미용실 등)
⑪ 플라스터트랩 : 플라스터 제거(치과, 깁스실 등)
⑫ 론드리트랩 : 단추, 실 등 불순물 제거(세탁소에서 사용)

10년간 자주 출제된 문제

2-5. 배수 트랩에 관한 설명으로 옳지 않은 것은?
① 트랩은 이중으로 설치하면 효과적이다.
② 트랩의 봉수 깊이가 너무 깊으면 통수능력이 감소된다.
③ 트랩은 하수 가스의 실내 침입을 방지하는 역할을 한다.
④ 트랩은 위생기구에 가능한 한 접근시켜 설치하는 것이 좋다.

2-6. 트랩의 구비 조건으로 옳지 않은 것은?
① 봉수 깊이는 50mm 이상 100mm 이하일 것
② 오수에 포함된 오물 등이 부착 또는 침전하기 어려운 구조일 것
③ 봉수부에 이음을 사용하는 경우에는 금속제 이음을 사용하지 않을 것
④ 봉수부의 소제구는 나사식 플러그 및 적절한 개스킷을 이용한 구조일 것

2-7. 다음의 트랩 중에서 봉수의 파괴에 가장 안전한 것은?
① S트랩
② P트랩
③ U트랩
④ 드럼트랩

2-8. 일반적으로 사용이 금지되는 트랩에 속하지 않는 것은?
① 2중 트랩
② 격벽트랩
③ 수봉식 트랩
④ 가동부분이 있는 트랩

|해설|
2-5
트랩은 유수의 흐름을 원활히 하기 위해 이중으로 설치하지 않는다.

2-6
배수 트랩은 일반적으로 P트랩을 설치하고 이음, 접속관 재질은 STS(스테인리스관) 등의 금속제를 사용한다.

2-7
P트랩이 봉수의 파괴에 가장 안전하다.

2-8
③ 수봉식 트랩 : 봉수를 담는 일반적인 트랩
2중 트랩, 가동부분이 있는 트랩, 격벽트랩, 보틀트랩은 봉수의 흐름이 원활하지 못하므로 사용을 금지한다.

정답 2-5 ① 2-6 ③ 2-7 ② 2-8 ③

(6) 봉수의 파괴 원인

① 자기 사이펀 작용
  ㉠ 액체가 일시로 위에서 아래로 흘러 봉수파괴
  ㉡ 가장 큰 파괴 요인
  ㉢ 방지법 : 통기관 설치

② 흡출 작용(감압 흡인 작용)
  ㉠ 순간적인 물의 흐름으로 진공이 생기고 봉수파괴
  ㉡ 유인 사이펀 현상으로 상층부에서 주로 발생
  ㉢ 방지법 : 통기관 설치

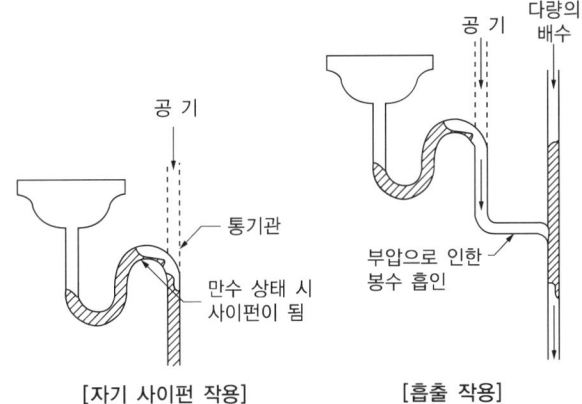

[자기 사이펀 작용]   [흡출 작용]

③ 토출 작용(역압 분출 작용)
  ㉠ 다량의 물의 공기압력에 의해 실내에 역류
  ㉡ 하층부 기구에서 자주 발생
  ㉢ 방지법 : 통기관 설치

④ 모세관 현상
  ㉠ 머리카락, 걸레 등이 걸린 부분을 타고 물이 흘러내리는 현상
  ㉡ 내면을 미끄러운 재료로 하고, 이물질 제거
  ㉢ 방지법 : 거름망 설치로 이물질 투입 방지

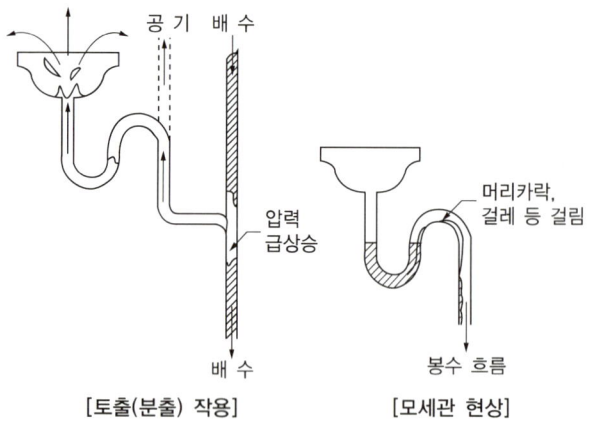

[토출(분출) 작용]　　[모세관 현상]

⑤ 증발 현상
  ㉠ 오래도록 사용치 않아서 증발
  ㉡ 방지법 : 기름을 소량 흘려보내서 유막을 형성하거나, 자주 사용

⑥ 관성에 의한 배출
  ㉠ 운동에 의한 관성으로 트랩 내의 봉수가 없어짐
  ㉡ 물을 갑자기 배수하는 경우나, 강풍 등으로 관성이 생겨 봉수 배출
  ㉢ 방지법 : 격자 석쇠 설치

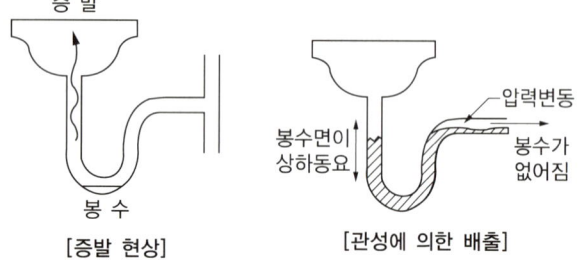

[증발 현상]　　[관성에 의한 배출]

10년간 자주 출제된 문제

2-9. 트랩의 봉수파괴 현상이다. 잘못된 것은?
① 배수가 만수 상태로 흐르면 사이펀 작용으로 트랩의 봉수가 파괴된다.
② 감압에 의한 흡인 작용으로 압력을 감소시켜 봉수를 파괴한다.
③ 역압 봉수파괴 현상은 상층부 기구에서 자주 발생한다.
④ 모세관 작용은 헝겊 등에 의한 흡인식 사이펀으로 작용한다.

2-10. 배수 트랩의 봉수파괴 원인 중 통기관을 설치함으로써 봉수파괴를 방지할 수 있는 것이 아닌 것은?
① 분출 작용
② 모세관 작용
③ 자기 사이펀 작용
④ 유도 사이펀 작용

|해설|
2-9
역압에 의한 봉수파괴 현상은 하층부 기구에서 자주 발생한다.
2-10
모세관 작용 방지 : 거름망 설치

정답 2-9 ③　2-10 ②

핵심이론 03 | 통기관

(1) 통기관 설치 목적
① 트랩의 봉수 보호
② 배수관 내의 물의 흐름을 원활하게 함
③ 배수관 내에 신선한 공기 유통으로 환기, 청결 유지
④ 관 내의 기압을 일정하게 유지

(2) 통기관의 종류
① 각개 통기관
  ㉠ 위생 기구 1개에 1개의 통기관 설치
  ㉡ 시설비가 비싸다.

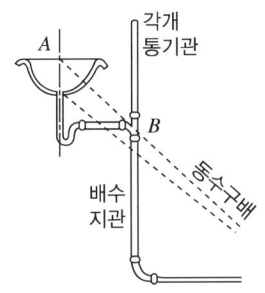

② 회로 통기관(환상, 루프 통기관)
  ㉠ 최상류 바로 아래 설치
  ㉡ 1개 통기관이 최고 8개까지 감당하며, 관경은 32mm 이상

③ 도피 통기관
  ㉠ 루프 통기관의 능률을 촉진시키기 위해 설치
  ㉡ 기구 수가 8개 이상일 경우 추가로 설치하는 통기관

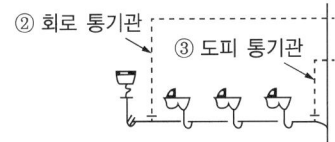

④ 습식 통기관 : 배수 수평 지관 최상류 기구에 설치하여 배수와 통기의 효과를 동시에 볼 수 있다.

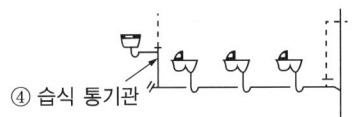

⑤ 신정 통기관
  ㉠ 배수 수직관 상단 연장하고 대기 중에 개방하여 옥상에 돌출시킨다.
  ㉡ 배관 길이에 비해 성능이 우수하다.

⑥ 결합 통기관
  ㉠ 고층의 5개 층마다 통기 수직관과 배수 수직관을 연결
  ㉡ 관경 50mm 이상 설치, 통기관 중 관경이 가장 굵다.

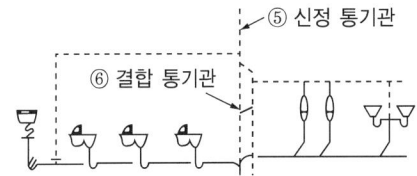

⑦ 통기 수직관, 수평관
  ㉠ 통기 수직 주관 : 원활한 환기를 위해 설치한 수직관
  ㉡ 통기 수평 지관 : 수평 지관 1개 이상의 각개 통기관을 합하여 통기 수직관, 신정 통기관으로 접속하는 수평 지관

10년간 자주 출제된 문제

3-1. 통기관의 설치 목적으로 옳지 않은 것은?
① 트랩의 봉수를 보호한다.
② 오수와 잡배수가 서로 혼합되지 않게 한다.
③ 배수계통 내의 배수 및 공기의 흐름을 원활히 한다.
④ 배수관 내에 환기를 도모하여 관 내를 청결하게 유지한다.

3-2. 배수 수직관 상단 연장하고 대기 중에 개방하여 옥상에 돌출시키며, 배관 길이에 비해 성능이 우수한 통기관은?
① 회로 통기관
② 도피 통기관
③ 습식 통기관
④ 신정 통기관

3-3. 다음의 통기방식 중 트랩마다 통기되기 때문에 가장 안정도가 높은 방식은?
① 각개 통기방식
② 루프 통기방식
③ 신정 통기방식
④ 결합 통기방식

| 해설 |

3-1
오수와 잡배수가 서로 혼합되지 않게 함은 관계없다.

3-3
각개 통기방식이 안정도가 가장 높다.

정답 3-1 ② 3-2 ④ 3-3 ①

핵심이론 04 | 배수 및 통기설비의 시공

(1) 옥내배수관 설치
① 필요 이상의 경사일 경우 오히려 능률 저하
② 표준 경사 : 구경 100~200mm일 경우, 1/50~1/100
③ 유속 : 0.6~1.2m/s

(2) 옥내배수관의 관경 결정
① 위생 기구류의 최대 배수 유량을 기준으로 결정
② 기구 배수 단위(1FU) = 세면기 배수량 30L/min
③ FU : 세면기(1) < 욕조(2~3) < 소변기(4) < 대변기(8)

(3) 옥내배관 시 주의 사항
① 2중 트랩이 안 되도록 한다.
② 곡관부에 다른 배수지관 접속 금지
③ 청소구 개방 시, 하수 가스 누설치 말 것(드럼트랩에서)
④ 주방의 냉장, 음류 등의 배수는 역류에 의한 오염방지를 위하여 간접 배수로 한다.
⑤ 배수 배관에는 트랩의 봉수파괴 방지를 위해서 반드시 통기관을 설치해야 한다.
⑥ 피복 두께는 10mm 정도

(4) 통기관 배관 시 주의 사항
① 배수 수직관의 상단을 위생기구의 넘침관 이상까지 세운 후 신정 통기관으로 하여 대기 중에 개방한다.
② 통기 수직 주관 상단은 최상층 기구의 넘침관보다 150A 이상 높은 곳에서 신정 통기관과 접속한다.
③ 통기관의 설치 위치는 트랩의 하류에 연결하며, 통기관이 바닥 아래에서 배관되어서는 아니 된다.
④ 오수정화조와 일반 배수의 통기관과는 분리한다.
⑤ 통기관은 실내 환기용 덕트에 연결하지 않는다.
⑥ 통기 수직관은 우수 수직관에 연결하지 않는다.

(5) 청소구 설치 위치

① 굴곡부, 분기점에 설치
② 가옥 배수관과 대지 배수관이 접속하는 곳
③ 배수 수직 주관의 최하단부
④ 수평 지관의 최상단부
⑤ 배관이 45°로 휘는 곳
⑥ 관경 100mm 이하는 15m, 100mm 이상은 30m 이내마다 설치

10년간 자주 출제된 문제

4-1. 통기관 배관 시의 주의사항으로 옳지 않은 것은?
① 배수 수직관의 상단을 위생기구의 넘침관 이상까지 세운 후 신정 통기관으로 하여 대기 중에 개방한다.
② 통기관의 설치 위치는 트랩의 하류에 연결하며, 통기관이 바닥 아래에서 배관되어서는 아니 된다.
③ 실내 환기용 덕트에 연결하지 않는다.
④ 통기 수직관은 우수 수직관에 연결하여 통기 성능을 확보한다.

4-2. 배수 배관에서 청소구(Clean Out)의 일반적 설치 장소에 속하지 않는 것은?
① 배수 수직관의 최상부
② 배수 수평 지관의 기점
③ 배수 수평 주관의 기점
④ 배수관이 45°를 넘는 각도에서 방향을 전환하는 개소

4-3. 통기 배관에 대한 설명 중 틀린 것은?
① 통기관과 실내 환기용 덕트와는 서로 연결해서는 안 된다.
② 오물 정화조의 배기관은 단독으로 개구하는 것이 좋다.
③ 통기 수직관과 빗물 수직관은 겸용해서는 안 된다.
④ 통기관은 각 층의 일수면(물이 넘치는 면) 이하에서 입상시킨 다음 통기 수직관에 연결한다.

|해설|

4-1
통기 수직관은 우수 수직관에 연결하지 않는다.

4-2
배수 수직 주관의 최하단부에 설치한다.
청소구 설치 목적 : 배수관 내 이물질 유입으로 막힐 경우 이물질 제거를 위해 설치

4-3
통기관은 각 층의 일수면(물이 넘치는 면) 이상으로 입상시킨 다음 통기 수직관에 연결한다.

정답 4-1 ④ 4-2 ① 4-3 ④

제4절 배관용 재료

핵심이론 01 | 배관 재료의 특성 및 이음

(1) 배관 재료

① 주철관
  ㉠ 내식성, 내구성, 내압성이 우수하다.
  ㉡ 충격에 약하고 인장강도가 작다.

② 강관
  ㉠ 가볍고 인장강도가 우수하여 가장 많이 사용한다.
  ㉡ 부식하기 쉬워 내구연한이 짧다.
  ㉢ 충격에 강하고 굴곡성이 좋다.

③ 연관
  ㉠ 굴곡성이 크고 유연하여 시공하기 용이하다.
  ㉡ 산에는 강하나 알칼리에 약하여 콘크리트에 매입 시 주의를 요한다.
  ㉢ 용도 : 화학공업 배관, 급·배수용관, 가스관

④ 동관
  ㉠ 열전도율이 크고 내식성이 강하여 난방이나 급탕에 사용된다.
  ㉡ 저온 취성에 강하여 냉동관 등에도 이용된다.

⑤ 황동관 : 동의 합금관으로 관의 내·외면에 주석도금을 한 것이다.

⑥ 경질 염화비닐관(PVC관)
  ㉠ 내화학적이다(내산, 내알칼리).
  ㉡ 열에 약하다(소화관 등에 부적합).
  ㉢ 마찰손실이 적다.

⑦ 콘크리트관, 도관 : 옥외배수, 상하수도 배관에 이용

(2) 배관 이음

① 배관을 휠 때 : 엘보(Elbow), 벤드(Bend)
② 분기관을 낼 때 : T(Tee), 크로스(Cross), Y
③ 배관의 직선 연결 : 소켓(Socket), 유니언(Union), 플랜지(Flange), 니플, 커플링
④ 서로 다른 구경의 관을 접합할 때 : 이경 소켓, 이경 엘보, 이경 T, 부싱(Bushing), 리듀서(Reducer)
⑤ 배관의 말단부 : 플러그(Plug), 캡(Cap)
⑥ 유니언, 플랜지 : 관의 교체나 펌프의 고장 수리 시 사용
  ㉠ 유니언(Union) : 50mm 이하의 관에 사용
  ㉡ 플랜지 : 50mm 이상의 관에 사용

10년간 자주 출제된 문제

1-1. 주철관(Castiron)을 설명한 것 중 옳은 것은?
① 굴곡성이 좋다.
② 충격에는 약하나 인장강도가 크다.
③ 고급 주철관일수록 선철의 함량이 많다.
④ 보통 강관에 비해서 염가이며 내구성도 있다.

1-2. 배관 재료에 관한 설명으로 옳지 않은 것은?
① 주철관은 오배수관이나 지중 매설 배관에 사용된다.
② 경질 염화비닐관은 내식성은 우수하나 충격에 약하다.
③ 연관은 내식성이 작아 배수용보다는 난방 배관에 주로 사용된다.
④ 동관은 전기 및 열전도율이 좋고 전성, 연성이 풍부하며 가공도 용이하다.

1-3. 배관 설비에서 관의 이음 또는 부속품의 사용 용도의 조합 중 관련성이 없는 것은?
① 구경이 다른 관의 접합 – Reducer
② 유체의 역류 방지 – Check Valve
③ 배관의 말단 부분 – Union
④ 분기관을 낼 때 – Tee

|해설|

1-1
① 주철관은 굴곡성이 좋지 않으며 연관의 경우에 굴곡성이 좋다.
② 충격에 약하고 인장강도가 작다.
③ 고급 주철관일수록 선철의 함량이 적다. 고급 주철관은 흑연의 함량을 적게 하고 점성과 강도를 증가시키기 위해 추가적인 열처리를 한다.

1-2
연관은 내식성이 커서 급수나 배수용 배관으로 사용된다.

1-3
• 배관의 말단 부분 : Cap, Plug
• 직선 배관 이음 : Union, Flange

정답 1-1 ④ 1-2 ③ 1-3 ③

핵심이론 02 | 밸브의 종류 및 특성

(1) 슬루스밸브(Sluice Valve, 게이트밸브)
① 개폐 기능에 적합, 마찰저항 손실이 적다.
② 배관 도중에 설치하며, 증기 배관에 주로 사용
③ 유량 조절 및 개폐 기능 : 버터플라이 밸브

(2) 글로브밸브(Glove Valve, 스톱밸브, 구형 밸브)
① 유로 폐쇄, 유량 조절에 적합하며, 마찰저항 손실이 크다.
② 배관 말단에 설치

(3) 앵글밸브(Angle Valve)
① 싱크, 변기 등 벽의 유체 흐름을 직각으로 바꾸는 역할
② 글로브밸브의 일종

(4) 체크밸브(Check Valve)
① 유체의 흐름이 한 쪽 방향으로만 흐르게 한다.
② 역류를 방지하지만, 유량 조절이 불가능
③ 종류 : 스윙형(수직, 수평 배관), 리프트형(수평 배관)

(5) 콕밸브(Cock Valve), 볼밸브(Ball Valve)
90° 회전으로 유로를 급속히 개폐하는 밸브

(6) 플러시밸브(Flush Valve)
① 대변기, 소변기의 세정에 주로 사용
② 한 번 누르면 0.7kg/cm^2의 수압으로 일정량의 물이 나온 다음 자동으로 잠긴다.

(7) 스트레이너(Strainer)
밸브류 앞에 설치하여 먼지, 흙 등의 오물을 제거하는 부속품

(8) 공기 빼기 밸브(Air Vent Valve)
① 배관 내 공기를 빼기 위해 설치
② 배관 굴곡부 상단, 보일러 최상부 등에 설치

(9) 감압 밸브(Reduction Valve)

① 고압 배관과 저압 배관 사이에 설치하여, 압력을 낮춰 일정한 압력으로 유지할 때 사용
② 초고층 건물 급수압 조절과 고압 증기 배관 등에 사용

(10) 안전 밸브(Safety Valve)

① 증기 보일러, 압축공기 탱크, 압력 탱크 등에 설치
② 일정 이상의 과잉압력 발생 시 자동적으로 압력을 방출

10년간 자주 출제된 문제

2-1. 배관 중의 이물질 등을 제거하기 위해 설치하는 것은?
① 볼 탭
② 부 싱
③ 체크밸브
④ 스트레이너

2-2. 유체의 흐름을 한 방향으로만 흐르게 하고 반대방향으로는 흐르지 못하게 하는 밸브는?
① 콕
② 체크밸브
③ 게이트밸브
④ 글로브밸브

2-3. 다음 중 건물에서 Pipe Shaft 내의 배관에 백색 표시가 된 관은 어떤 종류의 물질을 나타내는가?
① 기 름
② 공 기
③ 냉 수
④ 가 스

|해설|

2-1
스트레이너(Strainer) : 토사의 침입을 막고 물만을 받아들이는 철망통으로 이물질을 제거하는 거름망 역할을 한다.

2-2
체크밸브 : 유체 흐름을 한 쪽 방향으로만 흐르게 함(역류 방지)

2-3
색채에 의한 식별

종 류	색 채	종 류	색 채
공 기	백 색	산, 알칼리	회자색
가 스	황 색	기 름	진한 황적색
증 기	진한 적색	전 기	엷은 황적색
물	청 색	-	-

정답 2-1 ④ 2-2 ② 2-3 ②

제5절 오수정화설비

핵심이론 01 | 기초 사항

(1) BOD(생물학적 산소 요구량)

① BOD(Biochemical Oxygen Demand)는 오수 중 유기물이 미생물에 의해 분해되어 안정화하는 과정에서 소비되는 수중에 녹아 있는 산소의 감소를 나타내는 값
② 수중에 녹아 있는 산소의 감소를 20℃, 5일간 시료를 방치해 측정한 값이며, 수중 물질의 지표이다.
③ 생활하수에 의한 물의 오염 정도를 측정한다.

(2) COD(화학적 산소 요구량)

① COD(Chemical Oxygen Demand)는 용존 유기물을 화학적으로 산화시키는 데 필요한 산소량이다.
② 공장 폐수에 의한 물의 오염 정도를 측정한다.

(3) DO(Dissolved Oxygen, 용존 산소량)

① 수중에 용해되어 있는 산소의 양을 ppm으로 나타낸 것으로, DO가 클수록 정화능력이 높은 수질이다.
② 오염도가 높은 물은 산소가 용존되어 있지 않다.

(4) SS(Suspended Solids, 부유 물질량)

① 탁도의 정도로 입경 2mm 이하의 불용성(不溶性)의 뜨는 물질을 ppm으로 표시한 것
② 장마철에 그 양이 급격히 늘어난다.

(5) BOD 제거율

① BOD 제거 : 활성 오니법 등의 하수처리를 하여 하수의 BOD값을 감소시키는 것(BOD 제거율을 높이는 것)을 말하며, 간접적으로는 유기물에 의한 오염량을 제거하는 것을 말한다.

② BOD 제거율
   ㉠ 정화조 성능을 나타내는 지표
   ㉡ BOD 제거율이 높을수록, 방류수의 BOD가 낮을수록 고성능 정화조

   $$\text{BOD 제거율} = \frac{\text{유입수BOD} - \text{유출수BOD}}{\text{유입수BOD}} \times 100$$

10년간 자주 출제된 문제

1-1. 주택의 1인 1일 오수량이 0.05m³/인·일이고 오수의 BOD 농도가 260g/m³일 때 1인 1일당 BOD 부하량은?
① 5g/인·일　　　② 13g/인·일
③ 26g/인·일　　　④ 50g/인·일

1-2. 오수 정화조에 유입되는 오수의 BOD 농도는 150ppm이고, 방류수의 BOD의 농도는 60ppm일 때, 이 정화조의 BOD 제거율은?
① 40%　　　② 60%
③ 75%　　　④ 90%

1-3. 다음 중 오물 정화조의 성능을 나타내는 데 주로 사용되는 지표는?
① 경 도　　　② 닥 도
③ CO_2 함유량　　　④ BOD 제거율

|해설|

1-1
부하량 = 오수량 × 농도
∴ BOD 부하량 = 0.05m³/인·일 × 260g/m³
　　　　　　 = 13g/인·일

1-2
$$\text{BOD 제거율} = \frac{150\text{ppm} - 60\text{ppm}}{150\text{ppm}} \times 100\% = 60\%$$

1-3
BOD 제거율
• 정화조 성능을 나타내는 지표
• BOD 제거율이 높을수록, 방류수의 BOD가 낮을수록 고성능 정화조

정답 1-1 ②　1-2 ②　1-3 ④

핵심이론 02 | 정화조

(1) 정화 순서
부패조 → 여과조 → 산화조 → 소독조

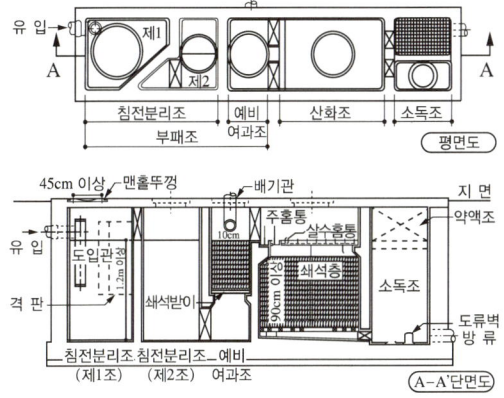

(2) 부패조
① 혐기성균(온도 10~15℃에서 가장 활발)에 의해 분해시키며, 최소 2개 이상의 부패조와 예비 여과조로 구성
② 제1부패조 : 제2부패조 : 여과조의 체적비 = 4 : 2 : 1 또는 4 : 2 : 2
③ 저유 깊이 : 1.2~3.0m
④ 부패조의 용량(m³, n은 처리대상 인원)

처리대상 인원	부패조의 용량(m³)
5인 미만	$V = 1.5$ 이상
5~500인 미만	$V = 1.5 + (n-5) \times 0.1$
500인 이상	$V = 51 + (n-500) \times 0.075$

(3) 여과조
① 오수를 하부에서 위로 보내어 부유물을 쇄석층에서 제거
② 쇄석층의 윗면은 오수면보다 10cm 정도 아래에 둔다.
③ 여과층은 수심의 1/3, 쇄석 크기는 5~7.5cm 정도

(4) 산화조

① 호기성균에 의해 분해(산화)
② 쇄석층의 깊이 : 0.9~2.0m
③ 살수 홈통과 쇄석층 상부 : 10cm 이상 간격
④ 산화조 용량(V_1) : 부패조 용량(V)의 1/2배

(5) 소독조

① 차아염소산 소다(NaClO)와 차아염소산 칼슘(Ca(ClO)$_2$) 등의 소독제를 이용하여 세균을 소독하는 것
② 처리대상 인원 500명 초과 시 소독조는 반드시 설치한다.

10년간 자주 출제된 문제

2-1. 부패 탱크식 오물 정화조의 정화 순서가 올바른 것은?

> A : 부패조　　　　　B : 여과조
> C : 산화조　　　　　D : 소독조
> E : 방류

① A → B → C → D → E
② B → C → D → A → E
③ A → C → B → D → E
④ B → A → C → D → E

2-2. 처리대상 인원이 300명인 수세식 변소의 오물 정화조의 부패조 용량은 최소 얼마 정도가 좋은가?

① 16m³
② 20m³
③ 26m³
④ 31m³

2-3. 정화조에서 호기성균에 의해 오물을 분해 처리하는 곳은?

① 부패조
② 여과기
③ 산화조
④ 소독조

2-4. 오물 정화조에 대한 다음의 기술에서 옳지 않은 것은?

① 부패조에는 공기의 공급을 충분히 한다.
② 산화조에서는 호기성균으로서 산화시킨다.
③ 소독조에서는 약액을 넣어 살균한다.
④ 여과조에서는 쇄석층을 통하여 여과시켜 고형물을 없앤다.

|해설|

2-1
부패조(혐기성균) → 여과조 → 산화조(호기성균) → 소독조 → 방류

2-2
부패조 용량(V) = 1.5 + (n − 5) × 0.1
　　　　　　　 = 1.5 + (300 − 5) × 0.1
　　　　　　　 = 31m³

2-3
부패 탱크식 오수 정화조에서 산화조는 호기성균으로 산화를 촉진한다.

2-4
부패조 : 침전작용과 혐기성균(공기로부터 밀폐)에 의한 분해 작용

정답 2-1 ①　2-2 ④　2-3 ③　2-4 ①

제6절 난방설비

핵심이론 01 기초 사항

(1) 현열(Sensible)과 잠열(Latent Heat)

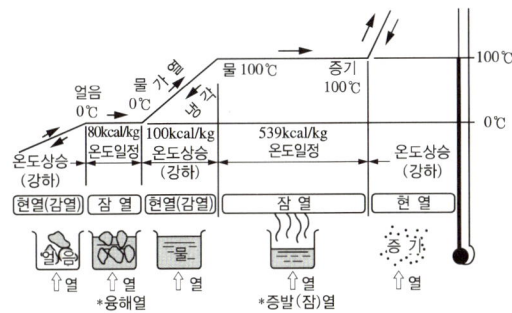

[물의 상태변화(현열 및 잠열)]

(2) 현열(감열, Sensible)

① 물체 온도 변화에 따라 출입하는 열(온수난방 이용열)
② 예로써 10℃ 물 → 가열(현열) → 50℃ 물이 된다.
③ 감열비(현열비, Sensible Heat Factor)

$$\text{감열비(SHF)} = \frac{\text{현열}}{\text{전열}} = \frac{\text{현열}}{\text{현열} + \text{잠열}}$$

(3) 잠열(Latent Heat)

① 온도 변화 없이 상태만 변화되는 열(증기난방 이용열)
② 예로써 100℃ 물 → 가열(잠열) → 100℃ 증기가 된다.
③ 물의 융해잠열(융해열)
  ㉠ 등압하에서 고체가 액체로 변할 때 필요한 열량
  ㉡ 융해잠열 : 79.67 ≒ 80kcal/kg
④ 물의 증발잠열(기화열)
  ㉠ 100℃ 물 1kg이 100℃ 증기 1kg으로 전환되는 데 필요한 열량
  ㉡ 증발잠열 : 539.67 ≒ 540kcal/kg
  ㉢ 1cal = 4.1868J이고 1kcal = 4.1868kJ이므로, 540kcal/kg × 4.1868kJ/kcal ≒ 2,261kJ/kg

(4) 승화열

① 고체가 등압하에서 액체를 거치지 않고 기체로 변하는 데 필요한 열
② 나프탈렌, 이산화탄소 등은 상온 상압에서 승화한다.

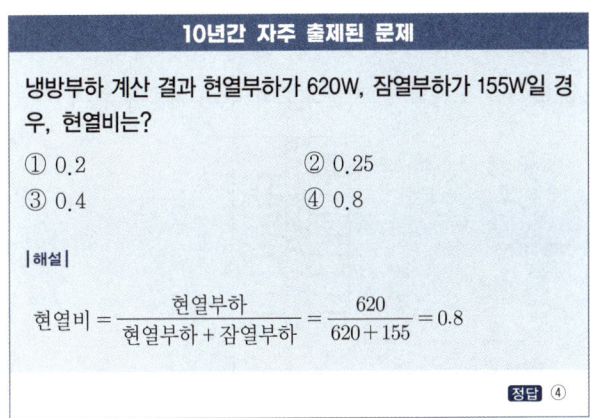

핵심이론 02 | 전열 이론

(1) 용어의 정의
① 전열 : 고온측(t_1)에서 저온측(t_0)으로 열의 이동
② 전도 : 고체, 정지 유체(물, 공기 등) 내의 열의 이동
③ 대류 : 유체(공기, 물 등) 내의 열이 이동
④ 복사 : 고온에서 저온으로의 전자파로써 열의 이동

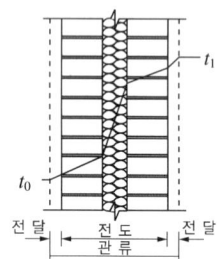

(2) 전열 과정
① 열전도율(λ, W/m·K, kcal/m·h·℃) : 두께 1m 재료에 대해 온도차 1℃일 때 단위시간 동안 흐르는 열량
  ㉠ 작은 공극이 많으면 열전도율이 작다.
  ㉡ 재료에 습기가 차면 열전도율이 커진다.
  ㉢ 같은 종류의 재료는 비중이 작으면 열전도율이 작다.
② 열전달률(α, W/m²·k, kcal/m²·h·℃) : 표면적 1m² 벽과 공기 온도차 1℃일 때 단위시간 동안 흐르는 열량
  ㉠ 벽 표면과 유체 간의 열의 이동 정도를 표시한다.
  ㉡ 풍속이 커지면 대류 열전달률이 커진다.
③ 열관류율(K, W/m²·k, kcal/m²·h·℃) : 벽 표면적 1m², 내외부 온도차 1℃일 때 단위시간 동안 흐르는 열량
  ㉠ 전달 + 전도 + 전달의 복합적인 열의 이동과정
  ㉡ K값을 낮추려면 열전도율이 작은 재료를 사용한다.
  ㉢ 열관류율의 역수$\left(\dfrac{1}{K}\right)$ = 열관류저항

$$K = \dfrac{1}{\dfrac{1}{\alpha_i} + \sum \dfrac{d}{\lambda} + \dfrac{1}{\alpha_0} + r_a}$$

여기서, α_i : 실내 열전달률
  α_0 : 실외 열전달률
  d : 벽체 두께(m)
  λ : 벽체 열전도율
  r_a : 공기층의 열저항

10년간 자주 출제된 문제

2-1. 용어와 단위가 잘못 짝지어진 것은?
① 열관류율 – W/m·K ② 수증기압 – kPa
③ 상대습도 – % ④ 비열 – kJ/kg·K

2-2. 열전도율에 관한 설명으로 옳지 않은 것은?
① 열전도율은 두께 1m 재료에 대해 온도차 1℃일 때 단위시간 동안 흐르는 열량을 말한다.
② 작은 공극이 많으면 열전도율이 작다.
③ 재료에 습기가 차면 열전도율이 커진다.
④ 같은 종류의 재료는 비중이 작으면 열전도율이 크다.

2-3. 벽체의 열관류율 계산에 고려되지 않는 것은?
① 실내 복사열 ② 재료의 두께
③ 공기층의 열저항 ④ 재료의 열전도율

2-4. 다음과 같은 벽체의 열관류율은?

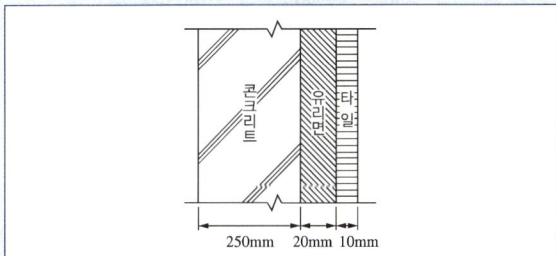

① 0.92W/m²·K ② 1.05W/m²·K
③ 1.22W/m²·K ④ 2.25W/m²·K

|해설|

2-1
• 열전도율 : W/m·K
• 열전달률 및 열관류율 : W/m²·K

2-2
같은 종류의 재료는 비중이 작으면 열전도율이 작다.

2-3
벽체의 열관류율 계산에는 벽체의 물리적 성질이 관계되며, 열(공기, 관류, 전달)저항, 열전달률, 열전도율, 벽체 두께 등이 해당된다.

2-4
$$K = \dfrac{1}{\dfrac{1}{8} + \left(\dfrac{0.25}{1.2} + \dfrac{0.02}{0.036} + \dfrac{0.01}{1.1}\right) + \dfrac{1}{20}} ≒ 1.05 \text{W/m}^2 \cdot \text{K}$$

정답 2-1 ① 2-2 ④ 2-3 ① 2-4 ②

(3) 난방부하(HL ; Heating Load)

① 난방부하 영향 요인 : 전열손실, 극간풍, 외기취입 등
② 실내 발생열량에 따른 난방부하 계산 시 재실자, 전열기구 등으로 인해 발생된 열은 일반적으로 무시한다.
③ 환기에 의한 손실열량(H_i(W))

$$H_i = 0.337 \times Q \times \Delta t \text{(W)}$$
$$= 0.337 \times n \times V \times \Delta t \text{(W)}$$

여기서, Q : 환기량(m³/h)
0.337 : 단위환산계수(W·h/m³·K)
n : 환기횟수(회/h)
V : 실의 체적(m³)
Δt : 실내외 온도차(℃)

(4) 난방도일(Heating Degree Days)

① 실내 평균기온과 실외 평균기온의 차를 일(Days)로 곱한 것

$$HDD = \sum \left(\text{난방설계 기준온도} - \dfrac{\text{일최고기온} + \text{일최저기온}}{2} \right) \times \text{day}$$

② 단위 : ℃·day
③ 어느 지방의 추위 정도와 연료소비량을 추정할 수 있다.

10년간 자주 출제된 문제

2-5. 겨울철 벽체를 통해 실내에서 실외로 빠져나가는 열손실량을 계산할 때 필요하지 않은 요소는?
① 외기 온도
② 실내 습도
③ 벽체의 두께
④ 벽체 재료의 열전도율

2-6. 난방부하 계산 시 일반적으로 고려하지 않아도 좋은 사항은?
① 인체의 발열량
② 유리창의 열관류율
③ 벽체의 열관류율
④ 도입 외기량

2-7. 환기 횟수가 1회/h인 8×10×3m인 강의실의 틈새바람에 의한 손실열량은?(단, 실내 온도는 20℃, 실외 온도는 -10℃이다)
① 2,426W
② 2,834W
③ 3,265W
④ 3,424W

2-8. 다음과 같은 벽체에서 관류에 의한 열손실량은?

- 벽체의 면적 : 10m²
- 벽체의 열관류율 : 3W/m²·K
- 실내 온도 : 18℃, 외기 온도 : -12℃

① 360W
② 540W
③ 780W
④ 900W

|해설|

2-5
실내 습도는 해당되지 않는다.
열관류율 : 벽체의 열관류율을 계산하려면 열전도율, 열전달률(단위 시간당 흐르는 열량), 벽체 두께의 값이 필요하다.

2-6
재실자, 전열기구 등에서의 발생열은 무시한다.

2-7
$H_i = 0.337 \times n \times V \times \Delta t \text{(W)}$
$= 0.337 \times 1 \times (8 \times 10 \times 3) \times 30$
$\approx 2,426\text{W}$

2-8
열손실량 $= 10\text{m}^2 \times 3\text{W/m}^2 \cdot \text{K} \times (18-(-12))℃$
$= 900\text{W}$

정답 2-5 ② 2-6 ① 2-7 ① 2-8 ④

핵심이론 03 | 난방설비 기기 - 보일러

(1) 보일러의 종류 - 사용하는 재료에 따라
① 강철제 보일러 : 강철로 만든 보일러
② 주철제 보일러 : 주철로 만든 보일러(난방용 보일러)
  ㉠ 내식성이 우수하고 수명이 길다.
  ㉡ 니플, 볼트에 의한 조립식으로 분할 반입과 용량의 증감이 용이하다.
  ㉢ 내압, 충격에 약하고 구조가 복잡하다.
  ㉣ 대용량, 고압에 부적당하다.
  ㉤ 사용압력 : 증기용 1kg/cm² 이하, 온수용 수두 50m 이하로 한다.
  ㉥ 용도 : 주택이나 소규모 건물 등

(2) 보일러의 종류 - 본체의 구조에 따라
① 원통식 보일러
  ㉠ 지름이 큰 몸체로써 내부에 노통, 화실, 연관 등 설치
  ㉡ 구조상 고압용으로 하는 것은 곤란하다.
  ㉢ 몸체 크기에 따라 전열 면적이 제한되어 용량이 큰 것은 적당치 않다.
  ㉣ 노통식 보일러 : 횡형(수평 구조의 원통형 동체), 직립형(수직 구조의 입형 동체)
  ㉤ 연관식 보일러 : 연소가스의 통로가 되는 다수의 연관을 설치하여 전열면을 증가시킨 보일러
  ㉥ 노통연관 보일러 : 노통 주위에 연관을 배치
② 수관식 보일러
  ㉠ 종류 : 자연순환식, 강제순환식, 관류 보일러
  ㉡ 드럼 속의 관내에 물을 흐르게 하여 가열
  ㉢ 보유 수량이 적어 증기 발생이 빠르고 대용량이다.
  ㉣ 열효율이 좋으나 수명이 짧고 압력 변화가 심하다.
  ㉤ 고도의 수처리가 필요하다.
  ㉥ 용도 : 대규모 건물, 산업용 등
③ 특수형 보일러 : 폐열 보일러, 특수구조 보일러

(3) 보일러실의 조건

① 내화구조로 하고 천장 높이는 보일러 상부에서 1.2m 이상, 보일러실 외벽에서 벽까지의 거리는 0.45m 이상으로 한다.
② 난방부하의 중심에 둔다.
③ 2개 이상의 출입구를 두되 그중 1개는 보일러의 반출입이 용이한 크기로 한다.
④ 굴뚝 위치는 보일러실에 가까이 둔다.

10년간 자주 출제된 문제

3-1. 주철제 보일러에 관한 설명으로 옳지 않은 것은?
① 재질이 약하여 고압으로는 사용이 곤란하다.
② 섹션(Section)으로 분할되므로 반입이 용이하다.
③ 재질이 주철이므로 내식성이 약하여 수명이 짧다.
④ 규모가 비교적 작은 건물의 난방용으로 사용된다.

3-2. 보일러 하부의 물드럼과 상부의 기수드럼을 연결하는 다수의 관을 연소실 주위에 배치한 구조로 상부 기수드럼 내의 증기를 사용하는 보일러는?
① 수관 보일러
② 관류 보일러
③ 주철제 보일러
④ 노통연관 보일러

3-3. 수관식 보일러에 관한 설명으로 옳지 않은 것은?
① 사용압력이 연관식보다 낮다.
② 설치 면적이 연관식보다 넓다.
③ 부하변동에 대한 추종성이 높다.
④ 대형 건물과 같이 고압증기를 다량 사용하는 곳이나 지역난방 등에 사용된다.

3-4. 보일러의 출력 중 상용출력의 구성에 속하지 않는 것은?
① 난방부하
② 급탕부하
③ 예열부하
④ 배관부하

|해설|

3-2
수관식 : 드럼과 다수의 수관 구성으로 고압증기 발생 및 사용
관류 보일러 : 관내에 물이 통과하면서 가열(드럼이 없다)

3-3
사용압력이 연관식보다 높으며 고압에 사용한다.
수관식과 연관식 보일러의 특성

수관 보일러	노통연관 보일러
• 가동시간 짧고, 효율 좋음 • 고가이고 수처리가 복잡 • 고압증기 필요시에 사용 • 지역난방에 사용 • 사용압력이 높음	• 가동시간이 긺 • 가격이 비쌈 • 부하의 변동에 대해 안정성이 있음 • 급수 조절이 쉬움

3-4
정격출력 = 급탕부하 + 난방부하 + 배관부하 + 예열부하
상용출력 = 급탕부하 + 난방부하 + 배관부하

정답 3-1 ③ 3-2 ① 3-3 ① 3-4 ③

핵심이론 04 | 난방설비 기기 – 방열기(Radiator)

(1) 방열기(Radiator) 조건

① 방열 방식 : 대류, 복사

② 방열기 조건
- ㉠ 열효율이 높고 내구성이 뛰어난 재료로 제조
- ㉡ 열전도성이 뛰어난 금속이어야 한다.
- ㉢ 주철이나 강재를 주로 사용, 알루미늄(가정, 사무실 등)도 사용

③ 재료에 의한 분류

구 분	주철제	강판제
압 력	저 압	고 압
무 게	무겁다.	가볍다.
온수 온도	보통온수	고온수
내구성	강 함	약 함
건물 규모	소규모	대규모
특 징	조립해체 용이	완제품

(2) 방열기 설치 위치

① 창문 아래에 설치하여 대류 작용에 의해 실내 온도를 균일하게 한다.

② 벽과 50~60mm 정도 이격시킨다.

③ 콜드 드래프트(Cold Draft)
- ㉠ 겨울철에 실내에 저온의 기류가 흘러들거나 유리 등의 냉벽면에서 냉각된 냉풍이 하강하는 현상으로 온도차에 따라 일어나는 공기의 흐름을 말한다.
- ㉡ 이 현상을 방지하기 위해서는 외기에 의한 열손실이 가장 큰 곳에 방열기를 설치한다.

(3) 상당방열면적(EDR)

① 방열량 표시방법
- ㉠ 상당방열면적(m^2)
- ㉡ 시간당 방열량(kcal/h)

② 상당방열면적(EDR ; Equivalent Direct Radiation)은 필요한 방열량을 낼 수 있는 방열기의 면적을 말하며, 표준상태(실내 온도 18.5℃, 열매 온도 증기 102℃, 온수 80℃)에서 얻어지는 표준방열량으로 방열기의 전 방열량을 나눈 값이 된다.

- ㉠ 증기난방의 EDR

$$EDR = \frac{난방부하(kW)}{증기\ 표준방열량} = \frac{난방부하}{650}(m^2)$$

- ㉡ 온수난방의 EDR

$$EDR = \frac{난방부하(kW)}{온수\ 표준방열량} = \frac{난방부하}{450}(m^2)$$

③ 표준방열량 : 열매 온도와 실내 온도가 표준상태일 때 방열기 표면적 $1m^2$당 1시간 동안 나오는 방열량

열매 종류	표준방열량		표준상태의 온도(℃)	
	kcal/m^2h	W/m^2	열매 온도	실내 온도
증 기	650	756	102	18.5
온 수	450	523	80	18.5

10년간 자주 출제된 문제

4-1. 콜드 드래프트(Cold Draft)에 관한 설명으로 옳지 않은 것은?

① 겨울철에 실내에 저온의 기류가 흘러들거나, 또는 유리 등의 냉벽면에서 냉각된 냉풍이 하강하는 현상이 생길 수 있다.
② 온도차에 따라 일어나는 공기의 흐름을 말한다.
③ 방열기는 창문 아래에 설치하지 않으며 대류 작용에 의한 실내 온도에 변화를 주어야 한다.
④ 방열기 설치 시에는 콜드 드래프트에 유의하며 벽과는 50~60mm 정도 이격시킨다.

4-2. 증기난방에 사용되는 방열기의 표준방열량은?

① 0.523kW/m^2
② 0.650kW/m^2
③ 0.756kW/m^2
④ 0.924kW/m^2

4-3. 열매가 온수인 경우, 표준상태(열매온도 80℃, 실온 18.5℃)에서 방열기 표면적 1m²당 방열량은?

① 450W
② 523W
③ 650W
④ 756W

|해설|

4-1
방열기는 창문 아래에 설치하여 대류 작용에 의해 실내 온도를 균일하게 한다.

4-2
- 증기난방 : $0.756 \text{kW/m}^2 (= 756 \text{W/m}^2)$
- 온수난방 : $0.523 \text{kW/m}^2 (= 523 \text{W/m}^2)$

4-3
온수의 표준방열량은 1m²당 523W이다.

정답 4-1 ③ 4-2 ③ 4-3 ②

핵심이론 05 | 난방 방식

(1) 증기난방(Steam Heating)

① 장 점
  ㉠ 증발 잠열을 이용하므로 열의 운반 능력이 크다.
  ㉡ 예열시간이 짧고, 증기순환이 빠르다.
  ㉢ 설비비, 유지비가 싸다.
  ㉣ 방열기의 방열 면적을 작게 할 수 있다.
  ㉤ 방열 면적과 관경이 작아도 된다.
  ㉥ 한랭지에서 동결의 우려가 적다.

② 단 점
  ㉠ 부하변동에 따른 방열량 제어가 어렵다.
  ㉡ 난방 개시 때 소음(Steam Hammering)이 많이 난다.
  ㉢ 쾌감도가 나쁘며, 열손실이 크다.
  ㉣ 화상의 우려(102℃의 증기 사용)가 있다.
  ㉤ 배관 내 부식 우려가 크다.

③ 증기 압력에 의한 분류
  ㉠ 저압식 : 사용압력 0.015~0.035MPa(소규모에 적합)
  ㉡ 고압식 : 사용압력 0.1MPa 이상(대규모에 적합)

④ 증기난방 기기설비
  ㉠ 방열기 밸브(Radiator Valve) : 유량을 수동으로 조절하기 위해 방열기 입구 측에 설치하는 밸브
  ㉡ 방열기 트랩(Radiator Trap, 증기 트랩) : 수증기 유출을 방지하고 배관 내 잡물을 제거하며, 보일러 내에서 응축수를 환수시키기 위해 설치
  ㉢ 감압 밸브 : 고압을 저압으로 감압시키고 저압측 압력을 항상 일정하게 유지

(2) 온수난방

① 장 점
　㉠ 열용량이 커서 난방을 정지하여도 여열이 오래 간다.
　㉡ 방열량 조절이 용이하고, 연속 난방에 유리하다.
　㉢ 증기난방에 비해 쾌감도가 좋다.
　㉣ 수격작용(Water Hammering)이 없어 소음이 없다.

② 단 점
　㉠ 방열 면적과 관경이 커서 설비비가 비싸다.
　㉡ 예열시간이 길며, 온수 순환시간이 길다.
　㉢ 한랭지에서는 난방 정지 시 동결의 염려가 있다.

③ 온도에 의한 분류
　㉠ 보통온수난방 : 100℃ 미만(80~90℃)의 온수 사용(건물 난방용으로 가장 널리 사용)
　㉡ 고온수난방 : 100℃ 이상 온수 사용(지역난방에 적합)

10년간 자주 출제된 문제

5-1. 증기난방에 관한 설명으로 옳지 않은 것은?
① 온수난방에 비해 예열시간이 짧다.
② 온수난방에 비해 한랭지에서 동결의 우려가 적다.
③ 운전 시 증기해머로 인한 소음을 일으키기 쉽다.
④ 온수난방보다 부하변동에 따른 방열량의 제어가 용이하다.

5-2. 온수난방과 비교한 증기난방의 설명으로 옳은 것은?
① 예열시간이 길다.
② 한랭지에서 동결의 우려가 있다.
③ 부하변동에 따른 방열량 제어가 용이하다.
④ 열매 온도가 높으므로 방열기의 방열 면적이 작아진다.

5-3. 증기난방에 관한 설명으로 옳지 않은 것은?
① 계통별 용량제어가 곤란하다.
② 한랭지에서 동결의 우려가 적다.
③ 예열시간이 온수난방에 비하여 짧다.
④ 부하변동에 따른 실내 방열량의 제어가 용이하다.

5-4. 온수난방에 관한 설명으로 옳지 않은 것은?
① 증기난방에 비해 보일러의 취급이 비교적 쉽고 안전하다.
② 동일 방열량인 경우 증기난방보다 관지름을 작게 할 수 있다.
③ 증기난방보다 난방부하의 변동에 따른 온도 조절이 용이하다.
④ 보일러 정지 후에도 여열이 있어 난방이 어느 정도 지속된다.

|해설|

5-1
증기난방은 온수난방에 비해 부하변동에 따른 실내 방열량 제어가 어렵다.

5-2
증기난방은 열매의 온도가 높아 방열기의 방열 면적을 작게 할 수 있다.

5-3
온수난방에 비해 부하변동에 따른 실내 방열량 제어가 어렵다.

5-4
온수의 흐름으로 인해 관지름이 커지며 방열기의 면적도 크다.

정답 5-1 ④　5-2 ④　5-3 ④　5-4 ②

(3) 복사난방(Panel Heating)

① 장 점
  ㉠ 실내 온도 분포가 균등하여 쾌감도가 좋다.
  ㉡ 방을 개방하여도 난방효과가 좋다.
  ㉢ 바닥 이용도가 높고, 높은 천장의 실도 난방효과가 좋다.
  ㉣ 실온이 낮기 때문에 열손실이 적다.

② 단 점
  ㉠ 예열시간 길며, 신속한 방열량 조절이 곤란하다.
  ㉡ 시공이 어렵고 수리비, 설비비가 고가이다.
  ㉢ 누수 등의 고장 발견이 어렵고, 수리가 곤란하다.

③ 복사난방 시공 및 용어
  ㉠ 코일은 열손실이 많은 개구부 쪽부터 배관함이 좋다.
  ㉡ 코일 매설 깊이 : 코일 직경의 1.5~2.0배로 한다.
  ㉢ 코일 간격 : 관경이 25A일 때는 30cm, 20A일 때는 25cm 정도, 길이가 10m를 넘으면 분기 헤드를 둔다.

④ 평균복사온도(MRT ; Mean Radiant Temperature) : 실내 표면의 평균복사온도로 인체에 대한 쾌감 상태를 나타내는 기준이며, 기온(DBT)보다 2℃ 정도 높은 상태가 가장 쾌적한 상태이다.

(4) 온풍난방

① 예열시간이 짧고, 온습도 조정이 쉽다.
② 누수, 동결의 우려 적으며, 설비비가 저렴하다.
③ 온풍로를 이용하여 가열된 공기를 실내로 직접 공급하므로 쾌감도가 나쁘며, 소음이 많다.

(5) 지역난방

① 열병합발전소(전기와 열을 함께 생산하는 시설)에서 생산된 열(고온수, 고압증기)을 이용하여 지역 내의 아파트, 상가 등 건물에 공급하여 급탕, 난방하는 방식

② 장단점
  ㉠ 중앙공급식으로 개별 난방 방식보다 저렴하고 쾌적한 환경 조성 가능
  ㉡ 에너지 절약, 환경공해 방지, 도시 매연을 경감한다.
  ㉢ 열효율이 좋고 연료비가 적게 들며, 인건비가 저렴하다.
  ㉣ 배관 도중 열손실이 크다.
  ㉤ 초기 시설비가 비싸다.

10년간 자주 출제된 문제

5-5. 바닥복사난방 방식에 관한 설명으로 옳지 않은 것은?
① 열용량이 커서 예열시간이 짧다.
② 방을 개방상태로 하여도 난방효과가 있다.
③ 다른 난방 방식에 비교하여 쾌적감이 높다.
④ 실내에 방열기를 설치하지 않으므로 바닥이나 벽면을 유용하게 이용할 수 있다.

5-6. 구조체를 가열하는 복사난방의 설명으로 옳지 않은 것은?
① 복사열에 의하므로 쾌적성이 좋다.
② 바닥, 벽체, 천장 등을 방열면으로 할 수 있다.
③ 예열시간이 길고 일시적인 난방에는 바람직하지 않다.
④ 방열기의 설치로 인해 실의 바닥 면적의 이용도가 낮다.

5-7. 가로, 세로, 높이가 각각 4.5×4.5×3m인 실의 각 벽면 표면 온도가 18℃, 천장면 20℃, 바닥면 30℃일 때 평균복사온도(MRT)는?
① 15.2℃ ② 18.0℃
③ 21.0℃ ④ 27.2℃

5-8. 지역난방 방식에 관한 설명으로 옳지 않은 것은?
① 열원 설비의 집중화로 관리가 용이하다.
② 설비의 고도화로 대기오염 등 공해를 방지할 수 있다.
③ 각 건물의 이용시간차를 이용하면 보일러의 용량을 줄일 수 있다.
④ 고온수난방을 채용할 경우 감압장치가 필요하며 응축수 트랩이나 환수관이 복잡해진다.

| 해설 |

5-5
바닥복사난방은 열용량이 커서 예열시간이 길다. 또한 천장이 높은 실에도 난방효과가 좋다.

5-6
방열기 설치는 증기난방, 온수난방 등에 해당된다.

5-7
$$\text{MRT} = \frac{(4개 벽면적 \times 온도) + (천장 면적 \times 온도) + (바닥 면적 \times 온도)}{4개 벽면적 + 천장 면적 + 바닥 면적}$$
$$= \frac{(4.5 \times 3 \times 4 \times 18) + (4.5 \times 4.5 \times 20) + (4.5 \times 4.5 \times 30)}{(4.5 \times 3 \times 4) + (4.5 \times 4.5) + (4.5 \times 4.5)}$$
$$= 21.0\,℃$$

5-8
감압장치나 응축수 트랩은 고압증기용 난방에 필요하다.

정답 5-5 ① 5-6 ④ 5-7 ③ 5-8 ④

제7절 냉방설비

핵심이론 01 | 냉방부하

(1) 냉방부하의 종류

부하구분		부하의 종류	현열(S), 잠열(L)
실부하	외피 부하	벽체에서의 취득열량	현 열
		유리에 의한 취득열량	현열(*일사, 관류)
		극간풍에 의한 취득열량	현열, 잠열
	내부 부하	인체 발생 열량	현열, 잠열
		가구, 열원기기 발생 열량	현열(*조명), 잠열
장치 부하		송풍기에 의한 취득열량	현 열
		덕트에 의한 취득열량	현 열
외기 부하		신선한 공기(환기) 부하	현열, 잠열

(2) 냉방부하 계산 시 조건

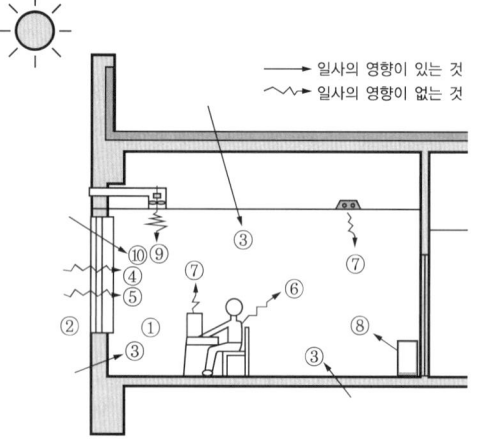

→ 일사의 영향이 있는 것
⌁ 일사의 영향이 없는 것

① 실내 조건
② 실외 조건
③ 천장, 벽체, 바닥 취득열량
④ 외기 부하(신선한 공기)
⑤ 극간풍에 의한 취득열량
⑥ 인체 발생 열량
⑦ 조명, 가구 발생 열량
⑧ 장치(송풍기, 덕트) 부하
⑨ 재열(Reheating) 부하
⑩ 유리를 통한 취득열량

10년간 자주 출제된 문제

1-1. 다음의 냉방부하 발생요인 중 현열부하만 발생시키는 것은?
① 인체의 발생열량
② 벽체로부터의 취득열량
③ 극간풍에 의한 취득열량
④ 외기의 도입으로 인한 취득열량

1-2. 냉방부하의 종류 중 현열만을 포함하고 있는 것은?
① 인체의 발생 열량
② 유리로부터의 취득열량
③ 극간풍에 의한 취득열량
④ 외기의 도입으로 인한 취득열량

1-3. 냉난방부하에 관한 설명으로 옳지 않은 것은?
① 틈새바람부하에는 현열부하 요소와 잠열부하 요소가 있다.
② 최대 부하를 계산하는 것은 장치의 용량을 구하기 위한 것이다.
③ 냉방부하 중 실부하란 전열부하, 일사에 의한 부하 등을 말한다.
④ 인체 발생열과 조명기구 발생열은 난방부하를 증가시키므로 난방부하 계산에 포함시킨다.

|해설|
1-1
벽체에서의 취득열량은 현열부하만 발생시킨다.

1-2
유리로부터의 취득열량은 일사에 의한 현열만을 포함한다.

1-3
- 난방부하 계산 시에는 인체 발생열(재실자), 전열기구(조명기구 등) 등의 발열은 무시한다.
- 냉방부하 계산 시에는 인체 발생열(재실자), 전열기구(조명기구 등) 등의 발열은 포함한다.

정답 1-1 ② 1-2 ② 1-3 ④

핵심이론 02 | 냉동기

(1) 압축식 냉동기

① 순환 원리 : 압축 → 응축 → 팽창 → 증발(냉동, 냉각)

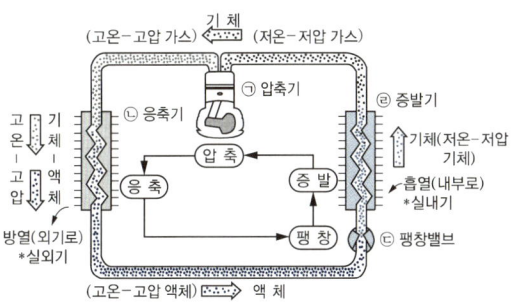

② 압축식 냉동기의 구성
  ㉠ 압축기(Compressor) : 저온·저압의 냉매가스를 응축 액화하기 위해 압축하여 응축기로 보냄
  ㉡ 응축기(Condenser) : 고온·고압의 냉매가스를 공기나 물을 접촉시켜 응축 액화시키는 역할
  ㉢ 팽창 밸브(Expansion Valve) : 고온·고압 냉매액을 증발기에서 증발하기 쉽게 저온·저압액으로 팽창시킴
  ㉣ 증발기(Evaporator) : 저온·저압의 액체냉매가 피냉각 물질로부터 열을 흡수하여 증발시킴

(2) 흡수식 냉동기

① 순환 원리 : 흡수 → 재생 → 응축 → 증발

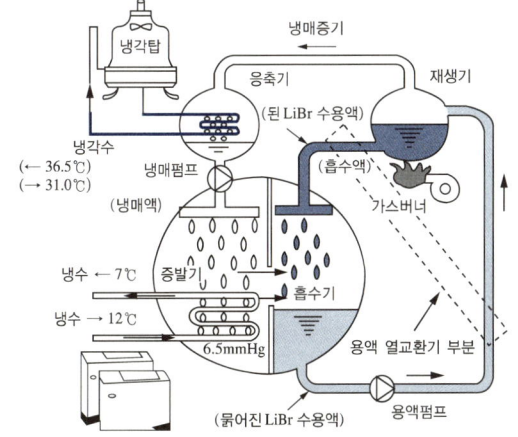

㉠ 흡수기 : 수분을 흡수하여 온도를 떨어뜨리는 작용
㉡ 재생기 : 묽은 용액을 온도를 높여 증발시키면 용액은 농축되고 물은 증발되어 리튬브로마이드(LiBr, 브롬화 리튬)를 재생하는 장치
㉢ 응축기 : 냉매증기(수증기)를 냉각관 내(냉각수)로 통하여 냉각 응축시킴
㉣ 증발기 : 냉각관 내를 흐르는 냉수로부터 열을 빼앗아 냉매(물)를 증발시킴

10년간 자주 출제된 문제

2-1. 압축식 냉동기의 냉동사이클로 옳은 것은?
① 압축 → 응축 → 팽창 → 증발
② 압축 → 팽창 → 응축 → 증발
③ 응축 → 증발 → 팽창 → 압축
④ 팽창 → 증발 → 압축 → 응축

2-2. 압축식 냉동기의 주요 구성요소가 아닌 것은?
① 재생기 ② 압축기
③ 증발기 ④ 응축기

2-3. 다음 설명에 알맞은 냉동기는?

> • 기계적 에너지가 아닌 열에너지에 의해 냉동효과를 얻는다.
> • 구조는 증발기, 흡수기, 재생기(발생기), 응축기 등으로 구성되어 있다.

① 터보식 냉동기 ② 흡수식 냉동기
③ 스크루식 냉동기 ④ 왕복동식 냉동기

2-4. 압축식 냉동기의 냉동사이클에서, 냉매가 압축기에서 응축기로 들어갈 때의 상태는?
① 저온·고압의 액체 ② 저온·저압의 액체
③ 고온·고압의 기체 ④ 고온·저압의 기체

|해설|

2-1
• 압축식 냉동기 : 압축 → 응축 → 팽창 → 증발
• 흡수식 냉동기 : 흡수 → 재생 → 응축 → 증발

2-2
재생기는 흡수식 냉동기의 주요 구성요소이다.

2-4
응축기에서는 압축기에서 보내온 고온·고압의 냉매가스를 공기나 물을 접촉시켜 응축 액화시키는 역할을 한다.

정답 2-1 ① 2-2 ① 2-3 ② 2-4 ③

| 핵심이론 03 | 냉각탑, 냉동축열 시스템

(1) 냉각탑(冷却塔)

① 냉각탑의 역할 : 응축기용 냉각수의 재사용을 위해 대기와 접촉시켜서 물을 냉각하는 장치

② 열전달 방법에 따른 종류(공기와 물의 접촉 방식)
  ㉠ 개방식(습식) : 냉각수가 냉각탑 내에서 대기에 노출
  ㉡ 밀폐식 : 냉각수 배관이 밀폐되어 순환수의 오염을 방지하고, 연중 사용하는 운전(전산실 등)에 적합
  ㉢ 건식(공랭식, Dry Cooler) : 증발이 없는 감열냉각 형태
  ㉣ 습건식 : 백연(White Smoke) 방지형으로, 습식과 건식을 모두 이용한 형태

③ 물과 공기의 흐름방향에 따른 종류
  ㉠ 대향류식
    • 물과 공기의 흐름이 역방향
    • 열전달 우수
    • 설치 면적이 작지만, 높이 제한이 있다.
  ㉡ 직교류식
    • 물과 공기의 흐름이 직각으로 교차
    • 열전달 낮음
    • 높이를 줄일 수 있어서 높이 제한을 받는 곳에 유리

④ 냉각탑 설치 위치
  ㉠ 소음이 적고, 바람이 잘 통하는 옥상
  ㉡ 부식성 가스나 먼지의 유입이 안 되는 곳
  ㉢ 급·배수관과 가까운 장소

(2) 냉동축열 시스템

① 심야전력(22 : 00~08 : 00)을 이용하여 얼음 또는 찬물의 형태로 저장했다가 주간에 건물의 냉방에 활용하는 시스템

② 심야의 값 싼 전력을 이용할 수 있고, 주야간의 전력 불균형을 해소할 수 있다.

③ 종 류
  ㉠ 빙축열 시스템 : 얼음 형태로 축열하는 잠열 축열 시스템
  ㉡ 수축열 시스템 : 물의 온도변화를 이용한 현열 축열 시스템

10년간 자주 출제된 문제

3-1. 냉각탑에 대한 설명으로 옳은 것은?
① 고압의 액체냉매를 증발시켜 냉동효과를 얻게 하는 설비이다.
② 증발기에서 나온 수증기를 냉각시켜 물이 되도록 하는 설비이다.
③ 대기 중에서 기체냉매를 냉각시켜 액체냉매로 응축하기 위한 설비이다.
④ 냉매를 응축시키는 데 사용된 냉각수를 재사용하기 위하여 냉각시키는 설비이다.

3-2. 냉방설비의 냉각탑에 관한 설명으로 옳은 것은?
① 열에너지에 의해 냉동효과를 얻는 장치
② 냉동기의 냉각수를 재활용하기 위한 장치
③ 임펠러의 원심력에 의해 냉매가스를 압축하는 장치
④ 물과 브롬화리튬의 혼합용액으로부터 냉매인 수증기와 흡수제인 LiBr으로 분리시키는 장치

3-3. 빙축열 시스템에 관한 설명으로 옳지 않은 것은?
① 저온용 냉동기가 필요하다.
② 얼음을 축열 매체로 사용하여 냉열을 얻는다.
③ 주간의 피크부하에 해당하는 전력을 사용한다.
④ 응고 및 융해열을 이용하므로 저장열량이 크다.

|해설|

3-1
냉각탑 : 냉각수를 재사용하기 위하여 냉각시키는 장치

3-2
냉각탑은 응축기용 냉각수를 재사용하기 위해 대기와 접촉시켜서 물을 냉각하는 장치이다.
① : 냉동기
③ : 압축기
④ : 재생기

3-3
야간의 피크부하에 해당하는 심야전력을 사용한다.

정답 3-1 ④ 3-2 ② 3-3 ③

제8절 공기조화설비

핵심이론 01 | 기초 사항

(1) 공기조화(Air Conditioning)의 의미
주어진 실내의 온도, 습도, 환기, 청정 및 기류 등을 함께 조절하여 실내의 사용목적에 알맞은 상태를 유지시키는 것

(2) 습공기 구성요소
① 건구온도(DBT ; Dry Bulb Temperature, ℃)
② 습구온도(WBT ; Wet Bulb Temperature, ℃) : 온도계의 감온부를 젖은 헝겊으로 싸고 3m/s 이상의 바람이 불 때 나타내지는 온도
③ 노점온도(DPT ; Dew Point Temperature, ℃)
  ㉠ 습공기 냉각으로 이슬, 결로가 맺히기 시작하는 온도
  ㉡ 노점온도의 습공기 상대습도는 100%인 포화상태
④ 상대습도(RH ; Relative Humidity, %) : 어떤 온도에서의 포화 수증기압에 대한 현재 수증기압의 백분율

$$상대습도 = \frac{현재\ 수증기압}{포화\ 수증기압} \times 100(\%)$$

⑤ 절대습도(AH ; Absolute Humidity)
  ㉠ 질량 기준 표시(단위 : kg/kg′, kg/kg(DA), DA : 건공기) : 어떤 온도에서의 건공기 1kg 내에 포함된 수증기의 질량을 표시한 값

$$절대습도 = \frac{수증기\ 중량}{습한\ 공기\ 중의\ 건조\ 공기\ 중량}$$
$$(kg/kg′)$$

  ㉡ 부피 기준 표시 : 어떤 온도에서의 공기 1m³ 속에 포함되어 있는 수증기의 양을 g수로 나타낸 것 (g/m³)

⑥ 비중량, 비체적 : 표준상태에서의 공기 1m³는 비중량 1.2kg/m³, 비체적 0.83m³/kg
⑦ 엔탈피(Enthalpy, kJ/kg(DA)) : 건공기와 수증기가 가지는 전열량(현열 + 잠열)
⑧ 현열비 : 전열(현열 + 잠열)에 대한 현열의 비
⑨ 수증기 분압(Vapor Pressure, mmHg) : 습공기 중 수증기가 차지하는 부분 압력

10년간 자주 출제된 문제

1-1. 습공기가 냉각되어 포함되어 있던 수증기가 응축되기 시작하는 온도를 의미하는 것은?
① 노점온도 ② 습구온도
③ 건구온도 ④ 절대온도

1-2. 공기조화 부하 계산 결과 현열부하가 400W, 잠열부하가 100W일 경우 현열비는?
① 0.1 ② 0.2
③ 0.4 ④ 0.8

1-3. 다음 중 상대습도(RH) 100%에서 그 값이 같지 않은 온도는?
① 건구온도 ② 효과온도
③ 습구온도 ④ 노점온도

1-4. 습공기 선도에 표현되어 있지 않은 것은?
① 비체적 ② 노점온도
③ 절대습도 ④ 엔트로피

|해설|

1-1
노점온도 : 이슬점 온도(상대습도 100%인 포화상태)

1-2
현열비 = $\dfrac{\text{현열부하}}{\text{현열부하} + \text{잠열부하}} = \dfrac{400}{400+100} = 0.8$

1-3
② 효과온도 : 기온, 기류, 주위벽 온도 종합(습도 고려하지 않음)
상대습도(RH) 100%일 때 : 건구온도 = 습구온도 = 노점온도
상대습도가 100%인 경우
- 포화 상태일 때
- 포화 수증기량 곡선상에 놓여 있는 상태
- 현재 기온과 이슬점이 같을 때
- 현재 수증기량과 현재 기온의 포화 수증기량이 같을 때
- 건습구 습도계에서 건구온도와 습구온도가 같을 때

1-4
습공기 선도 구성요소 : 건구온도, 습구온도, 노점온도, 절대습도, 상대습도, 수증기 분압, 비체적, 엔탈피, 현열비 등

정답 1-1 ① 1-2 ④ 1-3 ② 1-4 ④

(3) 습공기 선도(Psychrometric Chart)

① 습공기의 상태를 나타낸 선도로서, 습공기 구성요소의 상호 관계를 나타낸 그림
② 습공기의 전압력이 일정한 경우, 그 상태량의 건·습구온도, 이슬점, 포화점, 엔탈피, 절대습도 중에서 2가지만 알면 다른 값들을 알 수 있다.

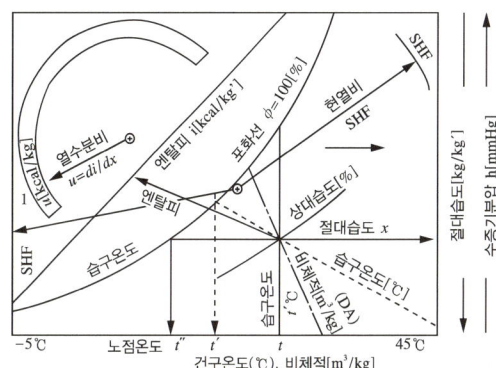

(4) 습공기 선도의 내용

① 습공기 선도를 구성하는 요소 : 건구온도, 습구온도, 노점온도, 절대습도, 상대습도, 수증기 분압, 비체적, 엔탈피, 현열비 등
② 공기를 냉각 가열하여도 절대습도는 변하지 않는다.
③ 공기를 냉각하면 상대습도는 높아지고 가열하면 상대습도는 낮아진다.
④ 습구온도와 건구온도가 같다는 것은 상대습도가 100%인 포화공기임을 뜻한다.
⑤ 습구온도가 건구온도보다 높을 수는 없다.

(5) 혼합공기의 온도계산

온도와 양이 서로 다른 공기를 혼합했을 때의 건구온도를 계산하며 공기, 물 모두 같은 방법으로 계산한다.

$$\text{혼합공기 온도}(℃) = \dfrac{(Q_1 \times t_1) + (Q_2 \times t_2)}{Q_1 + Q_2}$$

여기서, Q_1, Q_2 : 혼합 전 공기의 양
t_1, t_2 : 혼합 전 공기의 온도

10년간 자주 출제된 문제

1-5. 습공기를 가열하였을 때 증가하지 않는 상태량은?
① 엔탈피 ② 비체적
③ 상대습도 ④ 습구온도

1-6. 습공기의 건구온도와 습구온도를 알 때 습공기 선도를 사용하여 구할 수 있는 상태값이 아닌 것은?
① 엔탈피 ② 비체적
③ 기류속도 ④ 절대습도

1-7. 습공기를 가열하였을 경우 상태량이 변하지 않는 것은?
① 절대습도 ② 상대습도
③ 건구온도 ④ 습구온도

1-8. 습공기의 상태변화에 관한 설명으로 옳지 않은 것은?
① 가열하면 엔탈피는 증가한다.
② 냉각하면 비체적은 감소한다.
③ 가열하면 절대습도는 증가한다.
④ 냉각하면 습구온도는 감소한다.

1-9. 30℃의 공기 300m³와 10℃의 공기 200m³를 단열혼합하였을 경우 혼합공기의 온도는?
① 22℃ ② 23.5℃
③ 24℃ ④ 25.2℃

|해설|
1-5, 1-7, 1-8
습공기의 가열 또는 냉각에 따른 상태변화

구 분	t, t', H, V	ϕ	t'', X, P_W
가 열	증 가	감 소	변화 없다.
냉 각	감 소	증 가	변화 없다.

- t : 건구온도
- t' : 습구온도
- t'' : 노점온도
- ϕ : 상대습도
- X : 절대습도
- P_W : 수증기분압
- H : 엔탈피
- V : 비체적

1-9
혼합공기 온도(℃) = $\dfrac{(300 \times 30) + (200 \times 10)}{300 + 200}$ = 22℃

정답 1-5 ③ 1-6 ③ 1-7 ① 1-8 ③ 1-9 ①

(6) 결로(Condensation)

① 결로의 종류
  ㉠ 표면 결로 : 건물의 표면 온도가 접촉하고 있는 공기의 포화온도(노점온도)보다 낮을 때 재료 표면에 발생
  ㉡ 내부 결로 : 벽체 내부의 온도가 노점 이하로 되었을 때 벽체에 침투한 습한 공기로 인해 내부 결로가 발생한다.

② 결로의 원인
  ㉠ 실내와 실외의 온도차 : 실내의 단열성능이 가장 나쁜 곳이 표면 온도가 가장 낮아 결로가 쉽게 발생
  ㉡ 실내 습기의 과다 발생
  ㉢ 생활습관에 의한 환기 부족 : 환기 부족으로 인하여 결로가 발생
  ㉣ 구조재의 열적 특성 : 투습성이 높은 재료를 사용하거나 또는 단열을 연속할 수 없는 단열의 취약 부위에서 결로의 발생이 쉽다.
  ㉤ 시공불량 : 단열 취약 부위로써 결로가 생기기 쉽다.

③ 결로의 방지 대책
  ㉠ 실내 습기 방지책
    - 실내 수증기압을 포화 수증기압보다 작게 한다.
    - 환기계획을 잘 할 것
    - 부엌, 욕실 내의 수증기를 외부로 배출시킬 것
  ㉡ 벽체의 열관류 저항을 크게 할 것
  ㉢ 열교 현상이 일어나지 않도록 단열 처리 및 시공에 유의할 것
  ㉣ 실내측 벽의 표면 온도를 실내 공기의 노점온도보다 높게 설계할 것
  ㉤ 벽에 방습층을 둘 것(고온 측인 실내 측에 가깝게 시공)

(7) 단 열

① 외피의 모서리 부분은 열교가 발생하지 않도록 단열재를 연속적으로 설치한다.
② 열손실이 많은 북측 거실의 창, 문의 면적은 최소화한다.
③ 외벽 부위는 외단열로 시공한다.
④ 발코니 확장을 하는 공동주택에는 단열성이 우수한 로이(Low-E) 복층창이나 삼중창 이상의 단열성능을 갖는 창을 설치한다.

10년간 자주 출제된 문제

1-10. 겨울철 주택의 단열 및 결로에 관한 설명으로 옳지 않은 것은?
① 단층 유리보다 복층 유리의 사용이 단열에 유리하다.
② 벽체 내부로의 수증기 침입을 억제할 경우 내부 결로 방지에 효과적이다.
③ 단열이 잘된 벽체에서는 내부 결로는 발생하지 않으나 표면 결로는 발생하기 쉽다.
④ 실내측 벽 표면 온도가 실내 공기의 노점온도보다 높은 경우 표면 결로는 발생하지 않는다.

1-11. 건축물의 에너지절약설계기준에 따른 건축물의 단열을 위한 권장사항으로 옳지 않은 것은?
① 외벽 부위는 내단열로 시공한다.
② 열손실이 많은 북측 거실의 창 및 문의 면적은 최소화한다.
③ 외피의 모서리 부분은 열교가 발생하지 않도록 단열재를 연속적으로 설치한다.
④ 발코니 확장을 하는 공동주택에는 단열성이 우수한 로이(Low-E) 복층창이나 삼중창 이상의 단열성능을 갖는 창을 설치한다.

|해설|

1-10
단열이 잘된 벽체는 열의 이동을 차단하는 성능이 좋으며 내부 결로 및 표면 결로가 잘 발생하지 않는다.

1-11
외벽 부위는 외단열로 시공하여 벽체의 온도를 높여 준다.

정답 1-10 ③ 1-11 ①

핵심이론 02 | 열환경

(1) 열환경 구성 4요소

인체의 온열감각에 영향을 미치는 요소는 다음과 같다.
① 기온(DBT)
② 습도(RH)
③ 기류(m/sec)
④ 주위 벽의 복사열

(2) 온 도

① 유효온도(ET ; Effective Temperature)
  ㉠ 온도, 기류, 습도를 조합한 감각 지표로서 효과온도, 감각온도, 실효온도 또는 체감온도라고도 한다.
  ㉡ Houghton과 Yaglou(1923, 미국)에 의해 창안되어 공기조화(덕트식 냉난방) 평가에 널리 사용되었다.
② 수정 유효온도(CET ; Corrected Effective Temperature)
  ㉠ ET에 복사(열)의 영향을 고려하기 위해 고안되었다.
  ㉡ Bedford에 의힌 것으로 ET선도를 이용하여 건구온도 대신 글로브 온도계의 온도를 사용한다.
③ 신유효온도(New Effective Temperature : ET*) : 신유효온도는 생리적 긴장을 일정하게 보고, 50% 상대습도선과 건구온도의 교차로 표시된다.
④ 작용온도 : 기온·기류 및 주위 벽 방사온도의 종합에 의해서 체감도를 나타내는 온도이다.
⑤ 등온지수(等溫指數, Equivalent Warmth, 등가온도) : 기온, 기습, 기류에 복사열의 영향을 포함한 4요소의 종합효과를 나타내는 지수이다.

(3) MET, clo

① MET(Metabolic Equivalent of Task) : 주관적 온열요소 중 인체의 활동상태를 표시하는 단위로서, 1MET는 열적으로 쾌적한 상태에서 의자에 앉아서 안정을 취하고 있을 때의 대사량(1MET = 50kcal/m² · h)

② clo : 의복의 열저항 단위로서, 1clo는 21℃, 상대습도 50%, 기류 0.1m/sec 조건의 실내에서 인체 표면으로부터의 방열량이 1MET의 활동량과 평형을 이루는 착의상태에서의 피부 표면으로부터 착의 표면까지의 열저항값

10년간 자주 출제된 문제

2-1. 불쾌지수의 결정 요소로만 구성된 것은?

① 기온, 습도
② 습도, 기류
③ 기류, 복사열
④ 기온, 복사열

2-2. 기온, 습도, 기류의 3요소의 조합에 의한 실내 온열감각을 기온의 척도로 나타낸 것은?

① 작용온도
② 등가온도
③ 유효온도
④ 등온지수

2-3. 온열지표 중 기온, 습도, 기류, 주벽면 온도의 4요소를 조합하여 체감과의 관계를 나타낸 것은?

① 작용온도
② 불쾌지수
③ 등온지수
④ 유효온도

2-4. 실내 열환경 지표 중 공기의 습도가 고려되지 않은 것은?

① 작용온도
② 유효온도
③ 등온지수
④ 신유효온도

2-5. 주관적 온열요소 중 인체의 활동 상태의 단위로 사용되는 것은?

① MET
② clo
③ lm
④ cd

|해설|

2-1
불쾌지수는 기온과 습도에 의해 결정된다.
불쾌지수(DI) = 0.72(건구온도 + 습구온도) + 40.6

2-2
유효온도(ET ; Effective Temperature) : 온도, 기류, 습도를 조합한 감각 지표로서 효과온도, 감각온도, 실효온도 또는 체감온도라고도 한다.

2-3
등온지수(等溫指數) : 기온·기습·기류에 복사열의 영향을 포함한 4요소의 종합효과를 나타내는 지수이다. 등가온도(等價溫度, Equivalent Warmth)라고도 한다.

2-4
작용온도는 습도의 영향을 고려하지 않음
작용온도(효과온도) : 기온·기류 및 주위 벽 온도의 종합에 의해서 체감도를 나타내는 척도이다.

2-5
MET(Metabolic Equivalent of Task) : 주관적 온열요소 중 인체(신체)의 활동 상태를 표시하는 단위이다.

정답 2-1 ① 2-2 ③ 2-3 ③ 2-4 ① 2-5 ①

| 핵심이론 03 | 환기설비

(1) 실내 공기 기준

[실내 공기질 유지기준(실내 공기질 관리법 시행규칙 별표 2)]

오염물질 항목 다중이용시설	미세먼지 (PM-10) ($\mu g/m^3$)	미세먼지 (PM-2.5) ($\mu g/m^3$)	이산화탄소 (ppm)	폼알데하이드 ($\mu g/m^3$)	총부유세균 (CFU/m^3)	일산화탄소 (ppm)
지하역사, 지하도상가, 철도역사의 대합실, 여객자동차터미널의 대합실, 항만시설 중 대합실, 공항시설 중 여객터미널, 도서관·박물관 및 미술관, 대규모 점포, 장례식장, 영화상영관, 학원, 전시시설, 인터넷컴퓨터게임시설제공업의 영업시설, 목욕장업의 영업시설	100 이하	50 이하	1,000 이하	100 이하	—	10 이하
의료기관, 산후조리원, 노인요양시설, 어린이집, 실내 어린이 놀이시설	75 이하	35 이하		80 이하	800 이하	
실내 주차장	200 이하	—		100 이하	—	25 이하
실내 체육시설, 실내 공연장, 업무시설, 둘 이상의 용도에 사용되는 건축물	200 이하	—	—	—	—	—

(2) 환기 횟수

① 실내 공기 : 이산화탄소(CO_2) 농도를 기준으로 산출
   ㉠ 상대습도 : 40~70% 정도
   ㉡ 기류의 이동 속도 : 0.5m/sec 이하

② 환기 횟수
   ㉠ 환기 횟수 : 1시간에 방 공기를 외기와 교체하는 횟수
   ㉡ 환기의 정도를 나타내는 지표로 사용

   $N = \dfrac{Q}{V}$ (회)

   여기서, N : 환기 횟수(회/h)
   V : 실체적(m^3)
   Q : 환기량(m^3/h)

10년간 자주 출제된 문제

3-1. 다음 중 환기 횟수에 관한 설명으로 가장 알맞은 것은?
① 한 시간 동안에 창문을 여닫는 횟수를 의미한다.
② 하루 동안에 공조기를 작동하는 횟수를 의미한다.
③ 한 시간 동안의 환기량을 실의 용적으로 나눈 값이다.
④ 하루 동안의 환기량을 실의 면적으로 나눈 값이다.

3-2. 실내 공기 중에 부유하는 직경 10μm 이하의 미세먼지를 의미하는 것은?
① VOC10 ② PMV10
③ PM10   ④ SS10

3-3. 이산화탄소의 실내 공기질 유지기준으로 옳은 것은?(단, 다중이용시설 중 실내 주차장의 경우)
① 200ppm 이하   ② 500ppm 이하
③ 1,000ppm 이하 ④ 2,000ppm 이하

3-4. 다음의 조건에 있는 실의 틈새바람에 의한 현열부하는?

- 실의 체적 : 400m³
- 환기 횟수 : 0.5회/h
- 실내 온도 : 20℃
- 외기 온도 : 0℃
- 공기의 밀도 : 1.2kg/m³
- 공기의 정압비열 : 1.01kJ/kg·K

① 약 654W   ② 약 972W
③ 약 1,347W ④ 약 1,654W

|해설|

3-1
$$환기 횟수 = \frac{1시간 동안의 환기량}{실용적}$$

3-2
미세먼지 : PM10(지름이 10μm 이하)
초미세먼지 : PM2.5(지름이 2.5μm 이하)

3-3
이산화탄소(CO_2) : 1,000ppm 이하
일산화탄소(CO) : 25ppm 이하

3-4
Q = 환기 횟수 × 실의 체적 = 0.5 × 400 = 200m³/h
$H_i = 0.337 \times Q \times \Delta t = 0.337 \times 200 \times 20 = 1,348W$

정답 3-1 ③ 3-2 ③ 3-3 ③ 3-4 ③

(3) 자연환기

① 특 징
  ㉠ 실외 풍속이 클수록 환기량은 크다.
  ㉡ 실내외 온도차가 클수록 환기량은 크다.
  ㉢ 2개 창은 나란히 두는 것보다 상하로 두는 것이 좋다.
  ㉣ 같은 면적의 개구부일 때는 큰 것 하나보다 2개로 나누어 설치한다.
  ㉤ 마주보는 벽의 유입구, 유출구는 상호 어긋나게 한다.
  ㉥ 개구부에 돌출장치(Baffle)를 하면 바람이 경사지게 불 경우 실내 유속이 약 3배로 증가한다.

② 굴뚝효과(연돌효과)
  ㉠ 수직 파이프, 덕트에서 온도차에 의한 환기가 된다.
  ㉡ 공기 유동이 거의 없을 때에도 환기를 유발시킨다.

(4) 기계환기

① 기계에 의한 분류

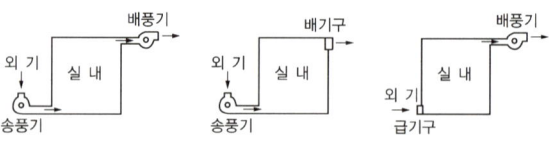

[1종 환기방식] [2종 환기방식] [3종 환기방식]

구 분	급 기	배 기	적 용
1종 병용식	기 계	기 계	• 공기조정설비 포함 • 밀폐공간, 수술실 등에 적합
2종 압입식	기 계	자 연	• 배기구 위치에 제약 • 청정실, 반도체실 등에 적합
3종 흡출식	자 연	기 계	• 급기구 위치에 제약 • 부엌, 욕실, 화장실, 오염실 적합

② 흡·배기구 위치에 의한 분류
  ㉠ 상향 환기법 : 흡기구를 벽면 하부에 설치하고, 배기구는 천장이나 벽면 상부에 설치하여 아래에서 위로 환기하는 방식으로 취기발생 지역에 설치(식당 등)

ⓒ 하향 환기법 : 흡기구를 천장 혹은 벽면 상부에 설치하고, 배기구는 마루 혹은 벽면 하부에 설치하여 위에서 아래로 환기하는 방식(넓은 공간, 실내 경기장, 병원, 학교, 공장 등)

10년간 자주 출제된 문제

3-5. 환기에 관한 설명으로 옳지 않은 것은?
① 외부 풍속이 커지면 환기량은 많아진다.
② 실내외의 온도차가 크면 환기량은 작아진다.
③ 중성대란 중력환기에서 실내외의 압력이 같아지는 위치이다.
④ 자연환기량은 중성대로부터 공기 유입구 또는 유출구까지의 높이가 클수록 많아진다.

3-6. 환기에 관한 설명으로 옳지 않은 것은?
① 화장실은 송풍기(급기팬)와 배풍기(배기팬)를 설치하는 것이 일반적이다.
② 기밀성이 높은 주택의 경우 잦은 기계환기를 통해 실내 공기의 오염을 낮추는 것이 바람직하다.
③ 병원의 수술실은 오염공기가 실내로 들어오는 것을 방지하기 위해 실내 압력을 주변 공간보다 높게 설정한다.
④ 공기 오염농도가 높은 도로에 면해 있는 건물의 경우, 공기조화설비 계통의 외기 도입구를 가급적 높은 위치에 설치한다.

3-7. 급기와 배기측에 팬을 부착하여 정확한 환기량과 급기량 변화에 의해 실내압을 정압(+) 또는 부압(-)으로 유지할 수 있는 환기방법은?
① 자연환기
② 제1종 환기
③ 제2종 환기
④ 제3종 환기

|해설|
3-5
실내외의 온도차, 풍속차가 클수록 환기량은 커진다.
3-6
3종 환기 : 자연급기, 기계배기(부엌, 욕실, 화장실, 오염실 등)
3-7
제1종 환기는 급기장치와 배기장치를 설치하는 방식으로 실내 공간의 압력을 일정하게 유지할 수 있다.

정답 3-5 ② 3-6 ① 3-7 ②

핵심이론 04 | 공기조화 조닝

(1) 공조의 조닝(Zoning)
① 공조설비에 있어서 건물의 사용목적 또는 요구조건에 따라 건물을 몇 개의 구역으로 나누어 각각의 계통별로 구분하여 설치하는 것
② 초기 설비비는 상승하나 유지관리 차원에서 에너지는 절약된다.

(2) 존별 조닝
① 외부존 : 방위별 조닝, 층별 조닝
② 내부존 : 용도에 따른 조닝, 부하 특성별 조닝, 온·습도 설정별 조닝, 공기 청정도별 조닝, 개별실 제어 조닝, 내부 인원 및 부하밀도별 조닝, 사용 시간별 조닝

(3) 조닝의 효과
① 에너지 절약에 유리
② 부하변동에 쉽게 대응
③ 효율적인 운전 관리
④ 실내 열환경 조절에 유리

(4) 전열교환기(폐열회수형 환기장치)
① 실내에서 배기하는 열(온열·냉열)에 의하여 외기에서 들어오는 공기를 따뜻하거나 차갑게 해 주기 위한 열교환기로서, 현열과 잠열 양방의 열교환이 가능하다.
② 외기가 들어와서 급기되는 부분과 환기가 배기되는 부분으로 나누어진다.
③ 공기조화설비의 에너지 절약 : 전열교환기(폐열회수형 환기장치)를 통해 실내 열에너지를 회수하여 도입 외기공기에 공급함으로써 실내 온도와 가까운 온도의 바깥공기가 도입됨에 따라 에너지 손실을 크게 절감할 수 있다.
④ 보일러나 냉동기의 용량을 줄일 수 있다.
⑤ 회전식과 고정식이 있다.

10년간 자주 출제된 문제

4-1. 공기조화계획에서 내부존의 조닝방법에 속하지 않는 것은?
① 방위별 조닝
② 부하 특성별 조닝
③ 온·습도 설정별 조닝
④ 용도에 따른 시간별 조닝

4-2. 공기조화설비의 에너지 절약방법 중 폐열을 회수하여 이용하는 방식은?
① 변유량 방식
② 외기냉방 방식
③ 전열교환 방식
④ 전력수요제어 방식

4-3. 공조시스템의 전열교환기에 관한 설명으로 옳지 않은 것은?
① 공기 대 공기의 열교환기로서 현열만 교환이 가능하다.
② 공조기는 물론 보일러나 냉동기의 용량을 줄일 수 있다.
③ 공기 방식의 중앙공조 시스템이나 공장 등의 환기에서의 에너지회수 방식으로 사용된다.
④ 전열교환기를 사용한 공조 시스템에서 중간기(봄, 가을)를 제외한 냉방기와 난방기의 열회수량은 실내·외의 온도차가 클수록 많다.

4-4. 중앙식 공기조화기에 전열교환기를 설치하는 가장 주된 이유는?
① 소음 제거
② 에너지 절약
③ 공기오염 방지
④ 백연현상 방지

|해설|

4-1
방위별 조닝과 층별 조닝은 외부존 조닝에 속한다.
공조설비 조닝(Zoning) : 건물 또는 각 실 열부하 특성, 실내 환경조건, 사용시간에 따라서 공조 계통을 분리하여 구역별 공조

4-2
폐열회수형 환기장치(전열교환기)를 통해 실내 열에너지를 회수하여 도입 외기공기에 공급함으로써 실내 온도와 가까운 온도의 바깥공기가 도입됨에 따라 에너지 손실을 크게 절감할 수 있다.

4-3
공기 대 공기의 현열과 잠열을 동시에 교환하는 열교환기로서 배기와 도입 외기 사이에서 열회수하는 경우에 널리 쓰인다.

4-4
전열교환기는 실내 열에너지를 회수하여 도입 외기공기에 공급함으로써 실내 온도와 가까운 온도의 바깥공기가 도입됨에 따라 에너지 손실을 절감할 수 있다.

정답 4-1 ① 4-2 ③ 4-3 ① 4-4 ②

핵심이론 05 | 공기조화 방식의 열매에 따른 분류

(1) 전공기 방식(All Air System)
① 운전 보수, 관리가 용이하다(중앙집중식).
② 겨울철 가습이 용이하다.
③ 덕트가 크므로 설치 공간이 커진다.
④ 송풍 동력이 크므로 반송 동력이 커진다.
⑤ 실내 공기오염이 적다.
⑥ 외기 냉방이 가능하다.
⑦ 실내 유효면적 증가

(2) 공기-수 방식(Air-Water System, 수공기 방식)
① 필터 보수, 기기 점검 등으로 관리비 증대
② 송풍량이 적어 고성능 필터 사용 불가능
③ 덕트 스페이스(면적)가 적다.
④ 반송 동력이 적다(전공기식에 비해 동력비 절감).
⑤ 유닛별로 제어하면 개별 제어가 가능하다(온도 제어가 쉽고, 존 구성이 쉽다).
⑥ 외기 냉방이 가능하다.
⑦ 누수의 우려가 있으며, 배관과 덕트가 복잡하다.
⑧ 유닛이 실내 공간을 차지하고, 소음이 발생한다.

(3) 전수 방식(All Water System)
① 덕트가 불필요하다.
② 외기를 도입하기 어렵다.

③ 개별 제어가 용이하다.
④ 공기오염이 크다.

(4) 냉매 방식(Refrigerant System, 개별식 공조)
① 부분운전이 가능하다.
② 온도 조절기 내장으로 개별 제어가 용이하다.
③ 장래의 부하변동에 대응하기 쉽다.

10년간 자주 출제된 문제

5-1. 다음 공기조화 방식 중 전공기 방식에 속하지 않는 것은?
① 단일 덕트 방식
② 이중 덕트 방식
③ 멀티존 유닛 방식
④ 팬코일 유닛 방식

5-2. 공기조화 방식 중 전공기 방식에 속하는 것은?
① 패키지 방식
② 이중 덕트 방식
③ 유인 유닛 방식
④ 팬코일 유닛 방식

5-3. 공기조화 방식 중 전공기 방식에 관한 설명으로 옳지 않은 것은?
① 중간기에 외기 냉방이 가능하다.
② 실의 유효 스페이스가 증대된다.
③ 실내 공기의 질을 높일 수 있는 가능성이 크다.
④ 수방식에 비해 열의 운송 동력이 적게 소요된다.

|해설|
5-1
공기식(전공기 방식) : 단일 덕트 방식, 이중 덕트 방식, 멀티존 방식, 각층 유닛 방식
수공기식 : 유인 유닛 방식
전수 방식 : 팬코일 유닛 방식, 복사냉난방 방식
냉매 방식 : 패키지 방식

5-2
② 이중 덕트 방식 : 전공기 방식
① 패키지 방식 : 냉매 방식
③ 유인 유닛 방식 : 수공기 방식
④ 팬코일 유닛 방식 : 전수 방식

5-3
전공기 방식 : 공기에 의한 열 운송으로 동력이 많이 소요된다.

정답 5-1 ④ 5-2 ② 5-3 ④

핵심이론 06 | 공기조화 방식의 세부 분류

(1) 단일 덕트 방식(Single Duct System)
① 정풍량 방식(Constant Air Volume System)
㉠ 냉・온풍을 각 실로 보낼 때 송풍량은 항상 일정하며, 송풍 온・습도만을 변화시켜 실내의 온・습도를 조절하는 가장 기본적인 공조 방식
㉡ 장 점
• 송풍량이 가장 많아 외기의 취입이나 중간기의 외기 환기에 적합
• 운전관리 용이, 효율 좋은 필터를 설치하여 쾌적한 실내 환경 조성
㉢ 단 점
• 큰 덕트가 필요하므로 천장 속에 충분한 덕트 공간이 요구된다.
• 각 실별로 온도 조절이 곤란하다(개별 제어 곤란).
㉣ 용도 : 바닥 면적이 크고 천장이 높은 곳에 적합(중・소 건물, 극장, 공장)

② 가변풍량 방식(Variable Air Volume System)
㉠ 덕트의 관말에 VAV 유닛을 설치하여 송풍 온도를 일정하게 하고, 송풍량을 실내 부하변동에 따라 변화시키는 방식(에너지 절약형 방식)
㉡ 장 점
• 부하변동을 정확히 파악하여 실온을 유지하기 때문에 에너지 손실이 적다.
• 저부하 시 풍량이 감소되어 동력을 절약할 수 있다.
• 전폐형 유닛을 사용함으로써 사용하지 않는 실의 송풍 정지가 가능하다.
• 개별 제어가 가능하다.

ⓒ 단 점
- 환기량 확보 문제로 실내 공기가 오염될 수 있다.
- 가변풍량 유닛의 설비비가 고가이다.

ⓔ 용 도
- OA 사무소 건물에 적합
- 발열량 변화 심한 내부존 : 급기온도 일정한 방식
- 일사량 변화 심한 외부존 : 급기온도 가변 방식

10년간 자주 출제된 문제

6-1. 변풍량 단일 덕트 방식에서 송풍량 조절의 기준이 되는 것은?
① 실내 청정도 ② 실내 기류속도
③ 실내 현열부하 ④ 실내 잠열부하

6-2. 급기온도를 일정하게 하고 송풍량을 변화시켜서 실내 온도를 조절하는 공기조화 방식은?
① FCU 방식 ② 이중 덕트 방식
③ 정풍량 단일 덕트 방식 ④ 변풍량 단일 덕트 방식

6-3. 공기조화 방식 중 단일 덕트 방식에 관한 설명으로 옳지 않은 것은?
① 전공기 방식의 특성이 있다.
② 냉·온풍의 혼합손실이 없다.
③ 각 실이나 존의 부하변동에 즉시 대응할 수 있다.
④ 2중 덕트 방식에 비해 덕트 스페이스를 작게 차지한다.

6-4. 단일 덕트 변풍량 방식에 관한 설명으로 옳지 않은 것은?
① 송풍량을 조절할 수 있다.
② 전공기 방식의 특성이 있다.
③ 각 실이나 존의 개별 제어가 불가능하다.
④ 일사량 변화가 심한 페리미터 존에 적합하다.

|해설|

6-1
변풍량 단일 덕트 방식은 송풍량과 실내의 현열부하의 관계에 의해 표시된다.

6-2
변풍량 단일 덕트 방식 : 부하 변동에 따라 송풍량 변화(에너지 절약형)

6-3
단일 덕트 방식은 개별 제어가 어렵고, 각 실이나 존에서의 부하변동에 대한 신속한 온도 조절이 곤란하다.
이중 덕트 방식의 장점
- 부하변동에 따른 온도 조절이 우수하다.
- 개별 제어가 용이하다.
- 계절마다 냉·난방의 전환이 불필요하다.

6-4
각 실이나 존의 개별 제어가 가능하다.

정답 6-1 ③ 6-2 ④ 6-3 ③ 6-4 ③

(2) 이중 덕트 방식(Double Duct System)

① 냉풍과 온풍의 2개 덕트를 사용하여 송풍하고, 각 실의 혼합상자에서 적절한 공기를 만들어서 실내로 송풍하는 방식

② 장 점
  ㉠ 부하변동에 따른 온도 조절이 우수하다.
  ㉡ 개별 제어가 용이하다.
  ㉢ 계절마다 냉·난방의 전환이 불필요하다.

③ 단 점
  ㉠ 덕트 스페이스가 크다.
  ㉡ 혼합손실이 발생되는 에너지 소비가 많은 형이다.
  ㉢ 여름철에도 보일러 운전이 요구된다.
  ㉣ 혼합상자를 설치해야 하며, 고속 덕트 도입으로 설비비와 운전비가 많이 든다.

④ 용도 : 고급 사무소 건물, 냉난방 부하 분포가 복잡한 건물

(3) 멀티존 유닛 방식(Multi Zone Unit System)

① 공조기 1대로 냉풍과 온풍을 적정비로 혼합(댐퍼모터)하여 각 존마다 공급하는 방식으로 공조기에서 각 실 또는 존으로 별개의 단일 덕트로 송풍 온도가 다른 공기를 공급하는 이중 덕트의 병용된 방식(이중 덕트 변형 방식)

② 장 점
  ㉠ 이중 덕트 방식보다 덕트 공간이 절약되고, 개별 제어가 가능
  ㉡ 이중 덕트 방식과 비교할 때 초기 설비비가 저렴하다.

③ 단 점
  ㉠ 이중 덕트 방식과 마찬가지로 혼합손실이 있어 에너지 소비가 많다.
  ㉡ 동일 존에서 내주부와 외주부의 부하변동이 거의 균일해야 한다.
  ㉢ 정풍량 장치가 없으므로 각 실의 부하변동이 심하면 각 실에 대한 송풍량의 불균형을 가져온다.

④ 용도 : 중간규모 이하의 건물

(4) 각 층 유닛 방식

① 외기용 공조기에서 1차 처리된 공기를 각 층 유닛에서 공기를 냉각하거나 가열하여 실내로 송풍하는 방식

② 특 징
  ㉠ 덕트를 사용하지 않거나 덕트가 작다.
  ㉡ 화재 발생 시에 유리하다.
  ㉢ 각 층마다 시간차 운전이 용이하다.
  ㉣ 각 층, 각 실을 구획하여 온도 조절이 용이하다.

③ 용도 : 각 층마다 열부하 특성이 크게 다른 건물(대규모 사무소, 백화점 등)

10년간 자주 출제된 문제

6-5. 공기조화 방식 중 냉풍과 온풍을 공급받아 각 실 또는 각 존의 혼합 유닛에서 혼합하여 공급하는 방식은?
① 단일 덕트 방식　　② 이중 덕트 방식
③ 유인 유닛 방식　　④ 팬코일 유닛 방식

6-6. 이중 덕트 방식에 관한 설명으로 옳은 것은?
① 부하감소에 따라 송풍량이 감소된다.
② 부하변동에 따른 적응속도가 느리다.
③ 혼합손실로 인한 에너지 소비량이 크다.
④ 부하특성이 다른 여러 실에 적용하기 곤란하다.

6-7. 다음 중 서로 상이한 실에 냉난방을 동시에 해야 하는 경우 가장 적절한 공조방식은?
① VAV 방식　　② CAV 방식
③ 유인 유닛 방식　　④ 멀티존 유닛 방식

|해설|
6-6
냉온풍 혼합에 따른 에너지 손실이 크고, 운전비가 많이 든다.
① 일정한 풍량으로 공급하므로 송풍 동력을 위한 운전비가 상승한다. 부하감소에 따라 송풍량이 감소되는 경우는 변풍량 단일 덕트 방식이다.
② 냉풍 및 온풍이 열매체이므로 실내 온도 변화에 적응속도가 빠르고 유연성이 있다.
④ 부하특성이 다른 여러 실의 개별 제어가 가능하다.

6-7
④ 멀티존 유닛 방식 : 열부하 특성이 다른 공간별 공조에 유리

정답 6-5 ②　6-6 ③　6-7 ④

(5) 유인 유닛 방식(Induction Unit System)
① 외기의 1차 공기를 실내 유닛에 공급하고, 1차 공기에 의해 유인된 2차 공기가 혼합되어 실내로 송풍되는 방식
② 특 징
　㉠ 1차 공기가 고속이어서 소음이 크다.
　㉡ 부하변동에 대응하기가 쉽다(개별 제어 용이).
　㉢ 유닛에 동력장치가 불필요하다.
③ 용도 : 사무실, 호텔, 병원, 방이 많은 건물의 외부 존 등

(6) 팬코일 유닛 방식(Fancoil Unit System)
① 냉각 및 가열코일, 송풍팬이 내장된 유닛(FCU)에 중앙 기계실에서 보낸 냉·온수를 이용하여 실내의 공기를 조화하는 방식
② 장 점
　㉠ 공기의 공급을 할 수 없어서 덕트가 불필요하다.
　㉡ 실내 각 유닛마다 개별 조절이 용이하다.
　㉢ 장래 부하변동 대응이 쉽고, 동력비가 적게 든다.
③ 단 점
　㉠ 송풍량이 적어 고성능 필터(HEPA)의 사용이 어렵다.
　㉡ 유닛은 개구부 아래에 설치하므로 실 이용률이 작다.
　㉢ 설비비와 보수 관리비가 고가이다.
　㉣ 고도의 공기 처리를 할 수 없다.
④ 용도 : 호텔의 객실, 아파트, 주택, 사무실에 적합하지만, 극장, 방송국의 스튜디오에는 부적합하다.

(7) 복사패널 + 덕트 방식(Panel Air System)

① 구조체(천장, 바닥, 벽체)에 코일을 매설하고 냉·온수를 공급하여 냉·난방을 하고, 공조기에서 덕트를 통해 공조하는 방식

② 장 점
  ㉠ 먼지의 이동이 적고, 쾌감도가 높다.
  ㉡ 바닥의 이용도가 높다.
  ㉢ 현열부하가 많은 경우에 적당하다.
  ㉣ 천장고가 높은 경우에도 적용이 가능하다.

③ 단 점
  ㉠ 설비비, 시공비가 많이 든다.
  ㉡ 누수의 위험이 있다.

④ 용도 : 고급 사무실(덕트를 병용하는 경우가 많다)

10년간 자주 출제된 문제

6-8. 공기조화 방식 중 팬코일 유닛 방식에 관한 설명으로 옳지 않은 것은?
① 각 실에 수배관으로 인한 누수의 우려가 있다.
② 덕트 샤프트나 스페이스가 필요 없거나 작아도 된다.
③ 각 실의 유닛은 수동으로도 제어할 수 있고, 개별 제어가 쉽다.
④ 유닛을 창문 밑에 설치하면 콜드 드래프트(Cold Draft)가 발생할 우려가 높다.

6-9. 공기조화 방식 중 전공기 방식에 속하지 않는 것은?
① 2중 덕트 방식
② 팬코일 유닛 방식
③ 멀티존 유닛 방식
④ 변풍량 단일 덕트 방식

6-10. 공기조화 방식 중 팬코일 유닛 방식에 관한 설명으로 옳지 않은 것은?
① 덕트 방식에 비해 유닛의 위치 변경이 용이하다.
② 유닛을 창문 밑에 설치하면 콜드 드래프트를 줄일 수 있다.
③ 전공기 방식으로 각 실에 수배관으로 인한 누수 염려가 없다.
④ 각 실 유닛은 수동으로도 제어할 수 있고, 개별 제어가 쉽다.

6-11. 공기조화 방식 중 팬코일 유닛 방식에 관한 설명으로 옳지 않은 것은?
① 전수 방식에 속한다.
② 덕트 샤프트와 스페이스가 반드시 필요하다.
③ 각 실에 수배관으로 인한 누수의 우려가 있다.
④ 각 실 유닛은 수동으로도 제어할 수 있고, 개별 제어가 쉽다.

|해설|

6-8
유닛은 개구부 아래에 설치해야 효과적이다.

6-9
팬코일 유닛 방식은 전수 방식(All Water System)에 속한다.

6-10
전수 방식으로 각 실에 수(水)배관으로 인해 누수의 염려가 있다.

6-11
팬코일 유닛 방식 : 실내용 소형 유닛 공조기이며, 덕트는 없다.
덕트 방식 : 덕트 샤프트와 스페이스가 필요하다.

정답 6-8 ④ 6-9 ② 6-10 ③ 6-11 ②

| 핵심이론 07 | 공기조화용 설비 기기

(1) 공기조화기(Air Handling Unit) 구성요소

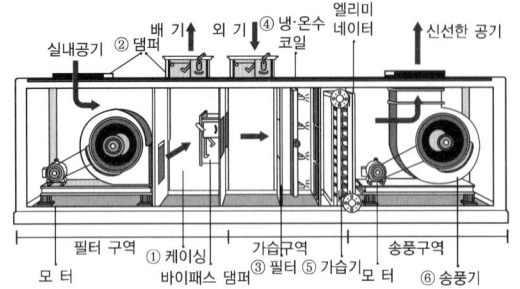

① 케이싱(Casing) : 내부 부품을 감싸고 있는 판넬
② 댐퍼(Damper)
  ㉠ 설계된 풍량을 모으고 통과될 수 있도록 하는 장치
  ㉡ 바이패스 댐퍼 : 균일한 기류 및 온도 분포, 냉난방 코일 효율 향상
  ㉢ 바이패스 팩터(Bypass Factor) : 코일과 접촉하지 않고 통과하는 공기의 비율
③ 필터(Filter) : 회수 공기와 외기의 먼지를 걸러주는 역할
④ 열교환기(DX Coil) : 실외기에서 공급된 냉매의 증발과 응축을 통해 냉방 및 난방 작용을 하는 부품(공기 가열기, 공기 냉각기)
⑤ 가습(Humidifier) 장치 : 겨울철 실내 습도를 유지
  ㉠ 공기 세정기(Air Washer, 수분무기) : 노즐로 분무수를 뿜어 공기에 접촉시켜서 물과 공기 사이의 열교환과 함께 수분교환이 일어나 가습과 먼지, 냄새제거
  ㉡ 엘리미네이터(Eliminator)
    • 수분무기(Air Washer)의 수분(응축수) 비산 방지
    • 수분이 급기 덕트 내에 침입하는 것을 방지
⑥ 송풍기(Fan & Motor) : 냉난방 공기의 실내 이송 장비

(2) 고속덕트
① 덕트 내의 공기속도가 고속인 덕트이다.
② 천장 내부가 좁은 경우에 덕트의 지름을 작게 만들어서 동일한 양의 공기를 보내기 위해 풍속을 높이는 방식
③ 덕트 내 풍속 20~25m/s, 덕트 저항이 크고 압력이 높다.
④ 높은 압력으로 소음·진동이 생기므로 소음상자를 설치한다.
⑤ 대공간, 공장, 창고 등 소음이 문제되지 않고 환기가 필요한 장소에 사용한다.
⑥ 종류 : 원형 덕트, 스파이럴형 덕트

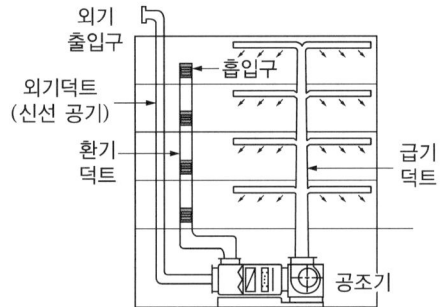

[공조흐름 : 공조기~덕트까지(입면)]

10년간 자주 출제된 문제

7-1. 공기조화기에서 바이패스 팩터(Bypass Factor)의 의미는?
① 급기팬을 통과하는 공기 중 건공기의 비율
② 공기조화기 도입 외기의 환기(Return Air) 비율
③ 실내 환기(Return Air) 중 공기조화기로 도입되는 공기의 비율
④ 냉온수 코일의 통과 공기 중 냉온수 코일과 접촉하지 않고 통과하는 공기의 비율

7-2. 고속덕트에 관한 설명으로 옳지 않은 것은?
① 원형 덕트의 사용이 불가능하다.
② 동일한 풍량을 송풍할 경우 저속덕트에 비해 송풍기 동력이 많이 든다.
③ 공장, 창고 등의 소음이 별로 문제가 되지 않는 곳에 사용된다.
④ 동일한 풍량을 송풍할 경우 저속덕트에 비해 덕트의 단면치수가 작아도 된다.

|해설|

7-1
• 바이패스 팩터 : 코일과 접촉하지 않고 통과하는 공기의 비율
• Contact Factor : 코일과 완전히 접촉하는 공기의 비율

7-2
원형 덕트가 유리하며, 소음이 문제되지 않는 공장 등에 사용된다.

정답 7-1 ④ 7-2 ①

(3) 덕트(Duct)의 형상과 구조

① 덕트용 재료 : 두께 1mm 내외의 아연 도금철판, 알루미늄판, 동판 등
② 덕트의 형상과 구조
   ㉠ 장방형 덕트 : 저속(풍속 10~15m/s)에 사용되며, 천장 내 스페이스가 작은 곳에 적당
   ㉡ 원형 덕트 : 고속(풍속 20~25m/s)에 사용되며, 천장 내 스페이스가 많이 필요하고, 마찰손실이 적어 공기 흐름이 원활하고 기밀성이 높아 에너지가 절감된다(강도가 약하다).
   ㉢ 스파이럴형 덕트 : 나선형 접합. 기밀성, 강도, 내구성 좋고, 시공 용이

(4) 덕트(Duct) 배치 방식

① 간선 덕트 방식
   ㉠ 가장 간단하다. 원거리에는 부적합하다.
   ㉡ 설비비가 싸고, 덕트 스페이스가 작다.

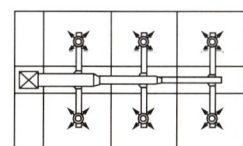

[천장 취출]

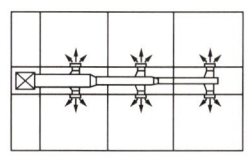

[벽 취출]

② 개별 덕트 방식
   ㉠ 취출구마다 덕트를 단독으로 설치하는 방식
   ㉡ 풍량 조절이 용이

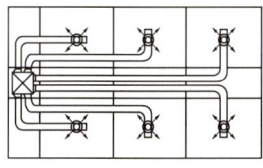

[천장 취출]

③ 환상 덕트 방식
  ㉠ 덕트를 연결하여 루프를 만드는 형식
  ㉡ 말단 취출구의 압력 조절이 용이

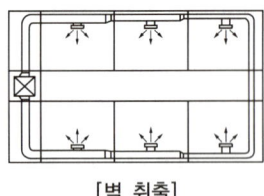
[벽 취출]

10년간 자주 출제된 문제

7-3. 공기조화 설비에서 사용되는 고속덕트에 관한 설명으로 옳은 것은?
① 소음 및 진동이 발생하지 않는다.
② 공기혼합상자를 설치하여야 한다.
③ 덕트 설치공간을 작게 할 수 있다.
④ 공장이나 창고에는 적용할 수 없다.

7-4. 덕트(Duct) 배치 방식에서 취출구마다 덕트를 단독으로 설치하며 풍량 조절이 용이한 방식은?
① 단일 덕트 방식
② 간선 덕트 방식
③ 개별 덕트 방식
④ 환상 덕트 방식

|해설|

7-3
덕트 단면을 작게 하여 덕트 설치공간을 줄일 수 있다.
① 소음 및 진동이 발생한다.
② 소음상자를 설치한다.
④ 공장이나 창고에 적용할 수 있다.

7-4
취출구마다 덕트를 단독으로 설치하는 방식은 개별 덕트 방식이다.

정답 7-3 ③ 7-4 ③

(5) 댐퍼(Damper)

① 풍량 조절 댐퍼(Volume Damper)
  ㉠ 단익 댐퍼(버터플라이 댐퍼) : 소형 덕트, 기류 불안정
  ㉡ 다익 댐퍼(루버 댐퍼) : 대형 덕트, 기류 안정
  ㉢ 스플릿 댐퍼(Split Damper) : 분기점에서 풍량 조절

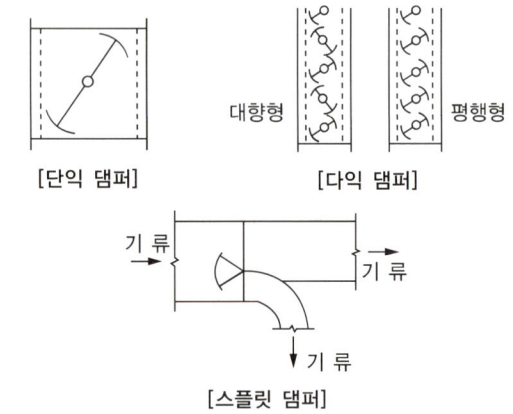
[단익 댐퍼] [다익 댐퍼]
[스플릿 댐퍼]

② 방화 댐퍼(Fire Damper)
  ㉠ 가용편(퓨즈)을 설치하여 덕트 내 온도가 72℃ 이상 올라갈 경우 자동으로 잠긴다.
  ㉡ 공조기, 송풍기, 방화구역통과 덕트에 사용

③ 방연 댐퍼(Smoke Damper)
  ㉠ 연기감지기로써 연기를 감지하면 자동적으로 폐쇄
  ㉡ 전동기에 의해 작동하므로 가격이 비싸다.

④ 가이드 베인(Guide Vane) : 덕트 내 기류를 안정시키기 위해 콕부의 내측에 안내날개를 조밀하게 붙이는 것

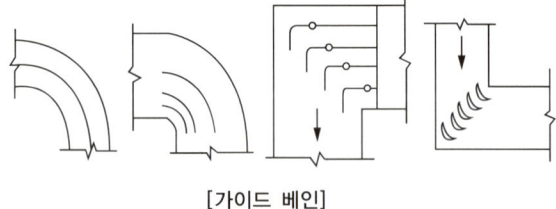
[가이드 베인]

(6) 덕트의 치수 결정방법
① 등속법
② 등마찰법(정압법)
③ 정압재취득법
④ 개선등압법

(7) 덕트 내 소음 방지 장치
① 덕트의 도중에 흡음재를 부착
② 소음 체임버 : 소음 방지실로써 송풍기 출구 부근에 체임버를 설치한다.
③ 덕트의 적당한 장소에 소음을 위한 흡음장치(셀형·플레이트형)를 설치한다.
④ 댐퍼 취출구에 흡음재 부착

10년간 자주 출제된 문제

7-5. 덕트의 분기부에 설치하여 풍량 조절용으로 사용되는 댐퍼는?
① 스플릿 댐퍼
② 평행익형 댐퍼
③ 대향익형 댐퍼
④ 버터플라이 댐퍼

7-6. 덕트 내 기류를 안정시키기 위해 콕부의 내측에 안내날개를 조밀하게 붙이는 것은?
① 스플릿 댐퍼(Split Damper)
② 엘리미네이터(Eliminator)
③ 풍량 조절 댐퍼(Volume Damper)
④ 가이드 베인(Guide Vane)

7-7. 덕트의 치수 결정방법에 속하지 않는 것은?
① 균등법
② 등속법
③ 등마찰법
④ 정압재취득법

|해설|
7-7
덕트의 치수 결정방법
- 등속법
- 등마찰법(정압법)
- 정압재취득법
- 개선등압법

정답 7-5 ① 7-6 ④ 7-7 ①

제9절 강전설비

핵심이론 01 | 기초 사항

(1) 전기설비의 분류
① 강전설비 : 조명, 동력, 전원 등에 이용되는 전기설비
② 약전설비 : 전화, 인터폰, 전기시계, 안테나, 방송설비 등에 이용되는 전기설비
③ 방재설비 : 피뢰침 설비, 항공장애등 설비, 비상콘센트 설비, 소방전기설비 등에 이용되는 전기설비

(2) 전압, 전류, 저항
① 전압(V) : 전기량이 이동하여 일을 할 수 있는 전위 에너지 차(단위 : V, Volt)

종류	교류	직류
저압	1,000V 이하	1,500V 이하
고압	1,000V 초과~7,000V 이하	1,500V 초과~7,000V 이하
특고압	7,000V 초과	

② 전류(I) : 전기 도체의 단면을 단위 시간에 이동한 전기량(단위 : A, Ampare)

$$전류(I) = \frac{전압(V)}{저항(R)}$$

③ 저항(R)
㉠ 도체의 전기흐름을 방해하는 성질(단위 : Ω, Ohm)
㉡ 저항이 일정한 전기회로에서 전류는 전압에 비례

$$저항(R) = 비저항(\rho) \times \frac{길이(L)}{단면적(A)}$$

※ 비저항(단위 : Ωm, Rho) : 단위 단면적 또는 단위 길이당 저항

㉢ 전압이 일정한 경우 저항이 작을수록 큰 전류가 흐른다.
㉣ 저항은 길이에 비례하고 단면적에 반비례한다.

ⓐ 전선의 전압 강하가 클 때, 전열기에 낮은 전압을 가하게 되어 비정상이 된다.
ⓑ 절연저항
- 절연된 물체 사이의 저항
- 절연저항이 저하하면 감전이나 과열에 의한 화재, 쇼크 등의 사고가 발생될 수 있다.
- 절연저항값이 클수록 절연이 잘되어 안전하다.

10년간 자주 출제된 문제

1-1. 전기설비의 전압 구분에서 저압 기준으로 옳은 것은?
① 교류 300V 이하, 직류 600V 이하
② 교류 600V 이하, 직류 600V 이하
③ 교류 1,000V 이하, 직류 1,500V 이하
④ 교류 1,500V 이하, 직류 1,000V 이하

1-2. 전기설비의 전압 구분에서 고압의 범위 기준으로 옳은 것은?(단, 교류의 경우)
① 600V 이상
② 750V 이상
③ 1,000V 초과 7,000V 이하
④ 1,500V 초과 7,000V 이하

1-3. 전기에 관한 기초사항으로 옳지 않은 것은?
① 전류는 발열작용, 화학작용, 자기작용을 한다.
② 병렬회로에서는 각각의 저항에 흐르는 전류의 값이 같다.
③ 옴(Ohm)의 법칙은 전압, 전류, 저항 사이의 규칙적인 관계를 나타낸다.
④ 1W란 전압이 1V일 때, 1A의 전류가 1s 동안에 하는 일을 말한다.

1-4. 다음 중 그 값이 클수록 안전한 것은?
① 접지저항　　② 도체저항
③ 접촉저항　　④ 절연저항

|해설|

1-1
저압 : 교류 1,000V 이하, 직류 1,500V 이하

1-2
교류 고압 : 1,000~7,000V 이하

1-3
- 저항의 병렬연결은 전압은 같고, 전류가 나뉜다.
- 저항의 직렬연결은 전압은 나뉘고, 전류는 같다.
- 병렬회로 : 두 개 이상의 소자가 병렬로 연결된 회로이다.

1-4
절연저항은 전기가 통하지 못하게 하는 저항으로 절연저항이 저하하면 감전이나 과열에 의한 화재, 쇼크 등의 사고가 발생될 수 있다. 따라서, 절연저항의 값이 클수록 절연이 잘되어 안전하다.

정답 1-1 ③　1-2 ③　1-3 ②　1-4 ④

(3) 직류, 교류

① 직류 전류(DC ; Direct Current)
  ㉠ 전류가 항상 일정한 방향으로 일정량 흐름
  ㉡ 전화, 전기시계, 고급 엘리베이터 등의 전원에 사용

② 교류 전류(AC ; Alternating Current)
  ㉠ 전류가 순간순간 흐르는 방향과 흐르는 양이 변화
  ㉡ 전등, 전열, 동력 등 대부분의 전기설비
  ㉢ 역률(Power Factor, 力率) = $\dfrac{유효전력}{피상전력}$
  ㉣ 역률은 항상 1보다 작고, 값이 작을수록 나쁘며 역률 개선을 위해 콘덴서(Condenser)를 설치한다.

③ 교류 주파수(Frequency)
  ㉠ 교류에 있어 전류가 어떤 상태에서 출발하여 차츰 변화되어서 최초의 상태로 돌아올 때까지의 행정을 사이클(Cycle)이라 한다(1초간 사이클수 = 주파수).
  ㉡ 발전소의 발전주파수는 60 또는 50Hz인데, 우리나라는 60Hz를 상용주파수로 사용하고 있다.
  ㉢ 상용주파수 : 전력회사로부터 공급되는 교류 주파수
  ㉣ 교류는 끊임없이 극성과 전압이 변화하며, 전압이 '0'이 되는 순간의 에너지는 '0'이 된다.

(4) 전력, 전력량

① 전력(P)
  ㉠ 전기가 단위시간 동안 하는 일의 양으로, 주로 전기·전자기기의 소비전력을 나타낼 때 사용
  ㉡ 단위는 와트(Watt)를 사용하고 [W]로 표시
  ㉢ 전력(P)은 전압(V)과 전류(I)의 곱으로 구한다.
  $$P = V \times I = I^2 \times R = \dfrac{V^2}{R}[\text{W}]$$
  ㉣ 단상 교류 : $P = V \times I \times$ 역률
  ㉤ 3상 교류 : $P = V \times I \times \sqrt{3} \times$ 역률

② 전력량(W)
  ㉠ 전기가 일정시간 동안 하는 일의 양으로, 주로 전기·전자기기의 소비전력량을 나타낼 때 사용
  ㉡ 와트시(Watt Hour)를 사용하고 [Wh]로 표시
  ㉢ 전력량(W)은 전력(P)과 시간(t)의 곱으로 구한다.
  $$W = P \times t\,[\text{Wh}]$$

10년간 자주 출제된 문제

1-5. 전압이 1V일 때 1A의 전류가 1s 동안 하는 일을 나타내는 것은?

① 1Ω ② 1J ③ 1dB ④ 1W

1-6. 100V, 500W의 전열기를 90V에서 사용할 경우 소비 전력은?

① 200W ② 310W ③ 405W ④ 420W

1-7. 변압기의 1차측 코일의 권수가 6,000, 2차측 코일의 권수가 200일 때 1차측 코일에 교류 전압 3,000V 인가 시 2차측 코일에 발생하는 교류 전압(V)은?

① 500V ② 200V
③ 100V ④ 50V

1-8. 3상 대칭 성형(Y)결선에서 상전압이 220V일 때 선간전압은 얼마인가?

① 110V ② 220V
③ 380V ④ 440V

|해설|

1-5
전력(P) : 전기가 단위시간 동안 하는 일의 양으로, 단위는 와트(Watt)를 사용
전력(P) = 전압(V) × 전류(I)

1-6
100V, 500W일 때 저항을 구하면,
$P = \dfrac{V^2}{R}$ 이므로, $500 = \dfrac{100^2}{R}$, ∴ $R = 20\Omega$
90V, 20Ω일 때의 소비전력을 구하면,
소비전력(P) = $\dfrac{V^2}{R} = \dfrac{90^2}{20}$, ∴ $P = 405\text{W}$

1-7
$\dfrac{V_1}{V_2} = \dfrac{n_1}{n_2}$ (V_1 및 V_2 : 1차 및 2차 전압, n_1 및 n_1 : 1차 및 2차 권선수)
$\dfrac{3,000}{V_2} = \dfrac{6,000}{200}$ 이므로, ∴ $V_2 = 100\text{V}$

1-8
선간전압 = $\sqrt{3}$ 상전압, ∴ $\sqrt{3} \times 220 ≒ 380\text{V}$

정답 1-5 ④ 1-6 ③ 1-7 ③ 1-8 ③

핵심이론 02 | 수·변전설비

(1) 수·변전설비의 개념

① 수전설비 : 발전소에서 보낸 전기를 여러 단계의 변전소를 거쳐 고압으로 건축물에 인입하는 장치

② 변전설비 : 인입된 전기(수전 전압)을 수전반에서 수전하여 건축물에 사용하기 적당한 전압으로 낮추는 장치

③ 수·변전설비 설치 장소 : 전기실 또는 변전실, 수변전실

④ 변류기, 변압기, 차단기, 콘덴서 등의 많은 기기로 구성

(2) 수·변전설비 용량 산정

① 수·변전설비 용량 산출
부하설비용량(VA) = 부하밀도(VA/m^2) × 연면적(m^2)

② 수용률(수요율) : 일반건물은 보통 60~70% 정도

수용률 = $\dfrac{\text{최대 수용전력}}{\text{부하설비 용량}} \times 100(\%)$

③ 부등률 : 1보다 크며, 1.1~1.5 정도

부등률 = $\dfrac{\text{각 부하 최대 수용전력 합계}}{\text{최대 수용전력}} \times 100(\%)$

④ 부하율 : 1보다 작으며, 0.25~0.6 정도

부하율 = $\dfrac{\text{각 평균 수용전력}}{\text{최대 수용전력}} \times 100(\%)$

(3) 변전실 설계

① 위 치
  ㉠ 건물 전체의 부하 중심에 가까운 곳
  ㉡ 통풍 및 채광이 양호하며 습기가 적은 곳
  ㉢ 기기의 반출입과 전원 인입이 용이한 곳

② 변전실 바닥면적(m^2) = $3.3\sqrt{\text{전기설비 용량(kW)}}$

③ 변전실 구조
  ㉠ 내화구조로 하고 출입문은 방화문으로 한다.
  ㉡ 천장 높이(보 아래에서)는 고압은 3.0m 이상, 특고압은 4.5m 이상이며, 바닥두께는 20~30cm 정도
④ 변전실 면적에 영향을 주는 요소
  ㉠ 수전전압 및 수전 방식
  ㉡ 변전설비 강압 방식, 변압 용량, 수량 및 형식
  ㉢ 설치 기기와 큐비클의 종류
  ㉣ 건물 구조적 여건, 기기 배치, 유지보수면적 고려

10년간 자주 출제된 문제

2-1. 최대 수요전력을 구하기 위한 것으로 총 부하설비 용량에 대한 최대 수요전력의 비율을 백분율로 나타낸 것은?
① 역 률　　② 수용률
③ 부등률　　④ 부하율

2-2. 전력부하 산정에서 수용률 산정방법으로 옳은 것은?
① (부등율/설비 용량)×100%
② (최대 수용전력/부등율)×100%
③ (최대 수용전력/설비 용량)×100%
④ (부하 각개의 최대 수용전력 합계/각 부하를 합한 최대 수용전력)×100%

2-3. 최대 수용전력이 500kW, 수용률이 80%일 때 부하설비 용량은?
① 400kW　　② 625kW
③ 800kW　　④ 1,250kW

2-4. 변전실 면적에 영향을 주는 요소와 가장 거리가 먼 것은?
① 발전기실의 면적
② 변전설비 변압 방식
③ 수전전압 및 수전 방식
④ 설치 기기와 큐비클의 종류

2-5. 변전실의 위치 선정 시 고려할 사항으로 옳지 않은 것은?
① 외부로부터 전원의 인입이 편리할 것
② 기기를 반입, 반출하는 데 지장이 없을 것
③ 지하 최저층으로 천장 높이가 3m 이상일 것
④ 부하의 중심에 가깝고 배전에 편리한 장소일 것

|해설|

2-3
수용률(수요율) = (최대 수용전력/부하설비 용량)×100(%)이므로,
80% = (500kW/부하설비 용량)×100
∴ 부하설비 용량 = (500kW×100%)/80% = 625kW

2-4
발전기실의 면적은 관계없다.

2-5
변전실의 위치 선정 시 고려사항
• 수전이 편리하고 배전하기 쉬운 장소일 것
• 가능한 부하의 중심에 가깝고 배전에 편리한 장소일 것
• 외부로부터 전원 인입이 쉬운 곳일 것
• 기기의 반입·반출이 용이할 것
• 고온 다습하지 않고 환기가 잘되는 장소일 것
• 천장 높이는 고압은 3.0m 이상, 특고압은 4.5m 이상

정답 2-1 ② 2-2 ③ 2-3 ② 2-4 ① 2-5 ③

(4) 수·변전설비용 기기

① 변압기
  ㉠ 전자유도 작용을 이용하여 전압을 변환한다.
  ㉡ 교류 전기에서 사용되며 높은 전압을 낮은 전압으로 또는 낮은 전압을 높은 전압으로 바꾸어 주는 기기

② 차단기
  ㉠ 자동으로 회로 이상 시 전로를 차단하여 기기를 보호
  ㉡ 유입 차단기(OCB ; Oil Circuit Breaker)
  ㉢ 공기 차단기(ACB ; Air Circuit Breaker)

③ 콘덴서(축전기) : 전압 저장 장치(동력 역률개선에 사용)

④ 단로기(DS ; Disconnecting Switch, 斷路器)
  ㉠ 차단기로 차단된 무부하 상태의 전로를 확실히 개방(OFF)하기 위하여 사용되는 개폐기(부하전류 제거 후 회로를 격리하는 장치)
  ㉡ 양측에서 회로가 기계적으로 구분되므로 점검·수리 등에 편리하고 차단기와는 달리 극히 적은 전류만 통제하므로 구조가 간단하다.

⑤ 보호장치
  ㉠ 보호계전기 : 전기회로에 이상이 발생했을 경우에 이를 측정하여 차단기를 작동시키거나 경보를 발생시키고 이상을 억제하는 장치
  ㉡ 검루기 : 송·배전용 전선 누전 측정(회로 지락 검출)
  ㉢ 피뢰기 : 낙뢰로부터 전기기기를 보호하는 장치

(5) 전기샤프트(ES ; Electric Shaft)

① 전기샤프트(ES)는 용도별로 전력용(EPS ; Electric Power Shaft)과 정보통신용(TPS ; Telecommunication Power Shaft)으로 구분하여 설치함이 원칙이다. 다만, 각 용도의 설치 장비 및 배선이 적은 경우는 공용으로 사용 가능하다.

② 전기샤프트는 각 층마다 같은 위치에 설치한다.

③ 전기샤프트는 연면적 3,000m² 이상 건축물의 경우, 1개 층을 기준하여 800m²마다 설치하며, 용도에 따라 면적을 달리할 수 있다.

④ 전기샤프트의 면적은 보, 기둥 부분을 제외하고 산정한다.

⑤ 전기샤프트 점검구는 유지보수 시 기기 반입 및 반출이 가능하도록 하며 문의 폭은 600mm 이상으로 한다.

10년간 자주 출제된 문제

2-6. 수동으로 회로를 개폐하고, 미리 설정된 전류의 과부하에서 자동적으로 회로를 개방하는 장치로 정격의 범위 내에서 적절히 사용하는 경우 자체에 어떠한 손상을 일으키지 않도록 설계된 장치는?
① 캐비닛 ② 차단기
③ 단로스위치 ④ 절환스위치

2-7. 다음 중 최근 저압선로의 배선보호용 차단기로 가장 많이 사용되는 것은?
① ACB ② GCB
③ MCCB ④ ABCB

2-8. 전기샤프트(ES)에 관한 설명으로 옳지 않은 것은?
① 전기샤프트(ES)는 각 층마다 같은 위치에 설치한다.
② 전기샤프트(ES)의 면적은 보, 기둥 부분을 제외하고 산정한다.
③ 전기샤프트(ES)는 전력용(EPS)과 정보통신용(TPS)을 공용으로 설치하는 것이 원칙이다.
④ 전기샤프트(ES)의 점검구는 유지보수 시 기기의 반입 및 반출이 가능하도록 하여야 한다.

|해설|

2-6
차단기는 전류의 과부하에 대해서 자동적으로 회로를 개방하는 장치이다.

2-7
③ 배선용 차단기(MCCB ; Molded Case Circuit Breaker) : 배선용 차단기는 NFB(No Fuse Breaker)로서 과부하(전류)와 단락전류로부터 2차측 선로를 보호하는 기능을 한다.
① ACB(Air Circuit Breaker), ④ ABCB(Air Blast Circuit Breaker) : 압축된 공기를 이용한 차단기
② GCB(Gas Circuit Breaker) : 가스차단기

2-8
전기샤프트(ES)는 전력용(EPS)과 정보통신용(TPS)을 구분하여 설치하는 것이 원칙이다.

정답 2-6 ② 2-7 ③ 2-8 ③

핵심이론 03 | 예비전원, 전동기, 감시제어반

(1) 예비전원의 조건
① 축전지는 정전 후 30분 이상 방전할 수 있어야 한다.
② 자가발전설비는 정전 후 10초 이내에 가동하여 규정전압을 30분 이상 유지하여야 하며, 수전설비 용량의 10~30% 정도(승강기 포함)
③ 축전지와 자가발전설비를 병용할 경우 축전지는 충전 없이 20분 이상 방전이 가능해야 하고, 자가발전설비는 정전 후 45초 이내에 가동하여 30분 이상 공급이 가능해야 한다(방송실, 수술실, 전산실 등).

(2) 발전기실의 구조
① 내화구조, 방음과 방진구조이어야 한다.
② 바닥은 절연재료로 하여야 한다.
③ 주위 온도가 5℃ 이내로 내려가지 않아야 한다.
④ 기기의 반출입이 용이하고, 배기가 용이해야 한다.
⑤ 변전실에 가까워야 하며, 연료공급이 용이해야 한다.

(3) 전동기(Motor)
① 전동기는 전기에너지를 기계에너지로 변환시키는 회전동력 기계로서, 대부분 회전운동 동력을 만들지만, 직선운동 형식도 있다.
② **전원의 종별 구분** : 직류 전동기와 교류 전동기로 구분

구 분	종 류	세부 종류	
직 류		직권전동기, 복권전동기, 분권전동기	
교 류	단상 교류형	분상기동형, 반발기동형, 콘덴서형	
	3상 교류형	유도전동기	농형, 권선형
		동기전동기	
		정류자전동기	

③ 직류 전동기
  ㉠ 속도 조절 간단, 시동 토크가 크므로 속도 제어가 요구되는 장소에 적당하다.
  ㉡ 가격이 비싸며, 큰 시동 토크가 요구되는 엘리베이터, 전차 등에 사용된다.

④ 교류 전동기
  ㉠ 직류 전동기에 비해 가격 저렴, 구조 간단
  ㉡ 교류 전동기의 속도는 관계식에 따라 주로 교류 공급장치의 주파수와 고정자 권선의 전극수가 결정한다.

  $N = \dfrac{120f}{P}$

  여기서, N : 동기속도, 분당 회전수
  f : 교류 전원 주파수
  P : 위상 권선당 전극수

  ㉢ 교류 전동기 주요 유형은 유도 또는 동기로 분류된다.
  ㉣ 유도전동기(모터 또는 비동기) : 회전자 주위에 3상 전원을 인가하면 시계방향으로 회전자기장이 생기고, 회전자도 시계방향으로 회전한다.
    • 구조와 취급이 간단하고 기계적으로 견고하다.
    • 가격이 비교적 저렴하고 운전이 대체로 쉽다.
    • 건축설비에서 널리 사용되고 있다.
  ㉤ 동기전동기 : 동기속도로 회전하는 전동기이다.
    • 정확하게 동기속도에서 정격 토크를 생성한다.
    • 회전자가 장자석인 회전 장자석형을 일반적으로 사용하며, 유도전동기에 비해 효율이 좋다.

10년간 자주 출제된 문제

3-1. 교류 전동기에 속하지 않는 것은?

① 동기전동기
② 복권전동기
③ 3상 유도전동기
④ 분상 기동형전동기

3-2. 다음 설명에 알맞은 전동기의 종류는?

> • 회전자계를 만드는 여자전류가 전원 측으로부터 흐르는 관계로 역률이 나쁘다는 결점이 있다.
> • 구조와 취급이 간단하여 건축설비에서 가장 널리 사용된다.

① 직권전동기   ② 분권전동기
③ 유도전동기   ④ 동기전동기

|해설|
3-1
직류 전동기 : 직권전동기, 복권전동기, 분권전동기

정답 3-1 ② 3-2 ③

핵심이론 04 | 배전 및 배선설비

(1) 전기 방식

① 단상 2선식
  ㉠ 소형 주택 등에 많이 사용
  ㉡ 110V와 220V 중 한 종류를 사용

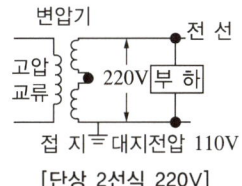

[단상 2선식 220V]

② 단상 3선식
  ㉠ 중심선(N)을 연결하여 110V와 220V를 동시 사용
  ㉡ 대규모 전등용, 아파트, 사무실, 학교 등에서 많이 사용

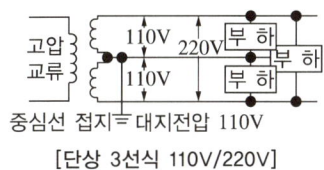

[단상 3선식 110V/220V]

③ 3상 3선식
  ㉠ L1, L2, L3 전원 위상
  ㉡ 동력용으로 공장 등에서 많이 사용

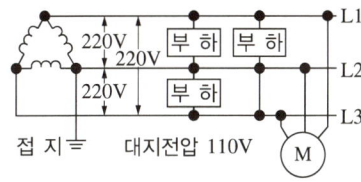

[3상 3선식 220V]

④ 3상 4선식
  ㉠ L1, L2, L3 + N 전원 위상
  ㉡ 동력과 전등 부하를 동시에 공급 가능하며, 대형 건물에 적합

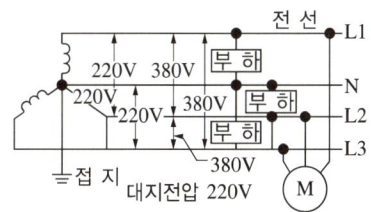

[3상 4선식 220V/380V]

(2) 간선의 설계순서

① 간선의 부하용량 산출
② 전기 방식과 배선 방식 결정
③ 배선 방법 결정
④ 전선의 굵기 결정

10년간 자주 출제된 문제

4-1. 3상 동력과 단상 전등, 전열부하를 동시에 사용 가능한 방식으로 사무소 건물 등 대규모 건물에 많이 사용되는 구내 배전방식은?

① 단상 2선식 ② 단상 3선식
③ 3상 3선식 ④ 3상 4선식

4-2. 다음 중 간선 및 배선설비 설계에서 일반적으로 가장 먼저 이루어지는 작업은?

① 부하 산정 ② 보호 방식 결정
③ 간선의 배선 방식 결정 ④ 배선의 부설 방식 결정

|해설|

4-1
전기 방식 중 3상 4선식은 동력과 부하를 동시에 공급할 수 있어 대규모 건물에 적합하다.

4-2
간선의 부하용량 산출을 우선한다.

정답 4-1 ④ 4-2 ①

(3) 간선 배선 방식(배전반에서 분전반까지 배선)

① 평행식(개별 방식)
  ㉠ 각 분전반에 단독으로 배선하는 방식
  ㉡ 전압이 일정(전압강하가 적다)
  ㉢ 화재 등 사고 발생 시 영향이 적다.
  ㉣ 대규모 건물에 적합하다.
  ㉤ 설비비가 많이 소요된다.

② 나뭇가지식(수지상식)
  ㉠ 한 개의 간선이 각 분전반을 거쳐가며 공급하는 방식
  ㉡ 넓게 분산된 구역의 소규모 건물에 적합하다.

③ 병용식
  ㉠ 평행식과 수지상식을 병용한 방식
  ㉡ 일반적으로 가장 많이 사용된다.

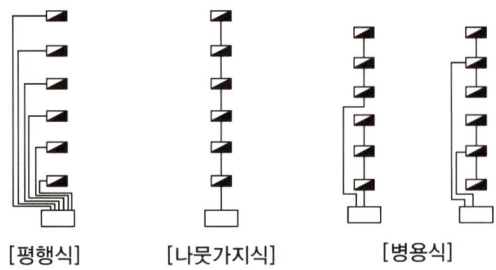

[평행식]   [나뭇가지식]   [병용식]

(4) 분전반(말단부하에 배전하는 역할(배전반의 일종))

① 가능한 한 부하의 중심에 두어야 한다.
② 1개 층에 분전반 1개 이상씩 설치한다.
③ 분전반 한 개의 분기회로는 20회선, 예비회로 포함 시 40회선으로 한다.
④ **분전반 설치간격** : 분기회로 길이가 30m 이내가 되도록 설계한다.

10년간 자주 출제된 문제

4-3. 다음 설명에 알맞은 간선의 배선 방식은?

> • 경제적이나 1개소의 사고가 전체에 영향을 미친다.
> • 각 분전반별로 동일전압을 유지할 수 없다.

① 평행식
② 루프식
③ 나뭇가지식
④ 나뭇가지 평행식

4-4. 다음의 간선 배전 방식 중 분전반에서 사고가 발생했을 때 그 파급 범위가 가장 좁은 것은?

① 평행식
② 방사선식
③ 나뭇가지식
④ 나뭇가지 평행식

4-5. 전면이나 후면 또는 양면에 개폐기, 과전류 차단장치 및 기타 보호장치, 모선 및 계측기 등이 부착되어 있는 하나의 대형 패널 또는 여러 개의 패널, 프레임 또는 패널 조립품은?

① 캐비닛   ② 차단기
③ 배전반   ④ 분전반

|해설|

4-3
나뭇가지식(수지상식)은 한 개의 간선이 각 분전반을 거쳐가며 공급하는 방식으로서, 경제적이지만 1개소의 사고가 전체에 영향을 미치게 되며 넓게 분산된 구역의 소규모 건물에 적합하다.

4-4
평행식은 배전반 → 분전반으로 개별적으로 배선하므로 사고의 영향을 최소화할 수 있다.

4-5
③ 배전반 : 공용 전기 배전망과 건물의 전기회로 접속점을 형성하는 장치(개폐기, 과전류 차단장치 등의 계기류가 부착)
② 차단기 : 회로 이상 시 전로를 자동적으로 개폐하여 기기 보호
④ 분전반 : 배전반에서 배선된 간선을 다시 분기 배선하는 장치로서 옥내 배선에서의 간선으로부터 각 분기회로로 갈라지는 곳에 설치하여 분기회로 과전류 차단기를 설치해 한 곳에 모아 놓는다.

정답 4-3 ③ 4-4 ① 4-5 ③

(5) 배선 공사

① 애자 사용 공사
- ㉠ 전선로, 전기기기의 나선(裸線) 부분을 절연하고 기계적으로 유지 또는 지지하기 위하여 사용되는 절연체
- ㉡ 노출 공사와 은폐 공사가 있다.
- ㉢ 전선 상호 간의 간격 : 6cm 이상
- ㉣ 애자 상호 간의 간격 : 2m 이하

② 목재 몰드 공사
- ㉠ 목재의 홈에 전선을 넣고 뚜껑을 덮는 방식
- ㉡ 보통 300V 이하에서만 시공

③ 합성수지 몰드 공사 : 화학공장 등의 간단한 배선에 적합

④ 금속 몰드 공사 : 철근콘크리트 건물 증설 배관 시 용이하다.

⑤ 경질 비닐관 공사(합성수지관 공사)
- ㉠ 내식성, 내화학성, 절연성이 좋다.
- ㉡ 화학공장이나 연구소에 적당하지만, 열에 약하고 기계적 강도가 낮다.

⑥ 금속관 공사
- ㉠ 콘크리트 건물에 매립하여 배관하는 방식으로 접지가 필요하다.
- ㉡ 화재 위험이 적고, 인입 및 교체가 용이, 기계적 손상 적다.
- ㉢ 굴곡이 많은 곳에는 부적합하다.

⑦ 가요 전선관 공사(Flexible Conduit)
- ㉠ 굴곡이 많은 곳에서 이용하며 엘리베이터, 전동기, 기차 등의 배선에 적합하다.
- ㉡ 콘크리트에 매립해서는 안 된다.

⑧ 금속 덕트 공사
- ㉠ 천장이나 벽면에 노출하여 배선하는 것
- ㉡ 덕트 내의 전체 전선 단면적은 덕트 단면적의 20% 이하로 한다.

⑨ 버스 덕트 공사 : 비교적 큰 전류를 사용하는 공장, 빌딩 등에 적합하다.

⑩ 플로어 덕트 공사
- ㉠ 콘크리트 바닥에 덕트를 설치하여 전기를 공급한다.
- ㉡ 넓은 사무실이나 백화점 등에 적합하다.

10년간 자주 출제된 문제

4-6. 다음의 저압 옥내배선방법 중 노출되고 습기가 많은 장소에 시설이 가능한 것은?(단, 400V 미만인 경우)
① 금속관 배선
② 금속 몰드 배선
③ 금속 덕트 배선
④ 플로어 덕트 배선

4-7. 경질 비닐관 공사에 관한 설명으로 옳은 것은?
① 절연성과 내식성이 강하다.
② 자성체이며 금속관보다 시공이 어렵다.
③ 온도 변화에 따라 기계적 강도가 변하지 않는다.
④ 부식성 가스가 발생하는 곳에는 사용할 수 없다.

4-8. 금속관 공사에 관한 설명으로 옳지 않은 것은?
① 고조파의 영향이 없다.
② 저압, 고압, 통신설비 등에 널리 사용된다.
③ 사용 목적과 상관없이 접지를 할 필요가 없다.
④ 은폐, 노출장소, 옥측, 옥외 등 광범위하게 사용가능하다.

4-9. 옥내의 은폐장소로서 건조한 콘크리트 바닥면에 매입 사용되는 것으로, 사무용 건물 등에 채용되는 배선방법은?
① 버스 덕트 배선
② 금속 몰드 배선
③ 금속 덕트 배선
④ 플로어 덕트 배선

|해설|
4-6
금속관 배선은 노출되고 습기가 많은 장소에 사용가능하다.
4-7
- 절연성, 내식성이 뛰어나며, 중량이 가볍고 시공이 용이
- 열에 약하고 기계적 강도가 낮다.

4-9
플로어 덕트 배선은 콘크리트 바닥면에 매입 사용되는 것으로, 사무용 건물 등에 사용된다.

정답 4-6 ① 4-7 ① 4-8 ③ 4-9 ④

(6) 전선의 굵기 결정

① 전선의 허용전류, 전압강하, 기계적인 강도를 고려
② 기계적 강도 : 옥내배선용은 1.6mm 이상의 연동선
③ 전선을 4본 이상 삽입해서 쓸 경우, 전선의 단면적은 전선관 단면적의 40% 이하이어야 한다.
④ 전선관 내에 배선할 수 있는 전선 수는 10본 이하이다.
　㉠ 전선관 설치 목적 : 전선을 수용하고 보호
　㉡ 허용전류 : 전류가 절연물을 손상시키지 않고 안전하게 흐를 수 있는 최대 전류값
⑤ 전선의 삽입, 교체가 용이한 안지름이 되어야 한다.

(7) 배선 기구

① 개폐기
　㉠ 나이프 스위치 : 분전반의 주개폐기용으로 사용하며 충전부가 노출되어 감전의 우려가 있다.
　㉡ 커버 나이프 스위치 : 충전부를 덮은 것으로 감전의 우려가 없다.
　㉢ 컷아웃 스위치
　　• 충전부를 덮은 것으로 감전의 우려가 없다.
　　• 스위치와 보안장치를 겸비한 것
　　• 안전기, 두꺼비집, 베이비 스위치라고도 한다.
② 과전류 보호기 : 과전류(정격전류의 120% 이상)가 흐르면 전로를 차단하는 것
　㉠ 퓨즈 : 과부하와 단락 시에 가용체를 이용하여 회로를 차단하는 것으로 회복이 불가능하다.
　㉡ 서킷 브레이커(Circuit Breaker)
　　• 과전류가 흐를 때 자동적으로 회로를 차단하고 원인 제거 시 다시 원상태로 복귀하여 재사용한다.
　　• 자동차단기, 노퓨즈 브레이커(No Fuse Breaker)
③ 접속기
　㉠ 로제트(Rosette) : 천장, 벽에 붙여 옥내배선 및 전등코드와 접속
　㉡ 리셉터클(Receptacle) : 배선에 전등을 직접 접속
　㉢ 코드 커넥터(Cord Connector) : 코드와 코드를 접속
　㉣ 아웃렛(Outlet)과 플러그(Plug) : 보통 사무실에는 벽 길이 5m마다 한 개의 비율로 바닥에서 30cm 높이에 콘센트를 설치한다.

 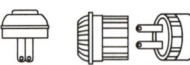

콘센트(노출형)　플러그　코드 커넥터　리셉터클　로켓

10년간 자주 출제된 문제

4-10. 옥내배선의 전선 굵기 결정요소에 속하지 않는 것은?
① 허용전류
② 배선 방식
③ 전압강하
④ 기계적 강도

4-11. 과전류가 흐를 때 자동적으로 회로를 차단하고 원인 제거 시 다시 원상태로 복귀하여 재사용할 수 있는 것은 무엇인가?
① 나이프 스위치
② 컷아웃 스위치
③ 서킷 브레이커
④ 리셉터클(Receptacle)

|해설|

4-10
전선 굵기 결정요소 : 허용전류, 전압강하, 기계적 강도

4-11
③ 서킷 브레이커(Circuit Breaker) : 과전류가 흐를 때 자동적으로 회로를 차단하고 원인 제거 시 다시 원상태로 복귀하여 재사용할 수 있는 것

정답 4-10 ② 4-11 ③

제10절 조명설비

핵심이론 01 | 기초 사항

(1) 광속(Luminous Flux, 光束, 기호 : F)
① 빛이 진행하는 방향에 수직인 단위 면적을 단위 시간에 지나가는 빛의 양
② 단위 : lm

(2) 조도(Illuminance, 照度, 기호 : E)
① 단위 면적당 입사 광속(光束)이며, 빛을 받는 면에 비쳐지는 빛의 밝기로서 어느 면에 입사하는 빛의 양
② 거리의 역제곱의 법칙 : 점광원으로부터의 거리가 n배가 되면 그 값은 $\dfrac{1}{n^2}$배가 된다.
③ 단위 : $lx = lm/m^2$, $phot = ph = lm/cm^2$

(3) 광도(Luminous Intensity, 光度, 기호 : I)
① 점광원에서 어느 방향으로 나오는 빛의 세기이며, 빛의 진행방향에 수직한 면을 통과하는 빛의 양
② 단위 : cd

(4) 휘도(Luminance, 輝度, 기호 : L)
① 광원의 단위 면적당 밝기의 정도로서 일정한 범위를 가진 광도를 그 광원의 면적으로 나눈 양
② 눈부심의 정도 또는 어느 면에서 반사되는 빛의 양으로서 표면 밝기의 척도가 되며, 휘도가 높으면 눈부심이 크다.
③ 단위 : $nit = cd/m^2$, $stilb = cd/m^2$, asb(Apostilb)

(5) 광속발산도(Luminous Radiance, 光速發散度)
① 광원에서 단위 면적으로부터 발산하는 광속
② 단위 : lm/m^2 = radlux, lm/cm^2 = Lambert

10년간 자주 출제된 문제

1-1. 조명설비에서 눈부심에 관한 설명으로 옳지 않은 것은?
① 광원의 크기가 클수록 눈부심이 강하다.
② 광원의 휘도가 작을수록 눈부심이 강하다.
③ 광원이 시선에 가까울수록 눈부심이 강하다.
④ 배경이 어둡고 눈이 암순응될수록 눈부심이 강하다.

1-2. 점광원으로부터의 거리가 n배가 되면 그 값은 $1/n^2$배가 된다는 '거리의 역제곱의 법칙'이 적용되는 빛환경 지표는?
① 조 도   ② 광 도   ③ 휘 도   ④ 복사속

1-3. 광속이 2,000lm인 백열전구로부터 2m 떨어진 책상에서 조도를 측정하였더니 200lx이었다. 이 책상을 백열전구로부터 4m 떨어진 곳에 놓고 측정하였을 때 조도는?
① 50lx   ② 100lx
③ 150lx   ④ 200lx

1-4. 조명 용어에 따른 단위가 옳지 않은 것은?
① 광속 : 루멘(lm)   ② 광도 : 칸델라(cd)
③ 조도 : 럭스(lx)   ④ 방사속 : 스틸브(sb)

|해설|

1-1
광원의 휘도가 작을수록 눈부심은 적어지고, 광원의 휘도가 클수록 눈부심은 강하다.

1-2
조도는 거리의 제곱에 반비례$\left(\dfrac{1}{n^2}\right)$한다. 즉, n^2배 어두워진다.

1-3
- 광도를 구한다.
  조도 = $\dfrac{광도}{거리^2}$이므로, $200lx = \dfrac{I(cd)}{(2m)^2}$, $\therefore I = 800cd$
- 광도를 대입해서, 거리 4m 지점에서의 조도를 구한다.
  $E(lx) = \dfrac{800cd}{(4m)^2}$, $\therefore E = 50lx$

1-4
광속 : 단위 시간당 흐르는 광의 에너지양(lm)
광도 : 점광원으로부터 단위 입체각당의 발산광속(cd)
조도 : 단위 면적당의 입사광속(lx)
방사속 : 단위 시간당 방사하는 에너지(W)
휘도 : 발산면의 단위 투영면적당 발산광속(cd/m^2, sb)

정답 1-1 ② 1-2 ① 1-3 ① 1-4 ④

핵심이론 02 | 광원의 종류, 연색성

(1) 광원의 종류

① 백열등
- ㉠ 일반적으로 휘도가 높고, 열방사가 많다.
- ㉡ 광색에는 적색 부분이 많고 배광제어가 용이하다.
- ㉢ 스위치를 넣고 점등에 이르는 순응성이 크다.
- ㉣ 온도가 높을수록 주광색에 가깝다.

② 형광등
- ㉠ 저휘도이고, 광색의 조절은 비교적 용이하다.
- ㉡ 수명이 길며, 열방사가 적다.
- ㉢ 점등까지 시간이 걸린다.
- ㉣ 주위 온도 영향을 받는다(-10℃ 이하는 점등 불가).

③ 수은등
- ㉠ 초고압 수은등 : 영화 촬영, 영사
- ㉡ 백색광의 고휘도이고, 배광제어가 용이하다.
- ㉢ 완전 점등까지 약 10분이 걸린다.

④ 나트륨등
- ㉠ 황색의 단일광으로 명시효과가 크다.
- ㉡ 연색성이 매우 나쁘며, 차량용 도로에 사용한다.

(2) 연색성

① 연색성 : 스펙트럼에 모든 색이 고루 나타나는 성질
- ㉠ 연색성의 평가단위 : 연색평가수(Ra)
- ㉡ 평균 연색평가수(Ra)가 100에 가까울수록 연색성이 좋다.
- ㉢ 연색평가수 : 태양, 백열전구는 100, 고압 수은램프는 23~45

② 연색평가수(Color Rendering Index, 연색지수)
- ㉠ 연색평가수 : 광원에 의해 조명되는 물체색의 지각이, 규정 조건하에서 기준광원으로 조명했을 때의 지각과 합치되는 정도를 표시하는 수치
- ㉡ 평균 연색평가수(Ra) : 규정된 8종류 시험색을 기준광원으로 조명했을 때와 시료광원으로 조명했을 때 CIE-UCS 색도 그림에 있어서의 색도 변화의 평균치
- ㉢ 나트륨등과 같은 순도 높은 유채색 광원에는 적용이 어렵다.

10년간 자주 출제된 문제

2-1. 형광램프에 관한 설명으로 옳지 않은 것은?
① 점등까지 시간이 걸린다.
② 백열전구에 비해 효율이 높다.
③ 백열전구에 비해 수명이 길다.
④ 역률이 높으며 백열전구에 비해 열을 많이 발산한다.

2-2. 다음 중 효율이 가장 높지만 등황색의 단색광으로 색채의 식별이 곤란하므로 주로 터널 조명에 사용하는 것은?
① 형광램프
② 고압수은램프
③ 저압나트륨램프
④ 메탈할라이드램프

|해설|

2-1
형광등은 백열등에 비해 열의 발생이 적다.

2-2
저압나트륨램프에 대한 설명이다.

정답 2-1 ④ 2-2 ③

| 핵심이론 03 | 조명 방식 |

(1) 기구배치에 의한 분류

① 전반조명
 ㉠ 실 전체에 균등하게 조명을 설치하는 방식
 ㉡ 일반적인 방법으로 실 전체가 균일한 조도 분포

② 국부조명
 ㉠ 필요한 곳만을 집중적으로 강하게 조명하는 방식
 ㉡ 원하는 정도의 밝기, 이동성, 방향 변경이 용이하다.

③ 전반국부 혼용조명(경제적 조명방법)
 ㉠ 약한 전반조명(1/10 이상)과 국부조명 혼용 방법
 ㉡ 정밀작업의 공장, 실험실, 설계실 등

(2) 배광에 의한 분류

① 직접조명
 ㉠ 적은 전력으로 높은 조도를 얻을 수 있다.
 ㉡ 방 전체의 균일한 조도를 얻기 어렵다.
 ㉢ 음영 때문에 눈이 피로하다.

② 간접조명
 ㉠ 조명능률은 떨어지지만 음영이 부드럽다.
 ㉡ 균일한 조도 및 안정된 분위기를 유지할 수 있다.

③ 전반확산조명 : 직접조명과 간접조명의 장점을 혼용

[배광 분류에 따른 광속 분포(%)]

구 분	설치 방식	상향광속	하향광속
직접조명		0~10	90~100
반직접조명		10~40	60~90
전반확산조명		40~60	40~60
반간접조명		60~90	10~40
간접조명		90~100	0~10

10년간 자주 출제된 문제

3-1. 직접조명 방식에 관한 설명으로 옳지 않은 것은?
① 조명률이 크다.
② 실내면 반사율의 영향이 적다.
③ 상반부 광속은 보통 0~10% 정도이다.
④ 분위기를 중요시하는 조명에 적합하다.

3-2. 간접조명 기구에 관한 설명으로 옳지 않은 것은?
① 직사 눈부심이 없다.
② 매우 넓은 면적이 광원으로서의 역할을 한다.
③ 일반적으로 발산광속 중 상향광속이 90~100% 정도이다.
④ 천장, 벽면 등은 빛이 잘 흡수되는 색과 재료를 사용한다.

3-3. 반직접조명의 상향광속과 하향광속의 비율은?
① 상향광속 0~10%, 하향광속 90~100%
② 상향광속 10~40%, 하향광속 60~90%
③ 상향광속 60~90%, 하향광속 10~40%
④ 상향광속 90~100%, 하향광속 0~10%

3-4. 각종 조명 방식에 관한 설명으로 옳지 않은 것은?
① 간접조명 방식은 확산성이 낮고 균일한 조도를 얻기 어렵다.
② 반간접조명 방식은 직접조명 방식에 비해 글레어가 작다.
③ 직접조명 방식은 작업면에서 높은 조도를 얻을 수 있으나 주위와의 휘도차가 크다.
④ 반직접조명 방식은 광원으로부터의 발산 광속 중 10~40%가 천장이나 윗벽 부분에서 반사된다.

| 해설 |

3-1
간접조명 : 분위기를 중요시하는 조명에 적합하다.

3-2
천장, 벽면 등은 빛이 잘 반사되는 색과 재료를 사용하여야 한다.

직접조명과 간접조명 비교

구 분	장 점	단 점
직접 조명	• 조명률이 좋다. • 먼지에 의한 감광이 적다. • 설비비가 저렴하다.	• 지저분할 수 있다. • 눈부심이 많다. • 소요전력이 크다.
간접 조명	• 조도가 균일하다. • 음영이 적다.	• 조명률이 나쁘다. • 먼지 감이 많다. • 천장의 영향을 많이 받는다. • 입체감이 줄어든다.

3-4
간접조명 방식은 확산성이 높고 균일한 조도를 얻기 쉽다.

정답 3-1 ④ 3-2 ④ 3-3 ② 3-4 ①

(3) TAL조명 방식

① TAL조명 방식(Task & Ambient Lighting) : 작업구역(Task)에는 전용의 국부조명 방식으로 조명하고, 기타 주변(Ambient) 환경에 대하여는 간접조명과 같은 낮은 조도레벨로 조명하는 방식을 말한다.
② 작업의 집중력을 높이고, 주변의 간접조명으로 안정감을 줄 수 있다.

(4) 건축화 조명의 특징

① 건축물 구조체(찬장, 벽, 기둥 등)의 일부분에 광원을 일체화로 만들어 실내를 조명하는 방식
② 눈부심이 적다.
③ 명랑한 느낌을 주어 현대적인 감각을 느끼게 한다.
④ 비용이 많이 든다.
⑤ 조명 효율이 떨어진다.

(5) 건축화 조명의 종류

① 천장 매입형 조명
  ㉠ 다운라이트 : 천장에 매입한 점형의 전등조명 방식
  ㉡ 라인라이트 : 천장에 매입한 선형의 전등조명 방식
  ㉢ 코퍼라이트 : 천장면을 파내고 사각형이나 원형의 조명기구를 매립하여 배치하는 하향조명 방식

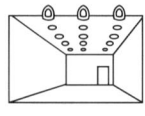
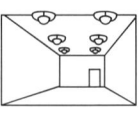

[다운라이트]　　[라인라이트]　　[코퍼라이트]

② 천장면 조명
  ㉠ 광천장 조명 : 반투명의 확산 조명을 위해 천장면 내부 전체에 조명기구를 배치하는 방식
  ㉡ 루버 조명 : 천장면에 루버판을 설치하고 루버 내부에 조명을 설치하는 방식
  ㉢ 코브 조명 : 천장면 조명을 감출 수 있도록 공간을 만들어 조명을 설치하는 간접조명 방식

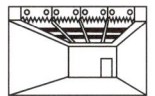
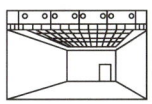
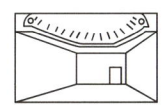

[광천장 조명]　　[루버 조명]　　[코브 조명]

③ 벽면 조명
- ㉠ 코니스 조명 : 벽 상단의 모서리를 이용한 하향조명 방식
- ㉡ 밸런스 조명 : 벽면의 일부를 이용한 간접조명 방식
- ㉢ 라이트윈도 : 벽면 전체에 조명을 매입하는 조명 방식

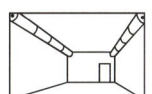
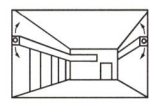
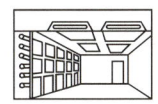

[코니스(코너) 조명]　　[밸런스 조명]　　[광창 조명]

10년간 자주 출제된 문제

3-5. 작업구역에는 전용의 국부조명 방식으로 조명하고, 기타 주변 환경에 대하여는 간접조명과 같은 낮은 조도레벨로 조명하는 방식은?

① TAL조명 방식　② 반직접조명 방식
③ 반간접조명 방식　④ 전반확산조명 방식

3-6. 건축화 조명 중 천장 전면에 광원 또는 조명기구를 배치하고, 발광면을 확산투과성 플라스틱 판이나 루버 등으로 전면을 가리는 조명방법은?

① 밸런스 조명　② 광천장 조명
③ 코니스 조명　④ 다운라이트 조명

|해설|

3-5
TAL조명 방식(Task & Ambient Lighting) : 작업의 집중력을 높이고, 주변의 간접조명으로 안정감을 줄 수 있다.

3-6
② 광천장 조명 : 천장면 전체에 광원 또는 조명기구를 배치하는 방식
① 밸런스 조명 : 벽면의 일부를 이용한 간접조명 방식
③ 코니스 조명 : 벽 모서리를 이용한 하향조명 방식
④ 다운라이트 조명 : 천장에 매입한 조명 방식

정답 3-5 ①　3-6 ②

핵심이론 04 | 조명 설계 순서

(1) 좋은 조명의 조건
① 적당한 조도 및 조명 효율이 좋을 것
② 눈부시지 않도록 적당한 휘도 대비를 유지할 것
③ 빛의 확산을 적절히 하며, 의장적으로 건축과 조화될 것

(2) 조명 설계 순서
① 소요조도 결정 : 바닥으로부터 85cm 높이에서 측정
② 광원 선택 : 용도, 연색성, 효율 등을 고려하여 광원 결정
③ 조명 방식 결정 : 실내 벽체마감(반사율) 고려
④ 조명기구 결정
⑤ 광속의 계산 : 광속법에 의한 조명 설계식 계산

$$F(\text{lm}) = \frac{A \cdot E \cdot D}{N \cdot U} = \frac{A \cdot E}{N \cdot U \cdot M}$$

여기서, F : 사용광원 1개의 광속(lm)
A : 방의 면적(m^2)
E : 작업면의 평균조도(lx)
N : 전등 수
D : 감광보상률(직접조명 1.3~2.0, 간접조명 1.5~2.0)
U : 조명률(발광 빛의 작업면에 도달 비율, 0~1의 값)
M : 보수율(유지율, 감광보상률의 역수)

⑥ 조명기구 배치 결정(광원 간격 S, 벽과 광원의 간격 S_W)
- ㉠ $S \leq 1.5H$
- ㉡ $S_W \leq H/2$(벽 가까이에서 작업하지 않을 경우)
- ㉢ $S_W \leq H/3$(벽 가까이에서 작업할 경우)

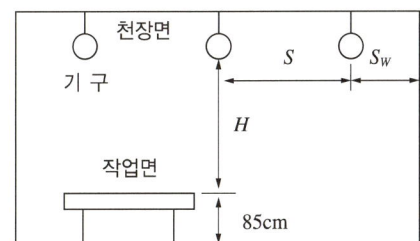

⑦ 광속발산도(실지수) 계산
　㉠ 조명률(U) = 작업면의 광속/광원의 광속
　　• 램프에서 나오는 광속 중, 작업면 도달 광속 비율
　　• 영향 요소 : 조명기구의 배광 형태, 천장·벽·바닥의 반사율, 방의 형태 및 크기, 조명기구의 높이 등
　㉡ 실지수(K)
　　• 조명률 영향요소 중 위치에 관한 요소를 지수화함
　　• 실 형태에 따라 흡수율, 광속 이용률이 달라진다.
　　• 바닥면적, 천장면적, 실 길이와 폭 등을 실지수 K로 정의하여 조명률 계산을 쉽게 한다.

$$K = \frac{(천장면적 + 바닥면적)}{작업면에서\ 광원까지\ 벽면적}$$

　　• 실의 천장이 낮을수록 흡수율 감소 → 실지수 증가
　　• 실의 형태가 정사각형에 가까울수록 흡수율 감소 → 실지수 증가

10년간 자주 출제된 문제

4-1. 다음 중 조명 설계의 순서에서 가장 먼저 이루어져야 하는 사항은?

① 광원의 선정
② 조명 방식의 선정
③ 소요조도의 결정
④ 조명 기구의 결정

4-2. 다음과 같은 조건에서 사무실의 평균 조도를 800lx로 설계하고자 할 경우, 광원의 필요수량은?

- 광원 1개 광속 : 2,000lm
- 실의 면적 : 10m²
- 감광보상률 : 1.5
- 조명률 : 0.6

① 3개　　② 5개
③ 8개　　④ 10개

4-3. 조명기구를 사용하는 도중에 광원의 능률 저하나 기구의 오염, 손상 등으로 조도가 점차 저하되는데, 인공조명 설계 시 이를 고려하여 반영하는 계수는?

① 광 도　　② 조명률
③ 실지수　　④ 감광보상률

|해설|
4-1
가장 먼저 소요조도를 결정한다.

4-2
$$N = \frac{A \cdot E \cdot D}{F \cdot U} = \frac{10 \times 800 \times 1.5}{2,000 \times 0.6} = 10$$

4-3
감광보상률 : 광원 능률저하로 인해 광원을 갈아 끼우거나 기구를 청소할 때까지 필요한 조도를 유지할 수 있도록 여유를 두는 비율

정답 4-1 ③　4-2 ④　4-3 ④

제11절 약전설비, 방재설비

핵심이론 01 | 약전설비

(1) 전화설비
① 국선 : 통신회사에서 교환기실의 PBX(구내교환설비)까지의 인입 회선
② 내선 : 구내교환기(Private Branch Exchange)의 내선회로로부터 내선전화기까지의 전화 회선

(2) 인터폰설비
① 설치 위치 및 방법
  ㉠ 설치 높이는 바닥면상 1.5m로 한다.
  ㉡ 전원장치는 보수가 용이하고, 안전한 장소에 시설한다.
  ㉢ 전화 배선과는 별도 계통으로 한다.
② 작동 원리에 따른 분류
  ㉠ 프레스토크(Press Talk)식 : 상대편의 통신을 받고 있는 동안은 누름 버튼을 누르시 않고, 상내에게 통신을 보낼 때 그 버튼을 눌러야 하는 것과 같이, 버튼으로 송수신을 전환시켜 교대로 통화를 하는 방식
  ㉡ 동시 통화 방식 : 버튼 누름 없이 통화(도어 폰)
③ 인터폰설비의 접속 방식에 따른 분류
  ㉠ 모자식(친자식) : 한 대의 모기에 여러 대 자기 접속
  ㉡ 상호식 : 어느 기계에서나 임의로 통화가 가능한 방식
  ㉢ 복합식 : 모자식과 상호식을 조합한 방식

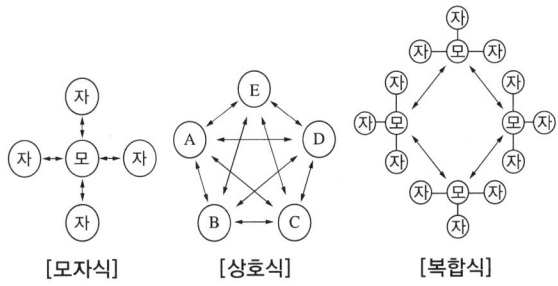

[모자식] [상호식] [복합식]

(3) 안테나(공동수신)설비
① 안테나는 풍속 40m/sec 정도에 견뎌야 하고, 피뢰침 보호각 내에 있어야 하며, 강전류선으로부터 3m 이상 띄운다.
② TV 공청설비의 주요 구성기기
  ㉠ 안테나 : 수신대상 TV전파에 대응해야 한다.
  ㉡ 혼합기(Mixer) : 다른 안테나로 수신되거나 방향이 다른 전파를 간섭 없이 한 개의 전송선으로 모으는 장치로서 보통 U-V믹서를 사용한다.
  ㉢ 컨버터 : 극초단파(UHF), 초고주파(SHF)를 상호 변환하고자 할 때 사용한다.
  ㉣ 증폭기(Booster) : 수신점 전계강도가 낮은 경우 설치
  ㉤ 선로기기(분기기, 분배기, 정합기, 분파기) 등

10년간 자주 출제된 문제

1-1. 다음 중 약전설비에 속하는 것은?
① 변전설비 ② 전화설비
③ 축전지설비 ④ 자가발전설비

1-2. 다음 중 약전설비(소세력 전기설비)에 속하지 않는 것은?
① 조명설비 ② 전기음향설비
③ 감시제어설비 ④ 주차관제설비

1-3. 인터폰설비의 통화망 구성 방식에 속하지 않는 것은?
① 모자식 ② 상호식
③ 복합식 ④ 프레스토크식

1-4. TV 공청설비의 주요 구성기기에 속하지 않는 것은?
① 증폭기 ② 월패드
③ 컨버터 ④ 혼합기

|해설|
1-1
약전설비 : 전화, 인터폰, 전기시계, 안테나, 방범 및 화재경보설비
1-2
조명설비는 강전설비에 해당된다.
1-3
작동 원리에 따른 분류 : 프레스토크식, 동시 통화 방식
1-4
월패드 : 비디오 도어폰 기능뿐 아니라 조명·보일러·가전제품 등 가정 내 각종 기기를 제어할 수 있는 홈 네트워크의 기능을 가진 단말기

정답 1-1 ② 1-2 ① 1-3 ④ 1-4 ②

핵심이론 02 | 방재설비

(1) 항공장애 표시등의 설치

① 설치기준(공항시설법 제36조 관련) : 장애물 제한표면에서 수직으로 지상까지 투영한 구역에 있는 구조물로서 국토교통부령으로 정하는 구조물에는 항공장애 표시등 및 항공장애 주간(晝間)표지의 설치 위치 및 방법 등에 따라 표시등 및 표지를 설치하여야 한다.

㉠ 장애물이 다른 고정 장애물 또는 자연 장애물의 장애물 차폐면보다 낮은 구조물

㉡ 장애물이 주간에 중광도 A 형태의 표시등을 설치하여 운영되는 구조물 중 그 높이가 지표 또는 수면으로부터 150m 초과하는 구조물

㉢ 장애물이 등대(Lighthouse)인 경우에는 표시등의 설치를 생략할 수 있다.

㉣ 강·계곡(가공선 또는 케이블 등의 높이가 지표 또는 수면으로부터 90m 미만인 경우에는 제외) 또는 고속도로를 횡단하는 가공선·케이블·현수선 등은 표지를 해야 하며, 지방항공청장이 항공기의 항행안전을 해칠 가능성이 있다고 인정하는 가공선·케이블·현수선 등은 그 가공선·케이블·현수선 등을 지지하는 탑에 표시등 및 표지를 설치해야 한다.

㉤ 장애물 제한표면에서 수직으로 지상까지 투영한 구역에서 높이가 지표 또는 수면으로부터 60m 이상인 물체 및 구조물에는 표시등 및 표지를 설치해야 한다.

② 종류 : 저광도 표시등, 중광도 표시등, 고광도 표시등

(2) 피뢰설비

① 설치규정(건축물의 설비기준 등에 관한 규칙 제20조)
㉠ 대상 : 낙뢰 우려가 있는 건축물, 높이 20m 이상의 건축물 또는 공작물

ⓒ 피뢰설비는 한국산업표준이 정하는 피뢰레벨 등급(Ⅰ~Ⅳ까지 4등급)에 적합해야 한다.
ⓒ 위험물저장 및 처리시설의 피뢰설비는 한국산업표준이 정하는 피뢰시스템레벨 Ⅱ 이상이어야 한다.
ⓒ 돌침 : 건축물의 맨 윗부분으로부터 25cm 이상 돌출시켜 설치
ⓒ 피뢰설비 재료 최소 단면적 : 피복이 없는 동선 기준으로 수뢰부, 인하도선 및 접지극은 $50mm^2$ 이상이거나 이와 동등 이상의 성능을 갖출 것

② 측면 낙뢰 방지를 위한 수뢰부 설치 위치
  ㉠ 높이 60m 초과하는 건축물 등 : 건축물 높이의 4/5 지점부터 최상단 사이 측면
  ㉡ 높이 150m 초과하는 건축물 : 120m 지점부터 최상단 사이 측면

10년간 자주 출제된 문제

2-1. 건축물 등에서 항공기의 추돌을 방지하기 위하여 설치하는 각종의 안전등화를 무엇이라 하는가?
① 선회등
② 유도로등
③ 항공등화
④ 항공장애 표시등

2-2. 피뢰시스템에 관한 설명으로 옳지 않은 것은?
① 피뢰시스템은 보호성능 정도에 따라 등급을 구분한다.
② 피뢰시스템의 등급은 Ⅰ, Ⅱ, Ⅲ의 3등급으로 구분된다.
③ 수뢰부시스템은 보호범위 산정 방식(보호각법, 회전구체법, 메시법)에 따라 설치한다.
④ 피보호건축물에 적용하는 피뢰시스템의 등급 및 보호에 관한 사항은 한국산업표준의 낙뢰 리스트평가에 의한다.

|해설|
2-1
항공장애 표시등 : 항공기의 추돌을 방지하기 위하여 설치하는 각종의 안전등화

2-2
피뢰시스템의 등급은 Ⅰ~Ⅳ까지 4등급으로 구분된다.

정답 2-1 ④ 2-2 ②

(3) 자동화재탐지설비

① 열 감지기
  ㉠ 정온식
    • 국부적인 온도가 일정한 온도를 넘으면 작동
    • 화기 및 열원기기를 취급하는 보일러실, 주방 등에 이용(금속 팽창형)
  ㉡ 차동식
    • 주위 온도가 일정 온도 상승률 이상일 때 작동
    • 일반 사무실 등에 많이 사용된다(공기 팽창형).
  ㉢ 보상식
    • 정온식과 차동식을 복합한 것
    • 온도가 일정한 값 이상으로 오르거나 온도 상승률이 일정한 값을 초과할 경우 작동
  ㉣ 스포트형 열 감지기 설치 기준
    • 축적 기능이 없는 것으로 설치
    • 실내로의 공기 유입구로부터 1.5m 이상의 위치에 설치
    • 천장 또는 반자의 옥내에 면하는 부분에 설치
    • 45° 이상 경사되지 않도록 부착(스포트형 감지기)
    • 정온식 감지기 : 주방·보일러실 등으로서 다량의 화기를 취급하는 장소에 설치하되, 공칭 작동온도가 최고 주위 온도보다 20℃ 이상 높은 것으로 설치
    • 보상식 스포트형 감지기 : 정온점이 감지기 주위의 평상시 최고 온도보다 20℃ 이상 높은 것으로 설치

② 연기 감지기 : 천장이 높은 장소로서 강당, 복도, 계단 등에 적당
  ㉠ 광전식 : 연기 입자로 광전 소자에 대한 입사광량이 변화하는 것을 이용
  ㉡ 이온화식 : 연기 입자 때문에 이온 전류가 변화하는 것을 이용

(4) 비상콘센트설비

① 설치 대상(가스시설 또는 지하구는 제외)
  ㉠ 층수가 11층 이상인 특정소방대상물은 11층 이상
  ㉡ 지하 : 층수 3층 이상, 바닥면적 합계 1,000m² 이상 모든 층
  ㉢ 길이 500m 이상인 지하가 중 터널

② 전 원
  ㉠ 비상전원 설치 대상
    • 연면적 2,000m² 이상인 7층 이상(지하층 제외)
    • 바닥면적 합계 3,000m² 이상인 지하층
  ㉡ 비상전원 종류 : 자가발전기설비, 비상전원수전설비 또는 전기장치

10년간 자주 출제된 문제

2-4. 자동화재탐지설비의 열 감지기 중 주위온도가 일정온도 이상일 때 작동하는 것은?

① 차동식　　② 정온식
③ 광전식　　④ 이온화식

2-5. 자동화재탐지설비의 열 감지기 중 주위의 온도 상승률이 일정한 값을 초과하는 경우 동작하는 것은?

① 차동식　　② 정온식
③ 광전식　　④ 이온화식

2-6. 자동화재탐지설비의 감지기에 관한 설명으로 옳지 않은 것은?

① 스포트형 감지기는 45° 이상 경사되지 않도록 부착한다.
② 감지기는 천장 또는 반자의 옥내에 면하는 부분에 설치한다.
③ 정온식 감지기는 주방・보일러실 등으로서 다량의 화기를 취급하는 장소에 설치한다.
④ 보상식 스포트형 감지기는 정온점이 감지기 주위의 평상시 최고 온도보다 10℃ 이상 높은 것으로 설치한다.

2-7. 비상콘센트설비에 관한 설명으로 옳지 않은 것은?

① 층수가 6층 이상인 특정소방대상물의 전 층에 설치해야 한다.
② 전원회로는 각 층에 있어서 2 이상이 되도록 설치하는 것을 원칙으로 한다.
③ 비상콘센트는 바닥으로부터 높이 0.8m 이상 1.5m 이하의 위치에 설치한다.
④ 소방시설 중 화재를 진압하거나 인명구조활동을 위하여 사용하는 소화활동설비에 속한다.

|해설|

2-6
보상식 스포트형 감지기 : 최고 온도보다 20℃ 이상 높은 것으로 설치

2-7
비상콘센트설비는 층수가 11층 이상인 특정소방대상물은 11층 이상의 층에 설치하여야 한다.

정답　2-4 ②　2-5 ①　2-6 ④　2-7 ①

제12절 운송설비

핵심이론 01 | 엘리베이터

(1) 엘리베이터의 구동 방식에 의한 분류

교류 엘리베이터	직류 엘리베이터
• 기동토크가 작다. • 속도 제어가 불가능하다. • 승강 기분이 나쁘다. • 가격이 저렴하다. • 속도 : 30, 45, 60m/min	• 기동토크가 크다. • 속도의 임의제어가 가능하다. • 승강 기분이 좋다. • 가격이 비싸다. • 속도 : 90m/min 이상

(2) 엘리베이터 구조

① 승강기
  ㉠ 출입문 : 미닫이 또는 쌍미닫이의 60분+방화문 또는 60분 방화문
  ㉡ 출입구 너비 : 0.8m, 높이 : 2.1m
  ㉢ 승강기의 케이지 문과 승차장 문은 리타이어링 캠(Retiring Cam, 닫힘 및 잠금장치)에 의하여 개폐한다.

② 기계실
  ㉠ 권상기 : 전동기로 카를 오르내리게 하는 기계
  ㉡ 전동기 : 모터
  ㉢ 제동기
  ㉣ 감속기
  ㉤ 견인구차(도르래) : 권상기의 부하를 줄이기 위해 사용
  ㉥ 균형추(카운터 웨이트, Counter Weight) : 권상기의 부하를 작게 하여 에너지를 절약하고자 하는 균형추

③ 안전장치
  ㉠ 완충기(Buffer) : 승강로 하부에서 충돌 방지
  ㉡ 조속기 : 정격속도의 120%를 초과할 때 과속 스위치를 작동시키고 권상기의 전자 브레이크 동력전원을 끊음으로써 정지시키는 장치
  ㉢ 비상정지장치 : 카의 속도가 계속 증대하여 정격속도의 130%를 초과할 때 조속기 로프를 잡아 카를 비상 정지시키는 장치
  ㉣ 종점 스위치(Terminal Switch) : 종단층에서 카 정지 스위치를 잊은 경우 자동 정지시키는 장치
  ㉤ 리밋 스위치(Limit Switch) : 위치 이동의 한계 스위치

10년간 자주 출제된 문제

1-1. 직류 엘리베이터에 관한 설명으로 옳지 않은 것은?
① 임의의 기동 토크를 얻을 수 있다.
② 고속 엘리베이터용으로 사용이 가능하다.
③ 원활한 가감속이 가능하여 승차감이 좋다.
④ 교류 엘리베이터에 비하여 가격이 저렴하다.

1-2. 엘리베이터 기계실의 주요 설비에 속하지 않는 것은?
① 조속기　　　② 권상기
③ 완충기　　　④ 전자 브레이크

1-3. 다음 중 엘리베이터의 안전장치와 가장 관계가 먼 것은?
① 조속기　　　② 핸드 레일
③ 종점 스위치　④ 전자 브레이크

1-4. 엘리베이터의 안전장치 중 일정 이상의 속도가 되었을 때 브레이크 등을 작동시키는 기능을 하는 것은?
① 조속기　② 권상기　③ 완충기　④ 가이드 슈

1-5. 엘리베이터의 안전장치 중에서 카가 최상층이나 최하층에서 정상 운행위치를 벗어나 그 이상으로 운행하는 것을 방지하는 것은?
① 완충기(Buffer)
② 조속기(Governor)
③ 리밋 스위치(Limit Switch)
④ 카운터 웨이트(Counter Weight)

|해설|

1-1
직류 엘리베이터는 가격을 제외한 모든 면에서 교류 엘리베이터보다 우수하다.

1-2
③ 완충기(Buffer) : 승강로 하부에 위치하는 충돌 방지 안전장치

1-3
② 핸드 레일 : 에스컬레이터 손잡이 부분

1-4
① 조속기 : 정격속도 120% 초과 시 권상기 전원을 끊고, 정지시키는 장치

1-5
③ 리밋 스위치(Limit Switch) : 위치 이동의 한계 스위치

정답 1-1 ④　1-2 ③　1-3 ②　1-4 ①　1-5 ③

(3) 엘리베이터 조작 방식

① 승합 전자동 방식 : 승객 스스로 운전하는 전자동 엘리베이터로 카 버튼이나 승강장의 호출신호로 기동, 정지를 이루는 엘리베이터 조작 방식
② 카 스위치 방식 : 운전원이 조작반의 핸들로 시동을 조작하는 방식
③ 시그널 컨트롤(신호 운전) 방식 : 기동은 운전원의 버튼 조작으로 하며, 정지는 목적층 단추를 누르는 것과 승강장의 호출 신호로 순서대로 자동 정지하는 방식
④ 기록 운전 방식 : 운전원이 승객의 목적층과 승강장의 호출 신호를 보고 조작반의 단추를 누르면 목적층 순서대로 자동 정지하는 방식

(4) 유압식 엘리베이터

① 윤활유 속에 잠긴 모터펌프의 가동으로 작동이 부드럽고 저속으로 작동하며, 기계적 마모가 적다.
② 기계실 위치 : 지하 또는 상부 등 여건에 맞게 설치하므로 기계실의 위치가 자유롭다.
③ 기계실이 별도로 있어 엘리베이터에서의 소음이 적다.
④ 유지 보수가 용이(로프식보다 적은 구성품 설치)하다.
⑤ 중력(자중)에 의해 하강하므로 경제적이고 전동기의 출력이 크다.
⑥ 무거운 중량물에 매우 효율적(짧은 승강행정에도 유리)이지만, 기계실의 발열량이 크다.
⑦ 유압식은 건물 기초에 의지하여 운행되므로 지진에 안전하다.
⑧ 화재발생으로 스프링클러, 호스 등의 물 분사 시 덜 민감하게 반응한다.

10년간 자주 출제된 문제

1-6. 승객 스스로 운전하는 전자동 엘리베이터로 카 버튼이나 승강장의 호출신호로 기동, 정지를 이루는 엘리베이터 조작 방식은?
① 승합 전자동 방식　② 카 스위치 방식
③ 시그널 컨트롤 방식　④ 레코드 컨트롤 방식

1-7. 기동은 운전원의 버튼 조작으로 하며, 정지는 목적층 단추를 누르는 것과 승강장의 호출 신호로 순서대로 자동 정지하는 방식은?
① 승합 전자동 방식　② 카 스위치 방식
③ 시그널 컨트롤 방식　④ 레코드 컨트롤 방식

1-8. 유압식 엘리베이터에 대한 설명 중 옳지 않은 것은?
① 오버헤드가 작다.
② 기계실의 위치가 자유롭다.
③ 큰 적재량으로 승강행정이 짧은 경우에는 적용할 수 없다.
④ 지하주차장 엘리베이터와 같이 지하층에만 운전하는 경우 적용할 수 있다.

1-9. 로프식 엘리베이터와 비교한 유압식 엘리베이터의 특징 설명으로 옳은 것은?
① 전동기의 출력이 작다.
② 속도의 범위가 자유롭다.
③ 기계실의 발열량이 작다.
④ 기계실의 위치가 자유롭다.

|해설|

1-8
유압식 엘리베이터는 하중을 샤프트 바닥면으로 받으면서 들어올리게 되며, 큰 적재량으로 승강행정이 짧은 경우에도 적용할 수 있다.

1-9
유압식 엘리베이터
- 지하 또는 상부 등 여건에 맞게 설치하므로 기계실 위치가 자유롭다.
- 오일을 사용하며, 승강 시의 쾌적성을 유지한다.
- 지하구멍파기 및 옥상기계실이 필요 없다.
- 엘리베이터 샤프트 바닥면에서 하중을 받는다.

정답 1-6 ①　1-7 ③　1-8 ③　1-9 ④

핵심이론 02 | 에스컬레이터

(1) 에스컬레이터 구조

① 경사도에 따른 공칭 속도
　㉠ 경사도 30° 이하 : 0.75m/s 이하
　㉡ 경사도 30° 초과 35° 이하 : 0.5m/s 이하
② 스텝의 양쪽에는 난간을 설치하고, 난간은 핸드레일을 지지하여야 한다.
③ 전동기 : 10~15HP(7.5~11kW)의 권선형 또는 농형 3상 유도전동기 사용

(2) 에스컬레이터 수송능력

① 엘리베이터의 10배 이상 수송능력
② 연속 운행으로써 짧은 거리의 다량 수송용으로 적당하다.
③ 형식은 800형, 1,200형으로 구분할 수 있다.

[에스컬레이터 수송능력상의 종류]

형식	유효폭	계단너비	경사각	속도	공칭 수송능력
800형	0.8m	600mm	30°	30m/분	6,000인/h
1,200형	1.2m	1,000mm			9,000인/h

(3) 에스컬레이터의 배열 방식

배열방법		장점	단점
직렬형		승객 시야가 넓다.	점유면적이 크다.
병렬형	병렬 단속	승객 시야가 좋다.	• 서비스가 나쁘다. • 혼잡할 수 있다.
	병렬 연속	• 승객 시야가 좋다. • 교통이 연속된다. • 교통 혼잡이 적다.	
교차형		• 교통이 연속된다. • 교통 혼잡이 적다. • 점유면적이 적다.	• 승객 시야가 나쁘다. • 위치표시가 어렵다.

(4) 수평 보행기(이동식 보도, Moving Walk)

① 이동거리가 긴 경우 수평으로 이동시키는 반송설비
② 경사도는 12° 이하로 설계한다.
③ 공칭 속도는 0.75m/s 이하
④ 수송능력은 최고 1,500명/h
⑤ 주로 역, 공항에 설치한다.

10년간 자주 출제된 문제

2-1. 에스컬레이터 경사도는 (㉠)를 초과하지 않아야 한다. 다만, 층고가 6m 이하, 공칭 속도가 0.5m/s 이하인 경우 경사도를 (㉡)까지 증가시킬 수 있다. ( ) 안에 알맞은 것은?

① ㉠ 25°, ㉡ 30°
② ㉠ 25°, ㉡ 35°
③ ㉠ 30°, ㉡ 35°
④ ㉠ 30°, ㉡ 40°

2-2. 에스컬레이터의 경사도는 최대 얼마 이하로 하여야 하는가?(단, 공칭 속도 0.5m/s 초과하는 경우이며 기타 조건은 무시)

① 25°
② 30°
③ 35°
④ 40°

2-3. 에스컬레이터에 관한 설명으로 옳지 않은 것은?

① 수송량에 비해 점유면적이 작다.
② 수송능력이 엘리베이터보다 작다.
③ 대기시간이 없고 연속적인 수송설비이다.
④ 연속운전되므로 전원설비에 부담이 적다.

2-4. 1,200형 에스컬레이터의 공칭 수송능력은?

① 4,800인/h
② 6,000인/h
③ 7,200인/h
④ 9,000인/h

2-5. 이동식 보도에 관한 설명으로 옳지 않은 것은?

① 속도는 60~70m/min이다.
② 주로 역이나 공항 등에 이용된다.
③ 승객을 수평으로 수송하는 데 사용된다.
④ 경사도는 12° 이하로 설계한다.

|해설|

2-1
㉠ 30°, ㉡ 35°
승강기안전부품 안전기준 및 승강기 안전기준 별표 24 에스컬레이터 안전기준에서 정하고 있다.

2-2
에스컬레이터의 경사도 : 30° 이하

2-3
수송능력이 엘리베이터보다 10배 이상 크다.

2-4
1,200형의 공칭 수송능력 : 시간당 9,000명
800형의 공칭 수송능력 : 시간당 6,000명

2-5
이동식 보도의 속도 : 0.75m/s

정답 2-1 ③ 2-2 ② 2-3 ② 2-4 ④ 2-5 ①

제13절 가스설비, 소화설비

핵심이론 01 | 가스설비

(1) LPG(액화석유가스, Liquefied Petroleum Gas)
① 무색·무취, 중독성이 있으며, 연소범위가 좁다.
② 발열량이 높다.
③ 공기보다 무겁다(경보기는 바닥에서 30cm 이내 설치).
④ 압축, 냉각하여 액화하면 체적이 1/250로 된다.
⑤ 금속에 대해 부식성이 작다.
⑥ 단위 : kg/h(용기, 즉 봄베로 이동)
⑦ 주성분 : 프로판(C_4H_{10}), 부탄(C_3H_8)

(2) LNG(액화천연가스, Liquefied Natural Gas)
① 도시가스 중앙공급원에서 도관을 따라 수요자에게 공급
② 발열량이 낮다.
③ 공기보다 가볍기 때문에 누설되어도 공기 중에 흡수되어 안정성이 높다(경보기는 천장에서 30cm 이내 설치).
④ 1기압하 -162℃에서 액화하면 체적이 1/580로 감소
⑤ 건물 내의 배관은 매립과 은폐 배관을 겸해서 설치한다.
⑥ 단위 : m^3/h(배관으로 이동)
⑦ 주성분 : 메탄(CH_4)

(3) 도시가스 공급 압력(도시가스 사업자 기준)
① 저압 : 0.1MPa 미만
② 중압 : 0.1MPa 이상 ~ 1MPa 미만
③ 고압 : 1MPa 이상

(4) 배관설비 배치기준(도시가스사업법 시행규칙 별표 7)
① 가스계량기 설치 기준
 ㉠ 가스계량기와 화기 사이의 유지 거리 : 2m 이상
 ㉡ 설치금지 장소 : 공동주택 대피공간, 방, 거실, 주방
 ㉢ 설치 높이 : 바닥으로부터 1.6m 이상 2m 이내

② 가스계량기와 전기기기 이격거리
 ㉠ 전기 계량기, 전기 개폐기 : 60cm 이상
 ㉡ 굴뚝, 전기콘센트(접속기, 점멸기) : 30cm 이상
 ㉢ 절연조치를 하지 아니한 전선과의 거리 : 15cm 이상
③ 입상관과 화기 사이 : 우회거리 2m 이상

10년간 자주 출제된 문제

1-1. LPG에 관한 설명으로 옳지 않은 것은?
① 비중이 공기보다 작다.
② 액화석유가스를 말한다.
③ 액화하면 그 체적은 약 1/250로 된다.
④ 상압에서는 기체이지만 압력을 가하면 액화된다.

1-2. 액화천연가스(LNG)에 관한 설명으로 옳지 않은 것은?
① 공기보다 가볍다.
② 무공해, 무독성이다.
③ 프로필렌, 부탄, 에탄이 주성분이다.
④ 대형 저장시설이 필요하며, 배관으로 공급된다.

1-3. 압력에 따른 도시가스의 분류에서 고압의 기준은?
① 0.1MPa 이상 ② 1MPa 이상
③ 10MPa 이상 ④ 100MPa 이상

1-4. 도시가스 배관 시공에 관한 설명으로 옳지 않은 것은?
① 건물 내에서는 반드시 은폐배관으로 한다.
② 배관 도중에 신축 흡수를 위한 이음을 한다.
③ 건물의 주요구조부를 관통하지 않도록 한다.
④ 건물의 규모가 크고 배관 연장이 길 경우는 계통을 나누어 배관한다.

1-5. 가스의 연소성을 나타내는 것은?
① 비열비 ② 거버너
③ 웨버지수 ④ 단열지수

1-6. 도시가스의 압력을 사용처에 맞게 감압하는 기능을 하는 것은?
① 정압기 ② 압송기
③ 에어체임버 ④ 가스미터

| 해설 |

1-4
건물 내에 설치할 경우에는 매립과 은폐 배관을 겸해서 설치한다.

1-5
웨버지수 : 가스 호환성 지표로서 가스 연료의 단위 시간당 방출 에너지를 정의하기 위한 변수(가스 호환성의 지표 : 단위는 $kcal/Nm^3$)

가스 호환성 : 주어진 연소기에서 다른 종류의 연료를 공급했을 때 기하학적 형상이나 운전조건을 변화시키지 않고 그대로 사용할 수 있는 대체 가능성

1-6
정압기 : 가스를 일정하게 고정된 압력으로 바꾸어 내보내는 기기로서, 사용처에 맞게 감압하는 기능을 한다.

정답 1-1 ① 1-2 ④ 1-3 ② 1-4 ① 1-5 ③ 1-6 ①

핵심이론 02 | 소화설비

(1) 화재의 분류
① 일반화재(A급 화재 : 백색) : 목재, 종이, 직물 등 일반 가연물 화재로 물의 냉각 작용으로 소화되는 화재
② 유류, 가스화재(B급 화재 : 황색) : 석유, 가연성 액체 등의 화재로 공기 차단으로 소화되는 화재
③ 전기화재(C급 화재 : 청색) : 전기시설 등 감전의 우려가 있는 화재

(2) 소화활동설비(소방시설법 시행령 별표 1)
① 화재를 진압하거나 인명구조활동을 위하여 사용하는 설비
② 종류 : 제연설비, 연결살수설비, 연결송수관설비, 비상콘센트설비, 무선통신보조설비, 연소방지설비

(3) 특정소방대상물의 규모 등에 따른 소방시설(소방시설법 시행령 별표 4)
① 화재안전기준에 따른 소화기구 설치 특정소방대상물
  ㉠ 연면적 $33m^2$ 이상인 것
  ㉡ 위에 해당하지 않는 시설로서 가스시설, 발전시설 중 전기저장시설 및 국가유산
  ㉢ 터널
  ㉣ 지하구
② 주거용 주방의 자동소화설비 설치 : 아파트 등 및 오피스텔의 모든 층

(4) 옥내소화전(화재안전기술기준)
① 수원의 수량 : $2.6m^3 \times$ 소화전 최다 설치 층 설치 개수(2개 이상 설치된 경우에는 2개)
② 방수 압력 : 0.17MPa 이상
③ 방수량 : 130L/min 이상(1개당, 20분 이상 방수)
④ 설치 간격 : 수평 거리 25m 이내

⑤ 소화전 높이(개폐밸브) : 바닥에서 1.5m 이하
⑥ 호스구경 : 40mm 이상

(5) 옥외소화전(화재안전기술기준)
① 수원의 수량 : 7.0m³ × 소화전 설치 개수(최대 2개)
② 방수 압력 : 0.25~0.7MPa
③ 방수량 : 350L/min 이상(1개당, 20분 이상 방수)
④ 설치 간격 : 수평 거리는 40m 이내
⑤ 소화전 높이 : 호스 집결구는 지면에서 0.5~1m 이하
⑥ 호스구경 : 65mm

10년간 자주 출제된 문제

2-1. 전류가 흐르고 있는 전자기기, 배선에 관련된 화재는?
① A급 화재 ② B급 화재
③ C급 화재 ④ K급 화재

2-2. 소방시설은 소화, 경보, 피난구조, 소화용수설비, 소화활동설비로 구분하는데, 다음 중 소화활동설비 속하는 것은?
① 제연설비 ② 비상방송설비
③ 스프링클러설비 ④ 자동화재탐지설비

2-3. 화재안전기준에 따라 소화기구를 설치하여야 하는 특정소방대상물의 연면적 기준은?
① 10m² 이상 ② 25m² 이상
③ 33m² 이상 ④ 50m² 이상

2-4. 옥내소화전설비의 설치 대상 건축물로서 옥내소화전의 설치 개수가 가장 많은 층의 설치 개수가 6개인 경우, 옥내소화전설비 수원의 유효 저수량은 최소 얼마 이상이 되어야 하는가?
① 7.8m³ ② 10.4m³
③ 13.0m³ ④ 15.6m³

2-5. 옥내소화전설비의 설치 기준으로 옳지 않은 것은?
① 방수구는 바닥으로부터 높이가 1.5m 이하가 되도록 한다.
② 연결송수관설비의 배관과 겸용할 경우의 주배관은 구경 100mm 이상으로 한다.
③ 특정소방대상물의 각 부분으로부터 하나의 옥내소화전방수구까지의 수평거리가 30m 이하가 되도록 한다.
④ 방수량은 130L/min 이상이다.

|해설|
2-4
옥내소화전 수원의 수량(Q) = 2.6 × N
∴ 수량(Q) = 2.6 × 2 = 5.2m³

2-5
각 층 각 부분에서 소화전까지의 수평 거리는 25m 이내로 한다.

정답 2-1 ③ 2-2 ① 2-3 ③ 2-4 ② 2-5 ③

(6) 스프링클러(Sprinkler)설비

① 초기 화재의 소화율이 높고, 경보의 기능을 가진다.
② 소화 후 제어밸브를 잠그며, 소화 후 복구가 용이하다.
③ 가용편의 용융 온도는 72℃ 이상이다.
④ 고층 건물과 지하층, 무창층 등에 적당하다.
⑤ 헤드구성 : 프레임, 가용편, 디플렉터(Deflector, 물 세분)

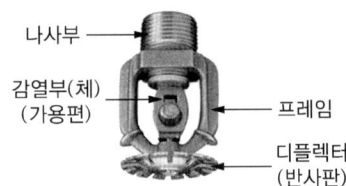

[스프링클러 헤드 구조]

⑥ 수원의 수량 : 스프링클러 헤드에 따라 구분
　㉠ 폐쇄형 : $1.6m^3 ×$ 최다 설치층 설치 개수
　㉡ 개방형 : $1.6m^3 ×$ 스프링클러 설치 개수(30개 이하)
⑦ 헤드 방수압력 : 1개 헤드에 0.1MPa 이상 1.2MPa 이하
⑧ 표준 방수량 : 0.1MPa 방수압력 기준으로 80L/min 이상
⑨ 헤드 1개의 소화 면적 : $10m^2$
⑩ 한 쪽(1개)의 가지배관에 설치되는 헤드 개수 : 8개 이하
⑫ 가지배열의 배관은 토너먼트 방식이 아닐 것
⑬ 폐쇄형 헤드 사용 시 설치 장소별 기준 개수
　㉠ 아파트 : 10개
　㉡ 판매시설, 복합상가, 11층 이상 대상물 : 30개

(7) 연결송수관설비, 연결살수설비

① 화재 시 소화 활동을 하는 소방대 전용 소화전
　㉠ 소방차가 쉽게 접근 가능한 노출 장소에 설치
　㉡ 지면에서 높이는 0.5m 이상 1.0m 이하 위치에 설치
② 연결송수관설비의 방수구는 전용방수구 또는 옥내소화전 방수구로서 구경 65mm의 것으로 설치할 것
③ 연결살수설비에서 개방형 헤드를 사용하는 경우 하나의 송수구역에 설치하는 살수헤드의 수는 10개 이하가 되도록 한다.

(8) 드렌처(Drencher)설비(방화설비)

① 인접 건물 화재 시 방수로 인해 수막을 형성하여 화재를 방지하는 설비
② 건물의 창, 외벽, 지붕 등에 설치한다.

10년간 자주 출제된 문제

2-6. 스프링클러설비의 화재안전기준에서 ( )에 알맞은 것은?

전동기에 따른 펌프를 이용하는 가압송수장치의 송수량은 0.1MPa의 방수압력 기준으로 ( ) 이상의 방수성능을 가진 기준 개수의 모든 헤드로부터의 방수량을 충족시킬 수 있는 양 이상으로 할 것

① 80L/min   ② 90L/min
③ 110L/min   ④ 130L/min

2-7. 스프링클러설비 설치 장소가 아파트인 경우, 스프링클러 헤드 기준 개수는?(단, 폐쇄형 스프링클러 헤드를 사용하는 경우)

① 10개   ② 20개
③ 30개   ④ 40개

2-8. 개방형 헤드를 사용하는 연결살수설비에 있어서 하나의 송수구역에 설치하는 살수헤드의 수는 최대 얼마 이하가 되도록 하여야 하는가?

① 10개   ② 20개   ③ 30개   ④ 40개

2-9. 스프링클러설비의 배관에 관한 설명으로 옳지 않은 것은?

① 가지배관은 각 층을 수직으로 관통하는 수직배관이다.
② 교차배관이란 직접 또는 수직배관을 통하여 가지배관에 급수하는 배관이다.
③ 급수배관은 수원 및 옥외송수구로부터 스프링클러 헤드에 급수하는 배관이다.
④ 신축배관은 가지배관과 스프링클러 헤드를 연결하는 구부림이 용이하고 유연성을 가진 배관이다.

|해설|

2-6
방수압력 0.1MPa 기준으로 방수량 80L/min을 표준으로 함

2-7
• 아파트 : 10개
• 판매시설, 복합상가, 11층 이상의 소방대상물 : 30개

2-8
개방형 헤드를 사용하는 연결살수설비의 경우는 1개의 송수구역에 설치하는 살수헤드는 10개 이하여야 한다.

2-9
• 가지배관 : 스프링클러 헤드가 설치되어 있는 배관
• 주배관 : 각 층을 수직으로 관통하는 배관

정답 2-6 ① 2-7 ① 2-8 ① 2-9 ①

제14절 기타의 내용

(1) 건축물의 에너지절약설계기준(기계부문)

① 설계용 실내 온도 조건 : 난방 20℃, 냉방 28℃ 기준
② 열원설비 : 부분부하, 전부하 운전효율이 좋은 것을 선정
   ㉠ 난방·냉방기, 냉동기, 송풍기, 펌프는 부하조건에 따라 최고 성능 유지를 위한 대수분할, 비례제어 운전
   ㉡ 보일러 배출수·폐열·응축수 및 공조기 폐열, 생활배수 등의 폐열 회수를 위해 열회수 설비를 설치한다(중간기를 대비한 바이패스(By-pass)설비 설치).
③ 공조설비
   ㉠ 중간기 등에 외기 도입에 의하여 냉방부하를 감소시키는 경우에는 외기냉방시스템을 적용
   ㉡ 공조기 팬은 부하에 따른 풍량제어가 가능해야 함
④ 환기 및 제어설비 : 지하주차장 환기팬은 대수제어 또는 풍량조절(가변익, 가변속도), CO의 농도에 의한 자동(On-off)제어 등의 에너지 절약적 제어 방식을 도입한다.
⑤ 위생설비 등 : 급탕용 저탕조 설계온도는 55℃ 이하로 하고, 필요시 부스터 히터 등으로 승온하여 사용한다.

(2) 음의 크기, 잔향

① 음의 크기의 단위
   ㉠ sone : 음의 감각적인 크기를 나타내는 척도
   ㉡ dB : 소음의 크기를 음의 수준(Level)으로 나타내는 단위
   ㉢ Hz : 진동수의 단위

② Sabine의 잔향 이론

잔향시간(T) = KV/A

여기서, K (비례상수) : 0.162
  V : 실용적
  A : 흡음력(평균 흡음률(α) × 실내 표면적)

(3) 축열벽, 흡음재 및 차음재

① 축열벽 : 일사열을 주간에 모았다가 야간에 이용하는 간접획득 난방 방식의 열을 축적할 수 있는 벽
② 흡음재 : 음을 흡수하는 다공질재, 직물, 코르크 등의 가볍고 부드러운 재료
③ 차음재 : 음을 차단하는 돌, 콘크리트 등의 무겁고 단단하며 치밀한 재료

10년간 자주 출제된 문제

1-1. 건축물의 에너지절약을 위한 기계부분의 권장사항으로 옳지 않은 것은?

① 냉방기기는 전력피크부하를 줄일 수 있도록 한다.
② 난방순환수 펌프는 가능한 한 대수제어 또는 가변속제어 방식을 채택한다.
③ 폐열회수를 위한 열회수설비를 설치할 때에는 중간기에 대비한 바이패스(By-pass)설비를 설치한다.
④ 위생설비 급탕용 저탕조의 설계온도는 65℃ 이하로 하고 필요한 경우에는 부스터 히터 등으로 승온하여 사용한다.

1-2. 건축물 실내 공간의 잔향시간에 가장 큰 영향을 주는 것은?

① 실의 용적
② 음원의 위치
③ 벽체의 두께
④ 음원의 음압

1-3. 여름철 실내 최고 온도는 외기온도가 가장 높은 시각 이후에 나타나는 것이 일반적이다. 이와 같은 현상은 벽체를 구성하고 있는 재료의 어떤 성능 때문인가?

① 축열성능
② 단열성능
③ 일사반사성능
④ 일사투과성능

1-4. 음의 대소를 나타내는 감각량을 음의 크기라고 하는데, 음의 크기의 단위는?

① dB
② cd
③ Hz
④ sone

1-5. 흡음 및 차음에 관한 설명으로 옳지 않은 것은?

① 벽의 차음성능은 투과손실이 클수록 높다.
② 차음성능이 높은 재료는 대부분 흡음성능도 높다.
③ 벽의 차음성능은 사용 재료의 면밀도에 크게 영향을 받는다.
④ 벽의 차음성능은 동일 재료에서도 두께와 시공법에 따라 다르다.

|해설|

1-1
위생설비 급탕용 저탕조의 설계온도는 55℃ 이하로 한다.

1-5
콘크리트 등 육중한(무거운) 재료는 차음성이 높고, 흡음성은 낮다.

정답 1-1 ④ 1-2 ① 1-3 ① 1-4 ④ 1-5 ②

CHAPTER 05 건축관계법규

제1절 건축법

핵심이론 01 | 총 칙

(1) 건축법의 목적

건축법은 건축물의 대지·구조·설비기준 및 용도 등을 정하여 건축물의 안전·기능·환경 및 미관을 향상시킴으로써 공공복리의 증진에 이바지하는 것을 목적으로 한다.

(2) 용어의 정의 : 대지 및 건축물

① 건축물 : 토지에 정착하는 다음의 공작물
  ㉠ 지붕과 기둥 또는 벽이 있는 것
  ㉡ 위에 부수되는 시설물(대문, 담장 등)
  ㉢ 지하나 고가(高架)의 공작물에 설치하는 사무소·공연장·점포·차고·창고 등

② 일정 규모가 넘는 신고대상 공작물
  ㉠ 높이 6m를 넘는 굴뚝
  ㉡ 높이 4m를 넘는 장식탑, 기념탑, 첨탑, 광고탑, 광고판 철탑
  ㉢ 높이 8m를 넘는 고가수조
  ㉣ 높이 2m를 넘는 옹벽 또는 담장
  ㉤ 바닥면적 30m²를 넘는 지하대피호
  ㉥ 높이 6m를 넘는 골프연습장 등의 운동시설을 위한 철탑, 주거지역·상업지역에 설치하는 통신용 철탑
  ㉦ 높이 8m 이하의 기계식 주차장 및 철골 조립식 주차장으로서 외벽이 없는 것

(3) 용어의 정의 : 건축물의 용도

① 단독주택
  ㉠ 단독주택
  ㉡ 다중주택
    • 학생 또는 직장인 등 여러 사람이 장기간 거주할 수 있는 구조로 되어 있는 것
    • 독립된 주거의 형태를 갖추지 않은 것(각 실별로 욕실은 설치할 수 있으나, 취사시설은 설치하지 않은 것을 말한다)
    • 1개 동의 주택 바닥면적(부설주차장 면적은 제외)의 합계가 660m² 이하이고, 층수(지하층은 제외)가 3개 층 이하일 것(1층 또는 일부를 필로티 구조로, 주차장으로 사용하고 나머지 부분을 주택 외의 용도로 쓰는 경우 해당 층을 주택 층수에서 제외)
  ㉢ 다가구주택
    • 주택으로 쓰는 층수(지하층은 제외)가 3개 층 이하일 것(1층 전부 또는 일부를 필로티 구조로, 주차장으로 사용하고 나머지 부분을 주택 외의 용도로 쓰는 경우 해당 층을 주택 층수에서 제외)
    • 1개 동의 주택으로 쓰이는 바닥면적의 합계가 660m² 이하일 것
    • 19세대 이하가 거주할 수 있을 것
  ㉣ 공관(公館)

10년간 자주 출제된 문제

1-1. 공작물을 축조할 때 특별자치시장·특별자치도지사 또는 시장·군수·구청장에게 신고를 하여야 하는 대상 공작물 기준으로 옳지 않은 것은?

① 높이 2m를 넘는 담장
② 높이 4m를 넘는 굴뚝
③ 높이 4m를 넘는 광고탑
④ 높이 4m를 넘는 장식탑

1-2. 건축법령상 공동주택에 속하지 않는 것은?

① 기숙사 ② 연립주택
③ 다가구주택 ④ 다세대주택

|해설|

1-1
굴뚝은 6m를 넘는 경우에 해당된다.

1-2
다가구주택은 단독주택에 속한다.

정답 1-1 ② 1-2 ③

---

② 공동주택
  ㉠ 아파트 : 주택으로 쓰는 층수가 5개 층 이상인 주택
  ㉡ 연립주택 : 주택으로 쓰는 1개 동의 바닥면적 합계가 660m² 를 초과하고, 층수가 4개 층 이하인 주택
  ㉢ 다세대주택 : 주택으로 쓰는 1개 동의 바닥면적 합계가 660m² 이하이고, 층수가 4개 층 이하인 주택
  ㉣ 일반기숙사 : 학교 또는 공장 등의 학생 또는 종업원 등을 위하여 사용하는 것으로서 해당 기숙사의 공동취사시설 이용 세대 수가 전체 세대 수의 50% 이상인 것
  ㉤ 임대형 기숙사 : 공공주택사업자 또는 임대사업자가 임대사업에 사용하는 것으로서 임대 목적으로 제공하는 실이 20실 이상이고 해당 기숙사의 공동취사시설 이용 세대 수가 전체 세대 수의 50% 이상인 것

③ 제1종 근린생활시설(바닥면적 합계)
  ㉠ 30m² 미만 : 금융업소, 사무소, 부동산중개사무소, 결혼상담소 등 소개업소, 출판사 등 일반업무시설
  ㉡ 300m² 미만 : 휴게음식점, 제과점, 동물병원, 동물미용실
  ㉢ 500m² 미만 : 탁구장, 체육도장
  ㉣ 1,000m² 미만 : 식품·의류·서적 등 일용품 판매 소매점, 지역자치센터, 파출소, 소방서, 우체국, 방송국, 보건소, 공공도서관, 공공업무시설, 통신시설, 전기자동차 충전소
  ㉤ 면적 제한 없음 : 이용원, 목욕장, 세탁소, 의원, 한의원, 마을회관, 공중화장실, 변전소 등

④ 제2종 근린생활시설(바닥면적 합계)
  ㉠ 150m² 미만 : 단란주점
  ㉡ 300m² 이상 : 휴게음식점, 제과점

ⓒ 500m² 미만 : 공연장, 종교집회장, 청소년게임 제공업소, 학원·교습소(자동차학원, 무도학원 제외), 직업훈련소(운전·정비 관련 제외), 테니스장, 체력단련장, 실내낚시터, 골프연습장, 금융업소, 사무소 등 일반업무시설, 다중생활시설, 제조업소, 수리점 주문배송시설 등

ⓓ 1,000m² 미만 : 자동차영업소

ⓔ 면적 제한 없음 : 일반음식점, 서점(제1종 근린생활시설 제외), 총포판매소, 사진관, 표구점, 장의사·동물병원·동물미용실(제1종 근린생활시설 제외), 독서실, 기원, 안마시술소, 노래연습장

⑤ 문화 및 집회시설

ⓐ 공연장으로서 제2종 근린생활시설이 아닌 것

ⓑ 관람석 1,000m² 이상 : 관람장(체육관 및 운동장 등)

ⓒ 전시장(박물관, 미술관, 과학관, 문화관, 체험관, 기념관, 산업전시장, 박람회장 등)

ⓓ 동·식물원(동물원, 식물원, 수족관 등)

10년간 자주 출제된 문제

1-3. 건축물의 용도에서 주택으로 쓰는 1개 동의 바닥면적 합계가 660m² 이하이고, 층수가 4개 층 이하인 주택은?

① 다중주택   ② 다가구주택
③ 연립주택   ④ 다세대주택

1-4. 건축법령상 아파트의 정의로 옳은 것은?

① 주택으로 쓰는 층수가 3개 층 이상인 주택
② 주택으로 쓰는 층수가 4개 층 이상인 주택
③ 주택으로 쓰는 층수가 5개 층 이상인 주택
④ 주택으로 쓰는 층수가 6개 층 이상인 주택

1-5. 용도별 건축물의 종류가 옳지 않은 것은?

① 판매시설 : 소매시장
② 의료시설 : 치과병원
③ 문화 및 집회시설 : 수족관
④ 묘지 관련 시설 : 장의사

1-6. 건축물과 해당 건축물의 용도가 옳게 연결된 것은?

① 의원 – 의료시설
② 도매시장 – 판매시설
③ 유스호스텔 – 숙박시설
④ 장례식장 – 묘지 관련 시설

1-7. 건축법령에 따른 건축물의 용도 구분에 속하지 않는 것은?

① 영업시설   ② 교정시설
③ 자원순환 관련 시설   ④ 동물 및 식물 관련 시설

|해설|

1-5
장의사, 동물병원, 동물미용실 등 : 제2종 근린생활시설
※ 바닥면적의 합계가 300m² 미만인 동물병원, 동물미용실 : 제1종 근린생활시설

1-6
• 의원 : 제1종 근린생활시설
• 유스호스텔 : 수련시설
• 장례식장 : 장례시설

1-7
영업시설은 용도 분류에 없다.

정답 1-3 ④   1-4 ③   1-5 ④   1-6 ②   1-7 ①

⑥ 종교시설
  ㉠ 종교집회장으로서 제2종 근린생활시설이 아닌 것
  ㉡ 종교집회장에 설치하는 봉안당(奉安堂)
⑦ 판매시설
  ㉠ 도매시장
  ㉡ 소매시장
  ㉢ 상 점
⑧ 운수시설
  ㉠ 여객자동차터미널
  ㉡ 철도시설
  ㉢ 공항시설
  ㉣ 항만시설
⑨ 의료시설
  ㉠ 병원(종합병원, 병원, 치과병원, 한방병원, 정신병원 및 요양병원)
  ㉡ 격리병원(전염병원, 마약진료소 등)
⑩ 교육연구시설
  ㉠ 학교(유치원, 초등학교 등)
  ㉡ 교육원(연수원 등)
  ㉢ 직업훈련소(운전 및 정비 관련 직업훈련소 제외)
  ㉣ 학원(자동차학원, 무도학원 및 정보통신기술을 활용하여 원격으로 교습하는 것은 제외)
  ㉤ 연구소(시험소, 계측계량소 포함)
  ㉥ 도서관
⑪ 노유자시설
  ㉠ 아동 관련 시설(어린이집, 아동복지시설 등)
  ㉡ 노인복지시설(단독주택과 공동주택에 해당하지 않는 것)
  ㉢ 그 밖의 사회복지시설 및 근로복지시설
⑫ 수련시설
  ㉠ 생활권 수련시설(청소년 수련관, 청소년 문화의 집)
  ㉡ 자연권 수련시설(청소년 수련원, 청소년 야영장 등)
  ㉢ 유스호스텔
⑬ 묘지 관련 시설
  ㉠ 화장시설
  ㉡ 봉안당(종교시설 제외)
  ㉢ 묘지와 자연장지에 부수되는 건축물
  ㉣ 동물화장시설, 동물건조장시설 및 동물 전용의 납골시설
⑭ 자동차 관련 시설
  ㉠ 주차장
  ㉡ 세차장
  ㉢ 폐차장
  ㉣ 검사장
  ㉤ 매매장
  ㉥ 정비공장
  ㉦ 운전학원 및 정비학원
  ㉧ 전기자동차 충전소(제1종 근린생활시설에 해당하지 않는 것)

10년간 자주 출제된 문제

1-8. 용도에 따른 건축물의 종류가 옳지 않은 것은?
① 교육연구시설 - 유치원
② 묘지 관련 시설 - 장례식장
③ 관광 휴게시설 - 어린이회관
④ 문화 및 집회시설 - 수족관

1-9. 건축법령상 제2종 근린생활시설에 속하는 것은?
① 무도장   ② 한의원
③ 도서관   ④ 일반음식점

1-10. 용도별 건축물의 종류가 옳지 않은 것은?
① 판매시설 - 소매시장
② 의료시설 - 치과병원
③ 문화 및 집회시설 - 수족관
④ 묘지 관련 시설 - 장의사

1-11. 건축법령상 의료시설에 속하지 않는 것은?
① 치과의원   ② 한방병원
③ 요양병원   ④ 마약진료소

|해설|

1-8
장례시설 : 장례식장, 동물 전용의 장례식장

1-9
- 위락시설 : 유흥주점, 무도장, 무도학원, 카지노영업소
- 제1종 근린생활시설 : 의원, 한의원, 이용원, 목욕장 등
- 교육연구시설 : 학교(유치원, 초등학교 등), 교육원(연수원 등), 직업훈련소(운전 및 정비 관련 직업훈련소 제외), 학원(자동차학원, 무도학원 제외), 연구소(시험소, 계측계량소 포함), 도서관

1-10
장의사는 제2종 근린생활시설이다.

1-11
의원(소아과의원, 치과의원, 한의원 등)은 제1종 근린생활시설에 포함된다.

정답 1-8 ② 1-9 ④ 1-10 ④ 1-11 ①

---

(4) 용어의 정의 : 건축설비
① 건축물에 설치하는 다음의 설비를 말한다.
  ㉠ 전기·전화설비, 초고속 정보통신설비, 지능형 홈 네트워크 설비
  ㉡ 가스·급수·배수(配水)·배수(排水)·환기·난방·냉방·소화(消火)·배연(排煙) 및 오물처리의 설비
  ㉢ 굴뚝, 승강기, 피뢰침, 국기 계양대, 공동시청 안테나, 유선방송 수신시설, 우편함, 저수조(貯水槽), 방범시설
② 셔터, 차양 등은 건축설비가 아니다.

(5) 용어의 정의 : 지하층, 거실, 주요구조부
① 지하층
  ㉠ 정의 : 해당 층 바닥으로부터 지표면까지의 평균 높이가 해당 층 높이의 1/2 이상인 층을 말한다.

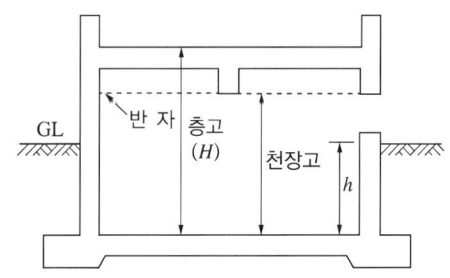

  ㉡ 지표면의 산정 : 건축물 주위에 접하는 각 지표면 부분의 높이를 해당 지표면 부분의 수평거리에 따라 가중 평균한 높이의 수평면을 지표면으로 산정한다.

$$\text{가중 평균면} = \frac{\text{흙에 접한 건축물 벽면적}}{\text{건축물 둘레 길이}}$$

② 거 실
  ㉠ 거실(거주 및 생활공간) : 거주, 집무, 작업, 집회, 오락, 이와 유사한 목적을 위하여 사용되는 방
  ㉡ 거실이 아닌 경우 : 서비스로 제공되는 공간으로 현관, 복도, 계단실, 변소, 욕실, 창고, 기계실 등의 공간

③ 주요구조부
  ㉠ 내력벽(耐力壁), 기둥, 바닥, 보, 지붕틀, 주계단 등
  ㉡ 사잇기둥, 최하층 바닥, 작은 보, 차양, 옥외계단, 기타 이와 유사한 것으로 건축물의 구조상 중요하지 아니한 부분은 제외한다.

10년간 자주 출제된 문제

1-12. 다음은 건축법령상 지하층의 정의 내용이다. ( ) 안에 알맞은 것은?

> '지하층'이란 건축물의 바닥이 지표면 아래에 있는 층으로서 바닥에서 지표면까지 평균 높이가 해당 층 높이의 ( ) 이상인 것을 말한다.

① 2분의 1   ② 3분의 1   ③ 3분의 2   ④ 4분의 1

1-13. 다음 중 건축법령상 용어의 정의에 관한 설명으로 옳지 않은 것은?
① 건축설비에는 굴뚝, 승강기, 피뢰침, 국기 게양대, 공동시청 안테나 등은 해당되지만 셔터, 차양 등은 건축설비가 아니다.
② 지하층의 지표면 기준은 건축물 주위에 접하는 각 지표면 부분 높이를 해당 지표면 부분의 수평거리에 따라 가중 평균한 높이의 수평면을 지표면으로 한다.
③ 거실은 거주 및 생활공간으로서 거주, 집무, 작업, 집회, 오락, 그 밖에 이와 유사한 목적을 위하여 사용되는 방을 말한다.
④ 주요구조부는 최상층 바닥, 작은 보, 차양, 옥외계단, 기타 이와 유사한 것으로 건축물의 구조상 중요하지 아니한 부분은 제외한다.

1-14. 다음 중 건축법령상 주요구조부에 해당되지 않은 것은?
① 기 초   ② 기 둥
③ 내력벽(耐力壁)   ④ 바 닥

1-15. 건축법령상 주요구조부에 속하는 것은?
① 지붕틀   ② 작은 보   ③ 사잇기둥   ④ 최하층 바닥

| 해설 |

1-12
해당 층 높이의 1/2 이상

1-13
내력벽(耐力壁), 기둥, 바닥, 보, 지붕틀 및 주계단 등이 주요구조부에 해당한다.

1-14
기초는 주요구조부가 아니다.

1-15
지붕틀은 주요구조부이다.

정답 1-12 ① 1-13 ④ 1-14 ① 1-15 ①

(6) 용어의 정의 : 건축 행위

① 신 축
  ㉠ 건축물이 없는 대지에 새로 건축물 축조
  ㉡ 기존 건축물이 해체되거나 멸실된 후 종전 규모보다 크게 건축물 축조
  ㉢ 부속건물만 있는 대지에 새로이 주된 건축물 축조

② 증 축
  ㉠ 기존 건축물이 있는 대지에서 건축물의 건축면적, 연면적, 층수 또는 높이를 늘리는 것
  ㉡ 주된 건축물이 있는 대지에 새로이 부속건축물 축조

③ 개 축
  ㉠ 기존 건축물의 전부 또는 일부를 해체하고 그 대지에 종전과 같은 규모의 범위에서 건축물을 다시 축조하는 것
  ㉡ 일부 해체
    • 내력벽·기둥·보·지붕틀 중 셋 이상이 포함되는 경우
    • 한옥의 경우에는 지붕틀의 범위에서 서까래는 제외

④ 재 축
  ㉠ 천재지변, 그 밖의 재해(災害)로 멸실된 경우, 그 대지에 다음의 요건을 모두 갖추어 다시 축조하는 것
    • 연면적 합계는 종전 규모 이하로 할 것
    • 동(棟)수, 층수, 높이는 다음의 어느 하나에 해당할 것
      – 동수, 층수 및 높이가 모두 종전 규모 이하일 것
      – 동수, 층수, 높이의 어느 하나가 종전 규모를 초과하는 경우 건축법, 시행령 또는 건축조례에 모두 적합할 것

⑤ 이전 : 건축물의 주요구조부를 해체하지 아니하고 같은 대지의 다른 위치로 옮기는 것

10년간 자주 출제된 문제

1-16. 다음 중 건축에 속하지 않는 것은?
① 이 전   ② 증 축
③ 개 축   ④ 대수선

1-17. 건축 행위에 관한 설명으로 옳지 않은 것은?
① 기존 건축물이 해체되거나 멸실된 후 종전 규모보다 크게 건축물 축조하는 행위는 신축에 해당된다.
② 주된 건축물이 있는 대지에 새로이 부속건축물 축조하는 행위는 증축에 해당된다.
③ 기존 건축물의 전부 또는 일부를 해체하고 그 대지에 종전과 같은 규모의 범위에서 건축물을 다시 축조하는 행위는 재축에 해당된다.
④ 이전은 건축물의 주요구조부를 해체하지 아니하고 같은 대지의 다른 위치로 옮기는 것을 말한다.

1-18. 건축물의 주요구조부를 해체하지 아니하고 같은 대지의 다른 위치로 옮기는 것을 의미하는 용어는?
① 증 축   ② 이 전
③ 개 축   ④ 재 축

1-19. 다음 중 증축에 속하지 않는 것은?
① 기존 건축물이 있는 대지에서 건축물의 높이를 늘리는 것
② 기존 건축물이 있는 대지에서 건축물의 연면적을 늘리는 것
③ 기존 건축물이 있는 대지에서 건축물의 건축면적을 늘리는 것
④ 기존 건축물이 있는 대지에서 건축물의 개구부 숫자를 늘리는 것

|해설|

1-16
건축 : 건축물을 신축·증축·개축·재축(再築)하거나 건축물을 이전하는 것을 말한다.

1-17
③은 개축에 해당된다.

1-18
이전 : 주요구조부를 해체하지 아니하고 같은 대지의 다른 위치로 옮기는 것을 말한다.

1-19
건축물의 개구부 숫자를 늘리는 것은 증축에 해당되지 않는다.

정답 1-16 ④ 1-17 ③ 1-18 ② 1-19 ④

(7) 용어의 정의 : 대수선 행위

① 대수선 정의 : 건축물의 기둥, 보, 내력벽, 주계단 등의 구조나 외부 형태를 수선·변경하거나 증설하는 것

② 대수선 행위

　㉠ 증축·개축, 재축에 해당하지 아니하는 것을 말한다.

　㉡ 대수선에 해당하는 행위
- 내력벽 증설 또는 해체하거나 그 벽면적을 $30m^2$ 이상 수선 또는 변경하는 것
- 기둥을 증설, 해체하거나 세 개 이상 수선 또는 변경하는 것
- 보를 증설, 해체하거나 세 개 이상 수선 또는 변경하는 것
- 지붕틀(한옥은 지붕틀 범위에서 서까래는 제외)을 증설, 해체하거나 세 개 이상 수선 또는 변경하는 것
- 방화벽 또는 방화구획을 위한 바닥 또는 벽을 증설 또는 해체하거나 수선 또는 변경하는 것
- 주계단·피난계단 또는 특별피난계단을 증설 또는 해체하거나 수선 또는 변경하는 것
- 다가구주택의 가구 간 경계벽 또는 다세대주택의 세대 간 경계벽을 증설, 해체하거나 수선 또는 변경하는 것
- 건축물의 외벽에 사용하는 마감재료(법 제52조 제2항에 따른 마감재료를 말한다)를 증설 또는 해체하거나 벽면적 $30m^2$ 이상 수선 또는 변경하는 것

10년간 자주 출제된 문제

1-20. 대수선 행위 기준에 대한 설명으로 옳지 않은 것은?
① 내력벽 증설 또는 해체하거나 그 벽면적을 $30m^2$ 이상 수선 또는 변경하는 것
② 기둥을 증설, 해체하거나 세 개 이상 수선 또는 변경하는 것
③ 보를 증설, 해체하거나 두 개 이상 수선 또는 변경하는 것
④ 지붕틀(한옥은 지붕틀 범위에서 서까래는 제외)을 증설, 해체하거나 세 개 이상 수선 또는 변경하는 것

1-21. 다음 중 대수선에 속하지 않는 것은?
① 내력벽 증설 또는 해체하거나 그 벽면적을 $30m^2$ 이상 수선 또는 변경하는 것
② 방화구획을 위한 벽을 수선 또는 변경하는 것
③ 다세대주택의 세대 간 경계벽을 수선 또는 변경하는 것
④ 기존 건축물의 내력벽, 기둥, 보를 일시에 철거하고 그 대지에 종전과 같은 규모의 범위에서 건축물을 다시 축조하는 것

1-22. 다음 중 대수선의 범위에 속하지 않는 것은?
① 기둥을 증설, 해체하거나 세 개 이상 수선 또는 변경하는 것
② 다세대주택의 세대 내 간막이벽을 해체하는 것
③ 주계단·피난계단 또는 특별피난계단을 증설하는 것
④ 방화벽 또는 방화구획을 위한 바닥 또는 벽을 수선 또는 변경하는 것

|해설|
1-20
보를 증설, 해체하거나 세 개 이상 수선 또는 변경하는 것
1-21
④는 건축 행위 중 개축에 해당된다.
1-22
세대 내의 칸막이벽 해체는 대수선에 해당되지 않으며, 세대 간 경계벽을 증설, 해체하거나 수선 또는 변경하는 것에 해당된다.

정답 1-20 ③　1-21 ④　1-22 ②

(8) 용어의 정의 : 도로, 방화구조, 대피공간

① 도 로

㉠ 보행과 자동차 통행이 가능한 너비 4m 이상의 도로

㉡ 막다른 도로의 구조와 너비

막다른 도로의 길이	도로 너비
10m 미만	2m
10m 이상 35m 미만	3m
35m 이상	6m (도시지역이 아닌 읍·면지역 : 4m)

② 방화구조(防火構造)

구조 부분	방화구조의 기준
철망 모르타르 바르기	바름 두께 : 2cm 이상
석고판 위에 시멘트 모르타르 또는 회반죽을 바른 것	두께 합계 : 2.5cm 이상
시멘트 모르타르 위에 타일을 붙인 것	
심벽에 흙으로 맞벽치기를 한 것	두께에 관계없이 인정
산업표준화법에 따른 한국산업표준이 정하는 바에 따라 시험한 결과	방화 2급 이상인 것

③ 발코니 대피공간의 설치 기준

공동주택 중 아파트로서 4층 이상인 층의 각 세대가 2개 이상의 직통계단을 사용할 수 없는 경우

㉠ 대피공간은 바깥의 공기와 접할 것

㉡ 대피공간은 실내 다른 부분과 방화구획으로 구획될 것

㉢ 대피공간의 바닥면적은 인접 세대와 공동으로 설치하는 경우에는 3m² 이상, 각 세대별로 설치하는 경우에는 2m² 이상일 것

㉣ 대피공간으로 통하는 출입문은 60분+방화문으로 설치할 것

(9) 용어의 정의 : 건축 관계자

① 건축주 : 건축물의 건축·대수선·용도변경, 건축설비의 설치 또는 공작물의 축조에 관한 공사를 발주하거나, 현장 관리인을 두어 스스로 그 공사를 하는 자

② 설계자 : 자기의 책임(보조자 도움을 받는 경우 포함)으로 설계도서를 작성하고 그 설계도서에서 의도하는 바를 해설하며, 지도하고 자문에 응하는 자

③ 공사감리자 : 자기의 책임(보조자 도움을 받는 경우 포함)으로 건축물, 건축설비, 공작물이 설계도서의 내용대로 시공되는지를 확인하고, 품질관리·공사관리·안전관리 등에 대하여 지도·감독하는 자

④ 공사시공자 : 건설공사를 하는 자

10년간 자주 출제된 문제

1-23. 막다른 도로의 길이가 20m인 경우, 이 도로가 건축법령상 도로이기 위한 최소 너비는?

① 2m   ② 3m
③ 4m   ④ 6m

1-24. 다음 중 두께에 관계없이 방화구조에 해당되는 것은?

① 심벽에 흙으로 맞벽치기한 것
② 석고판 위에 회반죽을 바른 것
③ 시멘트 모르타르 위에 타일을 붙인 것
④ 석고판 위에 시멘트 모르타르를 바른 것

1-25. 건축물의 건축·대수선·용도변경, 건축설비의 설치 또는 공작물의 축조에 관한 공사를 발주하거나 현장 관리인을 두어 스스로 그 공사를 하는 자는?

① 건축주   ② 건축사
③ 설계자   ④ 공사시공자

|해설|

1-23
10m 이상 35m 미만은 최소 폭이 3m 이상

1-24
- 심벽에 흙으로 맞벽치기를 한 것 : 두께에 관계없이 인정
- 석고판 위에 시멘트 모르타르 또는 회반죽을 바른 것으로서, 시멘트 모르타르 위에 타일을 붙인 것 : 두께의 합계가 2.5cm 이상

1-25
건축주 : 건축물의 건축·대수선·용도변경, 건축설비의 설치 또는 공작물의 축조에 관한 공사를 발주하거나, 현장 관리인을 두어 스스로 그 공사를 하는 자

정답 1-23 ② 1-24 ① 1-25 ①

(10) 건축물의 층수별 분류

① 고층 건축물 : 층수 30층 이상이거나 높이 120m 이상인 건축물
② 초고층 건축물 : 층수 50층 이상이거나 높이 200m 이상인 건축물
③ 준초고층 건축물 : 고층 건축물 중 초고층 건축물이 아닌 것

(11) 다중이용 건축물

① 바닥면적 합계가 5,000m² 이상인 다음의 용도
　㉠ 문화 및 집회시설(동물원 및 식물원 제외)
　㉡ 종교시설
　㉢ 판매시설
　㉣ 운수시설 중 여객용 시설
　㉤ 의료시설 중 종합병원
　㉥ 숙박시설 중 관광숙박시설
② 16층 이상인 건축물

(12) 리모델링

① 정의 : 건축물의 노후화 억제 또는 기능 향상 등을 위하여 대수선 또는 일부 증축 또는 개축하는 행위
② 리모델링에 대비한 특례 : 리모델링이 쉬운 구조의 공동주택은 용적률, 건축물의 높이 제한, 일조 등의 확보를 위한 건축물의 높이 제한 기준을 120/100의 범위에서 대통령령으로 정하는 비율로 완화해 적용할 수 있다.
③ 리모델링이 쉬운 구조
　㉠ 각 세대는 인접한 세대와 수직 또는 수평방향으로 통합하거나 분할할 수 있을 것
　㉡ 구조체에서 건축설비, 내부 마감재료 및 외부 마감재료를 분리할 수 있을 것
　㉢ 개별 세대 안에서 구획된 실(室)의 크기, 개수 또는 위치 등을 변경할 수 있을 것

10년간 자주 출제된 문제

1-26. 건축법령상 고층 건축물의 정의로 옳은 것은?

① 층수가 30층 이상이거나 높이가 90m 이상인 건축물
② 층수가 30층 이상이거나 높이가 120m 이상인 건축물
③ 층수가 50층 이상이거나 높이가 150m 이상인 건축물
④ 층수가 50층 이상이거나 높이가 200m 이상인 건축물

1-27. 건축법령상 다중이용 건축물에 속하지 않는 것은?(단, 16층 미만으로, 해당 용도로 쓰는 바닥면적의 합계가 5,000m² 인 건축물인 경우)

① 종교시설　　　　② 판매시설
③ 의료시설 중 종합병원　④ 숙박시설 중 일반숙박시설

1-28. 리모델링이 쉬운 구조의 공동주택은 용적률, 건축물의 높이제한, 일조 등의 확보를 위한 건축물의 높이제한에 대해 일정 범위에서 기준을 완화받을 수 있다. 그 완화의 범위는?

① 100분의 110　　② 100분의 120
③ 100분의 130　　④ 100분의 140

1-29. 건축법령에 따른 리모델링이 쉬운 구조에 속하지 않는 것은?

① 구조체가 철골구조로 구성되어 있을 것
② 구조체에서 건축설비, 내부 마감재료 및 외부 마감재료를 분리할 수 있을 것
③ 개별 세대 안에서 구획된 실의 크기, 개수 또는 위치 등을 변경할 수 있을 것
④ 각 세대는 인접한 세대와 수직 또는 수평방향으로 통합하거나 분할할 수 있을 것

|해설|

1-26
고층 건축물 : 층수가 30층 이상이거나 높이 120m 이상인 건축물

1-27
숙박시설 중 관광숙박시설은 다중이용 건축물에 포함되지만, 일반숙박시설은 포함되지 않는다.

1-28
120/100의 범위에서 완화하여 적용할 수 있다.

1-29
구조 방식 자체는 리모델링이 쉬운 구조에 해당되지 않는다.

정답 1-26 ②　1-27 ④　1-28 ②　1-29 ①

(13) 특별건축구역

① 정의 : 조화롭고 창의적인 건축물의 건축을 통하여 도시 경관의 창출, 건설기술의 수준 향상 및 건축 관련 제도 개선을 도모하기 위하여 일부 규정을 적용하지 아니하거나 완화 또는 통합 적용할 수 있도록 특별히 지정하는 구역

② 특별건축구역 지정 불가 구역
- ㉠ 개발제한구역의 지정 및 관리에 관한 특별조치법에 따른 개발제한구역
- ㉡ 자연공원법에 따른 자연공원
- ㉢ 도로법에 따른 접도구역
- ㉣ 산지관리법에 따른 보전산지

(14) 실내 건축

건축물의 실내를 안전하고 쾌적하며 효율적으로 사용하기 위하여 내부 공간을 칸막이로 구획하거나 벽지, 천장재, 바닥재, 유리 등 대통령령으로 정하는 재료 또는 장식물을 설치하는 것을 말한다.

(15) 건축법을 적용하지 않는 건축물

① 문화유산의 보존 및 활용에 관한 법률에 따른 지정문화유산이나 임시지정문화유산 또는 자연유산의 보존 및 활용에 관한 법률에 따라 지정된 천연기념물 등이나 임시지정천연기념물, 임시지정명승, 임시지정시·도자연유산, 임시자연유산자료

② 철도나 궤도의 선로 부지에 있는 다음의 시설
- ㉠ 운전보안시설
- ㉡ 철도 선로의 위나 아래를 가로지르는 보행시설
- ㉢ 플랫폼
- ㉣ 해당 철도 또는 궤도사업용 급수·급탄 및 급유시설

③ 고속도로 통행료 징수시설

④ 컨테이너를 이용한 간이창고(공장의 용도로만 사용되는 건축물의 대지에 설치하는 것으로서 이동이 쉬운 것만 해당된다)

⑤ 하천법에 따른 하천구역 내의 수문조작실

10년간 자주 출제된 문제

1-30. 국토교통부장관 또는 시·도지사는 도시나 지역의 일부가 특별건축구역으로 특례 적용이 필요하다고 인정하는 경우에는 특별건축구역을 지정할 수 있는데, 다음 중 국토교통부장관이 지정하는 경우에 속하는 것은?(단, 관계법령에 따른 국가정책사업의 경우는 고려하지 않는다)

① 국가가 국제행사 등을 개최하는 도시 또는 지역의 사업구역
② 지방자치단체가 국제행사 등을 개최하는 도시 또는 지역의 사업구역
③ 관계 법령에 따른 건축문화 진흥사업으로서 건축물 또는 공간환경을 조성하기 위하여 대통령령으로 정하는 사업구역
④ 관계 법령에 따른 도시개발·도시재정비 사업으로서 건축물 또는 공간환경을 조성하기 위하여 대통령령으로 정하는 사업구역

1-31. 다음 중 특별건축구역으로 지정할 수 없는 구역은?

① 도로법에 따른 접도구역
② 택지개발촉진법에 따른 택지개발사업구역 지역의 사업구역
③ 국가가 국제행사 등을 개최하는 도시 또는 지역의 사업구역
④ 지방자치단체가 국제행사 등을 개최하는 도시 또는 지역의 사업구역

|해설|

1-30
국토교통부장관이 지정하는 국가가 국제행사 등을 개최하는 도시 또는 지역의 사업구역에서 특별건축구역을 지정할 수 있다.

1-31
접도구역은 특별건축구역으로 지정 불가

정답 1-30 ① 1-31 ①

| 핵심이론 02 | 건축물의 건축 |

(1) 건축허가 신청 서류

① 허가 신청서
② 건축할 대지의 범위, 대지 소유 또는 사용에 관한 권리 증명 서류
③ 기본설계도서
  ㉠ 제출 도서 : 건축계획서, 배치도, 평·입·단면도, 구조도, 구조계산서, 소방설비도
  ㉡ 표준설계도서는 건축계획서·배치도에 한하여 제출
④ 허가 등을 받거나 신고를 위한 신청서 및 구비서류
⑤ 사전결정서(사전결정서를 받은 경우만 해당)
⑥ 결합건축협정서(해당 사항이 있는 경우로 한정)

[건축허가 신청에 필요한 설계도서]

종류	표시하여야 할 사항
건축계획서	• 개요(위치·대지면적 등) • 지역·지구 및 도시계획사항 • 건축물 규모(건축면적·연면적·높이·층수) • 건축물의 용도별 면적, 주차장 규모 • 에너지절약계획서(해당 건축물에 한함) • 노인 및 장애인 등 편의시설 설치계획서
배치도	• 축척 및 방위 • 대지에 접한 도로의 길이 및 너비 • 대지의 종·횡단면도 • 건축선, 대지경계선으로부터 건축물까지 거리 • 주차동선 및 옥외주차계획 • 공개공지 및 조경계획
평면도	• 1층 및 기준층 평면도 • 기둥·벽·창문 등의 위치 • 방화구획, 방화문, 복도, 계단, 승강기의 위치
입면도	• 2면 이상의 입면계획 • 외부 마감재료 • 간판 및 건물번호판의 설치계획(크기·위치)
단면도	• 종·횡단면도 • 건축물의 높이, 각층의 높이 및 반자 높이
구조도	• 구조내력상 주요한 부분의 평면 및 단면 • 주요부분의 상세도면 • 구조안전확인서
구조 계산서	• 구조계산서 목록표(총괄표, 구조계획서, 설계하중, 주요구조도, 배근도 등) • 구조내력상 주요부분 응력, 단면산정 과정 • 내진설계의 내용
소방설비도	해당 건축물의 해당 소방 관련 설비

10년간 자주 출제된 문제

2-1. 건축허가 신청에 필요한 기본설계도서 중 건축계획서에 표시하여야 할 사항으로 옳지 않은 것은?

① 주차장 규모
② 공개공지 및 조경계획
③ 건축물의 용도별 면적
④ 지역·지구 및 도시계획사항

2-2. 건축허가 신청에 필요한 설계도서 중 건축계획서에 표시하여야 할 사항에 속하지 않는 것은?

① 주차장 규모
② 건축물의 층수
③ 건축물의 용도별 면적
④ 공개공지 및 조경계획

2-3. 건축허가 신청에 필요한 설계도서에 속하지 않는 것은?

① 조감도
② 배치도
③ 건축계획서
④ 소방설비도

2-4. 건축허가 신청 시 건축계획서에 표시할 사항이 아닌 것은?

① 주차장 규모
② 대지의 종·횡 단면도
③ 건축물의 용도별 면적
④ 지역·지구 및 도시계획사항

2-5. 건축허가 신청 시 평면도에 표시할 사항이 아닌 것은?

① 주차장 규모
② 승강기의 위치
③ 기둥·벽·창문 등의 위치
④ 방화구획 및 방화문의 위치

|해설|

2-1, 2-2
공개공지 및 조경계획은 배치도에 표시하여야 할 사항이다.

2-3
조감도는 포함되지 않는다.

2-4
대지의 종·횡단면도는 대지에 관련되므로 배치도에 표시한다.

2-5
주차장 규모는 건축계획서에 표시(대수, 면적 등)

정답 2-1 ② 2-2 ④ 2-3 ① 2-4 ② 2-5 ①

(2) 허가권자의 건축허가, 도지사의 사전승인

① 특별시장, 광역시장의 허가 대상
  ㉠ 21층 이상인 건축물의 건축
  ㉡ 연면적 합계 100,000㎡ 이상 건축(공장·창고 제외)
  ㉢ 연면적의 3/10 이상 증축으로 인해 21층 이상이 되거나 연면적 100,000㎡ 이상(공장·창고 제외)이 되는 경우
  ㉣ 제외 대상
    • 공장, 창고
    • 지방건축위원회의 심의를 거친 건축물(초고층 건축물 제외)

② 도지사의 사전승인
  ㉠ 특별시장, 광역시장의 허가 대상
  ㉡ 자연환경 또는 수질 보호를 위한 도지사 지정·공고 구역 : 3층 이상 또는 연면적 합계 1,000㎡ 이상인 공동주택, 일반음식점, 일반업무시설, 위락시설, 숙박시설
  ㉢ 주거환경, 교육환경 등 주변 환경의 보호가 필요하여 도지사가 지정·공고하는 구역 : 위락시설, 숙박시설

(3) 대형 건축물의 건축허가 사전승인 신청서 중 설계설명서에 표시하여야 할 사항

① 공사 개요 : 위치, 대지면적, 공사 기간, 공사금액 등
② 사전 조사 사항 : 지반고, 기후, 동결심도, 수용인원, 상하수와 주변지역을 포함한 지질, 지형, 인구, 교통, 지역, 지구, 토지 이용 현황, 시설물 현황 등
③ 건축계획 : 배치, 평면, 입면계획, 동선계획, 개략조경계획, 주차계획 및 교통처리계획 등
④ 시공방법
⑤ 개략공정계획
⑥ 주요설비계획
⑦ 주요자재 사용계획 및 기타 필요한 사항

(4) 건축허가의 취소

① 허가 후 2년 이내에 공사에 착수하지 아니한 경우(허가권자는 정당한 이유가 있다고 인정하는 경우에는 1년의 범위 안에서 그 공사의 착수기간을 연장할 수 있음)
② 공사 착수 후, 공사 완료가 불가능하다고 인정한 경우
③ 착공신고 전에 경매 또는 공매 등으로 건축주가 대지의 소유권을 상실한 때부터 6개월이 경과한 이후 공사의 착수가 불가능하다고 판단되는 경우

10년간 자주 출제된 문제

2-6. 다음 중 특별시나 광역시에 건축할 경우, 특별시장이나 광역시장의 허가를 받아야 하는 대상 건축물은?
① 층수가 20층인 호텔
② 층수가 25층인 사무소
③ 연면적이 120,000m²인 공장
④ 연면적이 50,000m²인 창고

2-7. 특별시나 광역시에 건축하려고 하는 경우, 특별시장이나 광역시장의 허가를 받아야 하는 대상 건축물의 연면적 기준은?
① 연면적의 합계가 10,000m² 이상인 건축물
② 연면적의 합계가 50,000m² 이상인 건축물
③ 연면적의 합계가 100,000m² 이상인 건축물
④ 연면적의 합계가 200,000m² 이상인 건축물

2-8. 특별시나 광역시에 건축할 경우, 특별시장이나 광역시장의 허가를 받아야 하는 건축물의 층수 기준은?
① 6층 ② 11층
③ 21층 ④ 31층

2-9. 대형 건축물의 건축허가 사전승인 신청서 제출도서 중 설계설명서에 표시하여야 할 사항에 속하지 않는 것은?
① 시공방법
② 동선계획
③ 개략공정계획
④ 각부 구조계획

|해설|

2-6
층수가 25층인 사무소는 21층 이상 건축이므로 특별시장이나 광역시장의 허가대상이 된다.

2-7, 2-8
21층 이상이거나 연면적 합계 100,000m² 이상 건축물

2-9
설계설명서에는 설계에 대한 내용이 표시되며, 각부 구조계획은 해당되지 않는다.

정답 2-6 ② 2-7 ③ 2-8 ③ 2-9 ④

(5) 건축허가를 제한할 경우 제한방법
① 제한 목적을 상세히 할 것
② 제한 기간을 2년 이내로 하되, 제한 기간 연장은 1회에 한하여 1년 이내로 할 것(착공을 제한하는 경우, 착공을 제한한 날로부터 2년)
③ 대상 구역 위치, 면적, 경계 등을 상세하게 할 것
④ 대상 건축물의 용도를 상세하게 할 것

(6) 건축신고
① 건축신고 대상

신고사항	신고대상
증축 · 개축 · 재축	• 바닥면적 합계가 85m² 이내 • 3층 이상 건축물인 경우에는 바닥면적의 합계가 건축물 연면적의 10분의 1 이내인 경우로 한정한다.
대수선	연면적 200m² 미만이고, 3층 미만인 건축물의 대수선(주요구조부 해체하지 않음)
건축	관리지역, 농림지역, 자연환경보전지역에서 연면적 200m² 미만이고 3층 미만인 건축물(지구단위계획구역, 방재지구, 붕괴위험지역 제외)
소규모 건축물	• 연면적 합계 100m² 이하 • 건축물 높이 3m 이하의 증축 • 표준설계도서에 의하여 건축하는 건축물로서 용도 및 규모가 미관상 지장이 없다고 건축조례로 정하는 건축물
공업지역, 산업단지	2층 이하 연면적 500m² 이하인 공장(제조업소 등 물품의 제조 · 가공을 위한 시설 포함)
농업, 수산업 경영 읍 · 면지역	• 연면적 200m² 이하 창고 • 연면적 400m² 이하 축사, 작물재배사, 종묘배양시설, 온실

② 특별자치시장 · 특별자치도지사 또는 시장 · 군수 · 구청장은 신고를 받은 날부터 5일 이내에 신고수리 여부 또는 처리기간 연장 여부를 신고인에게 통지하여야 한다.

③ 건축신고를 한 자가 신고일부터 1년 이내에 공사에 착수하지 아니하면 그 신고의 효력은 없어진다. 다만, 건축주의 요청에 따라 허가권자가 정당한 사유가 있다고 인정하면 1년의 범위에서 착수기한을 연장할 수 있다.

④ 신고 대상 가설건축물의 존치기간 : 3년 이내(공사용 가설건축물 및 공작물의 경우 해당 공사 완료일까지)

10년간 자주 출제된 문제

2-10. 허가대상 건축물이라 하더라도 미리 특별자치시장·특별자치도지사 또는 시장·군수·구청장에게 국토교통부령으로 정하는 바에 따라 신고를 하면 건축허가를 받은 것으로 보는 경우에 속하지 않는 것은?(단, 층수가 2층인 건축물의 경우)

① 바닥면적의 합계가 85m² 이내의 신축
② 바닥면적의 합계가 85m² 이내의 증축
③ 바닥면적의 합계가 85m² 이내의 개축
④ 연면적이 200m² 미만인 건축물의 대수선

2-11. 다음 중 허가 대상 건축물이라 하더라도 건축신고를 하면 건축허가를 받은 것으로 보는 경우에 속하지 않는 것은?

① 건축물의 높이를 4m 증축하는 건축물
② 연면적의 합계가 80m²인 건축물의 건축
③ 연면적이 150m²이고 2층인 건물의 대수선
④ 2층 건축물로서 바닥면적의 합계 80m²를 증축하는 건축물

2-12. 건축물의 건축 시 허가 대상 건축물이라 하더라도 미리 특별자치시장·특별자치도지사 또는 시장·군수·구청장에게 국토교통부령으로 정하는 바에 따라 신고를 하면 건축허가를 받은 것으로 보는 소규모 건축물의 연면적 기준은?

① 연면적의 합계가 100m² 이하인 경우
② 연면적의 합계가 150m² 이하인 경우
③ 연면적의 합계가 200m² 이하인 경우
④ 연면적의 합계가 300m² 이하인 경우

|해설|

2-10
신축은 해당되지 않는다.

2-11
변경되는 부분의 높이가 1m 이하이거나 전체 높이의 10분의 1 이하일 것

2-12
신고 대상 - 소규모 건축물
- 연면적 합계 100m² 이하
- 건축물 높이 3m 이하 범위 안에서 증축
- 표준설계도서에 의하여 건축하는 건축물로서 용도 미관상 지장이 없다고 건축조례로 정하는 건축물

정답 2-10 ① 2-11 ① 2-12 ①

(7) 착공신고

① 대 상
  ㉠ 건축허가를 받거나 신고를 한 건축물
  ㉡ 가설건축물 축조허가 대상
② 건축주는 공사 착수 전 공사계획을 허가권자에게 신고
③ 착공 신고 시 첨부서류
  ㉠ 건축관계자(건축주, 설계자, 공사시공자, 공사감리자) 상호 간의 계약서 사본
  ㉡ 설계도서(건축허가 대상)
  ㉢ 감리 계약서(해당 사항이 있는 경우로 한정)
  ㉣ 건축사에게 제출받은 보험증서 또는 공제증서의 사본

(8) 건축시공 및 공사감리

① 건축시공자의 상세시공도면 작성
  ㉠ 공사시공자가 공사에 필요하다고 인정하는 경우
  ㉡ 공사감리자(연면적 합계가 5,000m² 이상인 건축공사)로부터 상세시공도면의 요청을 받은 경우
② 공사감리
  ㉠ 감리중간보고서의 제출시기

건축물의 구조	공정에 따른 제출시기
철근콘크리트조, 철골철근콘크리트조, 조적조, 보강콘크리트블록조	기초공사 시 철근배치를 완료한 때
	지붕슬래브 배근을 완료한 때
	지상 5개 층마다 상부 슬래브 배근을 완료한 때
철골조	기초공사 시 철근배치를 완료한 때
	지붕철골 조립을 완료한 때
	지상 3개 층마다 또는 높이 20m마다 주요구조부의 조립을 완료한 때
기타 구조	기초공사 시, 거푸집 또는 주춧돌 설치를 완료한 때
3층 이상의 필로티형식 건축물	기초공사 시 철근배치를 완료한 때
	상층부의 하중이 상층부와 다른 구조형식의 하층부로 전달되는 다음 부재의 철근배치를 완료한 경우 • 기둥 또는 벽체 중 하나 • 보 또는 슬래브 중 하나

ⓒ 감리보고서 : 감리중간보고서 및 감리완료보고서를 건축주에게 제출

10년간 자주 출제된 문제

2-13. 공사감리자는 국토교통부령으로 정하는 바에 따라 감리일지를 기록·유지해야 하고, 공사의 공정(工程)이 대통령령으로 정하는 진도에 다다른 경우에는 감리중간보고서를 작성하여 건축주에게 제출하여야 하는데, 이에 대해 옳지 않은 것은?(단, 건축물의 구조가 철근콘크리트조인 경우)

① 지붕슬래브 배근을 완료한 경우
② 기초공사 시 철근배치를 완료한 경우
③ 기초공사에서 주춧돌의 설치를 완료한 경우
④ 지상 5개 층마다 상부 슬래브 배근을 완료한 경우

2-14. 건축법령상 공사감리자가 수행하여야 하는 감리업무에 속하지 않는 것은?

① 공정표의 검토
② 상세시공도면의 작성 및 확인
③ 공사현장에서의 안전관리의 지도
④ 설계변경의 적정여부의 검토 및 확인

|해설|

2-13
철근콘크리트조인 경우는 해당되지 않는다.

2-14
상세시공도면은 시공자가 작성한다.

정답 2-13 ③ 2-14 ②

(9) 허용오차

① 대지 측량이나 건축물의 건축 과정에서 부득이하게 발생하는 오차는 이 법을 적용할 때 국토교통부령으로 정하는 범위에서 허용한다.

② 대지 관련 건축기준의 허용오차

항 목	허용되는 오차의 범위
건축선의 후퇴거리	3% 이내
인접 대지경계선과의 거리	3% 이내
인접 건축물과의 거리	3% 이내
건폐율	0.5% 이내 (건축면적 $5m^2$를 초과할 수 없다)
용적률	1% 이내 (연면적 $30m^2$를 초과할 수 없다)

③ 건축물 관련 건축기준의 허용오차

항 목	허용되는 오차의 범위
건축물 높이	2% 이내(1m를 초과할 수 없다)
평면 길이	2% 이내 (건축물 길이는 1m를 초과할 수 없고, 벽으로 구획된 각 실은 10cm를 초과할 수 없다)
출구 너비	2% 이내
반자 높이	2% 이내
벽체 두께	3% 이내
바닥판 두께	3% 이내

10년간 자주 출제된 문제

2-15. 다음 중 건축물 관련 건축기준의 허용되는 오차의 범위(%)가 가장 큰 것은?
① 평면 길이
② 출구 너비
③ 반자 높이
④ 바닥판 두께

2-16. 건축물 관련 건축기준의 허용오차 범위로 옳지 않은 것은?
① 출구 너비 : 3% 이내
② 반자 너비 : 2% 이내
③ 벽체 두께 : 3% 이내
④ 바닥판 두께 : 3% 이내

2-17. 건축물 관련 건축기준의 허용오차가 옳지 않은 것은?
① 반자 높이 : 2% 이내
② 출구 너비 : 2% 이내
③ 벽체 두께 : 2% 이내
④ 바닥판 두께 : 3% 이내

2-18. 건축물의 높이가 100m일 때 건축물의 건축과정에서 허용되는 건축물의 높이 오차의 범위는?
① ±1.0m 이내
② ±1.5m 이내
③ ±2.0m 이내
④ ±3.0m 이내

|해설|

2-15
- 건축물의 높이, 평면 길이, 출구 너비, 반자 높이 : 2% 이내
- 벽체 및 바닥판 두께 : 3% 이내

2-16
높이, 길이, 너비 관련 : 2% 이내

2-17
벽체 두께 : 3% 이내

2-18
허용오차는 건축물 높이의 2% 이내로 1m를 초과할 수 없다. 따라서 ±1.0m 이내가 된다.

정답 2-15 ④ 2-16 ① 2-17 ③ 2-18 ①

(10) 용도변경

① 허가 대상 : 상위군(오름차순)에 해당하는 용도로 변경하는 행위
② 신고 대상 : 하위군(내림차순)에 해당하는 용도로 변경하는 행위
③ 건축물대장상의 기재 변경 신청 : 동일 시설군 내에서 용도 변경하는 행위

시설군	세부용도	구 분
자동차 관련 시설군	자동차 관련 시설	허가 대상 ↑ ⋮ ↓ 신고 대상
산업 등의 시설군	• 운수시설 • 공 장 • 창고시설 • 위험물 저장 및 처리시설 • 자원순환 관련 시설 • 묘지 관련 시설 • 장례시설	
전기통신시설군	• 방송통신시설 • 발전시설	
문화 및 집회시설군	• 문화 및 집회시설 • 종교시설 • 위락시설 • 관광휴게시설	
영업시설군	• 판매시설 • 운동시설 • 숙박시설 • 제2종 근린생활시설 중 다중생활시설	
교육 및 복지시설군	• 의료시설 • 교육연구시설 • 노유자시설 • 수련시설 • 야영장시설	
근린생활시설군	• 제1종 근린생활시설 • 제2종 근린생활시설(다중생활시설 제외)	
주거업무시설군	• 단독주택 및 공동주택 • 업무시설 • 교정시설 • 국방·군사시설	
그 밖의 시설군	동물 및 식물 관련 시설	

10년간 자주 출제된 문제

2-19. 다음 중 신고 대상에 속하는 용도변경은?
① 영업시설군에서 문화 및 집회시설군으로 용도변경
② 근린생활시설군에서 주거업무시설군으로 용도변경
③ 산업 등의 시설군에서 자동차 관련 시설군으로 용도변경
④ 교육 및 복지시설군에서 전기통신시설군으로 용도변경

2-20. 용도변경과 관련된 시설군 중 교육 및 복지시설군에 속하지 않는 것은?
① 의료시설   ② 수련시설
③ 종교시설   ④ 노유자시설

2-21. 건축물의 용도변경과 관련된 시설군 중 산업 등의 시설군에 속하는 건축물의 용도가 아닌 것은?
① 장례식장   ② 발전시설
③ 창고시설   ④ 자원순환 관련 시설

2-22. 다음 중 허가 대상에 속하는 용도변경은?
① 숙박시설에서 의료시설로의 용도변경
② 판매시설에서 문화 및 집회시설로의 용도변경
③ 제1종 근린생활시설에서 업무시설로의 용도변경
④ 제1종 근린생활시설에서 공동주택으로의 용도변경

|해설|

2-19
근린생활시설군에서 주거업무시설군으로 용도변경 : 상위군에서 하위군으로 용도변경하므로 신고 대상이 된다.
①, ③, ④는 하위군에서 상위군으로 용도변경하므로 허가 대상이 된다.

2-20
교육 및 복지시설군 : 의료시설, 교육연구시설, 노유자시설, 수련시설, 야영장시설

2-21
발전시설, 방송통신시설 : 전기통신시설군

2-22
판매시설에서 문화 및 집회시설군으로 용도변경 : 하위군에서 상위군으로 용도변경하므로 허가 대상이 된다.
①, ③, ④는 상위군에서 하위군으로 용도변경하므로 신고 대상이 된다.

정답 2-19 ② 2-20 ③ 2-21 ① 2-22 ②

핵심이론 03 | 건축물의 유지·관리

(1) 건축지도원

① 특별자치시장·특별자치도지사 또는 시장·군수·구청장은 건축법 또는 건축법에 따른 명령이나 처분에 위반되는 건축물의 발생을 예방하고 건축물을 적법하게 유지·관리하도록 지도하기 위하여 대통령령으로 정하는 바에 따라 건축지도원을 지정할 수 있다.
② 건축지도원의 업무
  ㉠ 건축신고를 하고 건축 중에 있는 건축물의 시공지도와 위법 시공 여부의 확인·지도 및 단속
  ㉡ 건축물의 대지, 높이 및 형태, 구조 안전 및 화재 안전, 건축설비 등이 법령 등에 적합하게 유지·관리되고 있는지의 확인·지도 및 단속
  ㉢ 허가를 받지 아니하거나 신고를 하지 아니하고 건축하거나 용도 변경한 건축물의 단속
③ 건축지도원은 업무를 수행할 때에는 권한을 나타내는 증표를 지니고 관계인에게 내보여야 한다.

(2) 지역건축안전센터 설립

① 지방자치단체의 장은 다음의 업무를 수행하기 위하여 관할 구역에 지역건축안전센터를 설치할 수 있다.
  ㉠ 착공신고, 사용승인, 현장조사·검사 및 확인업무의 대행 및 보고와 검사 등에 따른 기술적인 사항에 대한 보고·확인·검토·심사 및 점검
  ㉡ 건축허가, 건축신고 및 허가와 신고사항의 변경에 따른 허가 또는 신고에 관한 업무
  ㉢ 건축물의 공사감리에 대한 관리·감독
  ㉣ 그 밖에 대통령령으로 정하는 사항
② ①에도 불구하고 다음의 어느 하나에 해당하는 지방자치단체의 장은 관할 구역에 지역건축안전센터를 설치하여야 한다.
  ㉠ 시·도
  ㉡ 인구 50만명 이상 시·군·구

ⓒ 국토교통부령으로 정하는 바에 따라 산정한 건축허가 면적(직전 5년 동안의 연평균 건축허가 면적을 말한다) 또는 노후건축물 비율이 전국 지방자치단체 중 상위 30% 이내에 해당하는 인구 50만명 미만 시·군·구

③ 체계적이고 전문적인 업무 수행을 위하여 지역건축안전센터에 건축사법에 따라 신고한 건축사 또는 기술사법에 따라 등록한 기술사 등 전문인력을 배치하여야 한다.

10년간 자주 출제된 문제

다음 중 건축지도원에 관한 내용으로 옳지 않은 것은?

① 건축신고를 하고 건축 중에 있는 건축물의 시공 지도
② 건축신고를 하고 건축 중에 있는 건축물의 위법 시공 여부의 확인·지도 및 단속
③ 건축물의 대지, 높이 및 형태, 구조안전 및 화재 안전, 건축설비 등이 법령 등에 적합하게 유지·관리되고 있는지의 확인·지도 및 단속
④ 허가를 받거나 신고를 하고 건축 중이거나 용도 변경하는 건축물의 시공 지도 및 확인

|해설|
허가를 받지 아니하거나 신고를 하지 아니하고 건축하거나 용도 변경한 건축물의 단속

정답 ④

핵심이론 04 | 대지 및 도로

(1) 대지조성 시 안전 조치

① 손궤의 우려가 있는 대지조성 시 안전 조치(옹벽 설치)
  ㉠ 성토 또는 절토하는 부분의 경사도가 1 : 1.5 이상으로서 높이가 1m 이상인 부분에는 옹벽을 설치한다.
  ㉡ 옹벽 높이가 2m 이상인 경우 콘크리트구조로 한다.
  ㉢ 옹벽의 외벽면에는 이의 지지 또는 배수를 위한 시설 외의 구조물이 밖으로 튀어나오지 않도록 한다.
  ㉣ 옹벽에는 $3m^2$마다 하나 이상의 배수구멍을 설치한다.
  ㉤ 옹벽의 윗가장자리로부터 안쪽으로 2m 이내에 묻는 배수관은 주철관, 강관 또는 흡관으로 하고, 이음 부분은 물이 새지 않도록 하여야 한다.

② 토지굴착 부분에 대한 조치 등
  ㉠ 토지를 깊이 1.5m 이상 굴착하는 경우에는 그 경사도가 토질에 따른 경사도에 의한 비율 이하이거나 주변상황에 비추어 위해방지에 지장이 없다고 인정되는 경우를 제외하고는 토압에 대하여 안전한 구조의 흙막이를 설치할 것
  ㉡ 높이가 3m를 넘는 경우에는 높이 3m 이내마다 비탈면적의 1/5 이상 단을 설치

(2) 대지 안의 조경

① 조경 대상 : 대지면적 $200m^2$ 이상에 건축을 하는 경우
② 조경 대상 예외
  ㉠ 녹지지역에 건축하는 건축물
  ㉡ 면적 $5,000m^2$ 미만인 대지에 건축하는 공장
  ㉢ 연면적 합계가 $1,500m^2$ 미만인 공장
  ㉣ 산업단지의 공장, 염분이 함유되어 있는 대지
  ㉤ 축사, 가설건축물
  ㉥ 연면적 합계가 $1,500m^2$ 미만인 물류시설(예외 : 주거지역 또는 상업지역에 건축하는 것)

③ 옥상조경 : 인공지반조경 중 지표면에서 높이가 2m 이상인 곳에 설치한 조경을 말한다. 다만, 발코니에 설치하는 화훼시설은 제외

구 분	옥상조경 인정 기준
건축물의 옥상에 조경을 한 경우	옥상조경면적의 2/3를 대지 안의 조경면적으로 산정할 수 있다.
대지 안의 조경면적으로 산정하는 옥상조경면적	전체 조경면적의 50/100을 초과할 수 없다.

10년간 자주 출제된 문제

4-1. 손궤의 우려가 있는 토지에 대지를 조성하는 경우 설치하는 옹벽에 관한 기준 내용으로 옳지 않은 것은?

① 옹벽에는 $3m^2$마다 하나 이상의 배수구멍을 설치하여야 한다.
② 옹벽의 높이가 2m 이상인 경우에는 이를 콘크리트구조로 하는 것이 원칙이다.
③ 옹벽의 외벽면에 설치하는 배수를 위한 시설은 밖으로 튀어나오지 않도록 하여야 한다.
④ 옹벽의 윗가장자리로부터 안쪽으로 2m 이내에 묻는 배수관은 주철관, 강관 또는 흡관으로 하고, 이음부분은 물이 새지 않도록 하여야 한다.

4-2. 건축법령상 건축을 하는 경우 조경 등의 조치를 하지 아니할 수 있는 건축물 기준으로 옳지 않은 것은?(단, 면적이 $200m^2$ 이상인 대지에 건축을 하는 경우)

① 축 사
② 녹지지역에 건축하는 건축물
③ 연면적의 합계가 $2,000m^2$ 미만인 공장
④ 면적 $2,000m^2$ 미만인 대지에 건축하는 공장

4-3. 대지에 조경이나 그 밖에 필요한 조치를 하여야 하는 최소 면적은?

① $100m^2$ ② $150m^2$
③ $180m^2$ ④ $200m^2$

4-4. 대지면적이 $600m^2$인 건축물의 옥상에 조경면적을 $60m^2$ 설치한 경우, 대지에 설치하여야 하는 최소 조경면적은?(단, 조경 설치 기준은 대지면적의 10%)

① $10m^2$ ② $20m^2$
③ $30m^2$ ④ $40m^2$

|해설|

4-1
배수를 위한 시설 외의 구조물이 밖으로 튀어나오지 않게 해야 한다.

4-2
연면적 합계가 $1,500m^2$ 미만인 공장

4-3
대지면적 $200m^2$ 이상에 건축을 하는 경우

4-4
• 옥상조경면적의 2/3에 해당하는 면적을 대지 안에 조경면적으로 산정 가능하고, 조경면적의 50/100을 초과할 수 없다.
• $60m^2$의 50%는 $30m^2$이므로, $30m^2$를 초과해서 합산하여 인정받을 수 없다.

정답 4-1 ③ 4-2 ③ 4-3 ④ 4-4 ③

(3) 공개공지 등의 확보
① 공개공지 확보 대상
  ㉠ 대상 지역 : 지역의 환경을 쾌적하게 조성하기 위하여 법률이 정하는 바에 따라 소규모 휴식시설 등의 공개공지 또는 공개공간을 설치해야 한다.
    • 일반주거지역, 준주거지역
    • 상업지역
    • 준공업지역
    • 도시화의 가능성이 크거나 노후 산업단지의 정비가 필요하다고 인정하여 지정·공고하는 지역
  ㉡ 대상 건축물(바닥면적 합계 5,000m² 이상)
    • 문화 및 집회시설
    • 종교시설
    • 판매시설(농수산물 유통시설 제외)
    • 운수시설(여객용 시설만 해당)
    • 업무시설
    • 숙박시설
② 공개공지 확보면적
  ㉠ 대지면적의 10%의 범위 안에서 건축조례로 정한다.
  ㉡ 공개공지 등을 설치할 때에는 모든 사람들이 환경친화적으로 편리하게 이용할 수 있도록 긴 의자 또는 조경시설 등 건축조례로 정하는 시설을 설치해야 한다.
③ 공개공지 설치 시 건축규제 완화 : 다음의 범위에서 대지면적에 대한 공개공지 등 면적 비율에 따라 법 제56조 및 제60조를 완화하여 적용한다.
  ㉠ 제56조(건축물의 용적률) : 용적률은 해당 지역에 적용하는 용적률의 1.2배 이하
  ㉡ 제60조(건축물의 높이 제한) : 높이 제한은 해당 건축물에 적용하는 높이 기준의 1.2배 이하

(4) 대지 안의 공지
건축물을 건축하는 경우에는 국토의 계획 및 이용에 관한 법률에 따른 용도지역·용도지구, 건축물의 용도 및 규모 등에 따라 건축선 및 인접 대지경계선으로부터 6m 이내의 범위에서 대통령령으로 정하는 바에 따라 해당 지방자치단체의 조례로 정하는 거리 이상을 띄워야 한다.

10년간 자주 출제된 문제

4-5. 건축법령상 건축물의 대지에 공개공지 또는 공개공간을 확보하여야 하는 대상 건축물에 속하지 않는 것은?(단, 해당 용도로 쓰는 바닥면적의 합계가 5,000m²인 건축물의 경우)
① 종교시설 ② 업무시설
③ 숙박시설 ④ 교육연구시설

4-6. 대통령으로 정하는 용도와 규모의 건축물에 대해 일반이 사용할 수 있도록 소규모 휴식시설 등의 공개공지 또는 공개공간을 설치하여야 하는 대상 지역에 속하지 않는 것은?
① 준주거지역 ② 준공업지역
③ 일반주거지역 ④ 전용주거지역

4-7. 건축법령상 대지에 공개공지 또는 공개공간을 확보하여야 하는 대상 건축물에 속하지 않는 것은?(단, 건축 조례로 정하는 건축물 제외)
① 숙박시설로서 해당 용도로 쓰는 바닥면적의 합계가 5,000m² 이상인 건축물
② 의료시설로서 해당 용도로 쓰는 바닥면적의 합계가 5,000m² 이상인 건축물
③ 업무시설로서 해당 용도로 쓰는 바닥면적의 합계가 5,000m² 이상인 건축물
④ 종교시설로서 해당 용도로 쓰는 바닥면적의 합계가 5,000m² 이상인 건축물

|해설|

4-5
교육연구시설은 해당되지 않는다.

4-6
전용주거지역은 해당되지 않는다.
공개공지 또는 공개공간 설치 대상 지역
- 일반주거지역, 준주거지역
- 상업지역
- 준공업지역
- 특별자치시장·특별자치도지사 또는 시장·군수·구청장이 도시화의 가능성이 크거나 노후 산업단지의 정비가 필요하다고 인정하여 지정·공고하는 지역

4-7
의료시설은 해당되지 않는다.

정답 4-5 ④ 4-6 ④ 4-7 ②

(5) 대지가 도로에 접해야 하는 길이

① 건축물의 대지는 2m 이상이 도로에 접하여야 한다(자동차만의 통행에 사용되는 도로는 제외한다). 다만, 다음의 어느 하나에 해당하면 그러하지 아니하다.
  ㉠ 해당 건축물의 출입에 지장이 없다고 인정되는 경우
  ㉡ 건축물의 주변에 광장, 공원, 유원지 등 건축이 금지되고 공중의 통행에 지장이 없는 공지가 있는 경우
  ㉢ 농지법에 따른 농막을 건축하는 경우
② 연면적 합계가 2,000m²(공장은 3,000m²) 이상인 건축물의 대지는 너비 6m 이상의 도로에 4m 이상 접하여야 한다.

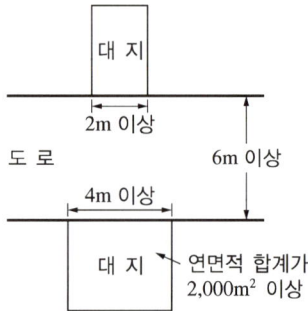

(6) 건축선에 따른 건축제한

① 건축물 및 담장은 건축선의 수직면을 넘어서는 아니 된다. 다만, 지표 아래 부분은 그러하지 아니하다.
② 도로면으로부터 높이 4.5m 이하에 있는 출입구·창문 등의 구조물은 열고 닫을 때 건축선의 수직면을 넘지 아니하는 구조로 하여야 한다.

10년간 자주 출제된 문제

4-8. 건축물의 대지는 원칙적으로 최소 얼마 이상이 도로에 접하여야 하는가?(단, 자동차만의 통행에 사용되는 도로는 제외)

① 1m ② 2m
③ 3m ④ 4m

4-9. 다음은 대지와 도로의 관계에 관한 기준 내용이다. ( ) 안에 알맞은 것은?(단, 축사, 작물 재배사, 그 밖에 건축조례로 정하는 규모의 건축물 제외)

> 연면적의 합계가 2,000㎡(공장인 경우 3,000㎡) 이상인 건축물의 대지는 너비 (㉠) 이상의 도로에 (㉡) 이상 접하여야 한다.

① ㉠ 2m, ㉡ 4m
② ㉠ 4m, ㉡ 2m
③ ㉠ 4m, ㉡ 6m
④ ㉠ 6m, ㉡ 4m

4-10. 다음은 건축선에 따른 건축제한에 관한 내용이다. ( ) 안에 알맞은 것은?

> 도로면으로부터 높이 ( )m 이하에 있는 출입구·창문 등의 구조물은 열고 닫을 때 건축선의 수직면을 넘지 아니한다.

① 4m ② 4.5m
③ 5m ④ 6m

| 해설 |

4-8
원칙 : 도로에 2m 이상(자동차만 통행되는 것 제외)

4-9
너비 6m 이상의 도로에 4m 이상 접하여야 한다.

4-10
도로면으로부터 높이 4.5m 이하에 있는 출입구·창문 등의 구조물은 열고 닫을 때 건축선의 수직면을 넘지 아니하는 구조로 하여야 한다.

정답 4-8 ② 4-9 ④ 4-10 ②

핵심이론 05 구조 및 재료

(1) 구조안전의 확인 및 서류제출, 내진능력 공개

다음의 어느 하나에 해당하는 경우, 착공신고 시 확인 서류를 제출한다(표준설계도서 건축물 제외).

① 층수 : 2층 이상인 건축물(목구조 건축물 3층 이상)
② 연면적
  ㉠ 200㎡ 이상인 건축물(목구조인 경우 500㎡ 이상)
  ㉡ 창고, 축사, 작물재배사는 제외
③ 높이 : 13m 이상인 건축물
④ 처마높이 : 9m 이상인 건축물
⑤ 기둥과 기둥 사이의 거리(경간) : 10m 이상인 건축물
⑥ 중요도 특 또는 중요도 1에 해당하는 건축물 : 용도 및 규모 고려
⑦ 국가적 문화유산으로 보존할 가치가 있는 박물관·기념관 등 연면적 합계 5,000㎡ 이상
⑧ 특수구조 건축물 중에서 한쪽 끝은 고정되고 다른 끝은 지지(支持)되지 아니한 구조로 된 보·차양 등이 외벽(외벽이 없는 경우에는 외곽 기둥)의 중심선으로부터 3m 이상 돌출된 건축물
⑨ 특수구조 건축물 중에서 특수한 설계·시공·공법 등이 필요한 건축물로서 국토교통부장관이 정하여 고시하는 구조로 된 건축물
⑩ 단독주택 및 공동주택

(2) 건축물 안전영향평가

① 허가권자는 건축허가를 하기 전에 건축물의 구조, 지반 및 풍환경(風環境) 등이 건축물의 구조안전과 인접 대지의 안전에 미치는 영향 등을 평가하는 건축물 안전영향평가를 안전영향평가기관에 의뢰하여 실시하여야 한다.

② 안전영향평가 대상 건축물
  ㉠ 초고층 건축물
  ㉡ 다음의 요건을 모두 충족하는 건축물
    • 연면적(하나의 대지에 둘 이상의 건축물을 건축하는 경우에는 각각의 건축물의 연면적을 말함)이 100,000m² 이상일 것
    • 16층 이상일 것

10년간 자주 출제된 문제

5-1. 건축물의 건축주가 착공신고를 할 때 해당 건축물의 설계자로부터 받은 구조안전의 확인서류를 허가권자에게 제출하여야 하는 대상 건축물 기준으로 옳지 않은 것은?(단, 허가 대상 건축물인 경우)

① 높이가 11m 이상인 건축물
② 처마높이가 9m 이상인 건축물
③ 국토교통부령으로 정하는 지진구역 안의 건축물
④ 기둥과 기둥 사이의 거리가 10m 이상인 건축물

5-2. 건축허가를 하기 전에 건축물의 구조안전과 인접 대지의 안전에 미치는 영향 등을 평가하는 건축물 안전영향평가를 실시하여야 하는 대상 건축물 기준으로 옳은 것은?

① 층수가 6층 이상으로 연면적 10,000m² 이상인 건축물
② 층수가 6층 이상으로 연면적 100,000m² 이상인 건축물
③ 층수가 16층 이상으로 연면적 10,000m² 이상인 건축물
④ 층수가 16층 이상으로 연면적 100,000m² 이상인 건축물

5-3. 건축허가를 하기 전에 건축물의 구조안전과 인접 대지의 안전에 미치는 영향 등을 평가하는 건축물 안전영향평가를 실시하여야 하는 대상 건축물 기준으로 옳은 것은?

① 고층 건축물
② 초고층 건축물
③ 준초고층 건축물
④ 다중이용 건축물

5-4. 건축물을 건축하고자 하는 자가 사용승인을 받는 즉시 건축물의 내진능력을 공개하여야 하는 대상 건축물의 연면적 기준은?(단, 목구조 건축물이 아닌 경우)

① 100m² 이상
② 200m² 이상
③ 300m² 이상
④ 400m² 이상

|해설|

5-1
높이가 13m 이상인 건축물

5-2
• 층수가 50층 이상이거나 높이가 200m 이상인 초고층 건축물
• 층수가 16층 이상이면서 연면적 100,000m² 이상인 건축물

5-3
초고층 건축물은 층수 50층 이상이거나 높이 200m 이상인 건축물로서 건축물 안전영향평가의 실시대상이 된다.

5-4
• 200m² 이상인 건축물(목구조인 경우 500m² 이상)
• 창고, 축사, 작물재배사, 표준설계도서 건축물 제외

정답 5-1 ① 5-2 ④ 5-3 ② 5-4 ②

(3) 직통계단의 설치

① 피난층 외의 층에서의 보행거리

구 분	보행거리
원 칙	30m 이하
주요구조부가 내화구조 또는 불연재료 건축물	• 50m 이하(지하층 바닥면적 300m² 이상 공연장·집회장·관람장, 전시장 제외) • 16층 이상 공동주택의 경우 16층 이상인 층에 대해서는 40m 이하
자동화 생산시설에 스프링클러 등 자동식 소화 설비를 설치한 공장	반도체 및 디스플레이 패널 제조공장 75m 이하(무인화 공장인 경우 100m 이하)

② 피난층에서 건축물의 바깥쪽으로의 출구에 이르는 보행거리

구 분	원 칙	주요구조부가 내화구조, 불연재료일 경우
계단으로부터 옥외로의 출구까지	30m 이하	50m 이하(16층 이상 공동주택의 16층 이상인 층 : 40m)
거실로부터 옥외로의 출구까지	60m 이하	100m 이하(16층 이상 공동주택의 16층 이상인 층 : 80m)

③ 직통계단을 2개소 이상 설치해야 하는 건축물

건축물의 용도	해당 부분	면 적
• 문화 및 집회시설(전시장 및 동식물원 제외) • 장례시설 • 위락시설 중 주점영업 • 제2종 근린생활시설 중 공연장, 종교집회장 • 종교시설	그 층에서 해당 용도로 쓰는 바닥면적 합계(제2종 근린생활시설 중 공연장, 종교집회장은 각각 300m²)	200m² 이상
• 다중·다가구주택, 학원, 독서실 • 정신과의원(입원실 있음) • 의료시설(입원실이 없는 치과병원은 제외) • 판매시설 • 운수시설(여객용에 해당) • 교육연구시설 중 학원 • 아동·노인복지·장애인 거주 및 의료재활 시설 • 수련시설 중 유스호스텔 • 숙박시설	• 3층 이상의 층으로서 그 층의 해당 용도로 쓰이는 거실의 바닥면적 합계 • 제2종 근린생활시설 중 인터넷컴퓨터게임시설 제공업소(해당 용도로 쓰는 바닥면적 합계가 300m² 이상인 경우만 해당)	200m² 이상
• 공동주택(층당 4세대 이하는 제외) • 업무시설 중 오피스텔	그 층의 해당 용도에 쓰이는 거실 바닥면적	300m² 이상
위에 규정된 용도에 해당하지 않는 용도	3층 이상의 층으로 그 층 거실 바닥면적	400m² 이상
지하층	그 층의 거실 바닥면적 합계	200m² 이상

10년간 자주 출제된 문제

5-5. 주요구조부가 내화구조 또는 불연재료로 된 층수가 16층 이상인 공동주택의 16층 이상인 층의 경우, 피난층 외의 층에서 피난층 또는 지상으로 통하는 직통계단을 거실의 각 부분으로부터 보행거리가 최대 얼마 이하가 되도록 설치하여야 하는가?(단, 계단은 거실로부터 가장 가까운 거리에 있는 계단을 말한다)

① 30m ② 40m
③ 50m ④ 75m

5-6. 피난층 이외 층으로서 피난층 또는 지상으로 통하는 직통계단을 2개소 이상 설치하여야 하는 대상기준으로 옳지 않은 것은?

① 지하층으로서 그 층 거실의 바닥면적의 합계가 200m² 이상인 것
② 종교시설의 용도로 쓰는 층으로서 그 층에서 해당 용도로 쓰는 바닥면적의 합계가 200m² 이상인 것
③ 판매시설의 용도로 쓰는 3층 이상의 층으로서 그 층의 해당 용도로 쓰는 거실의 바닥면적의 합계가 200m² 이상인 것
④ 업무시설 중 오피스텔의 용도로 쓰는 층으로서 그 층의 해당 용도로 쓰는 거실의 바닥면적의 합계가 200m² 이상인 것

|해설|

5-5
• 주요구조부가 내화구조, 불연재료일 경우 : 50m 이하
• 16층 이상 공동주택의 16층 이상인 층 : 40m 이하

5-6
공동주택(층당 4세대 이하인 것 제외) 또는 업무시설 중 오피스텔의 용도로 쓰는 층으로서 그 층의 해당 용도로 쓰는 거실의 바닥면적의 합계가 300m² 이상인 것

정답 5-5 ② 5-6 ④

(4) 피난안전구역의 설치

① 피난안전구역 설치 대상
  ㉠ 피난층 또는 지상으로 통하는 직통계단과 직접 연결
  ㉡ 설치 대상

구 분	설치 기준
초고층 건축물	지상층으로부터 최대 30개 층마다 1개소 이상 설치
준초고층 건축물	전체 층수의 1/2에 해당하는 층으로부터 상하 5개 층 이내에 1개소 이상 설치

② 피난안전구역 설치 기준
  ㉠ 해당 건축물의 1개 층을 대피공간으로 하며, 대피에 장애가 되지 아니하는 범위에서 기계실, 보일러실, 전기실 등 건축설비를 설치하기 위한 공간과 같은 층에 설치할 수 있다.
  ㉡ 이 경우, 피난안전구역은 건축설비가 설치되는 공간과 내화구조로 구획하여야 한다.
  ㉢ 피난안전구역에 연결되는 특별피난계단은 피난안전구역을 거쳐서 상하층으로 갈 수 있는 구조로 설치하여야 한다.

③ 피난안전구역 구조 및 설비 기준
  ㉠ 내부 마감재료는 불연재료로 설치할 것
  ㉡ 건축물 내부에서 피난안전구역으로 통하는 계단은 특별피난계단의 구조로 설치
  ㉢ 비상용 승강기는 피난안전구역에서 승하차할 수 있는 구조로 할 것
  ㉣ 피난안전구역에는 식수 공급을 위한 급수전을 1개소 이상 설치할 것
  ㉤ 예비전원에 의한 조명설비를 설치할 것
  ㉥ 관리사무소, 방재센터 등과 긴급 연락 가능한 경보 및 통신시설 설치할 것
  ㉦ 피난안전구역의 높이는 2.1m 이상일 것
  ㉧ 피난안전구역의 면적은 다음 산식에 따라 산정한 면적 이상일 것
    (피난안전구역 위층의 재실자 수×0.5)×0.28m²
  ㉨ 건축물의 설비기준 등에 관한 규칙 제14조에 따른 배연설비를 설치할 것

10년간 자주 출제된 문제

5-7. 다음 설명에서 ( ) 안에 알맞은 것은?

> 초고층 건축물에는 피난층 또는 지상으로 통하는 직통계단과 직접 연결되는 피난안전구역을 지상층으로부터 최대 ( ) 층마다 1개소 이상 설치하여야 한다.

① 10개 ② 20개
③ 30개 ④ 40개

5-8. 건축물의 피난·안전을 위하여 건축물 중간층에 설치하는 대피공간인 피난안전구역의 면적 산정식으로 옳은 것은?

① (피난안전구역 위층의 재실자 수×0.5)×0.12m²
② (피난안전구역 위층의 재실자 수×0.5)×0.28m²
③ (피난안전구역 위층의 재실자 수×0.5)×0.33m²
④ (피난안전구역 위층의 재실자 수×0.5)×0.45m²

5-9. 피난안전구역(건축물의 피난·안전을 위하여 건축물 중간층에 설치하는 대피공간)의 구조 및 설비기준에 관한 내용으로 옳지 않은 것은?

① 피난안전구역의 높이는 2.1m 이상일 것
② 비상용 승강기는 피난안전구역에서 승하차할 수 있는 구조로 설치할 것
③ 건축물의 내부에서 피난안전구역으로 통하는 계단은 피난계단의 구조로 설치할 것
④ 피난안전구역에는 식수 공급을 위한 급수전을 1개소 이상 설치하고 예비전원에 의한 조명설비를 설치할 것

5-10. 건축물에 설치하는 피난안전구역의 구조 및 설비 기준에 관한 내용으로 옳지 않은 것은?

① 피난안전구역의 높이는 1.8m 이상일 것
② 피난안전구역의 내부 마감재료는 불연재료로 설치할 것
③ 비상용 승강기는 피난안전구역에서 승하차 할 수 있는 구조로 설치할 것
④ 건축물의 내부에서 피난안전구역으로 통하는 계단은 특별피난계단의 구조로 설치할 것

| 해설 |

5-7
최대 30개 층마다 설치하여야 한다.

5-9
특별피난계단의 구조로 설치할 것

5-10
피난안전구역의 높이는 2.1m 이상일 것

정답 5-7 ③　5-8 ②　5-9 ③　5-10 ①

(5) 피난계단 및 특별피난계단의 설치

① 5층 이상 또는 지하 2층 이하인 층에 설치하는 직통계단은 피난계단 또는 특별피난계단으로 설치하여야 한다.
② 판매시설의 용도로 쓰는 층으로부터의 직통계단은 그 중 1개소 이상을 특별피난계단으로 설치하여야 한다.
③ 건축물(갓복도식 공동주택은 제외)의 11층(공동주택의 경우에는 16층) 이상인 층(바닥면적이 400m² 미만인 층은 제외) 또는 지하 3층 이하인 층(바닥면적이 400m² 미만인 층은 제외)으로부터 피난층 또는 지상으로 통하는 직통계단은 특별피난계단으로 설치하여야 한다.
④ 옥내피난계단(내부에 설치하는 피난계단) 설치 기준

구 분	옥내피난계단 설치 기준
㉠ 내화구조	창문 등 외에는 내화구조의 벽으로 구획
㉡ 내부마감	불연재료
㉢ 조 명	계단실은 예비전원에 의한 조명설비
㉣ 옥외창문 등	다른 외벽 창문 등과 2m 이상 이격
㉤ 옥내창문 등	출입구 이외의 창문 등은 망입유리 붙박이창으로써 각각 1m² 이하
㉥ 출입구	• 출입구 유효너비는 0.9m 이상 • 60분+방화문 또는 60분 방화문 설치(피난방향으로 열 수 있고, 언제나 닫힌 상태를 유지하거나 연기 또는 불꽃을 감지하여 자동적으로 닫히는 구조)
㉦ 계단구조	내화구조로 피난층 또는 지상까지 직접 연결할 것(돌음계단 불가)

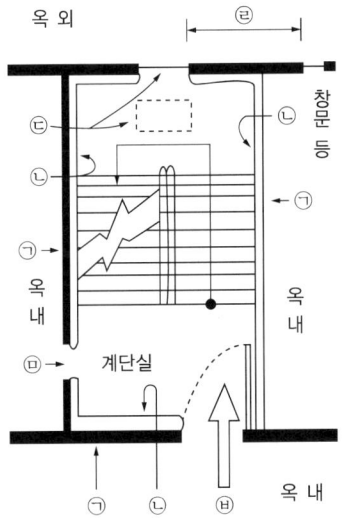

⑤ 옥외피난계단(바깥쪽에 설치하는 피난계단) 설치 기준
  ㉠ 출입구 : 60분+방화문 또는 60분 방화문 설치(유효너비는 규정에 없음)
  ㉡ 계단 유효너비는 0.9m 이상

10년간 자주 출제된 문제

5-11. 다음의 피난계단 설치 기준에서 ( ) 안에 알맞은 것은?

> 5층 이상 또는 지하 2층 이하인 층에 설치하는 직통계단은 피난계단 또는 특별피난계단으로 설치하여야 하는데, ( )의 용도로 쓰는 층으로부터의 직통계단은 그중 1개소 이상을 특별피난계단으로 설치해야 한다.

① 의료시설 ② 숙박시설
③ 판매시설 ④ 교육연구시설

5-12. 옥내피난계단 구조에 관한 기준으로 옳지 않은 것은?
① 내화구조로써 피난층 또는 지상까지 직접 연결되도록 할 것
② 계단실 실내에 접하는 부분은 불연 또는 준불연재료로 할 것
③ 계단실로 통하는 출입구 유효너비는 0.9m 이상으로 할 것
④ 계단실은 창문·출입구 기타 개구부를 제외한 해당 건축물의 다른 부분과 내화구조의 벽으로 구획할 것

5-13. 건축물의 내부에 설치하는 피난계단의 구조에 관한 기준 내용으로 옳지 않은 것은?
① 계단의 유효너비는 0.9m 이상으로 할 것
② 계단실의 실내에 접하는 부분의 마감은 불연재료로 할 것
③ 계단은 내화구조로 하고 피난층 또는 지상까지 직접 연결되도록 할 것
④ 건축물의 내부에서 계단실로 통하는 출입구의 유효너비는 0.9m 이상으로 할 것

5-14. 건물의 바깥쪽에 설치하는 피난계단의 구조에 관한 기준 내용으로 옳지 않은 것은?
① 계단의 유효너비는 0.9m 이상으로 할 것
② 계단은 내화구조로 하고 지상까지 직접 연결되도록 할 것
③ 내부에서 계단으로 통하는 출입구는 60분+방화문 또는 60분 방화문을 설치할 것
④ 건축물의 내부에서 계단실로 통하는 출입구의 유효너비는 0.9m 이상으로 할 것

|해설|
5-12
계단실 실내에 접하는 부분의 마감은 불연재료로 해야 한다.
5-13
옥내피난계단 기준에서 계단 유효너비는 규정하고 있지 않음
5-14
옥외피난계단 기준에서 출입구의 유효너비는 규정하고 있지 않음

정답 5-11 ③ 5-12 ② 5-13 ① 5-14 ④

⑥ 특별피난계단 설치 기준

구 분	특별피난계단 설치 기준
㉠ 옥내와 계단실 연결	노대 또는 외부를 향하여 열 수 있는 창문 또는 부속실을 통하여 연결
㉡ 계단실, 노대 및 부속실의 경계	창문 등을 제외하고는 내화구조의 벽으로 각각 구획할 것
㉢ 내부 마감	불연재료
㉣ 계단실 조명	예비전원에 의한 조명설비
㉤ 계단실, 노대 또는 부속실 옥외 창문 등	해당 건축물의 다른 외벽 창문 등과 2m 이상 이격
㉥ 계단실 옥내창문 등	노대 및 부속실 외의 옥내에 면하는 창문 등을 설치하지 않을 것
㉦ 계단실의 노대, 부속실 창문 등	출입구 이외의 창문 등은 망입유리 붙박이 창으로서 각각 1m² 이하
㉧ 노대, 부속실 옥내창문 등	계단실 외의 옥내에 면하는 창문 등을 설치하지 않을 것
㉨ 노대, 부속실의 옥내 및 계단실 출입구	• 내부에서 노대 또는 부속실로의 출입구는 60분+방화문 또는 60분 방화문 설치 • 노대 또는 부속실에서 계단실로 통하는 출입구는 60분+방화문, 60분 방화문 또는 30분 방화문 설치
㉩ 계단의 구조	내화구조로 하고, 피난층 또는 지상까지 직접 연결할 것(돌음계단 불가)
㉪ 출입구	유효폭 0.9m 이상

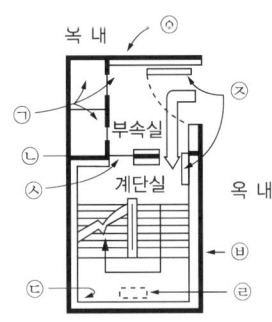

[부속실 설치]

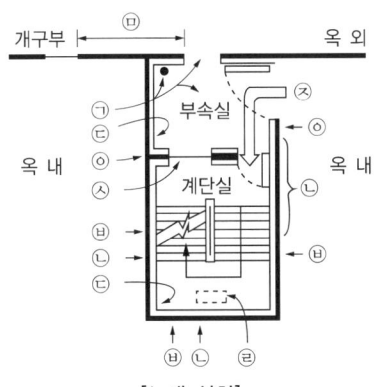

[노대 설치]

10년간 자주 출제된 문제

5-15. 특별피난계단의 구조 기준의 내용으로 옳지 않은 것은?

① 계단은 내화구조로 하되, 피난층 또는 지상까지 직접 연결되도록 한다.
② 계단실 및 부속실의 실내에 접하는 부분의 마감은 불연재료로 한다.
③ 출입구의 유효너비는 0.9m 이상으로 하고 피난의 방향으로 열 수 있도록 한다.
④ 건축물의 내부에서 노대 또는 부속실로 통하는 출입구에는 60분+방화문, 60분 방화문 또는 30분 방화문을 설치하고, 노대 또는 부속실로부터 계단실로 통하는 출입구에는 60분+방화문 또는 60분 방화문을 설치하도록 한다.

5-16. 특별피난계단의 구조 기준의 내용으로 옳지 않은 것은?

① 계단실에는 예비전원에 의한 조명설비를 할 것
② 계단은 내화구조로 하되, 피난층 또는 지상까지 직접 연결되도록 할 것
③ 출입구의 유효너비는 0.9m 이상으로 하고 피난의 방향으로 열 수 있을 것
④ 계단실의 노대 또는 부속실에 접하는 창문은 그 면적을 각각 3m² 이하로 할 것

5-17. 특별피난계단의 구조에 관한 기준으로 옳지 않은 것은?

① 출입구는 피난의 방향으로 열 수 있을 것
② 출입구의 유효너비는 0.9m 이상으로 할 것
③ 계단은 내화구조로 하되, 피난층 또는 지상까지 직접 연결되도록 할 것
④ 노대 및 부속실에는 계단실의 내부와 접하는 창문 등을 설치하지 아니할 것

|해설|

5-15
• 옥내와 노대 또는 부속실 사이 : 60분+방화문 또는 60분 방화문 설치
• 노대 또는 부속실과 계단실 사이 : 60분+방화문, 60분 방화문 또는 30분 방화문 설치

5-16, 5-17
계단실의 노대 또는 부속실에 접하는 창문은 망입유리의 붙박이 창으로써 그 면적이 각각 1m² 이하일 것

정답 5-15 ④ 5-16 ④ 5-17 ④

(6) 지하층 개방공간

① 설치 대상 : 바닥면적 합계가 3,000m² 이상인 공연장·집회장·관람장 또는 전시장을 지하층에 설치하는 경우
② 설치 목적 : 재실자가 지하층 각 층에서 건축물 밖으로 피난하여 옥외계단 또는 경사로 등을 이용하여 피난층으로 대피할 수 있도록 천장이 개방된 외부 공간을 설치하여야 한다.

(7) 관람실 등으로부터의 출구 및 경사로 설치 기준

① 다음에 해당하는 건축물에는 기준에 따라 관람실 또는 집회실로부터의 출구를 설치한다.
  ㉠ 제2종 근린생활시설 중 공연장·종교집회장(바닥면적 합계 각각 300m² 이상인 경우만 해당)
  ㉡ 문화 및 집회시설(전시장 및 동·식물원은 제외)
  ㉢ 종교시설
  ㉣ 위락시설
  ㉤ 장례시설
  ※ 관람실 또는 집회실로부터 바깥쪽으로의 출구로 쓰이는 문은 안여닫이로 해서는 안 된다.
② 문화 및 집회시설 중 공연장의 개별 관람실(바닥면적 합계 300m² 이상인 경우만 해당)의 출구는 다음 기준에 적합하게 설치한다.
  ㉠ 관람실별로 2개소 이상 설치할 것
  ㉡ 각 출구의 유효너비는 1.5m 이상일 것
  ㉢ 개별 관람실 출구의 유효너비의 합계는 개별 관람실의 바닥면적 100m²마다 0.6m의 비율로 산정한 너비 이상으로 할 것

③ 경사로 설치 대상

다음의 어느 하나에 해당하는 건축물의 피난층 또는 피난층의 승강장으로부터 건축물의 바깥쪽에 이르는 통로에는 경사로를 설치하여야 한다.
  ㉠ 제1종 근린생활시설 중 지역자치센터·파출소·지구대·소방서·우체국·방송국·보건소·공공도서관·지역건강보험조합 기타 이와 유사한 것으로서 동일한 건축물안에서 해당 용도에 쓰이는 바닥면적의 합계가 1,000m² 미만인 것
  ㉡ 제1종 근린생활시설 중 마을회관·마을공동작업소·마을공동구판장·변전소·양수장·정수장·대피소·공중화장실 기타 이와 유사한 것
  ㉢ 연면적이 5,000m² 이상인 판매시설, 운수시설
  ㉣ 교육연구시설 중 학교
  ㉤ 업무시설 중 국가 또는 지방자치단체의 청사와 외국공관의 건축물로서 제1종 근린생활시설에 해당하지 아니하는 것
  ㉥ 승강기를 설치하여야 하는 건축물

10년간 자주 출제된 문제

5-18. 다음은 지하층과 피난층 사이의 개방공간 설치에 관한 기준 내용이다. (   ) 안에 알맞은 것은?

> 바닥면적 합계가 (   ) 이상인 공연장·집회장·관람장 또는 전시장을 지하층에 설치하는 경우 지하층 각 층에서 건축물 밖으로 피난하여 옥외계단 또는 경사로 등을 이용하여 피난층으로 대피할 수 있도록 천장이 개방된 외부 공간을 설치해야 한다.

① 1,000m² ② 2,000m²
③ 3,000m² ④ 4,000m²

5-19. 문화 및 집회시설 중 공연장의 개별 관람실의 출구에 관한 설명으로 옳지 않은 것은?(단, 개별 관람실의 바닥면적은 500m²인 경우)
① 각 출구의 유효너비는 0.9m 이상으로 한다.
② 출구는 관람실별로 2개소 이상 설치하여야 한다.
③ 개별 관람실 출구 유효너비 합계는 3.0m 이상이다.
④ 바깥쪽으로의 출구로 쓰이는 문은 안여닫이로 하여서는 아니 된다.

5-20. 건축물의 피난층 또는 피난층의 승강장으로부터 건축물의 바깥쪽에 이르는 통로에, 관련 기준에 따른 경사로를 설치하여야 하는 대상 건축물에 속하지 않는 것은?(단, 건축물의 층수가 5층인 경우)
① 교육연구시설 중 학교
② 연면적이 5,000m²인 종교시설
③ 연면적이 5,000m²인 판매시설
④ 연면적이 5,000m²인 운수시설

|해설|
5-18
바닥면적의 합계가 3,000m² 이상인 경우에 해당

5-19
각 출구의 유효너비는 1.5m 이상

5-20
종교시설은 해당되지 않는다.

정답 5-18 ③ 5-19 ① 5-20 ②

(8) 건축물 바깥쪽으로의 출구 설치

① 대상 건축물

대 상
• 제2종 근린생활시설 중 공연장·종교집회장·인터넷컴퓨터게임시설 제공업소(바닥면적 합계 각각 300m² 이상인 경우만 해당) • 문화 및 집회시설(전시장 및 동·식물원은 제외)* • 종교시설* • 판매시설 • 업무시설 중 국가 또는 지방자치단체의 청사 • 위락시설* • 연면적이 5,000m² 이상인 창고시설 • 교육연구시설 중 학교 • 장례시설* • 승강기를 설치하여야 하는 건축물

※ *의 용도에 쓰이는 건축물의 바깥쪽으로의 출구로 쓰이는 문은 안여닫이로 하여서는 아니 된다.

② 보조출구 또는 비상구의 설치

대 상	설치 기준
관람실 바닥면적 합계가 300m² 이상인 집회장 또는 공연장	주된 출구 외에 보조출구 또는 비상구를 2개소 이상 설치해야 한다.

(9) 회전문의 설치 기준

① 계단, 에스컬레이터로부터 2m 이상의 거리를 둘 것
② 회전문과 문틀 및 바닥 사이는 다음의 간격을 확보한다.
   ㉠ 회전문과 문틀 사이는 5cm 이상
   ㉡ 회전문과 바닥 사이는 3cm 이하
③ 출입에 지장이 없도록 일정 방향으로 회전하는 구조일 것
④ 회전문의 중심축에서 회전문과 문틀 사이의 간격을 포함한 회전문날개 끝부분까지의 길이는 140cm 이상이 되도록 할 것
⑤ 회전문 회전속도 : 분당 회전수가 8회를 넘지 아니하도록 할 것

(10) 옥상 광장 설치

① 옥상 난간 설치
  ㉠ 옥상 광장, 2층 이상 층에 있는 노대 등의 주위에는 높이 1.2m 이상 난간을 설치해야 한다.
  ㉡ 예외 : 해당 노대 등에 출입할 수 없는 구조 제외

② 옥상 광장 설치 : 5층 이상 층이 다음의 용도일 경우 피난의 용도에 쓸 수 있는 옥상 광장을 설치한다.
  ㉠ 제2종 근린생활시설 중 공연장, 종교집회장, 인터넷컴퓨터게임시설 제공업소(바닥면적 합계가 각각 300m² 이상인 경우 해당)
  ㉡ 문화 및 집회시설(전시장, 동식물원은 제외)
  ㉢ 종교시설, 판매시설, 장례시설, 주점영업

10년간 자주 출제된 문제

5-21. 건축물로부터 바깥쪽으로 나가는 출구를 국토교통부령으로 정하는 기준에 따라 설치하여야 하는 대상 건축물에 속하지 않는 것은?
① 종교시설
② 의료시설 중 종합병원
③ 교육연구시설 중 학교
④ 문화 및 집회시설 중 관람장

5-22. 건축물의 출입구에 설치하는 회전문은 계단이나 에스컬레이터로부터 최소 얼마 이상의 거리를 두어야 하는가?
① 1m
② 1.5m
③ 2m
④ 2.5m

5-23. 옥상 광장 또는 2층 이상인 층에 있는 노대나 그 밖에 이와 비슷한 것의 주위에는 높이 몇 m 이상의 난간을 설치하는가?
① 0.9m
② 1.0m
③ 1.2m
④ 1.5m

5-24. 피난 용도로 쓸 수 있는 광장을 옥상에 설치하여야 하는 대상에 속하지 않는 것은?(5층 이상의 층에 해당하는 경우)
① 종교시설의 용도로 쓰이는 경우
② 판매시설의 용도로 쓰이는 경우
③ 장례식장의 용도로 쓰이는 경우
④ 문화 및 집회시설 중 전시장의 용도로 쓰이는 경우

|해설|

5-21
종합병원은 해당되지 않는다.

5-22
회전문은 계단이나 에스컬레이터로부터 2m 이상 거리를 둘 것

5-23
1.2m 이상 난간을 설치해야 한다.

5-24
전시장의 용도로 쓰이는 경우는 해당되지 않는다.

정답 5-21 ② 5-22 ③ 5-23 ③ 5-24 ④

(11) 대피공간 설치

① 설치 대상 : 층수가 11층 이상인 건축물로서 11층 이상인 층의 바닥면적의 합계가 10,000m² 이상인 건축물의 옥상
② 다음의 구분에 따른 공간을 확보하여야 한다.
  ㉠ 지붕을 평지붕으로 하는 경우 : 헬리포트를 설치하거나 헬리콥터를 통하여 인명 등을 구조할 수 있는 공간
  ㉡ 지붕을 경사지붕으로 하는 경우 : 경사지붕 아래에 설치하는 대피공간
③ 대피공간 설치 기준
  ㉠ 대피공간 면적 : 지붕 수평투영면적의 1/10 이상
  ㉡ 특별피난계단 또는 피난계단과 연결되도록 할 것
  ㉢ 출입구・창문을 제외한 부분은 해당 건축물의 다른 부분과 내화구조의 바닥 및 벽으로 구획할 것
  ㉣ 출입구는 유효너비 0.9m 이상으로 하고, 그 출입구에는 60분+방화문 또는 60분 방화문을 설치할 것(방화문에 비상문자동개폐장치를 설치할 것)
  ㉤ 내부 마감재료는 불연재료로 할 것
  ㉥ 예비전원으로 작동하는 조명설비를 설치할 것
  ㉦ 관리사무소 등과 긴급 연락 가능한 통신시설 설치

(12) 대지 안의 피난 및 소화에 필요한 통로 설치

① 설치 기준 : 건축물 바깥쪽으로 통하는 주된 출구와 지상으로 통하는 피난계단 및 특별피난계단으로부터 도로 또는 공지로 통하는 통로를 설치해야 한다.
② 통로의 너비
  ㉠ 유효너비 0.9m 이상 : 단독주택
  ㉡ 유효너비 3m 이상 : 바닥면적 합계가 500m² 이상인 문화 및 집회시설, 종교시설, 의료시설, 위락시설 또는 장례시설
  ㉢ 유효너비 1.5m 이상 : 그 밖의 용도로 쓰는 건축물
③ 필로티 내 통로 길이가 2m 이상인 경우에는 피난 및 소화활동에 장애가 발생하지 아니하도록 자동차 진입 억제용 말뚝 등 통로 보호시설을 설치하거나 통로에 단차(段差)를 둘 것

10년간 자주 출제된 문제

5-25. 건축법령에 따라 건축물의 경사지붕 아래에 설치하는 대피공간에 관한 기준 내용으로 옳지 않은 것은?

① 특별피난계단 또는 피난계단과 연결되도록 할 것
② 관리사무소 등과 긴급 연락이 가능한 통신시설을 설치할 것
③ 대피공간의 면적은 지붕 수평투영면적의 20분의 1 이상일 것
④ 출입구는 유효너비 0.9m 이상으로 하고, 그 출입구에는 60분+방화문 또는 60분 방화문을 설치할 것

5-26. 대지 안의 피난 및 소화에 필요한 통로 설치에 관한 기준으로 옳지 않은 것은?

① 건축물 바깥쪽으로 통하는 주된 출구와 지상으로 통하는 피난계단 및 특별피난계단으로부터 도로 또는 공지로 통하는 통로를 설치해야 한다.
② 통로의 너비는 단독주택은 유효너비 0.9m 이상으로 해야 한다.
③ 통로의 너비는 바닥면적 합계가 500m² 이상인 종교시설은 유효너비 1.5m 이상으로 해야 한다.
④ 필로티 내 통로 길이가 2m 이상인 경우에는 피난 및 소화활동에 장애가 발생하지 아니하도록 자동차 진입 억제용 말뚝 등 통로 보호시설을 설치해야 한다.

|해설|

5-25
대피공간의 면적은 지붕 수평투영면적의 10분의 1 이상일 것

5-26
통로의 너비는 바닥면적 합계가 500m² 이상인 종교시설은 유효너비 3.0m 이상으로 해야 한다.

정답 5-25 ③　5-26 ③

(13) 방화구획 등의 설치

① 방화구획 설치 대상
  ㉠ 설치 대상 : 주요구조부가 내화구조 또는 불연재료로 된 연면적이 1,000m²를 넘는 건축물
  ㉡ 방화구획의 구조
    • 내화구조로 된 바닥·벽
    • 60분+방화문, 60분 방화문 또는 자동방화셔터

② 방화구획 구획 기준

구획의 종류	구획의 기준
매 층마다 구획할 것(지하 1층에서 지상으로 직접 연결하는 경사로 부위는 제외)	
10층 이하의 층	바닥면적 1,000m²(* 3,000m²) 이내마다 구획
11층 이상의 층 — 실내 마감재가 불연재료인 경우	바닥면적 500m² (* 1,500m²) 이내마다 구획
11층 이상의 층 — 실내 마감재가 불연재료가 아닌 경우	200m²(* 600m²) 이내마다 구획
필로티 등의 구조 부분을 주차장으로 사용하는 경우 그 부분은 건축물의 다른 부분과 구획할 것	

(*)의 면적은 스프링클러 등의 자동식 소화설비를 설치한 경우

③ 방화구획의 설치 기준
  ㉠ 60분+방화문 또는 60분 방화문은 언제나 닫힌 상태를 유지하거나 화재로 인한 연기 또는 불꽃을 감지하여 자동적으로 닫히는 구조로 할 것. 다만, 연기 또는 불꽃을 감지하여 자동적으로 닫히는 구조로 할 수 없는 경우에는 온도를 감지하여 자동적으로 닫히는 구조로 할 수 있다.
  ㉡ 급수관, 배전관, 그 밖의 관이 방화구획으로 되어 있는 부분을 관통하는 경우 그로 인하여 방화구획에 틈이 생긴 때에는 그 틈을 내화시간 이상 견딜 수 있는 내화채움성능을 인정한 구조로 메울 것
  ㉢ 환기, 난방, 냉방시설 풍도가 방화구획을 관통하는 경우, 관통 또는 근접 부분에는 댐퍼를 설치할 것
  ㉣ 방화문 또는 방화셔터, 건축물과 복도 또는 통로의 연결부분에 자동방화셔터 또는 방화문을 설치할 경우 다음의 요건을 모두 갖추어야 한다.
    • 피난이 가능한 60분+방화문 또는 60분 방화문으로부터 3m 이내에 별도로 설치할 것
    • 전동방식이나 수동방식으로 개폐할 수 있을 것
    • 불꽃감지기 또는 연기감지기 중 하나와 열감지기를 설치할 것
    • 불꽃이나 연기를 감지한 경우 일부 폐쇄되는 구조일 것
    • 열을 감지한 경우 완전 폐쇄되는 구조일 것

④ 아파트 대피공간의 설치
  ㉠ 4층 이상인 층의 각 세대가 2개 이상 직통계단을 사용할 수 없는 경우, 발코니에 설치 기준 요건을 모두 갖춘 대피공간을 하나 이상 설치하여야 한다.
  ㉡ 발코니 대피공간의 설치 기준
    공동주택 중 아파트로서 4층 이상인 층의 각 세대가 2개 이상의 직통계단을 사용할 수 없는 경우
    • 대피공간은 바깥의 공기와 접할 것
    • 대피공간은 실내 다른 부분과 방화구획으로 할 것
  ㉢ 대피공간 바닥면적
    • 인접 세대와 공동 설치하는 경우 : 3m² 이상
    • 각 세대별로 설치하는 경우 : 2m² 이상
  ㉣ 대피공간으로 통하는 출입문에는 60분+방화문 또는 60분 방화문을 설치할 것

10년간 자주 출제된 문제

5-27. 방화구획 설치에 관한 기준으로 옳지 않은 것은?

① 주요구조부가 내화구조 또는 불연재료로 된 건축물로서 연면적이 1,000m²를 넘을 경우 방화구획을 해야 한다.
② 방화구획은 내화구조로 된 바닥·벽이어야 한다.
③ 지하층은 층마다 구획함을 원칙으로 하며, 지하 1층에서 지상으로 직접 연결하는 경사로 부위는 제외한다.
④ 11층 이상의 층은 실내 마감재가 불연재료인 경우 200m² 이내마다 구획해야 한다.

5-28. 아파트 대피공간의 설치에 관한 기준으로 옳지 않은 것은?

① 공동주택 중 아파트로서 4층 이상인 층의 각 세대가 2개 이상 직통계단을 사용할 수 없는 경우 설치한다.
② 발코니에 인접 세대와 공동으로 또는 각 세대별로 설치 기준 요건을 모두 갖춘 대피공간을 하나 이상 설치하여야 한다.
③ 대피공간은 바깥의 공기와 접하지 않도록 하며, 실내 다른 부분과 방화구획으로 할 것
④ 발코니 대피공간의 바닥면적은 인접 세대와 공동 설치하는 경우 3m² 이상, 각 세대별로 설치하는 경우 2m² 이상이 되게 설치한다.

|해설|

5-27
11층 이상의 층은 실내 마감재가 불연재료인 경우 500m² 이내마다 구획해야 하며, 스프링클러 등의 자동식 소화설비를 설치한 경우 1,500m² 이내마다 구획한다.

5-28
대피공간은 바깥의 공기와 접해야 하며, 실내 다른 부분과 방화구획으로 할 것

정답 5-27 ④ 5-28 ③

(14) 방화에 장애가 되는 용도의 제한

① **제한 원칙** : 같은 건축물 안에는 다음 "1"란의 용도와 "2"란의 용도를 함께 설치할 수 없다.

"1" 공동주택 등	"2" 위락시설 등
• 의료시설 • 노유자시설(아동 관련 시설 및 노인복지시설만 해당) • 공동주택 • 장례시설 • 제1종 근린생활시설(산후조리원만 해당)	• 위락시설 • 위험물 저장 및 처리시설 • 공 장 • 자동차 관련 시설(정비공장에 한함)

② **복합용도 제한 예외** : 다음의 경우에는 같은 건축물에 함께 설치할 수 있다.
  ㉠ 공동주택(기숙사만 해당)과 공장이 같은 건축물에 있는 경우
  ㉡ 중심상업지역·일반상업지역 또는 근린상업지역에서 재개발사업을 시행하는 경우
  ㉢ 공동주택과 위락시설이 같은 초고층 건축물에 있는 경우
  ㉣ 지식산업센터와 직장어린이집이 같은 건축물에 있는 경우

③ **복합건축물의 피난시설** : 복합용도 제한의 예외를 위한 조건으로서 같은 건축물 안에 하나 이상을 함께 설치하고자 하는 경우에는 다음의 기준에 적합하여야 한다.

대 상	"공동주택 등"과 "위락시설 등" 간의 설치 기준
출입구	서로 그 보행거리가 30m 이상이 되도록 할 것
벽, 바닥, 통로	내화구조로 된 바닥 및 벽으로 구획하여 서로 차단할 것
배 치	서로 이웃하지 아니하도록 배치할 것
주요구조부	내화구조로 할 것
실내 마감재료	거실의 벽, 반자가 실내에 면하는 부분의 마감은 불연재료·준불연재료, 난연재료
	거실로부터 지상으로 통하는 주된 복도·계단, 통로의 벽 및 반자가 실내에 면하는 부분의 마감은 불연 또는 준불연재료

10년간 자주 출제된 문제

5-29. 같은 건축물 안에 공동주택과 위락시설을 함께 설치하고자 하는 경우에 관한 기준 내용으로 옳지 않은 것은?

① 건축물의 주요구조부를 내화구조로 할 것
② 공동주택과 위락시설은 서로 이웃하도록 배치할 것
③ 공동주택과 위락시설은 내화구조로 된 바닥 및 벽으로 구획하여 서로 차단할 것
④ 공동주택의 출입구와 위락시설의 출입구는 서로 그 보행거리가 30m 이상이 되도록 설치할 것

5-30. 같은 건축물 안에 공동주택과 위락시설을 함께 설치하고자 하는 경우, 공동주택의 출입구와 위락시설의 출입구는 서로 그 보행거리가 최소 얼마 이상이 되도록 설치하여야 하는가?

① 10m ② 20m
③ 30m ④ 50m

|해설|

5-29
공동주택 등과 위락시설 등은 서로 이웃하지 아니하도록 배치할 것

5-30
공동주택 등의 출입구와 위락시설 등의 출입구는 서로 그 보행거리가 30m 이상이 되도록 설치할 것

정답 5-29 ② 5-30 ③

(15) 계단·복도 및 출입구의 설치

① 계단의 설치 기준 : 연면적 200m²를 초과하는 건축물에 설치하는 계단 및 복도는 다음 기준에 적합하여야 한다.

설치	설치 기준
계단참	높이 3m를 넘는 경우, 3m 이내마다 너비 1.2m 이상
난간	높이 1m를 넘는 경우, 양옆에 난간 설치
중간 난간	너비 3m를 넘는 경우, 중간에 너비 3m 이내마다 설치 (예외 : 단높이 15cm 이하, 단너비 30cm 이상은 제외)
유효 높이	2.1m 이상(계단의 바닥 마감면부터 상부 구조체의 하부 마감면까지의 연직방향 높이)

② 계단 및 계단참, 단높이, 단너비의 치수(cm)

계단의 용도	계단 및 계단참의 유효너비	단높이	단너비
초등학교 계단	150 이상	16 이하	26 이상
중·고등학교 계단	150 이상	18 이하	26 이상
문화 및 집회시설(공연장, 집회장, 관람장) 및 판매시설	120 이상	–	–
해당 층의 위층부터 최상층까지의 거실 바닥면적 합계가 200m² 이상 또는 지하층 거실 바닥면적 합계가 100m² 이상인 경우	120 이상	–	–
기타의 계단	60 이상	–	–

③ 난간·벽 등의 손잡이와 바닥마감 기준

구 분	설치 기준
구 조	최대 지름 3.2~3.8cm(원형 또는 타원형 단면)
벽과의 거리	벽 등과 5cm 이상
설치 높이	계단으로부터 85cm
계단 끝 연장	계단이 끝나는 수평부분에서의 손잡이는 30cm 이상 밖으로 나오도록 설치할 것

④ 계단을 대체하여 설치하는 경사로의 경사도는 1 : 8을 넘지 아니할 것

⑤ 피난층 또는 지상으로 통하는 직통계단을 설치하는 경우 계단 및 계단참의 유효너비
  ㉠ 공동주택 : 1.2m 이상
  ㉡ 공동주택이 아닌 건축물 : 1.5m 이상

⑥ 복도의 너비 기준

대 상	양옆 거실이 있는 복도	기타의 복도
유치원, 초·중·고등학교	2.4m 이상	1.8m 이상
공동주택, 오피스텔	1.8m 이상	1.2m 이상
해당 층 거실 바닥면적 합계가 200m² 이상	1.5m 이상(의료시설의 복도 1.8m 이상)	1.2m 이상

10년간 자주 출제된 문제

5-31. 복도의 너비 기준에 관한 설명으로 옳지 않은 것은?

① 유치원, 초등학교, 중학교, 고등학교 등은 양옆 거실이 있는 경우 복도의 폭은 2.1m 이상으로 해야 한다.
② 공동주택, 오피스텔 등은 양옆 거실이 있는 경우 복도의 폭은 1.8m 이상으로 해야 한다.
③ 의료시설 양옆 거실이 있는 경우 복도의 폭은 1.8m 이상으로 해야 한다.
④ 문화 및 집회시설 중 공연장에 설치하는 복도는 바닥면적 300m² 이상일 경우 관람석 양쪽 및 뒤쪽에 각각 복도를 설치해야 한다.

5-32. 연면적 200m²를 초과하는 건축물에 설치하는 계단에 관한 기준 내용으로 옳지 않은 것은?

① 높이가 1m를 넘는 계단 및 계단참의 양옆에는 난간을 설치할 것
② 너비가 4m를 넘는 계단에는 계단의 중간에 너비 4m 이내마다 난간을 설치할 것
③ 높이가 3m를 넘는 계단에는 높이 3m 이내마다 유효너비 120cm 이상의 계단참을 설치할 것
④ 계단의 유효높이(계단의 바닥 마감면부터 상부 구조체의 하부 마감면까지의 연직방향의 높이)는 2.1m 이상으로 할 것

5-33. 연면적 200m²을 초과하는 오피스텔에 설치하는 복도의 유효너비는 최소 얼마 이상이어야 하는가?(단, 양옆에 거실이 있는 복도)

① 1.2m ② 1.5m
③ 1.8m ④ 2.4m

|해설|

5-31
복도의 폭은 2.4m 이상으로 해야 한다.

5-32
너비가 3m를 넘는 계단에는 3m 이내마다 중간 난간을 설치할 것

5-33
오피스텔의 양옆에 거실이 있는 복도의 너비는 1.8m 이상이다.

정답 5-31 ① 5-32 ② 5-33 ③

(16) 건축물의 거실

① 거실의 반자 설치 높이

거실의 용도		반자 높이
모든 건축물(예외 : 공장, 창고시설, 위험물저장 및 처리시설, 동물 및 식물 관련 시설, 자원순환시설, 묘지 관련 시설)		2.1m 이상
• 문화 및 집회시설(전시장, 동식물원 제외) • 종교시설 • 장례식장 • 위락시설 중 유흥주점	관람실 또는 집회실 바닥면적이 200m² 이상(예외 : 기계환기장치를 설치한 경우)	4.0m 이상
		노대 아랫부분 2.7m 이상

② 배연설비 설치 대상

6층 이상 건축물로서 다음의 용도	다음의 용도
• 제2종 근린생활시설 중 공연장, 종교집회장, 인터넷컴퓨터게임시설 제공업소(해당 용도로 쓰는 바닥면적의 합계가 각각 300m² 이상인 경우만 해당) • 제2종 근린생활시설 중 다중생활시설 • 문화 및 집회시설, 종교시설, 판매시설 • 운수시설, 의료시설(요양, 정신병원 제외) • 교육연구시설 중 연구소, 업무시설 • 노유자시설 중 아동 관련시설, 노인복지시설(노인요양시설 제외) • 수련시설 중 유스호스텔, 숙박시설 • 운동시설, 위락시설, 관광휴게시설, 장례시설	• 의료시설 중 – 요양병원 – 정신병원 • 노유자시설 중 – 노인요양시설 – 장애인 거주시설 – 장애인 의료재활시설 • 산후조리원 • 제1종 근린생활시설 중 산후조리원

③ 거실의 방습 조치

㉠ 방습 조치 : 최하층에 있는 바닥이 목조인 거실의 경우 거실 바닥 높이는 지표면으로부터 45cm 이상(예외, 지표면에 콘크리트 바닥 설치 시 제외)

㉡ 내수재료 마감 : 다음에 해당하는 용도의 욕실 또는 조리장의 바닥과 그 바닥에서 높이 1m까지의 안벽의 마감은 내수재료로 하여야 한다.

• 제1종 근린생활시설 중 목욕장의 욕실과 휴게음식점의 조리장
• 제2종 근린생활시설 중 일반·휴게음식점 조리장, 숙박시설의 욕실

④ 창문 등의 차면시설 : 인접 대지경계선으로부터 직선거리 2m 이내에 이웃 주택의 내부가 보이는 창문 등을 설치하는 경우에는 차면시설을 설치하여야 한다.

10년간 자주 출제된 문제

5-34. 공동주택의 거실 반자의 높이는 최소 얼마 이상으로 하여야 하는가?
① 2.0m
② 2.1m
③ 2.7m
④ 3.0m

5-35. 거실의 반자 설치 높이에 관한 기준으로 옳지 않은 것은?
① 원칙적으로 모든 건축물은 2.1m 이상으로 해야 한다.
② 장례식장은 해당 바닥면적이 200m² 이상인 경우 4.0m 이상이어야 한다.
③ 위락시설 중 주점용도인 경우에는 노대 아랫부분의 높이는 3.0m 이상이어야 한다.
④ 문화 및 집회시설 중 전시장, 동물원, 식물원은 기준에서 제외된다.

5-36. 건축물의 거실에 국토교통부령으로 정하는 기준에 따라 배연설비를 하여야 하는 대상 건축물에 속하지 않는 것은?(단, 피난층의 거실은 제외하며, 6층 이상인 건축물의 경우)
① 종교시설
② 판매시설
③ 위락시설
④ 방송통신시설

5-37. 바닥으로부터 높이 1m까지의 안벽의 마감을 내수재료로 하지 않아도 되는 것은?
① 아파트의 욕실
② 숙박시설의 욕실
③ 제1종 근린생활시설 중 휴게음식점의 조리장
④ 제2종 근린생활시설 중 일반음식점의 조리장

5-38. 인접 대지경계선으로부터 일정한 거리 이내에 이웃 주택의 내부가 보이는 창문 등을 설치하는 경우에는 차면시설을 설치하여야 한다. 그 거리는?
① 직선거리 1m 이내
② 직선거리 2m 이내
③ 직선거리 3m 이내
④ 직선거리 4m 이내

|해설|

5-34
공동주택의 거실 반자의 높이는 최소 2.1m 이상으로 하여야 한다.

5-35
위락시설 중 주점용도인 경우에는 노대 아랫부분의 높이는 2.7m 이상이어야 한다.

5-36
방송통신시설은 해당 없다.

5-37
아파트의 욕실은 해당되지 않는다.

정답 5-34 ② 5-35 ③ 5-36 ④ 5-37 ① 5-38 ②

(17) 건축물의 내화구조

다음 건축물의 주요구조부와 지붕은 내화구조로 하여야 한다. 다만, 연면적이 50m² 이하인 단층 부속건축물로서 외벽, 처마 밑면을 방화구조로 한 것과 무대의 바닥은 그렇지 않다.

바닥면적 합계	건축물의 용도
200m² 이상 (옥외관람석 1,000m²)	• 제2종 근린생활시설 중 공연장·종교집회장(바닥면적 합계 각각 300m² 이상 해당) • 문화 및 집회시설(전시장, 동·식물원 제외) • 종교시설, 장례시설 • 위락시설 중 주점영업
500m² 이상	• 문화 및 집회시설 중 전시장, 동·식물원 • 판매시설, 운수시설 • 교육연구시설에 설치하는 체육관·강당 • 수련시설, 운동시설 중 체육관·운동장 • 위락시설(주점영업 용도 제외) • 창고시설, 위험물 저장 및 처리시설 • 자동차 관련 시설 • 방송통신시설 중 방송국·전신전화국·촬영소 • 묘지 관련 시설 중 화장시설·동물 화장시설 • 관광휴게시설
2,000m² 이상	공장(화재의 위험이 적은 공장으로서 국토교통부령으로 정하는 공장은 제외)
400m² 이상	• 2층이 단독주택 중 다중주택 및 다가구주택 • 공동주택 • 제1종 근린생활시설(의료의 용도만 해당) • 제2종 근린생활시설 중 다중생활시설 • 의료시설, 노유자시설 중 아동 관련 시설 및 노인복지시설 • 숙박시설, 수련시설 중 유스호스텔 • 업무시설 중 오피스텔 • 장례시설
모든 건축물 (면적기준 없음)	• 3층 이상 건축물 및 지하층이 있는 건축물 • 2층 이하인 건축물은 지하층 부분만 해당 다만, 다음의 용도는 제외한다. • 단독주택(다중주택, 다가구주택 제외) • 동물 및 식물 관련 시설 • 발전시설(발전소 부속용도 시설은 제외) • 교도소·소년원 • 묘지 관련 시설(화장시설, 동물 화장시설 제외) • 철강 관련 업종 공장 중 제어실 사용을 위한 연면적 50m² 이하 증축 부분

10년간 자주 출제된 문제

5-39. 건축물의 주요구조부를 내화구조로 하여야 하는 대상 건축물에 속하지 않는 것은?(단, 해당 용도로 쓰는 바닥면적의 합계가 500m²인 경우)

① 판매시설
② 수련시설
③ 업무시설 중 사무소
④ 문화 및 집회시설 중 전시장

5-40. 건축물의 주요구조부를 내화구조로 하여야 하는 대상 건축물에 속하지 않는 것은?

① 공장의 용도로 쓰는 건축물로서 그 용도로 쓰는 바닥면적 합계가 500m²인 건축물
② 판매시설의 용도로 쓰는 건축물로서 그 용도로 쓰는 바닥면적 합계가 500m²인 건축물
③ 창고시설의 용도로 쓰는 건축물로서 그 용도로 쓰는 바닥면적 합계가 500m²인 건축물
④ 문화 및 집회시설 중 전시장의 용도로 쓰는 건축물로서 그 용도로 쓰는 바닥면적 합계가 500m²인 건축물

5-41. 주요구조부를 내화구조로 하여야 하는 대상 건축물 기준으로 옳은 것은?(단, 판매시설의 용도로 쓰는 건축물의 경우)

① 해당 용도로 쓰는 바닥면적의 합계가 200m² 이상인 건축물
② 해당 용도로 쓰는 바닥면적의 합계가 500m² 이상인 건축물
③ 해당 용도로 쓰는 바닥면적의 합계가 1,000m² 이상인 건축물
④ 해당 용도로 쓰는 바닥면적의 합계가 2,000m² 이상인 건축물

|해설|

5-39
업무시설 중 사무소는 해당 대상에 속하지 않는다.

5-40
공장(화재의 위험이 적은 공장으로서 국토교통부령이 정하는 공장은 제외)은 2,000m² 이상

5-41
판매시설, 운수시설은 바닥면적 합계 500m² 이상일 경우 내화구조로 하여야 한다.

정답 5-39 ③ 5-40 ① 5-41 ②

(18) 대규모 건축물의 방화벽

① 대상 : 연면적 1,000m² 이상 건축물은 바닥면적의 합계 1,000m² 미만마다 방화벽으로 구획해야 한다.
② 내화구조로서 홀로 설 수 있는 구조일 것(자립구조)
③ 방화벽의 양쪽 끝과 위쪽 끝을 건축물의 외벽면 및 지붕면으로부터 0.5m 이상 튀어나오게 할 것
④ 출입문 : 너비 및 높이는 각각 2.5m 이하, 60분+방화문 또는 60분 방화문 설치
⑤ 목조 건축물은 외벽, 처마 밑의 연소 우려가 있는 부분은 방화구조로 한다.
⑥ 목조 건축물의 지붕은 불연재료로 한다.

(19) 지하층의 구조

① 지하층의 설치 기준

지하층 규모	설치 기준
(거실의 바닥면적이) 50m² 이상인 층	직통계단 외에 비상탈출구 및 환기통 설치(기준*에 적합한 직통계단이 2개소 이상인 경우는 제외)
(바닥면적이) 1,000m² 이상인 층	방화구획으로 구획하는 각 부분마다 1개소 이상의 피난 또는 특별피난계단 설치
(거실의 바닥면적의 합계가) 1,000m² 이상인 층	환기설비 설치
(지하층의 바닥면적이) 300m² 이상인 층	식수 공급을 위한 급수전 1개소 이상 설치

※ 2개소 이상의 직통계단을 설치하는 경우의 기준
- 가장 멀리 위치한 직통계단 2개소의 출입구 간의 가장 가까운 직선거리는 건축물 평면의 최대 대각선 거리의 2분의 1 이상으로 할 것. 다만, 스프링클러 또는 그 밖에 이와 비슷한 자동식 소화설비를 설치한 경우에는 3분의 1 이상으로 한다.
- 각 직통계단 간에는 각각 거실과 연결된 복도 등 통로를 설치할 것

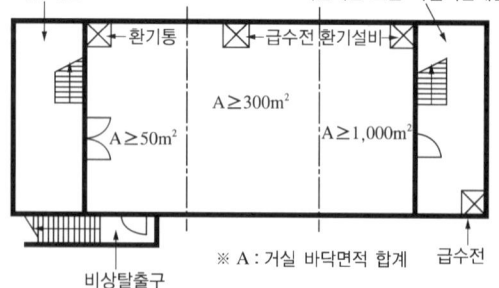

② 비상탈출구의 구조(주택 제외)
  ㉠ 크기 : 유효폭 0.75m 이상, 유효높이 1.5m 이상
  ㉡ 구조 : 피난방향으로 열리도록 하고(항상 열 수 있는 구조), 내·외부에 비상탈출구 표시를 할 것
  ㉢ 출구 위치 : 출입구로부터 3m 이상 떨어진 곳에 설치
  ㉣ 사다리의 설치 : 바닥과 비상탈출구의 높이 차이가 1.2m 이상의 경우 발판의 너비가 20cm 이상인 사다리를 설치
  ㉤ 피난통로 유효너비 : 0.75m 이상(마감은 불연재료)

10년간 자주 출제된 문제

5-42. 다음의 대규모 건축물의 방화벽에 관한 기준 내용 중 ( ) 안에 공통으로 들어갈 내용은?

> 연면적 ( ) 이상인 건축물은 방화벽으로 구획하되, 각 구획된 바닥면적의 합계는 ( ) 미만이어야 한다.

① 500m² ② 1,000m²
③ 1,500m² ④ 3,000m²

5-43. 건축물에 설치하는 지하층의 구조 및 설비에 관한 기준 내용으로 옳지 않은 것은?

① 거실의 바닥면적의 합계가 1,000m² 이상인 층에는 환기설비를 설치할 것
② 거실의 바닥면적이 30m² 이상인 층에는 피난층으로 통하는 비상탈출구를 설치할 것
③ 지하층의 바닥면적이 300m² 이상인 층에는 식수공급을 위한 급수전을 1개소 이상 설치할 것
④ 문화 및 집회시설 중 공연장의 용도에 쓰이는 층으로서 그 층 거실 바닥면적의 합계가 50m² 이상인 건축물에는 직통계단을 2개소 이상 설치할 것

5-44. 건축물의 지하층에 비상탈출구를 설치하여야 하는 경우, 설치되는 비상탈출구에 관한 기준내용으로 옳지 않은 것은? (단, 주택이 아닌 경우)

① 비상탈출구의 유효너비는 0.75m 이상으로 할 것
② 비상탈출구의 유효높이는 1.5m 이상으로 할 것
③ 비상탈출구는 출입구로부터 3m 이상 떨어진 곳에 설치할 것
④ 비상탈출구의 문은 피난방향으로 열리도록 하고, 실내에서 비상시에만 열 수 있는 구조로 할 것

|해설|

5-42
바닥면적 1,000m² 미만마다 방화벽으로 구획한다.

5-43
지하층 거실의 바닥면적이 50m² 이상인 층에는 피난층으로 통하는 비상탈출구를 설치할 것

5-44
비상탈출구의 문은 피난방향으로 열리도록 하고(항상 열 수 있는 구조), 내외부에 비상탈출구 표시를 할 것

정답 5-42 ② 5-43 ② 5-44 ④

핵심이론 06 | 지역 및 지구의 건축물

(1) 건축물의 면적 산정 – 대지면적

① 원칙 : 대지의 수평투영면적으로 한다.
② 대지면적 제외 부분
  ㉠ 대지에 건축선이 정해진 경우 : 그 건축선과 도로 사이의 대지면적
  ㉡ 대지에 도시·군계획시설인 도로·공원 등이 있는 경우 : 그 도시·군계획시설에 포함되는 대지면적

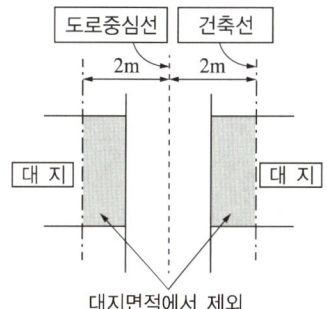

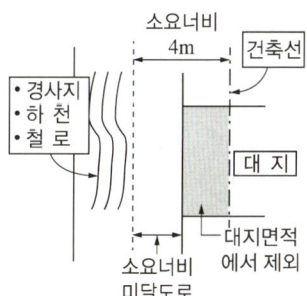

  ㉢ 너비 8m 미만인 도로 모퉁이에 위치한 대지의 가각전제(街角剪除, 도로 모퉁이) 부분

도로의 교차각	해당 도로의 너비(m)		교차되는 도로의 너비(m)
	6m 이상 8m 미만	4m 이상 6m 미만	
90° 미만	4	3	6 이상 8 미만
	3	2	4 이상 6 미만
90° 이상 120° 미만	3	2	6 이상 8 미만
	2	2	4 이상 6 미만

10년간 자주 출제된 문제

6-1. 다음과 같은 대지의 대지면적은?

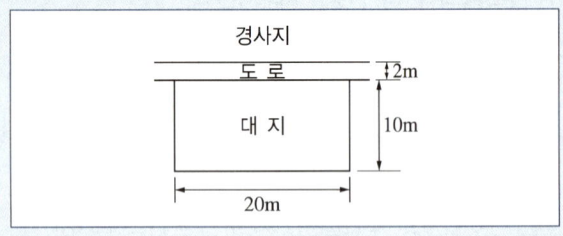

① 160m² ② 180m² ③ 200m² ④ 210m²

6-2. 그림과 같은 대지조건에서 도로 모퉁이에서의 건축선에 의한 공제면적은?

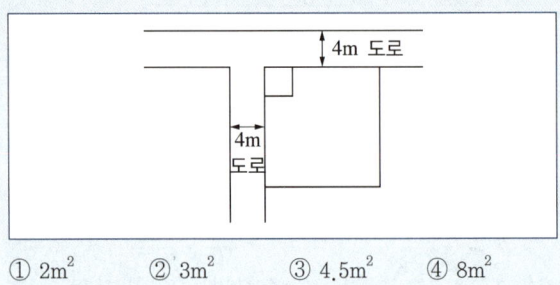

① 2m² ② 3m² ③ 4.5m² ④ 8m²

6-3. 그림과 같은 도로 모퉁이에서 건축선의 후퇴길이 'a'는?

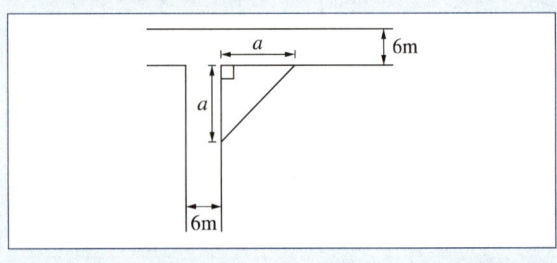

① 2m ② 3m ③ 4m ④ 5m

|해설|

6-1
전면도로는 최소 4m 이상이어야 하므로, 대지에서 2m를 후퇴하여야 한다. 따라서, $(10-2) \times 20 = 160m^2$

6-2
도로 모퉁이에서 각각 2m를 후퇴하여야 하며, 각점을 연결한 선의 면적을 산정하면, $(2 \times 2) \div 2 = 2m^2$이다.

6-3
교차각은 90°이고 6m 이상 도로에 해당되므로 각각 3m를 모퉁이에서 후퇴하여야 한다.

정답 6-1 ① 6-2 ① 6-3 ②

(2) 건축물의 면적 산정 – 건축면적

① 원칙
  ㉠ 건축물의 외벽(외벽이 없는 경우에는 외곽 부분의 기둥)의 중심선으로 둘러싸인 부분의 수평투영면적
  ㉡ 단, 태양열을 주된 에너지원으로 이용하는 주택의 건축면적은 건축물의 외벽 중 내측 내력벽의 중심선을 기준으로 한다.

② 예외 : 건축면적에 포함되지 않는 경우
  ㉠ 지표면으로부터 1m 이하에 있는 부분(창고 중 물품 입출고를 위한 차량 접안 부분의 경우 지표면으로부터 1.5m 이하에 있는 부분)
  ㉡ 건축물 지상층에 일반인이나 차량이 통행할 수 있도록 설치한 보행통로나 차량통로
  ㉢ 지하주차장의 경사로, 건축물 지하층의 출입구 상부
  ㉣ 처마·차양·부연 등의 해당 외벽의 중심선으로부터 수평거리 1m 이상 돌출된 부분이 있는 경우에는 그 끝부분으로부터 1m(축사 3m, 공동주택·한옥 2m, 전통 사찰 4m 이하의 범위에서 외벽 중심선까지의 거리)를 후퇴한 선의 옥외쪽 부분

(3) 건축물의 면적 산정 – 연면적

① 원칙
  ㉠ 하나의 건축물의 각 층 바닥면적의 합계
  ㉡ 동일 대지 안에 2동 이상의 건축물이 있는 경우에는 그 연면적의 합계로 한다.

② 예외 : 용적률 산정 시 제외되는 부분
  ㉠ 지하층 면적
  ㉡ 지상층의 주차장으로 사용되는 면적(단, 해당 건축물의 부속 용도에 한함)
  ㉢ 초고층 건축물과 준초고층 건축물에 설치하는 피난안전구역 면적
  ㉣ 건축물의 경사지붕 아래에 설치하는 대피공간의 면적

10년간 자주 출제된 문제

6-4. 태양열을 주된 에너지원으로 이용하는 주택의 건축면적 산정 시 기준이 되는 것은?
① 건축물 외벽의 외곽선
② 건축물의 외벽 중 내측 내력벽의 중심선
③ 건축물의 외벽 중 외측 비내력벽의 중심선
④ 건축물 외벽의 내력벽과 비내력벽의 경계선

6-5. 다음은 건축면적에 산입하지 아니하는 경우에 관한 기준 내용이다. ( ) 안에 알맞은 것은?

> 다음의 경우에는 건축면적에 산입하지 아니한다.
> • 지표면으로부터 (㉠) 이하에 있는 부분(창고 중 물품을 입출고하기 위하여 차량을 접안시키는 부분의 경우에는 지표면으로부터 (㉡) 이하에 있는 부분)

① ㉠ 1m, ㉡ 1.5m
② ㉠ 1m, ㉡ 2m
③ ㉠ 1.2m, ㉡ 1.5m
④ ㉠ 1.2m, ㉡ 2m

6-6. 면적 등의 산정방법에 대한 기본 원칙으로 옳지 않은 것은?
① 대지면적은 대지의 수평투영면적으로 한다.
② 건축면적은 건축물의 외벽의 중심선으로 둘러싸인 부분의 수평투영면적으로 한다.
③ 바닥면적은 건축물의 각 층 또는 그 일부로서 벽, 기둥, 그 밖에 이와 비슷한 구획의 중심선으로 둘러싸인 부분의 수평투영면적으로 한다.
④ 용적률 산정 시 적용하는 연면적은 지하층을 포함하여 하나의 건축물 각 층의 바닥면적의 합계로 한다.

|해설|

6-4
태양열을 주된 에너지원으로 이용하는 주택의 건축면적은 건축물의 외벽 중 내측 내력벽의 중심선을 기준으로 한다.

6-5
㉠ 1m, ㉡ 1.5m

6-6
용적률 산정 시에는 지하층 면적을 제외한다.

정답 6-4 ② 6-5 ① 6-6 ④

(4) 건축물의 면적 산정 – 바닥면적

① 원칙 : 건축물의 각 층 또는 그 일부로서 벽·기둥 등의 구획의 중심선으로 둘러싸인 부분의 수평투영면적

② 바닥면적 산정 별도 기준
  ㉠ 벽·기둥의 구획이 없는 건축물에 있어서, 그 지붕 끝부분으로부터 수평거리 1m를 후퇴한 선으로 둘러싸인 수평투영면적으로 한다.
  ㉡ 건축물의 노대 등의 바닥은 난간 등의 설치 여부에 관계없이 노대 등의 면적에서 노대 등이 접한 가장 긴 외벽에 접한 길이에 1.5m를 곱한 값을 공제한 면적을 바닥면적에 산입한다.
  ㉢ 단열공법 건축물은 단열재가 설치된 외벽 중 내측 내력벽의 중심선을 기준으로 산정한 면적을 바닥면적으로 한다.

③ 예외 : 바닥면적에 포함되지 않는 경우
  ㉠ 필로티 등의 구조 부분이 다음과 같이 사용될 경우
    • 공중의 통행에 전용되는 경우
    • 차량의 통행·주차에 전용되는 경우
    • 공동주택의 경우
  ㉡ 승강기탑(옥상 출입용 승강장을 포함), 계단탑, 장식탑, 층고 1.5m 이하인 다락(경사진 형태의 지붕인 경우에는 1.8m)
  ㉢ 건축물의 내부에 설치하는 냉방설비 배기장치 전용 설치공간
  ㉣ 건축물 외부 또는 내부에 설치하는 굴뚝, 더스트 슈트, 설비 덕트 등
  ㉤ 옥상·옥외·지하 물탱크, 기름탱크, 냉각탑, 정화조
  ㉥ 공동주택 지상층에 설치한 기계실, 전기실, 어린이 놀이터, 조경시설, 생활폐기물 보관함

(5) 대지의 분할 규모

① 건축물이 있는 대지는 다음의 범위 안에서 해당 지방자치단체의 조례가 정하는 면적에 미달되게 분할할 수 없다.

용도지역	분할 규모	대지의 분할제한
주거지역	60m²	• 대지와 도로의 관계 • 건폐율 • 용적률 • 대지 안의 공지 • 건축물의 높이 제한 • 일조 등의 확보를 위한 건축물의 높이 제한
상업지역	150m²	
공업지역		
녹지지역	200m²	
기타 지역	60m²	

② 예외 : 건축협정이 인가된 경우 그 건축협정의 대상이 되는 대지는 분할할 수 있다.

10년간 자주 출제된 문제

6-7. 건축물 면적, 높이 및 층수 산정 원칙으로 옳지 않은 것은?

① 대지면적은 대지의 수평투영면적으로 한다.
② 연면적은 하나의 건축물 각 층의 거실면적의 합계로 한다.
③ 건축면적은 건축물의 외벽(외벽이 없는 경우 외곽 부분 기둥)의 중심선으로 둘러싸인 부분의 수평투영면적으로 한다.
④ 바닥면적은 건축물의 각 층 또는 그 일부로서 벽, 기둥 기타 이와 유사한 구획의 중심선으로 둘러싸인 부분의 수평투영면적으로 한다.

6-8. 바닥면적 산정 기준에 관한 내용으로 틀린 것은?

① 층고가 2.0m 다락은 바닥면적에 산입하지 아니한다.
② 승강기탑, 계단탑은 바닥면적에 산입하지 아니한다.
③ 공동주택으로서 지상층에 설치한 기계실의 면적은 바닥면적에 산입하지 아니한다.
④ 벽·기둥의 구획이 없는 건축물은 그 지붕 끝부분으로부터 수평거리 1m를 후퇴한 선으로 둘러싸인 수평투영면적으로 한다.

6-9. 다음 중 바닥면적에 산입되는 것은?

① 층고가 1.5m인 다락방
② 다세대주택의 편복도
③ 공동주택의 필로티 부분
④ 공동주택의 지상층에 설치한 기계실

6-10. 다음은 건축물이 있는 대지의 분할 제한 기준 내용이다. 밑줄 친 대통령령으로 정하는 범위 내용으로 옳지 않은 것은?

> 건축물이 있는 대지는 <u>대통령령으로 정하는 범위</u>에서 해당 지방자치단체의 조례로 정하는 면적에 못 미치게 분할할 수 없다.

① 주거지역 : 50m² 이상
② 상업지역 : 150m² 이상
③ 공업지역 : 150m² 이상
④ 녹지지역 : 200m² 이상

|해설|

6-7
연면적 : 하나의 건축물의 각 층 바닥면적 합계

6-8
층고가 1.5m 이하인 다락은 바닥면적에 산입하지 아니하며, 경사진 형태의 지붕인 경우에는 1.8m 이하인 경우 바닥면적에 산입하지 않는다.

6-9
다세대주택의 편복도는 바닥면적에 산입된다.

6-10
주거지역 : 60m² 이상

정답 6-7 ② 6-8 ① 6-9 ② 6-10 ①

(6) 건폐율

① 건폐율 : 대지면적에 대한 건축면적(대지에 둘 이상의 건축물이 있는 경우에는 이들 건축면적의 합계)의 비율

$$건폐율 = \frac{건축면적}{대지면적} \times 100(\%)$$

② 건폐율 한도

구 분	지 역	최대 한도	지역 세분	건폐율 한도
도시 지역	주거 지역	70%	제1·2종 전용주거지역	50% 이하
			제1·2종 일반주거지역	60% 이하
			제3종 일반주거지역	50% 이하
			준주거지역	70% 이하
	상업 지역	90%	근린상업지역	70% 이하
			일반상업지역	80% 이하
			유통상업지역	80% 이하
			중심상업지역	90% 이하
	공업 지역	70%	전용공업지역	70% 이하
			일반공업지역	
			준공업지역	
	녹지 지역	20%	보전녹지지역	20% 이하
			생산녹지지역	
			자연녹지지역	
관리지역			보전관리지역	20% 이하
			생산관리지역	
			계획관리지역	40% 이하
농림지역			–	20% 이하
자연환경보전지역			–	20% 이하

10년간 자주 출제된 문제

6-11. 용도지역에 따른 건폐율의 최대 한도가 옳지 않은 것은?(단, 도시지역의 경우)

① 녹지지역 – 30% 이하
② 주거지역 – 70% 이하
③ 공업지역 – 70% 이하
④ 상업지역 – 90% 이하

6-12. 다음 중 국토의 계획 및 이용에 관한 법령에 따라 건폐율의 최대 한도가 가장 높은 지역은?

① 준주거지역 ② 중심상업지역
③ 일반상업지역 ④ 유통상업지역

6-13. 건축법령상 대지면적에 대한 건축면적의 비율은 무엇인가?

① 용적률 ② 건폐율
③ 수용률 ④ 대지율

6-14. 국토의 계획 및 이용에 관한 법률 시행령에 규정되어 있는 용도지역 안에서의 건폐율 기준으로 옳은 것은?

① 제1종 전용주거지역 – 50% 이하
② 제2종 전용주거지역 – 60% 이하
③ 제1종 일반주거지역 – 50% 이하
④ 제3종 일반주거지역 – 60% 이하

6-15. 다음 용도지역 안에서의 건폐율 기준이 틀린 것은?

① 준주거지역 – 60% 이하
② 중심상업지역 – 90% 이하
③ 제3종 일반주거지역 – 50% 이하
④ 제1종 전용주거지역 – 50% 이하

|해설|

6-11
녹지지역 건폐율의 최대 한도 : 20% 이하

6-12
② 중심상업지역 : 90% 이하
① 준주거지역 : 70% 이하
③ 일반상업지역 : 80% 이하
④ 유통상업지역 : 80% 이하

6-14
② 제2종 전용주거지역 : 50% 이하
③ 제1종 일반주거지역 : 60% 이하
④ 제3종 일반주거지역 : 50% 이하

6-15
준주거지역 : 70% 이하

정답 6-11 ① 6-12 ② 6-13 ② 6-14 ① 6-15 ①

(7) 용적률

① 용적률 : 대지면적에 대한 지상층 연면적(대지에 둘 이상의 건축물이 있는 경우 지상층 연면적의 합계)의 비율

$$용적률 = \frac{연면적}{대지면적} \times 100(\%)$$

② 용적률 한도

구 분	지 역	지역의 세분	용적률 기준
도시 지역	주거 지역 (500% 이하)	제1종 전용주거지역	50~100% 이하
		제2종 전용주거지역	50~150% 이하
		제1종 일반주거지역	100~200% 이하
		제2종 일반주거지역	100~250% 이하
		제3종 일반주거지역	100~300% 이하
		준주거지역	200~500% 이하
	상업 지역 (1,500% 이하)	근린상업지역	200~900% 이하
		일반상업지역	200~1,300% 이하
		유통상업지역	200~1,100% 이하
		중심상업지역	200~1,500% 이하
	공업 지역 (400% 이하)	전용공업지역	150~300% 이하
		일반공업지역	150~350% 이하
		준공업지역	150~400% 이하
	녹지 지역 (100% 이하)	보전녹지지역	50~80% 이하
		생산녹지지역	50~100% 이하
		자연녹지지역	
관리지역		보전관리지역 (80% 이하)	50~80% 이하
		생산관리지역 (80% 이하)	
		계획관리지역 (100% 이하)	50~100% 이하
농림지역 (80% 이하)		–	50~80% 이하
자연환경보전지역 (80% 이하)		–	50~80% 이하

※ (   )는 최대 한도 기준

10년간 자주 출제된 문제

6-16. 국토의 계획 및 이용에 관한 법률에 따른 용도지역에서의 용적률 최대 한도 기준이 옳지 않은 것은?(단, 도시지역의 경우)

① 주거지역 : 500% 이하
② 녹지지역 : 100% 이하
③ 공업지역 : 400% 이하
④ 상업지역 : 1,000% 이하

6-17. 국토의 계획 및 이용에 관한 법률상 용도지역에서의 용적률 기준이 옳지 않은 것은?(단, 도시지역의 경우)

① 주거지역 : 500% 이하
② 상업지역 : 1,200% 이하
③ 공업지역 : 400% 이하
④ 녹지지역 : 100% 이하

6-18. 건축법령상 용적률의 정의로 가장 알맞은 것은?

① 대지면적에 대한 연면적의 비율
② 연면적에 대한 건축면적의 비율
③ 대지면적에 대한 건축면적의 비율
④ 연면적에 대한 지상층 바닥면적의 비율

|해설|

6-16, 6-17
상업지역은 최대 1,500% 이하

정답 6-16 ④ 6-17 ② 6-18 ①

(8) 건축물의 높이 산정

① 일반적인 높이 산정 기준
  ㉠ 원칙 : 지표면으로부터 건축물 상단까지의 높이
  ㉡ 건축물 1층 전체가 필로티인 경우(경비실, 계단실, 승강기실 등 포함) 건축물의 높이 제한 및 공동주택의 높이 제한의 규정을 적용함에 있어서 필로티의 층고를 제외한 높이로 한다.

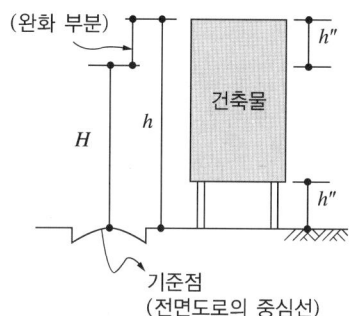

H : 최고높이 h'' : 필로티 높이
h : 실제허용높이($H+h''$)

[일반적인 높이 산정 기준]

② 지표면에 고저차가 있는 경우 높이 산정 기준
  ㉠ 경사지의 지표면에서 높이 산정 : 그 지표면의 평균 수평면을 지표면으로 본다.
  ㉡ 단차이가 있는 지표면에서 높이 산정 : 그 고저차의 1/2의 높이만큼 올라온 위치를 가상 지표면으로 한다.

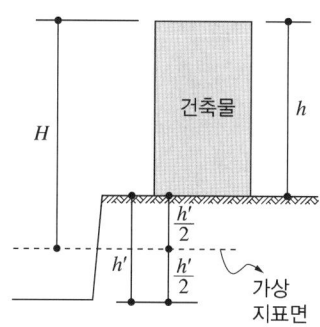

[단차이 가상지표면 산정]

③ 건축물의 대지에 접하는 전면도로 노면에 고저차가 있는 경우
  ㉠ 전면도로가 경사도로일 경우 높이 산정 기준 : 건축물이 접하는 범위의 전면도로 부분의 수평거리에 따라 가중 평균한 높이의 수평면을 전면도로면으로 한다.
  ㉡ 대지가 도로면보다 낮은 경우 : 해당 전면도로 중심선의 수평면으로부터 건축물 상단까지의 높이로 한다.
  ㉢ 대지가 도로면보다 높은 경우 : 전면도로의 중심면과 지표면의 고저차 1/2의 높이만큼 올라온 위치를 도로의 중심면으로 하여 건축물 상단까지의 높이로 한다.

④ 최고 높이를 지정·공고할 때 고려하는 사항
  ㉠ 도시·군관리계획 등의 토지이용계획
  ㉡ 해당 가로구역이 접하는 도로의 너비
  ㉢ 해당 가로구역의 상하수도 등 간선시설의 수용 능력
  ㉣ 도시미관 및 경관계획
  ㉤ 해당 도시의 장래발전계획

10년간 자주 출제된 문제

6-19. 건축법령상 다음과 같은 건축물의 높이는?(단, 가로구역에서의 건축물의 높이 제한과 관련된 건축물의 높이)

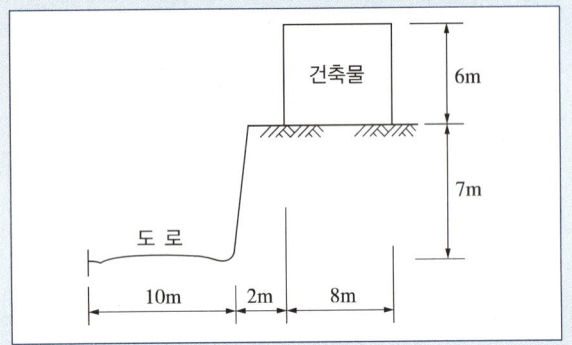

① 6m ② 9m
③ 9.5m ④ 13.5m

|해설|

6-19
- 전면도로의 중심면과 지표면의 고저차 1/2의 높이만큼 올라온 위치를 도로의 중심면으로 하여 건축물 상단까지의 높이로 한다.
- 6m + (7m × 1/2) = 9.5m

정답 6-19 ③

(9) 일조 확보를 위한 건축물의 높이 제한이 있는 경우의 높이 산정을 위한 지표면 기준

① 건축물 대지의 지표면과 인접 대지의 지표면 간에 고저차가 있는 경우는 그 지표면의 평균 수평면을 지표면으로 본다.

② 공동주택을 다른 용도와 복합하여 건축하는 경우
  ㉠ 일반상업지역과 중심상업지역이 아닌 지역에서 공동주택을 다른 용도와 복합하는 경우 공동주택의 가장 낮은 부분을 그 건축물의 지표면으로 본다.
  ㉡ 공동주택으로서 복합 건축물인 경우에는 공동주택 부분에 대하여 일조 확보를 위한 높이를 산정한다.

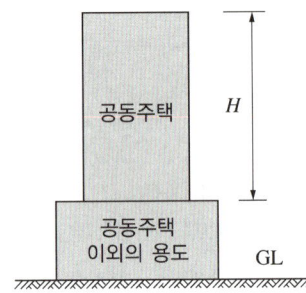

※ H : 공동주택 부분의 높이를 기준

(10) 건축물의 옥상 부분의 높이 산정

① 원칙 : 옥상에 설치되는 승강기탑, 계단탑, 망루, 장식탑, 옥탑 등으로서 그 수평투영면적의 합계가 해당 건축물 건축면적의 1/8 이하인 경우로서 그 부분의 높이가 12m를 넘는 경우에는 그 넘는 부분만 해당 건축물의 높이에 산입한다.

② 예외 : 지붕마루 장식, 굴뚝, 방화벽의 옥상돌출부나 그 밖에 옥상돌출물과 난간벽(그 벽면적의 1/2 이상이 공간으로 되어 있는 것에 한함)은 그 건축물의 높이에 산입하지 아니한다.

10년간 자주 출제된 문제

6-20. 건축법 제61조 제2항에 따른 높이를 산정할 때 공동주택을 다른 용도와 복합하여 건축하는 경우 건축물의 높이 산정을 위한 지표면 기준은?

> 건축법 제61조(일조 등의 확보를 위한 건축물의 높이 제한)
> ② 다음 각 호의 어느 하나에 해당하는 공동주택(일반상업지역과 중심상업지역에 건축하는 것은 제외한다)은 채광(採光) 등의 확보를 위하여 대통령령으로 정하는 높이 이하로 하여야 한다.
>   1. 인접 대지경계선 등의 방향으로 채광을 위한 창문 등을 두는 경우
>   2. 하나의 대지에 두 동(棟) 이상을 건축하는 경우

① 전면도로의 중심선
② 인접 대지의 지표면
③ 공동주택의 가장 낮은 부분
④ 다른 용도의 가장 낮은 부분

6-21. 가로구역별 건축물의 높이 제한과 관련하여 다음과 같은 건축물의 높이는?(단, 망루부분의 수평투영면적은 해당 건축물 건축면적의 1/10이다)

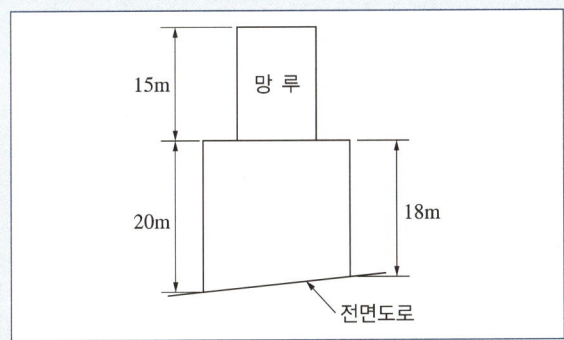

① 19m ② 20m ③ 22m ④ 35m

|해설|
6-20
공동주택의 가장 낮은 부분을 지표면으로 본다.

6-21
$H_1 = \dfrac{20+18}{2} = 19$, $H_2 = 15 - 12 = 3$

여기서, H_1 : 대지의 높이 차이가 있을 경우 가상 지표면으로 산정
H_2 : 옥상 부분의 높이 산정

∴ $H_1 + H_2 = 19 + 3 = 22\text{m}$

정답 6-20 ③ 6-21 ③

(11) 건축물의 부위별 높이 산정, 층수의 산정

① 처마 높이 : 지표면으로부터 건축물의 지붕틀 또는 이와 유사한 수평재를 지지하는 벽・깔도리 또는 기둥의 상단까지 높이로 한다.

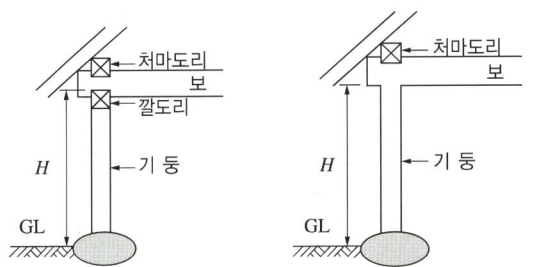

※ 처마 높이 : H = 깔도리 상단까지 ※ 처마 높이 : H = 기둥 상단까지

② 반자 높이
  ㉠ 방의 바닥면으로부터 반자까지의 높이로 한다.
  ㉡ 높이가 다른 경우 그 각 부분의 반자 면적에 따라 가중 평균한 높이로 한다.

$$\text{반자 높이} = \frac{\text{방의 부피}}{\text{방의 면적}}$$

③ 층 고
  ㉠ 방 바닥구조체 윗면으로부터 위층 바닥구조체의 윗면까지의 높이
  ㉡ 동일한 방에서 층의 높이가 다른 부분이 있는 경우에는 그 각 부분의 높이에 따른 면적에 따라 가중 평균한 높이로 한다.

④ 층 수
  ㉠ 승강기탑(옥상 출입용 승강장을 포함)・계단탑・망루・장식탑・옥탑 등 건축물의 옥상 부분으로서 그 수평투영면적의 합계가 해당 건축물 건축면적의 1/8 이하인 것과 지하층은 건축물의 층수에 산입하지 않는다.
  ㉡ 층의 구분이 명확하지 않은 건축물에 있어서는 해당 건축물의 높이 4m마다 하나의 층으로 산정한다.
  ㉢ 건축물의 부분에 따라 그 층수가 다른 경우에는 그중 가장 많은 층수를 그 건축물의 층수로 본다.

10년간 자주 출제된 문제

6-22. 건축물의 층수 산정에 관한 기준 내용으로 옳지 않은 것은?

① 지하층은 건축물의 층수에 산입하지 아니한다.
② 층의 구분이 명확하지 아니한 건축물은 그 건축물의 높이 4m마다 하나의 층으로 보고 그 층수를 산정한다.
③ 건축물이 부분에 따라 그 층수가 다른 경우에는 바닥면적에 따라 가중 평균한 층수를 그 건축물의 층수로 본다.
④ 계단탑으로서 그 수평투영면적의 합계가 해당 건축물 건축면적의 8분의 1 이하인 것은 건축물의 층수에 산입하지 아니한다.

6-23. 한 방에서 층의 높이가 다른 부분이 있는 경우 층고 산정방법으로 옳은 것은?

① 가장 낮은 높이로 한다.
② 가장 높은 높이로 한다.
③ 각 부분 높이에 따른 면적에 따라 가중 평균한 높이로 한다.
④ 가장 낮은 높이와 가장 높은 높이의 산술 평균한 높이로 한다.

6-24. 다음은 건축물의 층수 산정 방법에 관한 기준 내용이다. ( ) 안에 알맞은 것은?

> 층의 구분이 명확하지 아니한 건축물은 그 건축물의 높이 ( )마다 하나의 층으로 보고 그 층수를 산정한다.

① 2m   ② 3m
③ 4m   ④ 5m

6-25. 지표면으로부터 건축물의 지붕틀 또는 이와 비슷한 수평재를 지지하는 벽·깔도리 또는 기둥의 상단까지의 높이로 산정하는 것은?

① 층 고   ② 처마 높이
③ 반자 높이   ④ 바닥 높이

|해설|

6-22
건축물의 부분에 따라 그 층수를 달리한 경우에는 그중 가장 많은 층수를 그 건축물의 층수로 본다.

6-25
처마 높이: 지표면으로부터 건축물의 지붕틀 또는 이와 비슷한 수평재를 지지하는 벽·깔도리 또는 기둥의 상단까지의 높이

정답 6-22 ③ 6-23 ③ 6-24 ③ 6-25 ②

(12) 일조 등의 확보를 위한 건축물의 높이 제한

① 대상 지역: 전용주거지역과 일반주거지역 안에서 건축하는 건축물의 높이 제한
② 높이 제한 기준
  ㉠ 정북방향(正北方向)으로의 일조 등을 위한 높이 제한

높이	이격거리
10m 이하인 부분	1.5m 이상
10m 초과인 부분	해당 건축물 각 부분의 높이의 1/2 이상

※ 예 외
- 다음 어느 하나에 해당하는 구역 안의 대지 상호 간에 건축하는 건축물로서 해당 대지가 너비 20m 이상의 도로에 접한 경우
  - 지구단위계획구역, 경관지구
  - 중점경관관리구역
  - 특별가로구역
  - 도시 미관 향상을 위해 지정·공고한 구역
- 건축협정구역 안에서 대지 상호간 건축
- 정북방향의 인접 대지가 전용, 일반주거지역이 아닌 용도지역에 해당하는 경우

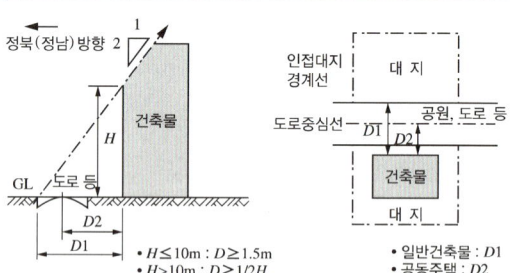

  ㉡ 정남(正南)방향으로의 일조 등을 위한 높이 제한: 별도로 지정한 경우에는 일조 등을 위한 건축물의 높이를 정남(正南)방향의 인접 대지경계선으로부터의 거리에 따라 앞의 ㉠에서 정하는 높이 이하로 할 수 있다.

10년간 자주 출제된 문제

6-26. 다음은 일조 등의 확보를 위한 건축물의 높이 제한과 관련된 기준 내용이다. ( ) 안에 알맞은 것은?

> ( ) 안에서 건축하는 건축물의 높이는 일조 등의 확보를 위하여 정북방향(正北方向)의 인접 대지경계선으로부터의 거리에 따라 대통령령으로 정하는 높이 이하로 하여야 한다.

① 전용주거지역과 준주거지역
② 일반주거지역과 준주거지역
③ 일반상업지역과 준주거지역
④ 전용주거지역과 일반주거지역

6-27. 전용주거지역이나 일반주거지역에서 건축물을 건축하는 경우, 건축물의 높이 10m 이하의 부분은 정북(正北)방향으로의 인접 대지경계선으로부터 원칙적으로 최소 얼마 이상의 거리를 띄어야 하는가?

① 1m ② 1.5m
③ 2m ④ 3m

6-28. 전용주거지역 또는 일반주거지역 안에서 높이 8m로 2층 건축물을 건축하는 경우, 건축물의 각 부분은 일조 등의 확보를 위하여 정북방향으로의 인접 대지경계선으로부터 최소 얼마 이상 띄어 건축하여야 하는가?

① 1m ② 1.5m
③ 2m ④ 3m

| 해설 |

6-26
준주거지역, 상업지역 등은 해당되지 않는다.

6-27
- 높이 10m 이하 부분 : 인접 대지경계선으로부터 1.5m 이상
- 높이 10m 초과하는 부분 : 인접 대지경계선으로부터 해당 건축물 각 부분 높이의 2분의 1 이상

6-28
높이 10m 이하인 부분은 인접 대지경계선으로부터 1.5m 이상 띄어야 하며, 건물의 높이가 8m이므로 1.5m 이상 이격해야 한다.

정답 6-26 ④ 6-27 ② 6-28 ②

핵심이론 07 | 건축설비

(1) 승용 승강기

① 원칙 : 건축주는 6층 이상으로서 연면적이 2,000m² 이상인 건축물을 건축하려면 승강기를 설치하여야 한다.

② 설치 제외 대상 : 층수가 6층인 건축물로서 각 층 거실의 바닥면적 300m² 이내마다 1개소 이상의 직통계단을 설치한 건축물

③ 승강기의 설치 대수

건축물의 용도 \ 6층 이상의 거실면적의 합계	3,000m² 이하	3,000m² 초과

• 문화 및 집회시설 중
  – 공연장
  – 집회장
  – 관람장
• 판매시설
• 의료시설
	2대	2대에 3,000m²를 초과하는 2,000m² 이내마다 1대를 더한 대수
		〈계산식〉
		$2대 + \dfrac{초과 면적 - 3,000m^2}{2,000m^2}(대)$

• 문화 및 집회시설 중
  – 전시장
  – 동, 식물원
• 업무시설
• 숙박시설
• 위락시설
	1대	1대에 3,000m²를 초과하는 2,000m² 이내마다 1대를 더한 대수
		〈계산식〉
		$1대 + \dfrac{초과 면적 - 3,000m^2}{2,000m^2}(대)$

• 공동주택 • 교육연구시설 • 노유자시설 • 그 밖의 시설	1대	1대에 3,000m²를 초과하는 3,000m² 이내마다 1대를 더한 대수 〈계산식〉 $1대 + \dfrac{초과 면적 - 3,000m^2}{3,000m^2}(대)$

④ 승강기의 대수 계산 인정
 ㉠ 8인승 이상 15인승 이하 : 1대
 ㉡ 16인승 이상 : 2대

⑤ 승강기의 구조 : 건축물에 설치하는 승강기, 에스컬레이터 및 비상용 승강기의 구조는 승강기시설 안전관리법에 따른다.

10년간 자주 출제된 문제

7-1. 다음 중 6층 이상의 거실면적의 합계가 10,000m²인 경우 설치하여야 하는 승용 승강기의 최소 대수가 가장 많은 것은? (단, 15인승 승용 승강기의 경우)

① 의료시설　　　　② 숙박시설
③ 노유자시설　　　④ 교육연구시설

7-2. 각 층의 거실면적이 1,000m²인 15층 아파트에 설치하여야 하는 승용 승강기의 최소 대수는?(단, 승용 승강기는 15인승임)

① 2대　　② 3대　　③ 4대　　④ 5대

7-3. 업무시설로서 6층 이상의 거실면적의 합계가 10,000m²인 경우, 설치하여야 하는 승용 승강기의 최소 대수는?(단, 8인승 승용 승강기를 사용하는 경우)

① 3대　　② 4대　　③ 5대　　④ 6대

| 해설 |

7-1

① 의료시설 : $2대 + \dfrac{10,000m^2 - 3,000m^2}{2,000m^2} = 5.5 = 6대$

② 숙박시설 : $1대 + \dfrac{10,000m^2 - 3,000m^2}{2,000m^2} = 4.5 = 5대$

③ 노유자시설 : $1대 + \dfrac{10,000m^2 - 3,000m^2}{3,000m^2} ≒ 3.3 = 4대$

④ 교육연구시설 : $1대 + \dfrac{10,000m^2 - 3,000m^2}{3,000m^2} ≒ 3.3 = 4대$

7-2

- 공동주택 : $1대 + \dfrac{초과\ 면적 - 3,000m^2}{3,000m^2}대$

- 6층 이상은 15 − 5 = 10개 층이며, 6층 이상 거실면적 합계는 10,000m²이므로,

  $\therefore 1 + \dfrac{10,000m^2 - 3,000m^2}{3,000m^2} ≒ 3.333$이므로, 4대가 필요하다.

7-3

- 업무시설은 1대에 3,000m²를 초과하는 2,000m² 이내마다 1대의 비율로 산정한다.
- 6층 이상인 거실면적 합계는 10,000m²이므로,

  $1대 + \dfrac{10,000m^2 - 3,000m^2}{2,000m^2}대 = 4.5대$

  ∴ 최소 설치 대수는 5대이다.

정답 7-1 ①　7-2 ③　7-3 ③

(2) 비상용 승강기

① 원칙 : 높이 31m를 초과하는 건축물에는 승강기뿐만 아니라 비상용 승강기를 추가로 설치하여야 한다.

② 2대 이상의 비상용 승강기를 설치하는 경우에는 화재가 났을 때 소화에 지장이 없도록 일정한 간격을 두고 설치하여야 한다.

③ 비상용 승강기 설치 제외대상 건축물

　㉠ 높이 31m를 넘는 각 층을 거실 외의 용도로 쓰는 경우

　㉡ 높이 31m를 넘는 각 층의 바닥면적의 합계가 500m² 이하인 건축물

　㉢ 높이 31m를 넘는 층수가 4개층 이하로서 해당 각 층의 바닥면적의 합계 200m²(벽 및 반자가 실내에 접하는 부분의 마감을 불연재료로 한 경우에는 500m²) 이내마다 방화구획으로 구획된 건축물

④ 비상용 승강기의 설치 대수

높이 31m를 넘는 각 층의 바닥면적 중 최대 바닥면적(m²)	설치 대수
1,500m² 이하	1대 이상
1,500m² 초과	1대에 1,500m²를 넘는 3,000m² 이내마다 1대씩 더한 대수 이상

〈계산식〉

$1대 + \dfrac{31m를\ 넘는\ 층의\ 최대\ 바닥면적 - 1,500m^2}{3,000m^2}(대)$

⑤ 비상용 승강기의 승강장 구조

　㉠ 승강장은 건축물의 다른 부분과 내화구조의 바닥・벽으로 구획할 것(창문・출입구・개구부 제외)

　㉡ 승강장 출입구 : 60분+방화문 또는 60분 방화문 설치

　㉢ 노대, 외부를 향해 열 수 있는 창문 및 배연설비 설치

　㉣ 벽 및 반자가 실내에 접하는 부분 : 불연재료

ⓜ 채광이 되는 창문이 있거나 예비전원에 의한 조명설비를 할 것
ⓑ 승강장 바닥면적은 비상용 승강기 1대에 대하여 6m² 이상으로 할 것(옥외에 승강장을 설치 시 예외)
ⓢ 피난층이 있는 승강장의 출입구(승강장이 없는 경우에는 승강로의 출입구)로부터 도로 또는 공지에 이르는 거리가 30m 이하일 것

10년간 자주 출제된 문제

7-4. 높이 31m를 넘는 각 층의 바닥면적 중 최대 바닥면적이 3,500m²인 종합병원에 설치해야 할 비상용 승강기 최소 대수는?

① 1대
② 2대
③ 3대
④ 4대

7-5. 비상용 승강기 승강장의 구조에 관한 기준 내용으로 옳지 않은 것은?

① 승강장은 각층의 내부와 연결될 수 있도록 할 것
② 벽 및 반자가 실내에 접하는 부분의 마감재료는 불연재료로 할 것
③ 옥내승강장의 바닥면적은 비상용 승강기 1대에 대하여 5m² 이상으로 할 것
④ 피난층이 있는 승강장의 출입구로부터 도로 또는 공지에 이르는 거리가 30m 이하일 것

7-6. 비상용 승강기의 승강장 및 승강로의 구조에 관한 기준 내용으로 옳지 않은 것은?

① 승강장은 각 층의 내부와 연결될 수 있도록 할 것
② 각 층으로부터 피난층까지 이르는 승강로는 단일구조로 연결하여 설치할 것
③ 옥내승강장의 바닥면적은 비상용 승강기 1대에 대하여 6m² 이상으로 할 것
④ 피난층이 있는 승강장의 출입구로부터 도로 또는 공지에 이르는 거리가 50m 이하일 것

|해설|

7-4
높이 31m를 넘는 각 층의 바닥면적 중 최대 바닥면적(A)이 3,500m²이므로, $1대 + \dfrac{3,500m^2 - 1,500m^2}{3,000m^2}$ 대 ≒ 1.67대

∴ 최소 설치 대수는 2대이다.

7-5
비상용 승강기 옥내승강장의 바닥면적은 1대에 대하여 6m² 이상으로 할 것

7-6
승강장 출입구로부터 도로, 공지에 이르는 거리가 30m 이하

정답 7-4 ② 7-5 ③ 7-6 ④

(3) 관계 전문기술자와의 협력

① 구조 분야 : 설계자가 건축물에 대한 구조의 안전을 확인하는 경우 건축구조기술사의 협력을 받아야 하는 대상 건축물
  ㉠ 6층 이상인 건축물
  ㉡ 특수 구조 건축물
  ㉢ 다중이용 건축물
  ㉣ 준다중이용 건축물
  ㉤ 3층 이상의 필로티 형식 건축물
  ㉥ 지진구역 Ⅰ의 지역에 건축하는 건축물로서 건축물의 구조기준 등에 관한 규칙 별표 11에 따른 중요도가 특에 해당하는 건축물

② 토목 분야 : 깊이 10m 이상 토지 굴착공사 또는 높이 5m 이상 옹벽 등의 공사를 수반하는 건축물(토목 분야 기술사 또는 국토개발 분야 지질 및 기반 기술사의 협력)

③ 설비 분야 : 연면적 10,000m² 이상인 건축물(창고시설 제외) 또는 에너지를 대량으로 소비하는 건축물로서 국토교통부령으로 정하는 아래에 해당되는 건축물에 건축설비를 설치하는 경우에는 해당 설비 관계 전문기술자(건축기계설비기술사 또는 공조냉동기계기술사, 건축전기설비기술사 또는 발송배전기술사, 가스기술사)의 협력을 받아야 한다.

바닥면적 합계	건축물의 용도
500m² 이상	냉동냉장시설, 항온항습시설 또는 특수청정시설
모든 규모	아파트 및 연립주택
500m² 이상	• 목욕장(제1종 근린생활시설) • 실내물놀이형 시설 • 실내수영장
2,000m² 이상	• 숙박시설　　　• 기숙사 • 의료시설　　　• 유스호스텔
3,000m² 이상	• 업무시설　　　• 연구소 • 판매시설
10,000m² 이상	• 문화 및 집회시설(공연장, 집회장, 관람장 및 전시장) • 교육연구시설(연구소 제외) • 종교시설 • 장례식장

10년간 자주 출제된 문제

7-7. 건축물의 건축 시 설계자가 건축물에 대한 구조의 안전을 확인하는 경우 건축구조기술사의 협력을 받아야 하는 대상 건축물에 속하지 않는 것은?
① 특수 구조 건축물
② 다중이용 건축물
③ 준다중이용 건축물
④ 층수가 5층인 건축물

7-8. 건축물에 가스, 급수, 배수, 환기설비를 설치하는 경우 건축기계설비기술사 또는 공조냉동기계기술사의 협력을 받아야 하는 대상 건축물에 속하지 않는 것은?
① 기숙사로서 해당 용도에 사용되는 바닥면적의 합계가 2,000m²인 건축물
② 판매시설로서 해당 용도에 사용되는 바닥면적의 합계가 2,000m²인 건축물
③ 의료시설로서 해당 용도에 사용되는 바닥면적의 합계가 2,000m²인 건축물
④ 숙박시설로서 해당 용도에 사용되는 바닥면적의 합계가 2,000m²인 건축물

7-9. 건축물에 급수, 배수, 환기, 난방설비 등의 건축설비를 설치하는 경우 건축기계설비기술사 또는 공조냉동기계기술사의 협력을 받아야 하는 대상 건축물에 속하지 않는 것은?
① 아파트
② 연립주택
③ 다세대주택
④ 숙박시설로서 해당 용도에 사용되는 바닥면적의 합계가 2,000m²인 건축물

|해설|

7-7
6층 이상인 건축물

7-8
업무시설, 연구소, 판매시설 : 바닥면적 합계 3,000m² 이상인 경우에 해당

7-9
• 다세대주택은 해당되지 않는다.
• 아파트 및 연립주택은 모든 규모에 대해 협력을 받아야 한다.

정답 7-7 ④　7-8 ②　7-9 ③

(4) 공동주택 및 다중이용시설의 환기설비 기준

① 신축 또는 리모델링하는 다음의 어느 하나에 해당하는 주택 또는 건축물은 시간당 0.5회 이상의 환기가 이루어질 수 있도록 자연환기설비 또는 기계환기설비를 설치하여야 한다.
   ㉠ 30세대 이상의 공동주택
   ㉡ 주택을 주택 외의 시설과 동일 건축물로 건축하는 경우로서 주택이 30세대 이상인 건축물
② 신축 공동주택 등의 자연환기설비 설치 기준(일부 내용) : 자연환기설비는 설치되는 실의 바닥부터 수직으로 1.2m 이상의 높이에 설치하여야 하며, 2개 이상의 자연환기설비를 상하로 설치하는 경우 1m 이상의 수직 간격을 확보하여야 한다.
③ 다중이용시설의 기계환기설비 용량기준은 시설이용 인원 당 환기량을 원칙으로 산정한다.
④ 환기구의 안전 기준 : 환기구는 보행자 및 건축물 이용자의 안전이 확보되도록 바닥으로부터 2m 이상의 높이에 설치하여야 한다.

(5) 공동주택과 오피스텔의 개별 난방설비

① 공동주택과 오피스텔의 난방설비를 개별 난방방식으로 하는 경우 다음 기준에 적합하여야 한다.

구 분	설치 기준
보일러의 설치	• 거실 외의 곳에 설치 • 보일러실과 거실 사이 경계벽은 내화구조(출입구는 제외)
보일러실의 환기	• 윗부분에 면적 0.5m² 이상의 환기창 설치 • 윗부분, 아랫부분에 지름 10cm 이상 공기흡입구, 배기구를 항상 개방된 상태로 외기와 접하도록 설치(전기보일러 제외)
보일러실과 거실 사이의 출입구	출입구가 닫힌 경우에는 보일러 가스가 거실에 들어갈 수 없는 구조
기름저장소	보일러실 외의 다른 곳에 설치할 것(기름보일러를 설치하는 경우)
오피스텔 난방구획	난방구획을 방화구획으로 할 것
보일러실 연도	내화구조로서 공동연도로 설치

② 허가권자는 개별 보일러를 설치하는 건축물의 경우 소방청장이 정하여 고시하는 기준에 따라 일산화탄소 경보기를 설치하도록 권장할 수 있다.

10년간 자주 출제된 문제

7-10. 신축 또는 리모델링하는 주택 또는 건축물은 시간당 몇 회 이상의 환기가 이루어질 수 있도록 자연환기설비 또는 기계환기설비를 설치하여야 하는가?

① 0.5회   ② 1회
③ 1.5회   ④ 2회

7-11. 주거지역에서 건축물에 설치하는 냉방시설의 배기구는 도로면으로부터 최소 얼마 이상의 높이에 설치하여야 하는가?

① 1m   ② 1.8m
③ 2m   ④ 2.4m

7-12. 공동주택의 난방설비를 개별 난방방식으로 하는 경우에 관한 기준 내용으로 옳지 않은 것은?

① 보일러의 연도는 내화구조로서 공동연도로 설치할 것
② 보일러실 윗부분에는 그 면적이 최소 1.0m² 이상인 환기창을 설치할 것
③ 기름보일러를 설치하는 경우에는 기름저장소를 보일러실 외의 다른 곳에 설치할 것
④ 보일러를 설치하는 곳과 거실 사이의 경계벽은 출입구를 제외하고는 내화구조의 벽으로 구획할 것

7-13. 공동주택과 오피스텔의 난방설비를 개별 난방방식으로 하는 경우에 관한 기준 내용으로 옳은 것은?

① 보일러의 연도는 내화구조로서 공동연도로 설치할 것
② 보일러실의 윗부분에서는 그 면적이 1m² 이상인 환기창을 설치할 것
③ 기름보일러를 설치하는 경우에는 기름저장소를 보일러실에 설치할 것
④ 공동주택의 경우에는 난방구획을 방화구획으로 할 것

|해설|

7-11
보행자 및 건축물 이용자의 안전이 확보되도록 바닥으로부터 2m 이상의 높이에 설치해야 한다.

7-12
윗부분에 면적 $0.5m^2$ 이상의 환기창을 설치할 것

7-13
② 윗부분에 면적 $0.5m^2$ 이상의 환기창을 설치할 것
③ 기름보일러의 기름저장소는 보일러실 외의 곳에 설치할 것
④ 공동주택은 해당되지 않는다. 오피스텔의 경우에는 난방구획을 방화구획으로 구획해야 한다.

정답 7-10 ① 7-11 ① 7-12 ② 7-13 ①

(6) 배연설비

① 배연설비 설치 대상 : 다음의 용도에 따른 건축물의 거실에는 배열설비를 설치한다(피난층의 거실은 제외).

규 모	건축물 용도
6층 이상 건축물	• 제2종 근린생활시설 중 공연장, 종교집회장, 인터넷컴퓨터게임시설 제공업소(각각 $300m^2$ 이상만 해당) 및 다중생활시설 • 문화 및 집회시설, 판매시설, 종교시설 • 교육연구시설 중 연구소 • 노유자시설 중 아동 관련 시설 및 노인복지시설(노인요양시설 제외) • 수련시설 중 유스호스텔 • 운동시설, 업무시설, 숙박시설, 장례시설 • 의료시설, 위락시설, 관광휴게시설, 운수시설
해당 용도로 쓰는 건축물	• 의료시설 중 요양병원 및 정신병원 • 노유자시설 중 노인요양시설, 장애인 거주시설 및 장애인 의료재활시설 • 제1종 근린생활시설 중 산후조리원

② 배연설비 구조 기준
 ㉠ 방화구획마다 1개소 이상의 배연창 설치
 ㉡ 배연창 상변과 천장 또는 반자로부터 수직거리가 0.9m 이내일 것(예외 : 반자 높이가 3m 이상인 경우 배연창 하변이 바닥부터 2.1m 이상 위치에 놓이도록 설치하여야 한다)
 ㉢ 배연창 유효면적은 기준에 의해 산정된 면적이 $1m^2$ 이상으로서 해당 건축물 바닥면의 1/100 이상(이 경우 거실 바닥면적의 1/20 이상 환기창을 설치한 거실면적 제외)
 ㉣ 배연구는 연기감지기 또는 열감지기에 의해 자동으로 열 수 있는 구조로 할 것(손으로도 개폐)
 ㉤ 배연구는 예비전원에 의하여 열 수 있도록 할 것

③ 특별피난계단 및 비상용 승강기의 승강장에 설치하는 배연설비의 구조
 ㉠ 배연구 및 배연풍도는 불연재료로 하고, 화재가 발생한 경우 원활하게 배연시킬 수 있는 규모로서 외기 또는 평상시에 사용하지 아니하는 굴뚝에 연결할 것

ⓒ 배연구에 설치하는 수동 개방장치 또는 자동 개방장치(열감지기 또는 연기감지기에 의한 것을 말한다)는 손으로도 열고 닫을 수 있도록 할 것
ⓒ 배연구는 평상시는 닫힌 상태를 유지하고, 연 경우에는 배연에 의한 기류로 인하여 닫히지 아니하도록 할 것
ⓔ 배연구가 외기에 접하지 않을 경우 배연기를 설치할 것
ⓜ 배연기는 배연구의 열림에 따라 자동적으로 작동하고, 충분한 공기배출 또는 가압능력이 있을 것
ⓗ 배연기에는 예비전원을 설치할 것

10년간 자주 출제된 문제

7-14. 국토교통부령으로 정하는 기준에 따라 거실에 배연설비를 설치하여야 하는 대상 건축물에 속하지 않는 것은?(단, 6층 이상의 건축물)
① 의료시설
② 위락시설
③ 수련시설 중 유스호스텔
④ 교육연구시설 중 대학교

7-15. 건축물의 거실(피난층의 거실 제외)에 국토교통부령으로 정하는 기준에 따라 배연설비를 하여야 하는 대상 건축물의 용도에 속하지 않는 것은?(단, 6층 이상인 건축물의 경우)
① 공동주택 ② 판매시설
③ 숙박시설 ④ 위락시설

7-16. 배연설비의 설치에 관한 기준 내용으로 옳지 않은 것은?
① 배연창의 유효면적 최소 $2m^2$ 이상으로 할 것
② 배연구는 예비전원에 의하여 열 수 있도록 할 것
③ 관련 규정에 의하여 건축물에 방화구획이 설치된 경우에는 그 구획마다 1개소 이상의 배연창을 설치할 것
④ 배연구는 연기감지기 또는 열감지기에 의하여 자동으로 열 수 있는 구조로 하되, 손으로도 열고 닫을 수 있도록 할 것

7-17. 특별피난계단에 설치하는 배연설비의 구조에 관한 기준 내용으로 옳지 않은 것은?
① 배연구는 평상시에는 닫힌 상태를 유지할 것
② 배연구 및 배연풍도는 평상시에 사용하는 굴뚝에 연결할 것
③ 배연구에 설치하는 수동 개방장치 또는 자동 개방장치는 손으로도 열고 닫을 수 있도록 할 것
④ 배연기는 배연구의 열림에 따라 자동적으로 작동하고, 충분한 공기배출 또는 가압능력이 있을 것

|해설|

7-16
배연창의 유효면적은 별도의 기준에 의하여 산정된 면적이 $1m^2$ 이상으로서 바닥면적의 1/100 이상이어야 한다.

7-17
외기 또는 평상시에 사용하지 아니하는 굴뚝에 연결할 것

정답 7-14 ④ 7-15 ① 7-16 ① 7-17 ②

(7) 기타 건축설비 기준

① 방송 공동수신설비 설치 대상
  ㉠ 공동주택
  ㉡ 바닥면적의 합계가 5,000m² 이상으로서 업무시설이나 숙박시설의 용도로 쓰는 건축물

② 먹는물용 배관설비의 구조
  ㉠ 먹는물용 배관은 다른 용도의 배관설비와 직접 연결하지 않을 것
  ㉡ 먹는물 급수관 지름은 건축물 용도, 규모에 적정한 규격 이상으로 할 것
  ㉢ 예외 : 주거용 건축물은 급수되는 가구수 또는 바닥면적의 합계에 따라 다음 표에서 주거용 건축물 급수관 지름의 기준에 적합한 지름의 관으로 배관하여야 한다.

가구, 세대수	1	2~3	4~5	6~8	9~16	17 이상
급수관 지름의 최소 기준(mm)	15	20	25	32	40	50

- 가구 또는 세대의 구분이 불분명한 건축물에 있어서는 주거에 쓰이는 바닥면적의 합계에 따라 다음과 같이 가구수를 산정한다.
  - 가. 85m² 이하 : 1가구
  - 나. 85m² 초과~150m² 이하 : 3가구
  - 다. 150m² 초과~300m² 이하 : 5가구
  - 라. 300m² 초과~500m² 이하 : 16가구
  - 마. 500m² 초과 : 17가구
- 가압설비 등을 설치하여 급수되는 각 기구에서의 압력이 1cm²당 0.7kg 이상인 경우에는 위 표의 기준을 적용하지 아니할 수 있다.

③ 피뢰설비 설치 기준
  ㉠ 설치 대상 : 낙뢰의 우려가 있는 건축물, 높이 20m 이상 건축물 또는 높이 20m 이상의 공작물
  ㉡ 한국산업표준이 정하는 피뢰 레벨 등급에 적합한 피뢰설비일 것. 다만, 위험물저장 및 처리시설에 설치하는 피뢰설비는 한국산업표준이 정하는 피뢰시스템 레벨 Ⅱ 이상이어야 한다.

10년간 자주 출제된 문제

7-18. 방송 공동수신설비를 설치하여야 하는 대상 건축물에 속하지 않는 것은?
① 공동주택
② 바닥면적의 합계가 5,000m² 이상으로서 업무시설의 용도로 쓰는 건축물
③ 바닥면적의 합계가 5,000m² 이상으로서 판매시설의 용도로 쓰는 건축물
④ 바닥면적의 합계가 5,000m² 이상으로서 숙박시설의 용도로 쓰는 건축물

7-19. 주거에 쓰이는 바닥면적의 합계가 550m²인 주거용 건축물의 먹는물용 급수관 지름은 최소 얼마 이상이어야 하는가?
① 20mm
② 30mm
③ 40mm
④ 50mm

7-20. 세대수가 20세대인 주거용 건축물에 설치하는 먹는물용 급수관의 최소 지름은?
① 25mm
② 32mm
③ 40mm
④ 50mm

7-21. 피뢰설비를 설치하여야 하는 건축물의 높이 기준은?
① 15m 이상
② 20m 이상
③ 31m 이상
④ 41m 이상

|해설|

7-18
판매시설의 용도로 쓰는 건축물은 해당되지 않는다.

7-19
주거에 쓰이는 바닥면적의 합계가 500m² 초과일 경우 17가구로 산정하며, 따라서 먹는물용 급수관 지름은 50mm 이상이어야 한다.

7-20
17세대 이상인 경우 : 50mm 이상

7-21
피뢰설비 설치 대상 : 낙뢰의 우려가 있는 건축물, 높이 20m 이상 건축물 또는 높이 20m 이상의 공작물

정답 7-18 ③ 7-19 ④ 7-20 ④ 7-21 ②

제2절 주차장법

핵심이론 01 | 총 칙

(1) 주차장법의 목적

주차장의 설치·정비 및 관리에 관하여 필요한 사항을 규정함으로써 자동차 교통을 원활하게 하여 공중의 편의와 안전을 도모함을 목적으로 한다.

(2) 주차장의 수급 실태 조사

① 사각형 또는 삼각형 형태로 조사구역을 설정
② 조사구역 바깥 경계선의 최대 거리를 300m 이내로 한다.
③ 조사구역은 건축법에 따른 도로를 경계로 구분한다.
④ 실태조사의 주기는 3년으로 한다.
⑤ 아파트단지와 단독주택단지가 섞여 있는 지역 또는 주거기능과 상업·업무기능이 섞여 있는 지역의 경우에는 주차시설 수급의 적정성, 지역적 특성 등을 고려하여 같은 특성을 가진 지역별로 조사구역을 설정한다.

(3) 주차장, 주차전용 건축물

① 주차장

종 류	설치 장소
노상주차장	도로의 노면 또는 교통광장 중 교차점 광장의 일정한 구역에 설치된 주차장
노외주차장	도로의 노면 또는 교통광장 중 교차점 광장 외의 장소에 설치된 주차장
부설주차장	건축물, 골프연습장, 기타 수요를 유발하는 시설에 부대하여 설치되는 주차장

② 주차전용 건축물 : 연면적 중 일정 비율 이상이 주차장으로 사용되는 건축물

주차장 사용 비율	건축물의 용도
95% 이상	아래 용도 이외의 용도
70% 이상	단독주택, 공동주택, 제1종·제2종 근린생활시설, 문화 및 집회시설, 종교시설, 판매시설, 운수시설, 운동시설, 업무시설, 창고시설, 자동차 관련 시설
60% 이상	주차환경개선지구 내에 위치한 건축물

10년간 자주 출제된 문제

1-1. 주차장법령상 다음과 같이 정의되는 주차장의 종류는?

> 도로의 노면 또는 교통광장(교차점 광장만 해당)의 일정한 구역에 설치된 주차장으로서 일반(一般)의 이용에 제공되는 것

① 노상주차장 ② 노외주차장
③ 공용주차장 ④ 부설주차장

1-2. 주차장법령상 다음과 같이 정의되는 용어는?

> 도로의 노면 및 교통광장 외의 장소에 설치된 주차장으로서 일반의 이용에 제공되는 것

① 노상주차장 ② 노외주차장
③ 부설주차장 ④ 기계식 주차장

1-3. 다음은 주차전용 건축물에 관한 기준 내용이다. ( ) 안에 속하지 않는 건축물의 용도는?

> 주차전용 건축물이란 건축물의 연면적 중 주차장으로 사용되는 부분의 비율이 95% 이상인 것을 말한다. 다만, 주차장 외의 용도로 사용되는 부분이 ( )인 경우에는 주차장으로 사용되는 부분의 비율이 70% 이상인 것을 말한다.

① 단독주택 ② 종교시설
③ 교육연구시설 ④ 문화 및 집회시설

1-4. 어느 건축물의 연면적 중 주차장으로 사용되는 부분의 비율이 70%이다. 이 건축물이 주차전용 건축물이라면, 다음 중 이 건축물의 주차장 외로 사용되는 용도로 옳은 것은?

① 운동시설 ② 의료시설
③ 수련시설 ④ 교육연구시설

|해설|

1-2
노외주차장 : 도로의 노면 또는 교통광장(교차점 광장에 한함) 외의 장소에 설치된 주차장

1-3
교육연구시설은 해당하지 않는다.

정답 1-1 ① 1-2 ② 1-3 ③ 1-4 ①

(4) 주차장 형태 및 구획

① 주차장의 형태

구 분	형 식	종 류
자주식 주차장	운전자가 직접 운전하여 주차장으로 들어가는 형식	• 지하식 • 지평식 • 건축물식(공작물식 포함)
기계식 주차장	기계식 주차 장치를 설치한 노외주차장 및 부설주차장	• 지하식 • 건축물식(공작물식 포함)

② 주차장의 주차구획 크기 등

㉠ 평행주차 형식의 경우

구 분	너비 × 길이
경 형	1.7m × 4.5m 이상
일반형	2.0m × 6.0m 이상
보도와 차도의 구분이 없는 주거지역의 도로	2.0m × 5.0m 이상
이륜자동차 전용	1.0m × 2.3m 이상

㉡ 평행주차 형식 외의 경우

구 분	너비 × 길이
경 형	2.0m × 3.6m 이상
일반형	2.5m × 5.0m 이상
확장형	2.6m × 5.2m 이상
장애인 전용	3.3m × 5.0m 이상
이륜자동차 전용	1.0m × 2.3m 이상

10년간 자주 출제된 문제

1-5. 다음 중 기계식 주차장에 속하지 않는 것은?
① 지하식   ② 지평식   ③ 건축물식   ④ 공작물식

1-6. 주차장 주차단위구획의 크기 기준으로 옳은 것은?(단, 일반형으로 평행주차 형식의 경우)
① 너비 1.7m 이상, 길이 4.5m 이상
② 너비 2.0m 이상, 길이 6.0m 이상
③ 너비 2.0m 이상, 길이 3.6m 이상
④ 너비 2.3m 이상, 길이 5.0m 이상

1-7. 주차장의 주차단위구획(일반형) 기준으로 옳은 것은?(단, 평행주차 형식 외의 경우)
① 너비 1.7m 이상, 길이 4.5m 이상
② 너비 2.0m 이상, 길이 5.0m 이상
③ 너비 2.5m 이상, 길이 5.0m 이상
④ 너비 3.3m 이상, 길이 5.0m 이상

1-8. 주차장에서 장애인 전용 주차단위구획의 최소 크기는? (단, 평행주차 형식 외의 경우)
① 너비 2.0m, 길이 3.6m   ② 너비 2.3m, 길이 5.0m
③ 너비 2.5m, 길이 5.1m   ④ 너비 3.3m, 길이 5.0m

1-9. 주차장에서 장애인 전용 주차단위구획의 면적은 최소 얼마 이상이어야 하는가?(단, 평행주차 형식 외의 경우)
① $11.5m^2$ ② $12m^2$ ③ $15m^2$ ④ $16.5m^2$

|해설|

1-5
법령상에서 지평식 주차는 기계식 주차장에 명시되어 있지 않다.

1-6
평행주차 형식의 경우 : 일반형은 2.0m × 6.0m 이상

1-7
평행주차 형식 이외의 경우 : 일반형은 2.5m × 5.0m 이상

1-8
평행주차 형식 이외의 경우 : 장애인용은 3.3m × 5.0m 이상

1-9
평행주차 형식 이외의 경우 장애인용은 3.3m × 5.0m 이상이어야 한다. 따라서, $3.3m × 5.0 = 16.5m^2$

정답 1-5 ② 1-6 ② 1-7 ③ 1-8 ④ 1-9 ④

| 핵심이론 02 | 노상주차장

(1) 노상주차장의 설치금지 장소

설치금지 장소	예 외
주간선도로	분리대 기타 도로의 부분으로서 도로교통에 지장을 초래하지 않는 부분은 예외
너비 6m 미만 도로	보행자의 통행이나 연도(沿道, 옆길)의 이용에 지장이 없는 경우로써 지방자치단체의 조례로 따로 정한 경우 예외
종단경사도 4% 초과하는 도로	• 종단경사도 6% 이하로서 보도와 차도가 구별되어 있고 차도의 너비가 13m 이상인 도로에 설치하는 경우 • 종단경사도 6% 이하인 도로로서 해당 시장·군수·구청장이 안전에 지장이 없다고 인정하는 도로에 노상주차장을 설치하는 경우
고속도로, 자동차전용도로, 고가도로	
도로교통법상 주정차 금지구역(제32, 33조)에 해당하는 도로 부분	

(2) 장애인 전용 주차구획 설치

① 주차대수 20대 이상 50대 미만인 경우 : 한 면 이상
② 주차대수 규모가 50대 이상인 경우 : 주차대수의 2~4%까지의 범위에서 장애인의 주차 수요를 고려하여 조례로 정하는 비율 이상

10년간 자주 출제된 문제

2-1. 주차법령상 다음과 같이 정의되는 주차장의 종류는?

> 도로의 노면 또는 교통광장(교차점 광장만 해당)의 일정한 구역에 설치된 주차장으로서 일반(一般)의 이용에 제공되는 것

① 노외주차장
② 노상주차장
③ 부설주차장
④ 공영주차장

2-2. 노상주차장의 구조 및 설비에 관한 기준 내용으로 옳은 것은?

① 너비 6m 이상의 도로에 설치하여서는 아니 된다.
② 종단경사도가 3%를 초과하는 도로는 설치하여서는 아니 된다.
③ 고속도로, 자동차 전용도로 또는 고가도로에 설치하여서는 아니 된다.
④ 주차대수 규모가 20대인 경우, 장애인 전용 주차구획을 최소 2면 이상 설치하여야 한다.

|해설|

2-2
① 너비 6m 미만의 도로에는 설치하여서는 아니 된다.
② 종단경사도가 4%를 초과하는 도로에는 설치하여서는 아니 된다.
④ 주차대수 20대인 경우 장애인 전용 주차구획을 최소 한 면 이상 설치해야 한다.

정답 2-1 ② 2-2 ③

핵심이론 03 | 노외주차장

(1) 노외주차장인 주차전용 건축물에 대한 특례

노외주차장인 주차전용 건축물의 건폐율, 용적률, 대지면적의 최소한도 및 높이 제한 등에 대하여는 다음 기준에 따른다.

제한규정	완화 적용기준
건폐율	90/100 이하
용적률	1,500% 이하
최소 대지면적	대지면적의 최소 한도 : 45m² 이상
높이 제한	대지가 너비 12m 미만 도로에 접하는 경우 : 건축물의 각 부분 높이는 그 부분으로부터 대지에 접한 도로(대지가 둘 이상의 도로에 접하는 경우에는 가장 넓은 도로)의 반대쪽 경계선까지의 수평거리의 3배 이하
	대지가 너비 12m 이상 도로에 접하는 경우 : 건축물의 각 부분 높이는 그 부분으로부터 대지에 접한 도로의 반대쪽 경계선까지 수평 거리의 $\frac{36}{도로의 너비(m)}$ 배 이하(다만, 배율이 1.8배 미만인 경우 1.8배)

(2) 노외주차장 의무 설치

① 단지조성사업 등에 따른 노외주차장
 ㉠ 경형자동차를 위한 전용주차구획과 환경친화적 자동차를 위한 전용주차구획을 합한 주차구획 : 총 주차대수의 10% 이상
 ㉡ 환경친화적 자동차를 위한 전용주차구획 : 총 주차대수의 5% 이상
② 노외주차장의 장애인 전용 주차구획 설치 : 주차대수 50대 이상인 경우, 주차대수의 2~4%까지 범위에서 장애인 주차 수요를 고려하여 조례로 정하는 비율 이상을 설치한다.

(3) 노외주차장의 설치 가능한 지역

① 노외주차장은 녹지지역이 아닌 지역이어야 한다.
② 자연녹지지역으로서 다음의 경우에는 설치 가능
 ㉠ 하천구역 및 공유수면으로서 주차장 설치로 인해 하천 및 공유수면의 관리에 지장을 주지 아니하는 지역
 ㉡ 토지의 형질 변경 없이 주차장의 설치가 가능한 지역
 ㉢ 주차장의 설치를 목적으로 토지의 형질 변경 허가를 받은 지역
 ㉣ 시장(특별시장 및 광역시장 포함)·군수·구청장이 특히 주차장의 설치가 필요하다고 인정하는 지역

10년간 자주 출제된 문제

3-1. 노외주차장인 주차전용 건축물의 건폐율, 용적률, 대지면적의 최소 한도 및 높이 제한 기준 내용으로 옳지 않은 것은?

① 건폐율 : 100분의 90 이하
② 용적률 : 1,500% 이하
③ 대지면적의 최소 한도 : 45m² 이상
④ 높이 제한(대지가 너비 12m 미만의 도로에 접하는 경우) : 건축물의 각 부분의 높이는 그 부분으로부터 대지에 접한 도로의 반대쪽 경계선까지의 수평 거리의 4배

3-2. 다음의 노외주차장 설치에 관한 기준 내용에서 ( ) 안에 알맞은 것은?

노외주차장의 주차대수 규모가 (㉠) 이상인 경우에는 주차대수의 (㉡)의 범위에서 장애인의 주차 수요를 고려하여 지방자치단체의 조례로 정하는 비율 이상의 장애인 전용 주차구획을 설치하여야 한다.

① ㉠ 50대, ㉡ 1%부터 3%까지
② ㉠ 50대, ㉡ 2%부터 4%까지
③ ㉠ 100대, ㉡ 1%부터 3%까지
④ ㉠ 100대, ㉡ 2%부터 4%까지

10년간 자주 출제된 문제

3-3. 다음은 단지조성사업 등에 따른 전용주차구획의 설비 비율에 관한 내용이다. (   ) 안에 알맞은 것은?

단지조성사업등으로 설치되는 노외주차장에는 경형자동차 및 환경친화적 자동차를 위한 전용주차구획 설치할 때에는 다음의 비율이 모두 충족되도록 설치해야 한다.
1. 경형자동차를 위한 전용주차구획과 환경친화적 자동차를 위한 전용주차구획을 합한 주차구획 : 총 주차대수의 (㉠) 이상
2. 환경친화적 자동차를 위한 전용주차구획 : 총 주차대수의 (㉡) 이상

① ㉠ 100분의 5, ㉡ 100분의 3
② ㉠ 100분의 10, ㉡ 100분의 5
③ ㉠ 100분의 15, ㉡ 100분의 10
④ ㉠ 100분의 20, ㉡ 100분의 15

|해설|

3-1
수평 거리의 3배 이하

3-3
- 경형자동차를 위한 전용주차구획과 환경친화적 자동차를 위한 전용주차구획을 합한 주차구획 : 총 주차대수의 100분의 10 이상
- 환경친화적 자동차를 위한 전용주차구획 : 총 주차대수의 100분의 5 이상

정답 3-1 ④ 3-2 ② 3-3 ②

(4) 노외주차장 출입구의 설치금지 장소

① 도로교통법에 의하여 정차·주차가 금지되는 도로 부분
② 횡단보도(육교 및 지하횡단보도를 포함)로 부터 5m 이내에 있는 도로의 부분

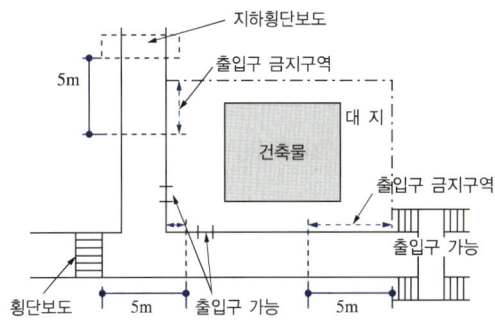

③ 너비 4m 미만의 도로(주차대수 200대 이상인 경우에는 너비 6m 미만의 도로)

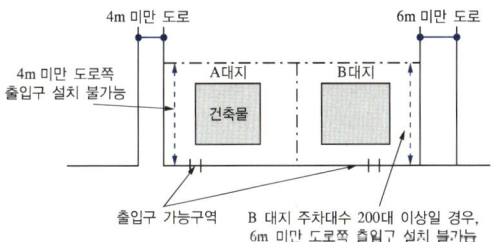

④ 종단 기울기 10%를 초과하는 도로

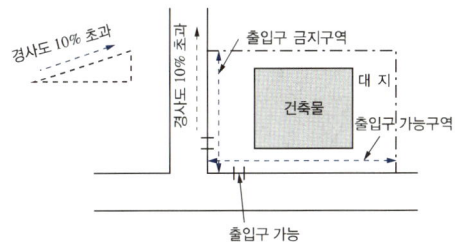

⑤ 유아원, 유치원, 초등학교, 특수학교, 노인복지시설, 장애인복지시설 및 아동전용시설 등의 출입구로부터 20m 이내에 있는 도로의 부분

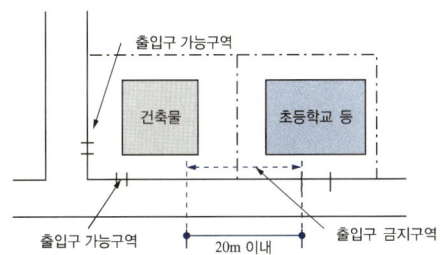

10년간 자주 출제된 문제

3-4. 다음 중 노외주차장의 출구 및 입구를 설치할 수 있는 장소는?

① 육교로부터 4m 거리에 있는 도로의 부분
② 지하횡단보도에서 10m 거리에 있는 도로의 부분
③ 초등학교 출입구로부터 15m 거리에 있는 도로의 부분
④ 장애인복지시설 출입구로부터 15m 거리에 있는 도로의 부분

3-5. 다음 중 노외주차장의 출구 및 입구를 설치할 수 있는 장소는?

① 너비가 3m인 도로
② 종단 구배가 12%인 도로
③ 횡단보도로부터 6m 거리에 있는 도로의 부분
④ 초등학교 출입구로부터 15m 거리에 있는 도로의 부분

3-6. 노외주차장의 출구와 입구(노외주차장의 차로의 노면이 도로의 노면에 접하는 부분)를 설치하여서는 안 되는 도로의 종단 기울기의 기준은?

① 종단 기울기가 3%를 초과하는 도로
② 종단 기울기가 5%를 초과하는 도로
③ 종단 기울기가 7%를 초과하는 도로
④ 종단 기울기가 10%를 초과하는 도로

|해설|

3-4
횡단보도(육교 및 지하횡단보도를 포함)에서 5m 이내의 도로 부분에는 노외주차장 출입구를 설치할 수 없으므로, 지하횡단보도에서 10m 거리에 있는 도로의 부분에는 설치할 수 있다.

3-5
횡단보도(육교 및 지하횡단보도를 포함)에서 5m 이내의 도로 부분에 대해 금지한다. 따라서, 횡단보도로부터 6m 거리에 있는 도로의 부분에는 설치가 가능하다.

3-6
종단 기울기가 10%를 초과하는 도로는 노외주차장 출입구의 설치 금지 장소이다.

정답 3-4 ② 3-5 ③ 3-6 ④

(5) 노외주차장의 출입구 설치 기준

① 출구 및 입구의 설치 위치 : 노외주차장과 연결되는 도로가 둘 이상인 경우에는 자동차 교통에 미치는 지장이 적은 도로에 노외주차장의 출구와 입구를 설치하여야 한다(단, 보행자의 교통에 지장을 가져올 우려가 있거나 기타 특별한 이유가 있는 경우 제외).

② 출구와 입구의 분리 설치 : 주차대수 400대를 초과하는 규모의 노외주차장의 경우 노외주차장 출구와 입구는 각각 따로 설치하여야 한다.

(6) 노외주차장의 출입구 구조

① 노외주차장의 출구와 입구에서 자동차의 회전을 쉽게 하기 위하여 필요한 경우에는 차로와 도로가 접하는 부분을 곡선형으로 하여야 한다.

② 출구 부근 시야확보 : 출구로부터 2m(이륜자동차 전용 출구 1.3m)를 후퇴한 노외주차장 차로 중심선상 1.4m 높이에서 도로 중심선에 직각으로 향한 좌우측 각각 60°의 범위에서 도로의 통행자를 확인할 수 있어야 한다.

* 자동차 회전반경에 유의

[출입구 각지전제]

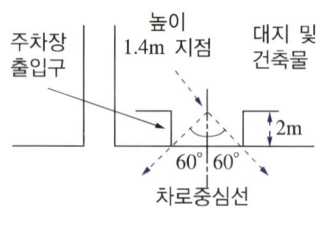

[출구 부근 시야확보]

③ 출입구 너비 : 3.5m 이상
④ 주차대수 규모가 50대 이상인 경우 : 출구와 입구를 분리하거나 너비 5.5m 이상의 출입구를 설치한다.
⑤ 출입구 수에 따른 차로의 폭

주차형식	차로의 폭	
	출입구가 2개 이상인 경우	출입구가 1개인 경우
평행주차	3.3m	5.0m
45° 대향주차	3.5m	5.0m
교차주차		
60° 대향주차	4.5m	5.5m
직각주차	6.0m	6.0m

10년간 자주 출제된 문제

3-7. 다음은 노외주차장의 구조·설비에 관한 기준 내용이다. ( ) 안에 알맞은 것은?

> 노외주차장의 출입구 너비는 (㉠) 이상으로 하여야 하며, 주차대수 규모가 50대 이상의 경우에는 출구와 입구를 분리하거나 너비 (㉡) 이상의 출입구를 설치하여 소통이 원활하도록 하여야 한다.

① ㉠ 2.5m, ㉡ 4.5m
② ㉠ 2.5m, ㉡ 5.5m
③ ㉠ 3.5m, ㉡ 4.5m
④ ㉠ 3.5m, ㉡ 5.5m

3-8. 다음 중 노외주차장에 설치하여야 하는 차로의 최소 너비가 가장 작은 주차형식은?(단, 이륜자동차 전용 외의 노외주차장으로 출입구가 2개 이상인 경우)

① 직각주차　　　② 교차주차
③ 평행주차　　　④ 60° 대향주차

3-9. 노외주차장의 주차형식에 따른 차로의 최소 너비가 옳지 않은 것은?(단, 이륜자동차 전용 외의 노외주차장으로서 출입구가 2개 이상인 경우)

① 평행주차 : 3.5m　　② 교차주차 : 3.5m
③ 직각주차 : 6.0m　　④ 60° 대향주차 : 4.5m

3-10. 노외주차장의 주차형식에 따른 차로의 최소 너비 관계를 옳게 나열한 것은?(단, 이륜자동차 전용 외의 노외주차장으로서 출입구가 2개인 경우)

① 평행주차 < 직각주차 < 교차주차
② 평행주차 < 60° 대향주차 < 직각주차
③ 45도 대향주차 < 60° 대향주차 < 교차주차
④ 45도 대향주차 < 평행주차 < 60° 대향주차

|해설|

3-7
㉠ 3.5m 이상, ㉡ 5.5m 이상

3-8, 3-9
평행주차 : 3.3m

3-10
평행주차(3.3m) < 60° 대향주차(4.5m) < 직각주차(6.0m)

정답 3-7 ④　3-8 ③　3-9 ①　3-10 ②

(7) 지하식 또는 건축물식 노외주차장의 차로 기준

① 차로의 높이 : 주차 바닥면으로부터 2.3m 이상
② 경사로의 곡선 부분 내변반경
    ㉠ 원칙 : 6m 이상의 내변반경으로 회전이 가능하도록 할 것
    ㉡ 총 주차대수 50대 이하인 경우 : 5m 이상
    ㉢ 이륜자동차 전용의 경우 : 3m 이상
③ 경사로의 차로 너비 및 종단 경사도

구 분	차로 너비		종단 경사도
	1차로	2차로	
직선형	3.3m 이상	6.0m 이상	17% 이하
곡선형	3.6m 이상	6.5m 이상	14% 이하

④ 오르막 경사로로서 도로와 접하는 부분으로부터 3m 이내인 경사로의 종단경사도는 직선 부분에서는 8.5%를, 곡선 부분에서는 7%를 초과하여서는 안 된다.
⑤ 주차대수 규모가 50대 이상인 경우의 경사로는 다음 기준에 따라 설치해야 한다.
    ㉠ 너비 6m 이상인 2차로를 확보하거나 진입차로와 진출차로를 분리할 것
    ㉡ 별표 1에서 정하는 바에 따라 완화구간(경사로를 지나는 자동차가 지면에 접촉하지 않도록 종단경사도가 경사로 최대 종단경사도의 2분의 1 이하로 설계된 구간을 말한다)을 설치할 것
⑥ 노외주차장에는 다음에서 정하는 바에 따라 경보장치를 설치해야 한다.
    ㉠ 주차장의 출입구로부터 3m 이내의 장소로서 보행자가 경보장치의 작동을 식별할 수 있는 곳에 위치해야 한다.
    ㉡ 경보장치는 자동차의 출입 시 경광(警光)과 50dB 이상의 경보음이 발생하도록 해야 한다.

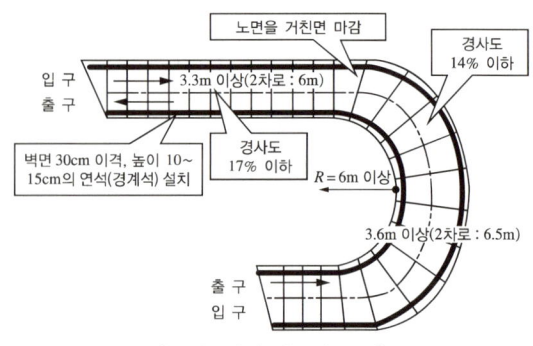

[노외주차장 차로의 구조]

10년간 자주 출제된 문제

3-11. 지하식 또는 건축물식 노외주차장에서 경사로가 직선형인 경우, 경사로의 차로 너비는 최소 얼마 이상으로 하여야 하는가?(단, 2차로인 경우)

① 5m   ② 6m
③ 7m   ④ 8m

3-12. 지하식 또는 건축물식 노외주차장의 차로에 관한 기준 내용으로 옳지 않은 것은?

① 높이는 주차 바닥면으로부터 2.3m 이상으로 하여야 한다.
② 경사로의 차로 너비는 직선형인 경우 3.0m 이상으로 한다.
③ 경사로의 종단 경사도는 곡선 부분에서는 14%를 초과하여서는 아니 된다.
④ 경사로의 종단 경사도는 직선 부분에서는 17%를 초과하여서는 아니 된다.

|해설|

3-11
직선형인 경우 1차로는 3.3m 이상, 2차로는 6m 이상

3-12
경사로의 차로 너비는 직선형의 1차로인 경우 3.3m 이상으로 하여야 한다.

정답 3-11 ② 3-12 ②

(8) 노외주차장의 주차 부분 기준

① 주차 부분의 높이 : 바닥면으로부터 2.1m 이상

② 일산화탄소 농도
  ㉠ 주차장을 이용하는 차량이 가장 빈번한 시각의 앞뒤 8시간 평균치가 50ppm 이하로 유지되어야 한다.
  ㉡ 다중이용시설 등의 실내공기질 관리법에 따라 실내주차장은 25ppm 이하로 유지되어야 한다.

③ 조명장치(자주식 주차장으로서 지하식 또는 건축물식 노외주차장)
  ㉠ 주차구획 및 차로 : 최소 조도 10lx 이상, 최대 조도는 최소 조도의 10배 이내
  ㉡ 주차장 출구 및 입구 : 최소 조도는 300lx 이상이며, 최대 조도 기준은 없다.
  ㉢ 사람이 출입하는 통로 : 최소 조도는 50lx 이상이며, 최대 조도 기준은 없다.

④ 방범설비
  ㉠ 주차대수 30대 초과하는 규모의 자주식 주차장에 설치
  ㉡ 촬영 자료는 컴퓨터보안시스템을 설치하여 1개월 이상 보관하여야 한다.

⑤ 자동차용 승강기 설치 : 자동차용 승강기로 운반하여 자주식 주차하는 노외주차장은 주차대수 30대마다 1대를 설치한다.

(9) 노외주차장에 설치할 수 있는 부대시설

① 전기자동차 충전시설을 제외한 부대시설의 총 면적은 주차장 총 시설면적의 20%를 초과해서는 안 된다.

② 설치 가능한 부대시설
  ㉠ 관리사무소, 휴게소 및 공중화장실 등
  ㉡ 간이매점, 자동차 장식품 판매점 및 전기자동차 충전시설, 태양광발전시설, 집배송시설
  ㉢ 석유 및 석유대체연료 사업법 시행령에 따른 주유소(특별시장·광역시장·시장·군수 또는 구청장이 설치한 노외주차장만 해당)
  ㉣ 노외주차장의 관리·운영상 필요한 편의시설
  ㉤ 시·군 또는 구의 조례로 정하는 이용자 편의시설

10년간 자주 출제된 문제

3-13. 노외주차장 내부공간의 일산화탄소 농도는 주차장을 이용하는 차량의 가장 빈번한 시각의 앞뒤 8시간의 평균치가 최대 얼마 이하로 유지되어야 하는가?(단, 다중이용시설 등의 실내공기질 관리법에 따른 실내주차장이 아닌 경우)

① 30ppm ② 40ppm
③ 50ppm ④ 60ppm

3-14. 다음은 노외주차장의 구조·설비기준 내용이다. ( ) 안에 알맞은 것은?

> 노외주차장에 설치하는 부대시설(전기자동차 충전시설 제외)의 총 면적은 주차장 총 시설면적(주차장으로 사용되는 면적과 주차장 외의 용도로 사용되는 면적을 합한 면적)의 ( )를 초과하여서는 아니 된다.

① 5% ② 10%
③ 15% ④ 20%

|해설|

3-13
주차장을 이용하는 차량이 가장 빈번한 시각의 앞뒤 8시간 평균치가 50ppm 이하로 유지되어야 한다.

3-14
전기자동차 충전시설을 제외한 부대시설의 총 면적은 주차장 총 시설면적의 20%를 초과해서는 안 된다.

정답 3-13 ③ 3-14 ④

핵심이론 04 | 부설주차장

(1) 부설주차장 설치 기준

① 대상 용도별 설치 기준

용 도	설치 기준
위락시설	시설면적 100m²당 1대
문화 및 집회시설(관람장은 제외), 종교시설, 판매시설, 운수시설, 의료시설(정신병원, 요양병원, 격리병원 제외), 운동시설(골프장, 골프연습장, 옥외수영장 제외), 업무시설(외국공관, 오피스텔 제외), 방송국, 장례식장	시설면적 150m²당 1대
제1, 2종 근린생활시설, 숙박시설	시설면적 200m²당 1대
단독주택(다가구주택 제외)	• 시설면적 50m² 초과 150m² 이하 : 1대 • 시설면적 150m² 초과 : 1대에 150m²를 초과하는 100m²당 1대를 더한 대수
다가구주택, 공동주택(기숙사 제외), 업무시설 중 오피스텔	주택건설기준 등에 관한 규정에 따라 산정된 주차대수의 경우 다가구주택 및 오피스텔의 전용면적은 공동주택의 전용면적 산정방법을 따른다.
골프장	1홀당 10대
골프연습장	1타석당 1대
옥외수영장	정원 15인당 1대
관람장	정원 100인당 1대
공장(아파트형 제외), 발전시설, 수련시설	시설면적 350m²당 1대
창고시설	시설면적 400m²당 1대
학생용 기숙사	시설면적 400m²당 1대
방송통신시설 중 데이터센터	시설면적 400m²당 1대
그 밖의 건축물	시설면적 300m²당 1대

② 건축물의 용도를 변경하는 경우, 부설주차장을 추가로 확보하지 아니하고 용도를 변경할 수 있는 대상
  ㉠ 사용승인 후 5년이 지난 연면적 1,000m² 미만의 용도를 변경하는 경우(공연장·집회장·관람장, 위락시설, 다세대·다가구주택 용도로 변경하는 경우 제외)
  ㉡ 해당 건축물 안에서 용도 상호 간의 변경을 하는 경우(다만, 부설주차장 설치 기준이 높은 용도의 면적이 증가하는 경우 제외)

10년간 자주 출제된 문제

4-1. 부설주차장 설치 대상 시설물로서 시설면적이 1,400m²인 제2종 근린생활시설에 설치하여야 하는 부설주차장의 최소 대수는?

① 7대 ② 9대
③ 10대 ④ 14대

4-2. 부설주차장 설치 대상 시설물이 문화 및 집회시설 중 예식장으로서 시설면적이 1,200m²인 경우, 설치하여야 하는 부설주차장의 최소 대수는?

① 8대 ② 10대
③ 15대 ④ 20대

4-3. 부설주차장의 설치 대상 시설물의 종류에 따른 설치 기준이 옳지 않은 것은?

① 골프장 - 1홀당 10대
② 위락시설 - 시설면적 150m²당 1대
③ 판매시설 - 시설면적 150m²당 1대
④ 숙박시설 - 시설면적 200m²당 1대

4-4. 사용승인 후 5년이 지난 연면적 1,000m² 미만의 건축물의 용도를 변경하는 경우 부설주차장을 추가로 확보하지 아니하고 건축물의 용도를 변경할 수 있는 것은?(단, 변경 후 용도의 주차대수가 많은 경우)

① 업무시설의 용도로 변경하는 경우
② 위락시설의 용도로 변경하는 경우
③ 문화 및 집회시설 중 공연장의 용도로 변경하는 경우
④ 문화 및 집결시설 중 관람장의 용도로 변경하는 경우

|해설|

4-1
제2종 근린생활시설 부설주차장 설치 기준은 200m²당 1대이다.
따라서, 1,400m² ÷ 200m² = 7대

4-2
문화 및 집회시설은 시설면적 150m²당 1대를 설치해야 한다.
따라서, 1,200m² ÷ 150m² = 8대

4-3
위락시설 : 100m²당 1대

정답 4-1 ① 4-2 ① 4-3 ② 4-4 ①

(2) 부설주차장의 인근 설치

① 인근 설치 대상
  ㉠ 부설주차장이 주차대수 300대의 규모 이하인 경우
  ㉡ 시설 부지 인근에 단독 또는 공동으로 설치할 수 있다.
② 부지 인근의 범위
  ㉠ 해당 부지의 경계선으로부터 부설주차장의 경계선까지의 직선거리 300m 이내 또는 도보거리 600m 이내
  ㉡ 해당 시설물이 소재하는 동·리(행정 동·리를 말함)
  ㉢ 해당 시설물과의 통행 여건이 편리하다고 인정되는 인접 동·리

(3) 부설주차장 설치 의무 면제

① 설치 의무가 면제되는 시설물의 위치
  ㉠ 차량통행의 금지 또는 주변의 토지이용 상황으로 인하여 부설주차장의 설치가 곤란하다고 특별자치도지사·시장·군수 또는 자치구의 구청장이 인정하는 장소
  ㉡ 부설주차장의 출입구가 도심지 등의 간선도로변에 위치하게 되어 자동차교통의 혼잡을 가중시킬 우려가 있다고 시장·군수 또는 구청장이 인정하는 장소
② 설치 의무가 면제되는 시설물의 용도 및 규모
   연면적 10,000㎡ 이상의 판매시설 및 운수시설에 해당하지 아니하거나 연면적 15,000㎡ 이상의 문화 및 집회시설(공연장·집회장 및 관람장만을 말함), 위락시설, 숙박시설 또는 업무시설에 해당하지 아니하는 시설물
③ 설치 의무가 면제되는 부설주차장의 규모
   주차대수가 300대 이하의 규모인 경우

10년간 자주 출제된 문제

4-5. 부설주차장은 부지 인근에 단독 또는 공동으로 부설주차장을 설치할 수 있다. 이 경우 주차대수 규모는?

① 주차대수 100대의 규모
② 주차대수 200대의 규모
③ 주차대수 300대의 규모
④ 주차대수 400대의 규모

4-6. 부설주차장의 인근 설치 규정에서 300대 이하인 경우에 시설물의 부지 인근의 범위(해당 부지의 경계선으로부터 부설주차장의 경계선까지의 거리)기준으로 옳은 것은?

① 직선거리 : 100m 이내, 도보거리 : 500m 이내
② 직선거리 : 100m 이내, 도보거리 : 600m 이내
③ 직선거리 : 300m 이내, 도보거리 : 500m 이내
④ 직선거리 : 300m 이내, 도보거리 : 600m 이내

4-7. 부설주차장의 설치 의무를 면제받을 수 있는 최대 주차대수는?(단, 도로교통법에 따라 차량통행이 금지된 장소가 아닌 경우)

① 100대 이하
② 200대 이하
③ 300대 이하
④ 400대 이하

|해설|

4-5
인근 설치 대상 : 부설주차장이 주차대수 300대의 규모 이하인 경우

4-6
④ 직선거리 : 300m 이내, 도보거리 : 600m 이내

4-7
설치 의무가 면제되는 부설주차장의 규모
주차대수 300대 이하의 규모(도로교통법 제6조에 따라 차량통행이 금지된 장소의 경우에는 별표 1의 부설주차장 설치 기준에 따라 산정한 주차대수에 상당하는 규모를 말한다)

정답 4-5 ③ 4-6 ④ 4-7 ③

(4) 자주식 부설주차장의 별도 기준

① 대상 : 8대 이하 자주식 주차장(지평식)에 한함
② 차로의 너비는 2.5m 이상으로 하되, 주차단위구획과 접하여 있는 차로의 너비는 다음과 같다.

주차형식	차로의 너비
평행주차	3.0m 이상
45° 대향주차	3.5m 이상
교차주차	
60° 대향주차	4.0m 이상
직각주차	6.0m 이상

③ 보도와 차도의 구분이 없는 너비 12m 미만인 도로에 접한 부설주차장은 그 도로를 차로로 하여 주차단위구획을 배치할 수 있다.
  ㉠ 차로의 너비(도로를 포함) : 6m 이상(평행주차인 경우 4m 이상)
  ㉡ 도로의 포함 범위 : 중앙선까지(중앙선이 없는 경우 반대측 경계선까지)
④ 보도와 차도 구분이 있는 너비 12m 이상 도로에 접하여 있고 주차대수가 5대 이하인 경우 그 도로를 차로로 하여 직각주차 형식으로 주차단위구획을 배치할 수 있다.
⑤ 기타 기준
  ㉠ 5대 이하의 주차단위구획은 차로를 기준으로 하여 세로로 2대까지 접하여 배치할 수 있다.
  ㉡ 출입구의 너비는 3m 이상으로 한다(막다른 도로에 접한 경우에는 2.5m 이상으로 할 수 있다).
  ㉢ 도로를 차로로 하여 설치한 부설주차장의 경우 도로와 주차구획선 사이에는 담장 등 주차장의 이용을 곤란하게 하는 장애물을 설치할 수 없다.
  ㉣ 보행인의 통행로가 필요한 경우에는 시설물과 주차단위 구획 사이에 0.5m 이상의 거리를 두어야 한다.

10년간 자주 출제된 문제

4-8. 부설주차장의 총 주차대수 규모가 8대 이하인 자주식 주차장의 구조 및 설비에 관한 기준 내용으로 옳지 않은 것은?

① 차로의 너비는 2.5m 이상으로 한다.
② 출입구의 너비는 3m 이상으로 하는 것이 원칙이다.
③ 주차대수 6대 이하의 주차단위구획은 차로를 기준으로 하여 세로로 2대까지 접하여 배치할 수 있다.
④ 보행인의 통행로가 필요한 경우에는 시설물과 주차단위구획 사이에 0.5m 이상의 거리를 두어야 한다.

|해설|

4-8
5대 이하까지 세로로 2대까지 접하여 배치할 수 있다.

정답 4-8 ③

핵심이론 05 | 기계식 주차장

(1) 기계식 주차장의 설치 기준

① 차량 크기에 따른 기계식 주차장 분류

종류	차량 크기(단위 : m 이하)			무게
	길이	너비	높이	
중형 주차장	5.05	1.9	1.55	1,850kg 이하
대형 주차장	5.75	2.15	1.85	2,200kg 이하

② 출입구의 전면공지 또는 방향전환장치

종류	전면공지(너비×길이)	방향전환장치
중형 기계식 주차장	8.1m×9.5m 이상	지름 4m 이상 및 이에 접한 너비 1m 이상의 여유 공지
대형 기계식 주차장	10m×11m 이상	지름 4.5m 이상 및 이에 접한 너비 1m 이상의 여유 공지

③ 정류장 설치
  ㉠ 설치 기준 : 주차대수 20대를 초과하는 매 20대마다 1대분 확보
  ㉡ 설치 규모
    • 중형 기계식 주차장 : 5.05m(길이)×1.9m(너비) 이상
    • 대형 기계식 주차장 : 5.3m(길이)×2.15m(너비) 이상
  ㉢ 완화 규정 : 주차장 출구와 입구가 따로 설치되어 있거나, 진입로의 너비가 6m 이상인 경우에는 종단 경사도가 6% 이하인 진입로의 길이 6m마다 1대분의 정류장을 확보하는 것으로 본다.

④ 기계식 주차장치 조도(벽면 50cm 이내를 제외한 바닥면 최소 조도)
  ㉠ 주차구획 : 최소 조도는 50lx 이상
  ㉡ 출입구 : 최소 조도는 150lx 이상

(2) 기계식 주차장의 사용검사

구분	검사 내용	유효기간
사용검사	설치를 마치고 이를 사용하기 전에 실시	3년
정기검사	사용검사의 유효기간이 지난 후 주기적으로 실시하는 검사	2년

10년간 자주 출제된 문제

5-1. 기계식 주차장에 설치하여야 하는 정류장의 확보기준으로 옳은 것은?

① 주차대수 20대를 초과하는 매 20대마다 1대분
② 주차대수 20대를 초과하는 매 30대마다 1대분
③ 주차대수 30대를 초과하는 매 20대마다 1대분
④ 주차대수 30대를 초과하는 매 30대마다 1대분

5-2. 주차대수가 300대인 기계식 주차장의 진입로 또는 전면공지와 접하는 장소에 확보하여야 하는 정류장의 최소 규모는?

① 12대
② 13대
③ 14대
④ 15대

|해설|

5-1
20대 초과하는 매 20대마다 1대분의 정류장을 확보하여야 한다.

5-2
300대에서 20대를 초과하는 주차대수는 280대
∴ 280 ÷ 20 = 14대

정답 5-1 ① 5-2 ③

제3절 국토의 계획 및 이용에 관한 법률

핵심이론 01 | 총 칙

(1) 용어의 정의 - 도시계획

① 광역도시계획

광역계획권 지정에 의해 지정된 광역계획권의 장기발전 방향을 제시하는 계획을 말한다.

② 도시·군계획

특별시·광역시·특별자치시·특별자치도·시 또는 군(광역시 관할 구역의 군은 제외)의 관할 구역에 대해 수립하는 공간 구조와 발전 방향에 대한 계획

  ㉠ 도시·군기본계획 : 특별시·광역시·특별자치시·특별자치도·시 또는 군의 관할 구역 및 생활권에 대해 기본적인 공간 구조와 장기발전 방향을 제시하는 종합계획으로 도시·군관리계획 수립의 지침이 되는 계획

  ㉡ 도시·군관리계획 : 특별시·광역시·특별자치시·특별자치도·시 또는 군의 개발·정비 및 보전을 위해 수립하는 토지 이용, 교통, 환경, 경관, 안전, 산업, 정보통신, 보건, 복지, 안보, 문화 등에 관한 계획

③ 지구단위계획

도시·군계획 수립 대상지역 일부에 대해 토지 이용을 합리화하고 기능을 증진시키며 미관을 개선하고 양호한 환경을 확보하며, 그 지역을 체계적·계획적으로 관리하기 위하여 수립하는 도시·군관리계획

④ 공간재구조화계획 : 토지의 이용 및 건축물이나 그 밖의 시설의 용도, 건폐율, 용적률, 높이 등을 완화하는 용도구역의 효율적이고 계획적인 관리를 위하여 수립하는 계획을 말한다.

⑤ 도시혁신계획 : 창의적이고 혁신적인 도시공간의 개발을 목적으로 도시혁신구역에서의 토지의 이용 및 건축물의 용도, 건폐율, 용적률, 높이 등의 제한에 관한 사항을 따로 정하기 위하여 공간재구조화계획으로 결정하는 도시·군관리계획을 말한다.

⑥ 복합용도계획 : 주거, 상업, 산업, 교육, 문화, 의료 등 다양한 도시기능이 융·복합된 공간의 조성을 목적으로 복합용도구역에서의 건축물의 용도별 구성비율 및 건폐율, 용적률, 높이 등의 제한에 관한 사항을 따로 정하기 위하여 공간재구조화계획으로 결정하는 도시·군관리계획을 말한다.

10년간 자주 출제된 문제

1-1. 도시·군계획 수립 대상지역의 일부에 대하여 토지 이용을 합리화하고 그 기능을 증진시키며 미관을 개선하고 양호한 환경을 확보하며, 그 지역을 체계적·계획적으로 관리하기 위하여 수립하는 도시·군관리계획은?

① 광역도시계획
② 지구단위계획
③ 지구경관계획
④ 택지개발계획

1-2. 국토의 계획 및 이용에 관한 법률상 다음과 같이 정의되는 것은?

> 도시·군계획 수립 대상지역의 일부에 대하여 토지 이용을 합리화하고 그 기능을 증진시키며 미관을 개선하고 양호한 환경을 확보하며, 그 지역을 체계적·계획적으로 관리하기 위하여 수립하는 도시·군관리계획

① 광역도시계획
② 지구단위계획
③ 도시·군기본계획
④ 성장관리계획

|해설|

1-1, 1-2
지구단위계획 : 도시·군계획 수립 대상지역의 일부에 대하여 토지 이용을 합리화하고 그 기능을 증진시키며 미관을 개선하고 양호한 환경을 확보하며, 그 지역을 체계적·계획적으로 관리하기 위하여 수립하는 도시·군관리계획을 말한다.

정답 1-1 ② 1-2 ②

(2) 용어의 정의 – 기반시설

① 기반시설 분류

㉠ 기반시설의 종류

기반시설	도시관리계획시설 종류
교통시설	도로·철도·항만·공항·주차장·자동차정류장·궤도·차량 검사 및 면허시설
공간시설	광장·공원·녹지·유원지·공공공지
유통·공급 시설	유통업무설비, 수도·전기·가스·열공급설비, 방송·통신시설, 공동구·시장, 유류저장 및 송유설비
공공·문화 체육시설	학교·공공청사·문화시설·공공필요성이 인정되는 체육시설·연구시설·사회복지시설·공공직업훈련시설·청소년수련시설
방재시설	하천·유수지·저수지·방화설비·방풍설비·방수설비·사방설비·방조설비
보건위생 시설	장사시설·도축장·종합의료시설
환경기초 시설	하수도·폐기물처리 및 재활용시설·빗물저장 및 이용시설·수질오염방지시설·폐차장

㉡ 기반시설 중 도로·자동차정류장 및 광장의 세분

기반시설	세분류
도로	일반도로, 자동차전용도로, 자전거전용도로, 보행자전용도로, 보행자우선도로, 고가도로, 지하도로
자동차 정류장	여객자동차터미널, 물류터미널, 공영차고지, 공동차고지, 화물자동차 휴게소, 복합환승센터, 환승센터
광장	교통 광장, 일반 광장, 경관 광장, 지하 광장, 건축물 부설 광장

② **공동구** : 지하매설물(전기·가스·수도 등의 공급설비, 통신시설, 하수도시설 등)을 공동 수용함으로써 미관의 개선, 도로 구조의 보전 및 교통의 원활한 소통을 위하여 지하에 설치하는 시설물

③ **공공시설** : 도로, 공원, 철도, 수도 등의 공공용 시설

기반시설	도시관리계획시설
공공용 시설	항만·공항·광장·녹지·공공공지·공동구·하천·유수지·방화설비·방풍설비·방수설비·사방설비·방조설비·하수도·구거(도랑)
행정청이 설치하는 시설	주차장, 저수지 및 그 밖에 국토교통부령으로 정하는 시설

10년간 자주 출제된 문제

1-3. 국토의 계획 및 이용에 관한 법령상 광장·공원·녹지·유원지·공공공지가 속하는 기반시설은?
① 교통시설
② 공간시설
③ 환경기초시설
④ 보건위생시설

1-4. 국토의 계획 및 이용에 관한 법령에 따른 기반시설 중 공간시설에 속하지 않는 것은?
① 광 장
② 유원지
③ 유수지
④ 공공공지

1-5. 국토의 계획 및 이용에 관한 법령상 기반시설 중 도로의 세분에 속하지 않는 것은?
① 고가도로
② 보행자우선도로
③ 자전거우선도로
④ 자동차전용도로

1-6. 국토의 계획 및 이용에 관한 법령에 따른 기반시설 중 자동차 정류장의 세분에 속하지 않는 것은?
① 고속터미널
② 물류터미널
③ 공영차고지
④ 여객자동차터미널

1-7. 국토의 계획 및 이용에 관한 법령상 기반시설 중 광장의 세분에 해당하지 않는 것은?
① 옥상 광장
② 일반 광장
③ 지하 광장
④ 건축물 부설 광장

|해설|

1-3
광장, 공원, 녹지, 유원지, 공공공지는 공간시설에 속한다.

1-4
유수지는 방재시설에 속한다.

1-5
자전거우선도로는 해당되지 않는다.

1-6
고속터미널은 해당되지 않는다.

1-7
옥상 광장은 포함되지 않는다.

정답 1-3 ② 1-4 ③ 1-5 ③ 1-6 ① 1-7 ①

핵심이론 02 | 도시계획의 종류

(1) 광역도시계획의 내용
① 광역계획권의 공간구조와 기능 분담에 관한 사항
② 광역계획권의 녹지 관리 체계와 환경 보전에 관한 사항
③ 광역시설의 배치·규모·설치에 관한 사항
④ 경관계획에 관한 사항
⑤ 그 밖에 광역계획권에 속하는 특별시·광역시·특별자치시·특별자치도·시 또는 군 상호 간의 기능 연계에 관한 사항으로서 다음에 정하는 사항
　㉠ 광역계획권의 교통 및 물류유통 체계에 관한 사항
　㉡ 광역계획권의 문화·여가공간 및 방재에 관한 사항

(2) 도시·군기본계획의 내용
① 지역적 특성 및 계획의 방향·목표에 관한 사항
② 공간구조 및 인구의 배분에 관한 사항
③ 생활권의 설정과 생활권역별 개발·정비 및 보전 등에 관한 사항
④ 토지의 이용 및 개발에 관한 사항
⑤ 토지의 용도별 수요 및 공급에 관한 사항
⑥ 환경의 보전 및 관리에 관한 사항
⑦ 기반시설에 관한 사항
⑧ 공원·녹지에 관한 사항
⑨ 경관에 관한 사항
⑩ 기후변화 대응 및 에너지절약에 관한 사항
⑪ 방재·방범 등 안전에 관한 사항
⑫ ②~⑪에 규정된 사항의 단계별 추진에 관한 사항
⑬ 그 밖에 대통령령으로 정하는 사항
⑭ **도시·군 기본계획의 정비(타당성 검토)** : 특별시장·광역시장·특별자치시장·특별자치도지사·시장 또는 군수는 5년마다 관할 구역의 도시·군기본계획에 대하여 타당성을 전반적으로 재검토하여 정비하여야 한다.

(3) 도시·군관리계획의 내용
① 용도지역·용도지구의 지정 또는 변경에 관한 계획
② 개발제한구역, 도시자연공원구역, 시가화조정구역, 수산자원보호구역의 지정 또는 변경에 관한 계획
③ 기반시설의 설치·정비 또는 개량에 관한 계획
④ 도시개발사업이나 정비사업에 관한 계획
⑤ 지구단위계획구역의 지정 또는 변경에 관한 계획과 지구단위계획
⑥ 도시혁신구역의 지정 또는 변경에 관한 계획과 도시혁신계획
⑦ 복합용도구역의 지정 또는 변경에 관한 계획과 복합용도계획
⑧ 도시·군계획시설입체복합구역의 지정 또는 변경에 관한 계획
⑨ 도시·군관리계획 도서 중 계획도는 축척 1,000분의 1 또는 축척 5,000분의 1의 지형도에 도시·군관리계획 사항을 명시한 도면으로 작성하여야 한다.
⑩ **도시·군 관리계획의 정비(타당성 검토)** : 특별시장·광역시장·특별자치시장·특별자치도지사·시장 또는 군수는 5년마다 관할 구역의 도시·군관리계획에 대하여 타당성을 전반적으로 재검토하여 정비하여야 한다.

10년간 자주 출제된 문제

2-1. 국토의 계획 및 이용에 관한 법률에 따른 도시·군관리계획의 내용에 속하지 않는 것은?

① 광역계획권의 장기 발전방향에 관한 계획
② 도시개발사업이나 정비사업에 관한 계획
③ 기반시설의 설치·정비 또는 개량에 관한 계획
④ 용도지역·용도지구의 지정 또는 변경에 관한 계획

2-2. 다음은 도시·군관리계획 도서 중 계획도에 관한 기준 내용이다. ( ) 안에 알맞은 것은?(단, 모든 축척의 지형도가 간행되어 있는 경우)

> 도시·군관리계획 도서 중 계획도는 (　　)의 지형도에 도시·군관리계획 사항을 명시한 도면으로 작성하여야 한다.

① 축척 100분의 1 또는 축척 500분의 1
② 축척 500분의 1 또는 축척 2,000분의 1
③ 축척 1,000분의 1 또는 축척 5,000분의 1
④ 축척 3,000분의 1 또는 축척 10,000분의 1

|해설|

2-1
광역계획권의 장기 발전방향을 제시하는 계획은 광역도시계획에 속하는 내용이다.

2-2
축척 1,000분의 1 또는 축척 5,000분의 1

정답 2-1 ①　2-2 ③

핵심이론 03 | 용도지역, 용도지구, 용도구역

(1) 용도지역, 지구, 구역의 의의

① 용도지역

㉠ 토지의 이용 및 건축물의 용도·건폐율·용적률·높이 등을 제한함으로써 토지를 경제적·효율적으로 이용하고 공공복리 증진을 도모하기 위하여 서로 중복되지 아니하게 도시·군관리계획으로 결정하는 지역

㉡ 전 국토는 도시지역, 관리지역, 농림지역, 자연환경보전지역으로 구분된다.

㉢ 도시지역은 주거, 상업, 공업, 녹지지역으로 구분

㉣ 관리지역은 보전관리, 생산관리, 계획관리지역으로 구분

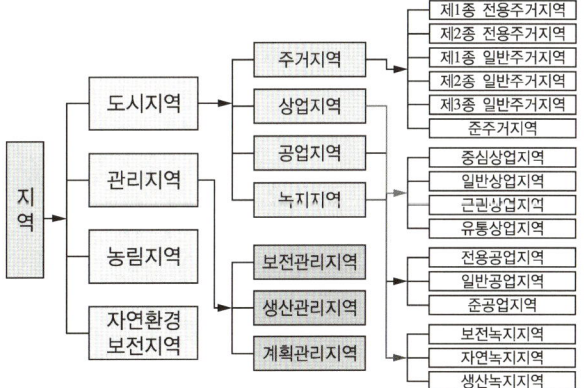

② 용도지구

토지 이용 및 건축물 용도·건폐율·용적률·높이 등에 대한 용도지역의 제한 강화 또는 완화하여 적용함으로써 용도지역 기능을 증진시키고 경관·안전 등을 도모하기 위해 도시·군관리계획으로 결정하는 지역

③ 용도구역

토지의 이용 및 건축물의 용도·건폐율·용적률·높이 등에 대한 용도지역 및 용도지구의 제한을 강화하거나 완화하여 따로 정함으로써 시가지의 무질서한 확산 방지, 계획적·단계적인 토지 이용 도모, 혁신적이고 복합적인 토지활용의 촉진, 토지 이용의 종합적 조정·관리 등을 위하여 도시·군관리계획으로 결정하는 지역

10년간 자주 출제된 문제

3-1. 시가지의 무질서한 확산 방지, 계획적·단계적인 토지 이용 도모, 혁신적이고 복합적인 토지활용의 촉진, 토지 이용의 종합적 조정·관리 등을 위하여 도시·군관리계획으로 결정하는 지역은?

① 용도지역
② 용도지구
③ 용도구역
④ 지구단위계획구역

|해설|

3-1
용도구역 : 시가지의 무질서한 확산 방지, 계획적·단계적인 토지 이용 도모, 혁신적이고 복합적인 토지활용의 촉진, 토지 이용의 종합적 조정·관리 등을 위하여 도시·군관리계획으로 결정하는 지역

정답 3-1 ③

---

(2) 용도지역의 세분

① 도시지역 : 인구와 산업이 밀집되어 있거나 밀집이 예상되어 그 지역에 대하여 체계적인 개발·정비·관리·보전 등이 필요한 지역

㉠ 주거지역

지 역	지정 목적
전용주거지역	양호한 주거환경을 보호하기 위해 필요한 지역
	제1종 전용주거지역 : 단독주택 중심
	제2종 전용주거지역 : 공동주택 중심
일반주거지역	편리한 주거환경을 조성하기 위해 필요한 지역
	제1종 일반주거지역 : 저층주택 중심
	제2종 일반주거지역 : 중층주택 중심
	제3종 일반주거지역 : 중고층주택 중심
준주거지역	주거기능 위주로 이를 지원하는 일부 상업 및 업무기능을 보완하기 위해 필요한 지역

㉡ 상업지역

지 역	지정 목적
중심상업지역	도심·부도심의 상업기능 및 업무기능의 확충을 위하여 필요한 지역
일반상업지역	일반적인 상업기능 및 업무기능을 담당하게 하기 위하여 필요한 지역
근린상업지역	근린지역에서의 일용품 및 서비스의 공급을 위하여 필요한 지역
유통상업지역	도시 내 및 지역간 유통기능의 증진을 위하여 필요한 지역

㉢ 공업지역

지 역	지정 목적
전용공업지역	주로 중화학공업, 공해성 공업 등을 수용하기 위하여 필요한 지역
일반공업지역	환경을 저해하지 아니하는 공업의 배치를 위하여 필요한 지역
준공업지역	경공업 그 밖의 공업을 수용하되, 주거·상업 및 업무기능 보완이 필요한 지역

㉣ 녹지지역

지 역	지정 목적
보전녹지지역	도시의 자연환경·경관·산림 및 녹지공간을 보전할 필요가 있는 지역
생산녹지지역	주로 농업적 생산을 위하여 개발을 유보할 필요가 있는 지역
자연녹지지역	도시의 녹지공간의 확보, 도시확산의 방지, 장래 도시 용지의 공급 등을 위하여 보전할 필요가 있는 지역으로서 불가피한 경우에 한하여 제한적인 개발이 허용되는 지역

10년간 자주 출제된 문제

3-2. 공동주택 중심의 양호한 주거환경을 보호하기 위하여 주거지역을 세분하여 지정하는 지역은?
① 제1종 전용주거지역
② 제2종 전용주거지역
③ 제1종 일반주거지역
④ 제2종 일반주거지역

3-3. 주거지역의 세분 중 중층주택을 중심으로 편리한 주거환경을 조성하기 위하여 필요한 지역은?
① 제1종 일반주거지역
② 제2종 일반주거지역
③ 제1종 전용주거지역
④ 제2종 전용주거지역

3-4. 주거기능을 위주로 이를 지원하는 일부 상업기능 및 업무기능을 보완하기 위하여 지정하는 주거지역의 세분은?
① 준주거지역
② 제1종 전용주거지역
③ 제1종 일반주거지역
④ 제2종 일반주거지역

3-5. 다음이 용도지역이 세분에 관한 설명 중 옳지 않은 것은?
① 근린상업지역 : 근린지역에서의 일용품 및 서비스의 공급을 위하여 필요한 지역
② 중심상업지역 : 도심·부도심의 상업기능 및 업무기능의 확충을 위하여 필요한 지역
③ 제1종 일반주거지역 : 단독주택을 중심으로 양호한 주거환경을 조성하기 위하여 필요한 지역
④ 준주거지역 : 주거기능을 위주로 이를 지원하는 일부 상업기능 및 업무기능을 보완하기 위하여 필요한 지역

3-6. 상업지역의 세분에 속하지 않는 것은?
① 중심상업지역　② 근린상업지역
③ 유통상업지역　④ 전용상업지역

|해설|
3-5
제1종 일반주거지역 : 저층주택 중심의 편리한 주거환경을 조성하기 위해 필요한 지역

정답 3-2 ②　3-3 ②　3-4 ①　3-5 ③　3-6 ④

---

② 관리지역 : 도시지역 인구와 산업을 수용하기 위해 도시지역에 준하여 체계적으로 관리하거나 농림업 진흥, 자연환경 또는 산림 보전을 위하여 농림지역 또는 자연환경보전지역에 준하여 관리가 필요한 지역

지역	지정 목적
보전 관리지역	자연환경 및 산림보호, 수질오염방지, 녹지공간 확보 및 생태계 보전 등을 위하여 보전이 필요하나, 주변 용도지역과의 관계를 고려할 때 자연환경보전지역으로 지정하여 관리하기가 곤란한 지역
생산 관리지역	농업·임업·어업 생산 등을 위하여 관리가 필요하나, 주변 용도지역과의 관계 등을 고려할 때 농림지역으로 지정하여 관리하기가 곤란한 지역
계획 관리지역	도시지역으로의 편입이 예상되는 지역 또는 자연환경을 고려하여 제한적인 이용·개발을 하려는 지역으로서 계획적·체계적인 관리가 필요한 지역

③ 농림지역 : 도시지역에 속하지 아니하는 농지법에 따른 농업진흥지역 또는 산지관리법에 의한 보전산지 등으로서 농림업을 진흥시키고 산림을 보전하기 위하여 필요한 지역

④ 자연환경보전지역 : 자연환경·수자원·해안·생태계·상수원 및 국가유산기본법에 따른 국가유산의 보전과 수산자원의 보호·육성 등을 위하여 필요한 지역

(3) 용도지구의 분류

① 경관지구 : 경관 보전·관리, 형성을 위하여 필요한 지구

지역	지정 목적
자연 경관지구	산지·구릉지 등 자연경관을 보호하거나 유지하기 위하여 필요한 지구
시가지 경관지구	지역 내 주거지, 중심지 등 시가지의 경관을 보호 또는 유지하거나 형성하기 위하여 필요한 지구
특화 경관지구	지역 내 주요 수계의 수변 또는 문화적 보존가치가 큰 건축물 주변의 경관 등 특별한 경관을 보호 또는 유지하거나 형성하기 위하여 필요한 지구

② 고도지구

③ 방화지구

④ 방재지구 : 풍수해, 산사태, 지반의 붕괴, 그 밖의 재해를 예방하기 위하여 필요한 지구

지 역	지정 목적
시가지 방재지구	건축물·인구가 밀집되어 있는 지역으로서 시설 개선 등을 통하여 재해 예방이 필요한 지구
자연 방재지구	토지 이용도가 낮은 해안변, 하천변, 급경사지 주변 등의 지역으로서 건축 제한 등을 통하여 재해 예방이 필요한 지구

10년간 자주 출제된 문제

3-7. 도시지역으로의 편입이 예상되는 지역 또는 자연환경을 고려하여 제한적인 이용·개발을 하려는 지역으로서 계획적·체계적인 관리가 필요한 지역은?

① 보전관리지역　　② 생산관리지역
③ 계획관리지역　　④ 자연환경보전지역

3-8. 다음 설명에 알맞은 용도지구의 세분은?

> 산지·구릉지 등 자연경관을 보호하거나 유지하기 위하여 필요한 지구

① 자연경관지구　　② 자연방재지구
③ 특화경관지구　　④ 생태계보호지구

3-9. 국토의 계획 및 이용에 관한 법령에 따른 경관지구에 속하지 않는 것은?

① 자연경관지구　　② 시가지경관지구
③ 특화경관지구　　④ 역사문화경관지구

3-10. 지역 내 주요 수계의 수변 또는 문화적 보존가치가 큰 건축물 주변의 경관 등 특별한 경관을 보호 또는 유지하거나 형성하기 위하여 필요한 지구?

① 자연경관지구　　② 시가지경관지구
③ 특화경관지구　　④ 역사문화미관지구

3-11. 용도지구의 세분에서 건축물·인구가 밀집되어 있는 지역으로서 시설 개선 등을 통하여 재해 예방이 필요하여 지정하는 지구는?

① 시가지방재지구　　② 특정개발진흥지구
③ 복합개발진흥지구　　④ 중요시설물보호지구

|해설|
3-9
역사문화경관지구는 지구의 종류에 없다.

정답 3-7 ③ 3-8 ① 3-9 ④ 3-10 ③ 3-11 ①

⑤ 보호지구 : 국가유산기본법에 따른 국가유산, 중요 시설물(항만, 공항 등 대통령령으로 정하는 시설물을 말한다) 및 문화적·생태적으로 보존가치가 큰 지역의 보호와 보존을 위하여 필요한 지구

지 역	지정 목적
역사문화환경 보호지구	국가유산·전통사찰 등 역사·문화적으로 보존가치가 큰 시설 및 지역의 보호와 보존을 위하여 필요한 지구
중요시설물 보호지구	중요시설물의 보호와 기능의 유지 및 증진 등을 위하여 필요한 지구
생태계 보호지구	야생동식물서식처 등 생태적으로 보존가치가 큰 지역의 보호, 보존을 위해 필요한 지구

⑥ 취락지구 : 녹지지역·관리지역·농림지역·자연환경보전지역·개발제한구역 또는 도시자연공원구역의 취락을 정비하기 위한 지구

지 역	지정 목적
자연취락지구	녹지지역·관리지역·농림지역 또는 자연환경보전지역 안의 취락을 정비하기 위하여 필요한 지구
집단취락지구	개발제한구역 안의 취락을 정비하기 위하여 필요한 지구

⑦ 개발진흥지구 : 주거기능·상업기능·공업기능·유통물류기능·관광기능·휴양기능 등을 집중적으로 개발·정비할 필요가 있는 지구

지 역	지정 목적
주거 개발진흥지구	주거기능을 중심으로 개발·정비할 필요가 있는 지구
산업·유통 개발진흥지구	공업기능 및 유통·물류기능을 중심으로 개발·정비할 필요가 있는 지구
관광·휴양 개발진흥지구	관광·휴양기능을 중심으로 개발·정비할 필요가 있는 지구
복합 개발진흥지구	주거기능, 공업기능, 유통·물류기능 및 관광·휴양기능 중 둘 이상의 기능을 중심으로 개발·정비할 필요가 있는 지구
특정 개발진흥지구	주거 및 공업기능, 유통·물류기능 및 관광·휴양기능 외의 기능을 중심으로 특정 목적을 위해 개발·정비할 필요가 있는 지구

⑧ 특정용도제한지구

⑨ 복합용도지구

10년간 자주 출제된 문제

3-12. 다음 설명에 알맞은 용도지구의 세분은?

주거기능, 공업기능, 유통·물류기능 및 관광·휴양기능 외의 기능을 중심으로 특정한 목적을 위하여 개발·정비할 필요가 있는 지구

① 주거개발진흥지구
② 관광휴양개발진흥지구
③ 특정개발진흥지구
④ 복합개발진흥지구

3-13. 다음 중 보호지구의 지정 목적으로 가장 알맞은 것은?

① 경관을 보호·형성하기 위하여
② 국가유산기본법에 따른 국가유산, 중요 시설물 및 문화적·생태적으로 보존가치가 큰 지역의 보호와 보존을 위하여
③ 학교시설·공용시설·항만 또는 공항의 보호, 업무기능의 효율화, 항공기의 안전운항 등을 위하여
④ 주거기능 보호나 청소년 보호 등의 목적으로 청소년 유해시설 등 특정시설의 입지를 제한하기 위하여

|해설|

3-13
보호지구 : 국가유산기본법에 따른 국가유산, 중요 시설물(항만, 공항 등 대통령령으로 정하는 시설물을 말한다) 및 문화적·생태적으로 보존가치가 큰 지역의 보호와 보존을 위하여 필요한 지구

정답 3-12 ③ 3-13 ②

(4) 용도구역의 지정

① **개발제한구역** : 도시의 무질서한 확산을 방지하고 도시 주변의 자연환경을 보전하여 도시민의 건전한 생활환경을 확보하기 위하여 도시의 개발을 제한할 필요가 있거나 국방부장관의 요청이 있어 보안상 도시의 개발을 제한할 필요가 있다고 인정되면 도시·군관리계획으로 결정

② **도시자연공원구역** : 도시의 자연환경 및 경관을 보호하고 도시민에게 건전한 여가·휴식공간 제공을 위해 도시지역 안에서 식생(植生)이 양호한 산지의 개발을 제한할 필요가 있다고 인정되면 도시·군관리계획으로 결정

③ **시가화조정구역** : 시·도지사는 직접 또는 관계 행정기관장의 요청을 받아 도시지역과 그 주변지역의 무질서한 시가화를 방지하고 계획적·단계적인 개발을 도모하기 위하여 5년 이상 20년 이내의 기간 동안 시가화를 유보할 필요가 있다고 인정되면 도시·군관리계획으로 결정

④ **수산자원보호구역** : 해양수산부장관은 직접 또는 관계 행정기관의 장의 요청을 받아 수산자원을 보호·육성하기 위하여 필요한 공유수면이나 그에 인접한 토지에 대해 도시·군관리계획으로 결정

⑤ **개발밀도관리구역** : 개발로 인해 기반시설이 부족할 것이 예상되나 기반시설 설치가 곤란한 지역을 대상으로 건폐율 또는 용적률을 강화하여 적용하기 위하여 지정하는 구역

⑥ **기반시설부담구역** : 개발밀도관리구역 외의 지역으로서 개발로 인하여 기반시설의 설치가 필요한 지역을 대상으로 기반시설을 설치하거나 그에 필요한 용지를 확보하게 하기 위하여 지정하는 구역

⑦ **도시혁신구역** : 도심·부도심 또는 생활권의 중심지역

⑧ **복합용도구역** : 복합적 토지이용이 필요한 지역 및 단계적 정비가 필요한 지역

⑨ 도시·군계획시설입체복합구역 : 준공 후 10년이 경과한 경우로서 해당 시설의 개량 또는 정비가 필요하거나, 기반시설의 복합적 이용이 필요한 경우

10년간 자주 출제된 문제

3-14. 시가화조정구역 지정과 관련된 기준 내용 중 밑줄 친 '기간'으로 옳은 것은?

> 도시지역과 그 주변지역의 무질서한 시가화를 방지하고 계획적·단계적인 개발을 도모하기 위하여 <u>대통령령으로 정하는 기간</u> 동안 시가화를 유보할 필요가 있다고 인정되면 시가화조정구역의 지정 또는 변경을 도시·군관리계획으로 결정할 수 있다.

① 5년 이상 10년 이내의 기간
② 5년 이상 20년 이내의 기간
③ 7년 이상 10년 이내의 기간
④ 7년 이상 20년 이내의 기간

3-15. 개발로 인하여 기반시설이 부족할 것으로 예상되나 기반시설을 설치하기 곤란한 지역을 대상으로 건폐율이나 용적률을 강화하여 적용하기 위하여 지정하는 구역은?

① 시가화조정구역
② 개발밀도관리구역
③ 기반시설부담구역
④ 지구단위계획구역

|해설|

3-14
5년 이상 20년 이내의 기간 동안 시가화를 유보할 필요가 있다고 인정되면 시가화조정구역의 지정 또는 변경을 도시·군관리계획으로 결정할 수 있다.

정답 3-14 ② 3-15 ②

핵심이론 04 | 용도지역 안에서의 행위제한

(1) 전용주거지역 안에서 건축할 수 있는 건축물

① 제1종 전용주거지역 안에서 건축할 수 있는 건축물
  ㉠ 건축할 수 있는 건축물
    • 단독주택(다가구주택 제외)
    • 제1종 근린생활시설로서 해당 용도에 쓰이는 바닥면적의 합계가 1,000m^2 미만인 것
  ㉡ 도시·군계획조례가 정하는 바에 의하여 건축할 수 있는 건축물
    • 단독주택 중 다가구주택
    • 공동주택 중 연립주택 및 다세대주택
    • 제1종 근린생활시설로서 해당 용도에 쓰이는 바닥면적의 합계가 1,000m^2 미만인 것
    • 제2종 근린생활시설 중 종교집회장
    • 문화 및 집회시설 중 박물관, 미술관, 체험관(한옥), 기념관 용도의 바닥면적 합계가 1,000m^2 미만인 것
    • 종교시설로서 바닥면적 합계가 1,000m^2 미만인 것
    • 교육연구시설 중 유치원, 초·중·고등학교
    • 노유자시설
    • 자동차 관련 시설 중 주차장

② 제2종 전용주거지역 안에서 건축할 수 있는 건축물
  ㉠ 건축할 수 있는 건축물
    • 단독주택
    • 공동주택
    • 제1종 근린생활시설로서 해당 용도에 쓰이는 바닥면적 합계 1,000m^2 미만인 것
  ㉡ 도시·군계획조례에서 정하는 건축물
    • 제2종 근린생활시설 중 종교집회장
    • 문화 및 집회시설 중 박물관, 미술관, 체험관(한옥), 기념관 용도의 바닥면적 합계가 1,000m^2 미만인 것
    • 종교시설로서 바닥면적 합계가 1,000m^2 미만인 것

- 교육연구시설 중 유치원, 초·중·고등학교
- 노유자시설
- 자동차 관련 시설 중 주차장

10년간 자주 출제된 문제

4-1. 다음 중 제1종 전용주거지역 안에서 건축할 수 있는 건축물에 속하지 않는 것은?(단, 도시·군계획 조례가 정하는 바에 의하여 건축할 수 있는 건축물 포함)
① 노유자시설
② 공동주택 중 아파트
③ 교육연구시설 중 고등학교
④ 제2종 근린생활시설 중 종교집회장

4-2. 국토의 계획 및 이용에 관한 법령상 제2종 전용주거지역 안에서 건축할 수 있는 건축물에 속하지 않은 것은?
① 공동주택
② 판매시설
③ 노유자시설
④ 교육연구시설 중 고등학교

4-3. 국토의 계획 및 이용에 관한 법령상 아파트를 건축할 수 있는 지역은?
① 자연녹지지역
② 제1종 전용주거지역
③ 제2종 전용주거지역
④ 제1종 일반주거지역

4-4. 건축법에 따른 제1종 근린생활시설로서 해당 용도에 쓰이는 바닥면적의 합계가 최대 얼마 미만인 경우 제2종 전용주거지역 안에서 건축할 수 있는가?
① 500m²   ② 1,000m²   ③ 1,500m²   ④ 2,000m²

|해설|

4-1
단독주택 중심의 제1종 전용주거지역 안에는 공동주택인 아파트를 건축할 수 없다.

4-2
판매시설은 제2종 전용주거지역 안에서 건축할 수 없다.

4-3
제2종 전용주거지역 : 공동주택 중심의 양호한 주거환경을 보호하기 위하여 필요한 지역

4-4
제1종 근린생활시설로서 바닥면적 합계 1,000m² 미만인 경우 제2종 전용주거지역 안에서 건축할 수 있다.

정답 4-1 ② 4-2 ② 4-3 ③ 4-4 ②

---

(2) 일반주거지역 안에서 건축할 수 있는 건축물

① 제1종 일반주거지역 안에서 건축할 수 있는 건축물(4층 이하의 건축물만 해당)
㉠ 단독주택, 공동주택(아파트 제외)
㉡ 제1종 근린생활시설
㉢ 교육연구시설 중 유치원, 초·중·고등학교
㉣ 노유자시설

② 제2종 일반주거지역 안에서 건축할 수 있는 건축물
㉠ 단독주택, 공동주택
㉡ 제1종 근린생활시설
㉢ 종교시설
㉣ 교육연구시설 중 유치원, 초·중·고등학교
㉤ 노유자시설

(3) 준주거지역 안에서 건축할 수 없는 건축물

① 제2종 근린생활시설 중 단란주점
② 판매시설 중 일반게임제공업의 시설
③ 의료시설 중 격리병원
④ 위락시설, 숙박시설(일부 제외)
⑤ 공장, 위험물 저장 및 처리 시설 중 시내버스차고지 외의 지역에 설치하는 액화석유가스 충전소 및 고압가스 충전소·저장소
⑥ 자동차 관련 시설 중 폐차장
⑦ 동물 및 식물 관련 시설 중 축사·도축장·도계장 및 이와 비슷한 시설(동·식물원 제외)
⑧ 자원순환 관련 시설, 묘지 관련 시설

(4) 일반상업지역 안에서 건축할 수 없는 건축물

① 숙박시설 중 일반 및 생활숙박시설(일부 제외)
② 위락시설
③ 공장, 위험물 저장 및 처리 시설 중 시내버스차고지 외의 지역에 설치하는 액화석유가스 충전소 및 고압가스 충전소·저장소
④ 자동차 관련 시설 중 폐차장

⑤ 동물 및 식물 관련 시설 중 축사, 가축시설, 도축장, 도계장 및 이와 비슷한 시설(동·식물원 제외)
⑥ 자원순환 관련 시설, 묘지 관련 시설

10년간 자주 출제된 문제

4-5. 다음 중 아파트를 건축할 수 없는 용도지역은?
① 준주거지역
② 제1종 일반주거지역
③ 제2종 전용주거지역
④ 제3종 전용주거지역

4-6. 제1종 일반주거지역 안에서 건축할 수 없는 건축물은?
① 아파트
② 다가구주택
③ 다세대주택
④ 제1종 근린생활시설

4-7. 제2종 일반주거지역 안에서 건축할 수 있는 건축물에 속하지 않는 것은?
① 단독주택
② 운수시설
③ 노유자시설
④ 공동주택

4-8. 준주거지역 안에서 건축할 수 없는 건축물에 속하지 않는 것은?
① 위락시설
② 자원순환 관련 시설
③ 의료시설 중 격리병원
④ 문화 및 집회시설 중 공연장

4-9. 국토의 계획 및 이용에 관한 법령상 일반상업지역 안에서 건축할 수 있는 건축물은?
① 묘지 관련 시설
② 자원순환 관련 시설
③ 의료시설 중 요양병원
④ 자동차 관련 시설 중 폐차장

|해설|
4-5
제1종 일반주거지역(저층주택 중심)은 아파트를 건축할 수 없다.
4-6
제1종 일반주거지역은 저층주택 중심의 편리한 주거환경 조성을 위한 지역으로서, 아파트는 건축할 수 없다.
4-7
제2종 일반주거지역 안에서 운수시설은 건축할 수 없다.
4-8
문화 및 집회시설 중 공연장은 준주거지역에 건축할 수 있다.
4-9
요양병원은 일반상업지역 안에서 건축할 수 있다.

정답 4-5 ② 4-6 ① 4-7 ② 4-8 ④ 4-9 ③

핵심이론 05 | 지구단위계획

(1) 지구단위계획 수립 시 고려할 사항
① 도시의 정비·관리·보전·개발 등 지구단위계획구역의 지정 목적
② 주거·산업·유통·관광휴양·복합 등 지구단위계획구역의 중심 기능
③ 해당 용도지역의 특성
④ 지역 공동체의 활성화
⑤ 안전하고 지속 가능한 생활권의 조성
⑥ 해당 지역 및 인근 지역의 토지 이용을 고려한 토지 이용계획과 건축계획의 조화

(2) 지구단위계획의 내용
지구단위계획에는 다음 사항 중 ③과 ⑤의 사항을 포함한 둘 이상의 사항이 포함되어야 한다. 다만, ②를 내용으로 하는 지구단위계획의 경우에는 그러하지 아니하다.
① 용도지역 또는 용도지구를 대통령령으로 정하는 범위에서 세분하거나 변경하는 사항
② 기존의 용도지구를 폐지하고 그 용도지구에서의 건축물이나 그 밖의 시설의 용도·종류 및 규모 등의 제한을 대체하는 사항
③ 대통령령으로 정하는 기반시설의 배치와 규모
④ 도로로 둘러싸인 일단의 지역 또는 계획적인 개발·정비를 위하여 구획된 일단의 토지의 규모와 조성계획
⑤ 건축물의 용도제한, 건축물의 건폐율 또는 용적률, 건축물 높이의 최고 한도 또는 최저 한도
⑥ 건축물의 배치·형태·색채 또는 건축선에 관한 계획
⑦ 환경관리계획 또는 경관계획
⑧ 보행안전 등을 고려한 교통처리계획
⑨ 그 밖에 토지 이용의 합리화, 도시 또는 농·산·어촌 기능 증진 등에 필요한 사항으로 대통령령이 정하는 사항

(3) 도시지역 내 지구단위계획구역에서의 완화적용

① 지구단위계획구역에서 건축물을 건축하려는 자가 그 대지의 일부를 공공시설 등의 부지로 제공하거나 공공시설 등을 설치하여 제공하는 경우에는 지구단위계획의 내용에 따라 그 건축물에 대하여 건폐율·용적률 및 높이제한을 완화하여 적용할 수 있다.
② 이 경우 제공받은 공공시설 등은 국유재산 또는 공유재산으로 관리한다.

(4) 지구단위계획의 경미한 변경

지구단위계획 중 관계 행정기관의 장과의 협의, 국토교통부장관과의 협의 및 중앙도시계획위원회·지방도시계획위원회 또는 공동위원회의 심의를 거치지 아니하고 변경할 수 있는 사항은 다음과 같다.
① 건축선 1m 이내 변경
② 획지면적의 30% 이내의 변경
③ 가구면적의 10% 이내 변경
④ 건축물 높이의 20% 이내의 변경(층수 변경 포함)
⑤ 건축물의 배치·형태 또는 색채 변경

10년간 자주 출제된 문제

5-1. 도시지역에 지정된 지구단위계획구역 내에서 건축물을 건축하려는 자가 그 대지의 일부를 공공시설 부지로 제공하는 경우 그 건축물에 대하여 완화하여 적용할 수 있는 항목이 아닌 것은?

① 건축선
② 건폐율
③ 용적률
④ 건축물의 높이

5-2. 지구단위계획 중 관계 행정기관의 장과의 협의, 국토교통부장관과의 협의 및 중앙도시계획위원회·지방도시계획위원회 또는 공동위원회의 심의를 거치지 아니하고 변경할 수 있는 사항에 관한 기준 내용으로 옳은 것은?

① 건축선의 2m 이내의 변경인 경우
② 획지면적의 20% 이내의 변경인 경우
③ 가구면적의 20% 이내의 변경인 경우
④ 건축물 높이의 20% 이내의 변경인 경우

|해설|

5-1
지구단위계획구역에서 건축물을 건축하려는 자가 그 대지의 일부를 공공시설 또는 기반시설 중 학교와 해당 시·도 또는 대도시의 도시·군계획조례로 정하는 기반시설의 부지로 제공하거나 공공시설 등을 설치하여 제공하는 경우 그 건축물에 대하여 지구단위계획으로 건폐율·용적률 및 높이제한을 완화하여 적용할 수 있다.

5-2
① 건축선 1m 이내 변경
② 획지면적의 30% 이내의 변경
③ 가구면적의 10% 이내 변경

정답 5-1 ① 5-2 ④

제4절 기타 법령 및 기준

핵심이론 01 | 범죄예방 건축기준 고시

(1) 목 적

이 기준은 건축법 제53조의2(건축물의 범죄예방) 및 건축법 시행령 제63조의7(건축물의 범죄예방)에 따라 범죄를 예방하고 안전한 생활환경을 조성하기 위하여 건축물, 건축설비 및 대지에 대한 범죄예방 기준을 정함을 목적으로 한다.

(2) 용어의 정의

① **자연적 감시** : 도로 등 공공 공간에 대하여 시각적인 접근과 노출이 최대화되도록 건축물의 배치, 조경, 조명 등을 통하여 감시를 강화하는 것
② **접근통제** : 출입문, 담장, 울타리, 조경, 안내판, 방범시설 등을 설치하여 외부인의 진・출입을 통제하는 것
③ **영역성 확보** : 공간배치와 시설물 설치를 통해 공적 공간과 사적 공간의 소유권 및 관리와 책임 범위를 명확히 하는 것
④ **활동의 활성화** : 일정한 지역에 대한 자연적 감시를 강화하기 위하여 대상 공간 이용을 활성화시킬 수 있는 시설물 및 공간 계획을 하는 것

(3) 범죄예방 기준에 따라 건축해야 하는 대상 건축물

① 다가구주택, 아파트, 연립주택 및 다세대주택
② 제1종 근린생활시설 중 일용품 판매점
③ 제2종 근린생활시설 중 다중생활시설
④ 문화 및 집회시설(동・식물원은 제외)
⑤ 교육연구시설(연구소 및 도서관은 제외)
⑥ 노유자시설
⑦ 수련시설
⑧ 업무시설 중 오피스텔
⑨ 숙박시설 중 다중생활시설

10년간 자주 출제된 문제

1-1. 범죄예방 기준에 따라 건축하여야 하는 대상 건축물에 속하지 않는 것은?

① 수련시설
② 업무시설 중 오피스텔
③ 숙박시설 중 일반숙박시설
④ 노유자시설

1-2. 국토교통부장관이 정한 범죄예방 기준에 따라 건축하여야 하는 대상 건축물에 속하지 않는 것은?

① 연립주택
② 다중주택
③ 노유자시설
④ 숙박시설 중 다중생활시설

|해설|

1-1, 1-2
범죄예방 기준에 따라 건축해야 하는 대상 건축물(건축법 시행령 제63조의7)
• 다가구주택, 아파트, 연립주택 및 다세대주택
• 제1종 근린생활시설 중 일용품을 판매하는 소매점
• 제2종 근린생활시설 중 다중생활시설
• 문화 및 집회시설(동・식물원은 제외한다)
• 교육연구시설(연구소 및 도서관은 제외한다)
• 노유자시설
• 수련시설
• 업무시설 중 오피스텔
• 숙박시설 중 다중생활시설

정답 1-1 ③ 1-2 ②

PART 02

과년도+최근 기출복원문제

#기출유형 확인　　#상세한 해설　　#최종점검 테스트

2018~2020년	과년도 기출문제	회독 CHECK 1 2 3
2021~2023년	과년도 기출복원문제	회독 CHECK 1 2 3
2024년	최근 기출복원문제	회독 CHECK 1 2 3

2018년 제1회 과년도 기출문제

제1과목 건축계획

01 1주간 평균 수업시간이 35시간인 어느 학교에서 미술실의 사용시간이 25시간이다. 미술실 사용시간 중 20시간은 미술수업에 사용되며, 5시간이 학급토론수업에 사용된다면, 이 교실의 순수율은?

① 20%　　② 29%
③ 71%　　④ 80%

해설
순수율 = $\dfrac{\text{해당 교과목 수업시간}}{\text{실제 교실 이용시간}} \times 100\%$
= $\dfrac{20시간}{25시간} \times 100\% = 80\%$

02 사무소 건축의 엘리베이터 계획에 관한 설명으로 옳지 않은 것은?

① 군 관리운전의 경우 동일 군 내의 서비스 층은 같게 한다.
② 승객의 층별 대기시간은 평균 운전간격 이하가 되게 한다.
③ 교통수요량이 많은 경우 출발기준층이 2개층 이상이 되도록 계획한다.
④ 초고층, 대규모 빌딩인 경우는 서비스 그룹을 분할(조닝)하는 것을 검토한다.

해설
출발기준층을 1개층으로 제한하는 것이 좋다. 다만, 경사지 등의 경우에는 조닝에 의해서 출발층이 분리될 경우도 있다.

03 주택의 동선계획에 관한 설명으로 옳지 않은 것은?

① 개인, 사회, 가사노동권의 3개 동선은 서로 분리하는 것이 좋다.
② 동선상 교통량이 많은 공간은 서로 인접 배치하는 것이 좋다.
③ 거실은 주택의 중심으로 모든 동선이 교차, 관통하도록 계획하는 것이 좋다.
④ 화장실, 현관 등과 같이 사용빈도가 높은 공간은 동선을 짧게 처리하는 것이 좋다.

해설
거실은 주택의 중심적 역할을 하며 독립된 실로서 보고, 동선이 교차되거나 관통하지 않도록 한다.

04 백화점 건축에서 기둥 간격의 결정 시 고려할 사항과 가장 거리가 먼 것은?

① 공조실의 위치
② 매장 진열장의 치수
③ 지하주차장의 주차 방식
④ 에스컬레이터의 배치방법

해설
공조실의 위치는 기둥 간격의 결정 시 고려사항과는 거리가 멀다.

05 공동주택의 단위세대 평면 형식 중 LDK형에서 D가 의미하는 것은?

① 거 실　　② 부 엌
③ 식 당　　④ 침 실

해설
식당(Dining Room) 또는 식사실

정답 1 ④　2 ③　3 ③　4 ①　5 ③

06 홀(Hall)형 아파트에 관한 설명으로 옳지 않은 것은?

① 거주의 프라이버시가 높다.
② 대지의 이용률이 가장 높은 형식이다.
③ 엘리베이터 홀에서 직접 각 세대로 접근할 수 있다.
④ 각 세대에 양쪽 개구부를 계획할 수 있는 관계로 일조와 통풍이 양호하다.

해설
대지의 이용률이 가장 높은 형식은 중복도 형식이다.

07 사무소 건축의 코어 형식 중 중심코어형에 관한 설명으로 옳지 않은 것은?

① 외관이 획일적일 수 있다.
② 유효율이 높은 계획이 가능하다.
③ 구조코어로서 바람직한 형식이다.
④ 바닥면적이 큰 경우에는 사용할 수 없다.

해설
중심코어형은 바닥면적이 크고, 고층인 사무소 건축에 적용하기 유리하다.

08 상점의 판매 방식 중 측면판매에 관한 설명으로 옳지 않은 것은?

① 충동적 구매와 선택이 용이하다.
② 판매원의 정위치를 정하기 어렵고 불안정하다.
③ 고객과 종업원이 진열상품을 같은 방향으로 보며 판매하는 방식이다.
④ 진열면적은 감소하나 별도의 포장공간을 둘 필요가 없다는 장점이 있다.

해설
④는 대면판매 형식에 대한 설명이다.

09 학교 건축에서 단층 교사에 관한 설명으로 옳지 않은 것은?

① 재해 시 피난이 용이하다.
② 학습활동의 실외 연장이 가능하다.
③ 구조계획이 단순하며, 내진·내풍 구조가 용이하다.
④ 집약적인 평면계획이 가능하나 채광·환기가 불리하다.

해설
④는 다층 교사에 대한 설명이다.

10 사무소 건축의 화장실계획에 관한 설명으로 옳지 않은 것은?

① 각 층마다 공통된 위치에 설치한다.
② 각 사무실에서 동선이 짧거나 간단하도록 한다.
③ 가급적 계단실이나 엘리베이터 홀에 근접하여 계획한다.
④ 1개소에 집중시키지 말고 2개소 이상으로 분산시켜 배치하도록 한다.

해설
가급적이면 1개소에 집중시키고, 남녀는 분리하며, 장애인용 화장실도 설치한다.

11 표준화가 어렵거나 다종을 소량생산하는 경우에 채용되는 공장의 레이아웃(Layout) 방식은?

① 고정식 레이아웃
② 혼성식 레이아웃
③ 공정중심 레이아웃
④ 제품중심 레이아웃

해설
공장의 레이아웃 방식
- 고정식 레이아웃 : 주가 되는 재료나 조립부품이 고정되고, 사람이나 기계가 이동해 가며 작업하는 방식
- 혼성식 레이아웃 : 모든 방식들이 혼성된 형식
- 제품중심 레이아웃 : 생산에 필요한 모든 공정, 기계 기구를 제품의 흐름에 따라 배치하는 방식

정답 6 ② 7 ④ 8 ④ 9 ④ 10 ④ 11 ③

12 주택 부엌의 작업대 배치 방식 중 L형 배치에 관한 설명으로 옳지 않은 것은?

① 정방형 부엌에 적합한 유형이다.
② 부엌과 식당을 겸하는 경우 활용이 가능하다.
③ 작업대의 코너 부분에 개수대 또는 레인지를 설치하기 곤란하다.
④ 분리형이라고도 하며, 모든 방향에서 작업대의 접근 및 이용이 가능하다.

해설
④는 아일랜드 형식에 대한 설명이다.

13 은행의 주출입구 계획에 관한 설명으로 옳지 않은 것은?

① 회전문 설치 시 안전성에 대한 고려가 필요하다.
② 고객을 내부로 자연스럽게 유도하는 것이 계획상 중요하다.
③ 이중문을 설치할 경우 바깥문은 안여닫이로 계획하여야 한다.
④ 겨울철에 실내 온도의 유지 및 바람막이를 위해 방풍실의 전실(前室)을 계획하는 것이 좋다.

해설
출입문은 도난 방지상 안여닫이로 하며, 방풍실을 설치할 경우 안쪽문은 안여닫이로 하고 바깥문은 밖여닫이 또는 자재문으로 계획한다.

14 근린생활권 중 인보구의 중심시설은?

① 파출소
② 유치원
③ 초등학교
④ 어린이 놀이터

해설
인보구의 중심시설 : 어린이 놀이터
근린주구의 중심시설 : 초등학교

15 다음 중 공간의 레이아웃(Layout)과 가장 밀접한 관계를 가지고 있는 것은?

① 입면계획
② 동선계획
③ 설비계획
④ 색채계획

해설
공간의 레이아웃(Layout)은 공간을 기능별로 분리하여 배치하는 개념으로서 공간의 이동에 관계되는 동선계획에 유의한다.

16 주택의 각 부위별 치수계획으로 가장 부적절한 것은?

① 복도의 폭 : 120cm
② 현관의 폭 : 120cm
③ 세면기의 높이 : 75cm
④ 부엌의 작업대 높이 : 65cm

해설
부엌의 작업대 높이 : 일반적으로 82~85cm 정도

정답 12 ④ 13 ③ 14 ④ 15 ② 16 ④

17 다음 중 초등학교 저학년에 가장 적당한 학교운영 방식은?

① 일반교실 및 특별교실형(U + V형)
② 교과교실형(V형)
③ 종합교실형(U형)
④ 플래툰형(P형)

해설
학교운영방식
- 종합교실형 : 하나의 교실에서 모든 교과수업을 행하는 방식으로 초등학교 저학년에 가장 적합하다.
- 달톤형 : 학급과 학년을 없애고 능력에 따라 교과목을 이수한 후 졸업한다.
- 플래툰형 : 각 학급을 2분단으로 나누어 한쪽이 일반교실을 사용할 때, 다른 한쪽은 특별교실을 사용한다.
- 교과교실형 : 교과교실 구성으로 순수율이 높지만, 학생의 이동이 심하다.

18 아파트 단지 내 주동배치 시 고려하여야 할 사항으로 옳지 않은 것은?

① 단지 내 커뮤니티가 자연스럽게 형성되도록 한다.
② 옥외주차장을 이용하여 충분한 오픈스페이스를 확보한다.
③ 주동 배치계획에서 일조, 풍향, 방화 등에 유의해야 한다.
④ 다양한 배치기법을 통하여 개성적인 생활공간으로서의 옥외공간이 되도록 한다.

해설
지하 등으로 옥내주차장을 이용하게 하며, 지상에는 충분한 오픈스페이스를 확보한다.

19 상점의 숍 프런트(Shop Front) 형식을 개방형, 폐쇄형, 혼합형으로 분류할 경우 다음 중 일반적으로 개방형의 적용이 가장 곤란한 상점은?

① 서 점
② 제과점
③ 귀금속점
④ 일용품점

해설
귀금속점은 폐쇄형으로 계획한다.
폐쇄형
- 출입구를 제외한 전면을 폐쇄하여 통행인이 상점 내부를 들여다 볼 수 없게 된 형식
- 손님이 점내에 비교적 오래 머물러 있는 경우 또는 손님이 적은 점포에 적합하다.
- 이발소, 미용원, 귀금속점, 카메라점, 음식점 등

20 단독주택의 각 실계획에 관한 설명으로 옳지 않은 것은?

① 거실은 남북방향으로 긴 것이 좋다.
② 욕실의 천장은 약간 경사지게 함이 좋다.
③ 거실과 정원은 유기적으로 시각적 연결을 갖게 한다.
④ 침실의 침대는 머리쪽에 창을 두지 않는 것이 좋다.

해설
거실은 동서방향으로 길게 하여 남향으로부터 일조, 일사, 채광 등에 유리하도록 한다.

정답 17 ③ 18 ② 19 ③ 20 ①

제2과목 건축시공

21 목공사에서 건축연면적(m²)당 먹매김의 품이 가장 많이 소요되는 건축물은?

① 고급주택 ② 학 교
③ 사무소 ④ 은 행

해설
목공사에서 건축연면적(m²)당 먹매김의 품(인부수)
- 고급주택 : 0.055~0.089인
- 학교, 공장 : 0.024~0.041인
- 사무소 : 0.041~0.058인
- 보통주택, 은행 : 0.055~0.078인

22 철골구조의 판보에 수직 스티프너를 사용하는 경우는 어떤 힘에 저항하기 위함인가?

① 인장력 ② 전단력
③ 휨모멘트 ④ 압축력

해설
스티프너는 강 부재의 강성을 높이기 위해 수직방향으로 설치한 수직보강재로서 웨브 플레이트에서 전단력을 저항하기 위해 수직 스티프너로 보강한다.

23 다음은 기성콘크리트 말뚝의 중심간격에 관한 기준이다. A와 B에 각각 들어갈 내용으로 옳은 것은?

기성 콘크리트 말뚝을 타설할 때 그 중심간격은 말뚝머리 지름의 (A)배 이상 또한 (B)mm 이상으로 한다.

① A : 1.5, B : 650
② A : 1.5, B : 750
③ A : 2.5, B : 650
④ A : 2.5, B : 750

해설
기성콘크리트 말뚝의 중심간격은 말뚝머리 지름의 2.5배 이상 또한 750mm 이상으로 한다.

24 가설공사 시 설치하는 벤치마크(Bench Mark)에 관한 설명으로 옳지 않은 것은?

① 건물 높이 및 위치의 기준이 되는 표식이다.
② 비, 바람 또는 공사 중의 지반 침하, 진동 등에 의해서 이동될 수 있는 곳은 피한다.
③ 건물이 완성된 후에도 쉽게 확인할 수 있는 곳을 선정한다.
④ 점검작업의 번잡을 피하기 위하여 가급적 한 장소에 설치한다.

해설
벤치마크(Bench Mark) : 건물의 위치 및 높이 기준이 되는 표식으로 기준면으로부터 표고를 정확하게 측정하여 표시해 둔 점으로 높이 측량의 기준이 되며, 최소 2개소 이상 여러 곳에 표시해 두는 것이 좋다.

25 다음 미장 공법 중 균열이 가장 적게 생기는 것은?

① 회반죽 바름
② 돌로마이트 플라스터 바름
③ 경석고 플라스터 바름
④ 시멘트 모르타르 바름

해설
경석고(무수석고) 플라스터는 응결이 느리기 때문에 경화촉진제(명반)를 사용하며, 강도가 크고 수축·균열이 적다.

정답 21 ① 22 ② 23 ④ 24 ④ 25 ③

26 조적조에서 테두리보를 설치하는 이유로 옳지 않은 것은?

① 횡력에 대한 수직균열을 방지하기 위하여
② 내력벽을 일체로 하여 하중을 균등히 분포시키기 위하여
③ 지붕, 바닥 및 벽체의 하중을 내력벽에 전달하기 위하여
④ 가로 철근의 끝을 정착시키기 위하여

[해설]
테두리보(Wall Girder)의 역할
- 분산된 벽체를 일체로 하여 균등한 하중 분포
- 벽체의 수직균열에 대한 방지
- 보강블록조의 세로 철근을 테두리보에 정착
- 집중하중을 받는 부분을 보강

27 다음 중 유성 페인트의 구성 성분으로 옳지 않은 것은?

① 안료
② 건성유
③ 광명단
④ 건조제

[해설]
유성 페인트 구성 성분 : 안료, 건성유, 희석제, 건조제

28 현장타설 말뚝 공법에 해당되지 않는 것은?

① 숏크리트 공법
② 리버스 서큘레이션 공법
③ 어스드릴 공법
④ 베노토 공법

[해설]
숏크리트(Shotcrete) 공법 : 굴착지반이나 비탈면 등에 시멘트, 골재, 물 등을 혼합하여 압축공기로 뿜어서 자유면에 달라붙게 만드는 공법이다.
현장타설 말뚝 기계굴삭 공법 : 베노토 공법, 리버스 서큘레이션 공법, 어스드릴 공법

29 흙을 파낸 후 토량의 부피 변화가 가장 큰 것은?

① 모 래
② 보통흙
③ 점 토
④ 자 갈

[해설]
토량의 부피 증가율
- 모래 : 15~20%
- 자갈 : 5~15%
- 보통흙 : 30%
- 진흙(점토) : 20~45%

30 콘크리트 골재에 요구되는 특성으로 옳지 않은 것은?

① 골재의 입형은 편평, 세장하거나 예각으로 된 것은 좋지 않다.
② 충분한 수분의 흡수를 위하여 굵은 골재의 공극률은 큰 것이 좋다.
③ 골재의 강도는 경화 시멘트페이스트의 강도 이상이어야 한다.
④ 입도는 조립에서 세립까지 균등히 혼합되게 한다.

[해설]
골재는 입도가 적당해야 하며 굵은 골재의 공극률은 작은 것이 좋다.

31 일반적인 일식도급 계약제도를 건축주의 입장에서 볼 때 그 장점과 거리가 먼 것은?

① 재도급된 금액이 원도급 금액보다 고가(高價)로 되므로 공사비가 상승한다.
② 계약 및 감독이 비교적 간단하다.
③ 공사 시작 전 공사비를 정할 수 있으며 합리적으로 자금계획을 수립할 수 있다.
④ 공사 전체의 진척이 원활하다.

[해설]
일식도급은 원도급자가 하도급에 의해 시공시키고 감독하여 완성하므로 하도급된 금액이 낮아져 공사비가 감소할 수 있지만 공사는 조잡해질 우려가 있다.

정답 26 ④ 27 ③ 28 ① 29 ③ 30 ② 31 ①

32 콘크리트 거푸집을 조기에 제거하고 단시일에 소요강도를 내기 위한 양생 방법은?

① 습윤양생
② 전기양생
③ 피막양생
④ 증기양생

해설
증기양생 : 거푸집을 빨리 제거하고 단기간에 소요강도를 얻기 위해 고온, 고압증기로 보양하는 것으로서 PC 제품이나 한중콘크리트에 적합하다.

33 콘크리트용 골재의 함수상태에서 유효흡수량을 옳게 설명한 것은?

① 표면건조 내부포화상태와 절대건조상태의 수량의 차이
② 공기 중에서의 건조상태와 표면건조 내부포화상태의 수량의 차이
③ 습윤상태와 표면건조 내부포화상태의 수량의 차이
④ 습윤상태와 절대건조상태와의 수량의 차이

해설
유효흡수량은 표면건조 내부포수상태와 기건상태의 골재 내에 함유된 수량의 차이를 말한다.

34 방수공사에 관한 설명으로 옳지 않은 것은?

① 방수 모르타르는 보통 모르타르에 비해 접착력이 부족한 편이다.
② 시멘트 액체방수는 면적이 넓은 경우 익스팬션조인트를 설치해야 한다.
③ 아스팔트 방수층은 바닥, 벽 모든 부분에 방수층 보호누름을 해야 한다.
④ 스트레이트 아스팔트의 경우 신축이 좋고, 내구력이 좋아 옥외방수에도 사용 가능하다.

해설
스트레이트 아스팔트는 석유계 아스팔트로 신축이 좋고 점착성·방수성이 우수하여 지하실 방수공사에 적용하지만, 연화점이 비교적 낮고 내후성 및 온도에 의한 변화 정도가 커서 옥외공사에는 사용하지 않는다.

35 고로 시멘트의 특징이 아닌 것은?

① 건조수축이 현저하게 적다.
② 화학저항성이 높아 해수 등에 접하는 콘크리트에 적합하다.
③ 수화열이 적어 매스콘크리트에 유리하다.
④ 장기간 습윤보양이 필요하다.

해설
고로 시멘트는 초기 강도는 낮으나 장기 강도의 발현이 뛰어나다. 건조수축이 발생하며, 해안공사 또는 큰 구조물공사에 적합하다.

36 다음 공정표에서 종속관계에 관한 설명으로 옳지 않은 것은?

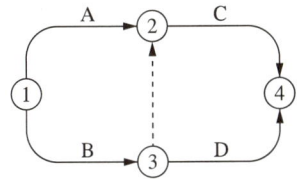

① C는 A작업에 종속된다.
② C는 B작업에 종속된다.
③ D는 A작업에 종속된다.
④ D는 B작업에 종속된다.

해설
- D는 B작업에만 종속된다(D는 B작업이 완료되면 바로 개시할 수 있다).
- C는 A작업과 B작업에 종속된다(C는 A작업, B작업 두 작업이 완료되어야만 개시할 수 있다).

37 아일랜드 컷 공법의 시공순서와 역순으로 흙파기를 하는 공법은?

① 케이슨 공법
② 타이 로드 공법
③ 트렌치 컷 공법
④ 오픈 컷 공법

해설
트렌치 컷 공법 : 건물의 측벽이나 주열선 부분을 먼저 파내고 주변부 기초를 축조한 다음 중앙부를 굴착하여 지하 구조물을 완성하는 공법이며, 아일랜드 컷 공법의 역순으로 시공한다.

38 다음 중 기경성 재료에 해당하는 것은?

① 순석고 플라스터
② 혼합석고 플라스터
③ 돌로마이트 플라스터
④ 시멘트 모르타르

해설
기경성 미장재료 : 공기 중에서 경화하는 재료(진흙질, 회반죽, 돌로마이트 플라스터)
수경성 미장재료 : 물과 작용하여 경화되는 재료(석고 플라스터, 무수석고(경석고) 플라스터, 시멘트 모르타르, 인조석 바름)

39 재료를 섞고 몰드를 찍은 후 한번 구워 비스킷(Biscuit)을 만든 후 유약을 바르고 다시 한번 구워 낸 타일을 의미하는 것은?

① 내장타일
② 시유타일
③ 무유타일
④ 표면처리타일

해설
시유타일(Ceramic Tile, 유약 처리된 타일) : 재료를 섞고 몰드로 찍은 후 한번 구워 비스킷(Biscuit)을 만든 후 유약을 바르고 다시 한 번 구워낸 타일로서 두 번 소성을 하기 때문에 Double Firing이라고도 한다.
무유타일(Porcelain Tile, 유약을 바르지 않은 타일) : 미리 원료 배합을 한 후 몰드로 찍은 후 가마에 굽는 타일로서 한 번만 굽기 때문에 Single Firing이라고 한다.

40 목구조의 2층 마루틀 중 복도 또는 칸 사이가 작을 때 보를 쓰지 않고 층도리와 칸막이도리에 직접 장선을 걸쳐 대고 그 위에 마루널을 깐 것은?

① 동바리마루틀
② 홑마루틀
③ 보마루틀
④ 짠마루틀

해설
목구조의 마루틀
- **홑마루틀** : 보를 쓰지 않고 칸 사이가 작을 때 층도리와 칸막이도리에 직접 장선을 걸쳐 대고 그 위에 마루널을 깐 것
- **동바리마루틀** : 동바리를 세우고, 멍에를 건너지르고 장선을 대고 마룻널을 깐 것
- **보마루틀** : 보를 걸어 장선을 받게 하고 그 위에 마루널을 깐 것
- **짠마루틀** : 큰 보 위에 작은 보를 걸고 그 위에 장선을 대고 마루널을 깐 것

제3과목 건축구조

41 그림과 같은 구조물의 판별로 옳은 것은?

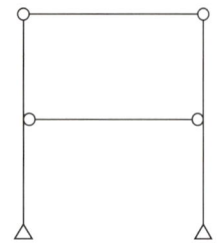

① 안정, 정정
② 안정, 1차 부정정
③ 안정, 2차 부정정
④ 불안정

해설
$N = m + r + k - 2j$
$\quad = 6 + 4 + 2 - 2 \times 6$
$\quad = 0$
여기서, m : 부재(Member)수
$\quad\quad r$: 지점반력(Reaction)수
$\quad\quad k$: 강절점수
$\quad\quad j$: 절점(Joint)수
구조물 판별은 정정 구조물이지만, 상단부 힌지 연결(핀접합) 및 불안정한 기하학적인 형태로서 불안정 구조물이다.

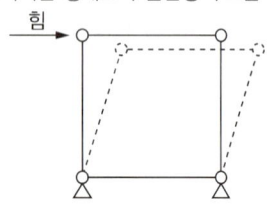

42 처짐을 계산하지 않는 경우 철근콘크리트 보의 최소 두께 규정으로 옳은 것은?(단, l = 보의 경간, w_c = 2,300kg/m³, f_y = 400MPa 사용)

① 단순지지 : $l/15$
② 양단연속 : $l/24$
③ 1단연속 : $l/18.5$
④ 캔틸레버 : $l/10$

해설
처짐을 계산하지 않는 경우 보 또는 1방향 슬래브 최소 두께

부재	캔틸레버	단순지지	1단연속	양단연속
보	$\dfrac{l}{8}$	$\dfrac{l}{16}$	$\dfrac{l}{18.5}$	$\dfrac{l}{21}$
1방향 슬래브	$\dfrac{l}{10}$	$\dfrac{l}{20}$	$\dfrac{l}{24}$	$\dfrac{l}{28}$

43 다음 구조물에서 A점의 휨모멘트 M_A의 크기는?

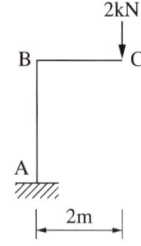

① 2kN·m
② 4kN·m
③ 6kN·m
④ 8kN·m

해설
$M = P \times l$
$M_A = 2 \times 2 = 4\text{kN} \cdot \text{m}$

44 기초의 부동침하를 방지하는 데 적절하지 않은 조치는?

① 구조물 전체의 하중을 기초에 균등히 분포시킨다.
② 말뚝 또는 피어기초를 고려한다.
③ 기초 상호 간을 강(Rigid)접합으로 연결을 한다.
④ 한 건물에서의 기초 설치 시 가급적 다른 종류의 기초로 한다.

> 해설
> 한 건물에서의 기초 설치 시 가급적 같은 종류의 기초로 한다.

45 철근콘크리트구조에서 철근 가공 시 표준갈고리에 관한 설명으로 옳지 않은 것은?

① 주철근의 표준갈고리는 90° 표준갈고리와 180° 표준갈고리가 있다.
② 주철근의 90° 표준갈고리는 구부린 끝에서 $12d_b$ 이상 더 연장하여야 한다.
③ 띠철근과 스터럽의 표준갈고리는 60° 표준갈고리와 90° 표준갈고리가 있다.
④ D25 이하의 철근으로 135° 표준갈고리를 만드는 경우 구부린 끝에서 $6d_b$ 이상 더 연장하여야 한다.

> 해설
> 띠철근과 스터럽의 표준갈고리는 90° 표준갈고리와 135° 표준갈고리로 분류된다.

46 고정하중(D) 2kN/m²과 활하중(L) 3kN/m²이 구조물에 작용할 경우 계수하중(U)을 구하면?(단, 건축구조기준, 일반건축물의 경우임)

① 6.0kN/m² ② 6.4kN/m²
③ 6.8kN/m² ④ 7.2kN/m²

> 해설
> $U = 1.2D + 1.6L = 1.2 \times 2 + 1.6 \times 3 = 7.2 \text{kN/m}^2$

47 그림과 같은 구조물의 부재 C에 작용하는 압축력은?

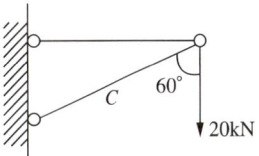

① 10kN ② 20kN
③ 30kN ④ 40kN

> 해설
> $\Sigma V = 0$;
> $C \times \cos 60° = 20$, $C \times \dfrac{1}{2} = 20$ 이므로
> ∴ $C = 40$kN

48 그림에서 E점의 휨모멘트를 구하면?

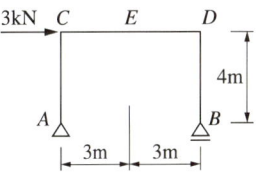

① 12kN·m ② 6kN·m
③ 4kN·m   ④ 3kN·m

> 해설
> $\Sigma M_A = 0$;
> $(3 \times 4) - (R_B \times 6) = 0$, $R_B = 2$kN
> ∴ $M_E = 2 \times 3 = 6$kN·m

49 그림의 트러스에서 a부재의 부재력은?(단, 트러스를 구성하는 삼각형은 정삼각형임)

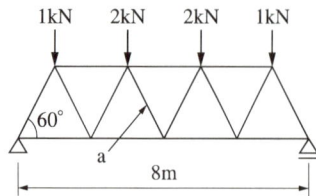

① 0
② 2kN
③ $2\sqrt{2}$ kN
④ $\sqrt{3}$ kN

해설
반력을 산정한다.
$R_A = R_B = \dfrac{P}{2} = \dfrac{6}{2} = 3\text{kN}$

자유물체도에서 a부재의 부재력을 구한다.
$\Sigma V = 0;\ 3 - 1 - 2 - a\sin 60° = 0$
∴ $a\sin 60° = 0$이므로, $a = 0$이다.

50 강구조 접합부는 최소 얼마 이상을 지지하도록 설계되어야 하는가?(단, 연결재, 새그로드 또는 띠장은 제외)

① 15kN ② 25kN
③ 35kN ④ 45kN

해설
접합부의 최소 설계강도
• 접합부 설계강도는 45kN 이상 지지하도록 설계한다.
• 연결재, 새그로드 또는 띠장은 제외한다.
접합부의 설계강도
$\phi R_n \geq S_u$
여기서, ϕ : 강도감소계수
　　　R_n : 접합부 공칭강도
　　　S_u : 접합부 소요강도

51 그림과 같은 단면에서 허용휨응력도가 8MPa일 때 중심축(X–X)에 대한 휨모멘트값은?

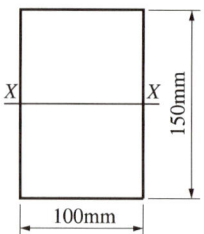

① 3kN·m
② 4kN·m
③ 8kN·m
④ 10kN·m

해설
휨응력$(\sigma) = \dfrac{M}{I}y = \dfrac{M}{Z}$

∴ $M = \sigma \times Z = \sigma \times \dfrac{bh^2}{6} = 8 \times \dfrac{100 \times 150^2}{6}$
　　$= 3,000,000\text{N·mm} = 3\text{kN·m}$

52 그림과 같은 지름 32mm의 원형막대에 40kN의 인장력이 작용할 때 부재단면에 발생하는 인장응력도는?

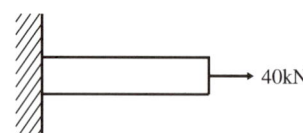

① 39.8MPa
② 49.8MPa
③ 59.8MPa
④ 69.8MPa

해설
$\sigma = \dfrac{P}{A} = \dfrac{40 \times 10^3}{\left(\dfrac{\pi \times 32^2}{4}\right)} ≒ 49.736\text{MPa}$

53 건축구조별 특징에 관한 설명으로 옳지 않은 것은?

① 돌구조는 주요구조부를 석재로 써서 구성한 것으로 내구적이나 횡력에 약하다.
② 벽돌구조는 지진과 바람 같은 횡력에 약하고 균열이 생기기 쉽다.
③ 철골철근콘크리트구조는 철골구조에 비해 내화성이 부족하다.
④ 보강블록조는 블록의 빈 속에 철근을 배근하고 콘크리트를 채워 넣은 것이다.

해설
철골철근콘크리트구조는 철골구조에 비해 내화성이 우수하다.

54 철근콘크리트보에서 철근과 콘크리트 간의 부착력이 부족할 때 부착력을 증가시키는 방법으로써 가장 적절한 것은?

① 고강도철근을 사용한다.
② 콘크리트의 물시멘트비를 증가시킨다.
③ 인장철근의 주장을 증가시킨다.
④ 압축철근의 단면적을 증가시킨다.

해설
인장철근의 주장(길이)을 증가시킴으로써 철근과 콘크리트의 접착면을 많게 하면 부착력은 증가된다.

55 특수 고력볼트인 TS볼트를 구성하고 있는 요소와 거리가 먼 것은?

① 너트
② 핀테일
③ 평와셔
④ 필러 플레이트

해설
너트, 핀테일, 평와셔는 고력볼트의 부속품이다.
필러 플레이트(Filler Plate) : 두께가 다른 철골 부재를 덧판 사이에 끼우고 볼트 접합하는 경우 두께를 조정하기 위해 삽입하는 얇은 강판

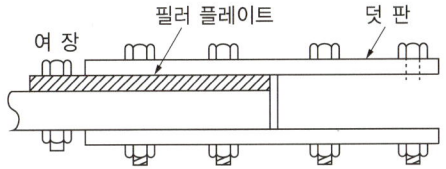

56 콘크리트의 공칭전단강도(V_c)가 36kN이고, 전단보강근에 의한 공칭전단강도(V_s)가 24kN일 때 설계전단력(ϕV_n)으로 옳은 것은?

① 45kN
② 51kN
③ 56kN
④ 60kN

해설
설계전단력(ϕV_n) = $\phi(V_c + V_s)$
여기서, V_c : 콘크리트의 공칭전단강도
V_s : 전단보강근에 의한 공칭전단강도
ϕ : 전단력 강도감소계수(= 0.75)
∴ $\phi V_n = \phi(V_c + V_s) = 0.75 \times (36 + 24) = 45$kN

57 등분포하중을 받는 단순보의 최대 처짐 공식으로 옳은 것은?

① $\dfrac{3wl^4}{192EI}$ ② $\dfrac{5wl^4}{384EI}$

③ $\dfrac{wl^4}{120EI}$ ④ $\dfrac{7wl^4}{384EI}$

해설
등분포하중을 받는 단순보의 최대 처짐 = $\dfrac{5wl^4}{384EI}$

58 다음 단면의 공칭휨강도 M_n을 구하면?(단, f_{ck} = 30MPa, f_y = 300MPa이다)

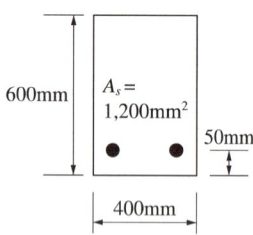

① 132.2kN·m
② 160.5kN·m
③ 191.6kN·m
④ 222.2kN·m

해설
응력분포 깊이(a)를 구한다.
$a = \dfrac{A_s f_y}{0.85 f_{ck} \times b} = \dfrac{1,200 \times 300}{0.85 \times 30 \times 400} ≒ 35.3\text{mm}$

공칭휨강도(M_n)를 구한다.
$M_n = A_s f_y \left(d - \dfrac{a}{2}\right)$
$= 1,200 \times 300 \times \left((600-50) - \dfrac{35.3}{2}\right)$
$= 191,646,000\text{N} \cdot \text{mm}$
∴ $M_n ≒ 191.6\text{kN} \cdot \text{m}$

59 구조물의 지점은 이동지점, 회전지점, 고정지점으로 구분된다. 각각의 지점에 대한 반력의 수로 알맞은 것은?

① 이동지점 – 1개, 회전지점 – 2개, 고정지점 – 3개
② 이동지점 – 2개, 회전지점 – 1개, 고정지점 – 3개
③ 이동지점 – 1개, 회전지점 – 3개, 고정지점 – 2개
④ 이동지점 – 3개, 회전지점 – 1개, 고정지점 – 2개

해설

지 점	지점 표시	반력 표시	반력수(n)
이동단(Roller Support)	○ or △	↑V	1
회전단(Hinged Support)	△	H→△↓V	2
고정단(Fixed Support)	▨	H→M▨↓V	3

60 기초 크기 3.0m × 3.0m의 독립기초가 축방향력 N = 60kN(기초 자중 포함), 휨모멘트 M = 10kN·m를 받을 때 기초 저면의 편심거리는 약 얼마인가?

① 0.10m ② 0.17m
③ 0.21m ④ 0.34m

해설
$M = P \times e$
∴ 편심거리(e) = $\dfrac{M}{P} = \dfrac{10}{60} ≒ 0.166667\text{m}$

제4과목 건축설비

61 지름이 100mm인 관속을 통과하는 유체의 유량이 $0.1m^3/s$인 경우 이 유체의 유속은?

① 9.8m/s ② 10.7m/s
③ 11.5m/s ④ 12.7m/s

해설
유량(Q) = 단면적(A) × 유속(V)
따라서, 유속(V) = 유량(Q) ÷ 단면적(A)
$$= \frac{Q}{\frac{\pi d^2}{4}} = \frac{0.1}{\frac{\pi \times 0.1^2}{4}} ≒ 12.73m/s$$

62 전기실에 설치된 변압기 등의 발열량은 46.5kW이다. 32℃의 외기를 이용하여 전기실 실내를 40℃로 유지하고자 할 경우 도입해야 할 필요 외기량은?(단, 공기의 비열은 1.01kJ/kg·K, 공기의 밀도는 $1.2kg/m^3$이다)

① 약 $5,000m^3/h$
② 약 $17,265m^3/h$
③ 약 $20,834m^3/h$
④ 약 $25,100m^3/h$

해설
현열부하량(H_i) = $\rho \times Q \times C \times \Delta t$ (kJ/h)이며, 이에 따라 필요 외기량(m^3/h)을 구할 수 있다.
$$Q = \frac{46.5 \times 3,600}{1.2 \times 1.01 \times (40-32)} ≒ 17,265m^3/h$$
여기서, ρ : 공기밀도
Δt : 온도차
C : 비열
Q : 필요 외기량(m^3/h), 1kW = 3,600kJ/h

63 옥내소화전설비에 관한 설명으로 옳은 것은?

① 송수구는 지면으로부터 높이가 0.5m 이상 1m 이하의 위치에 설치한다.
② 옥내소화전 노즐선단의 방수압력은 0.1MPa 이상이어야 한다.
③ 수원은 그 저수량이 옥내소화전의 설치 개수가 가장 많은 층의 설치 개수에 $1.3m^3$를 곱한 양 이상이어야 한다.
④ 옥내소화전용 펌프의 토출량은 옥내소화전이 가장 많이 설치된 층의 설치 개수에 100L/min을 곱한 양 이상이어야 한다.

해설
② 옥내소화전 노즐선단의 방수압력은 0.17MPa 이상이어야 한다.
③ 수원은 그 저수량이 옥내소화전의 설치 개수가 가장 많은 층의 설치개수(옥내소화전이 2개 이상 설치된 경우에는 2개)에 $2.6m^3$를 곱한 양 이상이어야 한다.
④ 옥내소화전용 펌프의 토출량은 옥내소화전이 가장 많이 설치된 층의 설치 개수에 130L/min을 곱한 양 이상이어야 한다.

64 인터폰설비의 통화망 구성 방식에 속하지 않는 것은?

① 상호식 ② 모자식
③ 복합식 ④ 연결식

해설
인터폰의 접속 방식
- 모자식 : 1대의 모기에 여러 대의 자기를 접속하는 방식
- 상호식 : 구성하고자 하는 곳에 상호간에 접속하는 방식
- 복합식 : 모자식과 상호식을 복합한 형식

65 자동화재탐지설비의 감지기 중 감지기 주위의 공기가 일정한 농도의 연기를 포함하게 되면 동작하는 것은?

① 차동식 ② 정온식
③ 보상식 ④ 이온화식

해설
열감지기 : 차동식, 정온식, 보상식
연기감지기 : 이온화식, 광전식

66 건축물의 냉방부하를 감소시키기 위한 유리창 계획으로 옳지 않은 것은?

① 유리창의 면적을 작게 한다.
② 반사율이 큰 유리를 사용한다.
③ 차폐계수가 큰 유리를 사용한다.
④ 연관류율이 작은 유리를 사용한다.

해설
유리창 차폐계수
- 유리창의 종류에 따라 태양에 의한 표준일사열취득 열량 중 유리 창호를 통과하여 실내의 냉방부하로 작용하는 일사량의 비율을 나타낸 것(0~1 사이의 수치 범위를 가짐)
- 차폐계수의 값이 작을수록 태양에 의한 일사 차단의 효과가 높음을 나타낸다.
- 유리창은 취득열량을 줄이기 위해서 열관류율이 작고 반사율이 큰 것이 좋으며, 차폐계수 및 투과율이 작은 것이 취득열량이 적다.

67 루프통기의 효과를 높이는 역할과 함께 배수·통기 양 계통 간 공기의 유통을 원활히 하기 위해 설치하는 통기관은?

① 습식 통기관   ② 도피 통기관
③ 각개 통기관   ④ 공용 통기관

해설
도피 통기관은 배수 수평 지관이 배수 수직관에 접속하기 바로 전에 통기관을 설치하여 배수 및 공기의 유통을 원활하도록 한다.

68 배수 트랩의 봉수파괴 원인에 속하지 않는 것은?

① 증발현상
② 통기관 설치
③ 자기 사이펀 작용
④ 감압에 의한 흡입 작용

해설
통기관은 트랩의 봉수파괴를 보호하는 역할을 한다.

69 급탕량의 산정방법에 속하지 않는 것은?

① 급탕단위에 의한 방법
② 사용인원수에 의한 방법
③ 사용기구수에 의한 방법
④ 피크로드 시간에 의한 방법

해설
건물의 급탕량의 산정방법
- 사용인원수에 의한 방법
- 사용기구수에 의한 방법
- 급탕단위에 의한 방법

70 다음 중 BOD 제거율을 나타낸 식으로 올바른 것은?

① $\dfrac{\text{유입수BOD} - \text{유출수BOD}}{\text{유입수BOD}} \times 100(\%)$

② $\dfrac{\text{유출수BOD} - \text{유입수BOD}}{\text{유입수BOD}} \times 100(\%)$

③ $\dfrac{\text{유입수BOD} - \text{유출수BOD}}{\text{유출수BOD}} \times 100(\%)$

④ $\dfrac{\text{유출수BOD} - \text{유입수BOD}}{\text{유출수BOD}} \times 100(\%)$

해설
BOD는 오수 중의 분해 가능한 유기물이 용존 산소의 존재하에 미생물의 작용에 의해 산화 분해되어 안정한 물질로 변해갈 때 소비하는 산소량으로써 오수처리설비의 성능을 나타내는 지표이다.

BOD 제거율 = $\dfrac{\text{유입수BOD} - \text{유출수BOD}}{\text{유입수BOD}} \times 100(\%)$

71 펌프의 특성 곡선에서 나타나지 않는 항목은?

① 효율   ② 유속
③ 양정   ④ 동력

해설
펌프의 특성 곡선 : 펌프가 일정한 속도로 물을 양수할 때 토출량의 변화에 따라 효율, 양정, 축동력의 변화를 표시한 선도이다.

정답 66 ③ 67 ② 68 ② 69 ④ 70 ① 71 ②

72 220V, 400W 전열기를 110V에서 사용하였을 경우 소비전력(W)은?

① 50W ② 100W
③ 200W ④ 400W

해설
전력(P) = 전압(V) × 전류(I) = I^2R = $\dfrac{V^2}{R}$

저항(R) = $\dfrac{V^2}{P}$ = $\dfrac{220^2}{400}$ = 121Ω

따라서, 전력(P) = $\dfrac{V^2}{R}$ = $\dfrac{110^2}{121}$ = 100W

73 건축물에서 냉각탑을 설치하는 주된 목적은?

① 공기를 가습하기 위하여
② 공기의 흐름을 조절하기 위하여
③ 오염된 공기를 세정시키기 위하여
④ 냉동기의 응축열을 제거하기 위하여

해설
냉각탑 : 응축기에서 냉각수에 의한 감소 열량을 냉각순환시켜 대기 중으로 방출하기 위한 장치로써 응축기용 냉각수 재사용을 위해 대기와 접촉시켜서 물을 냉각하는 장치

74 백열전구와 비교한 형광램프의 특징으로 옳지 않은 것은?

① 효율이 높다.
② 휘도가 낮다.
③ 수명이 길다.
④ 전원 전압의 변동에 대하여 광속 변동이 크다.

해설
형광램프는 백열전구보다 전원 전압의 변동에 대하여 광속의 변동이 적다.

75 습공기에 관한 설명으로 옳지 않은 것은?

① 건구온도가 낮아지면 비체적은 감소한다.
② 상대습도 100%인 경우 습구온도와 노점온도는 동일하다.
③ 열수분비는 엔탈피의 변화량을 습구온도 변화량으로 나눈 값이다.
④ 습공기를 가열하면 상대습도는 감소하나 절대습도는 변하지 않는다.

해설
열수분비 : 공기의 온도 또는 습도가 변할 때 절대온도의 단위증가량(Δx)에 대한 엔탈피의 증가량(Δi)의 비율$\left(\dfrac{\Delta i}{\Delta x}\right)$로서 엔탈피(전열량) 변화량을 절대온도의 변화량으로 나눈 값을 말한다.

76 공기조화 방식 중 2중 덕트 방식에 관한 설명으로 옳지 않은 것은?

① 혼합상자에서 소음과 진동이 생긴다.
② 부하특성이 다른 다수의 실이나 존에도 적용할 수 있다.
③ 덕트 스페이스가 작으며 습도의 완벽한 조절이 용이하다.
④ 냉·온풍의 혼합으로 인한 혼합손실이 있어서 에너지 소비량이 많다.

해설
2중 덕트 방식
• 냉풍과 온풍을 각각의 덕트를 통해 각 실이나 존으로 송풍하고, 냉·난방부하에 따라 냉풍과 온풍을 혼합하여 취출시키는 공기조화 방식으로 전공기 방식에 속한다.
• 부하특성이 다른 다수의 실이나 존에도 적용할 수 있다.
• 혼합상자에서 소음과 진동이 발생하며 냉·온풍의 혼합으로 인한 혼합손실이 있다.
• 덕트가 2중이므로 덕트가 차지하는 면적이 넓으며 습도의 조절이 어렵다.

정답 72 ② 73 ④ 74 ④ 75 ③ 76 ③

77 소화설비 중 스프링클러설비에 관한 설명으로 옳지 않은 것은?

① 초기 화재 진압에 효과가 크다.
② 소화기능은 있으나 경보기능은 없다.
③ 물로 인한 2차 피해가 발생할 수 있다.
④ 고층 건축물이나 지하층의 소화에 적합하다.

해설
스프링클러설비
- 스프링클러 헤드를 실내 천장에 설치하여, 67~75℃ 정도에서 가용 합금편이 용융됨으로써, 자동적으로 화염에 물을 분사하는 자동소화설비이다.
- 화재와 동시에 화재경보장치가 작동하여 신속한 대피 및 화재 시 초기 진압에 유리하다.
- 고층 건축물이나 지하층의 소화에 적합하다.
- 소화수로 인한 2차 피해가 발생할 수 있다.

78 양수량이 2,400L/min, 전양정 9m인 양수펌프의 축동력은?(단, 펌프의 효율은 70%이다)

① 4.53kW ② 5.04kW
③ 6.35kW ④ 7.14kW

해설
펌프의 축동력 $= \dfrac{W \times Q \times H}{6{,}120 \times E}$ (kW)

$= \dfrac{1{,}000 \times 2.4 \times 9}{6{,}120 \times 0.7} ≒ 5.04\text{kW}$

여기서, W : 비중량(kg/m³), 물의 비중량 = 1,000kg/m³
Q : 양수량(m³/min)
H : 전양정(m)
E : 효율(%)

79 바닥복사난방에 관한 설명으로 옳지 않은 것은?

① 실내의 쾌적감이 높다.
② 바닥의 이용도가 높다.
③ 방을 개방상태로 하여도 난방효과가 있다.
④ 방열량 조절이 용이하여 간헐난방에 적합하다.

해설
복사난방은 구조체를 가열하여 난방하는 방식이며 장시간 난방에 적합하며, 열용량이 크지만 방열량 조절이 어렵고 간헐난방에는 부적합하다.

80 증기난방의 응축수 환수 방식 중 환수가 가장 원활하고 신속하게 이루어지는 것은?

① 진공식
② 기계식
③ 중력식
④ 복관식

해설
진공환수식은 증기난방의 응축수 환수 방식 중 응축수 및 증기의 순환이 가장 빠른 방식이다.

제5과목 건축관계법규

81 부설주차장 설치 대상 시설물인 옥외수영장의 연면적이 15,000m², 정원이 1,800명인 경우 설치해야 하는 부설주차장의 최소 주차대수는?

① 75대　　② 100대
③ 120대　　④ 150대

해설
옥외수영장은 정원 15인당 1대로 산정하므로,
1,800명 ÷ 15명 = 120대

82 주차장에서 장애인 전용 주차단위구획의 최소 크기는?(단, 평행주차 형식 외의 경우)

① 너비 2.0m, 길이 3.6m
② 너비 2.3m, 길이 5.0m
③ 너비 2.5m, 길이 5.1m
④ 너비 3.3m, 길이 5.0m

해설
평행주차 형식 이외의 경우

형식 구분	너비 × 길이
경형	2.0m × 3.6m 이상
일반형	2.5m × 5.0m 이상
확장형	2.6m × 5.2m 이상
장애인 전용	3.3m × 5.0m 이상
이륜자동차 전용	1.0m × 2.3m 이상

83 특별피난계단에 설치하는 배연설비의 구조에 관한 기준 내용으로 옳지 않은 것은?

① 배연구는 평상시에는 닫힌 상태를 유지할 것
② 배연구 및 배연풍도는 평상시에 사용하는 굴뚝에 연결할 것
③ 배연구에 설치하는 수동개방장치 또는 자동개방장치는 손으로도 열고 닫을 수 있도록 할 것
④ 배연기는 배연구의 열림에 따라 자동적으로 작동하고, 충분한 공기배출 또는 가압능력이 있을 것

해설
외기 또는 평상시에 사용하지 아니하는 굴뚝에 연결할 것

84 건축법령상 초고층 건축물의 정의로 옳은 것은?

① 층수가 30층 이상이거나 높이가 90m 이상인 건축물
② 층수가 30층 이상이거나 높이가 120m 이상인 건축물
③ 층수가 50층 이상이거나 높이가 150m 이상인 건축물
④ 층수가 50층 이상이거나 높이가 200m 이상인 건축물

해설
초고층 건축물 : 층수 50층 이상이거나 높이 200m 이상인 건축물
고층 건축물 : 층수 30층 이상이거나 높이 120m 이상인 건축물

정답 81 ③ 82 ④ 83 ② 84 ④

85 각 층의 거실 바닥면적이 3,000m²인 지하 3층 지상 12층의 숙박시설을 건축하고자 할 때, 설치하여야 하는 승용 승강기의 최소 대수는?(단, 16인승 승용 승강기를 설치하는 경우)

① 4대 ② 5대
③ 9대 ④ 10대

해설
업무시설, 숙박시설, 위락시설은 1대에 3,000m²를 초과하는 2,000m² 이내마다 1대를 더한 대수로 산정한다.
6층 이상은 12 − 5 = 7개 층이며, 6층 이상 거실면적 합계는 3,000m² × 7 = 21,000m²이므로,
$$1 + \frac{21{,}000\text{m}^2 - 3{,}000\text{m}^2}{2{,}000\text{m}^2} = 10\text{대}$$
※ 16인승 승용 승강기를 설치하는 경우에는 2대로 보며, 따라서 최소 5대가 된다.

86 지역의 환경을 쾌적하게 조성하기 위하여 대통령령으로 정하는 용도와 규모의 건축물에 일반이 사용할 수 있도록 대통령령으로 정하는 기준에 따라 소규모 휴식시설 등의 공개공지 또는 공개공간을 설치하여야 하는 대상 지역에 속하지 않는 것은?

① 준주거지역
② 준공업지역
③ 보전녹지지역
④ 일반주거지역

해설
공개공지 확보 대상 지역
지역의 환경을 쾌적하게 조성하기 위하여 법률이 정하는 바에 따라, 소규모 휴식시설 등의 공개공지 또는 공개공간을 설치해야 한다.
• 일반주거지역
• 준주거지역
• 상업지역
• 준공업지역
• 도시화 가능성이 크다고 인정한 지정·공고 지역
보전녹지지역: 도시의 자연환경·경관·산림 및 녹지공간을 보전할 필요가 있는 지역

87 건축법령상 의료시설에 속하지 않는 것은?

① 치과의원
② 한방병원
③ 요양병원
④ 마약진료소

해설
의원(소아과의원, 치과의원, 한의원 등)은 제1종 근린생활시설에 포함된다.
의료시설
• 병원 : 종합병원, 병원, 치과병원, 한방병원, 정신병원 및 요양병원
• 격리병원 : 전염병원, 마약진료소 등

88 자연녹지지역 안에서 건축할 수 있는 건축물의 용도에 속하지 않는 것은?

① 아파트
② 운동시설
③ 노유자시설
④ 제1종 근린생활시설

해설
아파트는 녹지지역에 건축할 수 없다. 생산녹지지역과 자연녹지지역 등에 건축이 가능한 용도는 주로 단독주택, 제종 및 2종 근린생활시설(일부 제외), 유치원, 초등학교, 노유자시설, 수련시설 등이다.

정답 85 ② 86 ③ 87 ① 88 ①

89 다음은 주차전용 건축물에 관한 기준 내용이다. ( ) 안에 속하지 않는 건축물의 용도는?

> 주차전용 건축물이란 건축물의 연면적 중 주차장으로 사용되는 부분의 비율이 95% 이상인 것을 말한다. 다만, 주차장 외의 용도로 사용되는 부분이 ( )인 경우에는 주차장으로 사용되는 부분의 비율이 70% 이상인 것을 말한다.

① 단독주택 ② 종교시설
③ 교육연구시설 ④ 문화 및 집회시설

해설
주차전용 건축물의 주차면적 비율

주차장 비율	건축물의 용도
95% 이상	아래 용도 이외의 용도
70% 이상	단독 및 공동주택, 제1·2종 근린생활시설, 문화 및 집회시설, 종교시설, 판매시설, 운수시설, 운동시설, 업무시설, 창고시설, 자동차 관련 시설
60% 이상	주차환경개선지구 내에 위치한 건축물

90 다음은 건축물이 있는 대지의 분할 제한에 관한 기준 내용이다. 밑줄 친 대통령령으로 정하는 범위 내용으로 옳지 않은 것은?

> 건축물이 있는 대지는 대통령령으로 정하는 범위에서 해당 지방자치단체의 조례로 정하는 면적에 못 미치게 분할할 수 없다.

① 주거지역 : 50m² 이상
② 상업지역 : 150m² 이상
③ 공업지역 : 150m² 이상
④ 녹지지역 : 200m² 이상

해설
대지의 분할 규모

용도지역	분할 규모	대지의 분할제한
주거지역	60m²	·대지와 도로와의 관계 ·건폐율 ·용적률 ·대지 안의 공지 ·건축물의 높이제한 ·일조 등의 확보를 위한 건축물의 높이제한
상업지역	150m²	
공업지역		
녹지지역	200m²	
기타 지역	60m²	

91 다음은 건축법령상 건축물의 점검 결과 보고에 관한 기준 내용이다. ( ) 안에 알맞은 것은?

> 건축물의 소유자나 관리자는 정기점검이나 수시점검을 실시하였을 때에는 그 점검을 마친 날부터 ( ) 이내에 해당 특별자치시장·특별자치도지사 또는 시장·군수·구청장에게 결과를 보고하여야 한다.

① 10일 ② 14일
③ 30일 ④ 60일

해설
※ 문제보기에 해당하는 건축법 시행령 제23조의5 제1항이 개정(20.4.28)으로 삭제되었으나 건축물관리법에 따라 정답을 ② 번으로 할 수 있다.
건축물관리점검 결과의 보고(건축물관리법 제20조 제1항) : 건축물관리점검기관은 건축물관리점검을 마친 날부터 30일 이내에 해당 건축물의 관리자와 특별자치시장·특별자치도지사 또는 시장·군수·구청장에게 건축물관리점검 결과를 보고하여야 한다.

92 종교시설의 용도에 쓰이는 건축물에서 집회실의 반자 높이는 최소 얼마 이상으로 하여야 하는가? (단, 집회실의 바닥면적은 300m²이며, 기계환기장치를 설치하지 않은 경우)

① 2.1m ② 2.4m
③ 3.3m ④ 4.0m

해설
거실의 반자 설치 높이

거실의 용도		반자 높이
모든 건축물(예외 : 공장, 창고시설, 위험물저장 및 처리시설, 동물 및 식물 관련 시설, 자원순환시설, 묘지 관련 시설)		2.1m 이상
·문화 및 집회시설(전시장, 동·식물원 제외) ·종교시설 ·장례식장 ·위락시설 중 유흥주점	해당 바닥면적 200m² 이상(예외 : 기계환기장치를 설치한 경우)	4.0m 이상
		노대 아랫부분 2.7m 이상

93 연면적 200m²을 초과하는 건축물에 설치하는 계단에 관한 기준 내용으로 옳지 않은 것은?

① 높이 3m를 넘는 계단에는 높이 3m 이내마다 너비 120cm 이상의 계단참을 설치하여야 한다.
② 높이가 1m를 넘는 계단 및 계단참의 양옆에는 난간(벽 또는 이에 대치되는 것을 포함)을 설치하여야 한다.
③ 판매시설의 용도에 쓰이는 건축물의 계단인 경우에는 계단 및 계단참의 너비를 120cm 이상으로 하여야 한다.
④ 계단의 유효높이(계단의 바닥 마감면부터 상부 구조체의 하부 마감면까지의 연직방향의 높이)는 1.9m 이상으로 하여야 한다.

해설
계단의 설치기준(건축물의 피난·방화구조 등의 기준에 관한 규칙 제15조)
계단의 유효 높이(계단의 바닥 마감면부터 상부 구조체의 하부 마감면까지의 연직방향의 높이를 말한다)는 2.1m 이상으로 할 것

94 공동주택 중 아파트로서 4층 이상인 층의 각 세대가 2개 이상의 직통계단을 사용할 수 없는 경우 발코니에 설치하는 대피공간이 갖추어야 할 요건으로 옳지 않은 것은?

① 대피공간은 바깥의 공기와 접하지 않을 것
② 대피공간은 실내의 다른 부분과 방화구획으로 구획될 것
③ 대피공간의 바닥면적은 각 세대별로 설치하는 경우에는 2m² 이상일 것
④ 대피공간의 바닥면적은 인접 세대와 공동으로 설치하는 경우에는 3m² 이상일 것

해설
대피공간은 바깥의 공기와 접해야 하며, 실내 다른 부분과 방화구획으로 할 것

95 건축물의 건축 시 설계자가 건축물에 대한 구조의 안전을 확인하는 경우 건축구조기술사의 협력을 받아야 하는 대상 건축물에 속하지 않는 것은?

① 특수구조 건축물
② 다중이용 건축물
③ 준다중이용 건축물
④ 층수가 5층인 건축물

해설
건축구조기술사의 협력을 받아야 하는 대상
• 6층 이상인 건축물
• 특수구조 건축물
• 다중이용 건축물
• 준다중이용 건축물
• 3층 이상의 필로티 형식 건축물

96 다음 중 노외주차장에 설치하여야 하는 차로의 최소 너비가 가장 작은 주차 형식은?(단, 이륜자동차 전용 외의 노외주차장으로 출입구가 2개 이상인 경우)

① 직각주차 ② 교차주차
③ 평행주차 ④ 60° 대향주차

해설
출입구 수에 따른 차로의 폭

주차 형식	차로의 폭	
	출입구가 2개 이상인 경우	출입구가 1개인 경우
평행주차	3.3m	5.0m
45° 대향주차	3.5m	5.0m
교차주차		
60° 대향주차	4.5m	5.5m
직각주차	6.0m	6.0m

정답 93 ④ 94 ① 95 ④ 96 ③

97 건축허가 대상 건축물이라 하더라도 미리 특별자치시장·특별자치도지사 또는 시장·군수·구청장에게 국토교통부령으로 정하는 바에 따라 신고를 하면 건축허가를 받은 것으로 보는 경우에 속하지 않는 것은?

① 층수가 2층인 건축물에서 바닥면적의 합계가 50m²의 증축
② 층수가 2층인 건축물에서 바닥면적의 합계가 60m²의 개축
③ 층수가 2층인 건축물에서 바닥면적의 합계가 80m²의 재축
④ 연면적이 300m²이고 층수가 3층인 건축물의 대수선

해설
④는 신고 대상 범위에서 벗어난다.
증축, 개축, 재축, 대수선의 신고 대상

증축·개축·재축	• 바닥면적 합계가 85m² 이내 • 3층 이상 건축물인 경우에는 바닥면적의 합계가 건축물 연면적의 10분의 1 이내인 경우로 한정한다.
대수선	연면적 200m² 미만이고, 3층 미만인 건축물의 대수선(주요구조부 해체하지 않음)

98 주거지역의 세분으로 저층 주택을 중심으로 편리한 주거환경을 조성하기 위하여 지정하는 지역은?

① 제1종 전용 주거지역
② 제2종 전용 주거지역
③ 제1종 일반주거지역
④ 제2종 일반주거지역

해설
주거지역의 세분

제1종 전용주거지역	단독주택 중심
제2종 전용주거지역	공동주택 중심
제1종 일반주거지역	저층 주택 중심
제2종 일반주거지역	중층 주택 중심
제3종 일반주거지역	중고층 주택 중심

99 문화 및 집회시설 중 공연장의 관람석과 접하는 복도의 유효너비는 최소 얼마 이상으로 하여야 하는가? (단, 당해 층의 바닥면적의 합계가 400m²인 경우)

① 1.2m
② 1.5m
③ 1.8m
④ 2.4m

해설
※ 건축물의 피난·방화구조 등의 기준에 관한 규칙 개정(19.8.6)으로 용어가 다음과 같이 변경되었습니다.
관람석 → 관람실

복도의 유효너비 별도 기준

대 상	바닥면적 합계	유효너비
공연장·집회장·관람장·전시장, 종교시설 중 종교집회장, 아동 관련 시설·노인복지시설, 생활권수련시설, 유흥주점 및 장례식장의 관람실 또는 집회실과 접하는 복도	500m² 미만	1.5m 이상
	500m² 이상 1,000m² 미만	1.8m 이상
	1,000m² 이상	2.4m 이상

100 태양열을 주된 에너지원으로 이용하는 주택의 건축면적 산정의 기준이 되는 것은?

① 건축물 외벽의 중심선
② 건축물 외벽의 외측 외곽선
③ 건축물 외벽 중 내측 내력벽의 중심선
④ 건축물 외벽 중 외측 비내력벽의 중심선

해설
태양열을 주된 에너지원으로 이용하는 주택의 건축면적은 건축물의 외벽 중 내측 내력벽의 중심선을 기준으로 한다.

2018년 제2회 과년도 기출문제

제1과목 건축계획

01 다음 중 단독주택의 현관 위치 결정에 가장 주된 영향을 끼치는 것은?

① 용적률
② 건폐율
③ 주택의 규모
④ 도로의 위치

해설
단독주택의 현관 위치는 도로와의 관계를 우선하여 결정한다.

02 다음 설명에 알맞은 백화점 건축의 에스컬레이터 배치 유형은?

- 승객의 시야가 다른 유형에 비해 넓다.
- 승객의 시선이 1방향으로만 한정된다.
- 점유면적이 많이 요구된다.

① 직렬식
② 교차식
③ 병렬 단속식
④ 병렬 연속식

해설
직렬식 배치는 승객의 시야가 좋은 형식이며, 점유 면적이 크다.

03 다음 중 단독주택 설계 시 거실의 크기를 결정하는 요소와 가장 거리가 먼 것은?

① 가족 구성
② 생활 방식
③ 주택의 규모
④ 마감재료의 종류

해설
마감재료의 종류는 거실의 크기 결정 요소와는 거리가 멀다.

04 메조네트(Maisonette)형 공동주택에 관한 설명으로 옳지 않은 것은?

① 통로면적이 감소된다.
② 복도가 없는 층이 생긴다.
③ 엘리베이터 정지 층수가 적다.
④ 소규모 주택에 주로 적용된다.

해설
메조네트(Maisonette)형은 복층형으로 소규모 주택에 적용하기는 어렵다.

05 주택단지 내 도로의 유형 중 쿨데삭(Cul-de-sac)형에 관한 설명으로 옳지 않은 것은?

① 통과교통을 방지할 수 있다.
② 우회도로가 없어 방재·방범상 불리하다.
③ 주거환경의 쾌적성 및 안정성 확보가 용이하다.
④ 대규모 주택단지에 주로 사용되며, 도로의 최대 길이는 600m 이하로 계획한다.

해설
쿨데삭(Cul-de-sac) 형식의 길이는 120~300m로 계획하지만, 가능한 한 150m 이하로 계획하는 것이 좋다.

06 다음 중 상점 건축의 매장 내 진열장(Show Case) 배치계획 시 가장 우선적으로 고려하여야 할 사항은?

① 조명관계 ② 진열장의 수
③ 고객의 동선 ④ 실내 마감재료

해설
쇼케이스(Show Case, 진열장)의 배치계획은 고객의 동선과 상품의 효과적인 진열이 가장 중요하며, 이외에 종업원 동선 등이 고려될 수 있다.

07 상점의 판매 형식 중 대면판매에 관한 설명으로 옳은 것은?

① 측면판매에 비하여 진열면적이 커진다.
② 측면판매에 비하여 포장하기가 편리하다.
③ 측면판매에 비하여 충동적 구매와 선택이 용이하다.
④ 측면판매에 비하여 판매원의 정위치를 정하기 어렵다.

해설
대면판매
- 측면판매에 비하여 진열면적이 적어진다.
- 측면판매에 비하여 포장하기가 편리하다.
- 측면판매에 비하여 충동적 구매와 선택이 줄어든다.
- 측면판매에 비하여 판매원의 정위치를 정하기 쉽다.

08 사무소 건축에서 유효율이 의미하는 것은?

① 연면적에 대한 건축면적의 비율
② 연면적에 대한 대실면적의 비율
③ 건축면적에 대한 대실면적의 비율
④ 기준층 면적에 대한 대실면적의 비율

해설
유효율(임대율, Rentable Ratio) : 유효면적(대실, 주거, 거주, 전용)과 공용면적의 비로, 수익성의 지표가 된다.

$$유효율 = \frac{임대(대실)면적}{연면적} \times 100$$

09 한식주택의 특징에 관한 설명으로 옳지 않은 것은?

① 한식주택의 실은 혼용도이다.
② 생활습관적으로 보면 좌식이다.
③ 각 실이 마루로 연결된 조합평면이다.
④ 가구의 종류와 형에 따라 실의 크기와 폭비가 결정된다.

해설
한식주택 : 가구가 부차적 존재이며, 사람의 키에 따라 실의 크기가 결정된다.
양식주택 : 가구의 종류와 형에 따라 실의 크기와 폭비가 결정된다.

10 1주간의 평균 수업시간이 35시간인 어느 학교에서 음악교실이 사용되는 시간은 25시간이다. 그중 15시간은 음악시간으로 10시간은 영어수업을 위해 사용된다면, 음악교실의 이용률과 순수율은 얼마인가?

① 이용률 : 60%, 순수율 : 71%
② 이용률 : 40%, 순수율 : 29%
③ 이용률 : 29%, 순수율 : 40%
④ 이용률 : 71%, 순수율 : 60%

해설
$$이용률 = \frac{실제 이용시간}{평균 수업시간} \times 100\%$$

$$= \frac{25시간}{35시간} \times 100\% = 71\%$$

$$순수율 = \frac{해당 교과목 수업시간}{실제 교실 이용시간} \times 100\%$$

$$= \frac{15시간}{25시간} \times 100\% = 60\%$$

11 다음 설명에 알맞은 사무소 건축의 코어 유형은?

- 코어를 업무공간에서 분리, 독립시킨 관계로 업무공간의 융통성이 높다.
- 설비 덕트나 배관을 코어로부터 업무공간으로 연결하는 데 제약이 많다.

① 외코어형
② 중앙코어형
③ 양단코어형
④ 분산코어형

해설
외코어(외부코어, 분리코어) 형식에 대한 설명이다.

12 초등학교의 강당 및 실내 체육관 계획에 관한 설명으로 옳지 않은 것은?

① 체육관은 농구코트를 둘 수 있는 크기가 필요하다.
② 강당과 체육관을 겸용할 경우에는 체육관을 주체로 계획한다.
③ 강당은 반드시 전교생 전원을 수용할 수 있도록 크기를 결정한다.
④ 강당과 체육관을 겸용하게 되면 시설비나 부지면적을 절약할 수 있다.

해설
강당의 크기는 반드시 전교생 전원을 수용할 수 있도록 결정하지는 않는다.

13 공장의 창고 건축에 관한 설명으로 옳지 않은 것은?

① 다층창고에서 화물의 출입은 기계설비를 이용한다.
② 단층창고는 지가가 높고, 협소한 부지의 경우 주로 이용된다.
③ 단층창고의 경우 구조, 재료가 허용하는 한 스팬을 넓게 하는 것이 좋다.
④ 단층창고의 출입문은 보통 크게 내는 것이 좋으며, 통상적으로 기둥 사이의 전체 길이를 문으로 한다.

해설
단층창고 : 지가가 낮고, 넓은 부지의 경우 주로 이용
다층창고 : 지가가 높고, 협소한 부지의 경우 주로 이용

14 다음 중 단독주택의 부엌계획 시 초기에 가장 중점적으로 고려해야 할 사항은?

① 위생적인 급·배수방법
② 환기를 위한 창호의 크기 및 위치
③ 실내 분위기를 위한 마감재료와 색채
④ 조리순서에 따른 작업대의 배치 및 배열

해설
부엌 계획 시 주부의 작업동선을 우선하여 조리순서에 따른 작업대의 배치 및 배열을 중점적으로 고려한다.

15 사무소의 실단위 계획에서 오피스 랜드스케이핑(Office Landscaping)에 관한 설명으로 옳지 않은 것은?

① 커뮤니케이션의 융통성이 있다.
② 독립성과 쾌적감의 이점이 있다.
③ 소음 발생에 대한 대책에 요구된다.
④ 공간의 이용도를 높이고 공사비도 줄일 수 있다.

해설
오피스 랜드스케이핑은 독립성과 쾌적감이 낮으며, 개실형은 독립성과 쾌적감의 이점이 있다.

16 다음 중 근린생활권의 단위로서 규모가 가장 작은 것은?

① 인보구　　② 근린주구
③ 근린지구　④ 근린분구

해설
인보구 < 근린분구 < 근린주구 < 근린지구

17 사무소 건축의 평면형태 중 2중지역 배치에 관한 설명으로 옳지 않은 것은?

① 동서로 노출되도록 방향성을 정한다.
② 중규모 크기의 사무소 건축에 적당하다.
③ 주계단과 부계단에서 각 실로 들어갈 수 있다.
④ 자연채광이 잘되고 경제성보다 건강, 분위기 등의 필요가 더 요구될 때 적당하다.

해설
- 2중지역 배치 : 이중복도 형식으로서 깊은 공간으로 인해 자연채광이 어렵다.
- 단일지역 배치 : 자연채광이 잘되고 경제성보다 건강, 분위기 등의 필요가 더 요구될 때 적당하다.

18 모듈계획(MC ; Modular Coordination)에 관한 설명으로 옳지 않은 것은?

① 건축재료의 취급 및 수송이 용이해진다.
② 건물 외관의 자유로운 구성이 용이하다.
③ 현장 작업이 단순해지고 공기를 단축시킬 수 있다.
④ 건축재료의 대량생산이 용이하여 생산 비용을 낮출 수 있다.

해설
모듈계획은 건물 외관의 자유로운 구성에 있어서 불리하다.

19 연속작업식 레이아웃(Layout)이라고도 하며, 대량생산에 유리하고 생산성이 높은 공장 건축의 레이아웃 형식은?

① 고정식 레이아웃
② 혼성식 레이아웃
③ 제품중심 레이아웃
④ 공정중심 레이아웃

해설
제품중심 레이아웃은 대량생산에 유리하고 생산성이 높은 공장건축의 레이아웃 형식이다.

20 연립주택의 종류 중 타운 하우스에 관한 설명으로 옳지 않은 것은?

① 배치상의 다양성을 줄 수 있다.
② 각 주호마다 자동차의 주차가 용이하다.
③ 프라이버시 확보는 조경을 통하여서도 가능하다.
④ 토지 이용 및 건설비, 유지관리비의 효율성은 낮다.

해설
연립주택 중에서 타운 하우스는 토지 이용 및 건설비, 유지관리비의 효율성이 높다.

정답　16 ①　17 ④　18 ②　19 ③　20 ④

제2과목 건축시공

21 높이 3m, 길이 150m인 벽을 표준형 벽돌로 1.0B 쌓기할 때 소요매수로 옳은 것은?(단, 할증률은 5%로 적용)

① 67,053매
② 67,505매
③ 70,403매
④ 74,012매

해설
표준형 벽돌 1m²당 1.0B 쌓기, 정미량은 149매이며,
1.0B 쌓기 표준형 = (3 × 150) × 149매 × 1.05
 = 70,403.5매

22 워커빌리티에 영향을 주는 인자가 아닌 것은?

① 단위 수량
② 시멘트의 강도
③ 단위 시멘트량
④ 공기량

해설
워커빌리티(Workability)에 영향을 주는 요소 : 단위 수량, 단위 시멘트량, 시멘트 성질, 공기량, 골재의 입도, 혼화재료, 비빔시간, 온도 등

23 콘크리트의 고강도화를 위한 방안과 거리가 먼 것은?

① 물시멘트비를 크게 한다.
② 고성능 감수제를 사용한다.
③ 강도발현이 큰 시멘트를 사용한다.
④ 폴리머(Polymer)를 함침한다.

해설
콘크리트의 강도를 높이려면 물시멘트비를 작게 해야 한다.

24 네트워크 공정표에 관한 설명으로 옳지 않은 것은?

① 개개의 관련 작업이 도시되어 있어 내용을 파악하기 쉽다.
② 공정이 원활하게 추진되며, 여유시간 관리가 편리하다.
③ 공사의 진척상황이 누구에게나 쉽게 알려지게 된다.
④ 다른 공정표에 비해 작성시간이 짧으며, 작성 및 검사에 특별한 기능이 요구되지 않는다.

해설
네트워크 공정표는 다른 공정표에 비해 작성시간이 많이 걸리며, 작성 및 검사에 특별한 기능이 요구된다.

25 킨즈 시멘트에 관한 설명으로 옳지 않은 것은?

① 석고 플라스터 중 경질에 속한다.
② 벽바름제뿐만 아니라 바닥바름에 쓰이기도 한다.
③ 약산성의 성질이 있기 때문에 접촉되면 철재를 부식시킬 염려가 있다.
④ 점도가 없어 바르기가 매우 어렵고 표면의 경도가 작다.

해설
킨즈 시멘트(Keene's Cement) : 무수석고(경석고)를 주성분으로 하는 시멘트로 점도가 커서 바르기 쉽고, 매끈하게 마무리가 되며, 광택이 있어서 벽이나 마루에 바르는 재료로 쓰이며 경질 플라스터 판에도 사용된다.

26 바닥에 콘크리트를 타설하기 위한 거푸집으로서 거푸집판, 장선, 멍에, 서포트 등을 일체로 제작하여 부재화한 거푸집을 무엇이라 하는가?

① 클라이밍 폼
② 유로 폼
③ 플라잉 폼
④ 갱 폼

해설
플라잉 폼 : 바닥에 콘크리트를 타설하기 위한 거푸집으로서 거푸집 판, 장선, 멍에, 서포트 등을 일체로 제작하여 부재화한 거푸집으로 수직·수평방향으로 이동이 가능하다.

27 세로 규준틀이 주로 사용되는 공사는?

① 목공사
② 벽돌공사
③ 철근콘크리트공사
④ 철골공사

해설
세로 규준틀은 조적(벽돌)공사에서 높낮이 및 수직면의 기준으로 세우는 기준틀로 사용한다.

28 무근콘크리트의 동결을 방지하기 위한 목적으로 사용되는 것은?

① 제2산화철
② 산화크롬
③ 이산화망간
④ 염화칼슘

해설
염화칼슘은 물의 어는점을 낮추고 시멘트의 응결을 촉진시켜 콘크리트의 동결을 방지하는 목적으로 사용한다.

29 도장공사 시 건조제를 많이 넣었을 때 나타나는 현상으로 옳은 것은?

① 도막에 균열이 생긴다.
② 광택이 생긴다.
③ 내구력이 증가한다.
④ 접착력이 증가한다.

해설
페인트 도장 시 건조제를 지나치게 많이 넣었을 때는 빠른 건조시간으로 인해 도막에 균열이 생긴다.

30 목조반자의 구조에서 반자틀의 구조가 아래에서부터 차례로 옳게 나열된 것은?

① 반자틀 - 반자틀 받이 - 달대 - 달대받이
② 달대 - 달대받이 - 반자틀 - 반자틀받이
③ 반자틀 - 달대 - 반자틀받이 - 달대받이
④ 반자틀받이 - 반자틀 - 달대받이 - 달대

해설
반자틀 - 반자틀 받이 - 달대 - 달대받이 순으로 아래에서 위의 구조로 구성된다.

정답 26 ③ 27 ② 28 ④ 29 ① 30 ①

31 목조계단에서 디딤판이나 챌판은 옆판(측판)에 어떤 맞춤으로 시공하는 것이 구조적으로 가장 우수한가?

① 통 맞춤 ② 턱솔 맞춤
③ 반턱 맞춤 ④ 장부 맞춤

해설
통 맞춤 : 대형 부재에 구멍을 파고 그 속에 작은 부재를 끼워서 맞춤으로 시공하며, 구조적으로 가장 우수하다. 목조계단에서 디딤판이나 챌판은 옆판(측판)에 통 맞춤으로 시공하여 구조적으로 안전하게 시공한다.

32 지반조사를 구성하는 항목에 관한 설명으로 옳은 것은?

① 지하탐사법에는 짚어보기, 물리적 탐사법 등이 있다.
② 사운딩시험에는 팩 드레인공법과 치환공법 등이 있다.
③ 샘플링에는 흙의 물리적 시험과 역학적 시험이 있다.
④ 토질시험에는 평판재하시험과 시험말뚝 박기가 있다.

해설
지반조사 시험방법
- 지하탐사법 : 짚어보기, 터파보기, 물리적 탐사법
- 보링시험 : 오거식, 수세식, 충격식, 회전식 보링
- 지내력시험 : 평판재하시험, 말뚝재하시험
- 사운딩(Sounding) : 표준관입시험, 베인시험, 콘관입시험
- 토질시험 : 물리적 시험, 역학적 시험

33 흙막이 공법의 종류에 해당되지 않는 것은?

① 지하연속벽 공법
② H-말뚝 토류판 공법
③ 시트파일 공법
④ 생석회 말뚝 공법

해설
흙막이 공법
- 지하연속벽(슬러리 월) 공법
- 주열식(Icos) 공법
- H-말뚝 토류판 공법
- 시트파일 공법

지반개량공법(연약지반 탈수공법)
- 웰 포인트(Well Point) 공법(사질지반)
- 생석회 말뚝 공법(점토지반)
- 샌드 드레인(Sand Drain) 공법(점토지반)
- 페이퍼 드레인(Paper Drain) 공법(점토지반)

34 콘크리트 부어 넣기에서 진동기를 사용하는 가장 큰 목적은?

① 재료분리 방지
② 작업능률 촉진
③ 경화작용 촉진
④ 콘크리트의 밀실화 유지

해설
진동기(Vibrator)는 콘크리트는 타설 직후 밀실화를 유지하기 위해 충분히 다지는 기계로서, 철근 및 매설물 등의 주위와 거푸집의 구석까지 잘 채워 밀실한 콘크리트가 되도록 해야 한다.

35 로이 유리(Low Emissivity Glass)에 관한 설명으로 옳지 않은 것은?

① 판유리를 사용하여 한쪽 면에 얇은 은막을 코팅한 유리이다.
② 가시광선을 76% 넘게 투과시켜 자연채광을 극대화하여 밝은 실내 분위기를 유지할 수 있다.
③ 파괴 시 파편이 없는 등 안전성이 뛰어나 고층 건물의 창, 테두리 없는 유리문에 많이 쓰인다.
④ 겨울철에 건물 내에 발생하는 장파장의 열선을 실내로 재반사시켜 실내 보온성이 뛰어나다.

해설
로이(Low-E) 유리 : 유리표면에 금속 또는 금속산화물을 얇게 코팅한 것으로 열(적외선)의 이동을 최소화시키는 저방사 유리이다.
강화유리 : 파괴 시 파편이 없는 등 안전성이 뛰어나 고층 건물의 창, 테두리 없는 유리문에 많이 쓰인다.

36 프리캐스트 콘크리트의 생산과 관련된 설명으로 옳지 않은 것은?

① 철근 교점의 중요한 곳은 풀림 철선 혹은 적절한 클립 등을 사용하여 결속하거나 점용접하여 조립하여야 한다.
② 생산에 사용되는 프리스트레스 긴장재는 스터럽이나 온도철근 등 다른 철근과 용접가능하다.
③ 거푸집은 콘크리트를 타설할 때 진동 및 가열 양생 등에 의해 변형이 발생하지 않는 견고한 구조로서 형상 및 치수가 정확하며 조립 및 탈형이 용이한 것이어야 한다.
④ 콘크리트의 다짐은 콘크리트가 균일하고 밀실하게 거푸집 내에 채워지도록 하며, 진동기를 사용하는 경우 미리 묻어둔 부품 등이 손상되지 않도록 주의하여야 한다.

해설
프리캐스트 콘크리트의 생산에 사용되는 프리스트레스 긴장재는 스터럽이나 온도철근 등 다른 철근과 용접하여 사용하지 않는다.

37 다음 ( ) 안에 가장 적합한 용어는?

목구조에서 기둥보의 접합은 보통 (A)으로 보기 때문에 접합부 강성을 높이기 위해 (B)을/를 쓰는 것이 바람직하다.

① A : 강접합, B : 가새
② A : 핀접합, B : 가새
③ A : 강접합, B : 샛기둥
④ A : 핀접합, B : 샛기둥

해설
목구조에서 기둥보의 접합은 보통 핀접합으로 보기 때문에 접합부 강성을 높이기 위해 가새를 쓰는 것이 바람직하다.

38 지하층 굴착공사 시 사용되는 계측장비와 계측내용을 연결한 것 중 옳지 않은 것은?

① 간극 수압 - Piezometer
② 인접건물의 균열 - Crack Gauge
③ 지반의 침하 - Vibrometer
④ 흙막이의 변형 - Strain Gauge

해설
Vibrometer : 진동의 파형, 진폭을 측정하며 측정물의 진동을 관성체의 변위로 변환하여 이 변위를 확대해서 기록하는 장치
지반의 침하
• 지표면 침하량 측정 : Level and Staff
• 지중 수직변위 침하 계측 : Extension Meter
• 지중 수평변위(경사) 계측 : Inclinometer

39 시방서에 관한 설명으로 옳지 않은 것은?

① 시방서는 계약서류에 포함된다.
② 시방서 작성순서는 공사진행의 순서와 일치하도록 하는 것이 좋다.
③ 시방서에는 공사비 지불조건이 필히 기재되어야 한다.
④ 시방서에는 시공방법 등을 기재한다.

해설
공사비 지불조건은 공사계약서 작성 내용이다.
시방서 : 설계자의 의도를 시공자에게 전달할 목적으로 설계도에 기재할 수 없는 사항을 기재하는 문서이며 재료, 공법, 시공 장비, 시공상 주의사항 등을 기술한다.

40 철골조의 부재에 관한 설명으로 옳지 않은 것은?

① 스티프너(Stiffener)는 웨브(Web)의 보강을 위해서 사용한다.
② 플랜지 플레이트(Flange Plate)는 조립보(Plate Girder)의 플랜지 보강재이다.
③ 거싯 플레이트(Gusset Plate)는 기둥 밑에 붙여서 기둥을 기초에 고정시키는 역할을 한다.
④ 트러스 구조에서 상하에 배치된 부재를 현재라 한다.

해설
거싯 플레이트(Gusset Plate) : 스트럿 또는 가새를 보 또는 기둥에 연결하는 판 요소로서, 강구조 부재의 접합용 강판으로 트러스의 절점이나 기둥과 보 등의 접합부에 사용되어 부재 상호간 힘을 전달한다.
베이스 플레이트(Base Plate) : 철골기둥의 밑에 붙여서 기둥을 기초에 고정시키는 역할을 한다.

제3과목 건축구조

41 다음 구조물의 개략적인 휨모멘트도로 옳은 것은?

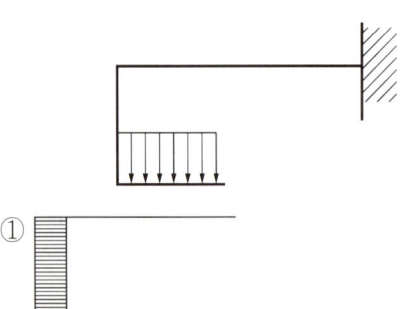

①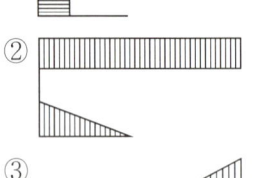

②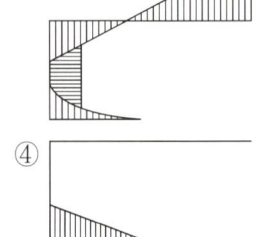

③

④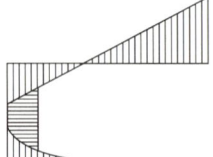

해설
개략적인 휨모멘트도(BMD)

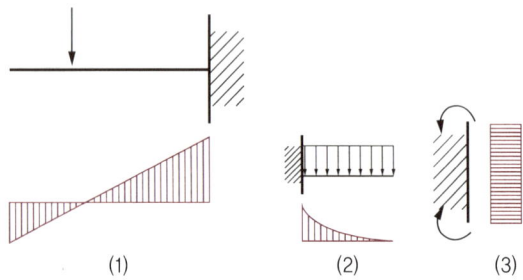

(1), (2), (3)의 조합에 따라 개략적인 휨모멘트도를 그릴 수 있다.

42 다음 그림과 같이 보의 휨모멘트도가 나타날 수 있는 지점상태는?

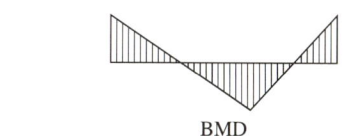
BMD

① ┤├──────────△
② ┤├──────────┤├
③ △──────────△
④ △──────────┤├

해설
양단 고정보

43 내진설계 시 휨모멘트와 축력을 받는 특수모멘트골조 부재의 축방향 철근의 최대 철근비는?

① 0.02 ② 0.04
③ 0.06 ④ 0.08

해설
내진설계 시, 지진하중을 받고 계수축력이 ($A_g f_{ck}/10$)을 초과하는 특수모멘트골조 부재에 적용하며, 휨모멘트와 축력을 받는 특수모멘트골조 부재의 축방향 철근비(ρ_g)는 0.01 이상, 0.06 이하이어야 한다.
$0.01 \leq \rho_g \leq 0.06$이므로, 최대 철근비는 0.06이다.

44 기초 설계에 있어 장기 50kN(자중포함)의 하중을 받을 경우 장기 허용지내력도 10kN/m²의 지반에서 적당한 기초판의 크기는?

① 1.5m×1.5m
② 1.8m×1.8m
③ 2.0m×2.0m
④ 2.3m×2.3m

해설
기초판의 저면적 : $A_f \geq \dfrac{P}{q_a}$

여기서, A_f : 확대기초 저면적(m²)
P : 사용하중(N)
q_a : 지반의 허용지지력(N/m²)

∴ $A_f \geq \dfrac{50}{10}$이며, $A_f \geq 5m^2$이어야 하므로,
2.3m×2.3m(=5.29m²)가 적절하다.

45 단면 복부의 폭이 400mm, 양쪽 슬래브의 중심간 거리가 2,000mm인 대칭 T형 보의 유효폭은?(단, 보의 경간은 4,800mm, 슬래브 두께는 120mm임)

① 1,000mm
② 1,200mm
③ 2,000mm
④ 2,320mm

해설
대칭인 T형 보의 유효폭 : 다음 세 값 중에서 가장 작은 값을 취한다 (t_f : 슬래브 두께, b_w : 보의 폭).

• $16t_f + b_w = (16 \times 120) + 400 = 2,320$mm
• 양쪽의 슬래브의 중심간 거리 = 2,000mm
• 보의 경간 × $\dfrac{1}{4} = 4,800 \times \dfrac{1}{4} = 1,200$mm

∴ 가장 작은 값인 1,200mm 이상으로 한다.

정답 42 ② 43 ③ 44 ④ 45 ②

46 그림과 같은 구조형상과 단면을 가진 캔틸레버 보 A점의 처짐(δ_A)은?(단, $E = 10^4$MPa)

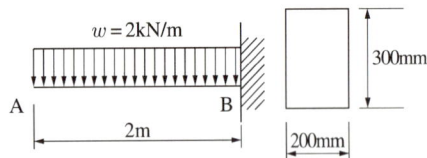

① 0.29mm ② 0.49mm
③ 0.69mm ④ 0.89mm

해설

등분포하중 캔틸레버 보 처짐(σ) = $\dfrac{wl^4}{8EI}$

$w = 2$kN/m, $l = 2$m

$\sigma_A = \dfrac{wl^4}{8EI} = \dfrac{wl^4}{8E \times \dfrac{bh^3}{12}}$

$= \dfrac{2 \times 12 \times 2,000^4}{8 \times 1 \times 10^4 \times 200 \times 300^3} \fallingdotseq 0.89$mm

47 강도설계법에 따른 하중조합으로 옳은 것은?(단, 건축구조기준 설계하중 적용)

① $1.2D$
② $1.2D + 1.0E + 1.6L$
③ $0.9D + 1.3W$
④ $1.2D + 1.3L + 0.9W$

해설

강도설계법 또는 한계상태설계법의 하중조합(7가지)
- $U = 1.4(D + F)$
- $U = 1.2(D + F + T) + 1.6L + 0.5(Lr$ or S or $R)$
- $U = 1.2D + 1.6(Lr$ or S or $R) + (1.0L$ or $0.65W)$
- $U = 1.2D + 1.3W + 1.0L + 0.5(Lr$ or S or $R)$
- $U = 1.2D + 1.0E + 1.0L + 0.2S$
- $U = 0.9D + 1.3W$
- $U = 0.9D + 1.0E$

여기서, D : 고정하중, L : 활하중, W : 풍하중, Lr : 지붕활하중, E : 지진하중, S : 적설하중, T : 온도하중, F : 유체중량 및 압력에 의한 하중, R : 강우하중

48 콘크리트충전강관(CFT)구조의 특징에 관한 설명으로 옳지 않은 것은?

① 철근콘크리트구조에 비해 내력과 변형능력이 뛰어나다.
② 콘크리트의 충전성 확인이 용이하다.
③ 강구조에 비해 국부좌굴의 위험성이 낮다.
④ 콘크리트 타설 시 별도의 거푸집이 필요 없다.

해설

CFT(Concrete Filled Tube)
- 강관을 기둥의 거푸집으로 하며, 강관 내부에 콘크리트를 채운 합성구조이며, 콘크리트의 충전성 확인이 어렵다.
- 좌굴방지, 내진성 향상, 기둥 단면 축소, 휨강성 증대 등의 효과가 있으므로, 초고층 건물의 기둥 구조물에 유리한 구조이다.

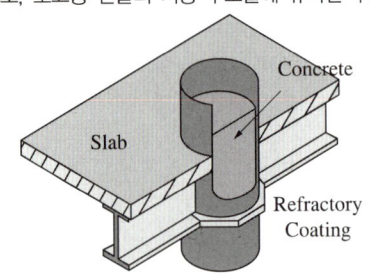

49 그림과 같은 연속보의 판별은?

① 정 정   ② 1차 부정정
③ 2차 부정정   ④ 3차 부정정

해설

$N = m + r + k - 2j$
$= 4 + 4 + 0 - 2 \times 4 = 0$(정정 구조물)

여기서, m : 부재(Member)수
r : 지점반력(Reaction)수
k : 강절점수
j : 절점(Joint)수

※ 참 고
보(단층 구조물)의 판별식
반력(r)은 4개, 힌지(h)는 1개이므로,
$(r - 3) - h = (4 - 3) - 1$
$= 0$(정정 구조물)

50 기성 콘크리트말뚝의 파일 이음법에 해당하지 않는 것은?

① 충전식 이음
② 파이프 이음
③ 용접식 이음
④ 볼트식 이음

해설
파일 이음공법의 종류
- 장부식 이음(Band식)
- 충전식 이음
- 볼트(Bolt)식 이음
- 용접식 이음

51 철근콘크리트 단근보를 설계할 때 최대 철근비로 옳은 것은?(단, f_y = 400MPa, ρ_b = 0.038)

① 0.0271
② 0.0304
③ 0.0342
④ 0.0361

해설
※ 출제 시 정답은 ①이었으나 콘크리트구조 철근상세 설계기준(KD S 14 20 20) 개정(22.1.1)으로 정답 없음
휨부재의 최소 허용변형률에 해당하는 철근비(SD400철근)

$\rho_{\max} = \dfrac{\varepsilon_c + \varepsilon_y}{\varepsilon_c + \varepsilon_{t,\min}} \rho_b = \dfrac{0.0033 + 0.002}{0.0033 + 0.004} \rho_b = 0.726\,\rho_b$

∴ $0.726\,\rho_b = 0.726 \times 0.038 = 0.027588$

52 단면이 300mm × 300mm인 단주에서 핵반경값은?

① 30mm
② 40mm
③ 50mm
④ 60mm

해설
사각형 단면 핵반경 $e = \dfrac{h}{6} = \dfrac{300}{6} = 50\text{mm}$

※ 참고
각 단면의 핵거리(핵반경)
- 원형 단면 : $e = \dfrac{D}{8}$
- 삼각형 단면 : $e = \dfrac{h}{8}$

53 휨응력 산정 시 필요한 가정에 관한 설명 중 옳지 않은 것은?

① 보는 변형한 후에도 평면을 유지한다.
② 보의 휨응력은 중립축에서 최대이다.
③ 탄성범위 내에서 응력과 변형이 작용한다.
④ 휨부재를 구성하는 재료의 인장과 압축에 대한 탄성계수는 같다.

해설
보의 휨응력은 중립축에서 0이고, 상단부·하단부에서 최대이다.

54 철근의 이음에 관한 기준으로 옳지 않은 것은?

① D32를 초과하는 철근은 겹침이음을 할 수 없다.
② 휨부재에서 서로 직접 접촉되지 않게 겹침이음된 철근은 횡방향으로 소요 겹침이음길이의 1/5 또는 150mm 중 작은 값 이상 떨어지지 않아야 한다.
③ 용접이음은 용접용 철근을 사용해야 하며 철근의 설계기준 항복강도 f_y의 125% 이상을 발휘할 수 있는 완전용접이어야 한다.
④ 다발철근의 겹침이음은 다발 내의 개개 철근에 대한 겹침이음길이를 기본으로 하여 결정하여야 한다.

해설
D35를 초과하는 철근은 겹침이음을 하지 않는다.

55 부재길이가 3.5m이고, 지름이 16mm인 원형 단면 강봉에 3kN의 축하중을 가하여 강봉이 재축방향으로 2.2mm 늘어났을 때 이 재료의 탄성계수 E는?

① 17,763MPa
② 18,965MPa
③ 21,762MPa
④ 23,738MPa

해설
탄성계수
$$E = \frac{\sigma}{\varepsilon} = \frac{P \cdot L}{A \cdot \Delta L}$$
$$= \frac{3,000 \times 3,500}{\left(\frac{\pi \times 16^2}{4}\right) \times 2.2}$$
$$\fallingdotseq 23,737.6\,\text{MPa}$$

56 그림과 같은 도형의 도심의 위치 x_0의 값으로 옳은 것은?

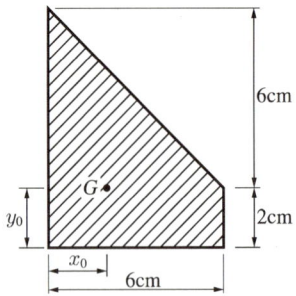

① 2.4cm
② 2.5cm
③ 2.6cm
④ 2.7cm

해설

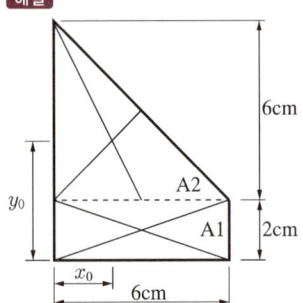

단면 1차 모멘트 $G_y = A_1 x_1 + A_2 x_2$
$G_y = (6 \times 2) \times \frac{6}{2} + \left(\frac{1}{2} \times 6 \times 6\right) \times \frac{6}{3} = 72\,\text{cm}^3$
$A = A_1 + A_2 = (6 \times 2) \times \left(\frac{1}{2} \times 6 \times 6\right) = 30\,\text{cm}^2$
$\therefore x_0 = \frac{G_y}{A} = \frac{72}{30} = 2.4\,\text{cm}$

57 스팬이 4.5m이고, 과도한 처짐에 의해 손상되기 쉬운 비구조 요소를 지지하지 않은 평지붕구조에서 활하중에 의한 순간 처짐의 한계는?

① 17mm ② 20mm
③ 25mm ④ 34mm

해설
과도한 처짐에 의해 손상되기 쉬운 비구조 요소를 지지하지 않은 지붕의 처짐한계 : $\dfrac{l}{180}$

$\therefore \delta = \dfrac{4,500}{180} = 25\text{mm}$

58 강도설계법에서 처짐을 계산하지 않는 경우 스팬 $l = 8$m인 단순지지 콘크리트 보의 최소 두께는? (단, 보통중량콘크리트 사용, $f_y = 400$MPa)

① 400mm ② 450mm
③ 500mm ④ 550mm

해설
$h = \dfrac{l}{16} = \dfrac{8,000}{16} = 500\text{mm}$

처짐을 계산하지 않는 경우, 보 또는 1방향 슬래브 최소 두께

부재	캔틸레버	단순지지	1단연속	양단연속
보	$\dfrac{l}{8}$	$\dfrac{l}{16}$	$\dfrac{l}{18.5}$	$\dfrac{l}{21}$
1방향 슬래브	$\dfrac{l}{10}$	$\dfrac{l}{20}$	$\dfrac{l}{24}$	$\dfrac{l}{28}$

59 그림과 같은 트러스의 D부재의 응력은?

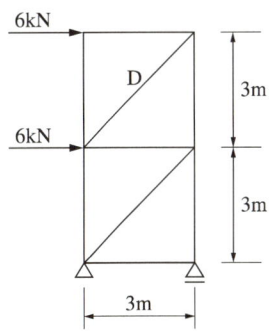

① 3kN ② $3\sqrt{2}$ kN
③ 6kN ④ $6\sqrt{2}$ kN

해설
$\sum H = 0$;
$D\cos 45° = 6$이며, $D \times \dfrac{1}{\sqrt{2}} = 6$
$\therefore D = 6\sqrt{2}$ kN

60 그림과 같은 단순보의 C점에 생기는 휨모멘트의 크기는?

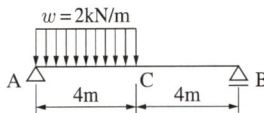

① 2kN · m
② 4kN · m
③ 6kN · m
④ 8kN · m

해설
$\sum M_A = 0$;
$(-R_B \times 8) + (2 \times 4 \times 2) = 0$, $R_B = 2$kN($\uparrow$)
$\therefore M_C = 2 \times 4 = 8$kN · m

제4과목 건축설비

61 변전실의 위치 선정 시 고려할 사항으로 옳지 않은 것은?

① 외부로부터 전원의 인입이 편리할 것
② 기기를 반입·반출하는 데 지장이 없을 것
③ 지하 최저층으로 천장 높이가 3m 이상일 것
④ 부하의 중심에 가깝고 배전에 편리한 장소일 것

해설
변전실의 위치 선정 시 고려사항
• 수전이 편리하고 배전하기 쉬운 장소일 것
• 가능한 부하의 중심에 가깝고 배전에 편리한 장소일 것
• 외부로부터 전원 인입이 쉬운 곳일 것
• 기기의 반입·반출이 용이할 것
• 고온다습하지 않고 환기가 잘되는 장소일 것
• 천장 높이는 고압은 3.6m 이상, 특고압은 4.5m 이상

62 조명 용어에 따른 단위가 옳지 않은 것은?

① 광속 : 루멘[lm]
② 광도 : 칸델라[cd]
③ 조도 : 럭스[lx]
④ 방사속 : 스틸브[sb]

해설
광속 : 단위 시간당 흐르는 광의 에너지양, [lm]
광도 : 점광원으로부터 단위 입체각당의 발산광속, [cd]
조도 : 단위 면적당의 입사광속, [lx]
방사속 : 단위 시간당 방사하는 에너지, [W]
휘도 : 발산면의 단위 투영면적당 발산광속, [cd/m^2, sb]

63 다음과 같이 정의되는 전기설비 관련 용어는?

전면이나 후면 또는 양면에 개폐기, 과전류 차단장치 및 기타 보호장치, 모선 및 계측기 등이 부착되어 있는 하나의 대형 패널 또는 여러 대의 패널, 프레임 또는 패널 조립품으로서, 전면과 후면에서 접근할 수 있는 것

① 캐비닛
② 배전반
③ 분전반
④ 차단기

해설
배전반 : 회로나 기기를 제어하기 위한 계기류, 계전기류, 개폐기류를 1개소에 집중해서 모으는 장치 패널이다.
분전반 : 배전반으로부터 각 간선에서 소요의 부하에 배선을 분기하는 개소에 설치하는 것으로 누전이나 과부하 시 차단기가 작동하여 전기를 단락함으로서 전기의 안전을 도모하는 장치이다.
차단기 : 과전류로부터 전로를 자동으로 개폐하여 기기를 보호하는 목적으로 설치한다.

64 배수 수직관 내의 압력변화를 방지 또는 완화하기 위해, 배수 수직관으로부터 분기·입상하여 통기 수직관에 접속하는 통기관은?

① 습식 통기관
② 결합 통기관
③ 각개 통기관
④ 신정 통기관

해설
결합 통기관은 배수 수직관 내의 압력변화를 방지 또는 완화하기 위해, 배수 수직관으로부터 분기 및 입상하여 통기 수직관에 접속하는 통기관이다.

65 처리대상인원 1,000인, 1인 1일당 오수량 0.1m³, 오수의 평균 BOD 200ppm, BOD 제거율 85%인 오수처리시설에서 유출수의 BOD량은?

① 1.5kg/day
② 3kg/day
③ 4.5kg/day
④ 6kg/day

해설
유입수BOD = 오폐수의 량 × BOD의 농도
= 1,000 × 0.1 × 200 = 20,000g = 20kg

BOD 제거율 = $\frac{유입수BOD - 유출수BOD}{유입수BOD}$ × 100[%]

85[%] = $\frac{20 - 유출수BOD}{20}$ × 100[%]

∴ 유출수BOD = 20 − ((85/100) × 20) = 20 − 17 = 3kg/day

66 실의 용도별 주된 환기목적으로 적절하지 않은 것은?

① 화장실 − 열, 습기 제거
② 옥내주차장 − 유독가스 제거
③ 배전실 − 취기, 열, 습기 제거
④ 보일러실 − 열 제거, 연소용 공기 공급

해설
화장실은 습기와 오염공기를 제거하기 위해 환기한다.
제3종 환기
• 자연급기(송풍)와 강제배기(배풍)로 환기하는 방식이다.
• 강제배기로 인해 실내의 압력이 부압(−)이 발생된다.
• 주방, 화장실, 유해가스 또는 오염공기 발생장소에 사용한다.

67 LPG 용기의 보관 온도는 최대 얼마 이하로 하여야 하는가?

① 20℃   ② 30℃
③ 40℃   ④ 50℃

해설
액화석유가스 용기(봄베)의 보관 온도는 40℃ 이하이다.

68 습공기 선도에 표현되어 있지 않은 것은?

① 비체적
② 노점온도
③ 절대습도
④ 엔트로피

해설
습공기 선도 구성요소 : 건구온도, 습구온도, 노점온도, 절대습도, 상대습도, 수증기분압, 비체적, 현열비, 엔탈피 등

69 벨로스(Bellows)형 방열기 트랩을 사용하는 이유는?

① 관내의 압력을 조절하기 위하여
② 관내의 증기를 배출하기 위하여
③ 관내의 고형 이물질을 제거하기 위하여
④ 방열기 내에 생긴 응축수를 환수시키기 위하여

해설
벨로스(Bellows)형 방열기 트랩은 증기와 응축수 사이의 온도차를 이용하는 온도조절식 증기트랩으로서 관내에 발생하는 응축수를 배출하기 위하여 사용한다.

70 고가수조 방식을 채택한 건물에서 최상층에 세정밸브가 설치되어 있을 때, 이 세정밸브로부터 고가수조 저수면까지의 필요 최저 높이는?(단, 세정밸브의 최저 필요 압력은 70kPa이며, 고가수조에서 세정밸브까지의 총 마찰손실수두는 4mAq이다)

① 약 4.7m   ② 약 7.4m
③ 약 11m   ④ 약 74m

해설
고가수조의 높이(H) ≥ 100($P + P_f$) + h[m]
따라서, 100(0.07 + 0.04) = 11m

정답 65 ② 66 ① 67 ③ 68 ④ 69 ④ 70 ③

71 덕트설비의 설계 및 시공에 관한 설명으로 옳지 않은 것은?

① 덕트계통에서 엘보 하류로부터 적정 거리를 지난 후 취출구를 설치한다.
② 아스펙트비(Aspect Ratio)란 장방형 덕트에서 장변길이와 단변길이의 비율을 의미한다.
③ 송풍기와 덕트의 접속부는 캔버스이음을 설치하여 덕트계통으로의 진동 전달을 방지한다.
④ 덕트의 단위길이당 압력손실이 일정한 것으로 가정하는 치수결정법을 정압재취득법이라 한다.

해설
덕트 설계방법
- 등속법 : 덕트 내의 공기 속도를 가정하고 공기량을 이용하여 마찰저항과 덕트 크기를 결정하는 설계방법
- 등마찰법 : 덕트의 단위길이당의 마찰저항의 값을 일정하게 하여 덕트의 단면을 결정하는 설계방법
- 정압재취득법 : 덕트 각부의 국부저항은 정압 기준에 의해 손실계수를 이용하여 구하고, 각 취출구까지의 압력 손실이 같아지도록 덕트 단면을 결정하는 설계방법

72 다음의 건물 내 급수 방식 중 수질오염의 가능성이 가장 큰 것은?

① 수도직결 방식
② 고가수조 방식
③ 압력수조 방식
④ 펌프직송 방식

해설
고가수조 방식은 수질오염 가능성이 가장 크다.

73 설계온도가 22℃인 실의 현열부하가 9.3kW일 때 송풍공기량은?(단, 취출공기온도 32℃, 공기의 밀도 1.2kg/m³, 비열 1.005kJ/kg·K이다)

① 2,314m³/h
② 2,776m³/h
③ 2,968m³/h
④ 3,299m³/h

해설
현열부하량(H_i) $= \rho \times Q \times C \times \Delta t$ [kJ/h]이며,
이에 따라 송풍 공기량(m³/h)을 구할 수 있다.
$Q = \dfrac{9.3 \times 3,600}{1.2 \times 1.005 \times (32-22)} = 2,776 \text{m}^3/\text{h}$

여기서, ρ : 공기밀도
Δt : 온도차
C : 비열
Q : 송풍 공기량(m³/h), 1kW = 3,600kJ/h

74 개별식 급탕 방식에 관한 설명으로 옳지 않은 것은?

① 유지관리는 용이하나 배관 중의 열손실이 크다.
② 건물완공 후에도 급탕 개소의 증설이 비교적 쉽다.
③ 급탕 개소가 적기 때문에 가열기, 배관 길이 등 설비 규모가 작다.
④ 용도에 따라 필요한 개소에서 필요한 온도의 탕을 비교적 간단히 얻을 수 있다.

해설
개별식(국소식) 급탕 방식
- 고온의 급탕수를 필요시 쉽게 얻을 수 있다.
- 배관설비 거리가 짧고, 배관 중의 열손실이 적다.
- 급탕 개소가 적을 경우 시설비가 싸게 든다.
- 주택 등에서는 난방 겸용의 온수보일러를 이용할 수 있다.
- 유지관리가 용이하다.

75 자동화재탐지설비의 수신기의 종류에 속하지 않는 것은?

① P형 수신기
② R형 수신기
③ M형 수신기
④ B형 수신기

해설
자동화재탐지설비 수신기 : P형, R형, M형

76 배수관을 막히게 하는 유지분, 모발, 섬유 부스러기 및 인화 위험 물질 등을 물리적으로 수거하기 위하여 설치하는 것은?

① 팽창관
② 포집기
③ 수처리기
④ 체크밸브

해설
포집기 : 배수관을 막히게 하는 유지분, 모발, 섬유 부스러기 및 인화 위험 물질 등을 물리적으로 수거하기 위하여 설치

77 팬코일 유닛(FCU) 방식에 관한 설명으로 옳지 않은 것은?

① 각 유닛의 개별 제어가 가능하다.
② 각 실의 공기 정화 능력이 우수하다.
③ 수배관으로 인한 누수의 우려가 있다.
④ 덕트 샤프트나 스페이스가 필요 없거나 작아도 된다.

해설
팬코일 유닛 방식
- 송풍량을 조절하여 온·습도를 유지하는 전수 방식
- 외주부 설치로 콜드 드래프트를 방지하며, 개별 제어 가능
- 덕트 방식에 비해 유닛의 위치 변경이 쉽다.
- 외기공급 및 가습, 제습장치가 별도로 필요로 하며 누수의 염려가 있다.
- 외기량 도입 부족으로 실내 공기의 오염 가능성이 높다.

78 다음은 옥내소화전방수구에 관한 설명이다. ( ) 안에 알맞은 것은?

> 특정소방대상물의 층마다 설치하되, 해당 특정 소방대상물의 각 부분으로부터 하나의 옥내소화전방수구까지의 수평거리가 ( ) 이하가 되도록 할 것

① 15m ② 20m
③ 25m ④ 30m

해설
옥내소화전방수구는 소방대상물의 층마다 설치하되, 해당 소방대상물의 각 부분으로부터 하나의 옥내소화전방수구까지의 수평거리가 25m 이하가 되도록 할 것. 다만, 복층형 구조의 공동주택의 경우에는 세대의 출입구가 설치된 층에만 설치할 수 있다.

정답 75 ④ 76 ② 77 ② 78 ③

79 난방설비에 관한 설명으로 옳은 것은?

① 복사난방은 패널의 복사열을 주로 이용하는 방식이다.
② 증기난방은 증기의 현열을 주로 이용하는 방식이다.
③ 온풍난방은 온풍의 잠열을 주로 이용하는 방식이다.
④ 온수난방은 온수의 잠열을 주로 이용하는 방식이다.

해설
복사난방
- 패널의 복사열을 주로 이용하는 방식으로 실내의 온도분포가 균등하여 쾌감도가 높고, 바닥의 이용도가 높다.
- 외기 급변에 따른 부하에 대응하는 방열량 조절이 어렵고, 시공이 어려우며 수리비, 설비비가 비싸다.
- 천장 높이가 높은 경우와 주택, 학교 등에 사용된다.

80 관류형 보일러에 관한 설명으로 옳지 않은 것은?

① 기동시간이 짧다.
② 수처리가 필요 없다.
③ 수드럼과 증기드럼이 없다.
④ 부하변동에 대한 추종성이 좋다.

해설
관류형 보일러
- 수관 보일러와 같이 수관으로 구성되고 드럼(수실)이 없다.
- 보유수량이 적으므로 시동시간이 짧다.
- 고압의 증기를 얻으려고 하는 경우에 사용된다.
- 부하변동에 대해 추종성이 좋다.
- 설치 면적이 작으나, 급수처리가 복잡하고 고가이며 소음이 많다.

제5과목 건축관계법규

81 건축물의 피난·안전을 위하여 건축물 중간층에 설치하는 대피공간인 피난안전구역의 면적 산정식으로 옳은 것은?

① (피난안전구역 위층의 재실자 수×0.5)×0.12m²
② (피난안전구역 위층의 재실자 수×0.5)×0.28m²
③ (피난안전구역 위층의 재실자 수×0.5)×0.33m²
④ (피난안전구역 위층의 재실자 수×0.5)×0.45m²

해설
건축물의 피난·방화구조 등의 기준에 관한 규칙 별표 1의2에서 정하고 있으며, 피난안전구역의 면적은 다음 산식에 따라 산정한다.
(피난안전구역 위층의 재실자 수×0.5)×0.28m²

82 건축법령상 대지면적에 대한 건축면적의 비율로 정의되는 것은?

① 용적률
② 건폐율
③ 수용률
④ 대지율

해설
건폐율이란 대지면적에 대한 건축면적(대지에 건축물이 둘 이상 있는 경우에는 이들 건축면적의 합계로 한다)의 비율이다(건축법 제55조).

83 다음 중 건축물의 관람석 또는 집회실로부터 바깥쪽으로의 출구로 쓰이는 문을 안여닫이로 하여서는 안 되는 건축물은?

① 위락시설
② 판매시설
③ 문화 및 집회시설 중 전시장
④ 문화 및 집회시설 중 동식물원

해설
※ 건축물의 피난·방화구조 등의 기준에 관한 규칙 개정(19.8.6)으로 용어가 다음과 같이 변경되었습니다.
  관람석 → 관람실
출입문을 안여닫이로 하여서는 안 되는 건축물
• 문화 및 집회시설(전시장, 동식물원 제외)
• 종교시설
• 장례식장
• 위락시설

84 건축법령상 다가구주택이 갖추어야 할 요건에 해당하지 않는 것은?

① 19세대 이하가 거주할 수 있을 것
② 독립된 주거의 형태를 갖추지 아니할 것
③ 주택으로 쓰는 층수(지하층은 제외)가 3개 층 이하일 것
④ 1개 동의 주택으로 쓰는 바닥면적(부설주차장 면적은 제외)의 합계가 660m² 이하일 것

해설
다중주택 : 독립된 주거의 형태가 아닐 것

85 건축물의 용도변경과 관련된 시설군 중 영업시설군에 속하지 않는 건축물의 용도는?

① 판매시설
② 운동시설
③ 업무시설
④ 숙박시설

해설
업무시설은 주거업무시설군에 속한다.
주거업무시설군
• 단독주택, 공동주택
• 업무시설
• 교정시설
• 국방·군사시설
영업시설군
• 판매시설
• 운동시설
• 숙박시설
• 제2종 근린생활시설 중 다중생활시설

86 다음 중 6층 이상의 거실면적의 합계가 6,000m²인 건축물을 건축하고자 하는 경우 설치하여야 하는 승용 승강기의 최소 대수가 가장 많은 건축물은?(단, 8인승 승용 승강기를 설치하는 경우)

① 업무시설
② 위락시설
③ 숙박시설
④ 의료시설

해설
• 의료시설 : $2 + \dfrac{6,000\text{m}^2 - 3,000\text{m}^2}{2,000\text{m}^2} = 3.5$이므로, 4대
• 업무시설, 숙박시설, 위락시설 : $1 + \dfrac{6,000\text{m}^2 - 3,000\text{m}^2}{2,000\text{m}^2} = 2.5$이므로, 3대
∴ 의료시설 > 업무시설, 숙박시설, 위락시설

정답 83 ① 84 ② 85 ③ 86 ④

87 공작물을 축조할 때 특별자치시장·특별자치도지사 또는 시장·군수·구청장에게 신고를 하여야 하는 대상 공작물에 속하지 않는 것은?(단, 건축물과 분리하여 축조하는 경우)

① 높이가 3m인 담장
② 높이가 3m인 옹벽
③ 높이가 5m인 굴뚝
④ 높이가 5m인 광고탑

해설
일정 규모가 넘는 신고 대상 공작물
- 높이 6m를 넘는 굴뚝
- 높이 4m를 넘는 장식탑, 기념탑, 첨탑, 광고탑, 광고판
- 높이 8m를 넘는 고가수조
- 높이 2m를 넘는 옹벽 또는 담장

88 가구·세대 등 간 소음 방지를 위하여 건축물의 층간 바닥(화장실 바닥은 제외)을 국토교통부령으로 정하는 기준에 따라 설치하여야 하는 대상 건축물에 속하지 않는 것은?

① 단독주택 중 다중주택
② 업무시설 중 오피스텔
③ 숙박시설 중 다중생활시설
④ 제2종 근린생활시설 중 다중생활시설

해설
소음 방지를 위한 층간 바닥충격음 차단 구조기준
- 가구·세대 등 간 소음 방지를 위한 층간 바닥충격음 차단 구조기준을 제시하여 이웃 간의 층간소음 관련 분쟁으로 인한 인명 및 재산 피해를 사전에 예방하고 쾌적한 생활환경을 조성하는 것을 목적으로 한다.
- 적용범위
  - 단독주택 중 다가구주택
  - 공동주택
  - 업무시설 중 오피스텔
  - 제2종 근린생활시설로서 다중생활시설 중 500m² 미만의 고시원
  - 숙박시설 중 다중생활시설

89 주택관리지원센터의 수행 업무에 속하지 않는 것은?

① 간단한 보수 및 수리 지원
② 건축물의 유지·관리에 대한 법률 상담
③ 건축물의 개량·보수에 관한 교육 및 홍보
④ 건축신고를 하고 건축 중에 있는 건축물의 위법 시공 여부의 확인·지도 및 단속

해설
건축신고를 하고 건축 중에 있는 건축물의 위법 시공 여부의 확인·지도 및 단속은 건축지도원의 업무이다.

90 노외주차장의 주차 형식에 따른 차로의 최소 너비가 옳지 않은 것은?(단, 이륜자동차 전용 외의 노외주차장으로서 출입구가 2개 이상인 경우)

① 평행주차 : 3.5m
② 교차주차 : 3.5m
③ 직각주차 : 6.0m
④ 60° 대향주차 : 4.5m

해설
출입구 수에 따른 차로의 폭

주차 형식	차로의 폭	
	출입구가 2개 이상인 경우	출입구가 1개인 경우
평행주차	3.3m	5.0m
45° 대향주차	3.5m	5.0m
교차주차		
60° 대향주차	4.5m	5.5m
직각주차	6.0m	6.0m

91 다음 중 대수선에 속하지 않는 것은?

① 특별피난계단을 수선 또는 변경하는 것
② 방화구획을 위한 벽을 수선 또는 변경하는 것
③ 다세대주택의 세대 간 경계벽을 수선 또는 변경하는 것
④ 기존 건축물이 있는 대지에서 건축물의 층수를 늘리는 것

해설
기존 건축물이 있는 대지에서 건축물의 층수를 늘리는 것은 증축에 해당된다.

92 주차장에서 장애인 전용 주차단위구획의 면적은 최소 얼마 이상이어야 하는가?(단, 평행주차 형식 외의 경우)

① 11.5m² ② 12m²
③ 15m²   ④ 16.5m²

해설
평행주차 형식 이외의 장애인 전용 주차단위구획 면적 : 장애인 전용 3.3×5.0m 이상
따라서, 3.3×5.0 = 16.5m²

93 급수·배수(配水)·배수(排水)·환기·난방설비를 건축물에 설치하는 경우 관계 전문기술자(건축기계설비기술사 또는 공조냉동기계기술사)의 협력을 받아야 하는 대상 건축물에 속하지 않는 것은?(단, 해당 용도에 사용되는 바닥면적의 합계가 2,000m²인 건축물의 경우)

① 판매시설   ② 연립주택
③ 숙박시설   ④ 유스호스텔

해설
면적 규정 없이 해당 : 아파트, 연립주택
2,000m² 이상 : 숙박시설, 기숙사, 의료시설, 유스호스텔
3,000m² 이상 : 업무시설, 연구소, 판매시설

94 주차장법령상 다음과 같이 정의되는 주차장의 종류는?

> 도로의 노면 또는 교통광장(교차점 광장만 해당한다)의 일정한 구역에 설치된 주차장으로서 일반(一般)의 이용에 제공되는 것

① 노상주차장   ② 노외주차장
③ 공용주차장   ④ 부설주차장

95 시설물의 부지 인근에 단독 또는 공동으로 부설주차장을 설치할 수 있는 부설주차장의 규모 기준은?

① 주차대수 300대의 규모
② 주차대수 400대의 규모
③ 주차대수 500대의 규모
④ 주차대수 600대의 규모

해설
부설주차장이 주차대수 300대의 규모인 경우, 시설 부지 인근에 단독 또는 공동으로 설치할 수 있다.

96 상업지역의 세분에 속하지 않는 것은?

① 근린상업지역   ② 전용상업지역
③ 유통상업지역   ④ 중심상업지역

해설
상업지역

지 역	지정목적
중심상업지역	도심·부도심의 상업기능 및 업무기능의 확충을 위하여 필요한 지역
일반상업지역	일반적인 상업기능 및 업무기능을 담당하게 하기 위하여 필요한 지역
근린상업지역	근린지역에서의 일용품 및 서비스의 공급을 위하여 필요한 지역
유통상업지역	도시 내 및 지역간 유통기능의 증진을 위하여 필요한 지역

정답 91 ④ 92 ④ 93 ① 94 ① 95 ① 96 ②

97 다음은 건축물의 공사감리에 관한 기준 내용이다. 밑줄 친 공사의 공정이 대통령령으로 정하는 진도에 다다른 경우에 해당하지 않는 것은?(단, 건축물의 구조가 철근콘크리트조인 경우)

> 공사감리자는 국토교통부령으로 정하는 바에 따라 감리일지를 기록·유지하여야 하고, <u>공사의 공정(工程)이 대통령령으로 정하는 진도에 다다른 경우</u>에는 감리중간보고서를, 공사를 완료한 경우에는 감리완료보고서를 국토교통부령으로 정하는 바에 따라 각각 작성하여 건축주에게 제출하여야 한다.

① 지붕슬래브 배근을 완료한 경우
② 기초공사 시 철근배치를 완료한 경우
③ 높이 20m마다 주요구조부의 조립을 완료한 경우
④ 지상 5개 층마다 상부 슬래브 배근을 완료한 경우

해설
중간감리보고서의 제출 시기

건축물의 구조	공정에 따른 제출시기
철근콘크리트조, 철골철근콘크리트조, 조적조, 보강콘크리트블록조	기초공사 시 철근배치를 완료한 때
	지붕슬래브 배근을 완료한 때
	지상 5개 층마다 상부 슬래브 배근을 완료한 때
철골조	기초공사 시 철근배치를 완료한 때
	지붕철골 조립을 완료한 때
	지상 3개 층마다 또는 높이 20m마다 주요구조부의 조립을 완료한 때

98 국토의 계획 및 이용에 관한 법령에 따른 기반시설 중 공간시설에 속하지 않는 것은?

① 광장　　② 유원지
③ 유수지　④ 공공공지

해설
공간시설 : 광장, 공원, 녹지, 유원지, 공공공지 등
방재시설 : 하천, 유수지, 저수지, 방화설비, 방풍설비, 방수설비, 사방설비, 방조설비

99 국토교통부령으로 정하는 기준에 따라 채광 및 환기를 위한 창문 등이나 설비를 설치하여야 하는 대상에 속하지 않는 것은?

① 의료시설의 병실
② 숙박시설의 객실
③ 업무시설의 사무실
④ 교육연구시설 중 학교의 교실

해설
채광 및 환기를 위한 창문 등 설치 대상
- 단독주택의 거실
- 공동주택의 거실
- 학교의 교실
- 의료시설의 병실
- 숙박시설의 객실

100 건축허가 신청에 필요한 기본설계도서 중 배치도에 표시하여야 할 사항에 속하지 않는 것은?

① 주차장 규모
② 공개공지 및 조경계획
③ 대지에 접한 도로의 길이 및 너비
④ 건축선 및 대지경계선으로부터 건축물까지의 거리

해설
주차장 규모는 건축계획서에 포함된다.
배치도에 표시하여야 할 사항
- 축척 및 방위
- 대지에 접한 도로의 길이 및 너비
- 대지의 종·횡단면도
- 건축선 및 대지경계선으로부터 건축물까지 거리
- 주차동선 및 옥외주차계획
- 공개공지 및 조경계획

정답 97 ③　98 ③　99 ③　100 ①

2018년 제3회 과년도 기출문제

제1과목 건축계획

01 고층 사무소 건축의 기준층 평면형태를 한정시키는 요소와 가장 관계가 먼 것은?

① 방화구획상 면적
② 구조상 스팬의 한도
③ 오피스 랜드스케이핑에 의한 가구배치
④ 덕트, 배관, 배선 등 설비시스템상의 한계

해설
오피스 랜드스케이핑에 의한 가구배치는 평면을 자유로이 이용하는 배치방법이다.

02 한식주택과 양식주택에 관한 설명으로 옳지 않은 것은?

① 한식주택의 실은 혼용도이다.
② 한식주택은 좌식생활 중심이다.
③ 양식주택에서 가구는 부차적 존재이다.
④ 양식주택의 평면은 실의 기능별 분화이다.

해설
• 양식주택에서 가구는 실을 구성하는 주요한 존재이다.
• 한식주택에서의 가구는 부차적 존재이다.

03 상점계획에 관한 설명으로 옳지 않은 것은?

① 상점 내 고객의 동선은 짧게, 종업원의 동선은 길게 계획한다.
② 고객의 동선과 종업원의 동선이 만나는 곳에 카운터 케이스를 놓는다.
③ 상점의 총 면적이란 일반적으로 건축면적 가운데 영업을 목적으로 사용되는 면적을 말한다.
④ 국부조명은 배열을 바꾸는 경우를 고려하여 자유롭게 수량, 방향, 위치를 변경할 수 있도록 한다.

해설
상점 내 고객의 동선은 길게, 종업원의 동선은 짧게 계획한다.

04 다음 근린생활권의 주택지의 단위 중 가장 기본이 되는 최소한의 단위는?

① 인보구　　② 근린주구
③ 근린분구　④ 커뮤니티 센터

해설
인보구는 근린생활권의 최소 단위이다.
규모 : 인보구 < 근린분구 < 근린주구 < 근린지구

05 공장 건축 중 무창공장에 관한 설명으로 옳지 않은 것은?

① 방직공장 등에서 사용된다.
② 공장 내 조도를 균일하게 할 수 있다.
③ 온·습도의 조절이 유창공장에 비해 어렵다.
④ 외부로부터 자극이 적으나 오히려 실내 발생 소음은 커진다.

해설
무창공장 등의 무창 건축은 온·습도의 조절이 유창공장에 비해 유리하다.

정답 1 ③　2 ③　3 ①　4 ①　5 ③

06 공장 건축의 지붕 형식에 관한 설명으로 옳지 않은 것은?

① 솟을지붕은 채광 및 자연환기에 적합한 형식이다.
② 평지붕은 가장 단순한 형식으로 2~3층의 중층식 공장 건축물의 최상층에 적용된다.
③ 톱날지붕은 북향의 채광창을 통해 일정한 조도를 가진 약한 광선을 받아들일 수 있다.
④ 샤렌구조 지붕은 최근에 많이 사용되는 유형으로 기둥이 많이 필요하다는 단점이 있다.

[해설]
샤렌구조 지붕은 최근에 많이 사용되는 유형으로 기둥이 적게 소요되는 장점이 있다.

07 상점의 판매 형식에 관한 설명으로 옳지 않은 것은?

① 대면판매는 진열면적이 감소된다는 단점이 있다.
② 측면판매는 판매원의 정위치를 정하기 어렵고 불안정하다.
③ 측면판매는 상품이 손에 잡혀서 충동적 구매와 선택이 용이하다.
④ 대면판매는 상품의 설명이나 포장 등이 불편하다는 단점이 있다.

[해설]
대면판매는 상품의 설명이나 포장 등이 용이하다.

08 단독주택의 복도계획에 관한 설명으로 옳지 않은 것은?

① 중복도는 채광, 통풍에 유리하다.
② 연면적 $50m^2$ 이하의 주택에 복도를 두는 것은 비경제적이다.
③ 복도를 계획하는 경우, 복도의 면적은 일반적으로 연면적의 10% 정도이다.
④ 복도로 연결된 각 공간의 문은 폭이 좁을 경우에는 안여닫이로 계획하는 것이 좋다.

[해설]
중복도는 채광, 통풍에 불리하다.

09 아파트의 단위주거 단면구성 형식 중 복층형에 관한 설명으로 옳지 않은 것은?

① 주택 내의 공간의 변화가 있다.
② 단층형에 비해 공용 면적이 감소한다.
③ 구조 및 설비가 단순하여 설계가 용이하고 경제적이다.
④ 복층형 중 단위주거의 평면이 2개 층에 걸쳐져 있는 경우를 듀플렉스형이라 한다.

[해설]
복층형은 구조 및 설비가 복잡하여 설계가 어렵다.

10 다음의 아파트 평면 형식 중 각 세대의 프라이버시 확보가 가장 용이한 것은?

① 집중형 ② 계단실형
③ 편복도형 ④ 중복도형

[해설]
계단실형은 세대의 프라이버시 확보가 가장 용이하다.

11 건축계획의 진행 과정에 있어서 다음 중 가장 먼저 선행되는 작업은?

① 기본계획
② 조건파악
③ 기본설계
④ 실시설계

해설
조건파악 → 기본계획 → 기본설계 → 실시설계

12 사무소 건축의 실단위 계획 중 개방형 배치에 관한 설명으로 옳은 것은?

① 공사비가 비교적 높다.
② 프라이버시 유지가 용이하다.
③ 방 깊이에 변화를 줄 수 없다.
④ 모든 면적을 유용하게 이용할 수 있다.

해설
① 공사비가 비교적 낮다.
② 프라이버시 유지가 불리하다.
③ 방 깊이에 변화를 주기가 용이하다.

13 다음 설명에 알맞은 주거단지의 도로 유형은?

- 통과교통을 방지할 수 있다는 장점이 있으나 우회도로가 없기 때문에 방재·방범상 불리하다.
- 주택 배면에는 보행자 전용도로가 설치되어야 효과적이다.

① 격자형
② T자형
③ Loop형
④ Cul-de-sac형

해설
Cul-de-sac형은 막다른 도로 형식으로 통과교통을 방지하는 데 효과적이다.

14 주택의 동선계획에 관한 설명으로 옳지 않은 것은?

① 동선은 될 수 있는 한 단순하게 한다.
② 동선에는 공간이 필요하고 가구를 둘 수 없다.
③ 서로 다른 동선은 근접 교차시키는 것이 좋다.
④ 동선의 길이는 될 수 있는 한 짧게 하는 것이 좋다.

해설
주택의 동선계획 시 서로 다른 동선은 분리하는 것이 좋다.

15 다음 중 사무소 건물의 코어 내에 들어갈 공간으로 적절하지 않은 것은?

① 공조실
② 계단실
③ 중앙 감시실
④ 전기 배선 공간

해설
중앙 감시실은 기계전기에 관련된 설비공간에 위치한다.

16 학교 배치 형식 중 병렬형에 관한 설명으로 옳지 않은 것은?

① 넓은 부지를 필요로 한다.
② 일종의 핑거 플랜(Finger Plan)이다.
③ 구조계획이 간단하고 규격형의 이용이 가능하다.
④ 일조, 통풍 등 교실의 환경조건을 균등하게 할 수 없다.

해설
학교 배치 형식 중 병렬형은 일조, 통풍 등 교실의 환경조건을 균등하게 할 수 있다.

정답 11 ② 12 ④ 13 ④ 14 ③ 15 ③ 16 ④

17 사무소 건축의 엘리베이터 계획에 관한 설명으로 옳지 않은 것은?

① 일렬 배치는 8대를 한도로 한다.
② 교통동선의 중심에 설치하여 보행거리가 짧도록 배치한다.
③ 대면배치 시 대면거리는 동일 군 관리의 경우 3.5~4.5m로 한다.
④ 여러 대의 엘리베이터를 설치하는 경우 그룹별 배치와 군 관리 운전 방식으로 한다.

해설
사무소 건축의 엘리베이터 계획 시 일렬 배치는 4대를 한도로 한다.

18 주택 부엌에서 작업 삼각형의 구성에 속하지 않는 것은?

① 냉장고
② 개수대
③ 배선대
④ 가열대

해설
작업 삼각형 : 냉장고 – 개수대 – 가열대

19 학교운영 방식에 관한 설명으로 옳지 않은 것은?

① 교과교실형은 학생의 이동이 많으므로 소지품 보관장소 등을 고려할 필요가 있다.
② 종합교실형은 하나의 교실에서 모든 교과수업을 행하는 방식으로 초등학교 저학년에게 적합하다.
③ 일반 및 특별교실형은 우리나라 대부분의 초등학교에서 적용되었던 방식으로 이제는 적용되지 않고 있다.
④ 플래툰형은 각 학급을 2분단으로 나누어 한 쪽이 일반교실을 사용할 때, 다른 한 쪽은 특별교실을 사용하는 방식이다.

해설
일반 및 특별교실형은 우리나라 대부분의 초등학교 고학년이나, 중고등학교에서 적용되고 있는 방식이다.

20 다음의 상점 진열대 배치 형식 중 상품의 전달 및 고객의 동선상 흐름이 가장 빠른 형식은?

① 굴절형
② 직렬형
③ 환상형
④ 복합형

해설
직렬형은 상품의 전달 및 고객의 동선상 흐름이 가장 빠르며, 시야가 좋다.

제2과목 건축시공

21 목구조에서 기초 위에 가로놓아 상부에서 오는 하중을 기초로 전달하며, 기둥 밑을 고정하고 벽을 치는 뼈대가 되는 것은?

① 층 보
② 층도리
③ 깔도리
④ 토 대

해설
토대는 기초 위에 가로놓아 상부의 하중을 기초에 전달하는 역할을 하는 구성재이다.

22 공사표준시방서에 기재하는 사항에 해당되지 않는 것은?

① 공법에 관한 사항
② 검사 및 시험에 관한 사항
③ 재료에 관한 사항
④ 공사비에 관한 사항

해설
공사비에 관한 사항은 공사계약서 작성 내용이다.
시방서 : 설계자의 의도를 시공자에게 전달할 목적으로 설계도에 기재할 수 없는 사항을 기재하는 문서이며 재료, 공법, 시공 장비, 시공상 주의사항 등을 기술한다.

23 알루미늄 창호공사에 관한 설명으로 옳지 않은 것은?

① 알칼리에 약하므로 모르타르와의 접촉을 피한다.
② 알루미늄은 부식방지 조치가 불필요하다.
③ 녹막이에는 연(鉛)을 함유하지 않은 도료를 사용한다.
④ 표면이 연하여 운반, 설치작업 시 손상되기 쉽다.

해설
알루미늄은 부식방지 조치가 필요하며, 표면 부식을 일으킬 수 있는 다른 금속과 접촉을 금지하고 알칼리와의 접촉부는 내알칼리성 도장을 한다.

24 해머글래브를 케이싱 내에 낙하시켜 굴착을 완료한 후 철근망을 삽입하고 케이싱을 뽑아 올리면서 콘크리트를 타설하는 현장타설 콘크리트말뚝 공법은?

① 베노토 공법
② 이코스 공법
③ 어스드릴 공법
④ 역순환 공법

25 아스팔트 방수에서 아스팔트 프라이머를 사용하는 목적으로 옳은 것은?

① 방수층의 습기를 제거하기 위하여
② 아스팔트 보호누름을 시공하기 위하여
③ 보수 시 불량 및 하자 위치를 쉽게 발견하기 위하여
④ 콘크리트 바탕과 방수시트의 접착을 양호하게 하기 위하여

해설
아스팔트 프라이머는 블론 아스팔트에 휘발성 용제를 넣어 묽게 한 것으로 콘크리트 바탕과 방수시트의 접착을 양호하게 하기 위하여 사용한다.

26 다음 공정표 중 공사의 기성고를 표시하는 데 가장 편리한 것은?

① 횡선공정표
② 사선공정표
③ PERT
④ CPM

해설
사선공정표 : 공사량을 세로로, 날짜를 가로로 잡아 공사 진척사항을 사선그래프로 표시한 것(그래프식, 바나나곡선)으로, 작업의 관련성을 나타낼 수 없으나 공사의 기성고를 표시하는 데는 편리하다.

정답 21 ④ 22 ④ 23 ② 24 ① 25 ④ 26 ②

27 다음 중 철골용접과 관계없는 용어는?

① 오버 랩(Overlap)
② 리머(Reamer)
③ 언더 컷(Under Cut)
④ 블로 홀(Blow Hole)

해설
리머(Reamer) : 드릴로 뚫어져 있는 구멍을 정밀하게 가공하는 공구이다.
용접의 결함 : 슬래그 감싸들기, 언더 컷, 오버 랩, 위핑 홀, 블로 홀, 크랙 등

28 표준관입시험에서 로드의 머리부에 자유낙하시키는 해머의 적정 높이로 옳은 것은?(단, 높이는 로드의 머리로부터 해머까지의 거리임)

① 30cm   ② 52cm
③ 63.5cm   ④ 76cm

해설
표준관입시험
• 불교란시료 채취가 불가능한 사질지반에서 지반을 구성하는 토층의 경연, 상대밀도를 측정할 때 사용
• 시험순서
 – 로드(Rod) 선단에 관입시험용 샘플러 부착
 – 로드상단에 63.5kg의 추를 76cm에서 자유낙하
 – 지반에 30cm 관입 시 필요한 타격횟수 N값 측정

29 벽과 바닥의 콘크리트 타설을 한 번에 가능하도록 벽체와 바닥 거푸집을 일체로 제작하여 한번에 설치하고 해체할 수 있도록 한 것은?

① 유로 폼(Euro Form)
② 클라이밍 폼(Climbing Form)
③ 플라잉 폼(Flying Form)
④ 터널 폼(Tunnel Form)

해설
터널 폼(Tunnel Form)에 대한 설명이다.

30 다음 각 철물들이 사용되는 장소로 옳지 않은 것은?

① 논 슬립(Non-slip) – 계단
② 피벗(Pivot) – 창호
③ 코너 비드(Corner Bead) – 바닥
④ 메탈 라스(Metal Lath) – 벽

해설
코너 비드는 기둥이나 벽의 모서리 부분을 보호하기 위하여 쓰는 철물이다.

31 고층 건물 외벽공사 시 적용되는 커튼월 공법의 특징이 아닌 것은?

① 내력벽으로서의 역할
② 외벽의 경량화
③ 가설공사의 절감
④ 품질의 안정화

해설
커튼월 공법 : 하중을 기둥과 보가 담당하고, 외벽이나 표피는 비내력 구조체로서 유리 등으로 만드는 공법이다.
• 외벽의 경량화할 수 있고 공기를 단축
• 공업화 제품에 따른 품질 향상

32 독립기초에서 주각을 고정으로 간주할 수 있는 방법으로 가장 타당한 것은?

① 기초판을 크게 한다.
② 기초 깊이를 깊게 한다.
③ 철근을 기초판에 많이 배근한다.
④ 지중보를 설치한다.

해설
지중보를 설치하면 주각을 고정으로 간주하며, 주각을 고정하게 되면 기초의 강성이 높아지고 부동침하를 방지할 수 있다.

33 서중콘크리트에 관한 설명으로 옳지 않은 것은?

① 콘크리트의 공기연행이 용이하여 혼화제 사용이 불필요하다.
② 콘크리트의 배합은 소요의 강도 및 워커빌리티를 얻을 수 있는 범위 내에서 단위수량을 적게 한다.
③ 비빔콘크리트는 가열되거나 건조로 인하여 슬럼프가 저하되지 않도록 적당한 장치를 사용하여 되도록 빨리 운송하여 타설하여야 한다.
④ 콘크리트 재료는 온도가 낮아질 수 있도록 하여야 한다.

해설
서중콘크리트는 일평균기온이 25℃를 초과 시 타설하는 콘크리트로서 기온이 높은 조건에서는 콘크리트의 온도가 높아져 수화반응이 빨라지므로 이상응결이 발생되기 쉽다. 따라서 AE감수제 등의 혼화제 사용으로 응결을 지연시킬 수 있다.

34 철근콘크리트의 염해를 억제하는 방법으로 옳은 것은?

① 콘크리트의 피복두께를 적절히 확보한다.
② 콘크리트 중의 염소이온을 크게 한다.
③ 물시멘트비가 높은 콘크리트를 사용한다.
④ 단위수량을 크게 한다.

해설
콘크리트의 피복두께를 적절히 확보하여 염해를 억제한다.

35 계약 체결 후 일반적인 건축공사의 진행순서로 옳은 것은?

① 공사 착공준비 → 가설공사 → 토공사 → 기초공사
② 가설공사 → 공사 착공준비 → 토공사 → 기초공사
③ 공사 착공준비 → 토공사 → 기초공사 → 가설공사
④ 토공사 → 가설공사 → 공사 착공준비 → 기초공사

해설
일반적 건축공사 순서
공사 착공준비 → 가설공사 → 토공사 → 지정 및 기초공사 → 구조체 공사 → 마감공사

36 철골구조에서 가새를 조일 때 사용하는 보강재는?

① 거싯 플레이트(Gusset Plate)
② 슬리브 너트(Sleeve Nut)
③ 턴 버클(Turn Buckle)
④ 아이 바(Eye Bar)

해설
턴 버클은 철골구조에서 가새를 조일 때 사용하는 인장재의 연결 보강재이다.

37 콘크리트벽돌 공간쌓기에 관한 설명으로 옳지 않은 것은?

① 공간쌓기는 도면 또는 공사시방서에서 정한 바가 없을 때에는 안쪽을 주벽체로 하고 바깥쪽은 반장쌓기로 한다.
② 안쌓기는 연결재를 사용하여 주벽체에 튼튼히 연결한다.
③ 연결재로 벽돌을 사용할 경우 벽돌을 걸쳐대고 끝에는 이오토막 또는 칠오토막을 사용한다.
④ 연결재의 배치 및 거리 간격의 최대 수직거리는 400mm를 초과해서는 안 된다.

해설
공간쌓기는 도면 또는 공사시방서에서 정한 바가 없을 때에는 바깥쪽을 주벽체로 하고 안쪽은 반장쌓기로 한다.

정답 33 ① 34 ① 35 ① 36 ③ 37 ①

38 목재의 변재와 심재에 관한 설명으로 옳지 않은 것은?

① 심재는 변재보다 비중이 크다.
② 심재는 변재보다 신축변형이 작다.
③ 변재는 심재보다 내후성이 크다.
④ 변재는 심재보다 강도가 약하다.

해설
목재의 변재는 심재보다 내구성, 내후성이 약하다.

39 철근콘크리트 기둥의 단면이 0.4m×0.5m이고 길이가 10m일 때 이 기둥의 중량(ton)은 약 얼마인가?

① 3.6ton
② 4.8ton
③ 6ton
④ 6.4ton

해설
철근콘크리트의 단위용적중량은 2.4(ton/m³)이며,
기둥의 중량 = (0.4m×0.5m×10m)×2.4ton/m³ = 4.8ton

40 방부성이 우수하지만 악취가 나고, 흑갈색으로 외관이 불미하므로 눈에 보이지 않는 토대, 기둥, 도리 등에 사용되는 방부제는?

① PCP
② 콜타르
③ 크레오소트유
④ 에나멜 페인트

해설
크레오소트 오일 : 유용성 방부제로서 콜타르를 분류할 때(230~270℃ 사이에서) 나온 흑갈색의 기름으로 목재에는 침투성, 내수성이 양호하여 토대의 방부제용으로 쓰이고 침목이나 전주에도 쓰이지만, 냄새가 심하여 외부에 사용한다.
PCP(펜타클로로페놀) : 유용성 방부제의 일종으로 방부력이 우수하고 무색무취이며 침투성도 매우 양호하지만 크레오소트 오일에 비해 비싸다.

제3과목 건축구조

41 H-500×200×10×16로 표기된 H형강에서 웨브의 두께는?

① 10mm
② 16mm
③ 200mm
④ 500mm

해설
$H-H\times B\times t_w\times t_f$ (높이×플랜지 폭×웨브 두께×플랜지 두께)
H형강 또는 I형강
- H형강 치수 표시 : $H-H\times B\times t_w\times t_f$
- I형강 치수 표시 : $I-H\times B\times t_w\times t_f$
- 주로 기둥, 보에 사용된다.
- H형강은 단면이 일정하지만, I형강은 플랜지 두께가 안쪽에서 바깥쪽으로 갈수록 줄어든다.

42 철근의 이음에 관한 기준으로 옳은 것은?

① 용접이음은 철근의 설계기준 항복강도 f_y의 125% 이상을 발휘할 수 있는 완전용접이어야 한다.
② 인장 이형철근의 이음은 A급, B급으로 분류하며 어떤경우라도 200mm 이상이어야 한다.
③ 인장 이형철근의 이음을 제외하고 D35를 초과하는 철근은 겹침이음할 수 있다.
④ 휨부재에서 서로 직접 접촉되지 않게 겹침이음된 철근은 횡방향으로 소요 겹침이음길이의 1/3 또는 200mm 중 작은 값 이상 떨어지지 않아야 한다.

해설
② 인장 이형철근의 이음은 A급, B급으로 분류하며 어떤 경우라도 300mm 이상이어야 한다.
③ D35를 초과하는 철근은 겹침이음할 수 없다.
④ 휨부재에서 서로 직접 접촉되지 않게 겹침이음된 철근은 횡방향으로 소요 겹침이음길이의 1/5 또는 150mm 중 작은 값 이상 떨어지지 않아야 한다.

정답 38 ③ 39 ② 40 ③ 41 ① 42 ①

43 다음 그림과 같은 독립기초에서 지반 반력의 분포 형태로 옳은 것은?

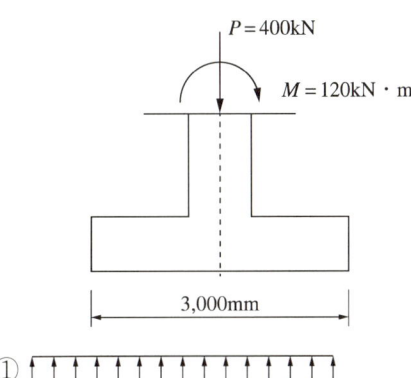

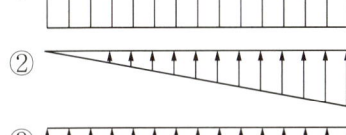

해설
기초 좌우측에 하중이 전달되므로 각각의 단부에서 응력(σ, 지반 반력)이 발생되며, 시계방향의 휨모멘트로 인해 좌측 단부는 σ_{min}, 우측 단부는 σ_{max}의 응력이 발생된다.

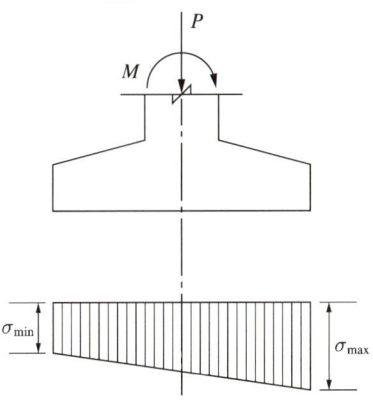

44 다음 조건을 가진 단근보의 강도설계법에 따른 설계모멘트(ϕM_n)를 구하면?

- $b = 350mm$, $d = 600mm$
- 4-D22(1,548mm²)
- $f_{ck} = 21MPa$, $f_y = 400MPa$
- $\phi = 0.85$

① 270kN · m
② 280kN · m
③ 290kN · m
④ 300kN · m

해설
힘의 평형에 의해 $0.85f_{ck} \times a \times b = A_s \times f_y$ 이며,

등가블록 깊이(a) = $\dfrac{A_s f_y}{0.85 f_{ck} \times b}$

= $\dfrac{1,548 \times 400}{0.85 \times 21 \times 350}$ ≒ 99.11mm

$\phi M_n = \phi A_s f_y \left(d - \dfrac{a}{2}\right)$

= $0.85 \times 1,548 \times 400 \times \left(600 - \dfrac{99.11}{2}\right)$ ≒ 289.7 kN · m

45 그림과 같은 구조물의 판별 결과는?

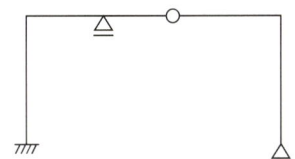

① 정정
② 1차 부정정
③ 2차 부정정
④ 3차 부정정

해설
$N = m + r + k - 2j$
$= 5 + 6 + 3 - 2 \times 6 = 2$

여기서, m : 부재(Member)수
r : 지점반력(Reaction)수
k : 강절점수
j : 절점(Joint)수

∴ 2차 부정정

46 그림과 같은 라멘에서 F점의 휨모멘트는?

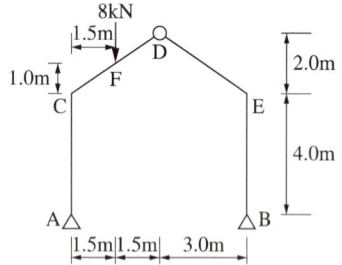

① 4kN·m
② 3kN·m
③ 2kN·m
④ 1kN·m

해설
$\sum M_B = 0;\ (R_A \times 6) - (8 \times (1.5 + 3.0)) = 0$
$\therefore R_A = \dfrac{36}{6} = 6\text{kN}$
$\sum M_D = 0;\ (6 \times 3) - (H_A \times 6) - (8 \times 1.5) = 0$
$\therefore H_A = \dfrac{6}{6} = 1\text{kN}$
F점에서의 휨모멘트
$\therefore M_F = (6 \times 1.5) - (1 \times 5) = 4\text{kN·m}$

47 그림과 같은 중공형 단면에서 도심축에 대한 단면 2차 반지름은?

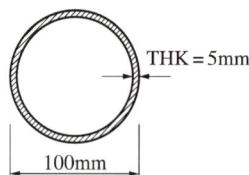

① 27.4mm
② 33.6mm
③ 45.2mm
④ 52.6mm

해설
단면 2차 모멘트와 단면적을 구한다.
외면과 내면을 갖는 원형 단면이므로,
$I_x = \dfrac{\pi(D^4 - d^4)}{64} = \dfrac{\pi(D^2 + d^2) \times (D^2 - d^2)}{64}$ 이고,
$A = \dfrac{\pi(D^2 - d^2)}{4}$ 이다.
단면 2차 반경을 구한다.
$r_x = \sqrt{\dfrac{I_x}{A}} = \sqrt{\dfrac{\dfrac{\pi(D^2 + d^2) \times (D^2 - d^2)}{64}}{\dfrac{\pi(D^2 - d^2)}{4}}} = \sqrt{\dfrac{D^2 + d^2}{16}}$
$\therefore r_x = \sqrt{\dfrac{100^2 + 90^2}{16}} \fallingdotseq 33.63\text{mm}$

48 강도설계법에서 처짐을 계산하지 않는 경우에 있어 보의 최소 두께(Depth) 규준으로 옳지 않은 것은?(단, 보의 길이는 l, 보통중량콘크리트와 400MPa 철근 사용)

① 단순지지 : $l/12$ ② 1단연속 : $l/18.5$
③ 양단연속 : $l/21$ ④ 캔틸레버 : $l/8$

해설
처짐을 계산하지 않는 경우, 보 또는 1방향 슬래브 최소 두께

부 재	캔틸레버	단순지지	1단연속	양단연속
보	$\dfrac{l}{8}$	$\dfrac{l}{16}$	$\dfrac{l}{18.5}$	$\dfrac{l}{21}$
1방향 슬래브	$\dfrac{l}{10}$	$\dfrac{l}{20}$	$\dfrac{l}{24}$	$\dfrac{l}{28}$

49 강구조 고력볼트 접합의 특징으로 옳지 않은 것은?

① 접합부 강성이 높아 접합부 변형이 거의 없다.
② 피로강도가 낮은 편이다.
③ 강한 조임력으로 너트의 풀림이 없다.
④ 접합의 종류로는 마찰접합, 인장접합, 지압접합이 있다.

해설
강구조 고력(고장력)볼트 접합의 장점
• 접합부 강성이 높아 접합부 변형이 거의 없다.
• 유효면적에 대한 피로강도가 높다.
• 응력방향이 바뀌어도 혼란이 일어나지 않는다.
• 강한 조임력으로 너트의 풀림이 없다.
• 연결부의 증설, 변경이 쉽고 불량 부위의 교체가 쉽다.

50 그림과 같은 트러스의 S 부재 응력의 크기는?

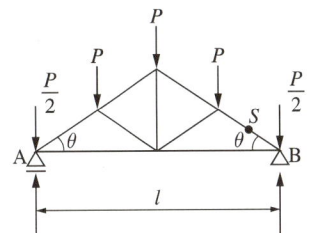

① $\dfrac{1}{2}P \cdot \sin\theta$ ② $\dfrac{3}{2}P \cdot \cos\theta$
③ $\dfrac{3}{2}P \cdot \sin\theta$ ④ $\dfrac{3}{2}P \cdot \csc\theta$

해설
반력을 산정한다.
$R_A = R_B = \dfrac{4P}{2} = 2P$ (좌우대칭)

B지점에서 부재력을 구한다.
$\sum V = 0;$
$2P - S\cos(90-\theta) - \dfrac{P}{2} = 0$
$\cos(90-\theta) = \sin\theta$ 이므로,
$2P - S\sin\theta - \dfrac{P}{2} = 0$
$\therefore S\sin\theta = \dfrac{3P}{2}$ 이므로, $S = \dfrac{3P}{2} \times \dfrac{1}{\sin\theta} = \dfrac{3}{2}P \cdot \csc\theta$

51 강구조에서 사용하는 용어가 서로 관계없는 것끼리 연결된 것은?

① 기둥접합 - 메탈터치(Metal Touch)
② 주각부 - 베이스 플레이트(Base Plate)
③ 판보 - 커버 플레이트(Cover Plate)
④ 고력볼트 접합 - 엔드 탭(End Tap)

해설
엔드 탭(End Tap) : Blow Hole, Crater 등의 용접결함이 생기기 쉬운 용접 Bead의 시작과 끝지점에 용접을 하기 위해 용접접합하는 모재의 양단에 부착하는 보조강판

52 철근의 부착과 정착에 관한 설명으로 옳지 않은 것은?

① 철근이 콘크리트 속에서 빠져나오지 못하게 하는 것을 정착이라 한다.
② 철근의 정착길이는 철근의 직경에 비례하며 철근의 강도에 반비례한다.
③ 휨응력에 전달 시 철근과 콘크리트 간의 경계면에 발생하는 전단응력을 부착응력이라 한다.
④ 철근과 콘크리트 간의 부착력은 콘크리트의 강도가 높아질수록 증가한다.

[해설]
철근의 정착길이는 철근의 직경과 철근의 항복강도에 비례하며, 콘크리트 강도에는 반비례한다.

53 다음은 철근콘크리트 벽체 설계에 대한 기준이다. ( ) 안에 들어갈 내용을 순서대로 바르게 나타낸 것은?

> 수직 및 수평 철근의 간격은 벽두께의 ( ) 이하, 또한 ( ) 이하로 하여야 한다.

① 2배, 300mm
② 2배, 450mm
③ 3배, 300mm
④ 3배, 450mm

[해설]
수직, 수평 철근 간격 : 벽체 두께의 3배 이하, 또한 450mm 이하로 하여야 한다.

54 그림과 같은 트러스에서 T 부재의 부재력은?

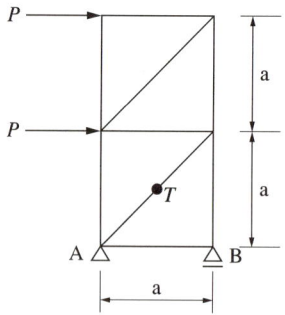

① P
② $1.5P$
③ $\sqrt{2}P$
④ $2\sqrt{2}P$

[해설]
$\sum H = 0;$
$T\cos\theta - 2P = 0$이며 $T \times \dfrac{1}{\sqrt{2}} = 2P$이므로,
$\therefore T = 2\sqrt{2}P$

55 철근콘크리트구조의 장단점에 관한 설명으로 옳지 않은 것은?

① 철근콘크리트구조는 내구성, 내진성, 내화성이 우수하다.
② 철근콘크리트구조는 콘크리트의 강도상 단점을 철근이 보완하고 있다.
③ 철근콘크리트구조는 건조수축에 의하여 변형이나 균열이 발생될 수 있다.
④ 철근콘크리트구조는 강구조보다 소요되는 재료의 중량이 작으므로 자중이 가볍다.

[해설]
철근콘크리트구조는 강구조보다 소요되는 재료의 중량이 크므로 자중이 무겁다.

52 ② 53 ④ 54 ④ 55 ④

56 지름 10mm, 길이 15m의 강봉에 무게 8kN의 인장력이 작용할 경우 늘어난 길이는?(단, $E_s = 2.0 \times 10^5$ MPa)

① 4.32mm ② 5.34mm
③ 7.64mm ④ 9.32mm

해설

$\sigma = E \times \varepsilon$ 이므로, $E = \dfrac{\sigma}{\varepsilon}$ 이다.

$\sigma = \dfrac{P}{A} = \dfrac{8 \times 10^3}{\left(\dfrac{\pi \times 10^2}{4}\right)} \fallingdotseq 101.86 \text{MPa}$

$\varepsilon = \dfrac{\Delta l}{l} = \dfrac{\sigma}{E}$ 이며, $\Delta l = \dfrac{\sigma \times l}{E}$ 이다.

$\therefore \Delta l = \dfrac{101.86 \times 15 \times 10^3}{2.0 \times 10^5} \fallingdotseq 7.64 \text{mm}$

57 그림은 구조용 강봉의 응력–변형률 곡선이다. A점은 무엇인가?

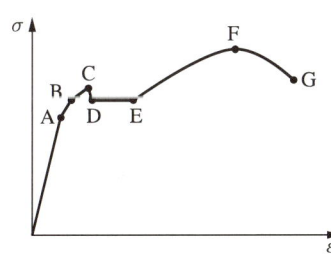

① 탄성한계점   ② 비례한계점
③ 상위항복점   ④ 하위항복점

해설

강재의 응력 변형도 곡선

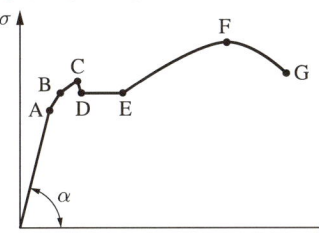

A : 비례한계점
B : 탄성한계점
C : 상위항복점
D : 하위항복점
E : 변형도 경화시점
F : 극한강도점
G : 파괴강도점

탄성계수 $E = \dfrac{\sigma}{\varepsilon} = \tan\alpha$

여기서, σ : 응력도(kg/cm²)
ε : 변형도 $\left(\dfrac{\Delta l}{l}\right)$

58 그림과 같은 단순보의 중앙에서 보단면 내의 O점의 휨응력도는?

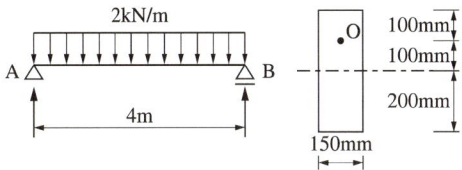

① +0.50MPa
② −0.50MPa
③ +0.75MPa
④ −0.75MPa

해설

휨응력 $(\sigma) = \dfrac{M}{I} y$

여기서, 사각형 단면 2차 모멘트 $I = \dfrac{bh^3}{12}$ 이다.

또한, $M_{\max} = \dfrac{wl^2}{8} = \dfrac{2 \times 4^2}{8} = 4 \text{kN} \cdot \text{m}$ 이다.

조건에서 $y = 100$, 보의 상부로서 압축(−)이므로

$\therefore \sigma = -\dfrac{12 \times M}{bh^3} \times y = -\dfrac{12 \times 4 \times 10^6}{150 \times 400^3} \times 100 = -0.5 \text{MPa}$

59 그림과 같은 부정정보에서 전단력이 '0'이 되는 위치 x는?

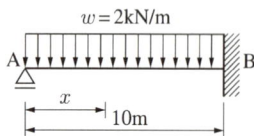

① 2.75m ② 3.75m
③ 4.75m ④ 5.75m

해설
반력 $R_A = \dfrac{3wl}{8} = \dfrac{3 \times 2 \times 10}{8} = 7.5\,\text{kN}$
$S_x = 7.5 - 2x = 0$
∴ $x = 3.75\,\text{m}$

60 다음 보(Beam) 중에서 정정구조물이 아닌 것은?

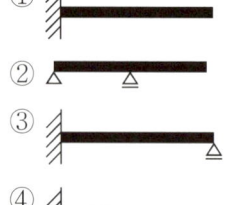

해설
③ 1차 부정정보($N = m + r + k - 2j = 1 + 4 + 0 - 2 \times 2 = 1$)
① 캔틸레버보
② 한쪽 내민보
④ 겔버보

제4과목 건축설비

61 실내 냉방부하 중 현열부하가 3,000W, 잠열부하가 500W일 때 현열비는?

① 0.14 ② 0.17
③ 0.86 ④ 0.92

해설
현열비(SHF) = $\dfrac{\text{현열부하}}{\text{현열부하} + \text{잠열부하}} = \dfrac{3,000}{3,000 + 500} ≒ 0.857$

62 온수난방 배관에 역환수 방식(Reverse Return)을 채택하는 가장 주된 이유는?

① 배관경을 가늘게 하기 위해서
② 배관의 신축을 원활히 흡수하기 위해서
③ 온수를 방열기에 균등히 배분하기 위해서
④ 배관 내 스케일 발생을 감소시키기 위해서

해설
리버스리턴 배관(역환수 방식)은 온수를 방열기에 균등히 분배하고 계통별로 마찰저항을 균등하게 하기 위한 온수난방 배관 방식이다.

63 다음 중 수변전설비의 설계 순서로 가장 알맞은 것은?

| ㉠ 수전전압 결정 |
| ㉡ 배전전압 결정 |
| ㉢ 변전설비 용량 계산 |
| ㉣ 변전실 설치 면적 계산 |

① ㉠ → ㉡ → ㉢ → ㉣
② ㉠ → ㉢ → ㉡ → ㉣
③ ㉣ → ㉢ → ㉡ → ㉠
④ ㉢ → ㉣ → ㉡ → ㉠

해설
수변전설비의 설계 순서
수전전압 결정 → 배전전압 결정 → 변전설비 용량 계산 → 변전실 설치 면적 계산

64 다음의 공기조화 방식 중 전수 방식에 속하는 것은?

① 룸 쿨러 방식
② 단일 덕트 방식
③ 팬코일 유닛 방식
④ 멀티존 유닛 방식

해설
전수식 방식 : 팬코일 유닛 방식, 복사냉난방 방식
전공기 방식 : 단일 덕트 방식, 이중 덕트 방식, 멀티존 유닛 방식
공기 · 수 방식 : 유인 유닛 방식, 팬코일 유닛 방식, 복사냉난방 방식

65 축전지의 충전 방식 중 전지의 자기방전을 보충함과 동시에 상용부하에 대한 전력공급은 충전기가 부담하도록 하되 충전기가 부담하기 어려운 일시적인 대전류부하는 축전지로 하여금 부담하게 하는 방식은?

① 보통 충전
② 급속 충전
③ 균등 충전
④ 부동 충전

해설
축전지의 충전 방식
• 보통 충전 : 필요할 때마다 표준시간율로 충전하는 방식
• 급속 충전 : 보통 충전 전류의 2~3배 전류로 충전하는 방식
• 균등 충전 : 각 축전지의 전위차를 보정하기 위하여 1~3개월마다 10~12시간 1회 충전하는 방식
• 부동 충전 : 축전지의 자기방전을 보충함과 동시에 상용부하에 대한 전력공급은 충전기가 부담하되 충전기가 부담하기 어려운 일시적인 대전류부하는 축전지로 하여금 부담하게 하는 방식

66 옥내배선의 간선 굵기 결정 시 고려할 사항과 가장 거리가 먼 것은?

① 전압강하
② 배선방법
③ 허용전류
④ 기계적 강도

해설
간선 굵기 결정 시 고려할 사항
• 안전전류(허용전류)
• 전압강하
• 기계적 강도

67 30m 높이에 있는 옥상탱크에 펌프로 시간당 24m³의 물을 공급할 때, 펌프의 축동력은?(단, 배관 중의 마찰손실은 전양정의 20%, 흡입양정은 4m, 펌프의 효율은 55%이다)

① 3.82kW
② 4.85kW
③ 5.65kW
④ 6.12kW

해설
전양정 = 30 + 4 + (34 × 20%) = 30 + 4 + 6.8 = 40.8m

펌프의 축동력 $= \dfrac{W \times Q \times H}{6,120 \times E}$ [kW]

$= \dfrac{1,000 \times 24 \times 40.8}{6,120 \times 0.55 \times 60} \fallingdotseq 4.85$ kW

여기서, W : 비중량(kg/m³), 물의 비중량 = 1,000kg/m³
Q : 양수량(m³/min)
H : 전양정(m)
E : 효율(%)

정답 64 ③ 65 ④ 66 ② 67 ②

68 고층 건물에서 급수설비를 조닝하는 가장 주된 이유는?

① 급수 압력의 균등화
② 급수 배관길이의 감소
③ 배관 내 스케일의 발생 방지
④ 급수펌프 운전의 편리성 향상

해설
초고층 건축물의 급수 조닝
- 고층에서의 압력으로 인해 워터 해머링, 소음, 진동 등이 발생하므로 이를 해결하기 위하여 조닝한다.
- 저층부에 지나친 급수압을 방지하고 적절한 수압을 유지하기 위하여 조닝한다.

69 덕트(Duct)에 관한 설명으로 옳은 것은?

① 정방형 덕트는 관마찰저항이 가장 적다.
② 고속덕트의 단면은 보통 장방형으로 한다.
③ 스플릿 댐퍼는 분기부에 설치하여 풍량조절용으로 사용된다.
④ 버터플라이 댐퍼는 대형 덕트의 개폐용으로 주로 사용된다.

해설
① 정방형 덕트는 관마찰저항이 크며, 원형 덕트는 관마찰저항이 작다.
② 고속덕트의 단면은 보통 원형으로 한다.
④ 버터플라이 댐퍼는 소형 덕트의 개폐용으로 주로 사용된다.

70 오배수 입상관으로부터 취출하여 위쪽의 통기관에 연결되는 배관으로, 오배수 입상관 내의 압력을 같게 하기 위한 도피 통기관은?

① 신정 통기관
② 각개 통기관
③ 루프 통기관
④ 결합 통기관

해설
결합 통기관은 배수 수직관 내의 압력변화를 방지 또는 완화하기 위해 배수 수직관(오배수 입상관)으로부터 분기 및 입상하여 통기 수직관에 접속하는 통기관이다.

71 바닥복사난방에 관한 설명으로 옳지 않은 것은?

① 복사열에 의하므로 쾌적함이 높다.
② 방열기가 없으므로 바닥면적의 이용도가 높다.
③ 외기침입이 있는 곳에서도 난방감을 얻을 수 있다.
④ 난방부하 변동에 따른 방열량 조절이 용이하므로 간헐난방에 적합하다.

해설
복사난방
- 패널의 복사열을 주로 이용하는 방식으로 실내의 온도분포가 균등하여 쾌감도가 높고, 바닥의 이용도가 높다.
- 외기 급변에 따른 난방부하 변동에 대해 방열량 조절이 어렵고, 장시간 난방에 유리하지만 간헐난방에 부적합하다.
- 시공이 어려우며 수리비, 설비비가 비싸다.
- 천장 높이가 높은 경우와 주택, 학교 등에 사용된다.

72 배수 배관에 관한 설명으로 옳지 않은 것은?

① 건물 내에서 지중배관은 피하고 피트 내 또는 가공배관을 한다.
② 배수는 원칙적으로 배수펌프에 의해 옥외로 배출하도록 한다.
③ 엘리베이터 샤프트, 엘리베이터 기계실 등에는 배수 배관을 설치하지 않는다.
④ 트랩의 봉수보호, 배수의 원활한 흐름, 배관 내의 환기를 위해 통기배관을 설치한다.

해설
배수계통은 원칙적으로 중력에 의해 옥외로 배출하도록 한다.

73 어느 건물에 옥내소화전이 2, 3층에 각각 2개씩 설치되어 있고, 1층에 3개가 설치되어 있다. 옥내소화전설비의 수원의 저수량은 최소 얼마 이상이 되도록 하여야 하는가?

① $5.2m^3$ ② $7.8m^3$
③ $9.6m^3$ ④ $14m^3$

해설
※ 출제 시 정답은 ②였으나 옥내소화전설비의 화재안전기준 개정(21.12.16)으로 정답 ①
(개정 전 : 최다 설치 층 설치 개수는 5개 이상 설치된 경우 5개로 산정함)
옥내소화전 수원의 수량(Q) = $2.6m^3 \times N$
여기서, N : 소화전 개수(가장 많이 설치된 층 기준으로 최대 2개)
∴ 수량(Q) = $2.6m^3 \times 2 = 5.2m^3$

74 글로브 밸브에 관한 설명으로 옳지 않은 것은?

① 유량 조절용으로 주로 사용된다.
② 직선 배관 중간에 설치되며 유체에 대한 저항이 크다.
③ 슬루스 밸브에 비해 리프트가 커서 개폐에 많은 시간이 소요된다.
④ 유체가 밸브의 아래로부터 유입하여 밸브시트 사이를 통해 흐르게 되어 있다.

해설
글로브 밸브 : 유체가 글로브 내의 밸브 하단으로부터 유입하여 밸브 시트의 사이를 통해 흐르는 방식으로, 유체의 흐름이 갑자기 바뀌는 경우 유체의 저항이 크지만, 유량 조절이 용이하고 개폐 시간이 적게 소요되고 개폐가 용이하다. 슬루스 밸브에 비해 리프트가 작다.

75 다음 설명에 알맞은 보일러는?

• 수직으로 세운 드럼 내에 연관 또는 수관이 있는 소규모의 패키지형으로 되어 있다.
• 설치 면적이 작고 취급이 용이하다.

① 관류 보일러
② 입형 보일러
③ 수관 보일러
④ 주철제 보일러

해설
입형(수직형) 보일러
• 수직으로 세운 드럼 내에 연관 또는 수관을 두어 가열하는 방식이며, 소규모의 패키지형으로 되어 있다.
• 설치 면적이 작고 취급이 간단하며 가격이 싸다.
• 사용압력이 낮고, 용량이 작으며 효율도 낮다.
• 주택, 소규모 사무소나 점포 등에 사용된다.

정답 72 ② 73 ① 74 ③ 75 ②

76 난방부하가 10,000W인 온수난방할 경우 방열기의 온수 순환량은?(단, 물의 비열은 4.2kJ/kg·K, 방열기의 입구 수온은 90℃, 출구 수온은 80℃이다)

① 약 764kg/h
② 약 857kg/h
③ 약 926kg/h
④ 약 1,034kg/h

해설
난방부하(H_i) = $m \times C \times \Delta t$ [kW]이며,
이에 따라 온수 순환량(kg/h)을 구할 수 있다.

온수순환량(m) = $\dfrac{H_i}{C \times \Delta t} \times 3{,}600$

$= \dfrac{10}{4.2 \times (90-80)} \times 3{,}600 = \dfrac{3{,}600}{4.2}$

$\fallingdotseq 857.14 \text{kg/h}$

여기서, Δt : 온도차
C : 비열
m : 온수 순환량(kg/h)

77 보일러의 출력표시 중 난방부하와 급탕부하를 합한 용량으로 표시되는 것은?

① 정미출력
② 상용출력
③ 정격출력
④ 과부하출력

해설
상용출력 = 난방부하 + 급탕부하 + 배관손실
정격출력 = 난방부하 + 급탕부하 + 배관손실 + 예열부하
정미출력(방열기용량) = 난방부하 + 급탕부하

78 화재를 진압하거나 인명구조활동을 위하여 사용하는 설비로서 제연설비, 연결송수관설비 등을 포함하는 것은?

① 소화설비
② 경보설비
③ 피난설비
④ 소화활동설비

해설
소화활동설비 : 화재진압이나 인명구조 활동을 위한 설비이며 제연설비, 연결살수설비, 연결송수관설비 등
소방시설 : 소화설비, 경보설비, 피난설비, 소화용수설비, 그 밖에 소화활동설비

79 정화조에서 호기성(好氣性)균을 필요로 하는 곳은?

① 부패조
② 여과조
③ 산화조
④ 소독조

해설
산화조는 호기성균으로 산화를 촉진한다.
부패 탱크식 오수정화조 : 부패조 → 여과조 → 산화조 → 소독조

80 최대 수요전력을 구하기 위한 것으로 총 부하설비 용량에 대한 최대 수요전력의 비율로 나타내는 것은?

① 역률
② 부하율
③ 수용률
④ 부등률

해설
수용률 = $\dfrac{\text{최대 수용전력}}{\text{부하설비 용량}} \times 100(\%)$

부등률 = $\dfrac{\text{각 부하 최대 수용전력 합계}}{\text{최대 수용전력}} \times 100(\%)$

부하율 = $\dfrac{\text{각 평균 수용전력}}{\text{최대 수용전력}} \times 100(\%)$

76 ② 77 ① 78 ④ 79 ③ 80 ③

제5과목 건축관계법규

81 부설주차장 설치 대상 시설물로서 위락시설의 시설면적이 1,500m²일 때 설치하여야 하는 부설주차장의 최소 주차대수는?

① 10대
② 13대
③ 15대
④ 20대

해설
부설주차장의 설치대상 시설물 종류 및 설치기준(주차장법 시행령 별표 1)

용 도	설치기준
위락시설	시설면적 100m²당 1대
• 문화 및 집회시설,(관람장 제외) • 종교시설, 판매시설, 운수시설 • 의료시설(정신병원, 요양소, 격리병원 제외) • 운동시설, 업무시설, 방송국, 장례식장	시설면적 150m²당 1대
• 제1종 근린생활시설(공중화장실, 대피소, 지역아동센터 제외) • 제2종 근린생활시설, 숙박시설	시설면적 200m²당 1대

82 6층 이상의 거실면적의 합계가 4,000m²인 경우, 다음 중 설치하여야 하는 승용 승강기의 최소 대수가 가장 많은 건축물의 용도는?(단, 8인승 승강기의 경우)

① 업무시설
② 숙박시설
③ 문화 및 집회시설 중 전시장
④ 문화 및 집회시설 중 공연장

해설
공연장, 판매시설, 의료시설 : 2대에 3,000m²를 초과하는 2,000m² 이내마다 1대의 비율로 가산한 대수 이상
전시장, 업무시설, 위락시설, 숙박시설 : 1대에 3,000m²를 초과하는 2,000m² 이내마다 1대의 비율로 가산한 대수 이상

83 주차장법령상 다음과 같이 정의되는 용어는?

> 도로의 노면 및 교통광장 외의 장소에 설치된 주차장으로서 일반의 이용에 제공되는 것

① 노상주차장
② 노외주차장
③ 부설주차장
④ 기계식 주차장

84 부설주차장이 대통령령으로 정하는 규모 이하인 경우 시설물의 부지 인근에 단독 또는 공동으로 부설주차장을 설치할 수 있다. 다음 시설물의 부지 인근의 범위에 관한 기준으로 (   ) 안에 알맞은 것은?

> 해당 부지의 경계선으로부터 부설주차장의 경계선까지의 직선거리 (㉠) 이내 또는 도보거리 (㉡) 이내

① ㉠ 100m, ㉡ 200m
② ㉠ 200m, ㉡ 400m
③ ㉠ 300m, ㉡ 600m
④ ㉠ 400m, ㉡ 800m

해설
부설주차장의 인근 설치(주차장법 시행령 제7조)
해당 부지의 경계선으로부터 부설주차장의 경계선까지의 직선거리 300m 이내 또는 도보거리 600m 이내

85 다음 중 용도변경과 관련된 시설군과 해당 시설군에 속하는 건축물의 용도의 연결이 옳지 않은 것은?

① 산업 등의 시설군 - 운수시설
② 전기통신시설군 - 발전시설
③ 문화 및 집회시설군 - 판매시설
④ 교육 및 복지시설군 - 의료시설

해설
용도변경(건축법 시행령 제14조)
영업시설군 : 판매시설, 운동시설, 숙박시설, 다중생활시설

정답 81 ③ 82 ④ 83 ② 84 ③ 85 ③

86 건축허가 신청에 필요한 기본설계도서 중 배치도에 표시하여야 할 사항에 속하지 않는 것은?

① 건축물의 용도별 면적
② 공개공지 및 조경계획
③ 주차동선 및 옥외주차계획
④ 대지에 접한 도로의 길이 및 너비

해설
건축물의 용도별 면적은 건축계획서에 포함된다.
배치도에 표시하여야 할 사항
• 축척 및 방위
• 대지에 접한 도로의 길이 및 너비
• 대지의 종・횡단면도
• 건축선 및 대지경계선으로부터 건축물까지 거리
• 주차동선 및 옥외주차계획
• 공개공지 및 조경계획

87 건축물의 설비기준 등에 관한 규칙에 따라 피뢰설비를 설치하여야 하는 건축물의 높이 기준은?

① 높이 10m 이상의 건축물
② 높이 20m 이상의 건축물
③ 높이 30m 이상의 건축물
④ 높이 50m 이상의 건축물

해설
피뢰설비 설치 대상 : 낙뢰의 우려가 있는 건축물 또는 높이 20m 이상의 건축물

88 생산녹지지역과 자연녹지지역 안에서 모두 건축할 수 없는 건축물은?

① 아파트
② 수련시설
③ 노유자시설
④ 방송통신시설

해설
아파트는 녹지지역에 건축할 수 없다.
생산녹지지역과 자연녹지지역 등에 건축이 가능한 용도는 주로 단독주택, 제1종 및 제2종 근린생활시설(일부 제외), 유원지, 초등학교, 노유자시설, 수련시설 등이다.

89 건축물의 출입구에 설치하는 회전문은 계단이나 에스컬레이터로부터 최소 얼마 이상의 거리를 두어야 하는가?

① 0.5m
② 1.0m
③ 1.5m
④ 2.0m

해설
회전문 : 계단이나 에스컬레이터로부터 2m 이상 거리를 둘 것

90 다음은 주차전용 건축물의 주차면적 비율에 관한 기준내용이다. ( ) 안에 알맞은 것은?(단, 주차장 외의 용도로 사용되는 부분이 의료시설인 경우)

> 주차전용 건축물이란 건축물의 연면적 중 주차장으로 사용되는 부분의 비율이 ( ) 이상인 것을 말한다.

① 70%
② 80%
③ 90%
④ 95%

해설
주차장 외의 용도로 사용되는 부분이 의료시설인 경우 95% 이상 주차장으로 사용하여야 한다.

91 다음의 지하층과 피난층 사이의 개방공간 설치에 관한 기준 내용 중 ( ) 안에 알맞은 것은?

> 바닥면적의 합계가 ( ) 이상인 공연장・집회장・관람장 또는 전시장을 지하층에 설치하는 경우에는 각 실에 있는 자가 지하층 각 층에서 건축물 밖으로 피난하여 옥외계단 또는 경사로 등을 이용하여 피난층으로 대피할 수 있도록 천장이 개방된 외부공간을 설치하여야 한다.

① 1,000m²
② 2,000m²
③ 3,000m²
④ 4,000m²

해설
지하층 개방공간 설치 대상 : 바닥면적 합계가 3,000m² 이상인 공연장・집회장・관람장 또는 전시장을 지하층에 설치하는 경우

92 건축물의 주요구조부를 해체하지 아니하고 같은 대지의 다른 위치로 옮기는 것을 의미하는 용어는?

① 증 축 ② 이 전
③ 개 축 ④ 재 축

해설
이전 : 주요구조부를 해체하지 아니하고 같은 대지의 다른 위치로 옮기는 것

93 건축법령상 제2종 근린생활시설에 속하는 것은?

① 무도장 ② 한의원
③ 도서관 ④ 일반음식점

해설
① 무도장 : 위락시설
② 한의원 : 제1종 근린생활시설
③ 도서관 : 교육연구시설
제2종 근린생활시설 : 일반음식점, 서점(제1종 근린생활시설 제외), 총포판매소, 사진관, 표구점, 장의사, 동물병원(바닥면적 300m² 이하는 제1종 근린생활시설), 독서실, 기원, 안마시술소, 노래연습장

94 다음의 피난계단의 설치에 관한 기준 내용 중 ( ) 안에 알맞은 것은?(단, 공동주택이 아닌 경우)

> 건축물의 ( ) 이상인 층(바닥면적이 400m² 미만인 층은 제외한다)으로부터 피난층 또는 지상으로 통하는 직통계단은 특별피난계단으로 설치하여야 한다.

① 6층   ② 11층
③ 16층 ④ 21층

해설
특별피난계단 설치 대상 : 건축물의 11층 이상인 층(공동주택은 16층, 갓복도식 공동주택 제외, 바닥면적이 400m² 미만인 층 제외)

95 지표면으로부터 건축물의 지붕틀 또는 이와 비슷한 수평재를 지지하는 벽·깔도리 또는 기둥의 상단까지의 높이로 산정하는 것은?

① 층 고   ② 처마 높이
③ 반자 높이 ④ 바닥 높이

해설
처마 높이 : 지표면으로부터 건축물의 지붕틀 또는 이와 유사한 수평재를 지지하는 벽·깔도리 또는 기둥의 상단까지 높이로 한다.
반자 높이 : 방의 바닥면으로부터 반자까지의 높이로 한다.

96 같은 건축물 안에 공동주택과 위락시설을 함께 설치하고자 하는 경우에 관한 기준 내용으로 옳지 않은 것은?

① 건축물의 주요구조부를 방화구조로 할 것
② 공동주택과 위락시설은 서로 이웃하지 아니하도록 배치할 것
③ 공동주택과 위락시설은 내화구조로 된 바닥 및 벽으로 구획하여 서로 차단할 것
④ 공동주택의 출입구와 위락시설의 출입구는 서로 그 보행거리가 30m 이상이 되도록 설치할 것

해설
'공동주택 등'과 '위락시설 등' 간의 설치 기준

출입구	서로 그 보행거리가 30m 이상이 되도록 설치할 것
벽, 바닥, 통로	내화구조로 된 바닥 및 벽으로 구획하여 서로 차단할 것
배 치	서로 이웃하지 아니하도록 배치할 것
주요구조부	건축물의 주요구조부를 내화구조로 할 것

정답 92 ② 93 ④ 94 ② 95 ② 96 ①

97 건축물에 급수·배수·난방 및 환기설비를 설치할 경우 건축기계설비기술사 또는 공조냉동기계기술사의 협력을 받아야 하는 건축물의 연면적 기준은?

① 1,000㎡ 이상
② 2,000㎡ 이상
③ 5,000㎡ 이상
④ 10,000㎡ 이상

해설
연면적 10,000㎡ 이상인 건축물(창고시설 제외) 또는 에너지를 대량으로 소비하는 건축물로서 국토교통부령으로 정하는 건축물에 건축설비를 설치하는 경우에는 해당 설비 관계 전문기술자(건축기계설비기술사 또는 공조냉동기계기술사, 건축전기설비기술사 또는 발송배전기술사, 가스기술사)의 협력을 받아야 한다.

99 다음은 건축법령상 지하층의 정의이다. (   ) 안에 알맞은 것은?

> 지하층이란 건축물의 바닥이 지표면 아래에 있는 층으로서 바닥에서 지표면까지 평균높이가 해당 층 높이의 (   ) 이상인 것을 말한다.

① $\dfrac{1}{2}$ ② $\dfrac{1}{3}$
③ $\dfrac{2}{3}$ ④ $\dfrac{1}{4}$

해설
지하층 : 해당 층 바닥으로부터 지표면까지의 평균 높이가 해당 층 높이의 1/2 이상인 층을 말한다.

98 비상용 승강기의 승강장에 설치하는 배연설비의 구조에 관한 기준 내용으로 옳지 않은 것은?

① 배연기에는 예비전원을 설치할 것
② 배연구가 외기에 접하지 아니하는 경우에는 배연기를 설치할 것
③ 배연구는 평상시에는 열린 상태를 유지하고, 배연에 의한 기류에 닫히도록 할 것
④ 배연기는 배연구의 열림에 따라 자동적으로 작동하고, 충분한 공기배출 또는 가압능력이 있을 것

해설
배연구는 평상시에는 닫힌 상태를 유지하고, 연 경우에는 배연에 의한 기류로 인하여 닫히지 아니하도록 할 것

100 주거지역의 세분 중 공동주택 중심의 양호한 주거환경을 보호하기 위하여 필요한 지역은?

① 제1종 전용주거지역
② 제2종 전용주거지역
③ 제1종 일반주거지역
④ 제2종 일반주거지역

해설
주거지역의 세분
- 제2종 전용주거지역 : 공동주택 중심의 양호한 주거환경 조성
- 제1종 전용주거지역 : 단독주택 중심의 양호한 주거환경 조성
- 제1종 일반주거지역 : 저층 중심의 편리한 주거환경 조성
- 제2종 일반주거지역 : 중층 중심의 편리한 주거환경 조성

정답 97 ④ 98 ③ 99 ① 100 ②

2019년 제1회 과년도 기출문제

제1과목 건축계획

01 사무소 건축의 엘리베이터 계획에 관한 설명으로 옳지 않은 것은?

① 교통동선의 중심에 설치하여 보행거리가 짧도록 배치한다.
② 일렬 배치는 4대를 한도로 하고, 엘리베이터 중심 간 거리는 8m 이하가 되도록 한다.
③ 여러 대의 엘리베이터를 설치하는 경우, 그룹별 배치와 군 관리 운전 방식으로 한다.
④ 엘리베이터 대수산정은 이용자가 제일 많은 점심시간 전후의 이용자수를 기준으로 한다.

해설
엘리베이터 대수산정은 교통수요량에 적합해야 하며, 5분간 집중률로서 아침 출근시간 직전 5분을 기준으로 한다.

02 공간의 레이아웃에 관한 설명으로 가장 알맞은 것은?

① 조형적 아름다움을 부가하는 작업이다.
② 생활행위를 분석해서 분류하는 작업이다.
③ 공간에 사용되는 재료의 마감 및 색채계획이다.
④ 공간을 형성하는 부분과 설치되는 물체의 평면상 배치계획이다.

해설
공간의 레이아웃은 공간을 형성하는 부분과 설치되는 물체의 평면상 배치계획이다.

03 사무소 건축의 실단위 계획 중 개실 시스템에 관한 설명으로 옳은 것은?

① 전면적을 유용하게 이용할 수 있다.
② 복도가 없어 인공조명과 인공환기가 요구된다.
③ 칸막이벽이 없어서 개방식 배치보다 공사비가 저렴하다.
④ 방 길이에는 변화를 줄 수 있으나, 방 깊이에 변화를 줄 수 없다.

해설
①, ②는 개방식 배치이다.
③ 칸막이벽이 있어서 개방식 배치보다 공사비가 고가이다.

04 단독주택의 거실계획에 관한 설명으로 옳지 않은 것은?

① 거실은 평면계획상 통로나 홀로서 사용되도록 한다.
② 식당, 계단, 현관 등과 같은 다른 공간과의 연계를 고려해야 한다.
③ 거실과 정원은 유기적으로 시각적 연결을 하여 유동적인 감각을 갖게 한다.
④ 개방된 공간에서 벽면의 기술적인 활용과 자유로운 가구의 배치로서 독립성이 유지되도록 한다.

해설
단독주택의 거실은 평면계획상 통로나 홀로서 사용되지 않도록 한다.

정답 1 ④   2 ④   3 ④   4 ①

05 주택에서 리빙 키친(Living Kitchen)의 채택효과로 가장 알맞은 것은?

① 장래 증축의 용이
② 거실 규모의 확대
③ 부엌의 독립성 강화
④ 주부 가사노동의 간편화

해설
리빙 키친(LK ; Living Kitchen, LDK형식)
거실, 식사실, 부엌을 겸용하는 형식으로 소규모 주택에 적합하며, 주부 가사노동의 경감과 작업의 간편화에 효과적이다.

06 상점의 진열장(Show Case) 배치 유형 중 다른 유형에 비하여 상품의 전달 및 고객의 동선상 흐름이 가장 빠른 형식으로 협소한 매장에 적합한 것은?

① 굴절형
② 직렬형
③ 환상형
④ 복합형

해설
직렬형은 상품의 전달 및 고객의 동선상 흐름이 가장 빠르며, 시야가 좋다.

07 사무소 건축의 기준층 층고 결정 요소와 가장 거리가 먼 것은?

① 채광률
② 공기조화설비
③ 사무실의 깊이
④ 엘리베이터 대수

해설
엘리베이터 대수는 층고계획과는 관계가 없으며, 평면계획과 관련된다.

08 아파트 평면 형식에 관한 설명으로 옳지 않은 것은?

① 집중형은 대지에 대한 이용률이 높다.
② 계단실형은 거주의 프라이버시가 높다.
③ 중복도형은 통행부의 면적이 작은 관계로 건축물의 이용도가 가장 높다.
④ 편복도형은 각 측에 있는 공용 복도를 통해 각 주호로 출입하는 형식이다.

해설
아파트 평면 형식 중 중복도형은 통행부의 면적이 크다.

09 다음 설명에 알맞은 상점의 숍 프런트 형식은?

- 숍 프런트가 상점 대지 내로 후퇴한 관계로 혼잡한 도로의 경우 고객이 자유롭게 상품을 관망할 수 있다.
- 숍 프런트의 진열면적 증대로 상점 내로 들어가지 않고 외부에서 상품 파악이 가능하다.

① 평형
② 다층형
③ 만입형
④ 돌출형

해설
만입형은 점두의 일부를 점내로 후퇴시킨 형식이다.

10 다음 설명에 알맞은 단지 내 도로 형식은?

- 불필요한 차량 진입이 배제되는 이점을 살리면서 우회도로가 없는 쿨데삭(Cul-de-sac)형의 결점을 개량하여 만든 형식이다.
- 통과교통이 없기 때문에 주거환경의 쾌적성과 안전성은 확보되지만 도로율이 높아지는 단점이 있다.

① 격자형   ② 방사형
③ T자형   ④ Loop형

해설
Loop형(환상형)은 단지 순환로(Ring Road)로서 순도로는 단지의 가장자리를 커다란 루프(Loop)로 둘러싸게 구성하며 내부의 세대와 연결시키는 형식이다.

11 교실의 배치 형식 중에서 엘보형(Elbow Access)에 관한 설명으로 옳은 것은?

① 학습의 순수율이 낮다.
② 복도의 면적이 절약된다.
③ 일조, 통풍 등 실내 환경이 균일하다.
④ 분관별로 특색 있게 계획할 수 없다.

해설
① 학습의 순수율이 높다.
② 복도의 면적이 증가된다.
④ 분관별로 특색 있게 계획할 수 있다.
엘보형(Elbow Access) : 복도로부터 일정한 거리를 두고 교실을 배치하는 형식으로 일조, 통풍 등 실내 환경을 균일하게 할 수 있다.

12 한식주택과 양식주택에 관한 설명으로 옳지 않은 것은?

① 한식주택은 좌식이나, 양식주택은 입식이다.
② 한식주택의 실은 혼용도이나, 양식주택은 단일 용도이다.
③ 한식주택의 평면은 개방적이나, 양식주택은 은폐적이다.
④ 한식주택의 가구는 부차적이나, 양식주택은 주요한 내용물이다.

해설
한식주택의 평면은 은폐적이나, 양식주택은 개방적이다.

13 사무소 건축의 코어 형식 중 2방향 피난이 가능하여 방재상 가장 유리한 것은?

① 편심코어형   ② 독립코어형
③ 양단코어형   ④ 중심코어형

해설
양단코어형은 양방향 피난이 가능하여 방재상 가장 유리하다.

14 레드번(Radburn) 계획의 기본 원리에 속하지 않는 것은?

① 보도와 차도의 평면적 분리
② 기능에 따른 4가지 종류의 도로 구분
③ 자동차 통과도로 배제를 위한 슈퍼블록 구성
④ 주택단지 어디로나 통할 수 있는 공동 오픈 스페이스 조성

해설
레드번 계획은 보도망 형성 및 보도와 차도의 입체적 분리를 지향한다.

15 공장 건축의 형식 중 분관식(Pavillion Type)에 관한 설명으로 옳지 않은 것은?

① 통풍, 채광에 불리하다.
② 배수, 물홈통 설치가 용이하다.
③ 공장의 신설, 확장이 비교적 용이하다.
④ 건물마다 건축 형식, 구조를 각기 다르게 할 수 있다.

해설
분관식(Pavillion Type)은 통풍, 채광에 유리하다.

16 어느 학교의 1주간 평균 수업시간은 40시간인데 미술교실이 사용되는 시간은 20시간이다. 그중 4시간은 영어 수업을 위해 사용될 때, 미술교실의 이용률과 순수율은 얼마인가?

① 이용률 50%, 순수율 20%
② 이용률 50%, 순수율 80%
③ 이용률 20%, 순수율 50%
④ 이용률 80%, 순수율 50%

해설
$$\text{이용률} = \frac{\text{실제 이용시간}}{\text{평균 수업시간}} \times 100(\%)$$
$$= \frac{20\text{시간}}{40\text{시간}} \times 100(\%) = 50\%$$

$$\text{순수율} = \frac{\text{해당 교과목 수업시간}}{\text{실제 교실 이용시간}} \times 100(\%)$$
$$= \frac{20\text{시간} - 4\text{시간}}{20\text{시간}} \times 100(\%) = 80\%$$

17 공동주택의 단면 형식 중 메조네트형에 관한 설명으로 옳은 것은?

① 작은 규모의 주택에 적합하다.
② 주택 내의 공간의 변화가 없다.
③ 거주성, 특히 프라이버시가 높다.
④ 통로면적이 증가하여 유효면적이 감소된다.

해설
① 작은 규모의 주택에는 적합하지 않다.
② 주택 내의 공간에 층별로 실을 구성하여 변화를 줄 수 있다.
④ 통로면적이 줄어들어 유효면적이 증가된다.

18 다음 중 단독주택에서 부엌의 크기 결정 시 고려하여야 할 사항과 가장 거리가 먼 것은?

① 거실의 크기
② 작업대의 면적
③ 주택의 연면적
④ 작업자의 동작에 필요한 공간

해설
거실의 크기는 부엌의 크기 결정 시 고려하여야 할 사항과는 거리가 멀다.

19 공장 건축에서 효율적인 자연채광 유입을 위해 고려해야 할 사항으로 옳지 않은 것은?

① 가능한 동일 패턴의 창을 반복하는 것이 바람직하다.
② 벽면 및 색체계획 시 빛의 반사에 대한 면밀한 검토가 요구된다.
③ 채광량 확보를 위해 젖빛 유리나 프리즘 유리는 사용하지 않는다.
④ 주로 공장은 대부분 기계류를 취급하므로 가능한 한 창을 크게 설치하는 것이 좋다.

해설
채광량 확보 및 빛의 확산을 위해 젖빛 유리나 프리즘 유리를 사용한다.

20 백화점에 에스컬레이터 설치 시 고려사항으로 옳지 않은 것은?

① 건축적 점유면적을 가능한 한 크게 배치한다.
② 승강·하강 시 매장에서 잘 보이는 곳에 설치한다.
③ 각 층 승강장은 자연스러운 연속적 흐름이 되도록 한다.
④ 출발 기준층에서 쉽게 눈에 띄도록 하고 보행 동선 흐름의 중심에 설치한다.

해설
백화점에 에스컬레이터 설치 시 점유면적은 가능한 한 작게 하여 배치한다.

제2과목 건축시공

21 홈통공사에 관한 설명으로 옳지 않은 것은?

① 선홈통은 콘크리트 속에 매입하여 설치한다.
② 처마홈통의 양 갓은 둥글게 감되, 안감기를 원칙으로 한다.
③ 선홈통의 맞붙임은 거멀접기로 하고, 수밀하게 눌러 붙인다.
④ 선홈통의 하단부 배수구는 45° 경사로 건물 바깥쪽을 향하게 설치한다.

해설
선홈통은 콘크리트 속에 매입하지 않는다.

22 시멘트의 비표면적을 나타내는 것은?

① 조립률(FM ; Fineness Modulus)
② 수경률(HM ; Hydration Modulus)
③ 분말도(Fineness)
④ 슬럼프치(Slump)

해설
비표면적 시험은 분말도(Fineness, cm^2/g)를 시험하는 방법이며, 시멘트 1g이 가지는 비표면적으로서 분말도가 높을수록, 수화작용이 빨라 초기 강도의 발현이 빠르지만, 건조수축으로 인한 균열 및 풍화되기 쉽다.

23 치장줄눈을 하기 위한 줄눈파기는 타일(Tile)붙임이 끝나고 몇 시간이 경과했을 때 하는 것이 가장 적당한가?

① 타일을 붙인 후 1시간이 경과할 때
② 타일을 붙인 후 3시간이 경과할 때
③ 타일을 붙인 후 24시간이 경과할 때
④ 타일을 붙인 후 48시간이 경과할 때

해설
치장줄눈의 줄눈파기는 타일(Tile)붙임이 끝나고 3시간 후에 하며, 24시간 경과 후 치장줄눈을 한다.

24 내화벽돌의 줄눈너비는 도면 또는 공사시방서에 따르고 그 지정이 없을 때에는 가로 세로 얼마를 표준으로 하는가?

① 3mm
② 6mm
③ 12mm
④ 18mm

해설
벽돌조 가로 및 세로줄눈의 너비
- 표준 : 10mm
- 내화벽돌 : 6mm
- 타일, 모자이크 벽돌 : 2mm

25 품질관리 단계를 계획(Plan), 실시(Do), 검토(Check), 조치(Action)의 4단계로 구분할 때 계획(Plan) 단계에서 수행하는 업무가 아닌 것은?

① 적정한 관리도 선정
② 작업표준 설정
③ 품질관리 대상 항목 결정
④ 시방에 의거 품질표준 설정

해설
품질관리 단계
- 계획(Plan) : 대상 선정, 설계도서검토, 공정검토 체크, 작업표준 설정, 품질표준 설정, 품질계획서 작성
- 실시(Do) : 표준에 대한 교육, 표준에 의한 작업 실시
- 검토(Check) : 품질관리, 시험계획과 실행 비교평가
- 조치(Action) : 시정조치 및 재발방지 이상인원 배제 및 조치

26 실리카 퓸 시멘트(Silica Fume Cement)의 특징으로 옳지 않은 것은?

① 초기 강도는 크나, 장기 강도는 감소한다.
② 화학적 저항성 증진효과가 있다.
③ 시공연도 개선효과가 있다.
④ 재료분리 및 블리딩이 감소된다.

해설
실리카 퓸 시멘트는 초기 강도는 작으나, 장기 강도는 크다.
실리카 퓸(Silica Fume) : 실리콘 제조 시 발생하는 초미립자의 규소 부산물을 전기집진장치에 의해서 얻어지는 혼화재로 초고강도 콘크리트 제조에 사용된다.

27 설치 높이 2m 이하로서 실내 공사에서 이동이 용이한 비계는?

① 겹비계
② 쌍줄비계
③ 말비계
④ 외줄비계

해설
말비계 : 설치 높이 2m 이하의 이동식 비계로 미장, 도장 등 실내 공사에 사용한다.

28 콘크리트 내부진동기의 사용법에 관한 설명으로 옳지 않은 것은?

① 콘크리트 다지기에는 내부진동기의 사용을 원칙으로 하나, 얇은 벽 등 내부진동기의 사용이 곤란한 장소에서는 거푸집진동기를 사용해도 좋다.
② 내부진동기는 연직으로 찔러 넣으며, 그 간격은 진동이 유효하다고 인정되는 범위의 지름 이하로서 일정한 간격으로 한다.
③ 1개소당 진동시간은 다짐할 때 시멘트풀이 표면 상부로 약간 부상하기까지가 적절하다.
④ 진동다지기를 할 때에는 내부진동기를 하층의 콘크리트 속으로 0.5m 정도 찔러 넣는다.

해설
콘크리트 다짐 시 내부진동기의 사용법
- 진동다지기를 할 때는 내부진동기를 하층의 콘크리트 속으로 0.1m 정도 찔러 넣는다.
- 내부진동기는 연직으로 찔러 넣으며, 그 간격은 진동이 유효하다고 인정되는 범위의 지름 이하로서 일정한 간격으로 하고, 삽입 간격은 일반적으로 0.5m 이하로 한다.
- 1개소당 진동시간은 다짐할 때 시멘트 페이스트가 표면 상부로 약간 부상할 때까지 한다.
- 내부진동기는 콘크리트부터 천천히 빼내어 구멍이 남지 않도록 한다.
- 내부진동기는 콘크리트를 횡방향으로 이동시킬 목적으로 사용하지 않아야 한다.
- 진동기의 형식, 크기 및 대수는 1회에 다짐하는 콘크리트의 전용적을 충분히 다지는 데 적합하도록 부재 단면의 두께 및 1시간당 최대 타설량, 굵은골재 최대 치수, 배합, 특히 잔골재율, 콘크리트의 슬럼프 등을 고려하여 선정한다.

29 공기 중의 수분과 화학반응하는 경우 저온과 저습에서 경화가 늦어져 5℃ 이하에서 촉진제를 사용하는 플라스틱 바름 바닥재는?

① 에폭시수지
② 아크릴수지
③ 폴리우레탄
④ 클로로프렌고무

해설
폴리우레탄 : 열경화성 수지는 아니나 유사한 3차원 구조를 가진 플라스틱이며, 질기고 화학약품에 잘 견디는 특성을 가지고 있다. 전기절연체, 구조재, 기포단열재, 기포쿠션, 탄성섬유 등에 사용되며, 플라스틱 바름 바닥재로도 사용된다.

30 콘크리트 혼화제 중 AE제에 관한 설명으로 옳지 않은 것은?

① 연행공기의 볼베어링 역할을 한다.
② 재료분리와 블리딩을 감소시킨다.
③ 많이 사용할수록 콘크리트의 강도가 증가한다.
④ 경화콘크리트의 동결융해 저항성을 증가시킨다.

해설
AE콘크리트 : 콘크리트에 표면활성제(AE제)를 사용하여 콘크리트 중에 미세한 기포를 발생하여 단위수량을 적게 하고, 시공연도를 개선시킨 콘크리트로서, 많이 사용할수록 콘크리트의 강도가 저하된다(공기량 1% 증가에 대해 4~6%의 압축강도가 저하).

31 건축재료 중 알루미늄에 관한 설명으로 옳지 않은 것은?

① 산이나 알칼리 및 해수에 침식되지 않는다.
② 알루미늄박(箔)을 이용하여 단열재, 흡음판을 만들기도 한다.
③ 구리, 망간 등의 금속과 합금하여 이용이 가능하다.
④ 알루미늄의 표면처리에는 양극산화 피막법 및 화학적 산화피막법이 있다.

해설
알루미늄은 공기 중에서 표면에 산화막이 생겨 내식성은 크지만, 산과 알칼리 및 해수에 침식되기 쉽다.

정답 28 ④ 29 ③ 30 ③ 31 ①

32 파워셔블(Power Shovel) 사용 시 1시간당 굴착량은?(단, 버킷용량 : 0.76m³, 토량환산계수 : 1.28, 버킷계수 : 0.95, 작업효율 : 0.50, 1회 사이클 시간 : 26초)

① 12.01m³/h
② 39.05m³/h
③ 63.98m³/h
④ 93.28m³/h

해설

$$Q = \frac{3{,}600 \times q \times f \times k \times E}{CM} (\mathrm{m^3/h})$$

$$= \frac{3{,}600 \times 0.76 \times 1.28 \times 0.95 \times 0.5}{26} ≒ 63.98\mathrm{m^3/h}$$

여기서, Q : 시간당 작업량(m³/h)(생산성)
q : 리퍼 또는 버킷용량(m³)
f : 체적(토량)환산계수
k : 리퍼 또는 버킷계수
E : 작업효율
CM : 1회 사이클 시간(초)

33 기성 콘크리트말뚝을 타설할 때 말뚝머리 지름이 36cm라면 말뚝 상호 간의 중심간격은?

① 60cm 이상
② 70cm 이상
③ 80cm 이상
④ 90cm 이상

해설
기성 콘크리트말뚝은 말뚝머리 지름의 2.5배 이상 또한 750mm 이상이어야 한다.
따라서, $2.5D = 2.5 \times 36 = 90\mathrm{cm}$ 이상이고, 750mm 이상이어야 하므로 큰 값인 90cm 이상이어야 한다.

34 주로 방화 및 방재용으로 사용되는 유리는?

① 망입유리
② 보통판유리
③ 강화유리
④ 복층유리

해설
망입유리
- 유리 내부에 금속망을 삽입하여 압착성형한다.
- 파손되더라도 파편이 튀지 않는다.
- 도난방지, 방화문, 방화 및 방재용에 사용한다.

35 프로젝트 전담조직(Project Task Force Organization)의 장점이 아닌 것은?

① 전체 업무에 대한 높은 수준의 이해도
② 조직 내 인원의 사내에서의 안정적인 위치확보
③ 새로운 아이디어나 공법 등에 대응 용이
④ 밀접한 인간관계 형성

해설
프로젝트 전담조직(Project Task Force Organization)
- 프로젝트를 전문적으로 수행하는 조직구조
- 수주업종에 대한 목표 달성 후에 해체된다.
- 다양한 분야의 전문가로 구성되므로 업무수준 높다.
- 인적 구성의 성격이 강하므로 밀접한 인간관계가 형성된다.
- 의사소통이 원활하고 프로젝트 수행에 적합하나 조직 관리에 어려움이 있다.

36 콘크리트의 압축강도 검사 중 타설량 기준에 따른 시험횟수로 옳은 것은?(단, KCS기준)

① 120m³당 1회
② 180m³당 1회
③ 120m³당 2회
④ 180m³당 2회

해설
콘크리트의 압축강도 검사 중 타설량 기준 : 120m³당 1회

37 턴키 도급(Turn Key Based Contract) 방식의 특징으로 옳지 않은 것은?

① 건축주의 기술능력이 부족할 때 채택
② 공사비 및 공기 단축 가능
③ 과다경쟁으로 인한 덤핑의 우려 증가
④ 시공자의 손실위험 완화 및 적정 이윤 보장

해설
턴키 도급(Turn Key Based Contract) 방식의 단점
• 건축주의 건설 의도 반영이 어려울 수 있음
• 공사비에 대한 사전파악이 어려움
• 대규모 건설사에 유리하지만, 시공자의 손실위험이 따르고, 적정 이윤 보장이 어려움

38 커튼월의 빗물침입 원인이 아닌 것은?

① 표면장력
② 모세관 현상
③ 기압차
④ 삼투압

해설
커튼월의 빗물침입 원인 : 표면장력, 모세관 현상, 기압차
삼투압 : 농도가 낮은 쪽에서 높은 쪽으로 이동하는 현상

39 네트워크 공정표에 관한 설명으로 옳지 않은 것은?

① CPM 공정표는 네트워크 공정표의 한 종류이다.
② 요소작업의 시작과 작업기간 및 작업완료점을 막대그림으로 표시한 것이다.
③ PERT 공정표는 일정계산 시 단계(Event)를 중심으로 한다.
④ 공사 전체의 파악 및 진척관리가 용이하다.

해설
②는 횡선식 공정표에 대한 설명이다.
네트워크 공정표 : 공정별 작업단위를 망형도로 표시하고 각 공사의 순서 관계, 일정 관계를 도해식으로 표시한 것(CPM 기법, PERT 기법, PDM 기법)

40 침엽수에 관한 설명으로 옳지 않은 것은?

① 일반적으로 구조용재로 사용된다.
② 직선부재를 얻기 용이하다.
③ 종류로는 소나무, 잣나무 등이 있다.
④ 활엽수에 비해 비중과 경도가 크다.

해설
침엽수는 활엽수에 비해 비중과 경도가 작다. 또한 활엽수에 비해 수분함유량이 적으므로 수축이 적다.

정답 37 ④ 38 ④ 39 ② 40 ④

제3과목 건축구조

41 다음 그림과 같은 단순보에서 중앙부 최대 처짐은 얼마인가?(단, $I = 1.0 \times 10^8 \text{mm}^4$, $E = 1.0 \times 10^4$ MPa임)

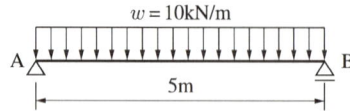

① 10.18mm ② 20.35mm
③ 40.69mm ④ 81.38mm

해설

등분포하중 단순보 최대 처짐($\sigma_{\max}$) = $\dfrac{5wl^4}{384EI}$

∴ $\sigma_{\max} = \dfrac{5wl^4}{384EI} = \dfrac{5 \times 10 \times 5{,}000^4}{384 \times 1.0 \times 10^4 \times 1.0 \times 10^8}$

≒ 81.38mm

42 다음 그림과 같은 구조물에서 점 A에 18kN·m가 작용할 때 B단의 재단 모멘트값을 구하면?(단, 부재의 길이와 단면은 동일)

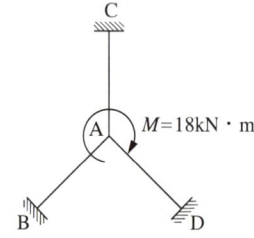

① 2.5kN·m ② 3kN·m
③ 4kN·m   ④ 12kN·m

해설

$M_{AB} = M_O \times DF_{AB} \times CF_{AB}$

여기서, M_O : 작용모멘트
 DF : 분배율
 CF : 전달률, $\dfrac{1}{2}$

∴ $M_{AB} = 18 \times \dfrac{1}{3} \times \dfrac{1}{2} = 3\text{kN} \cdot \text{m}$

43 그림과 같은 단순보가 집중하중과 등분포하중을 받고 있을 때 C점의 휨모멘트를 구하면?

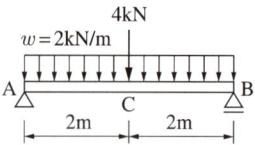

① 8kN·m
② 10kN·m
③ 12kN·m
④ 14kN·m

해설

$R_A = \dfrac{wl+P}{2} = \dfrac{2 \times 4 + 4}{2} = 6\text{kN}$

$M_C = (6 \times 2) - (2 \times 2 \times 1) = 8\text{kN} \cdot \text{m}$

44 그림과 같은 트러스에서 AC의 부재력은?

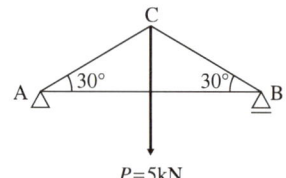

① 5kN(인장)
② 5kN(압축)
③ 10kN(인장)
④ 10kN(압축)

해설

$R_A = R_B = 2.5\text{kN}$

A점에서, $\Sigma V = 0$; $\overline{AC}\sin 30° = 2.5$

∴ $\overline{AC} = \dfrac{2.5}{\sin 30°} = 2.5 \times 2 = 5\text{kN}(압축)$

45 다음 그림과 같은 트러스 구조물의 판별로 옳은 것은?

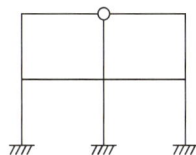

① 12차 부정정
② 11차 부정정
③ 10차 부정정
④ 9차 부정정

해설
$N = m + r + k - 2j$
$= 10 + 9 + 9 - 2 \times 9 = 10$
여기서, m : 부재(Member)수
r : 지점반력(Reaction)수
k : 강절점수
j : 절점(Joint)수
∴ 10차 부정정 구조물

46 단면적이 1,000mm²이고, 길이는 2m인 균질한 재료로 된 철근에 재축방향으로 100kN의 인장력을 작용시켰을 때 늘어난 길이는?(단, 탄성계수는 2.0×10^5MPa임)

① 1mm   ② 0.1mm
③ 0.01mm ④ 0.001mm

해설
$\sigma = E \times \varepsilon = \dfrac{P}{A}$ 이므로,
$\varepsilon = \dfrac{\Delta l}{l} = \dfrac{P}{EA}$ 이며, $\Delta l = \dfrac{Pl}{EA}$
∴ $\Delta l = \dfrac{Pl}{EA} = \dfrac{100 \times 10^3 \times 2,000}{2.0 \times 10^5 \times 1,000} = 1$mm

47 그림과 같은 단순보를 H형강을 사용하여 설계하였다. 부재의 최대 휨응력은?(단, $E = 2.05 \times 10^5$MPa, $Z_x = 771 \times 10^3$mm³)

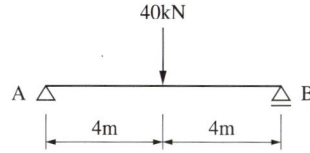

① 51.88MPa   ② 103.76MPa
③ 207.52MPa ④ 311.28MPa

해설
$\sigma = \dfrac{M}{Z} = F_y$
여기서, Z : 강재의 단면계수(mm³)
F_y : 강재의 항복강도(MPa)
강재의 항복강도(F_y)는 최대 휨응력(σ_{max})으로 정의할 수 있다.
$M_{max} = \dfrac{Pl}{4} = \dfrac{40 \times 8}{4} = 80$kN·m
∴ $\sigma_{max} = \dfrac{M}{Z} = \dfrac{80 \times 10^6}{771 \times 10^3} \fallingdotseq 103.76$MPa

48 다음과 같은 구조물에서 최대 전단응력도는?(단, 부재의 단면은 $b \times h = 200$mm $\times 300$mm)

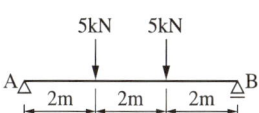

① 0.105MPa   ② 0.115MPa
③ 0.125MPa   ④ 0.135MPa

해설
- 최대 전단력을 산정한다.
  최대 전단력(S_{max}) = $R = \dfrac{10}{2} = 5$kN
- 최대 전단응력을 산정한다.
  $\tau_{max} = k\dfrac{S}{A} = \dfrac{3}{2} \times \dfrac{S}{A}$
  여기서, k는 사각형 단면 : $\dfrac{3}{2}$, 원형 단면 : $\dfrac{4}{3}$
  ∴ $\tau_{max} = \dfrac{3}{2} \times \dfrac{5 \times 10^3}{200 \times 300} = 0.125$MPa

정답 45 ③ 46 ① 47 ② 48 ③

49 다음 그림과 같은 필릿용접부의 설계강도를 구할 때 요구되는 용접유효길이를 구하면?

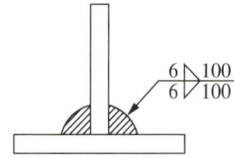

① 200mm ② 176mm
③ 152mm ④ 134mm

해설
양면으로 용접할 경우 유효용접길이
$l_e = (l - 2S) \times 2$
$= (100 - 2 \times 6) \times 2 = 176mm$

50 장기하중 1,800kN(자중포함)을 받는 독립 기초판의 크기는?(단, 지반의 장기허용지내력은 300kN/m²)

① 1.8m × 1.8m
② 2.0m × 2.0m
③ 2.3m × 2.3m
④ 2.5m × 2.5m

해설
기초판의 저면적$(A_f) \geq \dfrac{P}{q_a}$
여기서, A_f : 확대기초 저면적(m²)
    P : 사용하중(N)
    q_a : 지반의 허용지지력(N/m²)
∴ $A_f \geq \dfrac{1,800}{300}$ 이며, $A_f \geq 6m^2$이어야 하므로,
2.5m × 2.5m(6.25m²)가 적절하다.

51 그림과 같은 철근콘크리트 띠철근 기둥의 최대 설계 축하중(ϕP_n)을 구하면?(단, 주근은 8-D22(3,096 mm²), f_{ck} = 24MPa, f_y = 400MPa, ϕ = 0.65임)

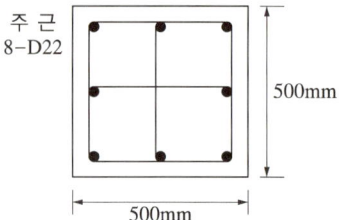

① 2,913kN ② 3,113kN
③ 3,263kN ④ 5,333kN

해설
$\phi P_n = \phi \alpha [0.85 f_{ck}(A_g - A_{st}) + (f_y \times A_{st})]$
여기서, P_n : 축하중
    α : 띠철근 계수(0.80)
$\phi P_n = 0.65 \times 0.8 \times [0.85 \times 24 \times (500^2 - 3,096)$
    $+ (400 \times 3,096)]$
$= 3,263,125.632N$
$\fallingdotseq 3,263.13kN$

52 400kN의 고정하중, 300kN의 활하중, 200kN의 풍하중이 강구조 기둥에 축력으로 작용하고 있다. 기둥의 소요강도는 얼마인가?

① 1,000kN
② 1,040kN
③ 1,080kN
④ 1,120kN

해설
고정하중(D), 활하중(L), 풍하중(W) 조합
$U = 1.2D + 1.0L + 1.3W$
$= 1.2 \times 400 + 1.0 \times 300 + 1.3 \times 200$
$= 1,040kN$

53 그림과 같은 단근 장방형보에 대하여 균형 철근비 상태일 때의 압축단에서 중립축까지의 길이 C_b는?(단, f_{ck} = 24MPa, f_y = 400MPa, E_s = 2.0 × 10^5MPa이다)

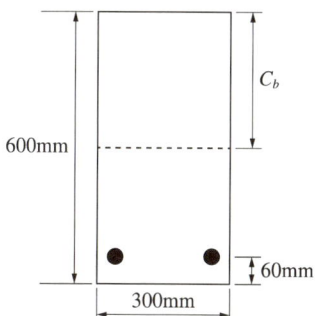

① 306mm ② 324mm
③ 360mm ④ 520mm

해설
균형철근비(ρ_b) 상태에서의 중립축까지의 거리(C_b)
$$C_b = \frac{600}{600+f_y} \times d = \frac{600}{600+400} \times (600-60) = 324\text{mm}$$

54 철근콘크리트의 구조설계에서 철근의 부착력에 영향을 주지 않는 것은?

① 콘크리트 피복두께
② 콘크리트 압축강도
③ 철근의 외부표면 돌기
④ 철근의 항복강도

해설
철근의 부착력에 영향을 주는 요인
- 콘크리트 피복두께
- 콘크리트 압축강도
- 철근의 외부표면 돌기
- 철근의 표면상태
- 철근의 두께(직경)

55 그림과 같은 정방형 단주(短柱)의 E점에 압축력 100kN이 작용할 때 B점에 발생되는 응력의 크기는?

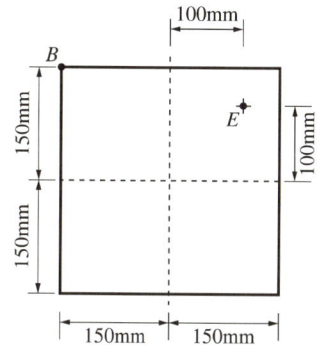

① −1.11MPa ② 1.11MPa
③ −2.22MPa ④ 2.22MPa

해설
E점에서 압축력(−) P가 작용하고, B점에서의 응력(σ_B)은 x축을 기준으로 압축력(−)이 작용하며, y축을 기준으로 인장력(+)이 작용한다.
$$\sigma_B = -\frac{P}{A} - \frac{P \cdot e_y}{I_x} + \frac{P \cdot e_x}{I_y}$$
$$\sigma_B = -\frac{P}{A} - \frac{12 \times P \cdot e_y}{b \times h^3} + \frac{12 \times P \cdot e_x}{b \times h^3}$$
여기서, e_x = 100mm
e_y = 100mm
$$\therefore \sigma_B = -\frac{P}{A} = -\frac{100 \times 10^3}{300 \times 300} ≒ -1.11\text{MPa}$$

56 철근콘크리트 휨재의 구조해석을 위한 가정으로 옳지 않은 것은?

① 콘크리트는 인장응력을 지지할 수 없다.
② 콘크리트는 압축변형도가 0.003에 도달되었을 때 파괴된다.
③ 철근에 생기는 변형은 같은 위치의 콘크리트에 생기는 변형보다 탄성계수비만큼 크다.
④ 철근과 콘크리트의 응력은 철근과 콘크리트의 응력–변형도로부터 계산할 수 있다.

해설
※ 출제 시 정답은 ③이었으나 콘크리트구조 철근상세 설계기준 (KD S 14 20 20) 개정(22.1.1)으로 정답 ②, ③
(극한변형률 : 0.003 → 0.0033으로 변경)
철근에 생기는 변형은 같은 위치의 콘크리트에 생기는 변형과 같다.

57 말뚝기초에 관한 설명으로 옳지 않은 것은?

① 말뚝은 압밀 등에 대한 침하를 고려하여야 한다.
② 말뚝기초의 허용지지력 산정은 말뚝만이 힘을 받는 것으로 계산하여야 한다.
③ 말뚝기초의 기초판 설계에서 말뚝의 반력은 중심에 집중된다고 가정하여 휨모멘트를 계산할 수 있다.
④ 대규모 기초 구조는 기성말뚝과 제자리 콘크리트 말뚝을 혼용하여야 한다.

해설
대규모 기초 구조는 동일한 종류의 말뚝을 사용하여야 한다. 즉, 서로 다른 종류의 말뚝은 혼용하지 않는다.

58 강도설계법으로 설계한 콘크리트 구조물에서 처짐의 검토는 어느 하중을 사용하는가?

① 사용하중(Service Load)
② 설계하중(Design Load)
③ 계수하중(Factored Load)
④ 상재하중(Surcharge Load)

해설
• 강도설계법은 극한하중(계수하중)이 작용할 때 철근과 콘크리트가 모두 비탄성 상태까지 도달한 때의 부재 최대 강도가 극한하중 이상이 되게 설계하는 방법이다.
• 사용성(균열, 처짐, 진동) 확보를 위해 사용하중(Service Load)으로써 검토가 필요하며, 확률적인 안전계수를 도입한다.

59 그림과 같은 단순보에 생기는 최대 휨응력도의 값은?

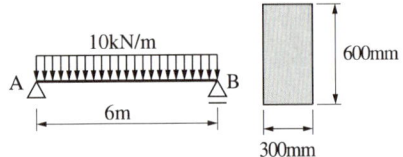

① 2.5MPa
② 3.0MPa
③ 3.5MPa
④ 4.0MPa

해설
휨응력(σ) = $\dfrac{M}{I}y = \dfrac{M}{Z}$ (여기서, 사각형 단면계수(Z) = $\dfrac{bh^2}{6}$)

또한, $M_{max} = \dfrac{wl^2}{8} = \dfrac{10 \times 6^2}{8}$ = 45kN·m이다.

∴ $\sigma_{max} = \dfrac{M}{Z} = \dfrac{6 \times M}{bh^2} = \dfrac{6 \times 45 \times 10^6}{300 \times 600^2}$ = 2.5MPa

60 강구조에서 외력이 부재에 작용할 때 부재의 단면에 비틀림이 생기지 않고 휨변형만 발생하는 위치를 무엇이라 하는가?

① 무게중심
② 하중중심
③ 전단중심
④ 강성중심

해설
전단중심 : 비틀림이 없이 휨모멘트만 발생하는 하중의 작용점

제4과목 건축설비

61 옥내소화전설비를 설치하여야 하는 특정소방대상물에서 옥내소화전이 가장 많이 설치된 층의 설치 개수가 3개일 때, 소화펌프의 토출량은 최소 얼마 이상이 되도록 하여야 하는가?

① 200L/min
② 390L/min
③ 450L/min
④ 700L/min

해설
※ 출제 시 정답은 ②였으나 옥내소화전설비의 화재안전기준 개정(21.12.16)으로 정답 없음
(개정 전 : 최다 설치 층 설치 개수는 5개 이상 설치된 경우 5개로 산정함)
옥내소화전용 펌프의 토출량은 옥내소화전이 가장 많이 설치된 층의 설치 개수에 130L/min을 곱한 양 이상이어야 한다. 설치 개수(N)가 3개이므로 2개로 산정하면, 130L/min × 2 = 260L/min

62 고가수조 방식의 급수방식에서 최상층에 설치된 위생기구로부터 고가수조 저수위면까지의 필요 최소 높이는?(단, 최상층 위생기구의 필요수압은 70kPa, 배관마찰손실수두는 1mAq이다)

① 1.7m   ② 6m
③ 8m   ④ 15m

해설
고가수조의 높이(H) ≥ $100(P + P_f) + h$[m]
따라서, 100(0.07 + 0.01) = 8m

63 전압의 분류에서 저압의 범위 기준으로 옳은 것은?

① 직류 400V 이하, 교류 400V 이하
② 직류 400V 이하, 교류 600V 이하
③ 직류 600V 이하, 교류 600V 이하
④ 직류 750V 이하, 교류 600V 이하

해설
※ 출제 시 정답은 ④였으나 법령 개정(21.1.1)으로 정답 없음
전압의 종류(한국전기설비규정(KEC))

종류	교류	직류
저압	1,000V 이하	1,500V 이하
고압	1,000V 초과~ 7,000V 이하	1,500V 초과~ 7,000V 이하
특고압	7,000V 초과	

64 공기조화 방식 중 2중 덕트 방식에 관한 설명으로 옳지 않은 것은?

① 혼합상자에서 소음과 진동이 생긴다.
② 덕트가 1개의 계통이므로 설비비가 적게 든다.
③ 부하특성이 다른 다수의 실이나 존에도 적용할 수 있다.
④ 냉·온풍의 혼합으로 인한 혼합손실이 있어서 에너지 소비량이 많다.

해설
덕트가 온풍용과 냉풍용으로 2개의 계통이 필요하므로 설비비가 많이 든다.

65 양수펌프의 양수량이 18m³이고 양정이 60m일 때 펌프의 축동력은?(단, 펌프의 효율은 50%이다)

① 0.35kW
② 1.47kW
③ 2.94kW
④ 5.88kW

해설
펌프의 축동력 $= \dfrac{W \times Q \times H}{6{,}120 \times E}$ [kW]
$= \dfrac{1{,}000 \times 18 \times 60}{6{,}120 \times 0.5} ≒ 5.88\text{kW}$

여기서, W : 비중량(kg/m³), 물의 비중량 = 1,000kg/m³
Q : 양수량(m³/min)
H : 전양정(m)
E : 효율(%)

66 공기조화 방식 중 전수 방식(All Water System)의 일반적 특징으로 옳지 않은 것은?

① 덕트 스페이스가 필요 없다.
② 팬코일 유닛 방식 등이 있다.
③ 실내 배관에서 누수의 우려가 있다.
④ 실내 공기의 청정도 유지가 용이하다.

해설
전수 방식(All Water System)
• 덕트가 불필요하고, 개별 제어가 용이하다.
• 외기를 도입하기 어렵고, 공기오염이 많으며 실내 공기의 청정도 유지가 어렵다.

67 금속관 공사에 관한 설명으로 옳지 않은 것은?

① 전선의 인입이 용이하다.
② 전선의 과열로 인한 화재의 위험성이 작다.
③ 외부적 응력에 대해 전선보호의 신뢰성이 높다.
④ 철근콘크리트 건물의 매입 배선으로는 사용할 수 없다.

해설
금속관 공사
• 철근콘크리트 건물의 금속관을 매입하여 배선하는 공사
• 전선 과열로 인한 화재 위험성이 적다.
• 기계적인 외력에 대하여 전선이 안전하게 보호된다.
• 전선의 인입이 용이하다.
• 은폐 및 노출 장소, 옥내, 옥외 등 광범위하게 사용된다.

68 난방부하 계산 시 각 외벽을 통한 손실열량은 방위에 따른 방향계수에 의해 값을 보정하는데, 계수값의 대소 관계가 옳게 표현된 것은?

① 북 > 동·서 > 남
② 북 > 남 > 동·서
③ 동 > 남·북 > 서
④ 남 > 북 > 동·서

해설
겨울철 난방부하 계산 시 북향 > 동향·서향 > 남향의 순으로 보정한다.

69 일반적으로 지름이 큰 대형관에서 배관 조립이나 관의 교체를 손쉽게 할 목적으로 이용되는 이음 방식은?

① 신축 이음
② 용접 이음
③ 나사 이음
④ 플랜지 이음

해설
플랜지 이음은 지름이 큰 대형관에서 배관 조립이나 관의 교체를 손쉽게 할 수 있는 이음이다.

70 공동주택에서 각종 정보를 관리하는 목적으로 관리인실에 설치하는 공동주택 관리용 인터폰의 기능에 속하지 않는 것은?

① 주출입구의 개폐 기능
② 전기절약을 위한 전등 소등 기능
③ 비상 푸시버튼에 의한 비상통보 기능
④ 방범스위치에 의한 불법침입통보 기능

해설
전기절약을 위한 전등 소등 기능은 관리용 인터폰 기능에 속하지 않는다.

71 건구온도 18℃, 상대습도 60%인 공기가 여과기를 통과한 후 가열 코일을 통과하였다. 통과 후의 공기 상태는?

① 비체적 감소
② 엔탈피 감소
③ 상대습도 증가
④ 습구온도 증가

해설
공기가 가열 코일을 통과하면서 습구온도가 증가한다.

72 다음 중 기계식 증기트랩에 속하지 않는 것은?

① 버킷 트랩
② 플로트 트랩
③ 바이메탈 트랩
④ 플로트·서모스탯 트랩

해설
기계식 증기트랩 : 응축수량에 의해 작동하며 버킷 트랩, 플로트 트랩, 플로트·서모스탯 트랩이 있다.
열식 증기트랩 : 열로써 작동하며 방열기 트랩, 벨로스 트랩, 바이메탈 트랩이 있다.

73 트랩으로서의 성능에 문제가 있어 사용하지 않는 것이 바람직한 트랩에 속하지 않는 것은?

① 2중 트랩
② 수봉식 트랩
③ 가동부분이 있는 것
④ 내부 치수가 동일한 S트랩

해설
수봉식 트랩은 봉수를 담는 일반적인 트랩이다. 2중 트랩, 가동부분이 있는 트랩, 내부 치수가 동일한 S트랩, 격벽트랩, 보틀트랩은 봉수의 흐름이 원활하지 못하므로 사용하지 않는 것이 바람직하다.

74 다음 중 주방, 보일러실 등 다량의 화기를 단속 취급하는 장소에 가장 적합한 자동화재탐지설비의 감지기는?

① 광전식 감지기
② 차동식 감지기
③ 정온식 감지기
④ 이온화식 감지기

해설
정온식 감지기는 일정 온도 이상 상승 시에 작동하며 주방, 보일러실 등 다량의 화기를 단속 취급하는 장소에 가장 적합하다.

75 수질 관련 용어 중 BOD가 의미하는 것은?

① 용존 산소량
② 수소이온농도
③ 화학적 산소요구량
④ 생물화학적 산소요구량

해설
BOD : 생물화학적 산소요구량(수질오염 정도 측정)
COD : 화학적 산소요구량(공장 폐수 수질 측정)
DO : 용존 산소량(수중에 용해된 산소량)

76 환기설비에 관한 설명으로 옳지 않은 것은?

① 환기는 복수의 실을 동일 계통으로 하는 것을 원칙으로 한다.
② 필요 환기량은 실의 이용목적과 사용 상황을 충분히 고려하여 결정한다.
③ 외기를 받아들이는 경우에는 외기의 오염도에 따라서 공기청정 장치를 설치한다.
④ 전열 교환기에서 열회수를 하는 배기계통에는 악취나 배기가스 등 오염물질을 수반하는 배기는 사용하지 않는다.

해설
환기는 복수의 실을 동일 계통으로 하지 않는 것을 원칙으로 한다.

77 다음의 소방시설 중 경보설비에 속하지 않는 것은?

① 비상방송설비
② 자동화재속보설비
③ 자동화재탐지설비
④ 무선통신보조설비

해설
무선통신보조설비는 소화활동설비에 속한다.
경보설비(화재예방, 소방시설 설치·유지 및 안전관리에 관한 법률 시행령 별표 1)
화재발생 사실을 통보하는 기계·기구 또는 설비로서 단독경보형 감지기, 비상경보설비(비상벨설비, 자동식 사이렌설비), 시각경보기, 자동화재탐지설비, 비상방송설비, 자동화재속보설비, 통합감시시설, 누전경보기, 가스누설경보기, 화재알림설비를 말한다.

78 트랩의 봉수파괴 원인과 가장 거리가 먼 것은?

① 증발 현상
② 서징 현상
③ 모세관 현상
④ 자기 사이펀 작용

해설
서징(Surging) 현상 : 맥동현상이라고도 하며 펌프, 송풍기 등이 어느 특정 범위에서 운전 중에 압력이 주기적으로 변동하여 운전상태가 매우 불안정하게 되는 현상

79 다음 중 외기온과 실온변화에 있어서 시간 지연에 직접적인 영향을 미치는 요소는?

① 열관류율
② 기류속도
③ 표면복사율
④ 구조체의 열용량

해설
구조체의 열용량은 외기온과 실온변화에 있어서 시간 지연에 직접적인 영향을 미치는 요소이며, 구조체의 열용량이 클 경우 외기온에 대해 실온변화가 적어지게 된다.

80 대변기 세정 급수장치에 진공방지기(Vacuum Breaker)를 설치하는 가장 주된 이유는?

① 급수관 부식 방지
② 급수관 내의 유속 조절
③ 급수관에서의 수격작용 방지
④ 오수가 급수관으로 역류하는 현상 방지

해설
버큠 브레이커(Vacuum Breaker) : 물받이 용기 안에 배출된 물이나 사용한 물이 역사이펀 작용에 의해 상수계통으로 역류하는 것을 방지하기 위해 급수관 안에 생긴 마이너스압에 대해 자동적으로 공기를 보충하는 진공방지 장치이다.

정답 76 ① 77 ④ 78 ② 79 ④ 80 ④

제5과목 건축관계법규

81 건축물에 급수, 배수, 환기, 난방설비 등의 건축설비를 설치하는 경우 건축기계설비기술사 또는 공조냉동기계기술사의 협력을 받아야 하는 대상 건축물의 연면적 기준은?(단, 창고시설은 제외)

① 연면적 5,000m² 이상인 건축물
② 연면적 10,000m² 이상인 건축물
③ 연면적 50,000m² 이상인 건축물
④ 연면적 100,000m² 이상인 건축물

해설
연면적 10,000m² 이상인 건축물(창고시설은 제외한다) 또는 에너지를 대량으로 소비하는 건축물로서 국토교통부령으로 정하는 건축물에 건축설비를 설치하는 경우에는 해당 설비 관계 전문기술자(건축기계설비기술사 또는 공조냉동기계기술사)의 협력을 받아야 한다.

82 부설주차장 설치 대상 시설물이 숙박시설인 경우, 부설주차장 설치 기준으로 옳은 것은?

① 시설면적 100m²당 1대
② 시설면적 150m²당 1대
③ 시설면적 200m²당 1대
④ 시설면적 300m²당 1대

해설
부설주차장의 설치대상 시설물 종류 및 설치기준(주차장법 시행령 별표 1)

용도	설치기준
위락시설	시설면적 100m²당 1대
• 문화 및 집회시설,(관람장 제외) • 종교시설, 판매시설, 운수시설 • 의료시설(정신병원, 요양소, 격리병원 제외) • 운동시설, 업무시설, 방송국, 장례식장	시설면적 150m²당 1대
• 제1종 근린생활시설(공중화장실, 대피소, 지역아동센터 제외) • 제2종 근린생활시설, 숙박시설	시설면적 200m²당 1대

83 문화 및 집회시설 중 공연장의 개별 관람석의 출구에 관한 설명으로 옳은 것은?(단, 개별 관람석의 바닥면적은 900m²이다)

① 각 출구의 유효너비는 1.2m 이상이어야 한다.
② 관람석별로 최소 4개소 이상 설치하여야 한다.
③ 관람석으로부터 바깥쪽으로의 출구로 쓰이는 문은 안여닫이로 하여야 한다.
④ 개별 관람석 출구의 유효너비 합계는 최소 5.4m 이상으로 하여야 한다.

해설
※ 건축물의 피난·방화구조 등의 기준에 관한 규칙 개정(19.8.6)으로 용어가 다음과 같이 변경되었습니다.
관람석 → 관람실
④ (900/100) × 0.6 = 5.4m 이상
① 1.5m 이상
② 2개소 이상
③ 안여닫이로 하여서는 안 된다.

84 다음 중 부설주차장을 추가로 확보하지 아니하고 건축물의 용도를 변경할 수 있는 경우에 관한 기준 내용으로 옳은 것은?(단, 문화 및 집회시설 중 공연장·집회장·관람장, 위락시설 및 주택 중 다세대주택·다가구주택의 용도로 변경하는 경우는 제외)

① 사용승인 후 3년이 지난 연면적 1,000m² 미만의 건축물의 용도를 변경하는 경우
② 사용승인 후 3년이 지난 연면적 2,000m² 미만의 건축물의 용도를 변경하는 경우
③ 사용승인 후 5년이 지난 연면적 1,000m² 미만의 건축물의 용도를 변경하는 경우
④ 사용승인 후 5년이 지난 연면적 2,000m² 미만의 건축물의 용도를 변경하는 경우

해설
사용승인 후 5년이 지난 연면적 1,000m² 미만의 용도를 변경하는 경우(공연장·집회장·관람장, 위락시설 및 다세대·다가구주택 용도로 변경하는 경우 제외) 부설주차장을 추가로 확보하지 아니하고 건축물의 용도를 변경할 수 있다.

정답 81 ② 82 ③ 83 ④ 84 ③

85 다음은 노외주차장의 구조·설비에 관한 기준 내용이다. ( ) 안에 알맞은 것은?

> 노외주차장의 출입구 너비는 (㉠) 이상으로 하여야 하며, 주차대수 규모가 50대 이상인 경우에는 출구와 입구를 분리하거나 너비 (㉡) 이상의 출입구를 설치하여 소통이 원활하도록 하여야 한다.

① ㉠ 2.5m, ㉡ 4.5m
② ㉠ 2.5m, ㉡ 5.5m
③ ㉠ 3.5m, ㉡ 4.5m
④ ㉠ 3.5m, ㉡ 5.5m

해설
노외주차장의 구조·설비기준(주차장법 시행규칙 제6조)
노외주차장의 출입구 너비는 3.5m 이상으로 하여야 하며, 주차대수 규모가 50대 이상인 경우에는 출구와 입구를 분리하거나 너비 5.5m 이상의 출입구를 설치하여 소통이 원활하도록 하여야 한다.

86 건축물의 거실(피난층의 거실 제외)에 국토교통부령으로 정하는 기준에 따라 배연설비를 하여야 하는 대상 건축물의 용도에 속하지 않는 것은?(단, 6층 이상인 건축물의 경우)

① 공동주택
② 판매시설
③ 숙박시설
④ 위락시설

해설
배연설비 설치 대상(6층 이상 건축물인 경우)
• 문화 및 집회시설
• 판매 및 영업시설
• 교육연구시설 중 연구소
• 아동 관련 시설 및 노인복지시설(노인요양시설은 제외)
• 수련시설 중 유스호스텔
• 운동시설
• 업무시설
• 숙박시설
• 의료시설
• 위락시설
• 관광휴게시설
• 장례식장

87 부설주차장의 인근 설치와 관련하여 시설물의 부지 인근의 범위(해당 부지의 경계선으로부터 부설주차장의 경계선까지의 거리) 기준으로 옳은 것은?

① 직선거리 100m 이내 또는 도보거리 500m 이내
② 직선거리 100m 이내 또는 도보거리 600m 이내
③ 직선거리 300m 이내 또는 도보거리 500m 이내
④ 직선거리 300m 이내 또는 도보거리 600m 이내

해설
부설주차장의 인근 설치(주차장법 시행령 제7조)
해당 부지의 경계선으로부터 부설주차장의 경계선까지의 직선거리 300m 이내 또는 도보거리 600m 이내

88 다음은 옥상 광장 등의 설치에 관한 기준 내용이다. ( ) 안에 알맞은 것은?

> 옥상 광장 또는 2층 이상인 층에 있는 노대 등(노대나 그 밖에 이와 비슷한 것을 말한다)의 주위에는 높이 ( ) 이상의 난간을 설치하여야 한다. 다만, 그 노대 등에 출입할 수 없는 구조인 경우에는 그러하지 아니하다.

① 0.9m
② 1.2m
③ 1.5m
④ 1.8m

해설
옥상 난간 설치 : 옥상 광장, 2층 이상 층에 있는 노대 등의 주위에는 높이 1.2m 이상 난간을 설치해야 한다.

정답 85 ④ 86 ① 87 ④ 88 ②

89 국토의 계획 및 이용에 관한 법률에 따른 용도지역의 건폐율 기준으로 옳지 않은 것은?

① 주거지역 : 70% 이하
② 상업지역 : 80% 이하
③ 공업지역 : 70% 이하
④ 녹지지역 : 20% 이하

해설
상업지역의 건폐율 최대 한도는 중심상업지역의 90% 이하이다.

90 다음은 건축물의 층수 산정방법에 관한 기준 내용이다. ( ) 안에 알맞은 것은?

> 층의 구분이 명확하지 아니한 건축물은 그 건축물의 높이 ( ) 마다 하나의 층으로 보고 그 층수를 산정한다.

① 2m ② 3m
③ 4m ④ 5m

해설
면적 등의 산정방법(건축법 시행령 제119조)
층의 구분이 명확하지 아니한 건축물은 그 건축물의 높이 4m마다 하나의 층으로 보고 그 층수를 산정하며, 건축물이 부분에 따라 그 층수가 다른 경우에는 그중 가장 많은 층수를 그 건축물의 층수로 본다.

91 다음 중 허가 대상에 속하는 용도변경은?

① 수련시설에서 업무시설로의 용도변경
② 숙박시설에서 위락시설로의 용도변경
③ 장례시설에서 의료시설로의 용도변경
④ 관광휴게시설에서 판매시설로의 용도변경

해설
숙박시설에서 위락시설로의 용도변경은 허가 대상에 해당한다.
①, ③, ④는 신고 대상
용도변경
- 허가 대상 : 상위군(오름차순)에 해당하는 용도로 변경하는 행위
- 신고 대상 : 하위군(내림차순)에 해당하는 용도로 변경하는 행위

시설군	구 분
자동차 관련 시설군	↑ 허가 대상 ↓ 신고 대상
산업 등의 시설군	
전기통신시설군	
문화 및 집회시설군	
영업시설군	
교육 및 복지시설군	
근린생활시설군	
주거업무시설군	
그 밖의 시설군	

92 건축물의 대지에 공개공지 또는 공개공간을 확보해야 하는 대상 건축물에 속하지 않는 것은?(단, 일반주거지역이며, 해당 용도로 쓰는 바닥면적의 합계가 5,000m² 이상인 건축물인 경우)

① 운동시설
② 숙박시설
③ 업무시설
④ 문화 및 집회시설

해설
공개공지 확보 대상 건축물(바닥면적 합계 5,000m² 이상)
- 문화 및 집회시설
- 종교시설
- 판매시설(농수산물 유통시설 제외)
- 운수시설(여객용 시설)
- 업무시설
- 숙박시설

정답 89 ② 90 ③ 91 ② 92 ①

93 건축법상 다음과 같이 정의되는 용어는?

> 건축물의 실내를 안전하고 쾌적하며 효율적으로 사용하기 위하여 내부 공간을 칸막이로 구획하거나 벽지, 천장재, 바닥재, 유리 등 대통령령으로 정하는 재료 또는 장식물을 설치하는 것

① 리모델링
② 실내 건축
③ 실내 장식
④ 실내 디자인

해설
실내 건축 : 건축물의 실내를 안전하고 쾌적하며 효율적으로 사용하기 위하여 내부 공간을 칸막이로 구획하거나 벽지, 천장재, 바닥재, 유리 등 대통령령으로 정하는 재료 또는 장식물을 설치하는 것을 말한다.
리모델링 : 건축물의 노후화를 억제하거나 기능 향상 등을 위하여 대수선하거나 건축물의 일부를 증축 또는 개축하는 행위를 말한다.

94 다음은 피난용 승강기의 설치에 관한 기준 내용이다. ( ) 안에 알맞은 것은?

> 승강장의 바닥면적은 승강기 1대당 ( )m² 이상으로 할 것

① 5
② 6
③ 8
④ 10

해설
승강장의 바닥면적은 비상용 승강기 1대에 대하여 6m² 이상으로 할 것(다만, 옥외에 승강장을 설치하는 경우에는 그러하지 아니하다)

95 건축물의 층수가 23층이고 각 층의 거실면적이 1,000m²인 숙박시설에 설치하여야 하는 승용 승강기의 최소 대수는?(단, 8인승 승용 승강기의 경우)

① 7대
② 8대
③ 9대
④ 10대

해설
숙박시설 : 1대에 3,000m²를 초과하는 2,000m² 이내마다 1대를 더한 대수로 산정한다.
6층 이상은 23 - 5 = 18개 층이며,
6층 이상 거실면적 합계는 1,000m² × 18 = 18,000m²이므로,
$1 + \dfrac{18,000\mathrm{m}^2 - 3,000\mathrm{m}^2}{2,000\mathrm{m}^2} = 8.5$
∴ 최소 대수는 9대이다.

96 건축법령상 다가구주택이 갖추어야 할 요건에 해당하지 않는 것은?

① 독립된 주거의 형태가 아닐 것
② 19세대 이하가 거주할 수 있을 것
③ 주택으로 쓰이는 층수(지하층은 제외)가 3개 층 이하일 것
④ 1개 동의 주택으로 쓰는 바닥면적(부설주차장 면적은 제외)의 합계가 660m² 이하일 것

해설
다중주택 : 독립된 주거의 형태가 아니어야 하며, 학생 또는 직장인 등 여러 사람이 장기간 거주할 수 있는 구조로 되어 있는 것

97 건축물의 내부에 설치하는 피난계단의 경우 건축물의 내부에서 계단실로 통하는 출입구의 유효너비는 최소 얼마 이상으로 하여야 하는가?

① 0.75m ② 0.9m
③ 1.0m   ④ 1.2m

해설
피난계단 및 특별피난계단의 구조(건축물의 피난·방화구조 등의 기준에 관한 규칙 제9조)
건축물의 내부에서 계단실로 통하는 출입구의 유효너비는 0.9m 이상으로 하고, 그 출입구에는 피난의 방향으로 열 수 있는 것으로서 언제나 닫힌 상태를 유지하거나 화재로 인한 연기 또는 불꽃을 감지하여 자동적으로 닫히는 구조로 된 60분+방화문 또는 방화문을 설치할 것

98 대지면적이 600m² 이고 조경면적이 대지면적의 15%로 정해진 지역에 건축물을 신축할 경우, 옥상에 조경을 90m² 시공하였다면, 지표면의 조경면적은 최소 얼마 이상이어야 하는가?

① 0m²   ② 30m²
③ 45m² ④ 60m²

해설
조경 대상 및 옥상조경
- 조경 대상 : 대지면적 200m² 이상에 건축을 하는 경우
- 옥상 조경면적의 2/3에 해당하는 면적을 대지 안에 조경면적으로 산정 가능하다.
- 옥상에 조경하는 경우 전체 조경면적의 50/100을 초과할 수 없다.

99 제2종 전용주거지역 안에서 건축할 수 있는 건축물에 속하지 않는 것은?(단, 도시·군계획 조례가 정하는 바에 의하여 건축할 수 있는 건축물 포함)

① 아파트
② 의료시설
③ 노유자시설
④ 다가구주택

해설
제2종 전용주거지역 안에서 건축할 수 있는 건축물(국토의 계획 및 이용에 관한 법률 시행령 별표 3)
- 단독주택
- 공동주택
- 제1종 근린생활시설(바닥면적의 합계가 1,000m² 미만인 것)
- 제2종 근린생활시설 중 종교집회장
- 문화 및 집회시설(바닥면적의 합계가 1,000m² 미만인 것)
- 종교시설(바닥면적의 합계가 1,000m² 미만인 것)
- 교육연구시설 중 유치원·초등학교·중학교·고등학교
- 노유자시설
- 자동차관련시설 중 주차장

100 문화 및 집회시설 중 집회장의 용도에 쓰이는 건축물의 집회실로서 그 바닥면적이 200m² 이상인 경우 반자 높이는 최소 얼마 이상이어야 하는가?(단, 기계환기장치를 설치하지 않은 경우)

① 1.8m ② 2.1m
③ 2.7m ④ 4.0m

해설
거실의 반자 설치 높이

거실의 용도		반자 높이
모든 건축물 (예외 : 공장, 창고시설, 위험물저장 및 처리시설, 동물 및 식물 관련 시설, 분뇨 및 쓰레기 처리시설, 묘지 관련 시설)		2.1m 이상
• 문화 및 집회시설(전시장, 동·식물원 제외) • 장례식장 • 위락시설 중 유흥주점	해당 바닥면적이 200m² 이상 (예외 : 기계환기장치를 설치한 경우)	4.0m 이상
		노대 아랫부분 2.7m 이상

2019년 제2회 과년도 기출문제

제1과목 건축계획

01 모듈러 코디네이션(Modular Coordination)의 효과와 가장 거리가 먼 것은?

① 대량생산이 용이
② 설계작업의 단순화
③ 현장작업의 단순화 및 공기 단축
④ 건축물의 형태의 창조성 및 다양성 확보

해설
건축물 형태의 창조성 및 다양성 확보가 어렵다.

02 다음 중 사무소 건축의 기둥 간격(Span) 결정요인과 가장 거리가 먼 것은?

① 코어의 위치
② 책상의 배치 단위
③ 구조상의 스팬의 한도
④ 지하주차장의 주차구획 크기

해설
코어의 위치는 직접적인 결정요인이 아니다.
기둥 간격 결정요인
• 공간의 기능 : 책상단위 배치, 사무기기 배치 등
• 채광상 층고에 의한 안깊이
• 지상 및 지하의 주차배치 단위 구획

03 숍 프런트(Shop Front) 구성 형식 중 폐쇄형에 관한 설명으로 옳지 않은 것은?

① 고객이 내부 분위기에 만족하도록 계획한다.
② 고객의 출입이 많은 제과점 등에 주로 적용된다.
③ 고객이 상점 내에 비교적 오래 머무르는 상점에 적합하다.
④ 숍 프런트(Shop Front)를 출입구 이외에는 벽 등으로 차단한 형식이다.

해설
고객의 출입이 많은 제과점 등에는 주로 개방형이 적용된다.

04 다음 설명에 알맞은 국지도로의 유형은?

• 가로망 형태가 단순하고, 가구 및 획지 구성상 택지의 이용 효율이 높기 때문에 계획적으로 조성되는 시가지에 많이 이용되고 있는 형태이다.
• 교차로가 +자형이므로 자동차의 교통처리에 유리하다.

① T자형
② 격자형
③ 루프(Loop)형
④ 쿨데삭(Cul-de-sac)형

해설
격자형 : 교차로가 +형으로 계획적인 시가지에 이용되며, 도로의 위계가 불명확하지만, 각 택지에 대한 서비스가 용이하다.

정답 1 ④ 2 ① 3 ② 4 ②

05 소규모 주택에서 주방의 일부에 간단한 식탁을 설치하거나 식사실과 주방을 하나로 구성한 형태를 무엇이라 하는가?

① 리빙 키친
② 다이닝 키친
③ 리빙 다이닝
④ 다이닝 테라스

해설
다이닝 키친(DK)은 소규모 주택에서 주방의 일부에 간단한 식탁을 꾸민 형식이다.

06 단독주택의 거실계획에 관한 설명으로 옳지 않은 것은?

① 다목적 공간으로서 활용되도록 한다.
② 정원과 테라스에 시각적으로 연결되도록 한다.
③ 개방된 공간으로 가급적 독립성이 유지되도록 한다.
④ 다른 공간들을 연결하는 통로로서의 기능을 우선시 한다.

해설
거실은 독립된 실로 보아야 하며, 다른 공간들을 연결하는 통로 역할을 하면 안 된다.

07 공동주택에 관한 설명으로 옳지 않은 것은?

① 단독주택보다 독립성이 크다.
② 주거환경의 질을 높일 수 있다.
③ 대지의 효율적 이용이 가능하다.
④ 도시생활의 커뮤니티화가 가능하다.

해설
공동주택은 단독주택보다 독립성이 떨어진다.

08 다음 설명에 알맞은 사무소 건축의 코어 유형은?

- 유효율이 높은 계획이 가능하다.
- 코어 프레임(Core Frame)이 내력벽 및 내진구조가 가능함으로서 구조적으로 바람직한 유형이다.
- 대규모 평면규모를 갖춘 중·고층인 사무소에 적합하다.

① 편심코어형
② 양단코어형
③ 중심코어형
④ 독립코어형

해설
중심코어형은 코어를 내진구조로 할 경우 중층, 고층 및 초고층 건축물 계획에 유리하다.

09 상점 건축에서 진열창(Show Window)의 눈부심을 방지하는 방법으로 옳지 않은 것은?

① 곡면유리를 사용한다.
② 유리면을 경사지게 한다.
③ 진열창의 내부를 외부보다 어둡게 한다.
④ 차양을 설치하여 진열창 외부에 그늘을 조성한다.

해설
진열창의 내부를 외부보다 밝게 하여 진열상품이 잘 보이도록 한다.

10 다음 설명에 알맞은 공장 건축의 레이아웃 형식은?

- 다종의 소량생산의 경우나 표준화가 이루어지기 어려운 경우에 채용된다.
- 생산성이 낮으나 주문 생산품 공장에 적합하다.

① 제품중심 레이아웃
② 공정중심 레이아웃
③ 고정식 레이아웃
④ 혼성식 레이아웃

해설
공정중심 레이아웃 : 다품종 소량생산으로 주문생산에 적합한 형식

정답 5 ② 6 ④ 7 ① 8 ③ 9 ③ 10 ②

11 근린생활권의 구성 중 근린주구의 중심이 되는 시설은?

① 유치원
② 대학교
③ 초등학교
④ 어린이 놀이터

해설
근린주구의 중심시설은 초등학교이다.

12 다음 중 주택 부엌의 기능적 측면에서 작업 삼각형(Work Triangle)의 3변 길이의 합계로 가장 알맞은 것은?

① 1,000mm
② 2,000mm
③ 3,000mm
④ 4,000mm

해설
3변 길이의 합은 3.6~6.6m 정도가 기능적이다.
부엌의 작업 삼각형 : 냉장고 + 개수대 + 가열대 연결

13 사무소 건축의 실단위 계획 중 개방식 배치에 관한 설명으로 옳지 않은 것은?

① 독립성이 결핍되고 소음이 있다.
② 전면적을 유용하게 이용할 수 있다.
③ 공사비가 개실 시스템보다 저렴하다.
④ 방의 길이나 깊이에 변화를 줄 수 없다.

해설
방의 길이나 깊이에 변화를 주면서 필요에 따라 공간을 활용할 수 있다.

14 숑바르 드 로브에 따른 주거면적기준 중 한계기준은?

① $8m^2$
② $14m^2$
③ $15m^2$
④ $16m^2$

해설
숑바르 드 로브의 기준
• $8m^2$/인 : 병리기준
• $10m^2$/인 : 최소기준
• $14m^2$/인 : 한계기준
• $16m^2$/인 : 표준기준

15 학교의 배치계획에 관한 설명으로 옳은 것은?

① 분산병렬형은 넓은 교지가 필요하다.
② 폐쇄형은 운동장에서 교실로의 소음 전달이 거의 없다.
③ 분산병렬형은 일조, 통풍 등 환경조건이 좋으나 구조계획이 복잡하다.
④ 폐쇄형은 대지의 이용률을 높일 수 있으며 화재 및 비상시 피난에 유리하다.

해설
② 폐쇄형은 운동장에서 교실로의 소음 전달이 많다.
③ 분산병렬형은 일조, 통풍 등 환경조건이 좋고, 구조계획이 단순하다.
④ 폐쇄형은 대지의 이용률을 높일 수 있으나, 화재 및 비상시 피난에는 불리하다.

16 사무실 건물에서 코어 내 각 공간의 위치관계에 관한 설명으로 옳지 않은 것은?

① 엘리베이터는 가급적 중앙에 집중시킬 것
② 코어 내의 공간과 임대사무실 사이의 동선이 간단할 것
③ 계단과 엘리베이터 및 화장실은 가능한 한 접근시킬 것
④ 엘리베이터 홀은 출입구 문에 인접하여 바싹 접근해 있도록 할 것

해설
엘리베이터 홀은 동선상의 혼란을 주지 않게 하기 위해서 출입구 문에 바싹 접근해 있지 않도록 한다.

17 공동주택의 형식 중 탑상형에 관한 설명으로 옳지 않은 것은?

① 건축물 외면의 입면성을 강조한 유형이다.
② 판상형에 비해 경관계획상 유리한 형식이다.
③ 모든 세대에 동일한 거주 조건과 환경을 제공한다.
④ 타워식의 형태로 도심지 및 단지 내의 랜드마크적인 역할이 가능하다.

해설
탑상형은 각 세대의 배치계획에 있어 각기 다른 향으로 배치되므로 동일한 거주 조건과 환경을 제공하기 어렵지만, 판상형은 모든 세대에 동일한 거주 조건과 환경을 제공한다.

18 무창 방직공장에 관한 설명으로 옳지 않은 것은?

① 내부 발생 소음이 작다.
② 외부로부터의 자극이 적다.
③ 내부 조도를 균일하게 할 수 있다.
④ 배치계획에 있어서 방위를 고려할 필요가 있다.

해설
무창 방직공장은 내부 발생 소음이 크다.

19 백화점에 엘리베이터 배치 시 고려사항으로 옳지 않은 것은?

① 일렬 배치는 4대를 한도로 한다.
② 교통동선의 중심에 설치하여 보행거리가 짧도록 배치한다.
③ 일렬 배치 시 엘리베이터 중심 간 거리는 15m 이하가 되도록 한다.
④ 여러 대의 엘리베이터를 설치하는 경우, 그룹별 배치와 군 관리 운전 방식으로 한다.

해설
일렬 배치 시 4대를 한도로 하며, 엘리베이터 중심 간 거리는 8m 이하가 되도록 한다.

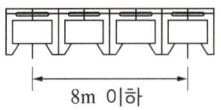

20 우리나라 중학교에서 가장 많이 채택하고 있는 학교운영 방식은?

① 플래툰형(P형)
② 종합교실형(U형)
③ 교과교실형(V형)
④ 일반 및 특별교실형(U + V형)

해설
일반 및 특별교실형(U + V형)은 우리나라 대부분의 초등학교 고학년이나, 중고등학교에서 적용되고 있는 방식이다.

정답 16 ④ 17 ③ 18 ① 19 ③ 20 ④

제2과목　건축시공

21 공동도급의 특징으로 옳지 않은 것은?

① 기술력 확충
② 신용도의 증대
③ 공사계획 이행의 불확실
④ 융자력 증대

> 해설
> 공동도급은 위험성이 분산되고, 공사계획 이행이 확실하다.

22 흙막이 공법 중 수평버팀대의 설치 작업순서로 옳은 것은?

> ㉠ 흙파기
> ㉡ 띠장버팀대 대기
> ㉢ 받침기둥박기
> ㉣ 규준대 대기
> ㉤ 중앙부 흙파기

① ㉠ → ㉣ → ㉡ → ㉢ → ㉤
② ㉠ → ㉣ → ㉢ → ㉡ → ㉤
③ ㉣ → ㉠ → ㉤ → ㉢ → ㉡
④ ㉣ → ㉠ → ㉢ → ㉡ → ㉤

> 해설
> **수평버팀대의 설치 작업순서**
> 규준대 대기 → 흙파기 → 받침기둥박기 → 띠장버팀대 대기 → 중앙부 흙파기

23 미장공사의 바름층 구성에 관한 설명으로 옳지 않은 것은?

① 일반적으로 바탕조정과 초벌, 재벌, 정벌의 3개 층으로 이루어진다.
② 바탕조정 작업에서는 바름에 앞서 바탕면의 흡수성을 조정하되, 접착력 유지를 위하여 바탕면의 물축임은 금한다.
③ 재벌바름은 미장의 실체가 되며 마감면의 평활도와 시공 정도를 좌우한다.
④ 정벌바름은 시멘트질 재료가 많아지고 세골재의 치수도 작기 때문에 균열 등의 결함 발생을 방지하기 위해 가능한 한 얇게 바르며 흙손 자국을 없애는 것이 중요하다.

> 해설
> 바탕조정 작업에서는 바름에 앞서 바탕면의 흡수성을 조정하고, 접착력 유지를 위하여 바탕면의 물축임을 한다.

24 반복되는 작업을 수량적으로 도식화하는 공정관리 기법으로 아파트 및 오피스 건축에서 주로 활용되는 것을 무엇이라고 하는가?

① 횡선식 공정표(Bar Chart)
② 네트워크 공정표
③ PERT 공정표
④ LOB(Line of Balance)

> 해설
> **LOB(Line of Balance)**: 반복작업이 많은 공사에서 생산성을 기울기로 하는 직선으로 표시하여 도식화하는 기법으로 도로공사, 고층 건축물 공사 등에 적용한다.

25 콘크리트에 사용하는 혼화재 중 플라이 애시(Fly Ash)에 관한 설명으로 옳지 않은 것은?

① 화력발전소에서 발생하는 석탄회를 집진기로 포집한 것이다.
② 시멘트와 골재 접촉면의 마찰저항을 증가시킨다.
③ 건조수축 및 알칼리골재반응 억제에 효과적이다.
④ 단위수량과 수화열에 의한 발열량을 감소시킨다.

해설
시멘트와 골재 접촉면의 마찰저항을 감소시킨다.

26 사질토와 점토질을 비교한 내용으로 옳은 것은?

① 점토질은 투수계수가 작다.
② 사질토의 압밀속도는 느리다.
③ 사질토는 불교란시료 채집이 용이하다.
④ 점토질의 내부마찰각은 크다.

해설
② 사질토의 압밀속도는 빠르다.
③ 사질토는 교란시료 채집이 용이하다.
④ 점토질의 내부마찰각은 작다.

27 일반적인 적산 작업순서가 아닌 것은?

① 수평방향에서 수직방향으로 적산한다.
② 시공순서대로 적산한다.
③ 내부에서 외부로 적산한다.
④ 아파트 공사인 경우 전체에서 단위세대로 적산한다.

해설
일반적인 적산 순서
- 실별이나, 바닥, 벽, 천장 등 부위별로 산출한다.
- 시공순서대로 한다.
- 구체공사는 기초부에서 상부로, 마무리공사는 지하층부터 상부층으로 산출한다.
- 내부에서 외부로 산출한다.
- 수평방향에서 수직방향으로 산출한다.
- 큰 곳에서 작은 곳으로 산출한다.
- 아파트 공사의 경우, 단위세대에서 전체로 산출한다.

28 마감공사 시 사용되는 철물에 관한 설명으로 옳지 않은 것은?

① 코너 비드는 기둥과 벽 등의 모서리에 설치하여 미장면을 보호하는 철물이다.
② 메탈 라스는 철선을 종횡 격자로 배치하고 그 교점을 전기저항용접으로 한 것이다.
③ 인서트는 콘크리트구조 바닥판 밑에 반자틀, 기타 구조물을 달아맬 때 사용된다.
④ 펀칭 메탈은 얇은 판에 각종 모양을 도려낸 것을 말한다.

해설
메탈 라스(Metal Lath) : 일정한 간격으로 얇은 강판을 도려내고 늘여 그물 형태로 만든 것이다.
와이어 메시(Wire Mesh) : 철선을 종횡 격자로 배치하고 그 교점을 전기저항용접으로 한 것이다.

29 ALC(Autoclaved Lightweight Concrete)의 물리적 성질 중 옳지 않은 것은?

① 기건비중은 보통콘크리트의 약 1/4 정도이다.
② 열전도율은 보통콘크리트와 유사하나 단열성은 매우 우수하다.
③ 불연재인 동시에 내화성능을 가진 재료이다.
④ 경량이어서 인력에 의한 취급이 용이하다.

해설
경량기포콘크리트(ALC)
- 발포제에 의하여 콘크리트 내부에 무수한 기포를 독립적으로 분산시켜 중량을 가볍게 한 기포콘크리트
- 고온고압으로 증기양생 제조
- 기건비중 : 보통 콘크리트의 1/4 정도(경량)
- 열전도율 : 보통 콘크리트의 1/10 정도(단열성 우수)

정답 25 ② 26 ① 27 ④ 28 ② 29 ②

30 금속의 방식방법에 관한 설명으로 옳지 않은 것은?

① 큰 변형을 준 것은 가능한 한 풀림하여 사용한다.
② 도료 또는 내식성이 큰 금속을 사용하여 수밀성 보호피막을 만든다.
③ 부분적으로 녹이 발생하면 녹이 최대로 발생할 때까지 기다린 후에 한꺼번에 제거한다.
④ 표면을 평활, 청결하게 하고 가능한 한 건조한 상태로 유지한다.

해설
부분적으로 녹이 발생하는 경우 제거 후 방청해야 한다.

31 63.5kg의 추를 76cm 높이에서 자유낙하시켜 30cm 관입하는 데 필요한 타격횟수를 구하는 시험은?

① 전기탐사법
② 베인 테스트(Vane Test)
③ 표준관입시험(Standard Penetration Test)
④ 신 월 샘플링(Thin Wall Sampling)

해설
표준관입시험: 불교란시료 채취가 불가능한 사질지반에서 지반을 구성하는 토층의 경연, 상대밀도를 측정할 때 사용
• 시험순서
  – 로드(Rod) 선단에 관입시험용 샘플러 부착
  – 로드 상단에 63.5kg의 추를 76cm에서 자유낙하
  – 지반에 30cm 관입 시 필요한 타격횟수 N값 측정

32 연약점토질 지반의 점착력을 측정하기 위한 가장 적합한 토질시험은?

① 전기적 탐사   ② 표준관입시험
③ 베인 테스트   ④ 삼축압축시험

해설
베인 테스트: 보링 로드 선단에 금속제의 얇은 +자형 날개를 달아 지반에 박고 회전시켜 진흙의 점착력을 판별하는 방법으로 연약한 점토지반의 점착력 측정 시험방법이다.

33 철골공사에서 녹막이 칠을 하지 않는 부위와 거리가 먼 것은?

① 콘크리트에 밀착 또는 매립되는 부분
② 폐쇄형 단면을 한 부재의 외면
③ 조립에 의해 서로 밀착되는 면
④ 현장용접을 하는 부위 및 그곳에 인접하는 양측 100mm 이내

해설
폐쇄형 단면의 부재 외면은 녹막이 칠을 한다. 폐쇄형 단면의 부재 내면은 녹막이 칠을 하지 않아도 된다.

34 타일의 크기가 11cm×11cm일 때 가로·세로의 줄눈은 6mm이다. 이때 1m²에 소요되는 타일의 정미수량으로 가장 적당한 것은?

① 34매   ② 55매
③ 65매   ④ 75매

해설
$$정미량 = \frac{벽면적}{(한\ 변\ 길이 + 줄눈두께) \times (다른\ 변\ 길이 + 줄눈두께)}$$
$$= \frac{1}{(0.11+0.006) \times (0.11+0.006)} = \frac{1}{0.116 \times 0.116}$$
$$= \frac{1}{0.013456} ≒ 74.32 ≒ 75\ 매$$

정답: 30 ③ 31 ③ 32 ③ 33 ② 34 ④

35 굳지 않은 콘크리트 성질에 관한 설명으로 옳지 않은 것은?

① 피니셔빌리티란 굵은 골재의 최대 치수, 잔골재율, 골재의 입도, 반죽질기 등에 따라 마무리하기 쉬운 정도를 말한다.
② 물시멘트비가 클수록 컨시스턴시가 좋아 작업이 용이하고 재료분리가 일어나지 않는다.
③ 블리딩이란 콘크리트 타설 후 표면에 물이 모이게 되는 현상으로 레이턴스의 원인이 된다.
④ 워커빌리티란 작업의 난이도 및 재료의 분리에 저항하는 정도를 나타내며, 골재의 입도와도 밀접한 관계가 있다.

해설
물시멘트비가 클수록 컨시스턴시가 좋아 작업이 용이하지만, 재료분리가 일어날 수 있다.

36 커튼월을 외관형태로 분류할 때 그 종류에 해당되지 않는 것은?

① 슬라이드 방식(Slide Type)
② 샛기둥 방식(Mullion Type)
③ 스팬드럴 방식(Spandrel Type)
④ 격자 방식(Grid Type)

해설
외관형태별 분류
• 스팬드럴 방식(Spandrel Type)
• 샛기둥 방식(Mullion Type)
• 격자 방식(Grid Type)
• 피복 방식

37 조적식 구조의 조적재가 벽돌인 경우 내력벽의 두께는 당해 벽 높이의 최소 얼마 이상으로 하여야 하는가?

① $\frac{1}{10}$ ② $\frac{1}{12}$
③ $\frac{1}{16}$ ④ $\frac{1}{20}$

해설
조적조의 내력벽 사용 및 제한
• 내력벽의 두께 : 최소 15cm 이상, 벽돌은 벽 높이의 1/20 이상, 블록은 1/16 이상이어야 한다.
• 내력벽 길이 : 10m 이하, 10m 이상일 경우는 부축벽, 두께 등으로 보강한다.
• 내력벽의 높이 : 조적조 2층 내력벽은 4m 이하로 하며, 각 층 내력벽은 평면상 동일 위치여야 한다.
• 내력벽으로 둘러싸인 부분은 80m² 이내로 한다.
• 대린벽 : 서로 직각으로 교차하는 벽이다.
• 부축벽 : 층 높이의 1/3, 단층은 1m, 2층은 2m
• 내력벽 벽량은 15cm/m² 이상(토압을 받는 부분은 높이가 2.5m 미만인 경우에만 조적조 가능)

38 다음 중 공사시방서의 내용에 포함되지 않는 것은?

① 성능의 규정 및 지시
② 시험 및 검사에 관한 사항
③ 현장 설명에 관련된 사항
④ 공법, 공사 순서에 관한 사항

해설
현장 설명에 관련된 사항은 공사시방서와 관계없다.
공사시방서 : 설계자의 의도를 시공자에게 전달할 목적으로 설계도에 기재할 수 없는 사항을 기재하는 문서이며 재료, 공법, 시공 장비, 시공상 주의사항 등을 기술한다.

39 합성고분자계 시트방수의 시공공법이 아닌 것은?

① 떠붙이기공법
② 접착공법
③ 금속고정공법
④ 열풍융착공법

해설
떠붙이기공법은 타일붙임공법이다.

40 금속 커튼월의 성능시험 관련 실물 모형시험(Mock Up Test)의 시험종목에 해당되지 않는 것은?

① 비비시험
② 기밀시험
③ 정압수밀시험
④ 구조시험

해설
비비시험은 시공연도 측정방법으로 된반죽 콘크리트의 반죽질기를 측정하는 방법이다.
금속 커튼월 실물 모형시험(Mock Up Test) 종류
• 예비시험
• 기밀시험
• 정압수밀시험
• 동압수밀시험
• 구조시험

제3과목 건축구조

41 그림과 같은 보의 허용하중은?(단, 허용 휨응력도 σ_b = 10MPa임)

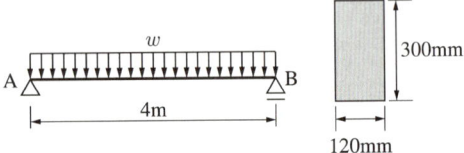

① 9kN/m
② 8kN/m
③ 7kN/m
④ 6kN/m

해설

휨응력(σ) = $\dfrac{M}{I}y = \dfrac{M}{Z}$

여기서, 사각형 단면계수(Z) = $\dfrac{bh^2}{6}$ 이다.

또한, $M_{\max} = \dfrac{wl^2}{8}$ 이다.

조건에 따라,

$\sigma = \dfrac{M}{Z} = \dfrac{M}{\left(\dfrac{bh^2}{6}\right)} = \dfrac{6}{bh^2} \times \dfrac{wl^2}{8} \leq \sigma_b = 10\text{MPa}$

$\therefore w = \dfrac{bh^2}{6} \times \dfrac{8}{l^2} \times \sigma_b = \dfrac{120 \times 300^2}{6} \times \dfrac{8}{4,000^2} \times 10$

$= 9\text{N/mm} = 9\text{kN/m}$

42 한 변의 길이가 4m인 그림과 같은 정삼각형 트러스에서 AB부재의 부재력은?

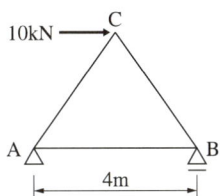

① 압축 10kN
② 압축 5kN
③ 인장 10kN
④ 인장 5kN

해설

$\Sigma M_A = 0$; $(-R_B \times 4) + (10 \times 4\sin 60°) = 0$

$R_B \times 4 = 10 \times 4 \times \dfrac{\sqrt{3}}{2}$

$\therefore R_B = 5\sqrt{3}$ kN

B절점에서,

$\Sigma V = 0$; $\overline{BC}\sin\theta = R_B$

$\overline{BC}\sin 60° = 5\sqrt{3}$

$\therefore \overline{BC} = 5\sqrt{3} \times \dfrac{2}{\sqrt{3}} = 10$kN(압축)

$\Sigma H = 0$; $\overline{AB} = \overline{BC}\cos 60°$

$\therefore \overline{AB} = 10 \times \dfrac{1}{2} = 5$kN(인장)

43 폭 b, 높이 h인 삼각형에서 밑변 축(X_1-X_1)에 대한 단면계수는 꼭짓점 축(X_2-X_2)에 대한 단면계수의 몇 배인가?

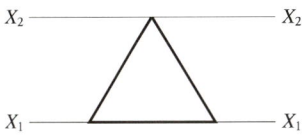

① 8배 ② 6배
③ 4배 ④ 2배

해설

• 단면 계수 : $Z_1 = \dfrac{I_x}{y_1}$, $Z_2 = \dfrac{I_x}{y_2}$

• 삼각형 단면 2차 모멘트 $I = \dfrac{bh^3}{36}$

• 도심의 위치 : $y_1 = \dfrac{h}{3}$, $y_2 = \dfrac{2h}{3}$

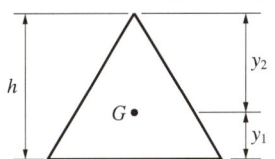

$\therefore Z_1 = \dfrac{\left(\dfrac{bh^3}{36}\right)}{\dfrac{h}{3}} = \dfrac{bh^2}{12}$, $Z_2 = \dfrac{\left(\dfrac{bh^3}{36}\right)}{\dfrac{2h}{3}} = \dfrac{bh^2}{24}$

$\therefore Z_1 : Z_2 = \dfrac{bh^2}{12} : \dfrac{bh^2}{24} = 2 : 1$이므로 2배이다.

44 그림과 같은 구조물에서 지점 A의 수평반력은?

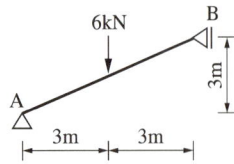

① 3kN ② 4kN
③ 5kN ④ 6kN

해설
$\sum V = 0; \ V_A - 6 = 0$
$\therefore V_A = 6kN$
$\sum M_B = 0; \ V_A \times 6 - H_A \times 3 - 6 \times 3 = 0$
$\therefore H_A = 6kN$

45 구조물의 한계상태에는 강도한계상태와 사용성 한계상태가 있다. 강도한계상태에 영향을 미치는 요소와 가장 거리가 먼 것은?

① 부재의 과다한 탄성변형
② 기둥의 좌굴
③ 골조의 불안정성
④ 접합부 파괴

해설
강도한계상태에 영향을 미치는 요소
• 골조의 불안정성
• 골조의 전도 및 파괴
• 기둥의 좌굴, 접합부 파괴
사용성 한계상태에 영향을 미치는 요소
• 과도한 처짐, 진동 등
• 골조 보수, 보강에 따른 과도한 국부적 손상
• 부재의 과다한 탄성변형, 불합리한 탄성계수비

46 다음 각 슬래브에 관한 설명으로 옳지 않은 것은?

① 장선 슬래브는 2방향으로 하중이 전달되는 슬래브이다.
② 슬래브의 두께가 구조제한 조건에 따르지 않을 경우 슬래브 처짐과 진동의 문제가 발생할 수 있다.
③ 플랫 슬래브는 보가 없으므로 천장고를 낮추기 위한 방법으로도 사용된다.
④ 와플 슬래브는 일종의 격자시스템 슬래브 구조이다.

해설
장선 슬래브는 1방향으로 하중이 전달되는 슬래브이다.

47 그림과 같은 단순보에 집중하중 10kN이 특정각도로 작용할 때 B지점의 반력으로 옳은 것은?

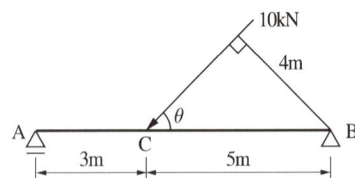

① $H_B = 6kN, \ V_B = 5kN$
② $H_B = 5kN, \ V_B = 6kN$
③ $H_B = 3kN, \ V_B = 6kN$
④ $H_B = 6kN, \ V_B = 3kN$

해설
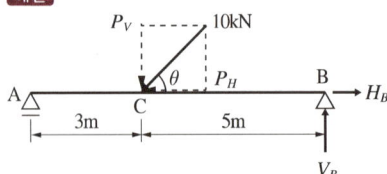

$\sum H = 0; \ H_B = 10 \times \frac{3}{5} = 6kN$
$\sum M_A = 0; \ (-V_B \times 8) + \left(10 \times \frac{4}{5} \times 3\right) = 0$
$\therefore V_B = 3kN$

48 강구조 설계에서 볼트의 중심 사이 거리를 나타내는 용어는?

① 게이지라인(Gauge Line)
② 게이지(Gauge)
③ 피치(Pitch)
④ 비드(Bead)

해설
볼트접합 용어
- 피치(Pitch) : 볼트 중심 사이의 간격
- 게이지(Gauge) : 게이지라인과 게이지라인과의 거리
- 게이지라인(Gauge Line) : 볼트 중심을 연결하는 선
- 측단거리 : 볼트 중심과 측단까지의 거리
- 연단거리 : 볼트 중심과 연단까지의 거리

49 강도설계법에 의한 철근콘크리트 직사각형 보에서 콘크리트가 부담할 수 있는 공칭전단강도는?(단, f_{ck} = 24MPa, b = 300mm, d = 500mm, 경량콘크리트계수는 1)

① 69.3kN
② 82.8kN
③ 91.9kN
④ 122.5kN

해설
콘크리트가 부담하는 전단강도
$V_c = \frac{1}{6}\lambda\sqrt{f_{ck}}b_w d$
$= \frac{1}{6} \times 1.0 \times \sqrt{24} \times 300 \times 500$
≒ 122,474.49N ≒ 122.5kN

50 다음 그림과 같은 고장력볼트 접합부의 설계미끄럼 강도는?

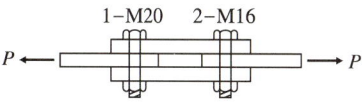

- 미끄럼계수 : 0.5
- 표준구멍
- M16의 설계볼트장력 $T_0 = 106$kN
- M20의 설계볼트장력 $T_0 = 165$kN
- 설계미끄럼강도식 $\phi R_n = \phi\mu h_f T_0 N_s$

① 212kN
② 184kN
③ 165kN
④ 148kN

해설
마찰접합의 미끄럼강도
$\phi R_n = \phi\mu h_f T_0 N_s$
여기서, ϕ : 1.0
μ(미끄럼계수) : 0.5
h_f(끼움재계수) : 1.0
T_0(설계볼트장력) : 165kN
N_s(전단면의 수) : 2

- 1-M20
  $\phi R_n = 1.0 \times 0.5 \times 1.0 \times 165 \times 2 = 165$kN
- 2-M16
  $\phi R_n = 1.0 \times 0.5 \times 1.0 \times 2 \times 106 \times 2 = 212$kN

∴ 설계미끄럼강도는 최솟값이므로 165kN이다.

51 그림과 같은 캔틸레버 보에서 B와 C점의 처짐의 비 $\delta_B : \delta_C$는?

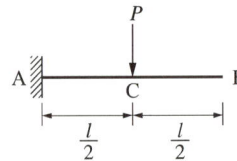

① 1 : 2
② 2 : 1
③ 2 : 5
④ 5 : 2

해설
캔틸레버 보의 처짐

C점의 하중 작용 시 처짐(δ) : $\dfrac{Pl^3}{3EI}$

조건에서 $\dfrac{l}{2}$ 이므로 $\delta_C = \dfrac{P \times \left(\dfrac{l}{2}\right)^3}{3EI} = \dfrac{Pl^3}{24EI}$

B점에서의 처짐(δ) : $\dfrac{5Pl^3}{48EI}$

$\therefore \delta_B : \delta_C = \dfrac{5Pl^3}{48EI} : \dfrac{Pl^3}{24EI} = 5 : 2$

52 강구조 인장재에 관한 설명으로 옳지 않은 것은?

① 부재의 축방향으로 인장력을 받는 구조부재이다.
② 대표적인 단면형태로는 강봉, ㄱ형강, T형강이 주로 사용된다.
③ 인장재 설계에서 단면 결손 부분의 파단은 검토하지 않는다.
④ 현수구조에 쓰이는 케이블이 대표적인 인장재이다.

해설
접합 연결 시 부재 구멍의 천공에 의해 단면적이 줄어들게 되므로 인장재의 설계에는 단면 결손에 의한 영향을 고려하여야 한다.

53 다음 구조물의 판별로 옳은 것은?

① 불안정 구조물
② 정정 구조물
③ 1차 부정정 구조물
④ 2차 부정정 구조물

해설
실용적 판별식에 의하면,
$N = m + r + k - 2j$
$= 2 + 3 + 1 - 2 \times 3 = 0$
여기서, m : 부재(Member)수
r : 지점반력(Reaction)수
k : 강절점수
j : 절점(Joint)수
$N = 0$이므로 정정구조물이다. 그러나, 논리적으로는 정정 구조물이지만 구조적 판별로 해석하면, 지점이 모두 이동 지점으로써 횡력에 의해 이동하므로 불안정 구조물로 판별된다.

54 그림과 같은 인장재의 순단면적을 구하면?(단, 고장력볼트는 M22(F10T), 판의 두께는 8mm이다)

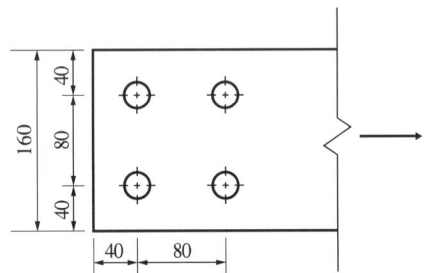

① 512mm²
② 704mm²
③ 896mm²
④ 1,088mm²

해설
순단면적은 순폭에 부재의 두께를 곱하여 구한다.
• 일렬 배치
$A_n = A_g - ndt$
여기서, A_g : 전체 단면적(높이×두께)
n : 파단선상의 볼트 구멍수
t : 두께
d : 볼트 구멍의 지름($\phi + 2mm$)
$\therefore A_n = (160 \times 8) - 2 \times (22 + 2) \times 8 = 896mm^2$

55 다음 그림과 같은 단면의 X축과 Y축에 대한 단면 2차 모멘트의 값은?(단, 그림의 점선은 단면의 중심축임)

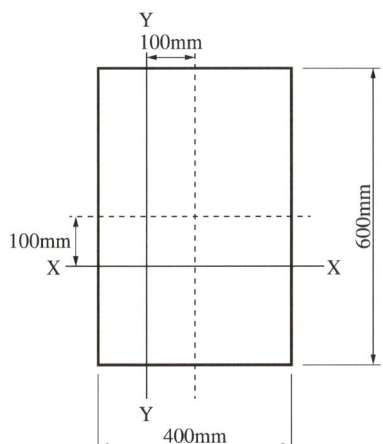

① X축 : $72 \times 10^8 \text{mm}^4$, Y축 : $32 \times 10^8 \text{mm}^4$
② X축 : $96 \times 10^8 \text{mm}^4$, Y축 : $56 \times 10^8 \text{mm}^4$
③ X축 : $144 \times 10^8 \text{mm}^4$, Y축 : $64 \times 10^8 \text{mm}^4$
④ X축 : $288 \times 10^8 \text{mm}^4$, Y축 : $128 \times 10^8 \text{mm}^4$

해설
- X축의 단면 2차 모멘트(I_x)

$$I_x = I_X + Ay_0^2 = \frac{bh^3}{12} + A \times y_0^2$$

$$\therefore I_x = \frac{400 \times 600^3}{12} + 400 \times 600 \times 100^2$$
$$= 96 \times 10^8 \text{mm}^4$$

- Y축의 단면 2차 모멘트(I_y)

$$I_y = I_Y + Ax_0^2 = \frac{bh^3}{12} + A \times x_0^2$$

$$\therefore I_y = \frac{600 \times 400^3}{12} + 400 \times 600 \times 100^2$$
$$= 56 \times 10^8 \text{mm}^4$$

56 그림과 같은 충전형 원형강관 합성기둥의 강재비는?

원형강관 : $\phi - 500 \times 14$, $A_s = 21,380 \text{mm}^2$

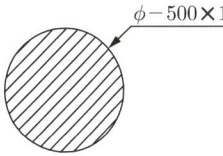

① 0.027   ② 0.109
③ 0.145   ④ 0.186

해설
강재비(ρ_b) = $\dfrac{A_s}{A_g}$ = $\dfrac{21,380}{\left(\dfrac{\pi \times 500^2}{4}\right)}$ ≒ 0.1089

57 강도설계법에서 압축 이형철근 D22의 기본 정착길이는?(단, f_{ck} = 24MPa, f_y = 400MPa, λ = 1.0)

① 400mm   ② 450mm
③ 500mm   ④ 550mm

해설
압축 이형철근의 정착길이
- 정착길이 l_d는 200mm 이상이어야 한다.
- 기본 정착길이 : $l_{db} = \dfrac{0.25 d_b f_y}{\lambda \sqrt{f_{ck}}} \geq 0.043 d_b f_y$

- $l_{db(1)} = \dfrac{0.25 d_b f_y}{\lambda \sqrt{f_{ck}}} = \dfrac{0.25 \times 22 \times 400}{1.0\sqrt{24}}$ ≒ 449.1mm

$l_{db(2)} = 0.043 d_b f_y = 0.043 \times 22 \times 400 = 378.4 \text{mm}$
둘 중에서 큰 값을 취하므로, l_{db} ≒ 450mm

58 다음 그림과 같은 트러스에서 AB부재의 부재력의 크기는?(단, +는 인장, -는 압축임)

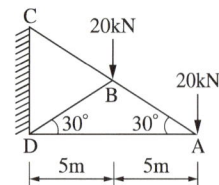

① +20kN
② -20kN
③ +40kN
④ -40kN

해설
A점에서,
$\sum V = 0$; $\overline{AB}\sin 30° = 20\text{kN}$
$\therefore \overline{AB} = \dfrac{20}{\sin 30°} = 20 \times 2 = 40\text{kN}$(인장)

59 그림과 같은 하중을 받는 기초에서 기초지반면에 일어나는 최대 압축응력도는?

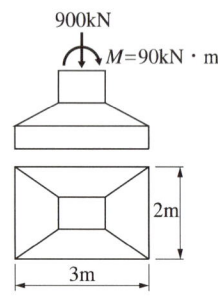

① 0.15MPa
② 0.18MPa
③ 0.21MPa
④ 0.25MPa

해설
최대 압축응력(σ_{max}) = $\dfrac{P}{A} + \dfrac{M}{I_y}y$

사각형 단면 2차 모멘트 $I = \dfrac{bh^3}{12}$

$\therefore \sigma_{max} = \left(\dfrac{900}{3\times 2}\right) + \left(\dfrac{90}{\frac{2\times 3^3}{12}}\times 1.5\right)$

$= 180\text{kN/m}^2 = 0.18\text{N/mm}^2\text{[MPa]}$

60 프리스트레스하지 않는 현장치기 콘크리트에서 흙에 접하여 콘크리트를 친 후 영구히 흙에 묻혀 있는 콘크리트의 경우 철근에 대한 콘크리트의 최소 피복두께는?

① 40mm
② 60mm
③ 80mm
④ 100mm

해설
※ 출제 시 정답은 ③이었으나 콘크리트구조 철근상세 설계기준(KDS 14 20 50) 개정(21.2.18)으로 정답 없음

프리스트레스하지 않는 부재의 현장치기 콘크리트의 최소피복두께(단위 : mm)

종 류		피복두께
수중에서 타설하는 콘크리트		100
흙에 접하여 콘크리트를 친 후 영구히 흙에 묻혀 있는 콘크리트		75
흙에 접하거나 옥외의 공기에 직접 노출되는 콘크리트	D19 이상 철근	50
	D16 이하 철근	40

제4과목 건축설비

61 배관 중의 이물질 등을 제거하기 위해 설치하는 것은?

① 볼 탭
② 부 싱
③ 체크밸브
④ 스트레이너

해설
스트레이너(Strainer) : 유체에 포함된 찌꺼기나 이물질이 유입하는 것을 방지하기 위한 거름망(Filter)의 일종이다. 배관 계통에서는 철망으로 된 통을 사용하며 밸브류, 펌프 등의 앞에 설치하여 이물질을 걸러내기 위해 설치한다.

62 급수 방식에 관한 설명으로 옳은 것은?

① 수도직결 방식은 수질오염의 가능성이 가장 높다.
② 압력수조 방식은 급수 압력이 일정하다는 장점이 있다.
③ 펌프직송 방식은 급수 압력 및 유량의 조절을 위하여 제어의 정밀성이 요구된다.
④ 고가수조 방식은 고가수조의 설치높이와 관계없이 최상층 세대에 충분한 수압으로 급수할 수 있다.

해설
① 수도직결 방식은 수질오염의 가능성이 가장 낮다.
② 압력수조 방식은 급수 압력이 일정하지 않다.
④ 고가수조 방식은 최상층 세대에는 수압이 낮다.

63 보일러에 관한 설명으로 옳지 않은 것은?

① 주철제 보일러는 내식성이 강하여 수명이 길다.
② 입형 보일러는 설치 면적이 작고 취급이 용이하다.
③ 관류 보일러는 보유수량이 크기 때문에 가동시간이 길다.
④ 수관 보일러는 대형 건물 또는 병원 등과 같이 고압증기를 다량 사용하는 곳에 사용된다.

해설
관류 보일러는 관내에 물이 통과하면서 가열되며 드럼이 없다. 따라서, 보유수량이 작고 가동시간이 짧다.

64 보일러 주변을 하트포드(Hartford) 접속으로 하는 가장 주된 이유는?

① 소음을 방지하기 위해서
② 효율을 증가시키기 위해서
③ 스케일(Scale)을 방지하기 위해서
④ 보일러 내의 안전수위를 확보하기 위해서

해설
하트포드(Hartford) 접속의 주된 이유는 보일러 내의 안전수위를 확보하기 위해서이다.

65 방열량이 4,200W이고 입출구 수온차가 10℃인 방열기의 순환수량은?(단, 물의 비열은 4.2kJ/kg·K이다)

① 100kg/h   ② 360kg/h
③ 500kg/h   ④ 720kg/h

해설
방열량(Q) = 수량(m) × 비열(C) × Δt(온도차)

온수 순환수량(m) = $\dfrac{Q}{C \times \Delta t} \times 3,600$

$= \dfrac{4.2}{4.2 \times 10} \times 3,600 = 360 \text{kg/h}$

66 빙축열 시스템에 관한 설명으로 옳지 않은 것은?

① 저온용 냉동기가 필요하다.
② 얼음을 축열 매체로 사용하여 냉열을 얻는다.
③ 주간의 피크부하에 해당하는 전력을 사용한다.
④ 응고 및 융해열을 이용하므로 저장열량이 크다.

해설
빙축열 시스템은 야간의 피크부하에 해당하는 심야전력을 사용한다.

67 전기설비에서 간선 크기의 결정 요소에 속하지 않는 것은?

① 전압 강하
② 송전 방식
③ 기계적 강도
④ 전선의 허용전류

해설
간선 크기의 결정 요소
- 전압 강하
- 기계적 강도
- 전선의 허용전류

68 정화조에서 호기성균에 의하여 오수를 처리하는 곳은?

① 부패조　　② 여과조
③ 산화조　　④ 소독조

해설
부패탱크식 오수정화조에서 산화조는 호기성균으로 산화를 촉진한다.

69 다음 중 효율이 가장 높지만 등황색의 단색광으로 색채의 식별이 곤란하므로 주로 터널 조명에 사용하는 것은?

① 형광램프
② 고압수은램프
③ 저압나트륨램프
④ 메탈할라이드램프

해설
저압나트륨램프에 대한 설명이다.

70 바닥복사난방에 관한 설명으로 옳지 않은 것은?

① 쾌적감이 높다.
② 매립코일이 고장나면 수리가 어렵다.
③ 열용량이 작기 때문에 간헐난방에 적합하다.
④ 외기침입이 있는 곳에서도 난방감을 얻을 수 있다.

해설
바닥복사난방은 열용량이 크기 때문에 지속적인 난방에 적합하다.

71 다음과 같은 조건에서 틈새바람 100m³/h가 실내로 유입되었다. 이로 인해 발생하는 냉방현열부하는?

┤조건├
- 실내 공기 : 온도 27℃, 상대습도 60%
- 외기 : 온도 34℃, 상대습도 70%
- 공기의 밀도 : 1.2kg/m³
- 공기의 정압비열 : 1.01kJ/kg · K

① 약 174W　　② 약 236W
③ 약 350W　　④ 약 465W

해설
손실열량 = 0.337 × 환기량(Q) × Δt(실내외 온도차)
　　　　 = 0.337 × 100 × (34 − 27)
　　　　 = 235.9W

72 피보호물을 연속된 망상도체나 금속판으로 싸는 방법으로 뇌격을 받더라도 내부에 전위차가 발생하지 않으므로 건물이나 내부에 있는 사람에게 위해를 주지 않는 피뢰설비 방식은?

① 돌침 방식(보통보호)
② 케이지 방식(완전보호)
③ 수평도체 방식(증강보호)
④ 가공지선 방식(간이보호)

해설
케이지 방식(완전보호)은 피보호물을 연속된 망상도체나 금속판으로 싸는 방법으로 건물이나 내부에 있는 사람에게 위해를 주지 않는 피뢰설비 방식이다.

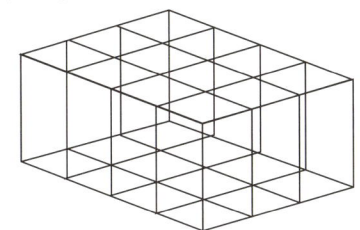

73 최상부의 배수 수평관이 배수 수직관에 접속된 위치보다도 더욱 위로 배수 수직관을 끌어올려 통기관으로 사용하는 부분으로 대기 중에 개구하는 것은?

① 신정 통기관
② 각개 통기관
③ 결합 통기관
④ 루프 통기관

해설
신정 통기관에 대한 설명이다.

74 중앙식 급탕법 중 직접 가열식에 관한 설명으로 옳지 않은 것은?

① 대규모 급탕설비에는 비경제적이다.
② 급탕탱크용 가열코일이 필요하지 않다.
③ 보일러 내면의 스케일은 간접 가열식보다 많이 생긴다.
④ 건물의 높이가 높을 경우라도 고압 보일러가 필요하지 않다.

해설
직접 가열식은 건물의 높이가 높을 경우라도 고압 보일러가 필요하다.

75 10cm 두께의 콘크리트 벽 양쪽 표면의 온도가 각각 5℃, 15℃로 일정할 때, 벽을 통과하는 전도열량은?(단, 콘크리트의 열전도율은 1.6W/m·K이다)

① 16W/m²
② 32W/m²
③ 160W/m²
④ 320W/m²

해설
전도열량(Q) = $\dfrac{\text{열전도율}(\lambda) \times \Delta t}{\text{벽두께}(d)}$
= $\dfrac{1.6 \times (15-5)}{0.1}$ = 160W/m²

76 배수설비에서 트랩의 봉수파괴 원인과 가장 거리가 먼 것은?

① 증발 현상
② 공동 현상
③ 모세관 현상
④ 유도 사이펀 작용

해설
공동 현상(Cavitation) : 유체의 속도 변화에 의한 압력 변화로써 유체 내에 공동(거품이나 공기층)이 발생하게 되고, 유체 속에 흐름이 빠른 경우 소음 및 진동이 커지게 되는 현상으로 펌프가 직접적으로 손상될 수 있다.

77 옥내소화전설비를 설치하여야 하는 건축물에서 옥내소화전의 설치 개수가 가장 많은 층의 설치 개수가 4개인 경우, 옥내소화전설비의 수원의 저수량은 최소 얼마 이상이 되도록 하여야 하는가?

① $2.5m^3$ ② $7m^3$
③ $10.4m^3$ ④ $14m^3$

해설
※ 출제 시 정답은 ③이었으나 옥내소화전설비의 화재안전기준 개정(21.12.16)으로 정답 없음
(개정 전 : 최다 설치 층 설치 개수는 5개 이상 설치된 경우 5개로 산정함)
옥내소화전 수원의 수량(Q) = $2.6m^3 \times N$
여기서, N : 소화전 개수(가장 많이 설치된 층 기준으로 최대 2개)
∴ 수량(Q) = $2.6m^3 \times 2 = 5.2m^3$

78 다음과 같은 특징을 갖는 배선 공사는?

- 옥내의 건조한 콘크리트 바닥면에 매입 사용된다.
- 사무용 빌딩에 채용되고 있으며 강·약전을 동시에 배선할 수 있는 2로, 3로 방식이 가능하다.

① 금속 몰드 공사
② 버스 덕트 공사
③ 금속 덕트 공사
④ 플로어 덕트 공사

해설
플로어 덕트 공사에 대한 설명이다.
① 철근콘크리트 건물 증설 배관 시 용이하다.
② 비교적 큰 전류를 사용하는 공장, 빌딩 등에 적합하다.
③ 천장이나 벽면에 노출하여 배선하여 사용한다.

79 다음의 공기조화 방식 중 에너지 손실이 가장 큰 것은?

① 이중 덕트 방식
② 유인 유닛 방식
③ 정풍량 단일 덕트 방식
④ 변풍량 단일 덕트 방식

해설
이중 덕트 방식은 냉온풍 혼합에 따른 에너지 손실이 크고, 운전비가 많이 든다.

80 자동화재탐지설비의 감지기 중 설치된 감지기의 주변온도가 일정한 온도상승률 이상으로 되었을 경우에 작동하는 것은?

① 차동식   ② 정온식
③ 광전식   ④ 이온화식

해설
차동식 감지기는 감지기의 주변온도가 일정한 온도상승률 이상으로 되었을 경우에 작동한다.

제5과목 건축관계법규

81 건축물의 대지에 소규모 휴식시설 등의 공개공지 또는 공개공간을 설치하여야 하는 대상 지역에 속하지 않는 것은?

① 상업지역   ② 준주거지역
③ 전용주거지역   ④ 일반주거지역

해설
공개공지 확보 대상 지역
- 일반주거지역
- 준주거지역
- 상업지역
- 준공업지역
- 도시화 가능성이 크다고 인정한 지정·공고 지역

82 부설주차장의 총 주차대수 규모가 8대 이하인 자주식주차장의 주차 형식에 따른 차로의 너비 기준으로 옳은 것은?(단, 주차장은 지평식이며, 주차단위구획과 접하여 있는 차로의 경우)

① 평행주차 : 2.5m 이상
② 직각주차 : 5.0m 이상
③ 교차주차 : 3.5m 이상
④ 45° 대향주차 : 3.0m 이상

해설
8대 이하 자주식(지평식) 주차장인 경우, 차로의 너비

주차 형식	차로의 너비
평행주차	3.0m 이상
45° 대향주차	3.5m 이상
교차주차	3.5m 이상
60° 대향주차	4.0m 이상
직각주차	6.0m 이상

83 다음 중 대지 및 건축물 관련 건축기준의 허용오차(%) 범위가 가장 큰 항목은?

① 건폐율
② 용적률
③ 평면 길이
④ 인접 건축물과의 거리

해설
건축물 관련 건축기준의 허용오차

항 목	허용되는 오차의 범위
건축물 높이	2% 이내
평면 길이	2% 이내
출구 너비	2% 이내
반자 높이	2% 이내
벽체 두께	3% 이내
바닥판 두께	3% 이내

대지 관련 건축기준의 허용오차

항 목	허용되는 오차의 범위
건축선의 후퇴거리	3% 이내
인접 대지 경계선과의 거리	3% 이내
인접 건축물과의 거리	3% 이내
건폐율	0.5% 이내
용적률	1% 이내

84 공동주택과 위락시설을 같은 건축물에 설치하고자 하는 경우, 충족해야 할 조건에 관한 기준 내용으로 옳지 않은 것은?

① 건축물의 주요구조부를 내화구조로 할 것
② 공동주택과 위락시설은 서로 이웃하도록 배치할 것
③ 공동주택과 위락시설은 내화구조로 된 바닥 및 벽으로 구획하여 서로 차단할 것
④ 공동주택의 출입구와 위락시설의 출입구는 서로 그 보행거리가 30m 이상이 되도록 설치할 것

해설
공동주택과 위락시설은 서로 이웃하지 않도록 배치한다.
'공동주택 등'과 '위락시설 등' 간의 설치 기준

출입구	서로 그 보행거리가 30m 이상이 되도록 설치할 것
벽, 바닥, 통로	내화구조로 된 바닥 및 벽으로 구획하여 서로 차단할 것
배 치	서로 이웃하지 아니하도록 배치할 것
주요구조부	건축물의 주요구조부를 내화구조로 할 것

85 건축법령상 의료시설에 속하지 않는 것은?

① 치과병원
② 동물병원
③ 한방병원
④ 마약진료소

해설
동물병원은 제2종 근린생활시설에 속한다(바닥면적이 300m² 이하인 제1종 근린생활시설 제외).
의료시설(건축법 시행령 별표 1)
• 병원 : 종합병원, 병원, 치과병원, 한방병원, 정신병원 및 요양병원
• 격리병원 : 전염병원, 마약진료소 등

정답 82 ③ 83 ④ 84 ② 85 ②

86
연면적이 200m²를 초과하는 건축물에 설치하는 복도의 유효너비는 최소 얼마 이상으로 하여야 하는가?(단, 건축물은 초등학교이며, 양옆에 거실이 있는 복도의 경우)

① 1.2m
② 1.5m
③ 1.8m
④ 2.4m

해설

복도의 너비 기준

대 상	양옆 거실이 있는 복도	기타 복도
유치원, 초등학교, 중학교, 고등학교	2.4m 이상	1.8m 이상
공동주택, 오피스텔	1.8m 이상	1.2m 이상
거실 바닥면적 합계 200m² 이상인 경우	1.5m 이상 (의료시설 1.8m 이상)	1.2m 이상

87
건축법령상 연립주택의 정의로 가장 알맞은 것은?

① 주택으로 쓰는 1개 동의 바닥면적 합계가 660m² 이하이고, 층수가 4개 층 이하인 주택
② 주택으로 쓰는 1개 동의 바닥면적 합계가 660m²를 초과하고, 층수가 4개 층 이하인 주택
③ 1개 동의 주택으로 쓰이는 바닥면적의 합계가 330m² 이하이고, 주택으로 쓰는 층수가 3개 층 이하인 주택
④ 1개 동의 주택으로 쓰이는 바닥면적의 합계가 330m²를 초과하고 주택으로 쓰는 층수가 3개 층 이하인 주택

해설
①은 다세대주택, ③은 다가구주택에 대한 정의이다.
연립주택: 주택으로 쓰는 1개 동의 바닥면적 합계가 660m²를 초과하고, 층수가 4개 층 이하인 주택

88
건물의 바깥쪽에 설치하는 피난계단의 구조에 관한 기준 내용으로 옳지 않은 것은?

① 계단의 유효너비는 0.9m 이상으로 할 것
② 계단은 내화구조로 하고 지상까지 직접 연결되도록 할 것
③ 건축물의 내부에서 계단으로 통하는 출입구에는 갑종방화문을 설치할 것
④ 건축물의 내부에서 계단실로 통하는 출입구의 유효너비는 0.9m 이상으로 할 것

해설
※ 관련 법령 개정(21.8.7)으로 용어가 다음과 같이 변경되었습니다.
갑종방화문 → 60분+방화문 또는 60분 방화문
출입구의 유효너비는 규정하고 있지 않음
건축물의 바깥쪽에 설치하는 피난계단의 구조(건축물의 피난·방화구조 등의 기준에 관한 규칙 제9조 제2항 제2호)
• 계단은 그 계단으로 통하는 출입구외의 창문 등(망이 들어 있는 유리의 붙박이창으로서 그 면적이 각각 1m² 이하인 것을 제외)으로부터 2m 이상의 거리를 두고 설치할 것
• 건축물의 내부에서 계단으로 통하는 출입구에는 60분+방화문 또는 60분 방화문을 설치할 것
• 계단의 유효너비는 0.9m 이상으로 할 것
• 계단은 내화구조로 하고 지상까지 직접 연결되도록 할 것

89
세대수가 20세대인 주거용 건축물에 설치하는 먹는물용 급수관의 최소 지름은?

① 25mm
② 32mm
③ 40mm
④ 50mm

해설
17세대 이상인 경우 50mm 이상
먹는물용 급수관의 최소 지름

가구, 세대수	1	2~3	4~5	6~8	9~16	17 이상
급수관 지름 최소 기준(mm)	15	20	25	32	40	50

정답 86 ④ 87 ② 88 ④ 89 ④

90 다음은 노외주차장의 구조·설비기준 내용이다. ( ) 안에 알맞은 것은?

> 노외주차장에 설치하는 부대시설의 총 면적은 주차장 총 시설면적(주차장으로 사용되는 면적과 주차장 외의 용도로 사용되는 면적을 합한 면적)의 ( )를 초과하여서는 아니 된다.

① 5%   ② 10%
③ 15%   ④ 20%

해설
전기자동차 충전시설을 제외한 부대시설의 총 면적은 주차장 총 시설면적의 20%를 초과해서는 안 된다.

해설
관계전문기술자의 협력을 받아야 하는 건축물(건축물설비기준규칙 제2조)

바닥면적 합계	건축물의 용도
500m² 이상	냉동냉장시설, 항온항습시설 또는 특수청정시설
모든 규모	아파트 및 연립주택
500m² 이상	• 목욕장(제1종 근린생활시설) • 실내물놀이형 시설 • 실내수영장
2,000m² 이상	• 숙박시설 • 기숙사 • 의료시설 • 유스호스텔
3,000m² 이상	• 업무시설 • 연구소 • 판매시설
10,000m² 이상	• 문화 및 집회시설(공연장, 집회장, 관람장 및 전시장) • 교육연구시설(연구소 제외) • 종교시설 • 장례식장

91 건축물에 급수, 배수, 환기, 난방설비 등의 건축설비를 설치하는 경우 건축기계설비기술사 또는 공조냉동기계기술사의 협력을 받아야 하는 대상 건축물에 속하지 않는 것은?

① 아파트
② 연립주택
③ 다세대주택
④ 숙박시설로서 해당 용도에 사용되는 바닥면적의 합계가 2,000m²인 건축물

92 다음은 건축물 층수 산정에 관한 기준 내용이다. ( ) 안에 알맞은 것은?

> 층의 구분이 명확하지 아니한 건축물은 그 건축물의 높이 ( )마다 하나의 층으로 보고 그 층수를 산정한다.

① 3m   ② 3.5m
③ 4m   ④ 4.5m

해설
높이 4m마다 하나의 층으로 본다(건축법 시행령 제119조).

93 다음 중 노외주차장의 출구 및 입구를 설치할 수 있는 장소는?

① 너비가 3m인 도로
② 종단 기울기가 12%인 도로
③ 횡단보도로부터 8m 거리에 있는 도로의 부분
④ 초등학교 출입구로부터 15m 거리에 있는 도로의 부분

해설
노외주차장 출입구의 설치 금지 장소
- 도로교통법에 의하여 정차·주차가 금지되는 도로 부분
- 횡단보도(육교 및 지하 횡단보도를 포함)에서 5m 이내의 도로 부분
- 너비 4m 미만의 도로(주차대수 200대 이상인 경우에는 너비 6m 미만의 도로에는 설치할 수 없다)
- 종단 기울기 10%를 초과하는 도로
- 유아원, 유치원, 초등학교, 특수학교, 노인복지시설, 장애인복지시설 및 아동전용시설 등의 출입구로부터 20m 이내의 도로 부분

94 문화 및 집회시설 중 공연장의 개별 관람석의 바닥면적이 800m²인 경우 설치하여야 하는 최소 출구수는?(단, 각 출구의 유효너비는 기준상 최소로 한다)

① 5개소   ② 4개소
③ 3개소   ④ 2개소

해설
※ 건축물의 피난·방화구조 등의 기준에 관한 규칙 개정(19.8.6)으로 용어가 다음과 같이 변경되었습니다.
관람석 → 관람실
개별 관람실 출구의 유효너비의 합계는 개별 관람실의 바닥면적 100m²마다 0.6m의 비율로 산정한 너비 이상이어야 한다.
800m² ÷ 100m² = 8이고, 8 × 0.6m = 4.8m이므로 4.8m 이상이어야 하며, 각 출구의 유효너비는 1.5m 이상이어야 한다.
따라서, 4.8m ÷ 1.5m =3.2개소이므로, 최소 4개소가 필요하다.

95 제1종 일반주거지역 안에서 건축할 수 있는 건축물에 속하지 않는 것은?

① 아파트   ② 고등학교
③ 초등학교   ④ 노유자시설

해설
제1종 일반주거지역에서 건축할 수 있는 건축물
- 4층 이하의 단독주택, 공동주택(아파트를 제외한다)
- 제1종 근린생활시설
- 유치원, 초등학교, 중학교, 고등학교
- 노유자시설

96 국토의 계획 및 이용에 관한 법령상 공업지역의 세분에 속하지 않는 것은?

① 준공업지역   ② 중심공업지역
③ 일반공업지역   ④ 전용공업지역

해설
중심공업지역은 지구의 종류에 없다.
공업지역 : 전용공업지역, 일반공업지역, 준공업지역

97 주차장 주차단위구획의 최소 크기로 옳은 것은? (단, 일반형으로 평행주차 형식의 경우)

① 너비 : 1.7m, 길이 : 4.5m
② 너비 : 2.0m, 길이 : 6.0m
③ 너비 : 2.0m, 길이 : 3.6m
④ 너비 : 2.3m, 길이 : 5.0m

해설
평행주차 형식의 경우

형식 구분	너비 × 길이
경 형	1.7m × 4.5m 이상
일반형	2.0m × 6.0m 이상
보도와 차도의 구분이 없는 주거지역의 도로	2.0m × 5.0m 이상
이륜자동차 전용	1.0m × 2.3m 이상

98 허가 대상 건축물이라 하더라도 신고를 하면 건축 허가를 받은 것으로 볼 수 있는 경우에 관한 기준 내용으로 옳지 않은 것은?

① 바닥면적의 합계가 85m² 이내의 개축
② 바닥면적의 합계가 85m² 이내의 증축
③ 연면적의 합계가 100m² 이하인 건축물의 건축
④ 연면적이 200m² 미만이고 4개 층 미만인 건축물의 대수선

해설
건축신고 대상

신고사항	신고 대상
증축·개축·재축	• 바닥면적 합계가 85m² 이내 • 3층 이상 건축물인 경우에는 바닥면적의 합계가 건축물 연면적의 10분의 1 이내인 경우로 한정한다.
대수선	연면적 200m² 미만이고, 3층 미만인 건축물의 대수선
건축	관리지역, 농림지역, 자연환경보전지역에서 연면적 200m² 미만이고 3층 미만인 건축물
소규모 건축물	• 연면적 합계 100m² 이하 • 건축물 높이 3m 이하의 증축 • 표준설계도서에 의하여 건축하는 건축조례로 정하는 건축물
공업지역, 산업단지	2층 이하 연면적 500m² 이하인 공장(제조업소 등 물품의 제조·가공을 위한 시설 포함)
농업, 수산업 경영 읍·면지역	• 연면적 200m² 이하 창고 • 연면적 400m² 이하 축사, 작물재배사, 종묘배양시설, 온실

99 승용 승강기 설치 대상 건축물로서 6층 이상의 거실면적의 합계가 2,000m²인 경우, 다음 중 설치하여야 하는 승용 승강기의 최소 대수가 가장 많은 건축물은?(단, 8인승 승용 승강기의 경우)

① 의료시설
② 업무시설
③ 위락시설
④ 숙박시설

해설
의료시설: 2대에 3,000m²를 초과하는 2,000m² 이내마다 1대를 더한 대수로 산정한다.
업무시설, 위락시설, 숙박시설: 1대에 3,000m²를 초과하는 2,000m² 이내마다 1대를 더한 대수로 산정한다.

100 신축 또는 리모델링하는 경우 시간당 0.5회 이상의 환기가 이루어질 수 있도록 자연환기설비 또는 기계환기설비를 설치하여야 하는 대상 공동주택의 최소 세대수는?

① 50세대
② 100세대
③ 200세대
④ 300세대

해설
※ 출제 시 정답은 ②였으나 건축물의 설비기준 등에 관한 규칙 개정(20.4.9)으로 정답 없음
공동주택 및 다중이용시설의 환기설비기준 등(건축물의 설비기준 등에 관한 규칙 제11조 제1항)
신축 또는 리모델링하는 다음의 어느 하나에 해당하는 주택 또는 건축물은 시간당 0.5회 이상의 환기가 이루어질 수 있도록 자연환기설비 또는 기계환기설비를 설치해야 한다.
• 30세대 이상의 공동주택
• 주택을 주택 외의 시설과 동일건축물로 건축하는 경우로서 주택이 30세대 이상인 건축물

2019년 제3회 과년도 기출문제

제1과목 건축계획

01 사무소 건축의 기준층 층고의 결정 요인과 가장 관계가 먼 것은?

① 채 광
② 사무실의 깊이
③ 엘리베이터 설치 대수
④ 공기조화(Air Conditioning)

해설
엘리베이터의 설치 대수는 평면계획과 관계있다.

02 상점 바닥면 계획에 관한 설명으로 옳지 않은 것은?

① 미끄러지거나 요철이 없도록 한다.
② 소음 발생이 적은 바닥재를 사용한다.
③ 외부에서 자연스럽게 유도될 수 있도록 한다.
④ 상품이나 진열설비와 무관하게 자극적인 색채로 한다.

해설
상품이나 진열설비를 저해하는 자극적인 색채가 아니어야 한다.

03 다음 중 근린분구의 중심시설에 속하지 않는 것은?

① 약 국
② 유치원
③ 파출소
④ 초등학교

해설
초등학교는 근린주구의 중심시설이다.

04 학교 건축의 음악교실계획에 관한 설명으로 옳지 않은 것은?

① 강당과 연락이 좋은 위치를 택한다.
② 시청각 교실과 유기적인 연결을 꾀하도록 한다.
③ 실내는 잔향시간을 없게 하기 위해 흡음재로 마감한다.
④ 학습 중 다른 교실에 방해가 되지 않기 위해 방음 시설이 필요하다.

해설
음악교실인 경우 실내는 잔향시간을 조절하기 위해서 흡음재를 적절히 사용한다.

05 연립주택에 관한 설명으로 옳지 않은 것은?

① 중정형 주택은 중정을 아트리움으로 구성하는 관계로 아트리움 주택이라고도 한다.
② 로 하우스는 지형조건에 따라 다양한 배치 및 집약적인 공동 설비 배치가 가능하다.
③ 테라스 하우스는 경사지를 적절하게 이용할 수 있으며, 각 호마다 전용의 정원을 갖는다.
④ 타운 하우스는 도로에서 2층으로 진입하므로 2층은 생활공간, 1층은 수면공간의 공간구성을 갖는다.

해설
경사지를 이용하여 지형에 따라 건물을 축조하는 것으로 2층에서 진입하여 2층은 생활공간, 1층은 수면공간의 구성을 갖게 하는 방식은 하향식 테라스 하우스이다.

06 공장 건축의 레이아웃(Layout) 계획에 관한 설명으로 옳지 않은 것은?

① 고정식 레이아웃은 조선소와 같이 제품이 크고 수량이 적은 경우에 행해진다.
② 레이아웃은 공장규모의 변화에 대응할 수 있도록 충분한 융통성을 부여하여야 한다.
③ 공장 건축에 있어서 이용자의 심리적인 요구를 고려하여 내부환경을 결정하는 것을 의미한다.
④ 작업장 내의 기계설비, 작업자의 작업구역, 자재나 제품 두는 곳 등에 대한 상호관계의 검토가 필요하다.

해설
공장의 레이아웃(Layout) : 공장의 기계설비, 작업자의 작업구역, 재료 및 제품을 보관하는 장소 등 상호 위치관계를 말한다.

07 학교 교실의 배치 형식 중 엘보 액세스형(Elbow Access Type)에 관한 설명으로 옳지 않은 것은?

① 학습의 순수율이 높다.
② 복도의 면적이 증가된다.
③ 채광 및 통풍 조건이 양호하다.
④ 교실을 소규모 단위로 분할, 배치한 형식이다.

해설
클러스터형 : 홀(공용 공간)을 중앙에 위치시키고, 몇 개의 교실을 하나의 유닛으로 하여 분리(교실 2~4개씩 소단위로 분리, 배치)시키는 형식

08 복층형 아파트에 관한 설명으로 옳은 것은?

① 소규모 주택에 유리하다.
② 다양한 평면구성이 가능하다.
③ 엘리베이터가 정지하는 층수가 많아진다.
④ 플랫형이 비해 복도면적이 커서 유효면적이 작다.

해설
① 소규모의 주택에는 적합하지 않다.
③ 엘리베이터 정지 층수가 줄어든다.
④ 통로면적이 줄어들어 유효면적이 증가된다.
복층형 : 주택 내의 공간에 층별로 실을 구성하여 변화를 주면서 다양한 평면구성이 가능하지만, 구조 및 설비가 복잡하여 설계가 어렵다.

09 다음 중 고층 사무소 건축에서 층고를 낮게 하는 이유와 가장 관계가 먼 것은?

① 공사비를 낮추기 위해
② 보다 넓은 설비공간을 얻기 위해
③ 실내의 공기조화 효율을 높이기 위해
④ 제한된 건물 높이에서 가급적 많은 수의 층을 얻기 위해

해설
설비공간을 넓게 확보할 경우 층고가 높아진다.

10 편복도형 아파트에 관한 설명으로 옳은 것은?

① 부지의 이용률이 가장 높다.
② 중복도형에 비해 독립성이 우수하다.
③ 중복도형에 비해 통풍, 채광상 불리하다.
④ 통행을 위한 공용 면적이 작아 건축물의 이용도가 가장 높다.

해설
① 중복도형이 부지이용률이 높다.
③ 중복도형에 비해 통풍, 채광이 유리하다.
④ 계단실형은 통로면적이 줄어들어 유효면적이 증가된다.

정답 6 ③ 7 ④ 8 ② 9 ② 10 ②

11 학교운영 방식 중 교과교실형(V형)에 관한 설명으로 옳지 않은 것은?

① 일반교실수가 학급수와 동일하다.
② 학생의 동선처리에 주의하여야 한다.
③ 학생 개인 물품의 보관 장소에 대한 고려가 요구된다.
④ 각 교과 전문의 교실이 주어지므로 시설의 질이 높아진다.

해설
교과교실형(V형) : 모든 교실이 교과교실로 만들어지고, 일반교실은 없다.
종합교실형(U(A)형) : 교실수와 학급수가 일치하며, 각 학급은 자기교실 안에서 전 교과를 행한다.

12 사무소 건축의 코어 형식에 관한 설명으로 옳은 것은?

① 외코어형은 방재상 가장 유리한 형식이다.
② 편심코어형은 바닥면적이 큰 경우 적합하다.
③ 중심코어형은 사무소 건축의 외관이 획일적으로 되기 쉽다.
④ 양단코어형은 코어의 위치를 사무소 평면상의 어느 한쪽에 편중하여 배치한 유형이다.

해설
① 외코어형(외부코어, 분리코어)는 방재상 불리하다.
② 편심코어형은 바닥면적이 작은 규모에 적합하다.
④는 편심코어의 설명이다.
중심코어형 : 코어의 내진구조 계획에 따라 고층 건축물 계획에 유리하며 대규모 평면에 적합하다.

13 사무소 건축의 실단위 계획 중 개실 시스템에 관한 설명으로 옳지 않은 것은?

① 개인적 환경조절이 용이하다.
② 소음이 많고 독립성이 결여된다.
③ 방 깊이에는 변화를 줄 수 없다.
④ 개방식 배치에 비해 공사비가 높다.

해설
소음이 크고 독립성이 떨어지는 형식은 개방식 배치이다.

14 다음 중 일반적인 주택의 부엌에서 냉장고, 개수대, 레인지를 연결하는 작업 삼각형의 3변의 길이의 합으로 가장 적정한 것은?

① 2.5m   ② 5.0m
③ 7.2m   ④ 8.8m

해설
3변의 길이 합은 3.6~6.6m 정도가 기능적이다.
부엌의 작업 삼각형 : 냉장고 + 개수대 + 가열대 연결

15 한식주택은 좌식의 특징, 양식주택은 입식의 특징을 갖고 있다. 이러한 차이가 발생하는 가장 근본적인 원인은?

① 출입 방식
② 난방 방식
③ 채광 방식
④ 환기 방식

해설
한식주택은 온돌 등의 난방 방식에 의해 좌식생활 중심으로 발전하였고, 이러한 난방 방식에 따라 양식주택과의 근본적인 차이가 발생하였다.

정답 11 ① 12 ③ 13 ② 14 ② 15 ②

16 상점계획에서 파사드 구성에 요구되는 5가지 광고 요소(AIDMA 법칙)에 속하지 않는 것은?

① Attention
② Interest
③ Desire
④ Moment

> **해설**
> 상점 광고 5요소(AIDMA법칙)
> • Attention(주의)
> • Interest(흥미, 주목)
> • Desire(욕망, 공감, 욕구)
> • Memory(기억, 인상)
> • Action(행동, 출입)

17 주택계획에서 거실은 분리하며, 주방과 식당이 공용으로 구성된 소규모 평면 형식은?

① K형
② DK형
③ LD형
④ LDK형

> **해설**
> 다이닝 키친(DK ; Dining Kitchen, Dinette형식) : 부엌의 일부에 간단히 식탁을 꾸민 것으로, 가사노동 동선의 단축에는 효과적이지만 독립된 식사공간의 분위기 조성이 어렵다.

18 다음 중 단독주택에서 현관의 위치 결정에 가장 주된 영향을 끼치는 것은?

① 방위
② 건폐율
③ 도로의 위치
④ 대지의 면적

> **해설**
> 단독주택의 현관 위치는 도로와의 관계를 우선하여 결정한다.

19 쇼핑센터를 구성하는 주요요소에 속하지 않는 것은?

① 핵점포
② 몰(Mall)
③ 터미널(Terminal)
④ 전문점

> **해설**
> 쇼핑센터의 몰(Mall) 구성 요소
> • 핵상점(핵점포)
> • 몰(Mall) : 고객의 주요동선(쇼핑거리) 역할
> • 코트(Court) : 몰의 중간에 고객이 머무를 수 있는 비교적 넓은 공간
> • 전문점(단일상점) : 상점과 음식점 등
> • 주차장 및 관리시설

20 유니버설 스페이스(Universal Space) 설계이론을 주창한 건축가는?

① 알바 알토
② 르 코르뷔지에
③ 미스 반데어로에
④ 프랭크 로이드 라이트

> **해설**
> 유니버설 스페이스(Universal Space) : 다목적 이용이 가능한 무한정(無限定) 공간, 보편적 공간으로서 미국 건축가 미스 반데어로에(Mies van der Rohe)가 제안하였다.

제2과목 건축시공

21 거푸집에 활용하는 부속재료에 관한 설명으로 옳지 않은 것은?

① 폼타이는 거푸집 패널을 일정한 간격으로 양면을 유지시키고 콘크리트 측압을 지지하기 위한 것이다.
② 웨지핀은 시스템거푸집에 주로 사용되며, 유로폼에는 사용되지 않는다.
③ 칼럼밴드는 기둥거푸집의 고정 및 측압버팀 용도로 사용된다.
④ 스페이서는 철근의 피복두께를 확보하기 위한 것이다.

해설
웨지핀 : 유로폼과 유로폼을 연결할 때 유로폼에 있는 홈에 끼워서 폼을 잡아주는 부속으로 플랫타이와 폼을 고정하는 데 사용되는 철물

22 수성 페인트에 관한 설명으로 옳지 않은 것은?

① 취급이 간단하고 건조가 빠른 편이다.
② 콘크리트나 시멘트벽 등에 주로 사용한다.
③ 에멀션 페인트는 수성 페인트의 한 종류이다.
④ 안료를 적은 양의 보일유로 용해하여 사용한다.

해설
유성 페인트는 안료를 적은 양의 보일유로 용해하여 사용한다.

23 표준관입시험에 관한 설명으로 옳지 않은 것은?

① 사질토지반에 적합하다.
② 사운딩 시험의 일종이다.
③ N값이 클수록 흙의 상태는 느슨하다고 볼 수 있다.
④ 낙하시키는 추의 무게는 63.5kg이다.

해설
N값이 작을수록 흙의 상태는 느슨하다고 볼 수 있다. N값이 클수록 흙의 상태는 다져진 상태로 볼 수 있다.

24 다음은 철근인장실험 결과 나타난 철근의 응력-변형률 곡선을 나타내고 있다. 철근의 인장강도에 해당하는 것은?

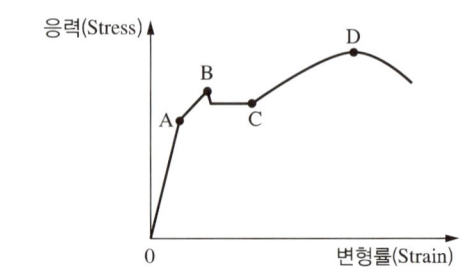

① A
② B
③ C
④ D

해설
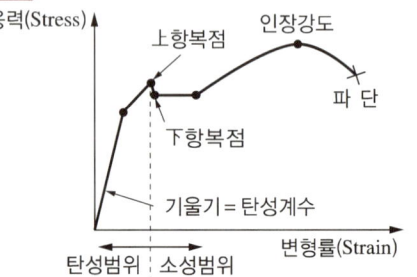

정답 21 ② 22 ④ 23 ③ 24 ④

25 아스팔트를 천연 아스팔트와 석유 아스팔트로 구분할 때 석유 아스팔트에 해당하는 것은?

① 블론 아스팔트
② 록 아스팔트
③ 레이크 아스팔트
④ 아스팔타이트

해설

석유 아스팔트	천연 아스팔트
• 스트레이트 아스팔트 • 아스팔트 컴파운드 • 아스팔트 프라이머 • 블론 아스팔트	• 레이크(Lake) 아스팔트 • 록(Rock) 아스팔트 • 샌드(Sand) 아스팔트 • 아스팔타이트(Asphaltite)

26 알루미늄 창호에 관한 설명으로 옳지 않은 것은?

① 녹슬지 않아 사용연한이 길다.
② 가공이 용이하다.
③ 모르타르에 직접 접촉시켜도 무방하다.
④ 철에 비해 가볍다.

해설
모르타르, 콘크리트, 회반죽 등 알칼리에 약하므로 직접 접촉시키지 않는다.

27 다음 중 서로 관계없는 것끼리 짝지어진 것은?

① 바이브레이터(Vibrator) – 목공사
② 가이 데릭(Guy Derrick) – 철골공사
③ 그라인더(Grinder) – 미장공사
④ 토털 스테이션(Total Station) – 부지측량

해설
바이브레이터(Vibrator) – 콘크리트공사

28 현장타설 콘크리트말뚝공법 중 리버스서큘레이션(Reverse Circulation Drill)공법에 관한 설명으로 옳지 않은 것은?

① 유연한 지반부터 암반까지 굴착 가능하다.
② 시공심도는 통상 70m까지 가능하다.
③ 굴착에 있어 안정액으로 벤토나이트 용액을 사용한다.
④ 시공직경은 0.9~3m 정도이다.

해설
굴착에 있어 안정액으로 벤토나이트 용액을 사용하는 공법은 슬러리 월(Slurry Wall, 지하연속벽식) 공법이다.

29 목재의 접합방법과 가장 거리가 먼 것은?

① 맞 춤   ② 이 음
③ 쪽 매   ④ 압 밀

해설
압밀은 토공사와 관련 있다.

30 표준시방서에 따른 시멘트 액체방수층의 시공순서로 옳은 것은?(단, 바닥용의 경우)

① 방수시멘트 페이스트 1차 → 바탕면 정리 및 물청소 → 방수액 침투 → 방수시멘트 페이스트 2차 → 방수 모르타르
② 바탕면 정리 및 물청소 → 방수시멘트 페이스트 1차 → 방수액 침투 → 방수시멘트 페이스트 2차 → 방수 모르타르
③ 바탕면 정리 및 물청소 → 방수액 침투 → 방수시멘트 페이스트 1차 → 방수시멘트 페이스트 2차 → 방수 모르타르
④ 바탕면 정리 및 물청소 → 방수시멘트 페이스트 1차 → 방수 모르타르 → 방수시멘트 페이스트 2차 → 방수액 침투

해설
시멘트 액체방수층의 시공순서 : 바탕면 정리 및 물청소 → 방수시멘트 페이스트 1차 → 방수액 침투 → 방수시멘트 페이스트 2차 → 방수 모르타르

31 다음 중 목재의 무늬를 아름답게 나타낼 수 있는 재료는?

① 유성 페인트
② 바니시
③ 수성 페인트
④ 에나멜 페인트

해설
바니시(Varnish) : 건성유나 용제를 첨가한 것으로서, 칠하는 경우 매끄러우며 광택이 나고 투명막으로 되어 실내의 목부나 외부의 도장에 쓰인다. 종류에는 유성 바니시와 휘발성 바니시가 있다.

32 연약한 점성토지반에 주상의 투수층인 모래말뚝을 다수 설치하여 그 토층 속의 수분을 배수하여 지반의 압밀, 강화를 도모하는 공법은?

① 샌드 드레인 공법
② 웰 포인트 공법
③ 바이브로 콤포저 공법
④ 시멘트 주입 공법

해설
샌드 드레인(Sand Drain) 공법 : 점토질 지반에 지름 40~60cm의 철관을 이용하여 모래말뚝을 형성한 후, 지표면에 성토하중을 가하여 압밀 탈수하는 공법

33 개선(Beveling)이 있는 용접부위 양끝의 완전한 용접을 하기 위해 모재의 양단에 부착하는 보조강판은?

① Scallop
② Back Strip
③ End Tap
④ Crater

해설
엔드 탭(End Tap) : 용접부위 양끝을 완전히 용접하기 위해 모재의 양단에 부착하는 보조강판

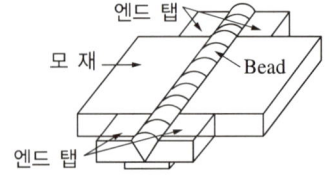

34 공사 계약제도에 관한 설명으로 옳지 않은 것은?

① 직영제도 : 공사의 전체를 단 한 사람에게 도급주는 제도
② 분할도급 : 전문적인 공사는 분리하여 전문업자에게 주는 제도
③ 단가도급 : 단가를 정하고 공사 수량에 따라 도급 금액을 산출하는 제도
④ 정액도급 : 도급 전액을 일정액으로 정하여 계약하는 제도

해설
일식도급 : 공사의 전체를 단 한 사람에게 도급주는 제도

35 골재의 함수상태에 관한 설명으로 옳지 않은 것은?

① 흡수량 : 표면건조 내부포화상태 – 절건상태
② 유효흡수량 : 표면건조 내부포화상태 – 기건상태
③ 표면수량 : 습윤상태 – 기건상태
④ 함수량 : 습윤상태 – 절건상태

해설
표면수량 : 습윤상태 – 표건(표면건조 내부포화)상태, 함수량과 흡수량의 차이를 말한다.

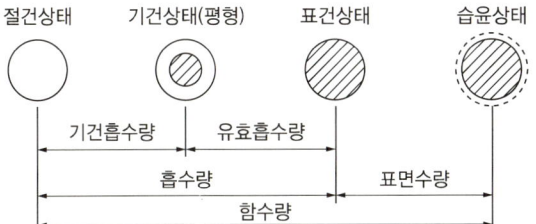

36 매스 콘크리트 공사 시 콘크리트 타설에 관한 설명으로 옳지 않은 것은?

① 매스 콘크리트의 타설시간 간격은 균열제어의 관점으로부터 구조물의 형상과 구속조건에 따라 적절히 정하여야 한다.
② 온도 변화에 의한 응력은 신구 콘크리트의 유효 탄성계수 및 온도차이가 크면 클수록 커지므로 신구 콘크리트의 타설시간 간격을 지나치게 길게 하는 일은 피하여야 한다.
③ 매스 콘크리트의 타설온도는 온도균열을 제어하기 위한 관점에서 평균 온도 이상으로 가져가야 한다.
④ 매스 콘크리트의 균열방지 및 제어방법으로는 팽창 콘크리트의 사용에 의한 균열방지방법, 또는 수축·온도철근의 배치에 의한 방법 등이 있다.

해설
매스 콘크리트의 타설온도는 온도균열을 제어하기 위한 관점에서 평균 온도 이하로 가져가야 한다.

37 굳지 않은 콘크리트의 측압에 관한 설명으로 옳은 것은?

① 슬럼프가 클수록 측압이 크다.
② 타설속도가 빠를수록 측압은 작아진다.
③ 온도가 높을수록 측압은 커진다.
④ 벽두께가 얇을수록 측압은 커진다.

해설
② 타설속도가 빠를수록 측압은 커진다.
③ 온도가 높을수록 측압은 작다.
④ 벽두께가 얇을수록 측압은 작다.

38 목재의 일반적인 특징에 관한 설명으로 옳지 않은 것은?

① 장대재를 얻기 쉽고, 다른 구조재료에 비하여 가볍다.
② 열전도율이 적으므로 방한·방서성이 뛰어나다.
③ 건습에 의한 신축변형이 심하다.
④ 부패 및 충해에 대한 저항성이 뛰어나다.

해설
목재는 부패 및 충해에 대한 저항성이 약하다.

39 공사기간 단축기법으로 주공정상의 소요작업 중 비용구배(Cost Slope)가 가장 작은 단위작업부터 단축해 나가는 것은?

① MCX ② CP
③ PERT ④ CPM

해설
MCX기법(Minimum Cost Expedition, 최소 비용 일정단축) : 주공정상의 요소작업 중 비용구배가 가장 낮은 요소작업부터 단위시간만큼 공사기간을 단축하여 최소 비용으로 일정을 단축하는 기법이다.

40 조적공사에서 벽돌벽을 1.0B로 시공할 때 m²당 소요되는 모르타르량으로 옳은 것은?(단, 표준형 벽돌 사용, 모르타르의 재료량은 할증이 포함된 것이며, 배합비는 1 : 3이다)

① 0.019m³ ② 0.033m³
③ 0.049m³ ④ 0.078m³

해설
벽돌벽 1.0B인 경우 m²당 149매가 소요된다.
모르타르 소요량 : 벽체면적에 대하여 1,000장당 0.33m³가 소요된다.
따라서, $\frac{149매/m^2}{1,000매/m^2} \times 0.33m^3 = 0.04917m^3$

벽두께별 단위수량(단위 : 장/m²)

벽돌형 \ 벽두께	0.5B	1.0B	1.5B	2.0B
표준형 벽돌	75	149	224	298

벽두께별 쌓기 모르타르량(단위 : m³/1,000장)

벽돌형 \ 벽두께	0.5B	1.0B	1.5B	2.0B
표준형 벽돌	0.25	0.33	0.35	0.36
기존형 벽돌	0.3	0.37	0.4	0.42

제3과목 건축구조

41 그림과 같은 구조물의 강절점수를 구하면?

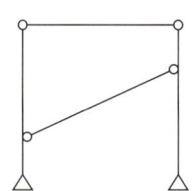

① 0 ② 1
③ 2 ④ 3

해설
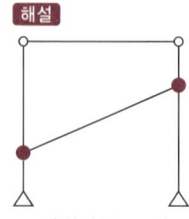
∴ 강절점수는 2개

42 철근콘크리트 부재의 인장 이형철근 및 이형철선의 기본 정착길이 l_{db}를 구하는 식은?

① $\dfrac{0.6d_b f_y}{\lambda \sqrt{f_{ck}}}$ ② $\dfrac{0.3d_b f_y}{\lambda \sqrt{f_{ck}}}$

③ $\dfrac{0.8d_b f_y}{\lambda \sqrt{f_{ck}}}$ ④ $\dfrac{0.12d_b f_y}{\lambda \sqrt{f_{ck}}}$

해설
철근의 기본 정착길이

• 인장 이형철근 : $l_{db} = \dfrac{0.6d_b f_y}{\lambda \sqrt{f_{ck}}}$

• 압축 이형철근 : $l_{db} = \dfrac{0.25d_b f_y}{\lambda \sqrt{f_{ck}}} \geq 0.043d_b f_y$

• 표준갈고리 인장철근 : $l_{hb} = \dfrac{0.24\beta d_b f_y}{\lambda \sqrt{f_{ck}}}$

43 다음 조건을 가진 반T형 보의 유효폭 B의 값은?

- 슬래브 두께 : 200mm
- 보의 폭(b_w) : 400mm
- 인접 보와의 내측 거리 : 2,600mm
- 보의 경간 : 9,000mm

① 1,150mm ② 1,270mm
③ 1,600mm ④ 1,700mm

해설
반T형 보의 유효폭 : 다음 세 값 중에서 가장 작은 값을 취한다. (t_f : 슬래브 두께, b_w : 보의 폭, l_n : 인접 보와의 내측거리)

• $6t_f + b_w = (6 \times 200) + 400 = 1,600$mm

• $l_n \times \dfrac{1}{2} + b_w = 2,600 \times \dfrac{1}{2} + 400 = 1,700$mm

• 보의 경간 $\times \dfrac{1}{12} + b_w = 9,000 \times \dfrac{1}{12} + 400 = 1,150$mm

∴ 가장 작은 값인 1,150mm 이상으로 한다.

44 그림과 같은 1차 부정정 라멘에서 A점 및 B점의 수평반력의 크기로 옳은 것은?

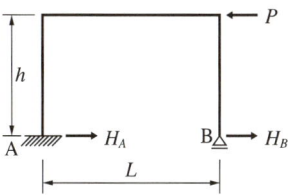

① $H_A = P/2$, $H_B = P/2$
② $H_A = P$, $H_B = P$
③ $H_A = P$, $H_B = 0$
④ $H_A = 0$, $H_B = P$

해설
• 이동지점 B는 수평반력이 발생하지 않음
  ∴ $H_B = 0$
• 지점 A에서
  $\sum H = 0$; $H_A + H_B = P$
  $H_A + 0 = P$이므로,
  ∴ $H_A = P$

45 f_{ck} = 24MPa이고, 단면이 200 × 300mm인 보의 균열모멘트를 구하면?(단, 보통중량콘크리트 사용)

① 7.58kN·m ② 9.26kN·m
③ 11.48kN·m ④ 13.26kN·m

해설
$M_{cr} = \dfrac{I}{y} \times f_r = Z \times f_r = \dfrac{bh^2}{6} \times 0.63\lambda \sqrt{f_{ck}}$

$= \dfrac{200 \times 300^2}{6} \times 0.63 \times 1.0 \sqrt{24}$

≒ 9,259,071.2N·mm ≒ 9.26kN·m

46 그림과 같은 구조물의 C점에 20kN의 수평력이 작용할 때 S부재에 발생하는 응력의 값은?

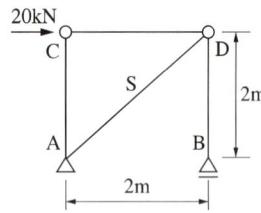

① 10kN   ② $10\sqrt{2}$ kN
③ 20kN   ④ $20\sqrt{2}$ kN

해설
- B점에서의 휨모멘트 합 = 0으로 A지점의 수직반력을 구한다.

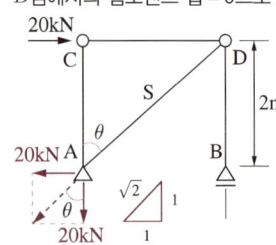

$\sum M_B = 0 ; (-V_A \times 2) + (20 \times 2) = 0$
$V_A = 20\text{kN}(\downarrow)$

- 지점 A의 수평반력을 구한다.
$\sum H = 0 ; H_A = 20\text{kN}(\leftarrow)$

- S부재의 응력을 구한다.
$S\sin\theta = 20$이므로
$\therefore S = \dfrac{20}{\sin\theta} = 20\sqrt{2}\text{kN}$

47 그림과 같이 빗금친 도형의 밑변을 지나는 X-X축에 대한 단면 1차 모멘트의 값은?

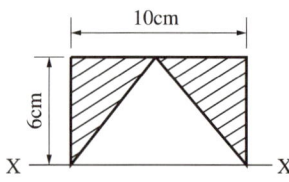

① 30cm^3 ② 60cm^3
③ 120cm^3 ④ 180cm^3

해설
단면 1차 모멘트 = 도형의 면적 × 축에서 도심까지 거리

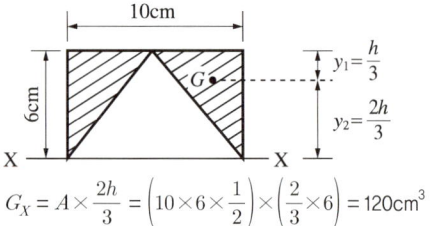

$G_X = A \times \dfrac{2h}{3} = \left(10 \times 6 \times \dfrac{1}{2}\right) \times \left(\dfrac{2}{3} \times 6\right) = 120\text{cm}^3$

48 그림과 같은 겔버보에서 B점의 반력은?

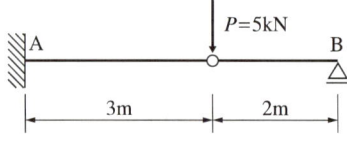

① 2.5kN   ② 5kN
③ 10kN   ④ 0

해설
- 겔버보는 단순보의 해석처럼 할 수 있다.
- 하중이 작용하는 힌지 부분을 C라고 가정할 때, B점에서의 휨모멘트 합 = 0으로 C점의 반력을 구하고, 수직반력의 합 = 0으로써 B점의 반력을 구한다.
$\sum M_B = 0 ; R_C \times 2 - 5 \times 2 = 0$
$R_C = 5\text{kN}$
$\sum V = 0 ; R_B + R_C - 5 = 0$
$R_B = 0$

49 그림과 같은 단순보에서 C점의 처짐 δ는?(단, 보의 단면은 200mm × 300mm, 탄성계수 $E = 10^4$MPa이다)

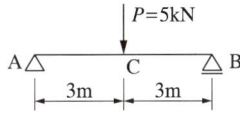

① 3mm ② 4mm
③ 5mm ④ 6mm

해설

집중하중 단순보의 최대 처짐(δ) = $\dfrac{Pl^3}{48EI}$

$\therefore \delta_C = \dfrac{Pl^3}{48EI} = \dfrac{Pl^3}{48E \times \left(\dfrac{bh^3}{12}\right)} = \dfrac{5 \times 10^3 \times 6{,}000^3 \times 12}{48 \times 1 \times 10^4 \times 200 \times 300^3}$

= 5mm

50 기초구조에 관한 설명으로 옳지 않은 것은?

① 기초구조란 기초 슬래브와 지정을 총칭한 것이다.
② 경미한 구조라도 기초의 저면은 지하동결선 이하에 두어야 한다.
③ 온통 기초는 연약지반에 적용되기 어렵다.
④ 말뚝 기초는 지지하는 상태에 따라 마찰말뚝과 지지말뚝으로 구분된다.

해설

온통 기초 : 기초지반이 연약한 경우에 많이 설계되는 기초로서 모든 기둥을 하나의 연속된 기초판으로 지지하도록 만든 구조

51 다음 그림과 같은 단순보에서 C점에 대한 휨응력은?

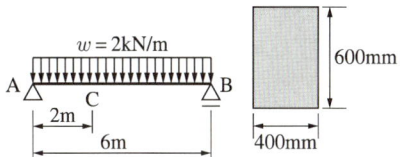

① 1.33MPa ② 1.00MPa
③ 0.67MPa ④ 0.33MPa

해설

• 휨응력(σ) = $\dfrac{M}{I}y = \dfrac{M}{Z}$

$M_C = \left(\dfrac{1}{2} \times 2 \times 6 \times 2\right) - (2 \times 2 \times 1) = 8$kN·m

• 사각형 단면에서의 단면계수(Z) = $\dfrac{bh^2}{6}$

$\therefore \sigma_C = \dfrac{M}{Z} = \dfrac{M}{\left(\dfrac{bh^2}{6}\right)} = \dfrac{6 \times M}{bh^2} = \dfrac{6 \times 8 \times 10^6}{400 \times 600^2} \fallingdotseq 0.33$MPa

52 C점의 전단력이 0이 되려면 P의 값은 얼마가 되어야 하는가?

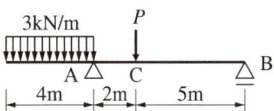

① 9kN ② 12kN
③ 13.5kN ④ 15kN

해설

C점의 전단력이 0이 되는 P의 값은 B지점의 반력이 0이 되는 조건이어야 한다.

$\therefore P = 3 \times 4 = 12$kN

53
지지상태는 양단 고정이며, 길이 3m인 압축력을 받는 원형강관 $\phi - 89.1 \times 3.2$의 탄성좌굴하중을 구하면?(단, $I = 79.8 \times 10^4 mm^4$, $E = 210,000 MPa$ 이다)

① 184kN
② 735kN
③ 1,018kN
④ 1,532kN

해설

좌굴하중$(P_{cr}) = \dfrac{\pi^2 EI}{(KL)^2}$

여기서, EI : 휨강도
KL : 유효좌굴길이
E : 탄성계수
I : 단면 2차 모멘트
K : 단부지지조건(양단 고정, 0.5)
L : 부재의 길이

$\therefore P_{cr} = \dfrac{\pi^2 \times 210,000 \times 79.8 \times 10^4}{(0.5 \times 3,000)^2}$
$\fallingdotseq 735,088 N$
$\fallingdotseq 735 kN$

54
강구조에 관한 설명으로 옳지 않은 것은?

① 재료가 균질하며 세장한 부재가 가능하다.
② 처짐 및 진동을 고려해야 한다.
③ 인성이 커서 변형에 유리하고 소성변형 능력이 우수하다.
④ 좌굴의 영향이 작다.

해설

강구조의 장점
- 내구성 우수, 재료 균질, 단위 면적당 강도가 크다.
- 철근콘크리트구조에 비해 경량, 구조 변경 용이하다.
- 다양한 현상과 치수를 가진 구조로 만들 수 있다.
- 사전 조립, 재사용 가능(장스팬, 고층 구조물 적합)

강구조의 단점
- 내화성 약하고, 부식 쉽고, 좌굴 위험성이 많다.
- 접합부의 세밀한 설계와 용접부의 검사가 필요하다.
- 처짐 및 진동을 고려해야 한다.
- 단면에 비하여 부재의 길이가 비교적 길게 설계된다.

55
그림과 같은 보의 최대 전단응력으로 옳은 것은?

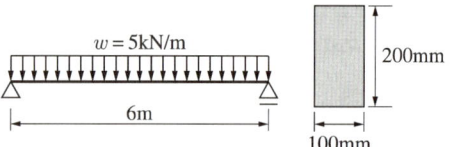

① 1.125MPa
② 2.564MPa
③ 3.496MPa
④ 4.253MPa

해설

- 최대 전단력을 산정한다.
  최대 전단력$(S_{max}) = R = \dfrac{5 \times 6}{2} = 15 kN$

- 최대 전단응력을 산정한다.
  $\tau_{max} = k \dfrac{S}{A} = \dfrac{3}{2} \times \dfrac{S}{A}$

  여기서, k는 사각형 단면 : $\dfrac{3}{2}$, 원형 단면 : $\dfrac{4}{3}$

  $\therefore \tau_{max} = \dfrac{3}{2} \times \dfrac{15 \times 10^3}{100 \times 200} = 1.125 MPa$

56
그림에서 필릿용접 이음부의 용접유효면적(A_w)으로 옳은 것은?

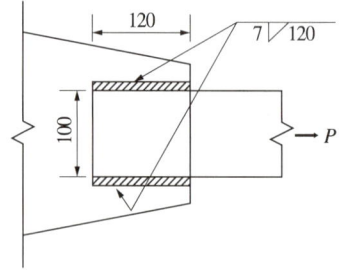

① 907mm²
② 1,039mm²
③ 1,484mm²
④ 1,680mm²

해설

$l_e = l - 2S = 120 - 2 \times 7 = 106 mm$

$A_w = a \cdot l_e$ 이며, 양면 모살용접이므로,

$\therefore A_w = a \cdot l_e \times 2 = (0.7 \times 7) \times 106 \times 2$
$= 1,038.8 mm^2$

57 강구조 주각에 관한 설명으로 옳지 않은 것은?

① 주각의 형태에는 핀주각, 고정주각, 매입형 주각이 있다.
② 주각은 기둥의 하중과 모멘트를 기초를 통하여 지반에 전달한다.
③ 베이스 플레이트는 기초 콘크리트 면에 무수축 모르타르의 충전 없이 직접 밀착시켜야 한다.
④ 베이스 플레이트는 기초 콘크리트에 지압응력이 잘 분포되도록 충분한 면적과 두께를 가져야 한다.

해설
기초 콘크리트에 지압응력이 잘 분포되도록 베이스 플레이트를 두며, 기초 콘크리트 면에 모르타르를 충전하여 밀착시켜야 한다.

58 강도설계법에서 인장측에 3,042mm², 압축측에 1,014mm²의 철근이 배근되었을 때 압축응력 등가 블록의 깊이로 옳은 것은?(단, f_{ck} = 21MPa, f_y = 400MPa, 보의 폭 b = 300mm이다)

① 125.7mm
② 151.5mm
③ 227.7mm
④ 303.1mm

해설
$0.85 f_{ck} \times a \times b = (A_s - A_s') \times f_y$ 이며,

$$\therefore a = \frac{(A_s - A_s')f_y}{0.85 f_{ck} \times b} = \frac{(3,042 - 1,014) \times 400}{0.85 \times 21 \times 300}$$

≒ 151.5mm

59 철근콘크리트 슬래브에 관한 설명으로 옳지 않은 것은?

① 1방향 슬래브의 두께는 최소 100mm 이상으로 하여야 한다.
② 1방향 슬래브에서는 정모멘트 철근 및 부모멘트 철근에 직각방향으로 수축·온도철근을 배치하여야 한다.
③ 슬래브 끝의 단순 받침부에서도 내민 슬래브에 의하여 부모멘트가 일어나는 경우에는 이에 상응하는 철근을 배치하여야 한다.
④ 주열대는 기둥 중심선을 기준으로 양쪽으로 장변 또는 단변길이의 0.25를 곱한 값 중 큰 값을 한쪽의 폭으로 하는 슬래브의 영역을 가리킨다.

해설
주열대는 기둥 중심선을 기준으로 양쪽으로 l_2(장변 길이)와 l_1(단변길이)의 0.25를 곱한 값 중 작은 값을 한쪽의 폭으로 하는 슬래브의 영역을 가리킨다.

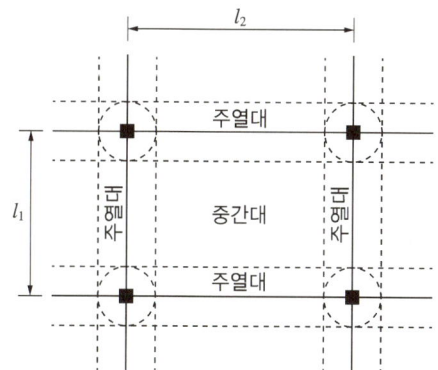

60 철근콘크리트 구조물의 구조설계 시 적용되는 강도감소계수(ϕ)로 옳지 않은 것은?

① 콘크리트의 지압력(포스트텐션 정착부나 스트럿-타이 모델은 제외) : 0.75
② 압축 지배 단면 중 나선철근 규정에 따라 나선철근으로 보강된 철근콘크리트 부재 : 0.70
③ 전단력과 비틀림 모멘트 : 0.75
④ 인장 지배 단면 : 0.85

해설
콘크리트의 지압력(포스트텐션 정착부나 스트럿-타이 모델은 제외) : 0.65

제4과목 건축설비

61 각종 조명 방식에 관한 설명으로 옳지 않은 것은?

① 간접조명 방식은 확산성이 낮고 균일한 조도를 얻기 어렵다.
② 반간접조명 방식은 직접조명 방식에 비해 글레어가 작다는 장점이 있다.
③ 직접조명 방식은 작업면에서 높은 조도를 얻을 수 있으나 주위와의 휘도차가 크다.
④ 반직접조명 방식은 광원으로부터의 발산 광속 중 10~40%가 천장이나 윗벽 부분에서 반사된다.

해설
간접조명 방식은 확산성이 높고 균일한 조도를 얻기 쉽다.

62 건구온도 26℃인 공기 1,000m³와 건구온도 32℃인 공기 500m³를 단열혼합하였을 경우, 혼합공기의 건구온도는?

① 27℃ ② 28℃
③ 29℃ ④ 30℃

해설
혼합공기 온도(℃) $= \dfrac{(Q_1 \times T_1)+(Q_2 \times T_2)}{Q_1+Q_2}$
$= \dfrac{(1,000 \times 26)+(500 \times 32)}{1,000+500} = 28℃$

여기서, Q_1, Q_2 : 혼합 전 공기의 양
t_1, t_2 : 혼합 전 공기의 온도

63 교류 전동기에 속하지 않는 것은?

① 동기전동기
② 복권전동기
③ 3상 유도전동기
④ 분상기동형전동기

해설
직류 전동기 : 직권전동기, 복권전동기, 분권전동기

64 다음 중 버큠 브레이커나 역류 방지기능을 가지는 것을 설치할 필요가 있는 위생기구는?

① 욕 조
② 세면기
③ 대변기(세정밸브형)
④ 소변기(세정탱크형)

해설
대변기(세정밸브형)는 버큠(진공) 브레이커나 역류 방지기능이 필요하다.
버큠 브레이커(Vacuum Breaker) : 물받이 용기 안에 배출된 물이나 사용한 물이 역사이펀 작용에 의해 상수계통으로 역류하는 것을 방지하기 위해 급수관 안에 생긴 마이너스압에 대해 자동적으로 공기를 보충하는 진공방지 장치이다.

65 통기관에 관한 설명으로 옳지 않은 것은?

① 통기관은 가능한 관길이를 짧게 하고 굴곡부분을 적게 한다.
② 신정 통기관의 관경은 배수 수직관의 관경보다 작게 해서는 안 된다.
③ 통기관의 배관길이를 길게 하면 저항이 작아지므로 관경을 줄일 수 있다.
④ 통기관의 관경은 접속되는 배수관의 관경이나 기구배수부하단위 수에 의해 구할 수 있다.

> **해설**
> 통기관의 배관길이를 길게 하면 저항이 커지므로 관경을 줄이기 어렵다.

66 다음과 같은 벽체에서 관류에 의한 열손실량은?

- 벽체의 면적 : 10m^2
- 벽체의 열관류율 : 3W/m^2·K
- 실내 온도 : 18℃, 외기 온도 : −12℃

① 360W   ② 540W
③ 780W   ④ 900W

> **해설**
> 열손실량 = 10m^2 × 3W/m^2·K × (18 − (−12))℃ = 900W

67 다음의 공기조화 방식 중 전공기 방식에 속하지 않는 것은?

① 단일 덕트 방식   ② 2중 덕트 방식
③ 멀티존 유닛 방식 ④ 팬코일 유닛 방식

> **해설**
> **전공기 방식** : 단일 덕트 방식, 이중 덕트 방식, 멀티존 유닛 방식
> **공기·수 방식** : 유인 유닛 방식, 팬코일 유닛 방식, 복사냉난방 방식
> **전수식 방식** : 팬코일 유닛 방식, 복사냉난방 방식

68 중앙식 공기조화기에 전열교환기를 설치하는 가장 주된 이유는?

① 소음 제거
② 에너지 절약
③ 공기오염 방지
④ 백연현상 방지

> **해설**
> 전열교환기는 실내 열에너지를 회수하여 도입 외기공기에 공급함으로써 실내 온도와 가까운 온도의 바깥공기가 도입됨에 따라 에너지 손실을 크게 절감할 수 있다.

69 금속관 공사에 관한 설명으로 옳지 않은 것은?

① 외부에 대한 고조파 영향이 없다.
② 열적 영향을 받는 곳에서는 사용할 수 없다.
③ 외부적 응력에 대해 전선보호에 신뢰성이 높다.
④ 사용장소는 은폐장소, 노출장소, 옥내, 옥외 등 광범위하게 사용할 수 있다.

> **해설**
> **금속관 공사**
> - 콘크리트 건물에 매립하여 배관하는 방식(접지가 필요)
> - 화재 위험이 적고, 인입 및 교체가 용이하며, 기계적 손상이 적다.
> - 굴곡이 많은 곳에는 부적합하다.
> - 열적 영향을 받는 곳에 사용할 수 있다.

70 다음 중 물체의 부력을 이용하여 그 기능이 발휘되는 것은?

① 볼 탭   ② 체크밸브
③ 배수 트랩 ④ 스트레이너

> **해설**
> **볼 탭(Ball Tap)** : 물체의 부력을 이용하여 그 기능을 발휘하며, 볼 모양의 플로트가 있어서 수면의 상하 변동으로 인한 볼의 변위가 레버 고정 부분의 밸브를 개폐한다.

71 양수량이 2m³/min인 펌프에서 회전수를 원래보다 20% 증가시켰을 경우 양수량은 얼마로 되는가?

① 1.7m³/min
② 2.4m³/min
③ 2.9m³/min
④ 3.5m³/min

해설
펌프의 양수량은 회전수에 비례한다.
따라서, $2 \times 1.2 = 2.4$m³/min이다.

72 다음 중 오물정화조의 성능을 나타내는 데 주로 사용되는 지표는?

① 경도
② 탁도
③ CO_2 함유량
④ BOD 제거율

해설
BOD 제거율
- 정화조의 성능을 나타내는 지표
- BOD 제거율이 높을수록, 방류수의 BOD가 낮을수록 고성능 정화조이다.

73 열매인 증기의 온도가 102℃이고, 실내 온도가 18.5℃인 표준상태에서 방열기 표면적 1m²를 통하여 발산되는 방열량은?

① 450W
② 523W
③ 650W
④ 756W

해설
표준상태에서 증기의 표준방열량은 756W/m²이다.
표준상태(실내기온 18.5℃, 열매온도 증기 102℃, 온수 80℃)에서 **표준방열량**
- 증기 : 0.756kW/m²
- 온수 : 0.523kW/m²

74 다음의 전원설비와 관련된 설명 중 ( ) 안에 알맞은 용어는?

> 수전점에서 변압기 1차 측까지의 기기 구성을 (㉠)라 하고 변압기에서 전력 부하설비의 배전반까지를 (㉡)라 한다.

① ㉠ : 배전설비, ㉡ : 수전설비
② ㉠ : 수전설비, ㉡ : 배전설비
③ ㉠ : 간선설비, ㉡ : 동력설비
④ ㉠ : 동력설비, ㉡ : 간선설비

75 단일 덕트 변풍량 방식에 관한 설명으로 옳지 않은 것은?

① 송풍량을 조절할 수 있다.
② 전공기 방식의 특성이 있다.
③ 각 실이나 존의 개별 제어가 불가능하다.
④ 일사량 변화가 심한 페리미터 존에 적합하다.

해설
각 실이나 존의 개별 제어가 가능하다.

76 층수가 5층인 건물의 각 층에 옥내소화전이 2개씩 설치되어 있을 때, 옥내소화전설비의 수원의 저수량은 최소 얼마 이상이 되도록 하여야 하는가?

① 1.3m³
② 2.6m³
③ 4.3m³
④ 5.2m³

해설
옥내소화전 수원의 수량(Q) = $2.6 \times N$
N : 소화전 개수(가장 많이 설치된 층 기준 최대 2개)
∴ 수량(Q) = $2.6 \times 2 = 5.2$m³

77 중앙식 급탕방식 중 간접 가열식에 관한 설명으로 옳지 않은 것은?

① 일반적으로 규모가 큰 건물에 사용된다.
② 가열 보일러는 난방용 보일러와 겸용할 수 없다.
③ 저탕조는 가열코일을 내장하는 등 직접 가열식에 비해 구조가 복잡하다.
④ 증기 보일러 또는 고온수 보일러를 사용하는 경우 고온의 탕을 얻을 수 있다.

해설
직접 가열식의 가열 보일러는 난방용 보일러와 겸용할 수 없지만, 간접 가열식의 가열 보일러는 난방용 보일러와 겸용할 수 있다.

78 급수 방식에 관한 설명으로 옳은 것은?

① 압력수조 방식은 경제적이며 공급압력이 일정하다.
② 펌프직송 방식은 정교한 제어가 필요하며 전력 차단 시 급수가 불가능하다.
③ 수도직결 방식은 공급압력이 일정하여 고층 건물에 주로 사용된다.
④ 고가수조 방식은 수질오염성이 가장 낮은 방식으로 단수 시 일정 시간 동안 급수가 가능하다.

해설
① 고가수조 방식은 경제적이며 공급압력이 일정하다. 압력수조 방식은 공급압력이 일정하지 않다.
③ 고가수조 방식은 공급압력이 일정하여 고층 건물에 주로 사용된다. 수도직결 방식은 공급압력이 일정하지 않으며 저층 건물에 주로 사용된다.
④ 고가수조방식은 수질오염성이 가장 높은 방식으로 단수 시 일정 시간 동안 급수가 가능하다.

79 온수의 순환 방식에 따른 온수난방 방식의 분류에서 온수의 밀도차를 이용하는 방식은?

① 단관식   ② 하향식
③ 개방식   ④ 중력식

해설
중력식은 온수의 밀도차를 이용하는 방식이다.

80 도시가스의 압력을 사용처에 맞게 감압하는 기능을 하는 것은?

① 정압기   ② 압송기
③ 에어챔버   ④ 가스미터

해설
정압기는 가스를 일정하게 고정된 압력으로 바꾸어 내보내는 기기로서, 사용처에 맞게 감압하는 기능을 한다.

정답 77 ② 78 ② 79 ④ 80 ①

제5과목 건축관계법규

81 건축물의 피난층 또는 피난층의 승강장으로부터 건축물의 바깥쪽에 이르는 통로에 관련 기준에 따른 경사로를 설치하여야 하는 대상 건축물에 속하지 않는 것은?(단, 건축물의 층수가 5층인 경우)

① 교육연구시설 중 학교
② 연면적이 5,000m²인 종교시설
③ 연면적이 5,000m²인 판매시설
④ 연면적이 5,000m²인 운수시설

해설
종교시설은 해당되지 않는다.
경사로 설치 대상
다음의 어느 하나에 해당하는 건축물의 피난층 또는 피난층의 승강장으로부터 건축물의 바깥쪽에 이르는 통로에는 경사로를 설치하여야 한다.
- 제1종 근린생활시설 중 지역자치센터·파출소·지구대·소방서·우체국·방송국·보건소·공공도서관·지역건강보험조합 기타 이와 유사한 것으로서 동일한 건축물 안에서 해당 용도에 쓰이는 바닥면적의 합계가 1,000m² 미만인 것
- 제1종 근린생활시설 중 마을회관·마을공동작업소·마을공동구판장·변전소·양수장·정수장·대피소·공중화장실 기타 이와 유사한 것
- 연면적이 5,000m² 이상인 판매시설, 운수시설
- 교육연구시설 중 학교
- 업무시설 중 국가 또는 지방자치단체의 청사와 외국공관의 건축물로서 제1종 근린생활시설에 해당하지 아니하는 것
- 승강기를 설치하여야 하는 건축물

82 다음 중 건축물의 대지에 공개공지 또는 공개공간을 확보하여야 하는 대상 건축물에 속하지 않는 것은?(단, 해당 용도로 쓰는 바닥면적의 합계가 5,000m²인 건축물의 경우)

① 종교시설
② 의료시설
③ 업무시설
④ 문화 및 집회시설

해설
공개공지 확보 대상 건축물(바닥면적 합계 5,000m² 이상)
- 문화 및 집회시설
- 종교시설
- 판매시설(농수산물 유통시설 제외)
- 운수시설(여객용 시설)
- 업무시설
- 숙박시설

83 부설주차장의 설치 대상 시설물이 판매시설인 경우 설치 기준으로 옳은 것은?

① 시설면적 100m²당 1대
② 시설면적 150m²당 1대
③ 시설면적 200m²당 1대
④ 시설면적 350m²당 1대

해설
부설주차장의 설치대상 시설물 종류 및 설치기준(주차장법 시행령 별표 1)

용 도	설치기준
위락시설	시설면적 100m²당 1대
• 문화 및 집회시설,(관람장 제외) • 종교시설, 판매시설, 운수시설 • 의료시설(정신병원, 요양소, 격리병원 제외) • 운동시설, 업무시설, 방송국, 장례식장	시설면적 150m²당 1대
• 제1종 근린생활시설(공중화장실, 대피소, 지역아동센터 제외) • 제2종 근린생활시설, 숙박시설	시설면적 200m²당 1대

84 거실의 반자 높이를 최소 4m 이상으로 하여야 하는 대상에 속하지 않는 것은?(단, 기계환기장치를 설치하지 않은 경우)

① 종교시설의 용도에 쓰이는 건축물의 집회실로서 그 바닥면적이 200m² 이상인 것
② 위락시설 중 유흥주점의 용도에 쓰이는 건축물의 집회실로서 그 바닥면적이 200m² 이상인 것
③ 문화 및 집회시설 중 전시장의 용도에 쓰이는 건축물의 집회실로서 그 바닥면적이 200m² 이상인 것
④ 문화 및 집회시설 중 공연장의 용도에 쓰이는 건축물의 관람석으로서 그 바닥면적이 200m² 이상인 것

해설
※ 건축물의 피난·방화구조 등의 기준에 관한 규칙 개정(19.8.6)으로 용어가 다음과 같이 변경되었습니다.
관람석 → 관람실
전시장은 해당되지 않으며, 2.1m 이상이면 된다.

거실의 반자 설치 높이

거실의 용도		반자 높이
모든 건축물		
예외 : 공장, 창고시설, 위험물저장 및 처리시설, 동물 및 식물 관련 시설, 자원순환시설, 묘지 관련 시설		2.1m 이상
• 문화 및 집회시설(전시장, 동식물원 제외) • 종교시설 • 장례식장 • 위락시설 중 유흥주점	해당 바닥면적이 200m² 이상(예외 : 기계환기장치를 설치한 경우)	4.0m 이상
		노대 아랫부분 2.7m 이상

85 다음 중 다중이용 건축물에 속하지 않는 것은?(단, 층수가 10층인 건축물의 경우)

① 판매시설의 용도로 쓰는 바닥면적의 합계가 5,000m²인 건축물
② 종교시설의 용도로 쓰는 바닥면적의 합계가 5,000m²인 건축물
③ 의료시설 중 종합병원의 용도로 쓰는 바닥면적의 합계가 5,000m²인 건축물
④ 숙박시설 중 일반숙박시설의 용도로 쓰는 바닥면적의 합계가 5,000m²인 건축물

해설
다중이용 건축물
• 바닥면적 합계가 5,000m² 이상인 다음의 용도
 – 문화 및 집회시설(동물원 및 식물원 제외)
 – 종교시설
 – 판매시설
 – 운수시설 중 여객용 시설
 – 의료시설 중 종합병원
 – 숙박시설 중 관광숙박시설
• 16층 이상인 건축물

86 각 층의 거실면적이 1,000m²인 15층 아파트에 설치하여야 하는 승용 승강기의 최소 대수는?(단, 승용 승강기는 15인승임)

① 2대　② 3대
③ 4대　④ 5대

해설
• 공동주택 : 1대 + $\dfrac{초과 면적 - 3,000m^2}{3,000m^2}$ 대
• 6층 이상은 15 - 5 = 10개 층이고 6층 이상 거실면적 합계는 1,000 × 10 = 10,000m²이므로,
$1 + \dfrac{10,000m^2 - 3,000m^2}{3,000} ≒ 3.33$대
∴ 최소 대수는 4대이다.

87 노외주차장 내부 공간의 일산화탄소 농도는 주차장을 이용하는 차량이 가장 빈번한 시각의 앞뒤 8시간의 평균치가 최대 얼마 이하로 유지되어야 하는가?(단, 다중이용시설 등의 실내공기질관리법에 따른 실내 주차장이 아닌 경우)

① 30ppm ② 40ppm
③ 50ppm ④ 60ppm

해설
일산화탄소 농도: 주차장을 이용하는 차량이 가장 빈번한 시각의 앞뒤 8시간 평균치가 50ppm 이하로 유지되어야 한다(실내주차장은 25ppm 이하).

88 국토의 계획 및 이용에 관한 법령상 경관지구의 세분에 속하지 않는 것은?

① 자연경관지구 ② 특화경관지구
③ 시가지경관지구 ④ 역사문화경관지구

해설
역사문화경관지구는 지구의 종류에 없다.
경관지구: 자연경관지구, 시가지경관지구, 특화경관지구

89 건축물의 면적 산정방법의 기본 원칙으로 옳지 않은 것은?

① 대지면적은 대지의 수평투영면적으로 한다.
② 연면적은 하나의 건축물 각 층의 거실면적의 합계로 한다.
③ 건축면적은 건축물의 외벽의 중심선으로 둘러싸인 부분의 수평투영면적으로 한다.
④ 바닥면적은 건축물의 각 층 또는 그 일부로서 벽, 기둥, 그 밖에 이와 비슷한 구획의 중심선으로 둘러싸인 부분의 수평투영면적으로 한다.

해설
연면적: 하나의 건축물의 각 층 바닥면적의 합계로 한다. 동일대지 안에 2동 이상의 건축물이 있는 경우에는 그 연면적의 합계로 한다.

90 제1종 일반주거지역 안에서 건축할 수 없는 건축물은?

① 아파트
② 다가구주택
③ 다세대주택
④ 제1종 근린생활시설

해설
제1종 일반주거지역은 저층주택 중심의 편리한 주거환경을 조성하기 위해 필요한 지역으로서, 아파트는 건축할 수 없다.

91 건축법령에 따른 공사감리자의 수행 업무가 아닌 것은?

① 공정표의 검토
② 상세시공도면의 작성
③ 공사현장에서의 안전관리의 지도
④ 시공계획 및 공사관리의 적정여부의 확인

해설
상세시공도면은 시공자가 작성한다.
공사감리자: 자기의 책임(보조자 도움을 받는 경우 포함)으로 건축물, 건축설비, 공작물이 설계도서의 내용대로 시공되는지를 확인하고, 품질관리·공사관리·안전관리 등에 대하여 지도·감독하는 자

92 다음 중 기계식 주차장에 속하지 않는 것은?

① 지하식 ② 지평식
③ 건축물식 ④ 공작물식

해설
주차장의 형태

구분	형식	종류
자주식 주차장	운전자가 직접 운전하여 주차장으로 들어가는 형식	• 지하식 • 지평식 • 건축물식(공작물식 포함)
기계식 주차장	기계식 주차장치를 설치한 노외주차장 및 부설주차장	• 지하식 • 건축물식(공작물식 포함)

87 ③ 88 ④ 89 ② 90 ① 91 ② 92 ②

93 건축물 관련 건축기준의 허용오차 범위로 옳지 않은 것은?

① 반자 높이 : 2% 이내
② 출구 너비 : 2% 이내
③ 벽체 두께 : 2% 이내
④ 바닥판 두께 : 3% 이내

해설
건축물 관련 건축기준의 허용오차(건축법 시행규칙 별표 5)

항 목	허용되는 오차의 범위
건축물 높이	2% 이내(1m를 초과할 수 없다)
평면 길이	2% 이내 (건축물 길이는 1m를 초과할 수 없고, 벽으로 구획된 각 실은 10cm를 초과할 수 없다)
출구 너비	2% 이내
반자 높이	2% 이내
벽체 두께	3% 이내
바닥판 두께	3% 이내

94 다음은 노외주차장의 구조·설비에 관한 기준 내용이다. (   ) 안에 알맞은 것은?

> 노외주차장의 출입구 너비는 (   ) 이상으로 하여야 하며, 주차대수 규모가 50대 이상인 경우에는 출구와 입구를 분리하거나 너비 5.5m 이상의 출입구를 설치하여 소통이 원활하도록 하여야 한다.

① 2.5m   ② 3.0m
③ 3.5m   ④ 4.0m

해설
노외주차장의 구조·설비기준(주차장법 시행규칙 제6조)
노외주차장 출입구 너비는 3.5m 이상으로 하여야 하며, 주차대수 규모가 50대 이상인 경우에는 출구와 입구를 분리하거나 너비 5.5m 이상의 출입구를 설치하여야 한다.

95 건축물의 설비기준 등에 관한 규칙의 기준 내용에 따라 피뢰설비를 설치하여야 하는 대상 건축물의 높이 기준으로 옳은 것은?

① 10m 이상
② 20m 이상
③ 25m 이상
④ 30m 이상

해설
피뢰설비(건축물의 설비기준 등에 관한 규칙 제20조)
낙뢰의 우려가 있는 건축물, 높이 20m 이상의 건축물 또는 높이 20m 이상의 공작물에는 피뢰설비를 설치해야 한다.

96 문화 및 집회시설 중 공연장의 개별 관람석 출구에 관한 기준 내용으로 옳지 않은 것은?(단, 개별 관람석의 바닥면적이 300m² 이상인 경우)

① 관람석별로 2개소 이상 설치할 것
② 각 출구의 유효너비는 1.5m 이상일 것
③ 바깥쪽으로의 출구로 쓰이는 문은 안여닫이로 할 것
④ 개별 관람석 출구의 유효너비의 합계는 개별 관람석의 바닥면적 100m²마다 0.6m의 비율로 산정한 너비 이상으로 할 것

해설
※ 건축물의 피난·방화구조 등의 기준에 관한 규칙 개정(19.8.6)으로 용어가 다음과 같이 변경되었습니다.
  관람석 → 관람실
출구에 쓰이는 문은 안여닫이로 하여서는 안 된다.

97
건축법령상 허가권자가 가로구역별로 건축물의 높이를 지정·공고할 때 고려하여야 할 사항에 속하지 않는 것은?

① 도시미관 및 경관계획
② 도시·군관리계획 등의 토지이용계획
③ 해당 가로구역이 접하는 도로의 통행량
④ 해당 가로구역의 상하수도 등 간선시설의 수용능력

해설
최고 높이를 지정·공고할 때 고려하는 사항
• 도시·군관리계획 등의 토지이용계획
• 해당 가로구역이 접하는 도로의 너비
• 해당 가로구역의 상하수도 등 간선시설의 수용능력
• 도시미관 및 경관계획
• 해당 도시의 장래발전계획

98
다음은 건축선에 따른 건축제한에 관한 기준 내용이다. ( ) 안에 알맞은 것은?

> 도로면으로부터 높이 ( ) 이하에 있는 출입구, 창문, 그 밖에 이와 유사한 구조물은 열고 닫을 때 건축선의 수직면을 넘지 아니하는 구조로 하여야 한다.

① 3.5m   ② 4m
③ 4.5m   ④ 5m

해설
건축선에 따른 건축제한(건축법 제47조)
도로면으로부터 높이 4.5m 이하에 있는 출입구·창문 등의 구조물은 열고 닫을 때 건축선의 수직면을 넘지 아니하는 구조로 하여야 한다.

99
건축허가를 하기 전에 건축물의 구조안전과 인접 대지의 안전에 미치는 영향 등을 평가하는 건축물 안전영향평가를 실시하여야 하는 대상 건축물 기준으로 옳은 것은?

① 고층 건축물
② 초고층 건축물
③ 준초고층 건축물
④ 다중이용 건축물

해설
초고층 건축물
• 층수가 50층 이상이거나 높이 200m 이상인 건축물
• 초고층 건축물은 건축허가 전에 건축물의 구조안전과 인접 대지의 안전에 미치는 영향 등을 평가하는 건축물의 안전영향평가 실시대상이 된다.

100
건축법령상 제1종 근린생활시설에 속하지 않는 것은?

① 정수장
② 마을회관
③ 치과의원
④ 일반음식점

해설
일반음식점은 면적에 관계없이 제2종 근린생활시설이다.
제1종 근린생활시설 중 면적의 제한 없는 용도 : 이용원, 목욕장, 세탁소, 의원, 한의원, 치과의원, 마을회관, 공중화장실, 정수장, 변전소, 도시가스 배관시설 등

정답 97 ③　98 ③　99 ②　100 ④

제1과목 건축계획

01 공장 건축의 배치 형식 중 분관식에 관한 설명으로 옳지 않은 것은?

① 작업장으로의 통풍 및 채광이 양호하다.
② 추후 확장계획에 따른 증축이 용이한 유형이다.
③ 각 공장건축물의 건설을 동시에 병행할 수 있어 건설 기간의 단축이 가능하다.
④ 대지의 형태가 부정형이거나 지형상의 고저차가 있을 때는 적용이 불가능하다.

해설
분관식 : 대지가 부정형이거나 고저차가 있을 때 유리하다.
집중식 : 대지가 부정형이거나 고저차가 있을 때 불리하다.

02 타운 하우스에 관한 설명으로 옳지 않은 것은?

① 각 세대마다 주차가 용이하다.
② 단독주택의 장점을 최대한 고려한 유형이다.
③ 프라이버시 확보를 위하여 경계벽 설치가 가능하다.
④ 일반적으로 1층은 침실과 서재와 같은 휴식공간, 2층은 거실, 식당과 같은 생활공간으로 구성된다.

해설
일반적으로 1층은 거실, 식당과 같은 생활공간, 2층은 침실, 서재와 같은 개인생활공간이나 휴식공간을 배치한다.

03 숑바르 드 로브의 주거면적기준 중 병리기준으로 옳은 것은?

① $6m^2$/인
② $8m^2$/인
③ $14m^2$/인
④ $16m^2$/인

해설
병리기준 : $8m^2$/인
한계기준 : $14m^2$/인
표준기준 : $16m^2$/인

04 건축척도조정(Modular Coordination)에 관한 설명으로 옳지 않은 것은?

① 설계작업이 단순해지고 간편해진다.
② 현장작업이 단순해지고 공기가 단축된다.
③ 국제적인 MC 사용 시 건축구성재의 국제교역이 용이해진다.
④ 건물의 종류에 따른 계획 모듈의 사용으로 자유롭고 창의적인 설계가 용이하다.

해설
건물의 종류나 공간의 사용목적에 따라 계획 모듈의 사용이 자유롭거나 어려울 수 있으며 창의적인 설계에 불리하다. 건축척도조정을 통하여 규격화되어 융통성이 없고 획일적인 설계가 우려된다.

정답 1 ④ 2 ④ 3 ② 4 ④

05 상점 건축의 판매 형식에 관한 설명으로 옳지 않은 것은?

① 측면판매는 충동적인 구매와 선택이 용이하다.
② 대면판매는 상품을 고객에게 설명하기가 용이하다.
③ 측면판매는 판매원이 정위치를 정하기가 용이하며 즉석에서 포장이 편리하다.
④ 대면판매는 쇼케이스(Show Case)가 많아지면 상점의 분위기가 딱딱해질 우려가 있다.

해설
측면판매 : 고객과 종업원이 상품을 같은 방향으로 보며 판매하는 방식으로 판매원이 위치를 정하기가 어려우며 불안정하고 상품의 설명이나 포장 등이 불편하다.

06 다음 중 단독주택 계획 시 가장 중요하게 다루어져야 할 것은?

① 침실의 넓이
② 주부의 동선
③ 현관의 위치
④ 부엌의 방위

해설
주택 계획 시 가사노동의 경감 방향으로서 주부의 동선을 단축하는 것이 중요하다.

07 공동주택의 공동시설 계획에 관한 설명으로 옳지 않은 것은?

① 간선 도로변에 위치시킨다.
② 중심을 형성할 수 있는 곳에 설치한다.
③ 확장 또는 증설을 위한 용지를 확보한다.
④ 이용빈도가 높은 건물은 이용거리를 짧게 한다.

해설
공동주택에서 공동시설은 주민이 이용상 편리하도록 단지의 중심부에 위치하는 것이 좋다.

08 다음 중 고층 사무소 건축에서 층고를 낮게 잡는 이유와 가장 거리가 먼 것은?

① 층고가 높을수록 공사비가 높아지므로
② 실내 공기조화의 효율을 높이기 위하여
③ 제한된 건물 높이 한도 내에서 가능한 한 많은 층수를 얻기 위하여
④ 에스컬레이터의 왕복시간을 단축시킴으로써 서비스의 효율을 높이기 위하여

해설
에스컬레이터는 고층 사무소의 수직이동수단이 아니므로 층고를 낮게 잡는 이유와는 관계가 없다.

09 다음 중 공동주택 단지 내의 건물배치계획에서 남북 간 인동간격의 결정과 가장 관계가 적은 것은?

① 일조시간
② 앞 건물의 높이
③ 대지의 경사도
④ 건물의 동서 길이

해설
건물의 동서 길이는 건물 간의 측면거리에 관계되지만, 남북 간 인동간격의 결정과는 관계가 없다.

10 사무소 건축의 엘리베이터 계획에 관한 설명으로 옳은 것은?

① 대면배치의 경우 대면거리는 최소 6.5m 이상으로 한다.
② 엘리베이터의 대수는 아침 출근시간의 피크 30분간을 기준으로 산정한다.
③ 1개소에 연속하여 6대를 설치할 경우 직선형(일렬형)으로 배치하는 것이 좋다.
④ 여러 대의 엘리베이터를 설치하는 경우, 그룹별 배치와 군 관리 운전 방식으로 한다.

[해설]
① 대면배치의 경우 대면거리는 최소 3.5m 이상으로 한다.
② 엘리베이터의 대수는 아침 출근시간 직전의 5분간을 기준으로 산정한다.
③ 1개소에 연속하여 4대를 설치할 경우 직선형(일렬형)으로 배치하는 것이 좋다.

11 주거공간을 주 행동에 따라 개인공간, 사회공간, 노동공간 등으로 구분할 경우, 다음 중 사회공간에 속하는 것은?

① 서 재
② 부 엌
③ 식 당
④ 다용도실

[해설]
개인공간 : 침실, 서재
사회공간 : 거실, 식당
노동공간 : 다용도실

12 상점에서 쇼윈도(Show Window)의 반사 방지방법으로 옳지 않은 것은?

① 쇼윈도 형태를 만입형으로 계획한다.
② 쇼윈도 내부의 조도를 외부보다 낮게 처리한다.
③ 캐노피를 설치하여 쇼윈도 외부에 그늘을 조성한다.
④ 쇼윈도를 경사지게 하거나 특수한 경우 곡면유리로 처리한다.

[해설]
상점에서 진열창의 반사 방지를 위하여 진열창 내의 밝기를 외부보다 더 밝게 한다.

13 오피스 랜드스케이프(Office Landscape)에 관한 설명으로 옳지 않은 것은?

① 개방식 배치의 한 형식이다.
② 커뮤니케이션의 융통성이 있다.
③ 독립성과 쾌적감의 이점이 있다.
④ 소음 발생에 대한 고려가 요구된다.

[해설]
소음이 발생하기 쉬우며 독립성이 결여되고, 쾌적감이 떨어질 수 있다.

14 학교운영 방식 중 교과교실형(V형)에 관한 설명으로 옳은 것은?

① 교실수는 학급수에 일치한다.
② 모든 교실이 특정한 교과를 위해 만들어진다.
③ 능력에 따라 학급 또는 학년을 편성하는 방식이다.
④ 일반교실이 각 학급에 하나씩 배당되고 그 외에 특별교실을 갖는다.

[해설]
① 종합교실형
③ 개방학교(오픈스쿨)
④ 일반교실 및 특별교실형

15 사무소 건축의 코어 유형에 관한 설명으로 옳지 않은 것은?

① 중심코어는 유효율이 높은 계획이 가능한 유형이다.
② 양단코어는 피난동선이 혼란스러워 방재상 불리한 유형이다.
③ 편심코어는 각 층 바닥면적이 소규모인 경우에 적합한 유형이다.
④ 독립코어는 코어를 업무공간으로부터 분리시킨 관계로 업무공간의 융통성이 높은 유형이다.

해설
양단코어형은 2방향 피난에 이상적이며, 방재 및 피난상 유리하다.

16 상점의 정면(Facade) 구성에 요구되는 AIDMA법칙의 내용에 속하지 않는 것은?

① 예술(Art)
② 욕구(Desire)
③ 흥미(Interest)
④ 기억(Memory)

해설
상점 광고 5요소(AIDMA 법칙)
- Attention : 주의
- Interest : 흥미, 주목
- Desire : 욕망, 공감, 욕구
- Memory : 기억, 인상
- Action : 행동, 출입

17 공동주택의 형식에 관한 설명으로 옳지 않은 것은?

① 홀형은 거주의 프라이버시가 높다.
② 편복도형은 각 세대의 방위를 동일하게 할 수 있다.
③ 중복도형은 부지의 이용률은 가장 낮으나 건물의 이용도가 높다.
④ 집중형은 복도 부분의 환기 등의 문제점을 해결하기 위해 기계적 환경조절이 필요한 형식이다.

해설
중복도형은 부지의 이용률 및 건물의 이용도가 높다.

18 주택 식당의 배치 유형 중 다이닝 키친(DK형)에 관한 설명으로 옳은 것은?

① 대규모 주택에 적합한 유형으로 쾌적한 식당의 구성이 용이하다.
② 싱크대와 식탁의 거리가 멀어지는 관계로 주부의 동선이 길다는 단점이 있다.
③ 부엌의 일부에 간단한 식탁을 설치하거나 식당과 부엌을 하나로 구성한 형태이다.
④ 거실과 식당이 하나로 된 형태로 거실의 분위기에서 식사 분위기의 연출이 용이하다.

해설
다이닝 키친(DK형)은 소규모 주택에서 부엌의 일부에 간단히 식탁을 꾸민 형태이다.

19 초등학교 건축계획에 관한 설명으로 옳은 것은?

① 저학년은 달톤형의 학교운영 방식이 가장 적합하다.
② 저학년의 배치형은 1열로 서 있는 것보다 중정을 중심으로 둘러싸인 형이 좋다.
③ 동일한 층에 저학년부터 고학년까지의 각 학년의 학급이 혼합되도록 배치하는 것이 좋다.
④ 저학년 교실은 독립성 확보를 위해 1층에 위치하지 않도록 하며, 교문과 근접하지 않도록 한다.

해설
① 저학년은 종합교실형의 학교운영 방식이 가장 적합하다.
③ 저학년은 고학년과 분리하여 배치하는 것이 좋다.
④ 저학년 교실은 독립성 확보를 위해 1층에 위치하고, 교문과 근접하도록 한다.

20 일주일 평균 수업시간이 30시간인 학교에서 음악교실에서의 수업시간이 20시간이며, 이 중 15시간은 음악시간으로, 나머지 5시간은 무용시간으로 사용되었다면, 이 음악교실의 이용률과 순수율은?

① 이용률 50%, 순수율 33%
② 이용률 67%, 순수율 75%
③ 이용률 50%, 순수율 75%
④ 이용률 67%, 순수율 33%

해설
$$이용률 = \frac{실제\ 이용시간}{평균\ 수업시간} \times 100(\%)$$
$$= \frac{20}{30} \times 100 ≒ 67\%$$
$$순수율 = \frac{해당\ 교과목\ 수업시간}{실제\ 교실\ 이용시간} \times 100(\%)$$
$$= \frac{15}{20} \times 100 = 75\%$$

제2과목 건축시공

21 건설공사 현장관리에 관한 설명으로 옳지 않은 것은?

① 목재는 건조시키기 위하여 개별로 세워둔다.
② 현장사무소는 본 건물 규모에 따라 적절한 규모로 설치한다.
③ 철근은 그 직경 및 길이별로 분류해둔다.
④ 기와는 눕혀서 쌓아둔다.

해설
기와, 유리, 루핑은 세워서 보관하며, 눕혀서 쌓지(평적) 않는다.

22 기성말뚝공사 시공 전 시험말뚝박기에 관한 설명으로 옳지 않은 것은?

① 시험말뚝박기를 실시하는 목적 중 하나는 설계내용과 실제 지반조건의 부합여부를 확인하는 것이다.
② 설계상의 말뚝길이보다 1~2m 짧은 것을 사용한다.
③ 항타작업 전반의 적합성 여부를 확인하기 위해 동재하시험을 실시한다.
④ 시험말뚝의 시공결과 말뚝길이, 시공방법 또는 기초형식을 변경할 필요가 생긴 경우는 변경검토서를 공사감독자에게 제출하여 승인받은 후 시공에 임하여야 한다.

해설
일반적으로 시험말뚝의 길이는 토질조건의 변동을 고려해서 일반말뚝(설계상)의 추정길이보다 1~2m 긴 것을 사용한다.

23 표준시방서에 따른 바닥공사에서의 이중바닥 지지 방식이 아닌 것은?

① 달대고정 방식
② 장선 방식
③ 공통독립 다리 방식
④ 지지부 부착 패널 방식

> **해설**
> 달대고정방식은 천장공사에 속한다.
> **이중바닥 구조** : 콘크리트 슬래브와 바닥 마감 사이에 파이프, 전선 등의 설치를 용이하게 할 수 있는 공간을 둔 액세스 바닥으로, 45~60cm의 바닥 패널과 그것을 지지하는 다리로 구성되며, 전산실, 전기실, 방송 스튜디오 등에서 사용된다.

24 AE제 및 AE공기량에 관한 설명으로 옳지 않은 것은?

① AE제를 사용하면 동결융해 저항성이 커진다.
② AE제를 사용하면 골재분리가 억제되고, 블리딩이 감소한다.
③ 공기량이 많아질수록 슬럼프가 증대된다.
④ 콘크리트의 온도가 낮으면 공기량은 적어지고 콘크리트의 온도가 높으면 공기량은 증가한다.

> **해설**
> 콘크리트의 혼합온도가 낮으면 공기량은 증가하고, 콘크리트의 혼합온도가 높으면 공기량은 감소한다.

25 콘크리트가 시일이 경과함에 따라 공기 중의 탄산가스작용을 받아 수산화칼슘이 서서히 탄산칼슘이 되면서 알칼리성을 잃어가는 현상을 무엇이라고 하는가?

① 탄산화
② 알칼리 골재반응
③ 백화현상
④ 크리프(Creep) 현상

> **해설**
> 탄산화 현상에 대한 설명이다.

26 건설공사의 도급계약에 명시하여야 할 사항과 가장 거리가 먼 것은?

① 공사내용
② 공사착수의 시기와 공사완성의 시기
③ 하자담보책임기간 및 담보방법
④ 대지현황에 따른 설계도면 작성방법

> **해설**
> 대지현황에 따른 설계도면 작성방법 건축설계계약 내용이다.

27 각종 콘크리트에 관한 설명으로 옳지 않은 것은?

① 프리플레이스트 콘크리트(Preplaced Concrete)란 미리 거푸집 속에 특정한 입도를 가지는 굵은 골재를 채워놓고, 그 간극에 모르타르를 주입하여 제조한 콘크리트이다.
② 숏크리트(Shotcrete)는 콘크리트 자체의 밀도를 높이고 내구성, 방수성을 높게 하여 물의 침투를 방지하도록 만든 콘크리트로서 수중구조물에 사용된다.
③ 고성능 콘크리트는 고강도, 고유동 및 고내구성을 통칭하는 콘크리트의 명칭이다.
④ 소일 콘크리트(Soil Concrete)는 흙에 시멘트와 물을 혼합하여 만든다.

> **해설**
> **수중 콘크리트콘** : 콘크리트 자체의 밀도를 높이고 내구성, 방수성을 높게 하여 물의 침투를 방지하도록 만든 콘크리트
> **숏크리트(Shotcrete)** : 굴착지반이나 비탈면 등에 시멘트, 골재, 물 등을 혼합하여 압축공기로 뿜어서 자유면에 달라 붙게 만든 콘크리트

정답 23 ① 24 ④ 25 ① 26 ④ 27 ②

28 크롬산아연을 안료로 하고, 알키드수지를 전색료로 한 것으로서 알루미늄 녹막이 초벌칠에 적당한 도료는?

① 광명단
② 징크로메이트(Zincromate)
③ 그라파이트(Graphite)
④ 파커라이징(Parkerizing)

해설
징크로메이트(Zincromate)
- 크롬산아연 + 알키드수지
- 녹막이 효과가 좋음
- 알루미늄판 초벌용으로 적합

29 총 공사비 중 공사원가를 구성하는 항목에 포함되지 않는 것은?

① 재료비   ② 노무비
③ 경 비   ④ 일반관리비

해설
일반관리비 : 기업의 유지, 관리활동에 소요되는 제비용으로 공사원가에는 포함되지 않으며 본사 관리비, 영업비 등으로 구성된다.

30 슬라이딩 폼(Sliding Form)의 특징에 관한 설명으로 옳지 않은 것은?

① 공기를 단축할 수 있다.
② 내·외부 비계발판이 일체형이다.
③ 콘크리트의 일체성을 확보하기 어렵다.
④ 사일로(Silo)공사에 많이 이용된다.

해설
슬라이딩 폼은 콘크리트의 일체성을 확보하기 쉽다.

31 진공 콘크리트(Vacuum Concrete)의 특징으로 옳지 않은 것은?

① 건조수축의 저감, 동결방지 등의 목적으로 사용된다.
② 일반콘크리트에 비해 내구성이 개선된다.
③ 장기 강도는 크나 초기 강도는 매우 작은 편이다.
④ 콘크리트가 경화하기 전에 진공매트(Mat)로 콘크리트 중의 수분과 공기를 흡수하는 공법이다.

해설
진공 콘크리트(Vacuum Concrete) : 콘크리트를 부어넣고 경화 전에 진공 매트 장치를 씌워 수분과 공기를 흡수함으로써 내구성, 강도를 증가시킨 콘크리트이며, 초기 강도가 크게 증가하며 마모저항성, 동해저항성 등이 증가하고 경화수축량 감소효과가 있다.

32 도장공사에 표면의 요철이나 홈, 빈틈을 없애기 위하여 주로 점도가 높은 퍼티나 충전제를 메우고 여분의 도료는 긁어 평활하게 하는 도장방법은?

① 붓 도장   ② 주걱 도장
③ 정전분체 도장   ④ 롤러 도장

해설
주걱 도장에 대한 설명이다.

33 이형철근의 할증률로 옳은 것은?

① 10%   ② 8%
③ 5%   ④ 3%

해설
재료의 할증률
- 1% : 유리
- 2% : 시멘트, 칠(도장)
- 3% : 이형철근, 붉은벽돌, 내화벽돌, 타일, 테라코타, 슬레이트, 고장력볼트
- 4% : 볼트
- 5% : 원형철근, 시멘트벽돌, 볼트, 아스팔트계 타일, 기와
- 7% : 대형형강
- 10% : 강판, 단열재

정답 28 ② 29 ④ 30 ③ 31 ③ 32 ② 33 ④

34 벽돌쌓기법 중 매켜에 길이쌓기와 마구리쌓기가 번갈아 나오는 방식으로 통줄눈이 많으나 아름다운 외관이 장점인 벽돌쌓기 방식은?

① 미식 쌓기 ② 영식 쌓기
③ 불식 쌓기 ④ 화란식 쌓기

해설
불식(프랑스식) 쌓기 : 매켜에 길이쌓기와 마구리쌓기가 번갈아 나오는 방식으로 통줄눈이 많으나 아름다운 외관이 장점인 벽돌쌓기 방식

35 금속제 천장틀의 사용자재가 아닌 것은?

① 코너 비드 ② 달대볼트
③ 클 립   ④ ㄷ자형 반자틀

해설
코너비드 : 기둥이나 벽의 모서리 부분을 보호하기 위하여 쓰는 철물

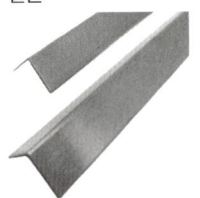

36 콘크리트의 계획배합의 표시 항목과 가장 거리가 먼 것은?

① 배합강도 ② 공기량
③ 염화물량 ④ 단위수량

해설
염화물량 : 콘크리트 1m³ 중에 포함되어 있는 염화물의 양으로서, 콘크리트에 염화물이 있으면 철근이 부식될 가능성이 높다.
계획배합(시방배합) : 시방서 또는 책임기술자에 의해 표시된 배합으로 물시멘트비(W/C) 및 배합강도, 최대 골재크기, 슬럼프, 공기량, 잔골재율, 단위수량 등을 시험하고 결정한다.

37 다음 중 철근의 이음방법이 아닌 것은?

① 빗 이음
② 겹침 이음
③ 기계적 이음
④ 용접 이음

해설
빗 이음은 목재의 이음방법이다.
철근의 이음 종류
- 겹침 이음 : #18~20 철선으로 결속하여 이음
- 기계적 : 이음 연결재(Sleeve, 나사 등)를 이용한 철근의 이음
- 용접 이음 : 철근을 서로 겹쳐대어 아크(Arc), 전기로 용접
- 기계적 이음 : 연결재(Sleeve, 나사 등)를 이용한 철근의 이음

38 구조물 위치 전체를 동시에 파내지 않고 측벽이나 주열선 부분만을 먼저 파내고 그 부분의 기초와 지하구조체를 축조한 다음 중앙부의 나머지 부분을 파내어 지하구조물을 완성하는 굴착공법은?

① 오픈 컷 공법(Open Cut Method)
② 트렌치 컷 공법(Trench Cut Method)
③ 우물통식 공법(Well Method)
④ 아일랜드 컷 공법(Island Cut Method)

해설
① 오픈 컷 공법 : 흙막이를 설치하지 않고 흙의 안식각을 고려하여 기초파기하는 공법이다.
③ 우물통식 공법 : 철근콘크리트로 만든 원형, 장방형의 통을 소정의 위치까지 도달시키고 우물통 내부에 철근과 콘크리트를 넣고 기초를 만드는 공법이다.
④ 아일랜드 컷 공법 : 중앙부를 먼저 파고 기초를 축조한 후, 버팀대로 지지하고 주변을 굴착하여 지하구조물을 완성하는 공법이다.

39 다음 각 유리의 특징에 관한 설명으로 옳지 않은 것은?

① 망입유리는 판유리 가운데에 금속망을 넣어 압착 성형한 유리로 방화 및 방재용으로 사용된다.
② 강화유리는 일반유리의 3~5배 정도의 강도를 가지며, 출입구, 에스컬레이터 난간, 수족관 등 안전이 중시되는 곳에 사용된다.
③ 접합유리는 2장 또는 그 이상의 판유리에 특수 필름을 삽입하여 접착시킨 안전유리로서 파손되어도 파편이 발생하지 않는다.
④ 복층유리는 2~3장의 판유리를 간격 없이 밀착하여 만든 유리로서 단열·방서·방음용으로 사용된다.

해설
복층유리는 2~3장의 판유리 사이에 공기층을 만든 유리로서 단열·방서·방음용으로 사용된다.

40 조적벽체에 발생하는 균열을 대비하기 위한 신축줄눈의 설치 위치로 옳지 않은 것은?

① 벽높이가 변하는 곳
② 벽두께가 변하는 곳
③ 집중응력이 작용하는 곳
④ 창 및 출입구 등 개구부의 양측

해설
신축줄눈은 집중응력이 작용하지 않는 곳에 둔다.

제3과목 건축구조

41 철선의 길이 l = 1.5m에 인장하중을 가하여 길이가 1.5009m로 늘어났을 때 변형률(ε)은?

① 0.0003
② 0.0005
③ 0.0006
④ 0.0008

해설
축(길이) 방향 변형률
$$\varepsilon = \frac{\Delta L}{L} = \frac{1.5009 - 1.5}{1.5} = \frac{0.0009}{1.5} = 0.0006$$

42 연약지반에서 발생하는 부동침하의 원인으로 옳지 않은 것은?

① 부분적으로 증축했을 때
② 이질지반에 건물이 걸쳐 있을 때
③ 지하수가 부분적으로 변화할 때
④ 지내력을 같게 하기 위해 기초판 크기를 다르게 했을 때

해설
부동침하를 해결하는 방법으로써 지내력을 같게 하기 위해 기초판 크기를 다르게 할 수 있다.

43 그림과 같은 단면에 전단력 18kN이 작용할 경우 최대전단응력도는?

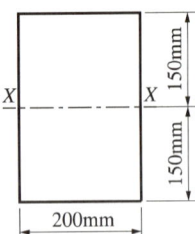

① 0.45MPa ② 0.52MPa
③ 0.58MPa ④ 0.64MPa

해설
최대 전단응력도
$$\tau_{max} = k\frac{S}{A} = \frac{3}{2} \times \frac{S}{A} = \frac{3}{2} \times \frac{S}{bh}$$

여기서, k는 사각형 단면 : $\frac{3}{2}$ (원형 단면일 경우 $\frac{4}{3}$)

위 식에 주어진 조건을 대입하면,
$$\therefore \tau_{max} = \frac{3}{2} \times \frac{18 \times 10^3}{200 \times 300}$$
$$= 0.45\text{N/mm}^2 = 0.45\text{MPa}$$

44 그림과 같은 양단고정인 보에서 A점의 휨모멘트는?(단, EI는 일정)

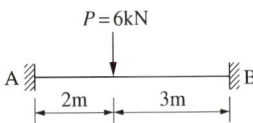

① −4.32kN·m
② 4.32kN·m
③ −6.23kN·m
④ 6.23kN·m

해설
양단고정 집중하중 보의 휨모멘트
$$\sum M_A = -\frac{Pab^2}{l^2} = -\frac{6 \times 2 \times 3^2}{5^2} = -4.32\text{kN}\cdot\text{m}$$
$$\sum M_B = -\frac{Pa^2b}{l^2} = -\frac{6 \times 2^2 \times 3}{5^2} = -2.88\text{kN}\cdot\text{m}$$

45 그림과 같은 구조물에서 A지점의 반력 모멘트는?

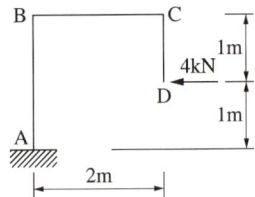

① −8kN·m
② 8kN·m
③ −4kN·m
④ 4kN·m

해설
$\sum M = 0$; $(-4\text{kN} \times 1\text{m}) + M_A = 0$
$\therefore M_A = 4\text{kN}\cdot\text{m}$

46 양단연속보 부재에서 처짐을 계산하지 않는 경우 보의 최소 두께는?(단, l은 부재의 길이, 보통중량콘크리트와 설계기준 항복강도 400MPa 철근 사용)

① $\frac{l}{8}$ ② $\frac{l}{16}$
③ $\frac{l}{18.5}$ ④ $\frac{l}{21}$

해설
처짐을 계산하지 않는 경우, 보 또는 1방향 슬래브 최소 두께

부 재	캔틸레버	단순지지	1단연속	양단연속
보	$\frac{l}{8}$	$\frac{l}{16}$	$\frac{l}{18.5}$	$\frac{l}{21}$
1방향 슬래브	$\frac{l}{10}$	$\frac{l}{20}$	$\frac{l}{24}$	$\frac{l}{28}$

47 그림과 같은 정사각형 기초에서 바닥에 인장응력이 발생하지 않는 최대 편심거리 e의 값은?

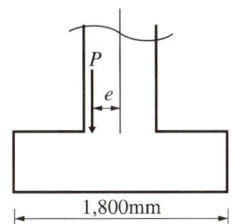

① 100mm
② 200mm
③ 300mm
④ 400mm

> 해설
• 핵점에 하중 P가 작용할 경우 인장력(-)이 발생하지 않는다.
∴ $e = \dfrac{h}{6} = \dfrac{1,800}{6} = 300\text{mm}$

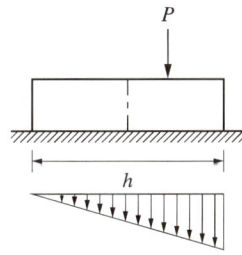

• 핵점(Core Point) : 편심거리의 반대편 단부의 응력이 0이 되는 편심압축력의 작용점
• 단면의 핵(Core) : 핵점들을 이은 내부이며, 단면의 핵 내부에 압축력이 작용하면 단면에는 압축응력만 생기고 인장응력은 생기지 않는다.

48 그림과 같은 트러스의 U, V, L부재의 부재력은 각각 몇 kN인가?(단, -는 압축력, +는 인장력)

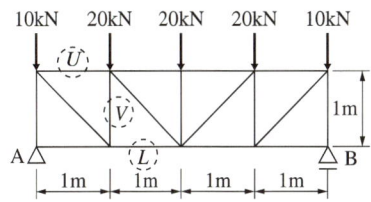

① $U = -30\text{kN}$, $V = -30\text{kN}$, $L = 30\text{kN}$
② $U = -30\text{kN}$, $V = 30\text{kN}$, $L = -30\text{kN}$
③ $U = 30\text{kN}$, $V = -30\text{kN}$, $L = 30\text{kN}$
④ $U = 30\text{kN}$, $V = 30\text{kN}$, $L = -30\text{kN}$

> 해설
• 반력을 산정한다.
$V_A = V_B = \dfrac{\sum P}{2} = \dfrac{10+20+20+20+10}{2} = 40\text{kN}$

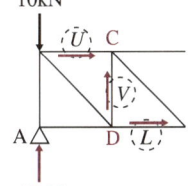

• 자유물체도에서 U, V, L 부재의 부재력을 구한다.
$\sum M_D = 0$; $(40 \times 1) - (10 \times 1) + (U \times 1) = 0$
∴ $U = -30\text{kN}$(압축)
$\sum V = 0$; $40 + V - 10 = 0$
∴ $V = -30\text{kN}$(압축)
$\sum M_C = 0$; $(40 \times 1) - (10 \times 1) - (L \times 1) = 0$
∴ $L = 30\text{kN}$(인장)

49 강도설계법에 의한 철근콘크리트의 보 설계 시 최대 철근비 개념을 두는 가장 큰 이유는?

① 경제적인 설계가 되도록 하기 위해
② 취성파괴를 유도하기 위해
③ 구조적인 효율을 높이기 위해
④ 연성파괴를 유도하기 위해

해설
최대 철근비(ρ_{max}) : 균형 철근비보다 철근을 적게 배치하여 철근콘크리트가 파괴될 때 철근의 항복에 의한 파괴(연성파괴)가 되도록 하기 위한 철근비
최소 철근비(ρ_{min}) : 단면의 치수가 크게 설계되는 경우 너무 작은 철근이 배근되는 것을 막기 위한 철근비

50 강도설계법에 의하여 다음 그림과 같은 철근콘크리트 보를 설계할 때 등가응력블록 깊이 a는?(단, f_{ck} = 24MPa, f_y = 400MPa, D22 철근 1개의 단면적은 387mm²임)

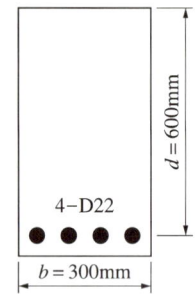

① 101.2mm ② 111.2mm
③ 121.2mm ④ 131.2mm

해설
균형상태로부터 $c = T$에서,
$0.85f_{ck} \times a \times b = A_s \times f_y$이며,
$\therefore a = \dfrac{A_s f_y}{0.85 f_{ck} \times b} = \dfrac{4 \times 387 \times 400}{0.85 \times 24 \times 300} ≒ 101.18\text{mm}$

51 강구조 접합부에 관한 설명으로 옳지 않은 것은?

① 기둥-보 접합부는 접합부의 성능과 회전에 대한 구속 정도에 따라 전단접합, 부분강접합, 완전강접합으로 구분된다.
② 주요한 건물의 접합부에는 미끄럼 발생을 방지하기 위해 일반볼트를 사용한다.
③ 접합부는 45kN 이상 지지하도록 설계한다. 단, 연결재, 새그로드, 띠장은 제외한다.
④ 고장력볼트의 접합방법에는 마찰접합, 지압접합, 인장접합이 있다.

해설
주요한 건물의 접합부에는 미끄럼 발생을 방지하기 위해 고장력볼트를 사용한다. 일반볼트는 접합부의 가체결용으로 사용한다.

52 그림과 같은 직사각형 판의 AB면을 고정시키고 점 C를 수평으로 0.3mm 이동시켰을 때 측면 AC의 전단변형도는?

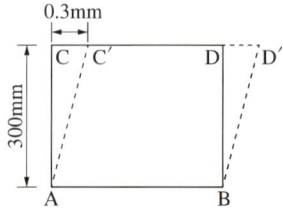

① 0.001rad ② 0.002rad
③ 0.003rad ④ 0.004rad

해설
전단변형률(γ)
$\gamma = \dfrac{\text{미끄럼 변형량}}{\text{부재의 높이}} = \dfrac{\lambda_s}{L} = \tan\phi$
$\therefore \gamma = \dfrac{0.3}{300} = 0.001\text{rad}$

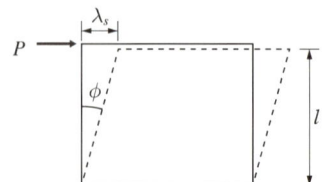

53 그림과 같은 파단면(A-1-3-4-B)에서 인장재의 순단면적은?(단, 구멍의 직경은 22mm이며 판의 두께는 6mm)

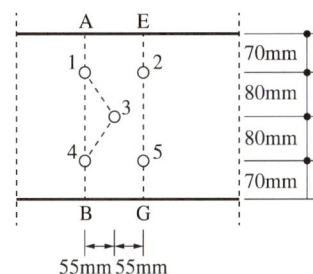

① 1,134mm² ② 1,327mm²
③ 1,517mm² ④ 1,542mm²

해설
순단면적은 순폭에 부재의 두께를 곱하여 구한다.
불규칙 배치(지그재그 배치)

$$A_n = A_g - ndt + \sum \frac{P^2}{4g}t$$

여기서, A_g : 전체 단면적(높이×두께)
  n : 파단선상의 볼트 구멍수
  t : 두께
  d : 볼트 구멍의 지름(ϕ+2mm 또는 3mm)
  P : 피치
  g : 게이지

조건에서 d=22, P=55, g=80, 2열이므로,
∴ $A_n = (300 \times 6) - (3 \times 22 \times 6) + \left(\frac{55^2}{4 \times 80} \times 6 \times 2\right)$
  ≒ 1,517.44mm²

54 강구조 조립압축재에 관한 설명으로 옳지 않은 것은?

① 끼판, 띠판, 래티스 형식(단일 래티스, 복래티스) 등이 있다.
② 래티스 형식에서 세장비는 단일 래티스는 120 이하, 복래티스는 280 이하이다.
③ 부재의 축에 대한 래티스 부재의 경사각은 단일 래티스의 경우 60° 이상으로 한다.
④ 평강, ㄱ형강, ㄷ형강이 래티스로 사용된다.

해설
단일 래티스 부재 세장비$\left(\frac{L}{r}\right)$는 140 이하, 복래티스의 경우에는 200 이하로 하며, 그 교차점을 접합한다.
(단일 래티스 : $\frac{L}{r} \leq 140$, 복래티스 : $\frac{L}{r} \leq 200$)

55 장주인 기둥에 중심축하중이 작용할 때 오일러의 좌굴하중 산정에 관한 설명으로 옳지 않은 것은?

① 기둥의 단면적이 큰 부재가 작은 부재보다 좌굴하중이 크다.
② 기둥의 단면 2차 모멘트가 큰 부재가 작은 부재보다 좌굴하중이 크다.
③ 기둥의 탄성계수가 큰 부재가 작은 부재보다 좌굴하중이 크다.
④ 기둥의 세장비가 큰 부재가 작은 부재보다 좌굴하중이 크다.

해설
기둥의 세장비가 작은 부재가 큰 부재보다 좌굴하중이 크다.

56 강도설계법에 의한 철근콘크리트 구조물 설계에서 고정하중 w_D = 4kN/m² 이고, 활하중 w_L = 5kN/m² 인 경우 소요강도 산정을 위한 계수하중 w_U는 얼마인가?

① 9kN/m²
② 10.6kN/m²
③ 12.8kN/m²
④ 15.3kN/m²

해설
$U = 1.2D + 1.6L$
$\quad = 1.2 \times 4 + 1.6 \times 5 = 12.8\text{kN/m}^2$

57 강구조의 구성부재 중 보에 관한 설명으로 옳지 않은 것은?

① 보는 휨과 전단에 의한 응력과 변형이 주로 발생한다.
② 보는 횡좌굴 방지를 고려할 필요가 없다.
③ 보는 부재의 단면형상으로는 H형 단면이 주로 사용하며, 박스형, I형, ㄷ형 단면이 사용되기도 한다.
④ 처짐에 대한 사용성이 확보되어야 한다.

해설
• 보는 휨과 전단에 의한 응력과 변형이 주로 발생하나 작용하중이 단면의 전단중심과 일치하지 않으면 비틀림이 발생하므로 횡좌굴 방지를 고려할 필요가 있다.
• 가새, Slab 등으로 횡방향 구속함으로써 변형을 방지한다.
횡좌굴 : 높이가 크고 폭이 좁은 H형강의 경우 압축측 플랜지가 횡좌굴이 생김과 동시에 비틀림이 발생한다. 이런 현상을 횡좌굴(Lateral Buckling), 횡-비틀림좌굴(Lateral Torsional Buckling) 또는 휨-비틀림좌굴(Bending Torsional Buckling)이라고 한다.

58 압축 이형철근의 정착길이에 관한 설명으로 옳지 않은 것은?

① 압축 이형철근의 정착길이는 항상 200mm 이상이어야 한다.
② 압축 이형철근의 정착에는 표준갈고리가 요구된다.
③ 압축 이형철근의 기본 정착길이는 철근직경이 커지면 증가한다.
④ 압축 이형철근의 기본 정착길이는 $0.043d_b f_y$ 이상이어야 한다.

해설
압축 이형철근의 정착길이
• 갈고리는 압축을 받는 경우 철근정착에 유효하지 않은 것으로 보아야 한다.
• 정착길이는 철근의 직경과 인장응력에 비례하고 부착강도에 반비례한다.

59 그림과 같은 3힌지 라멘의 수평반력을 구하면?

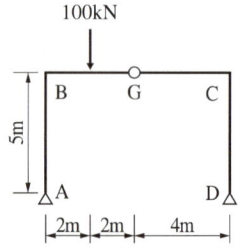

① $H_A = 20\text{kN}(\rightarrow),\ H_D = 20\text{kN}(\leftarrow)$
② $H_A = 20\text{kN}(\leftarrow),\ H_D = 20\text{kN}(\rightarrow)$
③ $H_A = 20\text{kN}(\rightarrow),\ H_D = 20\text{kN}(\rightarrow)$
④ $H_A = 20\text{kN}(\leftarrow),\ H_D = 20\text{kN}(\leftarrow)$

해설
• $\sum M_D = 0$; $(V_A \times 8) - (100 \times 6) = 0$
∴ $V_A = 75\text{kN}$
• $\sum M_G = 0$; $(75 \times 4) - (H_A \times 5) - (100 \times 2) = 0$
∴ $H_A = 20\text{kN}(\rightarrow)$
• $\sum H = 0$; $H_A - H_D = 0$
∴ $H_D = H_A = 20\text{kN}(\leftarrow)$

60 강도설계법에서 균형 철근비 $\rho_b = 0.03$이고, $b = 300mm$, $d = 500mm$일 때 최대 철근량은?(단, $E_s = 200,000MPa$, $f_y = 400MPa$, $f_{ck} = 24MPa$ 이다)

① $1,825mm^2$ ② $2,825mm^2$
③ $3,214mm^2$ ④ $4,525mm^2$

해설

※ 출제 시 정답은 ③이었으나 콘크리트구조 철근상세 설계기준 (KD S 14 20 20) 개정(22.1.1)으로 정답 없음
- 휨부재의 최소 허용변형률에 해당하는 철근비(SD400)

$$\rho_{max} = \frac{\varepsilon_c + \varepsilon_y}{\varepsilon_c + \varepsilon_{t,min}} \rho_b = \frac{0.0033 + 0.002}{0.0033 + 0.004} \rho_b ≒ 0.726 \rho_b$$

∴ $0.726 \rho_b = 0.726 \times 0.03 = 0.02178$

- 최대 철근량

$A_{s,max} = \rho_{max} \times b \times d$
$= 0.02178 \times 300 \times 500 ≒ 3,267mm^2$

62 펌프의 전양정이 100m, 양수량이 $12m^3$/h일 때, 펌프의 축동력은?(단, 펌프의 효율은 60%이다)

① 약 3.52kW
② 약 4.05kW
③ 약 4.52kW
④ 약 5.45kW

해설

펌프의 축동력 $= \frac{W \times Q \times H}{6,120 \times E}$ [kW]

$= \frac{1,000 \times 12 \times 100}{6,120 \times 0.6 \times 60} ≒ 5.45kW$

여기서, W : 비중량(kg/m^3), 물의 비중량 = $1,000kg/m^3$
Q : 양수량(m^3/min)
H : 전양정(m)
E : 효율(%)

제4과목 건축설비

61 열매가 온수인 경우, 표준상태(열매온도 80℃, 실온 18.5℃)에서 방열기 표면적 $1m^2$당 방열량은?

① 450W ② 523W
③ 650W ④ 756W

해설

온수의 표준방열량은 $1m^2$당 523W이다.

표준방열량

열매 종류	표준방열량		표준상태의 온도(℃)	
	kcal/m^2h	W/m^2	열매 온도	실내 온도
증 기	650	756	102	18.5
온 수	450	523	80	18.5

63 다음 중 환기횟수에 관한 설명으로 가장 알맞은 것은?

① 한 시간 동안에 창문을 여닫는 횟수를 의미한다.
② 하루 동안에 공조기를 작동하는 횟수를 의미한다.
③ 한 시간 동안의 환기량을 실의 용적으로 나눈 값이다.
④ 하루 동안의 환기량을 실의 면적으로 나눈 값이다.

해설

환기횟수 : 실용적에 대한 1시간 동안의 환기량

64 공기조화 방식 중 이중 덕트 방식에 관한 설명으로 옳지 않은 것은?

① 전공기 방식의 특성이 있다.
② 혼합상자에서 소음과 진동이 발생할 수 있다.
③ 냉·온풍을 혼합 사용하므로 에너지 절감 효과가 크다.
④ 부하특성이 다른 다수의 실이나 존에도 적용할 수 있다.

해설
이중 덕트 방식은 냉온풍의 혼합으로 인한 혼합손실이 있어서 에너지 소비량이 많다.

65 다음의 통기방식 중 트랩마다 통기되기 때문에 가장 안정도가 높은 방식은?

① 각개 통기방식
② 루프 통기방식
③ 신정 통기방식
④ 결합 통기방식

해설
각개 통기관은 각 위생 기구마다 통기구를 설치한 방식으로 가장 안정도가 높다.

66 다음 중 통기관을 설치하여도 트랩의 봉수파괴를 막을 수 없는 것은?

① 분출작용에 의한 봉수파괴
② 자기 사이펀에 의한 봉수파괴
③ 유도 사이펀에 의한 봉수파괴
④ 모세관 현상에 의한 봉수파괴

해설
모세관 현상에 의한 봉수파괴는 이물질이 없어야 한다.
모세관 현상
• 머리카락, 걸레를 타고 물이 흘러내리는 현상
• 내면을 미끄러운 재료로 하고, 이물질 제거
• 방지법 : 거름망 설치로 이물질 투입 방지

67 다음 중 조명설계의 순서에서 가장 먼저 이루어져야 하는 사항은?

① 광원의 선정
② 조명 방식의 선정
③ 소요 조도의 결정
④ 조명 기구의 결정

해설
조명설계 순서
소요 조도의 결정 → 전등 종류의 결정 → 조명 방식과 조명 기구의 선정 → 광속의 계산 → 광원의 크기와 배치

68 공기조화 방식 중 전공기 방식의 일반적 특징으로 옳지 않은 것은?

① 중간기에 외기냉방이 가능하다.
② 실내에 배관으로 인한 누수의 염려가 없다.
③ 덕트 스페이스가 필요 없으며 공조실의 면적이 작다.
④ 팬코일 유닛과 같은 기구의 노출이 없어 실내 유효면적을 넓힐 수 있다.

해설
전공기 방식은 큰 덕트 스페이스가 필요하며 공조실이 넓어야 한다.

69 스프링클러설비의 배관에 관한 설명으로 옳지 않은 것은?

① 가지배관은 각 층을 수직으로 관통하는 수직배관이다.
② 교차배관이란 직접 또는 수직배관을 통하여 가지배관에 급수하는 배관이다.
③ 급수배관은 수원 및 옥외송수구로부터 스프링클러 헤드에 급수하는 배관이다.
④ 신축배관은 가지배관과 스프링클러 헤드를 연결하는 구부림이 용이하고 유연성을 가진 배관이다.

해설
가지배관 : 스프링클러 헤드가 설치되어 있는 배관
주배관 : 각 층을 수직으로 관통하는 배관

70 물의 경도는 물속에 녹아 있는 염류의 양을 무엇의 농도로 환산하여 나타낸 것인가?

① 탄산칼륨   ② 탄산칼슘
③ 탄산나트륨   ④ 탄산마그네슘

해설
물의 경도는 물속에 녹아 있는 칼슘, 마그네슘 등의 양을 이에 대응하는 탄산칼슘의 농도로 환산하여 표시한다.

71 다음 설명에 알맞은 간선의 배선 방식은?

- 경제적이나 1개소의 사고가 전체에 영향을 미친다.
- 각 분전반별로 동일전압을 유지할 수 없다.

① 평행식   ② 루프식
③ 나뭇가지식   ④ 나뭇가지 평행식

해설
나뭇가지식(수지상식) : 한 개의 간선이 각 분전반을 거쳐 가며 공급하는 방식으로써, 경제적이지만 1개소의 사고가 전체에 영향을 미치게 된다. 넓게 분산된 구역의 소규모 건물에 적합하다.

72 수동으로 회로를 개폐하고, 미리 설정된 전류의 과부하에서 자동적으로 회로를 개방하는 장치로 정격의 범위 내에서 적절히 사용하는 경우 자체에 어떠한 손상을 일으키지 않도록 설계된 장치는?

① 캐비닛   ② 차단기
③ 단로스위치   ④ 절환스위치

해설
차단기 : 전류의 과부하에 대해서 자동적으로 회로를 개방하는 장치

73 보일러의 상용출력을 가장 올바르게 표현한 것은?

① 급탕부하 + 난방부하 + 배관부하
② 급탕부하 + 배관부하 + 예열부하
③ 난방부하 + 배관부하 + 예열부하
④ 급탕부하 + 난방부하 + 배관부하 + 예열부하

해설
정격출력 = 급탕부하 + 난방부하 + 배관부하 + 예열부하
상용출력 = 급탕부하 + 난방부하 + 배관부하

74 LPG의 일반적 특성으로 옳지 않은 것은?

① 발열량이 크다.
② 순수한 LPG는 무색 무취이다.
③ 연소 시 다량의 공기가 필요하다.
④ 공기보다 가볍기 때문에 안전성이 높다.

해설
LPG는 공기보다 무거우며 샐 경우 바닥에 깔려 위험하다.

정답 69 ① 70 ② 71 ③ 72 ② 73 ① 74 ④

75 압축식 냉동기의 냉동사이클을 올바르게 표현한 것은?

① 압축 → 응축 → 팽창 → 증발
② 압축 → 팽창 → 응축 → 증발
③ 응축 → 증발 → 팽창 → 압축
④ 팽창 → 증발 → 응축 → 압축

해설
압축식 냉동기 : 압축기 - 응축기 - 팽창밸브 - 증발기

76 옥내의 은폐장소로서 건조한 콘크리트 바닥면에 매입 사용되는 것으로, 사무용 건물 등에 채용되는 배선방법은?

① 버스덕트 배선
② 금속몰드 배선
③ 금속덕트 배선
④ 플로어덕트 배선

해설
플로어덕트 배선은 콘크리트 바닥면에 매입 사용되는 것으로, 사무용 건물 등에 사용된다.

77 정화조에서 호기성균에 의해 오물을 분해 처리하는 곳은?

① 부패조
② 여과기
③ 산화조
④ 소독조

해설
부패탱크식 오수정화조에서 산화조는 호기성균으로 산화를 촉진한다.

78 난방 방식에 관한 설명으로 옳은 것은?

① 증기난방은 온수난방에 비해 예열시간이 길다.
② 온수난방은 증기난방에 비해 방열온도가 높으며 장치의 열용량이 작다.
③ 복사난방은 실을 개방상태로 하였을 때 난방효과가 없다는 단점이 있다.
④ 온풍난방은 가열 공기를 보내어 난방 부하를 조달함과 동시에 습도의 제어도 가능하다.

해설
① 증기난방은 온수난방에 비해 예열시간이 짧다.
② 온수난방은 증기난방에 비해 방열온도가 낮으며 장치의 열용량이 크다.
③ 복사난방은 실을 개방하여도 난방효과가 있다.

79 양수량이 1.0m³/min인 펌프에서 회전수를 원래보다 10% 증가시켰을 경우의 양수량은?

① $1.0 m^3/min$
② $1.1 m^3/min$
③ $1.2 m^3/min$
④ $1.3 m^3/min$

해설
펌프의 양수량은 회전수에 비례한다.
따라서, $1.0 m^3/min \times 1.1 = 1.1 m^3/min$이 된다.

80 습공기를 가열하였을 경우, 상태값이 감소하는 것은?

① 비체적
② 상대습도
③ 습구온도
④ 절대습도

해설
습공기를 가열하면 상대습도는 감소하고 절대습도는 변하지 않는다.

제5과목 건축관계법규

81 다음은 지하층과 피난층 사이의 개방공간 설치에 관한 기준 내용이다. ( ) 안에 알맞은 것은?

> 바닥면적의 합계가 ( ) 이상인 공연장·집회장·관람장 또는 전시장을 지하층에 설치하는 경우에는 각 실에 있는 자가 지하층 각 층에서 건축물 밖으로 피난하여 옥외계단 또는 경사로 등을 이용하여 피난층으로 대피할 수 있도록 천장이 개방된 외부 공간을 설치하여야 한다.

① 1,000m² ② 3,000m²
③ 5,000m² ④ 10,000m²

해설
지하층 개방공간 설치 대상 : 바닥면적 합계가 3,000m² 이상인 공연장·집회장·관람장 또는 전시장을 지하층에 설치하는 경우

82 다음과 같은 대지의 대지면적은?

① 160m² ② 180m²
③ 200m² ④ 210m²

해설
전면도로는 최소 4m 이상이어야 하므로, 대지에서 2m를 후퇴하여야 한다.
따라서, (10−2)×20 = 160m²

83 건축물의 용도 분류상 자동차 관련 시설에 속하지 않는 것은?

① 주유소 ② 매매장
③ 세차장 ④ 정비학원

해설
주유소는 위험물 저장 및 처리시설에 포함된다.
건축물의 용도 분류상 자동차 관련 시설(건축법 시행령 별표1)
• 주차장
• 세차장
• 폐차장
• 검사장
• 매매장
• 정비공장
• 운전학원 및 정비학원
• 차고 및 주기장
• 전기자동차 충전소로서 제1종 근린생활시설에 해당하지 않는 것

84 연면적 200m²를 초과하는 건축물에 설치하는 계단의 설치 기준에 관한 내용이 틀린 것은?

① 높이가 1m를 넘는 계단 및 계단참의 양옆에는 난간을 설치할 것
② 너비가 4m를 넘는 계단에는 계단의 중간에 너비 4m 이내마다 난간을 설치할 것
③ 높이가 3m를 넘는 계단에는 높이 3m 이내마다 유효너비 120cm 이상의 계단참을 설치할 것
④ 계단의 유효 높이(계단의 바닥 마감면부터 상부 구조체의 하부 마감면까지의 연직방향의 높이)는 2.1m 이상으로 할 것

해설
너비가 3m를 넘는 계단에는 계단의 중간에 너비 3m 이내마다 난간을 설치할 것(건축물의 피난·방화구조 등의 기준에 관한 규칙 제15조)

85 다음 중 방화구조에 해당하지 않는 것은?

① 철망 모르타르로서 그 바름두께가 1.5cm인 것
② 시멘트 모르타르 위에 타일을 붙인 것으로서 그 두께의 합계가 2.5cm인 것
③ 석고판 위에 회반죽을 바른 것으로서 그 두께의 합계가 2.5cm인 것
④ 석고판 위에 시멘트 모르타르를 바른 것으로서 그 두께의 합계가 2.5cm인 것

해설
방화구조(건축물의 피난·방화구조 등의 기준에 관한 규칙 제4조)
- 시멘트모르타르 위에 타일을 붙인 것으로서 그 두께의 합계가 2.5cm 이상인 것
- 철망모르타르로서 그 바름두께가 2cm 이상인 것
- 석고판 위에 시멘트모르타르 또는 회반죽을 바른 것으로서 그 두께의 합계가 2.5cm 이상인 것

86 주거에 쓰이는 바닥면적의 합계가 550m²인 주거용 건축물의 먹는물용 급수관 지름은 최소 얼마 이상이어야 하는가?

① 20mm　　② 30mm
③ 40mm　　④ 50mm

해설
주거에 쓰이는 바닥면적의 합계가 500m² 초과일 경우 17가구로 산정하며, 따라서 먹는물용 급수관 지름은 50mm 이상이어야 한다.

가구, 세대수	1	2~3	4~5	6~8	9~16	17 이상
급수관 지름의 최소 기준(mm)	15	20	25	32	40	50

87 건축법에 따른 제1종 근린생활시설로서 해당 용도에 쓰이는 바닥면적의 합계가 최대 얼마 미만인 경우 제2종 전용주거지역 안에서 건축할 수 있는가?

① 500m²　　② 1,000m²
③ 1,500m²　　④ 2,000m²

해설
제1종 근린생활시설로서 바닥면적 합계 1,000m² 미만인 경우 제2종 전용주거지역 안에서 건축할 수 있다.

88 국토교통부장관 또는 시·도지사는 도시나 지역의 일부가 특별건축구역으로 특례 적용이 필요하다고 인정하는 경우에는 특별건축구역을 지정할 수 있는데, 다음 중 국토교통부장관이 지정하는 경우에 속하는 것은?(단, 관계 법령에 따른 국가정책사업의 경우는 고려하지 않는다)

① 국가가 국제행사 등을 개최하는 도시 또는 지역의 사업구역
② 지방자치단체가 국제행사 등을 개최하는 도시 또는 지역의 사업구역
③ 관계 법령에 따른 건축문화 진흥사업으로서 건축물 또는 공간환경을 조성하기 위하여 대통령령으로 정하는 사업구역
④ 관계 법령에 따른 도시개발·도시재정비사업으로서 건축물 또는 공간환경을 조성하기 위하여 대통령령으로 정하는 사업구역

해설
국가가 국제행사 등을 개최하는 도시 또는 지역의 사업구역에서 특별건축구역을 지정할 수 있다.

정답 85 ① 86 ④ 87 ② 88 ①

89 다음 중 6층 이상의 거실면적의 합계가 10,000m²인 경우 설치하여야 하는 승용 승강기의 최소 대수가 가장 많은 것은?(단, 15인승 승용 승강기의 경우)

① 의료시설 ② 숙박시설
③ 노유자시설 ④ 교육연구시설

해설
승용 승강기 최소 설치 대수
- 의료시설 : 2대 + $\dfrac{10{,}000\text{m}^2 - 3{,}000\text{m}^2}{2{,}000\text{m}^2} = 5.5 = 6$대
- 숙박시설 : 1대 + $\dfrac{10{,}000\text{m}^2 - 3{,}000\text{m}^2}{2{,}000\text{m}^2} = 4.5 = 5$대
- 노유자시설 : 1대 + $\dfrac{10{,}000\text{m}^2 - 3{,}000\text{m}^2}{3{,}000\text{m}^2} \fallingdotseq 3.3 = 4$대
- 교육연구시설 : 1대 + $\dfrac{10{,}000\text{m}^2 - 3{,}000\text{m}^2}{3{,}000\text{m}^2} \fallingdotseq 3.3 = 4$대

90 대통령령으로 정하는 용도와 규모의 건축물에 일반이 사용할 수 있도록 대통령령으로 정하는 기준에 따라 소규모 휴식시설 등의 공개공지 또는 공개공간을 설치하여야 하는 대상 지역에 속하지 않는 것은?(단, 특별자치시장·특별자치도지사 또는 시장·군수·구청장이 도시화의 가능성이 크거나 노후 산업단지의 정비가 필요하다고 인정하여 지정·공고하는 지역은 제외)

① 준주거지역 ② 준공업지역
③ 전용주거지역 ④ 일반주거지역

해설
공개공지 확보 대상 지역
- 일반주거지역
- 준주거지역
- 상업지역
- 준공업지역
- 도시화 가능성이 크다고 인정한 지정·공고 지역

91 건축물의 설비기준 등에 관한 규칙에 따라 피뢰설비를 설치하여야 하는 건축물의 높이 기준은?

① 15m 이상
② 20m 이상
③ 31m 이상
④ 41m 이상

해설
피뢰설비(건축물의 설비기준 등에 관한 규칙 제20조)
낙뢰의 우려가 있는 건축물, 높이 20m 이상의 건축물 또는 높이 20m 이상의 공작물에는 피뢰설비를 설치해야 한다.

92 건축물의 높이가 100m일 때 건축물의 건축과정에서 허용되는 건축물의 높이 오차의 범위는?

① ±1.0m 이내
② ±1.5m 이내
③ ±2.0m 이내
④ ±3.0m 이내

해설
건축물의 높이 허용오차 범위는 2% 이내이며, 1m를 초과할 수 없다.
따라서 ±1.0m 이내가 된다.

93 다음은 부설주차장의 인근 설치에 관한 기준 내용이다. 밑줄 친 '대통령령으로 정하는 규모' 기준으로 옳은 것은?

> 부설주차장이 <u>대통령령으로 정하는 규모</u> 이하이면 시설물의 부지 인근에 단독 또는 공동으로 부설주차장을 설치할 수 있다.

① 주차대수 100대의 규모
② 주차대수 200대의 규모
③ 주차대수 300대의 규모
④ 주차대수 400대의 규모

해설
부설주차장 주차대수가 300대의 규모 이하인 경우 시설물의 부지 인근에 단독 또는 공동으로 부설주차장을 설치할 수 있다(주차장법 시행령 제7조).

94 노외주차장에 설치할 수 있는 부대시설의 종류에 속하지 않는 것은?(단, 특별자치도·시·군 또는 자치구의 조례로 정하는 이용자 편의시설은 제외)

① 휴게소
② 관리사무소
③ 고압가스 충전소
④ 전기자동차 충전시설

해설
※ 관련 법령 개정으로 문제 지문이 다음과 같이 변경되었습니다.
특별자치도·시·군 또는 자치구의 조례 → 시·군 또는 구의 조례
고압가스 충전소는 위험물 저장 및 처리시설이다.
노외주차장의 구조·설비기준(주차장법 시행규칙 제6조)
노외주차장에 설치할 수 있는 부대시설은 다음과 같다.
• 관리사무소, 휴게소 및 공중화장실
• 간이매점, 자동차 장식품 판매점 및 전기자동차 충전시설, 태양광발전시설, 집배송시설
• 주유소
• 노외주차장의 관리·운영상 필요한 편의시설
• 이용자 편의시설

95 건축물을 건축하고자 하는 자가 사용승인을 받는 즉시 건축물의 내진능력을 공개하여야 하는 대상 건축물의 연면적 기준은?(단, 목구조 건축물이 아닌 경우)

① 100m² 이상
② 200m² 이상
③ 300m² 이상
④ 400m² 이상

해설
연면적 기준으로 다음의 경우 내진능력을 공개하여야 한다.
• 200m² 이상인 건축물(목구조인 경우 500m² 이상)
• 창고, 축사, 작물재배사, 표준설계도서 건축물 제외

96 도심·부도심의 상업기능 및 업무기능의 확충을 위하여 지정하는 상업지역의 세분은?

① 중심상업지역
② 일반상업지역
③ 근린상업지역
④ 유통상업지역

해설
용도지역의 세분(국토의 계획 및 이용에 관한 법률 시행령 제30조)
• 중심상업지역 : 도심·부도심의 상업기능 및 업무기능의 확충을 위하여 필요한 지역
• 일반상업지역 : 일반적인 상업기능 및 업무기능을 담당하게 하기 위하여 필요한 지역
• 근린상업지역 : 근린지역에서의 일용품 및 서비스의 공급을 위하여 필요한 지역
• 유통상업지역 : 도시 내 및 지역간 유통기능의 증진을 위하여 필요한 지역

97 그림과 같은 도로 모퉁이에서 건축선의 후퇴길이 '*a*'는?

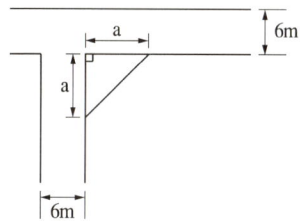

① 2m   ② 3m
③ 4m   ④ 5m

해설
교차각은 90°이고 6m 이상 도로에 해당되므로 각각 3m를 모퉁이에서 후퇴하여야 한다.

너비 8m 미만인 도로 모퉁이에서 건축선 후퇴길이

도로의 교차각	해당 도로의 너비(m)		교차되는 도로의 너비
	6m 이상~8m 미만	4m 이상~6m 미만	
90° 미만	4	3	6m 이상~8m 미만
	3	2	4m 이상~6m 미만
90° 이상~120° 미만	3	2	6m 이상~8m 미만
	2	2	4m 이상~6m 미만

98 건축물을 특별시나 광역시에 건축하려는 경우 특별시장이나 광역시장의 허가를 받아야 하는 대상 건축물의 규모 기준은?

① 층수가 21층 이상이거나 연면적의 합계가 100,000m² 이상인 건축물
② 층수가 21층 이상이거나 연면적의 합계가 300,000m² 이상인 건축물
③ 층수가 41층 이상이거나 연면적의 합계가 100,000m² 이상인 건축물
④ 층수가 41층 이상이거나 연면적의 합계가 300,000m² 이상인 건축물

해설
층수가 21층 이상이거나 연면적의 합계가 100,000m² 이상인 건축물은 특별시나 광역시에 건축하려는 경우 특별시장이나 광역시장의 허가를 받아야 한다.

99 공동주택의 거실 반자의 높이는 최소 얼마 이상으로 하여야 하는가?

① 2.0m   ② 2.1m
③ 2.7m   ④ 3.0m

해설
거실의 반자 설치 높이

거실의 용도		반자 높이
모든 건축물		
예외 : 공장, 창고시설, 위험물저장 및 처리시설, 동물 및 식물 관련 시설, 자원순환시설, 묘지 관련 시설		2.1m 이상
• 문화 및 집회시설(전시장, 동식물원 제외) • 종교시설 • 장례식장 • 위락시설 중 유흥주점	해당 바닥면적이 200m² 이상(예외 : 기계환기장치를 설치한 경우)	4.0m 이상 노대 아랫부분 2.7m 이상

100 바닥면적 산정 기준에 관한 내용으로 틀린 것은?

① 층고가 2.0m 다락은 바닥면적에 산입하지 아니한다.
② 승강기탑, 계단탑은 바닥면적에 산입하지 아니한다.
③ 공동주택으로서 지상층에 설치한 기계실의 면적은 바닥면적에 산입하지 아니한다.
④ 벽·기둥의 구획이 없는 건축물은 그 지붕 끝부분으로부터 수평거리 1m를 후퇴한 선으로 둘러싸인 수평투영면적으로 한다.

해설
층고가 1.5m 이하인 다락은 바닥면적에 산입하지 아니하며, 경사진 형태의 지붕인 경우에는 가중평균한 높이가 1.8m 이하인 경우 바닥면적에 산입하지 않는다(건축법 시행령 제119조).

2020년 제3회 과년도 기출문제

제1과목 건축계획

01 공동주택의 단면형 중 스킵플로어(Skip Floor) 형식에 관한 설명으로 옳은 것은?

① 하나의 단위주거의 평면이 2개 층에 걸쳐 있는 것으로 듀플렉스형이라고도 한다.
② 하나의 단위주거의 평면이 3개 층에 걸쳐 있는 것으로 트리플렉스형이라고도 한다.
③ 주거단위가 동일층에 한하여 구성되는 형식이며, 각 층에 통로 또는 엘리베이터를 설치하게 된다.
④ 주거단위의 단면을 단층형과 복층형에서 동일층으로 하지 않고 반 층씩 어긋나게 하는 형식을 말한다.

[해설]
스킵플로어(Skip Floor) 형식
- 각 주호는 반층 높이 차이로 구성된다.
- 엘리베이터 정지 층수를 적게 할 수 있다.
- 복도(통로)로 사용되는 면적이 줄어들어 유효면적이 증대된다.

02 주택 부엌의 작업대 배치 방식 중 L형 배치에 관한 설명으로 옳지 않은 것은?

① 정방형 부엌에 적합한 유형이다.
② 부엌과 식당을 겸하는 경우 활용이 가능하다.
③ 작업대의 코너 부분에 개수대 또는 레인지를 설치하기 곤란하다.
④ 분리형이라고도 하며, 모든 방향에서 작업대의 접근 및 이용이 가능하다.

[해설]
아일랜드 형식: 분리형이라고도 하며, 모든 방향에서 작업대의 접근 및 이용이 가능하다.

03 아파트 단지 내 주동배치 시 고려하여야 할 사항으로 옳지 않은 것은?

① 단지 내 커뮤니티가 자연스럽게 형성되도록 한다.
② 주동 배치계획에서 일조, 풍향, 방화 등에 유의해야 한다.
③ 옥외주차장을 이용하여 충분한 오픈 스페이스를 확보한다.
④ 다양한 배치기법을 통하여 개성적인 생활공간으로서의 옥외공간이 되도록 한다.

[해설]
단지 내의 주차장은 지하의 옥내주차장을 이용하게 하며, 지상에는 충분한 오픈 스페이스를 확보한다.

04 상점 건축의 진열창 계획에 관한 설명으로 옳은 것은?

① 밝은 조도를 얻기 위하여 광원을 노출한다.
② 내부 조명은 전반 조명만 사용하는 것을 원칙으로 한다.
③ 진열창의 내부 조도를 외부보다 낮게 하여 눈부심을 방지한다.
④ 외부에 면하는 진열창의 유리로 페어 글라스를 사용하는 경우 결로 방지에 효과가 있다.

[해설]
① 눈부심 방지를 위해 광원을 노출하지 않는다.
② 내부 조명은 전반 조명 및 국부 조명을 혼용한다.
③ 진열창의 내부 조도를 외부보다 높게 하여 눈부심을 방지한다.

정답 1 ④ 2 ④ 3 ③ 4 ④

05 학교의 강당 및 체육관에 관한 설명으로 옳은 것은?

① 체육관의 규모는 표준 배구코트를 둘 수 있는 크기가 필요하다.
② 강당은 반드시 전교생 전원을 수용할 수 있도록 크기를 결정한다.
③ 강당의 진입계획에서 학교 외부로부터의 동선을 별도로 고려하지 않는다.
④ 강당을 체육관과 겸용할 경우에는 일반적으로 체육관 기능을 중심으로 계획한다.

해설
강당과 체육관을 겸용할 경우 사용빈도가 높은 체육관을 중심으로 계획한다.

06 사무소 건축의 코어(Core)에 관한 설명으로 옳지 않은 것은?

① 독립코어는 방재상 유리하다.
② 독립코어는 사무실 공간 배치가 자유롭다.
③ 편심코어는 기준층 바닥면적이 작은 경우에 적합하다.
④ 중심코어는 바닥면적이 큰 고층, 초고층 사무소에 적합하다.

해설
독립코어형은 방재상 불리하며 바닥면적이 커지면 피난시설을 포함한 서브코어가 필요하다.

07 백화점에 설치하는 에스컬레이터에 관한 설명으로 옳지 않은 것은?

① 수송량에 비해 점유면적이 작다.
② 설치 시 층고 및 보의 간격에 영향을 받는다.
③ 비상계단으로 사용할 수 있어 방재계획에 유리하다.
④ 교차식 배치는 연속적으로 승강이 가능한 형식이다.

해설
에스컬레이터는 비상계단으로 사용하지 않으며, 화재 시 연기가 각 층으로 이동할 수 있으므로 방재계획으로써 방화셔터를 설치한다.

08 아파트의 평면 형식 중 계단실형에 관한 설명으로 옳은 것은?

① 집중형에 비해 부지의 이용률이 높다.
② 복도형에 비해 프라이버시에 유리하다.
③ 다른 유형보다 독신자 아파트에 적합하다.
④ 중복도형에 비해 1대의 엘리베이터에 대한 이용 가능한 세대수가 많다.

해설
① 집중형에 비해 부지의 이용률이 낮다.
③ 중복도 형식이 독신자 아파트에 적합하다.
④ 중복도형에 비해 1대의 엘리베이터에 대한 이용가능한 세대수가 적다.

09 연립주택의 종류 중 타운 하우스에 관한 설명으로 옳지 않은 것은?

① 배치상의 다양성을 줄 수 있다.
② 각 주호마다 자동차의 주차가 용이하다.
③ 프라이버시 확보는 조경을 통하여서도 가능하다.
④ 토지 이용 및 건설비, 유지관리비의 효율성은 낮다.

해설
단독주택에 비해 토지 이용 및 건설비, 유지관리비의 효율성이 높다.

정답 5 ④ 6 ① 7 ③ 8 ② 9 ④

10 다음 중 공간의 레이아웃(Layout)과 가장 밀접한 관계를 가지고 있는 것은?

① 재료계획
② 동선계획
③ 설비계획
④ 색채계획

해설
공장의 레이아웃(Layout)은 생산에 필요한 모든 공정, 기계 기구를 제품의 흐름에 따라 배치하는 방식으로, 제품이 생산되는 동선계획과 밀접히 관계된다.

11 학교 교실의 배치 방식 중 클러스터형(Cluster Type)에 관한 설명으로 옳지 않은 것은?

① 각 학급의 전용의 홀로 구성된다.
② 전체 배치에 융통성을 발휘할 수 있다.
③ 복도의 면적이 커지며 소음의 발생이 크다.
④ 교실을 소단위로 분리하여 설치하는 방식을 말한다.

해설
클러스터형 : 교실을 소단위로 그룹화하고 계단으로부터 연결되는 홀에서 교실로 이동하는 형식이다. 홀을 통해 이동하므로 복도의 면적이 감소되고 소음의 발생이 줄어든다.

12 다음 중 사무소 건축계획에서 코어시스템(Core System)을 채용하는 이유와 가장 거리가 먼 것은?

① 구조적인 이점
② 피난상의 유리
③ 임대면적의 증가
④ 설비계통의 집중

해설
피난상의 유리함은 직접적인 이유와 거리가 멀다.

13 1주간의 평균 수업시간이 36시간인 어느 학교에서 제도실이 사용되는 시간이 1주에 28시간이며, 이 중 18시간은 제도수업으로, 10시간은 구조강의로 사용되었다면, 제도실의 이용률과 순수율은 각각 얼마인가?

① 이용률 : 80%, 순수율 : 35.7%
② 이용률 : 80%, 순수율 : 64.3%
③ 이용률 : 51.4%, 순수율 : 35.7%
④ 이용률 : 51.4%, 순수율 : 64.3%

해설
$$\text{이용률} = \frac{\text{실제 이용시간}}{\text{평균 수업시간}} \times 100(\%)$$
$$= \frac{28}{35} \times 100 = 80\%$$
$$\text{순수율} = \frac{\text{해당 교과목 수업시간}}{\text{실제 교실 이용시간}} \times 100(\%)$$
$$= \frac{18}{28} \times 100 ≒ 64.3\%$$

14 주택의 각 실에 있어서 다음 중 유틸리티 공간(Utility Area)과 가장 밀접한 관계가 있는 곳은?

① 서재
② 부엌
③ 현관
④ 응접실

해설
유틸리티 공간(Utility Area)은 부엌과 가까이 위치한다.

15 상점계획에 관한 설명으로 옳지 않은 것은?

① 고객의 동선은 원활하게 하면서 가급적 길게 하는 것이 좋다.
② 쇼윈도의 바닥높이는 상품의 종류에 따라 높낮이를 결정하게 된다.
③ 상점 내부의 국부조명은 자유롭게 수량, 방향, 위치를 변경할 수 있도록 한다.
④ 종업원 동선은 고객의 동선과 교차되는 것이 바람직하고, 가급적 보행거리를 길게 한다.

해설
종업원 동선은 고객의 동선과 교차하지 않아야 하고, 단순하고 짧게 계획한다.

16 다음 중 주택에서 가사노동의 경감을 위한 방법과 가장 거리가 먼 것은?

① 설비를 좋게 하고 되도록 기계화할 것
② 능률이 좋은 부엌시설이나 가사실을 갖출 것
③ 평면에서의 주부의 동선이 단축되도록 할 것
④ 청소 등의 노력을 절감하기 위하여 좁은 주거로 계획할 것

해설
청소 등의 노력을 절감하기 위하여 필요 이상 넓은 주거로 계획하지 않는다.

17 한식주택의 특징으로 옳지 않은 것은?

① 단일용도의 실
② 좌식생활 기준
③ 위치별 실의 구분
④ 가구는 부차적 존재

해설
한식주택은 실이 혼합용도를 가지고, 양식주택에서는 단일용도를 가진다.

18 사무소 건축의 엘리베이터 계획에 관한 설명으로 옳지 않은 것은?

① 수량 계산 시 대상 건축물의 교통수요량에 적합해야 한다.
② 승객의 층별 대기시간은 평균 운전간격 이하가 되게 한다.
③ 초고층, 대규모 빌딩인 경우는 서비스 그룹을 분할하여서는 안 된다.
④ 건축물의 출입층이 2개 층이 되는 경우는 각각의 교통 수요량 이상이 되도록 한다.

해설
초고층, 대규모인 경우는 원활한 서비스를 위해 분할(조닝)을 고려한다.

19 공장 건축의 배치 형식 중 분관식에 관한 설명으로 옳지 않은 것은?

① 통풍 및 채광이 양호하다.
② 공장의 확장이 거의 불가능하다.
③ 각 동의 건설을 병행할 수 있으므로 조기 완성이 가능하다.
④ 각각의 건물에 대해 건축 형식 및 구조를 다르게 할 수 있다.

해설
분관식은 집중식에 비해 공장의 신설 및 확장이 비교적 용이하다.

20 다음 중 사무소 건축에서 기준층 층고의 결정 요소와 가장 거리가 먼 것은?

① 채광률
② 사용목적
③ 공조시스템
④ 엘리베이터의 용량

해설
엘리베이터의 배치, 수량 등을 고려해야 한다.

제2과목 건축시공

21 60cm×40cm×45cm인 화강석 200개를 8ton 트럭으로 운반하고자 할 때 필요한 차의 대수는? (단, 화강석의 비중은 약 2.70이다)

① 6대 ② 8대
③ 10대 ④ 12대

해설
중량 = 체적×비중×개수
= (0.6m×0.4m×0.45m)×2.7×200 = 58.32m³
58.32÷8 = 7.29이므로 8대가 필요하다.

22 종래의 단순한 시공업과 비교하여 건설사업의 발굴 및 기획, 설계, 시공, 유지관리에 이르기까지 사업전반에 관한 것을 종합, 기획, 관리하는 업무영역의 확대를 무엇이라고 하는가?

① EC ② LCC
③ CALS ④ JIT

해설
EC(Engineering Construction, 종합건설업제도) : 건설 프로젝트를 하나의 흐름으로 보아 건설사업의 발굴, 기획, 타당성 조사, 설계, 시공, 유지관리까지 업무영역을 확대하는 것

23 다음 중 철골공사 시 주각부의 앵커볼트 설치와 관련된 공법은?

① 고름모르타르 공법
② 부분 그라우팅 공법
③ 전면 그라우팅 공법
④ 가동매입공법

해설
철골공사 시 주각부의 앵커볼트 매입방법
- 고정매입법
- 가동매입법
- 나중매입법

24 회반죽의 재료가 아닌 것은?

① 명 반 ② 해초풀
③ 여 물 ④ 소석회

해설
명반(황산알루미늄)은 경화가 느린 무수석고 등에 촉진제로 넣어서 응결을 빠르게 할 때 사용한다.
회반죽의 주재료 : 소석회, 모래, 해초풀, 여물 등

25 다음 용어 중 지반조사와 관계없는 것은?

① 표준관입시험
② 보 링
③ 골재의 표면적 시험
④ 지내력 시험

해설
골재의 표면적 시험은 배합설계에 관계되며 작업성 및 접착력이 달라질 수 있다. 골재의 표면적을 작게(골재의 최대 치수를 크게) 하면 부배합이 되므로 워커빌리티가 좋아진다.

26 콘크리트를 혼합할 때 염화마그네슘($MgCl_2$)을 혼합하는 이유는?

① 콘크리트의 비빔 조건을 좋게 하기 위함이다.
② 방수성을 증가시키기 위함이다.
③ 강도를 증가시키기 위함이다.
④ 얼지 않게 하기 위함이다.

해설
염화마그네슘($MgCl_2$)을 콘크리트에 혼합하여 얼지 않게 하기 위함(동결 방지)이다.

정답 21 ② 22 ① 23 ④ 24 ① 25 ③ 26 ④

27 다음 중 건축용 단열재와 가장 거리가 먼 것은?

① 테라코타
② 펄라이트판
③ 세라믹 섬유
④ 연질섬유판

해설
테라코타(Terracotta)
- 천연 점토와 순수한 물을 이용해 1,200℃ 이상 고온에서 장시간 소성한 제품으로 친환경적인 건축 외장자재
- 자연스러운 무늬결로 만들 수 있으며 부드러운 시각적 효과를 줄 수 있다.

28 유리제품 중 사용성의 주목적이 단열성과 가장 거리가 먼 것은?

① 기포유리(Foam Glass)
② 유리섬유(Glass Fiber)
③ 프리즘 유리(Prism Glass)
④ 복층유리(Pair Glass)

해설
프리즘 유리(Prism Glass) : 투사광선의 방향을 변화시키거나 집중 또는 확산시킬 목적으로 프리즘의 이론을 응용하여 만든 유리제품이며, 주로 지하실 또는 지붕 등의 채광용으로 쓰인다.

29 바차트와 비교한 네트워크 공정표의 장점이라고 볼 수 없는 것은?

① 작업 상호 간의 관련성을 알기 쉽다.
② 공정계획의 작성시간이 단축된다.
③ 공사의 진척관리를 정확히 실시할 수 있다.
④ 공기단축 가능요소의 발견이 용이하다.

해설
네트워크 공정표는 다른 공정표에 비해 작성시간이 많이 걸리며, 작성 및 검사에 특별한 기능이 요구된다.

30 건설공사 입찰에 있어 불공정 하도급거래를 예방하고 하도급 활성화를 촉진하기 위한 목적으로 시행된 입찰제도는?

① 사전자격심사 제도
② 부대입찰 제도
③ 대안입찰제도
④ 내역입찰 제도

해설
부대입찰 제도 : 공사 수급인이 입찰 시 미리 하수급인을 선정하고 하수급인이 시공할 공사부분과 하도급금액 등을 미리 결정하여 그 하수급인과 함께 입찰에 참가하는 제도로서, 건설공사 입찰에 있어 불공정 하도급거래를 예방하고 하도급 활성화를 촉진하기 위한 목적으로 시행된다.

31 기성 콘크리트말뚝에 관한 설명으로 옳지 않은 것은?

① 선굴착 후 경타공법으로 시공하기도 한다.
② 항타장비 전반의 성능을 확인하기 위해 시험말뚝을 시공한다.
③ 말뚝을 세운 후 검측은 기계를 사용하여 1방향으로 한다.
④ 말뚝의 연직도나 경사도는 1/100 이내로 관리한다.

해설
기성 콘크리트말뚝 시공 – 말뚝세우기
- 시공기계는 말뚝이 소정의 위치에 정확하게 설치될 수 있도록 견고한 지반 위의 정확한 위치에 설치하여야 한다.
- 말뚝을 정확하고도 안전하게 세우기 위해 규준틀을 설치하고 중심선 표시를 용이하게 한다.
- 말뚝을 세운 후 검측은 직교하는 2방향으로 한다.
- 말뚝의 연직도나 경사도는 1/100 이내로 한다.

32 조적공사에서 벽두께를 1.0B로 쌓을 때 벽면적 1m²당 소요되는 모르타르의 양은?

① 0.019m³ ② 0.049m³
③ 0.078m³ ④ 0.092m³

해설
벽돌벽 1.0B인 경우 m²당 149매가 소요된다.
모르타르 소요량 : 벽체면적에 대하여 1,000장당 0.33m³가 소요된다.

따라서, $\dfrac{149매/m^2}{1,000매/m^2} \times 0.33m^3 = 0.04917m^3$

벽두께별 단위수량(단위 : 장/m²)

벽돌형 \ 벽두께	0.5B	1.0B	1.5B	2.0B
표준형 벽돌	75	149	224	298

벽두께별 쌓기 모르타르량(단위 : m³/1,000장)

벽돌형 \ 벽두께	0.5B	1.0B	1.5B	2.0B
표준형 벽돌	0.25	0.33	0.35	0.36
기존형 벽돌	0.3	0.37	0.4	0.42

33 거푸집 측압에 관한 설명으로 옳지 않은 것은?

① 콘크리트의 슬럼프가 클수록 측압은 크다.
② 기온이 높을수록 측압은 작다.
③ 콘크리트가 빈배합일수록 측압은 크다.
④ 콘크리트의 타설높이가 높을수록 측압은 크다.

해설
빈배합이란 콘크리트나 모르타르를 만들 때 시멘트를 표준량보다 적게 넣은 배합으로서, 빈배합일수록 거푸집 측압은 작아진다.

34 보강콘크리트 블록조에 관한 설명으로 옳지 않은 것은?

① 내력벽의 통줄눈쌓기로 한다.
② 내력벽의 두께는 그 길이, 높이에 의해 결정된다.
③ 테두리보는 수직방향뿐만 아니라 수평방향의 힘도 고려한다.
④ 벽량의 계산에서는 내력벽이 두꺼우면 벽량도 증가한다.

해설
벽량 : 조적조의 내력벽(개구부가 없는 벽체) 길이의 총 합계를 그 층의 바닥면으로 나눈 값을 의미하며, 벽량의 계산은 평면상에서 개구부가 있는 곳은 내력벽이 아니므로 유효한 내력 벽체의 길이를 산정하기 위한 방법이다. 내력벽의 양이 많을수록 횡력에 대항하는 힘이 커지므로 큰 건물일수록 벽량을 증가할 필요가 있다. 벽량의 계산 시 내력벽의 두께는 관계없다.

35 아스팔트방수가 시멘트 액체방수보다 우수한 점은?

① 경제성이 있다.
② 보수범위가 국부적이다.
③ 시공이 간단하다.
④ 방수층의 균열발생 정도가 비교적 적다.

해설
아스팔트방수는 방수층의 균열발생 정도가 비교적 적다. 시멘트 액체방수는 방수층의 균열발생 정도가 크다.

36 이질바탕재간 접속미장부위의 균열방지방법으로 옳지 않은 것은?

① 긴결철물처리
② 지수판 설치
③ 메탈라스 보강붙임
④ 크랙컨트롤비드 설치

해설
지수판은 지하구조물, 이어치기 부분(신축 이음부, 시공이음부)의 침수, 누수방지를 위해 설치한다.

37 긴급공사나 설계변경으로 수량 변동이 심할 경우에 많이 채택되는 도급 방식은?

① 정액도급
② 단가도급
③ 실비정산 보수가산도급
④ 분할도급

해설
공사 도급 방식
- 정액도급 : 공사비 총액을 확정하여 계약하는 것으로 공사관리가 간편하며, 자금·공사 계획 등의 수립이 명확하다.
- 단가도급 : 단가만을 확정하고 공사가 완료되면 실시 수량의 확정에 따라 정산하는 방식으로 공사의 신속한 착공과 설계 변경에 의한 수량 증감의 계산이 용이하다.
- 실비정산 보수가산도급 : 공사의 실비를 확인 정산하고 미리 정한 보수율에 따라 그 보수액을 지불하는 방법으로 가장 정확하고 양심적인 공사를 할 수 있다.
- 분할도급 : 공사 구분 후 전문적 도급업자에게 도급시키는 방식이다.

38 콘크리트 면의 마무리 작업에 있어 마무리 두께 7mm 이상 또는 바탕의 영향을 많이 받지 않는 마무리의 경우에 대한 평탄성의 기준으로 옳은 것은?

① 3m당 7mm 이하
② 3m당 10mm 이하
③ 1m당 7mm 이하
④ 1m당 10mm 이하

해설
콘크리트 마무리의 평탄성 표준값

콘크리트 면의 마무리	평탄성
마무리 두께 7mm 이상 또는 바탕의 영향을 많이 받지 않는 마무리일 경우	1m당 10mm 이하
마무리 두께 7mm 이하 또는 양호한 평탄함이 필요한 경우	3m당 10mm 이하
제물치장 마무리 또는 마무리 두께가 얇은 경우	3m당 7mm 이하

39 철골구조의 주각부의 구성요소에 해당되지 않는 것은?

① 스티프너
② 베이스 플레이트
③ 윙 플레이트
④ 클립앵글

해설
스티프너
- 강지보재의 Web 부분의 전단 보강과 좌굴을 방지하기 위해서 설치하는 보강재
- 수평 스티프너 : 강지보재의 플랜지와 평행하게 설치하여 좌굴 방지
- 수직 스티프너 : 강지보재의 플랜지에 수직방향으로 스티프너를 사용하여 전단 좌굴 강도를 크게 하여 좌굴 및 지압 파괴를 방지

40 철근콘크리트용 골재의 성질에 관한 설명으로 옳지 않은 것은?

① 골재의 단위용적 질량은 입도가 클수록 크다.
② 골재의 공극률은 입도가 클수록 크다.
③ 계량방법과 함수율에 의한 중량의 변화는 입경이 작을수록 크다.
④ 완전침수 또는 완전건조 상태의 모래에 있어서 계량 방법에 의한 용적의 변화는 거의 없다.

해설
골재의 공극률은 입도가 클수록 작다. 즉, 입도가 양호(굵기가 다양하고 공극이 작아짐)하면 골재의 공극이 작아지면서 콘크리트의 강도는 증가한다.

정답 37 ② 38 ④ 39 ① 40 ②

제3과목 건축구조

41 등분포하중을 받는 두 스팬 연속보인 B_1 RC보 부재에서 A, B, C 지점의 보 배근에 관한 설명으로 옳지 않은 것은?

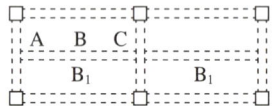

① A단면에서는 스터럽 간격이 B단면에서의 스터럽 간격보다 촘촘하다.
② B단면에서는 하부근이 주근이다.
③ C단면에서의 스터럽 간격이 B단면에서의 스터럽 간격보다 촘촘하다.
④ C단면에서의 하부근이 주근이다.

해설
연속보의 배근

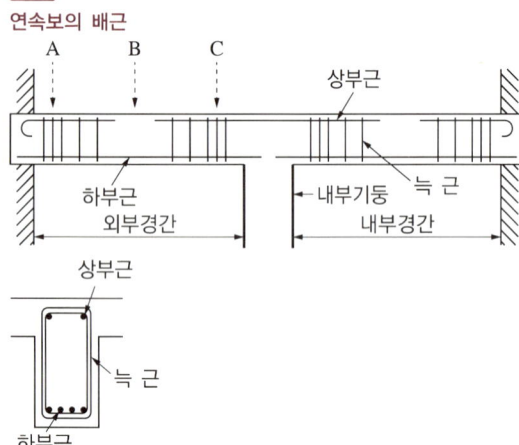

- A단면 : 상부 주근, 스터럽(늑근) 간격 좁다.
- B단면 : 하부 주근
- C단면 : 상부 주근, 스터럽(늑근) 간격 좁다.

42 인장력 $P=30\text{kN}$을 받을 수 있는 원형강봉의 단면적은?(단, 강재의 허용인장응력은 160MPa이다)

① 1.875mm^2
② 18.75mm^2
③ 187.5mm^2
④ $1,875\text{mm}^2$

해설
응력(σ)으로부터 단면적을 구할 수 있다.
$\sigma = \dfrac{P}{A}$, $A = \dfrac{P}{\sigma}$
$\therefore A = \dfrac{30,000}{160} = 187.5\text{mm}^2$

43 등분포하중을 받는 단순보에서 보 중앙점의 탄성처짐에 관한 설명으로 옳은 것은?

① 처짐은 스팬의 제곱에 반비례한다.
② 처짐은 단면 2차 모멘트에 비례한다.
③ 처짐은 단면의 형상과는 상관이 없고, 재질에만 관계된다.
④ 처짐은 탄성계수에 반비례한다.

해설
등분포하중 단순보의 처짐(δ) = $\dfrac{5wl^4}{384EI}$
④ 처짐은 탄성계수에 반비례한다.
① 처짐은 스팬의 네제곱에 비례한다.
② 처짐은 단면 2차 모멘트에 반비례한다.
③ 처짐은 단면의 형상, 재질에 관계된다.

41 ④ 42 ③ 43 ④

44 그림과 같이 스팬이 9.6m이며 간격이 2m인 합성보 A의 슬래브 유효폭 b_e는?

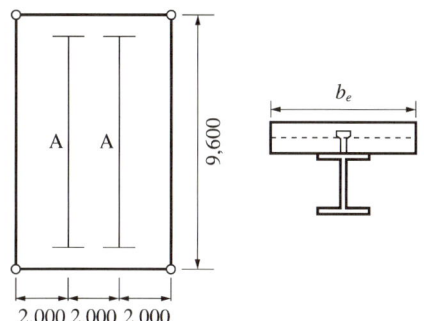

① 1,800mm ② 2,000mm
③ 2,200mm ④ 2,400mm

해설

합성보의 연속슬래브 유효폭
콘크리트 슬래브의 유효폭은 보 중심을 기준으로 좌우 각 방향에 대한 유효폭의 합으로 구하며 각 방향에 대한 유효폭은 다음 중에서 최솟값으로 구한다.
• 보 스팬(지지점의 중심간)의 1/8(연속배치 1/4)

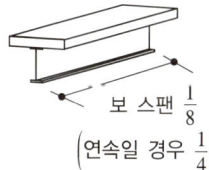

보 스팬 $\frac{1}{8}$ (연속일 경우 $\frac{1}{4}$)

$b_1 = 9{,}600 \times \frac{1}{4} = 2{,}400\text{mm}$

• 보 중심선에서 인접보 중심선까지 거리의 1/2
$b_2 = \left(2{,}000 \times \frac{1}{2}\right) \times 2 = 2{,}000\text{mm}$

• 보 중심선에서 슬래브 가장자리까지의 거리
$b_3 = 2{,}000\text{mm}$

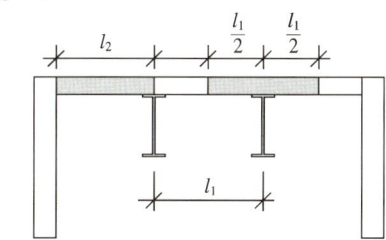

∴ 유효폭 $b_e = 2{,}000\text{mm}$(최솟값)

45 압연 H형강 H−300×300×10×15의 플랜지 폭 두께비는?(단, 균일 압축을 받는 상태이다)

① 8   ② 10
③ 15   ④ 18

해설

H형강 플랜지 판 폭 두께비 : $\frac{b_f}{2t_f} = \frac{1}{2} \times \frac{\text{플랜지 폭}}{\text{플랜지 두께}}$

• H형강 치수 표시 : $H - H \times B \times t_w \times t_f$
(H−높이×플랜지 폭×웨브 두께×플랜지 두께)

∴ 판 폭 두께비 $= \frac{1}{2} \times \frac{b_f}{t_f} = \frac{1}{2} \times \frac{300}{15} = 10$

46 강구조 기둥의 주각부분에 사용되는 것이 아닌 것은?

① 앵커 볼트(Anchor Bolt)
② 리브 플레이트(Rib Plate)
③ 플레이트 거더(Plate Girder)
④ 베이스 플레이트(Base Plate)

해설

플레이트 거더(Plate Girder) : 웨브(Web)에 플레이트(강판)를 리벳 또는 용접으로 접합하여 만든 I형 단면의 거더
강구조 주각부 구성 : 리브 플레이트, 윙 플레이트, 베이스 플레이트, 사이드 앵글, 클립 앵글, 앵커 볼트

47 강도설계법에 의한 전단 설계 시 부재축에 직각인 전단철근을 사용할 때 전단철근에 의한 전단강도 V_s는?(단, s는 전단철근의 간격)

① $V_s = \dfrac{A_v f_{yt} s}{d}$ ② $V_s = \dfrac{A_v s d}{f_{yt}}$

③ $V_s = \dfrac{s f_{yt} d}{A_v}$ ④ $V_s = \dfrac{A_v f_{yt} d}{s}$

해설
전단철근이 부담하는 전단강도
부재축에 직각인 전단철근을 사용할 경우 : $V_s = \dfrac{A_v f_{yt} d}{s}$

여기서, A_v : 간격(s) 내의 전단철근의 단면적
f_{yt} : 횡방향 철근의 설계기준 항복강도(MPa)
d : 인장철근 중심에서 압축콘크리트 연단까지 거리
s : 전단철근의 간격

콘크리트가 부담하는 전단강도
전단력, 휨모멘트만을 받는 부재의 경우 : $V_c = \dfrac{1}{6} \lambda \sqrt{f_{ck}} b_w d$

48 철근콘크리트구조의 콘크리트 피복에 관한 설명으로 옳지 않은 것은?

① 기둥과 보에서의 피복두께는 주근의 중심과 콘크리트 표면과의 최단거리를 말한다.
② 화재 시 철근의 빠른 가열에 의한 강도저하를 방지한다.
③ 철근과의 부착력을 확보한다.
④ 철근의 부식을 방지한다.

해설
기둥과 보에서의 콘크리트 피복두께는 주근이나 보조철근의 표면으로부터 콘크리트 표면과의 최단거리를 말한다.

49 다음 그림과 같은 구조물에서 C점에서의 반력은?

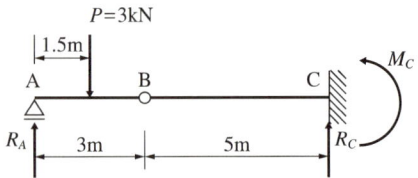

① R_C = 1.5kN, M_C = −6.0kN·m
② R_C = 1.5kN, M_C = −7.5kN·m
③ R_C = 3.0kN, M_C = −6.0kN·m
④ R_C = 3.0kN, M_C = −7.5kN·m

해설
• $\overline{AB}$ 부재 : 지점 B는 이동단이며, 반력을 산정한다.
$R_A = R_B = \dfrac{P}{2} = \dfrac{3}{2} = 1.5\text{kN}$

• $\overline{BC}$ 부재는 캔틸레버보로서 부재력을 구한다.
$\Sigma V = 0; \; R_C = R_B = 1.5\text{kN}$
$\Sigma M_C = 0; \; M_C = -1.5 \times 5 = -7.5\text{kN·m}$

50 그림과 같은 보에서 중앙점 C의 휨모멘트는?

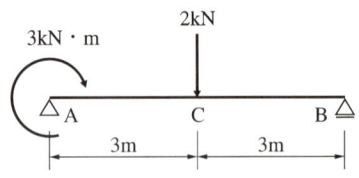

① 1.5kN·m ② 3kN·m
③ 4.5kN·m ④ 6kN·m

해설
• $\Sigma M_A = 0; \; +3 + (2 \times 3) - R_B \times 6 = 0$이므로
∴ $R_B = 1.5$kN
• C점의 휨모멘트를 구한다.
$M_C = 1.5 \times 3 = 4.5$kN·m

51 강재의 기계적 성질과 관련된 응력-변형도 곡선에서 가장 먼저 나타나는 점은?

① 비례한계점
② 탄성한계점
③ 상위항복점
④ 하위항복점

해설
비례한계점(비례한도)이 가장 먼저 나온다.

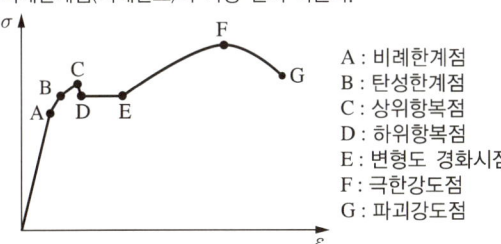

A : 비례한계점
B : 탄성한계점
C : 상위항복점
D : 하위항복점
E : 변형도 경화시점
F : 극한강도점
G : 파괴강도점

52 반지름 r인 원형 단면의 도심축에 대한 단면계수의 값으로 옳은 것은?

① $\dfrac{\pi r^3}{12}$
② $\dfrac{\pi r^3}{4}$
③ $\dfrac{\pi r^3}{2}$
④ πr^3

해설
단면계수(Z) : 도심을 지나는 축에 대한 단면 2차 모멘트를 도심에서 상·하 최연단까지의 거리(가장 먼 거리)로 나눈 값
• 원형 단면 : $Z = \dfrac{\pi D^3}{32} = \dfrac{\pi r^3}{4}$
• 사각형 단면 : $Z = \dfrac{bh^2}{6}$

53 다음 그림과 같은 연속보에서 B점의 휨모멘트는?

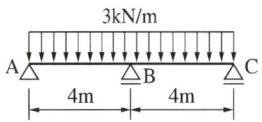

① $-2\text{kN}\cdot\text{m}$
② $-3\text{kN}\cdot\text{m}$
③ $-4\text{kN}\cdot\text{m}$
④ $-6\text{kN}\cdot\text{m}$

해설
연속보의 반력 및 휨모멘트

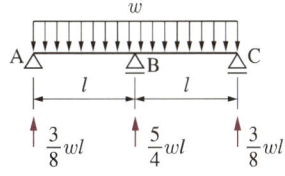

$R_A = R_C = \dfrac{3}{8}wl = \dfrac{3 \times 3 \times 4}{8} = 4.5\text{kN}(\uparrow)$

$R_B = \dfrac{5wl}{4} = \dfrac{5 \times 3 \times 4}{4} = 15\text{kN}(\uparrow)$

$M_A = M_C = 0$

$M_B = -\dfrac{wl^2}{8} = -\dfrac{3 \times 4^2}{8} = -6\text{kN}\cdot\text{m}$

54 그림과 같은 구조물의 부정정 차수는?

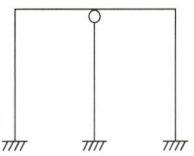

① 3차 부정정
② 5차 부정정
③ 7차 부정정
④ 9차 부정정

해설
$N = m + r + k - 2j$
$= 5 + 9 + 3 - 2 \times 6 = 5$

여기서, m : 부재(Member)수
r : 지점반력(Reaction)수
k : 강절점수
j : 절점(Joint)수

∴ 5차 부정정 구조물이다.

정답 51 ① 52 ② 53 ④ 54 ②

55 강도설계법으로 철근콘크리트 보를 설계 시 공칭 모멘트 강도 M_n = 150kN·m, 강도감소계수 ϕ = 0.85일 때 설계모멘트값은?

① 95.6kN·m
② 114.8kN·m
③ 127.5kN·m
④ 176.5kN·m

해설
$M_d = \phi M_n \geq M_u$
$\therefore M_d = \phi M_n = 0.85 \times 150$
$= 127.5\text{kN·m}$

56 직경이 50mm이고, 길이가 2m인 강봉에 100kN의 축방향 인장력이 작용할 때 변형량은?(단, 강봉의 탄성계수 $E = 2.0 \times 10^5$MPa)

① 0.51mm   ② 1.02mm
③ 1.53mm   ④ 2.04mm

해설
탄성계수 : $E = \dfrac{\sigma}{\varepsilon} = \dfrac{P \times L}{A \times \Delta L}$

$\therefore \Delta L = \dfrac{P \times L}{A \times E} = \dfrac{100 \times 10^3 \times 2{,}000}{\left(\dfrac{\pi \times 50^2}{4}\right) \times 2.0 \times 10^5}$

$\fallingdotseq 0.51\text{mm}$

57 철근 직경(d_b)에 따른 표준갈고리의 구부림 최소 내면 반지름 기준으로 옳지 않은 것은?

① D25 주철근 : $3d_b$ 이상
② D13 주철근 : $2d_b$ 이상
③ D16 띠철근 : $2d_b$ 이상
④ D13 띠철근 : $2d_b$ 이상

해설
주철근의 180°와 90° 표준갈고리의 구부림 최소 내면 반지름
- D10~D25 주철근 : $3d_b$ 이상
- D29~D35 주철근 : $4d_b$ 이상
- D38 이상 : $5d_b$ 이상

스터럽과 띠철근용 표준갈고리의 내면 반지름
- D16 이하의 철근 : $2d_b$ 이상
- D19 이상의 철근 : 주철근 기준에 따른다.

58 그림과 같은 철근콘크리트 기둥에서 띠철근의 수직간격으로 옳은 것은?

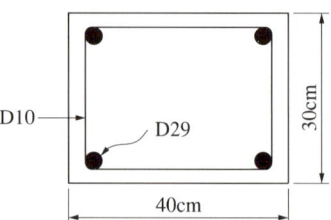

① 300mm 이하   ② 350mm 이하
③ 400mm 이하   ④ 450mm 이하

해설
기둥의 띠철근 최소 간격 조건
- 주철근 직경의 16배 이하 : $29 \times 16 = 464$mm 이하
- 띠철근 직경의 48배 이하 : $10 \times 48 = 480$mm 이하
- 기둥 단면의 최소 폭 이하 : 300mm 이하
∴ 띠철근의 최소 간격은 위의 3가지 중에서 가장 작은 치수인 300mm가 된다.

59 기성 콘크리트말뚝을 타설할 때 그 중심 간격은 말뚝머리 지름의 최소 몇 배 이상으로 하여야 하는가?

① 1.5배 ② 2.5배
③ 3.5배 ④ 4.5배

해설
말뚝의 종류별 간격(D : 말뚝머리 지름)

말뚝의 종류	말뚝의 중심 간격
나무말뚝	$2.5D$ 이상 또한 600mm 이상
기성 콘크리트 말뚝	$2.5D$ 이상 또한 750mm 이상
강재말뚝	D 또는 폭의 2.0배 이상 또한 750mm 이상
매입말뚝	$2D$ 이상
현장타설(제자리) 콘크리트말뚝	$2D$ 이상 또한 $D+1,000$mm 이상

60 다음 그림과 같은 단순보의 B지점의 반력값은?

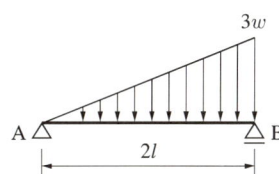

① $\dfrac{wl}{6}$ ② $\dfrac{wl}{3}$
③ wl ④ $2wl$

해설
등변분포하중의 반력

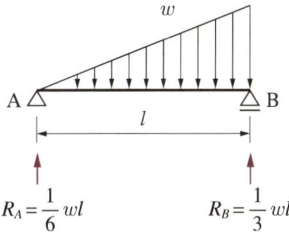

$R_A = \dfrac{1}{6}wl = \dfrac{1}{6} \times 3w \times 2l = 1wl$

$R_B = \dfrac{1}{3}wl = \dfrac{1}{3} \times 3w \times 2l = 2wl$

제4과목 건축설비

61 급기와 배기 측에 팬을 부착하여 정확한 환기량과 급기량 변화에 의해 실내압을 정압(+) 또는 부압(−)으로 유지할 수 있는 환기방법은?

① 자연환기 ② 제1종 환기
③ 제2종 환기 ④ 제3종 환기

해설
제1종 환기는 급기장치와 배기장치를 설치하는 방식으로 실내 공간의 압력을 일정하게 유지할 수 있다.

62 다음과 같은 식으로 산출되는 것은?

(최대 수요전력/총 부하설비 용량)×100(%)

① 수용률 ② 부등률
③ 부하율 ④ 역률

해설
수용률 : 총 부하설비 용량에 대한 최대 수요전력의 비율

63 고가수조식 급수설비에서 양수펌프의 흡입양정이 5m, 토출양정이 45m, 관내마찰손실이 30kPa라면 펌프의 전양정은?

① 약 40m ② 약 45m
③ 약 53m ④ 약 80m

해설
P = 흡입양정(m) + 토출양정(m) + 관내마찰손실수두(MPa)
0.1MPa = 10m이므로,
5m + 45m + (0.03×100)m = 53m

정답 59 ② 60 ④ 61 ② 62 ① 63 ③

64 보일러의 출력 중 상용출력의 구성에 속하지 않는 것은?

① 난방부하
② 급탕부하
③ 예열부하
④ 배관부하

해설
보일러의 출력
정격출력 = 급탕부하 + 난방부하 + 배관부하 + 예열부하
상용출력 = 급탕부하 + 난방부하 + 배관부하

65 LPG에 관한 설명으로 옳지 않은 것은?

① 공기보다 무겁다.
② 액화석유가스를 말한다.
③ LNG에 비해 발열량이 크다.
④ 메탄(CH_4)을 주성분으로 하는 천연가스를 냉각하여 액화시킨 것이다.

해설
- LNG는 메탄을 주성분으로 하는 천연가스를 냉각하여 액화시킨 것이다.
- LPG는 프로판, 부탄을 주성분으로 한다.

66 난방부하 계산에 일반적으로 고려하지 않는 사항은?

① 환기에 의한 손실 열량
② 구조체를 통한 손실 열량
③ 재실 인원에 따른 손실 열량
④ 틈새 바람에 의한 손실 열량

해설
재실 인원에 따른 손실 열량은 난방부하를 경감시키는 요인일 수 있으나 난방부하 계산에 포함하지 않는다.

67 압력에 따른 도시가스의 분류에서 중압의 압력 범위로 옳은 것은?

① 0.1MPa 이상, 1MPa 미만
② 0.1MPa 이상, 10MPa 미만
③ 0.5MPa 이상, 5MPa 미만
④ 0.5MPa 이상, 10MPa 미만

해설
가스 공급 방식
- 저압 : 0.1MPa 미만
- 중압 : 0.1MPa 이상 1.0MPa 미만
- 고압 : 1.0MPa 이상

68 온수난방 방식에 관한 설명으로 옳지 않은 것은?

① 온수의 현열을 이용하여 난방하는 방식이다.
② 한랭지에서 운전 정지 중에 동결의 위험이 있다.
③ 열용량이 작아 증기난방에 비해 예열시간이 짧게 소요된다.
④ 증기난방에 비해 난방부하 변동에 따른 온도조절이 비교적 용이하다.

해설
온수난방은 열용량이 크고 예열시간이 길다.

정답 64 ③ 65 ④ 66 ③ 67 ① 68 ③

69 형광램프에 관한 설명으로 옳지 않은 것은?

① 점등까지 시간이 걸린다.
② 백열전구에 비해 효율이 높다.
③ 백열전구에 비해 수명이 길다.
④ 역률이 높으며 백열전구에 비해 열을 많이 발산한다.

해설
형광등은 백열등에 비해 열의 발생이 적다.

70 다음 설명에 알맞은 자동화재탐지설비의 감지기는?

조건
주위 온도가 일정 온도 이상이 되면 작동하는 것으로 보일러실, 주방과 같이 다량의 열을 취급하는 곳에 설치한다.

① 정온식
② 차동식
③ 광전식
④ 이온화식

해설
정온식 감지기 : 주위 온도가 일정 온도 이상이 되면 작동하는 것으로 보일러실, 주방과 같이 다량의 열을 취급하는 곳에 설치한다.

71 실내 기온 26℃(절대습도 = 0.0107kg/kg′), 외기 온도 33℃(절대습도 = 0.0184kg/kg′), 1시간당 침입 공기량이 500m³일 때 침입외기에 의한 잠열 부하는?(단, 공기의 밀도 1.2kg/m³, 0℃에서 물의 증발잠열 2,501kJ/kg)

① 약 1,192W   ② 약 3,210W
③ 약 3,576W   ④ 약 4,768W

해설
잠열량 = $\rho Q L (x_0 - x_i)$
= 공기밀도 × 증발잠열 × 침입 공기량 × (외부절대습도 − 내부절대습도)
= 1.2 × 2,501 × 500 × (0.0184 − 0.0107)
= 11,554.62kJ
≒ 3,209.6W

72 면적 100m², 천장 높이 3.5m인 교실의 평균조도를 100lx로 하고자 한다. 다음과 같은 조건에서 필요한 광원의 개수는?

조건
• 광원 1개의 광속 : 2,000lm • 조명률 : 50% • 감광보상률 : 1.5

① 8개   ② 15개
③ 19개   ④ 23개

해설
전등 수(N) = $\dfrac{A \times E \times D}{F \times U}$ = $\dfrac{100 \times 100 \times 1.5}{2,000 \times 0.5}$ = 15개

여기서, F : 광원 1개의 광속(lm)
N : 전등 수(개)
E : 작업면의 평균조도(lx)
A : 방의 면적(m²)
D : 감광보상률
M : 보수율
U : 조명률

73 급탕 배관설계 및 시공 시 주의해야 할 사항으로 옳지 않은 것은?

① 건물의 벽관통부분의 배관에는 슬리브를 설치한다.
② 중앙식 급탕설비는 원칙적으로 강제순환 방식으로 한다.
③ 상향배관인 경우, 급탕관과 환탕관 모두 상향구배로 한다.
④ 이종금속 배관재의 접속 시에는 전식(電蝕)방지 이음쇠를 사용한다.

> **해설**
> 상향식 배관인 경우 급탕관은 상향구배, 반탕관(환탕관)은 하향구배로 한다.

74 통기관의 기능과 가장 거리가 먼 것은?

① 배수계통 내의 배수 및 공기의 흐름을 원활히 한다.
② 배수관의 수명을 연장시키며 오수의 역류를 방지한다.
③ 배수관 계통의 환기를 도모하여 관 내를 청결하게 유지한다.
④ 사이펀 작용 및 배압에 의해서 트랩봉수가 파괴되는 것을 방지한다.

> **해설**
> 배수관의 수명을 연장시키며 오수의 역류를 방지하는 것은 역류방지기의 역할이다.

75 다음의 공기조화 방식 중 전공기 방식에 속하는 것은?

① 유인 유닛 방식
② 멀티존 유닛 방식
③ 팬코일 유닛 방식
④ 패키지 유닛 방식

> **해설**
> **전공기 방식** : 단일 덕트 방식, 이중 덕트 방식, 멀티존 유닛 방식
> **공기·수 방식** : 유인 유닛 방식, 팬코일 유닛 방식

76 다음 중 펌프에서 공동현상(Cavitation)의 방지방법으로 가장 알맞은 것은?

① 흡입양정을 낮춘다.
② 토출양정을 낮춘다.
③ 마찰손실수두를 크게 한다.
④ 토출관의 직경을 굵게 한다.

> **해설**
> 펌프 위치를 가능한 한 흡수면에 가까이 위치하면서 흡입양정을 낮추며, 마찰손실수두를 작게 한다.
> **공동현상(Cavitation)** : 유체의 속도 변화에 의한 압력 변화로써 유체 내에 공동(거품이나 공기층)이 발생하게 되고, 유체의 흐름이 빠른 경우 소음 및 진동이 커지게 되는 현상으로 펌프가 직접적으로 손상될 수 있다.

77 배수 트랩을 설치하는 가장 주된 목적은?

① 배수의 역류 방지
② 배수의 유속 조정
③ 배수관의 신축 흡수
④ 하수가스 및 취기의 역류 방지

해설
배수 트랩의 가장 주된 설치 목적은 하수가스 및 취기의 역류 방지이다.

78 증기난방에 사용되는 방열기의 표준발열량은?

① 0.523kW/m^2
② 0.650kW/m^2
③ 0.756kW/m^2
④ 0.924kW/m^2

해설
방열기의 표준방열량
- 증기난방 : 0.756kW/m^2
- 온수난방 : 0.523kW/m^2

79 다음 중 옥내배선에서 간선의 굵기 결정요소와 가장 관계가 먼 것은?

① 허용전류
② 전압강하
③ 배선 방식
④ 기계적 강도

해설
전선 굵기 결정 시 3조건
- 허용전류
- 전압강하
- 기계적 강도

80 압축식 냉동기의 냉동사이클에서, 냉매가 압축기에서 응축기로 들어갈 때의 상태는?

① 저온·고압의 액체
② 저온·저압의 액체
③ 고온·고압의 기체
④ 고온·저압의 기체

해설
응축기(Condenser) : 압축기에서 보내온 고온·고압의 냉매가스를 공기나 물을 접촉시켜 응축·액화시키는 역할을 한다.

제5과목 건축관계법규

81 연면적 200m²을 초과하는 오피스텔에 설치하는 복도의 유효너비는 최소 얼마 이상이어야 하는가?(단, 양옆에 거실이 있는 복도)

① 1.2m
② 1.5m
③ 1.8m
④ 2.4m

해설
오피스텔의 양옆에 거실이 있는 복도의 너비는 1.8m 이상이어야 한다(건축물의 피난·방화구조 등의 기준에 관한 규칙 제15조의2).

82 다음 용도지역 안에서의 건폐율 기준이 틀린 것은?

① 준주거지역 : 60% 이하
② 중심상업지역 : 90% 이하
③ 제3종 일반주거지역 : 50% 이하
④ 제1종 전용주거지역 : 50% 이하

해설
용도지역의 건폐율(국토계획법 제77조)
준주거지역의 경우 70% 이하이어야 한다.

83 교육연구시설 중 학교 교실의 바닥면적이 400m²인 경우, 이 교실에 채광을 위하여 설치하여야 하는 창문의 최소 면적은?(단, 창문으로만 채광을 하는 경우)

① 10m²
② 20m²
③ 30m²
④ 40m²

해설
채광을 위하여 설치하여야 하는 창문의 최소 면적은 그 거실의 바닥면적의 1/10 이상이어야 하므로 $400m^2 \times \dfrac{1}{10} = 40m^2$

84 건축물의 주요구조부를 내화구조로 하여야 하는 대상 건축물에 속하지 않는 것은?(단, 해당 용도로 쓰는 바닥면적의 합계가 500m²인 경우)

① 판매시설
② 수련시설
③ 업무시설 중 사무소
④ 문화 및 집회시설 중 전시장

해설
바닥면적의 합계가 500m² 이상인 다음의 건축물
• 문화 및 집회시설 중 전시장 또는 동·식물원
• 판매시설, 운수시설
• 교육연구시설에 설치하는 체육관·강당
• 수련시설, 운동시설 중 체육관·운동장
• 위락시설(주점영업의 용도로 쓰는 것은 제외)
• 창고시설, 위험물저장 및 처리시설, 자동차 관련 시설
• 방송통신시설 중 방송국·전신전화국·촬영소
• 묘지 관련 시설 중 화장시설·동물화장시설
• 관광휴게시설

81 ③ 82 ① 83 ④ 84 ③

85 건축허가 신청에 필요한 기본설계도서의 종류 중 건축계획서에 표시하여야 할 사항이 아닌 것은?

① 주차장 규모
② 공개공지 및 조경계획
③ 건축물의 용도별 면적
④ 지역·지구 및 도시계획사항

해설
건축계획서에 표시하여야 할 사항(건축법 시행규칙 별표 2)
• 개요(위치·대지면적 등)
• 지역·지구 및 도시계획사항
• 건축물의 규모
• 건축물의 용도별 면적
• 주차장규모
• 에너지절약계획서
• 노인 및 장애인 등을 위한 편의시설 설치계획서

86 다음은 직통계단의 설치에 관한 기준 내용이다. ( ) 안에 알맞은 것은?

초고층 건축물에는 피난층 또는 지상으로 통하는 직통계단과 직접 연결되는 피난안전구역(건축물의 피난·안전을 위하여 건축물 중간층에 설치하는 대피공간을 말한다)을 지상층으로부터 최대 ( )개 층마다 1개소 이상 설치하여야 한다.

① 20   ② 30
③ 40   ④ 50

해설
직통계단의 설치(건축법 시행령 제34조)
초고층 건축물에는 피난층 또는 지상으로 통하는 직통계단과 직접 연결되는 피난안전구역을 지상층으로부터 최대 30개 층마다 1개소 이상 설치하여야 한다.

87 다음은 건축물이 있는 대지의 분할제한에 관한 기준 내용이다. 밑줄 친 '대통령령으로 정하는 범위' 기준으로 옳지 않은 것은?

건축물이 있는 대지는 대통령령으로 정하는 범위에서 해당 지방자치단체의 조례로 정하는 면적에 못 미치게 분할할 수 없다.

① 주거지역 : $100m^2$ 이상
② 상업지역 : $150m^2$ 이상
③ 공업지역 : $150m^2$ 이상
④ 녹지지역 : $200m^2$ 이상

해설
건축물이 있는 대지의 분할제한(건축법 시행령 제80조)
주거지역의 경우 $60m^2$ 이상의 면적에 못 미치게 분할할 수 없다.

88 건축법령상 다중이용 건축물에 속하지 않는 것은?(단, 16층 미만으로, 해당 용도로 쓰는 바닥면적의 합계가 $5,000m^2$인 건축물인 경우)

① 종교시설
② 판매시설
③ 의료시설 중 종합병원
④ 숙박시설 중 일반숙박시설

해설
다중이용 건축물
• 바닥면적 합계가 $5,000m^2$ 이상인 다음의 용도
 – 문화 및 집회시설(동물원 및 식물원 제외)
 – 종교시설
 – 판매시설
 – 운수시설 중 여객용 시설
 – 의료시설 중 종합병원
 – 숙박시설 중 관광숙박시설
• 16층 이상인 건축물

89 외벽 및 처마 밑의 연소 우려가 있는 부분을 방화구조로 하고, 지붕을 불연재료로 해야 하는 대규모 목조 건축물의 규모 기준은?

① 연면적 500m² 이상
② 연면적 1,000m² 이상
③ 연면적 1,500m² 이상
④ 연면적 2,000m² 이상

해설
대규모 건축물의 방화벽 : 연면적 1,000m² 이상 건축물은 바닥면적의 합계 1,000m² 미만마다 방화벽으로 구획해야 한다.

90 다음 그림과 같은 단면을 가진 거실의 반자 높이는?

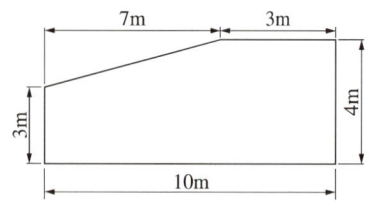

① 3.0m   ② 3.3m
③ 3.65m ④ 4.0m

해설
반자 높이 = $\dfrac{\text{실단면의 면적}}{\text{실의 밑변 길이}}$

실단면적 = 직사각형(A) + 사다리꼴(B)

※ 사다리꼴면적 = $\dfrac{(\text{밑변 길이} + \text{윗변 길이}) \times \text{높이}}{2}$

$A = 10 \times 3 = 30\text{m}^2$

$B = \dfrac{(10+3) \times 1}{2} = 6.5\text{m}^2$

∴ 반자 높이 = $\dfrac{A+B}{\text{실의 밑변 길이}} = \dfrac{30+6.5}{10} = 3.65\text{m}$

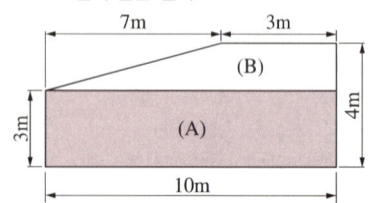

91 공동주택과 오피스텔의 난방설비를 개별난방 방식으로 하는 경우에 관한 기준 내용으로 옳은 것은?

① 보일러의 연도는 내화구조로서 공동연도로 설치할 것
② 공동주택의 경우에는 난방구획을 방화구획으로 구획할 것
③ 보일러의 윗부분에는 그 면적이 1m² 이상인 환기창을 설치할 것
④ 기름보일러를 설치하는 경우에는 기름저장소를 보일러실에 설치할 것

해설
② 오피스텔의 경우에는 난방구획을 방화구획으로 구획할 것
③ 보일러의 윗부분에는 그 면적이 0.5m² 이상인 환기창을 설치할 것
④ 기름보일러를 설치하는 경우에는 기름저장소를 보일러실 외에 다른 곳에 설치할 것

92 국토의 계획 및 이용에 관한 법령상 광장, 공원, 녹지, 유원지가 속하는 기반시설은?

① 교통시설
② 공간시설
③ 방재시설
④ 문화체육시설

해설
기반시설(국토계획법 시행령 제2조)
공간시설에는 광장, 공원, 녹지, 유원지, 공공공지 등이 포함된다.

93 건축법령상 공동주택에 속하는 것은?

① 공 관
② 다중주택
③ 다가구주택
④ 다세대주택

해설
공동주택 : 다세대주택, 연립주택, 아파트, 기숙사
단독주택 : 단독주택, 다중주택, 다가구주택, 공관

94 방송 공동수신설비를 설치하여야 하는 대상 건축물에 속하지 않는 것은?

① 공동주택
② 바닥면적의 합계가 5,000m² 이상으로서 업무시설의 용도로 쓰는 건축물
③ 바닥면적의 합계가 5,000m² 이상으로서 판매시설의 용도로 쓰는 건축물
④ 바닥면적의 합계가 5,000m² 이상으로서 숙박시설의 용도로 쓰는 건축물

해설
건축물에는 방송수신에 지장이 없도록 공동시청 안테나, 유선방송 수신시설, 위성방송 수신설비, 에프엠(FM)라디오방송 수신설비 또는 방송 공동수신설비를 설치할 수 있다. 다만, 다음의 건축물에는 방송 공동수신설비를 설치하여야 한다.
• 공동주택
• 바닥면적의 합계가 5,000m² 이상으로서 업무시설이나 숙박시설의 용도로 쓰는 건축물

95 택지개발사업, 산업단지개발사업, 도시재개발사업, 도시철도건설사업, 그 밖에 단지 조성 등을 목적으로 하는 사업을 시행할 때에는 일정 규모 이상의 노외주차장을 설치하여야 한다. 이때 설치되는 노외주차장에는 경형자동차를 위한 전용주차구획과 환경친화적 자동차를 위한 전용주차구획을 합한 주차구획이 노외주차장 총 주차대수의 최소 얼마 이상이 되도록 하여야 하는가?

① 100분의 5
② 100분의 10
③ 100분의 15
④ 100분의 20

해설
단지조성사업 등에 따른 노외주차장
• 경형자동차를 위한 전용주차구획과 환경친화적 자동차를 위한 전용주차구획을 합한 주차구획 : 총 주차대수의 10% 이상
• 환경친화적 자동차를 위한 전용주차구획 : 총 주차대수의 5% 이상

96 건축물에 설치하여야 하는 배연설비에 관한 기준 내용으로 틀린 것은?(단, 기계식 배연설비를 하지 않는 경우)

① 배연구는 예비전원에 의하여 열 수 있도록 할 것
② 배연구는 연기감지기 또는 열감지기에 의하여 자동으로 열 수 있는 구조로 할 것
③ 건축물이 방화구획으로 구획된 경우에는 그 구획마다 1개소 이상의 배연창을 설치할 것
④ 배연창의 유효면적은 0.7m² 이상으로서 그 면적의 합계가 당해 건축물의 바닥면적의 200분의 1 이상이 되도록 할 것

해설
배연설비(건축물설비기준규칙 제14조)
배연창의 유효면적은 1.0m² 이상으로서 그 면적의 합계가 해당 건축물의 바닥면적의 100분의 1 이상이 되도록 할 것

정답 93 ④ 94 ③ 95 ② 96 ④

97 건축물의 대지는 원칙적으로 최소 얼마 이상이 도로에 접하여야 하는가?(단, 자동차만의 통행에 사용되는 도로는 제외)

① 1m ② 1.5m
③ 2m ④ 3m

해설
대지와 도로의 관계(건축법 제44조)
건축물의 대지는 2m 이상이 도로(자동차만의 통행에 사용되는 도로는 제외한다)에 접하여야 한다.

98 지역의 환경을 쾌적하게 조성하기 위하여 일반이 사용할 수 있도록 소규모 휴식시설 등의 공개공지 또는 공개공간을 설치하여야 하는 대상 지역에 속하지 않는 것은?(단, 특별자치시장·특별자치도지사 또는 시장·군수·구청장이 지정·공고하는 지역은 제외)

① 준주거지역 ② 준공업지역
③ 전용주거지역 ④ 일반주거지역

해설
공개공지 확보 대상 지역 : 지역의 환경을 쾌적하게 조성하기 위하여 법률이 정하는 바에 따라, 다음의 지역에는 소규모 휴식시설 등의 공개공지 또는 공개공간을 설치해야 한다.
• 일반주거지역
• 준주거지역
• 상업지역
• 준공업지역
• 도시화 가능성이 크다고 인정한 지정·공고 지역

99 그림과 같은 대지조건에서 도로 모퉁이에서의 건축선에 의한 공제면적은?

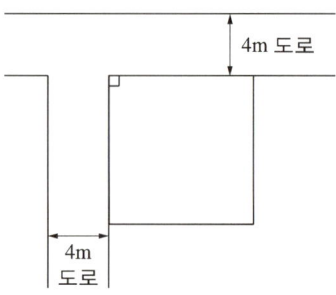

① 2m² ② 3m²
③ 4.5m² ④ 8m²

해설
건축선(건축법 시행령 제31조)
도로 모퉁이에서 각각 2m를 후퇴하여야 하며, 각 점을 연결한 선의 면적을 산정하면, (2×2)÷2 = 2m²이다.

100 부설주차장 설치 대상 시설물이 숙박시설인 경우, 설치 기준으로 옳은 것은?

① 시설면적 100m²당 1대
② 시설면적 150m²당 1대
③ 시설면적 200m²당 1대
④ 시설면적 350m²당 1대

해설
부설주차장의 설치대상 시설물 종류 및 설치기준(주차장법 시행령 별표 1)

용 도	설치기준
위락시설	시설면적 100m²당 1대
• 문화 및 집회시설,(관람장 제외) • 종교시설, 판매시설, 운수시설 • 의료시설(정신병원, 요양소, 격리병원 제외) • 운동시설, 업무시설, 방송국, 장례식장	시설면적 150m²당 1대
• 제1종 근린생활시설(공중화장실, 대피소, 지역아동센터 제외) • 제2종 근린생활시설, 숙박시설	시설면적 200m²당 1대

정답 97 ③ 98 ③ 99 ① 100 ③

2021년 제2회 과년도 기출복원문제

※ 2021년부터는 CBT(컴퓨터 기반 시험)로 진행되어 수험자의 기억에 의해 문제를 복원하였습니다. 실제 시행문제와 일부 상이할 수 있음을 알려드립니다.

제1과목 건축계획

01 사무소 건축에서 엘리베이터 조닝(Zoning)에 관한 설명으로 옳지 않은 것은?

① 엘리베이터 설치비를 절약할 수 있다.
② 고층부 엘리베이터를 고속화할 수 있다.
③ 일주시간이 단축되어 수송능력이 증가한다.
④ 조닝의 수가 증가하면 승강로 면적도 증가한다.

해설
조닝(분할)의 수가 증가하면 승강로의 면적을 감소시킬 수 있다.

02 공장 건축의 형식 중 집중형(Block Type)에 관한 설명으로 옳지 않은 것은?

① 확장성이 높다.
② 건축비가 저렴하다.
③ 비교적 공간효율이 높다.
④ 내부배치 변경에 탄력성이 있다.

해설
공장 건축 형식
집중형(Block Type)은 확장성이 낮으며, 분관식(Pavilion Type)은 확장성이 높다.

03 학교 건축의 교실 배치 유형 중 클러스터형을 가장 올바르게 설명한 것은?

① 교실을 1층에만 배치하는 방법
② 복도를 따라 교실을 배치하는 방법
③ 일반교실과 특별교실을 섞어 배치하는 방법
④ 교실을 소규모 단위로 분할하여 배치하는 방법

해설
클러스터형 : 교실을 소규모 단위로 분할하여 배치하는 방법이다.

04 공동주택의 남북 간 인동간격 결정 시 고려사항과 가장 거리가 먼 것은?

① 태양의 고도
② 일조시간
③ 대지의 지형
④ 건물의 동서 길이

해설
건물의 동서 길이는 건물 간의 측면거리에 관계가 있으며, 남북 간의 인동간격과는 관계없다.

05 부엌의 작업대 중 작업 삼각형(Working Triangle)의 꼭짓점에 속하지 않는 것은?

① 개수대   ② 가열대
③ 냉장고   ④ 배선대

해설
작업 삼각형(Working Triangle) : 냉장고 – 개수대 – 가열대

정답 1 ④ 2 ① 3 ④ 4 ④ 5 ④

06 공동주택의 단면 형식 중 메조네트형에 관한 설명으로 옳지 않은 것은?

① 거주성, 특히 프라이버시가 높다.
② 통로면적은 물론 유효면적도 감소한다.
③ 복도가 없는 층이 있어 평면계획이 유동적이다.
④ 엘리베이터의 정지 층수가 적어 운영면에서 경제적이다.

해설
메조네트형(복층형)은 통로면적이 감소하며, 유효면적은 증가한다.

07 아파트 평면 형식 중 프라이버시 확보가 가장 양호한 것은?

① 홀 형
② 집중형
③ 편복도형
④ 중복도형

해설
아파트의 평면 형식
홀형은 프라이버시 확보가 가장 양호하며, 집중형, 편복도형, 중복도형은 프라이버시가 불리하다는 단점이 있다.

08 사무소 건축에서 렌터블 비(Rentable Ratio)의 산정방법으로 옳은 것은?

① $\dfrac{임대면적}{연면적} \times 100\%$

② $\dfrac{임대면적}{건축면적} \times 100\%$

③ $\dfrac{연면적}{임대면적} \times 100\%$

④ $\dfrac{건축면적}{임대면적} \times 100\%$

해설
렌터블 비(Rentable Ratio) : 연면적에 대한 임대면적의 비율

09 단독주택 현관의 위치 결정에 가장 주된 영향을 끼치는 것은?

① 대지의 크기
② 주택의 층수
③ 도로와의 관계
④ 주차장의 크기

해설
단독주택의 현관 위치는 도로와의 관계를 우선하여 결정한다.

10 모듈계획(MC ; Modular Coordination)에 관한 설명으로 옳지 않은 것은?

① 대량생산이 용이하다.
② 설계작업이 간편하고 단순화된다.
③ 현장작업이 단순해지고 공기가 단축된다.
④ 건축물 형태의 자유로운 구성이 용이하다.

해설
모듈계획에 의한 설계는 건축물 형태의 자유로운 구성이 어렵다.

11 상점의 쇼케이스 배치방법 중 고객의 흐름이 가장 빠르고, 부분별로 상품 진열이 용이한 것은?

① 복합형
② 직렬배열형
③ 환상배열형
④ 굴절배열형

해설
직렬배열형 : 상점 내의 진열장이 직선으로 구성되며, 부분별로 상품 진열이 용이하다(침구류, 의복코너, 전기코너, 식기, 서점 등).

12 학교 건축에서 단층 교사에 관한 설명으로 옳지 않은 것은?

① 재해 시 피난상 유리하다.
② 채광 및 환기가 유리하다.
③ 학습활동을 실외로 연장할 수 있다.
④ 구조계획이 복잡하나 대지의 이용률이 높다.

해설
단층 교사 : 구조계획이 간단하나 대지의 이용률이 낮다.
다층 교사 : 구조계획이 복잡하나 대지의 이용률이 높다.

13 근린생활권 중 인보구의 중심시설은?

① 파출소
② 유치원
③ 초등학교
④ 어린이 놀이터

해설
인보구의 중심시설 : 어린이 놀이터
근린주구의 중심시설 : 초등학교

14 사무소의 실단위 계획에서 오피스 랜드스케이핑(Office Landscaping)에 관한 설명으로 옳지 않은 것은?

① 커뮤니케이션의 융통성이 있다.
② 독립성과 쾌적감의 이점이 있다.
③ 소음 발생에 대한 대책에 요구된다.
④ 공간의 이용도를 높이고 공사비도 줄일 수 있다.

해설
사무소 실단위 계획
• 오피스 랜드스케이핑은 독립성과 쾌적감이 낮다.
• 개실형은 독립성과 쾌적감의 이점이 있다.

15 단독주택의 거실계획에 관한 설명으로 옳지 않은 것은?

① 다목적 공간으로서 활용되도록 한다.
② 정원과 테라스에 시각적으로 연결되도록 한다.
③ 개방된 공간으로 가급적 독립성이 유지되도록 한다.
④ 다른 공간들을 연결하는 통로로서의 기능을 우선시 한다.

해설
거실은 독립된 실로 보아야 하며, 다른 공간들을 연결하는 통로 역할을 하면 안 된다.

16 상점의 정면(Facade) 구성에 요구되는 5가지 광고요소(AIDMA 법칙)에 속하지 않는 것은?

① Attention
② Action
③ Display
④ Memory

해설
상점 광고 5요소(AIDMA 법칙)
• Attention(주의)
• Interest(흥미, 주목)
• Desire(욕망, 공감, 욕구)
• Memory(기억, 인상)
• Action(행동, 출입)

정답 11 ② 12 ④ 13 ④ 14 ② 15 ④ 16 ③

17 부엌의 각종 설비를 작업하기에 가장 적절하게 배열한 것은?

① 냉장고 → 레인지 → 개수대 → 작업대 → 배선대
② 냉장고 → 개수대 → 작업대 → 레인지 → 배선대
③ 냉장고 → 개수대 → 레인지 → 작업대 → 배선대
④ 냉장고 → 작업대 → 레인지 → 개수대 → 배선대

해설
주방가구의 배치순서
냉장고 → 개수대(싱크대) → 작업대(조리대) → 레인지(가열대) → 배선대

18 테라스 하우스에 관한 설명으로 옳지 않은 것은?

① 연속주택이라고도 한다.
② 평지에서는 계획이 불가능하다.
③ 도로를 중심으로 상향식과 하향식으로 구분할 수 있다.
④ 각 세대마다 테라스를 이용한 옥외 공간 확보가 가능하다.

해설
테라스 하우스(Terraced House) : 벽을 공유하는 여러 단독주택을 연속적으로 모아놓은 저층형 집합주택을 말한다.
- 자연형 테라스 하우스 : 경사지를 이용하여 지형에 따라 테라스형으로 축조하며, 수평 연속형으로 계획할 수 있다.
- 인공형 테라스 하우스 : 위층으로 갈수록 건물 내부가 작아지면서 테라스를 구성하는 형식으로 평지에 건축이 가능하다.

19 다음 중 상점 건축의 판매부분에 속하지 않는 것은?

① 관리공간
② 통로공간
③ 도입공간
④ 상품전시공간

해설
판매공간 : 도입공간, 통로공간, 상품전시공간, 서비스공간
부대 부분 : 상품관리공간, 점원후생공간, 영업관리공간, 시설관리부분, 주차장 등

20 전 학급을 2분단으로 하고, 한쪽이 일반교실을 사용할 때 다른 분단은 특별교실을 사용하는 형태의 학교운영방식은?

① 달톤형(D형)
② 플래툰형(P형)
③ 종합교실형(U형)
④ 교과교실형(V형)

해설
학교운영방식
- 종합교실형 : 하나의 교실에서 모든 교과수업을 행하는 방식으로 초등학교 저학년에 가장 적합하다.
- 달톤형 : 학급과 학년을 없애고 능력에 따라 교과목을 이수한 후 졸업한다.
- 플래툰형 : 각 학급을 2분단으로 나누어 한쪽이 일반교실을 사용할 때, 다른 한쪽은 특별교실을 사용한다.
- 교과교실형 : 교과교실 구성으로 순수율이 높지만, 학생의 이동이 심하다.

제2과목 건축시공

21 지반의 지내력을 알기 위한 시험이 아닌 것은?

① 평판재하시험
② 말뚝재하시험
③ 말뚝박기시험
④ 3축압축시험

해설
3축압축시험 : 흙의 점착력, 내부마찰각, 간극 수압을 측정하여 전단응력을 파악하기 위해 실시하는 전단시험 방법이다.

22 벽돌 벽체에 생기는 백화현상을 방지하기 위한 조치로 옳지 않은 것은?

① 줄눈 모르타르에 석회를 혼합하여 우수의 침입을 방지한다.
② 처마를 충분히 내고 벽에 직접 비가 맞지 않도록 한다.
③ 잘 소성된 벽돌을 사용한다.
④ 줄눈을 충분히 사춤하고 줄눈 모르타르에 방수제를 넣는다.

해설
백화현상 : 벽 표면에 침투하는 빗물, 재료 및 시공불량에 의해 모르타르 중의 석회분이 유출되어 공기 중의 탄산가스와 결합하여 벽 표면에 백색의 미세한 물질이 생기는 현상이다. 석회를 혼합하면 백화현상이 촉진되므로 줄눈 모르타르에 방수제를 섞어 사용하여 백화현상을 방지한다.

23 건설공사표준품셈에서 제시하는 철골재의 할증률로서 틀린 것은?

① 소형 형강 : 5%
② 봉강 : 3%
③ 고장력 볼트 : 3%
④ 강판 : 10%

해설
봉강 : 5%

24 목공사에서 건축연면적(m^2)당 먹매김의 품이 가장 많이 소요되는 건축물은?

① 고급주택
② 학 교
③ 사무소
④ 은 행

해설
목공사에서 건축연면적(m^2)당 먹매김의 품(인부수)
• 고급주택 : 0.055~0.089인
• 학교, 공장 : 0.024~0.041인
• 사무소 : 0.041~0.058인
• 보통주택, 은행 : 0.055~0.078인

25 목조반자의 구조에서 반자틀의 구조가 아래에서부터 차례로 옳게 나열된 것은?

① 반자틀 – 반자틀 받이 – 달대 – 달대받이
② 달대 – 달대받이 – 반자틀 – 반자틀받이
③ 반자틀 – 달대 – 반자틀받이 – 달대받이
④ 반자틀받이 – 반자틀 – 달대받이 – 달대

해설
목조반자의 구조에서 반자틀 – 반자틀 받이 – 달대 – 달대받이 순으로 아래에서 위의 구조로 구성된다.

26 아스팔트 방수에서 아스팔트 프라이머를 사용하는 목적으로 옳은 것은?

① 방수층의 습기를 제거하기 위하여
② 아스팔트 보호누름을 시공하기 위하여
③ 보수 시 불량 및 하자 위치를 쉽게 발견하기 위하여
④ 콘크리트 바탕과 방수시트의 접착을 양호하게 하기 위하여

해설
아스팔트 프라이머는 블론 아스팔트에 휘발성 용제를 넣어 묽게 한 것으로 콘크리트 바탕과 방수시트의 접착을 양호하게 하기 위하여 사용한다.

27 금속 커튼월의 성능시험 관련 실물 모형시험(Mock Up Test)의 시험종목에 해당되지 않는 것은?

① 비비시험
② 기밀시험
③ 정압수밀시험
④ 구조시험

해설
비비시험은 시공연도 측정방법으로 된반죽 콘크리트의 반죽질기를 측정하는 방법이다.
금속 커튼월 실물 모형시험(Mock Up Test) 종류
• 예비시험
• 기밀시험
• 정압수밀시험
• 동압수밀시험
• 구조시험

28 다음 중 서로 관계없는 것끼리 짝지어진 것은?

① 바이브레이터(Vibrator) – 목공사
② 가이 데릭(Guy Derrick) – 철골공사
③ 그라인더(Grinder) – 미장공사
④ 토털 스테이션(Total Station) – 부지측량

해설
바이브레이터(Vibrator) – 콘크리트공사

29 콘크리트를 혼합할 때 염화마그네슘(MgCl₂)을 혼합하는 이유는?

① 콘크리트의 비빔 조건을 좋게 하기 위함이다.
② 방수성을 증가하기 위함이다.
③ 강도를 증가하기 위함이다.
④ 얼지 않게 하기 위함이다.

해설
염화마그네슘(MgCl₂)을 콘크리트에 혼합하여 얼지 않게 하기 위함(동결 방지)이다.

30 도장공사에 표면의 요철이나 홈, 빈틈을 없애기 위하여 주로 점도가 높은 퍼티나 충전제를 메우고 여분의 도료는 긁어 평활하게 하는 도장방법은?

① 붓 도장
② 주걱 도장
③ 정전분체 도장
④ 롤러 도장

해설
주걱 도장 : 주걱 도장은 주로 바탕의 요철을 없애기 위하여 퍼티(Putty)나 충전제를 주걱으로 훑어 두껍게 칠하는 방법이다.

31 기초 형식의 선정에 대한 설명으로 옳지 않은 것은?

① 구조성능, 시공성, 경제성 등을 검토하여 합리적으로 기초 형식을 선정하여야 한다.
② 기초는 상부구조의 규모, 형상, 구조, 강성 등을 함께 고려해야 하고, 대지의 상황 및 지반의 조건에 적합하며, 유해한 장애가 생기지 않아야 한다.
③ 동일 구조물의 기초에서는 이종 형식 기초의 병용을 원칙으로 한다.
④ 기초 형식의 선정 시 부지 주변에 미치는 영향을 충분히 고려하여야 하며 또한 장래 인접대지에 건설되는 구조물과 그 시공에 의한 영향까지도 함께 고려하는 것이 바람직하다.

해설
동일 구조물의 기초에서는 가능한 한 이종 형식 기초의 병용을 피한다.

32 건축공사 도급 방식에서 정액도급의 단점이 아닌 것은?

① 공사 중 설계변경을 할 경우 분쟁이 일어나기 쉽다.
② 입찰 전에 도면, 시방서 작성에 시간이 걸린다.
③ 발주자와 수급자 사이에 공사의 질에 대한 이해가 서로 일치하지 않을 수 있다.
④ 공사완공까지의 총 공사비를 예측하기 어렵다.

해설
정액도급(Lump-sum Contract) : 공사비 총액을 확정하고 계약하는 방식으로 공사비가 저렴하고 자금정책이 편리하다.

33 고분자수지와 건성유를 가열융합하고 건조제를 넣어 용제로 녹인 것으로 붓칠 시공이 가능하며 건조가 빠르고 광택이나 투명한 도막을 만드는 도료는?

① 에나멜페인트
② 바니시
③ 래 커
④ 합성수지에멀션페인트

해설
바니시(Varnish) : 천연수지, 합성수지 등을 건성유와 같이 가열 및 융합시키고, 건조제를 넣어 용제로 녹인 도료이다.

34 네트워크(Network) 공정표의 특징으로 옳지 않은 것은?

① 각 작업의 상호관계가 명확하게 표시된다.
② 공사 전체 흐름에 대한 파악이 용이하다.
③ 공사의 진척상황이 누구에게나 알려지게 되나 시간의 경과가 명확하지 못하다.
④ 계획 단계에서 공정상의 문제점이 명확히 파악되어 작업 전에 수정이 가능하다.

해설
네트워크 공정표는 각 작업의 상호관계를 네트워크로 표현하는 기법이며, 작업순서와 시간관계가 명확하고 공사담당자 간의 정보전달이 원활하다. PERT 기법, CPM 기법이 있다.

35 시멘트의 응결에 대한 설명으로 옳지 않은 것은?

① 분말도가 큰 시멘트는 블리딩을 감소시킨다.
② 물시멘트비(W/C)가 낮을수록 응결 속도가 느리다.
③ 시멘트가 풍화되면 응결 속도가 늦어진다.
④ 분말도가 큰 시멘트는 비표면적이 증대된다.

해설
물시멘트비(W/C)가 낮을수록 응결 속도는 빠르다.

36 흙막이 공법의 종류에 해당되지 않는 것은?

① 지하연속벽 공법
② H-말뚝 토류판 공법
③ 시트파일 공법
④ 생석회 말뚝 공법

해설
흙막이 공법
• 지하연속벽(슬러리 월) 공법
• 주열식(Icos) 공법
• H-말뚝 토류판 공법
• 시트파일 공법
지반개량공법(연약지반 탈수공법)
• 웰 포인트(Well Point) 공법(사질지반)
• 생석회 말뚝 공법(점토지반)
• 샌드 드레인(Sand Drain) 공법(점토지반)
• 페이퍼 드레인(Paper Drain) 공법(점토지반)

37 서중콘크리트에 관한 설명으로 옳지 않은 것은?

① 콘크리트의 공기연행이 용이하여 혼화제 사용이 불필요하다.
② 콘크리트의 배합은 소요의 강도 및 워커빌리티를 얻을 수 있는 범위 내에서 단위수량을 적게 한다.
③ 비빔 콘크리트는 가열되거나 건조로 인하여 슬럼프가 저하되지 않도록 적당한 장치를 사용하여 되도록 빨리 운송하여 타설하여야 한다.
④ 콘크리트 재료는 온도가 낮아질 수 있도록 하여야 한다.

해설
서중콘크리트는 일평균기온이 25℃를 초과 시 타설하는 콘크리트로서 기온이 높은 조건에서는 콘크리트의 온도가 높아져 수화반응이 빨라지므로 이상응결이 발생되기 쉽다. 따라서 AE감수제 등의 혼화제 사용으로 응결을 지연시킬 수 있다.

38 철골 용접부의 불량을 나타내는 용어가 아닌 것은?

① 블로 홀(Blow Hole)
② 위빙(Weaving)
③ 크랙(Crack)
④ 언더 컷(Under Cut)

해설
위빙(Weaving)은 용접봉을 용접 진행방향의 좌우(용접 방향과 직각)로 움직이면서 용접하는 운봉 방식을 말한다.
용접의 결함 : 슬래그 감싸들기, 언더 컷, 오버 랩, 위핑 홀, 블로 홀, 크랙 등

39 철골구조의 합성보에서 철골보와 슬래브를 일체화시킬 때 그 접합부에 생기는 전단력에 저항시키기 위하여 사용되는 접합재는?

① 시어 커넥터(Shear Connector)
② 게이지 라인(Gage Line)
③ 중도리(Purline)
④ 스페이스 프레임(Space Frame)

해설
시어 커넥터(Shear Connector, 전단 연결재)는 철근콘크리트 바닥과 강재보의 플랜지를 일체화하는 데 사용하는 철물로서 접합부에 생기는 전단력에 저항하는 전단재이다.

40 PERT/CPM에 대한 설명으로 틀린 것은?

① PERT는 명확하지 않은 사항이 많은 조건하에서 수행되는 신규사업에 많이 이용된다.
② 통상적으로 CPM은 작업시간이 확립되지 않은 사업에 활용된다.
③ PERT는 공기단축을 목적으로 한다.
④ CPM은 공사비 절감을 목적으로 한다.

해설
PERT(Program Evaluation and Review Technique)
• 확률적 추정치를 이용하여 건설단계 중심의 확률적 모델로써 작성한다.
• 최단기간으로써 공기단축을 목적으로 한다.
CPM(Critical Path Method) 기법
• 과거 실적이나 경험 등의 확정적 결과값을 이용하여 활동 중심의 확정적 모델로써 작성한다.
• 목표기일 단축과 비용 최소화로써 공사비 절감을 목적으로 한다.

제3과목 건축구조

41 그림과 같은 단순보에서 A 지점의 수직반력은?

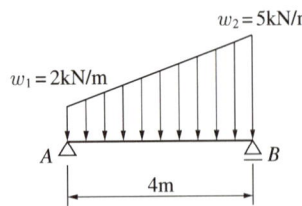

① 3kN(↑) ② 4kN(↑)
③ 5kN(↑) ④ 6kN(↑)

해설
$\Sigma M_B = 0$;
$(R_A \times 4) - \left(2 \times 4 \times \frac{4}{2}\right) - \left(\frac{1}{2} \times 4 \times 3 \times \frac{4}{3}\right) = 0$
$(R_A \times 4) - 24 = 0$
$\therefore R_A = 6\text{kN}(\uparrow)$

42 철근콘크리트 부재 설계 시 겹침이음을 하지 않아야 하는 철근은?

① D25를 초과하는 철근
② D29를 초과하는 철근
③ D22를 초과하는 철근
④ D35를 초과하는 철근

해설
D35를 초과하는 철근은 겹침이음을 할 수 없다.

43 다음 그림은 철근콘크리트 보 단부의 단면이다. 복근비와 인장 철근비는?(단, D22 1개의 단면적은 387mm²임)

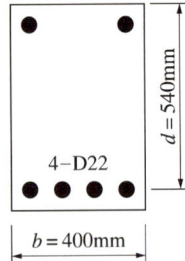

① 복근비 $\gamma = 2$, 인장 철근비 $\rho_t = 0.00717$
② 복근비 $\gamma = 0.5$, 인장 철근비 $\rho_t = 0.00717$
③ 복근비 $\gamma = 2$, 인장 철근비 $\rho_t = 0.00369$
④ 복근비 $\gamma = 0.5$, 인장 철근비 $\rho_t = 0.00369$

해설
복근비$(\gamma) = \dfrac{A_s{'}}{A_s} = \dfrac{387 \times 2}{387 \times 4} = 0.5$

인장 철근비$(\rho_t) = \dfrac{A_s}{bd} = \dfrac{387 \times 4}{400 \times 540} \fallingdotseq 0.00717$

44 조적식 구조인 건축물 중 2층 건축물에 있어서 2층 내력벽의 최대 높이는 얼마인가?

① 3m ② 3.5m
③ 4m ④ 4.5m

해설
내력벽의 높이 및 길이(건축물의 구조기준 등에 관한 규칙 제31조)
- 조적식 구조인 건축물 중 2층 건축물에 있어서 2층 내력벽의 높이는 4m를 넘을 수 없다.
- 조적식 구조인 내력벽의 길이(대린벽(對隣壁)의 경우에는 그 접합된 부분의 각 중심을 이은 선의 길이를 말한다)는 10m를 넘을 수 없다.
- 조적식 구조인 내력벽으로 둘러싸인 부분의 바닥면적은 80m²를 넘을 수 없다.

45 용접 개시점과 종료점에 용착금속에 결함이 없도록 하기 위하여 설치하는 보조재는?

① 뒷댐재
② 스캘럽
③ 엔드탭
④ 오버랩

> **해설**
> **엔드탭** : 용접 개시점과 종료점에 용착금속에 결함이 없도록 하기 위하여 설치하는 보조재

46 강도설계법에서 처짐을 계산하지 않는 경우에 있어 보의 최소 두께(Depth) 규준으로 옳지 않은 것은? (단, 보의 길이는 l, 보통중량콘크리트와 400MPa 철근 사용)

① 단순지지 : $l/12$
② 1단연속 : $l/18.5$
③ 양단연속 : $l/21$
④ 캔틸레버 : $l/8$

> **해설**
> 처짐을 계산하지 않는 경우, 보 또는 1방향 슬래브 최소 두께
>
> | 부 재 | 캔틸레버 | 단순지지 | 1단연속 | 양단연속 |
> |---|---|---|---|---|
> | 보 | $\dfrac{l}{8}$ | $\dfrac{l}{16}$ | $\dfrac{l}{18.5}$ | $\dfrac{l}{21}$ |
> | 1방향 슬래브 | $\dfrac{l}{10}$ | $\dfrac{l}{20}$ | $\dfrac{l}{24}$ | $\dfrac{l}{28}$ |

47 기초 저면 2.5×2.5m의 독립기초에 편심하중이 작용하여 축방향력 400kN(기초자중, 상재하중 및 흙의 중량 포함), 모멘트 120kN·m를 받을 경우, 기초 저면의 편심거리는 얼마인가?

① 0.2m ② 0.3m
③ 0.4m ④ 0.5m

> **해설**
> 편심거리$(e) = \dfrac{M}{P} = \dfrac{120\text{kN} \cdot \text{m}}{400\text{kN}} = 0.3\text{m}$

48 H-500×200×10×16로 표기된 H형강에서 웨브의 두께는?

① 10mm
② 16mm
③ 200mm
④ 500mm

> **해설**
> $H - H \times B \times t_w \times t_f$ (높이×플랜지 폭×웨브 두께×플랜지 두께)
> **H형강 또는 I형강**
> • H형강 치수 표시 : $H - H \times B \times t_w \times t_f$
> • I형강 치수 표시 : $I - H \times B \times t_w \times t_f$
> • 주로 기둥, 보에 사용된다.
> • H형강은 단면이 일정하지만, I형강은 플랜지 두께가 안쪽에서 바깥쪽으로 갈수록 줄어든다.

정답 45 ③ 46 ① 47 ② 48 ①

49 철근 직경(d_b)에 따른 표준갈고리의 구부림 최소 내면 반지름 기준으로 옳지 않은 것은?

① D25 주철근 : $3d_b$ 이상
② D13 주철근 : $2d_b$ 이상
③ D16 띠철근 : $2d_b$ 이상
④ D13 띠철근 : $2d_b$ 이상

해설
주철근의 180°와 90° 표준갈고리의 구부림 최소 내면 반지름
• D13~D25 주철근 : $3d_b$ 이상
• D29~D35 주철근 : $4d_b$ 이상
• D38 이상 : $5d_b$ 이상
스터럽과 띠철근용 표준갈고리의 내면 반지름
• D16 이하의 철근 : $2d_b$ 이상
• D19 이상의 철근 : 주철근 기준에 따른다.

50 그림과 같은 보에서 최대 전단응력도를 구하면? (단, 원형 단면이며 단면의 지름은 d이다)

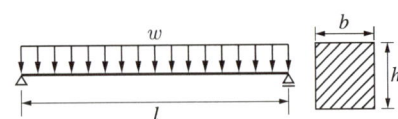

① $\dfrac{8}{3} \cdot \dfrac{wl}{\pi d^2}$
② $\dfrac{3}{8} \cdot \dfrac{wl}{\pi d^2}$
③ $\dfrac{4}{3} \cdot \dfrac{wl}{\pi d^2}$
④ $\dfrac{3}{4} \cdot \dfrac{wl}{\pi d^2}$

해설
원형 단면의 최대 전단응력도($\tau_{\max}$)
$$\tau_{\max} = \frac{4}{3} \times \frac{S}{A} = \frac{4}{3} \times \frac{\dfrac{wl}{2}}{\dfrac{\pi d^2}{4}} = \frac{8}{3} \times \frac{wl}{\pi d^2}$$

51 등분포하중을 받는 단순보에서 보 중앙점의 탄성 처짐에 관한 설명으로 옳은 것은?

① 처짐은 스팬의 제곱에 반비례한다.
② 처짐은 단면 2차 모멘트에 비례한다.
③ 처짐은 단면의 형상과는 상관이 없고, 재질에만 관계된다.
④ 처짐은 탄성계수에 반비례한다.

해설
등분포하중 단순보의 처짐(δ) = $\dfrac{5wl^4}{384EI}$
④ 처짐은 탄성계수에 반비례한다.
① 처짐은 스팬의 네제곱에 비례한다.
② 처짐은 단면 2차 모멘트에 반비례한다.
③ 처짐은 단면의 형상, 재질에 관계된다.

52 그림과 같은 트러스에서 C부재의 부재력은?

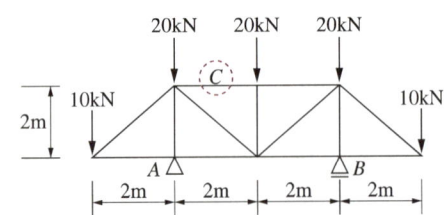

① 0
② 20kN(+)
③ 40kN(−)
④ 80kN(+)

해설
$R_A = R_A = 40\text{kN}$

$\sum M_C = 0$; $(40 \times 2) - (10 \times 4) - (20 \times 2) - (C \times 2) = 0$
∴ $C = 0$

53 그림과 같은 양단고정보(Fixed Beam)의 중앙과 단부의 휨모멘트 비율은?

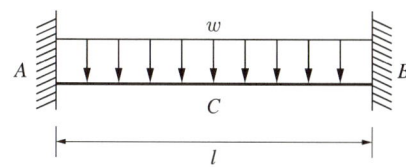

① 1 : 1
② 1 : 2
③ 1 : 3
④ 1 : 4

해설

- 중앙부 휨모멘트 : $\dfrac{wl^2}{24}$
- 단부 휨모멘트 : $\dfrac{wl^2}{12}$

∴ $\dfrac{wl^2}{24} : \dfrac{wl^2}{12} = 1 : 2$

54 그림과 같은 구조물의 지점 A의 휨모멘트는?

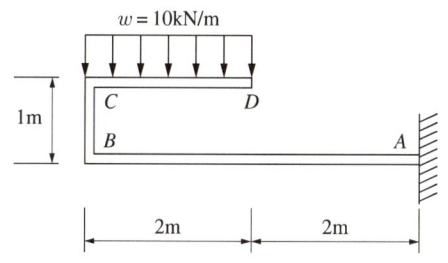

① -20kN·m
② -40kN·m
③ -60kN·m
④ -80kN·m

해설

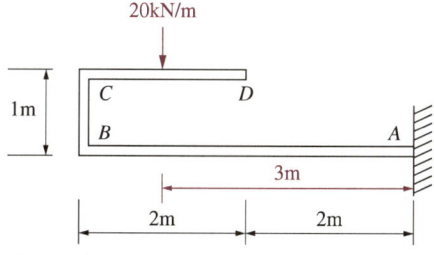

$P = w \times l = 10 \times 2 = 20$kN
$M_A = 20 \times 3 = -60$kN·m

55 그림과 같은 구조물의 판정 결과는?

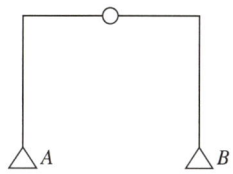

① 정정
② 1차 부정정
③ 2차 부정정
④ 3차 부정정

해설

$N = m + r + k - 2j$
$ = 4 + 4 + 2 - 2 \times 5$
$ = 0$

여기서, m : 부재(Member)수
$ r$: 지점반력(Reaction)수
$ k$: 강절점수
$ j$: 절점(Joint)수

∴ N은 0이므로 정정 구조물이다.

56 SN400A로 표기된 강재에 관한 설명으로 옳은 것은?

① 일반구조용 압연강재이다.
② 용접구조용 압연강재이다.
③ 건축구조용 압연강재이다.
④ 항복강도가 400MPa이다.

해설

강재의 표시법
- SN : 건축구조용 압연강재
- SS : 일반구조용 압연강재
- SM : 용접구조용 압연강재

57 그림과 같은 등분포하중을 받는 단순보의 최대 처짐은?

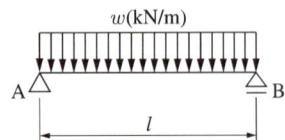

① $\dfrac{9wl^2}{128}$ ② $\dfrac{wl^4}{384EI}$

③ $\dfrac{5wl^4}{384EI}$ ④ $\dfrac{5wl^4}{128}$

해설
등분포하중 단순보 최대 처짐(δ_{max}) = $\dfrac{5wl^4}{384EI}$

58 강도설계법에서 고정하중 D와 적재하중 L의 소요강도에 대한 하중조합으로 옳은 것은?

① $U = 1.2D + 1.6L$
② $U = 1.8D + 1.4L$
③ $U = 0.75(1.2D + 1.6D)$
④ $U = 0.75(1.7D + 1.4)$

해설
기본하중(D, L)의 조합 : $U = 1.2D + 1.6L$

59 그림과 같이 연직하중을 받는 트러스에서 부재의 부재력으로 옳은 것은?

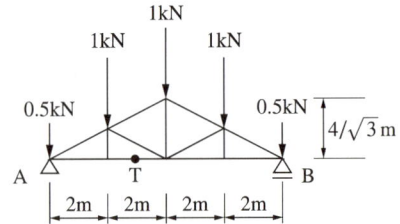

① $1.5\sqrt{3}$ kN ② $-1.5\sqrt{3}$ kN
③ 3kN ④ -3kN

해설
반력을 산정한다.
$\sum M_B = 0;$
$(R_A \times 8) - (0.5 \times 8) - (1 \times 6) - (1 \times 4) - (1 \times 2) = 0$
$(R_A \times 8) = 16$
$\therefore R_A = 2\text{kN}(\uparrow)$

T부재의 부재력을 구한다.

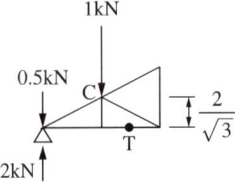

$\sum M_C = 0; \ (2 \times 2) - (0.5 \times 2) - \left(T \times \dfrac{2}{\sqrt{3}}\right) = 0$

$\left(T \times \dfrac{2}{\sqrt{3}}\right) = 3$

$\therefore T = 1.5\sqrt{3}$ kN(인장)

60 연약지반에서 발생하는 부동침하의 원인으로 옳지 않은 것은?

① 부분적으로 증축했을 때
② 이질지반에 건물이 걸쳐 있을 때
③ 지하수가 부분적으로 변화할 때
④ 지내력을 같게 하기 위해 기초판 크기를 다르게 했을 때

해설
부동침하를 해결하는 방법으로써 지내력을 같게 하기 위해 기초판 크기를 다르게 할 수 있다.

제4과목 건축설비

61 다음 중 생물학적 산소요구량을 나타내는 것은?

① ppm
② SS
③ COD
④ BOD

해설
- BOD(Biochemical Oxygen Demand) : 생물학적 산소 요구량
- COD(Chemical Oxygen Demand) : 화학적 산소 요구량
- DO(Dissolved Oxygen) : 용존 산소량
- SS(Suspended Solids) : 부유 물질량
- ppm(Parts Per Million) : 농도의 단위이며, 백만분의 1로서 용액 1kg에 들어있는 용질의 mg수(mg/kg)를 나타낸다.

62 역류를 방지하여 오염으로부터 상수계통을 보호하기 위한 방법으로 옳지 않은 것은?

① 토수구 공간을 둔다.
② 버큠 브레이커를 설치한다.
③ 역류 방지밸브를 설치한다.
④ 배관은 크로스 커넥션이 되도록 한다.

해설
크로스 커넥션은 수돗물과 수돗물 이외의 물질이 혼입되어 오염시키는 현상으로 상수 배관은 크로스 커넥션이 되지 않도록 한다.

63 배선용 차단기에 관한 설명으로 옳지 않은 것은?

① 각 극을 동시에 차단하므로 결상의 우려가 없다.
② 과부하 및 단락사고 차단 후 재투입이 불가능하다.
③ 전기조작, 전기신호 등의 부속장치를 사용하여 자동제어가 가능하다.
④ 개폐기구 및 트립장치 등이 절연물인 케이스에 내장되어 있어 안전하게 사용 가능하다.

해설
배선용 차단기
- 전자석이나 바이메탈을 이용해 전기회로에 규정 이상의 전류가 흐를 때는 차단기가 자동적으로 개방되도록 한다.
- 교류 600V 이하, 직류 250V 이하의 저압 옥내전로의 보호를 위해 사용된다.
- 과부하 및 단락사고 차단 후 다시 원상태로 복귀하여 재사용할 수 있다.

64 공기조화 방식 중 2중 덕트 방식에 관한 설명으로 옳지 않은 것은?

① 혼합상자에서 소음과 진동이 생긴다.
② 부하특성이 다른 다수의 실이나 존에도 적용할 수 있다.
③ 덕트 스페이스가 작으며 습도의 완벽한 조절이 용이하다.
④ 냉·온풍의 혼합으로 인한 혼합손실이 있어서 에너지 소비량이 많다.

해설
2중 덕트 방식
- 냉풍과 온풍을 각각의 덕트를 통해 각 실이나 존으로 송풍하고, 냉·난방부하에 따라 냉풍과 온풍을 혼합하여 취출시키는 공기조화 방식으로 전공기 방식에 속한다.
- 부하특성이 다른 다수의 실이나 존에도 적용할 수 있다.
- 혼합상자에서 소음과 진동이 발생하며 냉·온풍의 혼합으로 인한 혼합손실이 있다.
- 덕트가 2중이므로 덕트가 차지하는 면적이 넓으며 습도의 조절이 어렵다.

정답 61 ④ 62 ④ 63 ② 64 ③

65 벨로스(Bellows)형 방열기 트랩을 사용하는 이유는?

① 관내의 압력을 조절하기 위하여
② 관내의 증기를 배출하기 위하여
③ 관내의 고형 이물질을 제거하기 위하여
④ 방열기 내에 생긴 응축수를 환수시키기 위하여

해설
벨로스(Bellows)형 방열기 트랩은 증기와 응축수 사이의 온도차(수축과 팽창)를 이용하는 온도조절식 증기트랩으로서 관내에 발생하는 응축수를 배출하기 위하여 사용한다.
증기트랩 : 방열기의 환수부 또는 증기 배관의 말단부에 부착하여 관내에 생긴 응축수를 보일러에 환수하는 장치로서 방열기 트랩과 관말 트랩으로 구분한다.
- 벨로스 트랩(Bellows Trap) : 벨로스 속 액체의 팽창과 수축으로 동작하는 소형 트랩으로 주로 방열기에 사용된다(열동트랩 방열기트랩).
- 버킷 트랩(Bucket Trap) : 버킷 부력을 이용하여 밸브를 개폐하고 응축수를 배출하는 트랩으로 주로 고압증기의 관말 트랩, 증기탕비기 등에 사용한다.
- 플로트 트랩(Float Trap) : 다량의 응축수 배출을 위한 저압증기 용기기 부속트랩이며, 트랩 속에 응축수가 차면 플로트가 뜨면서 밸브가 열려 하부 응축수가 배출되는 트랩으로 주로 열교환기에 사용한다.

66 바닥복사난방에 관한 설명으로 옳지 않은 것은?

① 복사열에 의하므로 쾌적함이 높다.
② 방열기가 없으므로 바닥면적의 이용도가 높다.
③ 외기침입이 있는 곳에서도 난방감을 얻을 수 있다.
④ 난방부하 변동에 따른 방열량 조절이 용이하므로 간헐난방에 적합하다.

해설
복사난방
- 패널의 복사열을 주로 이용하는 방식으로 실내의 온도분포가 균등하여 쾌감도가 높고, 바닥의 이용도가 높다.
- 외기 급변에 따른 난방부하 변동에 대해 방열량 조절이 어렵고, 장시간 난방에 유리하지만 간헐난방에 부적합하다.
- 시공이 어려우며 수리비, 설비비가 비싸다.
- 천장 높이가 높은 경우와 주택, 학교 등에 사용된다.

67 자동화재탐지설비의 감지기 중 설치된 감지기의 주변온도가 일정한 온도상승률 이상으로 되었을 경우에 작동하는 것은?

① 차동식   ② 정온식
③ 광전식   ④ 이온화식

해설
차동식 감지기는 감지기의 주변온도가 일정한 온도상승률 이상으로 되었을 경우에 작동한다.

68 우수수평관의 관경을 결정하는 직접적인 요소가 아닌 것은?

① 지붕의 수평투영면적
② 지붕의 기울기
③ 배관의 기울기
④ 최대 강우량

해설
우수수평관의 관경 결정방법
- 지붕의 수평투영면적
- 배관의 기울기
- 최대 강우량

69 백화점 화장실에서 일반적으로 사용되는 환기방식은?

① 자연급기-강제배기
② 자연급기-자연배기
③ 강제급기-자연배기
④ 강제급기-강제배기

해설
강제(기계)환기방식 분류

구분	급기	배기	적용
1종	기계	기계	• 공기조정설비 포함 • 밀폐공간, 수술실 등에 적합
2종	기계	자연	• 배기구 위치에 제약 • 청정실, 반도체실 등에 적합
3종	자연	기계	• 급기구 위치에 제약 • 부엌, 욕실, 화장실, 오염실에 적합

70 피뢰설비방식 중 케이지방식(완전보호)에 대한 설명으로 옳은 것은?

① 건물 각 부분 기타 위쪽에 수평도체를 건축물에 떨어져서 설치하는 방법이다.
② 피보호물을 연속된 망상도체나 금속판으로 싸는 방법이다.
③ 건축물 상단에 밀착하여 수평도체를 설치하는 방법이다.
④ 금속체를 피보호물에서 돌출시켜 수뢰부로 하는 것으로 투영면적이 비교적 작은 건축물에 적합하다.

해설
피뢰방식
- 돌침방식
  - 건축물 상부에 돌침을 설치하여 근접 뇌격을 흡인하여 인하도체를 통해 외격전류를 대지로 방류하는 방식이다.
  - 수평투영면적이 작은 건물(굴뚝, 고가수조, 옥상의 옥탑부분 등), 위험물 저장소 등에 적용
- 수평도체방식
  - 보호대상물의 건축물의 상부에 수평도체를 가설하여 뇌격을 흡인한 후 인하도선을 통해 뇌격진류를 대지로 방류하는 방식이다.
  - 수평투영면적이 비교적 큰 건축물에 적용
- 케이지방식
  - 피보호물을 적당한 간격으로 망상도체 또는 금속판으로 완전히 둘러싸서 보호하는 방식이다.
  - 산악지대 레이더 기지, 천연기념물 나무 등에 적용

71 다음 중 상점 내부의 조명용 광원으로 가장 부적절한 것은?

① 형광등 ② 할로겐등
③ 백열전구 ④ 고압나트륨등

해설
나트륨등 : 황색의 단일광으로 연색성이 좋지 못하여 상점 등의 실내 조명에는 사용하지 않으며, 차량용 도로 등에 사용한다.

72 배수트랩의 종류에 해당하지 않는 것은?

① D트랩 ② S트랩
③ P트랩 ④ U트랩

해설
트랩의 종류
- S트랩 : 봉수가 잘 파괴되며 세면기, 소변기 등에 사용한다.
- P트랩 : 봉수가 S트랩보다 안전하며 세면기, 소변기 등의 고압 배관에 사용한다.
- U트랩 (가옥 트랩, 매인 트랩) : 유수의 흐름을 저해하며, 옥외의 수평 배관에 설치한다.

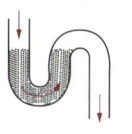
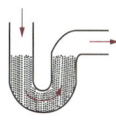
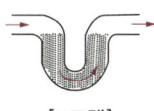

[S트랩] [P트랩] [U트랩]

73 옥외소화전을 2개 설치한 건물에서 옥외소화전설비의 수원의 저수량은 최소 얼마 이상이 되도록 하여야 하는가?

① $14m^3$ ② $7.0m^3$
③ $5.2m^3$ ④ $2.6m^3$

해설
옥내소화전 수원의 수량(Q) = $2.6 \times N$
N : 소화전 개수(가장 많이 설치된 층 기준 최대 2개)
∴ $Q = 2.6 \times 2 = 5.2m^3$

74 다음 설명에 알맞은 배선방법은?

- 사용장소는 은폐장소, 노출장소, 옥내, 옥외 등 광범위하게 사용할 수 있다.
- 외부적 응력에 대해 전선보호의 신뢰성이 높고 외부에 대한 고주파 영향이 없다.

① 금속관배선 ② 금속몰드배선
③ 합성수지관배선 ④ 플로어덕트배선

해설
금속관 배선 공사
- 절연전선을 사용하여 건물의 종류와 장소에 관계없이 은폐장소, 노출장소, 옥내, 옥외 등 광범위하게 사용된다.
- 주로 콘크리트 건물에 매립하여 배선한다(접지 필요).
- 화재 위험 적고, 인입 및 교체가 용이하다.
- 기계적 손상이 적고, 습기나 먼지가 있는 장소에도 시공 가능하다.
- 외부적 응력에 대해 전선보호의 신뢰성이 높고 외부에 대한 고주파 영향이 없다.
- 굴곡이 많은 곳에는 부적합하다.

75 통기배관에 관한 설명으로 옳지 않은 것은?

① 오물정화조의 통기관은 단독으로 한다.
② 통기관과 실내환기덕트는 서로 연결해서는 안 된다.
③ 통기수직관과 빗물수직관은 겸용으로 하는 것이 좋다.
④ 신정통기관은 배수수직관의 상단을 연장하여 대기 중에 개구한다.

해설
통기수직관과 빗물수직관은 겸용하지 않는다.

76 보일러의 상용출력을 가장 올바르게 표현한 것은?

① 급탕부하 + 난방부하 + 배관부하
② 급탕부하 + 배관부하 + 예열부하
③ 난방부하 + 배관부하 + 예열부하
④ 급탕부하 + 난방부하 + 배관부하 + 예열부하

해설
정격출력 = 급탕부하 + 난방부하 + 배관부하 + 예열부하
상용출력 = 급탕부하 + 난방부하 + 배관부하

77 분기회로 구성 시 유의사항에 관한 설명으로 옳지 않은 것은?

① 전등회로와 콘센트회로는 별도의 회로로 한다.
② 같은 스위치로 점멸되는 전등은 같은 회로로 한다.
③ 습기가 있는 장소의 수구는 가능하면 별도의 회로로 한다.
④ 분기회로의 전선 길이는 60m 이하로 하는 것이 바람직하다.

해설
분기회로 : 저압옥내 간선에서 분기과전류 차단기를 거쳐 전등, 콘센트 등에 이르는 배선을 말한다.
분기회로 설계시 고려사항
- 전등, 콘센트는 별개의 회로로 한다.
- 같은 스위치로 점멸되는 전등은 같은 회로로 한다.
- 같은 방, 같은 방향의 수구는 같은 회로로 한다.
- 복도, 계단 등은 같은 회로로 한다.
- 습기가 있는 장소의 수구는 별도 회로로 한다.
- 전선의 길이는 30m 이하로 하고, 분기회로의 전선 굵기는 8mm² 이하, 전선관의 굵기는 28φ 이하로 한다.

78 다음과 같은 조건에서 북측에 위치한 면적 12m²인 콘크리트 외벽체를 통한 관류에 의한 손실열량은?

- 외기 온도 : −1℃, 실내 온도 : 18℃
- 벽체의 열관류율 : 1.71W/m²·K
- 벽체의 방위계수 : 1.2

① 383.7W
② 411.0W
③ 429.0W
④ 468.0W

해설

$H = k \cdot A \cdot (t_0 - t_i) \cdot K$
$= 1.71 \times 12 \times (18 - (-1)) \times 1.2$
$= 467.9 ≒ 468W$

여기서, H : 손실열량(W)
k : 열관류율(W/m²·K)
A : 벽체면적(m²)
K : 방위계수

79 터보식 냉동기에 관한 설명으로 옳지 않은 것은?

① 흡수식에 비해 소음 및 진동이 심하다.
② 피스톤의 왕복운동에 의해 냉매증기를 압축한다.
③ 출력이 지나치게 낮은 경우 서징 현상이 발생한다.
④ 대용량에서는 압축효율이 좋고 비례 제어가 가능하다.

해설

터보식 냉동기는 전기모터로 구동되는 임펠러의 원심력에 의해 속도에너지를 압력에너지로 바꾸어 냉매가스를 압축하는 방식의 대용량 공종에 적합한 냉동기이다. 피스톤의 왕복운동에 의해 냉매증기를 압축하는 방식은 압축식 냉동기이다.
서징(Surging) 현상 : 펌프의 압력이 일정 주기를 가지고 큰 폭으로 변동하거나 토출량이 주기적으로 변동되면서 진동이나 소음이 발생하는 현상을 말하며, 배관 도중에 불필요한 수조나 공기탱크가 없도록 하고 펌프의 회전수를 증가시켜서 방지한다.

80 다음의 전원설비와 관련된 설명 중 ( ) 안에 알맞은 용어는?

수전점에서 변압기 1차 측까지의 기기 구성을 (㉠)라 하고 변압기에서 전력 부하설비의 배전반까지를 (㉡)라 한다.

① ㉠ : 배전설비, ㉡ : 수전설비
② ㉠ : 수전설비, ㉡ : 배전설비
③ ㉠ : 간선설비, ㉡ : 동력설비
④ ㉠ : 동력설비, ㉡ : 간선설비

해설

수전점에서 변압기 1차 측까지의 기기 구성을 수전설비라 하고 변압기에서 전력 부하 설비의 배전반까지를 배전설비라 한다.

제5과목 건축관계법규

81 다음의 피난계단의 설치에 관한 기준 내용 중 ( ) 안에 알맞은 것은?(단, 공동주택이 아닌 경우)

건축물의 ( ) 이상인 층(바닥면적이 400m² 미만인 층은 제외한다)으로부터 피난층 또는 지상으로 통하는 직통계단은 특별피난계단으로 설치하여야 한다.

① 6층
② 11층
③ 16층
④ 21층

해설

특별피난계단 설치 대상 : 건축물의 11층 이상인 층(공동주택은 16층, 갓복도식 공동주택 제외, 바닥면적이 400m² 미만인 층 제외)

82 건물의 바깥쪽에 설치하는 피난계단의 구조에 관한 기준 내용으로 옳지 않은 것은?

① 계단의 유효너비는 0.9m 이상으로 할 것
② 계단은 내화구조로 하고 지상까지 직접 연결되도록 할 것
③ 건축물의 내부에서 계단으로 통하는 출입구에는 갑종방화문을 설치할 것
④ 건축물의 내부에서 계단실로 통하는 출입구의 유효너비는 0.9m 이상으로 할 것

해설
※ 관련 법령 개정(21.8.7)으로 용어가 다음과 같이 변경되었습니다.
갑종방화문 → 60분+방화문 또는 60분 방화문
출입구의 유효너비는 규정하고 있지 않음
건축물의 바깥쪽에 설치하는 피난계단의 구조(건축물의 피난·방화구조 등의 기준에 관한 규칙 제9조 제2항 제2호)
- 계단은 그 계단으로 통하는 출입구외의 창문 등(망이 들어 있는 유리의 붙박이창으로서 그 면적이 각각 1m^2 이하인 것을 제외)으로부터 2m 이상의 거리를 두고 설치할 것
- 건축물의 내부에서 계단으로 통하는 출입구에는 60분+방화문 또는 60분 방화문을 설치할 것
- 계단의 유효너비는 0.9m 이상으로 할 것
- 계단은 내화구조로 하고 지상까지 직접 연결되도록 할 것

83 건축물의 피난·안전을 위하여 건축물 중간층에 설치하는 대피공간인 피난안전구역의 면적 산정식으로 옳은 것은?

① (피난안전구역 위층의 재실자 수×0.5)×0.12m^2
② (피난안전구역 위층의 재실자 수×0.5)×0.28m^2
③ (피난안전구역 위층의 재실자 수×0.5)×0.33m^2
④ (피난안전구역 위층의 재실자 수×0.5)×0.45m^2

해설
건축물의 피난·방화구조 등의 기준에 관한 규칙 별표 1의2에서 정하고 있으며, 피난안전구역의 면적은 다음 산식에 따라 산정한다.
(피난안전구역 위층의 재실자 수×0.5)×0.28m^2

84 건축법령상 대지면적에 대한 건축면적의 비율로 정의되는 것은?

① 용적률   ② 건폐율
③ 수용률   ④ 대지율

해설
건폐율이란 대지면적에 대한 건축면적(대지에 건축물이 둘 이상 있는 경우에는 이들 건축면적의 합계로 한다)의 비율이다(건축법 제55조).

85 비상용 승강기의 승강장에 설치하는 배연설비의 구조에 관한 기준 내용으로 옳지 않은 것은?

① 배연기에는 예비전원을 설치할 것
② 배연구가 외기에 접하지 아니하는 경우에는 배연기를 설치할 것
③ 배연구는 평상시에는 열린 상태를 유지하고, 배연에 의한 기류에 닫히도록 할 것
④ 배연기는 배연구의 열림에 따라 자동적으로 작동하고, 충분한 공기배출 또는 가압능력이 있을 것

해설
배연설비(건축물설비기준규칙 제14조)
배연구는 평상시에는 닫힌 상태를 유지하고, 연 경우에는 배연에 의한 기류로 인하여 닫히지 아니하도록 할 것

86 건축물의 대지에 공개공지 또는 공개공간을 확보해야 하는 대상 건축물에 속하지 않는 것은?(단, 일반주거지역이며, 해당 용도로 쓰는 바닥면적의 합계가 5,000m² 이상인 건축물인 경우)

① 운동시설
② 숙박시설
③ 업무시설
④ 문화 및 집회시설

해설
공개공지 확보 대상 건축물(바닥면적 합계 5,000m² 이상)
• 문화 및 집회시설
• 종교시설
• 판매시설(농수산물 유통시설 제외)
• 운수시설(여객용 시설)
• 업무시설
• 숙박시설

87 다음은 피난용 승강기의 설치에 관한 기준 내용이다. ( ) 안에 알맞은 것은?

> 승강장의 바닥면적은 승강기 1대당 ( )m² 이상으로 할 것

① 5　　② 6
③ 8　　④ 10

해설
비상용 승강기의 승강장 및 승강로의 구조(건축물설비기준규칙 제10조)
승강장의 바닥면적은 비상용 승강기 1대에 대하여 6m² 이상으로 할 것(다만, 옥외에 승강장을 설치하는 경우에는 그러하지 아니하다)

88 건축물의 면적 산정방법의 기본 원칙으로 옳지 않은 것은?

① 대지면적은 대지의 수평투영면적으로 한다.
② 연면적은 하나의 건축물 각 층의 거실면적의 합계로 한다.
③ 건축면적은 건축물의 외벽의 중심선으로 둘러싸인 부분의 수평투영면적으로 한다.
④ 바닥면적은 건축물의 각 층 또는 그 일부로서 벽, 기둥, 그 밖에 이와 비슷한 구획의 중심선으로 둘러싸인 부분의 수평투영면적으로 한다.

해설
연면적 : 하나의 건축물의 각 층 바닥면적의 합계로 한다. 동일 대지 안에 2동 이상의 건축물이 있는 경우에는 그 연면적의 합계로 한다(건축법 시행령 제119조).

89 건축법에 따른 제1종 근린생활시설로서 해당 용도에 쓰이는 바닥면적의 합계가 최대 얼마 미만인 경우 제2종 전용주거지역 안에서 건축할 수 있는가?

① 500m²　　② 1,000m²
③ 1,500m²　　④ 2,000m²

해설
제2종 전용주거지역안에서 건축할 수 있는 건축물(국토의 계획 및 이용에 관한 법률 시행령 별표 3)
• 단독주택
• 공동주택
• 제종 근린생활시설로서 당해 용도에 쓰이는 바닥면적의 합계가 1,000m² 미만인 것

정답 86 ① 87 ② 88 ② 89 ②

90
다음 그림과 같은 단면을 가진 거실의 반자 높이는?

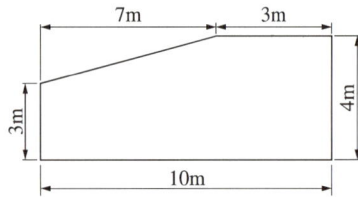

① 3.0m
② 3.60m
③ 3.65m
④ 4.0m

해설

반자 높이 = 실단면의 면적 / 실의 밑변 길이

실단면적 = 직사각형(A) + 사다리꼴(B)

※ 사다리꼴면적 = (밑변 길이 + 윗변 길이) × 높이 / 2

$A = 10 \times 3 = 30\text{m}^2$

$B = \dfrac{(10+3) \times 1}{2} = 6.5\text{m}^2$

∴ 반자 높이 = $\dfrac{A+B}{\text{실의 밑변 길이}} = \dfrac{30+6.5}{10} = 3.65\text{m}$

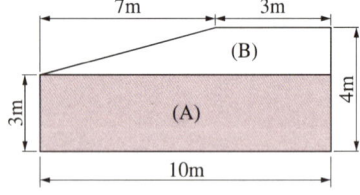

91
다음의 직통계단의 설치와 관련된 기준 내용 중 ( ) 안에 알맞은 것은?

> 건축물의 피난층 외의 층에서는 피난층 또는 지상으로 통하는 직통계단을 거실의 각 부분으로부터 계단(거실로부터 가장 가까운 거리에 있는 계단을 말한다)에 이르는 보행거리가 ( ) 이하가 되도록 설치하여야 한다.

① 30m
② 35m
③ 45m
④ 60m

해설
피난층 외의 층에서의 보행거리

구 분	보행거리
원 칙	30m 이하
주요구조부가 내화구조 또는 불연재료 건축물	• 50m 이하(지하층 바닥면적 합계 300m² 이상 공연장·집회장·관람장, 전시장 제외) • 16층 이상 공동주택은 40m 이하
자동식 소화설비를 설치 공장	스프링클러 설치한 반도체, 디스플레이 패널 제조공장 75m 이하(무인화 공장 : 100m 이하)

92
도시·군계획 수립 대상지역의 일부에 대하여 토지 이용을 합리화하고 그 기능을 증진시키며 미관을 개선하고 양호환 환경을 확보하여, 그 지역을 체계적·계획적으로 관리하기 위하여 수립하는 도시·군관리계획은?

① 광역도시계획
② 지구단위계획
③ 국토종합계획
④ 도시·군기본계획

해설
지구단위계획 : 도시·군계획 수립 대상 지역의 일부에 대하여 토지 이용을 합리화하고 그 기능을 증진시키며 미관을 개선하고 양호한 환경을 확보하며, 그 지역을 체계적·계획적으로 관리하기 위하여 수립하는 도시·군관리계획

93 노외주차장의 주차 형식에 따른 차로의 최소 너비 관계로 옳게 나열한 것은?(단, 이륜자동차 전용 외의 노외주차장으로서 출입구가 2개인 경우)

① 평행주차 < 직각주차 < 교차주차
② 평행주차 < 60° 대향주차 < 직각주차
③ 45° 대향주차 < 60° 대향주차 < 교차주차
④ 45° 대향주차 < 평행주차 < 60° 대향주차

해설
이륜자동차 전용 노외주차장 이외의 경우 차로의 너비

주차 형식	차로의 폭	
	출입구가 2개 이상인 경우	출입구가 1개인 경우
평행주차	3.3m	5.0m
45° 대향주차	3.5m	5.0m
교차주차		
60° 대향주차	4.5m	5.5m
직각주차	6.0m	6.0m

94 다음 중 건축법령상 숙박시설에 해당하지 않는 것은?

① 여관
② 가족호텔
③ 유스호스텔
④ 휴양콘도미니엄

해설
숙박시설
• 일반숙박시설 및 생활숙박시설
• 관광숙박시설(관광호텔, 수상관광호텔, 한국전통호텔, 가족호텔, 호스텔, 소형호텔, 의료관광호텔 및 휴양 콘도미니엄)
• 다중생활시설(제2종 근린생활시설에 해당하지 아니하는 것을 말한다)
수련시설
• 생활권 수련시설(청소년수련관, 청소년문화의 집 등)
• 자연권 수련시설(청소년수련원, 청소년야영장 등)
• 유스호스텔

95 다음은 대지와 도로의 관계에 관한 기준 내용이다. ( ) 안에 알맞은 것은?(단, 건축조례로 정하는 규모의 건축물은 제외)

연면적의 합계가 2,000m²(공장인 경우에는 3,000m²) 이상인 건축물의 대지는 너비 (㉠) 이상의 도로에 (㉡) 이상 접하여야 한다.

① ㉠ 2m, ㉡ 4m   ② ㉠ 4m, ㉡ 2m
③ ㉠ 4m, ㉡ 6m   ④ ㉠ 6m, ㉡ 4m

해설
연면적의 합계가 2,000m²(공장인 경우에는 3,000m²) 이상인 건축물의 대지는 너비 6m 이상의 도로에 4m 이상 접하여야 한다(건축법 시행령 제28조).

96 건축물에 설치하는 경계벽 및 칸막이벽을 내화구조로 하고, 지붕밑 또는 바로 윗층의 비닥판까지 닿게 하여야 하는 대상에 속하지 않는 것은?

① 학교의 교실 간 경계벽
② 도서관의 열람실 간 경계벽
③ 다세대주택의 각 세대 간 경계벽
④ 다가구주택의 각 가구 간 경계벽

해설
경계벽 등의 설치
• 단독주택 중 다가구주택의 각 가구 간 경계벽
• 공동주택(기숙사는 제외)의 각 세대 간 경계벽
• 공동주택 중 기숙사의 침실 간 경계벽
• 의료시설의 병실 간 경계벽
• 교육연구시설 중 학교의 교실 간 경계벽
• 숙박시설의 객실 간 경계벽
• 산후조리원의 다음 어느 하나에 해당하는 경계벽
 – 임산부실 간 경계벽
 – 신생아실 간 경계벽
 – 임산부실과 신생아실 간 경계벽
• 다중생활시설의 호실 간 경계벽
• 노유자시설 중 노인복지주택의 각 세대 간 경계벽
• 노유자시설 중 노인요양시설의 호실 간 경계벽

97 일조 등의 확보를 위한 건축물의 높이 제한과 관련하여 일반주거지역에서 건축물을 건축하는 경우, 건축물의 높이 9m 이하인 부분은 정북 방향으로의 인접 대지경계선으로부터 최소 얼마 이상의 거리를 띄어야 하는가?

① 1m
② 1.5m
③ 2m
④ 2.5m

해설
※ 관련 법령 개정으로 문제의 기준이 다음과 같이 변경되었습니다.
　높이 9m → 높이 10m
일조 등의 확보를 위한 건축물의 높이 제한(건축법 시행령 제86조)
• 전용주거지역과 일반주거지역 안에서 건축하는 건축물에 대해 높이를 제한한다.
• 정북방향(正北方向) 일조 등을 위한 높이 제한

높이	이격거리
10m 이하인 부분	1.5m 이상
10m 초과인 부분	해당 건축물 각 부분의 높이의 1/2 이상

98 다음 중 대수선에 속하지 않는 것은?

① 미관지구에서 건축물의 담장을 변경하는 것
② 방화구획을 위한 벽을 수선 또는 변경하는 것
③ 다세대주택의 세대 간 경계벽을 수선 또는 변경하는 것
④ 기존 건축물의 내력벽, 기둥, 보를 일시에 철거하고 그 대지에 종전과 같은 규모의 범위에서 건축물을 다시 축조하는 것

해설
기존 건축물의 내력벽, 기둥, 보를 일시에 철거하고 그 대지에 종전과 같은 규모의 범위에서 건축물을 다시 축조하는 것은 개축에 해당된다.
대수선: 건축물의 기둥, 보, 내력벽, 주계단 등의 구조나 외부 형태를 수선·변경하거나 증설하는 것으로서 대통령령으로 정하는 것을 말한다.
개축: 기존 건축물의 전부 또는 일부[내력벽·기둥·보·지붕틀(한옥의 경우에는 지붕틀의 범위에서 서까래는 제외한다) 중 셋 이상이 포함되는 경우를 말한다]를 해체하고 그 대지에 종전과 같은 규모의 범위에서 건축물을 다시 축조하는 것을 말한다.

99 다음은 건축선에 따른 건축제한에 관한 기준 내용이다. ( ) 안에 알맞은 것은?

> 도로면으로부터 높이 ( ) 이하에 있는 출입구, 창문, 그 밖에 이와 유사한 구조물은 열고 닫을 때 건축선의 수직면을 넘지 아니하는 구조로 하여야 한다.

① 3.5m
② 4m
③ 4.5m
④ 5m

해설
정의(건축법 제2조)
고층건축물이란 층수가 30층 이상이거나 높이가 120m 이상인 건축물을 말한다.

100 피뢰설비를 설치하여야 하는 건축물의 높이 기준은?

① 15m 이상
② 20m 이상
③ 31m 이상
④ 41m 이상

해설
피뢰설비(건축물의 설비기준 등에 관한 규칙 제20조)
낙뢰의 우려가 있는 건축물, 높이 20m 이상의 건축물 또는 높이 20m 이상의 공작물에는 피뢰설비를 설치해야 한다.

2022년 제1회 과년도 기출복원문제

제1과목 건축계획

01 사무소 건축의 코어에 관한 설명으로 옳지 않은 것은?

① 코어 내의 각 공간이 각 층마다 공통의 위치에 있도록 한다.
② 건물 내의 설비시설을 집중시킬 수 있다.
③ 코어는 구조내력벽으로 이용할 수 있다.
④ 대규모 건물의 코어는 보행거리를 평균화하기 위해 한쪽으로 편중하는 것이 좋다.

해설
대규모 건물의 코어는 보행거리를 평균화하기 위해 평면의 중심이나 중앙부에 배치하는 것이 좋다.

02 아파트의 평면 형식에 관한 설명으로 옳지 않은 것은?

① 계단실형은 통행을 위한 공용면적이 작다.
② 편복도형은 거주성이 균일한 배치구성을 하기 어렵다.
③ 중복도형은 복도를 가운데 두고 마주하므로 각 세대에 균일한 환경을 만들기 어렵다.
④ 집중형은 대지의 이용률이 높다.

해설
편복도형은 각 실마다 거주성을 균일하게 배치하여 구성할 수 있으며, 독립성이 우수하다.

03 학교의 운영방식 중 하나의 교실에서 모든 교과수업을 행하는 방식으로 초등학교 저학년에 가장 적합한 것은?

① 달톤형
② 플래툰형
③ 종합교실형
④ 교과교실형

해설
학교운영방식
- 종합교실형 : 하나의 교실에서 모든 교과수업을 행하는 방식으로 초등학교 저학년에 가장 적합하다.
- 달톤형 : 학급과 학년을 없애고 능력에 따라 교과목을 이수한 후 졸업한다.
- 플래툰형 : 각 학급을 2분단으로 나누어 한쪽이 일반교실을 사용할 때, 다른 한쪽은 특별교실을 사용한다.
- 교과교실형 : 교과교실 구성으로 순수율이 높지만, 학생의 이동이 심하다.

04 공간의 레이아웃에 관한 설명으로 가장 알맞은 것은?

① 조형적 아름다움을 부가하는 작업이다.
② 생활행위를 분석해서 분류하는 작업이다.
③ 공간에 사용되는 재료의 마감 및 색채계획이다.
④ 공간을 형성하는 부분과 일치되는 물체의 평면상 배치계획이다.

정답 1 ④ 2 ② 3 ③ 4 ④

05 상점 건축의 동선계획에 관한 설명으로 옳지 않은 것은?

① 고객 동선과 종업원 동선은 교차되지 않는 것이 바람직하다.
② 동선의 변화를 위해 바닥면에 고저차를 두는 것이 좋다.
③ 고객 동선은 가능한 한 길게 하여 다수의 손님을 수용하도록 하는 것이 좋다.
④ 종업원 동선은 가능한 한 짧게 하여 소수의 종업원으로도 능률적으로 판매할 수 있도록 계획한다.

해설
동선계획 시 상점의 바닥면은 고객 보행 시 위험성, 카트의 이동 등을 고려하여 고저차를 두지 않는다.

06 백화점 에스컬레이터 배치 유형 중 점유면적이 크고 고객의 시야가 가장 넓은 것은?

① 직렬식 배치
② 병렬단속식 배치
③ 병렬연속식 배치
④ 교차식 배치

해설
에스컬레이터의 배열방식

배열방법		장 점	단 점
직렬형		승객의 시야가 넓다.	점유면적이 크다.
병렬형	병렬단속	승객의 시야가 좋다.	• 서비스가 나쁘다. • 혼잡할 수 있다.
	병렬연속	• 승객의 시야가 좋다. • 교통이 연속된다. • 교통 혼잡이 적다.	—
교차형		• 교통이 연속된다. • 교통 혼잡이 적다. • 점유면적이 작다.	• 승객의 시야가 나쁘다. • 위치표시가 어렵다.

07 사무소 건축의 오피스 랜드스케이핑(Office Landscaping)에 관한 설명으로 옳지 않은 것은?

① 의사전달, 작업흐름의 연결이 용이하다.
② 일정한 기하학적 패턴에서 탈피한 형식이다.
③ 작업단위에 의한 그룹(Group) 배치가 가능하다.
④ 사무공간의 분할로 독립성 확보가 용이하다.

해설
오피스 랜드스케이핑은 개방된 대규모 사무공간으로 계획하므로 프라이버시가 결여될 우려가 있다. 개인적 공간으로 분할하여 독립성을 확보하기 용이한 것은 개실형 시스템(Individual Room System)이다.

08 주택단지 내 건축물에 설치하는 공용 계단의 최소 유효너비는?

① 0.9m
② 1.0m
③ 1.2m
④ 1.5m

해설
계단의 설치기준(건축물의 피난·방화구조 등의 기준에 관한 규칙 제15조)
피난층 또는 지상으로 통하는 직통계단을 설치하는 경우 계단 및 계단참의 유효너비는 다음의 기준에 적합하여야 한다.
• 공동주택 : 120cm 이상
• 공동주택이 아닌 건축물 : 150cm 이상

09 숑바르 드 로브(Chombard de Lawve)에 따른 주거면적기준 중 한계기준은?

① $8m^2$
② $10m^2$
③ $14m^2$
④ $16m^2$

해설
숑바르 드 로브에 따른 주거면적기준
• 병리기준 : $8m^2$/인
• 최소기준 : $10m^2$/인
• 한계기준 : $14m^2$/인
• 표준기준 : $16m^2$/인

정답 5 ② 6 ① 7 ④ 8 ③ 9 ①

10 주택의 노인실 계획에 관한 설명으로 옳지 않은 것은?

① 일조가 충분하고 전망이 좋은 곳에 면하도록 한다.
② 식당, 욕실 및 화장실과 가까운 곳이 좋다.
③ 노인실은 조용하여야 하므로 가장 은밀한 곳에 배치하도록 한다.
④ 정신적 안정과 보건에 유의해야 한다.

해설
노인실은 은밀한 곳을 피하여 가족과 친교할 수 있는 곳에 배치하며, 격리되지 않도록 한다.

11 단독주택의 각 실 계획에 관한 설명으로 옳지 않은 것은?

① 거실은 주거생활 전반의 복합적인 기능을 가지므로, 적절한 가구 배치와 구성원의 활동성을 고려하여 계획해야 한다.
② 식당 및 부엌은 작업의 능률을 고려하고, 옥외작업장 및 정원과 유기적으로 결합되게 한다.
③ 계단은 안전상의 이유로 경사, 폭, 난간 및 마감 방법에 중점을 두고 의장적인 고려를 한다.
④ 주택 현관의 크기 결정 시 방문객의 예상 출입량은 고려하지 않는다.

해설
주택 현관의 크기는 방문객의 예상 출입량을 고려하여 계획하며, 위치는 대지의 형태 및 도로와 관계를 고려하여 결정한다.

12 다음 설명에 해당하는 근린생활권의 단위는?

> 근린생활권의 최소 단위로서 반경 100~150m 정도를 기준으로 하며, 중심시설은 어린이 놀이터이다.

① 인보구
② 근린주구
③ 근린분구
④ 광역지구

해설
근린생활권
- 인보구 : 반경 100m 정도를 기준으로 하는 가장 작은 근린생활권 단위로서 어린이 놀이터가 중심이 된다.
- 근린주구 : 보행으로 중심부와 연결이 가능하며, 초등학교를 중심으로 한다.
- 근린분구 : 주민 간에 면식이 가능한 단위의 생활권으로서 일상 소비생활에 필요한 공동시설이 운영 가능하다.

13 학교건축의 교실 배치 유형 중 클러스터형에 대한 설명으로 가장 올바른 것은?

① 교실을 1층에만 배치하는 방법
② 복도를 따라 교실을 배치하는 방법
③ 일반교실과 특별교실을 섞어 배치하는 방법
④ 교실을 소규모단위로 분할하여 배치하는 방법

해설
클러스터형(Cluster Type) 배치방식 : 홀(공용공간)을 중앙에 위치시키고, 몇 개의 교실을 소단위로 분리시키는 형식이다. 중앙에 공용 부분을 집약하고 외곽에 특별교실, 학년별 교실동을 두어 동선을 명확하게 분리시킬 수 있다.

정답 10 ③ 11 ④ 12 ① 13 ④

14 공동주택의 단지계획에서 보차분리를 위한 방식 중 평면분리에 해당하는 방식은?

① 시간제 차량 통행
② 쿨데삭(Cul-de-sac)
③ 오버브리지(Over Bridge)
④ 보행자 안전 참(Pedestrian Safecross)

해설
보차의 동선분리방법
- 평면분리 : 쿨데삭(Cul-de-Sac), 루프(Loop), T자형 교차로
- 면적분리 : 안전 참, 보행자 공간, 몰 플라자(Mall Plaza)
- 입체분리 : 오버브리지(Over Bridge), 언더패스(Under Path), 지상인공지반, 지하가, 다층구조지반
- 시간분리 : 시간제 차량 통행, 차 없는 날

15 양식주택과 비교한 한식주택의 특징으로 옳지 않은 것은?

① 가구는 중요한 내용물이다.
② 위치에 따라 실이 구분된다.
③ 실의 기능은 융통성이 높다.
④ 좌식생활을 기준으로 구성된다.

해설
한식주택과 양식주택 비교

특 성	한 식	양 식
형 태	단층 구조	2층 구조
구 조	목조 가구식 (바닥 높고, 개구부 작다)	목구조, 벽돌조적식 (바닥 낮고, 개구부 크다)
평 면	조합평면 (은폐적이며 실의 조합)	분화평면 (개방형이며 실의 분화)
습 관	좌식생활(온돌)	입식생활(의자식)
난 방	바닥의 복사난방	대류식 난방
용 도	혼용도	단일용도
가 구	부차적 존재	가구에 따라 실 결정

16 상점 정면(Facade) 구성에 요구되는 5가지 광고요소(AIDMA법칙)에 속하지 않는 것은?

① Attention(주의)
② Identity(개성)
③ Desire(욕구)
④ Memory(기억)

해설
상점 광고 5요소(AIDMA법칙)
- Attention(주의)
- Interest(흥미, 주목)
- Desire(욕망, 공감, 욕구)
- Memory(기억, 인상)
- Action(행동, 출입)

17 건축계획의 진행 과정 중 가장 먼저 선행되는 작업은?

① 기본계획
② 조건파악
③ 기본설계
④ 실시설계

해설
건축계획의 진행 과정 : 조건파악 → 기본계획 → 기본설계 → 실시설계

18 은행의 주출입구계획에 관한 설명으로 옳지 않은 것은?

① 고객을 내부로 자연스럽게 유도하는 것이 중요하다.
② 겨울철에 실내 온도의 유지 및 바람막이를 위해 방풍실의 전실을 계획하는 것이 좋다.
③ 방풍실을 설치할 경우 바깥문은 안여닫이로 계획하여야 한다.
④ 회전문 설치 시 안전성에 대한 고려가 필요하다.

해설
출입문은 도난 방지상 안여닫이로 하며, 방풍실을 설치할 경우 바깥문은 밖여닫이 또는 자재문으로 계획한다.

정답 14 ② 15 ① 16 ② 17 ② 18 ③

19 모듈러 코디네이션(Modular Coordination)의 효과와 가장 거리가 먼 것은?

① 현장작업의 단순화 및 공기 단축
② 설계작업의 단순화
③ 대량생산이 용이
④ 건축물 형태의 창조성 및 다양성 확보

해설
건축척도조정(모듈러 코디네이션)
구성재의 크기를 정하기 위한 치수를 조정하는 방법이다. 재료규격의 표준화 및 대량생산이 가능하지만, 융통성이 없고 획일적이므로 인간성과 창조성 상실이 우려된다.

20 다음의 상점 진열대 배치 형식 중 상품의 전달 및 고객의 동선상 흐름이 가장 빠른 형식은?

① 직렬형   ② 굴절형
③ 환상형   ④ 복합형

해설
진열장에 의한 배치 형식
- 직렬형 : 진열장 등 입구에서 안을 향하여 직선으로 구성되며, 부분별로 상품 진열이 용이하고 고객의 동선상 흐름이 빠르다.
- 굴절형 : 케이스와 고객 동선이 굴절 또는 곡선으로 구성된다.
- 환상형 : 중앙 진열대를 중심으로 회전형으로 배치하고, 그 안에 포장대 등을 놓는다.
- 복합형 : 여러 가지 형태를 적절히 조합시킨 형식이다.

제2과목 건축시공

21 지명경쟁입찰을 택하는 가장 중요한 이유는?

① 공사비의 절감
② 준공기일의 단축
③ 공사 감리의 편리
④ 양질의 시공 결과 기대

해설
지명경쟁입찰
- 공사에 적합하다고 인정되는 여러 개의 회사를 선정하여 입찰시키는 방법이다.
- 시공상의 신뢰성이 높고, 양질의 시공 결과를 기대할 수 있다.
- 불합리한 요소가 줄어들고, 부당한 시공자를 제거할 수 있다.
- 공사비가 공개경쟁입찰보다 상승할 우려가 있다.

22 건축용으로 사용되는 금속재 중 상호 접촉 시 가장 부식되기 쉬운 것은?

① 알루미늄   ② 아 연
③ 철   ④ 구 리

해설
알루미늄은 공기 중에서 표면에 산화막을 생성하여 내식성이 크지만, 산과 알칼리 및 해수에 침식되기 쉬워 표면 부식을 일으킬 수 있는 다른 금속과 접촉을 금지한다.

23 콘크리트 측압에 영향을 주는 요인에 관한 설명으로 틀린 것은?

① 콘크리트 타설속도가 빠를수록 측압이 크다.
② 묽은 콘크리트일수록 측압이 크다.
③ 철골 또는 철근량이 많을수록 측압이 크다.
④ 진동기를 사용하여 다질수록 측압이 크다.

해설
거푸집 측압의 영향요인

측압의 영향요소	측압에 미치는 영향
슬럼프	슬럼프(묽기)가 클수록 측압은 크다.
타설속도	타설속도가 빠를수록 측압은 크다.
다 짐	다짐이 과다할수록 측압은 크다.
배 합	부배합(富配合)일수록 측압은 크다.
철골, 철근량	철골, 철근량이 적을수록 측압은 크다.
벽두께	벽두께가 두꺼울수록 측압은 크다.
온 도	온도가 낮을수록 측압은 크다.
습 도	대기 중 습도가 높을수록 측압은 크다.
거푸집의 강성	강성이 클수록 측압은 크다.

24 철골부재의 용접 시 이음 및 접합부위의 용접선이 교차되어 재용접된 부위가 열 영향을 받아 취약해지는 것을 방지하기 위해 모재에 부채꼴 모양으로 모따기를 한 것은?

① Blow Hole ② Scallop
③ End Tap   ④ Crater

해설
스캘럽(Scallop)

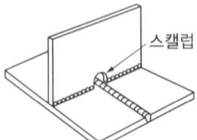

25 지하수가 많은 지반을 탈수하여 지내력을 갖춘 지반으로 만들기 위한 공법이 아닌 것은?

① 웰 포인트 공법
② 샌드 드레인 공법
③ 베노토 공법
④ 페이퍼 드레인 공법

해설
지반개량을 위한 탈수공법 : 웰 포인트(Well Point) 공법, 생석회 말뚝 공법(점토지반), 샌드 드레인(Sand Drain) 공법, 페이퍼 드레인(Paper Drain) 공법
기계굴삭 공법 : 베노토 공법, 리버스 서큘레이션 공법, 어스드릴 공법

26 네트워크 공정표에서 작업의 개시, 종료 또는 작업과 작업 간의 연결점을 나타내는 것은?

① Activity   ② Event
③ Dummy   ④ Critical Path

해설
네트워크 공정표의 용어와 기호
• 이벤트(Event) : 작업과 작업을 결합하는 점 및 프로젝트의 개시점 혹은 종료점
• 활동(Activity) : 프로젝트를 구성하는 작업단위
• 더미(Dummy) : 네트워크에서 작업 상호관계만 도시하기 위하여 사용하는 화살선
• 크리티컬 패스(Critical Path) : 개시 결합점으로부터 종료 결합점에 이르는 가장 긴 패스인 주공정선

27 공기의 유통이 좋지 않은 지하실과 같이 밀폐된 곳에 사용하는 미장재료로 가장 적합하지 않은 것은?

① 돌로마이트 플라스터
② 혼합 석고 플라스터
③ 시멘트 모르타르
④ 경석고 플라스터

해설
돌로마이트 플라스터는 경화가 늦고 건조수축으로 균열 발생이 커 지하실과 같이 밀폐된 방에 사용하는 미장마무리 재료로는 적합하지 않다.
- 기경성 재료 : 공기 중에서 경화하며 공기가 없는 곳에서는 경화되지 않는다. 회반죽, 돌로마이트 플라스터가 해당된다.
- 수경성 재료 : 물과 섞이면서 상호작용하여 경화되고, 경화시간이 짧다. 순석고, 혼합석고, 경석고 플라스터가 해당된다.

28 레디믹스트 콘크리트 발주 시 호칭규격인 25-24-150에서 알 수 없는 것은?

① 염화물 함유량
② 슬럼프(Slump)
③ 호칭강도
④ 굵은 골재의 최대 치수

해설
레디믹스트 콘크리트의 호칭규격

Remicon(25-24-150)
- 보통콘크리트 : 콘크리트 종류
- 25 : 굵은 골재 최대 치수(mm)
- 24 : 호칭강도(MPa)
- 150 : 슬럼프값(mm)

29 표준형 벽돌을 사용하여 1.5B 두께로 쌓을 때 벽두께 치수는?(단, 표준형 벽돌의 규격은 190 × 90 × 57mm, 줄눈두께 10mm, 공간쌓기벽이 아님)

① 260mm
② 290mm
③ 320mm
④ 360mm

해설
표준형 벽돌을 1.5B 두께로 쌓을 때 벽두께 치수
1.5B 쌓기 = 1.0B + 줄눈두께 + 0.5B = 190 + 10 + 90 = 290mm

30 콘크리트의 슬럼프 테스트(Slump Test)는 콘크리트의 무엇을 판단하기 위한 수단인가?

① 공기량
② 압축강도
③ 워커빌리티(Workability)
④ 블리딩(Bleeding)

해설
슬럼프 테스트(Slump Test)는 시공연도(Workability)를 판단하기 위하여 콘크리트 반죽의 질기를 간단히 측정하는 시험이다.

31 건설원가의 구성체계에서 직접공사비를 구성하는 주요요소가 아닌 것은?

① 자재비
② 노무비
③ 외주비
④ 현장관리비

해설
현장관리비, 안전관리비 등은 간접공사비에 포함된다.
직접공사비
- 자재비 : 직접자재비, 간접자재비
- 노무비 : 임금, 급료, 잡급, 상여수당
- 외주비 : 일괄외주비, 부분외주비, 제작외주비
- 경비 : 건설공사 시 자재, 노무, 외주비를 제외한 비용

정답 27 ① 28 ① 29 ② 30 ③ 31 ④

32 다음 중 철근의 이음방법이 아닌 것은?

① 기계적 이음　② 겹침 이음
③ 빗 이음　　　④ 용접 이음

해설
빗 이음은 목재의 이음방법이다.
철근 이음 : 겹침 이음, 용접 이음, 가스압접 이음, 기계적 이음

33 AE제를 사용한 콘크리트에 관한 설명으로 옳지 않은 것은?

① 블리딩 및 재료분리가 감소한다.
② 내마모성이 증가한다.
③ 동결융해 저항성이 증가한다.
④ 철근과 콘크리트의 부착강도가 증가한다.

해설
AE 콘크리트는 콘크리트에 표면활성제(AE제)를 사용하여 콘크리트 중에 미세한 기포를 발생시켜 단위수량을 적게 하고 시공연도를 개선시킨 콘크리트이므로 철근과의 부착강도가 저하된다.

34 지반조사의 방법에서 보링의 종류가 아닌 것은?

① 수세식 보링　② 충격식 보링
③ 회전식 보링　④ 탐사식 보링

해설
보링은 굴착용 기계를 사용하여 지반에 구멍을 뚫어 지층 각 부분의 흙을 채취하여 지층 및 흙의 성질을 알아보는 방법으로 오거 보링, 수세식 보링, 충격식 보링, 회전식 보링이 있다.

35 Top-down 공법(역타 공법)에 관한 설명으로 옳지 않은 것은?

① 주변지반에 대한 영향이 작다.
② 1층 슬래브의 형성으로 작업공간이 확보된다.
③ 수직부재 이음부 처리에 유리한 공법이다.
④ 지하와 지상작업을 동시에 한다.

해설
Top-down 공법(역타 공법)은 토공사에 앞서 지하층 외부 옹벽과 지하층 기둥을 시공한 후 지하 터파기와 지상층 공사를 병행하여 실시하는 공법으로, 수직부재의 이음부 처리가 어렵다.

36 벽돌쌓기 시 주의사항으로 옳지 않은 것은?

① 도면 또는 공사시방서에서 정한 바가 없을 때에는 영식 쌓기 또는 화란식 쌓기로 한다.
② 모르타르강도는 벽돌강도보다 작아야 한다.
③ 각부를 가급적 동일한 높이로 쌓아 올라가고 벽면을 일부 또는 국부적으로 높게 쌓지 않는다.
④ 가로 및 세로줄눈의 너비는 도면 또는 공사시방서에 정한 바가 없을 때에는 10mm를 표준으로 한다.

해설
조적공사(벽돌쌓기) 시공 시 모르타르의 강도는 벽돌의 강도 이상의 것을 사용해야 한다.

정답 32 ③　33 ④　34 ④　35 ③　36 ②

37 조적조에서 내력벽 상부에 테두리보를 설치하는 가장 큰 이유는?

① 분산된 벽체를 일체화하기 위해서
② 철근의 배근을 용이하게 하기 위해서
③ 내력벽 상부의 마무리를 깨끗이 하기 위해서
④ 벽에 개구부를 설치하기 위해서

해설
테두리보(Wall Girder)의 역할
- 분산된 벽체를 일체로 하여 하중을 균등하게 분포시킨다.
- 벽체의 수직 균열을 방지한다.
- 보강 블록조의 세로 철근을 테두리보에 정착시킨다.
- 집중하중을 받는 부분을 보강한다.

38 철근콘크리트구조 건물의 지하실 방수공사에서 시공의 난이도, 공사비의 고저를 고려하지 않고 시공하는 경우 가장 바람직한 방법은?

① 콘크리트에 AE제를 넣는다.
② 아스팔트 바깥 방수법으로 시공한다.
③ 콘크리트에 방수제를 넣는다.
④ 방수 모르타르를 바른다.

해설
지하실 방수공사 시 수압이 크고 깊은 지하실은 바깥 방수법으로 시공하는 것이 효과적이다.

안방수와 바깥방수 비교

내용구분	안방수	바깥방수
사용환경	수압이 적고 얕은 지하실	수압이 크고 깊은 지하실
공사시기	자유롭다.	본 공사에 선행한다.
내수압성	작다.	크다.
경제성	공사비가 싸다.	공사비가 고가이다.
보호누름	필요하다.	없어도 무방하다.

39 강화유리에 관한 설명으로 옳지 않은 것은?

① 현장가공과 절단이 되지 않으며, 공장에서 생산·제작한다.
② 휨강도는 보통판유리보다 약 6배 정도 크다.
③ 내충격강도가 보통판유리보다 약 3~5배 정도 높다.
④ 파손된 경우 파편이 날카로워 안전상 출입구 문이나 창유리 등에는 사용하지 않는다.

해설
강화유리는 파손 시 예리하지 않은 둔각의 파편으로 흩어져 안전하므로 출입구 문이나 창유리 등에 사용된다.

40 건축공사용 재료의 할증률을 나타낸 것 중 옳지 않은 것은?

① 목재(각재) : 5%
② 이형철근 : 3%
③ 유리 : 3%
④ 단열재 : 10%

해설
건축공사용 재료의 할증률

할증률(%)	건축자재
1	레미콘, 철골구조물, 유리
2	시멘트, 도료, 아스팔트 콘크리트
3	고력볼트, 붉은벽돌, 타일(모자이크, 도기, 자기, 클링커), 이형철근, 슬레이트, 조립식 구조물
4	블록, 콘크리트 포장 혼합물의 포설
5	시멘트벽돌, 목재(각재), 원형철근, 형강(강관, 봉강), 각파이프, 타일(아스팔트, 리놀륨, 비닐, 비닐덱스), 텍스, 콘크리트판, 기와, 석고보드(못 붙임용)
7	대형 형강
8	시스관, 석고판(본드붙임용)
10	단열재, 강판, 목재(판재), 석재(정형), 수목, 잔디
30	석재(부정형), 원석(마름돌용)

정답 37 ① 38 ② 39 ④ 40 ③

제3과목 건축구조

41 부동침하의 원인과 가장 거리가 먼 것은?

① 건물이 경사지반에 근접되어 있을 경우
② 건물이 이질지반에 걸쳐 있을 경우
③ 이질의 기초구조를 적용했을 경우
④ 건물의 강도가 불균등할 경우

해설
부동침하의 원인 : 지지력 부족, 연약지반, 이질지반, 경사지반, 이질 기초, 지하수위 변동, 증축

42 다음 기초구조에 대한 설명 중 옳지 않은 것은?

① 복합기초는 2개의 기둥을 1개의 기초판으로 받게 한 것이다.
② 우물통식 기초는 구조물의 기초를 우물통 형식으로 하여 무리말뚝의 역할을 하도록 한 것이다.
③ 연속기초는 건축물의 밑바닥을 모두 두꺼운 기초판으로 구성한 기초이다.
④ 독립기초는 기둥을 단독으로 지지하는 기초이다.

해설
기초의 종류
- 온통 기초 : 연약지반에 많이 설계되는 기초로서 모든 기둥을 두꺼운 하나의 기초판으로 구성
- 연속 기초 : 상부 하중을 확대 분포시켜 받는 기초(줄기초)
- 복합 기초 : 2개 이상의 기둥을 1개의 기초판에 받도록 만든 기초
- 우물통식 기초 : 구조물의 기초를 우물통 형식으로 하여 무리말뚝의 역할을 하도록 한 기초
- 독립 기초 : 기둥을 단독으로 받치도록 설치된 기초
- 말뚝 기초 : 기둥하중을 말뚝에 의해 지반에 전달하는 기초

43 단면 복부의 폭이 400mm, 양쪽 슬래브의 중심 간 거리가 2,000mm인 대칭 T형 보의 유효폭은?(단, 보의 경간은 4,800mm, 슬래브 두께는 120mm임)

① 1,000mm ② 1,200mm
③ 2,000mm ④ 2,320mm

해설
대칭인 T형 보의 유효폭 : 다음 세 값 중에서 가장 작은 값을 취한다 (t_f : 슬래브 두께, b_w : 보의 폭).
- $16t_f + b_w = (16 \times 120) + 400 = 2,320$mm
- 양쪽의 슬래브의 중심 간 거리 = 2,000mm
- 보의 경간 $\times \dfrac{1}{4} = 4,800 \times \dfrac{1}{4} = 1,200$mm

∴ 가장 작은 값인 1,200mm 이상으로 한다.

44 프리스트레스하지 않는 부재의 현장치기 콘크리트 중 흙에 접하여 콘크리트를 친 후 영구히 흙에 묻혀 있는 콘크리트의 최소 피복두께기준으로 옳은 것은?

① 100mm ② 75mm
③ 50mm   ④ 40mm

해설
프리스트레스하지 않는 부재의 현장치기 콘크리트의 최소 피복두께

(단위 : mm)

종 류			피복두께
수중에서 타설하는 콘크리트			100
흙에 접하여 콘크리트를 친 후 영구히 흙에 묻혀 있는 콘크리트			75
흙에 접하거나 옥외의 공기에 직접 노출되는 콘크리트	D19 이상 철근		50
	D16 이하 철근		40
옥외의 공기나 흙에 직접 접하지 는 콘크리트	슬래브, 벽체, 장선	D35 초과	40
		D35 이하	20
	보, 기둥	$f_{ck} < 40$MPa	40
		$f_{ck} \geq 40$MPa	30
	셸, 절판부재		20

45 부재의 단부에 표준갈고리가 있는 인장 이형철근의 기본 정착길이(l_{hb})는?(단, f_{ck} = 24MPa, f_y = 400MPa, D25 철근의 공칭지름(d_b) = 25.4mm, 철근도막계수(β) = 1, 경량콘크리트계수(λ) = 1이다)

① 480.5mm ② 497.7mm
③ 512.8mm ④ 518.5mm

해설
표준갈고리를 갖는 인장 이형철근의 기본 정착길이(l_{hb})
$$l_{hb} = \frac{0.24\beta d_b f_y}{\lambda\sqrt{f_{ck}}} = \frac{0.24 \times 1.0 \times 25.4 \times 400}{1.0 \times \sqrt{24}} ≒ 497.7\text{mm}$$
여기서, d_b : 철근공칭지름
λ : 경량콘크리트계수
β : 철근도막계수

46 철근콘크리트보에서 철근과 콘크리트 간의 부착력이 부족할 때 부착력을 증가시키는 방법으로서 가장 적절한 것은?

① 고강도철근을 사용한다.
② 콘크리트의 물시멘트비를 증가시킨다.
③ 인장철근의 주장을 증가시킨다.
④ 압축철근의 단면적을 증가시킨다.

해설
인장철근의 주장(길이)을 증가시키면 철근과 콘크리트의 접착면이 증가하여 부착력이 증가한다.

47 그림과 같은 구조물의 부정정 차수는?

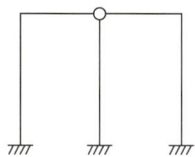

① 2차 부정정 ② 3차 부정정
③ 4차 부정정 ④ 5차 부정정

해설
부정정 차수(N)
$N = m + r + k - 2j = 5 + 9 + 2 - 2 \times 6 = 4$
여기서, m : 부재(Member)수
r : 지점반력(Reaction)수
k : 강절점수
j : 절점(Joint)수
∴ $N = 4$이므로, 4차 부정정 구조물이다.

48 무근 콘크리트 기중이 축방향력을 받아 재축방향으로 0.5mm 변형하였다. 좌굴을 고려하지 않을 경우 축방향력은?(단, 단면 400mm × 400mm, 길이 4m, 콘크리트 탄성계수는 2.1×10^4MPa이다)

① 300kN ② 360kN
③ 420kN ④ 480kN

해설
탄성계수(E) = $\frac{\sigma}{\varepsilon} = \frac{P \times l}{A \times \Delta l}$
여기서, σ : 응력도(kg/cm²)
ε : 변형도
P : 축방향력
A : 단면적
∴ $P = A \times E \times \frac{\Delta l}{l} = 400 \times 400 \times 2.1 \times 10^4 \times \frac{0.5}{4,000}$
$= 420,000 = 420\text{kN}$

49 철근콘크리트 구조물에서 철근의 최소 피복두께를 규정하는 이유로 가장 거리가 먼 것은?

① 철근의 내화성
② 철근의 부식방지
③ 콘크리트의 압축응력 증대
④ 철근의 부착력

해설
철근콘크리트 구조물에서 피복의 역할
- 철근과 콘크리트의 부착력을 확보한다.
- 철근의 내화성을 증대시킨다.
- 철근의 부식을 방지하고 내구성을 증대시킨다.

50 강도설계법에서 건물에 다음 그림과 같은 직사각형 복근보 사용 시 콘크리트가 부담하는 전단강도 ϕV_c는?(단, $\lambda = 1$, $f_{ck} = 35\text{MPa}$, $f_y = 400\text{MPa}$)

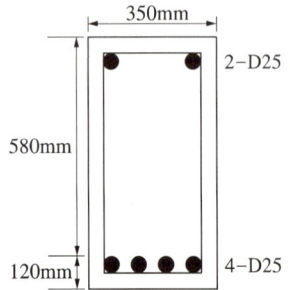

① 100kN
② 150kN
③ 175kN
④ 200kN

해설
콘크리트가 부담하는 전단강도(ϕV_c)

$\phi V_c = \phi \dfrac{1}{6} \lambda \sqrt{f_{ck}} b_w d$

$\therefore \phi V_c = 0.75 \times \dfrac{1}{6} \times 1.0 \sqrt{35} \times 350 \times 580 ≒ 150,121\text{N}$

$≒ 150\text{kN}$

여기서, ϕ : 전단력 강도감소계수(= 0.75)

51 그림과 같은 단순보에서 A 지점의 수직반력(R_A)은?

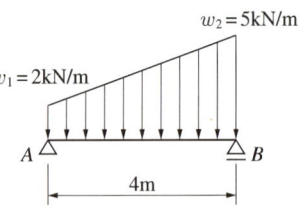

① 3kN(↑)
② 4kN(↑)
③ 5kN(↑)
④ 6kN(↑)

해설
$\Sigma M_B = 0$;

$(R_A \times 4) - (2 \times 4 \times 2) - \left(\dfrac{1}{2} \times 4 \times 3 \times 4 \times \dfrac{1}{3}\right) = 0$

$\therefore$ 수직반력(R_A) = 6kN(↑)

52 보통중량 콘크리트와 400MPa 철근을 사용한 양단 연속 1방향 슬래브의 스팬이 4.2m일 때 처짐을 계산하지 않는 경우 슬래브의 최소 두께로 옳은 것은?

① 120mm
② 130mm
③ 140mm
④ 150mm

해설
$f_y = 400\text{MPa}$일 때 처짐을 계산하지 않는 경우, 보 또는 1방향 슬래브 최소 두께(h) = $\dfrac{l}{28}$ 이다.

$\therefore h = \dfrac{l}{28} = \dfrac{4,200}{28} = 150\text{mm}$

53 그림은 구조용 강봉의 응력-변형률 곡선이다. A점은 무엇인가?

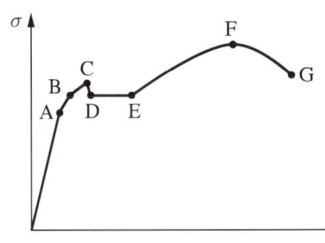

① 탄성한계점　② 비례한계점
③ 상위항복점　④ 하위항복점

해설
강재의 응력-변형률 곡선

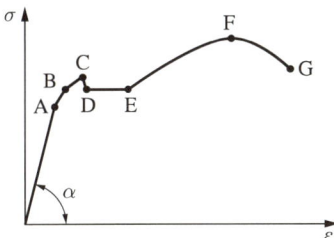

A : 비례한계점
B : 탄성한계점
C : 상위항복점
D : 하위항복점
E : 변형도 경화시점
F : 극한강도점
G : 파괴강도점

탄성계수(E) = $\dfrac{\sigma}{\varepsilon}$ = $\tan\alpha$

여기서, σ : 응력도(kg/cm^2)
　　　　ε : 변형도$\left(\dfrac{\Delta l}{l}\right)$

54 강구조 고력볼트 접합의 특징으로 옳지 않은 것은?

① 접합부 강성이 높아 접합부 변형이 거의 없다.
② 피로강도가 낮은 편이다.
③ 조임이 강해서 너트의 풀림이 없다.
④ 접합의 종류로는 마찰접합, 인장접합, 지압접합이 있다.

해설
강구조 고력(고장력)볼트 접합의 장점
• 유효면적에 대한 피로강도가 높다.
• 접합부 강성이 높아 접합부 변형이 거의 없다.
• 응력방향이 바뀌어도 혼란이 일어나지 않는다.
• 조임력이 강해서 너트의 풀림이 없다.
• 연결부의 증설, 변경이 쉽고 불량부위의 교체가 쉽다.

55 콘크리트구조 설계 시 사용하는 용어에 대한 설명이 틀린 것은?

① 공칭강도 : 강도설계법의 규정과 가정에 따라 계산된 부재나 단면의 강도로 강도감소계수를 적용한 강도
② 콘크리트 설계기준 강도 : 콘크리트 부재를 설계할 때 기준이 되는 콘크리트의 압축강도
③ 계수하중 : 강도설계법으로 부재를 설계할 때 사용하중에 하중계수를 곱한 하중
④ 소요강도 : 철근콘크리트 부재가 사용성과 안전성을 만족할 수 있도록 요구되는 단면의 단면력

해설
공칭강도는 강도설계법의 규정과 가정에 따라 부재의 단면적에 강도를 곱하여 산정된 부재의 내력이다.

56 기초 크기 3.0m×3.0m의 독립기초가 축방향력 P = 60kN(기초 자중 포함), 휨모멘트 M = 10kN·m을 받을 때 기초 저면의 편심거리는?

① 0.10m　② 0.17m
③ 0.21m　④ 0.34m

해설
휨모멘트 $M = P \times e$
여기서, P : 축방향력
　　　　e : 편심거리
∴ 편심거리(e) = $\dfrac{M}{P}$ = $\dfrac{10}{60}$ ≒ 0.17m

57 그림과 같은 단순보에서 C점의 처짐값(δ_C)은? (단, 보의 단면은 600mm × 600mm이고, 탄성계수는 $E = 2.0 \times 10^4$MPa이다)

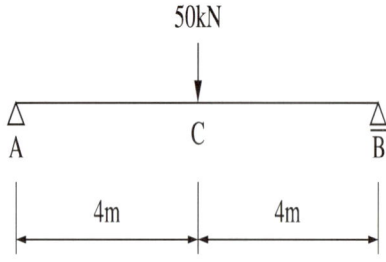

① 1.53mm ② 2.47mm
③ 3.56mm ④ 4.58mm

해설

처짐값(δ_C) $= \dfrac{Pl^3}{48EI} = \dfrac{Pl^3}{48E \times \left(\dfrac{bh^3}{12}\right)}$

$= \dfrac{(50 \times 10^3) \times 8,000^3}{48 \times (2 \times 10^4) \times \left(\dfrac{600^4}{12}\right)} \fallingdotseq 2.47$mm

58 지름 10mm, 길이 15m의 강봉에 무게 8kN의 인장력이 작용할 경우 늘어난 길이는?(단, $E_S = 2.0 \times 10^5$MPa)

① 4.32mm ② 5.34mm
③ 7.64mm ④ 9.32mm

해설

탄성계수(E) $= \dfrac{\sigma}{\varepsilon} = \dfrac{P \times l}{A \times \Delta l}$

여기서, σ : 응력도(kg/cm²), ε : 변형도

$\sigma = \dfrac{P}{A} = \dfrac{8 \times 10^3}{\left(\dfrac{\pi \times 10^2}{4}\right)} \fallingdotseq 101.86$MPa

$\varepsilon = \dfrac{\Delta l}{l} = \dfrac{\sigma}{E}$ 이므로 $\Delta l = \dfrac{\sigma \times l}{E}$

$\therefore \Delta l = \dfrac{101.86 \times 15 \times 10^3}{2.0 \times 10^5} \fallingdotseq 7.64$mm

59 단면이 300mm × 300mm인 단주에서 핵반경 값은?

① 30mm ② 40mm
③ 50mm ④ 60mm

해설

사각형 단면 핵반경(e)

$e = \dfrac{h}{6} = \dfrac{300}{6} = 50$mm

※ 단면 모양에 따른 핵거리(핵반경)
- 삼각형 단면 : $e = \dfrac{h}{8}$
- 원형 단면 : $e = \dfrac{D}{8}$

60 고층 건물의 구조 형식 중에서 건물의 중간층에 대형 수평부재를 설치하여 횡력을 외곽기둥이 분담할 수 있도록 한 형식은?

① 트러스 구조
② 골조 아웃리거 구조
③ 튜브 구조
④ 스페이스 프레임 구조

해설

- 골조 아웃리거 구조 : 건물의 중간층에 대형 수평부재를 설치하여 외곽기둥이 횡력을 분담할 수 있도록 한다.
- 트러스 구조 : 여러 개의 직선 부재들을 한 개 또는 그 이상의 삼각형 형태로 배열하여 각 부재를 절점에서 연결하여 구성한 뼈대 구조이다.
- 튜브 구조 : 외벽을 강한 외피로 둘러싸서, 외부 벽체가 마치 튜브와 같은 역할을 하여 수평하중을 지탱시켜 준다.
- 스페이스 프레임 구조 : 부재의 입체적 조립으로 대공간으로 만드는 구조시스템으로, 철골구조와 같은 대스팬 구조물에 적용하며 경량이고 강성이 크다.

제4과목 건축설비

61 증기난방에 관한 설명으로 옳지 않은 것은?

① 온수난방에 비해 열용량이 커서 예열시간이 길다.
② 운전 시 증기해머로 인한 소음을 일으키기 쉽다.
③ 온수난방에 비해 한랭지에서 동결의 우려가 작다.
④ 온수난방에 비해 방열기의 방열면적이 작다.

해설
증기난방
- 예열시간이 짧고, 증기순환이 빠르다.
- 운전 시 증기해머(Steam Hammering)로 인한 소음이 난다.
- 한랭지에서 동결의 우려가 작다.
- 방열기의 방열 면적을 작게 할 수 있다.
- 증발 잠열을 이용하므로 열의 운반 능력이 크다.
- 설비비, 유지비가 저렴하다.
- 방열 면적과 관경이 작아도 설치할 수 있다.

62 다음 중 증발에 의한 트랩의 봉수파괴를 방지하기 위한 방법으로 가장 적절한 것은?

① 헝겊조각 등의 이물질을 제거한다.
② 급수보급장치를 설치한다.
③ 트랩 주변에 통기관을 설치한다.
④ 배수구에 격자를 설치한다.

해설
증발에 의한 트랩의 봉수파괴를 방지하기 위해 급수(물)를 공급해 주거나 봉수가 마르지 않도록 기름으로 유막을 형성한다.

63 공기조화방식 중 변풍량 단일덕트방식에 관한 설명으로 옳은 것은?

① 냉난방을 동시에 할 수 있으므로 계절마다 냉난방의 전환이 필요하지 않다.
② 일정온도로 송풍되므로 부하특성이 비교적 고른 사무소 건물의 내부 존에 적합하다.
③ 환기성능이 저하될 염려가 없다.
④ 공조 대상실의 부하변동에 따라 송풍량을 조절하는 전공기식 공조방식이다.

해설
변풍량 단일덕트방식 : 토출공기 온도는 일정하게 하고 실내 부하의 변동에 따라 송풍량을 변화시키는 방식으로, 개별제어가 용이하며 운전비가 절약되는 에너지 절약형 공조방식이다.

64 온수난방의 배관계통에서 물의 온도변화에 따른 체적 증감을 흡수하기 위하여 설치하는 것은?

① 열교환기   ② 감압밸브
③ 팽창탱크   ④ 컨벡터

65 통기배관에 관한 설명으로 옳지 않은 것은?

① 통기관과 실내환기덕트는 서로 연결해서는 안 된다.
② 신정통기관은 배수수직관의 상단을 연장하여 대기 중에 개구한다.
③ 통기수직관과 빗물수직관은 겸용으로 하는 것이 좋다.
④ 오물정화조의 통기관은 단독으로 한다.

해설
통기수직관과 우수(빗물)수직관은 겸용하지 않으며, 통기관은 배수관과 겸용하지 않는다.

정답   61 ①   62 ②   63 ④   64 ③   65 ③

66 옥내소화전설비에 관한 설명으로 옳지 않은 것은?

① 송수구는 소방차가 쉽게 접근할 수 있는 잘 보이는 장소에 설치한다.
② 송수구는 구경 65mm의 쌍구형 또는 단구형으로 한다.
③ 건축물의 각 층에 옥내소화전이 2개 이상 설치될 경우 저수량은 5.2m³ 이상이 되도록 한다.
④ 각 소화전의 노즐선단에서의 방수량은 1분당 50L 이상이 되도록 한다.

해설
가압송수장치(옥내소화전설비의 화재안전성능기준(NFPC 102) 제5조)
특정소방대상물의 해당 층의 옥내소화전을 동시에 사용할 경우 각 소화전의 노즐선단에서의 방수압력이 0.17MPa 이상이고, 방수량이 130L/min 이상이 되는 성능의 것으로 할 것

67 LPG와 LNG에 관한 설명으로 옳지 않은 것은?

① LNG는 도시가스용으로 널리 사용되고 주성분은 메탄가스이다.
② LPG는 LNG보다 비중이 크다.
③ LPG의 가스누출검지기는 반드시 천장에 가까운 쪽에 설치해야 한다.
④ LNG는 가스공급을 위해 초기 투자비용이 많이 든다.

해설
LNG(도시가스) : 메탄을 사용하며, 공기보다 가벼우므로 천장에서 30cm 이내에 경보기를 설치한다.
LPG(액화석유가스) : 프로판, 부탄을 사용하며, 공기보다 무거우므로 바닥에서 30cm 높이에 경보기를 설치한다.

68 압축식 냉동기의 주요 구성요소에 속하지 않는 것은?

① 흡수기 ② 응축기
③ 증발기 ④ 팽창밸브

해설
압축식 냉동기 : 압축기, 응축기, 팽창밸브, 증발기
흡수식 냉동기 : 증발기, 흡수기, 발생기(재생기), 응축기

69 국소식 급탕방식에 관한 설명으로 옳지 않은 것은?

① 배관이 길어지므로 열손실이 크다.
② 설비비는 중앙식보다 싸고 유지관리도 용이하다.
③ 용도에 따라 필요한 온도의 온수를 간단히 얻을 수 있다.
④ 가열기로는 주로 가스 또는 전기 순간온수기가 사용된다.

해설
국소식(개별식) 급탕방식
• 배관설비 거리가 짧고, 배관 중의 열손실이 적다.
• 급탕 개소가 적을 경우 시설비가 적게 든다.
• 유지관리가 용이하다.
• 필요시 고온의 급탕수를 쉽게 얻을 수 있다.
• 주택 등에서는 난방 겸용의 온수보일러를 이용할 수 있다.

70 펌프의 전양정이 100m, 양수량이 12m³/h일 때, 펌프의 축동력은?(단, 펌프의 효율은 60%이다)

① 약 3.5kW ② 약 4.0kW
③ 약 4.5kW ④ 약 5.5kW

해설
펌프의 축동력 = $\dfrac{W \times Q \times H}{6,120 \times E} = \dfrac{1,000 \times (12/60) \times 100}{6,120 \times 0.6}$
≒ 5.45kW
여기서, W : 비중량(kg/m³), 물의 비중량 = 1,000kg/m³
Q : 양수량(m³/min)
H : 전양정(m)
E : 효율(%)

71 배수배관에 관한 설명으로 옳지 않은 것은?

① 배수는 원칙적으로 배수펌프에 의해 옥외로 배출하도록 한다.
② 트랩의 봉수보호, 배수의 원활한 흐름, 배관 내의 환기를 위해 통기배관을 설치한다.
③ 엘리베이터 샤프트, 엘리베이터 기계실 등에는 배수 배관을 설치하지 않는다.
④ 건물 내에서 지중배관은 피하고 피트 내 또는 가공배관을 한다.

해설
배수계통은 원칙적으로 중력에 의해 옥외로 배출하도록 한다.

72 급기와 배기측에 팬을 부착하여 정확한 환기량과 급기량 변화에 의해 실내압을 정압(+) 또는 부압(−)으로 유지할 수 있는 환기방법은?

① 자연환기   ② 제1종 환기
③ 제2종 환기 ④ 제3종 환기

해설
제1종 환기는 배기량과 급기량의 변화에 의해 실내압을 정압(+) 또는 부압(−)으로 유지할 수 있으며, 실내외의 압력차가 없는 가장 양호한 환기법으로 설비비와 운전비가 비싸다.

73 자동화재탐지설비 중 열식 열감지기에 속하지 않는 것은?

① 정온식   ② 차동식
③ 보상식   ④ 이온식

해설
자동화재탐지설비
• 열식 열감지기 : 차동식, 정온식, 보상식
• 연기식 열감지기 : 이온화식, 광전식

74 어떤 건물의 급탕량이 3m³/h일 때 급탕부하는? (단, 물의 비열은 4.2kJ/kg·K, 급탕온도는 75℃, 급수온도는 5℃이다)

① 195kW   ② 215kW
③ 245kW   ④ 295kW

해설
급탕부하(Q) = 급탕량(m) × 비열(c) × 온도차(Δt)
$$= \frac{3,000 \times 4.2 \times (75-5)}{3,600} = 245\text{kW}$$

75 열매가 증기인 경우 방열기의 표준방열량은?

① 0.450kW/m²   ② 0.523kW/m²
③ 0.650kW/m²   ④ 0.756kW/m²

해설
표준방열량

열매 종류	표준방열량		표준상태의 온도(℃)	
	kcal/m²·h	kW/m²	열매 온도	실내 온도
증 기	650	0.756	102	18.5
온 수	450	0.523	80	18.5

76 배관의 연결방법 중 리프트 이음(Lift Fitting)이 사용되는 곳은?

① 급수설비에서 펌프의 토출 측
② 배수설비에서 수평관과 수직관의 연결부위
③ 난방설비에서 보일러의 주위
④ 오수정화조에서 부패조

해설
리프트 이음 : 진공환수식 증기난방 설비에서 방열기가 보일러보다 낮은 곳에 위치할 때 응축수를 끌어올리기 위한 배관으로, 보일러 주위에 설치한다.

77 금속덕트에 넣은 전선의 단면적(절연피복의 단면적을 포함한다) 합계는 덕트의 내부 단면적의 몇 % 이하가 되어야 하는가?

① 20%
② 30%
③ 40%
④ 50%

해설
금속덕트공사(전기설비기술기준의 판단기준 제187조)
금속덕트에 넣은 전선의 단면적(절연피복의 단면적을 포함한다)의 합계는 덕트의 내부 단면적의 20%(전광표시 장치·출퇴표시 등 기타 이와 유사한 장치 또는 제어회로 등의 배선만을 넣는 경우에는 50%) 이하일 것

78 간선의 배선방식 중 평행식에 관한 설명으로 옳지 않은 것은?

① 나뭇가지식에 비해 배선이 복잡하며 설비비가 많이 소요된다.
② 사고 발생 시 타 부하에 대한 파급효과가 크며 억제하기 어렵다.
③ 용량이 큰 부하에 대하여는 단독 간선으로 배선할 수 있다.
④ 공급 신뢰도가 높고 중요 부하에 적용이 가능하다.

해설
간선의 평행식(개별방식) 배선방식
- 화재 등 분전반 사고 발생 시 파급범위가 가장 좁다.
- 각 분전반에 단독으로 배선하여 배선이 복잡하다.
- 설비비가 많이 든다.
- 대규모 건물에 적합하다.
- 전압이 일정하고, 공급 신뢰도가 높다.

79 벽체를 구성하는 재료의 열전도율 단위로 옳은 것은?

① $W/m \cdot h$
② $W/m \cdot K$
③ $W/m \cdot h \cdot K$
④ $W/m^2 \cdot K$

해설
열전도($W/m^2 \cdot K$) : 벽체 등의 고체나 정지된 유체 내의 열의 흐름이다.
열전달($W/m^2 \cdot K$) : 벽체 등의 고체 표면과 유체 사이의 열의 흐름이다.
열관류($W/m^2 \cdot K$) : 벽체 전체에서의 열의 흐름으로 열전달 → 열전도 → 열전달의 복합적 과정이다.

80 급탕량의 산정방법에 속하지 않는 것은?

① 급탕단위에 의한 방법
② 사용인원수에 의한 방법
③ 사용기구수에 의한 방법
④ 피크로드 시간에 의한 방법

해설
건물의 급탕량의 산정방법
- 급탕단위에 의한 방법
- 사용인원수에 의한 방법
- 사용기구수에 의한 방법

제5과목 건축관계법규

81 건축법령에 따른 건축물의 면적, 높이 및 층수 산정의 기본원칙으로 옳지 않은 것은?

① 층고는 방의 바닥구조체 윗면으로부터 위층 바닥구조체의 윗면까지의 높이로 한다.
② 처마높이는 지표면으로부터 건축물의 지붕틀 또는 이와 비슷한 수평재를 지지하는 벽, 깔도리 또는 기둥의 상단까지의 높이로 한다.
③ 건축면적은 건축선으로 둘러싸인 부분의 수평투영면적으로 한다.
④ 바닥면적은 건축물의 각 층 또는 그 일부로서 벽, 기둥, 그 밖에 이와 비슷한 구획의 중심선으로 둘러싸인 부분의 수평투영면적으로 한다.

해설
면적 등의 산정방법(건축법 시행령 제119조)
건축면적은 건축물의 외벽(외벽이 없는 경우에는 외곽 부분의 기둥) 중심선으로 둘러싸인 부분의 수평투영면적으로 한다(다만, 태양열을 주된 에너지원으로 이용하는 주택의 건축면적은 건축물의 외벽 중 내측 내력벽의 중심선을 기준으로 한다).

82 국토의 계획 및 이용에 관한 법령에 따른 상업지역의 세분에 속하지 않는 것은?

① 전용상업지역
② 일반상업지역
③ 유통상업지역
④ 근린상업지역

해설
용도지역의 세분(국토의 계획 및 이용에 관한 법률 시행령 제30조)
상업지역 : 중심상업지역, 일반상업지역, 근린상업지역, 유통상업지역

83 건축법령상 고층건축물의 정의로 옳은 것은?

① 층수가 30층 이상이거나 높이가 90m 이상인 건축물
② 층수가 30층 이상이거나 높이가 120m 이상인 건축물
③ 층수가 50층 이상이거나 높이가 150m 이상인 건축물
④ 층수가 50층 이상이거나 높이가 200m 이상인 건축물

해설
정의(건축법 제2조)
고층건축물이란 층수가 30층 이상이거나 높이가 120m 이상인 건축물을 말한다.

84 건축법령에 따른 공사감리자의 업무가 아닌 것은?

① 공사현장에서의 안전관리의 지도
② 상세 시공도면의 작성
③ 시공계획 및 공사관리의 적정 여부의 확인
④ 공정표의 검토

해설
공사감리업무 등(건축법 시행규칙 제19조의2)
• 건축물 및 대지가 관계 법령에 적합하도록 공사시공자 및 건축주를 지도
• 시공계획 및 공사관리의 적정 여부의 확인
• 공사현장에서의 안전관리의 지도
• 공정표의 검토
• 상세 시공도면의 검토·확인
• 구조물의 위치와 규격의 적정 여부의 검토·확인
• 품질시험의 실시 여부 및 시험성과의 검토·확인
• 설계변경의 적정 여부의 검토·확인

정답 81 ③ 82 ① 83 ② 84 ②

85 주차대수 규모가 50대 이상인 노외주차장 출입구의 최소 너비는?(단, 출구와 입구를 분리하지 않은 경우)

① 3.3m ② 5.0m
③ 5.5m ④ 6.0m

해설
노외주차장의 구조·설비기준(주차장법 시행규칙 제6조)
노외주차장의 출입구 너비는 3.5m 이상으로 하여야 하며, 주차대수 규모가 50대 이상인 경우에는 출구와 입구를 분리하거나 너비 5.5m 이상의 출입구를 설치하여 소통이 원활하도록 하여야 한다.

86 다음 중 용도변경과 관련된 시설군과 해당 시설군에 속하는 건축물 용도의 연결이 옳지 않은 것은?

① 산업 등 시설군 – 운수시설
② 전기통신시설군 – 발전시설
③ 문화집회시설군 – 판매시설
④ 교육 및 복지시설군 – 의료시설

해설
용도변경(건축법 시행령 제14조)
영업시설군 : 판매시설, 운동시설, 숙박시설, 다중생활시설

87 건축허가신청에 필요한 기본설계도서 중 배치도에 표시하여야 할 사항에 속하지 않는 것은?

① 건축선 및 대지경계선으로부터 건축물까지 거리
② 대지의 종·횡단면도
③ 대지에 접한 도로의 길이 및 너비
④ 방화구획 및 방화문의 위치

해설
건축허가신청에 필요한 설계도서 중 배치도에 표시하여야 할 사항(건축법 시행규칙 별표 2)
• 축척 및 방위
• 대지에 접한 도로의 길이 및 너비
• 대지의 종·횡단면도
• 건축선 및 대지경계선으로부터 건축물까지 거리
• 주차 동선 및 옥외주차계획
• 공개공지 및 조경계획

88 막다른 도로의 길이가 10m인 경우, 이 도로가 건축법상 도로이기 위한 최소 너비는?

① 2m ② 3m
③ 4m ④ 6m

해설
지형적 조건 등에 따른 도로의 구조와 너비(건축법 시행령 제3조의3)
막다른 도로로서 그 도로의 너비가 그 길이에 따라 각각 다음 표에서 정하는 기준 이상인 도로

막다른 도로의 길이	도로 너비
10m 미만	2m
10m 이상 35m 미만	3m
35m 이상	6m (도시지역이 아닌 읍·면지역 : 4m)

정답 85 ③ 86 ③ 87 ④ 88 ②

89 다음은 같은 건축물 안에 공동주택과 위락시설을 함께 설치하고자 하는 경우에 관한 기준 내용이다. ( ) 안에 알맞은 것은?

> 공동주택의 출입구와 위락시설의 출입구는 서로 그 보행거리가 ( ) 이상이 되도록 설치할 것

① 20m
② 30m
③ 40m
④ 50m

해설
복합건축물의 피난시설 등(건축물의 피난·방화구조 등의 기준에 관한 규칙 제14조의2)
공동주택 등의 출입구와 위락시설 등의 출입구는 서로 그 보행거리가 30m 이상이 되도록 설치할 것

90 다중이용 건축물에 속하지 않는 것은?(단, 해당 용도로 쓰는 바닥면적의 합계가 5,000m²이며, 층수가 10층인 건축물의 경우)

① 종교시설
② 판매시설
③ 의료시설 중 종합병원
④ 숙박시설 중 일반숙박시설

해설
다중이용 건축물의 정의(건축법 시행령 제2조)
• 다음에 해당하는 용도로 쓰는 바닥면적 합계가 5,000m² 이상인 건축물
  – 문화 및 집회시설(동물원 및 식물원 제외)
  – 종교시설
  – 판매시설
  – 운수시설 중 여객용 시설
  – 의료시설 중 종합병원
  – 숙박시설 중 관광숙박시설
• 16층 이상인 건축물

91 건축법령상 다가구주택이 갖추어야 할 요건에 속하지 않는 것은?

① 주택으로 쓰는 층수(지하층은 제외)가 3개 층 이하일 것
② 1개 동의 주택으로 쓰이는 바닥면적의 합계가 660m² 이하일 것
③ 독립된 주거의 형태를 갖추지 아니할 것
④ 19세대 이하가 거주할 수 있을 것

해설
용도별 건축물의 종류(건축법 시행령 별표 1)
• 다가구주택 : 다음의 요건을 모두 갖춘 주택으로서 공동주택에 해당하지 아니하는 것을 말한다.
  – 주택으로 쓰는 층수(지하층은 제외한다)가 3개 층 이하일 것
  – 1개 동의 주택으로 쓰이는 바닥면적의 합계가 660m² 이하일 것
  – 19세대 이하가 거주할 수 있을 것

92 제2종 일반주거지역 안에서 건축할 수 없는 건축물은?(단, 도시·군계획 조례가 정하는 바에 따라 건축할 수 있는 경우는 고려하지 않는다)

① 공동주택 중 아파트
② 교육연구시설 중 유치원·초등학교·중학교 및 고등학교
③ 종교시설
④ 운동시설

해설
제2종 일반주거지역 안에서 건축할 수 있는 건축물(국토의 계획 및 이용에 관한 법률 시행령 별표 5)
• 단독주택
• 공동주택
• 근린생활시설
• 종교시설
• 교육연구시설 중 유치원·초등학교·중학교 및 고등학교
• 노유자시설

정답 89 ② 90 ④ 91 ③ 92 ④

93 비상용 승강기 승강장의 구조에 관한 기준 내용으로 옳지 않은 것은?

① 채광이 되는 창문이 있거나 예비전원에 의한 조명설비를 할 것
② 피난층이 있는 승강장의 출입구로부터 도로 또는 공지에 이르는 거리가 30m 이상일 것
③ 옥내 승강장의 바닥면적은 비상용 승강기 1대에 대하여 6m² 이상으로 할 것
④ 벽 및 반자가 실내에 접하는 부분의 마감재료는 불연재료로 할 것

해설
비상용 승강기의 승강장 및 승강로의 구조(건축물의 설비기준 등에 관한 규칙 제10조)
피난층이 있는 승강장의 출입구로부터 도로 또는 공지에 이르는 거리가 30m 이하일 것

94 피난안전구역의 설치에 관한 기준 내용으로 옳지 않은 것은?

① 건축물의 내부에서 피난안전구역으로 통하는 계단은 피난계단의 구조로 설치할 것
② 피난안전구역의 내부 마감재료는 불연재료로 설치할 것
③ 비상용 승강기는 피난안전구역에서 승하차할 수 있는 구조로 설치할 것
④ 피난안전구역의 높이는 2.1m 이상일 것

해설
피난안전구역의 설치기준(건축물의 피난·방화구조 등의 기준에 관한 규칙 제8조의2)
건축물의 내부에서 피난안전구역으로 통하는 계단은 특별피난계단의 구조로 설치할 것

95 지하식 또는 건축물식 노외주차장의 차로에 관한 기준 내용으로 옳지 않은 것은?

① 주차대수 규모가 50대 이상인 경우의 경사로는 너비 6m 이상인 2차로를 확보하거나 진입차로와 진출차로를 분리하여야 한다.
② 높이는 주차바닥면으로부터 2.3m 이상으로 하여야 한다.
③ 경사로의 종단경사도는 곡선 부분에서는 17%를 초과하여서는 아니 된다.
④ 경사로의 노면은 거친 면으로 하여야 한다.

해설
노외주차장의 구조·설비기준(주차장법 시행규칙 제6조)
경사로의 종단경사도는 직선 부분에서는 17%를 초과하여서는 아니 되며, 곡선 부분에서는 14%를 초과하여서는 아니 된다.

96 건축선에 관한 설명으로 옳지 않은 것은?

① 도로와 접한 부분의 건축선은 대지와 도로의 경계선으로 하는 것이 기본원칙이다.
② 건축물의 지표 윗부분은 건축선의 수직면을 넘어서는 아니 된다.
③ 담장의 지표 윗부분은 건축선의 수직면을 넘어서는 아니 된다.
④ 도로면으로부터 높이 4.5m에 있는 창문은 열고 닫을 때 건축선의 수직면을 넘는 구조로 할 수 있다.

해설
건축선에 따른 건축제한(건축법 제47조)
도로면으로부터 높이 4.5m 이하에 있는 출입구, 창문, 그 밖에 이와 유사한 구조물은 열고 닫을 때 건축선의 수직면을 넘지 않는 구조로 하여야 한다.

97 부설주차장 설치대상 시설물의 위락시설인 경우 부설주차장 설치기준으로 옳은 것은?

① 시설면적 100m²당 1대
② 시설면적 150m²당 1대
③ 시설면적 200m²당 1대
④ 시설면적 300m²당 1대

해설
부설주차장의 설치대상 시설물 종류 및 설치기준(주차장법 시행령 별표 1)

용 도	설치기준
위락시설	시설면적 100m²당 1대
• 문화 및 집회시설,(관람장 제외) • 종교시설, 판매시설, 운수시설 • 의료시설(정신병원, 요양소, 격리병원 제외) • 운동시설, 업무시설, 방송국, 장례식장	시설면적 150m²당 1대
• 제1종 근린생활시설(공중화장실, 대피소, 지역아동센터 제외) • 제2종 근린생활시설, 숙박시설	시설면적 200m²당 1대

98 다음 중 건축물 관련 건축기준의 허용오차 범위로 옳지 않은 것은?

① 출구 너비 : 3% 이내
② 반자 너비 : 2% 이내
③ 벽체 두께 : 3% 이내
④ 바닥판 두께 : 3% 이내

해설
건축물 관련 건축기준의 허용오차(건축법 시행규칙 별표 5)

항 목	허용되는 오차의 범위
건축물 높이	2% 이내(1m를 초과할 수 없다)
평면 길이	2% 이내 (건축물 길이는 1m를 초과할 수 없고, 벽으로 구획된 각 실은 10cm를 초과할 수 없다)
출구 너비	2% 이내
반자 높이	2% 이내
벽체 두께	3% 이내
바닥판 두께	3% 이내

99 다음 중 방화구조에 해당하지 않는 것은?

① 철망모르타르로서 그 바름두께가 2.0cm인 것
② 시멘트모르타르 위에 타일을 붙인 것으로서 그 두께의 합계가 2.0cm인 것
③ 석고판 위에 회반죽을 바른 것으로서 그 두께의 합계가 2.5cm인 것
④ 석고판 위에 시멘트모르타르를 바른 것으로서 그 두께의 합계가 2.5cm인 것

해설
방화구조(건축물의 피난·방화구조 등의 기준에 관한 규칙 제4조)
• 시멘트모르타르 위에 타일을 붙인 것으로서 그 두께의 합계가 2.5cm 이상인 것
• 철망모르타르로서 그 바름두께가 2cm 이상인 것
• 석고판 위에 시멘트모르타르 또는 회반죽을 바른 것으로서 그 두께의 합계가 2.5cm 이상인 것

100 층수가 15층이며, 각 층의 거실면적이 1,000m²인 업무시설에 설치하여야 하는 승용 승강기의 최소 대수는?(단, 8인승 승강기의 경우)

① 5대
② 6대
③ 7대
④ 8대

해설
6층 이상인 10개층 거실면적 합계는 10,000m²이므로,

$$1대 + \frac{(10,000 - 3,000)m^2}{2,000m^2}대 = 4.5대$$

이므로 최소 5대를 설치해야 한다.

승용 승강기의 설치기준(건축물의 설비기준 등에 관한 규칙 별표 1의2)
승용 승강기는 문화 및 집회시설(전시장 및 동·식물원만 해당), 업무시설, 숙박시설, 위락시설 등의 용도일 경우, 1대에 3,000m²를 초과하는 2,000m² 이내마다 1대를 더한 대수 이상을 설치하여야 한다.

2023년 제1회 과년도 기출복원문제

제1과목 건축계획

01 단독주택의 현관 및 복도에 관한 설명으로 옳지 않은 것은?

① 소규모 주택에서는 원활한 동선을 위해 복도를 두는 것이 바람직하다.
② 현관은 주택의 측면, 후면보다 전면에 배치하는 것이 바람직하다.
③ 현관의 위치는 대지의 형태, 도로와의 관계 등에 영향을 받는다.
④ 복도로 연결된 각 공간의 문은 복도의 폭이 좁을 경우 안여닫이로 계획하는 것이 바람직하다.

해설
소규모 주택에서 복도를 두는 것은 공간의 낭비로서 비경제적이다.

02 학교 건축에 관한 설명으로 옳지 않은 것은?

① 체육관은 표준적으로 농구코트를 둘 수 있는 크기가 필요하다.
② 일반적으로 교실 채광은 칠판을 향해 우측 채광을 원칙으로 한다.
③ 강당과 체육관을 겸용할 경우 체육관의 목적에 치중하여 계획하는 것이 좋다.
④ 다목적 교실은 여러 가지 목적에 맞는 융통성 있는 공간으로서의 성격을 갖는다.

해설
일반적으로 교실 채광은 칠판을 향해 좌측 채광을 원칙으로 한다.

03 다음 중 주거단지 내의 공동주택 배치계획에 있어서 남북 간 인동간격의 결정과 관계가 먼 것은?

① 건물의 높이
② 프라이버시의 유지
③ 건물의 동서길이
④ 일조와 채광

해설
건물의 동서길이는 건물 간의 측면거리와 관계가 있으며, 남북 간의 인동거리와는 관계가 없다.

04 은행 건축에 관한 설명으로 적절하지 않은 것은?

① 일반적으로 주출입구는 도난방지상 안여닫이로 한다.
② 영업장의 넓이는 은행건축의 규모를 결정한다.
③ 객장의 최소 폭은 3.2m 정도를 확보한다.
④ 어린이의 출입이 많은 곳에는 회전문을 설치하는 것이 좋다.

해설
은행뿐만 아니라 어린이의 출입이 많은 곳에 회전문을 설치하면 문틈에 손 또는 발목이 끼어서 다칠 우려가 있으므로 안전상 적절하지 않다.

05 사무소 건축계획에서 개방식 배치에 관한 설명으로 옳지 않은 것은?

① 공간의 길이나 깊이에 변화를 줄 수 있다.
② 전 면적을 유용하게 이용할 수 있다.
③ 기본적인 자연채광에 인공조명이 필요한 형식이다.
④ 사무 공간이 개방되어 있어서 개인의 독립성 확보가 유리하다.

해설
사무 공간이 개방되어 있어서 개인의 독립성 확보가 불리하다.

06 공장 건축의 작업장 레이아웃(Layout)에 관한 설명으로 옳지 않은 것은?

① 레이아웃은 장래 공장 규모의 변화에 대응하는 융통성이 있어야 한다.
② 제품중심 레이아웃은 동종의 공정, 동일한 기계, 기능이 유사한 것을 하나의 그룹으로 집합시키는 방식이다.
③ 공정중심 레이아웃은 생산성이 낮으나 주문생산 공장에 적합하다.
④ 고정식 레이아웃은 주가 되는 재료나 조립부품을 고정된 장소에 두고, 사람이나 기계가 그 장소로 이동해 가서 작업을 행하는 방식이다.

해설
- 제품중심 레이아웃 : 생산에 필요한 모든 공정, 기계·기구를 제품의 흐름에 따라 배치하는 방식으로 대량생산에 적합하며, 공정 간의 시간적·수량적 생산균형을 이룰 수 있다.
- 공정중심 레이아웃 : 동종의 공정, 동일한 기계, 기능이 유사한 것을 하나의 그룹으로 집합시키는 방식으로 생산성이 낮으나 주문생산 공장에 적합하다.

07 아파트의 평면 형식에 관한 설명으로 옳지 않은 것은?

① 편복도형은 거주성이 균일한 배치구성이 가능하다.
② 집중형은 각 세대에 균일한 환경을 만들기 어렵다.
③ 계단실형은 통행을 위한 공용 면적이 작다.
④ 중복도형은 모든 세대에 남향의 거실을 계획할 수 있다.

해설
- 편복도형 : 모든 세대에 남향의 거실을 계획할 수 있다.
- 중복도형 : 복도를 가운데 두고 마주하므로, 각 세대에 균일한 환경을 만들기 어렵다.

08 오피스 랜드스케이핑(Office Landscaping)에 관한 설명으로 옳지 않은 것은?

① 배치는 의사전달과 작업 흐름의 실제적 패턴에 기초를 둔다.
② 전 면적을 유용하게 이용할 수 없다.
③ 바닥에 카펫을 깔고, 천장에 방음장치를 하는 등의 소음대책이 필요하다.
④ 커뮤니케이션이 용이하고, 장애요인이 거의 없다.

해설
오피스 랜드스케이핑은 개방식의 일종으로 전 면적을 유용하게 이용할 수 있다.

정답 5 ④ 6 ② 7 ④ 8 ②

09 쇼핑 몰(Mall)의 계획에 대한 설명으로 옳지 않은 것은?

① 전문점들과 중심 상점의 주출입구는 몰에 면하도록 한다.
② 몰은 길이 40~50m마다 변화를 주는 것이 바람직하다.
③ 중심 상점들 사이의 몰의 길이는 240m를 초과하지 않도록 한다.
④ 다층으로 계획할 경우, 다층 및 각 층 간의 시야의 개방감이 적극적으로 고려되어야 한다.

해설
쇼핑 몰(Mall)은 20~30m마다 변화를 주어 단조로움을 피한다.

10 사무소 건축에서 렌터블비(Rentable Ratio)가 의미하는 것은?

① 연면적과 대지면적의 비
② 임대면적과 건축면적의 비
③ 임대면적과 대지면적의 비
④ 임대면적과 연면적의 비

해설
유효율(렌터블비, Rentable Ratio)
• 유효면적(대실, 주거, 거주, 전용)과 공용면적의 비
• 유효율은 수익성의 지표가 된다.

$$유효율 = \frac{임대(대실)면적}{연면적} \times 100$$

11 건축설계 과정에 관한 설명으로 옳지 않은 것은?

① 건축기획 과정에서는 건축기획의 의도를 구체적인 형태로 발전시켜야 한다.
② 건축주의 의도를 충분히 이해한다.
③ 설비 시스템의 결정은 건축설계 과정에서 진행한다.
④ 건축의 조형을 내부 기능에 못지않게 중요시한다.

해설
건축기획 과정에서의 의도를 구체적인 형태로 발전시키는 것은 기본설계 과정에서 수행한다.

12 주택설계의 기본방향과 가장 거리가 먼 것은?

① 개인생활의 프라이버시 확립
② 가사노동의 경감
③ 생활의 쾌적감 증대
④ 가장 중심의 주거

해설
주부 중심의 주거로 계획한다.

13 백화점 에스컬레이터의 배치 형식 중 점내의 점유면적이 가장 큰 것은?

① 직렬식 배치
② 교차식 배치
③ 병렬 단속식 배치
④ 병렬 연속식 배치

해설
• 직렬식 배치 : 점유면적이 가장 크다.
• 교차식 배치 : 점유면적이 가장 작다.

14 과학실이 주당 20시간 사용되고 있는 중학교에서 1주간의 평균수업시간은?(단, 과학실의 이용률은 80%이다)

① 20시간　　　② 22시간
③ 25시간　　　④ 35시간

해설

이용률 = $\dfrac{실제이용시간}{평균수업시간} \times 100\%$

$80\% = \dfrac{20시간}{평균수업시간} \times 100\%$

∴ 평균수업시간 = $\dfrac{20}{0.8}$ = 25시간

15 근린생활권에 관한 설명으로 옳지 않은 것은?

① 인보구는 이웃 개념으로 가까운 친분관계를 유지하는 범위이다.
② 근린분구는 소비시설을 갖추며, 후생시설, 보육시설, 어린이 공원 등을 설치한다.
③ 근린분구의 중심시설로는 도서관, 병원 등이 있다.
④ 근린주구는 보행으로 중심부와 연결이 가능하며, 초등학교를 중심으로 한 단위이다.

해설
도서관, 병원 등은 근린주구 규모에서 계획된다.

16 상점 건축의 동선계획에 관한 설명으로 옳지 않은 것은?

① 동선에 변화를 주기 위해 바닥면에 고저차를 두는 것은 좋지 않다.
② 고객 동선과 종업원 동선은 교차되도록 하여 능률적 동선을 유도한다.
③ 고객 동선은 가능한 길게 하여 다수의 손님을 수용하도록 하는 것이 좋다.
④ 종업원 동선은 가능한 한 짧게 하여 소수의 종업원으로도 판매가 능률적이 되도록 계획한다.

해설
고객 동선과 종업원 동선은 서로 교차되지 않는 것이 바람직하다.

17 쿨데삭(Cul-de-sac, 막다른 도로 형식)에 관한 설명으로 옳지 않은 것은?

① 차량통행로 계획으로 통과교통을 없애고, 자동차 진입을 최소화함으로써 보행자 위주의 계획하는 방법이다.
② 우회도로가 없을 경우에는 방재·방범상 유리하다.
③ 주택 배면에 보행자 전용도로가 설치되면 효과적이다.
④ 쿨데삭의 길이는 120~300m로 계획하지만, 가능한 한 150m 이하로 계획하는 것이 좋다.

해설
우회도로가 없을 경우에는 방재·방범상 불리하다.

18 상점의 판매 방식에 관한 설명으로 옳지 않은 것은?

① 대면판매 형식은 쇼케이스를 중심으로 판매원이 고정된 자리나 위치를 확보하는 것이 용이하다.
② 대면판매 형식은 측면판매 형식에 비해 상품 진열면적이 넓어진다.
③ 측면판매 형식은 직원 동선의 이동성이 많다.
④ 측면판매 형식은 고객이 직접 진열된 상품을 접촉할 수 있는 관계로 선택이 용이하다.

해설
대면판매 형식은 측면판매 형식에 비해 진열장(쇼케이스)에 전시하므로 상품 진열면적이 감소된다.

19 주거 건축계획에 대한 설명으로 옳지 않은 것은?

① 침실은 가급적 소음원이 있는 쪽을 피하여 배치하는 것이 좋다.
② 복층형 주택은 단층형에 비해 동선을 절약할 수 있으며, 피난에도 유리하다.
③ 다세대주택의 1개동 바닥면적 합계는 660m² 이하, 층수는 4층 이하이다.
④ 테라스 하우스는 경사지 활용에 적절한 주거 형식이다.

해설
복층형 주택은 단층형에 비해 동선을 절약할 수 있으나, 피난에는 불리하다.

20 공장 건축의 지붕 형식에 관한 설명으로 옳지 않은 것은?

① 톱날지붕은 북향의 채광창으로 일정한 조도를 유지할 수 있다.
② 솟을지붕은 채광, 환기에 적합한 방법이다.
③ 뾰족지붕은 직사광선을 어느 정도 허용하는 결점이 있다.
④ 샤렌지붕은 기둥이 많이 소요되는 단점이 있다.

해설
샤렌지붕은 톱날지붕이 기둥이 많이 소요되는 결점을 보완하기 위하여 지붕을 곡선형으로 만든 형태이다.

제2과목 건축시공

21 건설계약에서 지명경쟁입찰에 관한 설명으로 옳지 않은 것은?

① 공사에 적합하다고 인정되는 수개의 회사를 선정하여 입찰시키는 방법이다.
② 시공상의 신뢰성이 높아진다.
③ 양질의 시공결과를 얻기 위해서 실시한다.
④ 불합리한 요소가 줄어들고 담합의 우려가 없다.

해설
지명경쟁입찰은 불합리한 요소가 줄어들지만, 담합의 우려가 크다.

22 구조용 재료로 사용되는 목재의 조건으로 적절하지 않은 것은?

① 곧고 긴 재를 얻을 수 있어야 한다.
② 질이 좋고 공작이 용이해야 하므로 강도가 크지 않아야 한다.
③ 건조수축으로 인한 수축 및 변형이 작아야 한다.
④ 잘 썩지 않고, 충해에 저항이 커야 한다.

해설
구조용 목재는 강도가 크며, 질이 좋고 공작이 용이해야 한다.

23 기둥, 벽 등의 모서리에 대어 미장 바름용에 사용하는 철물의 명칭은?

① 코너비드 ② 논슬립
③ 인서트   ④ 드라이 비트

해설
① 코너비드 : 미장공사에서 기둥이나 벽의 모서리 부분을 보호하기 위하여 쓰는 철물이다.
② 논슬립 : 계단 등에 미끄럼을 방지하기 위하여 설치하는 것이다.
③ 인서트 : 반자틀, 덕트 등을 매달기 위해서 콘크리트 슬래브 하부에 매설하는 철물이다.
④ 드라이 비트 : 외벽공사를 마감할 때 단열재 위에 메시(그물망)와 모르타르(시멘트 회반죽)를 덮고 도료로 마감하는 방법이다.

24 표준관입시험에서 상대밀도의 정도가 보통인 상태에 해당될 때의 사질지반의 N값으로 옳은 것은?

① 0~4   ② 4~10
③ 10~30   ④ 50 이상

해설
N값에 따른 모래의 상대밀도

N값	모래의 상대밀도
0~4	몹시 느슨하다.
4~10	느슨하다.
10~30	보통이다.
50 이상	다진 상태이다.

25 콘크리트 재료분리현상을 줄이기 위한 방법으로 옳지 않은 것은?

① 물시멘트비를 크게 한다.
② 잔골재율을 크게 하며, 둥근 골재를 사용한다.
③ 잔골재 중의 0.15~0.3mm의 정도의 세립분을 증가시킨다.
④ 콘크리트 타설 시 높은 곳에서 자유낙하를 하지 않는다.

해설
물시멘트비를 작게 한다.
콘크리트의 재료분리현상 감소방법
• 중량골재와 경량골재 등 비중차가 작은 골재를 사용한다.
• 잔골재 중의 0.15~0.3mm의 정도의 세립분을 증가시킨다.
• 잔골재율을 크게 하며, 둥근 골재를 사용한다.
• 물시멘트비를 작게 한다.
• AE제나 AE 감수제 등을 사용하여 수량을 감소시킨다.
• 플라이 애시를 적당량 사용한다.
• 콘크리트 타설 시 높은 곳에서 자유낙하를 하지 않는다.

26 다음 중 철제에 사용하는 녹막이 도료가 아닌 것은?

① 광명단   ② 크레오소트유
③ 아연분말 도료 ④ 역청질 도료

해설
크레오소트유는 목재 방부제로 사용된다.
• 광명단, 역청질 도료 : 강재의 녹막이 칠에 사용한다.
• 아연분말 도료 : 알루미늄의 녹막이 칠에 사용한다.

정답 22 ② 23 ① 24 ③ 25 ① 26 ②

27 다음 중 공사 진행의 일반적인 순서로 옳은 것은?

① 공사 착공 준비→가설공사→토공사→지정 및 기초공사→구조체 공사
② 가설공사→공사 착공 준비→토공사→지정 및 기초공사→구조체 공사
③ 공사 착공 준비→토공사→가설공사→구조체 공사→지정 및 기초공사
④ 가설공사→공사 착공 준비→지정 및 기초공사→토공사→구조체 공사

28 콘크리트 배합에 직접적인 영향을 주는 요소가 아닌 것은?

① 골재의 입도
② 철근의 품질
③ 물시멘트비
④ 시멘트 강도

[해설]
철근의 품질은 콘크리트 배합에 직접 영향을 주지 않는다.

29 기본벽돌(190×90×57mm)을 사용한 1.5B 쌓기의 벽두께 치수로서 옳은 것은?(단, 줄눈두께 10mm, 공간쌓기 벽이 아님)

① 260mm
② 290mm
③ 320mm
④ 360mm

[해설]
표준형 벽돌 1.5B 벽두께 치수
1.5B 쌓기 = 1.0B + 줄눈두께 + 0.5B
= 190mm + 10mm + 90mm
= 290mm

30 시스템 거푸집의 종류로 잘못 짝지어진 것은?

① 벽체 전용 시스템 거푸집 – 갱폼(Gang Form)
② 바닥판공법 – W식 거푸집
③ 벽체 + 바닥 전용 시스템 거푸집 – 플라잉폼(Flying Form)
④ 무지주공법 – 페코빔(Pecco Beam)

[해설]
벽체 + 바닥 전용 시스템 거푸집 – 터널 폼(Tunnel Form)
플라잉폼(Flying Form) : 거푸집 판, 장선, 멍에, 서포트 등을 일체로 제작하여 부재화한 거푸집으로 수직·수평방향으로 이동이 가능하다.

31 철근콘크리트용 골재의 성질에 관한 설명 중 옳지 않은 것은?

① 계량방법과 함수율에 의한 중량의 변화는 입경이 작을수록 크다.
② 골재의 공극률은 입도가 클수록 크다.
③ 골재의 단위용적 질량은 입도가 클수록 크다.
④ 완전침수 또는 완전건조 상태의 모래에 있어서는 계량방법에 의한 용적의 변화는 거의 없다.

[해설]
골재의 공극률은 입도가 클수록 작아진다.
골재의 입도(Grading) : 크고 작은 골재 입자의 혼합정도로서 적절한 입도로 구성되면 워커빌리티가 증대되고 재료분리현상은 감소한다.

정답 27 ① 28 ② 29 ② 30 ③ 31 ②

32 사질지반 굴착 시 벽체 배면의 토사가 흙막이 틈새 또는 구멍으로 누수가 되어 흙막이벽 배면에 공극이 발생하여 물의 흐름이 점차로 커져 결국에는 주변 지반을 함몰시키는 현상을 일컫는 것은?

① 보일링 현상
② 히빙 현상
③ 파이핑 현상
④ 액상화 현상

해설
파이핑 현상 : 흙막이 벽의 틈 또는 구멍, 이음새를 통하여 물이 공사장 내부 바닥으로 스며드는 현상이다.

33 콘크리트 이어붓기에 대한 설명으로 옳지 않은 것은?

① 염분 피해의 우려가 있는 해양 및 항만 콘크리트 구조물에서는 시공 이음부를 금지하고 연속으로 타설한다.
② 아치이음은 아치축에 직각으로 설치한다.
③ 부득이 전단력이 큰 위치에 이음을 설치할 경우에는 시공이음에 촉 또는 홈을 두거나 적절한 철근을 내어 둔다.
④ 보 및 슬래브의 이어붓기 위치는 전단력이 큰 스팬의 단부에 수직으로 한다.

해설
보 및 슬래브의 이어붓기 위치는 전단력이 작은 스팬의 중앙부에 수직으로 한다.

34 지내력 시험의 평판재하판으로 사용되는 규격은?

① 보통 45cm 각이 사용된다.
② 보통 50cm 각이 사용된다.
③ 보통 55cm 각이 사용된다.
④ 보통 60cm 각이 사용된다.

해설
지내력 시험(재하판 시험)은 기초 저면까지 파내려간 자리에서 직접 재하하여 허용 지내력을 구하는 시험으로, 재하판 크기는 정방형은 45cm 각으로, 원형은 $0.2m^2$를 표준으로 한다.

35 타일공사 시 바탕처리에 대한 설명으로 옳지 않은 것은?

① 타일을 붙이기 전에 불순물을 제거하고 청소한다.
② 타일을 붙이기 전에 바탕의 들뜸, 균열 등을 검사하여 불량부분은 보수한다.
③ 여름에 외장타일을 붙일 경우에는 바탕면에 물을 축이는 행위를 금지한다.
④ 흡수성이 있는 타일에는 제조업자의 시방에 따라 물을 축여 사용한다.

해설
여름에 외장타일을 붙일 경우에는 건조를 고려하여 바탕면에 충분히 물을 축여야 한다.

36 굳지 않은 콘크리트의 측압에 관한 설명으로 옳은 것은?

① 콘크리트의 타설 속도가 빠를수록 측압은 크다.
② 슬럼프가 작을수록 측압은 크다.
③ 온도가 높을수록 측압은 크다.
④ 거푸집 널의 수밀성이 높을수록 측압은 크다.

해설
콘크리트의 측압에 영향을 주는 요소
- 콘크리트 타설 속도가 빠를수록 측압은 크다.
- 슬럼프가 클수록 측압은 크다.
- 온도가 높으면 경화가 빠르므로 측압은 작다.
- 거푸집 널의 투수성 및 누수성이 클수록 측압은 작다.

정답 32 ③ 33 ④ 34 ① 35 ③ 36 ①

37 판유리를 연화점에 가깝게 600℃ 이상의 온도로 가열하고 양면에 냉기를 불어 넣어 급랭시켜 강도를 높인 안전유리의 일종은?

① 망입유리
② 강화유리
③ 형판유리
④ 복층유리

해설
강화유리 : 평면 및 판유리를 600℃ 이상으로 가열하여 균등한 공기를 뿜어 급랭시켜 제조한다. 내충격이나 하중강도는 보통 유리의 3~5배, 휨강도는 6배 정도이다.

38 건축물의 지하실 방수공법에서 안방수와 비교한 바깥방수의 특징이 아닌 것은?

① 공사 기일에 제약을 받는다.
② 수압이 크고 깊은 지하실에 유리하다.
③ 시공이 간편하고 결함의 발견 및 보수가 용이하다.
④ 일반적으로 보통 시트방수나 아스팔트 방수가 많이 쓰인다.

해설
바깥방수는 시공이 복잡하고 결함의 발견 및 보수가 어렵기 때문에 정밀한 시공이 요구된다.

39 알루미늄 창호공사에서 주의사항으로 옳지 않은 것은?

① 표면이 연하여 운반, 설치작업 시 손상되기 쉽다.
② 알칼리에 약해 모르타르와의 접촉을 피한다.
③ 녹막이에는 연(鉛)을 함유하지 않은 도료를 사용한다.
④ 알루미늄은 부식 방지조치를 할 필요가 없다.

해설
알루미늄은 공기 중에서 표면에 산화막을 생성하여 내식성이 크지만, 산과 알칼리 및 해수에 침식되기 쉬우므로 이에 대한 부식 방지조치를 할 필요가 있다.

40 콘크리트의 크리프에 관한 설명으로 옳지 않은 것은?

① 습도가 높을수록 크리프는 작아진다.
② 물시멘트비가 클수록 크리프는 감소한다.
③ 콘크리트의 배합과 골재의 종류는 크리프에 영향을 끼친다.
④ 하중이 제거되면 크리프 변형은 일부 회복된다.

해설
크리프는 자중에 의한 침하 및 지속하중으로 인하여 콘크리트에 일어나는 장기변형을 말하며, 물시멘트비가 클수록 크리프는 증가한다.

제3과목 건축구조

41 콘크리트구조 설계 시 사용하는 용어에 대한 설명으로 틀린 것은?

① 공칭강도 : 강도설계법의 규정과 가정에 따라 부재의 단면적에 강도를 나누어 산정한 강도
② 콘크리트 설계기준강도 : 콘크리트 부재를 설계할 때 기준이 되는 콘크리트의 압축강도
③ 계수하중 : 강도설계법으로 부재를 설계할 때 사용하중에 하중계수를 곱한 하중
④ 소요강도 : 철근콘크리트 부재가 사용성과 안전성을 만족할 수 있도록 요구되는 단면의 단면력

해설
공칭강도 : 강도설계법의 규정과 가정에 따라 부재의 단면적에 강도를 곱하여 산정된 부재의 내력

42 철근콘크리트 단순보에 관한 다음 사항 중에서 옳지 않은 것은?

① 인장철근은 인장력과 휨응력에 대응하기 위하여 배근하는 철근이다.
② 중요한 보는 복근보로 한다.
③ 보의 주근은 단부에서는 하부에 많이 넣는다.
④ 일반적으로 전단응력은 단면의 중립축에서 최대이나 항상 중립축에서 최대는 아니다.

해설
보의 주근은 중앙부에서는 하부에 많이 넣으며, 단부에서는 상부에 많이 넣는다.

43 양단 고정보의 단부 휨모멘트값은?

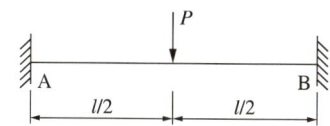

① $-\dfrac{Pl}{4}$
② $-\dfrac{Pl}{8}$
③ $-\dfrac{Pl}{12}$
④ $-\dfrac{3Pl}{16}$

해설
양단부 휨모멘트
$M_A = M_B = \dfrac{Pl}{8}$

44 강구조에 대한 설명 중 틀린 것은?

① 다른 구조재료에 비하여 균질도가 우수하지 못하다.
② 고열에 약하고 내화성이 부족하여 내화피복이 필요하다.
③ 부재의 길이가 비교적 길어 좌굴되기 쉽다.
④ 장스팬 구조물이나 고층 건물에 적합하다.

해설
강구조는 다른 구조재료에 비하여 균질도가 우수하다.

정답 41 ① 42 ③ 43 ② 44 ①

45 다음과 같은 단면적에서 $X-X$축에 대한 단면 2차 모멘트는?

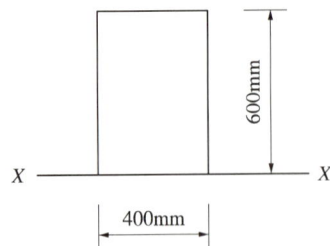

① $72 \times 10^8 \text{mm}^4$
② $144 \times 10^8 \text{mm}^4$
③ $216 \times 10^8 \text{mm}^4$
④ $288 \times 10^8 \text{mm}^4$

해설
$X-X$축의 단면 2차 모멘트 $I_{x'} = I_x + A \cdot b^2$이다.
㉠ 중심축의 $I_x = \dfrac{bh^3}{12} = \dfrac{400 \times 600^3}{12} = 72 \times 10^8 \text{mm}^4$
㉡ $A \cdot a^2 = (400 \times 600) \times 300^2 = 216 \times 10^8 \text{mm}^4$
∴ ㉠+㉡ $= 288 \times 10^8 \text{mm}^4$

46 철근콘크리트의 구조설계에서 철근의 부착력에 영향을 주지 않는 것은?

① 콘크리트 피복두께
② 콘크리트 압축강도
③ 철근의 외부 표면돌기
④ 철근의 항복강도

해설
철근의 부착력에 영향을 주는 요인
• 콘크리트 피복두께
• 콘크리트 압축강도
• 철근의 외부 표면돌기

47 그림과 같은 양단 고정보에서 B지점의 반력 모멘트 M_B는?(단, 보의 휨강도 EI는 일정하다)

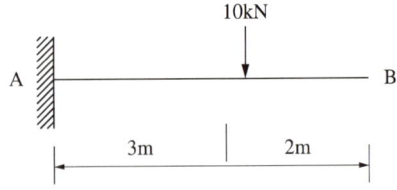

① 2.6kNm
② $3.2\text{kN} \cdot \text{m}$
③ $4.8\text{kN} \cdot \text{m}$
④ $7.2\text{kN} \cdot \text{m}$

해설
양단 고정 집중하중에서의 양단 반력 모멘트
$M_A = \dfrac{Pab^2}{l^2} = \dfrac{10 \times 3 \times 2^2}{5^2} = 4.8\text{kN} \cdot \text{m}$
$M_B = \dfrac{Pa^2b}{l^2} = \dfrac{10 \times 3^2 \times 2}{5^2} = 7.2\text{kN} \cdot \text{m}$

48 그림과 같은 캔틸레버보의 자유단에 휨모멘트 5kN·m와 집중하중 P가 작용할 때 자유단의 처짐각이 0이 되기 위한 P를 구하면?

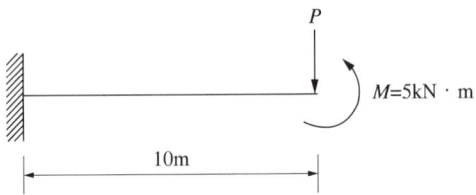

① 1kN
② 3kN
③ 5kN
④ 7kN

해설
• 집중하중에 의한 처짐각
$\theta_1 = \dfrac{Pl^2}{2EI} = \dfrac{P \times 10^2}{2EI} = \dfrac{P \times 50}{EI}$
• 모멘트 하중에 의한 처짐각
$\theta_2 = \dfrac{Ml}{EI} = \dfrac{5 \times 10}{EI} = \dfrac{50}{EI}$
• $\theta_1 = \theta_2$일 경우 처짐각은 0이 되므로
$\dfrac{P \times 50}{EI} = \dfrac{50}{EI}$ 이며,
∴ $P = 1\text{kN}$

49 지름이 21mm인 강봉에 30kN의 인장력을 작용시켰더니 길이가 3m에서 3.006m로 늘어났다. 변형률은?

① 0.001
② 0.002
③ 0.006
④ 0.028

해설

세로(길이 방향) 변형도$(\varepsilon) = \dfrac{\text{변형된 길이}(\Delta l)}{\text{원래의 길이}(l)} = \dfrac{3.006\text{m}}{3\text{m}}$
$= 0.002$

변형도(strain, 변형률) : 구조물이 외력을 받을 경우 부재에 변형을 가져오게 된다. 이때 단위 길이에 대한 변형량의 값을 변형도라 한다.

50 장방형 단면의 철근콘크리트 기둥에서 띠철근의 주요 역할과 거리가 먼 것은?

① 주근의 위치 고정
② 주근의 좌굴 방지
③ 수평력에 대한 전단보강
④ 철근과 콘크리트의 부착력 증가

해설

띠철근의 기능
- 주근의 위치 고정
- 주근의 좌굴 방지
- 수평력에 대한 전단보강
- 피복두께 유지

51 강도설계법에서 나선형 띠철근 기둥은 주근을 최소 몇 개 이상 배근해야 하는가?

① 4개
② 5개
③ 6개
④ 8개

해설

띠철근 기둥의 주철근 개수는 단면이 직사각형 또는 원형인 경우에는 4개 이상이며, 나선형 띠철근 기둥은 6개 이상으로 배근한다.

52 철근콘크리트 구조에서 다음의 조건을 갖는 대칭 T형 보의 유효폭은?

- 슬래브 두께 : 12cm
- 보의 복부 폭 : 25cm
- 양쪽 슬래브의 중심 간 거리 : 320cm
- 보의 스팬 : 800cm

① 190cm
② 200cm
③ 217cm
④ 320cm

해설

대칭인 T형 보의 유효폭 : 대칭 T형 보의 플랜지 유효폭은 다음 세 값 중에서 가장 작은 값을 취한다.
- $16t_f + b_w = (16 \times 12) + 25 = 217\text{cm}$
  여기서, t_f : 슬래브 두께, b_w : 보의 폭
- 양쪽 슬래브의 중심 간 거리 $= 320\text{cm}$
- 보의 경간 $\times \dfrac{1}{4} = 800 \times \dfrac{1}{4} = 200\text{cm}$

∴ 가장 작은 값인 200cm 이상으로 한다.

53 그림과 같은 트러스에서 AC의 부재력은?

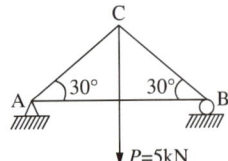

① 5kN(압축) ② 5kN(인장)
③ 10kN(압축) ④ 10kN(인장)

해설

$R_A = R_B = \dfrac{5}{2} = 2.5\text{kN}$

A점에서 $\sum V = 0$; $AC\sin 30° = 2.5$

$\therefore AC = -\dfrac{2.5}{\sin 30°} = -5\text{kN}$(압축)

54 그림과 같은 구조물의 개략적인 휨모멘트로 옳은 것은?

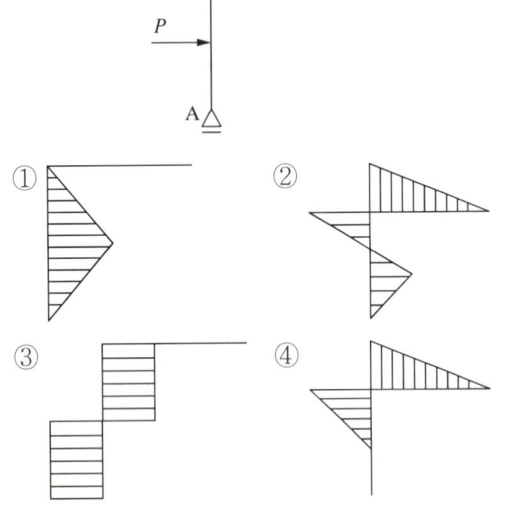

해설

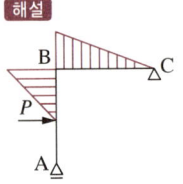

55 그림과 같은 직사각형 기둥에서 띠철근의 최대 간격은?(단, 주근은 D20, 띠철근 D10)

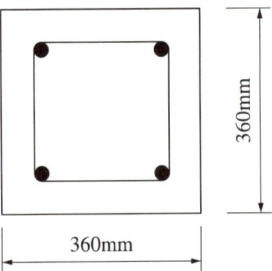

① 320mm ② 360mm
③ 400mm ④ 480mm

해설

띠철근의 최대 간격은 아래의 3가지 중에서 가장 작은 치수 이하로 한다.
• 주철근 × 16 = 20 × 16 = 320mm 이하
• 띠철근 × 48 = 10 × 48 = 480mm 이하
• 기둥 단면의 최소폭 이하 : 360mm 이하
∴ 띠철근의 최대 간격은 320mm가 된다.

56 건축구조용 압연강이라 하며, 건축물의 내진성능을 확보하기 위하여 항복점의 상한치 제한 등에 의한 품질의 편차를 줄이고, 용접성 및 냉간 가공성을 향상시킨 강재는?

① SN강재 ② SS강재
③ SM강재 ④ TMCP강재

해설

① SN : 건축구조용 압연강재
② SS : 일반구조용 압연강재
③ SM : 용접구조용 압연강재
④ TMCP : 열간제어 극후판 고강도 강재

57 단면적 10,000mm²이고 길이가 3m인 정사각형 강재에 400kN의 축방향 인장력이 작용할 때 변형량은?(단, 탄성계수 = 2×10^5MPa)

① 0.3mm
② 0.6mm
③ 1.0mm
④ 1.2mm

해설

$\sigma = E \times \varepsilon$이므로, $E = \dfrac{\sigma}{\varepsilon}$이다.

$\sigma = \dfrac{P}{A} = \dfrac{400 \times 10^3}{10,000} = 40$MPa

$\varepsilon = \dfrac{\Delta l}{l} = \dfrac{\sigma}{E}$이며, $\Delta l = \dfrac{\sigma \times l}{E}$이다.

$\therefore \Delta l = \dfrac{\sigma \times l}{E} = \dfrac{40 \times 3,000}{2.0 \times 10^5} = 0.6$mm

58 지지 상태는 양단 고정이며, 길이 3m인 압축력을 받는 원형강관 $\phi - 89.1 \times 3.2$의 탄성좌굴하중을 구하면?(단, $I = 79.8 \times 10^4$mm, $E = 210,000$MPa이다)

① 184kN
② 735kN
③ 1,018kN
④ 1,532kN

해설

좌굴하중$(P_{cr}) = \dfrac{\pi^2 EI}{(Kl)^2}$

여기서, EI : 휨강도
Kl : 유효좌굴길이
E : 탄성계수
I : 단면 2차 모멘트
K : 단부 지지조건(양단 고정, 0.5)
l : 부재의 길이

$\therefore P_{cr} = \dfrac{\pi^2 \times 210,000 \times 79.8 \times 10^4}{(0.5 \times 3,000)^2} \fallingdotseq 735,088\text{N} \fallingdotseq 735$kN

59 인장력 P = 50kN을 받을 수 있는 원형강봉의 단면적은?(단, 강재의 허용인장응력은 160MPa이다)

① 3.12mm²
② 31.25mm²
③ 312.5mm²
④ 3125mm²

해설

응력(σ)으로부터 단면적을 구할 수 있다.

$\sigma = \dfrac{P}{A}$, $A = \dfrac{P}{\sigma}$

$\therefore A = \dfrac{50,000}{160} = 312.5$mm

60 용접 개시점과 종료점에 용착금속에 결함이 없도록 하기 위하여 설치하는 보조재는?

① 뒷댐재
② 스캘럽
③ 오버랩
④ 엔드탭

해설

엔드탭 : 용접 개시점과 종료점에 용착금속에 결함이 없도록 하기 위하여 설치하는 보조재이다.

제4과목 건축설비

61 습공기에 관한 설명으로 옳지 않은 것은?

① 상대습도 100%인 경우 습구온도와 노점온도는 동일하다.
② 습구온도와 건구온도가 같다는 것은 상대습도가 100%인 포화공기임을 뜻한다.
③ 열수분비는 엔탈피(전열량) 변화량을 절대습도의 변화량으로 나눈 값을 말한다.
④ 습공기를 가열하면 상대습도는 증가하지만, 절대습도는 변하지 않는다.

해설
습공기를 가열하면 상대습도는 감소하지만, 절대습도는 변하지 않는다.

62 기구급수 부하단위수를 결정할 때 기준이 되는 위생기구는?

① 세면기　② 소변기
③ 대변기　④ 욕 조

해설
기구급수 부하단위(FU)는 1~10으로 구분하며 기본단위 FU 1은 세면기이다.

63 복사난방에 대한 설명으로 옳지 않은 것은?

① 실내의 온도 분포가 균등하여 쾌감도가 좋다.
② 천장이 높은 실에도 난방효과가 좋다.
③ 시공이 어렵고 수리비, 설비비가 고가이다.
④ 외기의 급변에 따른 방열량 조절이 용이하다.

해설
복사난방은 외기의 급변에 따른 방열량 조절이 곤란하다.
복사난방(Panel Heating)
- 실내의 온도 분포가 균등하여 쾌감도가 좋다.
- 바닥의 이용도가 높으며, 방을 개방하여도 난방효과가 좋다.
- 천장이 높은 실에도 난방효과가 좋다.
- 외기의 급변에 따른 방열량 조절이 곤란하다.
- 예열시간이 길다.
- 시공이 어렵고 수리비, 설비비가 고가이다.
- 고장발견이 어렵고, 수리가 곤란하다.

64 송풍기에 의한 급기와 자연적인 배기로 클린룸과 수술실 등에 적용하는 환기방식은?

① 제1종 환기　② 제2종 환기
③ 제3종 환기　④ 제4종 환기

해설
제2종 환기 : 송풍기에 의한 급기와 자연적인 배기하는 환기방식으로, 클린룸과 수술실에 적합하다.

65 간접조명에 관한 설명으로 옳지 않은 것은?

① 조도가 균일하지만 국부적으로 높은 조도를 얻기가 어렵다.
② 실내 반사율의 영향이 크다.
③ 분위기보다는 경제성을 중요시하는 장소에 적합하다.
④ 강한 음영이 없고 부드럽다.

해설
간접조명은 경제성보다 분위기를 중요시하는 장소에 적합하며, 직접조명은 경제성을 중요시하고 국부적으로 높은 조도를 얻기 위해 사용한다.

정답 61 ④ 62 ① 63 ④ 64 ② 65 ③

66 국소식 급탕방식에 관한 설명으로 옳지 않은 것은?

① 용도에 따라 필요 온도의 온수를 간단히 얻을 수 있다.
② 배관설비 거리가 길고, 배관 중의 열손실이 크다.
③ 설비비는 중앙식보다 싸고 유지관리도 용이하다.
④ 가열기의 종류는 가스 또는 전기 순간온수기가 주로 사용된다.

해설
개별식(국소식) 급탕방식은 배관설비 거리가 짧고, 배관 중의 열손실이 적다.

67 금속관 배선공사에 관한 설명으로 옳지 않은 것은?

① 기계적인 외력에 대하여 전선이 안전하게 보호된다.
② 철근콘크리트 매설공사에 사용된다.
③ 전선의 인입이 용이하여 옥내·외 등 사용 장소가 광범위하다.
④ 전선 과열로 인한 화재 위험성이 많다.

해설
전선 과열로 인한 화재 위험성이 적다.
금속관 공사
- 철근콘크리트 건물의 금속관을 매입하여 배선하는 공사이다.
- 전선 과열로 인한 화재 위험성이 적다.
- 기계적인 외력에 대하여 전선이 안전하게 보호된다.
- 전선의 인입이 용이하다.
- 은폐 및 노출 장소, 옥내·외 등 광범위하게 사용된다.

68 변전실의 위치에 관한 설명으로 옳지 않은 것은?

① 통풍 및 채광이 양호하며 습기가 적은 곳
② 가능한 한 부하의 중심에서 먼 곳일 것
③ 전기기기의 반출입이 용이한 곳일 것
④ 외부로부터 전원의 인입이 쉬운 곳일 것

해설
가능한 한 부하의 중심에서 가까운 곳이어야 한다.

69 통기배관에 관한 설명으로 옳지 않은 것은?

① 통기관과 실내 환기용 덕트는 서로 연결하여 사용할 수 있다.
② 통기관은 오물정화조와 분리하여 단독으로 설치한다.
③ 통기 수지관과 빗물 수지관은 겸용하지 않는다.
④ 신정 통기관은 배수 수직관의 상단을 연장하여 대기 중에 개구한다.

해설
통기관과 실내 환기용 덕트는 서로 연결해서는 안 된다.

70 기온, 습도, 기류의 3요소의 조합에 의한 실내 온열감각을 기온의 척도로 나타낸 것은?

① 등가온도 ② 유효온도
③ 작용온도 ④ 등온지수

해설
유효온도(ET ; Effective Temperature) : 온도, 기류, 습도를 조합한 감각 지표로서 효과온도, 감각온도, 실효온도 또는 체감온도라고도 한다.

71 오물 정화조에 대한 설명으로 옳지 않은 것은?

① 부패조에는 공기의 공급을 충분히 한다.
② 여과조에서는 쇄석층을 통하여 여과시켜 고형물을 없앤다.
③ 산화조에서는 호기성균으로서 산화시킨다.
④ 소독조에서는 약액을 넣어 살균한다.

해설
부패조는 침전작용과 혐기성균(밀폐)에 의한 분해작용을 한다. 따라서 공기의 공급이 없도록 하여 혐기성균의 활동을 활성화해야 한다.

72 소화설비 중 스프링클러설비에 관한 설명으로 옳지 않은 것은?

① 자동적으로 화염에 물을 분사하는 자동소화설비로서 초기 화재 진압에 효과가 크다.
② 화재와 동시에 화재경보장치가 작동하여 비상시 신속한 대피에 유리하다.
③ 소화수로 인한 2차 피해를 예방할 수 있다.
④ 고층 건축물이나 지하층의 소화에 적합하다.

해설
소화수로 인한 2차 피해가 발생할 수 있다.
스프링클러설비
- 스프링클러 헤드를 실내 천장에 설치하여, 67~75℃ 정도에서 가용 합금편이 용융됨으로써, 자동적으로 화염에 물을 분사하는 자동소화설비이다.
- 화재와 동시에 화재경보장치가 작동하여 신속한 대피 및 화재 시 초기 진압에 유리하다.
- 고층 건축물이나 지하층의 소화에 적합하다.
- 소화수로 인한 2차 피해가 발생할 수 있다.

73 가스사용시설에서 가스계량기의 설치에 관한 설명으로 옳지 않은 것은?

① 화기 사이의 유지 거리는 최소 2m 이상이 되도록 한다.
② 전기점멸기와의 거리가 최소 60cm 이상이 되도록 한다.
③ 전기계량기와의 거리가 최소 60cm 이상이 되도록 한다.
④ 전기개폐기와의 거리가 최소 60cm 이상이 되도록 한다.

해설
전기점멸기와의 거리는 30cm 이상이 되도록 한다.
가스계량기 설치기준
- 가스계량기와 화기 사이의 유지 거리 : 2m 이상
- 설치금지 장소 : 공동주택의 대피공간, 방·거실 및 주방 등
- 설치높이 : 바닥으로부터 1.6m 이상 2m 이내

가스계량기와 전기기기 이격거리
- 전기계량기, 전기개폐기 : 60cm 이상
- 굴뚝, 전기점멸기 및 전기접속기 : 30cm 이상
- 절연조치를 하지 아니한 전선과의 거리 : 15cm 이상

74 관류형 보일러에 관한 설명으로 옳지 않은 것은?

① 수관보일러와 같이 수관으로 구성되고 드럼(수실)이 없다.
② 보유수량이 적으므로 시동시간이 짧다.
③ 고압의 증기를 얻으려고 하는 경우에 사용된다.
④ 설치면적이 작으며, 급수처리가 단순하고 소음이 적다.

해설
설치면적이 작으나, 급수처리가 복잡하고 고가이며 소음이 많이 발생한다.

75 글로브 밸브에 관한 설명으로 옳지 않은 것은?

① 유량 조절용으로 주로 사용된다.
② 직선 배관 중간에 설치되며 유체에 대한 저항이 크다.
③ 유체의 흐름이 갑자기 바뀌는 경우 유체의 저항이 작다.
④ 유체가 밸브의 아래로부터 유입하여 밸브시트 사이를 통해 흐르게 되어 있다.

해설
글로브 밸브 : 유체가 글로브 내의 밸브 하단으로부터 유입하여 밸브 시트의 사이를 통해 흐르는 방식으로, 유체의 흐름이 갑자기 바뀌는 경우 유체의 저항이 크지만, 유량 조절이 용이하고 개폐 시간이 적게 소요되고 개폐가 용이하다.

76 화재를 진압하거나 인명구조활동을 위하여 사용하는 설비로서 제연설비, 연결송수관설비 등을 포함하는 것은?

① 소화설비
② 소화활동설비
③ 피난설비
④ 경보설비

해설
- 소방시설 : 소화설비, 경보설비, 피난설비, 소화용수설비, 그 밖에 소화활동설비
- 소화활동설비 : 화재진압이나 인명구조 활동을 위한 설비이며 제연설비, 연결살수설비, 연결송수관설비 등

77 공기조화방식 중 전수방식(All Waret System)의 일반적 특징으로 옳지 않은 것은?

① 덕트 스페이스가 필요하며, 개별 제어가 용이하다.
② 외기를 도입하기 어렵다.
③ 실내 배관에서 누수의 우려가 있다.
④ 공기오염이 많고 실내공기의 청정도 유지가 어렵다.

해설
덕트가 불필요하고, 개별 제어가 용이하다.

78 면적 100m², 천장높이 3.5m인 교실의 평균조도를 100lx로 하고자 한다. 다음과 같은 조건에서 필요한 광원의 개수는?

- 광원 1개의 광속 : 2,000lm
- 조명률 : 50%
- 감광보상률 : 1.5

① 8개　　　　② 15개
③ 19개　　　④ 23개

해설
전등 수$(N) = \dfrac{A \cdot E \cdot D}{F \cdot U} = \dfrac{100 \times 100 \times 1.5}{2,000 \times 0.5} = 15$개

여기서, F : 사용광원 1개의 광속(lm)
　　　　N : 전등 수(개)
　　　　E : 작업면의 평균조도(lx)
　　　　A : 방의 면적(m²)
　　　　D : 감광보상률
　　　　M : 보수율
　　　　U : 조명률

79 중앙식 급탕법 중 직접가열식에 관한 설명으로 옳지 않은 것은?

① 대규모 급탕설비에는 비경제적이다.
② 급탕 탱크용 가열코일이 필요하지 않다.
③ 보일러 내면의 스케일은 간접가열식보다 적게 생긴다.
④ 건물의 높이가 높은 경우에도 고압 보일러가 필요하다.

해설
보일러 내면의 스케일은 간접가열식보다 많이 생긴다.

80 바닥이나 벽을 관통하는 배관에 슬리브(Sleeve)를 설치하는 가장 주된 이유는?

① 수격작용을 방지하기 위하여
② 관의 설치 및 교체·수리를 위하여
③ 관내 스케일 생성을 방지하기 위하여
④ 방동, 방로를 위하여

해설
슬리브(Sleeve): 바닥이나 벽을 관통하는 관을 삽입시켜 놓음으로써 배관의 교체, 수리를 편리하게 하고 관의 신축에 대비하여 여유 공간을 갖도록 한다.

제5과목 건축관계법규

81 국토의 계획 및 이용에 관한 법률 시행령에 규정되어 있는 용도지역 안에서의 건폐율 기준으로 옳지 않은 것은?

① 제1종 전용주거지역 – 50% 이하
② 제2종 전용주거지역 – 50% 이하
③ 제1종 일반주거지역 – 60% 이하
④ 제3종 일반주거지역 – 60% 이하

해설
제3종 일반주거지역 – 50% 이하

82 같은 건축물 안에 공동주택과 위락시설을 함께 설치하고자 하는 경우에 관한 기준 내용으로 옳지 않은 것은?

① 건축물의 주요구조부를 방화구조로 할 것
② 공동주택 등과 위락시설 등은 서로 이웃하지 아니하도록 배치할 것
③ 공동주택과 위락시설은 내화구조로 된 바닥 및 벽으로 구획하여 서로 차단할 것
④ 공동주택의 출입구와 위락시설의 출입구는 서로 그 보행거리가 30m 이상이 되도록 설치할 것

해설
건축물의 주요구조부를 내화구조로 할 것

83 다음 중 대수선에 속하지 않는 것은?

① 내력벽을 증설 또는 해체하거나 그 벽면적을 30m² 이상 수선 또는 변경하는 것
② 기둥을 증설, 해체하거나 세 개 이상 수선 또는 변경하는 것
③ 기존 건축물의 내력벽, 기둥, 보를 일시에 철거하고 그 대지에 종전과 같은 규모의 범위에서 건축물을 다시 축조하는 것
④ 다가구주택의 가구 간 경계벽 또는 다세대주택의 세대 간 경계벽을 증설, 해체하거나 수선 또는 변경하는 것

해설
기존 건축물의 내력벽, 기둥, 보를 일시에 철거하고 그 대지에 종전과 같은 규모의 범위에서 건축물을 다시 축조하는 것은 개축에 해당한다.

84 특별시나 광역시에 건축할 경우, 특별시장이나 광역시장의 허가를 받아야 하는 건축물의 층수 기준은?

① 5층
② 11층
③ 21층
④ 31층

해설
21층 이상이거나 연면적 합계 10만m² 이상인 건축물은 특별시장이나 광역시장의 허가대상이다.

85 건축법령에 따른 건축물의 면적, 높이 및 층수 산정의 기본 원칙으로 옳지 않은 것은?

① 건축물의 외벽(외벽이 없는 경우에는 외곽 부분의 기둥) 중심선으로 둘러싸인 부분의 수평투영면적으로 한다.
② 층고는 방의 바닥구조체 윗면으로부터 위층 바닥구조체의 아랫면까지의 높이로 한다.
③ 처마높이는 지표면으로부터 건축물의 지붕틀 또는 이와 비슷한 수평재를 지지하는 벽, 깔도리 또는 기둥의 상단까지의 높이로 한다.
④ 바닥면적은 건축물의 각 층 또는 그 일부로서 벽, 기둥, 그 밖에 이와 비슷한 구획의 중심선으로 둘러싸인 부분의 수평투영면적으로 한다.

해설
층고는 방의 바닥구조체 윗면으로부터 위층 바닥구조체의 윗면까지의 높이로 한다.

86 다음은 건축선에 따른 건축제한과 관련된 기준 내용이다. ( ) 안에 알맞은 내용은?

> 도로면으로부터 높이 ( ) 이하에 있는 출입구·창문 등의 구조물은 열고 닫을 때 건축선의 수직면을 넘지 아니하는 구조로 하여야 한다.

① 2.5m
② 3m
③ 4m
④ 4.5m

해설
건축선에 따른 건축제한(건축법 제47조)
도로면으로부터 높이 4.5m 이하에 있는 출입구·창문 등의 구조물은 열고 닫을 때 건축선의 수직면을 넘지 아니하는 구조로 하여야 한다.

정답 83 ③ 84 ③ 85 ② 86 ④

87 건축물의 건축주가 착공신고를 할 때, 해당 건축물의 설계자로부터 받은 구조안전의 확인서류를 허가권자에게 제출하여야 하는 대상 건축물 기준으로 옳지 않은 것은?(단, 허가대상 건축물인 경우에 해당한다)

① 높이가 13m 이상인 건축물
② 처마높이가 9m 이상인 건축물
③ 기둥과 기둥 사이의 거리가 10m 이상인 건축물
④ 국가적 문화유산으로 보존할 가치가 있는 박물관·기념관 등의 연면적 합계 3,000m² 이상인 건축물

[해설]
국가적 문화유산으로 보존할 가치가 있는 박물관·기념관 등의 연면적 합계 5,000m² 이상인 건축물

88 다음은 건축물의 층수 산정방법에 관한 기준이다. ( ) 안에 알맞은 내용은?

> 층의 구분이 명확하지 아니한 건축물은 그 건축물의 높이 ( )마다 하나의 층으로 보고 그 층수를 산정한다.

① 2m ② 3m
③ 4m ④ 5m

89 바닥으로부터 높이 1m까지의 안벽의 마감을 내수재료로 하지 않아도 되는 것은?

① 아파트의 욕실
② 제1종 근린생활시설 중 목욕장의 욕실
③ 제2종 근린생활시설 중 일반음식점의 조리장
④ 숙박시설의 욕실

[해설]
아파트의 욕실은 해당되지 않는다.

90 기계식 주차장에 설치하여야 하는 정류장의 확보 기준으로 옳은 것은?

① 주차대수 20대를 초과하는 매 20대마다 1대분
② 주차대수 20대를 초과하는 매 30대마다 1대분
③ 주차대수 30대를 초과하는 매 20대마다 1대분
④ 주차대수 30대를 초과하는 매 30대마다 1대분

[해설]
20대 초과하는 매 20대마다 1대분의 정류장을 확보하여야 한다.

91 건축허가를 제한할 경우 그에 관한 기준으로 옳지 않은 것은?

① 제한 목적을 상세히 할 것
② 제한 기간을 3년 이내로 하되, 제한 기간 연장은 1회에 한하여 1년 이내로 할 것
③ 대상 구역 위치, 면적, 경계 등을 상세하게 할 것
④ 대상 건축물의 용도를 상세하게 할 것

[해설]
제한 기간을 2년 이내로 하되, 제한 기간 연장은 1회에 한하여 1년 이내로 할 것

92 막다른 도로의 길이가 30m인 경우, 이 도로가 건축법령상 도로이기 위한 최소 너비는?

① 2m ② 3m
③ 4m ④ 6m

[해설]
도 로
- 보행과 자동차 통행이 가능한 너비 4m 이상의 도로
- 막다른 도로의 구조와 너비

도로 길이	도로 너비
10m 미만	2m
10m 이상 35m 미만	3m
35m 이상	6m (도시지역이 아닌 읍·면지역 : 4m)

93 다음 중 증축에 속하지 않는 것은?

① 기존 건축물이 있는 대지에서 건축물의 높이를 늘리는 것
② 기존 건축물이 있는 대지에서 건축물의 개구부 숫자를 늘리는 것
③ 기존 건축물이 있는 대지에서 건축물의 건축면적을 늘리는 것
④ 기존 건축물이 있는 대지에서 건축물의 연면적을 늘리는 것

해설
건축물의 개구부 숫자를 늘리는 것은 증축에 해당되지 않는다.
증축 행위
- 기존 건축물이 있는 대지에서 건축물의 건축면적, 연면적, 층수 또는 높이를 늘리는 것
- 주된 건축물이 있는 대지에 새로이 부속 건축물 축조하는 것

94 다음 중 건축지도원에 관한 내용으로 옳지 않은 것은?

① 건축신고를 하고 건축 중에 있는 건축물의 시공 지도
② 건축신고를 하고 건축 중에 있는 건축물의 위법 시공 여부의 확인·지도 및 단속
③ 건축물의 대지, 높이 및 형태, 구조 안전 및 화재 안전, 건축설비 등이 법령 등에 적합하게 유지·관리되고 있는지의 확인·지도 및 단속
④ 허가를 받거나 신고를 하고 건축 중이거나 용도 변경하는 건축물의 시공 지도 및 확인

해설
- 허가를 받은 건축물의 시공 지도 및 확인은 감리자의 업무에 속한다.
- 허가를 받지 아니하거나 신고를 하지 아니하고 건축하거나, 용도 변경한 건축물의 단속은 건축지도원의 업무에 속한다.

95 건축허가신청에 필요한 기본설계도서 중 배치도에 표시하여야 할 사항에 속하지 않는 것은?

① 공개공지 및 조경계획
② 건축선 및 대지경계선으로부터 건축물까지 거리
③ 방화구획 및 방화문의 위치
④ 대지에 접한 도로의 길이 및 너비

해설
방화구획 및 방화문의 위치는 평면도에 표시된다.
배치도에 표시할 사항
- 축척 및 방위
- 대지에 접한 도로의 길이 및 너비
- 대지의 종·횡단면도
- 건축선 및 대지경계선으로부터 건축물까지 거리
- 주차동선 및 옥외주차계획
- 공개공지 및 조경계획

96 특별피난계단의 구조에 관한 기준 내용으로 옳지 않은 것은?

① 계단은 내화구조로 하되, 피난층 또는 지상까지 직접 연결되도록 할 것
② 출입구의 유효폭은 0.9m 이상으로 하고 피난의 방향으로 열 수 있을 것
③ 계단실, 노대 또는 부속실의 옥외 창문 등은 건축물의 다른 외벽 창문 등과 2m 이상 이격할 것
④ 계단실에서 노대 또는 부속실에서 접하는 부분에는 건축물의 내부와 접하는 창문 등을 설치하지 아니할 것

해설
계단실의 노대 또는 부속실에 접하는 창문은 망입유리의 붙박이창으로써 그 면적이 각각 1m² 이하일 것

97 부설주차장의 인근 설치규정에서 시설물의 부지 인근의 범위(해당 부지의 경계선으로부터 부설주차장의 경계선까지의 거리)기준으로 옳은 것은?

① 직선거리 : 100m 이내, 도보거리 : 500m 이내
② 직선거리 : 100m 이내, 도보거리 : 600m 이내
③ 직선거리 : 300m 이내, 도보거리 : 500m 이내
④ 직선거리 : 300m 이내, 도보거리 : 600m 이내

해설
부설주차장의 인근 설치 범위
- 직선거리 : 300m 이내
- 도보거리 : 600m 이내

98 건축물의 연면적 산정방법에서 용적률 산정 시 제외되는 부분으로 옳지 않은 것은?

① 지하층 면적
② 지상층의 주차장으로 주된 용도로 사용되는 면적
③ 초고층 건축물과 준초고층 건축물에 설치하는 피난안전구역 면적
④ 건축물의 경사지붕 아래에 설치하는 대피공간의 면적

해설
지상층의 주차장으로 사용되는 면적(단, 해당 건축물의 부속 용도에 한함)은 제외된다.

99 피난안전구역의 설치에 관한 기준 내용으로 옳지 않은 것은?

① 피난안전구역의 높이는 2.1m 이상일 것
② 피난안전구역의 내부마감재료는 불연재료로 설치할 것
③ 비상용 승강기는 피난안전구역에서 승하차할 수 없는 구조로 설치할 것
④ 건축물의 내부에서 피난안전구역으로 통하는 계단은 특별피난계단의 구조로 설치할 것

해설
비상용 승강기는 피난안전구역에서 승하차할 수 있는 구조로 설치할 것

100 건축법령상 초고층 건축물의 정의로 옳은 것은?

① 층수가 30층 이상이거나 높이가 90m 이상인 건축물
② 층수가 30층 이상이거나 높이가 120m 이상인 건축물
③ 층수가 50층 이상이거나 높이가 150m 이상인 건축물
④ 층수가 50층 이상이거나 높이가 200m 이상인 건축물

해설
- 고층 건축물 : 층수가 30층 이상이거나 높이가 120m 이상
- 초고층 건축물 : 층수가 50층 이상이거나 높이가 200m 이상

정답 97 ④ 98 ② 99 ③ 100 ④

2023년 제2회 과년도 기출복원문제

제1과목 건축계획

01 주거 건축계획에 대한 설명으로 옳지 않은 것은?

① 침실은 가급적 소음원이 있는 쪽을 피하여 배치하는 것이 좋다.
② L자형 부엌은 작업동선이 가장 효율적이며, 모서리 부분의 이용도가 높다.
③ 거실의 크기는 주택 전체면적의 21~25%, 소규모는 30% 정도이다.
④ 다이닝 알코브(Dining Alcove)는 거실의 일부에 식탁을 꾸민 것으로, 6~9m^{2}의 공간이 필요하다.

해설
L자형, ㄱ자형 부엌은 작업동선이 가장 효율적이지만, 모서리 부분의 이용도가 낮다.

02 학교 건축의 배치 유형 중 분산병렬형에 관한 설명으로 옳지 않은 것은?

① 각 교사동의 구조계획이 간단하다.
② 좁은 대지에 계획하기 어렵다.
③ 건축물 간의 유기적 구성이 어렵다.
④ 일조, 통풍의 환경조건을 균등하게 할 수 없다.

해설
분산병렬형 : 건물의 남향으로 배치하기 용이하며 일조, 통풍 등과 교실의 환경조건을 균등하게 할 수 있다.

03 테라스 하우스에 관한 설명으로 옳지 않은 것은?

① 경사지에 조성되는 테라스 하우스는 양호한 일조, 조망의 확보에 유리하다.
② 각 세대마다 테라스를 이용한 옥외 공간 확보가 가능하다.
③ 도로를 중심으로 상향식과 하향식으로 구분할 수 있다.
④ 평지에는 테라스 하우스의 계획이 불가능하다.

해설
평지에서는 인공형 테라스 하우스로 계획이 가능하다.

04 사무소 건축계획에서 개방식 배치에 관한 설명으로 옳지 않은 것은?

① 공간의 길이나 깊이에 변화를 줄 수 있다.
② 전 면적을 유용하게 이용할 수 있다.
③ 기본적인 자연채광만 필요하며, 인공조명이 필요 없다.
④ 사무공간이 개방되어 있어서 개인의 독립성 확보가 불리하다.

해설
공간의 깊이가 깊어질 수 있으므로 기본적인 자연채광 외에도 인공조명이 필요하다.

정답 1 ② 2 ④ 3 ④ 4 ③

05 엘리베이터 배치계획 시 고려사항으로 옳지 않은 것은?

① 여러 대의 엘리베이터를 설치하는 경우, 그룹별 배치와 군 관리 운전방식으로 한다.
② 교통동선의 중심에 설치하여 보행거리가 짧도록 배치한다.
③ 일렬 배치는 4대를 한도로 한다.
④ 엘리베이터 홀은 엘리베이터 정원 합계의 80% 정도를 수용할 수 있도록 한다.

해설
엘리베이터 홀은 엘리베이터 정원 합계의 50% 정도를 수용할 수 있도록 한다.

06 다음 중 사무소 건축의 기준층 평면형태의 결정 요인에 속하지 않는 것은?

① 자연광에 의한 조명한계
② 구조상 스팬의 한도
③ 대피상의 최대 피난거리
④ 엘리베이터의 처리능력

해설
평면형태를 결정하는 것과 엘리베이터의 처리능력은 관계가 없다.
기준층 평면형태 결정요인
• 구조상 스팬의 한도
• 동선상의 거리
• 각종 설비 시스템상의 한계
• 방화구획상 면적
• 자연광에 의한 조명한계
• 대피상 최대 피난거리
• 배연계획

07 소규모 주택에서 거실과 부엌을 동일 공간으로 한 형식은?

① 리빙키친
② 리빙 다이닝
③ 다이닝 키친
④ 다이닝 포치

해설
리빙 키친(LK ; Living Kitchen, LDK형식) : 거실, 식사실, 부엌을 겸용하는 형식으로 소규모 주택에 적합하다.

08 단독주택의 거실계획에 관한 설명으로 옳지 않은 것은?

① 거실과 정원 사이에 테라스를 둘 경우 거실의 연장효과가 있다.
② 가족의 단란을 도모하기 쉽도록 각 실로 둘러싸인 홀 형식으로 계획한다.
③ 가능한 한 동측이나 남측에 배치하여 일조 및 채광을 충분히 확보할 수 있도록 한다.
④ 거실에서 문이 열린 침실의 내부가 보이지 않도록 한다.

해설
각 실로 둘러싸인 홀 형식으로 계획하면 일조, 일사, 채광 등에 불리하다.

정답 5 ④ 6 ④ 7 ① 8 ②

09 상점 건축계획에 관한 설명으로 옳지 않은 것은?

① 상점 안의 천장높이는 디스플레이와 시선을 고려하여 계획한다.
② 상점 바닥면은 가능한 보도면과의 높이 차이를 많이 두어 영역을 구분한다.
③ 조명방법은 기본조명, 상품조명, 환경조명 등으로 구분하여 적용한다.
④ 고객, 종업원, 상품의 동선은 서로 교차되지 않도록 계획한다.

해설
상점 바닥면은 보도면과의 높이 차이를 많이 두지 않고, 자연스럽게 진입이 유도되도록 계획한다.

10 다종의 소량생산이나 표준화가 어려운 경우에 채용되는 공장 레이아웃(Layout) 방식은?

① 제품중심 레이아웃
② 고정식 레이아웃
③ 공정중심 레이아웃
④ 혼성식 레이아웃

해설
공정중심 레이아웃은 다종의 소량생산이나 표준화가 어려운 경우에 채용된다.

11 사무소 건축에서 기준층 층고의 결정요소와 관계없는 것은?

① 사용목적
② 채광조건
③ 공사비
④ 엘리베이터 설치 위치

해설
사무실의 층고와 깊이는 사용목적, 채광, 공사비 등에 의해 결정된다.

12 반경 100m 정도를 기준으로 하는 가장 작은 생활권 단위로서 어린이 놀이터가 중심이 되는 근린생활권 단위는?

① 인보구
② 근린주구
③ 근린분구
④ 근린지구

해설
인보구 : 근린생활권의 최소 단위로서 규모는 20~40호와 인구 100~200명 정도이다. 반경 100m 정도를 기준으로 하는 가장 작은 생활권 단위로서 어린이 놀이터가 중심이 되는 단위이다.

13 주택의 평면계획에 관한 설명으로 옳지 않은 것은?

① 평면계획 시 거실이 통로가 되지 않도록 고려해야 한다.
② 현관의 위치는 도로와의 관계는 영향이 없지만, 대지의 형태에는 영향을 받는다.
③ 부엌은 가사노동의 경감을 위해 작업삼각형(Work Triangle)의 3변의 길이의 합은 3.6~6.6m가 기능적이다.
④ 부부 침실보다는 낮에 많이 사용되는 노인실이나 아동실이 우선적으로 좋은 위치를 차지하는 것이 바람직하다.

해설
현관의 위치는 도로와의 관계, 대지의 형태 등에 영향을 받는다.

정답 9 ② 10 ③ 11 ④ 12 ① 13 ②

14 학교 건축에서 단층 및 다층교사에 관한 설명으로 옳지 않은 것은?

① 단층교사는 시설의 집중화로 효율적인 공간 이용이 가능하다.
② 다층교사는 학년별 배치, 동선 등에 신중한 계획이 요구된다.
③ 단층교사는 교사동의 구조계획을 단순화할 수 있다.
④ 다층교사는 교사동의 내진 및 내풍구조에 불리하다.

해설
다층교사는 시설의 집중화로 효율적인 공간 이용이 가능하지만, 단층교사는 평면상의 길이가 길어질 수 있고 시설의 집중화가 어렵다.

15 아파트 형식에 관한 설명으로 옳지 않은 것은?

① 중복도형은 독신자 아파트에 주로 사용된다.
② 홀(Hall)형은 복도형에 비해 통행부 면적이 크다.
③ 집중형은 복도 부분에 기계적 환경조절이 반드시 필요하다.
④ 홀(Hall)형은 복도형에 비해 프라이버시가 양호하다.

해설
홀(Hall)형은 복도형에 비해 통행부 면적이 작다.

16 양식주택과 비교한 한식주택의 특징 설명으로 옳지 않은 것은?

① 위치에 따라 실이 구분된다.
② 입식 생활을 기준으로 구성된다.
③ 실의 기능은 융통성이 높다.
④ 가구는 부차적인 내용물이다.

해설
한식주택은 좌식 생활을 기준으로 구성된다.

17 상점의 쇼윈도에 관한 설명으로 옳지 않은 것은?

① 쇼윈도의 바닥 높이는 상품의 종류에 따라 높낮이를 결정한다.
② 다층형의 쇼윈도는 입체적·시각적으로 일체감이 느껴지도록 계획한다.
③ 쇼윈도의 규모는 상품의 종류, 형상, 크기 및 상점의 종류 등에 따라 결정된다.
④ 쇼윈도 유리면의 반사 방지를 위해 쇼윈도 내부 조도를 외부보다 낮게 하는 것이 좋다.

해설
쇼윈도 유리면의 반사 방지를 위해 쇼윈도의 내부 조도를 외부보다 높게 하는 것이 좋다.

18 다음 중 건축계획 단계에서 그리드 플래닝(Grid Planning)의 적용이 가장 효과적인 건축물은?

① 단독주택 ② 전시관
③ 상 점   ④ 도서관

해설
• 도서관은 열람실 및 서고에 대해서 그리드 플래닝(Grid Planning)에 의한 계획에 유리하다.
• 주택, 전시관, 상점은 설계의 자유도가 높아야 하므로 그리드 플래닝을 적용하기 어렵다.

19 사무소 건축의 코어에 관한 설명으로 옳지 않은 것은?

① 기준층 바닥면적이 적은 소규모 건물은 양단코어형 계획이 적합하다.
② 독립코어형은 코어와 관계없이 독립된 자유로운 사무 공간 제공이 가능하다.
③ 코어 내의 각 공간이 각 층마다 공통의 위치에 있게 한다.
④ 대규모 건물의 코어는 평면의 중심이나 중앙부에 배치하는 것이 좋다.

해설
기준층 바닥면적이 적은 소규모 건물은 편심코어형 계획이 적합하다.

20 공장 건축의 형식 중 분관식(Pavillion Type)에 관한 설명으로 옳지 않은 것은?

① 여러 개의 공장 건물을 순차적으로 병행 건축할 수 있으므로, 조기 가동이 가능하다.
② 대지가 부정형이나 고저차가 있을 때에는 불리하다.
③ 공장의 신설, 확장이 비교적 용이하다.
④ 건물마다 건축 형식, 구조를 각기 다르게 할 수 있다.

해설
분관실은 대지가 부정형이나 고저차가 있을 때 유리하다.

제2과목 건축시공

21 건설 원가의 구성체계에서 직접공사비를 구성하는 주요 요소가 아닌 것은?

① 자재비   ② 노무비
③ 안전관리비   ④ 경 비

해설
현장관리비, 안전관리비 등은 간접공사비에 포함된다.
직접공사비 : 자재비, 노무비, 외주비, 경비 등

22 조적벽체에 발생하는 균열을 대비하기 위한 신축줄눈의 설치 위치로 옳지 않은 것은?

① 창 및 출입구 등 개구부의 양측
② 벽 두께가 변하는 곳
③ 벽 높이가 변하는 곳
④ 응력이 집중적으로 작용하는 곳

해설
신축줄눈은 집중응력이 작용하는 곳에는 두지 않는다.

23 철근의 정착 위치에 관한 설명으로 옳지 않은 것은?

① 기둥의 주근은 기초에 정착한다.
② 큰 보의 주근은 기둥에 정착한다.
③ 바닥철근은 기둥에 정착한다.
④ 지중보의 주근은 기초 또는 기둥에 정착한다.

해설
바닥철근은 보 또는 벽체에 정착한다.
철근의 정착위치
- 기둥의 주근은 기초에 정착한다.
- 보의 주근은 기둥에 정착한다.
- 작은 보의 주근은 큰 보에 정착한다.
- 직교하는 단부 보의 밑에 기둥이 없을 때는 상호 간에 정착한다.
- 벽 철근은 기둥, 보, 바닥판에 정착한다.
- 바닥철근은 보 또는 벽체에 정착한다.
- 지중보의 주근은 기초 또는 기둥에 정착한다.

정답 19 ① 20 ② 21 ③ 22 ④ 23 ③

24 목재의 이음 및 맞춤에 관한 용어와 거리가 먼 것은?

① 모접기   ② 연 귀
③ 장 부   ④ 주먹장

해설
모접기는 목재의 모서리면 등을 대패로 깎아내는 작업이다.

25 건축재료 중 합성수지에 대한 특징으로 옳지 않은 것은?

① 표면이 매끈하며 착색이 자유롭고 광택이 좋다.
② 열에 의한 팽창, 수축이 크다.
③ 내열성(耐熱性)이 콘크리트보다 높다.
④ 압축강도는 높으나, 인장강도나 탄성이 금속재에 비해 떨어진다.

해설
합성수지는 열에 의한 팽창, 수축이 크므로 열에 의한 신축을 고려해야 하며, 내열성(耐熱性)이 콘크리트보다 낮다.

26 콘크리트의 중성화 현상에 대한 대책으로 틀린 것은?

① 물시멘트비를 작게 한다.
② 투습성이 큰 마감재를 사용한다.
③ 철근의 피복두께를 확보한다.
④ 콘크리트를 충분히 다짐하고 습윤양생을 한다.

해설
중성화 현상 : 수산화석회가 콘크리트 표면으로부터 공기 중의 CO_2의 영향을 받아 서서히 탄산석회로 변하여 알칼리성을 상실하게 되는 현상을 말하며, 투기성 및 투수성이 작은 마감재를 사용하면 콘크리트 중성화는 억제된다.

27 네트워크(Network) 공정표에서 개시결합점으로부터 종료결합점에 이르는 가장 긴 패스인 주공정선을 나타내는 것은?

① Activity   ② Dummy
③ Event   ④ Critical Path

해설
④ 크리티컬 패스(Critical Path) : 개시결합점으로부터 종료결합점에 이르는 가장 긴 패스인 주공정선
① 활동(Activity) : 프로젝트를 구성하는 작업단위
② 더미(Dummy) : 네트워크에서 작업 상호관계를 나타내는 점선으로 표시하는 화살선
③ 이벤트(Event) : 작업의 개시, 종료 또는 작업과 작업 간의 연결점

28 흙의 성질을 나타낸 내용 중 옳지 않은 것은?

① 자연시료에 대한 이긴 시료의 강도비를 푸아송비라 한다.
② 압밀침하는 외력에 의하여 간극 내의 물이 밖으로 유출되어 입자의 간격이 좁아지는 현상이다.
③ 투수량이 큰 것일수록 침투량이 크며, 모래는 투수계수가 크다.
④ 함수량은 흙 속에 포함되어 있는 물의 중량을 나타낸 것으로 일반적으로 함수비로 표시한다.

해설
자연시료에 대한 이긴 시료의 강도비를 예민비라고 한다.
푸아송비 : 재료가 인장력의 작용에 따라 그 방향으로 늘어날 때, 가로 방향 변형도와 세로 방향 변형도 사이의 비율을 의미한다.

29 철근의 이음에 관한 설명으로 옳지 않은 것은?

① 주근의 이음은 구조부재에 있어 인장력이 가장 적은 부분에 둔다.
② 서로 다른 굵기의 철근을 겹침이음하는 경우 크기가 큰 철근의 정착길이와 크기가 작은 철근의 겹침이음 길이 중 큰 값으로 한다.
③ 동일한 개소에 철근 수의 반 이상을 이어야 한다.
④ 인장응력이 최대로 작용하는 곳에서는 이음을 하지 않는다.

해설
철근의 이음은 동일한 개소에 철근 수의 반 이상을 이어서는 안 된다.

30 건축 실내공사에서 이동이 용이한 비계는?

① 외줄비계   ② 쌍줄비계
③ 겹비계   ④ 말비계

해설
말비계 : 설치 높이 2m 이하의 이동식 비계로 실내 내장 마무리, 도배 등 낮은 높이에서 작업 시 사용하는 비계이다.

31 계약제도에서 입찰방식이 아닌 것은?

① 공개경쟁입찰
② 지명경쟁입찰
③ 제한경쟁입찰
④ 계약경쟁입찰

해설
- 경쟁입찰방식 : 공개경쟁, 지명경쟁, 제한경쟁
- 특명입찰방식 : 수의계약

32 서중 콘크리트의 일반적인 문제점에 관한 설명으로 옳지 않은 것은?

① 초기강도의 발현이 높다.
② 콜드 조인트가 발생하기 쉽다.
③ 슬럼프 저하 등의 워커빌리티 변화가 생기기 않는다.
④ 동일 슬럼프를 얻기 위한 단위수량이 많다.

해설
서중 콘크리트는 하절기 일평균기온이 25℃를 초과 시 타설하는 콘크리트로서 슬럼프 저하 등의 워커빌리티 변화가 생기기 쉽다.

33 일반적으로 기준층의 철근콘크리트공사에서 철근 조립 시 배근순서로 옳은 것은?

① 기둥→벽→보→바닥
② 바닥→기둥→벽→보
③ 기둥→보→바닥→벽
④ 바닥→벽→기둥→보

해설
철근의 조립순서
- 철근콘크리트조 : 기둥→벽→보→슬래브
- 철골철근콘크리트조 : 기둥→보→벽→슬래브

34 웰 포인트 공법에 대한 설명으로 옳지 않은 것은?

① 진공펌프를 사용하여 토중의 지하수를 강제적으로 집수한다.
② 사질지반보다 점토층 지반에서 효과적이다.
③ 지하수 저하에 따른 인접지반과 공동매설물 침하에 주의가 필요하다.
④ 흙파기 밑면의 토질 약화를 예방한다.

해설
펌프로 집수하기 때문에 사질지반에 효과적이다.

35 보강 블록공사에 대한 설명으로 옳지 않은 것은?

① 세로근은 기초에서 위층 테두리보까지 철근을 이음하여 배근한다.
② 가로근은 세로근과의 교차부에 모두 결속선으로 결속한다.
③ 콘크리트용 블록은 물축임하지 않는다.
④ 사춤콘크리트를 다져 넣을 때에는 철근이 이동하지 않게 한다.

해설
보강 블록공사에서 세로근의 배근은 기초보 하단에서 위층까지 이음하지 않고 40d 이상 정착한다.

36 콘크리트 타설에 대한 설명으로 옳지 않은 것은?

① 기둥이나 벽체의 콘크리트 타설은 거푸집 설계 시 가정한 1회 타설 높이 이내가 되도록 한다.
② 벽은 콘크리트 주입구를 여러 곳에 설치하여 충분히 다지면서 수평으로 부어 넣는다.
③ 기둥은 시간 간격을 두고 이어치기할 때 일체화가 저해되어 생기는 콜드 조인트가 생기지 않도록 한다.
④ 보는 밑바닥에서 윗면까지 동시에 부어 넣도록 하고 진행방향을 중앙에서 양단부로 부어 넣는다.

해설
보는 밑바닥에서 윗면까지 동시에 부어 넣도록 하고 진행방향을 양단에서 중앙부로 부어 넣는다.

37 지반조사방법에 관한 설명으로 옳지 않은 것은?

① 지내력시험의 재하판은 보통 45cm 각의 것을 이용한다.
② 표준관입시험은 사질지반보다 점토질 지반에 가장 유효한 방법이다.
③ 짚어보기 방법은 얕은 지층을 파악하는 데 이용된다.
④ 수세식 보링은 사질층에 적당하며 끝에서 물을 뿜어내어 지층의 토질을 조사한다.

해설
표준관입시험은 지내력측정을 위한 시험으로 모래지반의 전단력 시험에 주로 사용된다.

정답 34 ② 35 ① 36 ④ 37 ②

38 조적조에서 내력벽 상부에 테두리보를 설치하는 가장 큰 이유는?

① 철근의 배근을 용이하게 하기 위해서
② 벽에 개구부를 설치하기 위해서
③ 분산된 벽체를 일체화하기 위해서
④ 내력벽의 상부 마무리를 깨끗이 하기 위해서

해설
조적조의 테두리보는 각 층의 내력벽 위에 연속해서 돌린 철근콘크리트보로서 분산된 벽체를 일체화하여 하중을 균등하게 한다. 테두리보의 춤은 벽두께의 1.5배 이상 또는 30cm 이상으로 한다.

39 굳지 않은 콘크리트의 공기량 변화에 관한 설명으로 옳지 않은 것은?

① 시멘트 분말도가 증가하면 공기량은 감소한다.
② 단위시멘트량이 증가하면 공기량이 증가한다.
③ 슬럼프가 증가하면 공기량이 증가한다.
④ AE제의 혼입량이 증가하면 공기량이 증가한다.

해설
단위시멘트량이 증가하면 공기량이 감소한다.

40 다음에서 설명하는 재료의 명칭은?

> 철골구조의 합성보에서 철골보와 슬래브를 일체화 시킬 때 그 접합부에 생기는 전단력에 저항하기 위하여 사용되는 접합재이다.

① 베이스 플레이트(Base Plate)
② 고장력 볼트(Torque Shear Bolt)
③ 중도리(Purline)
④ 시어 커넥터(Shear Connector)

해설
시어 커넥터(Sheer Connector, 전단 연결재) : 철근콘크리트 바닥과 강재보의 플랜지를 일체화하는 데 사용하는 철물로서 접합부에 생기는 전단력에 저항하는 전단재이다.

제3과목 건축구조

41 건축구조별 특징에 관한 설명으로 옳지 않은 것은?

① 철골철근콘크리트구조는 철골구조에 비해 내화성이 우수하다.
② 벽돌구조는 지진과 바람 같은 횡력에 강하고 균열이 생기지 않는다.
③ 보강블록조는 블록의 빈 속에 철근을 배근하고 콘크리트를 채워 넣은 것이다.
④ 돌구조는 주요구조부를 석재를 써서 구성한 것으로 내구적이나 횡력에 약하다.

해설
벽돌구조는 지진과 바람 같은 횡력에 약하고 균열이 생기기 쉽다.

42 그림과 같은 구조물의 부정정 차수는?

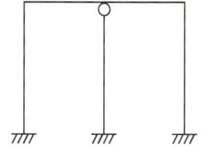

① 1차 부정정   ② 2차 부정정
③ 4차 부정정   ④ 5차 부정정

해설
$N = m + r + k - 2 \times j = 5 + 9 + 3 - 2 \times 5 = 5$
여기서, m : 부재(Member)수
r : 지점반력(Reaction)수
k : 강절점수
j : 절점(Joint)수
∴ 5차 부정정 구조물이다.

정답 38 ③ 39 ② 40 ④ 41 ② 42 ④

43 직사각형 단면의 철근콘크리트보에 발생하는 최대 전단응력도는?(단, 보의 단면적은 3,000mm², 최대 전단력은 2,500N이다)

① 1.25MPa   ② 1.5MPa
③ 12.5MPa   ④ 15MPa

해설
최대 전단응력 $= \dfrac{3}{2} \times \dfrac{S}{A} = \dfrac{3}{2} \times \dfrac{2,500\,\text{N}}{3,000\,\text{mm}^2} = 1.25\,\text{MPa}$

44 대린벽으로 구획된 10m 길이의 조적조 벽체에 최대한 허용 가능한 개구부 폭의 합계는?

① 2m   ② 3m
③ 5m   ④ 8m

해설
각 층의 대린벽으로 구획된 벽에서는 개구부 너비의 합계는 그 벽 길이의 1/2을 넘을 수 없다. 따라서, 10m 길이의 조적조 벽체에 최대한 허용 가능한 개구부 폭의 합계는 5m이다.

45 지름 50mm, 길이가 4m인 연강봉을 축방향으로 200kN의 인장력을 작용시켰을 때 길이가 2mm 늘어났다. 이때 강봉의 탄성계수(E)는 약 얼마인가?

① 약 1.42×10^5 MPa   ② 약 1.94×10^5 MPa
③ 약 2.04×10^5 MPa   ④ 약 2.81×10^5 MPa

해설
- $\sigma = E \times \varepsilon$이므로, $E = \dfrac{\sigma}{\varepsilon}$이다.
- $\sigma = \dfrac{P}{A} = \dfrac{200 \times 10^3}{\left(\dfrac{\pi \times 50^2}{4}\right)} = 101.86\,\text{MPa}$
- $\varepsilon = \dfrac{\Delta l}{l} = \dfrac{2.0}{4,000} = 0.0005$
- $\therefore E = \dfrac{101.86}{0.0005} = 203,720 \fallingdotseq 2.04 \times 10^5\,\text{MPa}$

46 무근 콘크리트 기둥이 축방향력을 받아 재축방향으로 0.5mm 변형하였다. 좌굴을 고려하지 않을 경우 축방향력은?(단, 단면 400mm×400mm, 길이 4m, 콘크리트 탄성계수는 2.1×10^4 MPa이다)

① 300kN   ② 360kN
③ 420kN   ④ 480kN

해설
- $\sigma = E \times \varepsilon$이며, $\sigma = \dfrac{P}{A}$이다.
- $P = A \times E \times \dfrac{\Delta l}{l}$
  $= 400 \times 400 \times 2.1 \times 10^4 \times \dfrac{0.5}{4,000}$
  $= 420,000 = 420\,\text{kN}$

47 다음 그림에서 직사각형 단면의 X축에 대한 단면 1차 모멘트가 $G_x = 72,000\,\text{cm}^3$일 경우 폭 b는 얼마인가?

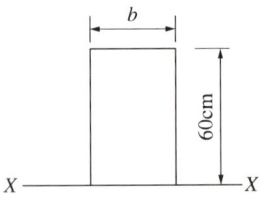

① 25cm   ② 30cm
③ 35cm   ④ 40cm

해설
단면 1차 모멘트(G_x) $= A \times y_0 = bh \times y_0$
$\therefore b = \dfrac{G_x}{h \times y_0} = \dfrac{72,000}{60 \times 30} = 40\,\text{cm}$

48 단면 복부의 폭이 400mm, 양쪽 슬래브의 중심 간 거리가 2,700mm인 대칭 T형 보의 유효폭은?(단, 보의 경간은 5,200mm, 슬래브 두께는 150mm이다)

① 1,300mm ② 2,600mm
③ 2,700mm ④ 2,820mm

해설
대칭인 T형 보의 유효폭 : 대칭 T형 보의 플랜지 유효폭은 다음 세 값 중에서 가장 작은 값을 취한다.
- $16t_f + b_w = (16 \times 150) + 400 = 2,820\text{mm}$
  여기서, t_f : 슬리브 두께
  b_w : 보의 폭
- 양쪽의 슬래브의 중심 간 거리 = 2,700mm
- 보의 경간 $\times \frac{1}{4} = 5,200 = 1,300\text{mm}$
∴ 가장 작은 값인 1,300mm 이상으로 한다.

49 그림과 같은 양단 고정보에서 B단의 휨모멘트값은?

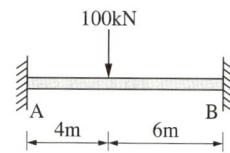

① 24kN·m
② 96kN·m
③ 144kN·m
④ 240kN·m

해설
양단 고정보의 휨모멘트값 $(M_B) = \dfrac{Pa^2b}{l^2} = \dfrac{100 \times 4^2 \times 6}{10^2}$
$= 96\text{kN} \cdot \text{m}$

50 철근콘크리트구조의 철근 배근에 있어서 옳지 않은 것은?

① 단순보의 늑근은 중앙부보다 단부에 더 많이 배근한다.
② 연속보의 주근은 단부에서는 상부에 많이 배근한다.
③ 기둥의 띠철근은 중앙부보다 상하단부에 더 많이 배근한다.
④ 슬래브의 철근은 단변방향보다 장변방향에 더 많이 배근한다.

해설
슬래브의 철근은 장변방향보다 단변방향에 더 많이 배근한다.

51 흙막이의 붕괴현상에서 투수성이 좋은 사질지반에서 흙막이벽 뒷면의 수위가 높아서 지하수가 흙막이벽을 돌아서 들어오면서 모래와 같이 솟아오르는 현상은?

① 히빙(Heaving) ② 보일링(Boiling)
③ 파이핑(Piping) ④ 크리프(Creep)

해설
보일링(Boiling) : 투수성이 좋은 사질지반에서 흙막이벽 뒷면의 수위가 높아서 지하수가 흙막이벽을 돌아서 들어오면서 모래와 같이 솟아오르는 현상이다.

52 연약지반에서 부동침하의 상부 구조에 대한 방지대책으로 옳지 않은 것은?

① 건물은 경량화하며, 강성을 낮게 할 것
② 건물의 중량 분배를 고려할 것
③ 건물의 평면 길이를 짧게 할 것
④ 인접 건물과의 거리를 멀게 할 것

해설
건물은 경량화하며, 강성을 높게 할 것

53 그림과 같은 도형의 X축에 대한 단면 2차 모멘트는?(단, G는 도형의 도심)

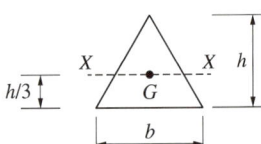

① $\dfrac{\pi D^4}{64}$ ② $\dfrac{bh^3}{12}$

③ $\dfrac{bh^3}{24}$ ④ $\dfrac{bh^3}{36}$

해설
도심축에 대한 단면 2차 모멘트(I_x)
- 삼각형 단면 : $I_x = \dfrac{bh^3}{36}$
- 사각형 단면 : $I_x = \dfrac{bh^3}{12}$
- 원형 단면 : $I_x = \dfrac{\pi D^4}{64} = \dfrac{\pi r^4}{4}$

54 강재말뚝의 특징에 관한 설명으로 옳지 않은 것은?

① 지지층에 깊이 관입할 수 있어서 지지력이 크다.
② 중량이 가볍고, 단면적을 작게 할 수 있다.
③ 휨저항이 크고, 수평력, 충격 등에 대한 저항성이 크다.
④ 이음이 강하지만 길이 조절이 용이하지 못하다.

해설
이음이 강하며 길이 조절이 용이하다.

55 그림과 같이 색칠된 BOX형 단면의 X축에 대한 단면 2차 모멘트는?(단, 단면의 두께 t는 2cm로 4변 모두 일정하다)

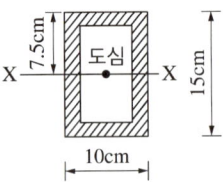

① $2,095\text{cm}^4$
② $2,147\text{cm}^4$
③ $2,264\text{cm}^4$
④ $2,336\text{cm}^4$

해설
사각형 단면의 도심축에 대한 단면 2차 모멘트(I_x)
$I_x = \dfrac{bh^3}{12}$ 이며,

외부 I_x − 내부 $I_x = \dfrac{BH^3}{12} - \dfrac{bh^3}{12}$ 이므로

$\therefore \dfrac{10 \times 15^3}{12} - \dfrac{6 \times 11^3}{12} \fallingdotseq 2,147\text{cm}^4$

56 단면 $b_w \times d$ = 400mm×600mm인 직사각형 보에 인장철근이 5−D19 배근되어 있을 때 인장철근비는?(단, D19 1개의 단면적은 287mm²이다)

① 0.0012
② 0.0024
③ 0.0060
④ 0.0065

해설
철근비(ρ) $= \dfrac{A_S}{b \times d} = \dfrac{287 \times 5}{400 \times 600} \fallingdotseq 0.0060$

57 그림과 같은 구조에서 A단에 생기는 휨모멘트는?(단, ① $k=1$, ② $k=2$)

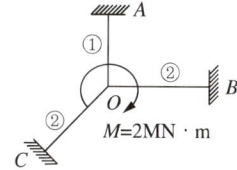

① 100kN·m
② 200kN·m
③ 400kN·m
④ 1MN·m

해설
- 강비의 합($\sum k$) = 1 + 2 + 2 = 5
- OA부재의 분배 모멘트 = $\dfrac{k}{\sum k} \cdot M_D$
  $= \dfrac{1}{5} \times 2,000 = 400\text{kN} \cdot \text{m}$

고정단 A의 도달률은 1/2이므로,
∴ 도달 모멘트 = $\dfrac{1}{2}$ × 분배 모멘트 = $\dfrac{1}{2} \times 400 = 200\text{kN} \cdot \text{m}$

58 고력볼트 접합의 구조적 장점 중 옳지 않은 것은?

① 강한 조임력으로 너트의 풀림이 생기지 않는다.
② 응력방향이 바뀌어도 힘의 흐름상 혼란이 일어나지 않는다.
③ 응력집중이 많으므로 반복응력에 대해 약하다.
④ 유효단면적당 응력이 작으며, 피로강도가 크다.

해설
응력집중이 적으므로 반복응력에 대해 강하다.

59 강구조의 볼트접합에서 볼트 중심 사이의 간격을 말하는 것은?

① 피치(Pitch)
② 게이지(Gauge)
③ 게이지 라인(Gauge Line)
④ 연단거리

해설
① 피치(Pitch) : 볼트 중심 사이의 간격
② 게이지(Gauge) : 게이지 라인과 게이지 라인과의 거리
③ 게이지 라인(Gauge Line) : 볼트 중심을 연결하는 선
④ 연단거리 : 볼트 중심과 연단까지의 거리

60 보통중량콘크리트와 400MPa 철근을 사용한 양단 연속 1방향 슬래브의 스팬이 5.6m일 때 처짐을 계산하지 않는 경우 슬래브의 최소 두께로 옳은 것은?

① 120mm
② 150mm
③ 180mm
④ 200mm

해설
처짐을 계산하지 않는 경우 양단 연속 1방향 슬래브의 최소 두께 $(h) = \dfrac{l}{28}$ 이다.
∴ $h = \dfrac{l}{28} = \dfrac{5,600}{28} = 200\text{mm}$

정답 57 ② 58 ③ 59 ① 60 ④

제4과목 건축설비

61 증기난방에 관한 설명으로 옳지 않은 것은?

① 온수난방에 비해 예열시간이 짧고 열용량이 적다.
② 운전 시 증기해머로 인한 소음을 일으키기 쉽다.
③ 온수난방에 비해 한랭지에서 동결의 우려가 크다.
④ 온수난방에 비해 방열기의 방열면적이 작다.

해설
온수난방은 한랭지에서 난방을 멈추게 되면 관내의 온수가 동결될 수 있지만, 증기난방은 관내의 증기가 식어도 환수되면서 동결의 우려가 적다.

62 각종 광원에 관한 설명으로 옳지 않은 것은?

① 형광램프는 점등장치를 필요로 한다.
② 고압수은램프는 큰 광속과 긴 수명이 특징이다.
③ 형광램프는 백열전구에 비해 효율이 높으며 수명도 길다.
④ 나트륨램프는 연색성이 좋으며 해안도로 조명에 사용된다.

해설
나트륨램프는 연색성이 나쁘며 해안도로 조명에 사용된다.

63 공기조화방식 중 전공기방식에 관한 설명으로 옳지 않은 것은?

① 실내 공기오염이 적으며, 중간기에 외기냉방이 가능하다.
② 덕트 스페이스가 필요 없으므로 설치공간이 작아진다.
③ 냉·온풍의 운반에 필요한 팬의 소요동력이 냉·온수를 운반하는 펌프동력보다 많이 든다.
④ 실내에 배관으로 인한 누수의 우려가 없다.

해설
전공기방식은 덕트를 설치하기 위해 덕트 스페이스가 커진다.

64 펌프의 전양정이 100m, 양수량이 15m³/h일 때, 펌프의 축동력은?(단, 펌프의 효율은 60%이다)

① 약 1.5kW   ② 약 4.5kW
③ 약 5.6kW   ④ 약 6.8kW

해설
펌프의 축동력 $= \dfrac{W \times Q \times H}{6,120 \times E}$ [kW]

$= \dfrac{1,000 \times 15 \times 100}{6,120 \times 0.6 \times 60} ≒ 6.81\text{kW}$

여기서, W : 비중량(kg/m³), 물의 비중량 = 1,000kg/m³
Q : 양수량(m³/min)
H : 전양정(m)
E : 효율(%)

65 인터폰설비의 통화망 구성 방식에서 어느 기계에서나 임의로 통화가 가능한 방식은?

① 모자식   ② 연결식
③ 상호식   ④ 복합식

해설
인터폰의 접속방식
- 모자식(친자식) : 한 대의 모기에 여러 대 자기를 접속하는 방식이다.
- 상호식 : 어느 기계에서나 임의로 통화가 가능한 방식이다.
- 복합식 : 모자식과 상호식을 조합한 방식이다.

정답 61 ③ 62 ④ 63 ② 64 ④ 65 ③

66 앵글 밸브(Angle Valve)에 관한 설명으로 옳지 않은 것은?

① 게이트 밸브(Gate Valve)의 일종으로 배관 도중에 설치한다.
② 옥내소화전의 개폐밸브로 이용된다.
③ 유량조절이 가능하다.
④ 유체의 흐름을 직각으로 바꿀 때 사용된다.

해설
앵글 밸브 : 글로브 밸브의 일종이다. 유체의 입구와 출구가 이루는 각이 직각으로 유체의 흐름을 직각으로 바꿀 때 사용되며, 유량조절이 가능하며, 옥내소화전의 개폐밸브로 이용된다.

67 직류 엘리베이터에 관한 설명으로 옳지 않은 것은?

① 고속 엘리베이터용으로 사용이 가능하다.
② 임의의 기동 토크를 얻을 수 있다.
③ 원활한 가감속이 불가능하여 승차감이 좋지 않다.
④ 교류 엘리베이터에 비하여 가격이 비싸다.

해설
원활한 가감속이 가능하여 승차감이 좋다.

68 옥내 수평주관에 사용하며, 공공 하수관으로부터의 유독가스를 차단하기 위해 사용하는 트랩은?

① S트랩　　② U트랩
③ 벨트랩　　④ 드럼트랩

해설
② U트랩 : 가옥 배수에서 횡주관 말단에 설치하여 공공 하수도관으로부터의 악취의 유입을 방지한다.
① S트랩 : 대변기, 소변기, 세면기에 주로 사용하며 봉수가 잘 파괴된다.
③ 벨트랩 : 바닥배수용 트랩이다.
④ 드럼트랩 : 욕조, 싱크 등의 물 사용량이 많은 곳에 사용한다.

69 LPG와 LNG에 관한 설명으로 옳지 않은 것은?

① LPG는 프로판, 부탄을 사용한다.
② LNG는 공기보다 가볍지만, LPG는 공기보다 무겁다.
③ LPG의 가스누출검지기는 천장에 가까운 높은 곳에 설치해야 한다.
④ LNG는 도시가스용으로 널리 사용되고 주성분은 메탄가스이다.

해설
• LPG(액화석유가스) : 프로판, 부탄을 사용한다. 공기보다 무거워 환기구를 낮은 곳에 설치해야 하며, 바닥에서 30cm 높이에 설치한다.
• LNG(도시가스) : 메탄을 사용한다. 공기보다 가벼워 천장에 가까운 높은 곳에 설치해야 하며, 천장에서 30cm 아래 부분에 환기구를 설치한다.

70 다음의 냉방부하의 종류 중 잠열부하가 발생하는 것은?

① 외기의 도입으로 인한 취득열량
② 송풍기에 의한 취득열량
③ 일사에 의한 유리로부터의 취득열량
④ 덕트로부터의 취득열량

해설
외기의 도입으로 인한 취득열량은 현열과 잠열이 발생되므로 냉방부하계산 시 고려한다.
• 냉방부하 계산 시 현열부하만 계산 : 벽체로부터 취득열량, 유리로부터의 취득열량, 조명 및 기기로부터의 취득열량, 재열부하, 송풍기와 덕트로부터의 취득열량
• 냉방부하 계산 시 현열과 잠열을 동시에 계산 : 극간풍(틈새바람)에 의한 취득열량, 인체의 발생열량, 기구로부터의 발생열량, 외기의 도입으로 인한 취득열량

정답 66 ① 67 ③ 68 ② 69 ③ 70 ①

71 수관 보일러에 관한 설명으로 옳지 않은 것은?

① 수관 보일러는 관내에 물이 있고 여기에 연결된 수드럼과 증기드럼으로 구성된다.
② 보일러 상부와 하부에 드럼이 있으며, 자연순환식과 강제순환식 보일러가 있다.
③ 노통연관식보다 수처리가 용이하다.
④ 고압증기를 다량 사용하는 곳에 적합하며, 지역난방에도 사용이 가능하다.

해설
수관식 보일러는 수처리가 복잡하며 고가이다.

72 간선 배선방식 중 평행식에 관한 설명으로 옳지 않은 것은?

① 배전반으로부터 각 층의 분전반까지 단독으로 배선된다.
② 사고발생 시 파급되는 범위가 좁다.
③ 전압강하가 평균화된다.
④ 배선이 간편하고 설비비가 적어진다.

해설
평행식은 배전반에서 각 분전반으로 단독으로 배선하는 방식으로, 사고발생 시 범위를 줄일 수 있지만, 배선혼잡의 우려가 있으며 설비비가 많이 소요된다.

73 급탕배관 설계 시 주의해야 할 사항으로 옳지 않은 것은?

① 배관구배는 강제순환방식의 경우 1/200 정도가 적합하다.
② 직관부가 긴 횡주관에서는 신축이음을 강관인 경우 30cm마다 1개 설치한다.
③ 하향 배관법에서 급탕관 및 반탕관은 모두 앞내림 구배로 한다.
④ 상향 배관법에서 급탕 수평주관은 앞내림 구배, 반탕관은 앞올림 구배로 한다.

해설
상향 배관법에서 급탕 수평주관은 앞올림 구배, 반탕관은 앞내림 구배로 한다.

74 결로의 원인에 대한 내용으로 옳지 않은 것은?

① 실내의 단열 성능이 나쁜 곳에서는 표면온도가 낮아 결로가 쉽게 발생된다.
② 생활습관에 의한 환기 부족으로 인하여 결로가 발생된다.
③ 단열을 연속할 수 없는 단열의 취약 부위에서 결로의 발생이 쉽다.
④ 단열이 잘 된 벽체에서는 내부결로는 발생하지 않으나 표면결로는 발생하기 쉽다.

해설
단열이 잘 된 벽체는 열을 차단하는 성능이 좋으며 내부결로 및 표면결로가 잘 발생하지 않는다.

75 발산광속 중 상향 광속이 60~90% 정도이고, 하향 광속이 10~40% 정도이며, 천장을 주광원으로 이용하는 조명기구는?

① 직접조명기구
② 반직접조명기구
③ 반간접조명기구
④ 전반확산조명기구

해설
반간접 조명기구 : 상향 60~90%, 하향 10~40%

76 급수방식 중 펌프직송 방식에 관한 설명으로 옳지 않은 것은?

① 수질오염의 가능성이 많다.
② 급수공급 방향은 일반적으로 상향식이다.
③ 전력공급이 안 되는 경우에는 급수가 불가능하다.
④ 배관 내 압력변동 등을 감지하여 펌프를 가동한다.

해설
펌프직송 방식은 지하실 등의 저수 탱크에 물을 받은 후 배관 내 압력변동 등을 감지하여 자동펌프에 의하여 수전까지 급수를 직송하는 방식으로 수질오염의 가능성이 적다.

77 다음 자동화재탐지설비의 감지기 중 열감지기에 속하지 않는 것은?

① 이온식
② 정온식
③ 차동식
④ 보상식

해설
- 열식 열감지기 : 차동식, 정온식, 보상식
- 연기식 열감지기 : 이온식, 광전식

78 오수의 BOD 제거율이 90%인 정화조로 유입되는 오수의 BOD 농도가 500ppm일 경우, 방류수의 BOD 농도는?

① 45ppm
② 50ppm
③ 150ppm
④ 200ppm

해설
BOD 제거율 = $\frac{\text{유입수 BOD} - \text{유출수 BOD}}{\text{유입수 BOD}} \times 100$

$90\% = \frac{500 - \text{유출수 BOD}}{500} \times 100\%$

∴ 유출수 BOD = $500 - (500 \times 0.9)$
= 50ppm

정답 75 ③ 76 ① 77 ① 78 ②

79 간접가열식 급탕방법에 관한 설명으로 옳지 않은 것은?

① 직접가열식에 비해 열효율이 떨어진다.
② 급탕용 보일러는 난방용 보일러와 겸용할 수 있다.
③ 소음이 많고, 계속 물을 보급하므로 보일러의 손상이 우려된다.
④ 저장탱크에는 서모스탯(Thermostat)을 설치하여 온도를 조절할 수 있다.

해설
간접가열식은 소음 발생 및 보일러 손상의 우려가 적다.
기수혼합식(열매혼합식) 급탕
- 보일러에서 발생한 증기를 저탕조에 직접 불어넣어 온수를 만드는 방식이다.
- 소음이 생기는 단점이 있고, 계속 물을 보급하므로 보일러의 손상이 우려된다.
- 소음을 줄이기 위해 스팀 사일런서를 사용한다.

80 급수배관의 설계 및 시공상의 주의점에 관한 설명으로 옳지 않은 것은?

① 급수관의 기울기는 1/250을 표준으로 상향 및 하향 기울기를 적용한다.
② 수평배관에는 공기나 오물이 정체하지 않도록 한다.
③ 급수주관으로부터 분기하는 경우는 티(Tee)를 사용한다.
④ 음료용 급수관과 다른 용도의 배관을 크로스 커넥션이 되도록 시공한다.

해설
크로스 커넥션은 수돗물과 수돗물 이외의 물질이 혼입되어 오염시키는 현상으로 상수 배관은 크로스 커넥션이 되지 않도록 한다.

제5과목 건축관계법규

81 다음 중 건축법령상 공동주택에 속하지 않는 것은?

① 다가구주택 ② 다세대주택
③ 아파트   ④ 연립주택

해설
공동주택 : 아파트, 연립주택, 다세대주택, 기숙사

82 주차대수 규모가 50대 이상인 노외주차장 출입구의 최소 너비는?(단, 출구와 입구를 분리하지 않은 경우)

① 3.3m   ② 3.5m
③ 4.5m   ④ 5.5m

해설
주차대수 규모가 50대 이상인 경우는 출입구 너비 3.5m 이상으로 출구와 입구를 분리하거나, 너비 5.5m 이상의 출입구를 설치하여야 한다.

83 다음 중 건축물 관련 건축기준의 허용오차 범위(%)가 가장 큰 항목은?

① 건축물 높이   ② 반자 높이
③ 출구 너비   ④ 벽체 두께

해설
건축물 관련 건축기준의 허용오차

항목	허용되는 오차의 범위
건축물 높이	2% 이내(1m를 초과할 수 없다)
평면 길이	2% 이내 (건축물 길이는 1m를 초과할 수 없고, 벽으로 구획된 각 실은 10cm를 초과할 수 없다)
출구 너비	2% 이내
반자 높이	2% 이내
벽체 두께	3% 이내
바닥판 두께	3% 이내

정답 79 ③ 80 ④ 81 ① 82 ④ 83 ④

84 다음은 지하층의 정의에 관한 기준 내용이다. ( ) 안에 알맞은 내용은?

> '지하층'이란 건축물의 바닥이 지표면 아래에 있는 층으로서 바닥에서 지표면까지 평균높이가 해당 층 높이의 ( ) 이상인 층을 말한다.

① 2분의 1
② 3분의 1
③ 4분의 1
④ 5분의 1

해설
지하층은 건축물의 바닥이 지표면 아래에 있는 층으로서 바닥에서 지표면까지 평균높이가 해당 층 높이의 1/2 이상인 층을 말한다.

85 건축법령상 건축물의 대지에 공개공지 또는 공개공간을 확보하여야 하는 대상 건축물에 속하지 않는 것은?(단, 해당 용도로 쓰는 바닥의 면적의 합계가 5,000m²인 경우)

① 판매시설
② 운수시설 중 여객용 시설
③ 교육연구시설
④ 숙박시설 중 관광숙박시설

해설
교육연구시설은 포함되지 않는다.
다중이용 건축물
- 바닥면적 합계가 5,000m² 이상인 다음의 용도
  - 문화 및 집회시설(동물원 및 식물원 제외)
  - 종교시설
  - 판매시설
  - 운수시설 중 여객용 시설
  - 의료시설 중 종합병원
  - 숙박시설 중 관광숙박시설
- 16층 이상인 건축물

86 대지면적이 600m²인 건축물의 옥상에 조경면적을 60m² 설치한 경우, 대지에 설치하여야 하는 최소 조경면적은?(단, 조경설치기준은 대지면적의 10%)

① 20m²
② 30m²
③ 50m²
④ 60m²

해설
대지의 조경(건축법 시행령 제27조)
옥상 부분의 조경면적의 2/3에 해당하는 면적을 대지 안에 조경면적으로 산정 가능하다. 이 경우 조경면적의 50/100을 초과할 수 없다.
따라서, 조경면적은 600m²의 10%인 60m²이며, 50/100을 초과할 수 없으므로 60m²의 50%인 30m²는 대지에 조경하여야 한다.

87 다음 중 6층 이상의 거실면적의 합계가 3,000m²인 경우, 설치하여야 하는 승용 승강기의 최소 대수가 다른 것은?(단, 8인승 승용 승강기의 경우)

① 의료시설
② 업무시설
③ 숙박시설
④ 교육연구시설

해설
- 의료시설 : $2 + \dfrac{3{,}000 - 3{,}000}{2{,}000} = 2$대
- 업무시설, 숙박시설 : $1 + \dfrac{3{,}000 - 3{,}000}{2{,}000} = 1$대
- 교육연구시설 : $1 + \dfrac{3{,}000 - 3{,}000}{3{,}000} = 1$대

88 다음 중 용도변경과 관련된 시설군과 해당 시설군에 속하는 건축물의 용도의 연결이 옳지 않은 것은?

① 교육 및 복지시설군 – 의료시설
② 주거업무시설군 – 교정시설
③ 근린생활시설군 – 판매시설
④ 산업 등 시설군 – 묘지 관련 시설

해설
판매시설은 영업시설군에 속한다.

89 지역의 환경을 쾌적하게 조성하기 위하여 설치하는 소규모 휴식시설 등의 공개공지 또는 공개공간 설치대상 지역이 아닌 것은?

① 전용주거지역
② 준주거지역
③ 상업지역
④ 준공업지역

해설
전용주거지역은 해당되지 않는다.
공개공지 또는 공개공간 설치대상 지역
- 일반주거지역, 준주거지역
- 상업지역
- 준공업지역
- 특별자치시장·특별자치도지사 또는 시장·군수·구청장이 도시화의 가능성이 크거나 노후 산업단지의 정비가 필요하다고 인정하여 지정·공고하는 지역

90 건축물의 출입구에 설치하는 회전문에 관한 기준 내용으로 옳지 않은 것은?

① 출입에 지장이 없도록 일정한 방향으로 회전하는 구조로 할 것
② 계단이나 에스컬레이터로부터 3m 이상의 거리를 둘 것
③ 회전문의 회전속도를 분당 회전수가 8회를 넘지 아니하도록 할 것
④ 회전문의 중심축에서 회전문과 문틀 사이의 간격을 포함한 회전문 날개 끝부분까지의 길이는 140cm 이상이 되도록 할 것

해설
계단이나 에스컬레이터로부터 2m 이상의 거리를 둘 것

91 비상용 승강기 승강장의 구조에 관한 기준 내용으로 옳지 않은 것은?

① 채광이 되는 창문이 있거나 예비전원에 의한 조명설비를 할 것
② 벽 및 반자가 실내에 접하는 부분의 마감재료는 불연재료로 할 것
③ 옥내 승강장의 바닥면적은 비상용 승강기 1대에 대하여 $6m^2$ 이상으로 할 것
④ 피난층이 있는 승강장의 출입구로부터 도로 또는 공지에 이르는 거리가 50m 이상일 것

해설
피난층이 있는 승강장 출입구로부터 도로, 공지에 이르는 거리가 30m 이하일 것

92 주차장 주차단위구획의 크기 기준으로 옳은 것은?(단, 일반형으로 평행주차형식 이외의 경우)

① 너비 1.7m 이상, 길이 4.5m 이상
② 너비 2.0m 이상, 길이 3.6m 이상
③ 너비 2.0m 이상, 길이 6.0m 이상
④ 너비 2.5m 이상, 길이 5.0m 이상

해설
주차장의 주차구획(평행주차형식 이외의 경우)

형식 구분	너비 × 길이
경형	2.0 × 3.6m 이상
일반형	2.5 × 5.0m 이상
확장형	2.6 × 5.2m 이상
장애인 전용	3.3 × 5.0m 이상
이륜자동차 전용	1.0 × 2.3m 이상

93 태양열을 주된 에너지원으로 이용하는 주택의 건축면적 산정 시 기준이 되는 것은?

① 외벽의 외곽선
② 외벽의 내측 벽면선
③ 외벽 중 내측 내력벽의 중심선
④ 외벽 중 외측 비내력벽의 중심선

해설
외벽 중 내측 내력벽의 중심선을 기준으로 산정한다.

94 일반상업지역 안에서 원칙적으로 건축할 수 없는 건축물에 포함되지 않는 것은?

① 위락시설
② 자원순환 관련 시설
③ 자동차 관련 시설 중 폐차장
④ 노유자시설 중 노인복지시설

해설
노유자시설 중 노인복지시설은 일반상업지역 안에 건축할 수 있다.
일반상업지역에 건축할 수 없는 건축물
- 숙박시설 중 일반 및 생활숙박시설
- 위락시설
- 공장
- 위험물 저장 및 처리시설 중 시내버스차고지 외 지역에 설치하는 액화석유가스 충전소 및 고압가스 충전소·저장소
- 자동차 관련 시설 중 폐차장
- 동물 및 식물 관련 시설
- 자원순환 관련 시설
- 묘지 관련 시설

95 리모델링이 쉬운 구조의 공동주택 건축을 촉진하기 위하여 공동주택을 리모델링이 쉬운 구조로 할 경우 100분의 120의 범위에서 완화하여 적용받을 수 없는 것은?

① 건축물의 건폐율
② 건축물의 용적률
③ 건축물의 높이 제한
④ 일조 등의 확보를 위한 건축물의 높이 제한

해설
리모델링이 쉬운 구조의 공동주택은 용적률, 건축물의 높이 제한, 일조 등의 확보를 위한 건축물의 높이 제한 기준을 120/100의 범위에서 완화해 적용할 수 있다.

96 지하식 또는 건축물식 노외주차장의 차로에 관한 기준 내용으로 옳지 않은 것은?

① 경사로의 노면은 거친면으로 하여야 한다.
② 경사로의 종단경사도는 곡선 부분에서는 17%를 초과하여서는 아니 된다.
③ 높이는 주차바닥면으로부터 2.3m 이상으로 하여야 한다.
④ 주차대수 규모가 50대 이상인 경우의 경사로는 너비 6m 이상인 2차로를 확보하거나 진입차로와 진출차로를 분리하여야 한다.

해설
경사로의 종단경사도는 곡선 부분에서는 14%를 초과하여서는 아니 된다.

97 문화 및 집회시설 중 공연장의 개별 관람석 출구에 관한 기준 내용으로 옳지 않은 것은?(단 개별 관람석의 바닥면적 300m² 이상인 경우)

① 관람석별로 2개소 이상 설치할 것
② 각 출구의 유효너비는 1.5m 이상일 것
③ 바깥쪽으로의 출구로 쓰이는 문은 안여닫이로 할 것
④ 개별 관람석 출구의 유효너비 합계는 개별 관람석의 바닥면적 100m²마다 0.6m의 비율로 산정한 너비 이상으로 할 것

해설
출구에 쓰이는 문은 안여닫이로 하여서는 안 된다.

98 경사지붕 아래에 설치하여야 하는 대피공간에 관한 기준 내용으로 옳지 않은 것은?

① 대피공간의 면적은 지붕 수평투영면적의 10분의 1 이상일 것
② 특별피난계단 또는 피난계단과 연결되도록 할 것
③ 출입구·창문을 제외한 부분은 해당 건축물의 다른 부분과 내화구조의 바닥 및 벽으로 구획할 것
④ 출입구는 유효너비 1.2m 이상으로 하고, 출입구에는 60분+방화문 또는 60분 방화문을 설치할 것

해설
출입구는 유효너비 0.9m 이상으로 하고, 그 출입구에는 60분+방화문 또는 60분 방화문을 설치할 것

99 연면적 200m²를 초과하는 초등학교에 설치하는 계단 및 계단참의 유효너비는 최소 얼마 이상으로 하여야 하는가?

① 60cm   ② 120cm
③ 150cm ④ 180cm

해설
초등학교에 설치하는 계단 및 계단참의 유효너비는 150cm 이상이어야 한다.

계단 및 계단참의 치수(cm)

계단의 용도	계단참 너비	단높이	단너비
초등학교 계단	150 이상	16 이하	26 이상
중, 고등학교 계단	150 이상	18 이하	26 이상
문화 및 집회시설(공연장, 집회장, 관람장) 및 판매시설	120 이상	–	–
기타의 계단	60 이상	–	–

100 국토의 계획 및 이용에 관한 법률에 따른 상업지역에서의 최대 건폐율은?

① 60% 이하 ② 70% 이하
④ 80% 이하 ④ 90% 이하

해설
중심상업지역에서 최대 90% 이하이다.
상업지역의 건폐율 한도
• 근린상업지역 : 70% 이하
• 일반상업지역 : 80% 이하
• 유통상업지역 : 80% 이하
• 중심상업지역 : 90% 이하

정답 97 ③ 98 ④ 99 ③ 100 ④

2024년 제1회 최근 기출복원문제

제1과목 건축계획

01 소규모 주택에서 거실과 부엌을 동일 공간으로 한 형식은?

① 리빙 다이닝
② 리빙키친
③ 다이닝 키친
④ 다이닝 포치

해설
리빙 키친(Living Kitchen, LK, LDK형식) : 거실, 식사실, 부엌을 겸용하는 형식으로 소규모 주택에 적합하다.

02 다음 중 사무소 건축의 기준층 평면형태의 결정 요인에 속하지 않는 것은?

① 구조상 스팬의 한도
② 방화구획상 면적
③ 대피상의 최대 피난거리
④ 엘리베이터의 처리능력

해설
엘리베이터의 처리능력은 평면형태 결정 요인과 관련이 없다.
기준층 평면형태 결정요인
• 구조상 스팬의 한도
• 동선상의 거리
• 각종 설비 시스템상의 한계
• 방화구획상 면적
• 자연광에 의한 조명한계
• 대피상 최대 피난거리
• 배연계획

03 공장건축의 작업장 레이아웃(Layout)에 관한 설명으로 옳지 않은 것은?

① 레이아웃은 장래 공장 규모의 변화에 대응하는 융통성이 있어야 한다.
② 제품중심 레이아웃은 동종의 공정, 동일한 기계, 기능이 유사한 것을 하나의 그룹으로 집합시키는 방식이다.
③ 공정중심 레이아웃은 생산성이 낮으나 주문생산 공장에 적합하다.
④ 고정식 레이아웃은 주가 되는 재료나 조립부품을 고정된 장소에 두고, 사람이나 기계가 그 장소로 이동해 가서 작업을 행하는 방식이다.

해설
• 제품중심 레이아웃 : 생산에 필요한 모든 공정, 기계, 기구를 제품의 흐름에 따라 배치하는 방식이다.
• 공정중심 레이아웃 : 동종의 공정, 동일한 기계, 기능이 유사한 것을 하나의 그룹으로 집합시키는 방식이다.

04 상점의 정면(Facade)구성에 요구되는 5가지 광고요소(AIDMA 법칙)에 속하지 않는 것은?

① 행동, 출입(Action)
② 주의(Attention)
③ 장식(Decoration)
④ 기억(Memory)

해설
상점 광고 5요소(AIDMA 법칙)
• Attention(주의)
• Interest(흥미, 주목)
• Desire(욕망, 공감, 욕구)
• Memory(기억, 인상)
• Action(행동, 출입)

정답 1 ② 2 ④ 3 ② 4 ③

05 모듈계획(MC ; Modular Coordination)에 관한 설명으로 옳지 않은 것은?

① 건축재료의 취급 및 수송이 용이해진다.
② 건축재료의 대량생산이 용이하여 생산 비용을 낮출 수 있다.
③ 현장작업이 단순해지고 공기를 단축시킬 수 있다.
④ 건물 외관의 자유로운 구성이 용이하다.

해설
모듈계획은 건물 외관의 자유로운 구성에 있어서 불리하다.

06 듀플렉스형 공동주택에 관한 설명으로 옳지 않은 것은?

① 대규모 주거형식에는 비경제적이다.
② 엘리베이터의 격층 운행으로서 정지 층수가 줄어든다.
③ 주간의 생활 공간과 야간의 생활 공간을 층별로 나눌 수 있다.
④ 각 세대가 2개 층으로 구성되어 독립성이 좋고 전용면적비가 커진다.

해설
듀플렉스형은 복층 형식이며, 소규모 주거형식에는 비경제적이다.

07 양식주택과 비교한 한식주택의 특징으로 옳지 않은 것은?

① 실의 기능은 융통성이 낮다.
② 위치에 따라 실이 구분된다.
③ 가구는 부차적인 내용물이다.
④ 좌식생활을 기준으로 구성된다.

해설
한식주택의 실은 혼용도이며, 융통성이 높다.

08 공장 건축의 형식 중 집중형(Block Type)에 관한 설명으로 옳지 않은 것은?

① 비교적 공간효율이 높다.
② 건물의 확장성이 낮다.
③ 내부배치 변경에 융통성과 탄력성이 없다.
④ 고층화하면서 대지를 효율적으로 사용할 수 있다.

해설
집중형(Block Type)은 내부배치 변경에 융통성과 탄력성이 있다.

09 음악실이 주당 15시간 사용되고 있는 중학교에서 1주간의 평균 수업시간은?(단, 음악실의 이용률은 60%이다)

① 12시간   ② 20시간
③ 25시간   ④ 30시간

해설
$$이용률 = \frac{실제\ 이용시간}{평균\ 수업시간} \times 100(\%)$$

$$60\% = \frac{15시간}{평균\ 수업시간} \times 100(\%) = \frac{15}{0.6} \times 100 = 75(\%)$$

$$\therefore 평균\ 수업시간 = \frac{15}{0.6} = 25시간$$

정답 5 ④ 6 ① 7 ① 8 ③ 9 ③

10 다음 중 건축계획 단계에서 그리드 플래닝(Grid Planning)의 적용이 가장 효과적인 건축물은?

① 단독주택　　② 전시시설
③ 사무소　　　④ 체육관

> **해설**
> 단독주택, 전시시설, 체육관은 설계의 자유도가 높아야 하므로 그리드 플래닝을 적용하기 어렵다.

11 주택 부엌에서 작업 삼각형(Working Triangle)의 꼭짓점에 속하지 않는 것은?

① 냉장고　　② 싱크대
③ 가열대　　④ 배선대

> **해설**
> **작업 삼각형** : 냉장고 → 개수대(싱크대) → 가열대(레인지)

12 근린생활권에 관한 설명으로 옳지 않은 것은?

① 근린주구는 고등학교가 중심이 된다.
② 인보구는 어린이 놀이터가 중심이 된다.
③ 인보구는 근린분구에 비해 작은 규모를 갖는다.
④ 근린주구의 중심시설로는 도서관, 병원 등이 있다.

> **해설**
> 근린주구는 초등학교가 중심이 된다.
> ※ 근린생활권의 규모 : 인보구 < 근린분구 < 근린주구 < 근린지구

13 주택건축의 설계 방향으로 옳지 않은 것은?

① 주거면적의 적정 규모를 산출한다.
② 개인의 프라이버시 보다는 공동생활을 고려하여 공간을 계획한다.
③ 설비시설을 효과적으로 계획하여 에너지를 절약할 수 있도록 한다.
④ 부엌은 주부의 작업 동선, 기능적 구성 등을 고려한다.

> **해설**
> 개인의 프라이버시를 존중할 수 있도록 우선적으로 공간을 계획을 한다.

14 백화점 판매장의 진열장 배치유형 중 직각형 배치에 관한 설명으로 옳지 않은 것은?

① 매장면적의 이용률이 다른 유형에 비해 높다.
② 진열장의 규격화가 가능하다.
③ 고객의 통행량에 따라 통로 폭을 조절하기가 쉽다.
④ 획일적인 진열장 배치로 매장 공간이 지루해질 가능성이 높다.

> **해설**
> 고객의 통행량에 따라 통로 폭을 조절하기가 어렵다.

정답 10 ③　11 ④　12 ①　13 ②　14 ③

15 상점의 공간을 판매 공간, 부대 공간, 파사드 공간으로 구분할 경우, 다음 중 판매 공간에 속하는 것은?

① 통로 공간
② 점원후생 공간
③ 영업관리 공간
④ 상품관리 공간

해설
- 판매 공간 : 도입 공간, 통로 공간, 상품전시부분, 서비스 공간
- 부대 부분 : 상품관리 공간, 점원후생 공간, 영업관리 공간, 시설관리부분, 주차장 등

16 상점 진열창 유리면의 반사를 방지하기 위한 대책으로 옳지 않은 것은?

① 곡면 유리를 사용한다.
② 유리를 사면으로 설치한다.
③ 캐노피를 설치하여 진열창 외부에 그늘을 조성한다.
④ 진열창 내부의 조도를 외부 조도보다 낮게 한다.

해설
진열창 내부의 조도를 외부 조도보다 높게 하여 상품이 잘 보이도록 한다.

17 사무소 건축에서 엘리베이터 배치에 관한 설명으로 옳지 않은 것은?

① 일렬배치는 4대를 한도로 한다.
② 교통동선의 중심에 설치하여 보행거리가 짧도록 배치한다.
③ 대면배치 시 대면거리는 동일 군 관리의 경우 2.5~3.5m로 한다.
④ 여러 대의 엘리베이터를 설치하는 경우, 그룹별 배치와 군 관리 운전방식으로 한다.

해설
대면배치 시 대면거리는 동일 군 관리의 경우 3.5~4.5m로 한다.

18 은행의 주출입구 계획에 관한 설명으로 옳지 않은 것은?

① 회전문 설치 시 안전성에 대한 고려가 필요하다.
② 고객을 내부로 자연스럽게 유도하는 것이 계획상 중요하다.
③ 이중문을 설치할 경우, 바깥문은 안여닫이로 계획하여야 한다.
④ 겨울철에 실내온도의 유지 및 바람막이를 위해 방풍실의 전실(前室)을 계획하는 것이 좋다.

해설
출입문은 도난 방지상 안여닫이로 하며, 방풍실을 설치할 경우 바깥문은 밖여닫이 또는 자재문으로 계획한다.

19 단독주택의 각 실 계획에 관한 설명으로 옳지 않은 것은?

① 거실은 동서방향으로 길게 하여 남향으로부터 일조, 일사, 채광 등에 유리하도록 한다.
② 침실의 침대는 머리쪽에 창을 두어 환기를 시킨다.
③ 거실과 정원은 유기적으로 시각적 연결을 갖게 한다.
④ 욕실의 천장은 약간 경사지게 함이 좋다.

해설
침실의 침대는 머리쪽에 창을 두지 않는 것이 좋다.

20 공동주택의 평면형식에 관한 설명으로 옳지 않은 것은?

① 계단실형은 통행부 면적이 작아 건물의 이용률이 높다.
② 편복도형은 각 호의 통풍 및 채광이 양호하다.
③ 중복도형은 독신자 아파트에 많이 이용된다.
④ 집중형은 각 세대별 조망을 균일하게 하기 쉽다.

해설
집중형은 각 세대별 조망을 균일하게 하기 어렵다.

제2과목 건축시공

21 건설원가의 구성체계에서 직접공사비를 구성하는 주요 요소가 아닌 것은?

① 자재비　　② 노무비
③ 경 비　　④ 안전관리비

해설
직접공사비 = 재료비 + 노무비 + 외주비 + 경비
현장관리비, 안전관리비 등은 간접공사비에 포함된다.

22 공사 실행 공정표의 작성시기는?

① 공사입찰과 동시에 작성
② 공사설계와 동시에 작성
③ 공사착수 직전에 작성
④ 공사착수 후 곧 작성

해설
공정표는 공사착수 전에 작성하여 검토한다.

23 갱 폼(Gang Form)에 관한 설명으로 옳지 않은 것은?

① 대형 패널을 이용하여 대형화·단순화하여 한 번에 설치하고 해체하는 거푸집 공법이다.
② 초기 투자비가 적으며, 대형 양중 장비가 필요없다.
③ 거푸집 조립시간과 기능공 숙달기간이 필요하다.
④ 거푸집널과 강지보공으로 이루어져 옹벽, 피어 등에 사용된다.

해설
초기 투자비가 과다하며, 대형 양중 장비가 필요하다.

24 건축 실내공사에서 이동이 용이한 비계는?

① 겹비계　　② 쌍줄비계
③ 외줄비계　④ 말비계

해설
말비계 : 설치 높이 2m 이하의 이동식 비계로 미장, 도장 등 실내공사에 사용한다.

25 지하수위를 저하시킬 수 있는 배수공법에 해당되지 않는 것은?

① 웰 포인트 공법　② 베노토 공법
③ 집수정 공법　　④ 디프웰 공법

해설
베노토 공법 : 현장치기 콘크리트 말뚝의 일종으로서 대구경의 깊은 말뚝에 적합하며, 토사를 배출하면서 케이싱을 말뚝 끝까지 압입하고 콘크리트타설 후 케이싱을 빼내면서 시공한다.

26 철근의 정착 위치를 연결한 것으로 옳지 않은 것은?

① 기둥의 주근 – 기초에 정착
② 보의 주근 – 기둥에 정착
③ 작은 보의 주근 – 기둥에 정착
④ 지중보의 주근 – 기초 또는 기둥에 정착

해설
작은 보의 주근은 큰 보에 정착한다.

27 철근콘크리트공사에서 콘크리트 이어치기에 관한 설명으로 옳지 않은 것은?

① 콘크리트 이어치기는 응력이 집중되는 곳에 하지 않는다.
② 보는 스팬의 중앙 또는 단부의 1/4 부분에서 이어친다.
③ 기둥 및 벽은 바닥슬래브 및 기초의 상단에서 이어친다.
④ 캔틸레버 보는 한 번에 타설하지 않고 이어치기를 한다.

해설
캔틸레버 보는 이어치기를 하지 않고 한 번에 타설한다.

28 구조용 재료로 사용되는 목재의 조건으로 적절하지 않은 것은?

① 건조수축으로 인한 수축 및 변형이 클 것
② 강도가 크며, 곧고 긴 재를 얻을 수 있을 것
③ 잘 썩지 않고, 충해에 저항이 클 것
④ 질이 좋고 공작이 용이할 것

해설
구조용 목재는 건조수축으로 인한 수축 및 변형이 작아야 한다.

29 다음 중 화성암에 속하지 않는 것은?

① 화강암 ② 안산암
③ 현무암 ④ 석회암

해설
석회암은 수성암의 일종으로 석회, 시멘트의 원료로 사용된다.

30 다음 중 열가소성 수지에 해당하는 것은?

① 페놀수지 ② 염화비닐수지
③ 요소수지 ④ 멜라민수지

해설
열가소성과 열경화성 수지의 종류

열경화성 수지	열가소성 수지
• 페놀수지 • 요소수지 • 멜라민수지 • 폴리에스테르수지 • 에폭시수지 • 실리콘수지 • 우레탄수지	• 염화비닐수지 • 초산비닐수지 • 폴리아미드수지 • 폴리스틸렌수지 • 폴리에틸렌수지 • 폴리프로필렌수지 • 아크릴수지

31 판유리를 500~600℃ 정도로 연화점에 가깝게 가열해 두고 양면에 냉기를 불어 넣어 급랭시켜 강도를 높인 안전유리의 일종은?

① 망입유리 ② 형판유리
③ 강화유리 ④ 복층유리

해설
① 망입유리 : 판유리 가운데에 금속망을 넣어 압착 성형한 유리로 방화 및 방재용으로 사용된다.
② 형판유리 : 한쪽 표면에 모양을 전사한 것으로서 투시성이 없다.
④ 복층유리 : 2~3장의 판유리 사이에 공기층을 만든 유리로서 단열, 방서·방음용으로 사용된다.

32 지내력 시험의 평판재하판으로 사용되는 규격은?

① 45cm 각이 보통 사용된다.
② 50cm 각이 보통 사용된다.
③ 60cm 각이 보통 사용된다.
④ 100cm 각이 보통 사용된다.

해설
평판재하시험은 기초 저면까지 판자리에서 직접 재하하여 허용지내력도를 구하는 시험이다. 재하판 크기는 정방형은 45cm 각으로, 원형은 0.2m² 를 표준으로 한다.

33 도장공사의 뿜칠에 관한 설명으로 옳지 않은 것은?

① 칠 횟수를 구분하기 위해 색을 다르게 칠한다.
② 스프레이건과 뿜칠면 사이 거리는 30cm를 표준으로 한다.
③ 뿜칠은 도막두께를 일정하게 유지하기 위해 겹치지 않게 순차적으로 이행한다.
④ 뿜칠 방향은 위에서 밑으로, 왼편에서 오른편으로 한다.

해설
뿜칠은 한 줄마다 너비의 1/3이 겹치게 도장한다.

34 알루미늄 및 그 합금에 관한 설명 중 틀린 것은?

① 용해 주조도는 좋으나 내화성이 약하다.
② 녹슬기 쉽고 사용연한이 짧으며 콘크리트 등 알칼리에 매우 약하다.
③ 봉재, 판, 선 및 섀시, 창문, 문 등을 제작하는 데 사용된다.
④ 비중은 철의 약 1/3이고 고온에서 강도가 저하된다.

해설
알루미늄 및 그 합금은 공기 중에서 표면에 산화피막을 생성하여 내식성이 우수하지만 산과 알칼리 및 해수에 침식되기 쉽다.

35 백화현상 방지 대책으로 옳지 않은 것은?

① 소성이 잘된 벽돌을 사용한다.
② 줄눈 모르타르에 방수제를 혼합하고, 밀실하게 사춤시켜서 빗물의 침투를 막는다.
③ 차양, 루버, 돌림띠 등의 비막이를 설치한다.
④ 조립률이 작은 모래, 분말도가 작은 시멘트를 사용한다.

해설
조립률이 큰 모래, 분말도가 큰 시멘트를 사용한다.

36 건물의 외주부 굴착 및 구조부 시공 후에 내주부를 굴착 및 시공하는 지반굴착공법은?

① 샌드 컴팩션 파일 공법
② 페이퍼 드레인 공법
③ 바이브로 플로테이션 공법
④ 트렌치 컷 공법

해설
① 샌드 컴팩션 파일 공법 : 모래 또는 점토지반에 강관을 관입시켜 강관 안에 모래를 투입하고 진동 또는 충격에 의해 다진 모래 말뚝을 지반 속에 조성하는 공법이다.
② 페이퍼 드레인 공법 : 점토지반에서 모래 대신 합성수지로 된 카드보드를 사용하여 탈수하는 공법이다.
③ 바이브로 플로테이션 공법 : 연약지반 내에 자갈 또는 깬 돌을 넣어 지반을 개량하는 공법이다.

37 용접 결함에서 전류로 용접 상부에 모재가 녹아 용착 금속이 채워지지 않고 홈으로 남게 된 부분을 말하는 용어는?

① 피시아이(Fish Eye)
② 블로 홀(Blow Hole)
③ 언더 컷(Under Cut)
④ 크레이터(Crater)

해설
① 피시아이(Fish Eye) : 슬래그 혼입 및 블로 홀 겹침 현상으로 용착금속 단면에 생기는 생선 눈알 모양의 은색 반점(은점)이다.
② 블로 홀(Blow Hole) : 용융금속 응고 시 방출가스가 남아서 생긴 기포나 공기의 작은 틈을 말한다.
④ 크레이터(Crater) : 용접 시 비드(Bead) 끝에 항아리 모양처럼 오목하게 파이는 현상이다.

38 타일공사 시 바탕처리에 대한 설명으로 틀린 것은?

① 여름에 외장타일을 붙일 경우에는 바탕면에 물을 축이는 행위를 금한다.
② 흡수성이 있는 타일에는 제조업자의 시방에 따라 물을 축여 사용한다.
③ 타일을 붙이기 전에 바탕의 들뜸, 균열 등을 검사하여 불량부분은 보수한다.
④ 타일을 붙이기 전에 불순물을 제거하고, 청소한다.

해설
여름에 외장타일을 붙일 경우에는 건조를 고려하여 바탕면에 충분히 물을 축여야 한다.

39 철근공사에 관한 설명으로 옳지 않은 것은?

① 철근은 상온에서 냉간가공하는 것이 원칙이다.
② 철근에 반드시 녹막이칠을 한다.
③ 한번 구부린 철근은 다시 펴서 사용해서는 안 된다.
④ 스터럽 및 띠철근의 단부에는 표준갈고리를 만들어야 한다.

해설
철근에 녹막이칠(방청도장)을 할 경우 도료에 의해 부착력이 감소하므로 원칙적으로 칠하지 않는다.

40 수성 페인트에 합성수지와 유화제를 섞은 것으로 목재나 종이에 부착력이 좋은 도료는?

① 에멀션 페인트   ② 바니시
③ 유성 페인트   ④ 래커

해설
에멀션 페인트
- 수성 페인트 + 합성수지 + 유화제
- 수성과 유성 페인트의 특징을 모두 가지고 있다.
- 수성 페인트의 일종으로 발수성이 있다.
- 내·외부 도장용으로 사용된다.

제3과목 건축구조

41 철근콘크리트 구조물에서 철근의 최소 피복두께를 규정하는 이유로 가장 거리가 먼 것은?

① 철근의 부식 방지
② 콘크리트의 압축응력 증대
③ 철근의 내화성 증대
④ 철근과 콘크리트의 부착력 확보

해설
피복두께의 역할
- 철근과 콘크리트의 부착력 확보
- 철근의 내화성 증대
- 철근의 부식을 방지하고 내구성 증대

정답 38 ① 39 ② 40 ① 41 ②

42 축방향력을 받는 400×400mm인 기둥을 설계하고자 한다. 주근은 D16, 띠철근은 D10을 사용하고자 할 때 띠철근의 간격은?(단, D16의 공칭지름 15.5mm, D10의 공칭지름 9.5mm)

① 248mm ② 312mm
③ 400mm ④ 456mm

해설
기둥의 띠철근 최소 간격 조건
- 주철근 직경의 16배 이하
  ∴ 15.5mm × 16 = 248mm 이하
- 띠철근 직경의 48배 이하
  ∴ 9.5mm × 48 = 456mm 이하
- 기둥 단면의 최소폭 이하
  ∴ 400mm 이하

따라서, 띠철근의 최소 간격은 위의 3가지 중에서 가장 작은 치수인 248mm가 된다.

43 구조설계 단계에서의 구조계획 과정 중 틀린 것은?

① 건축물의 용도, 사용재료 및 강도, 기반특성, 하중 조건 등을 고려한다.
② 지진하중이나 풍하중 등 수평하중에 저항하는 구조요소는 입면상 균형을 배제하고 평면균형을 고려한다.
③ 기둥과 보의 배치는 기둥간격 및 층고, 설비계획도 함께 고려한다.
④ 구조형식이나 구조재료를 혼용할 때는 강성이나 내력의 연속성뿐만 아니라 사용성에 영향을 미치는 진동에도 미리 대비한다.

해설
지진하중이나 풍하중 등 수평하중에 저항하는 구조요소는 입면상 균형을 고려한다.

44 무근 콘크리트 기중이 축방향력을 받아 재축방향으로 0.5mm 변형하였다. 좌굴을 고려하지 않을 경우 축방향력은?(단, 단면 400mm×400mm, 길이 4m, 콘크리트 탄성계수는 $2.1×10^4$MPa이다)

① 200kN ② 360kN
③ 420kN ④ 800kN

해설
$\sigma = E \times \varepsilon$이며, $\sigma = \dfrac{P}{A}$이다.

$P = A \times E \times \dfrac{\Delta l}{l}$

$= 400 \times 400 \times 2.1 \times 10^4 \times \dfrac{0.5}{4,000}$

$= 420,000\text{N} = 420\text{kN}$

45 강재의 응력-변형도 곡선에서 변형도 경화영역(Strain Hardening Range) 구간은?

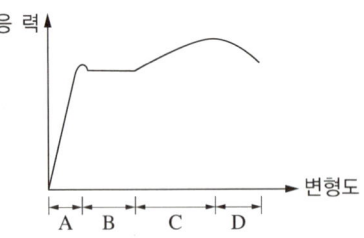

① A구간 ② B구간
③ C구간 ④ D구간

해설
① A구간 : 탄성구간
② B구간 : 소성구간
③ C구간 : 변형도 경화영역
④ D구간 : 네킹 및 파괴영역

46 다음 그림과 같이 용접을 할 때, 용접의 목두께(a)는?

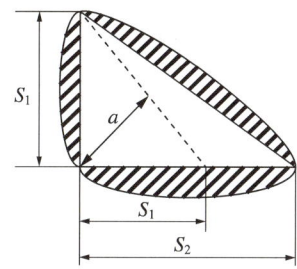

① $a = 0.5S_1$
② $a = 0.5S_2$
③ $a = 0.7S_1$
④ $a = 0.7S_2$

해설
유효목두께는 작은 쪽의 모살치수(S_1)의 0.7배로 하므로, $a = 0.7S_1$ 이다.

47 직경 25mm, 길이 50cm의 강봉에 축방향 인장력을 작용시켰더니 길이는 0.02cm 늘어났고 직경은 0.0003cm가 줄어들었을 경우, 이 재료의 푸아송 수는?

① 0.5
② 2.5
③ 3.33
④ 25.5

해설
$$푸아송수(m) = \frac{1}{푸아송비(\nu)}$$
$$= \frac{\varepsilon}{B} = \frac{\Delta l/l}{\Delta D/D} = \frac{D \times \Delta l}{l \times \Delta D}$$
$$= \frac{2.5 \times 0.02}{50 \times 0.0003} = \frac{0.05}{0.015} \fallingdotseq 3.33$$

48 철골구조에서 웨브(Web)에 플레이트(강판)를 리벳 또는 용접으로 접합하여 만든 I형 단면의 거더는?

① 플레이트 거더(Plate Girder)
② 윙 플레이트(Wing Plate)
③ 베이스 플레이트(Base Plate)
④ 리브 플레이트(Rib Plate)

해설
② 윙 플레이트(Wing Plate) : 사이드 앵글을 거쳐서 또는 직접 용접에 의해서 베이스 플레이트에 기둥으로부터의 응력을 전달한다.
③ 베이스 플레이트(Base Plate) : 기초 콘크리트에 지압응력이 분포하게 만든 패드로서 주각을 고정시킨다.
④ 리브 플레이트(Rib Plate) : 기둥 하중을 베이스 플레이트에 분산시키는 역할을 한다.

49 그림과 같은 캔틸레버 보의 길이(l)를 $2l$로 할 경우에 최대 처짐량은 몇 배로 커지는가?

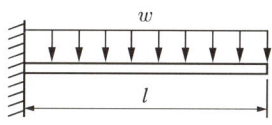

① 2배
② 4배
③ 8배
④ 16배

해설
- 최대 처짐(δ_{max}) = $\frac{wl^4}{8EI}$
- $\frac{wl^4}{8EI} : \frac{w(2l)^4}{8EI} = 1 : 16$

50 그림과 같은 라멘 구조물의 판별은?

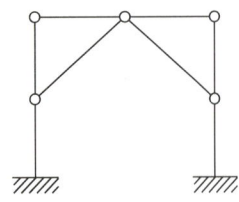

① 안정이며, 정정 구조물
② 안정이며, 1차 부정정 구조물
③ 안정이며, 2차 부정정 구조물
④ 불안정 구조물

해설
판별식으로 구하면,
$N = m + r + k - 2j$
$\quad = 8 + 6 + 0 - 2 \times 7$
$\quad = 0$
여기서, m : 부재(Member)수
$\quad r$: 지점반력(Reaction)수
$\quad k$: 강절점수
$\quad j$: 절점(Joint) 수
∴ $N = 0$이므로 정정 구조물이다.

51 강재의 용접에 대한 설명으로 옳지 않은 것은?

① 탄소함유량은 용접성에 큰 영향을 미친다.
② 용접부에는 용접에 의한 잔류응력이 존재한다.
③ 강재의 강도가 높을수록 용접성이 떨어지며, 연성도 줄어든다.
④ 강재를 예열하여 용접하면 용접성이 나빠진다.

해설
강재를 예열하여 용접하면 용접성이 좋아진다.

52 철근콘크리트 단순보에서 휨모멘트에 관한 설명 중 옳지 않은 것은?

① 집중하중이 작용할 때 휨모멘트선은 경사직선이다.
② 등분포하중이 작용할 때 휨모멘트선은 포물선이다.
③ 휨모멘트의 극대, 극소는 전단력이 0인 단면에서 생긴다.
④ 등변분포하중이 작용할 때 휨모멘트선은 2차 곡선이다.

해설
등변분포하중이 작용할 때 휨모멘트선은 3차 곡선이다.

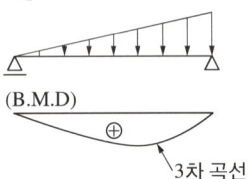

53 지름 50mm, 길이가 3m인 연강봉을 축방향으로 200kN의 인장력을 작용시켰을 때 길이가 1.6mm 늘어났다. 이때 강봉의 탄성계수(E)는 약 얼마인가?

① 약 1.4×10^5MPa
② 약 1.9×10^5MPa
③ 약 2.4×10^5MPa
④ 약 2.9×10^5MPa

해설
- $\sigma = E \times \varepsilon$이므로, $E = \dfrac{\sigma}{\varepsilon}$이다.
- $\sigma = \dfrac{P}{A} = \dfrac{200 \times 10^3}{\left(\dfrac{\pi \times 50^2}{4}\right)} = 101.86$MPa
- $\varepsilon = \dfrac{\Delta l}{l} = \dfrac{1.6}{3,000} = 0.00053$

∴ $E = \dfrac{101.86}{0.00053} = 192,188 ≒ 1.9 \times 10^5$MPa

54 철근콘크리트보에 관한 기술 중 옳지 않은 것은?

① 보의 보폭을 크게 하면 압축철근량을 줄일 수 있다.
② 보의 단부에 헌치를 두면 전단내력을 증가시킬 수 있다.
③ 과대 철근보가 될 시엔 압축철근을 보강함이 합리적이다.
④ 콘크리트 강도보다는 철근의 강도를 증가시킴으로써 보의 처짐을 크게 줄일 수 있다.

해설
콘크리트 강도를 높임으로써 보의 처짐을 줄일 수 있다.

55 그림과 같은 트러스에서 AC의 부재력은?

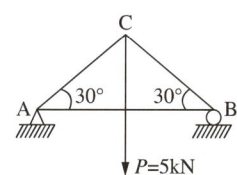

① 5kN(인장)
② 5kN(압축)
③ 10kN(인장)
④ 10kN(압축)

해설
$V_A = V_B = \dfrac{5}{2} = 2.5\text{kN}$이고,
$\Sigma V = 0$일 때, $\overline{AC}\sin 30° + V_A = 0$
$\overline{AC} = -\dfrac{2.5}{\sin 30°} = -5\text{kN}$(압축)

56 1단은 자유이고, 1단은 고정 지점인 높이 6m의 H형강 기둥의 이론적 좌굴길이는?

① 3m
② 6m
③ 9m
④ 12m

해설
1단 고정 1단 자유단의 이론적 좌굴길이는 $2l$ 이므로,
∴ $2l = 2 \times 6 = 12\text{m}$

57 다음 그림에서 직사각형 단면의 X축에 대한 단면 1차 모멘트가 $G_x = 72{,}000\text{cm}^3$일 경우 폭 b는 얼마인가?

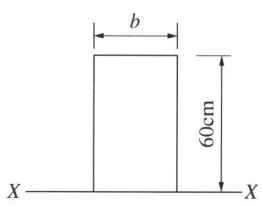

① 25cm
② 30cm
③ 35cm
④ 40cm

해설
단면 1차 모멘트(G_x)
$G_x = A \times y_0 = bh \times y_0$
∴ $b = \dfrac{G_x}{h \times y_0} = \dfrac{72{,}000}{60 \times 30} = 40\text{cm}$

58 단면의 도심을 지나는 X축에 대한 단면 2차 모멘트(I_X)와 Y축에 대한 단면 2차 모멘트(I_Y)가 같기 위해서 Y축에서 떨어진 거리 x_0는 얼마인가?(단, $h=2b$)

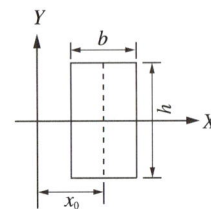

① b ② $\dfrac{b}{2}$

③ $\dfrac{b}{3}$ ④ $\dfrac{b}{4}$

해설
$I_X = I_Y$이고, $\dfrac{bh^3}{12} = \dfrac{b^3h}{12} + bh \times x_0^2$ 이다.
$bh \times x_0^2 = \dfrac{bh}{12}(h^2 - b^2)$ 이고, $h = 2b$일 때,
$x_0^2 = \dfrac{(4b^2 - b^2)}{12} = \dfrac{b^2}{4}$ 이므로,
$\therefore x_0 = \dfrac{b}{2}$

59 지름 22cm의 원형 단면에서 도심축에 대한 단면계수(Z)는?

① 875cm^3 ② $1,045\text{cm}^3$
③ $1,412\text{cm}^3$ ④ $3,127\text{cm}^3$

해설
$Z = \dfrac{\pi D^3}{32} = \dfrac{\pi \times 22^3}{32} \fallingdotseq 1,045\text{cm}^3$

60 콘크리트보의 처짐에 영향을 미치는 요소로 가장 거리가 먼 것은?

① 압축철근   ② 콘크리트 크리프
③ 지속하중   ④ 늑 근

해설
늑근은 보에 일어나는 전단력에 저항하기 위하여 배근한다.

제4과목 건축설비

61 습공기를 가열하였을 경우 상태값이 감소하는 것은?

① 비체적   ② 상대습도
③ 습구온도   ④ 절대습도

해설
습공기를 가열하면 상대습도는 감소하고 절대습도는 변하지 않는다.

62 급수기구 부하단위수를 결정할 때 기준이 되는 위생기구는?

① 욕 조   ② 세면기
③ 대변기   ④ 소변기

해설
기구급수 부하단위(FU)는 1~10으로 구분하며, 기본단위 FU 1은 세면기이다.

63 액화천연가스(LNG)에 관한 설명으로 옳지 않은 것은?

① 공기보다 가벼우므로 누설되어도 공기 중에 흡수되어 안정성이 높다.
② 무공해, 무독성이다.
③ 대형 저장시설이 필요 없으며, 배관으로 공급된다.
④ 메탄이 주성분이며, 발열량이 낮다.

해설
액화천연가스는 대형 저장시설이 필요하며, 배관으로 공급된다.

64 증기난방에 관한 설명으로 옳지 않은 것은?

① 온수난방에 비해 방열기의 방열면적이 크다.
② 운전 시 증기해머로 인한 소음을 일으키기 쉽다.
③ 온수난방에 비해 한랭지에서 동결의 우려가 적다.
④ 예열시간이 온수난방에 비해 짧고, 열용량이 작다.

해설
온수난방에 비해 방열기의 방열면적이 작다.

65 스포트형 열감지기 설치기준의 설명으로 옳지 않은 것은?

① 열축적 기능이 있는 것으로 설치할 것
② 실내 공기 유입구로부터 1.5m 이상의 위치에 설치할 것
③ 천장 또는 반자의 옥내에 면하는 부분에 설치할 것
④ 정온식 스포트형 감지기는 공칭 작동온도가 최고 주위온도보다 20℃ 이상 높은 것으로 설치할 것

해설
열축적 기능이 없는 것으로 설치해야 한다.

66 통기배관에 관한 설명으로 옳지 않은 것은?

① 오물정화조의 통기관은 단독으로 한다.
② 통기관과 실내환기덕트는 서로 연결해서는 안 된다.
③ 신정 통기관은 배수 수직관의 상단을 연장하여 대기 중에 개구한다.
④ 통기 수직관과 빗물 수직관은 겸용으로 하는 것이 좋다.

해설
통기 수직관과 우수(빗물) 수직관은 겸용하지 않는다.

정답 63 ③ 64 ① 65 ① 66 ④

67 4℃의 물 800L를 100℃로 가열하면 체적 팽창량은?(단, 물의 밀도는 4℃일 때 1kg/L, 100℃일 때 0.9586kg/L이다)

① 약 25L ② 약 30L
③ 약 35L ④ 약 50L

해설
$$V_2 = \left(\frac{\rho_1}{\rho_2} - 1\right)V_1$$
$$= \left(\frac{1}{0.9586} - 1\right) \times 800$$
$$\fallingdotseq 35L$$
여기서, V_1 : 가열 전 체적
V_2 : 가열 후 체적
ρ_1 : 가열 전 물의 밀도
ρ_2 : 가열 후 물의 밀도

68 정화조에서 혐기성균을 필요로 하는 곳은?

① 부패조 ② 여과조
③ 산화조 ④ 소독조

해설
부패탱크식 오수정화조에서 부패조는 혐기성균으로 부패를 촉진시키고, 산화조는 호기성균으로 산화를 촉진한다.

69 공기조화방식 중 전공기방식에 관한 설명으로 옳지 않은 것은?

① 덕트 스페이스가 필요하다.
② 중간기에 외기냉방이 가능하다.
③ 배관으로 인한 누수의 우려가 있다.
④ 냉·온풍의 운반에 필요한 팬의 소요동력이 냉·온수를 운반하는 펌프동력보다 많이 든다.

해설
실내에 배관으로 인한 누수의 우려가 없다.

70 세정밸브식 대변기의 최소 급수관경은?

① 15A ② 20A
③ 25A ④ 32A

해설
급수관 직결로서 급수관은 25mm(25A)를 사용한다.

71 중앙식 급탕법에 관한 설명으로 옳지 않은 것은?

① 배관 및 기기로부터의 열손실이 적다.
② 급탕개소마다 가열기를 설치할 필요가 없는 대용량 방식이다.
③ 일반적으로 열원장치는 공조설비와 겸용하여 설치된다.
④ 급탕기구의 동시사용률을 고려하기 때문에 가열장치의 전체용량을 줄일 수 있다.

해설
배관 및 기기로부터의 열손실이 많다.

정답 67 ③ 68 ① 69 ③ 70 ③ 71 ①

72 방열기 입구의 온수 온도가 85℃이고 출구 온도가 80℃일 때 온수의 순환량은?(단, 방열기의 방열량은 5,000W, 물의 비열은 4.2kJ/kg·K이다)

① 857.1kg/h
② 914.2kg/h
③ 957.4kg/h
④ 998.5kg/h

해설

$Q = m \times C \times \Delta T$이며, $m = \dfrac{Q}{C \times \Delta T}$이다.

여기서, m : 온수의 순환수량(kg/h)
Q : 난방부하(kW)
C : 비열(kJ/kg·K)
1W = 1J/s = 3,600J/h = 3.6kJ/h

온수 순환량 = $\dfrac{5,000 \times 3.6(kJ/h)}{4.2(kJ/kg·K) \times (85-80)}$
≒ 857.1kg/h

73 통기관을 설치하는 목적과 가장 거리가 먼 것은?

① 배수관 내의 흐름 원활
② 배수관 내의 환기와 청결 유지
③ 수격작용의 방지
④ 사이펀 작용 및 배압으로부터 트랩 내 봉수 보호

해설

통기관의 설치 목적
- 트랩의 봉수 보호
- 배수관 내의 물의 흐름을 원활하게 함
- 배수관 내에 신선한 공기 유통으로 환기, 청결 유지
- 배수관 내의 기압을 일정하게 유지

74 어느 점광원과 1m 떨어진 곳의 직각면 조도가 100lx일 때, 이 광원과 2m 떨어진 곳의 직각면 조도는?

① 25lx
② 50lx
③ 75lx
④ 100lx

해설

조도는 광도에 비례하고, 거리의 제곱에 반비례한다.

조도 = $\dfrac{광도}{거리^2} = \dfrac{100}{2^2} = 25lx$

75 각종 보일러에 관한 설명으로 옳지 않은 것은?

① 수관식 보일러는 드럼 속 관내 물을 가열하며, 대용량으로 대규모 건물에 사용한다.
② 주철제 보일러는 사용 내압이 높아 고압용으로 주로 사용되며 용량도 크다.
③ 관류 보일러는 보유수량이 적어서 예열시간이 짧다.
④ 노통연관 보일러는 부하 변동에 잘 적응되며, 보유수면이 넓어서 급수용량 제어가 쉽다.

해설

주철제 보일러는 압력이 약하고 용량 적어서 소규모에 사용된다.

76 다음 중 강전 전기설비에 속하는 것은?

① 화재경보설비
② 전기음향설비
③ 조명설비
④ 인터폰설비

해설

조명설비는 강전설비에 해당된다.
약전설비 : 건축전기설비 중 전화설비, 확성설비, 인터폰설비, 표시설비, 방범설비, 화재경보설비 등으로 약전류 신호를 취급

정답 72 ① 73 ③ 74 ① 75 ② 76 ③

77 금속관 공사에 관한 설명으로 옳지 않은 것은?

① 저압, 고압, 통신설비 등에 널리 사용된다.
② 외부에 대한 고조파의 영향이 없다.
③ 은폐 및 노출장소, 옥내, 옥외 등 광범위하게 사용할 수 있다.
④ 사용목적과 사용전압 등에 관계없이 접지가 필요 없다.

해설
사용목적과 사용전압 등에 따라 적절한 접지가 필요하다.
금속관 공사
- 주로 콘크리트 건물에 매립하여 배선한다(접지 필요).
- 절연전선을 사용하여 건물의 종류와 장소에 관계없이 은폐장소, 노출장소, 옥내, 옥외 등 광범위하게 사용된다.
- 화재 위험 적고, 인입 및 교체가 용이하다.
- 기계적 손상이 적고, 습기나 먼지가 있는 장소에도 시공 가능하다.
- 외부적 응력에 대해 전선보호의 신뢰성이 높고 외부에 대한 고주파 영향이 없다.
- 굴곡이 많은 곳에는 적절하지 않다.

78 빙축열 시스템에 관한 설명으로 옳지 않은 것은?

① 저온용 냉동기가 필요하다.
② 얼음을 축열매체로 사용하여 냉열을 얻는다.
③ 주간의 피크부하에 해당하는 전력을 사용한다.
④ 응고 및 융해열을 이용하므로 저장열량이 크다.

해설
빙축열 시스템
- 야간의 값싼 심야전력을 이용하여 전기에너지를 빙축(얼음) 형태의 열에너지로 저장했다가 주간의 냉방용으로 사용하는 시스템이다.
- 값싼 심야전력을 사용하여 축열하고 주간시간대의 전력사용량을 줄임으로써 여름철 냉방시스템 운전비용을 절감시킬 수 있다 (심야전력요금 = 주간전력요금의 25% 수준).

79 지역난방 방식에 관한 설명으로 옳지 않은 것은?

① 각 건물의 이용시간차를 이용하면 보일러의 용량을 줄일 수 있다.
② 열원설비의 집중화가 어렵고 관리가 용이하지 못하다.
③ 배관 도중에 열손실이 크며, 초기 시설비가 비싸다.
④ 설비의 고도화로 대기오염 등 공해를 방지할 수 있다.

해설
열원설비의 집중화로 관리가 용이하다.

80 형광램프에 관한 설명으로 옳지 않은 것은?

① 점등장치를 필요로 한다.
② 백열전구에 비해 열방사가 적다.
③ 옥내·외 전반조명, 국부조명에 사용된다.
④ 백열전구에 비해 수명이 짧다.

해설
형광램프는 백열전구에 비해 수명이 길다.

제5과목 건축관계법규

81 비상용 승강기 승강장의 구조에 관한 기준 내용으로 옳지 않은 것은?

① 승강장은 각 층의 내부와 연결될 수 있도록 할 것
② 벽 및 반자가 실내에 접하는 부분의 마감재료는 불연재료로 할 것
③ 옥내 승강장의 바닥면적은 비상용 승강기 1대에 대하여 $6m^2$ 이상으로 할 것
④ 피난층이 있는 승강장의 출입구로부터 도로 또는 공지에 이르는 거리가 40m 이하일 것

해설
피난층이 있는 승강장의 출입구로부터 도로 또는 공지에 이르는 거리가 30m 이하일 것(건축물설비기준규칙 제10조)

82 주차장법령상 다음과 같이 정의되는 주차장의 종류는?

> 도로의 노면 및 교통광장 외의 장소에 설치된 주차장으로서 일반의 이용에 제공되는 것

① 노상주차장   ② 노외주차장
③ 부설주차장   ④ 기계식 주차장

해설
① 노상주차장 : 도로의 노면 또는 교통광장(교차점 광장만 해당)의 일정한 구역에 설치된 주차장으로서 일반의 이용에 제공되는 것
③ 부설주차장 : 건축물, 골프연습장, 기타 수요를 유발하는 시설에 부대하여 설치되는 주차장
④ 기계식 주차장 : 기계식 주차장치를 설치한 노외주차장 및 부설주차장

83 주거지역 중 단독주택 중심의 양호한 주거환경을 보호하기 위하여 지정하는 지역은?

① 제1종 전용주거지역
② 제2종 전용주거지역
③ 제1종 일반주거지역
④ 제2종 일반주거지역

해설
주거지역의 세분

제1종 전용주거지역	단독주택 중심
제2종 전용주거지역	공동주택 중심
제1종 일반주거지역	저층 주택 중심
제2종 일반주거지역	중층 주택 중심
제3종 일반주거지역	중고층 주택 중심

84 건축물에 설치하는 지하층의 구조 및 설비에 관한 기준 내용으로 옳지 않은 것은?

① 거실의 바닥면적의 합계가 $1,000m^2$ 이상인 층에는 환기설비를 설치할 것
② 거실의 바닥면적이 $100m^2$ 이상인 층에는 피난층으로 통하는 비상탈출구를 설치할 것
③ 지하층의 바닥면적이 $300m^2$ 이상인 층에는 식수공급을 위한 급수전을 1개소 이상 설치할 것
④ 문화 및 집회시설 중 공연장의 용도에 쓰이는 층으로서 그 층 거실 바닥면적의 합계가 $50m^2$ 이상인 건축물에는 직통계단을 2개소 이상 설치할 것

해설
거실의 바닥면적이 $50m^2$ 이상인 층에는 피난층으로 통하는 비상탈출구를 설치할 것(건축물방화구조규칙 제25조)

정답 81 ④ 82 ② 83 ① 84 ②

85 건축물의 내부에 설치하는 피난계단의 구조에 관한 기준 내용으로 옳지 않은 것은?

① 계단실은 창문, 출입구 기타 개구부를 제외한 당해 건축물의 다른 부분과 내화구조의 벽으로 구획할 것
② 계단실의 실내에 접하는 부분의 마감은 불연재료로 할 것
③ 건축물의 내부에서 계단실로 통하는 출입구의 유효너비는 1.2m 이상으로 할 것
④ 계단은 내화구조로 하고 피난층 또는 지상까지 직접 연결되도록 할 것

> **해설**
> **피난계단 및 특별피난계단의 구조(건축물방화구조규칙 제9조)**
> 건축물의 내부에서 계단실로 통하는 출입구의 유효너비는 0.9m 이상으로 하고, 그 출입구에는 피난의 방향으로 열 수 있는 것으로서 언제나 닫힌 상태를 유지하거나 화재로 인한 연기 또는 불꽃을 감지하여 자동적으로 닫히는 구조로 된 60분+방화문 또는 60분 방화문을 설치해야 한다.

86 피난안전구역의 구조 및 설비에 관한 기준 내용으로 옳지 않은 것은?

① 비상용 승강기는 피난안전구역에서 승하차할 수 있는 구조로 설치할 것
② 피난안전구역의 내부마감재료는 불연재료로 설치할 것
③ 피난안전구역의 높이는 2.1m 이상일 것
④ 건축물의 내부에서 피난안전구역으로 통하는 계단은 피난계단의 구조로 설치할 것

> **해설**
> 건축물의 내부에서 피난안전구역으로 통하는 계단은 특별피난계단의 구조로 설치해야 한다(건축물방화구조규칙 제8조의2).

87 높이 31m를 넘는 각 층의 바닥면적 중 최대 바닥면적이 3,000m²인 종합병원에 설치하여야 할 비상용 승강기의 최소 대수는?

① 1대 ② 2대
③ 3대 ④ 4대

> **해설**
> 비상용 승강기는 1대에 1,500m²를 넘는 3,000m² 이내마다 1대씩 더한 대수 이상 설치한다. 따라서, 높이 31m를 넘는 각 층의 바닥면적 중 최대 바닥면적(A)이 3,000m²이므로,
> $$1대 + \frac{A - 1,500m^2}{3,000m^2} = 1 + \frac{3,000 - 1,500m^2}{3,000m^2} = 1.5대$$
> ∴ 설치대수는 2대이다.

88 건축물의 대지는 원칙적으로 최소 얼마 이상이 도로에 접하여야 하는가?(단, 자동차만의 통행에 사용되는 도로는 제외한다)

① 1m ② 2m
③ 3m ④ 4m

> **해설**
> • 원칙 : 도로에 2m 이상(자동차만 통행되는 것 제외)
> • 연면적 합계가 2,000m² 이상(공장인 경우 3,000m²) : 너비 6m 이상 도로에 4m 이상

89 건축법령에 따른 공사감리자의 수행 업무가 아닌 것은?

① 공정표의 검토
② 공사현장에서의 안전관리의 지도
③ 상세시공도면의 작성
④ 시공계획 및 공사관리의 적정 여부의 확인

해설
상세시공도면은 시공자가 작성한다.

90 다음은 건축물의 층수 산정방법에 관한 기준 내용이다. ( ) 안에 알맞은 것은?

> 층의 구분이 명확하지 아니한 건축물은 그 건축물의 높이 ( )마다 하나의 층으로 보고 그 층수를 한정한다.

① 2m　　② 3m
③ 4m　　④ 5m

해설
면적 등의 산정방법(건축법 시행령 제119조)
층의 구분이 명확하지 아니한 건축물은 그 건축물의 높이 4m마다 하나의 층으로 보고 그 층수를 산정하며, 건축물이 부분에 따라 그 층수가 다른 경우에는 그중 가장 많은 층수를 그 건축물의 층수로 본다.

91 주요구조부를 내화구조로 하여야 하는 대상 건축물 기준으로 옳은 것은?(단, 판매시설의 용도로 쓰는 건축물의 경우를 말한다)

① 해당 용도로 쓰는 바닥면적의 합계가 500m² 이상인 건축물
② 해당 용도로 쓰는 바닥면적의 합계가 1,000m² 이상인 건축물
③ 해당 용도로 쓰는 바닥면적의 합계가 2,000m² 이상인 건축물
④ 해당 용도로 쓰는 바닥면적의 합계가 3,000m² 이상인 건축물

해설
판매시설, 운수시설은 바닥면적 합계 500m² 이상일 경우 내화구조로 하여야 한다.

92 용도에 따른 건축물의 종류가 옳지 않은 것은?

① 자동차 관련 시설 - 운전학원 및 정비학원
② 묘지 관련 시설 - 장례식장
③ 의료시설 - 마약진료소
④ 수련시설 - 유스호스텔

해설
장례시설 : 장례식장, 동물 전용의 장례식장
묘지 관련 시설 : 화장시설, 봉안당(종교시설 제외), 묘지와 자연장지에 부수되는 건축물, 동물화장시설·동물건조장시설 및 동물 전용의 납골시설

정답　89 ③　90 ③　91 ①　92 ②

93 건축법령상 다중이용 건축물에 속하지 않는 것은?

① 종교시설
② 운수시설 중 여객용 시설
③ 숙박시설 중 일반숙박시설
④ 판매시설

해설
다중이용 건축물(건축법 시행령 제2조)
- 다음의 어느 하나에 해당하는 용도로 쓰는 바닥면적 합계가 5,000m² 이상인 건축물
  - 문화 및 집회시설(동물원 및 식물원은 제외한다)
  - 종교시설
  - 판매시설
  - 운수시설 중 여객용 시설
  - 의료시설 중 종합병원
  - 숙박시설 중 관광숙박시설
- 16층 이상인 건축물

94 주차장의 장애인 전용 주차단위구획 기준으로 옳은 것은?(단, 평행주차형식 외의 경우)

① 너비 2.5m 이상, 길이 5m 이상
② 너비 2.5m 이상, 길이 6m 이상
③ 너비 3.3m 이상, 길이 5m 이상
④ 너비 3.3m 이상, 길이 6m 이상

해설
장애인 전용 주차단위구획 : 너비 3.3m 이상, 길이 5m 이상
주차장의 주차구획 크기(평행주차형식 외의 경우)

형식 구분	너비 × 길이	주차면적
경 형	2.0 × 3.6m 이상	7.2m²
일반형	2.5 × 5.0m 이상	12.5m²
확장형	2.6 × 5.2m 이상	13.52m²
장애인 전용	3.3 × 5.0m 이상	16.5m²
이륜자동차 전용	1.0 × 2.3m 이상	2.3m²

95 막다른 도로의 길이가 10m일 때 이 도로가 건축법령상 도로이기 위한 최소폭은?

① 2m
② 3m
③ 4m
④ 6m

해설
10m 이상 35m 미만이므로 최소 폭이 3m 이상이어야 한다.
막다른 도로(건축법 시행령 제3조의3)

도로 길이	도로 너비
10m 미만	2m
10m 이상~35m 미만	3m
35m 이상	6m(도시지역이 아닌 읍·면지역 : 4m)

96 바닥면적 산정기준에 관한 내용으로 옳지 않은 것은?

① 벽, 기둥의 구획이 없는 건축물은 그 지붕 끝부분으로부터 수평거리 1m를 후퇴한 선으로 둘러싸인 수평투영면적으로 한다.
② 승강기탑(옥상 출입용 승강장을 포함), 계단탑은 바닥면적에 산입하지 아니한다.
③ 공동주택으로서 지상층에 설치한 기계실의 면적은 바닥면적에 산입하지 아니한다.
④ 층고가 2.0m인 다락은 바닥면적에 산입하지 아니한다.

해설
층고가 1.5m 이하인 다락은 바닥면적에 산입하지 아니하며, 경사진 형태의 지붕인 경우에는 가중평균한 높이가 1.8m 이하인 경우 바닥면적에 산입하지 않는다(건축법 시행령 제119조).

97 다음 중 노외주차장의 출구 및 입구를 설치할 수 없는 장소는?

① 너비가 5m인 도로
② 종단기울기 8%인 도로
③ 횡단보도로부터 6m 거리에 있는 도로의 부분
④ 초등학교 출입구로부터 15m 거리에 있는 도로의 부분

해설
노외주차장 출입구의 설치금지 장소(주차장법 시행규칙 제5조)
- 도로교통법에 의하여 정차·주차가 금지되는 도로 부분
- 횡단보도(육교 및 지하 횡단보도를 포함)에서 5m 이내의 도로 부분
- 너비 4m 미만의 도로(주차대수 200대 이상인 경우에는 너비 6m 미만의 도로에는 설치할 수 없다)
- 종단 기울기가 10%를 초과하는 도로
- 유아원, 유치원, 초등학교, 특수학교, 노인복지시설, 장애인 복지시설 및 아동전용시설 등의 출입구로부터 20m 이내의 도로 부분

98 문화 및 집회시설 중 공연장의 개별 관람실의 출구에 관한 설명으로 옳지 않은 것은?(단, 개별 관람실의 바닥면적은 500m²인 경우)

① 각 출구의 유효너비는 1.2m 이상으로 한다.
② 출구는 관람실별로 2개소 이상 설치하여야 한다.
③ 개별 관람실 출구 유효너비 합계는 3.0m 이상으로 한다.
④ 바깥쪽으로의 출구로 쓰이는 문은 안여닫이로 하여서는 아니 된다.

해설
각 출구의 유효너비는 1.5m 이상이어야 한다(건축물방화구조규칙 제10조).

99 손궤의 우려가 있는 토지에 대지를 조성하는 경우 설치하는 옹벽에 관한 기준 내용으로 옳지 않은 것은?

① 옹벽에는 3m²마다 하나 이상의 배수구멍을 설치하여야 한다.
② 옹벽의 높이가 3m 이상인 경우에는 이를 콘크리트 구조로 하는 것이 원칙이다.
③ 옹벽에는 배수를 위한 시설 외의 구조물이 밖으로 튀어나오지 않게 해야 한다.
④ 옹벽의 윗가장자리로부터 안쪽으로 2m 이내에 묻는 배수관은 주철관, 강관 또는 흡관으로 하고, 이음부분은 물이 새지 않도록 하여야 한다.

해설
옹벽의 높이가 2m 이상인 경우에는 이를 콘크리트 구조로 하는 것이 원칙이다.

100 다음은 건축물이 있는 대지의 분할 제한에 관한 기준 내용이다. 밑줄 친 '대통령령으로 정하는 범위' 기준으로 옳지 않은 것은?

> 건축물이 있는 대지는 대통령령으로 정하는 범위에서 해당 지방자치단체의 조례로 정하는 면적에 못 미치게 분할할 수 없다.

① 주거지역 : 60m² 이상
② 상업지역 : 150m² 이상
③ 공업지역 : 200m² 이상
④ 녹지지역 : 200m² 이상

해설
공업지역 : 150m² 이상

2024년 제2회 최근 기출복원문제

제1과목 건축계획

01 초등학교의 강당 및 실내체육관 계획에 관한 설명으로 옳지 않은 것은?

① 체육관은 농구코트를 둘 수 있는 크기가 필요하다.
② 강당과 체육관을 겸용할 경우에는 강당을 주체로 계획한다.
③ 실내체육관은 학생들이 이용하기 쉬운 곳에 위치하며, 지역 주민의 이용도 고려한다.
④ 강당과 체육관을 겸용하게 되면 시설비나 부지면적을 절약할 수 있다.

해설
일반적으로 강당으로의 이용보다는 체육관의 사용이 높으므로 강당과 체육관을 겸용할 경우에는 체육관을 주체로 계획한다.

02 다음 중 캐빈 린치(Kevin Lynch)가 주장한 '도시 이미지'의 구성요소가 아닌 것은?

① Path
② Node
③ Linkages
④ Landmark

해설
케빈 린치(Kevin Lynch)의 도시 이미지 5요소
- Path(통로, 길)
- Node(중심, 지역)
- District(구역)
- Edge(경계, 접경)
- Landmark(탑, 기념물, 건물, 산 등)

03 사무소 건축에 대한 설명 중 옳지 않은 것은?

① 오피스 랜드스케이핑은 개방식 배치의 한 형식이다.
② 아트리움은 공간적으로는 중간영역으로서 매개와 결절점의 기능을 수용한다.
③ 수용인원수에 의한 면적 산출 시 기준이 되는 1인당 소요바닥면적은 4~6m² 정도이다.
④ 층고는 기준층에서는 3.3~4.0cm 정도로 하고 최상층에서는 기준층보다 30cm 정도 높게 한다.

해설
수용인원수에 의한 면적 산출 시 기준이 되는 1인당 소요바닥면적은 8~11m² 정도이다.

04 연속작업식 레이아웃(Layout)이라고도 하며, 대량생산에 유리하고 생산성이 높은 공장 건축의 레이아웃 형식은?

① 고정식 레이아웃
② 혼성식 레이아웃
③ 공정중심 레이아웃
④ 제품중심 레이아웃

해설
제품중심 레이아웃은 대량생산에 유리하고 생산성이 높은 공장 건축의 레이아웃 형식이다.

정답 1 ② 2 ③ 3 ③ 4 ④

05 상점의 판매형식에 관한 설명으로 옳지 않은 것은?

① 대면 판매는 진열면적이 감소된다는 단점이 있다.
② 측면 판매는 판매원의 정위치를 정하기 용이하다.
③ 측면 판매는 상품이 손에 잡혀서 충동적 구매와 선택이 용이하다.
④ 대면 판매는 상품의 설명이나 포장 등이 용이하다.

> 해설
> 측면 판매는 판매원의 정위치를 정하기 어렵고 불안정하다.

06 공장의 지붕형태에 관한 설명으로 옳지 않은 것은?

① 솟음지붕은 채광, 환기에 적합하지 않은 방법이다.
② 샤렌구조는 기둥이 적게 소요된다는 장점이 있다.
③ 뾰족지붕은 직사광선이 완전히 차단되지 못하는 단점이 있다.
④ 톱날지붕은 북향으로 할 경우 하루 종일 변함없는 조도를 가진 약광선을 받아들일 수 있다.

> 해설
> **솟음지붕(솟을지붕)** : 채광, 환기에 적합한 형태로 채광창의 경사에 따라 채광 조절이 가능하며, 상부 창의 개폐에 의해 환기량을 조절할 수 있다.

07 다음 중 백화점 기둥간격의 결정요소와 가장 거리가 먼 것은?

① 각 층별 매장의 상품구성
② 진열대의 치수와 배열법
③ 엘리베이터의 배치방법
④ 지하 주차장의 주차방법

> 해설
> 각 층별 매장의 상품구성은 결정요소는 아니며, 상품진열을 위한 진열대의 치수와 배열법이 가장 중요하다.

08 사무소의 실단위 계획에서 오피스 랜드스케이핑(Office Landscaping)에 관한 설명으로 옳지 않은 것은?

① 공간의 이용도를 높이고 공사비도 줄일 수 있다.
② 소음발생에 대한 대책이 요구된다.
③ 독립성과 쾌적감의 이점이 있다.
④ 커뮤니케이션의 융통성이 있다.

> 해설
> ③은 개실형에 대한 설명이며, 오피스 랜드스케이핑은 독립성과 쾌적감이 낮다.

09 아파트의 단위주거 단면구성 형식 중 복층형에 관한 설명으로 옳지 않은 것은?

① 복층형 중 단위주거의 평면이 2개 층에 걸쳐져 있는 경우를 듀플렉스형이라 한다.
② 구조 및 설비가 단순하여 설계가 용이하고 경제적이다.
③ 단층형에 비해 공용면적이 감소한다.
④ 주택 내의 공간의 변화가 있다.

> 해설
> 복층형은 구조 및 설비가 복잡하여 설계가 어렵다.

10 건축계획의 진행과정에 있어서 다음 중 가장 먼저 선행되는 작업은?

① 실시설계 ② 기본계획
③ 기본설계 ④ 조건파악

해설
건축계획 진행과정 : 조건파악 → 기본계획 → 기본설계 → 실시설계

11 아파트 각 평면형식에 대한 설명으로 옳지 않은 것은?

① 홀형은 계단 또는 엘리베이터홀로부터 직접 주거단위로 들어가는 형식이다.
② 편복도형은 복도가 개방형이므로 각 호의 통풍 및 채광이 양호하다.
③ 중복도형은 대지에 비해서 건물 이용도가 낮다.
④ 집중형은 프라이버시가 좋지 못하며 기계적 환경조절이 필요한 형이다.

해설
중복도형은 복도 양측으로부터 각 주호로 출입하는 형식으로, 대지에 비해서 건물 이용도가 높다.

12 학교 운영방식에 관한 설명으로 옳지 않은 것은?

① 종합교실형은 하나의 교실에서 모든 교과수업을 행하는 방식으로 초등학교 저학년에게 적합하다.
② 교과교실형은 학생의 이동이 많으므로 소지품 보관장소 등을 고려할 필요가 있다.
③ 일반 및 특별교실형은 우리나라 대부분의 초등학교에서 적용되었던 방식으로 이제는 적용되지 않고 있다.
④ 플래툰형은 각 학급을 2분단으로 나누어 한쪽이 일반교실을 사용할 때, 다른 한쪽은 특별교실을 사용하는 방식이다.

해설
일반 및 특별교실형은 우리나라 대부분의 초등학교 고학년이나, 중·고등학교에서 적용되고 있는 방식이다.

13 상점 건축의 진열장 배치에 관한 설명으로 옳은 것은?

① 동선을 원활히 하면서, 다수의 손님을 수용하고 소수의 종업원으로 관리하게 한다.
② 종업원 쪽에서 상품이 효과적으로 보이도록 계획한다.
③ 도난을 방지하기 위하여 손님에게 감시한다는 인상을 주도록 계획한다.
④ 들어오는 손님과 종업원의 시선이 정면으로 마주치도록 계획한다.

해설
② 손님 쪽에서 상품이 효과적으로 보이도록 계획한다.
③ 도난을 방지하기 위하여 손님에게 감시한다는 인상을 주지 않도록 계획한다.
④ 들어오는 손님과 종업원의 시선이 정면으로 마주치지 않도록 계획한다.

14 백화점에 에스컬레이터 설치 시 고려사항으로 옳지 않은 것은?

① 건축적 점유면적이 가능한 한 크게 배치한다.
② 승강·하강 시 매장에서 잘 보이는 곳에 설치한다.
③ 각 층 승강장은 자연스러운 연속적 흐름이 되도록 한다.
④ 출발 기준층에서 쉽게 눈에 띄도록 하고 보행동선 흐름의 중심에 설치한다.

해설
에스컬레이터 설치 시 점유면적은 가능한 한 작게 하여 배치한다.

15 주택에서 리빙 키친(Living Kitchen)의 채택효과로 가장 알맞은 것은?

① 부엌의 독립성 강화
② 거실 규모의 확대
③ 주부 가사노동의 간편화
④ 장래 증축의 용이

해설
리빙 키친(Living Kitchen, LK, LDK형식) : 거실, 식사실, 부엌을 겸용하는 형식으로 소규모 주택에 적합하다. 주부의 동선이 짧아져 가사노동의 경감과 작업의 간편화에 효과적이다.

16 근린생활권의 구성 중 근린주구의 중심이 되는 시설은?

① 유치원　　　② 초등학교
③ 어린이 놀이터　　④ 대학교

해설
근린주구의 중심시설은 초등학교이다.

17 모듈러 코디네이션(Modular Coordination)의 효과와 가장 거리가 먼 것은?

① 대량생산의 용이
② 설계작업의 단순화
③ 현장작업의 단순화 및 공기 단축
④ 건축물 형태의 창조성 및 다양성 확보

해설
모듈러 코디네이션(MC)은 융통성이 없고 획일적이므로 건축물 형태의 창조성 및 다양성 확보가 어렵다.

18 백화점의 진열장 배치에 대한 설명 중 옳지 않은 것은?

① 자유유선형 배치방식은 획일성을 탈피할 수 있으며 변화와 개성을 추구할 수 있으나 시설비가 많이 든다.
② 사행배치는 많은 고객이 판매장 구석까지 가기 어려우며 이형의 진열장이 필요하다.
③ 사행배치는 주통로 이외의 제2통로를 상하교통계를 향해서 45° 사선으로 배치한다.
④ 직각배치 방식은 판매장 면적이 최대한으로 이용되고 간단하다.

해설
사행배치는 많은 고객이 판매장 구석까지 가기 쉬운 이점이 있으나 이형의 진열장이 필요하다.

정답 14 ① 15 ③ 16 ② 17 ④ 18 ②

19 사무소 건축의 코어 형식 중 편심형 코어에 관한 설명으로 옳지 않은 것은?

① 각 층 바닥면적이 소규모인 경우에 사용된다.
② 내진구조상 불리한 형식이다.
③ 저층보다는 고층으로 계획할 경우 구조계획이 유리하다.
④ 바닥면적이 커지면 코어 이외에 피난시설 등이 필요해 진다.

해설
편심형 코어는 고층인 경우 구조상 불리할 수 있다.

20 학교 교실의 배치형식 중 엘보 엑세스형(Elbow Access Type)에 관한 설명으로 옳지 않은 것은?

① 교실을 소규모 단위로 분할, 배치한 형식이다.
② 복도의 면적이 증가된다.
③ 채광 및 통풍 조건이 양호하다.
④ 학습의 순수율이 높다.

해설
①은 클러스터형에 대한 설명이다.
클러스터형 : 홀(공용 공간)을 중앙에 위치시키고, 몇 개의 교실을 하나의 유닛으로 하여 분리(교실 2~4개씩 소단위로 분리, 배치)시키는 형식이다.

제2과목 건축시공

21 건설 공사에서 도급계약 서류에 포함되어야 할 서류가 아닌 것은?

① 공사계약서　　② 설계도
③ 시방서　　　　④ 실행내역서

해설
공사 도급계약 시 첨부 서류
• 기본서류 : 도급계약서류 및 약관, 설계도면, 시방서
• 참고서류 : 공사비 내역서, 현장설명서, 질의응답서
• 첨부서류 : 착공계, 계약보증서, 현장대리인계 등

22 조적벽체에 발생하는 균열을 대비하기 위한 신축 줄눈의 설치 위치로 옳지 않은 것은?

① 벽높이가 변하는 곳
② 벽두께가 변하는 곳
③ 집중응력이 작용하는 곳
④ 창 및 출입구 등 개구부의 양측

해설
신축줄눈은 집중응력이 작용하는 곳에는 두지 않는다.

23 돌로마이트 플라스터의 특성으로 옳지 않은 것은?

① 공기의 유통이 좋지 않은 지하실과 같이 밀폐된 방에 적합하다.
② 소석회보다도 점도가 높고 풀을 혼용하지 않아도 미장 도장이 가능하다.
③ 밑바름 두께와 건조도에 영향을 많이 받는다.
④ 경화가 빠르고, 수축성이 작으므로 균열 발생이 쉽다.

해설
돌로마이트 플라스터는 공기의 유통이 좋지 않은 지하실과 같이 밀폐된 방에는 적합하지 않다.

24 건축물의 지하실 방수공법에서 안방수와 비교한 바깥방수의 특징이 아닌 것은?

① 일반적으로 시트방수나 아스팔트방수가 많이 쓰인다.
② 공사 기일에 제약을 받는다.
③ 시공이 복잡하고 결함의 발견 및 보수가 어렵기 때문에 정밀한 시공이 요구된다.
④ 수압이 크고 깊은 지하실에는 불리하다.

해설
바깥방수는 수압이 크고 깊은 지하실에 유리하다.

25 지반개량공법에서 웰 포인트(Well Point) 공법에 관한 내용으로 옳지 않은 것은?

① 출수가 많은 깊은 터파기에 있어 지하수 배수공법의 일종이다.
② 수분이 많은 점토질 지반에 적당한 공법이다.
③ 지내력이 증가한다.
④ 진공펌프를 사용하여 토중의 지하수를 강제적으로 집수한다.

해설
웰 포인트(Well Point) 공법은 수분이 많은 사질지반에 효과적이다.

26 서중 콘크리트의 일반적인 문제점에 관한 설명으로 옳지 않은 것은?

① 슬럼프 저하 등의 워커빌리티 변화가 생기기 쉽다.
② 동일 슬럼프를 얻기 위한 단위수량이 많다.
③ 콜드 조인트가 발생하지 않는다.
④ 하절기 일평균기온이 25℃를 초과 시 타설하는 콘크리트로서 초기강도 발현이 높다.

해설
서중 콘크리트는 콜드 조인트가 발생하기 쉽다.
콜드 조인트 : 콘크리트 작업관계로 경화된 콘크리트에 새로 콘크리트를 타설할 경우 일체화가 저해되어 생기는 줄눈이다.

27 시공기계에 관한 설명 중 옳지 않은 것은?

① 스크레이퍼는 굴착, 적재, 운반, 정지 등의 작업을 연속적으로 할 수 있는 중·장거리용 토공기계이다.
② 타워크레인은 골조공사의 거푸집, 철근 양중에 주로 사용된다.
③ 파워셔블은 위치한 지면보다 낮은 곳의 굴착에 적합하다.
④ 트럭 크레인은 트럭에 설치한 크레인으로 이동성 및 작업능률 좋다.

해설
파워셔블은 위치한 지면보다 높은 곳의 굴착에 적합하다.

28 가설건물 중 시멘트 창고의 구조에 대한 설명으로 옳지 않은 것은?

① 바닥구조는 마루널깔기가 보통이며 가능하면 그 위에 루핑을 깐다.
② 주위에는 배수구를 설치하여 물빠짐을 좋게 한다.
③ 시멘트 창고는 통풍이 되지 않도록 하며, 출입구 외에는 개구부 설치하지 않는다.
④ 시멘트의 높이 쌓기는 20포대를 한도로 한다.

해설
시멘트의 높이 쌓기는 13포대를 한도로 한다.

29 흙을 파낸 후 토량의 부피 변화가 가장 작은 것은?

① 모 래   ② 자 갈
③ 점 토   ④ 보통 흙

해설
토량의 부피 증가율
- 모래 : 15~20%
- 자갈 : 5~15%
- 보통 흙 : 30%
- 진흙(점토) : 20~45%

30 건축공사용 재료의 할증률을 나타낸 것 중 옳지 않은 것은?

① 목재(각재) : 5%
② 단열재 : 3%
③ 이형철근 : 3%
④ 유리 : 1%

해설
재료의 할증률

할증률(%)	건축자재
1	레미콘, 철골구조물, 유리
2	시멘트, 도료, 아스팔트 콘크리트
3	고력볼트, 붉은벽돌, 타일(모자이크, 도기, 자기, 클링커), 이형철근, 슬레이트, 조립식 구조물
4	블록, 콘크리트 포장 혼합물의 포설
5	시멘트벽돌, 목재(각재), 원형철근, 형강(강관, 봉강), 각파이프, 타일(아스팔트, 리놀륨, 비닐, 비닐덱스), 텍스, 콘크리트판, 기와, 석고보드(못붙임용)
7	대형 형강
8	시스관, 석고판(본드붙임용)
10	단열재, 강판, 목재(판재), 석재(정형), 수목, 잔디
30	석재(부정형), 원석(마름돌용)

31 콘크리트의 시공성에 영향을 주는 요인에 관한 설명으로 옳지 않은 것은?

① 단위수량이 크면 슬럼프값이 작아진다.
② 콘크리트의 강도가 동일한 경우 골재의 입도가 작을수록 시멘트의 사용량은 증가한다.
③ 굵은 골재로 쇄석을 사용 시 시공연도가 감소되는 경향이 있다.
④ 포졸란, 플라이 애시 등 혼화재료를 사용하면 시공연도가 증진된다.

해설
단위수량이 크면 슬럼프값이 커진다.

32 다음 중 벽돌공사에 대한 설명으로 옳지 않은 것은?

① 벽돌쌓기 하루 전에 물호스로 충분히 젖게 하여 벽돌 표면에 습도를 유지한 상태로 준비한다.
② 쌓기용 모르타르의 강도는 벽돌 강도와 동등하거나 그 이상으로 한다.
③ 모르타르에 사용되는 모래는 제염된 것을 사용한다.
④ 하루에 쌓는 높이는 1.5~1.8m를 표준으로 한다.

해설
하루에 쌓는 높이는 1.2~1.5m를 표준으로 한다.

33 굴착지반이나 비탈면 등에 시멘트, 골재, 물 등을 혼합하여 압축공기로 뿜어서 자유면에 달라붙게 만드는 공법은?

① 숏크리트 공법
② 리버스 서큘레이션 공법
③ 어스드릴 공법
④ 베노토 공법

해설
숏크리트(Shotcrete) 공법 : 굴착지반이나 비탈면 등에 시멘트, 골재, 물 등을 혼합하여 압축공기로 뿜어서 자유면에 달라 붙게 만드는 공법이다.
현장타설 말뚝 기계굴삭 공법 : 베노토 공법, 리버스 서큘레이션 공법, 어스드릴 공법

34 건축재료 중 합성수지에 대한 특징으로 옳지 않은 것은?

① 콘크리트보다 흡수율이 적다.
② 표면이 매끈하며 착색이 자유롭고 광택이 좋다.
③ 내열성(耐熱性)이 콘크리트보다 높다.
④ 압축강도는 높으나, 인장강도나 탄성이 금속재에 비해 떨어진다.

해설
합성수지는 내열성(耐熱性)이 콘크리트보다 낮다.

35 대린벽으로 구획된 조적조의 벽에서 벽 길이가 9m인 경우 이 벽체에 설치할 수 있는 개구부 폭의 합계는?

① 2.0m 이하   ② 3.0m 이하
③ 4.5m 이하   ④ 6.0m 이하

해설
각 층의 대린벽으로 구획된 각 벽에 있어서 개구부의 폭의 합계는 그 벽의 길이의 1/2 이하로 하여야 한다.
∴ $9m \times \frac{1}{2} = 4.5$

36 철골조의 부재에 관한 설명으로 옳지 않은 것은?

① 스티프너(Stiffener)는 웨브(Web)의 보강을 위해서 사용한다.
② 플랜지 플레이트(Flange Plate)는 조립보(Plate Girder)의 플랜지 보강재이다.
③ 거셋 플레이트(Gusset Plate)는 기둥 밑에 붙여서 기둥을 기초에 고정시키는 역할을 한다.
④ 트러스 구조에서 상하에 배치된 부재를 현재라 한다.

해설
거셋 플레이트(Gusset Plate): 스트럿 또는 가새를 보 또는 기둥에 연결하는 판요소로서, 강구조 부재의 접합용 강판으로 트러스의 절점이나 기둥과 보 등의 접합부에 사용되어 부재 상호 간 힘을 전달한다.
베이스 플레이트(Base Plate): 철골기둥의 밑에 붙여서 기둥을 기초에 고정시키는 역할을 한다.

37 콘크리트 중의 공기량에 대한 설명으로 옳지 않은 것은?

① AE제의 혼입량이 증가할수록 공기량은 증가한다.
② 슬럼프가 커지면 공기량은 감소한다.
③ 시멘트의 분말도 및 단위시멘트양이 증가하면 공기량은 감소한다.
④ 콘크리트의 온도가 높아질수록 공기량은 감소한다.

해설
슬럼프가 커지면 공기량은 증가한다.
콘크리트 중 공기량이 증가하는 경우
• AE제를 넣을수록
• 온도가 낮을수록
• 시멘트 분말도가 작을수록
• 기계비빔(손비빔보다 공기량이 증가)
• 비빔시간 3~5분까지는 증가하지만 그 이후는 감소
• 굵은 골재의 최대 치수가 작을수록
• 잔골재율이 클수록(0.6mm 이하에서)
• 빈배합일수록
• 슬럼프가 클수록
• 진동을 주지 않을수록

38 고로 시멘트의 특징이 아닌 것은?

① 건조수축이 현저하게 적다.
② 화학저항성이 높아 해수 등에 접하는 콘크리트에 적합하다.
③ 수화열이 적어 매스 콘크리트에 유리하다.
④ 장기간 습윤보양이 필요하다.

해설
고로시멘트는 초기강도는 낮으나 장기강도의 발현이 뛰어나다. 건조수축이 발생하며, 해안공사 또는 큰 구조물공사에 적합하다.

정답 35 ③ 36 ③ 37 ② 38 ①

39 콘크리트 측압에 영향을 주는 요인에 관한 설명으로 옳지 않은 것은?

① 묽은 콘크리트일수록 측압이 크다.
② 철골 또는 철근량이 적을수록 측압이 크다.
③ 콘크리트 타설 속도가 늦을수록 측압이 크다.
④ 진동기를 사용하여 다질수록 측압이 크다.

[해설]
콘크리트 타설 속도가 빠를수록 측압이 크다.

40 철골의 용접에서 용접 방향과 직각으로 용접봉 끝을 움직여 용착 너비를 증가시키는 운동법은?

① 블로 홀(Blow Hole)
② 위빙(Weaving)
③ 크랙(Crack)
④ 언더 컷(Under Cut)

[해설]
① 블로 홀(Blow Hole) : 용융금속 응고 시 방출가스가 남아서 생긴 기포나 공기의 작은 틈을 말한다.
③ 크랙(Crack) : 용접 후 냉각 시에 생기는 갈라진 부분이다.
④ 언더 컷(Under Cut) : 용접 결함에서 전류로 용접 상부에 모재가 녹아 용착 금속이 채워지지 않고 홈으로 남게 된 부분이다.

제3과목 건축구조

41 강재의 용접에 대한 설명으로 옳지 않은 것은?

① 탄소함유량은 용접성에 큰 영향을 미친다.
② 동일 두께의 강재에서는 강도가 높을수록 용접성이 좋아진다.
③ 강재를 예열하여 용접하면 용접성이 좋아진다.
④ 용접부에는 용접에 의한 잔류응력이 존재한다.

[해설]
강재는 강도가 높을수록 용접성이 떨어지며, 연성도 줄어든다.

42 그림과 같은 구조물의 O절점에 9kN·m의 모멘트가 작용한다면 M_{OB}의 크기는?

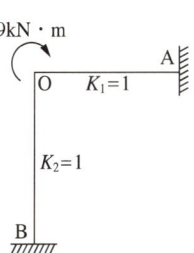

① 2kN·m
② 3kN·m
③ 6kN·m
④ 9kN·m

[해설]
$M_{OB} = M \times DF$
$\therefore M_{OB} = 9 \times \dfrac{2}{1+2} = 6\text{kN}\cdot\text{m}$

정답 39 ③ 40 ② 41 ② 42 ③

43 그림과 같은 단순보에서 C점의 처짐값(δ_C)은?(단, 보의 단면은 600mm × 600mm이고, 탄성계수는 $E = 2.0 \times 10^4$MPa이다)

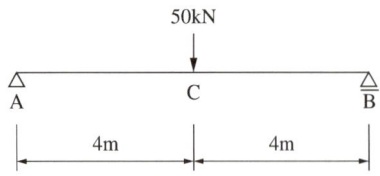

① 1.53mm ② 2.47mm
③ 3.56mm ④ 4.58mm

해설

처짐값(δ_C) = $\dfrac{Pl^3}{48EI}$

$= \dfrac{(50 \times 10^3) \times 8,000^3}{48 \times (2 \times 10^4) \times \left(\dfrac{600^4}{12}\right)} \fallingdotseq 2.469\text{mm}$

45 그림과 같은 구조물에서 지점 A의 수평반력은?

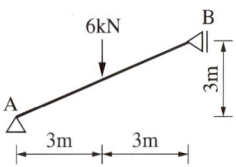

① 3kN ② 4kN
③ 5kN ④ 6kN

해설

$\Sigma V = 0; \ V_A - 6 = 0$
∴ $V_A = 6$kN
$\Sigma M_B = 0; \ V_A \times 6 - H_A \times 3 - 6 \times 3 = 0$
∴ $H_A = 6$kN

44 철근콘크리트 직사각형 보(b = 300mm, d = 500mm)에서 콘크리트가 부담할 수 있는 공칭전단강도는?(단, f_{ck} = 24MPa, 경량콘크리트계수 = 1)

① 69.3kN ② 82.8kN
③ 91.9kN ④ 122.5kN

해설

$V_c = \dfrac{1}{6}\lambda\sqrt{f_{ck}}\,b_w d$

$= \dfrac{1}{6} \times 1.0 \times \sqrt{24} \times 300 \times 500$

$\fallingdotseq 122,474.5$N

$= 122.47$kN

46 연약지반의 기초구조에 대한 설명 중 옳지 않은 것은?

① 가능한 한 경질기반에 지지한다.
② 기초 상호 간을 지중보로 연결한다.
③ 흙 다지기, 강제배수 등의 방법으로 지반을 우선 개량한다.
④ 말뚝을 사용하지 않는 것을 원칙으로 한다.

해설

연약지반의 기초구조에는 지지말뚝 또는 마찰말뚝을 사용한다.

47 강구조 기둥 압축재에 대한 설명으로 옳지 않은 것은?

① 압축재는 단면적이 작을수록 저항성능이 우수하다.
② 압축재는 단면 2차 모멘트가 클수록 저항성능이 우수하다.
③ 압축재는 단면 2차 반지름이 클수록 저항성능이 우수하다.
④ 압축재는 세장비가 작을수록 저항성능이 우수하다.

해설
압축재는 단면적이 클수록 저항성능이 우수하다.

48 단면이 500mm²이고 길이가 3m인 강봉에 50kN의 축방향 인장하중이 작용한다면 늘음량은?(단, 강봉의 탄성계수 $E = 2.0 \times 10^5$MPa이다)

① 1.5mm ② 2.0mm
③ 2.5mm ④ 3.0mm

해설
$\Delta l = \dfrac{P \times l}{A \times E} = \dfrac{50,000\text{N} \times 3,000\text{mm}}{500\text{mm}^2 \times 2.0 \times 10^5 \text{N/mm}^2} = 1.5\text{mm}$

49 그림과 같은 구조물의 부정정 차수는?

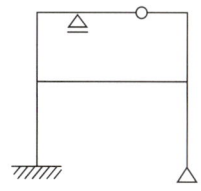

① 3차 ② 4차
③ 5차 ④ 6차

해설
$N = m + r + k - 2j$
$ = 8 + 6 + 7 - 2 \times 8$
$ = 5$

여기서, m : 부재(Member)수
r : 지점반력(Reaction)수
k : 강절점수
j : 절점(Joint)수

∴ 5차 부정정 구조물이다.

50 다음 각 구조물에 대한 설명으로 옳지 않은 것은?

① 셸(Shall)은 주로 면내력으로 외력에 저항하는 구조이다.
② 라멘(Rahmen)은 주로 휨모멘트 및 전단력으로 외력에 저항하는 구조이다.
③ 아치(Arch)는 주로 축방향 압축력으로 외력에 저항하는 구조이다.
④ 트러스(Truss)는 주로 휨모멘트로 외력에 저항하는 구조이다.

해설
트러스(Truss)는 주로 인장 또는 압축력으로 외력에 저항하는 구조이다.

51 건축구조의 구조별 특징을 기술한 것 중 옳지 않은 것은?

① 조적식 구조는 압축력에는 강하지만 횡력에 취약하다.
② 가구식 구조는 부재 배치를 사각형으로 해야 안정한 구조체가 된다.
③ 일체식 구조는 비교적 균일한 강도를 가진다.
④ 조립식 구조는 부재를 공장에서 생산·가공하여 현장에서 조립하므로 공기가 짧다.

해설
가구식 구조는 부재 배치를 삼각형으로 해야 안정한 구조체가 된다.

52 그림에서 AB부재의 부재력은?

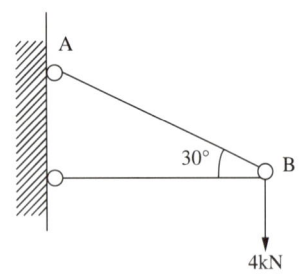

① +4kN　② −4kN
③ +8kN　④ −8kN

해설
B절점 기준의 평형조건식에 의해,
$\sum V = 0; \overline{AB}\sin 30° = 4$
$\therefore \overline{AB} = \dfrac{4}{\sin 30°} = \dfrac{4}{\left(\dfrac{1}{2}\right)} = 8\text{kN}$ (인장)

53 주철근으로 사용된 D32 철근 180° 표준갈고리의 구부림 최소 외면 반지름은?

① $2d_b$　② $3d_b$
③ $4d_b$　④ $5d_b$

해설
주철근으로 사용된 D32 철근 표준갈고리의 구부림 최소 외면 반지름은 $5d_b$이다.

주철근의 표준갈고리

철근의 크기	최소 내면 반지름(r)	최소 외면 반지름
D10~D25	$3d_b$	$4d_b$
D29~D35	$4d_b$	$5d_b$
D38 이상	$5d_b$	$6d_b$

54 고력볼트 F10T-M24의 현장시공을 위한 본조임의 조임력(T)은 얼마인가?(단, 토크계수는 0.13, F10T-M24볼트의 설계볼트장력은 200kN이며 표준볼트장력은 설계볼트장력에 10%를 할증한다)

① 568,573N·mm
② 686,400N·mm
③ 799,656N·mm
④ 892,638N·mm

해설
조임력(T) = $k \times d \times N$
여기서, k : 토크계수(0.1~0.19)
　　　　d : 고력볼트 축부 공칭직경(mm)
　　　　N : 고력볼트의 장력(N)
$\therefore T = 0.13 \times 24 \times 200 \times 10^3 \times 1.1$
　　　= 686,400N·mm

55 크기가 같고, 평행하면서 방향이 반대로 작용하는 두 힘은?

① 우 력 ② 축 력
③ 반 력 ④ 전단력

해설
① 우력 : 힘의 크기가 같고, 평행하면서 방향이 반대로 작용하는 두 힘을 말한다.
② 축력 : 축방향력이라고도 하며 부재의 축방향으로 작용하는 인장력 또는 압축력을 말한다.
③ 반력 : 하중과 평형을 유지하기 위해 지점에 발생하는 힘을 말한다.
④ 전단력 : 부재의 그 축과 수직인 방향으로 자르려는 힘을 말한다.

56 다음 구조물에서 A점의 휨모멘트 M_A의 크기는?

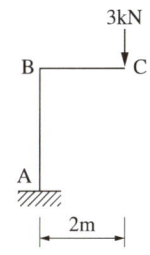

① 2kN·m ② 4kN·m
③ 6kN·m ④ 8kN·m

해설
$M = P \times l$
$M_A = 3 \times 2 = 6 \text{kN} \cdot \text{m}$

57 단면 $b_w \times d = 400\text{mm} \times 600\text{mm}$인 직사각형 보에 인장철근이 5-D19 배근되어 있을 때 인장철근비는?(단, D19 1개의 단면적은 321mm²이다)

① 0.0012 ② 0.0024
③ 0.0049 ④ 0.0067

해설
철근비$(\rho) = \dfrac{A_s}{bd} = \dfrac{321 \times 5}{400 \times 600} \fallingdotseq 0.0067$

58 그림과 같은 단면에서 허용휨응력도가 8MPa일 때 중심축(X-X)에 대한 휨모멘트 값은?

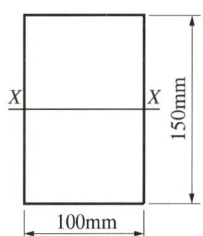

① 2kN·m ② 3kN·m
③ 4kN·m ④ 6kN·m

해설
휨응력$(\sigma) = \dfrac{M}{I}y = \dfrac{M}{Z}$

$\therefore M = \sigma \times Z = \sigma \times \dfrac{bh^2}{6} = 8 \times \dfrac{100 \times 150^2}{6}$
$= 3,000,000 \text{N} \cdot \text{mm} = 3 \text{kN} \cdot \text{m}$

정답 55 ① 56 ③ 57 ④ 58 ②

59 그림과 같은 하중이 작용하는 트러스의 T부재의 응력은?

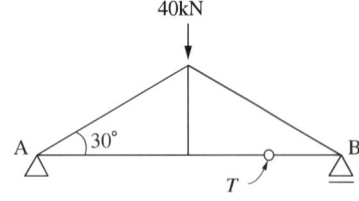

① 10kN
② $10\sqrt{3}$ kN
③ 20kN
④ $20\sqrt{3}$ kN

해설

㉠ 반력 V_A, V_B는 40kN에 대해 대칭으로 각각 20kN이다.
㉡ 절점법을 이용하여 부재력을 계산한다.

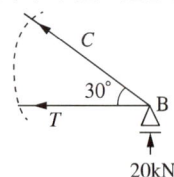

$\sum V = 0$; $-C \times \sin 30° + 20 = 0$이므로 $C = 40$kN이다.
$\sum H = 0$; $-C \times \cos 30° - T = 0$이므로
$\therefore T = -C \times \cos 30°$
$\qquad = -40 \times \dfrac{\sqrt{3}}{2}$
$\qquad = -20\sqrt{3}$ kN

가정 방향과 반대 방향(→ ←)이므로 인장력이 작용한다.

60 기초의 부동침하를 방지하는 데 적절하지 않은 조치는?

① 구조물 전체의 하중을 기초에 균등히 분포시킨다.
② 말뚝 또는 피어기초를 고려한다.
③ 기초 상호 간을 전단접합(Shear Connection)으로 연결한다.
④ 한 건물에서의 기초 설치 시 가급적 같은 종류의 기초로 한다.

해설
부동침하를 방지하기 위해서는 기초 상호 간을 강접합(Rigid Connection)으로 연결한다.

제4과목 건축설비

61 급수배관에 공기실을 설치하는 가장 주된 이유는?

① 수격작용을 방지하기 위하여
② 통기를 위하여
③ 배관구배를 유지하기 위하여
④ 배관 내 이물질을 제거하기 위하여

해설
공기실(Air Chamber)을 설치하여 배관 내에 생기는 수격작용을 방지한다.

62 급수 방식 중 고가수조 방식에 관한 설명으로 옳지 않은 것은?

① 압력수조 방식에 비해 급수압 변동이 적다.
② 3층 이상의 고층으로의 급수가 가능하다.
③ 상향 급수 배관방식이 주로 사용된다.
④ 펌프직송 방식에 비해 수질오염 가능성이 적다.

해설
하향 급수 배관방식이 주로 사용된다.

63 앵글밸브(Angle Valve)에 관한 설명으로 옳지 않은 것은?

① 유량조절이 불가능하다.
② 옥내소화전의 개폐밸브로 이용된다.
③ 글로브밸브(Globe Valve)의 일종이다.
④ 유체의 흐름을 직각으로 바꿀 때 사용된다.

해설
앵글밸브 : 글로브밸브의 일종으로, 유체의 입구와 출구가 이루는 각이 직각으로 유체의 흐름을 직각으로 바꿀 때 사용된다. 유량조절이 가능하며, 옥내소화전의 개폐밸브로 이용된다.

64 어떤 방의 전열에 의한 손실열량이 3,000W, 환기에 의한 손실열량이 1,500W일 때, 이 방에 설치하는 온수 방열기의 상당방열면적은?(단, 표준상태이며, 표준방열량은 523W/m²이다)

① 4.3m² ② 5.2m²
③ 8.6m² ④ 10.4m²

해설

상당방열면적(EDR) = $\dfrac{손실(난방)부하}{표준방열량}$

$= \dfrac{(3,000+1,500)W}{523W/m^2}$

$= 8.6m^2$

65 900명을 수용하고 있는 극장에서 실내 CO_2 농도를 0.1%로 유지하기 위해 필요한 환기량은?(단, 외기 CO_2 농도는 0.04%, 1인당 CO_2 배출량은 18L/h이다)

① 27,000m³/h ② 30,000m³/h
③ 60,000m³/h ④ 66,000m³/h

해설

CO_2 농도에 의한 환기량(Q)

㉠ 실내 CO_2 발생량을 구한다.
  • 900명 × 18L/h = 16,200L/h
  • 1L = 0.001m³이므로 환산하면, 16.2m³/h

㉡ 환기량을 구한다.

환기량 = $\dfrac{실내\ CO_2\ 발생량}{실내\ CO_2\ 농도 - 외기\ CO_2\ 농도}$ (m³/h)

∴ $Q = \dfrac{16.2}{0.001-0.0004} = 27,000m^3/h$

66 배수트랩의 봉수파괴 원인 중 통기관을 설치함으로써 봉수파괴를 방지할 수 있는 것이 아닌 것은?

① 자기사이펀 작용
② 관성에 의한 파괴
③ 분출 작용
④ 유도사이펀 작용

해설

관성에 의한 파괴를 방지하기 위해서는 격자 석쇠를 설치한다.

통기관의 봉수파괴 방지방법
• 자기사이펀 작용, 유도사이펀 작용(흡출 작용, 감압 흡인 작용), 토출 작용(역압 분출 작용) : 통기관 설치
• 증발 현상 : 기름을 흘려보내서 유막 형성, 자주 사용
• 관성에 의한 파괴 : 격자 석쇠 설치

67 일사에 관한 설명으로 옳지 않은 것은?

① 일사에 의한 건물의 수열은 방위에 따라 차이가 있다.
② 추녀와 차양은 창면에서의 일사조절 방법으로 사용된다.
③ 블라인드, 루버, 롤스크린은 계절이나 시간, 실내의 사용상황에 따라 일사를 조절할 수 있다.
④ 일사조절의 목적은 일사에 의한 건물의 수열이나 흡열을 작게 하여 동계의 실내 기후의 악화를 방지하는 데 있다.

해설

일사조절의 목적
• 건물의 열 획득을 감소시킴으로써 여름철 냉방부하를 저감하는 동시에 자연채광 및 자연환기를 유지한다.
• 겨울철 일사량을 증가시키면 난방부하가 저감된다.

정답 64 ③ 65 ① 66 ② 67 ④

68 증기난방에 관한 설명으로 옳지 않은 것은?

① 온수난방에 비해 방열기의 방열면적이 작다.
② 운전 시 증기해머로 인한 소음을 일으키기 쉽다.
③ 온수난방에 비해 열용량이 크므로 예열시간이 길다.
④ 온수난방에 비해 한랭지에서 동결의 우려가 적다.

해설
증기난방은 예열시간이 온수난방에 비해 짧고 증기의 순환이 빠르며, 열용량이 작다.

69 간접조명에 관한 설명으로 옳지 않은 것은?

① 조도가 균일하지 않지만 국부적으로 높은 조도를 얻기 쉽다.
② 실내 반사율의 영향이 크다.
③ 경제성보다 분위기를 중요시하는 장소에 적합하다.
④ 강한 음영이 없고 부드럽다.

해설
- 간접조명은 조도가 균일하지만 국부적으로 높은 조도를 얻기가 어렵다.
- 직접조명은 국부적으로 높은 조도를 얻기 쉽다.

70 최고층에 설치된 플러시 밸브의 최소 필요압력이 70kPa인 경우, 밸브로부터 고가수조의 최저 수면까지의 연직거리는 최소 얼마 이상 확보하여야 하는가?(단, 고가수조로부터 기구까지 발생되는 마찰손실수두는 1mAq로 한다)

① 5m   ② 6m
③ 7m   ④ 8m

해설
고가수조의 높이$(H) \geq 100(P + P_f) + h[m]$
∴ $100(0.07 + 0.01) = 8m$

71 바닥 복사난방에 관한 설명으로 옳지 않은 것은?

① 복사열에 의하므로 쾌적감이 높다.
② 방열기가 없으므로 바닥면적의 이용도가 높다.
③ 외기 침입이 있는 곳에서도 난방감을 얻을 수 있다.
④ 난방부하 변동에 따른 방열량 조절이 용이하므로 간헐난방에 적합하다.

해설
복사난방
- 복사열을 주로 이용하는 방식으로 실내 온도분포가 균등하여 쾌감도가 높고, 바닥의 이용도가 높다.
- 외기 급변에 따른 난방부하 변동에 대해 방열량 조절이 어렵고 장시간 난방에 유리하지만, 간헐난방에 부적합하다.
- 시공이 어려우며 수리비, 설비비가 비싸다.
- 천장 높이가 높은 경우와 주택, 학교 등에 사용된다.

72 경질 비닐관 공사에 관한 설명으로 옳은 것은?

① 자성체이며 금속관보다 시공이 어렵다.
② 절연성과 내식성이 강하다.
③ 온도 변화에 따라 기계적 강도가 변하지 않는다.
④ 부식성 가스가 발생하는 곳에는 사용할 수 없다.

해설
경질 비닐관 공사
- 중량이 가볍고 시공이 용이하다.
- 절연성, 내식성이 뛰어나다.
- 열에 약하고 기계적 강도가 낮다.
- 부식성 가스가 발생하는 곳, 화학공장, 연구실 등의 배선에 적합하다.

73 온수난방의 배관계통에서 물의 온도변화에 따른 체적 증감을 흡수하기 위하여 설치하는 것은?

① 컨벡터   ② 팽창탱크
③ 감압밸브   ④ 열교환기

해설
② 팽창탱크 : 온수난방에서 온도상승에 의한 체적의 팽창에 대해 여유를 갖기 위해 설치한다.
① 컨벡터 : 기기 내부의 알루미늄 열선을 통해 열을 발생시키고, 찬 공기를 흡입하여 더운 공기를 내보내는 기기로 대류식 난방방식이다.
③ 감압밸브 : 유체 압력을 감소시키는 밸브이다.
④ 열교환기 : 기계 금속판 따위의 전열벽을 통하여 높은 온도의 유체로부터 낮은 온도의 유체에 열을 전하는 장치이다. 가열기, 예열기, 냉각기, 증발기, 응축기 등이 있다.

74 건축물의 외벽, 창, 지붕 등에 설치하여 인접 건물에 화재가 발생했을 때 수막을 형성하여 화재의 연소를 방지하는 방화설비는?

① 옥외소화전설비   ② 포소화설비
③ 드렌처설비   ④ 옥내소화전설비

해설
① 옥외소화전설비 : 소방대상물의 옥외 및 내부에서 발생한 화재가 인접한 소방대상물로 확산되는 것을 방지할 목적으로 설치한 소화설비이다.
② 포소화설비 : 물과 약품을 희석하여 거품을 발생시켜 질식·냉각효과로 화재를 진압하는 소화설비이다.
④ 옥내소화전설비 : 소방대상물의 내부화재를 수동으로 동작시켜 화재를 초기에 진압할 목적으로 설치한 수동식 고정소화설비이다.

75 소방시설은 소화설비, 경보설비, 피난구조설비, 소화용수설비, 소화활동설비로 구분할 수 있다. 다음 중 소화활동설비 속하는 것은?

① 제연설비   ② 비상방송설비
③ 스프링클러설비 ④ 자동화재탐지설비

해설
②·④ : 경보설비에 해당한다.
③ : 소화설비에 해당한다.
소화활동설비
- 화재를 진압하거나 인명구조활동을 위하여 사용하는 설비이다.
- 종류 : 제연설비, 연결살수설비, 연결송수관설비, 비상콘센트설비, 무선통신보조설비, 연소방지설비

76 환기에 관한 설명으로 옳지 않은 것은?

① 온도차에 의해 환기가 이루어질 수 있다.
② 오염원이 있는 실은 급기 위주 방식을 사용한다.
③ 환기지표로는 이산화탄소가 사용되기도 한다.
④ 급기만을 송풍기로 하는 방식은 실내압이 정압이 된다.

해설
오염원이 있는 실, 주방, 화장실 등에는 배기 위주의 방식(배풍기 설치)으로 오염된 공기를 배출하는 것이 효과적이다.

77 고속덕트에 관한 설명으로 옳지 않은 것은?

① 원형 덕트가 유리하다.
② 동일한 풍량을 송풍할 경우 저속덕트에 비해 송풍기 동력이 많이 든다.
③ 동일한 풍량을 송풍할 경우 저속덕트에 비해 덕트의 단면치수가 커야 한다.
④ 공장이나 창고 등과 같이 소음이 별로 문제가 되지 않는 곳에 사용된다.

해설
동일한 풍량을 송풍할 경우 저속덕트에 비해 덕트의 단면치수가 작아도 된다.

78 지름이 100mm인 관속을 통과하는 유체의 유량이 0.1m³/s인 경우, 이 유체의 유속은?

① 9.8m/s ② 10.7m/s
③ 11.5m/s ④ 12.7m/s

해설
유량(Q) = 단면적(A) × 유속(V)

$$\therefore 유속(V) = \frac{유량(Q)}{단면적(A)}$$

$$= \frac{Q}{\frac{\pi D^2}{4}} = \frac{0.1}{\frac{\pi \times 0.1^2}{4}}$$

$$\fallingdotseq 12.73 \text{m/s}$$

79 온수난방 배관에서 역환수방식(Reverse Return System)을 채택하는 가장 주된 이유는?

① 배관의 신축을 조정하기 위해
② 펌프의 양정을 작게 하기 위해
③ 온수의 유량분배를 균일하게 하기 위해
④ 배관의 길이를 짧게 하기 위해

해설
리버스 리턴 배관(역환수방식)은 온수의 유량분배(온수의 순환)를 균일화하기 위해 채택한다.

80 변전실의 위치 선정 시 고려할 사항으로 옳지 않은 것은?

① 외부로부터 전원의 인입이 편리할 것
② 부하의 중심에 멀고, 배전에 편리한 장소일 것
③ 지하 최저층의 천장 높이가 3.6m 이상일 것
④ 기기를 반입·반출하는 데 지장이 없을 것

해설
변전실의 위치 선정 시 고려사항
- 수전이 편리하고 배전하기 쉬운 장소일 것
- 부하의 중심에 가깝고 배전에 편리한 장소일 것
- 외부로부터 전원인입이 쉬운 곳일 것
- 기기의 반입·반출이 용이할 것
- 고온다습하지 않고 환기가 잘 되는 장소일 것
- 천장 높이는 고압은 3.6m 이상, 특고압은 4.5m 이상일 것

제5과목 건축관계법규

81 국토의 계획 및 이용에 관한 법률 시행령에 규정되어 있는 용도지역 안에서의 건폐율 기준으로 옳은 것은?

① 제1종 전용주거지역 − 50% 이하
② 제2종 전용주거지역 − 60% 이하
③ 제1종 일반주거지역 − 50% 이하
④ 제3종 일반주거지역 − 60% 이하

해설
② 제2종 전용주거지역 : 50% 이하
③ 제1종 일반주거지역 : 60% 이하
④ 제3종 일반주거지역 : 50% 이하

82 태양열을 주된 에너지원으로 이용하는 주택의 건축면적 산정 시 기준이 되는 것은?

① 건축물 외벽의 외곽선
② 건축물의 외벽 중 내측 내력벽의 중심선
③ 건축물의 외벽 중 외측 비내력벽의 중심선
④ 건축물 외벽의 내력벽과 비내력벽의 경계선

해설
태양열을 주된 에너지원으로 이용하는 주택의 건축면적은 건축물의 외벽 중 내측 내력벽의 중심선을 기준으로 한다.

83 주차대수 규모가 50대 이상인 노외주차장 출입구의 최소 너비는?(단, 출구와 입구를 분리하지 않은 경우)

① 3.3m ② 3.5m
③ 4.5m ④ 5.5m

해설
노외주차장 출입구의 최소 너비(주차장법 시행규칙 제6조)
노외주차장의 출입구 너비는 3.5m 이상으로 하여야 하며, 주차대수 규모가 50대 이상인 경우에는 출구와 입구를 분리하거나 너비 5.5m 이상의 출입구를 설치하여 소통이 원활하도록 하여야 한다.

84 시설물의 부지 인근에 부설주차장을 설치하는 경우, 해당 부지의 경계선으로부터 부설주차장의 경계선까지의 거리 기준으로 옳은 것은?

① 직선거리 200m 이내
② 도보거리 300m 이내
③ 직선거리 500m 이내
④ 도보거리 1,000m 이내

해설
부설주차장의 인근 설치(주차장법 시행령 제7조)
당해 부지의 경계선으로부터 부설주차장의 경계선까지의 직선거리 300m 이내 또는 도보거리 600m 이내

정답 80 ② 81 ① 82 ② 83 ④ 84 ②

85
비상용 승강기 설치 대상 건축물에서 비상용 승강기의 승강장의 바닥면적은 비상용 승강기 1대에 대하여 최소 얼마 이상으로 하여야 하는가?(단, 옥내에 승강장을 설치하는 경우)

① 4m²
② 5m²
③ 6m²
④ 8m²

해설
승강장의 바닥면적은 옥내에 설치된 비상용 승강기 1대에 대하여 6m² 이상으로 해야 한다(건축물설비기준규칙 제10조).

86
건축법상 리모델링에 대비한 특례 등에 관한 내용이다. 밑줄 친 기준 내용에 속하지 않는 것은?

> 리모델링이 쉬운 구조의 공동주택의 건축을 촉진하기 위해 공동 주택을 대통령령으로 정하는 구조로 하여 건축허가를 신청하면 <u>제56조, 제60조 및 제61조에 따른 기준</u>을 100분의 120의 범위에서 대통령령으로 정하는 비율로 완화하여 적용할 수 있다.

① 건축물의 건폐율
② 건축물의 용적률
③ 건축물의 높이 제한
④ 일조 등의 확보를 위한 건축물의 높이 제한

해설
리모델링에 대비한 특례(건축법 제8조)
리모델링이 쉬운 구조의 공동주택의 건축을 촉진하기 위하여 공동주택을 대통령령으로 정하는 구조로 하여 건축허가를 신청하면 제56조(건축물의 용적률), 제60조(건축물의 높이 제한) 및 제61조(일조 등의 확보를 위한 건축물의 높이 제한)에 따른 기준을 100분의 120의 범위에서 대통령령으로 정하는 비율로 완화하여 적용할 수 있다.

87
공동주택과 오피스텔의 난방설비를 개별난방 방식으로 하는 경우에 관한 기준 내용으로 옳지 않은 것은?

① 보일러의 연도는 내화구조로서 공동연도로 설치할 것
② 보일러실의 윗부분에는 그 면적이 1m² 이상인 환기창을 설치할 것
③ 기름 보일러의 기름 저장소는 보일러실 외의 곳에 설치할 것
④ 오피스텔의 경우에는 난방구획을 방화구획으로 구획하여야 한다.

해설
개별난방설비 등(건축물설비기준규칙 제13조)
보일러실의 윗부분에는 그 면적이 0.5m² 이상인 환기창을 설치하고, 보일러실의 윗부분과 아랫부분에는 각각 지름 10cm 이상의 공기흡입구 및 배기구를 항상 열려있는 상태로 바깥공기에 접하도록 설치해야 한다(단, 전기보일러 제외).

88
용도지역에 따른 건폐율의 최대 한도가 옳지 않은 것은?(단, 도시지역의 경우)

① 녹지지역 - 30% 이하
② 주거지역 - 70% 이하
③ 공업지역 - 70% 이하
④ 상업지역 - 90% 이하

해설
녹지지역 건폐율 : 20% 이하

89 같은 건축물 안에 공동주택과 위락시설을 함께 설치하고자 하는 경우에 관한 기준 내용으로 옳지 않은 것은?

① 건축물의 주요구조부를 내화구조로 할 것
② 공동주택과 위락시설을 서로 이웃하지 아니하도록 배치할 것
③ 공동주택과 위락시설은 내화구조로 된 바닥 및 벽으로 구획하여 서로 차단할 것
④ 공동주택의 출입구와 위락시설의 출입구는 서로 그 보행거리가 40m 이상이 되도록 설치할 것

해설
공동주택의 출입구와 위락시설의 출입구는 서로 그 보행거리가 30m 이상이 되도록 설치해야 한다(건축물방화구조규칙 제14조의2).

90 건축법령에 따른 고층 건축물의 정의로 옳은 것은?

① 층수가 30층 이상이거나 높이가 90m 이상인 건축물
② 층수가 30층 이상이거나 높이가 120m 이상인 건축물
③ 층수가 50층 이상이거나 높이가 150m 이상인 건축물
④ 층수가 50층 이상이거나 높이가 200m 이상인 건축물

해설
- 고층 건축물 : 층수가 30층 이상이거나 높이가 120m 이상
- 초고층 건축물 : 층수가 50층 이상이거나 높이가 200m 이상

91 다음 중 허가대상에 해당하는 용도 변경은?

① 영업시설군에서 주거업무시설군으로 변경
② 문화 및 집회시설군에서 교육 및 복지시설군으로 변경
③ 교육 및 복지시설군에서 영업시설군으로 변경
④ 전기통신시설군에서 문화 및 집화시설군으로 변경

해설
교육 및 복지시설군에서 영업시설군으로 변경하는 경우는 상위군으로의 용도 변경이므로 허가대상이 된다.

92 건축법령에 따라 건축물의 경사지붕 아래에 설치하는 대피공간에 관한 기준 내용으로 옳지 않은 것은?

① 특별피난계단 또는 피난계단과 연결되도록 할 것
② 관리사무소 등과 긴급 연락이 가능한 통신시설을 설치할 것
③ 대피공간의 면적은 지붕 수평투영면적의 20분의 1 이상일 것
④ 출입구는 유효너비 0.9m 이상으로 하고, 그 출입구에는 60분+방화문을 설치할 것

해설
대피공간의 면적은 지붕 수평투영면적의 10분의 1 이상이어야 한다(건축물방화구조규칙 제13조).

정답 89 ④ 90 ② 91 ③ 92 ③

93 특별피난계단에 설치하는 배연설비의 구조에 관한 기준 내용으로 옳지 않은 것은?

① 배연구 및 배연풍도는 불연재료로 한다.
② 배연구가 외기에 접하지 아니하는 경우에는 배연기를 설치하여야 한다.
③ 배연구에 설치하는 수동개방장치 또는 자동개방장치는 손으로도 열고 닫을 수 있도록 한다.
④ 배연구는 평상시에는 열린 상태를 유지하고 배연에 의한 기류로 인하여 닫히지 않도록 한다.

해설
특별피난계단에 설치하는 배연설비의 구조(건축물설비기준규칙 제14조)
- 배연구 및 배연풍도는 불연재료로 하고, 화재가 발생한 경우 원활하게 배연시킬 수 있는 규모로서 외기 또는 평상시에 사용하지 아니하는 굴뚝에 연결할 것
- 배연구에 설치하는 수동개방장치 또는 자동개방장치(열감지기 또는 연기감지기에 의한 것을 말한다)는 손으로도 열고 닫을 수 있도록 할 것
- 배연구는 평상시에는 닫힌 상태를 유지하고, 연 경우에는 배연에 의한 기류로 인하여 닫히지 아니하도록 할 것
- 배연구가 외기에 접하지 아니하는 경우에는 배연기를 설치할 것
- 배연기는 배연구의 열림에 따라 자동적으로 작동하고, 충분한 공기배출 또는 가압능력이 있을 것
- 배연기에는 예비전원을 설치할 것

94 판매시설의 부설주차장 설치기준으로 옳은 것은?

① 시설면적 100m²당 1대
② 시설면적 120m²당 1대
③ 시설면적 150m²당 1대
④ 시설면적 200m²당 1대

해설
시설면적 150m²당 1대 : 문화 및 집회시설, 종교시설, 판매시설, 의료시설, 업무시설 등

95 급수, 배수, 환기, 난방설비를 건축물에 설치하는 경우, 건축기계설비기술사 또는 공조냉동기계기술사의 협력을 받아야 하는 대상 건축물에 속하지 않는 것은?

① 연립주택
② 아파트
③ 기숙사로서 해당 용도에 사용되는 바닥면적의 합계가 2,000m²인 건축물
④ 업무시설로서 해당 용도에 사용되는 바닥면적의 합계가 2,000m²인 건축물

해설
업무시설, 연구소, 판매시설은 바닥면적 합계가 3,000m² 이상인 경우에 해당된다.

96 국토의 계획 및 이용에 관한 법률상 다음과 같이 정의되는 것은?

> 도시·군계획 수립 대상 지역의 일부에 대하여 토지이용을 합리화하고 그 기능을 증진시키며 미관을 개선하고 양호한 환경을 확보하며, 그 지역을 체계적·계획적으로 관리하기 위하여 수립하는 도시·군관리계획

① 지구단위계획
② 광역도시계획
③ 도시·군기본계획
④ 도시혁신계획

해설
② 광역도시계획 : 광역계획권 지정에 의해 지정된 광역계획권의 장기발전 방향을 제시하는 계획
③ 도시·군기본계획 : 특별시·광역시·특별자치시·특별자치도·시 또는 군의 관할 구역에 대해 기본적인 공간 구조와 장기발전 방향을 제시하는 종합계획으로 도시·군관리계획 수립의 지침이 되는 계획
④ 도시혁신계획 : 창의적이고 혁신적인 도시공간의 개발을 목적으로 도시혁신구역에서의 토지의 이용 및 건축물의 용도, 건폐율, 용적률, 높이 등의 제한에 관한 사항을 따로 정하기 위하여 공간재구조화계획으로 결정하는 도시·군관리계획을 말한다.

정답 93 ④ 94 ③ 95 ④ 96 ①

97 다음은 건축선에 따른 건축 제한과 관련된 기준 내용이다. ( ) 안에 알맞은 것은?

> 도로면으로부터 높이 ( ) 이하에 있는 출입구·창문 등의 구조물은 열고 닫을 때 건축선의 수직면을 넘지 아니하는 구조로 하여야 한다.

① 3m
② 3.5m
③ 4m
④ 4.5m

해설
도로면으로부터 높이 4.5m 이하에 있는 출입구·창문 등의 구조물은 열고 닫을 때 건축선의 수직면을 넘지 아니하는 구조로 하여야 한다.

98 다음 중 건축물 관련 건축기준의 허용되는 오차의 범위(%)가 가장 큰 것은?

① 평면길이
② 바닥판 두께
③ 반자높이
④ 출구너비

해설
- 건축물의 높이, 평면길이, 출구너비, 반자높이 : 2% 이내
- 벽체 및 바닥판 두께 : 3% 이내

99 건축물의 옥상에 60m²의 옥상조경을 설치하고 대지에 100m²의 조경을 설치한 경우 조경면적으로 산정받을 수 있는 전체 조경면적은?(단, 이 건축물에 설치하여야 하는 조경면적은 100m²이다)

① 100m²
② 120m²
③ 140m²
④ 150m²

해설
대지의 조경 (건축법 시행령 제27조)
건축물의 옥상에 조경이나 그 밖에 필요한 조치를 하는 경우에는 옥상부분 조경면적의 2/3에 해당하는 면적을 대지의 조경면적으로 산정할 수 있다.
∴ 지상 100m² + (옥상 60m² × 2/3) = 140m²

100 건축법령상 주요구조부에 속하는 것은?

① 지붕틀
② 옥외계단
③ 사잇기둥
④ 최하층 바닥

해설
지붕틀은 주요구조부에 해당한다.
주요구조부
- 내력벽(耐力壁), 기둥, 바닥, 보, 지붕틀 및 주계단(主階段)을 말한다.
- 사잇기둥, 최하층 바닥, 작은 보, 차양, 옥외계단, 기타 이와 유사한 것으로 건축물의 구조상 중요하지 아니한 부분은 제외한다.

정답 97 ④ 98 ② 99 ③ 100 ①

교육은 우리 자신의 무지를 점차 발견해 가는 과정이다.

– 윌 듀란트 –

합격의 공식 시대에듀

교육이란 사람이 학교에서 배운 것을 잊어버린 후에 남은 것을 말한다.

– 알버트 아인슈타인 –

참 / 고 / 문 / 헌

- 김태훈 외, 「건축구조」, 성안당, 2019

- 민영기, 「건축계획(학)」, 미래가치, 2020

- 민영기, 「건축계획(학)」, 박문각, 2006

- 민영기 외, 「건축관계법규 해설」, 예문사, 2018

- 정규영 외, 「건축시공」, 성안당, 2019

참 / 고 / 사 / 이 / 트

- 국가법령정보센터(http://www.law.go.kr)

Win-Q 건축산업기사 필기

개정3판1쇄 발행	2025년 02월 05일 (인쇄 2024년 12월 23일)
초 판 발 행	2022년 04월 05일 (인쇄 2022년 03월 15일)
발 행 인	박영일
책 임 편 집	이해욱
편 저	민영기
편 집 진 행	윤진영, 김달해
표지디자인	권은경, 길전홍선
편집디자인	정경일, 조준영
발 행 처	(주)시대고시기획
출 판 등 록	제10-1521호
주 소	서울시 마포구 큰우물로 75 [도화동 538 성지 B/D] 9F
전 화	1600-3600
팩 스	02-701-8823
홈 페 이 지	www.sdedu.co.kr
I S B N	979-11-383-8436-0(13540)
정 가	33,000원

※ 저자와의 협의에 의해 인지를 생략합니다.
※ 이 책은 저작권법의 보호를 받는 저작물이므로 동영상 제작 및 무단전재와 배포를 금합니다.
※ 잘못된 책은 구입하신 서점에서 바꾸어 드립니다.

윙크

Win Qualification의 약자로서
자격증 도전에 승리하다의
의미를 갖는 시대에듀
자격서 브랜드입니다.

시대에듀

Win-Q 단기 합격을 위한 완전 학습서 시리즈

기술자격증 도전에 승리하다!

자격증 취득에 승리할 수 있도록
Win-Q시리즈가 완벽하게 준비하였습니다.

빨간키
핵심요약집으로
시험 전 최종점검

핵심이론
시험에 나오는 핵심만
쉽게 설명

빈출문제
꼭 알아야 할 내용을
다시 한번 풀이

기출문제
시험에 자주 나오는
문제유형 확인

NAVER 카페 대자격시대 – 기술자격 학습카페 cafe.naver.com/sidaestudy / 응시료 지원이벤트

시대에듀가 만든
기술직 공무원 합격 대비서

테크 바이블 시리즈!
TECH BIBLE SERIES

기술직 공무원 기계일반
별판 | 24,000원

기술직 공무원 기계설계
별판 | 24,000원

기술직 공무원 물리
별판 | 23,000원

기술직 공무원 화학
별판 | 21,000원

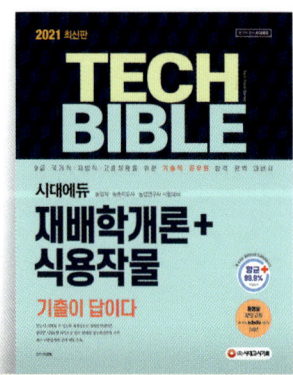
기술직 공무원 재배학개론+식용작물
별판 | 35,000원

기술직 공무원 환경공학개론
별판 | 21,000원

www.sdedu.co.kr

한눈에 이해할 수 있도록
체계적으로 정리한 **핵심이론**

철저한 시험유형 파악으로
만든 **필수확인문제**

국가직·지방직 등
최신 기출문제와 상세 해설

기술직 공무원 건축계획
별판 | 30,000원

기술직 공무원 전기이론
별판 | 23,000원

기술직 공무원 전기기기
별판 | 23,000원

기술직 공무원 생물
별판 | 20,000원

기술직 공무원 임업경영
별판 | 20,000원

기술직 공무원 조림
별판 | 20,000원

※ 도서의 이미지와 가격은 변경될 수 있습니다.